马光仁　主编

復旦大學出版社

编纂者

马光仁 陈镐汶 秦绍德 黄 瑚

朱敏彦 沈 志 蒋金戈

序

宁树藩

第一本上海新闻史著作，是79年前(1917)出版的姚公鹤的《上海报纸小史》，约一万三千字。该稿记述了自《申报》创办至民初40余年来报纸的变迁沿革，提供了不少有益史料。其首创之功，为世所重。惜其所述只限于中文大报，起讫时间也短。有些部分所依据的只是个人经验和印象，不尽可靠。如认为中文报纸，上海以《申报》为最先；《申报》之后，以《新闻报》为最早，显然不合事实。18年后(1935)，胡道静的《上海新闻事业之史的发展》、《上海的日报》、《上海的定期刊物》三稿联袂问世，共10万多字。它们是在进行了相当认真的系统的调查研究的基础上写成的。前一本清晰地揭示了上海报业自1850年至20世纪30年代初80余年曲折的发展历程，其内容涵盖了中外文多种报纸、期刊，并扩及到报纸法律、新闻团体、新闻教育、报学研究组织等方面。后两本列表分条简介了七百数十种中外文各类报纸、期刊的基本情况，对三十多种有重要影响的报纸作了较详细的评述，这是上海新闻史研究工作的重大收获。可是限于当时的主客观条件，这部称为“新闻事业之史的发展”著作，所写的只是报纸和期刊的历史，对于通讯社和电讯广播只是附带道及，未作申述。此外，报刊内容虽详，而中国共产党所主办部分，却付阙如。时光再逝去57年，秦绍德的《上海近代报刊史论》于1992年破土而出，全书十六万九千字。该书以新的观点，新的思路，对上海近百年来新闻事业发展中的一些重大论题，进行了深入的探讨，史料扎实，新意纷呈，为上海新闻史研究工作作了不少重要开拓。可是，正如书名所表明的那样，该书写作范围也只限于报刊。作者还在《导论》中说明：“系统地描述近代上海报刊的历史，不是本文的任务。”就是说有些问题即使重要，该书不拟涉及。事实确是如此，该书仍然不是一部全面系统的上海新闻史著作。现在，短短四年之后，当看到摆在我前面的马光仁主编的《上海新闻史》书稿时，兴奋地意识到久久盼望的这样的著作终于诞生了。

这是一部洋洋七十余万言的大著，它和以往同类著作一大不同之处，就在它并没有把注意力局限于新闻事业和新闻活动的某些领域、某些方面，而是将上海地域内所出现的整个新闻现象都纳入自己的考察视野。在我对书稿一章章一节节翻阅之际，很快被那无比丰富的内容所深深吸引。很多我们很想了解却不见于其他有关论著的上海新闻事业的历史知识，可以在这里找到较为满意的说明。一定意义上可说，它是一部上海新闻史的百科全书。我对本书还有很感兴趣的一点，就是它非常注重系统知识的提供。这不单是指全书所反映的历史系统性，更多的是说明它对一些新闻现象的发端、演化全过程的陈述,这和过去有些新闻史著作“神龙见首不见尾”的情况是大不相同的。例如,对于人们较少注意的通讯社,本书按历史发展状况,在不同的章节中,有8处作了专门介绍,读者在这里看到了外国的、中国民办的、中国共产党的、国民党的各类通讯社在上海的兴衰起伏经历,把这些材料连接起来,就是一部上海通讯社简史。其他如广播电台、新闻团体、新闻出版法、新闻教育、新闻学研究与论著等,情况也都类似。这种历史知识的系统性,体现于全书的方方面面。我们可以这样认为:《上海新闻史》是一部名副其实的“上海新闻史”。

要做到这些,须作多方面努力。对于我们这些解放后参加新闻史研究工作的人来说,确存在个思想解放问题。回忆我在50年代中期从事中国新闻史教研工作时,所讲的中国现代新闻史,实为中国共产党报刊史,更准确地说是中共中央机关报的历史(这是向苏联学的,当时的苏联新闻史的教材,讲的几乎全是《火星报》、《真理报》的历史)。所着重阐述的是中共党报和党影响下的某些报刊进行政治思想斗争的经历。至于反动报刊、资产阶级报刊,那只有在批判需要时才予提及。像本书这样整节整节地讲述资产阶级报刊、国民党反动报刊、敌伪报刊,那是难以想象的。消闲性小报也在排斥之列。记得50年代,我曾在京沪的书摊上廉价购得若干份这类小报。不意我们学校在反浪费展览会上,竟把它们作为典型材料予以曝光。还有,当时中国新闻史的编写工作,是环绕政治思想斗争这条主线展开的,历史上的新闻事实,被分解为众多的零碎材料,用以构成政治思想斗争这个系统,而新闻事业本身却没有自己的系统。严格地说，这样写出的实为政治思想史，而不是本来意义的新闻史。那么，是不是要在新闻史写作中排斥政治思想斗争呢？决不是这样，你看，这本《上海新闻史》对政治思想斗争不是作了广泛反映吗？问题在于它不是唯一的内容，而且位子要摆正，在本学科中它不是主线，主从关系不应颠倒。种种情况表明：本书是新闻史学界思想解放的一大成果。今天，我国新闻学界，像过去那样的思想禁锢状态已不多见，但仍有很多有关问题值得深思。

写历史，应当有扎实的史料基础，单凭思想解放也未必能写出高质量的作品。本书涵盖面非常大，所涉及的问题至多，但却写得踏踏实实，原原本本，具体细致，如临其境。其新史料的广泛引用，更为一般同类论著所不及。例如，关于甲午中日战争前夕中国人在上海出版的报刊，一般著作只说有《西国近事汇编》、《飞影阁画报》和《海上奇书》等3种，而本书却提出，除此之外尚有《纪闻类编》、《华洋日报》、《中西文报》、《告白日报》、《公报》等8种。又如，关于美国米苏里新闻学院首任院长威廉（Walter Williams）来上海访问，一般著作中只提及1921年末那1次，而本书所介绍的却有4次之多。类似的新材料差不多在各个章节中都有发现。本书在史料工作上所作的巨大努力，给人留下深刻的印象。史料对历史研究的重要性谁都不会否认，可是要真正付出艰苦的劳动，对它进行十几年、几十年的发掘、整理与积累工作，则不是每个人所能做到。那种浮光掠影之作，那种凭点滴材料写大篇章、从片面材料中下全面论断的现象，并非偶见。深感本书的成就，得来匪易，弥足珍贵。

编写新闻史，经常碰到的一大病状，就是孤立地看待新闻现象，把新闻史写成用时间线条连接起来的一个个报刊介绍。所讲发展变化，也成为一种脱离矛盾制约关系的机械运动，平淡死板，了无生气。本书则不然。它把新闻现象作为充满矛盾并与社会有着多种制约关系的统一体来对待，新闻史就是表述这种矛盾运动的历史。这样，本书对于上海新闻事业，一方面在总体上多视角地，揭示其发展趋向之展现、阶段性之呈露、格局之变动、全国报业中心之形成、各种新闻影响之消长等问题，引导读者进入一个气象万千的新闻宏观世界。另外，更多的是在微观上，展现各样新闻现象演化的轨迹，显示它们之间的联系、碰撞、分分合合那种生机勃勃的情景，读来引人入胜。当然，这不是说，本书对此已写得完美无缺，所作种种陈述，都已成定见，不容讨论；而是旨在说明，本书在写作（也是研究）思路和方法上所作努力，是收到了明显成效的。大家如能集思广益，使其更加完善起来，那更是一件大好事。

本书的出版，是中国新闻史学界一大收获，它所受到的欢迎是可以预期的。对地方新闻史的编写工作，它也提供了良好的借鉴。而对上海新闻史的研究来说，将是一更为有力更为直接的推动。首先想到的是，既然这部工作量巨大的解放前部分已经出版，解放后部分的编写工作自然就成为一迫切任务了。人们期待着这样一部上海新闻史在不久的将来问世。

就解放前部分而论，需要做的事仍然很多。本书所已笔耕过的各个领域，还有待人继续耕耘下去。不过，由于有了新的起点，对研究工作的要求就更高了。我想，是否可以借此机会全面思考一下,我们过去的研究工作,还存在哪些薄弱环节?还有哪些空白点?今后应从哪些方面迈开研究工作的步伐?研究方法上也可作些新的尝试。人们常说的比较研究法,可让其一显身手。近有人运用传播学思路与方法来研究上海近代报刊,引人注意。史料方面,其丰富的资源远未得到很好开发。从收藏情况看,上海图书馆所保存的上海报纸期刊之丰富,全国无与伦比,但所缺仍然繁多。例如,一批颇为珍贵的在上海出版的早期外文报刊,一直收存于大英图书馆而为上海所未见,迄今未被利用。至于只知其名未见原件的报纸书刊,那就更多。好在解决这些矛盾的条件比过去是大大改善了。

近年来,上海《解放日报》、《文汇报》、《新民晚报》等报的报史研究积极开展,取得了丰硕的成果。据知,一部精心写作的《申报》史即将与读者见面。《上海新闻志》的编写工作,也正在紧锣密鼓地进行。1992 年我在给《上海近代报刊史论》一书写序时,就曾预感到上海新闻史研究的"一个百花争艳"的季节即将临近,现在这样的季节不是已在降临而且百花将会愈开愈艳吗?!

1996 年 3 月 10 日于复旦大学

前　言

本书是全面系统论述上海近现代新闻事业产生、发展与变化历史的著作。

上海在中国新闻事业发展史上，占有特殊的地位。中国近代，在上海逐渐成为中国的经济、贸易和金融中心的过程中，中西方的文化交流也十分活跃，因此推动了上海新闻事业的迅速发展，成为中国乃至远东的新闻中心。据上海图书馆徐家汇藏书楼统计，该楼所藏解放前中国出版的报纸共 4 000 多种，其中上海出版的有 1 800 多种。上海创办的各类杂志，在全国出版的期刊中，所占的比重也是很大的。所以，有人把上海称为中国新闻事业的半壁江山。

上海新闻事业的重要地位和作用，更表现在中国新闻事业的发展过程中，它一直走在全国的前边，起着领头羊的作用。诸如，报刊从舶来品向中国化的发展；从政论报刊向政党报刊的转变；通讯社、广播电台、完整意义的新闻教育等，都首创于上海；吸收和借鉴外国报刊业务和经营管理经验，引进国外的先进技术，更新设备，上海都走在全国的前头；上海新闻界与各国同行的交往最为频繁，成为中国对外交流的重要窗口；上海新闻学的研究开展得最早，成绩最佳等。上述这些，不仅在中国新闻事业发展中占有重要地位，而且其辐射作用也是其他地区难以比拟的。总结历史经验，探索发展规律，对推动当前新闻改革是有积极意义的。

上海是旧中国各种社会矛盾的交汇点。帝国主义很早侵占了上海，并建立了国内最大的租界，西方的政治、经济、文化势力颇为强大，西方在上海设立的各种新闻机构最多，影响也最大。1941年太平洋战争爆发后，上海从半殖民地半封建的地位沦为完全的殖民地，上海的新闻事业也由此而染上更为浓重的殖民地色彩。另一方面，中国的历代统治阶级对舆论宣传十分注意，封建文化专制主义，在上海也有十分浓厚的表现。中国社会的各种势力也都插手上海的新闻宣传，中国的私营报业，在帝国主义和封建军阀的双重压迫之下，在夹缝中挣扎，求生存，求发展，其艰难程度是可以想象的。研究上海近现代新闻史，可以更深刻地认识旧中国新闻事业的半封建半殖民地性质。

上海又是旧中国进步新闻事业的活动中心。上海是旧中国统治阶级多元统治的地区，有华界、有租界，而租界又被不同帝国主义占领着，中国人可以利用他们管理上的差异，开展各种活动，因而上海又成为进步人士、革命党人从事革命活动、宣传革命理论、传播进步思想的活跃地区。中国近现代史上两次思想启蒙运动发源于上海，就是典型事例。民主思想运动推动了进步报刊的创办，而报刊宣传又是扩大民主思想运动发展的重要途径。因此，上海又成为进步革命报刊的出版中心，并能较长时间保持住阵地。维新派、资产阶级革命派、共产党人及其他爱国民主进步人士的报刊活动，无不如此。上海是旧中国革命舆论中心地区之一。研究这些报刊的斗争情况，探讨办报特点，总结宣传经验，对于继承和发扬中国民主报刊传统，是很有意义的。

上海新闻事业的发展，历来是中国新闻学家注重研究的地区之一，并取得了不少成果，但这些成果大都是以全国新闻事业的发展为研究范围，上海仅是其中的组成部分。专门全面系统论述上海新闻事业史的著作尚缺。这与上海作为国际大都市、新闻事业中心的地位极不相称。为此，上海社会科学院新闻研究所，把《上海新闻史》列为科研重点之一。1992 年这一课题又被批准为上海市哲学社会科学“八五”规划重点项目。

以往研究上海新闻史的成果，为我们的研究创造了有利条件，但同时对我们又提出了更高的要求。我们努力遵循实事求是的原则，开展研究工作。上海是全国的上海。研究上海新闻事业史，就要注意中国的政治、经济、文化、社会形态对它的影响，及同全国各地区新闻事业之间的关系等。然而，上海又是具有明显个性的国际大都市，上海新闻事业的发展，又有其自身的轨迹和特点。因此，对研究中的一些问题，如阶段如何划分，重点问题如何确定，上海对外对内的关系等，只能从上海新闻事业发展的客观实际来确定，而不应简单地在全国新闻事业通史的框架内，填进上海的内容。首先，翔实占有史料，对所论述的每个问题，都力求查阅第一手资料，言必有证；其次，从上海新闻事业发展的历史实际出发，不带框框，不人云亦云，力求全面客观地论述上海新闻事业发展的状况，对以往研究中的空缺、难点、禁区等，都努力涉及，力争有所开拓，有所补正；第三，运用历史唯物主义分析问题，对上海新闻事业发展史上的各类问题，都认真对待，仔细研究，提出自己的看法。对已往的研究成果，不轻易否定，也不盲从，对无定论的问题，从已掌握的材料出发，加以客观的比较分析，给予判断，对实在难以下判断的问题，待今后继续研究，切忌主观武断；第四，对上海新闻事业中的各类报刊、人物、事件、重大宣传活动的功与过、是与非，力求客观，不采取肯定一切，或否定一切的形而上学的态度等。

"要坐板凳十年冷，不写文章一句空"，这是对从事哲学社会科学研究工作的生动写照。我们也深有体会。我们虽不敢自命"不写文章一句空"，但每个人坐了多年的冷板凳，确实是真的，十年，二十年，甚至更多。几分耕耘，几分收获。《上海新闻史》一书，就是我们坐冷板凳所得的一点回报。应当指出，我们参加撰稿的同志，多数从事过中国新闻史的教学工作，因教学需要对上海新闻事业发展情况，也作过一般性的了解，皆非研究有素。我们怀着为开展地方新闻史研究，作一点探索的心情，撰写了本书。由于撰写者学识所限，本书肯定存在着许多不足，甚至错误，我们衷心地期待着专家和读者的批评指正。

本书是集体研究的成果。上海社科院新闻研究所把《上海新闻史》列为重点课题，新闻史研究室内同志全力以赴，投入前期准备工作。由于人事变动较大，1992 年重新组织了编纂小组,集体讨论拟定了纲目。具体执笔者为:第一至第四章陈镐汶,第五、六、八、十、十一章马光仁,第七章秦绍德、马光仁,第九章黄瑚(其中第七节由马光仁执笔)。全书稿的修改审定、图片编选、大事纪要,均由马光仁负责。施东参加了后期工作。最后请高若海作了文字润色。需要说明的是,陈镐汶是长期从事上海新闻史研究的老同志,对清末上海报刊史的研究尤深,他分工撰写了第一至四章。对文中的有关问题,除根据上海市马克思主义学术著作出版资助评委会及专家“审读”意见进行修改外,尽量反映他的研究成果和心得。

在本书编纂过程中,得到了各方面的关心和帮助。从确定课题、撰稿,到出版的全过程中,龚心瀚同志一直十分关心和支持。复旦大学新闻学院博士研究生导师宁树藩教授,也给予很大的关心和帮助,在编纂过程中,我们遇到难题向他请教,都能得到满意的答复。复旦大学新闻学院丁淦林教授、徐培汀教授,上海新闻志编纂委员会负责人宋军同志等,都给予很大的帮助和支持。我们吸收了国内外有关上海新闻史的研究成果,充分利用近期国内同行的研究成果。我们还得到了上海社科院和新闻研究所领导的关心和支持,得到了上海图书馆徐家汇藏书楼、上海社会科学院图书馆及历史研究所资料室、复旦大学出版社等单位的大力支持。谨在此表示衷心的感谢和致意!

马光仁

1996年1月

再版前言

《上海新闻史(1850—1949)》是上海市哲学社会科学的规划项目，完成初稿后，于1995年申请上海市马克思主义学术著作出版基金资助，获准。1996年10月由复旦大学出版社出版。

《上海新闻史(1850—1949)》出版后，受到学术界的关注和厚爱。《人民日报》、《文汇报》、《新闻大学》、《新闻记者》、《中国新闻年鉴》、《上海新闻志》、《上海社科规划通讯》、《社会科学报》、《上海新书目》等报刊载文介绍和评述。特别是中国新闻史学术界权威人士给予鼓励和肯定。中国新闻史学会副会长宁树藩教授，1997年在《新闻记者》撰文指出:《上海新闻史》是上海新闻事业史的“百科全书”、“中国新闻史学界思想解放的一大成果”。中国新闻史学会会长方汉奇教授，1998年在总结五年来中国新闻史研究成果报告中，讲到地方新闻史志研究情况时，说“在这一时期出版的地方性新闻史专著中，影响最大的是马光仁主编的《上海新闻史(1850—

1949)》”,“是地区新闻史中的鸿篇巨著”,“是中国新闻史学界的一大收获”,“对地方新闻史的编写,提供了良好借鉴”。2002年新任中国新闻史学会会长赵玉明教授,在学术报告中也说,《上海新闻史(1850—1949)》“堪称地方新闻史研究的大手笔”,“学术力作”。1997年本书荣获上海社会科学院优秀成果著作特等奖,1998年荣获上海市哲学社会科学优秀成果著作一等奖。

《上海新闻史(1850—1949)》出版后,收到不少读者来信来电,除给予积极肯定外,也指出存在的问题乃至错误。如抗日战争胜利后,国民党控制的《申报》、《新闻报》成立的董事会的董事是11人,而不是13人等。由于本人还在进行《上海当代新闻史》、《中国近代新闻法制史》等项目,无时间和精力对《上海新闻史(1850—1949)》进行系统检查。2011年我在美国探亲期间,同高若海先生联系时,他建议《上海新闻史(1850—1949)》再版,我十分赞成,可以借此将书中的差错作全面系统的检查和修正。有的读者要求购书,无法满足。记得2007年中国新闻史学会在复旦大学举办第三次新闻史志学术研讨会期间,有位年轻研究者对我说,《上海新闻史(1850—1949)》买不到,只好全书复印。我将读者的要求反映给出版社。

上海是近代中国的新闻中心,学术界称之为中国近代新闻事业的半壁河山。一本新闻史著作虽被专家称为“百科全书”,但也不可能反映近代上海新闻事业发展的全貌,近代上海新闻事业发展的全貌更不是一次研究所能完成的。随着研究的不断深入,又发现了许多新闻史料,有的甚为珍贵。本人将上海的新闻教育、新闻社团、新闻界的对外交流、近代外国人在上海的新闻事业、通讯社的发展、晚报的发展、报纸副刊的演进等作了较系统的介绍和评述，每篇2.5万字左右，陆续在《上海研究论丛》上发表，总字数约20万字。《上海新闻史(1850—1949)》已近80万字，如将上述材料收入，量太大了，所以此次再版，一方面要满足读者需要，另一方面要注意书的规模应适中，在修正的过程中，只加入了必要的少量的史料，基本上保持书的原貌。上述文章收入本人出版的文集中，读者如需要，查阅也是方便的。

《上海新闻史(1850—1949)》的出版和再版，都得到了复旦大学出版社的大力支持和帮助。特别是高若海先生，在本书初版时，他身为出版社总编辑，工作十分繁忙，仍兼任本书的责任编辑，此次再版时，他身体不好，也十分关心和支持。此次再版的责任编辑黄文杰同志花了大量的时间和精力。上海社会科学院新闻研究所的武志勇，华东政法大学的郭恩强参加了本书的检查和修正。在此，一并致衷心的谢意！

马光仁

2013年3月18日

目　录

第一章
近代报业的创世纪

第一节　古上海的新闻传播

一、无权办报的古上海

古代上海是没有“报”出版的。因为古代上海无权办报。

我国明清时期主要流传的报纸是所谓“邸钞”及被特许以木活字或泥版印刷的黄皮本《京报》。邸钞和《京报》都由朝廷所特许的人在北京抄送或印刷。在京师以外则由提塘、驿站递送。各地也有被特许的翻印点，但上海及其相邻各县区都不是被特许翻印点。

说古上海无权出“报”，并不是说上海没有古代报纸的流通或传播。“邸钞”、《京报》以及报道官方政治消息的“大报”“小报”，也经常传播到上海及其周围地区。明末清初的著名学者顾炎武，就曾利用所搜集到的“邸报”研究经世之学，而写成《日知录》、《天下郡国利病书》等名著。近年出版的《清代日记汇抄》中，则载有上海市所辖南汇县周浦镇人姚廷遴所著《历年记》稿本。姚氏与顾亭林一样，生活在明清易代之际，“少作县吏，老为乡农”。他做县吏时也曾见到过“邸钞”之类的新闻传播载体：

“（崇祯）十七年甲申，五月五日，余在（周浦）捧日堂内家宴，忽报沈伯雄来，觉仓惶之状，手持小报云：四月二十五日，闯贼攻破京师，崇祯帝自缢煤山等语。”“不一日，有大报到，民间哗闻。又不一日，报福王监国南京；又闻即位称帝。先红诏，后白诏，俱到。”

“康熙廿一年壬戌……三月十四日，海贼舡四只，因大雾，早进大埔，打劫漕米，拐走姑嫂两人。并劫漕米四百余担。时漕船还有百只，竟不救护。……此时闻有小报，奉部议，据报贼舡四只；何难扑灭，而声张若是，将军降职，等语。”

这里所见说的“小报”，大概是指“邸钞”的非正式传抄本。蒋良骥所编《东华录》云：“近闻各省提塘及刷写文报者，除转抄外，将大小事件探听写出，名曰‘小报’”。“小报”是非正式的信息通报，特点是快，较讲究时效性，弱点是不甚可靠。而所谓“大报”则是由报房抄印的，如后来的《京报》，就较有权威性了。至于红诏、白诏，则是正式文件或文件的复制本。红诏指福王登基称帝的诏告天下书，白诏则是为崇祯皇帝发表的讣闻，是正式的公文，不完全属于新闻载体的范畴了。

那么，上海官府的信息如何传播开来呢？上行（对于上级如府道巡抚衙门)用“禀”,平行(给邻县衙门)用“咨”,那都是属于公文范围;对于下行即是要晓谕全县绅民的,那就只能贴告示,或用口头传达了。告示还是当时县级衙门传达管辖治理意见的最主要的方式。在近代新闻纸发刊的初期,如《上海新报》最早时期经常刊出的新闻,除与太平军战斗的消息外,就是会防公所公告、租界工部局公告、英领事公馆公告和上海道台和县衙门的公告等。其他还有一些有新闻价值的商业告白。有些上海知县的告示发布得相当频繁,具有一定的新闻性。如上海知县叶廷眷在光绪壬申六月廿六接印到年终,半年时间里,仅在《申报》上可以查知的就有“晓谕河工经费”、“严禁妇女扮犯跟会”、“挑浚三林塘河”、“开仓征漕”、“设立粥厂查禁乞丐露宿”、“通谕各县境各乡图地保严禁私宰”、“缉拿邻境剧盗”等告示四十八件,平均月发八件。

这类告示有的是例行公事,有些的确要全县民绅有所遵循执行的,却也不是一纸公文所能取得晓谕的效果的,曾任南汇知县的陈其元,在所著《庸闲斋笔记》中就记述了这样一件事:同治六年(1867)有一位英国商人运煤到上海来,在南汇海面上发生沉船事故,所载煤散浮海面,为附近乡民捞去。那位英商到县蛮横地索赔银五万余两。当时任南汇知县的陈其元严词拒绝,只答应代为查寻,“遂选干差往沿海各村挨查,而缮手谕数百张,挨村遍贴,剀切晓谕”。但一无结果。陈其元亲自出马,“自向最大之村落名泥城者集众谕话,附近各村之民聚观者不下数万人。余先以夷情谕之,又以拼一官保卫百姓语告之,更以手谕之意反复开导数百言,乡人多有感动泣下者,云……均愿以所捞之煤送还。余喜问曰:‘尔等岂不见我手示乎?'则万口同声对曰:'虽经见示,实无一人识得字也!'"陈其元不禁感慨系之地称:"始悟古人'悬书''读法'之意:悬书以治识字之人,读法以治不识字之人耳!"因此告示之外,又有了补充形式,是为"锣谕",重要的告示内容,由乡约地保到四乡各处去一面敲锣一面传达。这也正是那时把有些告示内容写成六言排句,以便诵读转达的原因。

二、上海民间的新闻传播

上海地区民间的新闻传播,比无权办报的官方传播为活跃。

这里有一个实例,就是松江府华亭县在明万历年间发生的"民抄董宦"事件。这个董宦,就是大名鼎鼎的书画家董其昌,在朝廷内是"己丑进士,由馆选授编修,历官礼部尚书"的显宦,在家乡却是一个横行霸道、鱼肉乡里的劣绅。"民抄董宦"大致经过是:

> "……同里陆生者,先世有富仆。陆诛求术无厌,仆乃投充祖权(董其昌的次子——引者注),权作纪纲,为护身符。陆生复至需索如旧,祖权统狠仆攒殴之;次日陆生之兄,率诸生登其堂,面讨其罪,惶恐谢过乃已。又有范某者,其昌姻也,将此事演为词曲,被之弦管丝索,以授瞽者,令合城歌之。其昌闻之怒,执瞽者究曲所由来,瞽者以范对。范因称无有,乃共祷于郡神,设誓焉。未几范某死,范妻率仆妇数人,造董讪骂,祖权拥诸狠仆突出,踞高坐阖门,

> 执范妻及仆妇，裸其体辱之，秃其发并及下体，两股血下如雨。各城不平，群聚鼓噪其门约万余人。董家人登屋飞瓦，掷下击诸人。诸人愈急，亦登屋飞瓦，互相击斗。复有受害者，乘机纵火焚其家。”
>
> “……斯时董宦少知悔祸，出罪己之言，犹可及止。反去告状学院，告状抚台，要摆布范氏一门。自此无不怒发上指，激动合郡不平之心。初十、十一、十二等日，各处飞章投揭布满街，儿童竟传‘若要柴米强，先杀董其昌’之谣。至于刊刻大书‘兽宦董其昌，枭孽董祖常’等揭纸，沿街塞路，以致徽州湖广川陕山西等处客商，亦共有冤揭黏贴；娼妓龟子游船等项，亦各有报纸相传，真正怨声载道，穷天罄地矣！”①

这里所引“民抄董宦”的记叙，就新闻学研究的角度来考察，这段历史记述中，较完整地描述了民间新闻传播的多方面表现：“被之弦管丝索以授瞽者，令合城歌之”，那是口头传播，“飞章投揭”、“揭纸塞路”、“冤揭黏贴”、“报纸相传”，则都是文字传播，甚至连续抄发，虽不一定定期，却有连续性。《民抄董宦事实》一书中，就收入“传檄”（有残缺）、记事和处理此事的来往公文告示等共 27 件，传单（揭帖和公禀）有官方告示、相互驳斥争辩的公文，成了一册有关这桩新闻公案的文献汇编。解剖这个新闻事件过程中的一些新闻传播活动，大致可以了解古代上海地区民间新闻传播的一般状况。

民间新闻的传播最经常也是最主要的方式，是口头传播。在大庭广众之间演说般的发布新闻那是不允许的，如果“被之弦管丝索以授瞽者，令合城歌之”，这样的口头传播，就有了新闻发布的意义了。

上海所在江南一带广为流传的民谣吴歌，一直被看作有价值的文学作品。就它的社会价值方面的考察，有些叙事吴歌的原型，往往有很强的新闻性。譬如在松江新桥、古松一带采集到的长篇叙事吴歌《朱三与刘二姐》，唱的就是发生在浙江余杭乡间的故事；长篇叙事吴歌《庄大姐》，开章第一篇就是"枫泾镇"，所唱的就是清朝中发生在枫泾庄家浜的真人实事，历史上还曾发生过庄家浜人起来打人禁唱的事。吴歌搜集者还搜集到小刀会起义、太平军打上海等吴歌的事实，完全可以察知吴歌之类说唱手段，在江南一带民间发挥传播新闻功能的作用。时效性较强的叙事性吴歌少，这可能是因为现编现唱的有新闻性的吴歌，原始形态都比较粗糙而又缺乏记录；能够流传下来的叙事吴歌都经过了不断的加工磨炼，文学典型性强了，也就减少了新闻的真实性。

上海的邻县太仓王世贞曾是"朝报"的收藏者，"积之如山"。但似没有遗留于世，只知道"朝报"的内容，"其中升沉得丧，毁誉公私，人情世志，畔援歆美，种种毕具"②。就是说批评揭露是比较尖锐泼辣的。上海民间有"卖朝报"这句俗话。所卖的"朝报"有稀罕、离奇、为人抱不平喊冤枉，也可能是靠不住的一面之词等多重性内涵。卖朝报有冒犯对方当事人的风险，可能被殴，也可能被辱，因此往往收买或嗾使一些泼皮式的无业游民担任，行径猥琐。因此上海俗话骂人"卖朝报"的，往往是指衣衫褴褛迹近乞丐而行为无赖的破皮。

民间还有一种常用的文字传播新闻的手段就是发冤单、告地状，发冤单、告地状与卖朝报在传播新闻的职能上有相似的一面，都是诉之社会，但也有差异，“卖朝报”是诉说别人的事，而发冤单告地状则是事主诉说自身的事。这类事在古上海的史料中是保存不少的。清光绪初年的杨乃武案，乃姐（一说乃妻）赴京“京控”时，也是背负杨乃武亲笔书写的词状，一路呼冤北上的。所谓“浙江无清官，神州有青天”的名句，就出于这一次告状。杨乃武乃姐北上京控当然不一定路经上海或上海地区，至少这一种民间的新闻传播方式还在江南一带有所存在吧。

民间新闻文字传播更经常的形式则是揭帖。揭帖有两种，一种是具名的，表示发揭帖者是完全负责任的。具名揭帖往往有多人签名，这就成了“公禀”。而更多的只是不具名或不具真实姓名的匿名揭帖。“卖朝报”，在某种意义上也是匿名揭帖，不过所揭露的人和事，可能并不是完全真实的。匿名揭帖可以不负责任地攻击或诽谤，甚至无中生有，坏人名誉，扰乱社会秩序，因此官方“于律例禁”③。这就大大制约了民间新闻以文字形式的正常发展。

民间新闻的口头传播有很大的自发性，是否自由度稍宽一些呢？也不见得。不过是口头传播不容易抓到证据，而且“法不罚众”，不容易完全禁止罢了。如口头传播的内容一旦转化为文字，抓得住了，那就立即不客气了。

三、古上海新闻传播的特殊性

上海的古代官方新闻传播和民间新闻传播，都是在大一统的封建政治体制下我国一般县城乡镇新闻传播的普遍状况。古上海，还有它的特殊性。

上海新闻传播的特殊性，是上海这座县城形成过程的特殊性所决定的，表现在：

一、上海虽然有建城七百年的历史，但同有几千年历史的中国其他城市比较起来，还属后起的城市，相对来说，所受传统束缚比较小。

二、上海之所以能成镇成集，主要不是基于政治因素，也不是基于国防因素，而是由于经济因素。在以农业自然经济为统治经济形式的古老中国，濒海而地处长江口的上海，渔业、盐业以及以木棉种植为特点的农业都不是完全闭塞的自给自足所能消化得了的。北航燕赵，南连浙闽，长江直溯九省，河网遍联江南，加上外洋可达日本和南洋，这种特殊的地理环境使上海的航运业和商业十分发达。经济发展增加了流通性，减少了封闭性。

三、上海的发展过程中，一直处于移民城市状态之中。上海不仅与临近地区人口交往频繁，而且随着航运业、商业的发展，闽、粤、浙、鲁等客帮寄寓上海的也愈来愈多。在1843年被迫开埠之前，上海的外省同乡会馆之多，除了北京之外，各省会城市也不一定能相比。

这些因素，都构成了古上海新闻传播比较发达的特殊性。

新闻是事态最新状态的报道，同时在人际的交往中广泛地传播开来。闭塞静止，“鸡犬相闻而老死不相往来”的环境是不可能孕育出发达的新闻传播状态来的。在上海，最经常把远方的奇闻异事带来的是各路航船，其次是各地客商，特别是南洋一带来的远洋航船。因为各地风俗习惯、风土人情不同，带来各种各样的消息，在上海公众集中地就成为新闻传播最活跃的地方，如天后宫，是海运船帮特有的神庙。天后即湄州圣母，本来只是闽帮海员们信奉的保护神，后来却发展成为上海本帮沙船以及其他船帮的乌船、蜑船、估船所共同供奉的海神。当时县城小东门外滩旁的天妃宫，是当时上海最繁华的地段，也是新闻信息集散最活跃的地方。多为口头传播，也有好事者把某船何时酬神将请某班演戏等事发榜张贴，名曰"海报"；更有把某些可供后来航海者参考的注意事项抄写后供人取阅，则称"知单"。清咸丰九年，上海发生法人等捕捉人口，贩运出洋的事，上海人民起而斗争的手段之一即刊播闽人谢再生被人骗至外国设计逃回的"知单"，"分置上海各庙宇，听人自取"③。这样的新闻传播办法，在我国其他地方比较少见。

上海众多的旅沪同乡会馆，也是新闻传播的集中地。这是除北京以外其他省会城市也少有的现象。同乡会馆的任务是维护同乡的利益，互通家乡信息和接济旅沪同乡中的贫病者。北京的同乡会馆多，是因为各地都有到北京去做官的人，发达者照顾提携落魄者；上海则都是商人的旅居者。还有，各行各业的商人为了维护本行业的利益，垄断经营特权和统一商品的质量和价格，各种同业公所如钱业公所、鲜肉业公所、药业公所等，也都先后建立起来。这些行业公所因为经营者往往籍贯相同，有些也带有同乡会馆的性质。

上海人口构成不同于我国其他城镇，其他城镇只有生于斯葬于斯的土著居民，新闻信息来源也比较单一，传播也比较潴滞。上海在很大程度上是一个移民城市，新闻信息的流通比较多样，比较活跃。在我国封建社会里，平民百姓没有新闻自由、宣传自由，同时也没有结社集会自由。而旅居异地的同乡公馆在上海却成了一个例外。这些会馆的内部结构也还是封建宗法的那一套，但毕竟把一批在上海较不稳定的旅居人士组织起来了。以后上海的聚众议事，发揭帖，刊知单，往往有这些人的背景。

上海开埠以后不久，就出现了近代新闻纸，开始了近代意义上的新闻传播活动。但是有一两种近代新闻纸的出现，不等于我国古典形式的新闻活动就完全停止而更新，而是长期与近代新闻纸等传播工具共存。还是洋人办的报为洋人所用。中国人仍只能或习惯于用固有形式，就像用大刀长矛来对抗洋枪洋炮。

古上海传播新闻的场所更有特色的是酒店和茶馆。上海的建制，本来就是从上海务开始的。所谓“务”，就是收酒税的地方。上海始设地方衙门，就是在北宋熙宁十年(1077)作为秀州十七处酒务之一开始的。上海的濒海地区也具有“十家三酒店，一日两潮鲜”的美誉。茶馆，在江南村镇、渡口街道必有开设。在上海城内更多更集中，仅城隍庙一处，道咸之间“园中茗肆十余所，莲子碧螺芬芳欲醉”[⑦]。上海的茶馆更偏于商业方面的活动，同时也成为新闻信息的传播站和集散地。

第二节 英文《北华捷报》的最初岁月

一、舶来品软着陆

1850年8月3日(清道光三十年六月廿六日)，上海滩的洋人社会中，一种舶来的洋玩意儿：*North-China Herald*（英文《北华捷报》）[④]问世了。

这份英文新闻纸，只有薄薄的 4 页；每星期六出版一次；记载着旅沪侨民社会的动态以及他们所关心的一些新闻和议论；主要读者是一百多位旅沪侨民，也随着进出上海港的一些外国商船，带到中国其他有外侨外商的商埠以及南洋各地，乃至英国本土；每期只印行一百份，它却在上海新闻史乃至中国新闻史的史册上宣布：新闻纸，这个舶来的近代新闻定期出版物，终于在中国大陆上移栽问世了。

说它是“舶来品的移栽”，首先是指英文《北华捷报》创刊时，就已是完整的近代型新闻纸，虽然有些地方还显得稚嫩，有缺陷和不完善。它是与英国本土新闻纸及其海外新闻事业相衔接的。英文《北华捷报》创刊号，第一版以广告为主，也有几则重要消息，如英国皇后三个月以前生育了一个王子等。还刊出了当时在沪的 141 位英国侨商侨民的名单以及他们的身份职位（另有他们的家属童孺等 34 人列入，当时在沪英侨共 175 人）。广告有上海主要的洋商店铺、保险公司、房地产业、拍卖行、银行等的各种营业告白。第二版刊出两篇评论：《致读者书》和《谈我们现在及将来与中国的关系》。第三版主要内容为本市与中国乃至南洋印度各商埠的消息。第四版刊登了大量船期广告，进出口贸易统计录和我国的《京报》选录。它有一个十分完整的近代新闻纸模式。

说它是“舶来品的移栽”，还因为英文《北华捷报》在上海问世，创办者、支持人乃至读者并没有意识到他们是在上海新闻史上进行了划时代的开创工作，他们仅是办一份适应旅沪的洋人社会的需要的新闻纸而已。1850 年，是上海开埠的第七个年头。当时在沪的英国人已从简陋的中国民宅中，搬进了新划定专门供外国人居留的租界里，同时在租界里还建造公园，进行赛马与五柱戏、赛船，组织大英剧社，成立公共图书馆等。办一份新闻纸，也是丰富和满足他们社会生活的一个侧面。洋人在中国土地上办一份洋文报给洋人们看，是完全顺理成章的事，并不值得深究什么“微言大义”。但事实上，这份新闻纸问世却构成了我国近代新闻事业的起点：以后从洋人社会扩展到中国社会，从与中国人民隔了一层文字障碍的洋文报发展到办中文报，甚至中国化、民族化、乡土化。

中国近代新闻事业史所研究的，并不是中国新闻事业渐进的“从猿到人”，而是研究舶来的新闻事业怎样在中国从着陆到“根着”，为中国人所学，为中国人所用，逐步融入到中国整个近代文化事业中去的过程。上海近代新闻事业史所研究的也是这样。

二、奚安门主持时期

创办英文《北华捷报》的是奚安门(Henry Shearman)和他的两位助手卡万霍(Carvalho)和罗撒里奥(D. Rosario)。

奚安门为什么创办英文《北华捷报》?

在《北华捷报》创刊号上所刊的《致读者书》一文中，已表达了该报出版的缘起和宗旨。《致读者书》说：“由于上海开埠已有六年。而不到五年的时间，上海已成为亚洲第四大港口；四个月以前，上海与香港之间已开辟了定期航线。”因此，“我们认为创办一个报刊的时机已经来到”，他办报“要为本埠造成最有利益的东西”，不仅促进上海本身经济的发展，而且还要向他们的“母国”大英帝国乃至世界各地争取对上海发展的重视。奚安门更进一步呼吁“最主要的是要竭尽全力在英国唤起一股热情，支持从现有水平上同整个庞大帝国（清廷）建立更加密切的政治联系，更加扩大对华贸易”的主张。“若有可能，还要使公众懂得，不能只顾暂时和眼前的利益，而应具有全局和长远的观点，认识到这样做对于英国和整个文明世界的进一步发展有着极大的重要性，并看到这个巨大的帝国拥有惊人的丰富资源。”——奚安门在这里鲜明地表达他办报的奋斗目标为“开发上海”，以后每期报纸也差不多都在这样号召：发财吧！请到中国来，首先来开发上海！

奚安门的办报意图，在英文《北华捷报》的命名中，也可以约略察觉到一些端倪。现在的读者都不容易弄懂，上海明明是在中国全部海岸线的中部，怎么能称呼作“North-China”；上海是“North-China”，那么上海以北的大半个中国，将用怎样的称谓呢？因为在鸦片战争之前英国人几次要闯到中国来开发商品市场，但势力始终仅局促于香港和广州一隅；是鸦片战争的炮火，才赢得了“五口通商”。而广州、厦门、福州、宁波和上海五个口岸中，上海已是被法律（条约）允许的最北端了。因此香港是“South-China”，上海就成了“North-China”。

五口通商的初期，中英贸易的重镇还在南中国的广州；然而从1844年到1849年这六年间，英国对华贸易的进口份额广州从95.9%降低到51.7%，上海则从12.5%上升到40.0%；出口份额广州从88.7%降低到61.7%，上海则从

11.1%上升到37.1%。[5]就如英文《北华捷报》《告读者书》中所说的"上海已为(当时)亚洲第四大港",而且还有极大的潜力:长江水系通航可达中国中部诸省,加上运河漕运和海运,可抵达北方更多的地方。上海可能成为未来北中国贸易的中心城市,而把北方沿海和长江沿江的口岸仅仅当作转运货物的卸货地。称"North-China"而且是"Herald",这就可能表示要以上海为基地,充当开发北中国的先驱。英国人到中国来办英文报,起意当然是为英国利益服务,英文《北华捷报》的目标更具体,要以开发上海着手,为英国利益服务。它开办时虽仅仅印行200份,却受到了英国本土乃至亚洲各港口的普遍重视,而且随着上海日后的开发,愈来愈受重视。

奚安门何许人也?现在史料匮乏,只零零碎碎地知道他原是英国一个拍卖商,来自爱德华亲王岛;他自称是波佛梅公司的广告代表。他并不是报人出身;从他主持时期的报纸来看,他自撰的稿件并不多。但是他十分善于组织稿件,当时上海侨民社会里的名流们,包括各国驻沪官员、各洋行行主和传教士,甚至不放过路过上海的重要人物,如香港总督等。而且不少关于论述首先开发上海的主张,都是由这些撰稿人提出的。可以说,奚安门的办报,是充分运用了上海侨民社会这个有利条件。旅沪的各位侨民,也都充分地利用了英文《北华捷报》这个论坛来发表他们的见解。该报也的确无微不至地为它的读者们服务,不久就增加篇幅,并增设了诸如《学习上海话》、《一周天气综述》等专栏。1852年元旦,奚安门又编辑出版了英文《上海年历》(*Shanghai-Almanac*),内有五口外侨一览、洋行名录、大事年表、港口章程、上海概述等内容,十分贴近和符合读者的需要。

奚安门主持的英文《北华捷报》，不能不引起南方同行者的妒忌和竞争。特别是香港的同行们。在鸦片战争之前，英国已在香港进行了开拓。香港有近代新闻纸，始于 1841 年的 *Hong Kong Gazette*（英文《香港公报》，或译作《宪报》和《香港钞报》）。到 1850 年上海有英文《北华捷报》时，香港至少已有四种英文报刊在同时出版。由于上海经济的发展，使报业竞争也处于有利地位。英文《北华捷报》发刊以后，一直蒸蒸日上。它与南方同业们的竞争，与其说是新闻竞争，还不如说是埠际竞争。后台不硬，什么话都说不响的。

英文《北华捷报》问世第二年，1851 年 1 月中国的南方广西桂平县金田村发生了洪秀全为首的太平军起义。1853 年 3 月 1 日太平军定都南京，成立太平天国。中国出现了第二个政权，而且邻近上海。英王国面临着新的选择：它在亚洲东部的代表香港总督何伯，匆匆忙忙地赶到上海来，设法与太平天国取得联系，了解他们的情况，并把他们的政治文件，就近在上海翻译成英文，并由英文《北华捷报》发表以供读者选择时参考。这就更显示了上海以及其新闻纸在英国利益中的重要性。1853 年 9 月，上海县城又发生了小刀会起义，直接涉及了上海租界的存亡与否。这就出现了新闻事业发展上一种奇特的现象：上海近代化经济蓬勃发展时，固然为新闻事业的发展奠定了坚实的基础，而当上海及其租界面临战事的波及，同样成为世界瞩目的新闻事件中心。上海成了新闻信息源，包括报刊本身的举动行止，也都成了新闻。

在这样的背景下，英文《北华捷报》却又有了创造性的表现：它提出了在清廷和起义军之间保持中立的主张。英文《北华捷报》对于太平军以及小刀会的报道，一般采取客观的立场，其中有时还不时表露出同情的情绪。关于报道起义军最后失败的长篇通讯《为壮士们鸣钟，壮士们已不在人间》，对小刀会视死如归的壮士们，字里行间表达了由衷的尊崇和称颂。但是，从政治学观点来看，未经中国任何法律特许，由外国侨民在中国土地上办一份对中国事务保持"中立"而又说三道四的报纸，总不能说是对中国主权的尊重。

奚安门的英文《北华捷报》还在中国人在租界地区的地位问题上发挥了特殊的作用。租界，在中国政府的本意，原是仅划一片地皮给来华的外国人集中居住，以便"羁縻"外侨，减少他们日常与中国人之间的接触所产生的纠葛。小刀会据城以后，城里以及城外战区的难民纷纷涌入"中立"的租界地区，租界当局无法驱逐，清朝方面也无暇顾及。而有些旅沪英商，开始投资在租界建造"弄堂房子"，供进入租界的中国人居住。随着战争的持续进行，难民进入租界的人数日增，华洋分居的局面也被打破，并促进了租界的繁荣。当时英国驻沪领事阿利国（Sir Rutherford Alcock）曾设法阻止华洋杂居的局面，企图保持租界为纯粹的英国社会，却遭到了上海英国商人们的激烈反对，而英文《北华捷报》又是英国商人利益最积极的支持者，而且还鼓吹和促成租界设立了具有政府机关性质的工部局，设置巡捕组织、由外侨武装起来的"商团"。

从上海第一种近代新闻纸英文《北华捷报》的舶来整体移栽和奚安门主持时期的奋斗历程，可以看出这份报纸的诞生有政治需要，也确有促进商务活动的功能。它为开发中国市场特别开发上海而鼓吹，并把上海租界地区按照旅沪英商们的愿望塑造成为中立的，即独立于中国政权之外的“国中之国”式的殖民地，它无微不至地为洋人社会读者的商务活动和其他社会活动而服务。英文《北华捷报》不断沟通了各洋行之间以及洋行与华商之间的各种商务需求，如拍卖、征求、求职、招工、召租以及其他各种各样的商务公告，有助于上海的商务活动的进一步活跃，也可以说正是上海商务事业发展到一定程度的必然产物。从英文《北华捷报》的问世以来考察近代新闻纸在上海的“西学东渐”，可发现它是当时政治、经济、社会乃至文化消费各种需求的综合产物。关于新闻纸在上海的起源，不必穿凿地一定归结于某一种单纯的因素。

三、从“中立”到“公正而不中立”

1856年3月22日，英文《北华捷报》的创办人奚安门逝世。之后，英文《北华捷报》的产权曾在市场上拍卖出售。而在他搁笔之后，报纸编务暂由史密司(J. Mackrill Smith)所摄代。不久，英文《北华捷报》的产权为一家公司所收买，报纸的编务改聘英籍报人康普东(Charles Spencer Compton)主持。康普东在英文《北华捷报》任期五年半(1856. 5. 17—1861. 12. 31)，为报馆建设作出了积极的贡献。

首先，他上任以后不久，就为英文《北华捷报》增出了一种每日出版的 *The Daily Shipping News*(译意英文《每日航运新闻》)，以弥补作为周刊的英文《北华捷报》不能及时通报进出上海港的船期以及其他时效性新闻材料的不足;1859年又增刊 *North-China & Japan Market Report*(译意英文《北华与日本市场消息报》)。1861年合并扩充为 *The Daily Shipping News and Market Report*(译意英文《每日航运与商业新闻》)[6]。1859年3月10日(清咸丰九年二月初六日),再增刊月刊 *Shanghai Chronicle (of fun fact and fiction)*(译意英文《上海真相》月刊)。1861年秋末或年底,又接盘了墨海书馆的中文铅活字,筹办了上海最早的中文新闻纸《上海新报》(英文名为 *Chinese Shipping List and Advertisers*,意译应为"中文船期商品广告纸"),把舶来的大众信息直接推进到上海的华人社会中去。英文《北华捷报》的事业在他手里发展成为系列报刊。

第二,康普东密切了英文《北华捷报》与英国驻华当局的关系。1859年6月13日英文《北华捷报》刊出通告,宣告已被指定为英国在上海的驻华使领署以及首席商务监督公署的各项公告的发表机关。以后又陆续成为英国驻中国与日本的最高法院以及英国公使馆的公告性机关报。1860年,曾任上海工部局第一任总办的壁克武德(Edwin Pickwoad)获得了英文《北华捷报》的股权,更沟通了报馆与租界工部局之间的关系。

第三,康普东执编时期,英文《北华捷报》面临上海新出的另一家英文日报《上海每日时报》(*The Shanghai Daily Times*)及其星期刊的挑战。《上海每日时报》及其星期刊是1861年9月15日(清咸丰十一年八月十一日)由天孙洋行出版发行的,由英人威脱(Wynter)主办,聘J·M·史密司为主笔,馆址设在界路上。它发刊在第二次鸦片战争英法联军火烧圆明园，清廷被迫签订中英中法《北京条约》之后，上海的英国商人中某些浮嚣的情绪被鼓动了起来，威脱办英文《上海每日时报》，就是这种浮嚣情绪的反映，他主张不受条约的约束而蛮干。康普东及其英文《北华捷报》则相对来说比较稳健。康普东在这一年（1861）年底就交卸了编务。英文《北华捷报》与英文《上海每日时报》的新闻竞争，实际上由康普东的继任者马诗门（Samuel Mossman）来执行了。

马诗门主持英文《北华捷报》只有1862年一年，而这一年（同治六年，也即壬戌年，谐音为"人血"年），也正是上海历史上具有转折意义的十分重要的一年，因为在1862年，英国对华政策有了一个重大的转变，就是对中国内部事务从"中立"变为站在清廷一面"助剿"。这是为了维护第二次鸦片战争后从清廷方面获得的既得利益。马诗门则也不失时机地在英文《北华捷报》上及时提出了"公正而不中立"（"Impartial, Not Neutral"）的口号，而这个口号，在1864年6月1日 *North-China Daily News*（《字林西报》）发刊以后，还一直刊印在《字林西报》的言论版上端。这个口号比"中立"更富有侵略性。如果说在中国土地上办报持中立的态度对中国事务说三道四已是一种对中国主权的不尊重，但不过是一个旁观者的流言蜚语；现在更进了一步，"不中立"也即是将参与中国内部事务而宣布做"公正人"，这实质上是做中国的太上皇。

必须指出，"公正而不中立"这个口号是由马诗门首先使用，但却是与他的前任康普东和他的继任者詹美生（R. Alexander Jamieson）共同酝酿的。不仅英文《北华捷报》及以后字林洋行的众多出版物都奉为圭臬，而且也一直为以后外商在华所办各种报刊所认同。

关于马诗门继任康普东之后与同业英文《上海每日时报》及其周刊的新闻竞争，同样没有着意展开，只知道马诗门曾把英文《每日航运新闻》，改版扩充为 *The Daily Shipping and Commercial News*（中文译意应为《每日船头货价纸》，也有译为《每日航运与商业新闻》或《每日航运评论报》的）。威脱的报纸，在马诗门上任之后不过三个月多一点的时间，就欠了一屁股债办不下去了。马诗门在 1862 年也交卸了英文《北华捷报》，由詹美生接编。1864 年 6 月 1 日，詹美生把英文《每日船头货价纸》正式改刊为 *North-China Daily News*（《字林西报》），而英文《北华捷报》演变成为《字林西报》附出的星期刊。以后英文《北华捷报》自身也还有不少变化和发展，但作为外文报坛上唱主角的英文《北华捷报》时代，在《字林西报》创刊之后就宣告结束了。

第三节　东方新闻中心地位的形成

一、从报馆到报业

英文《北华捷报》经过十余年的奋斗，在东方新闻界的地位也日益见重。但是该报发刊的最初岁月里，基本上是孤军奋战，没有竞争对手，同时也就没有伙伴和合力。字林洋行的出版业务日见蓬勃，年刊、月刊、行情纸船期表接连面世，虽是"单亲繁殖"，倒也煞是热闹，满足着上海外侨社会方方面面的信息需求，但是形不成行业，总是独木支撑。与香港相比，相差较远。香港在鸦片战争之后到1860年之间，就先后创办和迁入过9种英文新闻纸，还发刊了4种中文报刊[7]。报纸大都是民办的，但早已形成行业。而上海，虽有过一种中文刊物即1857年的《六合丛谈》，“惜仅及一年”。两种英文报刊：即1858年6月，旅沪外侨组织的学术团体“上海文理学会”，发行了一个会刊 *Journal of the Shanghai Literary and Scientific Society*（英文《上海文理学会会刊》）。7月20日“上海文理学会”宣布并入英国皇家亚洲文会，同时出版发行会刊 *The Journal of the North-China Branch of the Royal Asiatic Society*（英文《皇家亚洲文会北华分会刊》），年刊。而且到1861年就因经济拮据而停顿了。

詹美生接办《字林西报》后，面临的问题就不同。1862年，怡和洋行开始投资于新闻事业，聘原来在香港主编英文《中国之友》的琼斯（C. Treasure Jones）创办了 *The Shanghai Recorder*（《祺祥英字新报》，也有译意为英文《上海纪事报》的）[8]。《祺祥英字新报》是日报，那时正是太平天国进军上海，兵临城下的当儿，有些消息往往还是英文《北华捷报》所缺载，以致后来英文《北华捷报》著文时，还要转引或补载。《祺祥英字新报》是日报，英文《北华捷报》是周刊，其中有一个“时间差”问题。当时的字林洋行，虽然把英文《每日船头货价纸》的报道内容扩大，也刊出与时局相关的消息，但到底不是正式日报，很难与《祺祥英字新报》相匹敌，不得不在1864年6月1日（清同治三年四月廿七日）起，正式出版《字林西报》。更使字林洋行感到难堪的是：1865年3月由英王敕令在上海设立H. B. M's Supreme Court for China and Japan（英王在中国与日本的最高法庭，俗称上海按察使署），《祺祥英字新报》馆抢先发刊了 *Supreme Court and Cousular Gazette*（译意英文《最高法庭与领事公报》）。素有“英国官报”之称的英文《北华捷报》，从 1859 年起，先后为英国驻华使馆和首席商务监督公署、领事法庭、英国驻日本长崎领事馆，以及英国驻北京公使馆指定为公告发布场合。*North-China Daily News*（《字林西报》）创刊时，还刊出当时甫来履任的上海领事巴夏礼亲笔签署的文件《上海英国领事馆通告》：“从即日起到另有通告前，《字林西报》刊登的英国领事馆的通告，一律作为正式文件。”现在由怡和洋行另出版了一份专门刊物，这岂不是使《字林西报》的权威性受到了极大的挑战？所以 1869 年《祺祥英字新报》宣布破产倒闭时，《字林西报》抢先收购了这份英文《最高法庭与领事公报》的产权，把它置之于字林洋行麾下继续出版，1870 年 1 月 4 日发刊到第 146 期时，又把它与英文《北华捷报》合并成 *North-China Herald & Supreme Court Consular Gazette* 这个刊名，一直持续使用到 1941 年 12 月，有七十年的历史。

1863 年，原在香港出版的英文《中国之友》（*The Friend of China*），不满于香港总督的严厉制约，搬迁到上海来了。英国当局对于香港的治理与上海有显著的区别。根据中英《南京条约》的规定，香港是“割让”给英国的，是大英帝国女皇陛下直接管辖下的殖民地，对新闻言论的控制比较严。而上海租界是一个“四不像”的地方，环境比较宽松。所以 1860 年笪润特（William Tarrant）就将英文《中国之友》迁往广州。1863 年再迁往上海。笪润特的英文《中国之友》（当时俗称

“达伦新闻纸”，为英文“Daily News paper”的洋泾浜讹译）在上海出现，当然是英文《北华捷报》以及后来的《字林西报》强劲反对派，因为它热情地支持和同情太平天国起义，而且对清廷和英国当局及字林洋行嬉笑怒骂，不顾情面。

1861 年 6 月 30 日，英国人赫德（Robert Hart）被清王朝正式任命为清政府的署理海关总税务司。1864 年 1 月，英国人狄妥玛（Thomas Dick）出任上海的江海关税务司的职务。这一年起，江海关按照西方近代化的管理模式，按年出版了公告性的 *Annual Returns of Trade and Trade Reports*（英文《海关中外贸易年刊》）；1866 年 1 月份，更增出 *Monthly Reports on Trade*（英文《江海关贸易月报》）和 *Shanghai Customs Daily Returns*（英文《江海关每日报告》）。同时，上海英租界工部局也开始出版 *Shanghai Municipal Council Report*（英文《上海（英）租界工部局年报》）。这个“准政府公报”与香港相比，面世虽然迟了四分之一个世纪，但终于表明近代型的社会管理模式在上海也已初步建立起来。这些业务性的机关报，当时都是公开出版有计划发行的，海关公报后来还成为卖品，可以付费订阅。

二、新闻信息集散地的初步形成

到 1867 年，上海每天已有三种（或四种）英文新闻纸与读者见面。除了早已出版的《祺祥英字新报》、英文《中国之友》和《字林西报》外，琼斯又创办了 *The Shanghai Evening Express*（后改名 *The Shanghai Express*，俗称《新达伦日报》，又译意为《上海快报》),每天晚间出版,是上海最早问世的晚报,法国罗扎利欧(C. do. Rozari)曾与之合作。"新闻、生意兼备,每年价银十六元",到1871年琼斯离沪时才停刊。

1867年,美国人在上海也开始了新闻活动。是年10月10日,旅沪美侨桑恩(John Thorne)和温伯利(Twombly)创办 *Shanghai News Letter of California and the Atlantic States*(英文《美国月报》)⑨。《美国月报》原来打算按月出版,但实际上是不定期刊,因为到一艘美国商船就出版一期,有时一个月出三期,有时又两个月才出一期。每期都详细刊载着美国人来华的名单,还鼓吹到中国建立美国的海军基地,以加强美国在竞争中的地位等。

除英语之外,其他文种报刊也开始在上海出版了。1867年的 *O Aqzilao*(葡文《北方报》),存世时间不长,因批评澳门当局而在葡萄牙驻沪领事干预下停刊,也有的说因载文引起民事纠纷而无法继续出版。

1867年伟烈亚力组织出版了季刊 *Notes and Queries on the Far East*(译意英文《远东释疑》),它泛论中国历史、宗教、语言等。同时又经常作客观的科学的评论,它是伟烈亚力在沪创办的第三种重要的学术刊物。1872年易名 *China Review* 双月刊;1920年又易名 *The New China Review*;到1923年又易名为 *China Journal of Science and Art*(英文《中国科学艺术杂志》),经常有精彩的作品发表。

在一年中有四种报刊接连问世,反映了上海新闻事业的兴旺发达。1867年成为上海新闻事业发展中里程碑式的关键年份,更是由以下两桩历史事实所造成的。

一是路透电报有限公司(Reuter's Telegram Co. Ltd)始在上海设立代理处,俗称和明行或和明洋行。由庇而生(Walfer Pearson)为代理人,任务是搜集中国消息供其伦敦总公司,同时也为《字林西报》提供某些新闻稿。

二是《字林西报》主编詹美生于1866年底辞职,字林洋行的编务由英文《北华捷报》主笔盖德润(Richard Simpson Gundry)总摄。詹美生是当时字林洋行的"代东家",在他主持下发刊了上海第一种严格意义上的中文新闻纸《上海新报》(在《上海新报》以前出版的《六合丛谈》是期刊),1863年又继马诗门之后接编了英文《北华捷报》,1864年还手创了正式的英文日刊《字林西报》,为字林洋行报刊业务的发展立下了汗马功勋。他创办《字林西报》后作为资方代理人,开始时总摄《字林西报》和英文《北华捷报》全部编务,后来感到过于忙碌,才从印度聘来著名的英国记者盖德润来沪主持英文《北华捷报》。盖德润在印度时,已是英国《泰晤士报》的通信员,应聘《字林西报》后又成了英国《泰晤士报》以上海为基地的远东信息的供应者。

这两桩新闻活动与在上海办报不同,不是办报给旅沪或旅华读者看,而是向上海以外的读者提供服务,把东方的消息报道到英国和全世界去,上海进一步成为远东新闻信息的集散地了。

三、从英文独霸到多文种竞相办报

在1868—1870年之间,上海的新闻事业继续有发展。重要的新闻事业活动有 1868 年 10 月 1 日英国报人休·郎 (Lang Hugh)创办了 *The Shanghai Courier*(《通闻西报》)[10]。休·郎自感很难与《字林西报》等老牌日报竞争,两个月后又致力出版 *The Shanghai Evening Courier*(《通闻西字晚报》),每天晚间出版。1870 年 9 月 3 日添办了名为《七日镜览》的中文周刊,1871 年又添办了英文周报 *The Shanghai Budget and Weekly Courier*,1874 年兼并了英文《美国月报》,把刊名改为 *The Shanghai Budget and Weekly News Letter*(《同治英字新报》)[11],作为《通闻西报》的海外版发行。不幸的是休·郎于 1875 年 1 月 18 日正在编报时突然中风逝世,年仅 42 岁。英文《美国月报》被兼并后,曾任《美国月报》主笔的茹波特(J. P. Robert)与马尔(John Morne)合办过一种 *Common Wealth*(英文《共和政报》),可惜存世仅六星期就停刊了。1870 年 5 月 7 日,曾主持过《字林西报》的詹美生重回上海后,曾为海关办过一种名为 *The Cycle*(英文《循环》)的周刊。法租界公董局在 1869 年起也开始出版 *Conseil D'Administration Municipale de la Concession Française, à Changhai, Compte-Rendu de la Gestion Ponr I'Exercocel et Budget*(法文《上海法租界公董局年报》),这是上海最早问世的法文定期连续性出版物,以后也一直连续出版到 1943 年。1870 年 12 月出版的第一种面向公众的法文新闻纸 *La Nourelliste de Changhai*(法文《法国七日报》)出版,此两者,是继葡文报之后出版的非英语外文报。

70 年代之后,上海新闻事业及其辐射力,向国内和海外两个方位日益扩展。国内主要是由中文报刊来完成的,其中起骨干作用的就是后期的《万国公报》和1872年创办的《申报》。中文报刊的情况将在以后各章详细叙述。这里着重记述上海的外文报刊和向海外辐射的情况。

上海海底有线电报是在1871年4月18日正式开通的，1872年英国路透通讯社派柯林斯(Henry W. Collins)在上海正式建立路透社远东分社，这比和明行时代已前进了一步，上海始有电讯稿了。同时在上海向《字林西报》独家供稿。

从19世纪70年代到90年代中期，上海的英语文种以外的外文报刊迭有问世，但寿命都不长，显得不成熟。这与其说是政治原因，还不如说创办国的在沪的经济实力，还不足以支持所办报业。但是不管如何力薄，已形成当时东方其他通商商埠所完全不存在的局面了。《法国七日报》是在法租界公董局的鼓励和全力支持下，由比埃(H. A. Beer)主笔。1871年1月17日，法租界公董局还专门开会讨论，如何把公董局会议记录摘要按月在《法国七日报》上公布。1871年3月21日北京来的兰璧茜(Emile Lepissier)创办了 *Le Progrès*(法文《进步》周刊)，在狭窄的法租界和人数很少的旅沪法侨中，与《法国七日报》展开了激烈的竞争。结果两败俱伤，同归于尽⑫。1873年1月16日，法租界又创办了一种“法国七日报”*Le Courrier de Changhai*(译意法文《上海信使报》)，仅出了三期就停刊了。7月，徐家汇气象观测台出版了 *Bulletin Mensuel de I'Observatoire Magnetique ef Meteorologique de Zi-Ka-Weī* 的法文业务性月报，以后一直没有停歇过。到1880年，法租界又出现了每日出版的 *L'Echo de Changhai*(法文《上海回声报》)⑬。它是日本办 *L'Echo de Japan*(法文

《日本回声报》）的萨拉牌纳（Salaberny）因与哈尔孟德（Harmomd）所办的 *Le Courier de Japan*（法文《日本差报》）竞争失败，移其印刷机器来沪创办的，每天出版。但只维持了8个月。

1886年，《德文新报》（*Der Ostasiatische Lloyd*）问世，开始了上海的德文报刊史。但不久，就变成了英文《晋源西报》的附页，只占一个专栏地位。1889年《晋源西报》被英文《文汇西报》兼并，《德文新报》乃重起炉灶，独立恢复出版了周刊，主编为德人纳瓦罗（B. R. A. Nuvarra），这份《德文新报》一直出版到1919年中国决定对德宣战被迫停刊为止。

葡文报刊，1888年又出版了 *Oprogresso*（葡文《前进报》），系葡萄牙驻沪机构的官方报纸，因得不到葡侨公众支持而宣告结束，存世也只一年左右。

日文报刊最早出现在1890年6月5日，是日侨松野平三郎开设的修文书馆创办的日文《上海新报》，周刊。修文书馆始设于1884年8月，实际上是一个制造活字和代客印刷的小作坊。日文《上海新报》是得到三井物产会社上海支店的支持而印刷出版的，主编为实相寺真彦。日文《上海新报》发刊后不久，日军参谋本部中国课的荒尾精，在上海泥城桥堍创设了日清贸易研究所，带150名日本青年，名为学习商业贸易，暗为军部培养特务。日文《上海新报》载文揭露了这一内幕，上海各报也纷纷转载，这就在日清贸易研究所学生中引起极大的思想波动。一部分人要求退学，另一部分学生冲到日文《上海新报》馆，质问并殴打了社长松野平三郎。这就是当时轰动一时的“《上海新报》袭击事件”。后由日本总领事馆出面调解，《上海新报》就此停刊，共出版52期，1891年5月29日停刊，正好一年。

1892年，上海日本人青年会主办了日文《上海时报》，未经年而停刊。1894年2月，日侨所办乍浦路共同活版所又发刊了日文《上海周报》，内容“注重贸易事项，期以逐渐扩充而为日清贸易之木铎自许”。不久中日战争发生，上海实行撤侨，这份周报也休刊了。

在这一历史时期，上海外文报坛占主导地位的仍是英文报刊。1875年《通闻》馆的休·郎逝世，《通闻西报》被拍卖给葡萄牙商人陆芮罗(Pedro Loureiro)在1873年6月2日出版的 *The Evening Gazette*（《正风西报》，译意为英文《晚报》）。《正风西报》兼并《通闻西报》之后，改名为 *Shanghai Courier and China Gazette*。因为归晋源印刷局印刷发行，被正式称为《晋源西报》[14]。而1874年7月4日创刊的 *The Celestral Empire*（英文《华洋通闻》周刊），就成为《晋源西报》的航邮版。这两种英文报刊，都是由英国报人巴尔福（Frederic Henry Balfour)主持编务的。巴尔福来华时，原本是来经营丝茶生意，想不到称职地转而成为当时著名的学者和报人。1876年出版的著名通讯集《远东浪游》(*Waits and Strays from the Far East*)，就是发表于英文《华洋通闻》上文章的结集。1879年巴尔福被北京同文馆聘为英国文学教授，离开了《晋源西报》。《晋源西报》改由英国人才克尔(J. G. Thirkell)继任。1889年才克尔逝世，《晋源西报》为《文汇西报》所兼并。巴尔福于1881年重回上海后，应聘出任《字林西报》总主笔，在他主持下，字林洋行于1882年5月18日又创刊中文

《字林沪报》。直到19世纪末，字林洋行始终是中英文兼具的大报馆。

The Shanghai Mercury（《文汇西报》）是这个时期发刊的一种重要英文晚报，1879年4月17日创刊，1930年并给美国人办的英文《大美晚报》，存世达半个多世纪。在不少岁月里，《字林西报》与《文汇西报》日夜轮出，成为外文报坛的两大支柱。《文汇西报》也曾一度创办过英文《文汇早报》，还附办过中文出版机构文汇馆和中文日报《指南报》，还出版过其他英文出版物，如*Urchin*（英文《乌娘痕》，译意为顽童，是讽刺性周刊），试图向出版中心方向发展。创办人开乐凯（John Dent Clark）、布纳凯（J. R. Black）和李闱登（C. Rivington）。特别是开乐凯，主持《文汇西报》编务至1922年。他原是海军出身，1865年脱离海军后在日本办报，然后再到上海。《文汇西报》后来的亲日倾向较浓重，与他有很大关系。

这一时期的《字林西报》发展稳定，折腾极少。盖德润倦勤后，1874—1880年间由海单（George William Haden）负责编务。1881年，由正在《晋源西报》主持工作的才克尔暂行摄理，同时催聘正在北京任教的巴尔福返沪主持。四年后，巴尔福辞职，1885—1889年间由麦克伦（J. W. Maclellan）主持编务。麦克伦就此机会，收集史料撰写了最早记录上海租界历史的《上海史话》（*The Story of Shanghai*）一书。麦克伦的继任者立德禄（Robert William Little），是一位富有传奇色彩的人物。1866年25岁时来中国，从事多种经营活动。1879—1881年间为租界工部局总董，1886年进《字林西报》馆去充当主笔麦克伦的助手，那时他已46岁，已是租界上著名的

“Uncle Bob”(“巴柏叔”)了。1889年起主持《字林西报》笔政，直到1906年65岁时死在任上。在戊戌政变时同情康有为，讥讽慈禧太后，突破俄国新闻检查员的阻挡，从海参崴封港消息中宣告日俄战争已经爆发，都是他在新闻事业史上光彩的业绩。

1894年7月2日，欧希(Henry D. O'Shea)创办了英文晚报*The China Gazette*(英文《捷报》)。这份报纸在上海新闻事业发展史上价值并不大，但这个报馆却在排字工人中培养了商务印书馆最早的所有创始人。此外，业务性机关刊物也有好几种，最重要的是1874年从福州移沪出版的*The Chinese Recorder and Missionary Journal*(英文《教务杂志》)，主编伟烈亚力，这是他在上海执编的第四种期刊，直到伟烈亚力双目失明才移交其他的教士。另一种是教会医学界合组的中华博医会出版的*China Medical Journal*(英文《博医会报》)，是我国解放以前最主要的医学刊物之一。上海最早的学生自办校刊*St. John's Echo*(英文《圣约翰之声》)也在1889年问世，双月刊。1871—1873年间还出现了讽刺性的幽默画报*Punch, The Shanghai Charivari*(英文《笨拙》或英文《博笑新报》)。

19世纪最后30年中，在沪同时出版发行的外文报刊，总在7—10种之间，加上业务性的定期连续出版物，共达20种上下。外文报刊办给识外文的人看。这些出版物，大都是站在入侵者或是用开发者的眼光来看待上海和中国的，难免带上主观色彩，也影响了世界对于中国的看法。所以中国报人开始自主办报以后，常把中国人要办自己的外文报，作为紧迫任务。同时还要看到，因为上海一地拥有这么许多的外文报刊,也使中文报刊便于就地取材。所以说外文报刊在扩大和增强对内辐射力度方面也发挥了它应有的作用。

第四节 中文报刊的处女航

一、《六合丛谈》与“麦家圈”

英文《北华捷报》在上海出版之后七年,1857 年 1 月 26 日(清咸丰七年正月朔)才出现上海第一种中文报刊《六合丛谈》。

《六合丛谈》是按当时中国社会所通行的夏历(阴历)纪年,逢朔出版的月刊。英文名称为 *Shanghai Serial*,“麦家圈”伦敦布道会的传教士伟烈亚力(Alexander Wylie)和韦廉臣(Alexander Williamson)执编。

伦敦布道会的传教士们,在 1843 年上海开埠之初就先后陆续赶到上海。其中有雒魏林(William Lockhart)、麦都思(Walter Henry Medhurst)、伟烈亚力、慕维廉(William Muirhead)和艾约瑟(Joseph Edkins)等。这些伦敦会传教士中,除雒魏林是医师以外,其余都是后来活跃在上海报坛上的能手。特别是麦都思和艾约瑟,都精通中文。中国人在上海参与报刊活动第一人王韬,也在 1849 年(清道光廿九年己酉)就加盟伦敦布道会的墨海书馆了。这都早在英文《北华捷报》问世之前,为什么中文报刊未能先于英文报刊率先问世,而相反地,要滞后七年之久?这只能从伦敦会传教士的主客观两方面来研究。

从这些传教士们的主观意识来说，有些传教士开始从政，直接参与了开辟租界和扩大治权的活动，如以自己的姓氏命名为“麦家圈”的伦敦会总头目麦都思，1844 年与英国领事巴富尔和义记洋行大班(经理)一起组织旅沪英侨公墓管理会；1845 年化装潜往浙江、安徽等地，刺探调查中国内地的情况；1846 年成为租界工部局董事会的租界道路码头委员会三人委员会之一。1854 年上海英租界工部局正式成立时，就成了七位董事之一。这些从事政治活动的传教士无暇办报。另一些传教士则热衷于传教，而且十分虔诚，他们把主要精力花费在翻译出版《圣经》及其他宗教图书上。他们认为在鸦片战争之前主要通过报刊来进行宗教文化的渗透，因中国国门紧闭，无法进入；现在国门已被轰开，在已经开辟为商埠的地方，可能直接对中国人耳提面命地传教了，又何必绕着圈子走远路？《六合丛谈》的发刊，表示上海这个阵地已相当稳定，可以到非开放的商埠以外去开发新疆域了。

在客观方面，当时中国是严格的封建专制政体，不准士民“妄议时政”或自由传播新闻。在这样的环境下，怎会谈得上办自由撰述的“新报”？传教士们虽都是外籍人士，但也不能不顾及中国的现实。在鸦片战争之前，外籍人士在广州办外文报刊，中国官府还能容忍。因为外文的障碍还能把它与中国读者隔绝；一旦发现传教士们在镌刻中文书刊，那就非严办不可，甚至格杀不论。上海开埠的初期，外籍人士的种种特权还未完全确立。这是由外文报刊做舶来先驱的客观原因。

1857 年，《六合丛谈》之所以能问世，首先是因为上海已开埠十四年，客观环境上有所改变。特别经历了1853—1855年之间的小刀会起义，英、美、法诸国从这一事件一眼看穿了清廷官员们的窝囊相，对洋人的活动采取撒手不管或少管的态度。同时，《六合丛谈》虽然定期连续出版，但内容没有多少涉及中国时政的新闻材料，现存共十三期中，虽刊载过《金陵近事》，报道太平天国发生内讧，刊出过《粤省近事述略》，说的是英国当局就亚罗号事件与两广总督叶名琛交涉等事，在上海看来似乎仅是"地方事件"，与上海或清廷无涉。其他就没有中国事务的消息了。《六合丛谈》的最主要篇幅是介绍科学和文学常识和某些宗教福音。第三种原因还在于上海的洋务官员，只把它看作与墨海书馆所出版的宗教和科学著作那样的出版物，"书馆送书，人未必读"。当时的中国人包括清廷官吏，也并不相信在中国办新闻纸会成功，所在才会采取视若无睹置而不问的态度。最典型的是参与《六合丛谈》编务和撰述的王韬。他后来成为中国最早的报刊政论家和热心从事并支持办报事业的人物，但当时也不相信在中国办报能行得通[15]。对《六合丛谈》，戈公振评价它是"影响不多而意义甚大"。所谓影响，是指在当时的实际社会效果；所谓意义，则是指在中国新闻史上的价值。它终于宣布了中文"新报"这种近代新闻出版物在上海土地上的"零"的突破。

《六合丛谈》在中国新闻事业发展史上的价值，在于开创了一种使中国文人进入新闻事业圈里活动阻力较小的门径，这就是外国人出面，中国人办报的"秉笔华士"模式。早期来沪的传教士们迫切需要聘用中国精通文墨的知识分子，主要是相帮翻译《圣经》以及科学和文学著述等。而当时的中国文人，除了个别的外，愿就食“洋馆”的绝大多数都是为衣食问题所迫，真正有思想有学问的知识分子很少。即使参加了，也在较长时间里隐姓埋名，躲在幕后，以避乡人的舆论压力。“洋馆”办起中文报刊后，参与了也不认为自己已在办报。中国知识分子最早进入新闻圈的，都是躲在“洋馆”里隐姓埋名地参与的。这种情况直到 1872 年《申报》创刊后，才逐步有所改变。

“麦家圈”的墨海书馆到 1857 年才办报，而且昙花一现，转瞬即逝。但“麦家圈”的墨海书馆在上海新闻史上功不可泯，因为这里培养了上海乃至中国最早的一批报人。根据现存史料，王韬当时是直接参与了《六合丛谈》的撰述的。长期实际主编《万国公报》的百岁老人沈毓桂，也是从那时起在墨海书馆为艾约瑟秉笔。后来参与创办和主笔《申报》的吴子让也是墨海书馆的座上客。主张办报的太平天国要员洪仁玕，也一度寄居在“麦家圈”墨海书馆，他的新闻思想形成，与在“麦家圈”受到的启迪有关。“麦家圈”墨海书馆停办印刷业务之后，其部分印刷设备为《上海新报》收购，继续为上海新闻事业的发展发挥作用。

二、从洋人圈子到华人社会的《上海新报》

《上海新报》是字林洋行添办的中文新闻纸，英文名称为 *The Chinese Shipping List & Advertiser*，直译应为《中文船期广告纸》。发刊于 1861 年底或 1862 年初，从现存的相当于《上海新报》发刊辞的“谨启”和报纸原物来看，报纸从第一版开始就刊满了商业广告和船名,船期以及船只停靠码头等航运业专栏,报告最近几天的洋银、铜钱兑换率等的洋银钱价专栏,提供各主要通商口岸货物品种和货价等信息的各地行情专栏,是商情和广告报的样子。《〈上海新报〉谨启》中也大谈生意经,只是在最后加了一条尾巴:"此外如近日贼踪,以及中国军务,不分远近巨细,探有的信,本馆亦即附刊闻报。"也正是这一句,才透露了一系列的背景性信息:一、它问世于太平军大军压境、兵临城下的战争环境中;二、它在问世之时已与反对太平天国起义的清廷站在一边,放弃了"中立"的立场,开口闭口称"贼"了。据史料表明,英文《北华捷报》是在1862年3月29日(清同治元年二月廿九日),才发表政策性声明,提出"Impartial, Not Neutral"("公正而不中立")这个口号的,而实际上它在《上海新报》发刊时,就表明了称太平军为"贼"的鲜明的政治态度。因此,特别受到上海清廷官方的默许和支持。

《上海新报》的发刊与太平军战局的关系,从下列日程对照中可以观察得更清楚些:

1861年11月,慈禧太后等发动"祺祥政变",两宫皇太后发表懿旨,宣布垂帘听政。

浦南太平军开通张堰及松隐之颜簖河以接金山之水路,张堰之太平军骤增至两万人;青浦、嘉定之太平军进攻真如、江湾、浏行、大场、胡家庄及上海县各县之交界处。

火烧圆明园后返沪的英驻华海军司令何伯照会太平军,要求无限期不进攻上海、汉口、九江、镇江等地区，长江自由航行“不受检查，也不受任何侵扰”。

1862年初，《上海新报》发刊，周刊，但时常增刊。

1862年1月，英代理领事麦华陀（W. H. Medhurst，麦都思之子）召集租地外人会议，成立英租界防务委员会，旋又成立法租界、美租界防务委员会。

麦华陀与法国领事爱棠，英驻华舰队司令何伯，英国义勇队指挥韦伯少校等军官，在英国领事馆与清廷上海道台吴煦和在上海襄办夷务的候补直隶州知州应宝时一起会商上海防务。“越界筑路”开始加紧进行。上海官绅在洋泾浜设立会防公所（又称“上海会防局”），设定中外会防章程七章，其中第一章就是“设侦探”。从吴淞口到闵行，环绕上海市区的西、南、北三面大小设立十一个路口，各设侦探员董，适当派驻健壮勇丁，专门探查贼情，轮番驰报。

1862年5月6日，打过北京而返沪的英法联军2 600名再次出发攻打青浦县城，华尔率“常胜军”1 800名随行。5月7日（清同治元年四月初九）《上海新报》宣布改为周三刊，以便及时报道“贼踪”。

从上可以清晰地察觉到《上海新报》的诞生和发展，与时局密不可分的关系。

这里还要进一步探索一下上海会防局所设侦探，与《上海新报》战局消息的关系。《上海新报》所载太平军的消息，特别在创刊初期并非译自英文《北华捷报》。有时远比英文《北华捷报》还翔实迅速，而且满纸都是“探得”、“探报”、“探称”、“八月初一辰刻到法华探回称”等等，原来都是这十一个路口的健壮勇丁或侦探员董的杰作。其中有些还被雇随军到更远一些的地方，如松江等地去“侦探”。这些“侦探”探得的情报，主要是给那个中外官绅所组的上海会防公所提供情报，同时也就成为《上海新报》最主要的消息来源。后来“洋泾浜北首理事衙门”(会审公廨的前身)成立以后，又有一些粗通文墨的文人，被报馆雇用到理事衙门去“抄案”。这些“侦探”或“抄案人”，后来逐渐发展为上海最早的访员即记者。因为这些人出身低微，社会地位不高和文化水平不高，与报馆内专职任主笔或主持工作的内勤编辑不同属一个社会层面，所以常为报馆主笔们所看不起。同时也因为在外埠投稿写通讯的往往不是一般的动态消息，执笔人往往是官府的幕友、绅士或讼师之类(其中也不排斥衙门书吏)，社会地位与这些采访本埠消息的“抄案人”不同，这就形成了早期报馆里本埠访员特别被人轻蔑的情况[16]。

在字林洋行第一任主持《上海新报》的，是后来统揽字林洋行编务并首创英文《每日船头货价纸》为《字林西报》的詹美生(R. Alexander Jamieson)。只是后来他身为字林洋行代东家统揽字林洋行大局，再也忙不过来了，才于1864年聘任当时正因南北战争断绝了经济来源而陷于困境的传教士华美德(Marquis Lafayette Wood)任管理。不论在詹美生主持时期或华美德管理时期，与《六合丛谈》一样，都还另有华人主笔或“秉笔华士”。如林乐知主持《上海新报》时期的秉笔华士董觉之(明甫)就是其中之一。

三、"同治中兴"与《上海新报》

华美德管理《上海新报》时期，上海脱离了太平军东进战事的威胁，进入重振市面时期。加上不久天京陷落(1864)，长江航运被全部打通，上海的市面格外忙碌和繁荣。就中国方面来说，江南在曾国藩、李鸿章等主持下开始了初步的洋务运动，即所谓"同治中兴"。这对上海和《上海新报》来说，都是难得的机遇。华美德管理下的《上海新报》，早期引起中国读者瞩目的关于太平天国战局的消息，还在继续不断组稿刊出，但重点已经转到办成一张名副其实的商业报方面来了。其消息来源，其中特别是各通商口岸以及中国内地的消息，都能很方便地通过《字林西报》而获得。《字林西报》经过了十余年的经营，已建立起了有外侨足迹的中国沿海口岸及内地的通讯网络，在通商各埠通过各洋行热心于报业的人士相联系，内地则通过赴各地传教的传教士等，《字林西报》馆建立通讯网的办法是常年免费赠阅报纸以交换内地情况的通讯。《字林西报》是这廉价交换的得益者，《上海新报》也是间接得益者。同时《上海新报》也逐渐与各地衙门和洋行的华员，建立了自己的联系。

《上海新报》的出版，为什么能受到上海的清廷官吏的默许？主要是"中外辑和"后清廷不愿开罪于洋人，同时也因为它是商业报，内容主要是生意经，流通范围也很少越出各通商商埠以及从事华洋贸易的某些中国商号的圈子。虽然有时也不免冒犯官场，只要不酿成大事，惊动朝廷，中国官吏能容忍就容忍了。

《上海新报》的发行量并不多，有史料称从未超出过四百份，售价很贵，都由各洋行商号常年包订，然后向有关系的华商赠阅；后来华商有订阅的，也都是长期订户，订费都以银洋计算，市场上也不大有零售。但是洋行和相关华商都愿意出高价包销，因为它对各洋行开展商务运动有相当大的帮助。《上海新报》就其英文名称的原意来说，本来就是航运和商情的一览表嘛！在《上海新报》上告白（广告）以及商情、航讯等所谓"生意"的材料，所占篇幅超过了"新闻"。"新闻"事实上反而成了《上海新报》的附属物，而且也有不少"新闻"谈的是生意经。而当时的各洋行也都把《上海新报》看作招揽生意的窗口，愿意付了广告费在《上海新报》上大登广告。正因为这样，它不像《六合丛谈》那样要央求资助，不愁"经费支绌"。这又成了《上海新报》能长期办下去的最主要的内在原因。

华美德管理《上海新报》时期，正是清朝政府致力于洋务运动的所谓"同治中兴"开始时期。这个洋务运动虽然只着眼于船坚兵利引进一些西方工业制造的科技，但这已在中国社会中引起保守势力的抵制。对于这种现象英文《北华捷报》曾倡言批评，而《上海新报》也时有讥讽。华美德于 1866 年离职，以后《上海新报》主笔，由当时正在上海英华书馆任教的英国传教士傅兰雅（John Fryer）担任。傅兰雅十分热衷于西学东渐，他曾在报上鼓吹对中国的青年士子进行三年西语的强化训练，以便直接研究和引进西学。他的主张受到当时正在上海主持洋务的冯焌光的注意。1868 年聘至江南制造局主持编译事务，后来也参与同文书馆的教学，而把已改为新式版面的《上海新报》移交给美国传教士林乐知(Young John Allen)主持。林乐知是与华美德一起东来的传教士,同样受窘于国内经济来源的断绝,遭遇比华美德还要狼狈得多。在华美德入《上海新报》任主笔之时,他曾应聘为上海同文馆的英文教习,只有四个月即被解聘。他只得到海关等处打短工,为租界工部局做翻译,还到浙江兰溪去为白齐文收尸。直到1867年继他而出任同文馆英文教习的黄胜“以孝养告退”,林乐知才顶替重新入了同文馆,生活才算较安定。现在又蒙傅兰雅提携兼管《上海新报》,怎能不卖力地工作！林乐知时期的《上海新报》,篇幅已从原来的宽11英寸高18英寸长条,改为宽24英寸高8英寸对折为两面印刷共计四页的模式,接近于现在的四开报纸形式了。各页的大致内容是:

第一页:告白。

第二页:中外新闻。选录自香港《近事编录》、《香港新报》、《广州七日报》和上海的《教会新报》,报房《京报》,苏省辕门钞等。偶尔也有经林乐知口译的,秉笔华士译述自外文报的材料。

第三页:告白,船期表,银洋物价表。

第四页:银洋物价表,“机器图说”。

值得提出来的是第四页的“机器图说”。实际上是泰西制造商们的商品广告,也是一种“生意经”。但这些西洋机械,如火轮车、种麦轮器、缝纫机、保险铁箱、脚踏车等,对当时的中国社会来说,确实还是见所未见,闻所未闻,起着大开眼界的作用。同时也使满纸文字的报纸活泼生动得多。这“机器图说”从1868年2月1日起,一直刊载到1869年4月才告一段落;1870 年夏又恢复每期刊出,移载在第二页,成为后期《上海新报》的一大特色。

林乐知在 1871 年 2 月 1 日主动辞去《上海新报》职务,以便专心编纂他在 1869 年 9 月首创的《中国教会新报》。以后《上海新报》的洋主笔为何人,待考[17]。1872 年底才与新出版的《申报》进行激烈的新闻竞争而停刊。

综上所述,《上海新报》的面世,是报坛上的"越界筑路"。以前办英文《北华捷报》,那仅是洋人圈子里的玩意儿;现在,从洋人圈子出发,跑到华人社会中来了。

第五节 早期传教士办报的种种模式

一、从《上海教会新报》到《万国公报》

外籍传教士在上海,最早创办的中文报刊是 1857 年的《六合丛谈》,第二种是 1862 年 7 月(清同治元年六月)发刊的《中外杂志》(英文名为 *Shanghai Miscellany*)。此刊现已无存,只有戈公振的《中国报学史》原版本中留下一个封面的书影。据《中国报学史》称:"每月一册,约十二页至十五页,所载除普通之新闻外,有关于宗教、科学与文学之著作。英人麦嘉湖(John MacGowan)为主笔,至同治七年(1868)停刊。"王韬回忆称:"同治元年,上海又刊《中西杂述》,麦嘉湖主其事,为时更促。"[18] 1863 年麦嘉湖调赴厦门,成为厦门传教史上很重要的骨干人物,并著有《厦门方言英汉字典》(*English and Chinese Dictionary of the Amoy Dialect*),在中西文化交流事业中是很有贡献的。《中外杂志》的具体内容因原物不存，无法考查。但麦嘉湖在1863年已离沪。除非有人后继，不大可能出版到1868年的。

传教士办报，终极目标当然是为了传教。但从《六合丛谈》的实际情况来看，是采取了迂回曲折的“间接传教”手段的。直截表明为传教而办报的，是1868年9月5日（清同治七年七月十九日）由英国传教士林乐知首创的《中国教会新报》（英文名 *The News of Churches* 或 *The Church News*）。“每次计四张，印八面，均大小字六七千字，做成一书。在内刻一《圣经》图画……纪录外国教会中事，也讲论各科学问以及生意买卖诸色正经事情”。“每次报中分为两段：上段尽论教中有益来往辩驳问答诸事；下段论教外有益广其见识等事，或亦有与教会牵连者……与中国大有益处者”。起初撰稿的人都必须是教徒（参与编务的“秉笔华士”更不必说了），在偶尔发表过一些华人所作如《朦业堂竹枝词》之类非宗教性材料时，还曾受到一些教士的非议，于是，林乐知委婉劝说称“余思圣教赞美之歌，各处各（教）会翻译中国腔调，虽悉照外国文学翻就，未离本意，而有嗷口不接不连不贯不通之处。兹观诸君抱负诗才，何不照已翻译之歌，平仄长短处处检点”，企图吸引中国士子为教会事业服务。初期《中国教会新报》所载，大量的是为传教事业鸣锣开道。《中国教会新报》第二年起，更集中把基督教义与儒家经典不断对照，用中国《礼记》与基督教圣训圣诫逐一对照，以证明基督教与儒家学说“有相通，无相背”，两者是“万国一本”、“中西同源”。

第三年（1870年下半年）起，《中国教会新报》却渐涉中国的时政了。分期连续刊出了曾被清廷聘任为海关总税务司的赫德的《局外旁观论》、英国公使阿利国的《〈新议论略〉照会》和署英国公使威妥玛的《呈〈新议论略〉说帖》和《新议论略》。这一组文献并不是当时的新作，而是五年以前（即1866年清同治五年）曾轰动朝野之作。但在民间看到全文的人并不多。林乐知把它重新发表，表明林乐知的编辑思想发生了变化，决心参与中国的内部事务。从此，刊出的新闻材料日见增多。1871年2月起，林乐知辞《上海新报》主笔职，除继续任职于江南制造局广方言馆外，集中精力来办《中国教会新报》[19]，从第124期起，始载《京报》上谕四则，以后发展为每期附刊《京报》七本，斌椿被北京总理各国事务衙门委派陪同文馆学生出洋游历排日所记的《乘槎笔记》和王韬在香港根据所得资料整理而成的《法臣花父议和始末》（后来被编入《普法战纪》），都成了他抢先发表的新闻通讯。林乐知的这些做法，对中国新闻事业的发展，都起了添砖加瓦的促进作用。从第202期起，《中国教会新报》索性分为“政事、教事、中外、杂事、格致五类”，“教事”一门只占五分之一份额；至第300期，《中国教会新报》这个刊名的外延，再也包容不了所刊出的内容。林乐知于1874年9月5日（清同治十三年七月廿五日），索性把刊名改称《万国公报》（英文名 *Chinese Globe Magazine*），脱出了宗教报刊的轨道。

《万国公报》虽然脱出了宗教报刊的轨道而成为新闻性周刊，然而又比较注意教会消息和宗教宣传。它曾自称推广与泰西各国有关的地理、历史、文明、政治、宗教、艺术、工业及一切“进步知识”，“以时事为主”。一度连载过“格物入门”之类像教科书一样的材料，第五年开始连篇累牍地以首要篇幅，长篇连载韦廉臣所著《格物探源》。而这部《格物探源》，大约以六分之一篇幅介绍近代自然科学通俗知识，而以约六分之五的篇幅宣扬基督教教义，把一切科学都说成是上帝的安排，所谓“探源”一直探到上帝那里去了，毫无科学价值可言。韦廉臣的这部《格物探源》，在《中国教会新报》时期已连载了两年，到《万国公报》时期又“探”了两年，前后连载100余期。同样的情形也发生在社会科学方面。林乐知善于办报而拙于论述。《万国公报》时期，他前期的重要创举，是开辟了《中西关系论略》专栏，刊出了一连串的政论性文学，包括重刊赫德、阿利国、威妥玛的一组文章。但也仅是编纂而已。林乐知在《万国公报》后期较放手地听任华人主笔沈毓桂宣扬“中体西用”学说，同时又坚持把西教作为西学一个组成部分来介绍，把“物竞天择”的天也说成了“上帝”，这正是《万国公报》的巧妙之处。

从新闻事业史上来说，《中国教会新报》走出教会圈子向《万国公报》演变，在新闻报道方面一系列创造和探索，都起了促进作用。《中国教会新报》和《万国公报》，都是最热心地记录中国新闻事业的发展，报道所获知的每一种新报发刊和发展的消息。它开创了办译报的榜样，启示中国国人办报可以从译报着手来弥补一时新闻源的不足，这又丰富了办报经验。由《中国教会新报》始刊、《万国公报》重登的《教会报大旨》五十六则，应当说是办报沟通编者与读者的创举，也是既反映读者需求、又表达编者主见的早期新闻学重要文献。

林乐知在中国新闻事业发展上是尽了毕生的努力的。

《中国教会新报》是他个人斥资创办的。他在 1868 年 5 月起兼任《上海新报》主笔后，拿到了双份的薪金，有了一些积蓄，1869 年 9 月就在自己的寓所雇用了两个秉笔华士做助手，挂着林华书局招牌办起《中国教会新报》来。这是大胆的尝试，而且带有冒险精神。《中国教会新报》第一年原定每年一元，第二年起减为每年半元。1871 年 2 月他索性辞去了《上海新报》的职务，以专心办《中国教会新报》。林乐知在江南制造局翻译处的工作也是十分努力的，半天译书半天教书，直到 1881 年为止先后所译书计有二十多种，因此获得清廷“钦赐五品衔”，后来又得到“钦加四品衔”的褒奖殊荣。林乐知的实际学术水平并不高，他那时的译著也都是一般知识，其中有些还错误百出。但他极善于借用他人的力量，来赢得自己的声誉。《万国公报》周刊本的后期的实际主笔是沈毓桂，月刊本时的《中东战纪本末》的发起人是蔡尔康，结果都成了他的功绩。但也不能抹杀他自身的努力。在江南制造局，他还开辟了在新闻史上有一个不被注意而又不容忽视的事业，是在他主持下，才把原先只供内部参考的翻译情报办成了《西国近事》这个罕见的新闻纸。1874 年至 1881 年这八卷，都是林乐知与蔡锡龄(宠九)合编。林乐知逝世后，他的至好傅兰雅悼文中称颂他:“林氏当时工作极度紧张，昼夜不息，无间风雨。每日上午在广方言馆授课，午后赴制造局译书，夜间编辑《万国公报》，礼拜日则日夜说教及处理教会事务。同事十年，从未见其有片刻闲暇。虽尝劝其稍稍节劳以维健康，而彼竟谓体内无一‘懒骨’。”这该是符合实际情况的。

《中国教会新报》每年 50 本，寒暑各休一期出了 300 期，经历了六年时间。1874年9月5日(清同治十三年七月廿五日)301期起改名《万国公报》(周刊本),又连续出版了九年,到1883年7月28日(清光绪九年六月二十五日)出版到第750期,因筹办中西大书院(东吴大学的前身)无暇兼顾而停刊。六年以后又复刊出版《万国公报》月刊本。此时已为广学会(The Christian Literature Society for China,前身为同文书会,The Society for the Diffusion of Christian and Genenal Knowledge among the Chinese)所接办,仍委林乐知主笔,但已不再是林乐知的私人刊物。《万国公报》月刊本的英文名称改为 *A Review Times*,有编委会性质的机构,西籍传教士韦廉臣、丁韪良、慕维廉、艾约瑟、花子安和中国的沈毓桂都是组成成员。对后来的中国思想界发生过极大的启蒙作用的,则就是这个《万国公报》的月刊本时代。本书为了叙述方便起见,将在下一章与戊戌报刊一起详细论评。

二、傅兰雅与《格致汇编》

在上海传教士所主办而继承了《六合丛谈》、《中外杂志》重视传播西方科学知识传统的,是英国传教士傅兰雅在1876年2月17日(清光绪二年正月廿三日)发刊的《格致汇编》。

《格致汇编》虽然是传教士所办,但是都是与传教事业几乎完全相绝缘的非宗教性刊物。傅兰雅曾宣布,他是"为了适应中国人中日益增长的了解西方知识的愿望"所创办的科学期刊,同时也藉以"补偿江南制造局译书范围的限制"[20],从现存的六十卷《格致汇编》来印证,傅兰雅的确在先后发刊的十七年中，始终不断地贯彻这既定的目标，不刊宗教性材料，甚至严格不刊任何非科学著作。除偶尔有几篇对于中国事务的议论，如《英将戈登上合肥李爵相书稿》、《中国宜多聘西人查矿说略》和《拟请中国严整武备说》外，其余都是纯科学作品。不像它的前身北京《中西闻见录》那样，时有《瓜尔佳孝妇说》、《程烈妇诗》、《张烈妇诗》以及《天津剿寇纪略》等应酬或应景性文字掺杂。这主要决定于《格致汇编》主笔个人的品质的作用。

傅兰雅是东来传教士阵营中的一员。但他与其他传教士有不同，他是被清廷聘请到中国来的。1839 年出生于英格兰海德镇。他父亲是穷牧师。迫于生计他一度辍学，为人做擦皮鞋和扫除庭院的奴仆，后来得政府的一等奖学金才进入伦敦海雷师范学院读书。1861 年 8 月应香港圣保罗书院之聘担任书院院长兼授英语，1863 年接受北京同文馆的聘请为英文教授。清廷当时与他相约，专门教语言，请勿传教。傅兰雅是一直信守诺言的。在北京他结了婚，并学会了中国官语，1865 年辞职来上海任新创办的英华书院首任院长。1866 年到 1868 年兼任字林洋行所办的中文《上海新报》的主笔。就是这段实践的经验，使他认识到办报有可能“对那些不听信西方人的中国读者产生影响”[20]。他在《上海新报》上提出可以对中国青年士子进行西语强化训练以直接研习西学的主张。1868 年 5 月接受筹办江南制造局翻译处的冯焌光的聘邀，入局专门翻译西书，傅兰雅辞去了《上海新报》和英华书院的一切职务，充分利用翻译处这个阵地，企图把西学有系统地大量介绍到中国来。谁知江南制造局主张“急用先译”，要求“先翻”（后来渐渐成为"只翻")与坚船利炮相关的种种西学。受雇于人无法过于违拗,只能按官方要求做了。这也增添了傅兰雅另寻蹊径的决心。傅兰雅的创办《格致汇编》与林乐知创办《中国教会新报》一样,是自筹资金,个人创办的。当然他在办刊之前,也获得了北京方面同行们的支持帮助。他在北京同文书馆任教时的老同事美国传教士丁韪良(William Alexander Parsons Martin),在 1872 年 8 月(清同治十一年七月)起曾与当时去北京活动的英国伦敦教会教士艾约瑟等,合组了一个北京同文书会,出版了一种科学期刊《中西闻见录》,按月木刻雕版出版,由京都施医院发行。北京出版新报的环境不如上海好,受到中国守旧势力的抵制,稿源缺乏。《中西闻见录》后来的若干卷,科技内容日促,掺杂内容愈来愈多,决定停办而改助上海办刊了。《格致汇编》发刊以后,每月一卷之中除个别作品以外,都是傅兰雅一个人的劳绩。因为《格致汇编》从"浅近者起手",所载多为科学常识。《格致汇编》设有"互相问答"一栏,从创刊号起到最后停刊止,差不多期期都有,共刊出了 322 条,交流了近 500 个问题。《格致汇编》各卷销售大致在 4 000 份左右。它在国内外 40 多个地方设立了 51 个分销处,南起广州、香港,北至天津,东起上海,西迄重庆,内地尚有太原、桂林等处,在一定程度上反映了当时上海西学向全国各地的辐射状况。

正因为傅兰雅办了这么一份期刊,《格致汇编》发刊的第二年,1877 年 5 月 10 日至 24 日在上海召开的在华基督教传教士大会上,与主办《万国公报》的林乐知一起,受到了某些传教士的责难。但这个传教士大会并没有过大的约束力,作为妥协，决定由北京的艾约瑟和上海的慕维廉、林乐知三位负责，另办一种《益智新录》(英文名称为 *A Miscellany of Useful Knowledge*)，“专门讨论天道、人道、格致三大学”。传教士大会的讨论情况连篇累牍地在 1877 年 7 月发刊的《益智新录》上发表。在由艾约瑟、韦廉臣、林乐知三人连署的大会组织委员会关于传教士报刊的报告中，则呼吁参加大会的传教士“热情鼓励和支持出版报刊”，并特别提到要支持正在出版的《万国公报》、《福音新报》、《小孩月报》、《格致汇编》和将要出版的《益智新录》。《益智新录》以报道教会事务为主，是地道的宗教性刊物。

《格致汇编》未受厄于 1877 年的全国在华的传教士大会，却被难于 1882 年北京中国官吏的干扰(其间 1878 年 3 月以后，因傅兰雅回英停办过两年)，缘由是 1880 年 6 月的《格致汇编》刊载了傅兰雅所撰的《江南制造总局翻译西书事略》，其中提到了贾步纬其人，称他“幼时嗜算学，原在上海城内的生理为业，常日夜思维天文、算学等事，能自推日月亏蚀。又著诸曜通书刊售，名曰《便用通书》，人多喜用之，以其所推确凿，且备载详细；又著有《万年书》并《量法》、《代算》等出售。”贾步纬以为此文有辱于他，便在官场发起攻击。傅兰雅为清廷的雇员，他的知遇上海道台冯焌光早已辞世，对于这类“窝里斗”的官场纠葛，也无人排解，他再也没有心思继续办下去，《格致汇编》第 4 年 12 卷以后就此无疾而终。1890 年基督教在华办报刊之传教士在上海再次聚会。在这次传教士会议的怂恿下，傅兰雅才重新复刊《格致汇编》，只是已改成了季刊。续出到 1892 年冬才最后停刊。但屡次重印，戊戌年间还在再版。

三、通俗性宗教刊物

上海还有一派主张办通俗报刊把基督教教义传播到民间去的传教士，那就是以范约翰（John Marshall Willoughby Farnham）为代表的南门外清心堂以及后来的中国圣教书会。

范约翰是美国北长老会的传教士，1861 年抵沪，在上海县城南门外首创清心堂。当时许多流离失所的江南难民漂泊来沪。范约翰收容了其中一部分贫苦无依的难童，开办清心学塾和清心女塾。不久美国南北战争爆发，范约翰也因美国国内基督教差会的经费断绝而陷入窘境。他发动清心男女学塾的青少年们自力更生，半工半读，学习和开展印刷业务，为北长老会的美华书馆培养印刷人才。这样渡过了难关，传教播道事务也获得了发展。1871 年出版免费赠送的《圣书新报》（英文名为 Bible News），周刊，用上海方言撰写，主编人就是范约翰。这是上海地区最早的方言期刊，1874 年停刊。接着又继续出版美华书馆经理费启鸿（G. F. Fitch）夫人费琪（Mrs. Greorhe F. Fitch）主编的《福音新报》月刊（英文名为 Glad Tidings Messenger），也是用上海方言撰写的布道刊物。

范约翰停编《圣书新报》后，就着手接办原广州出版发行的《小孩月报》（英文名为 *The Child's Paper*）。该刊原是北长老会的传教医师嘉约翰（John Glasgow Kerr）所创办，那时他将回国休假，便请范约翰接手。刊物于 1875 年 5 月 5 日（清光绪元年四月初一日）问世，刊名改为《小孩月报志异》。

范约翰亲自撰写了《新添〈小孩月报志异〉记》，分送当时的《申报》、《万国公报》等刊出，以广招揽。1876年改名《小孩月报》，1881年5月又把刊名简称为《月报》。《小孩月报》第一期到第十七期由美国北长老会设在租界北京路的美华印书馆印刷，清心书院发行。1876年10月以后，改由清心书院自印，同时开始连载署名海上山英居士所撰《论画浅说》，系统介绍西洋绘画的透视原理、光学原理、色彩等构图新法，以及素描写生等西洋绘画理论和技法。《小孩月报》不仅小孩爱看，也为喜爱绘画的成人读者所注意，直到1881年，《小孩月报》皆由范约翰主编，秉笔华士是钟义山（子能）。

1878年3月，范约翰与美监理公会传教士蓝柏（J. W. Lambuth）合组中国圣教书会，由蓝柏复刊了原由费琪夫人主编的《福音新报》，仍用上海方言撰文出版，月刊，英文刊名改为 *The Gospel News*。范约翰则在1880年6月8日（清光绪六年五月初一）又创办了《花图新报》（英文名为 *Chinese Illustrated News*），与《小孩月报》一样，由清心书院印行，秉笔华士也是钟义山。《花图新报》与《小孩月报》一样，都是以图片为主的。相当数量的图片为有关中国的风土人情等内容。

《花图新报》出版后第二年改名《画图新报》，由中国圣教书会印行，其主编仍为范约翰。《小孩月报》改名为《月报》，由鲍德温（C. C. Baldwin）和格里费图（Mrs. John Griffith）编辑。到1882年5月起《画图新报》也改由中国圣教书会印发。同时，中国圣教书会在1884年11月起，又添办了《基督徒新报》（*The Christian News*），由蓝柏的儿子蓝华德医师（Dr. W. R. Lambuth，苏州博习医院的创办人）主编。《基督徒新报》也是上海方言刊物,周刊。这样,中国圣教书会同时出版有三种刊物,称得上是中国圣教书会的全盛时代。但好景不长,不久范约翰与其他传教士之间发生了矛盾,先后辞去了清心书院院长及美华书馆经理之职,最终脱离了美国北长老会差会。《画图新报》从1891年5月起改由美华书馆排印,中国圣教书会发行。后来《画图新报》和《月报》都改由斐有文(Vale Joshua)主持。

范约翰另一件开创性的新闻活动,是1890年5月在上海博物院路兰心戏院举行第二次在华传教士大会时,作的题为《论报刊》的发言,对当时已出版过的中文报刊,作了一次认真的调查,为后世留下了一份《中文报刊目录》。这是迄今为止所知最早较为完整的中文报刊调查史料。虽偶有疏漏,并略有错误[21],但所保留和提供的有价值史料和线索则更多。范约翰当时已是六秩衰翁,独立的传教士,能以老报人的身份独自完成如此周密的调查,真是件了不起的大事。从表中可以看到,1877年各省传教士大会提到的五种报刊,除了《万国公报》重新复刊和《小孩月报》改名为《月报》继续出版以外,其余三种都已不复存在。1890年的"教会五报"为《万国公报》、《月报》和中国圣教书会的《画图新报》,同文书会出版而由墨累(D. S. Murray)主编的《成童画报》(英文名为 *Chinese Boy's Own*)以及史密士(J. N. B. Smith)主编的《福音新报》(英文名为 *The Gospel News*)。《成童画报》为我国最早的儿童刊物之一,1890年2月曾更名《日新画报》,1891年停办。《福音新报》是《基督徒新报》在1881年3月停刊八年后重新出版的上海方言周刊。在"范表"中还提到1886年前韦廉臣还曾主编过一种《训蒙画报》(英文名为 *The Child's Illustrated News*);福斯特夫人(Mrs. Foster)也曾创办过一种《孩提画报》(英文名为 *The Little One's Own*)。1891 年 2 月,林乐知在主编《万国公报》的同时,又发刊了《中西教会报》(英文名为 *Missionary Review*),与 1877 年传教士大会之后发刊《益智新报》一样,专载教事。《中西教会报》于 1893 年 12 月停刊。过了一年,才在美国传教士卫理(E. T. Williams)主持下重新复刊,以后主编人屡易,直到 1912 年改名《教会公报》继续出版。

综观基督教报刊在上海的历史,上海无愧为中国新闻出版中心,到 1890 年为止,约有 85%以上的基督教教会报刊,是在上海出版发行的。1868 年原在福州发行的英文《教务杂志》(*The Chinese Recorder and Missionary Journal*),1874 年也搬到上海,更加强了上海在基督教出版事业中的地位。

四、天主教的早期报刊

天主教早期的报刊活动,则呈现另一种色彩。

天主教的传入上海地区,比基督新教要早得多。但在鸦片战争以前,一直处于隐身民间的状态,谈不到报刊活动。"五口通商"之后,天主教的外籍传教士也在上海抛头露面了。

1878 年 12 月 16 日(清光绪四年十一月十三日),在徐家汇出现了一种名为《益闻录》的"册报"。这是天主教在上海出版的最早的中文新报。由中国人李杕主持和主笔,并没有早期基督教会办报那样由西人出面主持,而由中国人来"秉笔"

成报。李杕，字问渔，南汇人。马相伯的同学，是爱国的天主教徒。1862年二十岁时，与马相伯等十一人正式加入天主教耶稣会。他与马相伯不同的是正式担任了天主教神职人员，1869年受祝圣为神父，1872年晋职为耶稣会司铎，开始外出传教。1875年返沪进徐家汇小修道院教中文。1878年征得江南教区主教的同意，就着手筹办《益闻录》。

李杕所以能出任《益闻录》的主笔，是因为《益闻录》发刊时，上海的报刊业进入兴旺时期，华人出任报刊主笔，已不算新鲜的事。基督教教会报刊，固然仍然维持着西人主笔华士秉笔的局面，但中国文人也已不再处于隐身的局面中，在李杕创办的《益闻录》之后不久，《万国公报》的原秉笔华士董觉之（明甫）卧病，沈毓桂入佐编务。当时沈毓桂就不像董觉之那样甘于沉默，《万国公报》（周刊）上差不多期期都有沈毓桂用"古稀生"、"赘翁"种种化名的文字出现。这表明中国人担任报刊主笔主持报刊工作不再是稀罕的事。天主教的西籍传教士们与基督教的那些英美传教士们不同，他们对办报刊，特别办中文教刊并不感兴趣。天主教要办中文刊物只能由中国人来主持。李杕是我国新闻史上由中国人主持和主笔教会报刊的第一人。

李杕创办《益闻录》是十分小心翼翼地取审慎尝试的态度的。1878年12月16日面世的《益闻录》，其实只是试刊的性质。以后每半个月一期，连续六次试刊，多方面听取意见，到1879年3月16日（清光绪五年二月廿四日），才正式出版并编定了卷码，仍为半月刊。《益闻录》每期常有弁言、谕旨恭录、论道、宫廷要闻、通信摘译、教事登录、摘译泰西各报、社会新闻、科学论说、《京报》选录、诗词等栏目，比较符合中国读者的口味。新闻“删其烦，录其要，事关吾圣教者特为记及，使在教诸信人，或可以为日进功修之助，亦可稍补他教所未录”。李杕是把引导天主教徒爱国、守法、礼教，作为他办刊的目的的。

李杕在办报实践过程中，也经常陷入无法自圆的窘境中。在一般情况下，李杕可以用天主教教义教规劝人为善，但一旦遇到与天主教利益相关的问题，又不得不起而为天主教利益辩护。特别一些有关教案的通讯，都由各地天主教徒供给，难免偏袒天主教徒，甚至听信仗教恃横的“吃教者”的一面之词。主笔人不论如何秉正，仅作纯客观报道，但在实际上它不得不起撑腰支持的舆论作用。还有那时法国是天主教的“保教国”，《益闻录》为天主教刊物，自然也就是法国人所办。在中法事务的交涉中，《益闻录》的报道往往也无法持平。如1884年的中法战争中，《益闻录》成了上海报坛中法方的代言人。但是在中国与其他国家的利害冲突中，《益闻录》时有公道语，这又表现了李杕有正义感的一面。

参加过《益闻录》编务的除南汇黄协埙外，还有梁溪邹弢（翰飞），以及地理学家龚古愚等。《益闻录》1898年与《格致新报》合并，改出《格致益闻汇报》；1908年又改名简称《汇报》。新闻史著作中为避免重名误会，称之为“徐家汇《汇报》”。

《益闻录》创办后八年，1887年7月21日（清光绪十三年六月一日）徐家汇又发刊了天主教另一种报刊《圣心报》，月刊，也由李杕主编。因为《益闻录》日趋新闻纸化，很难起到天主教徒的“日进功修之助”作用。李杕想另办一种直接面向教徒进行修身教育的刊物，要求“文词平浅意义清庸，务使寡学之人亦得了如指掌”。内容有祈祷会略解、祈求神效、耶稣故事、神父传略、教会新闻、来信等，卷首绘耶稣神像，是一种纯宗教性读物。但是事情又迅速走向反面。《圣心报》每期刊首都载经过罗马教皇“钦准”的“祈祷意向”，而教皇“钦准”的“祈祷意向”，是有强烈的政治倾向的。特别是进入20世纪20年代以后，罗马教皇以反共为己任，愈来愈干预中国内政，1932年2月《圣心报》上发布教皇庇护十一“钦准”的“祈祷意向”，竟是“熄灭中华国内共产党”。这完全有背于李杕的初衷。《圣心报》一直出版到1949年上海解放后才停刊。

第六节　《申报》出世

一、从竞争中深入民间

1872年4月30日(清同治十一年三月廿三日)，《申报》创刊。《申报》出版后既刊经国大事，也刊闾阎琐闻；既有生意行情，又有吃喝玩乐。特别《申报》发刊时连续惹起两场新闻竞争和若干则轰动一时的社会新闻，引起社会的广泛注意，有人把所有出版的新闻纸讹称为“申报纸”。甚至姚公鹤在著《上海报纸小史》时仍称：“中文报纸上海时以《申报》为最先。”

《申报》所以能做到这一点，完全是它自身努力的结果。

《申报》馆创办时的英文合约，订于1871年5月19日。英国商人美查(Ernest Major)与三位英国友人为创办《申报》

馆每人出股本金约银四百两，一共集资一千六百两，投资于印刷机器、铅字及其他附属设备。既然为四人合资，照例自应利润共享，风险共担，但在此合约中却有一项奇特的规定：股款银虽由四人分摊，但不论盈余及亏耗皆划为三份，其中美查独占两份，三位友人合占一份[22]。

美查经营《申报》十分谨慎，派钱昕伯赴香港调查，是谨慎经营的一个侧面。1871 年美查们筹备发刊《申报》时，字林洋行的《上海新报》已经历了十年的办报过程。作为近代中文新闻的先驱已在上海和通商各埠站住了脚。它主要靠船期行情和商业广告撑市面，新闻报道除太平军进军江南一段时期以外，基本上处于视同尾闾、聊备一格的局面，多登一些可以，少登些也无妨。新闻来源除偶有一些各地热心者的投书外，多半译自外刊外报，而且都是西方人的观念，国内来件多官场沉浮等动态消息，有价值的言论稿基本没有。这都是《上海新报》的弱点，因此《上海新报》很难走出洋行做生意登广告的圈子，发行数十年来始终未突破期发 400 份的水平。这也给《申报》的异军突起，造成了可乘之机。

《申报》针对《上海新报》的弱点，决心要把报纸办得走出洋行的圈子，发展到中国民间去。为此采取了以下竞争措施。

第一，《申报》重视言论。《上海新报》不注重言论，特别是 1871 年林乐知辞职之后，主编执笔的言论几无一见，来信来论也极少，有时缺少言论稿件，竟把几年以前刊载过的文章重新发表，真是令人啼笑皆非。《申报》则把言论放在报纸最显要的位置上，自创刊第一号起差不多每天一篇，很少间断。言论放在头版头条，以后就成为所有中文新报的共同传统，逐渐形成了新闻界所通称的“行语”，叫“报头”或者叫“报首首论”或“首论”[23]。而且《申报》首论的主题，都是当时社会上所关心的命题，如《申报》发刊第一个月所发表的首论中，就有《拟易大桥为公桥议》、《拟建水池议》、《鸦片说》、《考试用人论》、《团练议》、《伤风化论》、《拟请禁女堂官论》、《治河说》、《时命论》、《轮船说》和《论西人电信、保险、拍卖诸事》、《论东洋新造金小洋钱》、《论东洋人男女同浴》等，有些还是新近发生的事。

第二，新闻报道方面，《申报》在翻译外报和转载香港等报刊提供的新闻材料同时，特别注意社会新闻的采访，绘声绘色作细致的报道。如《申报》刊出《两人摸乳被枷》的第二天，又发表《详述杨、徐两人摸乳荷枷事》，再加发另一篇《两人共娶一妇》的消息，甚至道听途说把“狐女报恩”、“篆书长联化蛇救火”等《聊斋》式的中国传统笔记材料，也作新闻一一登报，有时还把西方小说改写成“新闻”。这些幼稚的做法后来固然被摒弃和淘汰，但在当时是很吸引人的。《申报》发刊一年以后，有人就《申报》所刊载过的内容（特别社会新闻），仿杜牧《阿房宫赋》撰写了篇《申报赋》。这篇《申报赋》，后来还被某些消闲小报奉为“文献”，屡屡转录，甚至改头换面充作发刊词[24]。

第三，《上海新报》很少发表中国文人写作的作品，《申报》创刊时所发布的条例中，第二条就是“如有骚人韵士有愿以短什长篇惠教者，如天下各名区竹枝词，及长歌记事之类，概不取值”。这“概不取值”四个字，对当时的文人墨客是很有吸引力的。那时文人作品要雕版付梓，非得自己花费大量钱财不可，不然只能手抄传播，无法风行。现在只要投稿就能刊出，不须耗费费用，在当时真是天大的福音。于是《沪北竹枝词》、

《洋泾竹枝词》、《烟馆竹枝词》等，大量竹枝词从四面八方投来。这逼得《上海新报》只好“开戒”，也天天登“竹枝词”，甚至打灯谜，出怪联语征对。这就更进一步改变了上海的文化环境和氛围。

第四，广告方面。《上海新报》所载，主要是洋行经商的各种招揽。《申报》则根据美查的“此报乃与华人阅看”的原则，把广告范围扩大到刊出上海各戏馆(当时还称“茶园”)当夜上演的戏目，甚至发表《戏馆琐谈》之类的剧评性文字，刊载为各书寓的女弹词吹嘘、为新开菜馆及新办游乐场所宣传的报道。这都是洋人办报所想不到的高招，满足了华商应酬社交的需要，当然会比《上海新报》更受欢迎了。

第五，推广发行方面。《上海新报》是用的两面印刷的西洋白报纸，每份售价三十文；《申报》则改用中国土纸毛太纸，单面印刷，降低成本，每份只售八文。《上海新报》后期纸张较宽较大，正反面看不方便，《申报》就土纸的篇幅，印成略扁长方的几页，大小正好摊在中国商号曲尺形的柜台台面上，可以由几个伙计分头阅看。《上海新报》以长期订阅的主顾为主，很少零售；《申报》则在发刊的头三天，每号印六百份，在上海南北两市所有商号挨家赠阅(以后又延长到送阅六天)，之后又招聘报贩，挨户劝订，甚至实行先看报后收钱的办法，方便订户，并按中国习惯每逢阴历收取值(当时有些商号还曾提出端午、中秋、过年收费的办法，美查填赔不起，没有同意)。美查还在上海城里城外广泛寻求代销店，早晨取报去卖，晚上结账交钱，卖不完的《申报》可以退还给报馆。这样，一时间上海大街小巷的广洋杂货店、书坊、刻字店、信局、打包铺、酒店、槽坊、烟膏铺等，都有《申报》寄售，甚至逐步深入乡镇各地，而且在苏州、杭州、金陵、宁波、扬州、汉口、天津、烟台等地，也组成了发行网。美查还雇用了一批孩童在马路上叫卖零售。从此，上海又多了一个新行业：报童。

美查这样兢兢业业地经营《申报》，一下子把十年以来独占报坛而又固步自封的《上海新报》堵到死胡同里去了。《上海新报》也不得不咬紧牙关，改弦更张地起来应战。《上海新报》在《申报》问世之后的两个月，即1872年6月27日（清同治十一年五月廿二日）宣布也"改式减价"，7月2日（五月廿七日）正式实行与《申报》一样每天出版，星期日休刊（原自1862年5月7日起，一直为周三刊）。而纸料未易，仍用成本较贵的白报纸，这样就形成了不顾血本的亏本经营局面。《上海新报》还发挥它的印刷技术优势，连续刊用独有的印刷铜锌版图。曾国藩逝世时，就刊出曾爵侯遗容的相片。以后索性连《上海新报》的刊名，也嵌进通栏长幅的上海外滩风景背景画的图片之中。这样更加重了成本，陷入了发行愈大、亏本愈甚的"怪圈"。更致命的是报纸内容，《上海新报》竞争中也想加强言论，改进报道和刊登中国文士作品来增强与上海知识界的联系。但字林洋行没有掌握到美查秘密武器：起用并依靠中国人为他办报；放手让他们在不伤害英国在华的根本利益前提下，为中国人说话，同时根据中国读者口味办中国人喜闻乐见的报纸；一旦中国人在办报过程中遇到麻烦时，他就站出来承担责任，庇护华人主笔们渡过难关。这使华人主笔会深感知遇之情。随着《申报》的业务发展，《申报》馆的待遇在当时社会上还算优厚，这不仅增添了加盟《申报》的吸引力，也增添了《申报》馆内部的凝聚力。而《上海新报》从创刊开始就一直以西人为主笔，华人只是秉笔的雇员。这样与中国读者的口味终究隔了一层。在中国新闻事业发展史上，《上海新报》仅完成了舶来新闻纸的“中文化”，而《申报》问世，才达到“中国化”的水平。

美查开办的《申报》，原始资本仅一千六百两。按当时的市价，这点本钱买铅字和印刷机器也不够[25]，更何况还有赠阅六天等经营促销活动。美查采取了当时洋行所普遍实行的买办制，聘赵逸如为买办。赵逸如是一个小本经营者，经济实力不雄厚。在担任《申报》买办期间，卖戒烟丸、三阴疟疾白药，贩马口铁、矿砂、颜料、洋钉……什么生意都做。同时也正因为赵逸如小本经营作用，才能在《申报》创办初期挨户求订深入仔细地推广发行；厚着面孔拉广告，兢兢业业地把《申报》的基业打得扎扎实实。《申报》馆最初的馆址在山东路 197 号，此址到底在何处已无法确指，原屋早已不存。但从后来搬迁到红礼拜堂对过时屋舍还是那样狭窄局促来推测，也不会很有排场。《申报》出版第二年改聘了青浦席裕祺（子眉）为买办，赵逸如改为账房。青浦席家与苏州洞庭席家是本家，与上海汇丰银行买办席家都是同宗叔伯兄弟。席裕祺在《申报》手面很阔，与赵逸如的勤慎创业的小家子气不能同日而语。《申报》在外埠发行网的一连串铺开和广告业务愈做愈大以及多种经营等，却正是在他手里的杰作。特别是借助《申报》办赈，则是他的创举。照例说，办赈之类的事情不是商人本职，一般是由士绅出面张罗。席裕祺对此十分热心，正反映了中国社会中由绅士从商过程中出现的“身在商界心存绅业”的必然现象。这种习气，到他弟弟席裕福（子佩）接手后，就淡化得多，商人的气味才浓了些。

美查办《申报》有一个创举就是任用华人主笔主持编务。中国文人参与办报活动从幕后走到幕前经历了约十五年时间。与当时其他洋人事业相比，应聘《申报》一不用信教；二还能自由撰述不必冬烘；三工作安定，用不着像从商那样旅途奔波甚至还要漂洋出海。待遇优渥，还可以自由参与春闱秋试而不影响仕途进取等。当时应聘参加《申报》编务的倒也不乏其人[26]，这些人应该说是那个时代的勇敢分子，其中多少也有冲破传统思想樊篱的成分，不应一概而论视为“买办知识分子”。美查对主笔撰稿有所授意之时，还从“洋东”退居到“西友”的地位上，成了主笔与西友的对话，质问辩难。这对华人主笔和读者来说，都是难能可贵的心理补偿。——这是《上海新报》无论如何都比不上的。

《上海新报》起而竞争，处于下风，最后不得不由《字林西报》出面，对《申报》在报道中时时为中国人说话的情况进行指责，这反而使《申报》更取得读者的信任。《申报》答辩时称“本馆华字日报所以供华人之耳目者也，所以博华人之信服者也。使不庇护华人，则华人将服其议论之公乎？使不推美华人，则华人将喜其纪叙之善乎？西人之于日报亦犹是耳，而顾专以此责备本馆，是亦不思之甚矣！”这场对字林洋行来说永远很难有胜利希望的新闻竞争，一直持续到1872年12月底，据说美查央人说合：“同是英人，何必相煎如许！”字林洋行借此台阶表示为“照顾”美查而停办《上海新报》，实际上是丢掉一个亏损经营的大包袱。

二、社会新闻的祸与福

《申报》的社会基础与《上海新报》不同，创刊后不久便深入到中国华人社会的民间中去。这个民间的需求是多方面的。《申报》在实践中摸索出一个模式，报端首论，然后刊出重要新闻，起先皇帝的上谕是与奏折一起附载在报尾的《京报》中的，后来电讯开通之后，就把“电传上谕”刊首论之后和新闻之首了。新闻也尽可能猎取那些具备共同兴趣的，新闻后面刊出文人墨客的“报屁股”作品。这些“报屁股”也制造了不少社会新闻。

《申报》主笔把重要新闻也处理得很有社会的共同趣味。《申报》创刊不久，正逢同治皇帝大婚，当时京沪之间没有电报，北京消息传到上海最快也要十来天，《申报》无法及时报道。《申报》却把北京访事事先打听到的一切材料，煞有其事地作预发新闻报道，什么“七月廿六日纳采，八月十七大征，九月十五日举行大婚典礼”，“计用帑银一百万两，共用黄金一千两”，连当时内务府采办了多少礼品，皇爷、皇后以及庆贺的王公大臣那天穿什么，用什么，吃什么，辰时怎样，巳时如何，一直到黄昏戌时皇帝、太后、太监将有如何行动，王公大臣应如何举措，都报道得详详细细。还专门报道了上海衙门的《大婚不理刑名》，租界上会审公廨也放假一天等发生在上海读者身边的热点新闻。这种以庆典新闻寻求社会兴趣热点的做法，以后常为上海商业报刊仿效。

但是，《申报》这种抓社会新闻的做法，几乎惹出一场性命交关的大祸来，这就是“杨月楼案”。

“杨月楼案”是指京剧演员杨月楼爱上了一位广东商人妾生女，两人打算结婚。按当时的社会风气，“戏子”是与“优娼”并列的贱民，与良家妇女结合是不容许的。就在结婚的那天晚上，女方的族中人串通官府和租界当局，将杨月楼捆绑到上海县衙门。对于这则社会新闻，《申报》当然不会放过，字里行间虽然有同情杨月楼的这桩婚事的一面，但总体来说还是维护戏子不得与良家妇女通婚的这种社会习俗的。谁知当时上海的县太爷叶廷眷（固之）却是个酷吏，对杨月楼像对付江洋大盗一样用刑，用木棒狠击脚胫骨，要使杨月楼双脚瘫痪永远无法重新上台。而杨月楼在当时又是社会上的红演员，技艺高超。本来像杨月楼这类案件，不准结婚或至多枷号数天就算完事了，但在叶廷眷要置杨月楼的艺术生命于死地，《申报》的舆论一下子就完全倒向了杨月楼一边。同时也有人揭发这是女方主动追求杨月楼，“《梵王宫》一曲定情”才酿成这场活剧。于是话题都一转而攻击香山人就是轻浮，咸水妹、做洋人的临时妻子都是她们。这样的舆论又触怒了在沪的香山人，上海洋场一隅做洋行买办以及有官场中人士，不少都原籍香山。他们忍无可忍，深感手中没有报纸的痛苦，在上海滩上发传单，号召“凡我同人无再买阅《申报》”。接着就有了唐景星、叶廷眷、郑观应、邝容阶发起创办《汇报》的事，唐、叶、郑、邝都是原籍广东香山，因此《汇报》被当时人称“香山《汇报》”或“粤人《汇报》”。《申报》平地树起了个论敌，连续进行论战和竞争达两个年头（1874—1875），以后《申报》就此“学乖”。

《申报》还有一件几乎酿成大祸的新闻失误事件，就是1875年的所谓“郭嵩焘画像案”。郭嵩焘是清廷派驻国外去的第一任使臣，为人比较通达。与他一起出洋的副使刘锡鸿，对郭的任何行动都要挑刺，并时时向朝廷密报。郭嵩焘把从中国出发前往伦敦上任的日记，整理为《使西纪程》送回国内雕版出版。由于刘锡鸿密报撺掇，被总理各国事务衙门下令毁版。正在这时又发生了郭嵩焘请英国画师画了一张肖像，画的时候与画师说了几句笑话，被这位画师的弟弟听说以后就夸大其事地投稿去登了报。这个消息传到上海以后，就为《申报》改写刊出了，并加了几句引语：

郭星使驻英近事

……近阅某日报，言英国近立一赛会，院中有一小像，俨然大清国郭嵩焘星使也。据画师顾曼云："余欲图大人小像时，见大人大有踌躇之意，迟延许久，始略首肯。余方婉曲陈说，大人始允就座。余因索观其手，大人置诸袖中，坚不肯示。余必欲挖而出之，大人遂形蹙蹐矣。"既定，大人正色言："画像需两耳齐露。若只一耳，观者不将谓一耳已经割去耶?"大人又言翎顶必应画入，余以顶为帽檐所蔽，翎枚又在脑后，断不能画。大人即俯首至膝，问余曰："今见之否?"余曰："大人之翎顶虽见，大人之面目何存?"遂相与大笑。后大人愿磕头箕坐，将大帽另绘一旁。余又请大人穿朝服，大人又正色言："若穿朝服，恐贵国民人见之泥首矣。"以上悉画师语。该西报又言画成后，郭以画像精妙，并欲延顾曼画其夫人云。

这份《申报》传到伦敦，郭嵩焘一见把他描绘得如此不堪，同时又担心为守旧者提供新的口实，所以要查究了。上海《申报》又不知缘由，不敢说出原来从《字林西报》译来的真相，而胡诌了两个伦敦出版的报刊名字去搪塞。郭嵩焘在伦敦找不到原文，因此又怀疑会不会是刘锡鸿们在闹鬼，串通了《申报》主笔在存心诬陷。恰好正在此时，《申报》又发表了几篇语涉郭嵩焘在伦敦与夫人一起参加社交活动的评论，郭嵩焘更以为《申报》有意地为守旧派提供攻击他的炮弹，更怒不可遏，派人查探主笔《申报》的华人是谁，甚至要致函英国驻沪领事要求检查。小事弄大，几成外交事件了。《申报》后来弄清了原意，也就直言相告并公开承认了错误。此后不久，郭嵩焘就奉调回国，被置闲散了。这一下郭嵩焘反倒心平气和起来，“无官一身轻”，用不着再担心反对派攻击。郭嵩焘回国抵沪，美查偕英驻沪代领事达文波亲自到行辕谢罪，郭嵩焘倒认为不必介意，把酒言欢起来。这就是美查甘为华人主笔承担责任的一例。

从这里可以看出中国官方对待新闻纸在上海出版发行的基本态度，十年前，《上海新报》是被默许出版的，是一种报坛上的“越界筑路”。经过了十年的存在，新闻纸在上海出版，不仅成了司空见惯的事，而且有忤于官府以后，官员的对付办法，往往只是自己也学着办报，或设法追究华人主笔的个人责任，并不追究报纸本身(因为报纸是洋人办的)。说明官方也不得不承认新闻纸这种舶来品在中国的存在，就像洋枪洋炮一样，也用来为自己服务了。

三、《申报》馆的五大附属出版物

美查办《申报》，是以营业赢利为目的的。只要能赚钱，他会钻缝觅洞地去寻求。他经营《申报》取得盈余以后，又投资开投火柴厂、药水厂，甚至到南洋山打根去成立开地公司做房地产生意。同样，他环绕着《申报》出版的本业，也创办了不少派生性的出版物，其中有不少出版物，同样推动了上海新闻事业的发展。

最早附出的出版物是《瀛环琐记》，1872 年 11 月 11 日（清同治十一年十月十一日）创刊。此时仅是《申报》问世半年后，与《上海新报》竞争正酣的时候，有大量文人墨客的文章诗词寄到《申报》馆来。不久以前《上海新报》宣布也愿刊出上海文人的诗作篇什，对《申报》来说，可能引起作者对支持者的分流。《申报》馆才决定增出《瀛环琐记》每月一卷，以容纳更多文人的作品，同时联系更广泛的作者和读者。

《瀛环琐记》是我国最早的综合性文学刊物。刊出的不仅是文人诗作，也扩大到散文、议论，还略带新闻性。如第 1 卷有《海外见闻杂志》16 则，第 2 卷又有《记英国他咚巨轮船颠末》、《长崎岛游记》等；还有某些西学介绍，如《开辟讨源论（地震附见）》、《天中日星地月各球总论》之类，从第 3 卷起还刊出翻译连载小说《昕夕闲谈》，说的是法国大革命时期的故事，是我国近代翻译小说中最早的作品[28]。第 24 卷起又连载日本的《江户繁昌记》译文，这是介绍日本在明治维新之后的新气象的。但到 1875 年 1 月（光绪元年十二月）出版第 28 卷之后，改版出版巾箱本的《四溟琐记》，1876 年又改刊名出版《环宇琐记》，也是巾箱本，内容也改为纯文学作品的性质。作品在书本上发表，比报纸上更庄重些，又便于收藏和携带。

在《环宇琐记》出版发行期间，《申报》馆又添创了一份通俗性新闻纸《民报》。1876 年 3 月 26 日（清光绪二年三月初五）创刊，间日出一纸，礼拜二、四、六出版，每月取费六十五文。蔡尔康、沈毓桂执编。“此报专为民间所设，故字句俱如寻常说话。每句及人名地名尽行标明，庶几稍识字者便于解释。”这是非教会系统最早的通俗报纸。可惜的是存世不久，就夭折了。因为这样的报纸也还只能由粗识文字的人来阅看，这类人在当时社会上疲于衣食，还无暇顾及读报。

1876 年 5 月美查《申报》馆开始印售由西籍画师绘制的海外风景画，汇订成《环瀛画图》出售。还附印了大幅的长城万里图，注明“此画甚大，不订于报本内，盖合于裱好挂壁也”。在当时又是一件破天荒的新事物，本埠外埠购者甚多，其中“火轮车图”引起了骚人墨客的联袂诗咏。第二年又一批画稿抵沪时，美查才起意把它定名为《环瀛画报》。请副主笔蔡尔康加撰中文说明，称“英国《环瀛画报》馆邮寄上海托代销售”。这样就在 1877 年 5 月第一次作画报出版发售了。1877 年出版了两次，1878 年出版了 1 卷，1879 年又出版 1 卷，第五卷到 1880 年 6 月才出版。这些洋画都是用洋纸以雕铜版印刷，叙和说明则用连史纸石印夹钉在图画之前页，成了中国近代画报最早的起源。

《申报》馆在 1878 年底（清光绪四年冬）添置了石印设备。它的印刷业除印刷楹联、《喜神图》、《历代名媛图说》、《先贤图》之类以外，一直着力于翻印中国的时文和《康熙字典》等实用性书籍。美查还把石印设备与《申报》馆分开来，另外开设点石斋，还开设了申昌书画店，作为《申报》馆和点石斋所出书籍的发行机构。1880年以后英国画稿长久未到，而上海有些会动脑筋的出版商，利用石印设备，印出了由中国画师绘制的《申江名胜图说》等。美查也在1884年5月8日(清光绪十年四月十四日)发刊了《点石斋画报》。

《点石斋画报》(英文名为“The Illustrated Lithographer”)根据中国习惯，每十日出一纸八图，是我国最早的旬报。《画报》所绘以时事为主，发刊时正逢中法越南交战之际。《画报》第一幅画就是《力攻北宁》，说明称“法人攻夺安南北宁后，始犹疑而不进，侦探数日，知无华兵潜伏其中，遂严阵而入……”在北宁失守的消息中着重指出敌人的畏葸，手法是高明的，画面中也有生动的表现。同时还刊出了《轻入重地》、《水底行舟》、《新样气球》等内容。这些绘画，多半出自画家想象，但也有若干是照西方传进来的照片的摹写：那时西方的绘画技法也已渐入中国，特别照片临摹自会借用透视的绘画技法，所画的内容又都是带有新闻性的新鲜事，一旦问世就轰动了上海滩。第一次出版三五天内抢购一空，以后只得多次再版重印，而画师吴友如、周慕桥等也由此成名。

《点石斋画报》传世的有528期，到1898年才停刊[29]。《点石斋画报》在新闻史上还有一个创举，就是在《招请各处名手画新闻》的启事中，首次提出每幅酬资两元的稿酬，这是所见最早的投稿报刊有润的现象，比《申报》发刊之初的“概不取值”，又进了一大步。

《申报》从1872年创刊出版《王洪绪先生外科证治全生集》为始，逐渐发展为有计划地活版排印“聚珍版丛书”，以及1885年着手筹划的《古今图书集成》。这两项出版事业，与新闻事业的发展没有多大直接的关系，不赘述了。须提一句的是，《申报》馆的主笔们，利用点石斋的石印设备，在中法安南之战，朝鲜壬午之变的背景下，倡议印刷出版过《安南全图》、《朝鲜形势图》，乃至后来更进一步出版了《皇清舆图》、《欧罗巴图》、《世界全图》等。这可起到配合新闻引导读者关心时事的作用。《申报》馆到19世纪80年代中期以后，已发展成为上海较完备的新闻出版中心。

第七节　国人办报的最初尝试

一、《西国近事》报

在上海，国人办报的最初尝试，是1873年4月(清同治十二年三月)由江南制造局所出版的《西国近事》报。

《西国近事》报是一种译报，内容取自普、英、瑞等国报纸，每日或数日择要闻十余条，印送官绅阅看。然后刊印成册，继续出版发行。刊印成册的则称《西国近事汇编》。刊期不固定，有的按季，有时按月，有时竟要半年、一年才汇编一册。《西国近事》的发行范围起初较窄，仅供少数官绅参阅，后来逐渐放宽，民间也可以订阅。《小方壶斋舆地丛钞》的作者王锡麒，在他的己卯年(1879)《北行日记》中，就记载了他订阅《西国近事》报的情形。

上海的开始翻译西报，可能还要早得多，特别是鸦片战争之后，林则徐赴戍新疆，魏源辑录他在广州时所翻译的《澳门新闻纸》改题《澳门月报》，在所著《海国图志》一书中发表以后，朝野都知道办外交了解夷情，可以翻译西国新闻纸。上海开埠之后，渐成中外折冲的中心地点，许多对外交涉都在上海进行。负责洋务的官员，决不会颟顸到连翻译外报的事也置于不顾。1855年9月（清咸丰五年）小刀会被镇压之后，署松江府海防同知吴煦把上海县城小东门旧察院修葺改为海防厅署，任务之一就是搜集情报。现存吴煦档案中可查见最早的译报是1858年，内容是关于西报对于广州叶名琛处事行止的反映，以后断断续续地有一些。成批保存的则为1862—1864年期间上海所谓洋泾浜中外会防公所翻译处的译报，数量竟达二百余张，其中有些内容还在《上海新报》上发表过，个别稿件还有署名“翻者某某某”。由此可知在会防公所时期上海的译报已具规模，有专人职司。

江南制造局1868年6月（清同治七年五月）始设翻译馆，1869年10月，广方言馆并入，成了当时上海官方翻译力量最雄厚的单位。1870年4月3日（清同治九年三月初三），江南制造局总办冯焌光、会办郑藻如等请示办学开馆事宜，并附呈《拟开办学馆事章程十六条》中，就有一条为“录新报以知情伪”，内云：

> 查耶稣教之流行中国也，往往借传教以为名，实则觇我虚实，为彼间谍。中外偶有举动，不逾月而播闻彼都。闻每月阁钞，在外国已有寄阅者。夫我国之实尽输于人，彼国之情何至懵然不觉。通商已经

百余年,岂无人知其情伪者……夫新闻纸一项,其刊存中国者,类皆商贾传闻,谬误滋甚。而英、法、美各国均有新报,固是洋文,中国不便观览;其译出华文者,所言虽不足尽信,而各关口货物出进之数及各国占据港口,制造奇器,利便舟车,言之凿凿可据。有心人于此考其形势,觇其虚实,随时密采,证以见闻,未尝不可资策划也。兹拟选沉潜缜密之士,凡各国的传闻可信者,简其要而删其繁,分类辑录,以备有览。

1870 年 6 月 4 日(五月初六),曾国藩批云:"……翻译各国有用之书及其每月新报,尤学馆精实之功,目前切要之务。"但翻译馆的重点在翻译西学书籍,关于译报,要到 1873 年 4 月才始行出刊。最初阶段出金楷理(Carl T. Kreyer)口译,姚棻笔述。后来则长期由林乐知口译,蔡锡龄等笔述。

其中贡献最大的,当数林乐知与蔡锡龄主持之下的七年。1873 年初出时,还带有尝试性质,发刊范围也不大,出版不定期。1875 年 1 月,冯焌光以江南制造局总办的身份补授上海道。在他的具体支持下,《西国近事》报才在蔡锡龄的具体操办下,较正规地定期出版、公开发行了。《西国近事》报每期约印三百到五百本,折成折叠本,因为积久了仍汇编出版,所以散页存世的很少。《西国近事汇编》被收藏保存得较多,但却长期被人误解为"当时西国大事记",未把它看成新闻纸。

《西国近事》在当时是有相当影响的,特别对于康有为、梁启超等未出过国门而从事维新运动的志士们启迪很大。《康有为自编年谱》在"光绪五年己卯二十二岁"条下云:"既而得

《西国近事汇编》、李圭《环游地球新录》及西书数种览之。薄游香港，鉴西人宫室之丽，道路之整洁，巡捕之严密，乃知西人治国有法度，不得以古旧之夷狄视之。"梁启超则在《读西学书法》一文中推荐："欲知近今各国情状，则制造局所译《西国近事汇编》最为可读，为其翻译西报，事实颇多也。"后来康梁在北京掀起强学运动，改《万国公报》为《中外纪闻》时，所拟订的《〈中外纪闻〉凡例》中，又有"拟仿《西国近事汇编》之例，不录琐事，不登告白，不收私函，不刊杂著"的设想，看重得不输于林乐知主笔的《万国公报》。

二、《汇报》、《彙报》与《益报》

国人自办比较完整的新闻纸，是1874年6月16日（清同治十三年五月初三日）创刊的《汇报》（英文名为*News Collector*）。

《汇报》是在沪的香山籍官绅们，为愤《申报》的不持平，甚至侮辱香山人而负气创办的[30]。北京出版的《中西闻见录》在"上海近事，新设报局"条则称："兹闻有广东寓居上海者，以从前《申报》持论的有不允处，恐将来有偏袒不公，遂另设一局。"就是明证。关于《汇报》，戈公振在《中国报学史》中称："为中国第一留学生容闳（纯甫）所发起，集股万两，投资者多粤人，招商局总办唐景星实助成之。"其实这是上了《申报》记载的当。在《汇报》正式发刊近半年前，《申报》打听到了上海知县叶廷眷们正在集资办报。《申报》当时与旅沪香山人之间的关系形如水火，无法探知确切内幕，只知道容闳（也是香山人）也参与其内，才发了这么一则不实消息。过了十天不到，《申报》了解到了实情，才又补叙称："首先倡捐者，上海令叶邑侯也，倡议开馆者，唐君景星（即唐廷枢，怡和行买办，上海招商局的创始人）诸人也，倡立馆规者，容君纯甫也（即容闳），主笔诸君，皆近粤中名宿也，机器铅字，皆容君所承办也。"在这里，容闳降而为"倡立馆规"和"承办机器铅字"的人了。而后来又知道《汇报》章程等都是郑观应所起草的。章程中明确写明："一切局务议交邝君容阶一人总理，以专责成"，都与容闳无涉。有可能倒是叶廷眷们议立报馆时，容闳对如何办好报纸出了些主意，但不被采纳。不然的话，容闳在晚年所撰自传《西学东渐记》中，连当时还视为大逆的为太平天国做事等都一事不漏，而对倡办新报这么件"西学东渐"的大事，为何却一字未著?!

《申报》后来的这个报道，仍不断地被事实所修正。主笔诸君，"粤中名宿"一位也没有，所聘主笔为毗陵管才叔，襄助者为粤东黄子帏和金陵贾季良[31]。但"另延西人代为出名"，那就是原来聘用为翻译的英国人葛理（Grey），冒顶总主笔，被《申报》讥为"赫赫县尹，堂堂粤绅，办此小事尚不敢出头，反请西人露面，未免心欲大而胆欲小矣"。《申报》还不断披露筹办过程中叶廷眷的种种表现：曾定刊名为《公报》，后才改《汇报》；"拟价取每份五文"，等等。《申报》不无感喟地批评说："君尚有纳谏之心，官则有禁谤之意，故得罪于君犹可逃，得罪于官不可逭也。""欲设官报馆以灭民报，亦如塞众口而视逞己志。叶邑尊之筹设新报馆者，意申杨月楼一案所基，新报将取《公报》之名，'公'字其尚可存与?"

从这些情况来看,《汇报》尚未问世之前,与《申报》如冰炭之势已成,两报之间的一场恶战已是避免不了的了。

《汇报》发刊的第一天,《申报》的"贺礼"就是一个"湿爆仗"。

禁放爆竹

日前《汇报》局移禀于工部局内,谓欲于夜半施放爆竹以示庆喜。而工部局随即函复曰:夜间因庆贺各礼而放爆竹,业已刊诸禁例。盖以放爆之响,实于邻里不安。曾叠经西人函请禁止。兹若一次弛禁,将继足以求请者当必接踵而至,故未能从也。

在《汇报》发刊以后,起初管才叔主持阶段并未与《申报》笔墨相争,1874年9月1日(清同治十三年七月廿一日)起,《汇报》改由英人葛理承顶,易名《彙报》(英文名称则加了一个"The"字,为 *The News Collector*),成了上海新闻史上最早出现的"洋旗报",主笔为谁不详,只知道管才叔已辞职,郑观应还经常为《彙报》撰稿,经常执笔作论的还有参加《中国教会新报》编辑工作的钱莲溪和郭福衡等。

《汇报》与《申报》之间的大笔战,就是在改名为《彙报》之后开展的。

易名《彙报》之后的最早一桩争论是,关于天津兵变的消息的处理问题。那时正值日本侵台期间,上海人心惶惶,因此上海官宪力劝《申报》暂时不刊天津消息。《彙报》却在《字林西报》上发表了一个声明称,过去"受制于官吏,不难放笔",而在报上抢先发表了天津消息,成了《彙报》的独家新闻。《申报》怒而谴责,“岂以《彙报》官宪自设始可详言此等事耶”,拆穿了《彙报》的“假洋鬼子真官报”企图独占新闻的面目。

接着争论的是吴淞火轮车铁路事。吴淞铁路是英商无视我国主权,用欺骗手段擅自修筑的。本来《彙报》在维护国家主权的问题上,可以进行义正词严地批评。但《彙报》却放过了这个机会,舍本逐末地与《申报》争论“火车利弊”,会不会失事,会不会撞死人之类。这样的论旨,岂能赢得读者的信服!以后又是铁甲船之争。《申报》主张中国人应购铁甲船,《彙报》则称中国可以自行制造。《申报》回答说:“夫办货之理,以物精价廉两项能兼者为尚,其次则图就便易办焉。”至于自造之船,《字林西报》前年曾指出,福建船政局“自造的船较昂于泰西所买之数倍”。即使这样,《申报》还是表明态度:“本报彼时辩白:花费虽多,而制造局断断不可废也。……本馆于当时已怀偏向西人之意欤?而当前极需,还是购船合算。”“今《彙报》之异于西报者,报虽官设而所陈之利弊,皆似分己无干者。但不能先行后言,并且不能坐言起行,与书生所作制艺,皆属空谈帝德王政而已。然则《彙报》亦仅有虚言而无实利,其无权亦与《申报》等耳,其中又安赖有《彙报》之设哉!”驳得《彙报》气也转不过来。

《彙报》的立论往往极不高明,因此,同《申报》之争论常居下风。《申报》不仅咄咄逼人,而且仍旧不断揭露攻讦上海县令叶廷眷喜用酷刑逼供的事。1875 年 3 月 25 日,叶廷眷纳捐升道班,5 月 28 日交卸县篆,《彙报》因此“清理账目加入新股”。1875 年 3 月 25 日(清光绪元年六月十四日)改组出版《益报》。

《益报》(英文名为 *Useful Knowledge*)以华亭宿儒朱逢甲为主笔,未见续有的西人出面的材料,与叶廷眷、唐廷枢等关系如何不详,只知道报馆是搬到新关后福来里去了。朱逢甲与《申报》论战,更不高明,只能"横驳肆骂,且每报一张而骂至一、二、三者甚至四篇不等",而且落笔便错,谬误百出。如《申报》报道英人新创大炮长 27 呎,径 6 呎,为当时世界之最,《益报》则称中国已有三四丈长者;《申报》劝中国开矿不复往泰西购买煤铁,《益报》则称为"诡计",并曰"开矿必乱",甚至进行人身攻击。《申报》馆不愿与之逐篇纠缠,"是知横逆之加正言,与凶锋而远避之也",乃于 1875 年 10 月 11 日,发表著名"首论"《论本报作报之本意》,提出"若本报之开馆,余愿直言不讳,原因谋业所开者耳。但本馆即不敢自夸,惟照义所开,亦愿自伸不全忘义之怀也"。《申报》这种光明磊落的态度,当时就赢得读者的同情和尊重。从《汇报》、《彙报》到《益报》挑起的这场笔战,愈来愈成为一场闹剧。而《申报》反而大大获得实惠。《益报》12 月 3 日刊出朱逢甲离职的声明,第二天即 12 月 4 日就寿终正寝。从《汇报》创刊算起,共存世一年半光景。

国人办报尝试的第一种较正规的新闻纸,竟是这样一个历史过程!它当然仍在新闻史的历史长河中留下了不少有价值的贡献:国人自办的新闻纸,因为已有《上海新报》乃至《申报》所创的模式来作仿效,一开始就是成熟新闻纸的"整株移植",而且还有所创新,如每期报纸的重要文章都有"要目",显要地刊于第一版等。而且上海知县叶廷眷等为对付《申报》的批评采用另办报纸来对抗而不取禁止等手段,固然主要由于这是他的权力所不及，但他的胆敢冒险办报，至少在他看来办报也已不是不可沾染的事，而且也可以拿来为我所用，只是有恐朝廷责难，才采取挂洋旗的办法。再有，国人尝试办自撰论述的报纸，竟既不是事出政治上的某种严正目标，也不是建基于经济上的需求，而竟出于负气，正也反映了国人自办报刊在那时的主客观条件还不甚成熟，当时还不大可能自办成功有前途的报纸。

三、冯焌光和《新报》

1876 年 11 月 23 日（清光绪二年十月八日），曾在江南制造局发刊《西国近事》报的冯焌光，又创办了每日出版的《新报》。

冯焌光是当时有名的洋务官员，他 1875 年 1 月由江南制造局总办接篆上海道的。首先遇到的棘手的是中外交涉的吴淞铁路问题。那条铁路的路基本来只同意修筑马路，1874 年 7 月却以资金不足为由改组为吴淞铁路有限公司，已开始全面施工。这是无视中国主权的行为，清廷责成冯焌光交涉收回。在冯焌光交涉的过程中，上海的外商报刊包括《申报》在内，无一不帮那个英商铁路公司说话，为抵制外商报刊的舆论，冯焌光在吴淞铁路交涉有眉目之后，就着手筹办《新报》。《新报》创刊的第一号，就发表了《铁路会议条款》，宣布吴淞铁路由中国政府收回，听洋商公司继续承办运行一年，盈亏与中国无涉。——这全套文件，还用中英文同时刊出，比上海当时所有报纸都刊得周全，像一张官方机关报的样子。

冯焌光创办这份官方机关报，是煞费苦心的。明明是由道库拨付经费，却托名各省商帮；想办一份能为中国代言的机关报，却又不敢亮出牌子。冯焌光认识到报纸的舆论力量，也想办机关报，甚至用中英文在两个方位上都能发言的机关报。但他只是上海的一个道台，因此只能把《新报》办成这样不伦不类的“准官报”，倒是上海的洋人社会干脆，称它为“道台的嘴巴”（“The Taotai's Organ”），或直称它为“官场新报”。

《新报》每号八章（张），内容相当严肃整齐。有《京报》全录，两江督辕事宜，苏省辕门事宜，浙省辕门事宜，鄂省辕门事宜，以及本市和中外新闻。因为不登志怪志异的社会新闻，所以本市新闻反而不如外省和外国新闻为多。《新报》对有关经济和商务的稿件也较一般报纸重视，曾连续译载《通商各关华洋贸易总册》；也常发表评论，陈述学习西方科技兴办近代实业的意见，同时为封建文化道德辩护，并公开宣言“国政则不可议也”。对同时出版的《申报》基本不作责难，和平相处。

《新报》主笔是袁祖志，襄助笔政的是姚棻（少莲），也就是《西国近事》报最早的笔述者；翻译杨兆均（诚之，别署苕上兰兰生）。袁祖志，字翔甫，别署仓山旧主，曾出任过县令、同知等一类官职。应聘《新报》时正好五十初度。他与《申报》主笔钱徵（昕伯）等私交甚笃，时有交往。1893 年他六十六岁时，应聘任新创办的《新闻报》主笔，对日持主战立场，甚至主张维新图强，说明他的思想有所进展。

因为《新报》是“准官报”，所以受官场变迁的影响很大。1877 年 5 月，冯焌光因乃父病逝于新疆伊犁戍所，拟北上扶柩请假一年，刘瑞芬、诸兰生等先后接署上海道，对于《新报》还算萧规曹随，但 6 月 4 日（五月初六）起也已停载英文稿。1882 年左宗棠出督两江，派邵友濂接篆上海道。那时恰逢《申报》发生《论院试提复》事件[32]，朝廷有旨查办上海报纸，邵友濂到沪后却“李代桃僵”、“错斩崔宁”，不敢办理洋商办的《申报》，而把板子打在《新报》的屁股上，停止了《新报》的出版。《新报》共存世六年，出版一千九百号。馆设法巡捕房后宁兴街，是最早在法租界地区出版的中文报刊。

冯焌光，字竹儒，广东南海人。举人出身，曾随曾国藩办理文案，积功保举为海防同知，他在上海新闻史上是有自觉意识办报的第一人。王韬等参与新闻活动固然在他之先，但都是被动进入新闻界的雇员。冯焌光则是以道台的身份自觉办报，就可能被视为在上海一隅开了“报禁”，在社会上是倡导了风气的。《西国近事》报打开了人们的眼界，《新报》树立了办非谋利性的“正经”报的榜样，十年之后才酿成了中国近代史上第一次思想启蒙运动的办报高潮。

四、民间投资办报的尝试

国人民间资本投注于报业，根据现存资料，最早的始于 1877 年 2 月 5 日（清光绪二年十一月廿四日）的《侯鲭新录》。它是《申报》主笔山阴沈饱山所编纂，类似《四溟琐记》、《环宇琐记》一类的文学刊物。由沈饱山自设的机器印书局印行。现存五卷，每卷的记年都著“光绪丙子冬”。但有些作品又是前后连续，似为月刊，皆在《申报》刊出告白的发售。

《侯鲭新录》可能只是私人斥资把同人的作品活版排印发

售的，不一定意图谋利。但机器印书局的另一种连续性出版物，则纯属谋利经营性质了。它名叫《纪闻类编》，系“将历年新闻纸选其中崇论高议与夫可惊可喜之事，及文词杂体，都为一集”，也就是“报刊文选”，或“报刊文录”。1877 年出版了壬申、癸酉两年的结集，内分为十二类计十四卷。同时宣布甲戌年的结集也将出版，那就是带有年刊性质的连续出版物了。这是依托于《申报》、《上海新报》乃至《汇报》、《彙报》等新闻纸而派生出来的出版物。新闻纸“折叠四大版分作八页”，阅读不便，保存更不易，《纪闻类编》的出版受到社会欢迎。当时又没有什么著作权法，文人作品多一次印制只会更高兴。

机器印书局之外民间投资报业，19 世纪 70、80 年代未知有何动作。到 90 年代初，却此起彼伏，形成了一个小小高潮。大致有两类。

一是文人自费出版的。如高太痴办的《艺林报》和韩邦庆自撰自编自印的《海上奇书》。

《艺林报》创刊于 1891 年 2 月 23 日（清光绪十五年正月十五日），以后“逢五逢十，风雨不更”，至少出版过 15 期。几时停刊不详。《海上奇书》则是《申报》主笔韩邦庆自办的刊物，只刊出他自己撰写和辑集的作品，不收外稿。每卷分三个部分：一是长篇吴语小说《海上花列传》两回，二是短篇笔记小说《太仙漫稿》数则，三是用他自己的眼光选辑自各古籍中的材料称《卧游集》。《海上奇书》始刊于 1892 年 2 月 4 日（清光绪十八年正月初六），托点石斋石印，《申报》馆账房发行。初为半月刊，6 月 24 日（六月初一）第 9 期起改月刊，到 1893 年 1 月 2 日（清光绪十八年十二月望）出第 15 期后停刊。《海上花列传》未连载完，以后另出单行本。韩邦庆，松江人，字子云，号太仙，即《六合丛谈》时为墨海书馆刊刻欧基里德几何读本的韩应陛（箓卿）的侄子。他在《申报》著论时曾具名韩奇志，发行《海上奇书》时署大一山人。

二是民间投资纯属为谋利而经营。《华洋日报集成》，1891年2月13日（清光绪十七年正月初五）创刊，原为一种连译带摘的"文摘报"。十日一出，馆设金利源后街元泰昌洋行内。内容"前刊谕旨以表尊王之义；次奏议，俾诸名臣计谟倾画永久不刊；再次则捃摭中外各日报中紧要之事，汇集成帙，或取新奇，或求详尽，藉资考核，用备研求。合中外之见见闻闻，含英咀华，文言道俗。盖一报而数十日报之菁华萃焉。"但从第2期起开始刊出非文摘性质的新闻图画；第4期在报尾附刊李笠翁所著的《凤求凰》院本，报名也改为《华洋日报》，弄得不伦不类了。《华洋日报集成》的主笔为毕以谔，别署百花祠香尉。此报未知何时停歇，现只知道1893年1月仍在出报，又是恢复十日一出，报名也有讹称为"华洋旬报"的。

1891年2月20日（清光绪十七年正月十六）和4月9日（三月初一），法界的养正学堂却先后出版了两种报纸。一种名叫《中西文报》，月刊。"三十页，万余言，计分奏议、文钞、诗钞、赋钞、词钞、制艺、试帖、格言、尺牍、联语、验方、勾股、笔算、英文、英语、舜拉卖、新闻、告白十八种，至汇编成集而后止。"一个半月后，这个《文报》馆又出一种《告白日报》，每晨出版专登告白。同时把本城内外南北市分57段，按城厢租界行名单逐路逐日排印，每逢月朔修改。就这些做法来说，这两种报刊都给人以异想天开、挖空心思的感触，反映了洋场上某些市井之徒企图冒险借办报来“拾黄金”的心态和举措。

1891年6月9日(清光绪十七年五月初三),《公报》创刊,“五日一出,期逢三、八。精印成册,专登近时各国新闻”,“要务必须探听确切”,“顾名思义论事平允”。报馆总理处暂设四马路西会香里第一弄内。此报估计也是谋利性的。

1893年7月14日,上海还曾出现过一种石印本的《绘图中东戏法》第一期,那则更是明显的为书贾射利的专业性小刊物。

把吴友如创办的《飞影阁画报》归之于文人自办与赢利两者之间,是基于如下的事实:《飞影阁画报》在1890年10月16日(清光绪十六年九月初三)发刊时,《点石斋画报》已经问世六年余,风行已久,点石斋借此赢利不少,吴友如也因此获得了极大的声誉。既然《点石斋画报》如此能赚钱,为什么不自己来干。于是在英界大马路石路口公兴里的寓所,办起《飞影阁画报》旬刊,逢三出版,比《点石斋画报》逢四出版提早一天。初期的《飞影阁画报》全为飞影阁主吴友如一人所绘,而且绘文人画成分大大增多;时事性材料则相对减削,有些新闻画也偏于猎奇,并无时效性。其实吴友如此举是弃长就短,并不明智,以致后来的文人画部分也转向猎奇画珍稀动物或奇花异草。1894年1月,吴友如突然撄疾逝世,《飞影阁画报》归周慕桥接手续办,曾改名《飞影阁画册》、《飞影阁画报册》等,无非称“画册”时是文人画,新闻画则称“画报”。那时又适逢中日甲午战起,新闻画又成热点,于是只能改名“画报册”了。

在《飞影阁画报》之前,1888年4月蔡尔康还曾集资创办过一种《词林书画报》,每期除刊出四幅新闻画之外,还附载元人杂剧、竹枝词之类的诗词。每期还刊出“春江花影诸女校书小传”，是上海最早为妓界效力的“花报”。1895 年 12 月 6 日，又有一种《小曼斋画报册汇编》的问世，半月刊，每逢朔望出版。何人绘制待考，只知道每号附送长州高太痴所撰《艳异集志》三页，与《点石斋画报》初期每号附送王韬的《淞滨漫语》相仿。

第八节　从两报对峙到三家鼎立

一、蔡尔康时期的《字林沪报》

《上海新报》停刊十年之后，《字林西报》的总主笔巴尔福见馆中存有全副中文铅字闲置不用，未免可惜。于是商得字林洋行同意，复出《沪报》。1882 年 5 月 18 日(清光绪八年四月初二)创刊，日出一号，星期日休刊。聘戴谱生、蔡尔康为华人主笔，全面负责《沪报》编务。纸料用中国土产的薄毛边纸，单面印刷。版口(每页的面积)比《申报》略大，两页中间的中缝也留得较宽，以便于折叠。报纸正文用四号字印，广告则用五号字，显得面目清秀，一目了然。这样既降低了成本，又适应了读者长期看《申报》所养成的习惯，也是商店伙计们搁在曲尺柜台上看的“柜台报”形式。1882 年 8 月 10 日更名为《字林沪报》。

《沪报》原定四月初一出版，那天是黄道吉日，谁知那天有日蚀，“蚀”者，有亏损也，这是商家的大忌，只得改为四月初二。《沪报》发刊时，《申报》与《新报》和平相处六年以来第一次发生了争执。当时津沪之间海底电缆虽然在19世纪70年代中期已完成，但拍电报是件十分昂贵的事。中国报纸还从未染指过。《申报》下了决心，托津友把《京报》所刊上谕传来沪。1882年1月16日《申报》刊出了上海新闻界第一次的“电传上谕”，成为《申报》的独家新闻。《新报》是“准官报”，《京报》上谕让《申报》抢先刊出了，心里自然不是滋味。而当时的财力物力，又不允许《新报》也电传上谕。于是袁祖志不无酸意地撰文，称上谕电传不妥，容易传讹（当时的电码常有译错），是对皇帝的不恭，等等。对于这种的说法，《申报》当然要起而反驳，称“《京报》贵速不贵迟”。此时，《申报》也发生了“《论院试提复》事件”[32]，闹到北京谕两江总督左宗棠“斟酌办理”。《申报》对于《论院试提复》所引起的奏章和谕旨却只字不登，连对《京报》也加以删节，这一下又给了《新报》抓到了把柄，难免不微词讽刺。两报不和，自然就给了《沪报》以挤入和崛起的机遇。

《沪报》主笔蔡尔康，是刚与《申报》馆账房闹翻辞职而转来的，憋了一肚子气，到《沪报》之后，邀请谱弟李平书襄助笔政，同事还有苏稼秋、王西塍，翻译黄子元等，组成了一个精悍的主笔班子。蔡尔康是1870年（同治九年）十九岁时就“涉历洋务，就馆西人”，1874年底进《申报》馆，主要佐《申报》馆主美查做“秉笔华士”。蔡尔康那时就锋芒毕露，头角峥嵘。1875年下半年起《申报》上就时有具名“缕馨仙史”的按语性质的文字露面。蔡尔康并没有直接参与《申报》的编务，主要工作是为《申报》馆搜求新奇绝异、幽僻瑰玮之书，汇辑出版《申报》馆《聚珍版丛书》。同时还为《申报》馆编印的第三种文艺月刊《环宇琐记》，编选《尊闻阁同人诗选》，又为英国画师所绘的画幅撰写中文说明，并编辑成为《环瀛画报》等。大约在1881年下半年愤而离开《申报》馆，后应聘入《沪报》，主持笔政。他撰写首论之类并不特别擅长，因此借助于他谱弟李平书的加盟，李平书则是位撰论的斫轮好手，蔡李两人文理互补，交相辉映。因此，《沪报》一旦问世，就显得身手不凡。

《沪报》的身手不凡，还在于它有《字林西报》做靠山。它的新闻，特别是外电外讯，直接来自《字林西报》原稿，这样见报要比《申报》译载外报早一天发表。但当时社会上读者对国际消息并不注重，这个特长在当时并不一定能起很大的社会效果。但事情实在凑巧，《沪报》发刊以后的一个多月，即1882年7月底，朝鲜发生"壬午政变"，中日两国的分别卷入，成了牵动人心的国际纠葛，《沪报》这早一天见报的译报新闻，就真正显示出了它的优越。在《沪报》发刊后不久，《新报》因此停刊，上海报坛又从短时期的三报鼎立恢复了两报对垒。这个两报对垒与以前的情况不同，那时是一中一外、一官一商的对垒，《汇报》、《益报》时期与《申报》对垒，那多半还是言辞龃龉，并非营业上的竞争，而《新报》时期长期相处是互不干预，如果说有对垒也是政治上的姿态，一方代表清廷，一方代表洋商利益或民间色彩。现在《沪报》与《申报》的对垒，又恢复到了70年代初《上海新报》与《申报》对垒时的光景，是商与商之间的决斗。虽然同属英商，反而比与中国人所办的非营业性报刊竞争要激烈得多。《申报》不敢怠慢，不惜重金在北京专门驻派了访员，以专电形式报道"本报馆自己接到电音"；1883年8月，中法战争正式爆发，又特辟"越南军情"专栏，派人赴越赴榕，广泛进行采访活动。《申报》的这些举措，当时都取得较好的效果，但是也遇到不少困难，如去越南采访被法方所阻等，不如《字林沪报》借助《字林西报》和路透社原稿，把中法之争的内幕和国外方方面面的反响，都一一报道完备了。改称《字林沪报》以后，又把篇幅增为十页，超过了《申报》的每天八页。还通过《字林西报》的关系，广泛组织各地通讯。但《字林西报》和路透社稿都是以英国人的眼光来看待事变的，有些并不符合中国人的观念和口味，蔡尔康、李平书就借评论来补救。在中法之战，特别是刘永福黑旗抗法一段，《字林沪报》的主战态度比《申报》要积极和鲜明得多。《申报》在和战问题上一篇进一篇退，说是反映各界舆论，实际上就是态度游移。以致后来刘永福"内附趋朝"路过上海时，特请《字林沪报》蔡尔康参加宴请，"优礼有加"，而《申报》主笔，未见得获此殊荣。

1884 年中法战争进行得激烈期间，《字林沪报》也改为天天出报，星期日也不休刊(《申报》是在 1879 年 9 月起，就"新增礼拜日《申报》的了")。《申报》在 1884 年 8 月 4 日晚七时，为报道福州最近情况而专门发行"单张"(即"号外")。而据史料记载，字林洋行是在 1883 年 3 月越南北宁吃紧之时就发表过"单张"，以后马尾之战清军失利之时，也有"号外"行世。但是，进入 1885 年以后，时局进入战后的和平时期，《字林沪报》占上风的海外新闻，就不那么受读者注意了。而《申报》自己专门派访员所发的"本报馆自己接到电音"，较针对当时读者关心的事，比较受到欢迎。特别是科举发榜，更是牵动应试士子和绅商各界心弦的大事。《申报》为快著先鞭，江南乡试全榜特用电报传送。字林洋行当家人意识不到这种新闻在中国读者心目中的地位，不屑花这样的本钱。蔡尔康竟用贿买《申报》旧识排字工友，窃出清样照样付印。结果《申报》电码译错之处，《沪报》照样也错。《申报》发觉后，除在报上揭露耻笑一番以外，却也无可奈何。以后加强防范，每当电传乡榜时总弄得门警森严，严格保密。但蔡尔康又串通电报局电报生多留一份底稿，甚至宁可延误早晨出报时间，报上空着地位，央请亲信报贩去抢购《申报》出售的第一张报纸，然后再抢排付印出版。但这样的竞争终究不是正途，也不可能持久。蔡尔康见在国内和本埠消息方面自处劣势，就把《字林沪报》改革的重点转到了副刊性材料方面。1886 年起，《字林沪报》报首刊出的不再是评论性文字，而是蔡所编撰的《玉琯镌新》，就是把"当日故事"编演成章，相当于我国传统的《月令粹编》。1887 年 3 月起，又隔几天奉送一页《花团锦簇楼诗稿》，内容都是读者所投寄的诗稿，而且编排成线装书般的书版式，积起来可以装订成册。这又比《申报》仅用作"报屁股"的补白更吸引当时的文人墨客。这副刊性材料从散稿到《诗辑》，实是我国报纸副刊的嚆矢。《花团锦簇楼诗稿》，一直出版到 1891 年 7、8 月间蔡尔康离开《字林沪报》为止，共出了 9 卷，历时四年半。《申报》在 1890 年 3 月，公开声明以后不再刊出非新闻性的文艺创作诗词材料。1888 年起，蔡尔康又仿《点石斋画报》，发刊《词林书画报》，还将任职《申报》馆时多年寻觅来的原本的《野叟曝口》全书，排成书页型连载发表。《字林沪报》所载《野叟曝言》其实也并非觅得原本，而是坊间流传的被删节之处或脱落之处，经蔡"煞费苦心，增缀字句以贯成之"，居然天衣无缝，宛如全璧。《字林沪报》的长篇连载《野叟曝言》，又创日报连载小说之新。难怪孙玉声要如此颂赞蔡尔康:“恂当日报界之人杰矣哉!”

蔡尔康主笔《字林沪报》共八年(1882—1891)。那时《字林沪报》的经营,字林洋行也不是像办《上海新报》那样大包大揽,而与美查办《申报》那样采用买办制,让《字林沪报》独立经营,自负盈亏。1891年夏,有汤姓人士向字林洋行接洽图谋接办。蔡尔康“见用事不洽”,“遂借乡试而去”。《字林沪报》遂归蔡尔康在《申报》馆时的同事茂苑赋秋生姚湘(文藻)主持。但也有史料称由外籍人士蓝荪(Spencer T. Laisnn)任主笔。以后又迭经变迁,到1899年转卖给日本人所设同文书会。

二、斐礼思时期的《新闻报》

1893年2月17日(清光绪十九年元旦),《新闻报》创刊,近代上海报坛从此永远结束了两报对峙的局面,而进入了三足鼎立乃至群雄蜂起的“战国”时代。

《新闻报》是90年代初上海创办报刊的前兆性热潮中唯一的成功者,《新闻报》由中外商人合组的私人公司创办,其后又得到清廷官员如张之洞等的资助。《新闻报》的集股情形,因为文献不足,很难完全弄得清楚。英商丹福士(A. W. Danforth)似稍后才成了《新闻报》的所有者。丹福士以后又企图开掘安徽铜官山矿,在浦东投资开设造砖厂等,直到1899年破产,《新闻报》馆产权遂转入美传教士福开森(John C. Ferguson)之手。

《新闻报》的成功，除了经济背景之外，还端赖洋总理斐礼思的刻意经营。《新闻报》问世时，上海报坛《申报》、《字林沪报》对垒已有十年余。《申报》老主人美查已经回国，1897年改组为美查史弟有限公司，洋东们对《申报》的具体业务管得很少，全部信任华人买办席裕祺当家。席裕祺较有书卷气，1884年王韬定居上海以后，就被聘请为特约撰论者，同时大量聘进比较正派的青年主笔，黄协埙、金剑花、赵孟遴都是那时先后进馆的。加上老主笔钱昕伯与何桂笙仍在把关，新老互补，既有锐气，又较稳健。"首论"之妙，报坛无出其右者。而《字林沪报》此时已不再是蔡尔康时期，而为茂苑赋秋生姚湘（先字芷芳，后改文藻）主持，据说也销量激增，1895年曾自嘘期发万份[33]，还分兵到武汉去创办《字林汉报》。正在两大商业报已把上海市场分割完毕的时刻，一种新创办的报纸，要跻身于此分一杯羹，那不是容易的事。《新闻报》最初的姿态是定价每份铜钱七文，比《申报》（十文）、《字林沪报》（八文）都要便宜。在上海招揽订户，不得不求助于报贩。那时上海报贩已渐成霸占的局面，专业报贩已有数百人，每位报贩都有自己固定的派报地段，固定的阅报订户，多者两三百张，少的也有数十张。这些固定的客户或地段都由他们所垄断，他人不得染指，有些大报贩还出现了雇人相帮的现象。《新闻报》出报后要求他们代为推广，他们就提出要比销《申报》、《字林沪报》高一点的批发折扣。起先斐礼思不买账，另雇"贫人之失业者及报童若干人专发《新闻报》"，这些新报贩只能沿街零售，订阅者几无一户，且公开场所如茶楼烟馆等处都属老报贩地盘，他人不能进入，对此斐礼思感到失策，急为转圜，先以通融办法，与老报贩头目陆杏荪公开谈判，得息风潮，《新闻报》才算稍稍挤进了上海的报刊市场。斐礼思并不甘心，又把眼光转向上海以外的地区发行。当时上海与江南各地未通铁路，外埠报纸都由小轮船及民信局的快艇或脚划船递送。斐礼思别寻蹊径，专门雇用一批挑报人，每晚十二时后，将刚印好的《新闻报》捆成大包，挑送到南翔镇白坑缸地方的河滨，先雇有一艘脚划快艇，报纸一送到就漏夜驶航，次日上午即可到苏州都亭桥，由设在都亭桥的《新闻报》分馆立即批售。这样就比《申报》、《字林沪报》早到苏州一天，一下子就占据了苏州市场。况且苏州还可转发无锡、常州、镇江等地，同样的办法也可用于杭嘉湖地区，虽不能当天看到报纸，总能比往日普遍提早。这个秘密后来被《申报》、《字林沪报》发现了，也就纷纷仿效。海上的发行队伍中，又增添了"挑报人"这个新行当，这个职业到沪宁、沪杭铁路先后通车后才废止。报坛上新闻时效性的竞争，也从报道内容发展到在发行工作上的较量，报业发展渐趋成套化立体化，与一般出版物的区别也更显得分明。

斐礼思还把脑筋动到广告客户头上。上海各戏园的戏目广告，那时只有《申报》独家刊登，戏园老板也只愿出这么一点点广告费。《字林沪报》出版后，就没有争取到这方面份额。《新闻报》初出时，斐礼思"遣人每日至各戏园抄录，以便照刊，讵知园中执事人以为不可，将戏目秘不示人。馆主斐礼思君大愤，令排字人随意乱排戏名，按日刊录，以淆乱观剧之人，各戏园大惧，央人解围，各愿抄送，未几且各愿出资，日久而戏目之外，如有名角到沪的新戏登台，必有特别广告，以期醒目。"从斐礼思这种迹近要挟的行径，可知早期冒险家们办报时是如何的不择手段。

斐礼思的这种思想作风，同样也表现在对待《新闻报》主笔房的报道工作上。《新闻报》创刊时聘前任《字林沪报》总纂之蔡尔康及上海老秀才郁岱生为主笔。蔡尔康在《新闻报》仅“历半年许，以办事意见不合，拂袖而去”。没有“拂袖而去”的郁岱生，就吃足了斐礼思的苦头。那时正是中日战局日趋紧张的当儿，一天，郁岱生的好友皖人某来馆打听吴淞炮台有奸细混入，倾硝镪水于炮口将炮烂坏的传说是否可靠。此事被斐礼思闻知了，就口授底稿嘱登《新闻报》。这样的“消息”在当时是犯大忌的，即便真有此事，为免影响民心和保守军事秘密起见，不宜登报，更何况只是谣传。《新闻报》刊出之后，当然立即受到清廷撤查，但对斐礼思这个英国佬无权查问，却由会审公廨票拘主笔郁岱生上堂讯究。这就是发生在1894年8月(清光绪二十年夏)的上海最早一桩由衙门出面处理的“新闻官司”。斐礼思的态度比以前《申报》馆的美查完全两样，撒手不管，听任老秀才郁岱生上公堂去顶岗，致使会审公廨从宽发落，判交保候核时，竟一时间无人保郁。郁岱生返馆后翌日即自动引退。还有中日甲午战事爆发以后，天津的电报局为丹麦大北电报公司所有，据称为守局外中立起见，所有中日双方战讯，一律不必传递，唯有商电、民电照常经营。这样，上海各报的北方消息来源断绝，陷入窘境。《字林沪报》有《字林西报》作靠山，还有外国电讯可译，《申报》、《新闻报》却只能就隔夜的《字林》、《文汇》译编些过时新闻以志梗概，“亦有采其大要，化作长篇以为得自战地报告者”。当时读者心里对日本猖狂是很不服气的，对于战局消息是喜胜不喜败。《申报》比较实事求是，报道了些战绩失利的实况，反而不为读者谅解，指为“助敌”，甚至还有读者付了钱以广告的形式要求《申报》刊出《胜倭确信》的。《新闻报》的斐礼思见读者如此心理，突发奇想，要主笔房日撰一论，昌言日军败绩，捏称清军胜局，甚至竟有所谓“夜壶阵”之类的假新闻：“以箬帽萦缚于便壶口上浮之海中，以远望之，俨然人头挤挤，引诱敌军开枪开炮。”这种徒增读者心理快感的手法，居然大受读者“欢迎”，销数果蒸蒸日上，争以先睹为快，“各报贩易于脱售，未午即均已告罄。越日增印若干，而销数亦如之”。斐礼思甚至还照抄《申报》的“首论”在《新闻报》上同样刊出。《新闻报》在斐礼思的主持下，就是这样迈着歪歪扭扭的步伐，一步一步地“挤”进上海报坛的，而且还逐渐在报坛上站住了脚跟。

斐礼思还开了报馆的借报敲诈勒索之风，美查经营《申报》，一般说来作风比较严谨；巴尔福发起《字林沪报》，除蔡尔康“偷”乡榜电稿之外，进行的也基本上是正当竞争。这两个报馆的主笔房华人主笔们，大都也还能坚守节操，自律自励。自70年代初《申报》发刊以来二十年间，与报馆有牵连的勒索事件偶有发生，但卷进去的往往只是外勤“访事”。而访事在当时报馆编制结构中，往往只是“特约”，不算报馆的人，一旦发生索贿等事端，报馆方面立即开革解聘，毫不容情的。当然这不是说主笔房完全清白，有时也有“辞人”、“人辞”之举，但在报馆来说，总是表示清廉，报纸逢时逢节，往往还有“谢绝炭敬”之类的声明。但斐礼思则不同，1893年10月虹口捕房讯究骗银一案，就牵出内有斐礼思参与。外国人敲敲小竹杠，捕房当局也不便深究。一般来说，从《新闻报》登上报坛之后，报馆行弊的事日见其多;《新闻报》馆的馆风也不如《申报》那样谨严,也还曾发生主笔被人控诉引入子弟诱嫖串赌的事。

初期的《新闻报》在言论、新闻的方方面面没有多大特色的新办报纸,若没有像斐礼思那样的经营,的确也很难在上海报坛立足。斐礼思还有处理突然事件极有急智的另一侧面。蔡尔康、郁岱生先后离《新闻报》馆主笔房后,张叔和推荐原《新报》主笔袁祖志入《新闻报》馆。那时袁祖志已是年近七旬的老翁,并正在编刊乃祖袁枚的《随园全集》,乏暇到馆,又因精力已衰,除撰论数篇以外,概托其徒章斡臣代为视事。而所作论文,也相当草率,一挥而就,不事推敲。有时一篇文章连用七八个"至"字"而"字,致使文气难于顺达。中日甲午战时,上海虽无兵事,但清廷防范甚严,袁祖志因作《慎防奸细论》,其中竟然提到上海寓有好多朝鲜人,宜密切注意。此文一出,寓沪朝侨奋起抗议。斐礼思得知亲在报馆接见朝侨,安抚称"明日一定更正"。于是请另一主笔孙玉声写一文辩正,而对袁祖志礼遇如故。还有一次四川成都有教堂招孩入内私自禁闭密谋害命制造药物的谣言,主笔沈饬千不察刊出,引起法界当局和天主教会的抗议。斐礼思急令复查,奈成都离沪甚远,回信无法即得。法界方面令法警将所有的《新闻报》发行过英法和法华交界的洋泾浜和城河各桥时,全部投入河中,以致是日法界华界都无《新闻报》发行。斐礼思大惊,立请总报贩陆杏荪驾船在黄浦江中绕过法租界地区向华界零发《新闻报》,补送订户,同时挽人关说,答允即日更正道歉,并将四川访员开革,但对沈饬千仍不究责任。斐礼思特别对继袁祖志总纂《新闻报》的孙玉声,更是主宾相洽,信任无间。《新闻报》在孙玉声的主持下，也渐入常轨，不再屡屡逾矩。孙玉声名家振，上海枫溪人，别署海上漱石生，警梦痴仙，退醒庐主人，自 1896 年至 1904 年之间，总持《新闻报》达九年之久，在 1899 年福开森接办《新闻报》之后，仍由他总纂《新闻报》。斐礼思是打天下的人物，而孙玉声则是《新闻报》治天下的人物。《新闻报》的日销超《申报》而破万份，则是在福开森委托汪汉溪总理《新闻报》两年以后，那时还是孙玉声主持笔政，同样功不容没。孙玉声主笔《新闻报》时期，由沈仞千任总校，赵萱甫、叶吟石、李谷生等同在主笔房。汪汉溪时期的《新闻报》，留待后面章节另述。

三、层积近半个世纪后的历史形势

到 1894 年中日甲午战争爆发为止，新闻纸在上海的露面，已经历了 45 年的路程。从 19 世纪 50 年代初舶来，60 年代初开始中文化，70 年代初实行中国化，80 年代渐成新闻业这个行业，到 90 年代已发展到不可抑制地向全国作扇形辐射的大进军。

这个辐射不只指销售，而是指新闻业的扩展！

这个辐射不只指量的增加，而是指质的变化！

1890 年 5 月范约翰在上海发表了《中文报刊年表》，相当全面地记录了北京报房《京报》以及从 1815 年以来到他刊表时为止的“新闻纸”共 76 种。虽不完整，但也可知上海新闻事业发展的基本概况。前 8 种都不是在上海出版，上海有中文报，是从序号 9 开始，但在全表 76 种中，占了 33 种，约占

43.4%，后来居上，是香港以及其他通商口岸所难以企及的。这33种报刊中，有的是原在外地创刊，搬来上海续出（如《小孩月报》），有的则为各地议决在上海发刊（如《益智新录》、广学会接办的《万国公报》和《中西教会报》等）；而外地有些报刊，又是到上海聘人去创办主持，如天津《时报》的蔡锡龄（宠九），广州《广报》的主持人则为在上海总理《汇报》的邝其照（蓉阶）。1893年字林洋行到汉口开办了《字林沪报》的姊妹报《字林汉报》，这是“范表”没有包括在内的。这表明上海在80年代后期起，不仅上海本身报业报坛在日益完善地发育发展，同时也已开始以上海为基地输出人才，到外埠扩展报业，发挥自身的辐射作用了。

但至甲午战争为止，上海报业还有一个致命的弱点未能最后突破和解决，它基本上是英商投资的产业或者外籍传教士当家的教会的产业。报坛中心由他们占着，办给被开发的“受众”（中国读者）们。在这历史过程中，国人办报曾有过若干尝试，但或只是在报坛一隅派生式存活（如以译报为主的《西国近事报》），或者生命力并不旺盛，缺乏扶植，经不起几番风雨就退出报坛了。

中国新闻史应该是中国人在自己的国土上用自己的实践造成的历史过程，而在中国，特别是在上海，由于历史的特殊性，不得不由西方人为上海新闻史书写这第一篇章。

关于国人的投身新闻事业，是以两条途径不同地进行的。一条是参与编务。那比较早，在报刊中文化（甚至中文报刊以前的英文报刊中）开始时，就有“秉笔华士”的劳绩，而且一步一步从幕后转向幕前，从隐名转而公开，到90年代差不多不再为人怀疑是中国人不该从事的职业。但“对于报纸既不尊崇,亦不忌嫉。而全国社会优秀分子大都醉心科举,无人肯从事于新闻事业”。因此,到那时为止的参与报纸编务的主笔们,绝大多数是为生计而来,还很少发现立志办报,献身新闻事业的人和事。包括这一历史时期中最著名的报刊政论家王韬在内,是一种“逼上梁山”无路可走后的选择。

另一条路是投资报业。从70年代到90年代这20年里,上海国人办报有道库拨款的,有官员私人投资的,有民间为营利办报的,也有文人自费出版的。最后甚至出现了中外合资。应该说最早出现的官员私人投资,在中国近代企业史或民族资本发展史上,都是十分值得注意研究的线索,因为中国民族资本的最初形成,往往并不出于真正的民间平民资本,而是洋务官员私人资本的转化和变迁。可惜的是当时官员仅是负气办报,现在也还没有收集到当时《汇报》、《彙报》和《益报》的经营管理史料。民间投资、自费出版以及中外合资则都表现了自觉的主动性。特别是张叔和参与中外合资,至少看中了办报的有利可图,同时也比国人独自经营多一层政治上的保障,才作出此抉择。国人投资报业的自觉性比文人投身报业的自觉性还要来得高些、早些。至于冯焌光,那是个特例。在19世纪70年代中期就有如此自觉的办报思想实在少见。王韬最早提出《中国应自办西文报纸》是在1882年(清光绪十年),而冯焌光却先于此八年已付诸实践,更何况还是中西合璧的准官方机关报。

在这样的背景下,经甲午之役一激,国人占据报坛中心地位的时刻,就已倒计时般地指日可待了。

注释：

①〔明〕佚名：《民抄董宦事实》。

②〔明〕谢肇淛：《五杂俎》。

③《吴煦档案选辑》。

④ *North China Herald*，当时并没有《北华捷报》这一中文名称，一般称为“字林馆新闻纸”或“上海外国报”等不一。直到戊戌年间《时务报》上仍无统一的译名，有译为“字林礼拜报”的，也有直译为“北中国先锋报”的。《北华捷报》是 20 世纪 30 年代戈公振著《中国报学史》时的译名，戈氏特注明“译意”，后来却为学术界所认同了。

⑤ 数据引自《近代上海城市研究》，上海社科报。

⑥ 另一说英文《每日航运与商业新闻》系由英文《每日航运新闻纸》扩充而成；英文《北华与日本市场消息报》作为字林洋行的海外版继续存世，出版到 1865 年。

⑦ 到 1860 年为止，香港出版的 9 种英文报刊是：

Hong Kong Gazette，1841

The Friend of China，1842

Hong Kong Register，1843(迁来)

China Mail，1845

The Overland Friend of China，1845

Dixions' Hong Kong Recorder，1850

The Hong Kong Goverment Gazette，1853

Hong Kong Shipping List，1855

China Press，1857

4 种中文报刊是：

《遐迩贯珍》，1853

《布告篇》,1855(《遐迩贯珍》的附页)

《香港船头货价纸》,1857

《香港政府公报》,1860(*The Hong Kong Government Gazette* 的中文版)

⑧《祺祥英字新报》的名称见于字林洋行同期出版的《上海新报》。也有说创办者为英商切斯尔公司,始于1861年底。

⑨《美国月报》的名称见于同期林乐知所编《中国教会新报》。

⑩ *The Shanghai Courier* 已无存,现存 *The Shanghai Evening Courier* 始存第79号,1869年1月2日出版,以此类推,应始办于1868年10月15日。《上海通史馆期刊》则称创刊于1869年10月1日,当有所据。

另一种说法: *The Shanghai Evening Courier* 是由 *The Shanghai Courier* 改版而成。

《通闻西报》的名称,散见于同期出版的《申报》、《万国公报》等。

⑪ 此名称见于同期出版的《中国教会新报》和《上海新报》。林乐知介绍称:"又一张由同治印书馆刊发,阅者价银按年十两,所论者稍设生意告白,专论中外交涉事件及中国信息,亦间载生意。此新报本年设立也。"则此报为同治印书馆所办。

⑫ "同归于尽"是法国人梅朋与傅立德合著的《上海法租界史》一书中的说法,也有史料表明,《法国七日报》在1874年时仍在出版。

⑬ 此取 *Le T'oang Pao* 之说。《上海通志馆期刊》则称此报发刊于1885年3月,那时正是中法交战时期,法租界事务也交由俄领代管,新发刊法文刊登不大可能。

⑭《正风西报》的名称见于同期出版的《上海新报》。《晋源西报》的名称散见于同期出版的《申报》、《万国公报》等。

⑮ 王韬《蘅华馆日记》"咸丰九年四月四日甲辰"条有"西人伟烈君亚力闻之曰:'……何不仿行新闻月报,上可达天听,下可通民意。'予谓泰

西列国地小民聚，一日可以遍告，中国则不能也。中外异治，庶人之清议难以佐大廷之嘉猷也。”

⑯ 孙玉声：《报海前尘录·访员阶级》。

⑰ 有可能是美国人 Wilfley。此人只管账，并不参与编务。

⑱《申报》首论《新闻纸缘始说》。

⑲ 以上引文散见《中国教会新报》。

⑳ 傅兰雅书札，1875 年 11 月 22 日。

㉑ 如 1876 年由《申报》主笔沈定年（饱山）所编《侯鲭新录》未能列入。有不少中文报刊都有各自的英文名字，而“范表”中很多都用了意译的英文词汇。商办报刊的中国主笔，好多都弄错。

㉒ 此合约为手书，影印件载《申报馆内通讯》第一卷第十期，1946 年出版。

㉓ “报头”之称，见姚公鹤《上海报纸小史》；“报首首论”和“首论”，散见早期的《申报》。

㉔ 如 1897 年发刊的《笑报》发刊词，就有不少词句抄或仿自《申报赋》。

㉕ 同年王韬和黄平甫在香港筹出《循环日报》，出资盘进英华书院原属伦敦会的印刷设备，代价是二万一千元。美查办《申报》时集资一千六百两，按当时兑率折成银圆，约二千三百元，是《循环日报》投资的 11%。

㉖ 这里试把《申报》早期主笔简况略述如下：

	籍　贯	出身	加入《申报》时年龄
蒋芷湘	浙江杭州	举人	未详，似为中年
吴子让	江西南丰	曾国藩幕僚	五十五岁
钱昕伯	浙江吴兴	秀才	三十九岁
何桂笙	浙江山阴	秀才	三十五岁
蔡尔康	江苏上海	秀才	二十岁
姚赋秋	江苏苏州	布衣	二十余岁

	籍 贯	出身	加入《申报》时年龄
沈毓桂	江苏震泽	未有功名	近七十岁
钱明略	未详,似为浙人	未详	约同钱昕伯、何桂笙
沈饱山	浙江山阴	旗籍,岁贡生	三十岁
沈增理	江苏青浦	秀才	未详
蔡宠九	山东历城	江南制造局翻译	三十岁
黄式权	江苏南汇	秀才	三十一岁
高太痴	江苏苏州	秀才	二十六岁
朱逢甲	江苏华亭	秀才	六十余岁
韩邦庆	江苏松江	秀才	三十五岁

多半是江浙人,不第秀才,有举人以上功名的人只有个别人。而且蒋芷湘不久也就离去,以后直到戊戌年间为止,也未见有举人以上的人物参加报界。

㉗《申报》1872 年 12 月 13 日首论《论西字新报屡驳〈申报〉书》。

㉘ 比通常所说清末翻译小说始于林纾译《茶花女》要早二十余年。

㉙ 现在流传的说法《点石斋画报》共出版 36 卷 473 号,1896 年后停刊。其实那时仅是点石斋易主,不再为《申报》馆管辖经营。以后《点石斋画报》仍继续出版发行,到 1898 年秋季才停刊,共 44 卷 528 号。

㉚ 这就是 1873 年发生的"杨月楼案",详见本章第六节第二目。

㉛ 此名单见《中国教会新报》。黄子帏,戈公振《中国报学史》误植为"黄子韩"。

㉜《论院试提复》是《申报》所刊的一篇首论,内容批评当时江苏乡试中的弊端。当时主持江苏学政的黄某勃然大怒,通过租界的洋泾浜北首理事衙门(会审公廨)的中国官吏,将一纸布告贴到《申报》馆门口墙上,官腔十足地要读者禁阅《申报》。《申报》却来了个针锋相对,把这纸布告的妙文在报纸上全文照登,还著文继续批评揶揄这位黄学台。黄学台老羞成怒,通过御史陈启泰入奏北京:《申报》"经华人播弄,阴图射利,捏造事端,眩惑视听,藐视纪纲,亟应严行禁革"。清廷

旨谕新任两江总督左宗棠“斟酌设法办理，以期永除陋习”，左宗棠似没有对英商《申报》有什么行动。

㉝ 这个说法不一定可靠。《申报》的期发万份要在民国以后；《新闻报》的突破万份也要在1900年以后。

第二章
政治家走上报坛

第一节 《强学报》,政论报第一家

一、从北京到上海

中国新闻史上的政治家办报,不始于近代报业已相当发达的上海,却发生在素为近代报刊的禁区,清政府的枢纽所在地——北京。1895年(清光绪二十一年)康有为发动《公车上书》之后不久,发起创办木活字的《万国公报》。

《万国公报》的创办是康有为等新学志士有胆有识之举。北京,作为清封建专制统治的核心地区报禁森严,一贯不允许有近代新闻纸存在。报房《京报》是朝廷特许的报房编印人员传抄他们视为可供公开传播的奏章和官吏升迁材料,编成所谓"邸抄",分送各官提供参阅,混一口饭吃而已,根本不允许自由选登。清廷也不承认它有发布新闻权利,也不许政府官吏参与刻印。鸦片战争之后的半个世纪里，上海的近代报业已发展得如火如荼，日趋繁荣；天津也已先有《时报》，后有《直报》。而北京城只有教会外籍的教士们办过一两种，但也都是纯科学或宗教性质，与近代新闻自由的基本职能相比距离还远[①]。而1895年8月17日（清光绪廿一年六月廿七日）康有为等居然一举创办《万国公报》以传播富国、养民、教民的新法，当然不能不佩服康有为敢为天下先的大无畏精神。

康有为的创办《万国公报》，他在《自编年谱》中说到办报动机称："以士大夫不通外国政事风俗，而京师无人敢创报以开知识。变法本原，非自京师始，非自王公大臣始不可，乃与送《京报》人商，每日刊出千份于朝士大夫，纸墨银二两，自捐此款。"康有为效学上海广学会出版的《万国公报》（月刊），内容很多是原本照抄该报的，甚至连刊名也照抄，有些则是改写。以新闻史的视角来考察，可称之为广学会《万国公报》的翻刻摘选本。

北京《万国公报》共出版四十五号。隔天出版，历时约三个月。康门弟子梁启超、麦孟华主持。经费来源主要来自徐勤纾财，后又得陈炽捐款相助，并不完全是康有为"自捐此款"。《万国公报》系托《京报》人印，附在《京报》中送。《万国公报》所以不继续出版下去，一是如康有为所说的"报开两月，舆论渐明"，将进入联合同志组成团体的阶段，二是由于广学会李提摩太的阻止，不同意用《万国公报》名称，"以免两相混淆"[②]。1895年12月16日（清光绪廿一年十一月初一），北京强学书局正式出版《中外纪闻》，也是木活字印刷，两天一册。此时的实际主持人为梁启超和汪大燮。梁启超为康有为入室弟子，汪大燮则就是后来与梁启超共同办《时务报》的汪康年的堂兄。

康有为未待《中外纪闻》的出版，就匆匆南下，企图游说在南京署理两江总督的张之洞在上海也开设强学会，并赴广州作类似的活动。——康有为毕生的办报活动大抵如此：他不是所办报刊的主笔，更不担任具体报馆的总理，而是开办报刊的策划者和决策人。这正是政治家中领袖人物办报的特点[③]。

康有为所以要在北京强学书局规模初成之时匆匆由北京赴金陵游说张之洞，可能有两层原因。一是康有为离京两月后北京才正式开局出报，避开了康有为个人擅出《万国公报》的干系，而由北京《中外纪闻》、由强学会这个群众团体来承担责任。强学会则是朝廷大员都捐金赞助成立的。二是寻求地方官员的声援。如果各省督抚响应，地方实力派也各自掀起强学运动来，“守旧者的疑谤”才能较难发生破坏作用。康有为看中张之洞，是因为张之洞在各省督抚中表现得最为“开明”，康有为在北京“日以开会之义号之于同志”之时，张之洞和他门下幕僚正在武昌、上海商议“开会”组织团体。在各省督抚之中，张之洞被认为是最容易被说动的一人。而且上海“为南北之汇，为士大夫所走集”，在上海发动设会办报“以接京师，次及于各直省”，就可能“南北呼应振动天下”。

康有为在南京（金陵）的活动进行得相当顺利。商定由康有为出面邀请正在武昌活动组建中国公会的汪康年到上海去开办强学会，张之洞还另拨款一千五百两作为在上海办会的经费。在汪康年未到上海之前，委托他的首席幕僚梁鼎芬和侄女婿黄绍箕等一行八人，陪同康有为先到上海去筹备，还因康有为“母寿须归”，约定“康主粤、汪主沪”，由康有为到广州把强学会办起来，这样京沪粤三地互为犄角，相互呼应，影响全国的声势更大。

二、《强学报》事件

康有为在张之洞幕僚梁鼎芬、黄绍箕的陪同下，一行八人抵达上海“赁屋于张园旁”即“上海跑马场西首王家沙一号”开会设局，“规模恢张”；邀集了沪宁两地以及近邻地区的精英分子近二十人为上海强学会发起人；还由康有为以“南皮张之洞孝达”的署名起草《上海强学会序》，在上海的《申报》、《新闻报》和广学会《万国公报》上同时发表；并拟定了《上海强学会章程》（草稿）。此时汪康年尚未抵沪（汪康年要到夏历十二月始到），上海《强学报》在 1896 年 1 月 12 日（清光绪廿一年十一月廿八日）抢先出版，署“孔子卒后二千三百七十三年”的纪年字样。首载《本局告白》云：

> 启者：现当开创之始，专以发明强学之意为主。派送各处，不取分文。一月以后，乃收报费。阅者到上海王家沙第一间挂号即得。至于时事新闻，因限于篇幅，不及多载，俟将来乃陆续录之，非敢略也。识者谅焉。

接着刊出光绪皇帝为康有为《上清帝第三书》，即给各直省督抚将军的“廷寄”（密旨），和三篇论说：《开设报馆议》、《孔子纪年说》和《会即荀子群学之义》。最后是一整套有关强学会的文件：《京师强学会序》、《上海强学会序》（张之洞）、《上海强学会章程》和《上海强学会后序》（康有为）。在《上海强学会章程》之后，刊出十六位上海强学会发起人的名单。

这期《强学报》第一号出版后五天，1896 年 1 月 17 日（十二月初三）又出版发行了第二号。只四篇论文：《毁淫祠以尊孔子议》、《变法当知本源说》、《论回部诸国何以削弱》和《欲正人先修法度说》。末附一大片“第一号正误”。以后未见出版。1896 年 1 月 26 日《申报》却发出一则消息：

强学停报

昨晚七点钟，南京来电到本馆云：自强学会报章，未经同人商议，遽行发刻，内有廷寄及孔子卒后一条，皆不合，现时各人星散，此报不刊，此会不办。

同人公启

这就是轰动一时的“上海《强学报》事件”。那时，也正好是北京御史杨崇伊上疏弹劾京都强学会的消息传到江南，倒也是北呼南应，“开新之风扫地”。

康有为为什么要如此顶风航船般地冒险行事呢？就上海《强学报》一事来说，有下列内情：正在康有为与张之洞书信往来意见折冲的当口，1896 年 1 月 2 日（十一月十一日），光绪皇帝颁旨刘坤一回任两江，张之洞也返任湖广，不再兼署南洋大臣和两江总督。这样，上海不再是张之洞所管辖的地盘。张之洞与刘坤一虽然还都算“开明”，于北京强学会开会时各捐五千两，但刘坤一比张之洞要稳健得多。两个人还是老对头。张之洞的行径未实行时往往为刘坤一所否决。《强学报》不抢先出世，可能会在刘坤一的管辖下夜长梦多，胎死腹中，所以康有为不惜冒险。

三、"乙未三报"探研

康有为所办北京《万国公报》、北京《中外纪闻》和上海《强学报》都在光绪廿一年(乙未)之间,合称"乙未三报",它标志着中国新闻史上政治家办报的开端。它将大踏步地走上中国报坛的中心地位,万众瞩目地显示:国人将要主宰中国报坛。

"乙未三报"中的《强学报》在上海面世,顿时在上海新闻史上,增添了若干在过去半世纪中从未出现过的色彩。

首先,办报为政治事业服务。办报本身成了政治家从事政治活动不可分的一个组成部分,甚至是十分重要的组成部分。

报纸以及其他信息载体,传播经过信息搜集者的思维处理过的新闻信息,总不可避免地在社会上产生某种政治倾向政治作用。所以,近代新闻纸的诞生之日起,就不可能没有它的政治背景和政治影响,也不可能没有它在社会上发挥的政治作用。但是,如同前章所述,多半还是不自觉的或半自觉的社会存在。政治家办报就挑开了这层面纱。"办事有先后。当以报先通其耳目,而后可举会";"度欲开会,非有报馆不可。报馆之议论,既浸渍于人心,则风气之成不远矣"。康有为们办报,就把它看作"广求同志,开倡风气"的手段,目标非常明确,旗帜非常鲜明,而且也的确得了预期的效果。这的的确确是了不起的历史创举。

政治家办报是为政治事业服务,所以不计成本,非经营性的,经费往往靠募集或赞助。也有自捐或毁家筹资的,与商办报刊迥异。商办报刊以谋利性经营为目标，将本求利，一般说来，常常会考虑适合受众(读者)们的要求和口味。而政治家办报则是为要鼓吹办报人的主张，虽然有时也会考虑到受众的可接受性而方法方式上作某些调整，但鼓吹主张的宗旨总不会改变。康有为办“乙未三报”正处于所谓民智未开的蒙鸿时刻，康有为的率尔一举，不论在办报这一点上还是所鼓吹的变革要求这一点上，都起着登高一呼的启蒙作用。

正因为康有为以政治家姿态进行办报，办报就是他整个政治事业活动的一个组成部分，所以他办报的一切举措，着眼的是政治活动的需要，而不计报业本身的成败，与商办报刊甚至官办报刊小心翼翼地谨慎经营却成鲜明对照，同时也是教会报刊和文人办报所少有的。

上海《强学报》虽然仅仅面世两期，账面上期发一千份，但的确也曾一时间轰动了上海社会。这轰动并不在于《强学报》上说了些什么，而是它遭遇的“停报事件”。这是上海由官方谕令的第三种停报，但前两种都是“上压下”(《汇报》与《新报》)，而这一次却是张之洞自己否定自己，出尔反尔，原因却是“同人未议，遽行发刻”和内容有“皆不合”处，成了新闻界里发生的内幕新闻。短命的《强学报》揭开了上海报坛政治家办报的序幕，以后的滚滚浪涛汹涌澎湃而来，就再也不是张之洞一纸电文所能遏止的了。

其次，以“乙未三报”作对比研究，就可发现木活字版《万国公报》出版最早，面世时间最长(共45期，前后三个月)，并且是康有为一个人出面捐资(然背后有人资助)。因为并非卖品，经济上曾弄到十分狼狈的境地。《中外纪闻》存世一个月零五日，上海《强学报》“报龄”只有五天，后两者都是北京和上海强学会的机关报，经费由两地强学会所征集。

说起“机关报”，这在上海新闻史上也并不能算是首创的，1858年伟烈亚力主编的英文《上海文理学会会刊》，才是上海办机关报的始举。以后1864年起的海关诸报和1866年起的《上海租界工部局年报》，都具有业务机关报性质。而1889年复刊的《万国公报》，也不再是林乐知的私人刊物，而是为广学会兴办的机关报，而康有为等办机关报的思想，非常可能来自广学会的《万国公报》。但应该提出，就办机关报来说，北京《中外纪闻》和上海《强学报》在某些方面也是青出于蓝胜于蓝的，机关报的身份更为鲜明。特别是《强学报》第一号，正文首载“廷寄”，后面却附载有“本会臣等敢敬纪之”的“附论”。好比是上海强学会“恭注”或编者按；在三篇论说后，又刊载北京和上海两地的强学会的全部主要文献。康有为所撰《京师强学会序》（又名《开会主义书》）一文，始发刊于上海广学会的《万国公报》月刊本第83册，后见于上海《强学报》创刊号，可能在北京的《中外纪闻》也未刊出过。机关报不仅宣扬机关的主张，而且还关注机关活动情形，上海《强学报》在两个侧面都完备地做到了。

第三，“乙未三报”特别是《中外纪闻》和《强学报》还为国人以政论办报开了先河。

近代报刊不仅传播新闻信息，而且还专重舆情形成时评，这是从1872年《申报》发刊之后已形成的传统，《申报》还把论说置于报首地位，形成了“报头”、“首论”等专门称呼，后来的王韬等还由此成名而为报刊政论家。但是，报刊上的论说，是不是就称得上“政论”？报刊论说摆在报纸刊首，是不是就叫“政论办报”？那也不见得。许多执笔人并没有多大政治主见和政治抱负，那也就成了东一榔头西一棒子的应景文章，新闻史上所说的政论报纸或“政论办报”指的是着重以政论为手段，有目的地直接面向读者群众进行鼓吹所持主张的报刊。《强学报》共出两期，第一号“廷寄”以外三篇论说，第二号四篇全是论说，加上强学会全部文献，集中鼓吹一个命题：“昌言新法”。而且这个新法是皇帝所提倡的，也是“托古改制”后重新塑造孔子的本意。那高屋建瓴、万源归海的气概，“穷则变，变则通，通则久；不变则不能久矣”的层层说理，对读者的确起了猛击一掌的启蒙作用。《强学报》主要是主笔论说，连时事新闻也“不及多载”，这是地道的“政论办报”。以后“时务报”以及戊戌诸报的续出，随着革命浪潮蜂拥而至，政治家所办的政论报牢固地屹立在报坛中心，反而把发行数量众多的商办报纸挤到边厢甚至角落里去了。

最后，不能不提到康有为们“以报先通耳目，而后可举会”的办报之举，是中国新闻史上把办报和组党结合起来的第一声。在世界新闻史上，1900 年 12 月俄国的列宁在德国莱比锡发刊《火星报》，是为了在俄国工人阶级中建立布尔什维克党。而康有为此举，似还比列宁办《火星报》早了四年。其实两者之间还是有明显的差异的。列宁办《火星报》建党，是在俄国工人运动已经有所开展，但各种思潮众说纷纭，列宁办报是要在这众说纷纭之中寻求坚定的一致。而在落后的东方，康有为则是要在混沌未开的环境中“思开风气开知识”，做启蒙工作同时结集同志。但不管怎样，康有为此举总是值得在中国新闻史上大书一笔的伟大的创举，其中就包括了在上海只存活五天的两期《强学报》。

第二节　草野歆动的《时务报》

一、《时务报》的诞生

“强学停报”之后七个月，《时务报》诞生。

关于《时务报》的诞生，汪康年与梁启超各执一词，聚讼纷纭，其实有些虽有事实同时却有隐情；有些则并无事实依据。

历史的内幕要从汪康年来沪接收《强学报》残局说起：汪康年在湖北武昌早已“知非变法不足以图存”，因此也在酝酿发起中国公会，也已初步有了办学、译书至办报种种意向。连接张之洞授意的康有为一函两电之催邀，乃迁全家至上海，准备大干一番。谁知一到上海，所见到的只是“强学停报”之后的一副烂摊子。这就给了汪康年一个进退两难的大难题：关于续办《强学报》事，他当然无权擅自作出决定，要请示张之洞；对于“合局”另外办报，他也要再三慎重研究，也要与至亲好友商量，以免重蹈“强学”覆辙。

正因为这样，才有了汪康年腊月廿五日接收《强学报》账目和剩余资财，到翌年三月十一日（1896 年 4 月 23 日）才在《申》、《新》两报刊出《强学局收支清单》的事。刊出此清单时同时声明“除香帅余款七百两函经莲珊太守邀回外，余款交汪穰卿进士收存”。

经过多方征求诸位好友的意见，汪康年把注意力集中在另办一报方面来了。最困难的是经费问题，曾企图争取北京官书局馆的资助，也曾想用招股的办法，最后由黄遵宪参与，自己先捐了一千元，并以筹款自任；关于主笔人，是汪康年致书邀请梁启超来沪主持的。所以会邀请梁启超，是因为：（一）汪与梁本来就是至交[4]；（二）北京强学会被胁改为官书局后，梁启超被排除在外，正在北京赋闲[5]；（三）他与乃师康有为的行事作风不同，他也很不以乃师在上海办《强学报》的作风为然的[6]。梁启超是1896年（丙申）四月下旬才到上海的，抵沪之后与汪康年、黄遵宪一起投入了具体筹备办报的事宜，汪康年原来的打算是办译报，北京把强学会《中外纪闻》胁改为《官书局报》之后也是译报，因为译报所担的风险小些，甚至还考虑过办日报"欲与天南遯叟决一高下"，还曾考虑过招洋股以增强自我保护。梁启超遵乃师所嘱，企图继《强学报》余绪，仍用孔子纪年；黄遵守则不主张"太过恢张"，不完全同意梁启超的主张，这样才决定了《时务报》的最后面目。

二、《时务报》的成功

《时务报》是1896年8月9日（清光绪廿二年七月初一）创刊的，它与七个月前《强学报》相比，有一系列差异。

（一）《强学报》是上海强学会的机关报，《时务报》并没有这样的背景。虽然在筹备过程中有过"寓会于报"的设想，事实上以后也一直没有实行过任何实际的步骤。《时务报》仅是一些志同道合的人合组的"同人报"。

（二）《强学报》因为办报即办会，同时又有张之洞这位署南洋大臣的做靠山，所以一出手就“规模恢张”：赁屋于张园近王家沙地区的大洋房，从后来的《强学会收支清单》来看，发刊以前还曾举办过西式的招待茶会，各种排场很有气派的。《时务报》馆就很不同，赁屋于英租界石路南怀仁里，是一幢比较简陋的石库门弄堂房子，低矮。后来梁启超回忆《时务报》创刊前后在此撰稿情形：“六月酷暑，洋烛皆变流质。”就所出报纸来说，《时务报》也用当时较便宜的连史纸石印，不如《强学报》竹纸铅字印刷那么“恢张”。

（三）作为上海强学会的机关报《强学报》。康有为是一个胸有成竹的人，自作安排抢先出版，进行一场造成既成事实的冒险，因此才有“欲集众人之资以逞一己之见”的物议。作为同人报的《时务报》，则发起人之间反复商议，寻求当时办报可能成功的最佳点。《时务报》的创刊，献给读者的是完整的成果，虽然以后还会逐渐走向完善；而《强学报》，拿出来的却是个“半成品”，自称“至于时事新闻，因限于篇幅，不及多载，将来陆续录之，非敢略也”。

（四）最主要的差异，则在所刊的内容和所引起的社会效果上。《强学报》所载诸稿与其说是震撼人心，还不如说就是惊世骇俗；《强学报》所引起的社会效果，与其说是文章所引起的，还不如说“强学停报”事件才引起社会注意。正因为这样，《强学报》到底是怎样“一张报纸”，直到20世纪30年代柳亚子主持上海通史馆时，还不能完全弄得清楚。《时务报》则不同，完完全全是靠刊物所载内容的本身，引起“草野歆动”所向披靡，取得极大的成功的。

《时务报》每期卷首发政论一两篇，约三四千字。下设《恭录谕旨》、《奏折录要》、《京外近事》、《域外报译》等栏目，以后又将《域外报译》分为《西文报译》、《东文报译》、《法文报译》等，每册最后还经常附印国内外学规章程或新译书文等。每册32页，约三万字。引起轰动的，首先是梁启超持笔在卷首所发鼓吹维新变法的政论。特别是总题为《变法通议》的那一组长篇论著，先后连载了二十一期，时间跨度长达一年三个月。所论及的变法内容虽然还仅只局限于开学校、废科举、变法制等，并不触及封建制政体的根本方面，并稍涉及一点经济领域，但他强烈要求自强、要求变法，认为不变就将亡种，而且“变亦变，不变亦变”，“变而变者，变之权操诸己，可以保国，可以保种，可以保教”，可能像明治维新之后的日本那样崛然于世，自己不变，由他人来迫着变，“变之权操诸人”，则就可能像当时的土耳其、印度、波兰那样亡国，这在当时舆论闭塞的社会上，不能不说是足以促人猛醒的警钟，而梁启超这种高屋建瓴的立论气势，加上他“纵笔所至，略不检束”，“笔锋常带感情”，“恣肆汪洋”般的笔法，更使当时读者“举国趋之，如饮狂泉”，而《时务报》也“一时风靡海内，数月之间销行至万份，为中国有报以来所未有”。《时务报》也借此而打开局面，甚至有这样极端的赞誉：“自有《时务报》，而《申》、《沪》、《汉》等报均废纸矣！”

《时务报》的风行，梁启超的政论是占了首功的，同时《时务报》的其他内容，譬如“报译”和副刊性的材料，同样不同凡响，起着绿叶陪衬的作用。“报译”要占《时务报》篇幅的一半或一半以上。这样的栏目在上海各报刊中来说，也已是惯用的常规手段，特别是刊出海外新闻的主要途径。广学会《万国公报》月刊本的最早一段时期，与周刊本时期一样，也是以“报译”充塞绝大多数篇幅的，但《时务报》与广学会《万国公报》月刊本相比有显著不同，并不着重于新闻事件的报道，而着重于各国对中国事务的议论，如《论东方时势》、《论日本国势》、《论太平洋大势》、《论美国商务》和《美国领事论中国厘金弊病》、《上海商务情形论》、《中国火车》、《挟制中国修理北河论》等。这样的“报译”，当时就与一般报刊所载动态性的或猎奇性的“报译”材料完全相异趣，而是汪康年所称：“广译五洲近事，译录各省新政，博搜交涉要案，俾阅者知全球大势，熟悉本国近状……以开民智而雪国耻”，而形成了《时务报》自己的风格，而且在翻译力量的设置上，开始仅译英，后来逐渐增译法，译日，译俄，所译述的报刊在美、法、日、俄之外，甚至还收集到日斯巴尼亚（即西班牙）的出版物。当时上海乃至全国，尚没有另一家报馆如此认真如此规模和如此严肃从事，而且后来有些“报译”很有针对性和战斗力，弥补了政论暂时不宜公开议论的不足，在这里主笔即编者或译者所起的主导作用是很明显的。

《时务报》副刊性材料发表了英国人柯南·道尔的《滑震笔记》（即《福尔摩斯探案》）和长篇传记《华盛顿传》。《滑震笔记》那样完全由科学的逻辑推理来发展情节的西方文学作品，对中国读者来说，同样是闻所未闻的一种启蒙。《华盛顿传》则有人赞之曰“尤妙不可言，此意知者恐鲜，倘令黄项白须知之，必骇绝，常弘又当多事矣”⑦。

《时务报》能够如期出版，黄遵宪的筹款之功是不容泯没的。他不仅自捐一千元，还变着法儿筹措，他不仅出钱，而且出力，在筹备办报期间，荐写字人，请翻译，计划请《万国公报》及格致书院代派《时务报》，关心梁启超的病后疗养，安排汪诒年和梁启勋的工作，定各人包括梁启超、汪康年在内的薪金多少，都一一过问作出决断。关于所筹款项，再三强调“吾辈办此事，当作众人之事，不可作为一人之事，乃易有成。故又所谓集款，不作为股份，不作为垫款，务期此事之成而已”。“此报主义在集资作公款，阅报风行以后，或不虑交绌。然惜费以期持久，亦名言也”。汪康年在当时是把黄遵宪的话当作至理名言的。他是赤手空拳在上海滩上闯荡创业。张之洞对他不那么热情支持，他当然会感到怅然若失的，现在突然来了一个黄遵宪愿意担肩胛把张之洞余款拿过来动用，还愿意自捐，愿意以筹款自任，他当然会把黄遵宪奉作亲人看待。汪康年经理《时务报》的最初岁月里，待人处事有时甚至节俭到刻薄的程度，他自己只在《时务报》每月支薪二十元，这样把所有工作人员的薪金都压低了。

汪康年经理《时务报》的功绩也不能小觑，没有汪康年的刻意经营推广发行，也很难达到《时务报》出版不久就遍及大江南北山陕粤桂。他的经营推广与商业报刊和教会报刊完全不同。他首先在全国范围广泛散发了《时务报》发刊宗旨的公告，进行集资捐助，同时通过他历年游宦的种种关系，建立了遍布鄂、湘、京、鲁，以及苏州、镇江的代收《时务报》捐款系统，然后又通过通商各埠的电报分局，某些地方的官书局、矿务总局、书院等，建立起自己的发行网络，甚至还借用过塘报和漕运船帮的力量。因为《时务报》的读者是士大夫和青年知识分子，有些地方乡宦中的倾向进步的热心分子也有志愿代理发行的，于是《时务报》的发行网络中又多了一批某某公馆之类的名称。天津《国闻报》发刊之后，又与《时务报》结为联盟，相互交换代理发行。这样，就在当时社会上形成商办报刊、教会报刊之外的第三个全国报刊发行网络。有了这个发行网络，便于《时务报》之后所掀起的维新报刊热潮中各种报刊的发行传播，也有助于鼓励维新报刊的纷纷出版。而《时务报》馆也俨然成了盟主。曾有人戏称之为“中国馆祖”。

汪康年在组织推广发行工作中，还设法征得官方有力者的支持。《鄂督张饬全省官销〈时务报〉札》，是他亲赴湖北为张之洞祝寿时获得后带回上海刊刻的，以后又陆续争取到其他各地地方官员协助推销，因此又有了浙江巡抚廖寿丰、岳麓书院院长王益梧、湖南巡抚陈宝箴、保定太守陈启泰、清苑大令劳乃宣、江西布政使翁曾桂、安徽巡抚邓华熙，分别札饬推广《时务报》的官方公文，其中有些公文还规定动用公帑支付《时务报》费用的，这是中国新闻史上公费订阅报刊的最早记录。正因为《时务报》内容受读者欢迎，发行推广工作又比较得力，《时务报》创刊时约仅销四千份，半年后即增加到七千份，一年后增至一万二千份，最高时竟达一万七千份。而且还纷纷要求补购以前出版的旧报。《时务报》馆无法应付，1897年9月决定把以前出版的前三十期《时务报》重新缩印合订出售。这又成了我国新闻史上最早的报刊再版缩印本[8]。

三、从《时务报》到《时务日报》

早在《时务报》取得初步成功之时，汪康年就着手筹办日报,“欲与天南遯叟争短长”,此时约丙申(1896)年冬。当时,《时务报》内部还正处在汪(康年)、梁(启超)、黄(遵宪)的“蜜月”阶段。黄遵宪已应诏入京,梁启超也请假返粤省亲。在赴粤的旅途之中,梁启超还对汪康年如何筹办日报,出了不少主意。“有人欲开日报,此事甚善。兄所论甚当。弟为总主笔,孺博、兰生(麦孟华、项藻馨)为主笔,事属可行,探访商务纪载,近事如此,正合吾辈之意”,“弟前有一议,谓日报宜分张别行,大率纪时务者为一张,纪新闻者为一张,纪商务者为一张,可以分购,可以合购,如是则可以尽夺《申》《沪》各报之利权,惟登告白颇费商量耳。若渠有成议,亦可以此意告之”[9]。尚在湖北的叶瀚(浩吾)也提供意见:“宜推广为大北电局商务传单译报,再于附张译印《妇孺》、《益智报》两种,并作日报,庶下行较旬报为易。”[10]

梁启超到广州以后,却应康门旧侣之邀,赴澳门筹备办起了《广时务报》。“时间人皆欲依附《时务报》以自立”,“顷为取名曰《广时务报》,中含二义:一推广之意,一谓广东之《时务报》也。其广之之法,约有数端。一、多译致各书各报以续《格致汇编》;二、多载京师各省近事,为《时务报》所不敢言者;三、报末附译本年之外国岁计政要,其格式一依《时务报》。惟派往广东各埠者,则五日一本十五叶;派往外省者,则两者合订一本”[11]。而湖北,原来经营《字林汉报》的姚赋秋有意出盘。《时务报》发起人之一的吴德潇之子吴樵(铁桥)那时正在汉口,有意接盘过来改办《民听报》。“用美商招牌,其议论一切。面貌专不与沪澳两馆相符,暗中声气必须相通。……三馆以神合貌离为主。若是,则鼎足之势成矣。”[12]

但事情并不顺当。澳门的报刊是办起来了，可是报名已易为《知新报》，这是汪康年及其诸友再三筹商的结果，“断不宜与《时务报》相连。惟其能言《时务报》所不能言，尤不可不如此。吾辈此时利在多营其窟。将来澳报必有大振脑筋之语。我堂堂大国于澳门只可瞠目而视，然《时务》必任其咎矣！卓如亦不宜兼。吾辈之意，只取事之能成耳，草蛇灰线，不必尽人知之也。”吴樵不幸于丁酉(1897)春季暴病逝世，汉口《民听报》当然只能作罢。上海的日报也未出现，特别也是从丁酉春季《时务报》馆内章炳麟与康门诸子闹翻开始，《时务报》“蜜月”时代就算完结，内耗不断。汪康年方方面面都弄得焦头烂额，也没有心思再去思考筹办出版日报的事了。就在此时，梁启超帮助陈炽(次亮)、李盛铎(木斋)筹办另一种日报名叫《公论报》，并且连馆址人事也有了安排，决定嘱同门师弟龙泽厚去具体主持，但最后也没有成功。

汪康年重提创办日报要到丁酉年底。那时，黄遵宪与梁启超都已离沪赴湘，汪康年与他们处于面和心不和的状态中。同时他还有一大心病，就是《时务报》的资金，是靠募集而来的公款，投资不像投资，股份不像股份，总不能由“汪姓”一家独吞，因此还仍蓄意自办日报。正在这时，汪康年结识了曾国藩的次孙曾广铨(敬贻)。此人当时少年有为，精英文，曾任李鸿章幕僚，结识不少外人，手面也阔绰，愿意投资报业。同时，汪康年的堂弟曾任驻美使馆参赞和檀香山领事的汪大钧也正卸官返沪。于是三人合股筹备创办《时务日报》。这一次轮到梁启超说话了。“鄙意《日报》切切不可沿《时务》之名，徒牵大局，合之两伤，极无谓也。”“报馆如此支绌，殊为可虑，闻兄又办《日报》,深恐益不支也。”“《国闻报》好极。虽别出,亦必不能赶上也。”[13]汪康年抱着破釜沉舟在此一搏的心态,当然不会再听梁启超的。1898 年 5 月 5 日(清光绪廿四年三月十五日),《时务日报》创刊了。

《时务日报》在当时报坛上是很受注目的。汪康年当时为《时务日报》馆觅址在英界大马路集贤里,与已迁到大马路泥城桥东堍的《时务报》馆在财产账目上完全分开。《时务日报》创刊时,上海已有五家日报:《申》、《沪》、《新闻》、《苏报》和《大公报》,汪康年声称:“闻见患其不博,论说患其不参。博则虚实可相核,参则是非可相校,固不以复出为嫌也。”[14]首先在版式上独树一帜。比当时一般报纸都长出三分之一的样子而稍狭,并打破了一般报纸长行到底的排字格局,改为分栏三截,并句读加点,使阅者醒目。《时务日报》“前登紧要各件,后附新译(搜)小说”,并“另立专件一门,凡奏疏章程条陈专件之有关时务者,无不广为搜录,以资考证”,“各外如有异常紧要之事,均令访友即行电告,俾阅者先睹为快”。它是沪上诸报中最早设立专电栏者[15]。《时务日报》章程之中,并附有六条“讨论”:“(一)如有仿制或创制之物,请即函告本馆。即可托人前往试验。如确,当代登报表扬。(二)如有新撰新译书籍,亦请送至本馆当酌为代登。(三)如有已开译书籍及创意欲撰之书,亦可告知本馆登报,以免重复。(四)如报中登事错误,请随时指正。(五)如有不惬意于报中所言者,请随时函示。(六)如有冒称本馆人及访事人在外生事者,请速函示,俾得查察,如有致各处要函或要件之函,均有本馆总理或正主笔、总翻译签字为凭。”[16]——这样的办报措施,都是以前报坛上从未有过的。这些新闻业务革新，据说却是出于汪诒年（仲阁）之手。汪康年“他们兄弟分工合作，编辑上的事，穰卿并不干涉的。汪颂阁是聋子，人家呼他汪聋聋，为人诚挚亢爽”，“办报很有精神”。汪康年则以总经理而兼总主笔的身份，代表报馆时进行社会活动[17]。

《时务日报》更能引起社会瞩目的是，那时上海正发生的法总领事白藻泰勒拆四明公所事件，汪康年兄弟和叶瀚（浩吾）等，不仅是新闻事件的报道和评论者，而且以旅沪浙人的身份，与甬人一起参与了实际的斗争。《时务日报》上有关四明公所血案的评论和消息，也都是锋芒毕露，很有棱角的。这样自然大大触怒了法租界当局和总领事们。《时务日报》出版两个多月光景，1898 年 7 月 21 日（六月初三），就发生了法总领事“饬捕头传谕各包探带领伙捕，分守（通往法租界）各桥梁，见有以《时务日报》售人者，立即夺下送入捕房，并饬移提馆人。”这是法租界当局禁售《新闻报》、《苏报》之后又一次禁报事件。

《时务日报》后也因“改《时务报》为官报事件”的发生，于 1898 年 8 月 16 日（七月初一）改出《中外日报》，直到 1911 年后才停版。

第三节 维新诸报风起云涌

一、林林总总的新学报刊

《时务报》问世以后不到半年，各地国人办报活动“顿呈活跃之状”，萌于丙申(1896)，盛于丁酉(1897)。一时间南有《利济学堂报》(温州)、《知新报》(澳门)、《岭学报》(广州)，北有《国闻报》、《国闻汇编》(天津)，长江流域有《湘报》、《湘学报》、《湘学新报》(长沙)和《渝报》(重庆)。甚至广西僻地，也办起了《广仁报》，在拟议中的更有吴樵的《民听报》(汉口)，李盛铎的《公论报》(上海)，王修植的《广益报》(天津)。而“中西交汇之冲”、“士大夫走集之所”的上海，更是得风气之先，从丁酉仲春始，两三年间先后问世的报刊不下数十种。品种繁多，内容丰富，有议论时政，鼓吹变法的，如《强学报》、《时务报》、《新学报》等；有以传播信息为主要内容的综合性的，如《时务日报》、《中外日报》等；有介绍西方社会科学和自然科学的，如《求是报》、《算学报》、《农学报》、《格致新报》等；有专业性对象性的，如《卫生报》、《蒙学报》、《女学报》等；也有文摘性的，如《集成报》等。这些报刊，都是国人斥资自办，主持人、主办人、主笔人都是关心时局的爱国知识分子，他们不再恃外人洋股为护符，堂堂正正地宣称以“讲中国自强之学”为目标，并且大多不以赢利为宗旨，它们大都是数日一出的“周报”即期刊，所以笼统称为“新学报刊”群。

1896—1898年间上海新创办的、蜂拥而起的新学各报，有如下一些特点：

(一) 绝大多数都是以政论为刊物的灵魂。刊首都是“本刊撰论”，篇幅虽然所占不多，而对整个刊物起着提挈全军的作用，这些政论所发言论有高下之分，有平实和激昂的差别，有恳求和呼吁的异同，但中心意思是一致的：要求“变”；要求中国重振。没有报刊不对当时国家的败象疾首痛心、大声疾呼的，特别是《时务报》，真有发聋振聩的作用。同时也应该看到，这些政论的主要作用在于声嘶力竭地呼吁，真正深入全面的思考不够，对世界的大势也理解得不透，对西方乃至东方所谓“变政”状况也是耳食多于真知，对于西方的社会科学处于略知皮毛的程度，因此寄希望于“变法”，希望“一变就灵”。对当时中国内外矛盾，在现象上有所揭发和抨击，但是对怎样解决和改变这些矛盾，则想得比较简单化。各刊物之间和友辈之间的讨论，所考虑的也还常是些当时皇权过重，如何把话说得别招祸之类。民权、君权、家天下等概念也刚刚提出，而维新报刊所着力鼓吹的，还只是在于朝廷有所奋发，力图自振，应改应废。比较具体的“方案”，如废科举、兴学校，稍稍涉及官制冗员，还涉及一些官场纰政罢了。这也难怪，当时维新报刊的主笔们愤而言政，感情色彩大大强于理性追求。西学传入中国虽然已近半个世纪，真正下功夫去研究的人也还不多；而且那时翻译过来的所谓的西学，多半是自然科技，真正有价值的社会科学不多。出国留学的幼童所学也多半是技术或语言文字，个别涉猎了西学中社会科学部分的人也并不被重用和重视，至于出洋考察的大臣，所见好一些的是声光电化，差劲些的就是声色犬马，根本不大可能吸取什么新思想来滋润我国思想界。而这个时期执笔主办维新报刊的志士们，差不多都没有出洋考察过，还是到上海或香港以后才眼界大开的。因此只能有感性慨叹式的大声疾呼，而不能在学理上提出缜密的见解来。

（二）戊戌时期所鼓吹的新学，其实是包括鼓吹变法愿望在内的所有西方传入的学和术，包括自然科学常识等，这个时期的新学，是相对于我国传统的旧学而言的。有些西学的科技水平，略等于现今中学生常识，社会科学水平甚至更浅些。维新志士是先行者，他们在实践中失败了，也就迫使他们逃逋海外时进一步去学习、求索。戊戌时期并不深邃的理论开掘，才引发了以后愈来愈深的理性探索，直至二十年后“五四”时期的思想大解放，乃至十月革命一声炮响，迎来了马克思主义。先行者们筚路蓝缕的功绩，值得大书特书。

（三）因为新学是与我国传统的旧学相对而言，所宣扬的新学范围包括极广，不是单纯的政论或政论集中于法政，所谓“百货中百客”，倒使不同层次的读者都能各得其所欲。戊戌时期仁人志士们提出的历史任务之一是“开通风气”，从这一点来说，新学报群是实现了自己的目标的。而且新学报群也注意到向社会各阶层各侧面的渗透，如《女学报》、《妇孺报》面向女界，《蒙学报》注意童蒙，《农学报》侧重开发现代化农业等。特别值得注意的是《演义白话报》，这是我国最早的“白话”命名的报纸，由梁启超的弟子归安章宗祥（仲和）发起，与其兄章宗元（伯初）共同编撰出版。创刊号所发表的《白话报小引》称：“……我们中国在五大洲中也算大国，自开辟以来，中国总是关门自立。不料如今东西洋各国四面进来，夺我的属地，占我的码头。他要通商就通商。他要立约就立约。同是做生意，外国运货进来，中国关税极轻；中国货到了外国，都要加倍收税。同是做工，外国人多多少少听凭他到我中国，中国进口就要收人身税；还有许多规矩。近来美国竟把我华工赶出。同是杀人放火，中国人杀了外国人立即抵命；外国人杀了中国人，不过监禁几年便被释放。我们中国人种种吃亏，不止一处，讲到这句，便要气死。……眼下我们中国读书人中，略有几个把外国书翻做中国文理，细心研究外洋情形。但是通文既不容易，看书也费心思。必须把文理讲做白话，看下便不吃力。而且还有一层，中西各种书本，价钱都是贵的，若然用白话做在报上，一天一张，便觉所费不多……”——此文就出自章宗祥的手笔，当时他还刚二十岁，是南洋公学的学生，也堪称热血青年，他的思想蜕变成为投靠清廷的小官僚乃至卖国贼，都还是留学日本以后的事。

（四）当时的新学报刊，都自称为“报”。是“报”，当然多少会刊出一些新闻。当时新闻的来源，主要是译报，同时也有称摘自南北各地乃至海外的华文报刊，所以能兴起文摘报刊之风，前提当然首先是国内乃至海外华文报刊之发展到相当丰富的程度，这些众多的报刊，一般读者很难一一看到，同时因为都是“译”出或“摘”来的二手货，新闻的时效性是差的。这样的新闻报道很难与商办日报相竞争。好在那时还是风气初开，“册报”比单页的新闻纸容易保存，售价也比整订日报便宜，所以还有市场和能生存。

（五）创办新学报刊的人士提倡新学来救国救世的大目标是相同的。他们提倡新学也不是笼统地与祖国传统的旧学相抗衡。即使如康有为，他也不过是以自己的意图塑造了一个新孔子，来鼓吹借鉴俄国或日本的经验来进行变法“托古改制”，但具体的目标并不完全相同。《富强报》自称“本报意主变法，义谨尊王”；《新学报》则仅追求“原为振兴教学切磋人材起见”；《实学报》以“讲求学问，考察名实为主”；《求是报》则宣布“本报不著论议以副实事求是之意”；而公开以“译书”命名的《译书公会报》，启事中却称“本公会志在开民智，广见闻，故以广译东西切用书籍报章为主，辅助同人论说”。其中特别值得注意的是《实学报》，曾与杭州《经世报》一起，被时人认为“有显与《时务报》为敌之意”，主笔王仁俊，撰述孙福保等确实思想昏乱，既想议论新政，但又未能从传统思想束缚中解脱开来，刊首论文《实学平议》内包括有《民主驳义》、《改制辟谬》诸篇，虽说“诚不敢阻新政，墨守古法”，但还是表示了不少疑虑，而且《实学报》全刊前后矛盾，“《华盛顿后》极赞民主，与其《平议》宗旨大相矛盾”，被张元济斥之为“伪在此知新之辈”[18]，其实这也是思想大潮汹涌而来时的难免的现象，以后就泾渭分明了。

从丁酉(1896)四月到戊戌(1898)百日维新前夜，上海出版的鼓吹维新宣扬新学的报刊竟如此之多，数量超过全国其他各地所出版报刊的总和。这些报刊的出版，并不是兔起鹘落，有了这种，那种就停刊了，有相当一段时期是数种或十数种报刊同时存世出版，加上上海原有的和近增的商业性报刊，教会所办报刊和最新面世的消闲性报刊，还有各国文种的外文报刊以及海内海外的通讯活动。无论从哪个方面来考察，上海都独步于全国，独步于东方：新闻传播的对内对外两个扇形辐射面已完全形成，上海已成为东方新闻中心的国际地位也已不可易变了。

二、“新”报人队伍的增添

随着维新诸报风起云涌般地诞生，在上海报坛上，也就增添了一批“新”报人，形成了与原有报人不尽相同的风貌。

旧有报人的状况，《申报》老报人雷瑨后来有一个回忆性的概括：“彼时朝野清平，海隅无事。政界中人咸雍揄扬，润色鸿业，为博取富贵功名之计，对于报纸既不尊崇，亦不忌嫉。而全国社会优秀分子，大都醉心科举，无人肯从事于新闻事业，惟落拓文人，疏狂学子，或借报纸以发抒其抑郁无聊之意兴，各埠访员人格尤鲜高贵。”[19]这里所描述的基本确切，但也应稍有补充。“旧”报人的参加报业，多半是被动的就业，为啖饭而来。那时的报馆绝大多数是洋人所开设，从事报业还是一种就食洋馆的行为。“旧”报人中也不乏愿意学习先进科学的个别分子，也还有鄙弃举业绝意仕进的人物，多少有点自觉或不自觉地从传统的封建窠臼中分离出来的成分，但就整体来说不是自动的，较少人有以“报”为自己的事业的抱负，好一点的就是克尽厥职，敬业乐业，差一点的就得过且过，做一天和尚撞一天钟，或自命风流，以名士自居，更差一点的以洋人为护符而借报营私。而最后一种情况，还在随着商办报纸不断兴旺而有所发展。

维新报刊的人物就有不同，他们投身报业的行为是主动的，其中虽不乏投机分子介入，但作为主体来说，则是仁人志士，是把办报作为武器，作为事业来办，或作为整个事业的一个组成部分来办。他们是来办事业，而不仅是就业，而且是以事业为第一的。《强学报》以“广联人才”、“创开风气”自任，《时务报》以鼓吹变革而一鸣惊人于世，其余维新诸报，无一不是有所抱负的。这才开始了政治家办报的新时期，也正是有了这一批人走上了报坛，所办报刊才铁骨铮铮，可歌可泣，与国与民血肉相联，从而牢牢地占据了报坛的中心地位。这批人物的走上报坛，是充溢着献身精神的，甚至只求事业成功，不求个人成就。在这里，关于梁启超有两段说法是有典型意义的：

然启超常持一论，谓凡任天下事者，宜求为陈胜、吴广，无自求为汉高，则百事可办。故创此报（《时务报》——引者注）之意，亦不过为椎轮，为土阶，为天下驱除难，以俟继起者之发挥光大之。故以为天下古今之人之失言者多。吾言虽过当，当亦不过居无量数失言之人之一，故每妄发而不自择也[21]。

至戊戌夏月，任公以病回上海，在招商局轮舟（轮名立邨）中，一日在饭后与同人约曰："吾国人不能舍身救国者，非以家累即以身累。我辈从此相约，非破家不能救国，非杀身不能成仁。目的以救国为第一义，同此意者皆为同志，吾辈不论成败是非，尽力做将去，万一失败，同志杀尽，只留自己一身，此志仍不可灰败，仍须尽力进行。然此时方为吾辈最艰苦之时，今日不能不先为筹画及之。人人当预备有此一日。万一到此时，不仍以为苦方是。"[21]

"新"报人队伍与原有的报人队伍相比，还有一个相异之处，"新"报人从事报业，往往是他们毕生事业的开端。以后不少人还都有自己辉煌的业绩，而原有报人队伍中，大都终老于报业，兢兢业业为报业鞠躬尽瘁一辈子。这也正是"新"报人政治家办报的特点。因为办报只是政治家们从事整个事业的一个组成部分，他要从事的事业比办好一张报刊推进新闻事业发展要重大得多。“报”而优则“仕”，这样做是不是影响报业的发展？这个话要分两头来说。一、是长江后浪推前浪，让出位置来让后进者学着先辈的献身精神继续办报。由于先辈们的献身精神树立了榜样，以后自觉为救国爱国而投身报业的人愈来愈多，这是主要的一个方面；二、确实也成了政客投机的终南捷径。但报界毕竟还有更多勤勤恳恳愿意终老于报业的志士，两者结合，相得益彰，今后整个报坛就显得更有生气，更生机蓬勃了。

维新报刊的报人队伍还提高了报人的“学历”和规格。第一章分析《申报》馆人物时，在科举成为当时读书人唯一仕进的出路时，出任《申报》馆主笔的最高功名是举人，但不久即离职而去，多半都是不第秀才，少数是布衣白身，还有就是落职的官吏。《时务报》开始了进士办报，孝廉主笔。而梁启超这个孝廉，连张之洞也称之为“卓老”，天下众望所归，连状元陆润祥、张謇也没有像他那样风光的。在此之后，进士举人投身报业，也成平常的事，天津办《国闻报》的王修植是进士，夏曾佑是进士，严复则是洋翰林，拟办《公论报》的李盛铎是进士，后来办《外交报》的张元济也是进士。办报不再是“贱业”，也是君子们的事业了。强调这一点倒不是笼统地为新闻界争荣耀。科举时代的出身，是意味着社会地位的。有了这样的社会地位，结交官府成了顺理成章的事，获得高层次的政情内幕的可能性大大地增加，从而提高了新闻报道的质量。

以汪康年、梁启超为代表的知识分子来分析，他们是从传统封建知识分子中较自觉分离出来的人物。他们选择了新学即西方资产阶级思想学说作为自己学业的依据。他们已不像他们的前辈那样就外国已传进来些零零碎碎的现成材料将就学学，而是已开始了自己的选择，个别人也已经出过国留过洋，但就整体来说，仍还是耳食多于亲历。包括康有为、梁启超和汪康年在内，他们壮志凌云，但真正下功夫去研究、比较、批判、扬弃的还不多，历史的原因使他们无法“学了再干”。只能“边译边学”，更多的是还从中国古书出发去理解的学，不论“中学为体，西学为用”也罢，比较动作大些的鼓吹明治维新、俄国大彼得变法也罢，都只是企图“挽狂澜于既圮”的补天派，没有真正从西学中取得真粹，更没有从西方革命中领悟到真经，他们比前辈的忧天派的态度是进了一步，但并没有察觉到那个“天”已糜烂到无法补，不值得补。历史又是那么无情，他们的奋斗的确进一步打破了知识界自我封闭，更多人冲出去接触到外部世界，当比他们更深一步接触到西学真谛的人回国来参加，或吸引更多后学者一起参加报业的时候，梁启超、汪康年一辈迅速被谥为“老新党”，而为透底转化为资产阶级知识分子的新的一代政治家们所替代了。

三、维新报刊的密集效应

为了方便于派报人员发行报纸，各商业性报纸的馆址所在地或印刷发行点总相对集中在某一个地区。到戊戌年间《时务日报》发刊以前，上海已有五家日报，报馆所在地也都集中在汉口路山东路一带，那时《新闻报》馆就在山东路上，《申报》馆则已从山东路迁往红礼拜堂对过的汉口路上，离山东路也不远。《苏报》馆原在租界棋盘街一家楼下，后来也迁到汉口路，办《字林沪报》的字林洋行在九江路，只有《大公报》，在何处不详。《时务报》馆后来迁到大马路泥城桥东堍，新创办的《时务日报》却另址在大马路集贤里，除了表示与《时务报》馆分开，经济独立以外，也有接近报刊发行中心地带的用意在内。

商办报馆虽然办得衡宇相望，相对集中，但各报馆却是以营业谋利为目的，报馆之间的竞争又是十分激烈。各报馆的活动，相对来说又都是封闭性的，相互保密。不仅报道内容，连发行工作上也是各有各的招数。正因为这样，“主笔之人，每闭关自守，不敢与别馆之人往来。即宴会时偶尔晤面，所谈皆仅浮文，决不道及馆中片语”[22]。

维新诸报则不同，他们多半是把报刊作为事业来办，所办报刊仅是整个大事业的一个组成部分，并非仅以谋利经营为主要目的，所以不仅声息相通，而且相互提携，互为支持，其间固然也会有些竞赛或竞争，甚至有相互龃龉的事，但互通互助是主导方面。

考察维新诸报活动，就可以发现一个值得注意的现象，相当数量的维新诸报，馆址都在当时的新马路及其附近，现在先把《时务报》之外可考知的各报馆所在地简述如下。

《集成报》，英大马路西逢吉里一街，后迁至新马路南福海里。

《富强报》，福州路。

《农学报》，新马路梅福里。

《新学报》，白大桥北四川路仁智里。

《萃报》，泥城桥新马路。

《实学报》，英大马路泥城桥东。

《求是报》，格致书院。

《译书公会报》，中泥城桥西首新马路昌寿里。

《演义白话报》，四马路惠福里。

《蒙学报》，先附于《时务日报》馆，后迁入《沪报》馆，而所办蒙学分会速成教习学堂，则在新马路昌寿里，蒙学堂在老闸徐园间壁。

《求我报》，新马路梅福里洪公馆。

《算学报》，新马路梅福里。

《医学报》，新马路昌寿里。

《格致新报》，新北门外天主堂街廿九号。

这也就是说，十四家新学报刊中，有七家直接择址或迁址于新马路，还有两家比邻《时务报》，或就办在《时务日报》馆中。其余大多距《时务报》的新老馆址不远。新马路，即现在凤阳路，是中泥城桥西首的新筑马路，当时这里还不属租界范围，是“越界筑路”的新开发地区。地价比较便宜是一个因素，到租界地区去又不像闸北那样要跨越苏州河，现在的西藏中路即当时的泥城浜是一条人工开挖作为租界界河的小浜，上面架有北、中、南三座泥城桥，北泥城桥通新闸路，南泥城桥连接大马路和静安寺路。中泥城桥对岸最晚开发，此时才起筑新马路，梁启超来沪后也就住在新马路梅福里。人以群分，物以类聚。特别是《时务报》成功之后，后起诸报比较地靠近于《时务报》周围，也就成了自然而然的事。

维新诸报之间有互通性，《时务报》提携支持过后起诸报。如前述，各种报刊之间有时也人才互通，如叶耀元在办《新学报》遇到经济困难后就进《蒙学报》，在经济稍有好转之后再续出《新学报》。《求是报》主办人之一陈寿彭，在《求是报》办不下去之时就进了《农学报》。《时务报》的翻译日本人古城贞吉同时也帮《农学报》翻译。连远在无锡佐裘廷梁、裘毓芬叔侄办《无锡白话报》的侯鸿鉴，后来也到上海来参加《时务报》与《游戏报》共同支持的《上海晚报》工作。

这些情形固然是一种密集性效应，但还只是有形的一个方面，无形的密集性效应则为精神上思想上的相互促进，共同提高。四大卷《汪康年师友书札》就是最好的例证记录。这是密集效应更重要的内容。这里再举一个例证：

> 丙申七月，《时务报》出版，报馆在英租界石路，任兄（梁启超）住宅在跑马厅泥城桥西新民路梅福里，马相伯先生与其弟眉叔先生同居，住宅在新马路口，相隔甚近，晨夕相过从。麦孺博于是年之冬亦由广东到上海，与任兄及弟三人每日晚间辄过马先生处习拉丁文，徐仲虎建寅、盛杏孙、严又陵、陈季同及江南制造局、汉阳诸厂诸公，与当时之所谓洋务诸名公，皆因马先生弟兄而相识。马先生以任兄年尚小，宜习一种欧文，且不宜出世太早，其主张与吴小村先生相同，谓黄公度先生为贼夫人之子。自丙申秋至丁酉冬一年半之间，与马相伯先生几无日不相见，马眉叔先生所著之《马氏文通》，与严又陵先生所释之《天演论》，均以是年脱稿，未出版之先，即持其稿以示任兄[23]。

这样的交游生涯，与商办报馆诸君要么秦楼楚馆，琴棋书画，要么言不及义，金人三缄的情形，岂不完全相异？此文中所提的徐仲虎建寅，是《格致汇编》的撰稿人，严又陵即严复，后来在天津发刊《国闻报》，陈季同就是《求是报》的主办者，都是维新报刊群体中的重要人物。

维新诸报在戊戌之后退潮了。但新马路的影响还继续着，以后金粟斋译书以及"苏报案"乃至《国民日日报》的活动舞台，也都在新马路一带。以后还成为上海福州路棋盘街麦家圈一带的书业中心以外的书籍出版密集地区。

第四节 商办诸报在19世纪末

一、"瓜分中国"倒先瓜分了上海的报坛

维新变法时期，中国政治家们走上报坛。维新报刊的一举一动一招一式如此地牵连着朝野人心，掌声喝彩声都集中在维新报刊身上，相形之下，原有报刊有些黯然失色，但也有变化。

先说外文报坛。

上海早期的外文报坛是英国佬独霸一方的天下，美国以及法、德、意、日等文种，虽也开始尝试分享禁脔，而实际上只能是配角，不起什么作用的。

中日甲午之战，是日本明治维新后对中国扩张侵略的第二次尝试。随着日本经济势力的扩张，日本人在上海的报业活动也日益活跃起来。1896年3月27日(清光绪二十二年二月十四日)起，恢复出版了一种日文周刊《上海时事》，馆址在

虹口乍浦路189号，发刊旨趣说得很直率，“马关条约订后，清国续开四港，两国贸易势必日盛，本邦贸易家应审知上海商界之形势，故出此刊以助之云”。就是办给日本商人看的，对整个上海社会起不了什么作用。甲午战后，日侨在中国各商埠又先后办了些中文报刊，在上海有《苏报》、《亚东时报》，外埠如杭州的《杭报》，福州的《闽报》，还有天津的《天津日日新闻》等，大多影响平平，不足以左右报坛局势。正在此时，日本却拿出了最高明、最见效果的一着，进入英国商人的报业，如英文《上海泰晤士报》、《文汇西报》，进入的人物是日本记者佐原笃介。

《文汇西报》是上海报坛英文报纸的半壁江山。在1885年《晋源西报》并入《文汇西报》之后，上海英文报坛每日出版的报纸，到1896年10月英文《斯密司晚报》发刊以前，就是《字林西报》和《文汇西报》双峰对峙，一朝一夕两家了。但《文汇西报》的新闻，一直以耸人听闻的手法来吸引读者，对于中国事务常持极端态度，并不十分见重于社会。1894年英人金思密曾收购了《文汇报》股票的半数，但是据说在两三年之后，英文《文汇报》主笔开乐凯以双倍的价格把这些股票收回，到1900年，英文《文汇报》又改组为有限公司，在香港注册，开乐凯氏任公司总董兼主笔，1904年日俄战争时佐原笃介始入英文《文汇报》馆任副主笔兼董事，成了亲日的英文报。

《字林西报》经过了奚安门的创业，壁克乌德的收购，巴夏礼赋予成为英使领馆和租界工部局的半官报的特权，从1889年起，已进入了立德禄(R. W. Little)时代。立德禄是当时上海滩外侨社会中的红人和怪人，先做过租界工部局总董，卸任后再到《字林西报》去学生意办报，然后成为《字林西报》的主宰者，他执政时的《字林西报》，已有将近半个世纪的报龄了。他在《字林西报》上的一举一动，似乎也很有权威：1896 年他率先揭载所谓《中俄密约》；马关条约允许在华设厂以后，《字林西报》配合在当时租界邻近地区作开设机制工厂的调查研究，在报上讨论英国机器运入中国利害得失和如何推广租界、在租界地区建造铁路之类的大小问题。对维新思潮取赞赏的态度，而对清廷的冥顽不化则进行威胁称："中国应该被瓜分，如果它不能管理自己，那么有人能够并愿意管理它！"但是，这也是它所意料不到的事，"瓜分中国"尚未美梦成真，独霸的上海报坛倒先被"瓜分"了。

另一股染指上海外文报坛的势力是法文报刊。19 世纪 70 年代起，法文报刊曾数度露面，却都未曾能持久成活。甲午前夜，上海持续出版的法文出版物，只有《法界公董局年报》和《徐家汇气象观测日报》等业务性机关刊物。到 1896 年 6 月，瑞士人喀斯推剌(R. De Castella)，创办了一份法文周刊 *Le Courrier De Chine*(法文《中国差报》)。9 月这份周刊的工作人员法人雷墨尔(G. Em. Lemiere)就这份周刊添办了一张附页，每期只有 4 页，刊载一点进出口船期情况、邮政消息、汇率表、气象预报、本地新闻，借此来拉广告，以增加点刊物的收入，这个附张，当时名叫 *Messager De Chine*(法文《法兴时务报》)。这份小报，完全是雷墨尔一个人自拉自唱，编印以后，还亲自在法租界地区挨家挨户向订户派送报纸。这件事为天主教三德堂金神父(Pers Robert)发现后，他就决定资助雷墨尔，并由天主教会出面，与法租界公董局方面交涉，由雷墨尔集资开设法兴印书馆，出版报纸以外，承印法界公董局全部公务材料。这样雷墨尔有了营业上的基本保证，办报的兴致更浓，1897年7月1日（清光绪二十三年六月初二）法文日报正式改名*L'Echo De Chine*（法文《中法新汇报》）。这份法文日报是长寿的，一直持续出版到1927年。

法文《中法新汇报》的出版，在营业上是与英文报坛上的《字林西报》和《文汇西报》等无妨碍的，各有各的订户，各有各活动的地区，但就舆论界的整体效应来说，外文报坛成了美、德、法三家分鼎的局面，英、法、德（背后还有日本）对中国事务都有要求开放的共同要求，但同时又有争权夺利的生死搏斗。外文报的“新闻战”中有关上海以及中国的事务都报道得特别多特别敏感特别具体，这对当时维新诸报的及时译载提供了最大的方便，同时正是上海维新诸报办得特别精彩的背景之一，在其他地方办报，就没有这样优越的条件。

在此期间新创办的英文报刊还有*Shanghai Daily Press*（《益新西报》，1896年）*Mesny's Chinese Miscellany*（英文周刊《华英会通》，1895年）、*The Temperance Union Weekly News Paper*（英文《禁酒会周报》，1895年）和*The Shanghai Times*（英文《斯密司晚报》，1896年）。但都并不足以改变《字林西报》与《文汇西报》双峰对峙于报坛的大局。其中较有影响的是麦士尼（William Mesny）所主编的英文《华英会通》，是为外籍人士解释中国官制礼俗语言的读物，同时刊出了麦士尼的自传体回忆录*The Life and Adventures of a British Prisoner in China*（《一个在华英囚的生活和奇遇》），记述他在长江护送货物时曾被太平军俘虏，后来却投入左宗棠部，获名誉提督衔和巴图鲁称号的经历。英文《上海晚报》因创办人为斯密司(W. H. Smith),当时也被讹称为《斯密司晚报》,存世的时期似并不长。1901 年起发刊的英文《上海泰晤士报》,则是重起炉灶的。1987 年 1 月 3 日,还曾创办了一份用绿色纸印刷的星期刊 *Sport and Gossip*(《赛胜猎报》),是上海最早的体育报纸,后并入 1901 年创办的英文《上海泰晤士报》。

二、国人商办报纸的再尝试

上海报坛的中文商办报纸,《新闻报》问世之后形成了三足鼎立的局面,但三家都是英商,与外文报坛一样,也都是英国佬的天下,19 世纪 90 年代初有一个国人办报的小热潮,但不久也就烟消云散了。

甲午战后,对《申》、《沪》、《新闻》这“三鼎甲”提出挑战的,一家是在英商《文汇西报》馆添办的《指南报》,一家则是托名日本外务部登记的《苏报》,都不能算国人自办报刊活动。1896 年 7 月,也就是《时务报》出版之前整一个月,才算又始有《博闻报》为这一时期国人办报活动的开端。

《指南报》于 1896 年 6 月 6 日(清光绪二十二年四月廿五日)发刊,馆设英租界大马路《文汇西报》馆内。据天津《大公报》1905 年 5 月《报界最近调查表》称,该刊为英商所办,每日八版,而以六个版面刊登各类启事和商业广告,主笔为张韵芷。发刊时的《谨献报忱》中谈及办报目的说了六点:“采万国之精华”,“增朝廷之闻见”,“扩官场之耳目”,“开商民之利路”,“寄环海之文墨,以文会友”,“寓斯民之风化”。就现藏的《指南报》来看,属一般性的商办报纸。《指南报》存世一年多,现在最后一期为1897年9月24日,停刊原因据说“均因资本不敷”。

《苏报》为旅日中国画家胡璋(铁梅)在甲午战事后返沪所办,胡铁梅是曾任福建知事皖人胡琢人的长子,乃弟胡二梅,则是上海德商泰来洋行著名的买办。他在侨日返国之时,并携回了所娶日籍妻子生驹悦。所办《苏报》,由生驹悦出面在日本驻上海总领事署注了册,据生驹悦自称:“领事亦无权管我,盖我馆系日本外部大臣处来,我虽平常人,曾由胡铁梅在日绅日商官前保举为馆主。”很可能是借势唬人的“假东洋鬼子”[24]。胡璋时期的《苏报》,办得实在称不上“好”,根据当时的记述,借报营私,显抉阴私或敲诈勒索,蛮横无理的事时有发生。《苏报》是1896年6月26日(清光绪廿二年五月十六日)创刊的。1897年起,就曾蓄意指名攻击香山郑观应,据说是为了敲竹杠。到1897年6月,就又发生因刊载法公堂案件发生差错而又不肯更正,被法总领事白藻泰下令禁止在法租界发售的事件,这是租界当局最早的禁报记录之一。1898年3月,又发生主笔邹弢不允毁谤“新衙门”即会审公廨而被登报开除闹到上公堂的事,1898年底出让给江西落职知县陈范,以后则成另一种局面了。

现见甲午后国人自办商业报纸是1896年7月11日(清光绪二十二年六月初一)发刊的《博闻报》,又名《中外博闻报》,它的特点是“专抄各报,意在并吞一切,而面上恭维大家,是其立言取巧之处,一也;官书局上谕,京外官奏稿,贵报(指

《时务报》——引者注)之严择弊病，而彼(指《博闻报》)概加以恭维，中人多鄙少能，必善之从彼，二也。”似为日报，馆主邬棠林，他的儿子原在租界捕房当巡捕。《博闻报》开馆后改任报馆访事，一个多月就因借报敲诈而被拘捕查究。大约只存世数月。

1897年起是维新诸报掀起高潮的时刻，国人自办业报刊也此起彼落，较为热闹，而且其中有些也还托名维新，隐蔽商办身份的。就现存史料，1897年问世的有《华报》、《苏海汇报》、《中国商务报》、《策言报》、《华洋报》和《海上奇闻报》等六种；1898年除《时务日报》之外，还有《大公报》、《华国报》、《上海晚报》和《吾言报》、《谋新报》等若干种。

《华报》创刊于1897年2月27日(清光绪二十三年一月廿六日)，在发刊《华报》的同时，还经售原来由美查洋行经办的点石斋石印一切书籍，并继续出版发行《点石斋画报》[25]，但出版不到一年即停刊。

《苏海汇报》1897年3月12日(清光绪二十三年二月十日)创刊。是上海文生翁萃甫、沈敬学与苏州人邹绶生等合股开设，翁萃甫、沈敬学(习之)为主笔，邹绶生司账。创刊时馆设英界二洋泾桥北首大洋房内，也曾送报七天等，轰轰烈烈像个样子。开办不久就纠纷不断，访事人因勒索等事连续被诉公堂，判押一年；馆中章程紊乱，再也办不下去，大约也只拖到年底，后又因拆股等事再上上海县衙门。机器被标卖给后来创刊的《大公报》。

《中国商务报》是沈祖荣(诵青、仲青)公开向社会招股成立《中国商务报》馆有限公司而后出版发行的，创刊于1897年

3月23日(清光绪廿三年二月廿一日),隔日刊,逢单日出版,每次十二页(告白在外)。折叠成册,用外国纸张两面印刷。《中国商务报》初创时,曾声言“请王紫铨先生韬董理馆政”,实际上是请王韬事先过过目,但有始无终,自第十四号起不再送稿给王韬看了。王韬为此曾特意登报声明,但不管怎样,《中国商务报》总是王韬毕生中最后从事新闻活动的一家报纸,王韬不久就逝世了。《中国商务报》“首录谕旨邸抄,尊王也;次录中外商务,明命名之义,所以振兴商务挽回利权也;后录农工洋务,则又资考证而广见闻”。创刊时范围弄得很大:“集股一万元,今由沈某先认一百股,外招一百股”,除总理外,还请正副主笔六人。英、法、日译各一人。正副司账两人;管告白一个,管排印各房一人。报纸发行面除上海及通商各埠外,还遍及闽广诸岛,欧美两洲,但也嗣即无疾而终,一说共出报六十五期,在上海新闻史上公开向社会招股集资,这是第一家。

《策言报》为《瀛寰画报》馆所增辟,1897年5月22日(清光绪二十三年四月二十一日)始出,它的出版,为补《时务》、《知新》等报未能广撷菁华之不逮。这样,似应归属于维新诸报范围以内。但这个《瀛寰画报》,未知是否即二十余年前英国画师所画那种图片的继续;而此策言馆具名诸人,都是与汪康年们不通过问、不相交往的人物,其中有人即《华洋报》的经理人,可能是只注重销售而并没有坚定政治主见的报刊,所以归于商业报刊。

《华洋报》馆又自称“华洋大报馆”即《华洋汇报》馆。1897年11月12日(清光绪二十三年十月十八日)出报,据自称由华、英各商所组，馆设英大马路福利公司隔壁，维新报刊《萃报》曾接连摘载《华洋报》所刊内容，至少持续出版过几个月。

《海上奇闻报》挂名德商鼐普。实际为沈棠即沈子实所办，还拉了青浦盛青做买办兼管正账房，馆设四马路惠福里（一说山东路），1897年12月3日（清光绪廿三年十一月十日）开张，而德商鼐普则是北顺泰洋行的老板，也不是什么正经商人。《海上奇闻报》，正主笔聘的是"曾游历外洋，于洋务更所熟悉"的留尘倦客罗汇川，而报纸却编得不伦不类，广学会报告中称它"其风格和质量都比大多数日报要差"。它一方面附和维新，却在头版连续三天刊出日本要求中国维新的《日本冈山市山阳新报社员上中国皇帝》的万言书，另一方面以赠送石印《青楼画报》等手段，与李宝嘉（伯元）的《游戏报》大抢生意；在《海上奇闻报》发刊时，正是李伯元办《游戏报》脱离《指南报》馆而独立，开花榜、选花界状元闹得最热火朝天的当儿。

1898年1月10日（清光绪廿三年十二月十八日）发刊的《大公报》，是这段历史时期中办得有声光的一家。汪康年特推荐给远在日本的乃叔汪有龄观看。汪有龄回信称赞："《大公报》约略看毕，果较《申报》为胜。"所载内容，经常为当时维新诸报如上海《集成报》（石印本）、《萃报》，湖南的《湘报》等转载摘录，《集成报》（石印本）所载关于京师亚细亚协会消息，京都保国会消息，来源都是《大公报》，上海其他各种中文报刊，都很少刊载或刊登得未如此详尽。《大公报》今已无藏，不知创办人是谁，主笔人是谁，何时停歇也无考。曾任苏松太道的蔡钧办《南方报》时曾有一则声明，其中提到：“鄙人于同治末年需次羊城，曾条陈大府，以设报馆开民智为第一要义。彼时事权莫属，宦况维艰。勉力倡设一报，名曰《大公报》，素愿甫偿矣。因经济困难，仅数月而中辍，尝引为憾……”据复旦大学《晚清报刊录》载，此《大公报》为接盘《苏海汇报》所创办，或蔡钧所办，即此《大公报》。

《华国报》只见到预告消息，未审出版与否。消息称馆设英界四马路西新清和对门朝东石库门内，敦请仓山旧主、墨香龛主、呆心杭士为主笔，原定戊戌二月初十出报，后又展期。当时仓山旧主年已七十有二，原任《新闻报》总纂，在三年前就因年迈而自行告退。这里的“敦请”，可能也如《中国商务报》聘王韬一样，只是作广为招揽的牌子使用，其余两人为谁，不详。

《上海晚报》1898 年 8 月 2 日（清光绪二十四年六月十五日）发行，该报没有自己的发行所，由《游戏报》馆和《时务日报》馆联合代发。《时务报》改为《中外日报》出版的当天，《上海晚报》曾随其附送一天，《中外日报》还特地在报上大字标出：“《上海晚报》今晚特演说四明公所全案。”《上海晚报》内有论说、连载小说《滑震笔记》、《社会新闻》等，论说如《策论取出私议》、《论总会》、《论酒馆》等，很有战斗力和可读性。《上海晚报》于 1898 年 10 月 17 日（九月初三）改名《白话报》并作为晨报出版[26]。《上海晚报》的主笔，现已考知为原在无锡辅裘氏叔侄创办《无锡白话报》的侯疾骥（葆三、鸿鉴）。

综观这段时期的国人所办商业各报，就报纸来说，固然很少有能撼动英商三报《申》、《沪》、《新闻》的地位。就办报人物来说，其中不乏胶庠中人，但更多的则是巡捕、盐大使之辈——文巡捕是衙门里主持传宣的差役，巡捕则就是马快，盐大使则是捐纳的空衔，是包揽官盐的承包商，社会地位不高，上不得台盘的人多，与维新诸报之意气风发，恰成鲜明的对照。但同时也不能不看到，有识之士有志之辈也渐次注目于商办报刊，维新派人士有向投身办商业报而与原有报业队伍相交融的现象；还有，商办报刊还有人另辟蹊径的，这就是这一时期开始出现的新报种：消闲报群。

第五节　商办报纸的别裁：休闲报种

一、关于休闲性报纸

甲午之后，上海报坛还崛起了另一个新报种，那就是休闲性报群。

这些休闲性报群，后世俗称之为“小报”或“海派小报”。休闲报纸以小型张的面貌出版，要始于晚清光宣之交各大日报改用对开新闻纸双面印刷之后，消闲报纸则为四开小报，这时才有“大”、“小”之分。休闲性报群在戊戌前后初出现时，与当时的《申报》、《新闻报》等一样都是用中国自产的土纸印制，就纸裁版，或八版或四版，没有显著的大小区分。至于“海派小报”这个名词，则在 20 世纪 30 年代所谓“小报四大金刚”《晶报》、《金刚钻》、《福尔摩斯》、《罗宾汉》先后崛起，带动了“横开报”、“八开报”、“小画报”等一哄而上，形成五年内创办了 700 种的局面，那时文化界适有“京派”、“海派”之争，才产生了“海派小报”这个特称。晚清时期“海派绘画”、“海派京剧”还只在酝酿和形成之中，还不可能有“海派小报”这个称谓。关于这类报纸，主笔者李宝嘉当时是如此解释的：“《游戏报》之命名仿自泰西，岂真好为游戏哉！盖有不得已之深意存焉者也。”[27]后来《游戏报》还专门撰写过社论《论外国黄报之体》[28]好像是学习外国的 Mosquito 的。而吴沃尧则称李宝嘉是“以痛哭流涕之笔，写嬉笑怒骂之文”[29]。另一种《消闲报》在所发表的《释〈消闲报〉命名之义》一文中则称：“……甚或读书童子，读史传不得其门者，谈《聊斋志异》乃足启其聪明；读毛诗不知其义者，诵元人曲本适以开其智窍，无他，庄重难收，诙谐易入耳。此则后来之秀，于正课之暇，亦可借此以消闲者也。”[30]李宝嘉也认为对于尚未醒觉的人要他们关心国家大事，“是犹聚喑聋跛躄之流，强之为经济文章之务，人必笑其迂而讥其背矣。故不得不假游戏之说，以隐寓劝惩，亦觉世之一道也。”[31]休闲，就是有意义的娱乐，所以我们概括称之为“休闲报群”。

时下也有些著述，把这些休闲报群乃至后来的“海派小报”，都统归之于文艺报刊。其实这两者是既有关联，又不甚相同的两个报刊。就上海新闻史而言，甲午战前就已出现过不少文艺报刊，如《瀛寰琐记》、《寰宇琐记》、《四溟琐记》、《侯鲭新录》、《海上奇书》、《艺林报》等。有些略带综合性，有些则为纯文艺，就是说以发表个人的文艺创作为主，是较静止的非时效性出版物，与新闻时事的传播关系不大。它对读者来说也有消闲的功能，但并不属于休闲报刊。戊戌时期开始出现的休闲报种，有如下几个特点：一、它是新闻纸，以传播新闻信息及其评介为主要任务，虽然所报道的不一定是当时的重大时事；二、比一般报纸较重视消息的有趣味或消息表述的趣味性，因此颇见主笔人的功力，能办大报的主笔不一定能成功地办好“小报”；三、篇首评论绝少书卷气的说教，常有文艺佳构，特别后来盛行以诗词代论以后，更多入木三分的传神之作。有时在“一论八消息”之外还附有诗咏篇什，附赠弹词小说等。正因为这后面两个特点，因此才被看作文艺报刊。其实只是一些水平高品格高的“小报”才有可取的作品。即使在晚清休闲报群之中，有些报刊也是陈词滥调，谈不上文艺性。

本书为行文方便起见，统称之为晚清时期的休闲报群，但不排斥当前常用的“小报”、“海派小报”乃至“妓报”、“花丛小报”那样的称谓，但不用“文艺报刊”这个名词。

二、《游戏报》成功的苦与涩

晚清休闲报群中，最先问世和取得成功者，是 1897 年 6 月 24 日(清光绪廿三年五月廿五日)创刊的《游戏报》，始作俑者是毗陵李宝嘉(李伯元)。

李宝嘉到上海来，是应聘为《文汇西报》馆发行的华文日报《指南报》当主笔的[32]。《指南报》是与《申》、《沪》、《新闻》诸报一样的商办报纸，不是“小报”。创刊于 1896 年 6 月 6 日。两个月后《指南报》另一位主笔张韵芷，已汲汲央人向汪康年求职了。《指南报》的不振，如上章所述是当时一般新出的商办报纸的通病，当时上海商业报纸的发行市场已为《申》、《沪》、《新闻》三报瓜分，内容相类的，新办报纸很难挤入。而且商界阅报最有惰性，看惯了某报很难使之改变。李宝嘉来沪时三十岁不到，夙抱大志，俯仰不凡，怀匡救之才而耻于趋附，办报很有事业心，他也曾试图对《指南报》实行改革，尝试增添闾阎趣事之类的社会新闻以吸引读者，但终因限于《指南报》的固有品格，同时又由于此报自有主宰，不容主笔人完全放开手脚尝试，李宝嘉决定在业余另外试办一报，由《指南报》馆代为试销。这就是《游戏报》。佐他作此尝试的有他的侄子李祖杰（蒲郎）和同乡某（署白云词人），还有《指南报》的访事华玉仲等。

《游戏报》的尝试十分成功。开始几个月，就"日售七八千纸，黎明出报，未午即罄，而人之竞相赐阅者，犹复纷至沓来"。这里的发行数字可能有所夸张，受欢迎的状况则完全是实情。在《汪康年师友书札》中，就迭有人托汪康年代为购取或向李宝嘉致意的，与《时务报》的一炮打响，先后交相辉映。《时务报》的成功，主要在于政论；《游戏报》的成功，则在于"以诙谐之笔，写游戏之文"，而"本报特创此举，原非专为游戏，实欲以小观大，借事寓言"，"或涉诸讽咏"，"或托以劝惩，俱有深意"。《游戏报》所载自称"上自列邦政治，下逮风土人情"，"无义不搜，有体皆备"。"士农工贾，强弱老幼，远人逋客，匪徒奸宄，娼优下贱之俦，旁及神仙鬼怪之事，莫不描摹尽致，寓意劝惩。"这样，使《游戏报》刊出新闻的侧面或自由度大大扩展了，因为着眼于趣味，就避免了报道某些动态新闻时的报流水账；又因为着眼于劝惩，有些不一定有事实依据的风传话柄，也不仿充作新闻刊出。——反正是游戏文章嘛，读者一般也不会来深究，作严格要求。

《游戏报》所刊虽自称“上自列邦政治，下逮风土人情”，其实主要活动的范围，还在十里洋场的欢场中。欢场，大致就是现代所说的娱乐圈吧，包括妓界，伶界，歌台舞榭，茶楼烟馆，饭店酒家，总会俱乐部，味莼园夜马车，一切声色犬马型的第三产业。照例商办的商业报纸是为商家的生意服务的，所以一般刊有船期、市价、汇兑、水脚等材料，拍卖、推销、征购招揽等告白，以及刀兵水火政局变幻等影响商务的种种消息。但是，当时上海的商务，实际上是由外商主宰的。外侨们的业余文化生活，有总会俱乐部、跑马大香槟、派对酒会、五柱戏等，外文报纸上自有“Sport”、“Culture”等栏为他们报道和服务，华文报纸上除了偶有动态消息外，一般都是阙如：当时连外滩公家花园，华人也不得入内的嘛，华人能独力操纵的商务活动，却只有这个畸形发展的娱乐圈——也算一种特种的商业吧。这些行业的生意，过去商业报纸上也略有顾及的，但从来没有让它当作主角在报刊上登台亮相。而《游戏报》为始着意“记注倡优起居”，把笔墨着意贡献给欢场上的核心人物娼与优（主要还是娼）。当时上海的娼妓等色情行业发达到十分畸形的程度，在英租界华人所属的一万所房中，妓院竟达668家，比例大大超过当时世界各著名商埠[33]。而演出戏剧，已有剧场并常年演戏的，全国除北京以外，只有上海，而且北京往往还是达官贵人的玩票，上海则是营业性演出。这就成了李宝嘉办《游戏报》取之不尽的新闻来源。在欢场活动的人物，又常涉及官场、商场乃至洋场中人物，牵一丝而动全局。李宝嘉办《指南报》杀不开出路，而却在办《游戏报》时找到了安身立命之地，为商务办报不能见容于市，而被驱到这“特种商业”

的一角站住了脚跟,不能不会感到有些苦涩吧。

李宝嘉的“记注倡优起居”写的是游戏文章,但是态度十分严肃。他是把妓界也当作一个小社会,力图扬善隐恶,“不议论是非”,但也“不混淆黑白”。他一贯声明:“语涉秽亵,有伤大雅”者,“或有他人事涉挟嫌者”,“概屏不录”,“凡遇事之隐而未彰者,则必讳其姓字,冀其峻改”。当然李宝嘉当时并未意识到娼妓制度的不合理,只一心想在妓界“持正”。他最早发起利用报纸在上海妓界“开花榜”。那是丁酉年(1897)“七七”乞巧节,《游戏报》第42号所公布的,他事先刊出花榜选票,要各妓女嫐狎客购买选投。那刊出选票的几期《游戏报》,发行竟都逾万。这是当时上海新闻界还没有哪家报纸达到过的发行数字。花榜揭晓之时,李宝嘉邀请名流假座茶楼彻夜点票并品评。“花榜状元”名叫“四宝”,一时间上海滩上居然金锣四起,喜庆里王四宝家,尚仁里金四宝家,百花里弄底洪四宝家,以及清河里左四宝家,都有报子去报捷,得报诸家纷纷摆酒庆贺。最后才确知“花榜鼎甲”之魁为西荟芳里的张四宝。这次花榜成为上海自有近代报纸以来由报馆所举办最成功的社会活动。“开花榜”在我国历史上也并不少见,《申报》发刊后也屡有刊载,一般都只是几个好事之徒自行品评一番而已。通过报纸如此大规模地举行,却是李宝嘉的一大创造,开创了当选的妓女要受社会舆论监督,才能保持荣誉之先例。

《游戏报》的出版,极大地吸引和结集了文坛上喜欢弄笔头的精英分子,这些人的诗词应酬乃至竹枝歌咏,自从《申报》发刊以后发表的机会渐渐算多起来了,但是一般不刊骈散,一般报纸更不刊纯粹知识性的小品。《游戏报》则特别欢迎这类稿件,而且题材不论大小,只要考证确实,言之有物,一般都能刊出。如《顶戴冠服论》、《识玉》、《戒指说》、《斗蟋蟀记》等不一而足。《点心考》曾连载多期,把上海市面上的各种点心如面条、汤团、馒头、锅贴、烧卖、千层饼、定胜糕……的来龙去脉,源流演变都说清楚了。这些知识,在其他读物中还很难获知的。这类稿件由上海乃至各地作者提供,包括上海各报的主笔,在最初两三年间为《游戏报》写过的各报主笔,可考知的就有《苏报》馆的陈范(梦坡)、汪文溥(兰皋忏庵),《字林沪报》的高太痴(署名云水散人),《苏杭公报》的谢懒蝶,《新闻报》的张康甫(狎鸥子),《万国公报》的沈毓桂(寿康),《译书公会报》的杨模等。远在香港主持《华字日报》的潘飞声(粤东独立山人),新加坡《天南新报》主持人邱菽园(星岛寓公,南武山人)一直与上海《游戏报》声息相通。《游戏报》还曾连续发表台湾进士丘逢甲所推荐的一组《支那新乐府》,实际上却就是林纾(琴南)在马尾船厂时所创作的《闽中新乐府》。其中《渴睡汉》、《关上虎》、《小脚妇》等若干首,在当时很有发聋振聩的作用。有些作者因经常投稿而被聘入《游戏报》馆,成了李宝嘉的助手,如茂苑惜秋生欧阳淦(巨元)就是在乙亥年李宝嘉拒开花榜,由他另行主持"叶选"(即选妓馆使女)而进《游戏报》馆的。李宝嘉还发起组织艺文社和海上文社。后者专门出版了《海上文社日报》(1900 年 4 月 1 日,清光绪廿六年三月初二创刊)吸引结集的人更广,连官场中人如汤寿潜等都有诗作发表。

李宝嘉还是一个不知疲倦的新闻改革家。如晚清休闲报群最初阶段普遍采用的“一论八消息，标题四对仗”的模式就是他首倡和固定下来的。所谓“一论八消息，标题四对仗”，就是每期报纸至少要有一篇社论性文字和八则消息，八则消息的标题要两两相对成为四副对联，其余还刊出一些应酬性诗词创作。因为《游戏报》如此重视报纸的编排和标题制作，选择刊出的消息不完全注重时效性而讲究时局的针对性，有时某些前朝轶事、官场话柄、社会传说甚至笔记寓言，也会被配上去成为新闻刊出。但“遣词必新，命题皆偶”，读来还感觉到新鲜。戊戌年“开花榜”时，《游戏报》又发起出版“拍照报纸”四天，办法是每天报纸预留地位，可以粘贴由耀华照相馆赶印的中榜四鼎甲的照片。当时上海还没有照相铸版印刷技术，但照相馆已能快印小照。《游戏报》又主要在本埠零售，把照相贴上去的办法还可以勉强凑合。这些“拍照报纸”成了又一种特殊的有新闻照片的报纸。以后《游戏报》又经常以《登瀛图》、《香国抡魁图》和《题叶图》等预留地位的办法，欢迎读者径自到有关照相馆去购买贴上。李宝嘉与当时办《时务日报》的汪康年、《苏报》原主人胡璋和新主人陈范、汪文溥的关系很好，在第二次四明公所事件中，《时务日报》为法界当局禁止发行，汪康年就与李宝嘉的《游戏报》馆共同发行一种《晚报》，突破法捕房的封锁，发行到法租界去。

李宝嘉《游戏报》，不论如何变化多端和扩大报道面，总无法改变依托欢场办“小报”的基本性质。它在新闻界市场上打开销路，仅仅是退出了主战场的竞争，而在休闲领域中作填补。而在这华人经营华人活动的娱乐性商业圈内，确实需要和欢迎有一家或数家报纸为之服务。《游戏报》的创办，恰正投其所好,因此才能一炮打响。《游戏报》的销场主要靠个人订户而并没有占其他商业"柜台报"的份额。店铺有订阅也往往个人出资,而更多的销场则在欢场。因《游戏报》备受读者欢迎,发行量日增,广告客户不请自来,不像有些报馆要去招揽。而且广告拥挤到屡有积压的程度,乃至《游戏报》不得不扩大版口或增出附张。《游戏报》在经济上是较宽余的。两年以后,李宝嘉还独资开设了元记印刷所,还把丁酉、戊戌两年所出版的《游戏报》,除去广告等内容后把"一论八消息"全部材料重印一遍,装订成四十册发售。新闻纸是有时效性的,一般说是没有再版重印的可能的。戊戌年间《时务报》的前三十册曾重印缩印本,那是因为梁启超的《变法通义》和《华盛顿传》、福尔摩斯等都有连续性,而《游戏报》的重排重印,则是新闻纸再版少有的甚至是仅有的事例,可见李宝嘉所办《游戏报》的成功。由于他的成功就引来了一大批后续者,形成了报界一个特殊的消闲报群。李宝嘉也被尊为"小报界鼻祖也"[34]。

三、最初的效颦者

李宝嘉创办《游戏报》取得成功,自然吸引了一批后继的效颦者,在最初三年里,有《笑报》、《消闲报》、《海上奇闻报》附出的《青楼报》、《趣报》、《采风报》、《通俗报》、《时新报》、《畅言报》和《觉民报》等。

《笑报》发刊于1897年10月20日(清光绪二十三年九月二十五日),馆址也设在《苏海汇报》馆内,自题为笑笑主人。

《苏海汇报》是沈敬学(习之)与翁萃甫、邹绶生等合伙开办的商办报纸,办得不甚景气。《笑报》的寿命似并不长,这年腊月,《苏海汇报》馆就闭歇了,《笑报》可能也就停歇。但也有史料说戊戌年后又出版过若干期。原报都已失藏,无法查证。

《消闲报》是《字林沪报》所附赠的"附张"。创始于 1897 年 11 月 24 日(清光绪二十三年十一月朔),随《字林沪报》附送。因此也常被称为报纸文艺副刊之始。其实这个说法并不确切。就以《字林沪报》来说,早有纯文艺的附张随报附送[35],而《消闲报》则完全是按"小报"规格即"一论八消息,标题四对仗"的方式编辑,是刊载平时日报很难上版面的欢场信息为主的新闻纸,不能笼统说成"文艺副刊"。而且《消闲报》还是首尾完全的"小报",也有论前告白,论后告白。告白所占《消闲报》全部篇幅的份额,决不会逊于《游戏报》,所刊广告的内容与《游戏报》也差不多。《消闲报》主笔先是绮琴轩主徐馥荪,他是天南遯叟的入室弟子,后来改由岭南绯衣处士郑葆镛虞琴替代[36],《消闲报》大约维持到戊戌腊底,己亥年内的《字林沪报》不再有附送了。

《青楼报》是《海上奇闻报》的附送品。从报名来看,就可知是一种专载"花事"的"妓报",这是继《字林沪报》馆出版《词林书画报》辟"春江花影"等栏之后又一家公开亮捧妓牌子的报纸。但原报已失藏,广学会年报中则称之为《青楼画报》,"月刊,售价每份五十铜钱"。"它们是靠近迎合上海一部分人的低级下流趣味而获得成功的","对它无须评论"。还称"我们工部局应当运用他们对报纸的检查权力,对这类坏报纸进行制裁,使它们不能再在他们中间出版发行"[37]。从"月刊"和售价来推测，似是册子，不是“小报”。但这个《青楼画报》是否就是《海上奇闻报》的《青楼报》，也不能确定。

《趣报》和《采风报》都创办于戊戌年(1898)五月中，这两种“小报”都是当时著名的“老报人”所主持，都用色纸印刷。《趣报》主笔为瘦鹤词人邹弢和醉玉楼主牟渊如，邹弢当时已年近半百，经历过《益闻报》、“益知书会”和《苏报》主笔。办此报时刚与《苏报》馆闹翻涉讼后不久，办了这么一份尽属插科打诨的“小报”。每期报纸也是“一论八消息”，但内容相当糜烂。它在推广发行上采取每份报纸赠号抽彩的办法，这在上海又是新鲜花样，期发一度也曾达万份，但好景不长。

《采风报》则是当时总持《新闻报》编务的孙家振(玉声)同主笔房其他主笔共同创办的同人报，主要发表他们自己创作的游戏文章，孙家振是为了发表他所创作的小说《海上繁华梦》。《海上繁华梦》曾拟附于《新闻报》中发表，却被《新闻报》的华董张叔和反对掉了。《海上繁华梦》就附在另行出版的《采风报》中单页发行。从第6号起，每天附送两页。先为人物造像，以后全书用行书大字石印，十分讲究。《海上繁华梦》写的是当时上海滩上的现实题材，与其他各报所附送的与现实保持距离的作品不同，因此也一纸风行。由于《新闻报》的主笔都是有本职工作，难免照顾不周，因此也聘用了照料日常事务的襄编，周聘三(病鸳)、李芷汀和吴沃尧(趼人)都曾担任过。

四、从唤醒痴愚到抨击官场

以《游戏报》为始的休闲报群，质量品格各有高下，基本性质就是提供一种休闲读物，轻松轻松。李宝嘉屡次声称“此事非专为游戏，实欲以小观大，借事寓意”，“为唤醒痴愚起见，或涉诸讽咏，或托以劝惩”，实际上是很难做到这一点的。在欢场中的“唤醒痴愚”，最佳的结局仅是不要过于沉湎，或者门槛精些，什么“吃受用，着威风，赌对冲，嫖落空，烟送终”之类。当时社会上对这类“小报”热销并不见重，一般称之为“妓报”、“花报”或“花丛小报”，正派人家是不准子弟购阅的。

戊戌政变给这些“小报”展示充当社会思想角色的机会。包括李宝嘉所办《游戏报》在内，对康梁鼓吹的维新变法，并不关心和理解，但对中国需要重振，不能继续因循懵懂，糊里糊涂地被瓜分，还是有所巴望。对于慈禧复出时的囚光绪，杀六君子，乃至饬禁全国报纸，缉拿全国报馆主笔等逆行倒施的行径，更为反感。当时上海报界，除外文报刊有所评论外，一般却只作客观报道，无法表态评论，这就给了李宝嘉们以机会，由其来热讽冷嘲，发挥皮里阳秋的本领了。1898 年 10 月 9 日，慈禧命查禁各省报馆，严拿报馆主笔发表，10 月 14 日，《游戏报》以首论地位发表具名海外寄愤生的专文《责报馆主笔》云：

> ……今既奉此论旨，肇锡尔名，行将惩治矣，吾不知尔辈主笔之人能自知愧悔否，抑且犹自充其丑也。若果知自忧矣，则返尔散庐，开尔尘封之蠹书，检尔平日之高头讲章，揣尔房墨程卷之时文，或遇国家乡会试士之年，犹得徼幸一第，不失为科名中人。若仍欲奋其笔、鼓其舌，一误再误，不知悛改，吾且不能为君善其后。抑更有为诸君责者：夫报馆，人所

> 引重者也。乃竟容尔等败类不顾廉耻之徒充其中。吾天子在上，烛照幽隐，其能为尔辈宽耶？请各主笔明白答我。

《采风报》则以"捉康有为梁启超法"命题征求答案。讽刺清廷。当时应征者很多，滑稽突梯，令人喷饭。后由该报印成单本发行[38]。《消闲报》则着重报道京师大学堂受扰情形："……昨经五城有司查验，止见破碎椅桌纵横而已。非但无其人，并片纸只字亦不可重见。噫，异哉！有司之检查，止为严缉漏网之一二党人耳，岂真有禁书坑儒之事耶？何铺张扬厉于前，急流勇退于后，而一至于此。此中国学堂之榜样也。"对京城一些官吏张皇失措状况，表达得淋漓尽致。

1899年是酝酿转变的第一年，慈禧的禁报令仍在，上海各报比较谨慎。但除《申报》之外，普遍对慈禧的举措不赞成而又不便正面评说。休闲报群则犹如戏剧里的丑角旁敲侧击表达爱憎。那时《采风报》的吴沃尧是较坚定的"帝党"[39]，而《游戏报》的李宝嘉比较注意揭露官场恶习，特别是守旧官僚们的话柄。渐渐地倒把慈禧政变之后舆论界这片板结了的土地，弄得松动了起来。但是也必须注意到：（一）这类文字，就整体来说还仅是偶见的少数，休闲报群还是以欢场为基地的"小报"。（二）有些文字还是刊其他报纸的所无，并未与休闲报群讲究趣味的风格相契合，没有如庚子以后那样达到嬉笑怒骂皆成文章的熟稔程度。（三）《采风报》馆代售梁启超所撰《戊戌政变记》和日本横滨出版的《清议报》，《游戏报》寄售澳门《知新报》和发行"维新党人照"，在当时都称得上是甘冒天下大不韪的惊人之举，也不能单纯以营业来估量之。但是就休闲报群整体来说，当时在政治上出头露面的也仅此数家。1899 年新创办的《通俗报》、《时新报》、《畅言报》，包括《游戏报》馆所添办的《觉民报》，都不具备这种品格。特别是《觉民报》是靠抽彩发行的营业性出版物，名为“觉民”实不足称。

第六节　广学会与《万国公报》(月刊本)

一、《万国公报》周刊本与月刊本

戊戌时期上海还有一种对维新思潮形成和发展起着相当作用的刊物，那就是 1889 年 2 月(清光绪十五年正月)复刊的《万国公报》月刊本。

《万国公报》周刊本是 1883 年 8 月停刊的，复刊后改出月刊本，仍是原主办人林乐知出任主笔。但也有所不同：周刊本是林乐知私人所创办；月刊本是广学会所主办，因此有一个相当于编委会(或社委会)的设置，参与的就有原来的秉笔华士沈毓桂，林乐知仅是接受委托管理日常编务，《万国公报》的编辑发行情况，每年要向广学会年会报告，特别是李提摩太出任广学会督办(总干事)后，《万国公报》的发行推广工作都完全由他负责设计，在 1894 年 2 月沈毓桂辞《万国公报》主笔之前，林乐知甚至没有为《万国公报》撰写过重要文章[40]，只是译若干条新闻而已。《万国公报》(月刊本)是广学会的机关报，编辑方针是由广学会所决定的，广学会原名“同文书会”，英文名称为“The Society for the Diffusion of Christian and General Knowledge among the Chinese”，照字面译应为“在中国人中广泛传播基督教及一般知识的团体”，后来又改称“The Christian Literature Society for China”，而这个“基督教文化”，显然是指西方社会较广义的“西学”和“西法”，不仅指基督教教义，也不仅指如自然科学的专门技术，而是着重于社会科学方面。因此《万国公报》（月刊本）的英文名称则为“A Review of the Times”，直译应为“时代评论”，那世俗的政治气息就强烈得多。《万国公报》周刊本还时有宗教性文字，而月刊本特别在广学会另外专办宗教事务的《中西教会报》之后，已成为纯粹的政治性读物，传教播道的任务已隐而不露，退居幕后了。

广学会是1887年11月1日（清光绪十三年九月十六日）由英国传教士韦廉臣倡导组成的。韦廉臣在1855年即由英国伦敦会派来上海，曾与伟烈亚力共同执编《六合丛谈》，两年后因病又返回英国苏格兰。1863年作为“苏格兰圣经会”的代表再次来华，他以山东烟台为据点，深入我国内地进行活动，但他未忘情于上海的报刊活动，1872年起为林乐知所办《中国教会新报》每期撰稿。长篇连载的《格物探源》竟持续发表了近两百期，到《中国教会新报》改刊《万国公报》（周刊本）后两年，才告一段落。1877年各地基督教传教士在上海集会，韦廉士被推为“学校教科书委员会”成员，为各地教会学校提供数学、天文、地理、历史、化学、物理、植物学等新式课本。这是我国有教科书之始。但韦廉臣认为“学校教科书委员会”的工作范围太狭窄，应该面向中国全社会进行西学的文字传播，于1877年11月发起“同文书会”（广学会的最初名称），发起人还有海关总务司英人赫德（R. Hart），德国驻上海总领事佛克(J. H. Focke)，有利银行大班伯斐细(F. C. Bishop)以及美国传教士林乐知、丁韪良，英国传教士慕维廉、艾约瑟，德国传教士花子安等三十九人。执行委员会也包括了世俗人士，不过实际主持者韦廉臣等都是传教士罢了。韦廉臣还在他的故乡英国苏格兰的格拉斯哥城组成了“中国书报会”作为同文书会的“母会”，以便取得英国对同文书会的资助。同文书会第一年曾印了一些书，但没有办刊物。原因是林乐知回美国去了。1888年秋林乐知返沪，接受委托就着手恢复。停刊六年的《万国公报》作为同文书会的出版物于1889年2月《万国公报》(月刊本)问世。

《万国公报》(月刊本)与以前的《中国教会新报》和《万国公报》(周刊本)相比，篇幅成倍地增加了。《中国教会新报》每册只有五到十页，《万国公报》(周刊本)为十余页，而《万国公报》(月刊本)则扩为三十二页，每册约三万余字。内容有社说，评议政治和中外时事，评介西方政治和伦理学说；其次是光绪政要，包括摘录谕旨和重要奏折等；然后是各国新闻和电报，最后“杂事”一栏，也稍稍刊出一些文人墨客的补白性作品。月刊与周刊本相比，新闻的时效性有所下降。

《万国公报》(月刊本)，由广学会所办，它的经费来源和推广发行是有计划的。1899年《万国公报》(月刊本)年发行量为三万九千份有余，期发约四千份。

二、沈毓桂与《万国公报》

关于《万国公报》(月刊本)(以后所记述的《万国公报》都

是“月刊本”，不再一一加注，而在叙及周刊本时，加“周刊本”字样)，复刊的目的，在此以前同文书会年报中有一段坦率的表达：

> ……我们打算最大的努力，小心地但积极地为中国的知识阶层创办一个定期刊物。我们发现对这样一种期刊的需要，一天天变得越来越迫切。我们从私人接触以及公开的出版物上知道，中国人正在逐步意识到他们的力量；我们将不得不很快面对一个新的中国。这个新中国的智力被西方的教育扩展了，提高了，她的自大感被他们在与我们竞争中所取得和正在取得的成就加强了——这一切对我们的力量是一个极大的考验。他们已经拿起笔杆，还有铅笔对准我们：他们的猛烈攻击。常常附有丰富的插图，而且恰如其分。他们必将越来越多地使用这些武器。他们是敏锐的观察家，笔锋犀利的作家，聪明而又擅长于讽刺作品。他们深知公众情绪的根源，以及如何激发和诱导人民的感情来反对我们。我们必须和他们对抗。我们的安全，我们在中国的进展，有赖于我们和中国人民搞好关系。因此，我们非常必要有一个喉舌来阐述我们的文明，我们的信仰，并且保卫它们[41]。

《万国公报》是为了与中国日益醒觉的知识阶层“对抗”而复刊的。目的是为了“阐述我们的文明和我们的信仰，并且保卫它们”来协调与正在觉醒了的知识分子的关系，运用又打又拉的办法，把中国知识分子纳入他们希望的轨道。李提摩太还曾雄心勃勃地要把它“作为一个影响中国领导人物思想的最成功的媒介”，计划把广学会的出版物去影响将能在这个帝国的当前和未来的四万四千多位人物，认为通过书刊影响这些未来官员的思想，就等于“指导”了中国四亿人民的思想[42]。

广学会办《万国公报》的成功，并不完全取决于这些西方传教士的努力，更要归功于前后两位中国主笔人沈毓桂和蔡尔康。从复刊到1893年《万国公报》的实际执行主笔是沈毓桂，“实掌华文迨十有八年”。沈毓桂曾任《万国公报》周刊本的秉笔华士，并协助林乐知成功地创办了中西书院(东吴大学的前身)，这样也给沈毓桂带来了荣耀，林乐知对他也刮目相待了。广学会决定复刊《万国公报》，在延林乐知主其事的同时，他也被聘“分任其事”。实际上就是具体主持编务[43]。沈毓桂是中国文人，是封建知识分子中最早接触西学者，从19世纪50年代初起就与伦敦会传教士交往为秉笔华士。他并没有出过国，但一直生活在为西人秉笔的圈子里，他的西学是从秉笔过程中逐步得来的，当时比望文生义或浅尝辄止、一知半解的人要理解深刻得多。许多文章都出于他自己的体会。这些文章当然对中国读者更有吸引力。正因沈毓桂的主持，才吸引了一大批中国文人的投稿。而这些投稿，被称为“都是有关多方面科学问题的”。沈毓桂还约请已返上海定居的王韬撰写稿件，引荐曾在《申报》馆共编《民报》的蔡尔康入馆。而林乐知在沈毓桂主持时期，实际上只是口授若干则外报外刊的新闻供袁康笔述，此外基本不管。五年中共有六篇具名文章，其中一篇还是由沈毓桂提醒而口述的，而1891年7月的《藉伸谢悃》一篇，还是因沈毓桂提出辞职表示挽留而作。可以说《万国公报》(月刊本)是在沈毓桂主持之下才改变了周刊本时以新闻和知识为主的性格成为政论性刊物的,为维新思潮的蓬勃而起作了舆论上和思想上的准备。

三、戊戌时期的《万国公报》

对我国维新思潮影响直接的,是1894年沈毓桂之后的《万国公报》。

从1894年起《万国公报》由蔡尔康具体主持编务。蔡尔康自1891年年底与《字林沪报》闹翻离馆之后,1892年入广学会为督办李提摩太翻译《泰西新史揽要》。那年夏天,林乐知返美,《万国公报》由李提摩太代为主持,蔡尔康始在《万国公报》上发表散篇著译,但他不忘情于办日报。1893年旧历新年英人丹福士和斐礼思筹办《新闻报》蔡尔康还是应聘而去。但不到半年就因意见不合拂袖而返,经沈毓桂和李提摩太介绍,1894年正式入《万国公报》馆,代沈毓桂为华主笔。那时蔡尔康年仅四十有余,正是精力充沛的当口,又有二十余年办报经验,在精力能力上自然有余,十分得心应手。蔡尔康又喜欢卖弄文才的,《万国公报》包括广学会的活动顿显活跃。李提摩太特别是林乐知的大量著作,正是蔡尔康进《万国公报》之后不断面世出版的,而且实际上都出于蔡尔康的手笔。"余(林乐知自称——引者)之舌,子之手,将如形之于影,水之于气,融美华以一冶,非亲合而神离也。"蔡尔康也自称这些著作是他"建言"、"笔述"、"手志"、"达意"、"纂"、"识"、"撰文"、"录"等。特别《万国公报》的编辑工作,的确达到了当时期刊编辑工作的最高水平。因此在中国新闻史的发展上不能抹杀蔡尔康的功绩。

蔡尔康接任《万国公报》华主笔之后不到半年，发生朝鲜事变。蔡尔康开始撰写《朝鲜纪乱》、《乱朝纪》，并发表孙逸仙的《上李傅相书》。自撰写《乱朝记》两期后，才出现具名林乐知命意蔡缕仙遣词的评论文章，《中日朝兵祸推本穷源说》、《中东之战关系地球全局说》、《中日两国进止互歧论》等，供国人了解事变进展情况。甲午海战以清廷海军北洋舰队全军覆没而告结束。林乐知却在《万国公报》上鼓吹《以宽恕释仇怨说》。而下一卷蔡尔康则以"海上蔡子"的署名发表《新语》，站在清廷立场上评论局势。蔡尔康还以"林乐知选择，铸铁生汇录"的名义，汇辑当时世界各国报纸对于中日战争的种种评论为《裒私议以广公见论》，而且也每期连续刊出。这在新闻编辑史上又是一个创举，从而也提高了《万国公报》新闻报道的质量。北京发生公车上书及强学运动时，《万国公报》也刊出《强学会序》和《上海强学会序》及《章程》。蔡尔康撰写了《强学会记》，还刊出《使相徂东公牍》、《使相被刺纪实》和李提摩太的《新政策》(并叙)。《万国公报》所刊有关甲午战争各种反响的文字后来辑成《中东战纪本末》八卷。在新闻史上来说，是最早有主题的大规模的新闻作品结集。《中东战纪本末》的出版，比《万国公报》本身的影响远大，给林乐知、李提摩太，也给蔡尔康赢得了极大的声誉。《中东战纪本末》初版三千册一下子售完，只得再版。蔡尔康作为一个封建知识分子，真正接触西学已在进入广学会《万国公报》之后。他有忠君爱国思想，因此不会反对光绪皇帝自上而下的百日维新。因此1898

年8月报道“皇朝新政”时处理得像《尚书》等古文献那样辉煌。同时对康有为等人行为又有戒心，还连续刊出京都顽固派参劾康有为等“劣迹”的章奏全文。对林乐知们鼓吹《匡华新策》、《保华全书》时，就经常疑虑重重地与谱兄弟们议论[44]。在蔡尔康笔下，基本没有开放、变法等要求。但蔡尔康主持笔政的八年，的确是《万国公报》前后三十五年历史中最辉煌的岁月。北京强学运动初起时，所出第一种刊物也称《万国公报》，所载内容有好多直接抄自《万国公报》，以及1898年2月大同译书局所出版的《皇朝经世文新编》20卷580篇文章中，竟有37篇转载自《万国公报》上所刊哲美森总领事、李提摩太和林乐知撰写的文章。

四、戊戌期间其他教会报刊

广学会于1889年复刊《万国公报》和创办《成童画报》之后，1890年各省传教士又在上海集会，传教士们对于由教会来办世俗性的《万国公报》月刊本有异议，广学会因此在1891年2月（清光绪十七年正月）起，添办了一种专门报道教会活动的《中西教会报》，也由林乐知主编。但这个刊物是比较短命的。只出了三十五册，于1893年底休刊了。《中西教会报》休刊一年以后，于1895年1月（清光绪二十年十二月）复刊。这次复刊后由美传教士卫理（E. T. Willams）主笔，金湘儒笔述，不再由林乐知兼任。1898年以后由英传教士高葆真（W. A. Cornaby）接编，具体交接时间不详。1900年以后又易英传教士华立熙（W. Gilber Walshe）主持。

广学会所曾办其他报刊也都没有能持续地延长到这一时期，只有英文*Messenger*（《西铎》）月刊，还按月由广学会印行。1896年时还曾发表过北京管理学政大臣孙家鼐对广学会所出版的《文学兴国策》的批评。

另一个出版报刊的基督教组织是圣教书会。他们以出版通俗性报刊为主。由《小孩月报》改名《月报》和《画图新报》都继续出版，此时已由花子安（Ernst Faber）主编了。1894年又创办了《圣教新报》，是有插图的基督教出版物，周刊，主笔玛利盖尔博士，每份售价十个铜钱。1896年还出刊过一种《圣教书会月刊》。

在这时期，又出现了一个新的从事报刊出版的基督教组织即中华基督教青年会。青年会1885年由美国传入，他们在上海地区最早出版的报刊是《基督教会报》。1895年创刊，存世不长，也鲜为人知。1898年2月又创办了《学塾月刊》。它是在中华全国基督教青年会主持之下在上海所办，所以被称为中华基督教青年会在中国创办的第一份期刊。

这时期上海还有几种基督教报刊。1895年创办的《七日报》，办事处在江西路，主笔史子平（斌、彬）牧师。这是中国人主笔办教会报的最早者，浙江《利济学堂报》称之为《官语七日报》，中国和外国教会新闻并重，1898年后还在出版。1897年创刊有《训蒙捷报》月刊，文字浅短易懂，适合青少年阅读，介绍各种科学入门知识。馆址在新闻路，售价每份八分。还有一种《宗古教会报》，由中国和朝鲜圣公会在1898年创刊，季刊，每份售价约一角五分。

传教士们是作为开发新边疆的先行部队到中国来的，开发中国的目的也就是为了开发他们所需要的世界。创办报刊是他们认为最有效的手段。李提摩太经常挂在嘴上的一句话就是“以百万计地进行感化(conversion by the million)”。他们办的报刊也正起了这样的作用。教会报刊与商办报刊其影响各不相同。商办报刊虽然从《申报》开始就“四大部件”俱全,但毕竟以传播新闻信息为主。这些新闻信息固然使中国读者大开眼界,但思想上起引导作用的还是教会报刊,特别是广学会在戊戌时期的《万国公报》,促进了中国封建知识分子中最早萌生出一批倾向西方文明的人物来。商办报刊只能培养出新式商人或“洋场大少”;教会报刊谈天说地论东道西才给人更多思想上的启示。在这个意义上来说,教会报刊不仅培养了新闻第一代报人,也孕育了最早一代资产阶级的政治家。但当中国人民开始觉醒之后,迅速走上政坛,也走向报坛。包括基督教教会报刊的报坛在内,与整个报坛一样,20世纪的教会报坛上,也将由中国人来共办、分享,乃至“以我为主”来出头露面地主宰了。

第七节 《时务报》的内耗和改官报事件

一、《时务报》的三个时期和三对矛盾

《时务报》1896年8月9日(清光绪二十二年七月初一)创刊,到1898年8月8日出版第69册以后改名《昌言报》,存世正好两周年。这两年间,就《时务报》馆内部的历史,可分为三个时期:“蜜月”时期,筹备办刊到1897年2月;龃龉冲突日趋

关系紧张时期，1897年3月到1898年1月；“必不用康馆中人”而维持出版时期，1898年2月到1898年8月。

这三个时期的形成，是《时务报》馆三对矛盾错综发展、交叉影响的结果。这三对矛盾是：汪康年与黄遵宪关于设立董事与否之争；汪康年与张之洞之间“力尼其行”、“就我范围”和摆脱干预、力争自主办报之争；汪康年与梁启超关于宣扬“康说”与否之争。其中核心人物是汪康年。

汪康年了结了上海强学会的残局，在上海继续办报。那时张之洞已经交卸了“两江”回任“湖广”，却不赞成汪康年继续留沪办报。后赖张之洞幕中其他人的说合，才勉强允准汪康年在沪译书，每月支薪仅四十元。湖南方面约汪康年在沪代销矿产，也月给四十元。这样，汪康年解决了生计的后顾之忧，就在上海安心筹办报事了。

如何进行，汪康年开始也心中无数。汪康年起草的《中国公会章程》于1896年4月出版的《万国公报》(月刊本)第87册上发表，这表明，汪康年到那时还想既办会，又办报。1896年4月，是他主动邀请正在北京“流浪于萧寺者数月”的梁启超南来办报。

他所以远邀梁启超来沪，首先是志同道合，同时也看到梁启超比较“圆通”，甚至也不以乃师康有为的作为为然，有“南北两局，一坏于小人，一坏于君子”之说。黄遵宪此时也才知道汪康年在沪设会办报之事，才积极参与意见返沪后共同筹办的[45]。梁启超大约在1896年4月底(清光绪二十二年三月十三日以后)才到上海，汪、梁、黄开始具体筹备办报。

《时务报》创刊以后相当一段时期，汪康年与黄遵宪和梁启超之间的关系融洽到亲密无间的程度。汪康年和黄遵宪都不同意《时务报》用孔子纪年，免蹈《强学报》的覆辙，梁启超也答应“弟必不以所学入之报中”。梁启超所撰轰动一时的论文《变法通义》的前半部分，很少涉及“康学”，梁启超早先也曾把保教与保国、保种并列论述，后来听从了黄遵宪和严复的“教不可保”之说，也便渐渐改变了态度。汪康年和梁启超各把自己的弟弟引进《时务报》馆工作，也都“请示”黄遵宪同意。梁启超甚至提出梁启雄入馆工作，不但不要工资，还要自付饭钱，黄遵宪对报馆事无巨细，样样都管。《时务报》刚出版到第4册时，北京来了调令，催促火速北上，那时汪康年刚好到湖北去为张之洞祝寿，连移交也没有办，只能留下一字条匆匆入京，却漏了一件大事：设立董事会，健全《时务报》馆领导组织机构。正是这一失着，却成了黄、梁与汪康年之间产生矛盾的张本。

在《时务报》的开创阶段，汪康年的担子特别沉重，黄遵宪是现役官员，身不由己。梁启超的去留也不稳定，他在《时务报》上撰述《变法通义》一举而天下闻名。来聘请他的人纷至沓来，出使美国大臣伍廷芳聘他以二等参赞资格随使出国（当时除李鸿章出使外，无头等参赞），还送来了装银千两。湖北的张之洞，则“以千二百金相待”留聘为“两湖时务院长，并在署中办事”。梁启超回粤省亲，澳门诸友要他协助办《广时务报》并兼领主笔。而梁启超自己，当他听说黄遵宪有可能出使英德时，也有意随黄出洋，说明办报不是黄遵宪、梁启超追求的唯一的事业，对于汪康年来说则不同。汪康年是把办报馆当作自己主要的甚至唯一的事业来做的，汪康年当然十分着急，在自撰政论应付每期刊物按时出版的同时，急着四处无形物色合适的主笔。曾约请过钱塘项藻馨（兰生），最后聘来了章炳麟（太炎）。梁启超自己也感到事繁难支，在粤中荐来麦孟华，到 1897 年 2 月《时务报》馆人才济济，正如鲜花锦簇、烈火一般的兴旺。

谁知“祸兮福中伏”。一场接一场的风波，从此开始了。

首先爆发的是黄遵宪来信驱逐汪康年事件。1897 年 3 月下旬（清光绪二十三年三月初三以前几天光景），那时，聚集在《时务报》馆的康门子弟又更多了些，除原来已在上海的梁启雄（仲策）、韩昙首（云台）和麦孟华外，梁启超为了准备出国，又请来了作替代的龙泽厚（积之）。梁启超初从广东归来时，黄遵宪刚好使英德的差使完全告吹，心情十分烦躁的当儿，知道汪康年对于所嘱设董事之托始终未办，“忽来一书，欲令（汪康年）引去，而使铁（吴樵，字铁桥）及积（龙泽厚）为总理”。这封信，梁启超称之“可谓鲁莽不通人情，反使超极下不去”。那时吴铁桥还在湖北，龙泽厚寄居《内务报》馆在筹办《公论报》和号称为澳门《知新报》的驻沪代理。黄遵宪的来信，岂不有南北串通共同向汪氏夺权之疑？梁启超只好再三解释。

事隔半个月，发生康门子弟聚众攘臂欲殴章炳麟的事件。

章炳麟与梁启超一直保持着友好关系，他与汪康年兄弟是浙江同乡，来沪后交往的都是志同道合的江浙学者，而当时在沪的康门弟子大多是广东人，他们不作理论上的切磋，而仗人多势众压人。“会谭复生（嗣同）来自江南，以卓如文比贾生，以麟文比相如，未称麦君（孟华），麦忮甚。三月十三日，康党麕至，攘臂大哄。梁作霖（梁启超的学生）复欲往殴仲华（吴仲华，章太炎友），昌言于众曰：昔在粤中，有某孝廉诋康氏，于广坐殴之。今复殴打彼二人，足以自信其学矣。”这个“殴章”事件所造成的后果是很严重的，章炳麟一怒离馆。“遂与仲华先后归杭州，避蛊毒也。”[46]而更严重的是“有许多人谓外间传《时务报》馆将尽逐浙人，而用粤人之说”[47]。汪氏兄弟也对康门诸弟子在态度上冷淡起来，首先表现在《时务报》馆下人们对康门弟子的服役方面，“闻孺博（麦孟华）、云台（韩昙首）在馆呼唤一人皆不灵应，故孺博有自用下人之举”。“又闻云台晨起，我数下钟不得洗脸水，或自得亲舀水乃得。”[48]最后闹到“故弟与孺博、云台决意相率去之”[49]。好端端一个局面，闹得分崩离析，四分五裂了。

四月间（1897年5月），可能起些调和作用的吴樵（铁桥）在武汉暴病身亡。梁启超们也看到《时务报》馆已成为是非之地，不大可能成为康氏学派的活动据点，因此也就着手筹备开设由康门弟子们所主持的大同译书局，而矛盾也渐爆发到《时务报》的版面问题上来：1897年6月20日所出版的第30册起，连续四期发表了一组有关广西发起广仁善堂圣学会的文献，其中一篇具名“西林岑云阶大理春煊”所撰的《圣学会后序》刊出后不久，就由岑春煊的胞弟在《申报》刊出告白，称此稿是康有为所作，“乃兄不敢掠美”，隐隐揭发这是康有为借名顶冒以售其术的老手段。此着正是汪康年兄弟最犯忌的，他们牢记着康有为酿成“《强学报》事件”的前鉴，一定不让康有为借《时务报》“以求一逞”。在这段时期里，梁启超也开始不再遵循“弟必不以所学入之报中”的承诺，频繁地引用“康学”，下笔就是“康师云”、“吾闻吾师之言”。这对汪氏兄弟来说，大有受愚之感，对梁启超也不由得侧目起来。这年9月，黄遵宪出京，调任湖南长宝盐法道途径上海时，发现董事会仍未建立，与汪康年争执到“几至翻脸”。后勉强聘请了张謇、梁鼎芬、谭嗣同、邹代钧等为馆外董事。但黄遵宪要赶着去赴任，连董事会也未及召开，所谓“馆外董事”还是形同虚设的。

此时又有来自张之洞方面的反应。张之洞对于汪康年摆脱羁绊在上海办报，一直是不放心的，开始时取“力尼其行”的态度。汪康年还是坚持着把《时务报》办了起来，黄遵宪还动用了他原先劝捐上海强学会的余款作筹备，张之洞取默许的态度。《时务报》一旦问世，取得了极大的成功，张之洞当然更不会公开反对。当汪康年专程赴鄂贺他六秩寿诞时要他表态支持时，他就发了那份刊登在《时务报》第6册上的《鄂督张饬全省官销〈时务报〉札》，开了中国新闻史上公费订报的先例。但当他看到《时务报》第5册上“有讥南京自强军语，及称满洲为彼族”时“颇不怿，谓明年善后局不看此报矣”——这里对于张之洞此人，不得不多说句：当时张之洞在各地督抚中是以“新派”著称的，其实“晚清有言，李合肥开目而卧，言一切了然，但办不动。张南皮闭目而奔，言其心知维新，而一切懵然。不知所以为新也”[50]。他是一切看朝廷眼色行事者，特别不愿意触犯慈禧，触及慈禧心中特别敏感的汉满畛域的矛盾。梁启超在《时务报》第5册上所撰之文引起张之洞的不怿，与其说是涉及对张的功业的评价，还不如说有张之洞最不愿触及的“此族”“彼族”，怪不得张之洞要“谓明年善后局不看此报矣”，要“另开一馆，专驳《时务报》之议论”。还要聘汤寿潜“令助主《时务报》笔，而南皮出修”。汪康年得到此消息，立即与梁启超和正在江宁的谭嗣同等商议，认为“此事涉外人干预”，决定采取“虚与委蛇”的策略，“大抵贵人好以权势迫人。而应之者惟以‘拖延’二字，绝不与之触迕。此官场之秘诀也”[51]。但当然不愿再授张之洞以把柄，在《时务报》刊出的文字中更要求谨慎。1897 年 9 月 26 日出版的《时务报》第 40 册中，刊有宗室寿富发起的知耻学会全部文献。知耻学会所提倡的，就是满族包括宗室在内要正视自身的弱点。这恰恰是满汉畛域的大忌所在。张之洞一见立即致电湖南禁发，汪康年得知后也立即致信北京，要张元济停止发出，以免酿成更大的祸端。汪康年这些做法只是为了避祸，少给张之洞以口实，称不上是张之洞在《时务报》馆的代理人。

1897 年 9 月间，康有为来上海擘划大同译书局的开设和安排康门弟子的活动。那时大同译书局与《时务报》馆分别择址在南京路泥城桥的东西两堍。正好此时湖南方面来聘梁启超和《时务报》馆的西文翻译李维格(一琴)入湘主持时务学堂教席，梁启超已回绝了，康有为却竭力怂恿前往。麦孟华辞职回粤省亲，另荐徐勤代为主笔。徐勤并不到《时务报》馆办事，而由主持大同译书局的康广仁负责转向《时务报》馆提供稿件。徐勤不久去日本，《时务报》的政论改由欧渠甲执笔。这样，《时务报》就成了没有专职主笔的空架子，政论稿件除了湖南梁启超直接寄来以外，都要仰给于大同译书局康广仁供稿。汪康年就感到喉咙被攥在别人手里了，这一次他却没有像上一年那样急着另聘主笔，而是别寻蹊径：《时务报》原来的英文翻译李维格与梁启超一起受聘入湖以后，新聘来的英文翻译是曾国藩的嗣孙曾广铨(敬贻)。此人当时对办报极感兴趣。当时汪康年的堂弟汪大钧从海外回国,也愿意投资报业,于是三人一拍即合,立即着手筹办已被搁置了一年多的《时务报》。汪康年、曾广铨、汪大钧三人联名发起创办《时务日报》的告白刊出于1897年12月16日,那时已接近年关。汪康年竟然趁《时务报》年关照例休刊四十天之机,偕同曾广铨东渡日本,以联络筹备办《时务日报》,说明他决心另闯门径了[52]。

导致汪康年与"康门中人"最后完全决裂的是拒刊大同译书局告白事件:大同译书局于1897年10月间成立并着手印书,康广仁在《时务报》第48册出版前后,把告白稿交给汪诒年。汪诒年就是"拖"着不刊出,康广仁又只得请梁启超出面说话。等梁启超来信时,《时务报》已经年关休刊,一直拖到《时务报》出版第51册时,才算另纸夹入了一张大同译书局出版书目的告白。夹送另纸,表示与《时务报》馆没有关系;而且在这份夹的告白中,把《孔子改制考》一书的书名,改刊为《上古茫昧无稽考》、《周主诸子并起创教考》、《诸子创教改制考》等21个子目的结集,《孔子改制考》也仅是其中一个子目,不显眼了。康广仁才有不再为《时务报》供稿之举,而《时务报》也就"必不用康馆中人",两家完全相决裂了。

以后汪康年的精力主要花在筹办《时务日报》上了。《时务日报》的馆址和账目等与《时务报》完全分开,按照商办企业的办法办是合资的私营企业,不再是捐款助成的同人报。对于《时务报》则取维持出版的办法:该报第53册告白宣布"现自本期起仿欧洲各报之例,兼录外来文字,由总主笔选定入报"。同时宣布"本馆仍延梁卓如为正主笔,梁君刻膺湖南时务学堂总教习之任，故现在总主笔一席特请闽县郑苏龛先生孝胥办理”。选不到稿件就用条陈之类填版面。《时务报》的质量一落千丈，为当时舆论界所訾议。汪康年在《时务日报》开始出报，进入正常运转状况以后，才腾出力量来重新抓《时务报》的笔墨。质量固然大不如前，但始终没有“易帜”。

《时务报》“祸起萧墙”式的悲剧，其实只是一场开始觉醒的封建知识阶层，以不成熟的组织形式，进行目标不尽一致的政治办报的必然结局。《时务报》是政论报，但同时不是机关报，而是同人报。这样的办报模式可以办成自由论坛，不必强求一致性。汪康年与梁启超乃至黄遵宪在办报总原则上是一致的，都是为了倡开风气，鼓吹变法图存，但具体的目标上不完全一致，汪康年更看重报馆事业本身少受波折和干涉，因此主张不涉及当时社会上争论最大的“康学”，甚至笔触温和一些，而梁启超初期也是遵循这个原则的。但随着《时务报》的成功和他的成名，在他笔下保国保种以至保教的内容愈来愈多，涉及“康学”的事情愈来愈多。《时务报》不是机关报，也没有一个可以决议或仲裁的机构，加上张之洞与《时务报》之间的确还存在着控制和反控制的斗争，汪康年为了要保持《时务报》生存的权利，不得不对康门弟子主笔容易惹是生非的地方有所制约。这样又形成了报馆内部的“内耗”。康有为则更注重“康学”和康党势力的消长，抓住一切机会以求一逞。在上海被拒以后，一到北京就抢先控制《时务报》在北京的发行权[53]。如果没有后来的事态发展，《时务报》馆“内耗”，真还不知会如何了局。

二、《时务报》改官报事件

汪康年对交出《时务报》，是早有思想准备的。不然，就不会在另创《时务日报》时，馆址账目完全分开，而让《时务报》一直处于“维持出版”的状态之中。在北京，光绪决心推行维新，康有为托人上奏，改《时务报》为官报，派梁启超督办其事。康有为试图要把《时务报》攫取过去。

康有为为什么要上奏把《时务报》改为官报？《康有为自编年谱》称：“时《时务报》尽亏巨款，报日零落，恐其败也，乃草折交宋芝栋（伯鲁）上之。”这个年谱是事过境迁逃亡日本时所撰定的，多少有点为自己补拙和辩解的意图。当时和事后都有人指出“其意即在借官报名义，以强收归《时务报》，借以报复私怨的”。后人也有为康有为解脱的。称“本来康有为在推动维新运动时，力主组织学会和刊行报章，以宣传变法图存。如今‘国是诏’既颁，自应‘崇国体，广民智’，推动各地举行新政，《时务报》原由梁启超主笔，办理也有基础，于是请改‘官报’扩大变法宣传，这应该是主要原因”。但那时北京早有现成的“官报”在，就是《官书局报》及其《官书局报汇编》。这个报纸的前身，也就是丙申年梁启超在京主持过的《中外纪闻》。《官书局报》已有常年经费，也用不着另筹开办费，改派改良派主笔掌握并推广发行到全国各地去，不是更简捷些吗？何必要大费周折，“着照官书局之例，由两江总督按月拨银一千两，并务拨开办费六千两，以资布置”，同时还又要把《时务报》移设北京，以上海为分局，皆归并译书局中相辅而行？如果同时还要在上海设分局，出版“上海版”，那么当时上海大同译书局已奏准改为官书局了，上海大同译书局也已出版了《自强报》，就此改办不更便稳一些，何必在他人口中抢食吃，或一定要扼杀一份“友报”呢？《时务报》在那时并非维新之敌，《康谱》中有一句称“卓如虑其颠倒是非也”。也就是说，到那时为止，还并未发生“颠倒是非”的事实。“虑其”可能，就非扼杀之不可，说到底还是“此奏乃报复意，使公（汪康年）不得主其局”而已。康氏师徒之心，当时就是路人皆知的。这样小肚鸡肠式的政治手腕，“小题大做，同狮搏兔，人人惊异”，大大败坏了改良派的政治声誉。

康有为是在戊戌五月二十九日（1898 年 7 月 17 日）入奏请改《时务报》为官报的，当时光绪帝谕著管学大臣孙家鼐酌核妥议。十天以后，孙家鼐回奏并经核准改《时务报》为官报，但把康有为原奏由梁启超“督同向来主笔人等实力办理”改为“以康有为督办”。这一下打碎了康有为们的如意算盘。康有为不愿意离开北京统筹全局的地位，曾想推辞。但又怕“孙家鼐将仍归之汪康年”，只得权领，于是又过了十三天才上奏《谢天恩条陈办报事宜折》，附请定中国报律，同时对上海汪康年发了一电一函，电文云：“奉旨办报，一切依旧，望相助。有为叩。”

康有为从发起改《时务报》为官报到接旨督办的一举一动，被消息灵通的汪康年都一一事先获知。汪康年对《时务报》并不感兴趣，但对康有为的作为很不服气，曾建议由张之洞出面上奏，并把《时务报》改名《时务杂志》继续出版。张之洞不同意将报名改为《时务杂志》，而授意改“时务”两字为“昌言”,系因上谕有“从实昌言”之语,“嘱兄即作一序,申明遵上谕‘昌言’两字之义,并述改名之由”,赞成梁鼎芬来沪出任《昌言报》馆的总理。在张之洞的严密布置下,汪康年“不慌不忙,即日将《时务报》改名曰《昌言报》,门额及报之封面皆换‘昌言’字,腾出‘时务’两字以待钦差取回”。这样,康有为的如意算盘全部落空。

康有为气急败坏,“乃电江西布政翁曾桂,两江总督刘坤一勒令汪康年交出,无得抗旨”。张之洞致电孙家鼐:《时务报》乃汪康年募捐集资所创办。未领官款,天下皆知,事同商办,“康自办官报,汪自办商报,自应另立名目,何得诬为抗旨?”“岂有行禁止之理,康主事所请禁发《昌言报》一事,碍难照办”。孙家鼐立即电复:“公能主持公道,极钦佩。”在南京,两江总督刘坤一接到康有为要求封禁《昌言报》并勒令交出的电文后,立即转交给上海道蔡钧,蔡钧则立即与汪康年会面,把康有为的原电抄交,同时把汪康年“所有为难情形”电复“查照”。刘坤一据此上奏。上谕“命黄遵宪查明汪康年将《时务报》私改为《昌言报》原委,秉公核议电奏,毋任彼此各执意见,致旷报务”。

与此同时,梁启超却抓住汪康年在改《时务报》为《昌言报》所刊的启事中,有“康年于丙申秋创办《时务报》,延请新会梁卓如孝廉为主笔”一句,发动了一场很有声势的争“发起人”地位的“告白战”,弄得全国轰动,“而南北诸报纷纷评议,皆右汪而左康,大伤南海体面”。

梁启超发动的这一场“告白战”,在政治上来说更是得不偿失的。当时梁启超争的是《时务报》,他也是创办人之一,争的是他曾为《时务报》立下过汗马功劳，争的是《时务报》初起时，系用上海强学会的余款，不应“没康先生之旧迹”。汪康年《书〈创办《时务报》原委记〉后》一文中，提出：“康年既不欲毛举细故以滋笔舌之烦，尤不敢力争大端，以酿朋党之祸，盖恐贻外人之诮，并寒来者之心，良以同志无多，要在善相勉而失相宥。外患方棘，必须恶相避，而好相援，互收窃愿与卓如相劝勉也。”“窃意卓如素讲合群之谊。其所撰文字于中国自相胡越，自相鱼肉，皆疾蹙额而道之。似不至以一时不合，遽尔形诸笔墨，见诸报章。”两相对比，更显得梁启超胸宇狭隘，意气用事。天津《国闻报》就特地著论沉痛地称：“或曰，新党议论盛行，始于《时务报》，新党之人心解散，亦始于《时务报》。”批评梁启超：“且梁君早日持论云何？岂不曰凭公理以悦服人心，不宜藉贵位尊势以劫天下乎？此固祖龙（秦始皇）与华盛顿之分也。乃一旦志得，遂挟天子之诏以令钱塘一布衣，非所谓变本加厉耶？”同时也批评汪康年：“然而彼汪氏独无可议者耶？夫总理之名既正矣，总理之权尊矣，则宜视其事之何若：梁卓如解馆以来，而《时务报》之文劣事懈，书丑纸粗，大不餍海内之望，则总理不胜任也。不胜任则宜去，丈夫何妨溺死，乃拘游哉！”虽然两面都说到，但主要批评康有为和梁启超，梁启超发动的“告白战”文不对题，不仅不能为乃师的行为争得几分光彩，而且把改良派忧国忧民、发愤图强的几丝声光也撕得个粉碎。在改官报事件中，当时全国包括外商所办外文报刊在内所有报刊的舆论之中，几乎找不到支持赞同康梁作为的，连康门所办远在澳门的《知新报》，也只纯客观地转载了《梁卓如孝廉述创办〈时务报〉原委》而不表态，这里也不能不考虑到在中国政治家刚好起步走上报坛，中国自己的报业还在起步的萌芽阶段，就发生这样或那样对报纸予取予夺事件，不能说是一种祥兆，或赞许它是“政治家办报”题中应有之义。

三、关于《昌言报》

《昌言报》创刊号是与《时务报》“蝉联一线”，一天也未脱期地接续了《时务报》第 69 册如期出版的。总理为汪康年（穰卿），并延梁鼎芬（节庵）为总董，由曾任《时务报》主笔的章炳麟出任主笔。翻译则与《时务报》时完全一样，由曾广铨译英，潘彦译法，并还有好几篇稿件如《长生术》、《法国赛会物件分类名目》和《各国宝星考略》等，都是与《时务报》相衔接的连续作品。

《昌言报》发刊以后，对北京的百日维新，基本的态度是观望，除偶有译文以外，不报道，不表态也不反对。前六册主笔章炳麟也没有撰论，只是与曾广铨合作，笔述《斯宾塞尔文集》，同时在编辑印刷上花了工夫。《昌言报》第三册愆期五天才出版，为的是“讲求精善”换了印刷所，改由商务印书馆铅印了，第四册出版时，慈禧复出的政变已发生，《昌言报》照常继续刊登光绪在百日维新期间的谕旨，这里固然有一个“时间差”的问题，但第六册译载英国《泰晤士报》的《伊藤侯与总理衙门堂官会晤述略》和第八册译载日本《梅尔报》的《伊侯觐见时问答》、《李傅相与日本伊藤侯问答》则就是有意之作了。特别是第七册，发表了“日本西狩祝予”所撰《书汉以来革政之狱》,公然宣称:“鲧降洪水,罪也,顾以勤民事死,其汩作水土,足以为禹功之倡,则祭法亦列之于祀典。况于奋身不顾,以除魑魅者乎?”“以近世言,则有朝鲜之金玉均,其志欲扶翊李氏,而近谋逆,横被诛夷,遂为守旧者口实。以前世言,李德裕,唐世勋臣也,以憾宗闵之故,遂称王涯、贾餗为逆贼,而当世亦从而和之,使涯、餗不获张目于地下,斯可悼矣。”以下还罗列了《霍武陈蕃事》、《何进事》、《太子重俊事》、《王伾王叔文事》、《李训郑注事》等数篇,公开对改革者们的牺牲表示同情。这“日本西狩祝予”,原来就是章炳麟的化名。在这一期《昌言报》发刊之前的五天即 1898 年 10 月 15 日,在上海各报上还刊出了一则“倒填月日”的告白,声称:“业于八月十一日(即二十天以前的 1898 年 9 月 26 日),起馆中事务均由餐霞主人经理,一切仍照旧章,惟与原经手人用捐款诸君无涉。”原来梁鼎芬的出山,原为对付康有为的,现在慈禧复出,康有为逋逃海外,而《昌言报》虽没有大动作,但梁鼎芬怕受牵连,不愿再顶名任总董,而这位餐霞主人,则就是后来被英国报人莫理循称之为“无法无天的小无赖”曾广铨。以后的几期《昌言报》态度陡然硬了起来。另有一种说法,同时由原在《译书公会报》任东文翻译的安藤虎雄出任为《昌言报》总监。这也是张之洞的意思。“前帅座曾嘱念兄请公速改挂日商招牌,想近已照办。然此亦是掩耳盗铃之计。”《昌言报》第九册,章炳麟连撰两文《蒙古盛衰论》和《回教盛衰论》。同时译文栏内刊出《中法新汇报》的文章《中国究竟能否变法答问》,第十册又刊出译自法文《生光报》的文章:《中国必将变法论》。也正是在这 1898 年 11 月 19 日(戊戌十月初)出版的第十册上,刊出了慈禧查禁全国报刊的上谕，同时刊出《时务报》创刊以来的全部收支账目，和《上海晚报》改名《白话报》，改为白天出版的消息。那时上海道台已奉令调查租界各报是否系洋商所开的背景。《昌言报》当然是最大的目标。汪康年已决意自行休刊了。这可能还与曾广铨有所争执。据广学会后来的报告中提到："有趣的是正当《中外日报》更换调子时，有一张新的《晨报》出现，表示坚决拥护维新党的主张。这张《晨报》名叫《白话报》，在《游戏报》福州路馆址出版。每份售价五个铜钱。曾敬贻（即曾广铨，此报告称他为'已故侯爵曾××的养子'）参预编辑……要拥护一个已经有人为牺牲，以后还会有人为之舍命的事业，需要坚定的信念、勇气和自我牺牲的精神。应该注意的是今年创办，现已停刊的晚报，已由最近出版的《白话报》取而代之。"[54]与《时务报》改名为《昌言报》同日，由《时务日报》改名的《中外日报》，并没有停办而改由英商老公茂洋行接办了（详后）。汪大钧则在1898年9月17日（戊戌八月初二）另办了一种《工商学报》，这也是预防《昌言报》的不测而有个退路之计罢。月出四册，馆设新马路梅福里，并在望平街朝宗里《蒙学报》馆寄售，现入藏七册。第七册为10月30日（九月十六日）出版。还有《女学报》，现收藏到第十二号，10月29日（九月十五日）出版。以后是否继续出版未详。那时慈禧已下令缉拿全国报馆主笔，为避祸起见，不改挂洋旗，暂时停刊也是可能的。根据现有史料，上海受政局影响而停刊的仅此三家。其余的或早已夭折，或不是为政治原因而停刊的。那份晨报《白话报》的后来如何，不详。

《昌言报》虽然停办了，但是报馆并没有就此闭歇，因是集款捐募来的事业，汪康年也不敢无故籍没。1899 年(清光绪廿五年)还以《昌言报》馆的名义，出版过林琴南翻译的《茶花女遗事》。后又陆续出版过原在《时务报》、《时务日报》、《昌言报》上陆续连载过的《包探案》(《福尔摩斯探案》)和《长生术》等。1905 年又铅印重排出版过章炳麟的《訄书》。以后这份产业，估计事过境迁，无人过问而渐渐籍没了，也有说移为《江南商务报》分馆，此说待考。

第八节 劫后风云

一、慈禧禁报与上海报界

1898 年 9 月 21 日(戊戌八月初六)，慈禧太后发动政变。25 日以光绪“病重，布告天下”。26 日发布上谕，宣布停办《时务官报》称：“……至开办《时务官报》及准令士民上书，原以寓明目达聪之用。惟现在朝廷广开言路，内外臣工条陈时者，言苟可采，无不立见施行。而疏章竞进，辄多摭饰浮词，雷同附合，甚至语涉荒诞，殊多庞杂。嗣后凡有言责之员自当各抒谠论，以达民隐而宣国是；其余不应奏事人员，概不准擅递封章，以符定制。《时务官报》无裨治体，徒惑人心，并著即行裁撤。”[55]

10 月 9 日(八月廿四日)，慈禧再发上谕查禁报馆，访拿全国报馆主笔称：“莠言乱政，最为生民之害。前经降旨，将官报《时务报》一律停止。近闻天津、上海、汉口各处仍复报馆林立，肆口逞说，捏造谣言，惑世诬民，罔知顾忌，亟应设法禁止。

著各该督抚饬属认真查禁。其馆中主笔之人，皆斯文败类，不顾廉耻。即饬地方官严行访拿，以重惩治，以息邪说而靖人心。"[56]

这道上谕一出，导致全国各地报刊纷纷闭歇，改挂洋牌的改挂洋牌。全国新闻事业的元气大伤，据上海广学会1900年的年会报告记载，1898年慈禧太后用武力夺取政权后，就颁布了禁止报纸出版的上谕，只有那些得到外国保护的报纸才敢继续出版。1898年上海出版的二十三家中文报纸，现在只有十三家继续出版。在其他城市出版的十四家报纸，现在只有六家出版。这样中文报纸减少到十九家，据说中国政府收买了剩下来的一些主要报纸的编辑。确实有些过去拥护维新的中文报纸，现在站到反动分子一边，他们有些观点是与义和团十分一致，现在的中国政府是多么的专横和腐败"[57]。

上海的实际情况又是怎样呢？真正可能因慈禧禁报而避祸停刊的，只有《昌言报》和《女学报》、《工商学报》以及《自强》、《白话报》数家。其余各报的停歇，多半别有原因，与汪康年略有关系的另外三份报刊，《中外日报》先是"倒填月日"地声明"统归曾君敬贻一人经理"。其后报馆事务"与康年等无涉(9月20日)"，后来又宣称即日起为英商老公茂洋行所有。由该行大班英人杜德勤担任发行人(10月14日)。《农学报》在11月(十月中)出版的第五十册上刊出了《两江总督大臣请准设农商学会报片》作为护符；《蒙学报》则宣布自八月初一起将报馆盘与日商香月梅外接办，三报都保存了下来。其他当时正在继续出版的各报刊，没有一家理睬慈禧的那道上谕的。

《字林西报》的总主笔立德禄，还撰文挖苦慈禧这个老太婆真像英国寓言故事中的帕廷顿夫人那样企图用一个拖把去阻挡大西洋的潮汐一般可笑。还扬言："对于这个不幸的国家。除了瓜分它以外，似乎没有别的可以救治了。"[58]

《中外日报》在改隶英商以前，汪康年兄弟等慌了手脚，对于慈禧政变的反应是有些失态的。9月22日慈禧政变的谕旨传到上海，23日《中外日报》发表首论《奉读皇太后训政上谕恭注》宣称慈禧复出"训政"，是为了"俯顺皇上之意，以慰天下之望，慈恩宽大，实出于不得已也"。以后就是满报都是"康逆""康党"，急于撇清自己不与康氏一伙，企图摆脱干系。对康案报道得特别详尽，连康有为船到吴淞，上海道蔡钧如何连搜三船等细节，一概绘述无遗。自9月24日起到11月7日这一个多月间，随时发刊有关慈禧政变种种措施的"传单"(即号外)。还发表据说在康学正炽时梁鼎芬早就洞察一切的四份电报，汪康年并加按语称赞："右四电系两湖书院梁监督鼎芬所发。武昌士子传抄甚多，久已脍炙人口矣。此皆在康学正炽之时，他人不能言也，论事，论人，皆有远见深识，本馆亟登诸报，以告同志。"汪康年兄弟这般做法，当时就被人讥为"卖友求存"。后来《康有为自编年谱》中称"汪穰卿告上海县引捕役来大同局及卓如三家逮捕，乃皆走避"。这样的做法似乎还不至于，但把康门弟子的行踪指名道姓地一个一个报道得那么具体，存什么心不能不令人怀疑了。《中外日报》改隶英商之后，特别是"钩党令"的风声渐渐过去后，论调又有所改变。年初就积极图谋"赎回"《中外日报》不再挂洋牌附洋股。1899年年底在反对废皇帝改至大阿哥事件中，汪康年又是带头联名上书的骨干分子。但给了人一个印象，因时而反复无常，后来被章士钊谥为“蝙蝠”，也是事出有因的。

另一张十分起劲的报纸是《申报》，当时的总主笔是黄协埙，是一位顽固的守旧分子，还在“百日维新”高潮期间，8月15日就在《申报》发表首论《整顿报纸刍言》。这篇评论，是作为响应上谕开设《时务官报》而发的，特别赞成上谕“将泰西报律详细译出参以中国情形定为报律”之举。他的整饬报纸的重点，还在上海报界的腐败现象：“纯驳不一，信口雌黄，好恶从心，笔锋妄逞以及杂以委巷不经之语，满纸榛芜，轻薄文人好谈闺阃。同侪倾轧，诟詈多端，犹弊之小焉者。所可恶者，贿赂潜通则登诸雪岭，于求不遂遂下之墨池。甚至发人阴私，索人瘢垢，藉端要挟，百计倾排，使人惩之不可惩，辩之不可辩，不得已赂以重贿，以期掩饰弥绝。其下也者，于青楼曲巷之中亦复任意敲诈，而当道者更无论已。”但是笔锋一转，也涉及维新报刊这方面来。“亦或巧肆词锋，心存叵测，于朝野上下之弊病指斥不遗，任意将中国底情和盘托出，而问以病何以除，则又若寒蝉之噤而不鸣，不复略陈一策，惟是蒙头盖面谓宜效法东西洋。噫，是直欲驱中国四百兆人民尽变为东西洋黎庶而后已。试问将一朝廷置之何地乎？”到慈禧政变之后，《申报》的评论就是《论康有为大逆不道事》(10月20日)，接着又发表《梁鼎芬驳叛犯康有为逆书》(10月27日)，并批评《新闻报》不该为“逆犯”康有为张目，以反“康”先锋自居了，以后也是“康逆”、“康犯”不绝于书。后来黄协埙愈走愈远，在义和团事件中《申报》甚至喊出了爱中国就要爱慈禧这样荒谬的主张,连他的旧居停主人主笔“徐家汇《汇报》”的李杕也看不过去,劝他不该如此,而黄协埙则反而反唇相讥。

正在上海诸报“康逆”、“康犯”之声不绝于书的时候,不同声者却来自《新闻报》。10月19日在“国事骇闻”栏中,刊出康有为香港来函的全文。就是在这封信中,康有为称奉光绪密诏出国。并揭露“西后与皇上积不相能,久蓄废立之志”等情形。这一下在上海和江南一带官场引起极大震动。张之洞致电刘坤一,提出“飞速电嘱上海道,速与该报馆并领事切商,告以康有为断非端正忠爱之人,嘱其万勿再为传播,并将此报迅设法更正。”两天后刘坤一电复称:“报馆虽属西商,主笔则系华人。臣子之谊,中外同昭。此等诬蔑君后之词,岂宜登报传播,揆之泰西报刊,例禁亦甚严明。已饬沪道速会商该领事及该报馆主设法更正,嗣后并不得再为传播。如果不允,即由道属谕商民,不准阅看该报。”这时的《新闻报》馆主仍是英人斐礼思,总主笔则已是孙家振(玉声),刊出这份稿件,也不是孙家振有心支持或同情于康梁变法,只不过是斐礼思从猎奇出发,并认为此稿耸人听闻有新闻价值;类似英国式报纸的传统做法,刊出双方不同观点的稿件才显得报馆公允罢了。对于清廷官员们气急败坏的交涉,包括英领馆在内并未理睬。《申报》的消息称:“昨日传闻英领某君传某日报主人到署,面加申斥,谓其有悖日报章程。可见公道自在人心,凡华人以为非者,西人亦未尝以为是也。或曰领事因朝廷有禁开报纸之谕,故劝令某日报诸主笔,以后新闻议论,皆宜谨慎不心,不可信笔所招,致触忌讳,并未饬馆主之不应为而为也,二说未知孰是。”在这则消息之前,却加了个标题“领事秉正”。真是一个手指遮面孔，自作多情了。

真正异军突起开顶风航船的是日本人主办的《亚东时报》。慈禧政变之时正逢该报第四号出版之期，但当时并未准时出版发行，过了一个半月才重排改印发行。第四号出版于11月15日。这一期出版之后还在上海各大报大做广告，广告中有些字比平时报纸所用字号大一倍，这是上海各报过去从未有过的情形。整个一册内容全部是声讨慈禧政变和哀悼戊戌志士的檄文。主要有具名狩野良知的《宇内平和策》，佐藤马之亟的《论京师变故》，孤愤子的《书八月初六日上谕后》和深山虎太郎的《书八月初六日朱谕后》（这两道"慈谕"一道是宣布慈禧复出，一道称康有为"结党营私，莠言乱政"，革职"并其弟康广仁均着统领衙门拿交刑部按律治罪"，宋伯鲁"滥保匪人，声名恶劣，著革职永不叙用"等），而更引人注目是刊出了逸史氏所撰《六士传》和深山虎太郎的《挽六士》，还刊出梁启超在日本所作古风长诗《去国行》，这身为被缉钦犯述志之作云："君恩友仇两未报，死于贼手毋乃非英雄，割慈忍泪出国门，掉头不顾吾其东。……吁嗟乎，男儿三十无奇功。誓把区区七尺还天公。不幸则为僧月明，幸则为南洲翁，生待春回终当有春风。"公然在上海刊出发行，并迅速在知识界中悄悄流传，这对慈禧的禁报令显然是莫大的讽刺，而《六士传》即"戊戌六君子传"距六君子被难仅一个半月。曾为日本《东亚报》、澳门《知新报》等广泛转载，是最早为六君子立传的记载。《亚东时报》第五号起开始连载谭嗣同的遗著《仁学》（也有说法，《仁学》手稿原来就是《时务报》汪康年手抄藏本）。《亚东时报》交由唐才常执编，唐才常把《亚东时报》的馆址从北河南路永安里迁至日本侨民聚居的南浔路 13 号，并在《亚东时报》上先后发表了《论戊戌政变大有益于支那》、《送安藤阳洲君入燕都序》、《答客问支那近事》、《论支那严治会匪之非》、《砭旧危言》、《日人实心保华论》等一系列论文，还发表了何启、胡礼垣合写的《劝学篇书后》，对张之洞进行批判。章炳麟则两度与《亚东时报》发生关系。《章太炎自定年谱》称：(戊戌)“其秋……清廷称朝野论议政事者为新党，传言将下钩党令，群情惶惧，日本人有与余善者，招游台湾。”这个日本人就是原来主持《亚东时报》编务的山根立庵(虎侯)。1899 年冬，章炳麟由台湾转日本返沪，后入《亚东时报》为主笔，复至诚正学堂当汉文教习，一直要到 1900 年夏唐才常、容闳召集中国国会后才告退以示决裂。但不久唐才常赴汉起事失败遇难，《亚东时报》长期未出，至此并入《同文沪报》。章炳麟仍受牵连，1903 年“苏报”案发生时，仍自认为《亚东时报》主笔。

上海一些消闲性报纸则自管风花雪月，或者就像《采风报》那样来一个“捉拿康梁法的征文征稿，滑稽梯突的插科打诨”。租界非清廷行政权力所及，又可以随时转戴洋商帽子，上海官吏对他们没有多大办法。——事实表明，慈禧禁报令本来为一纸硬扎台型的具文，自己也并不打算认真执行。在北京，《官书局报》和《官书局汇报》仍照常出版，在上海甚至当时中国邮局曾决定按“货样”标样收寄报纸费用的优惠政策也没有取消。如果说有一点影响的话，那就是在禁报令之后的约半年光景里，上海没有新的报刊创办，到 1899 年春才渐渐开始重新活跃起来。

二、世纪末的报业大改组

慈禧禁报并没有触动上海报界。1899 年是 19 世纪的“世纪末”，上海的报界却进行了一场悄悄的大改组。

《时务日报》发刊时称：上海当时有《申》、《沪》、《苏》、《新闻》、《大公》五家日报。《时务日报》发刊未久，《大公报》首先退出报坛。后《时务日报》改名《中外日报》出版。戊戌时期上海报坛仍为五家日报。

戊戌、己亥交绥之时(或戊戌秋冬)《苏报》首先易主，由胡璋盘给江西铅山落职知县陈范(梦坡)经营。陈范委请他的妹夫汪文溥出任《苏报》主笔，乃子乃女一齐上阵，成了报坛上的“夫妻老婆店”。规模很小，是棋盘街上一间前店后厂式的门面房子，广学会在 1898 年 12 月 22 日的报告中称它“主要在苏州地区发行。自从最近在北京发生的变法后，这张报勇敢地去拥护维新的观点，它比别的报纸对慈禧复出更加无畏地进行抨击，可能是因为《苏报》新近由一位湖南人任主笔之故”。胡璋可以把《苏报》产权私相授受，可知“此馆来自日本外务省”之说的不确。

第二家发生变化的是《字林沪报》，戊戌年间报馆因主笔、访员在外勒索而引起上会审公廨诉讼的事接续不绝。有个主笔人办一份《沪江书画报》附在《字林沪报》馆发行。不到三个月报馆翻译赵梦占被扭送公廨，供出拆销系主笔黄晓秋所主使。这个事件曾引起《申报》以首论地位著文揭露抨击。所出附刊《消闲报》又在戊戌年底刊出《洋妇三奶奶》等猥亵作品，被字林洋行洋东送交公廨法办，主笔张久余由此被开革，《消闲报》不久告终。进入己亥年后，又有敲诈勒索事件涉及主笔郑听香，字林洋行洋东不胜其烦，决意拆出，才于五月初一起，归星璧利接办，并由汪甘卿把《蒙学报》也迁入馆内。星璧利接办事可能仅是出面的美国商人，实际已归主持办《蒙学报》的汪甘卿伙同汪蔚文、吴剑华等接手经营，以后也曾几度想有所振作。当时正好租界扩界，英文《文汇报》测绘了大幅租界地图发行，《字林沪报》曾翻印发售，而引起一场版权官司，还曾采取减价经营等方式与其他日报竞争。但总的来说经营仍不景气。拖到已亥年十二月初，决定将报卖给日本东亚同文会接手。1900 年 2 月 3 日(清光绪廿六年一月初四)起，改名《同文沪报》，并迁馆址英大马路中泥城桥西堍三层楼洋房，即原来康梁所办大同译书馆旧址。由田野橘次任经理，井手三郎出任主笔，而聘高太痴为负责日常编务的总主笔。田野橘次为戊戌政变时在广州万木草堂舍命抢救康门诸弟子的传奇性人物，井手三郎则为东亚同文会的倡始人，是荒尾精所办日清贸易所所培养出来的中国通，以后曾两度入选为日本国会议员，而且一直活跃在上海新闻界。

第三家发生变动的报纸是《新闻报》。原来的所有人英商丹福士因经营浦东砖厂失败，财产被英领事法庭判决拍卖抵偿，而被当时任职南洋公学的美国传教士福开森(John Calvin Ferguson)所得。福开森派在南洋公学任庶务的亲信汪汉溪出任买办，总主笔孙家振继续留任。原来《新闻报》“馆主”斐礼思后来的情况不详。从 1899 年 11 月 4 日起，《新闻报》开始为福开森—汪汉溪时代。

最后一家是《中外日报》，汪康年在戊戌救急之时，曾托曾广铨转请英商老公茂洋行接手。据说还在香港挂号为英商有限公司。己亥年春季禁令已弛，汪康年与曾广铨商议设法赎回，结果被曾广铨这个"无法无天的小无赖"狠狠地敲了一记竹杠——但也总算重新成为汪家产业了。

没有变化的只有《申报》馆一家，仍是英商美查兄弟有限公司所有。这样，上海的五大日报，就成了中、日、美、中、英的格局。戊戌以前英商一家独霸上海中文日报报坛的局面从此一去不复返，戊戌期间不仅中国的政治家走上了报坛，中国人终于也在商办报坛上占到"两席之地"了。

在这个时期，当然也还有其他商办报纸出现，最早问世的是《海上日报》，1899 年 1 月 20 日(十二月初九)创刊，挂英商牌子。馆设三马路太平坊后迁四马路中和里，实际东家是岷山山民即张罗澄，据称是四川光绪五年举人，曾入张之洞幕，甲午之后在上海投资出版《普天忠愤集》，同时却又发售《秘传房中术》，是一个到上海滩来捞世界的"海派"人物。《海上日报》所聘主笔，就是因《洋妇三奶奶》一文被字林洋行开革的张久余。张久余为上海秀才，在主笔《海上日报》任中又因索诈被会审公廨拘捕三月，在公堂上烟瘾发作丑态百出。另一股东四川举人李作栋和主笔闵烈芝又因另一桩索诈案再上公廨。更有一案中牵出张岷远创办《海上日报》只有资本洋八百元，完全靠索诈度日。这样的报纸岂能长久存世。在吴沃尧 1905 年的调查中已列入"已佚各报"。戈公振著《中国报学史》则称 1929 年犹存，疑误。《海上日报》还曾随报附送过一种《中西画报》(一称《海上日报画刊》)，大约也是与《海上奇闻报》附送《青楼画报》相类的情形。

日商《便览报》，又名《商务便览报》，1899 年(清光绪二十五年六月)发刊，第二年还继续出版，1900 年 3 月发刊的《江南商务报》上还时有摘录。以后情况不详。1905 年也列入吴沃尧调查的“已佚各报”栏中。

《苏杭公报》1899 年 10 月 15 日(清光绪二十五年九月十一日)创刊，馆设四马路胡家宅，馆主谢懒蝶，所聘主笔却是与张罗澄合伙开《海上日报》的四川举人李作栋即李亮臣，“专向娼院龟奴诈索”，案发后停办。

综观以上情况，可知当时商办报坛的风气，已堕落到很难上台面的程度。“五家分坛”之后的日报圈子里，除非非常有魄力或非常有资力的报馆，就较难问鼎，这就形成了下一世纪上海报坛的基本格局。

但是，政论性的维新派报刊还续有新出的，这成了全国仅有的特例。

1899 年 8 月 15 日(清光绪二十五年七月十日)《中外大事报》创刊，旬刊，馆设四马路西首庭筠里内，天记书局发行。英文报名为 *The China and Foreign Necessary News*。前身为在广州出版的《广智报》，原由广州《博闻报》馆印行。1899 年 8 月广州《博闻报》因刊出称慈禧太后“口大唇厚”等消息而被封。编辑部迁移至沪改刊《中外大事报》。内容设有：论说，杂文，外论汇译，训政实录，各国近事，各埠近事，路透汇电，海国丛谈，总经理朱凤衔，副经理高翔。这个刊物，表面上对慈禧表示恭顺，如特设“训政实录”栏等，实际上倾向维新。第三册刊出署名醒斋的政论《维新之说始于孔子》；第四册就在“训政实录”栏内刊出《内廷骇闻》、《铁屋谣传》等消息；第五册在政论栏内刊出《真罪言：论废立谣》；第六册更进一步转载日本《横滨报》（实际上是梁启超所办《清议报》）所载《殉难六烈士祭文》（原题《祭唐烈士佛尘等及六君子文》）。第六册后未见。

另一种则为《五洲时事汇报》，1899年9月5日（清光绪二十五年八月一日）创刊，半月刊，原题“本馆社主日本佐原笃介，支配人中国人沈士孙，馆设《苏报》馆内”。此时的《苏报》馆，已是陈范所有了。日本人佐原笃介，就是此时来沪加入英文《文汇报》馆的佐原武士，而沈士孙实际上是乃弟沈小沂（晓宜）所借用，此人与梁启超、汪康年、谭嗣同等都相交。创刊号上的论说《平等说》出自《中外日报》东文翻译叶浩吾（瀚）之手笔。消息也都译自日本报刊。第三册起连续刊出章炳麟所撰《论黄种之将来》、《〈翼教丛编〉书后》和《藩镇论》等。其中《〈翼教丛编〉书后》是专门批评湖南苏舆所编“专以明教正学为义”的大批判集《翼教丛编》的，称：“是书驳康氏经说，未尝不中窾要，而必牵涉政变以为言，则自成其瘢痏而已……今之言君权者，则痛诋康氏之张民权。言妇道无成者，则痛康氏之主男女平等，清谈坐论，自以孟、荀不能绝也，及朝局一变，则幡然献符命，舐痈痔惟恐不亟，并其所谓君权奴道者而亦忘之矣。夫康氏平日之言民权与男女平等，汲汲焉如鸣建鼓，以求亡子，至行事则惟崇乾断，肃宫闱，虽不能自持其义，犹不失为忠于所事。彼与康氏反唇者，其处心果何如耶？”章炳麟不赞成“驳康氏经说”而牵涉变政，称康有为在变法时“不失为忠于所事”，而反击《翼教丛编》“处心果何如耶”，在当时都有一针见血之感。

戊戌十月，梁启超在横滨商界支持下发刊《清议报》。《清议报》上梁启超发表了一系列关于政变事件的文章，后来编辑出版了《戊戌政变记》。这两种书刊，“政府相疾亦至，严禁入口”。但上海还是有发售的，“其时驻沪为之转输内地者，何擎一也，擎一今名澄一”。《戊戌政变记》书坊不敢公然出售，亦由何擎一转输内地，己、庚之间已销流两千部。后来何擎一索性在上海租界上办起专售维新派书刊的广智书店来。

还必须提到一笔的是国外新闻机构在沪的常驻人员，已不只路透通讯社一家，在中日甲午战争期间，伦敦《泰晤士报》特派原来派驻柏林的记者姬乐尔(Sir Lgnatius Valentine Chirol)来华采访，当时姬乐尔就在上海、北京乃至朝鲜、日本等地旅行，采写了一系列《远东问题》通讯。姬乐尔回伦敦后升任为《泰晤士报》国外新闻部副主任。该报又派澳大利亚人莫理循(George Ernest Morrison)来华，莫理循于1894年到上海，但他没有常驻上海，而循陆路旅行到仰光，又从曼谷到中国昆明，再北上横穿东三省，1897年以后常驻北京，而在上海，则聘租界工部局总办濮兰德(John Otway Percy Bland)为伦敦《泰晤士报》特约通信员，康有为南逃到吴淞口，乘蓝烟囱小轮接康有为脱险到香港去的，就是这位濮兰德。正因为伦敦《泰晤士报》北有莫理循南有濮兰德的格局，而这两个人的观点又常常相对立，这样使伦敦《泰晤士报》的读者对中国事务的了解更完全。莫理循和濮兰德两人的新闻报道工作都受姬乐尔的指挥或指导，而姬乐尔则一再告诫：千万别忘了从大英帝国在东方的根本利益出发供给新闻，这表明以上海为中心的新闻对世界辐射力在力量上又有了加强。上海的外文报纸能传递到世界各地去的很少，中文报纸能走出国门的更少，所以说上海这个新闻中心的对外辐射面，在20世纪以前还完全是英国人的新闻事业，要转手到中国人自己的手里来，还要走很长很长的路。

三、报人地位和报坛的风气

以政治家走上报坛为主要标志的戊戌维新时期，“在野之有识者，知政治之有待改革，而又无柄可操，则不得不藉报纸以发抒其意见，亦势也。当时之执笔者，念国家之阽危，懔然有栋折榱崩之惧，其忧伤之情，自然流露于字里行间，故其感人也最深，而发生影响也亦最速”，维新报刊的问世，促使一大批维新志士加入新闻工作者队伍成为新鲜血液，“迨梁启超出而办报，社会对于记者之眼光，乃稍稍变异”[59]。

但维新报刊大潮随着“百日维新”的破产，很快地低落退潮了，真正主张维新变法的志士，很多避居海外，在国内的也起了变化分化，如有相当多的维新报刊主持者被张之洞罗致幕下，如《实学报》的王仁俊，《萃报》的朱克柔，《求是报》的陈衍，《经世报》的宋恕，《农学报》的郑孝胥等。也有一些人暴露出了假维新真投机的政客嘴脸。真正融入新闻工作者队伍的很少，而且无法也无力改变整个报人的面貌和社会地位。

另一方面，新闻工作者队伍中出现了日益严重的腐败现象，这腐败现象主要发生在两个方面：一是清廷官吏开始收买报纸，如李鸿章的资助广学会等，但这还只是个别事例；另一方面是大量存在当时的商办报刊的外勤队伍中，而且也逐步蔓延到主笔房，具体表现是以坏人名誉或发人隐私为手段，乘机要挟索诈。报界的这种腐败现象的发生，是与商办报刊注重里巷琐闻共存的。里巷琐闻报道的对象绝大多数是人的活动最新变化。被报道的人不愿被披露，就都有可能出现贿赂。在商办报刊刚刚开始，报馆一般还比较谨慎。当时报馆里主笔房主笔都被称“师爷”，是知书达理的读书人，行为不端也不宜过分露骨；而外勤访员是从“探子”、“抄案”等转化而来，他们的社会地位相当低下，在报馆里受“师爷”们使唤和管束，有所不端就会被开革，而且还有一个特殊的历史条件：从1861年《上海新报》发刊开始，到90年代初期为止，这三十余年间上海报坛常处于两报对峙的状态，相当长的时期中还是外资商办报与中国官员投资或官员主办的报纸相对峙，对报坛中索诈这类腐败现象的发生，还起着相互监督和制约作用。一旦发生，各报馆立即会自我净化，以维护报馆的声誉。但是，当上海报业愈益发达、众多张商办报纸同时存在的时候，报纸与报纸之间的生存竞争固然愈益激烈，相互监督制约的作用反而大大削弱，而“偷野食”的现象就屡禁不止，弄到入公廨甚至被捕房查究的事也愈来愈多，而且从外勤牵涉到主笔甚至馆主，有的本身就成为新闻被抄案载入报刊了。就《申报》所刊载的来说，最早的是1893年10月《新闻报》经理斐礼思伙同《字林西报》翻译曾子安包揽讼事案件，以后报道的藉报索诈案1894年有三件，1896年有六件，1897年有六件，1898年有八件，有些不正派的商业报，本钱很小，办报就是为了索诈，一旦败露就关门，这样把报坛名声弄得更糟，《申报》

为此曾连续发表多次首论，它热心鼓吹报律，着眼点并不在保障新闻自由，而在于管管这种报坛腐败现象。《字林西报》馆的绝卖出让中文报纸，怕中文报纸的主笔的行为玷污报馆声誉估计也是一个很重要的原因，但是，在政由贿成的晚清末期大环境中，这种呼吁和决绝又有什么作用呢。进入20世纪之后，随着义和团事变慈禧辱国引起的信仰危机，维新改良思潮的大破产，以及革命思潮还只在酝酿的过程中，报坛的腐败有更进一步的发展，以致“昔日之报馆主笔，不仅社会上认为不名誉，即该主笔亦不敢以此自鸣于世”[60]，能洁身自好者，已是报坛中的佼佼者。但是上海报坛的腐败现象与后来北京的也有不同，北京主要是官府收买和津贴，上海较多是藉报勒索，而又逐渐形成报坛的海派与京派之分。

注释：

① 北京最早发刊的近代中文报刊是1872年的《中西闻见录》，教会所办施医院印行。以科学知识介绍为主，略有新闻。后停刊并入上海1876年创刊的《格致汇编》。1891年又由基督教公理会创办过一种《华北新闻》。

② 李云光：《康有为自编年谱考释》。参见李提摩太在现上海基督教三自爱国会保存的木活字本《万国公报》第一号封面上亲笔题注。

③ 这种居于擘划者地位的办报人，在前一历史阶段中已有出现，如创办《西国近事报》和《新报》的冯焌光。但他还并没有自己鲜明的政治主张，他办报只是要代中国政府发言，算不上是办报的政治家。康有为则不同，他办报既是他进行政治活动的重要手段，同时也一贯企图能通过报纸宣扬他自己的政治主张。所以说，政治家办报始于康有为

而不始于冯焌光。

④ 上海博物馆珍藏康有为致徐勤与何树龄手书中，就有“今彼既推汪穰卿来，此人与卓如、孺博至交，意见亦同”的说法。

⑤ 梁启超：《莅报界欢迎会演说辞》。

⑥ 梁启超复汪康年的信中，就有“南北两局，一坏于小人，一坏于君子，举未数月，已成前尘”的评价。

⑦ 见吴樵书札(卷一)。此意大致是指《华盛顿传》涉及民权，“黄项白须”指朝中守旧分子，常弘指朝中小人。

⑧《格致汇编》曾屡次重印，但不是缩印合订本。

⑨ 梁启超丙申十月十一日书。这里孺博是麦孟华的字，兰生是项藻馨的字。

⑩ 叶瀚丙申十月初七日书。

⑪ 梁启超丙申十月廿一日书。

⑫ 吴樵丙申冬月廿九书。

⑬ 梁启超丁酉十二月九日书。

⑭ 汪康年：《论设立〈时务日报〉宗旨》。

⑮《申报》早有“本报收到自己的电音”的消息，但都是一条条刊载，未设专栏。

⑯《时务日报》创刊号。

⑰ 包天笑：《钏影楼回忆录》。

⑱ 张元济：光绪廿三年十月廿一日《与梁启超书》。

⑲ 雷缙：《〈申报〉过去的现状》。

⑳ 梁启超：《复严复书》。转引自《梁启超年谱长编》。

㉑ 狄楚青：《任公先生事略》。转引自《梁启超年谱长编》。

㉒ 孙玉声：《报海前尘录》。

㉓《〈时务报〉时代之梁任公》。转引自《梁启超年谱长编》。此文未注作者姓名，核之30年代《申报》所载马相伯回忆录，当时随马相伯学拉

丁文的是汪康年、梁启超和麦孟华三人，可推知此文为汪康年所作。

㉔ 如果真的"我馆系日本外务大臣处来"，胡璋怎能自行出让给陈范?

㉕《点石斋画报》出版到第 473 期以后，点石斋产权易主，完全脱离《申报》馆和美查有限公司。《点石斋画报》继续出版，改由《华报》馆经售。《点石斋画报》出版到第 544 期才未续出，时间在 1898 年 8 月戊戌政变发生之时。

㉖《广学会年报》第十一次附录 D。

㉗《游戏报》第 63 号，1897 年 8 月 25 日。

㉘《游戏报》第 1667 号，1902 年 3 月 2 日。此时已不是李伯元所办了。

㉙ 吴沃尧：《李伯元传》。

㉚《消闲报》第 2 号。转引自阿英：《晚清小报录》。

㉛ 同㉗。

㉜ 英文《文汇报》在 19 世纪 80 年代设馆于法界密采里外国饭店南面时，所雇买办就在馆内翻刻和贩卖中国书籍。

㉝ 墨菲：《上海——现代中国的钥匙》。

㉞ 孙玉声：《退醒庐笔记》。

㉟ 蔡尔康主笔时期有《花团锦簇楼诗辑》，姚赋秋主笔时期有《通艺阁诗录》、《霓裳同咏楼诗集》，高太痴主笔时期有《漱芳斋诗辑》和《漱芳斋词综》，在发刊《消闲报》之前也有《绮琴轩诗集》单页附送。

㊱ 不是一般著述所称"上海高太痴秀才"。高翀高太痴当时是《字林沪报》的总持编务者，也时为《消闲报》撰稿的。局外人不知内情，才可能有此误传。

㊲ 同㉖。

㊳ 转引自阿英：《晚清小报录》。

㊴ 在"己亥建储"事件中，《采风报》所发动反对废立的文字较多。后来慈禧下旨为光绪帝庆贺三十寿辰时，《采风报》还发起为光绪帝"万寿"征文。

㊵《万国公报》(月刊本)前六十期中,共刊出林乐知具名文字八则,其中四则是事务性的,较重要的只四则,那就是《格物致知论》(第十三期)、《威公使妥玛论中西关系》(第十八期)、《中西关系略论续编序》(第三十八期)和《论鸦片烟之害》(第五十六期)。其中"威公使"一篇也还是"林乐知口译,沈毓桂笔述"。

㊶ 同文书会 1888 年年会报告。

㊷ 这是李提摩太在 1891 年在同文书会年会上所作报告《我们工作的必要与范围》中提出来的,这些人的数目如下:

县级与县级以上的主要文官	2 289 人
营级和营级以上的主要武官	1 987 人
府视学及其以上的教育官吏	1 760 人
大学堂教习	约 2 000 人
派驻各个省城的高级候补官员	约 2 000 人
文人中以百分之五计算	
在北京考取进士的,在二十个行省中考取举人的,在二百五十三个府和州中考取秀才的,以上三种人合计五十万到一百万,姑且以六十万计	30 000 人
官吏与文人家的妇女和儿童以万分之十计	4 000 人
共计	44 036 人

㊸《万国公报》月刊本从 1890 年新正号起,每期封面内扉页上,都印有一段文字:

启者,本馆前于沪创刊《万国公报》,翻海天之轶事,作华报之先声,行之十有五载,国内已无翼而飞,不胫而走矣。嗣去因事中止,五阅寒暑,阅者惜之。前岁西国同人共议兴复,仍延林君乐知主其事,而分任其事者,为慕君维廉、艾君约瑟、丁君韪良、沈君赞翁、德君子固、李君提摩太,即于去年正月为始,月其一册。遐迩共加推许,今岁悉遵成例……

这段文字，在1896年沈毓桂公开登报辞职后，仍一直照登不误，直至庚子年间。后来的蔡尔康，就没有得到这般的殊荣。由此可知沈毓桂是由广学会正式聘定参与《万国公报》编委会并分任其事的。分任什么事，这里没有说。从现存《万国公报》来看，撰稿、组稿可能还是文字总成者，其他诸人都无法胜任此类工作的。

㊹《万国公报》1895年1月。

这是很值得注意的现象，笔述者具名叶尊闻，是少数没有由蔡尔康笔述的文章之一，而且有一个明显的规律，林乐知译而由署名叶尊闻笔述的文章，往往是比较露骨的不利于中国的言论，如《印度隶英十二益说》之类。"叶尊闻"，会不会是蔡尔康另一个化名？待考。

㊺《汪康年师友书札》中，吴德潇和邹代钧各有一封发自廿九日的信，说的都是接到了汪康年寄去的公会章程，办报计划的信函和电报，光由吴德潇出面"约黄公度、陈伯严（三立）、邹（代钧）、夏（穗卿）、叶翰诸君（邹代钧信中也提到缪小山即缪荃荪）集于学堂前厅面的此事"，"公度极佩公会章程"，"窃观公度议论，重学会、轻报事（大旨如是，亦未明言），盖学会空而报事实"。但"公度言译报事数条，译于别纸"，还是对办报事提出主见，比较关心的。这个"廿九日"未表明月份，大致总应为公会章程刊出之后的1896年4月初，阴历为二月廿九日。也就是说，从那时起，黄遵宪才接触到汪康年在筹办报纸的事。

㊻ 章炳麟：《与谭献书》。

㊼ 梁启超：《致汪康年书》。无月日。

㊽ 梁启超：《致汪诒年书》。无月日。

㊾ 同㊽。

㊿ 黄濬：《花随人圣庵摭忆》。

(51) 谭嗣同：光绪廿三年八月廿九日《致汪康年书》。

(52) 汪康年、曾广铨此行据传还会见了孙中山，见《汪康年师友书札》(三)。

(53) 见张元济：《光绪廿四年初致汪康年函》。

㉞ 广学会 1898 年年会报告。

㉟《申报》1898 年 9 月 27 日。

㊱ 转引自戈公振:《中国报学史》。

㊲ 广学会 1898 年年会报告。参见《农学报》第五十册所刊刘坤一奏折。

㊳《字林西报》1898 年 10 月 10 日。

㊴ 戈公振:《中国报学史》。

㊵ 姚公鹤:《上海闲话》。

第三章
庚子后士商报界互补

第一节　清廷威严始崩于报

一、由慈禧反动引起的骂官场风气

1900年，是我国新闻史上很值得注意的一年。

在这一年，八国联军入侵北京的炮火，最终摧毁了清廷的“报禁”[①]，沿海各商埠有的近代华文报刊，已不同程度地发展到对慈禧政权持非议的态度；在上海不仅政论报刊，也包括商办各报馆，华人主笔的“骂官场”已渐成风气。20世纪上海新闻事业与19世纪新闻事业相比，呈现另一种灿烂色彩。

上海早期近代报刊在不同程度上发挥了舆论批评作用。但初期的近代报刊的舆论所及，往往还限于具体案件或事件，如杨乃武案是平反冤狱，杨月楼案是反对刑讯之类，不涉及大政方针。戊戌时期上海《时务报》梁启超的《变法通议》等政论的鼓吹维新变法，已涉及大政方针，但批评对象往往只是泛指的社会现象，直接干预政治举措的还不多。待到戊戌政变慈禧复出以后，情况就起了变化，但主要手段还是翻译外文报，华人主笔是不大抛头露面表示态度的。但到1900年初慈禧强立大阿哥时，就在上海发生了较强烈的对抗。1900年1月25日，慈禧诏立大阿哥的第二天，上海电报局总办经元善联络寓沪的绅商士民1 231人致电总署，要求“奏请皇上力疾临御，勿存退位之思”。在这份电报上签名的，不少就是上海新闻界的知名人士。如叶瀚（浩吾）、张通典（伯纯）、章炳麟（太炎）、唐才常、汪贻年（颂阁）、马裕藻、沈兆祎（小沂）、沈士孙、王季烈（小徐）、陈范（梦坡）等，这些人所主持的报刊就有《苏报》、《中外日报》、《同文沪报》、《亚东时报》、《五洲时事汇报》、《中外大事报》等。上海中外各报还都先后发表了表示反对立储的社论或评论，如《苏报》的《建储私议》、《同文沪报》的《总论支那立嗣事》等。外文报刊上还发表了海外华侨不赞成废立的消息或言论。表现得更积极的是有些报谓“海派小报”，如《采风报》主笔吴沃尧不仅自撰论说，而且还不断译载《字林西报》等外报消息。当得知慈禧暂不实行废立了，吴沃尧立即撰文“共作嵩呼”，并发起为光绪祝寿征文。

北京慈禧政权酝酿利用义和团的爱国热血为她排除实现废立的障碍，上海各报却传出了一组“假”新闻，称光绪帝已出逃至湖北蕲州，后来才发现原来有人冒称光绪，被湖广总督张之洞一杀了事。八国联军北上在海河大沽口登陆，侵略战争正式爆发了。上海官场却忙于与英、美各国接洽实行“东西互保”。慈禧政权的权力失堕，上海报界立论一时处于无所适从的境地：对义和团，普遍是不理解和反对的；对于慈禧利用义和团反洋人洋教的愚蠢行为都持否定的态度；但对于八国联军入侵既无法赞同，又不敢得罪，因此上海各报一般都采取译发新闻作客观报道，不作表态。对于长江流域的“东西互保”，只有《中外日报》，由汪康年撰写了社论《论东南安晏之非》，称“诚使一闻北京警信，疆臣中有一人自率劲旅间道奔赴，沿途聚集诸路之师，亲率以迎护两宫，执端、刚、毓、董诸人以谢外人，则合肥一入京师，而和议便当就绪，而两宫亦不至再入西安。是一举而外人办罪魁，请回銮两大难题皆消归无有。不幸事机坐失，而大局遂不可为，此又可为长叹者也。”——这当然已是事后的回顾，同时也是对前一时期支持唐才常起义事件时所撰种种言论的自我解脱。

《中外日报》是很支持唐才常的起义活动的。唐才常在上海发起组织正气会及在张园召开“中国国会”时，《中外日报》都作过报道，甚至还刊出过《正气会章程序》的全文[②]，在当时对提高读者认识清廷特别是慈禧政权的反动本质是起作用的。没有这一步，就不大可能有日后读者思想的迅速发展。就推动思潮发展来说，上海报界在这一时期完成了自身独特的历史作用，而且影响逐渐扩及全国。

另一家支持唐才常起义的报馆是《同文沪报》，1900 年时已为日本东亚同文会所接办。日本东亚同文会是日本民间的政治性组织，以“保全中国”，也即在日本势力不足独吞中国之前制止其他列强分割中国为宗旨。日本东亚同文会 1898 年 6 月 25 日在汪康年支持下办起了《亚东时报》，1899 年 12 月 6 日又从姚文藻手里接办《字林沪报》，到 1900 年 2 月 3 日(清光绪二十年六月初一）正式改名《同文沪报》。《同文沪报》是由东亚同文会上海支部主任井手三郎主持，聘高翀（太痴）为华主笔（不久即辞职），而由田野橘次出面任发行人。田野橘次因在戊戌政变时黑夜冒死亲赴广州万木草堂营救康门子弟出险而名声大震。《同文沪报》出报不久在1900年6月又兼并了已由唐才常主笔的《亚东时报》，而在4月29日《字林沪报》（清光绪三十年四月初一）发刊了由周忠鋆（病鸳）主笔的作为《同文沪报》附张发行的《同文消闲报》。井手三郎所掌握的两报一刊全力支持唐才常的起义。当起事失败唐才常等就义以后，《同文沪报》公开否定唐才常有罪，还为因受唐才常案牵连而被捕交日本领事处理的日本人甲斐靖事件鸣冤叫屈。当时刘坤一、张之洞连续致电上海道，要求缉拿逃沪的"富有票案余党"。上海拘捕龚超以后，英文报《字林西报》首先发难，《同文沪报》等也跟着抗议，最后硬是把龚超由租界工部局出面索回，由会审公廨宣布无罪释放了。因为《同文沪报》有如此表现，后来被冯自由《革命逸史》编入《辛亥前海内外革命书报一览》中，并称"此报为日人田野橘次所设，与吾国维新志士颇有关系。庚子，唐才常、林述唐等在上海张园召集国会，暨谋在汉口起事，皆假此报为宣传机关"。其实，这只能指1900年及其前后时期的《同文沪报》。田野橘次以后参加了头山满在1901年发起组织的黑龙会③不再参与上海的工作。《同文沪报》则完全由井手三郎及其弟井手友喜等主持，这样就很难列为中国的"革命书报"了。

还有一种是《苏报》，它与《中外日报》、《同文沪报》同被日本横滨《清议报》称赞为"屹立于惊涛骇浪狂飙毒雾之中"的三家“日报佼佼者”。《苏报》由江西铅山落职知县陈范（梦坡）所经营，初由陈范妹夫汪文溥任主笔，汪文溥离去以后，则由陈范自己执笔作论，有时也吸收些外稿，虽不如《中外》、《同文》那样有主见，但也比较趋时，敢于刊发不同凡响的新闻稿件，译载日文报纸的消息。上海商办各报还不断刊出各种各样有关清廷逃离北京后真真假假的消息，如赛金花住进紫禁城，仪鸾殿失火瓦德西只身脱逃之类。这些消息虽无关大局，却把清廷的“天颜尊严”之类撕个粉碎。清廷的威严在上海报刊上已不再存在，对清廷及皇室的信任、信用、信仰不同程度地开始破产，清廷统治在人们思想中开始出现裂痕，并通过近代报刊的传达，影响不断扩大。

二、围攻《申报》黄协埙

在1900年期间，上海报坛也有相对立的另一种声音，它来自总主笔黄协埙（式权）主持下的《申报》。

《申报》黄协埙在1898年9月北京慈禧发动政变复出执政时起，就坚定地站在慈禧一边，著文批判“康梁邪说”，声讨海外逋臣。《申报》黄协埙的基本论点是：中国之局，完全败在康梁；没有康梁，就不会有慈禧光绪母子不和（甚至母子不和还是康梁捏造和挑拨起来的），“使非康梁扰乱于前，何致执政者反其所为”，“信任拳‘匪’邪术，驯致神州鼎沸，乘舆播迁”！这样的解释时政当然不能为读者所信服，也自会受上海其他各报所纠正。《中外日报》就连续发表评论，如《原近时守旧之祸》认为：“支那内政之变态，始于戊戌一岁……一、戊戌四月恭王未薨以前,苟安姑息,沉酣泄沓,既不致治,亦未召乱,可称之为因循期,则恭王当国为之也;一、戊戌四月以后,皇上励精图治,卓励奋发,箴砭锢废,改易观听,新机芽萌,日长炎炎,可称之为刷新期,则皇上变政为之也;一、戊戌八月以后,太后训政,旧党用事,其时政策,期废立之必成也,一也,重用满人,二也,疾恶新法,仇恨西人,三也,搜捕志士,四也,纵用匪党,五也。用至昏之政,而自谓至明;行极妄之策,而自谓极当,可称之为顽固期,则训政政府为之好……不二年而九庙震惊两宫蒙尘,百姓涂炭矣。"另一篇社论《原乱》则称:"综而论之,盖起于守旧,成于训政,迫于废立,终于排外;四者相因,而大祸遂作。"两报的议论,完全是针锋相对的。

《中外日报》对于《申报》并没有采取诘难和辩论的方式,而是各说各的,由读者自己去选择认同。但另一些报馆就不那么温文尔雅地客气了。

早在1900年年初,上海就流传着一个说法,《申报》主笔黄协埙为什么那样抹杀事实起劲地反康梁,原来黄协埙早收了官场守旧派三百元贿赂。当时在东亚同文会主持的《沪报》上,连续十天刊出告白《普天同愤》,署名"伤时客者"就专门责问黄协埙不该收受贿赂昧了良心。主编《中西教会报》的英籍传教士季理斐(Donald MacGillivary)也致书黄协埙,打听有没有这件事。当时黄协埙大光其火,除了致函抗议和要求更正以外,还专门在《申报》上发表社论,认为"凡登录匿名告白坏人声名、苟不能指出嘱登之人,即与报馆自登无异"。黄协埙又诉之日本驻华领事,但也没有什么结果。

黄协埙除了继续坚持他的"祸魁为康梁"论外,同时也不断找反对他的各报的碴。到1901年初,《同文沪报》刊出了一篇《论近日地理之疏》的文章,又批评《申报》所刊《俄罗斯舆地考略》一文中所说俄罗斯疆域地跨三洲是错误的。黄协埙竟撰写了一篇数千字的长文,反唇相讥嘲笑《同文沪报》主笔缺乏常识,“其报平日自以为能研究新政新学,而出一论,必杜造一理,不今不古,非中非西,阅者无不自笑存之,亦或笑之以鼻,本报因事不干己,从未昌言。然奉其父母遗躯供人捧腹,诚有的彼所自疑为几几不可为人者”。“此件本系年底脱稿,必俟至今年初十后始出者,盖本馆之意欲稍留其面目,使之含笑而过新年也”。黄协埙遣词造句十分刻薄,自以为很得计,想不到反而授人以柄,原来俄罗斯在美洲的领土阿拉斯加已在1867年售予美国,1900年时无论如何不能再算做俄罗斯的领土。情况已改变了,黄协埙的地理知识也还在“守旧”!这一下,《中外日报》、《苏报》都出来作证,《同文沪报》更是毫不容情地反击。它的附张《同文消闲报》更发动读者为《申报》“捉错”,后来《同文消闲报》又发起征文《讨〈申报〉主笔檄》,声称“《申报》主笔能以雍容揄扬之词,将一切淤塞之稿尽行弥缝,使阅者恍然有粉饰太平之象”,要求读者揭发。征文一、二、三名将有奖金,所有征文将汇印出版,以广流传。弄得黄协埙哭笑不得。

但是黄协埙在政治上还是顽固地固守着他的维护慈禧政权权威的观点,连续发表诸如《奏设检书处议》(新闻检查机构)、《述译学》、《增改现行律例议》(主张严订报律)、《文妖篇》(反对引进新名词)、《阅昨报纪鄂省创兴官报事特抒鄙意如左》、《与客论文太守》(文悌,以贪鄙著称的顽固守旧派,此文表彰他对慈禧的忠为“爱国”)等,这使《申报》守旧这个名声在上海乃至全国都出了名。

黄协埙如此顽固不化，把好端端的一份《申报》，办得很不受读者欢迎。幸好靠《申报》的底子厚，通讯力量强，报道的新闻消息比其他报纸周全迅速，加上报纸发行有惰性作用[④]才没有一落千丈。这样，《申报》在1877年也日销5 000份，到1912年才达到7 000份，而比它后起的《新闻报》的发行量，在1894年仅3 000份，1900年趁《申报》滑坡之际，扩大发行日销达12 000份，是上海第一家稳定发行在万份以上的日报。而且从此以后直到1949年两报同时结束，《申报》发行量始终屈居于《新闻报》之下，从没有超越过。

这场始起于1900年初，最后终于1902年底，历时三年之久的上海报坛大笔战，就这样草草收场了。表面上《申报》并没有服输，实际上受到了相当损伤，这是逆时而动的必然结果，也可以测出人民的背向。《申报》所以能固执己见，主要还是反映了当时社会上习惯的守旧势力还强；而《申报》所引起的这场笔战，并没有在"谁是祸首"这个严肃的主题上展开，后来的发展却一直只是在枝节问题上纠缠，也反映了"新党"势力当时在上海还未形成气候，而且软弱到不敢亮出旗帜来正面讨伐，既不敢公开谴责慈禧，也不能公然为康梁张目，而演变成了大骂"官场"。但至少也是一种历史的进步，在报纸上清廷最高统治者的权威已威信尽失，一味恭顺的静谧局面一去不复返了。

三、"海派小报"大高潮

在撕裂清廷封建政权的威望的过程中，上海的"海派小报”却起着它的特殊作用。

上海“海派小报”从李宝嘉在1897年办《游戏报》起，到1900年不过三年光景，经过时间的扬弃，在1900年留存下来的，不过仅《游戏》、《采风》等两三家。数量虽不多，给读者的影响却不小，原因是“小报”比日报“敢言”，有些材料日报不宜刊载，“小报”却可照登。如1899年慈禧派刚毅南下搜刮，《游戏报》上又是诗又是歌，把刚毅的种种作为骂了个狗血浇头，1900年以后，上海的“海派小报”更趋繁荣了。

1900年以后上海“小报”更趋繁荣的原因是多方面的，就娱乐业圈子来说，北方糜烂反而促使了上海的畸形繁荣，譬如京剧原来内廷供奉的名角纷纷南下开码头演出谋生。1899年时上海妓界有名的“四大金刚”盛宴已散，竟有两人北上，一人出嫁一个身亡，而义和拳事一起，北妓也纷纷来沪，使“小报”扩大了报道面，讽刺锋芒涉及政界官场，发表严肃大报不宜刊登或不敢刊登的某些材料，比严肃大报更迎合读者心态，受到读者欢迎。

在扩大报道面乃至提高“小报”品格上作出显著贡献的，前有《同文消闲报》，后有《世界繁华报》。

《同文消闲报》是上海最早揶揄慈禧并抨击其逆行倒施行为的报刊之一，它是在义和团事件后才添办的。发刊不久就发生日本驻京使馆书记杉山彬被杀事件。《同文消闲报》仗着它是日本东亚同文会所办的特殊背景，周忠鋆（病鸳）抓住机遇充分发挥了嬉笑怒骂皆成文章的才能，什么“旧臣无孝子，新党是忠臣”，“董福祥成教外汉，康有为是梦中人”之类，全上了版面。1900年秋张之洞镇压和残杀唐才常、林圭等自立会起事后，三令五申捉拿“票匪”，严禁结社集会，那时已将届岁末年尾，周病鸳撰文谴责道，可不可以称“开岁会”。1901年周病鸳与连横（梦青，笔名忧患余生）联手，撰写了一系列游戏文章。如《嫖学会章程》、《赌学会缘起》、《吃学会》和《官学会》、《奴隶学堂》等，对慈禧及张之洞辈大加调侃。《同文消闲报》另两位积极撰稿人是乌目山僧（宗仰上人）和汪笑侬。乌目山僧是常熟人，能绘画吟诗，戊戌政变后专门绘画了一幅《望云出岫图》赠给被罢相软锢在家乡常熟的翁同龢，同时在《同文消闲报》上就此画进行唱和。“望云出岫”的寓意是很鲜明的，盼望翁同龢重出山，或盼望维新新政重新实现。八国联军侵占北京后，乌目山僧又义愤填膺地绘写了十余面外国国旗飘扬在北京城头上的寓意图画《庚子纪念图》。1901年8月5日《同文消闲报》破例在后幅石印刊出，更广泛地发动征题。这是上海新闻史上最早见诸报刊的“漫画”性作品，比香港谢缵泰所作《形势图》在沪发表早了两年多。汪笑侬原是满族官员，任某县知事时因触犯豪绅被参获罪，胸中常存郁勃不平之气。庚子年被《同文消闲报》评为梨园文榜状元，1901年春汪笑侬开演新排京剧《党人碑》，演的虽然是南宋旧事，对现实也有所影射。《同文消闲报》也大捧其场。虽是声色犬马，却也电闪雷鸣。《同文消闲报》的主要篇幅当然仍是弄花吟草，但在政治讽刺上结合得很巧妙，别创一格，促进了“小报”扩大报道面，提高了品格。

上海“小报”在1900年除《同文消闲报》外，没有其他“小报”新办，而1901年仅3月份，就一下子增添了四种：《寓言报》（沈敬学［习之］主办，3月5日创刊）、《奇新报》（沈仞千、高侣琴即高太痴主笔，3 月 10 日创刊)、《笑林报》(孙玉声等《新闻报》馆同人主办，3 月 15 日创刊)和《博览报》(何人主编不详，3 月 31 日问世)。4 月上中旬《游戏报》主人李宝嘉售去了《游戏报》的铺底，改办《世界繁华报》。1901 年下半年又有《春江风月报》(包友樵主编，10 月 12 日创刊)、《及时行乐报》(12 月 11 日创刊)。到 1902 年，又新增了《方言报》(4 月 10 日创刊)、《飞报》(连梦青主编，4 月 22 日创刊)、《支那小报》(支那周三郎主笔，6 月问世)、《苏州白语报》(8 月 5 日创刊)、《花天日报》(谢立卿主编，10 月 26 日创刊)。加上原有的《游戏》、《采风》诸报，每天上海滩上有十余份"小报"同时出版，形成了"海派小报"第一个发展高潮。

这些新出的"小报"中，最值得注意的是李宝嘉新办的《世界繁华报》。周桂笙《新庵笔记・书繁华狱》称："昔南亭亭长李伯元征君创《游戏报》，一时靡然从风，效颦者踵相接也。南亭乃喟然曰：'何善步趋而不知变哉！'"遂设《繁华报》，别树一帜。李宝嘉如何"独辟蹊径"呢？《世界繁华报》曾试出过周刊本和旬刊本，石印装订成册。可能出了两册之后，发现诸多不便，才再改出每日发行的报纸型，但把册报时期所开辟的各种专栏，全部搬进了报纸⑤。报首有"引子"《译林》或《讽林》，或诗或词，或讥弹时事，或讽刺世人；接着是"本馆论说"，各体咸备，不拘一格，以后依次有时事嬉谈、花国要闻(后改北里志)、梨园要闻(后改菊部要录)、书场顾曲、幺凤清声、租界行名录、海上群芳谱、艺文志、梨园小报、花丛告白等，显得纲清目楚，包罗丰富。"小报"突破《游戏报》所创"一论八消息，标题四对仗"的模式，却又是李宝嘉自己！《世界繁华报》首先用分栏式编排。这分栏式编排在“小报”发展史上划时代的价值，是把涉及时政的消息，以专栏形式固定为每天必刊，篇幅上有了保证，不再如“一论八消息”时期时登时弃的状况。加上“引子”和“论文”也时涉时政，《世界繁华报》的政治色彩比《游戏报》鲜明得多。李宝嘉的另一贡献则是附载的连载作品与时局的相结合。以前报刊所载小说之类，多半为纯粹排遣之作，与现实无关。1891年《海上奇书》连载的《海上花列传》，乃至在《世界繁华报》之前发刊的《笑林报》连载的《海上繁华梦》，则都偏重于暴露，而《世界繁华报》发刊后先连载《庚子国变弹词》，接着李宝嘉又发表了他的《官场现形记》，加上短篇连载的新编时事新戏《康有为说书》、《大阿哥出宫》乃至《陆兰芬归阴》之类，以创作的笔墨补新闻报道未能涉及的不足，最后甚至发展成为创作谴责小说的热潮。《世界繁华报》在创作现实题材小说方面的活动比梁启超在日本办《新小说》还要早，而《官场现形记》则开创了以文艺形式批判官场的风气，同样功不可没。当然，《世界繁华报》还在吸引读者参与办报方面采取了诸如商艺投标格、观剧品评格、看花荐格等一系列的措施，而当其他“小报”都把注意力集中于妓界时，《世界繁华报》又是较认真注重戏剧评论的报纸，以至又引起了上海新办“小报”的纷纷效仿，推动了报业的发展。在《世界繁华报》问世以前的“小报”都采用“一论八消息”的模式，《世界繁华报》之后问世的，则多半采用以讽刺诗为引子的分栏编辑的《世界繁华报》的模式，而一些原来采用“一论八消息”模式的“小报”，也都先后改版用《世界繁华报》模式。在“小报”的编务演进方面，《世界繁华报》是起了路标性的作用的。

1903年以后，“小报”繁荣的第一个高潮时期已过巅峰，以后每年新创的少，停办的多，渐趋式微。1903年新办的只有年底12月25日创刊的《花世界》（庞栋材主编）；1904年有《娱闲日报》（童爱楼参加编务）和《新上海》（9月25日创刊）两种，同时存世的仅有《游戏》、《采风》、《寓言》、《笑林》、《世界繁华》以及《花天》、《花世界》等近十种。《同文消闲录》已改名《消闲录》，并进入《同文沪报》内真正成为副刊。1903年后“小报”衰败的原因，一是慈禧回銮之后江南官吏又逐渐加强了统治力量，“小报”主笔们本来大多数不是在政治上有所追求的，不愿肇祸惹事的多；二是作为“小报”界旗手性的人物李宝嘉、吴沃尧等，精力都转移于谴责小说的创作乃至编辑小说期刊，周病鸳也曾一度离开《同文消闲报》而转入《笑林报》，余子庸庸，只围着欢场寻食吃，政治质量下堕，连文字可观的也渐少；三是严肃报纸也逐渐加强了讥刺笔墨的副刊性材料，有些够质量的稿件为大报拉去，有水平的主笔为大报聘去，大报、小报畛域渐分，“小报”界拆销案之类事件屡起，“小报”的社会地位又下堕了。

第二节　民族资本报业渐成气候

一、编译社办报刊

八国联军事件发生以后的中国新闻事业又有所发展：上海新学报刊重新繁荣到蓬勃发展。北京地区真正突破了“报禁”，开始了民间办报时期；海外留学生报刊发轫，乃至革命、革政两类报刊泾渭渐分。而北京和海外报刊的发生和发展，都与上海的办报活动息息相关，上海报刊业的自身发展，也出现了志士和商贾办报并存互补，报业资金来源从赞助性捐款到经营性投资的过渡，我国民族资本在报业的积聚，有渐成气候的迹象。

世纪初上海的新办报刊，还是沿袭维新时期而来的志士办报局面。有些就是戊戌期间学会活动的延续，也有新组成新加入的。在新组成新加入的人物中，开始有了留日学生，而且交往频繁。上海的新办报刊活动的触角还远涉京津，并有了略具资本经营性的书局参与。与戊戌时期相比外延更广，内涵更深了。

逃难到西安去的慈禧，为了求得外国入侵者的宽宥，1901年初就颁布"行在上谕"，宣布实行所谓"壬寅新政"，即新政内容不过是摭拾康梁所鼓吹过的东西。如译书，如科举改试策论，如办官报之类。这样对于北京的民间办报纸当然也不会再去干预制止了。北京"报禁"因而打破。上海新闻界对于慈禧的"壬寅新政"，一开始就抱怀疑态度。如1901年11月11日(清光绪廿七年十月初一)蒋智由发刊《选报》，在开辟"内政纪事"栏前所写的按语就是"物不极则不返，不穷则不奋。庚子之役，天其祸中国耶？天其福中国耶？受兹大创，再言变法，晚矣！抑犹能及之?"一副等着瞧的架势。

上海新闻界对慈禧"新政"表示怀疑，不等于不想利用这个局势，而且确实想借此局势救国救民。从国外寻找救国的药方，成为爱国志士最关心的问题。因此介绍外国情况的翻译之风特盛。这时的翻译内容与戊戌时期和戊戌以前的甲午前期的情况都有不同。甲午以前的译文较多侧重于科技自然科学，戊戌时期已偏重于了解外情和社会科学，世纪初的翻译则逐渐把重点转移到法律、政治等社会科学领域方面来了。一时间，上海出现了不少“翻译社”，如东亚译书会（常熟人所组织）、上海编译局（浙江人所组织）、普通学书室、支那翻译会社、作新社、东文译社、启秀编译局、金粟斋译书处、珠树园译书处、广智书局编译所、商务印书馆编译所等，有十余所。编译所一般是为书局出版服务的，也有编译社自费出版。有些译品为了抢先与读者见面，就把各种译品分篇分段集合在一起作为期刊连续出版。如支那翻译会社马君武主编的《翻译世界》（1902 年 12 月 1 日，清光绪廿八年十月初一创刊）就是这样一种期刊。

1900 年到 1902 年期间，上海由编译社编辑出版的期刊大致如下：

亚泉学馆。1900 年 11 月 29 日创刊《亚泉杂志》，半月刊，主编杜亚泉，到 1901 年 6 月 9 日出版第十册后停办。

普通学书室。1901 年 10 月出版，《普通学报》，月刊，是杜亚泉创办的第二种科学期刊。《亚泉杂志》为铅字排印线装期刊，因制版困难，《普通学报》改为传统的木刻本，线装，到 1902 年 5 月，共出版 5 期，1902 年 5 月止。1903 年 3 月 29 日另出《科学世界》，但普通学书室已歇，改由科学仪器馆主办。

普通学书室同时发行 1902 年 11 月 4 日创刊由张元济主办的《外交报》至 29 期，30 期起改商务印书馆发行，时为 1902 年 11 月 24 日。

东亚译书会。1901 年 3 月 22 日出版《商务日报》，挂英商招牌，实为犹太人哈同(Silas Aaron Hardoon)出资，由乌目山僧黄宗仰荐常熟人刘永昌主笔经营。1902年3月24日(清光绪二十八年二月十五日)又发刊《政学报》旬刊，由该译书会张鸿、孙景贤、陈毅(黄陂)等人撰述。

上海编译社。浙人赵祖德投资创办，1901年11月11日先由蒋智由发刊《选报》，初为旬刊，后改月出四本。到1903年9月，后任主笔王譓士赴京应考得中而停刊。

1902年9月2日，又因杭州养正书院史学教习陈黼宸受守旧派攻讦愤而辞职，携门生马叙伦、汤尔和、杜士珍等来沪为上海编辑社创办《新世界学报》半月刊，至1903年4月陈黼宸赴京应试和马叙伦被借去顶替编辑《选报》而暂停，后又因陈黼宸得中留京任职而未能恢复。《新世界学报》原来订户，改发以"诸暨赵氏乐养斋斠印"的《经世文潮》半月刊。《经世文潮》是当时报刊文章类编性质的刊物，共出8期，1904年1月即光绪二十九年底停办结束。

支那翻译会社。1902年12月1日编辑发刊《翻译世界》，所译全部为法政各科讲义。共出4期。

二、个人办报刊

还有一些期刊则是由个人斥资创办的。

《教育世界》，1901年5月9日(光绪二十七年四月)由罗振玉发起，委王国维主编，半月刊，撰稿人有张元济、高凤谦、樊炳清、陈毅(黄陂)、沈纮、罗振常及日本《教育时报》主笔过武雄等。这是适应慈禧"壬寅新政"打算实施废八股、停科举、兴学校、派遣留学生等新措施而创办的，是我国最早的教育专业性期刊。“若夫浅薄之政论，一家之政言，与一切无关教育者弗录”，对慈禧的“壬寅新政”还寄托着无限的期望。“每册前列论说及教育公牍，后附译书，内为日本各学科规则，日本各学校法令，日本教育学，日本学校管理法，日本学级教授法，日本各种教科书”等六门，还有《日本文部省沿革略》等。到1904年起改西式装帧出版时，才兼及英、美西方教育状况。

《集成报》(铅印本)，托名英商拉塞尔(H. C. Russell)于1901年5月8日(清光绪廿七年三月廿日)创办，馆址原设在三马路昼锦里42号，第5期迁往城内大东门西唐家弄，18期后也不再标出“英商经办”字样。《集成报》(铅印本)每期都有社论，主要篇幅则是“中西各报撷菁摘要，分门别类汇集一册”，从各期社论来看，主编人思想相当保守，对于慈禧所许愿的“壬寅新政”，认为变政不如变心，主张“议院不必设，君权必不能移，民情必须上达，君与民联为一体，民之好恶君必知之，君之举提民必从之，虽无议院之设而上下自无所隔阂矣”。甚至指责义和团闯下了“弥天大祸”，也与《申报》黄协埙一个调子，“推原祸始，由于戊戌康梁之获。夫康有为、梁启超包藏祸心，陷吾于不孝，其罪诚不胜诛”。不过所撷各报材料相当丰富，但也特别着眼于与当时读书人特别关心的“考试新章”、“政务处议陈兴学事宜折”等。每逢刊出这类材料时，都事先大做广告推销。

《南洋七日报》在1901年9月15日(清光绪二十七年八月三日)创刊，周刊，同时还筹办《中外算报》月刊，由孙鼎、陈国熙、赵连璧等主持。章程申称“身受国恩，愿以笔谏，去新旧之党援，泯中西之畛域，此立言之第一要义”，也是趁“壬寅新政”潮流出来和稀泥的。

世纪初最早发刊的期刊，大多是“顺民”的刊物，连编译所的牌子也不愿挂，因为当时官方还是严禁结社集会的。唐才常发起正气会和发动自立军起义失败以后，上海禁止集会的风声更紧。所以期刊之由个人陆续创办，则是变相的填补物。

但也有例外，就是1902年3月22日(清光绪二十八年正月十五日)广东顺德邓实(秋枚)在四马路惠福里创办的《政艺通报》。

《政艺通报》是一份很奇特的期刊，它上篇言政，下篇言艺，后来还加了一个中篇言史，就是一方面论时政，研究社会病状，探讨救国图存的方案；另一方面研究学术，藉学术思想开通民智，强壮民力，以实现其救国救民之理想。《政艺通报》所辑政要材料，有些也很大胆，如第四、五两期全文辑载了梁启超以“中国之新民”为名所撰《泰西近世艺学家格致学初祖倍根、笛卡儿两大家学说》，当时梁启超还是为清廷罪不容诛的“逋臣”。还有，邓实所撰政论也比较泼辣，起先声称其主张自治并不反对革命，后来又称地方自治是立宪之本，还大力提倡保存和振兴国学，发扬“国粹”，以达到保国保种，振兴民族的目的。邓实在三年后即1905年2月23日(光绪三十一年正月二十日)与顺德黄节(晦闻)共同创办《国粹学报》月刊，继续鼓吹民族革命，形成了清末的国粹主义思潮的鼓吹中心。

这时期还有北京的《工艺报》迁沪。《政艺通报》创刊号上就记录了顺天府勒迁工艺局材料，其中就包含北京《工艺报》迁沪的背景。这个《工艺报》就创办在北京琉璃厂工艺局内，同时工艺局还是原驻美参赞黄中慧主编出版《京话报》旬刊的所在地。这《京话报》就是突破北京“报禁”，由国人在北京最早创办而与日本独占北京华文报坛对抗的爱国报刊，竟是被以这种手段扼杀于北京地方官吏之手的。

三、书局办报刊

在戊戌期间上海出版的几十种各色报章期刊中，除《富强报》一种与当时的经济书局略有瓜葛外，大都是学生刊物或另组报馆出版发刊。当时上海的书局也十分发达，但大多唯利是图，什么书能赚钱就出什么书，不注意报刊的出版。

最早注意出版期刊的书局是无锡人所开办的文明编译印书局，而对新闻出版事业影响最大的，还是商务印书馆。

文明编译印书局是 1902 年夏由俞复（仲还）、廉泉（南湖）、丁宝书等凑了两万元钱为出版无锡三等学堂的《蒙学读本》而开办的。1902 年 1 月首先在北京出版了《华北译著编》月刊，1905 年迁沪，改名《华北杂志》，再改名《北新杂志》继续出版。1903 年还在上海出版了一种《智群白话报》月刊，由砭俗道人主编，在世纪初的白话报出版史中，也是较早的一种。1905 年 2 月 23 日（清光绪三十一年正月卅日）又代理印刷出版由留英学生王建祖（长信）、章宗元（伯初）编辑发刊的《美洲学刊——实业界》半年刊。

商务印书馆的出版期刊，主要是由于张元济的应聘主持编译所。张元济是 1902 年初辞南洋公学职而入商务印书馆的，当时张元济已与友人蔡元培、杜亚泉、温宗尧等集资创办了《外交报》，由杜亚泉主持的普通学书室发行，直到1903年4月，从《外交报》（半月刊）发行第30号起归由商务印书馆发行，成为商务印书馆出版发行的第一种期刊。接着1903年5月27日（清光绪二十九年五月初一），出版了《绣像小说》月刊，李宝嘉主编。1904年3月11日（清光绪三十年正月十五日）又创办了大型期刊《东方杂志》，以后连续出版达44卷到1948年底再停办。日俄战争爆发后，1904年4月27日又发刊出版了第4种期刊《日俄战纪》。这些期刊不仅在当时都轰动一时，而且以后也都影响深远。

书局出版的期刊寿命一般比较长。首先决定于期刊的质量和内容，比较扎实稳健。商务最初出版的几种期刊，都并不是后来某些书局出版的与世无争的象牙塔式出版物，相反地，还都涉及时政，很有针对性。张元济发刊《外交报》，提出了"文明排外"这个命题，显然隐含教训慈禧的野蛮排外有严重失误的意思；《绣像小说》是清末大骂官场的谴责小说的大本营；《东方杂志》在1904年3月11日的第1期到1908年7月23日的第5年第6期之间还是《时务报》那样的模式，开始自撰和选录若干篇社论，接着分类选录若干时政材料，外加杂俎、小说、丛谈、新书介绍等。主体是选录的时政材料，分内务、军事、外交、教育、财政、实业、交通、商务、宗教等栏，这些选录的材料与《时务报》不同之处，在于《时务报》比较着重于传递新闻信息，《东方杂志》则分类选刊当时比较权威性的文献，同时刊出诸如《各省财政汇志》、《各国理财汇志》那样的分门别类的信息性材料，显得纲举目张，眉目清楚，成了当时蕴涵一代时政资料的大型文献性期刊，既可借以了解时政，又可留作日报翻检的史料。《东方杂志》出版时，商务印书馆已引进外资，与日商金港堂书局合营，引进了照明制版设备和西式书籍装订机械等。《东方杂志》每期都附有铜版照明，彩印封面，白楷纸双面印刷，而那时其他期刊还都是单面对折成页的线装本，当然无法与商务《东方杂志》相匹敌了。

书局创办期刊较为长命还有一个因素，是以财力和经营为后盾。戊戌时期的期刊，就经营方面来考察，成功的实在不多。一本期刊往往创刊时销路还好，接下去就每况愈下。而且发行摊子铺开以后，外埠的发行款项往往不易收齐回笼。志士办报的基本心态是集资办报，蚀光亏光为止，当时的《求是报》、《译书公会报》等都是停歇于经济拮据，资金无法周转；《时务报》1897 年底因钱款收不上来，陷于窘境。连续出版了 15 年的《万国公报》月刊每期发行从来没有超过 4 000 本，其中还有部分赠阅的。如果没有广学会的劝募和补贴，是很难持续出版的。影响期刊寿命的还有一个人事问题，期刊往往随主编人的去留而决定是否续出。由书局出版期刊，是书局整个出版业务的一部分，期刊的盈亏由书局作后台，期刊的发行也是以书局的发行网络进行活动，发行经营都另有专人负责，不会如文人经商那样顾了一头不顾另一头。商务印书馆的经营，是恃教科书发家的，同时也以盈补亏，出版了不少销量不多，而十分有价值的学术著作。《外交报》、《绣像小说》乃至《东方杂志》、《日俄战纪》的出版，孰盈孰亏现在无法查知。但都能按时出版却是事实，没看到受经济影响的情况，这是同时期有些期刊很难办到的。还有，在书局的主持下，主编仅是书局的一个重要雇员，他们的去留也并不影响期刊的生存与否,因为最后决定权是书局而非主编。如《东方杂志》,最早的主编有人说是徐珂,有人称为日本人,也有说为杜亚泉,1908年7月才改由孟森主持,以后又屡易主编,《东方杂志》始终坚持持续出版。

四、上海道婉拒办官报

慈禧"壬寅新政"在新闻事业方面的影响,主要表现在被迫容忍北京有民办报纸,同时宣布官方也要办报,开始了清末的官报十年史。慈禧的官报活动始于1902年5月准许政务处每月汇编政要一册,刊名就叫《政务处汇编政要》。接着各地也闻风而动,表示自己所辖地区厉行新政的政绩,《北洋官报》(又名《直隶官报》,天津)、《江西官报》(南昌)、《湖南官报》(长沙,以上1902年)、《四川官报》(成都)、《秦中官报》(西安)乃至《湖北学报》、《湖南学报》(以上1903年)等纷纷先后面世。上海却一直闻风不动。直到1905年秋两江总督周馥下令催办,上海道袁树勋的答复还是"由官开设,诸多不便",没有遵谕开办。

这又是什么缘故呢?

当时上海有份"半"官办报刊,是1900年3月由江宁的江南商务局主办,上海分局出版的《江南商务报》旬刊。《江南商务报》馆就借用在已歇的《昌言报》馆旧址,编译人员也部分起用了《昌言报》、《农学报》的旧人如潘彦、藤田丰八等。《江南商务报》的发行,江宁布政使所属各州县由总局札发,其余江苏、江西、安徽所属州县由各省布政使转发,大县12份,中县8

份，小县6份，三省共发1 960本，加上咨送湖广总督衙门及国内外公私订户，每期共印行数千册。《江南商务报》创办于义和团事变之前，而停歇在慈禧发起“壬寅新政”之前，壬寅之后反而无所作为了。这又是为什么呢？

袁树勋的“由官兴办，诸多不便”八个字是深堪玩味的。上海是一个十分奇特的都市，在东南互保的前提下，上海既是各国列强调兵遣将的中转站，又是提供军需补给的后勤基地。而从中国来说，在当时北拳南革的情况下，上海地区相对平宁，成为最佳的投资环境，因此不仅国外的资本输入，国内民族资本也大量集中，近代民用工商业也在庚子、辛丑之后迅速发展起来。这种繁荣与经历战祸满目疮伤的北京比较起来，在清廷统治者眼中特别刺目。而与上海经济地位的日益显赫，外交活动有时往往成为窗口甚至自成中心的状况相比，上海的行政地位又极低，仅是两江总督辖下江苏巡抚衙门下的一个海疆属县。知县包括设衙在沪的上海道，官秩卑微而责任重大，并且是收入丰厚的肥缺。1901—1906年间出任上海道的袁树勋，则是历史上有名费了大本钱卖官鬻爵钻营得任此肥缺的。他在任中只想发财，决不想冒风险地去办什么“官报”。特别1900年春北京义和团事变初起时发生的“《京报》事件”还是记忆犹新的。当时慈禧对于是否利用义和团反洋人，还在游移不定之间，曾颁发过“廷寄”（密旨）要直隶总督裕禄和山东巡抚袁世凯严厉镇压义和团，裕禄和袁世凯还曾分别发出了镇压的布告。当时法、英、美、德等国公使，通过总理事务衙门交涉要求在北京报房《京报》上刊出慈禧的密旨，总理各国事务衙门再三辩解，称报房《京报》只能抄载明发的“上谕”,“廷寄”是直接寄信直督、鲁抚的,照例不能发抄给报房《京报》的,而且事隔已久,更无法补登。但是五国公使(后来意大利也加入)还是坚持要求刊出。作为妥协,北京报房《京报》被指定发抄刊出了直隶总督裕禄那份包括了慈禧密旨在内的奏折才算了事。这也正是1900年6月份上海《万国公报》月刊本,和徐家汇《汇报》乃至商办各报纷纷刊出直督、鲁抚的过时布告的背景。这样的刊登不会由上海道负责任。但是如果上海有了官报,国外势力要求官报刊这刊那,上海官报难以拒绝,而刊出后,“上面”一旦查究,上海道是无法摆脱责任的。这是内地办官报不容易发生的问题,老奸巨猾的官僚袁树勋,当然不愿出面来办这种吃力不讨好的事情。

第三节　新“新党”初办激进报刊

一、激进报刊始见于1902年冬

慈禧“回銮”前,上海的报刊的思想主流,还是提倡政治改良。慈禧回京以后的所谓“新政”,除了摭拾康梁主张的唾余以外,能拖则拖,能不办的就不办。改善与外人关系的手段,也就是经常在宫中设宴招待各国使领的眷属,以致上海各报也不得不连迭撰论,提出“交谊不等于外交”(《中外日报》),要注意“文明排外”等(《外交报》)。

在上海,对清廷和康梁保皇主张取激进态度的报刊,始于1902年冬的《少年中国报》和《大陆》报。这两种期刊,都是留学生回国创办的:《少年中国报》创办人为秦力山和邱公恪。

秦力山就是1900年8月唐才常起义事件中在大通首先发难的领导人，事败后逃至新加坡，再渡日本。以后与戢元丞、沈云翔、雷奋、杨荫杭、王宠惠等在日本东京办起了《国民报》月刊，与章炳麟等发起“支那亡国二百四十二年纪念会”。《国民报》以款绌停刊后，秦力山转而助戢元丞与日本华族女子学校校长下田歌子合作，在上海开办作新社，同时与在日本成城学校退学回国的邱公恪，发刊了《少年中国报》。《少年中国报》因已失藏，只知道创刊时比《大陆》报早。《大陆》发刊时还以胡家宅《少年中国报》馆为发行所。《少年中国报》停办于1903年2月初，李宝嘉还特意在所主笔的《世界繁华报》刊首“评林”栏中发表了一首五言诗：“《少年中国》亡，《春江花月》歇。一朝废半途，报界暗无色……”《少年中国报》停办的原因有二：一是资本不继，另一是邱公恪夭逝，主持乏人了。

《大陆》报创办于1902年12月9日（清光绪二十八年十一月初八），由作新社创办。它是下田歌子为孙中山革命筹集经费而在上海开办的⑥，主要经营新式的印刷器材，如彩色印刷，书籍洋装订机械，同时也成立了图书局，出版书籍及期刊《大陆》。《大陆》就是我国期刊中最早彩印封面，白报纸两面印刷，隐线洋装帧的。作新社的主持人戢翼翚（元丞），是湖北最早的留日学生，却与孙中山一直保持着联系，后在孙中山默许之下转赴北京参加清廷外务部的工作。《大陆》报的激进，也并未达到鼓吹革命的程度；仅是很少对当时清廷及其官吏歌功颂德（当然也刊出过诸如曾、左、李的照相等），而是抓住一切机会揭露清廷的种种陋习稗政，还有不断对康梁丑行的批判。对于康梁的批判比较集中在康梁的私德，没有多少涉及革命还是革政这个核心问题，但对破除对康梁盲目的信誉方面却起作用，如批判梁启超文中有警句“娇妻侍宴，群仙同日咏霓裳，稚子侯门，共作天涯沦落客”，连张之洞读了也拍案叫绝。《大陆》还经常报道当时留日学生和国内的爱国活动，与各地的爱国活动声息相通。《大陆》报编辑兼发行第一年署大陆报总发行所，第二年起署林志其、廖陆庆、江吞等。期刊出版到 1906 年 1 月后才停止，共出版 3 年 47 期(第三年为半月刊)。所刊稿件在政治上虽比较一致，学术思想上则各写各的，有的尊孔，有的反儒，你鼓吹物竞天择，他主张道德救国。由于学术自由，才是期刊寿命长久的原因之一。

二、震动中外的“《苏报》案”

第三种激进报刊是 1903 年 5 月到 7 月期间的《苏报》。

《苏报》并不是新办的报纸，1897 年由旅日华侨胡璋创办，1898 年冬归落职的铅山知县陈范接办。陈范接办后的《苏报》，是一家全家齐上场的“夫妻老婆店”，起先主笔是馆主陈范的妹夫汪文溥，他和儿子陈仲彝编发新闻，也写论说，有时他女儿陈撷芬也来“打横而坐”，在报上编些诗词小品之类。另外还聘了一位安徽人程吉甫做广告先生，李志园任经理。因此包天笑戏称“他们是合家欢”。在戊戌以后的上海五家日报中是声誉比较好的，《清议报》第 100 册报载《中国各报存佚表》在“序言”中称：“后之兴者《苏报》、《中外日报》、《同文沪报》，皆日报佼佼者，屹立于惊涛骇浪狂毒雾之中，难矣，诚可贵矣!”广学会在 1898 年的年会报告中也称赞说：“自从最近在北京发生变法之后，这张报纸勇敢地表达拥护维新的观点，它比别报纸更加无畏地进行抨击。”1902 年起当时年仅 18 岁的陈撷芬复刊《女报》月刊后，更是鹊誉四起，所刊文章先后为许多报刊转载揄扬，甚至广东、南洋都有信函前来致意，誉之为“女《苏报》”。——“女《苏报》”这个名称，首先是肯定了《苏报》，同时也表彰了《女报》，两者交相辉映。

《苏报》在陈范接编以后声誉不俗，但充其量不过在新党的圈子里叫好。在上海当时的五家日报中，《苏报》馆还是规模最小，资本最弱，发行量较少，后盾最不足恃的一家。陈范当然要奋斗，不断改革报纸业务，引进报馆的支持力量，到 1903 年初，陈范寻到了三支可以振兴《苏报》的力量：

第一支是当时上海新党志士们所组成的中国教育会。中国教育会是 1902 年成立的，发起人为蔡孑民（元培）、蒋观云（智由）、林少泉（獬）、叶浩吾（瀚）、王小徐（季同）、汪允宗（德渊）、乌目山僧黄宗仰等，作新社的戢元丞也是中国教育会的成员。初成立时经济竭蹶，发展殊难，陈范对于上海新党的活动，一贯是支持的。如 1900 年初经元善发起 1 231 人签名请光绪帝“力疾临政”的通电中，1900 年夏唐才常发起正气会和 1901 年春在愚园发起拒俄密约事件，陈范都参与活动。中国教育会的经济竭蹶，给陈范提供了进一步合作的机会。

第二支力量是留日被迫回国的学生和教员。如在日本东京发起举行“支那亡国二百四十二年纪念会”未成而归国的章炳麟；因坚持要送自费学生进成城学校学军事而被遣送回国的吴敬恒（稚晖）；还有在日本强行剪了湖北留学生学监姚某的辫子而被迫回国的张继、邹容等，后来都成了《苏报》的作者。

第三支力量则是上海和南京等地因闹学潮退学的学生。上海南洋公学因“墨水瓶事件”退学的学生在中国教育会帮助下组成了爱国学社，在日本回国的章炳麟、吴稚晖等都出任了爱国学社的教员。接着南京陆师学堂也发生了学潮，章士钊（行严）、林砺（力山）率同学 31 人来上海参加爱国学社。

这样三支力量都与《苏报》结合在一起了。

《苏报》在上海南洋公学学潮初起时就表示坚决支持。1902 年 11 月 16 日退学事件发生的第二天，《苏报》据实加以报道，接着又陆续揭载了退学生们所写的《南洋公学学生出学始末记》、《南洋公学退学生意见书》，并发表了评论性文章《南洋公学学生一朝而同心退学者二百人》、《讼公学》、《书〈中外日报〉记南洋公学学生出学事后》，旗帜鲜明地站在学生一边。

当时所谓新式学堂，只是一种在科举将废未废之际，是既新又旧半新半旧的过渡性的产物，有的仅是旧书院基础上加上几门新学课程，有的新式学堂简直就是一个学政衙门，是应付上级的官僚机关。这样的新式学堂，无法满足青年学子的求知求新的欲望，因此各地学潮不断。所以《苏报》索性增辟“学界风潮”的专栏，接二连三地报道了浙江吴兴浔溪公学、江宁江南陆师学堂、杭州浙江大学堂、上海广方言馆、杭州蕙兰书院等学潮消息，刊出大量揭露官、私和教会学堂的专制腐败，颂扬进步师生反抗精神。从 1902 年冬起，《苏报》事实上已成了以报道学运为最大特色的报纸。

1903 年初，陈范使《苏报》与在当时学潮中处于盟主地位的中国教育会和爱国学社的关系又密切了一步；由会、社成员供给《苏报》每天刊登的材料，并由蔡元培、吴稚晖以及《苏报》馆原任主笔汪文溥等七人轮流撰写论说，陈范则每月拿出一百元资助爱国学社做经费。这对经费拮据的中国教育会和爱国学社来说，当然是求之不得的事。就此，《苏报》议论更激进，火力更猛。如《释仇满》、《箴国民》、《与友人论游学》、《敬告守旧诸君》等文，不仅局限于学潮一隅，而以鼓吹革命自任。他们称学界风潮“是为政治界反抗力之先声”，《敬告守旧诸君文》中竟公然说：“居今日而欲救吾国胞，舍革命外无他途！非革命不足以破坏，非破坏不足以建设，故革命实救中国之不二法门也！”这样在报刊上公开鼓吹，连当时海外刊物上也很难见到。《苏报》的发行量因此直线上升，1903 年春就比上年骤增四分之三；有读者来信赞誉“窃叹上海无报，而不谓贵报乃放出异常光彩，程度上涨进何其速也！”

陈范对他的尝试成功十分兴奋，特别中意年仅二十来岁的章士钊，5 月底索性聘任章士钊《苏报》总揽笔政。章士钊是初生之犊，意气风发。《苏报》在 5 月上旬就曾宣布过“务求尽善，不惮十反”，章士钊上任伊始立即付诸实施。在一个月不到的时间里，连续四次分别以《本报大改良》、《本报大注意》、《本报大沙汰》和《本报重改良》为题进行报纸的改革：在“学界风潮”栏提到头版论说之后，增辟“舆论商榷”栏，沙汰一切无多大价值的琐屑新闻，加强时事要闻和增设“特别要闻”栏，并“间加按语”。文章中警句夹用大字或密圈排出。后来又把新闻分为“十界”（十个栏目）。这些编务改革后来都曾为各报仿效，在世纪初产生了很大影响。当然，影响更大的还在报道的内容，章士钊支持邹容发起中国学生同盟会的主张，倡议成立学生军，揭露了清廷“严拿留学生密谕”的阴谋[7]。章士钊以韩天民的笔名撰写了《论中国当道者皆革命党》，称“公等之欲严拿留学生也，是则实施此药料（革命）之手段也”。另一位主笔张继还鼓吹“中央革命”，鼓动北京大学堂学生首先发动，“望诸君自重，诸君胆壮，那拉氏不足畏，满洲人不足畏，政府不足畏；莫被政府威吓而歙其动，莫惜诸君之自由血而失全国人民之希望，则学生之全体幸甚，中国幸甚！”《苏报》还以《康有为》、《呜呼保皇党》、《驳康有为书》、《驳〈革命驳议〉》、《反面之反面说》、《敬告国民议政会诸君》等文章，批驳康梁乃至《中外日报》的保皇谬说。还连续三次浓墨重笔地推荐邹容所著《革命军》（新书介绍《革命军》、邹容《〈革命军〉自序》、章炳麟《〈革命军〉序》）。6 月份的《苏报》，在章士钊的主持下，成了一份放言革命昌言无忌的激进报纸了。

对《苏报》日益激烈的言论，清廷加紧准备镇压。但清廷镇压的重点并不在《苏报》，而在上海志士们发起的拒俄运动和张园集会等种种活动。这些情况章士钊等都知道，《苏报》6 月 3 日起还陆续译载了《查拿新党》、《西报论工部局保护新党事》、《蔡钧致端方电》、《〈字林西报〉述查拿新党事》等消息——这个“新党”不再是指康梁和张元济、严复这一辈戊戌志士，戊戌一辈被尊为老“新党”，而《苏报》一代则被始称为新“新党”。租界工部局还曾多次找过吴稚晖、黄宗仰、徐敬吾、蔡元培、章太炎等讲话，都说“你们止是读书与批评，没有军火么？如其没有，官要捕你们，我们保护你们”。大概也正是有了新闻界同行（伦敦《泰晤士报》驻沪通讯员，同时又是租界工部局总办）濮兰德的担保，《苏报》主笔等才会更有恃无恐，态度愈来愈激烈。

6月25日，局势突然严峻起来，南京陆师学堂校长道台俞明震来沪，亲赴《苏报》馆求见陈范，未遇；第二天又约见吴稚晖劝说："有法子叫《苏报》和平点么？"并私下出示了清廷要拿捉蔡元培、吴稚晖两人"就地正法"的公文，暗通关节要他们两人远走避祸。但吴稚晖仍没有当作一回事。蔡元培则早在几天前为了准备留学德国，到青岛去学德语了。6月29日租界巡捕才正式动手捉人，但是也只捉了个《苏报》馆的账房程吉甫，再隔了一天半后又在陈范私宅兼《女学报》馆里捉去了陈范的儿子陈仲彝和"食客"钱宝仁(允生、锡舟)，在爱国学社逮捕了章炳麟。章炳麟被捕后，在巡捕房马上写条子劝邹容、龙积之自首。龙积之当天投案，邹容投案已是7月2日了。

清廷官吏和上海租界巡捕房所以会如此表现，背后各有盘算。清廷的主旨在于打击上海乃至长江流域各地掀起的反政府的"爱国会社"活动[8]。而清廷来沪专办此案的官员俞明震是比较同情新派的，因此采取了暗通关节，希望有关人员避开；上海道台袁树勋，不愿意担肩胛做恶人，也希望大事化小，一哄了事。而租界当局认为又是扩大势力范围的机会，逮捕命令是清廷串通了当时上海的美国领事古讷的签署而执行的。7月1日租界工部局董事会就通过决议，"不管该案将怎样判处，都必须在租界内执行"。

清廷的如意算盘是"拿犯是第一层，封馆是第二层，沪讯审问是第三层，解宁是第四层，江鄂会奏请旨是第五层"。谁知在"封馆"上就遇到了麻烦：本来清廷严拿的谕旨中并不涉及《苏报》，兼署湖广总督端方的专电中也仅主张"能设法收回自办至妙”，封馆，仅是威胁《苏报》改变调门或作收回自办的手段。但《苏报》不买账，不仅照常出版，而且还刊出《密拿新党连志》等消息和章炳麟在狱中所撰指名批评《新闻报》的文章，“该报惟恐民气之奋，思以甘言利口诱导吾人饮鸩如饴者，其害将伊于胡底！”并抬出“英商”招牌，声称“已于自五月初八日(6 月 30 日)盘售于英商卢毅君”。直到 7 月 6 日即章炳麟《狱中答〈新闻报〉》一文在《苏报》刊出后，清廷才串通美领古讷签署发封《苏报》馆的命令。但是捕房方面还表示要听租界工部局董事会的决定，事态发展到会审公廨的中国谳员下令会审公廨停止办公等要挟行动以后，捕房才执行“实际封闭了报馆”[9]。

关于“沪讯”遇到的麻烦更大。这反映了清廷和西方社会两种法律观点的大冲突。在清廷看来，“不利于国，谋危社稷，为反，不利于君，谋危宗庙，为大逆。共谋者不分首从，皆凌迟处死”，“妄布邪言，书写张贴，煽惑人心，为首者斩立决，为从者绞监候”。但租界当局认为集会，发发文章，对政府提出一些批评，都没有越出言论自由的范围，不能说有罪。如果说他们有罪，就要拿出符合国际惯例的证据来！而且即使算犯罪也仅是“国事犯”，是“国事犯”租界当局就要“保护”。因此清廷只得一再申言所擒“六犯乃中国著名痞匪”，公廨会审要拿出“痞匪”证据来，无法在他们拒俄抗法集会等方面下手，只能转而在《苏报》上所发表“竟敢造言污毁皇室，妨害国家安宁”的文字中去罗织罪名，于是严拿爱国会党，逮捕革命党案，一变而为“《苏报》案”了[10]。

关于在何处审讯的争执中，武汉的端方一再致电要求运动上海的《中外日报》、《新闻报》多多制造舆论，《中外日报》汪康年却建议尽由租界当局去审讯，争取判个长期监禁，别再在租界会审公廨会审，闹出诸如中国中央政府在自己的基层法庭与自己的老百姓打官司那样的笑话来。清廷的如意算盘是在上海过一次堂就引渡，甚至采用以三百元大洋贿买捕房允许劫人；上海道许给十万元求判死罪，甚至建议“以沪宁路权易之”；张之洞则提出“许其不死”来换取租界允许引渡。谁知事态愈弄愈僵，特别在1903年8月北京发生慈禧密旨杖毙沈荩的事，北京和上海的各国使领界的态度有了新变化，认为慈禧仍是“野蛮政权”，则国事犯要保护的呼声又高了起来。作为妥协，章炳麟被判押三年，邹容两年，都在上海租界执行；其余人无罪释放。那时《苏报》馆房屋早已启封发还原房主，机器被搬置福州路捕房，后交上海道袁树勋处理，变相充公了。

善与恶、是与非纠缠交织在一起的“《苏报》案”就这样结局了。租界坚持保护“国事犯”和拒绝清廷行使主权当然是对我国的侵略行为；但在当时确实又十分有利于我国的革命事业。这种庇护是既可利用，而又不那么可靠，起决定作用的不在什么是非善恶，而在于租界当局自身的利益，“《苏报》案”结案后上海公共租界工部局董事会还曾起意制订一种租界的新闻法，作为《土地章程》第34条的附则来颁布执行，以便“监督和控制当地的报纸”，这个建议只是因为京沪两地使领不同意而未能付诸实现。

三、《苏报》续篇《国民日日报》

《苏报》馆被封后一个月，1903年8月7日(清光绪二十九年六月十五日),《苏报》的续篇《国民日日报》又接班继起出版发行了。

《国民日日报》因《苏报》馆被封而另起炉灶。由留日学生、军国民教育会经理谢晓石集资,原出面接盘《苏报》馆的英籍华人卢毅(和生)任经理,章士钊、张继以及为爱国会党案从安徽潜逃来沪的陈独秀(当时名陈由己)三人主持。撰稿人还有陈去病、何梅士(靡施)、金天翮(松岑)、柳亚子、高旭、刘师培、连横(梦青)等人。《国民日日报》在九江路83号设立了发行所,在新闸路梅福里建立编辑部和印刷所,它继承了《苏报》鼓吹革命的主旨,《发刊词》引松本君平所阐述的“第四种族”的理论,大谈林肯为记者而后有释黑奴之战争,格兰斯顿为记者而后有爱尔兰自治案之通过。“言论为一切事实之母,是岂不然”,但不如《苏报》那样直露,消息报道的内容则比《苏报》丰富,有社说、中国警闻、学风、实业、世界要事、地方新闻以及谭苑、文苑各专栏。并连载小说《南渡录演义》。1903年9月6日(七月十五日)起发刊附张《黑暗世界》,以文艺笔墨揭露清廷劣迹和社会黑暗面。每期《黑暗世界》的报头,都以漫画作衬,这漫画已是较完善较成熟的讽刺画。如1903年10月11日刊出的《两面人》,就是鞭笞原《湖北学生界》主编之一留日学生王璟芳(小宋)投靠端方被恩赏举人一事的。《黑暗世界》还就此画征诗,进一步扩大了谴责变节者的力度。《国民日日报》问世之时,正是《苏报》案在审理而北京又发生“杖毙”沈荩事的时刻。《国民日日报》以大量篇幅集中记述了这两大案件,后来收入《〈国民日日报〉汇编》中的,有关沈荩案的有30余篇,有关“《苏报》案”的达70余篇,除了消息报道、纪念诗文、轶闻轶事等外，特别注意译载外报外论，借外国人的口和笔，选载编者想说的话，不足之处就稍加一两句按语。这样的战斗艺术，显然比《苏报》时赤膊上阵的做法成熟了。《国民日日报》鼓吹革命的态度是相当坚定的，该报出版的第三天，即8月9日(六月十七日)发表了章炳麟在狱中所撰《论承用维新二字之荒谬》，坚定地表示与康梁鼓吹的改良划清界限；10月5日(八月十五日)又发表《道统辨》，主张学术上也要扳倒正统思想；10月21日(九月二日)发表的《近四十年世风之变态》，回顾了自洋务运动以来“世风”的变化，“总括之，《格致汇编》也，命之曰制造；《时务报》也，命之曰变法；《清议报》也，命之曰保皇；《新民丛报》也，命之曰立宪。吾人细思，由制造以至洋务，吾民之脂膏，被人吸去者几何？吾民之土地，被人转赠朋友者几何？又由洋务而时务，而变法、而保皇、而立宪，吾民之膏脂，被人吸去者几何？呜呼，盘古民族其终亡矣乎，何以有此进步之世风？……吾请吾族独立不羁之国民，断不容以立宪两字误乃公事也”。更有意思的是，此文对梁启超所以定名为《新民丛报》的“新民”两字也进行揭露云：“定名有两义，一取《大学·康诰》的‘作新民’，康诰者，康有为所诰也；一梁启超为新会人，故曰新民。两义双关。”还以《黄花谣》揭露了当时《新民丛报》的政治态度：“临文夫何如，最好是骑墙。调停孙康融华洋，不然极口骂袁(世凯)张(之洞)，便作空言也不妨。若纳吾言，准作维新党；不纳吾言，空逐保皇忙。此是《丛报》真秘诀，不辞瘏口为君缀。谓予不信，看《新民说》。”真是手挥目送，皆成文章。

《国民日日报》如此鼓吹革命，反对改良，攻击清廷不遗余力，清廷当时当然十分忌恨。但鉴于“《苏报》案”办理棘手，不敢再贸然捕人封禁。但不甘任其发展，乃通令长江一带严禁售阅，还由外务部行文总税务司，令对《国民日日报》进行禁邮。总税务司（当时中国邮政由总税务司代管）的答复却是已“通饬各口邮局，遇有皮面书明《国民日日报》交局，概不准其收寄”，但“唯查如此禁寄防不胜防，实属不妥。查此项日报系在中国印行，前数月《苏报》馆既由中国官宪封闭，《国民日日报》似可一律由官宪查封，方为清源之法”。皮球踢还清廷，结果不了了之。

《国民日日报》未扼杀于清廷的毒手，却败坏于馆内的内讧。据传起因于广东裴景福的贿卖。裴景福是广东某县的县令，两广总督岑春煊派员查他的经济问题时，他却杀了来员逃到澳门，同时派人来沪嘱买各报作有利于他的宣传。《国民日日报》经理部主张接受，编辑部则反对，双方大起争执，率致各向外国公堂提出诉讼。后经调解消除芥蒂，但原投资人已灰心不愿继续支持。1903 年 12 月 4 日出版的《国民日日报》第 118 号上刊出《特别社告》云：“本报发行四月，颇蒙诸君之所欢迎。同人材力绵薄，知识简陋，内容之不齐，深负诸君子之望，良用疚心。今因特别事故，暂行停刊。”此时“《苏报》案”尚未最后判处。

四、从《俄事警闻》到《警钟日报》

《国民日日报》停刊以后，编辑部成员星散。章士钊另办东大陆书局，陈独秀则回安徽芜湖创办《安徽俗话报》，而“《苏报》案”前已去青岛的蔡元培倒又回沪了。此时适逢俄人进占奉天,举国骚然,因此与刘师培(光汉)、陈镜泉、叶瀚、王季同、陈去病、林獬等人发起对俄同志会,同时发刊《俄事警闻》。

《俄事警闻》创刊于1903年12月15日(清光绪二十九年十月二十七日),距《国民日日报》的停刊仅十天。编辑部设在新马路华安里203号(后迁新马路昌寿里52号),由王季同(小徐、小绪)主编并翻译英文电讯,蔡元培、汪德渊(允宗)撰述论说兼译日文资料。《俄事警闻》虽名为日报,其实只是每天出版的报纸型宣传品,除“俄事”以外并不报道其他新闻。创刊号上就拟定了一大批《告××》为题的征文题目,告政府、外务部、领兵大臣、各省疆臣至留学生、中国教育会、学生社会、新闻记者、革命、立宪、保皇诸党等用文言文,告全国父老、儿童、女子、农、工、商、寓南洋及美国商人、寓日本商人乃至江湖术士及卖技者,娼优、无业游民、乞丐、吃洋饭者、出家人、阔少、教民、仇教者等用白话文,而且还要求用官语写《告东三省居民》和《告满人》、《告蒙古及西藏人》,用京语写《告北京人》,用粤语写《告广东人》。以后也基本上按照这个征稿计划逐期发稿。创刊号上还刊出了谢缵泰所绘《瓜分形势图》,此画就被当前学术界误认为是在现代报刊上最早发表的漫画。同时还连续发表了《俄国彼得大帝的遗训》、《讲俄国夺我们东三省的来历》、《讲庚子年俄国夺占东三省的情形》、《讲俄国夺我们黑龙江近地的事》等背景材料,还刊出了诸如仲辉(邵力子)的《俄祸》、佩忍(陈去病)的《论中国不与俄战之危险》等评论和蔡元培的小说《新年梦》等。

1904年2月8日,日俄战争在我国东北境内爆发,人们关心的焦点已不只限于“俄事”。而清廷被逼宣布“局外中立”，被当时上海的“小报”讥为自己的老婆无力保护，任凭两个奸夫动武争夺的“缩头乌龟”政策。《俄事警闻》显已不再能适应形势需要。1904 年 1 月 12 日时，对俄同志会指出《俄事警闻》“限于财用，未能遍布，且于要区未置访事，挂一漏万，缺憾滋多”，“议扩张规模，改为《警钟》”，1904 年 2 月 26 日（清光绪三十年正月十一日）起，正式以《警钟》为名重新创刊，编号另起。

《警钟》（后添“日报”字样）是由蔡元培负责编务的。《俄事警闻》原由镜今书局经理陈镜泉负担印刷和租房等一切费用，《警钟日报》则扩大招股，另聘李春波为经理。4 月 16 日蔡元培迁《警钟日报》至邻近当时报馆聚集之区东棋盘街会文堂政记 34 号，5 月 15 日再迁至四马路惠福里 54 号《苏海汇报》、《游戏报》旧址。报纸内容也逐渐完备，初设社说、时评、图说、国内要闻、专件、外论、征文、选录、投函、杂录、讲坛、史谭等栏目；7 月份起添设殖民消息、世界纪闻、外国纪闻、地方新闻、刺客案、丛谈、来稿等栏，在蔡元培主编期间，还以“投函”的形式，在国内最早披露了孙中山在檀香山建立革命政党兴中会，和以“驱除鞑虏，恢复中华，创立民国，平均地权”为誓的情形。7 月 24 日蔡元培因事辞职，《警钟日报》改由汪德渊（允宗）主编。汪德渊执编不到一月，8 月 12 日也辞职，改由林獬、刘师培（光汉）承办。林獬（少泉）即后来的林白水，1895 年就参与过《杭州白话报》的编务，1901 年再度创办《杭州白话报》，后留学日本在早稻田大学攻读法律兼学新闻，是我国最早在国外选读新闻学课程的中国留学生之一。刘师培（申叔）当时年仅二十，家学渊源，已著有《攘书》十六篇，《俄事警闻》广告曾誉之为“空前杰著”。他们两位本来是1903年12月9日创刊的《中国白话报》的主编和主要撰稿人。接编《警钟日报》以后不久，就把《中国白话报》停办了。对于《警钟日报》则更扩充了国内警闻、极东警闻、学界纪闻、极东战局详记等栏目，对国内乃至本埠新闻也逐渐加重了分量。1904年11月，革命政党性质的光复会在上海正式成立，蔡元培、陶成章被推为正副会长，11月14日《警钟日报》在“本报十大特色”中，除宣布“本报为民族主义的倡导者”、“本报为抵御外族之先锋队”等外，特别强调“本报为民党之机关”。这在上海新闻史上还是破题儿第一遭；比同盟会在日本东京创办《民报》为机关报要早出一年有余。当时的光复会还比较松散，“民党之机关”的说法，也可能只是一种泛指，包括了原来发起创办《警钟日报》及其前身《俄事警闻》的中国教育会、对俄同志会、争存会以及后来又改名的反对联俄会等群众团体在内，但是自我宣称为“民党之机关”总是突破了清廷不许结社集会的禁令，反映了概念上的自觉性，在新闻史的研究上是不容忽视的。

在林、刘两人主持下，《警钟日报》在提倡国粹民族主义和提倡暗杀以作为便捷有效的革命手段两个侧面上都有了加强。这与林、刘两位的思想状况有关。他们是把提倡国粹作为种族光复的组成部分来鼓吹的。陶成章在《警钟日报》发表了连载史论《中国民族权力消长史叙例七则》以区分汉满，还竭力表彰或臧否明末以来抗清人物陈邦彦、钱牧斋、顾亭林、吴梅村、张苍水、王士敏、何宏中、夏存古等人的反清事迹和思想，把明亡称为中国第一次亡国，鸦片战争是第二次亡国。要自振就要重新提倡国粹。刘师培还对国粹提出了“舍旧谋新”

的新解释:“主人有爱佳柳者,命童子扫其落叶。童子日趋其事而厌其事,摇其摇而下之,而明日可以四息。既而又思曰:黄叶者,青叶之变也,并青叶而摘之,则可以全息。既而又思曰:有树在明春能不变生叶乎,其树而伐之,斯可以永息矣。”提倡国粹就是保护国粹的新机而不是“伐树”。在《警钟日报》的鼓吹下,与《警钟日报》馆址同里弄的《政艺通报》的邓实终于下决心发起国学保存会,发刊了《国粹学报》(1905 年 2 月 23 日,清光绪三十一年正月二十日)使国粹革命思潮有了具体的体现。关于鼓吹暗杀,《警钟日报》也刊出《俄国虚无党源流考》和《俄国自由朋友会》,对暗杀还隐隐约约地表示赞赏。到 1904 年 11 月 19 日上海发生万福华在上海福州路金谷香西菜馆枪击前广西巡抚王之春事件,上海各报议论纷纷,非议的多,肯定的少,《警钟日报》则完全支持万福华的行为,连续发表《书万福华行刺杀事》、《论万福华事》、《万福华传》和杜课园《刺案记序》、朱玉堂《为万福华事警告全国绅商》等,而时评《专制淫威果在耶?》一文更把暗杀作为主要革命行为来提倡,以为“各国革命无不以暴动暗杀以起,而暗杀之影响尤大于暴动。国民暴动可制以兵力,若暗杀活动为兵力所不及防……观之我国则数年有暴动无暗杀,故专制之政积久未更;今万福华之举动已开暗杀之先声,吾甚祝虚无党之早现于吾神州也。”

《警钟日报》后期的注意力已转向国内政治,对慈禧所标榜的“壬寅新政”及其立宪骗局予以公开反对。《中国立宪无望于上》、《中国立宪之可危》、《论宪法所以限制君权》、《中国新政之败坏》……没有一篇不是直剖清廷阴谋的。《警钟日报》更加强了对清廷嘴脸的揭露批判。不仅连续刊出周莲、李牧、聂辑椝、史念祖、梁鼎芬、张之洞等清廷官僚的丑恶历史,还刊出《江西幕友优劣表》、《调查浙江官场之得贿纳贿表》,点面结合地进行披露真相。《警钟日报》还把这些材料印成传单广泛散发,弄得上海道袁树勋慌了手脚,照会英美等国租界领袖美总领事暨法总领事馆饬差查拿,而美总领事以此票未经指明缉拿何人而拒签,袁树勋才不得不改以查抄禁书《警世钟》为名义,把陈镜泉开办的镜今书局、程吉甫执事的东大陆书局等封禁。陈镜泉是继陈范之后来沪办报的,进士出身,甘肃秦州人。镜今书局是当时有名的出版进步书刊的书局,著名的《〈国民日日报〉汇编》、《二十年来落花梦》以及原载《国民日日报》由苏曼殊、陈独秀合译的嚣俄(雨果)《惨社会》和金一的《自由血》等,都由镜今书局出版。当时陈去病、汪笑侬主编的《二十世纪大舞台》,也因由镜今书局印行的牵连而停刊。程吉甫就是"《办报》案"中被捕的账房,当时被无罪开释,1905年时又被判押两年。

《警钟日报》的结局是很突然的。在镜今书局被封破产时,因《警钟日报》已经济独立,未受牵连,还曾再次招股增资,但进行得并不顺利。1905年3月25日四马路老巡捕房捕头突然令探持函至会审公廨,内称"查得日前《警钟日报》登有九逆谤讟,淆惑人心"而要求提案查禁。会审公廨立即准签执行。据称是德国驻沪领事所控告,也有说是袁树勋买嘱的把戏。当时的《大陆》报则称之为"外人干预言论"的事件,总之是中外联手扼杀。当时林獬及其妹林宗素已不在上海,刘师培和经理李春波也都事前得讯避去,被捕的都是一般工作人员，未酿大狱。

但是，袁树勋把《警钟日报》馆的机器设备充公了。从此，“上海革命党人这喉舌，自是缄默者数载”[11]。

第四节　日俄战争与报坛呼吁立宪

一、日俄战争时的上海报坛

1904年2月10日，日俄双方正式宣战。

日俄战争是在我国领土东三省的土地上进行的，却也在上海乃至全国各地报坛上，不同程度地开展了另一种形态的“战争”。

上海，当时是英国的势力范围。英国，在日俄战争期间，是藉日本出面抵制俄国在华扩展势力最积极的支持者。当时沙俄在上海没有什么势力和影响。1900年统计，在沪俄侨民不过47名，而且多半是沙皇派驻的各色官吏，没有什么商业利益，更不用说在报界有什么染指了。日本则在《马关条约》订立以后，1896年3月7日曾在沪发刊过一种日文报刊《上海时事》。在日俄战争酝酿期间的1903年12月，同时发刊了两种日文周刊：12月24日由竹川藤太郎创刊了《上海周报》和12月26日发刊了由杉尾胜三主办、永岛高连执笔的《上海新报》。日文《上海周报》出版不久，就因竹川藤太郎应聘入四川出任《重庆日报》社长而中止。《上海新报》则在1904年3月15日出版第12号后，因经营困难转让给中原定太郎所设印刷所，3月16日起改名日文《上海日报》，每天出版。1904年7

月，又转由东亚同文会井手三郎接办。并与《同文沪报》合并，从而使上海成为当时日本在华新闻事业重要的中心[12]。

而上海报坛的“日俄战争”，却发生在英文报刊之间。

上海 1904 年时的英文报刊有《字林西报》、《文汇西报》、《捷报》、《益新西报》和 1901 年才创刊的 *The Shanghai Times*（英文《泰晤士报申报》或《上海泰晤士报》）五家。《字林西报》当时由立德禄(Robert W. Little)任主笔，一贯鼓励日本对俄开战。1903 年 4 月沙俄对清廷提出七项秘密要求，清廷无力对付，悄悄透露给英美大使，上海就是由《字林西报》抢先披露，从而在日本东京留学生中和上海爱国学社间掀起拒俄高潮，发起军国民运动的。以后《字林西报》还特派原任英文《日本时报》记者的弗兰克·麦克拉深入被俄霸占的东三省地区，专门采访俄方的消息。日俄之间战争迟早可能爆发，但到底何时何地爆发，却是当时新闻界捕捉的焦点，而日俄双方都采取了“禁约新闻”的办法，在官方宣布以前严禁新闻自由传播。特别是沙俄方面，东三省的电信局都在它的控制之下，实行极其严格的电报检查。而又是《字林西报》，立德禄亲自与海参崴电报局严正交涉，才获得经海参崴与上海通电权。因此上海《字林西报》是最早报道日俄双方正式宣战确讯的上海报纸。与沙俄的严格不准外国记者进行采访活动相反，日本军方则邀请各国记者“观战”。但要由各国驻日公使把记者姓名报告日本外务省，而且还规定“从事访事之人所有书函电报非经本营（日军）将弁察阅不得递寄，并不准用暗号密码”。还对日本国内的英文日文报纸严加控制，禁泄军机。因此参加随军观战的都是欧美各大报馆记者，上海都特约日籍记者兼代。

《文汇西报》、《捷报》和《益新西报》都采取这个办法。这样，报纸的立场自然倾向于日方。但也有一个例外，那就是1901年由美国人白许(J. H. Bush)创办（一说为美人包尔[Frank B. Boll]所创办）的 *The Shanghai Times*，创刊时主笔为G. Collingwood。日俄战争爆发前后，主持编务的却是托马斯·高文(Thomas Cowen)，这位高文是亲俄派，与他兄弟约翰·理查德·高文(John R. Cowen)在天津主持出版的 *The China Times*（《益闻西报》）南北呼应，不断发表偏袒沙俄的消息和文章。天津《益闻西报》馆址在日租界内，日方"恐其扰乱和局"，曾把约翰·理查德·高文驱逐出日租界。无独有偶的是上海《泰晤士报申报》，它的馆址租自日本业主，这日本房东也采取同样的手段，把托马斯·高文赶出了报馆。《泰晤士报申报》在1906年被《捷报》馆主欧希(Henry D. O'Shea)买下，《捷报》的立场本来是转移不定的，日本著名记者佐原笃介本来在《捷报》馆工作，因此也曾被辞歇而转入《文汇西报》。《捷报》在日俄战后转而接受日本政府津贴，一变而为亲日报纸。这真像一出闹剧。

在日俄战争之际，上海的英文报界还发动了一场"拒俄运动"，甚至可以称是一场"英俄战争"。在日俄战争爆发的前夜，沙俄已极大注意到上海在未来战争中的特殊地位，派遣到上海来活动的各种职业的俄侨，到1905年时已增加到354人，而且也派驻了新闻记者。格尔塔尔就是最早来沪居住和工作的沙俄记者。为战争作准备最活跃的是华俄道胜银行上海分行，战争爆发前不到半个月，华俄道胜银行就以一分五厘的重息，向上海各钱庄借银两以接济东北俄国，遭到上海钱业商人的一致抵制。日俄战争爆发以后，英国伦敦《泰晤士报》驻北京记者莫理循和上海通信员濮兰德居然在京、沪、津、汉等地联手发动了一场挤兑各地华俄道胜银行的行动，华俄道胜银行就此一蹶不振。

上海华文报界则不如北京那样日俄双方势均力敌，各国势力泾渭分明。北京在日俄战争爆发时日本有东亚同文会直接经营的《顺天时报》和商办的《北京公报》，俄国则由华俄道胜银行的买办出面创办和经营的《燕都报》，与东北奉天（沈阳）的《盛京报》互相呼应。德国则在日俄战争爆发不久后创办了《北京报》。而上海呢，老牌报纸固然各有各的外国老板，如《申报》属英，《新闻报》属美，《同文沪报》与北京《顺天时报》一样由日本东亚同文会所创办经营，英美业主都是主张与日本结盟的，而汪康年的《中外日报》情况更为复杂，英国记者莫理循，日本方面乃至商务印书馆的张元济和北洋大臣袁世凯都竞相“投资”收买，但俄国方面无缘染指，日俄战争前后也没有能办起任何亲俄的华文报刊，而上海本来就是全国拒俄运动的发源地和策动中心。《警钟日报》从《俄事警闻》发展而来，沙俄势力在上海华文报界没有立足之地，连政治态度上最保守，一贯揣摩慈禧意志为自己立论依据的《申报》，也连续发表论说《俄日战争》及《中国助日攻俄说》、《俄败于日中国急宜乘势规复东三省说》、《中国不能坚守局外中立之例说》、《战后宣战论》等，倒向日本一边。日俄开始之时正逢我国春节，上海各华文报刊都休假的，但在假期里都普遍每日增出“号外”，诸如《俄日军情》、《战情简报》之类。当时有关时政性的期刊如《东方杂志》、《大陆》都开辟了记载日俄战争的专栏，连《万国公报》月刊本也每期必报《日俄战争大概》。商务印书馆在1903年刚与日本金港堂合作经营,除了《东方杂志》由日本人参与编务外发,专门出版了一种华文期刊《日俄战纪》月刊,这是商务印书馆出版的第四种期刊,号称中立,而委托日本记者河野采记前线作战消息。因此,在日俄战争时期,上海华文报坛的基本状况是口称局外中立,实际上一面倒。

二、从日俄战争引起的立宪呼吁

日俄战争在上海华文报坛引起的反响,并不在日俄战争的本身,而是形成了一场呼吁迅速立宪运动。

日俄战争对于包括报人在内的上海知识界乃至绅民各界的民族自尊性的打击是很大的。根据上海"小报"自嘲式的挖苦:日俄战争中清廷被迫宣布局外中立是"置自己的老婆于不顾由两个奸夫去争夺"的"缩头乌龟"政策。而这个"局外中立"的要求,又是日本方面事先提出胁迫清廷宣布遵行,俄国方面不仅要求把这个局外中立的范围尽量扩大到整个东三省,而且力图破坏这个中立状态,尽量把东北军民拖到战争中去。上海报界虽然感到这种中立局面很不是滋味,但也没有办法,助日顾忌沙俄扰我西北、西藏,而且日本方面为了独占战后成果根本不容清廷参与,助俄则日本肯定会扰我东南沿海各地,特别是上海。因此上海的华文报刊在局外中立的问题上,开始说了些挖苦的话,后来也就都把注意力转向战事的善后;当日俄战事开始不久,沙俄败绩初显时,上海华文各报一厢情愿地称之为立宪战胜了专制。认为日本所以会战胜是因为立了宪,中国要富强就要像日本那样立宪。而清廷呢?1901 年慈禧在西安许愿行新政,1902 年始推行所谓“壬寅新政”,到 1905 年三四年的时间中,什么“新政”也未见有成效的实行,慈禧本人乃至各亲贵政要,甚至根本不知道“立宪”是怎么一回事。她的“新政”十足是“添汤不换药”!上海各报有的甚至愤怒了:《警钟日报》连续发出诸如《论中国前途之无望》、《中国立宪无望于上》、《哀同胞》等社论,新创办的《时报》,也连迭呼吁《论朝廷欲图存必先定国是》、《论极东之第二俄罗斯》、《论朝廷宜知人民之真相》、《论中国前途之可危》,声嘶力竭地呼吁赶快立宪,甚至在《论东三省自治》(《中外日报》)、《论满洲当为立宪独立国》(《时报》),鼓吹战后在东三省首先试行立宪、自治,因为那里是满洲贵族“龙兴之地”而一直没有开放过,“凡一地盘受习气甚浅者,其洗涤最易”。

《时报》创刊于 1904 年 6 月 12 日(清光绪三十年四月廿九日),与商务印书馆在 3 月 11 日发刊的《东方杂志》是 1904 年上海报坛新添的两大报刊。《东方杂志》发刊于中日合资后的商务印书馆,《时报》则是由逋逃在日本的梁启超亲自回上海来主持创办的。据《时报》创办人之一罗普(孝高)的回忆:“甲辰春,任公自澳洲返,至沪时尚在名捕中,未便露头角,乃改名姓,匿居虹口日本旅馆‘虎之家’三楼上。时罗孝高、狄楚青方奉南海先生命在上海筹办《时报》馆,任公实亦暗中主持,乃日夕集商。其命名曰《时报》,及发刊词与体例,皆任公所撰写,旋即赴东。而《时报》初时所登论说,亦多系任公从横滨寄稿来者。”康梁之所以要在上海投资创办此报,目的就是为了

“扩张党势于内地”。因为当时梁启超虽然又已在日本东京办起了《新民丛报》，在海外各地康梁派的报刊活动也十分活跃，但是在国内影响有限，特别在上海，经“《苏报》案”一闹，鼓吹革命的激进派报纸倒是前仆后继，绵延不绝。当时还在继续出版发行的《警钟日报》虽并不以康梁为主要论敌，但语侵康梁的事也屡有发生。而康梁在上海竟没有一个可以还嘴置辩的阵地。尽管康梁著述特别是梁启超的笔墨一直充塞着上海书报界，上海多家“海派小报”经常匿名转载《清议报》、《新民丛报》、《新小说》所刊稿件，甚至还发生过有书商盗版翻印了《清议报》的事，但同时又对康梁关于现实事件的发言采取排斥的态度：汪康年的《中外日报》虽与梁启超个人言和，但对康有为一直取回避态度；《同文沪报》虽然表示大度宽容，但它是以日本国本身利益来取舍，无法借来“扩张党势”；《申报》、《新闻报》都还一直把康梁作为十恶不赦的叛逆来打击，遑言借力了。唯一办法是自办报纸。而且当时也已出现了若干可以办报的条件：当时北京已屡有赦免“戊戌党籍”的传说[13]；康梁手头还有原来为唐才常起义筹作“义军粮台”（经费）的一笔钱；与康门关系较深的狄葆贤、罗普等对办报也极有兴趣；日俄战争已起且日炽，读者对时事关心和中国前途的关心愈来愈高，因此《时报》就顺利出世了。

在《时报》出版时，面临的物质条件与以前各报都大不相同了，因此《时报》发刊时已是西洋白报纸双面印刷的对开大张，直行式分短栏自右至左竖排，还分设有各种各样栏目如批评、附印小说、报界舆论、外论撷华、介绍新著、词林、插画、商情报告表、口碑丛述、瀛谈零拾等，与新闻、时评等交相映衬，印刷字号多样。新闻也按内容分为要闻、各埠新闻和本埠新闻三大部分，每一部分都配有一则言简意深的短评，分称“时评一”、“时评二”、“时评三”，这些时评都是一事一议、一针见血、尖锐泼辣的小杂感，比一般报纸刊于报首的长篇大论更引人注意。《时报》创刊时报刊连载小说是当时因发表《官场现形记》而红极一时的李宝嘉（伯元）所撰《中国现形记》；《报界舆论》栏所先后转载全国及海外华文报章言论达 60 余家，这也是十分高明的一着，各报要闻虽有详略不同，但新闻事实总是大同小异的，只有言论才各有各的特色，而《时报》却提供了了解各报姿态的机会。《时报》还是较早一家公开声言将经常发表“寓意讽事”的时事画的报纸，也给人面目一新的印象。以至当时和事后都有人称上海报纸的当前“纸面体裁”始于《时报》。《时报》的总理狄葆贤也很自豪地声称：“吾之办此报非为革新舆论，乃欲革新代表舆论之报界耳。”⑭

《时报》创刊时是挂日商牌子的，日人宗方小太郎为名义上的发行人。发刊时的《时报》馆址在福州路辰字(B)583 号，与当时的《同文沪报》馆相邻。总理狄葆贤（平子、楚青）和主笔罗普（孝高）、刘桢麟（孝实）和冯挺之都是康氏门徒，但主持日常编务的陈冷（景韩）、雷奋（继兴）都是游学日本回来的新派人物，雷奋还是留学法政的专家，留学期间就是留学生期刊《译书汇编》、《国民报》的主笔，回上海后又与陈冷一起支持戢元丞创办《大陆》报，并不完全与康梁同道。康梁办《时报》的目的是“扩张党势于内地”，所谓“党势”，大致是：一、清光绪帝复政；二、实行宪政；三、容他们回国从政。但在实践过程中却逐渐走向负面。上海当时华文报坛基本上是商办报纸的天下。如《警钟日报》那样有政治抱负的报纸和《时报》那样有康梁背景的报纸，一般都以商办报纸的面目出现，《时报》还专门宣布了“不偏徇一党之意见”。在当时呼吁实行宪政，已是日俄战争之后上海报坛的共同要求；光绪复政明显是一句空话，而且与能否行宪还是另一层关系；容康梁回国参政，当时却如过街老鼠，有所露头就为上海报坛所哄打，往往换来一场没趣。如 1905 年 3 月，《时报》曾发表长篇社论《宜创通国报馆记者同盟会说》，认为“如谓报纸的势力未厚，由于议论的不一；欲一其议论，非倡议报馆同盟不可”。《警钟日报》、《大陆》报立刻撰稿反对：“或曰该报保皇党之机关也。其欲同盟之宗旨，则因该党首领屡次失败，欲间接藉该报之力联络各报以鼓吹保皇主义，而建恢复广东政府之功是也。”甚至揭露称“该报开办之初，即以倾轧同业为急务，意为他报不倒，己报不能收垄断之利也，今何忽倡同业联盟之义，大约即俄人倡议万国和平会的故智也，将毋以此为一网打尽计欤？”罗普、刘桢麟等“广东主笔”所撰长篇大论一般不被看重，一涉党见就被抛弃。《时报》“扩张党势于内地”的目的是很难达到的。倒是陈冷首创的“时评”这种就事论事的言论形式很受欢迎，以致上海各报纷纷效仿。狄葆贤对办报是很有兴趣的，但对这样的处境又很感烦恼，后来听从了陈冷的主意，与康梁的关系逐渐疏远，愈来愈接近江浙一带的新兴资产阶级势力的代表人物如张謇、赵凤昌等，报纸的康梁味道愈来愈淡化了。

日俄战争的结果日胜俄败。上海舆论界鼓吹清廷应派人去朴茨茅斯了解日俄和谈，听听“两个强盗如何瓜分我们的东西”，却也被拒不允。于是朝野大哗，清廷也不得不作出自振的样子，一是废除科举，一是派五大臣出国考察宪政，以便定出实施宪政的方案。这五大臣出国考察宪政，拆穿来说实在是一场“串戏”。不过是让五大臣分头出国到欧美各地去游山玩水。五大臣出国前，端方等却托人带信到上海来要求在他们离沪出发时“风光风光”。这个任务却通过张謇、赵凤昌传到了《时报》馆，因为《时报》馆编辑部联系着一大批当时在大上海的新派知识分子，狄葆贤特地在报馆楼上辟出一室题名“息楼”，供这些知识分子经常集会活动，其中许多人就是张园集会演说的积极分子，如沈恩孚、袁希涛、黄炎培、龚子英、林康侯、史量才、吴怀疚、朱少屏、杨白民、杨廷栋等，都是当时新学各界的头面人物，又都是新兴的江浙资产阶级在政治上的代表。在狄葆贤的组织下，“息楼”同人为要不要欢送和如何欢送五大臣出洋开过会，而张謇、赵凤昌躲在《时报》馆隔壁一品香西餐厅遥控指挥，还提出过从“专制到立宪要过一座桥，五大臣出洋就是桥”之类的命题。在上海新闻界来说，在政府的政治活动中卷入得如此之深，《时报》是第一家；而《时报》从康梁创办到迅速倒向江南新兴资产阶级势力，在这桩事件中也表露得十分鲜明。

第五节 报坛多事的1905年

一、1905年文明排外与报坛

“文明排外”这个命题，是张元济愤慈禧及满族亲贵无知蛮干而酿成义和拳事变，在1902年办《外交报》时提出来的。

从1901年的拒俄运动起，在上海的排外活动就从来没有平息过。在新闻界来说，“《苏报》案”到《俄事警闻》、《警钟日报》等还都是拒俄运动直接或间接的产物。不过那时的军国民教育运动乃至拒俄义勇队等，多半还只是在知识青年中开展，牵连的社会面并不广；报纸工作也只限于鼓吹和揭露，真正组织行动的事并不多，所以不被社会所注意。到1904年以后情况就不同了，“试探甲辰、乙巳(1904、1905)两年之事观之，其最初者，为争粤汉铁路之事，其次为浙江衢、温、严矿山之事，再次为争皖省矿山之事。其后各省的争路矿者，相缘而起，云合响应。若一省无之，则其人引以为辱，遂至并已成之沪宁铁路而亦争之。而路矿之外，其间又有俄兵阿祈夫、地盍两人砍毙周生有之事，议抵制美约之事，千因万缘，积而至于最近争会审公廨之事，抵制日本文部取缔之事。国民当自保利权之说，至此遂遍于通国，延及于下流社会矣。”当时上海各报最流行的一句口号就是“中国者，中国人之中国也”。在对待清廷的态度上有革政、革命之分，对于抗侮外侵，则同仇敌忾，一致排外。

“其最初者，为争粤汉铁路”。这个事件的掀起则主要是由发刊不久的《时报》鼓动起来的。1904年10月29日起，《时报》独家连续刊登粤汉铁路交涉秘密档案达六万余言。《时报》在按语中称“顷有友人由美国将全案始末奉钞寄赠”，实际上“系由任公(梁启超)向杨皙子(杨度)觅得全案电稿，加以按语，寄由《时报》发表”。这种材料，上海的商办各报无缘获得，即便获得了也不一定有胆识披露；至于北京和各地的官办报纸则更不敢登。《时报》的这种举动在当时真有些惊世骇俗,乃至鹊誉四起,特别是外地读者,纷起要订阅这份报纸。在上海,虽不如外地那样轰动,但在知识界特别知识青年群中也是打开了销路,甚至后来商务等新书出版总是先在《时报》第一版刊广告公布,而在其他报纸上则可登可不登,连自许"为学生社会之机关"的《警钟日报》,也没有摘得这一份殊荣。

争路权、矿权等自保利权的社会运动,在1904—1905年之间还只停留在绅商圈子里,与小民无涉;而且在上海报纸上争得热闹,实际的斗争舞台还在外省外市,但周生有案,抵制美约案,争会审公廨审事权的黎黄氏案,却都发生在上海,成了1905年上海三场席卷全社会的群众文明排外运动。虽不能笼统说成是上海报界发起的,至少上海各报都起着极其关键的作用。周生有案上海各报都作了积极的支持。最激烈的是《警钟日报》。《时报》的短评也主张明决,胡适回忆说:"当日看报人的程度还在幼稚时代,这种明快冷刻的短评,正合当时的需要。我还记得当周生有案快结束的时候,我受了《时报》短评的影响,痛恨上海道袁树勋的丧失国权,曾和两个同学写了一封长信去痛骂他。这也可见《时报》当日对于一般少年人的影响之大。"

周生有案件才平息不久,却又爆发了反美华工禁约事件。这是从海外传到广州,再从广州传到上海来的。周生有事件仅是限于上海一隅交涉的地方事件。反美华工禁约事件所涉地区主要爆发在广州和上海等沿海主要商埠,但影响所及却是全国性的。在上海反美华工禁约却实践了拒卖美货运动,引起的社会震动很大。

反美华工禁约的背景大致是这样：从 19 世纪 40 年代后期起，当时加利福尼亚州新并于美，急于拓殖，而欧洲及美国东部的移民惮其过远，不愿前往，于是美国资本家连哄带骗地到中国华南一带诱骗华人去当劳力。当时正是所谓开发西部的旧金山一带淘金高潮，华工就在那里干一些白人不愿干的劳动：掏矿、筑铁路、运河、修堤岸乃至务农。待建设到一定规模后，白种工人就把华人挤出去，还规定了种种苛刻的华工禁约，使华工的职业范围越来越狭小。1877 年加利福尼亚州发生了经济恐慌，白种工人在资本家的唆使下，专门组织了一个反华团体进行排华。旅美华工在美劳动有的已数十年，在那儿已成家定居，也被蛮横驱赶。同时又设置了种种限制华人入境的方法，不准上岸。美国政府不断要求清廷签约禁止华人入境。1904 年，在美国的中国人就发起了反对禁约运动，要求清廷拒绝续订。消息传到上海，各帮寓沪绅商在商务总会讨论反对美禁华工。1905 年 5 月 10 日，在上海各报发生《筹拒美国华工禁约公启》，电请清廷外务部坚拒签约，并请商部以及南北洋大臣电部抗拒，“以两月为期，如美国不允将前例删改，而强我续约”，上海商民“誓不运销美货以为抵制”。上海华文各报也都著论，表示支持。

随着反美华工禁约运动的深入发展迅速进入了拒用美货的具体实践阶段，对上海新闻界也发生了深刻的影响。首先推动了群众性的新闻出版活动的发展，各种各样的拒约禁货集会和社团纷纷出现，他们的决议宣言除印成传单、小册子，更经常的是交报馆发表。这种做法在前一两年还是少数激烈分子才敢于做的活动，一下子普遍效仿了。在上海的拒约运动中也就出现了我国最早拒约报刊《保工报》，1905 年 7 月 10 日创刊，由《小说世界日报》女编辑刘韵琴主编，人镜学社出版，棋盘街新民译印书局印行。《保工报》大约仅出版"旬日"，"乃因市虎之讹传，团体逐散"，不幸夭折了。而 1905 年 8 月 21 日在广州发刊的《美禁华工拒约报》寿命比上海《保工报》稍长些，却是从上海去的黄节任总编辑。还有一些更间接的影响：团结全国留洋学生的环球中国学生会也是在拒约声中正式成立的。以后就连续出版印行了《沧海一粟》(1905)、《环球中国学生报》(月刊，后改双月刊，1906)，以联络在世界各地的中国学生，并互为援奥。这种风起云涌的群众运动气势吓坏了清政府。他们镇压抵制美货的老百姓。1905 年 8 月 21 日发布告，警告商民不得禁用美货。令各省镇压报刊的宣传，如武汉张之洞禁《楚报》，安徽芜湖禁《鸠江日报》，天津袁世凯禁《大公报》等，连四川《重庆日报》卞小吾的被捕杀，也有拒约排外运动的因素。当时的两江总督周馥，曾起意上海也办一种官报以控制舆论导向，上海道袁树勋估计会吃力不讨好，转而建议由商务印书馆的《外务报》添办日报加以敷衍。1905 年 8 月 23 日，却由原驻日本公使蔡钧，以私人名义纠股创办了一份附有一版英文论说和新闻的华文《南方报》，企图发挥一些特殊的舆论作用。另外，通过张元济和汪康年，以《中外日报》来发挥疏通美货的作用。所以 8 月份起，《中外日报》的论调就有了变化，乃至上海传言和发揭帖称《中外日报》得贿五千两，《时报》"息楼"人物龚子英、袁观澜特地登门责问。还以"上海工商学界同人公启"的名义散发传单"奉劝热血同胞，相戒不阅"《中外日报》，《中外日报》实际上于此时已堕为鹰犬,不复有昔日的光彩了[15]。这场反美华工禁约运动是一场民气大发扬的检阅。

在反美华工禁约运动渐趋低落的时候,1905年12月8日四川官眷黎黄氏携十五名女婢过沪,被公共租界巡捕房以"串拐罪"拘捕,交英租界华人会审公廨审讯。中外谳员意见各异,当堂引起冲突,酿成"大闹会审公廨案",引起全市罢市。这个案件却把上海新闻界的华人主笔们推进了窘境,难于下笔了。从感情上来说,华人主笔们当然都同情于中国一方,为国家争主权,但争执的另一方为使领团及租界巡捕房,是在租界办报的顶头上司,是得罪不起的。据老报人孙玉声(家振)的回忆:"落笔苟稍有出入,易起畸轻畸重之嫌","不能仅凭访员之报告及本埠新闻主笔之删润,而贸然即予发刊";"幸其时日报公会已经成立,乃商之各报馆主任人,同集会中筹议,各取一致记述,以各家所得新闻访稿,互相参观,当用者用,当删者删,历两时许,始经蒇事。"这段回忆生动地记述了各报华人主笔"口将言而嗫嚅"的神态,表明了这些商办民报中华人主笔的软弱性。那时自称为"民党机关"的《警钟日报》早已被迫停办。挂着日商招牌的《时报》在拒约运动中表现积极,开始时态度还相当强硬;但在大闹公堂案时也随着资产阶级代表人物态度变化而有所软化。

二、1905年的报坛跌宕

1905年是上海报坛特别多事的一年。以前报坛事件,大都发生在报馆与政权机关之间,而1905年的报坛纷争则复杂得多，有中外当局的干预，有报馆之间的倾轧，有城门失火殃及池鱼式的灾难，也有报馆内部的爆发，构成了新闻行业有别于社会上其他文化行业的特有的与社会息息相关的绚丽的色彩。这些报坛事件有：

《申报》改组。1905年2月7日(清光绪卅一年正月初五)《申报》春节休假后重新出版时发表《本馆整顿报务举例》，宣布"更新宗旨"，"无取袭故蹈常，不敢饰邪荧众"。2月8日发表社评《述东瀛度岁之感以励中国前途》，一反以前一贯目康梁为叛逆的常态，开宗明义就引"饮冰子有云"，也投时之好了。原来《申报》内部在腊月底"议两日夜"，决定解除在《申报》馆任职廿余年(主持主笔房十年)守旧派黄协埙之权，添请由日本回国的张蕴和专任撰论，宣布转变立场。《申报》这次内部改组和转变立场，固然只是"投时之好"，但也确实使清廷在上海报坛上失去了一份自觉地为官方辩护的舆论阵地。以后《申报》也热衷于披露政府秘密档案，批评《中国政府不宜专事秘密说》。在《时报》独家刊出粤汉铁路交涉秘密档案之后不久，1905年冬《申报》也独家刊出沪宁铁路秘档，"局中人见之，几为挢舌不下"。1906年秋冬之间，聘江都王钟麒(毓仁，无生)和原《警钟日报》主笔仪征刘师培(申叔)入馆撰论，词意间常露排满之意。

《警钟日报》被封。1905年4月6日《警钟日报》被封禁。这里要补充的事是：在《警钟日报》案宣判前三天，即4月3日，因"《苏报》案"被禁于西牢的邹容在狱中逝世。那时《警钟日报》主笔蔡元培、林少泉、刘师培乃至那时开设东大陆书局的章士钊等都涉案不便出面料理，而由《中外日报》馆备棺殡殓，刘三（钟酥、季平）移柩去华泾，营葬于他所居黄叶楼侧。

《新闻报》被挤改组。1905 年 5 月中旬起上海发生反美华工禁约运动，各报都投入支持，却把《新闻报》挤兑到无法生存的地步。因为《新闻报》是美商，却也是禁用美货的对象。《新闻报》买办汪汉溪急忙张罗，串通商务总会的领袖人物曾铸，作伪证称“《新闻报》早于光绪廿八年（1902）分归《文汇西报》克拉刻君，曾于廿八年五月十四日登报声明”。但仍没有能阻止群众运动的冲击，乃至 1905 年成了《新闻报》馆第一个“赤字”年。1906 年 6 月，《新闻报》正式改组为有限公司，照香港法律注册，以福开森为公司总董，开乐凯（就是《文汇西报》的克拉刻）为副总董，其余董事为华人朱葆三、何丹书、苏宝森。这是一种“以防万一”的手段，增加一个保护层罢。到 1916 年 3 月 29 日又把这香港注册公司解散，复改组为美国公司，在美国特来华州注册。

《中外日报》转向。戊戌以后的《中外日报》，一般都是坚持了时代的立场，对清廷特别是慈禧作为，并未趋迎附和，所撰评论也时有卓见。但当时汪康年所持立场，都是从维护清廷的根本利益着想，与革命乃至革政的意图都相距甚远。“壬寅新政”以后也呼吁立宪，但也显得空泛无力。1904 年汪康年补应朝考出任内阁中书后，往来京沪之间，《中外日报》在政界方面的消息更灵通了，字里行间为清廷袒护的情况更逐渐增加了。这一年 9 月 10 日（八月初一），张元济等入股《中外日报》，也企图对《中外日报》施加影响，如曾与伍光建合作构思漫画，对朝政时弊“颇极讽刺之能事”之类。汪康年为了要摆脱张元济的控制，转而向端方、瑞澂举债，再一变而为接受蔡乃煌的投资，最后不得不卖断了《中外日报》。1905 年对《中外日报》的历史来说，是有转折意义的一年。

《南方报》问世。1905 年 8 月 23 日，在上海却出现了一份由原驻日公使蔡钧在沪创办的每天附出一版英文评论和新闻的《南方报》。《南方报》的背景是十分可疑的，蔡钧并不是一位有抱负有识见的人物，据说《南方报》的后台是光绪帝的瑾妃和珍妃的哥哥志锐（希赞）。这位志锐与《时报》息楼的幕后人物赵凤昌两人，是“《苏报》案”中清廷派驻在沪的两个侦探。《南方报》英文名为 *The South China Daily Journal*，馆设四马路东首一品香对门 19 号。创刊时总主笔为胡枚宣（眉仙），总度支唐雨生，英文主笔唐介臣。创刊时直就连载维新期重臣文廷式生前笔记《闻尘偶记》，披露了不少清廷内幕，还连载辞职返沪参加反美华工禁约运动的吴沃尧（趼人）所著小说《新石头记》等。《南方报》发刊不久，就著论指名批判《中外日报》，特别专门批驳严复以瘉壄为笔名所写的社论。《南方报》英文评论和新闻为了对外表态，对象不过限于旅沪的外侨，达不到左右外报论坛的目的。在反美华工禁约运动中未见有何突出的作为。发刊不久内耗不断，先与高子衡、高子谷兄弟及连横（梦青）争权，后又闹到停刊改组主笔房全体辞职，一直到蔡钧在京被黜后停刊[16]。

外文报坛的风云。1905 年，上海的外文报坛也处于跌宕改组之中。有时也涉及上海新闻界人物。1905 年 7 月 17 日，亲俄的英文《上海泰晤士报》刊载消息，谓汪康年、张元济、夏曾佑、叶瀚等人已将浙路售予日人。第二天，《南方报》主笔连横据英文《上海泰晤士报》消息印发传单，传檄全市。当时反美华工禁约运动正渐趋高潮，汪康年等转轨之迹未露，这一“横炮”却使局势显得更加错综复杂。

在此前后外文报坛也是变化万端，《上海泰晤士报》1906年易主为主笔欧希接盘。1896年创刊的《益新西报》，1904年时为英人沃德所有并主笔，到1905年时则宣告停刊了。《字林西报》主笔立德禄在1906年4月逝世，从而结束了《字林西报》从1889年起一直鼓噪“瓜分中国”长达十六年的“立德禄王朝”，取而代之的则为“贝尔（H. T. Montague Bell）时代”⑰。1906年以后，上海英文报界的三巨头就将是贝尔、开乐凯和欧希的三足鼎立。或再加上一位路透社驻华的科达（郭林斯，Robert Moor Collins，美国记者），但科达经常在北京活动，并不常驻在沪，至于伦敦《泰晤士报》驻沪通讯员濮兰德则在1904年改任中英公司在华总代表，而且经常到北京活动。20世纪以后中国对外新闻的发布中心已北移到北京、天津，上海的地位相对下降了。

《同文沪报》颓势渐现。1900年发刊的《同文沪报》，到1903年前后起就矛盾百出，颓势渐现。《同文沪报》并不是真正的商办报，主办者日本东亚同文会是日本浪人为主的民间政治性组织，办报和办学（东亚同文学院）都是他们的常规手段，政治目标是“保全中国”，以免被列强分割完毕。日本东亚同文会及其《同文沪报》在庚子以后的态度有微妙的变化。开始时比较注意结好华人，特别支持赞同新学的新派人物。庚子以后日本浪人在我国内地各处的惹是生非事件逐渐增多，在《同文沪报》笔下很少谴责，甚至略有偏袒；《同文沪报》对清廷官吏及其秕政态度比较轻蔑，但作为日本人执笔的报纸对这些中国事务说三道四，指手画脚，特别1903年以后，《同文沪报》由井手三郎、井手友喜兄弟和筱原邦威、岛田数雄、牛岛吉郎等主持，不再聘用华总主笔，其言论很伤中国读者的民族感情。因此日本外务省认为“把某一报纸作为我方机关报不仅很困难，而且从《同文沪报》的经验看，反而得不到十足的利益”，“如能见机行事而成为大报的股东最好，不然就争取以利诱记者，需要时操纵其为我服务的方式，反而方便”。东亚同文会会长近卫笃麿也主张把《同文沪报》交由外务省处理，只是由于井手三郎个人坚持，才得续办下去。1904年7月起井手三郎又兼并了日文《上海日报》，外务省才继续给予每年一万元津贴。但《同文沪报》已无昔日光彩。

三、革命、革政上海无战事

1905年是孙中山的中国同盟会开始创办机关报《民报》的一年，也是在海外鼓吹革命者对主张革政即政治改良的康梁《新民丛报》发动笔战起始的一年。以后革命、革政之争在海外进行得十分炽热，而在报业比较发达，革命、革政报刊一度都曾活跃过的上海，却基本处于无战事状态。

主要的原因是主张革命的报纸受到了摧残。《警钟日报》在1905年4月被封禁后，“上海革命党人之喉舌，自是缄默者数载”。

同时孙中山在同盟会正式成立之前，相对来说还不善于有组织地创办报刊作学理性的宣传鼓动。在1905年以前上海地区出现的所谓激进报群，多半是有革命情绪的主笔们自发的办报活动，并不是有组织有计划的安排，甚至只能说有时是抓住机遇对某些办报活动的利用。在海外也大致如此，因此《辛亥以前海内外革命书刊一览》中才把 1900 年时的《同文沪报》和梁启超发表《新大陆游记》之前的《新民丛报》以及郑观应的《盛世危言》、梁启超的《新中国未来记》等都收集在内，甚至还列入了广学会出版的《大同报》。那时资产阶级革命派的实际宣传力量还小，而且忙于实际的组织行动，没有计划建立自己的宣传阵地。

更主要的一点，不论革命派还是革政派，最终的追求还都是在中国实行宪政以求中国的富强。不过革命派主张共和，不再要皇帝，更不要大清，因此要以暴力为手段；革政派则企图保留皇帝，拥戴大清，就现存的政权修修补补而到达实行君宪的目的。双方有异途的观点和手段，又有同归性的实行宪政的目标。在当清廷政权没有输光最后一点信任之前，反满还只是少数人的激进情绪，暗杀之类暴力手段还是革命革政两派共同都鼓吹的手段，“行宪就是目的”的幻想当然会占上风。更何况“壬寅新政”之后，呼吁行宪是合法的，也是上海报坛占主导地位的思潮。即使激进如《俄事纪闻》到《警钟日报》，也一直没有把反对革政作为主要对抗批判的对象。当《警钟日报》被勒停以后，革命、革政之争已一时锣停鼓休，报坛发出的主要声音是呼吁立宪，批判的是顽固守旧思想。

但是，上海也并不是完全无声无息，戢元丞作新社创办的《大陆》报还在继续出版，但此刊的反康梁始终只停留在攻击私德，有时行文意兴所至甚至批评说：“既为保皇党……奈之何又接济叛党?”简直泼脏水把小孩也要一起抛掉。1905年2月发刊的《国粹学报》也是充满了革命情绪的。但这主要也只是从国粹出发，内容提倡“夷夏之防”民族气节，不涉革命、革政之争。1905年9月，《国粹学报》国学保存会发起人之一高旭(天梅)等却在日本东京办起了《醒狮》月刊，而以《国粹学报》馆为国内发行所，《醒狮》发刊在《民报》问世之前，《醒狮》还专门发表了《民报》即将出版的消息，全文刊出《民报》创刊号目录。所谓“缄默者数载”，只是指革命、革政之争而已，广义的革命报刊活动，在上海还是不绝如缕的。

最后还得补述一下革命、革政双方在上海的书报传播状况。康梁一派在上海的活动有计划得多，冯镜如等的广智书局在1898年底就在沪筹备设立，1902年正式开张。《新民丛报》创刊以后，1903年起还在上海添设了《新民丛报》上海支店。1904年6月创办《时报》馆，在此以前狄葆贤还已开办了有正书局。在特赦戊戌党籍之前，梁启超所编书报在上海租界完全公开流通，甚至还发生过书贾盗版后还要求示禁其他书局翻刻的事。而革命派方面的报刊传播活动往往是自发的。戢元丞办作新社更多的目的是赚钱，带有为革命提供资金的背景，与其他革命书报界也没有多少有政治内容的来往或联系，陈镜泉的镜今书局，章士钊的东大陆书局，丁初我的大同印书局，顾子安的时中书局等都印行或经售过革命书刊，但多半是偶一为之，甚至不完全是有意识的活动。传播散发革命书报最著名的是青莲阁下摆书摊的“野鸡大王”徐敬吾及其女儿宝妣。1903年时宝妣还只是个十三四岁的大女孩，徐敬吾只是位本钱不大的穷报贩，敢于抛头露面，别人也奈何他不得。革命派真正有自觉意识的开展发行工作要在同盟会成立以后。1906年3月，同盟会上海、江苏两分会合并，借西门小菜场宁康里创办健行公学，并以在邻近的同盟会成员夏听渠养病的寓所为机关，"东京出版之《民报》、《复报》、《洞庭湖》、《鹃声》、《汉帜》各刊物，亦以健行公学为总汇"。常驻在"夏宅"的同盟会江苏分会负责人之一陈陶遗"每携至福州路奇芬茶楼品茗售书，与徐敬吾所设之书肆成犄角，围观者如堵墙。时敬吾之女公子宝妣女士早已病故，敬吾之宣传力因之大减削矣"。由此可知，直到1906年为止，革命派报刊发行活动还比较窄，不成规模。

第六节 报与刊畛域渐分

一、报与刊概念的演变

在我国新闻史上，报刊命名有一个值得注意的历史现象：自从林则徐把他所组织翻译的"澳门新闻纸"材料交给他的友人魏源编入《海国图志》为"澳门月报"，把"报"这个名词与新闻纸"并为一体之后，特别是国人在国内自办的新闻纸，差不多把所办连续性定期出版物都称呼为"报"。在戊戌时期更成为普遍现象，除了个别例外，所有连续性出版物一律称"报"。但这个历史现象，从1900年起渐渐有了变化，"报"的名称逐渐专属于散张出版的非书册型的新闻纸，特别专属于日报，以书册型定期连续出版的期刊则不再笼统地称之为"报"。最早出现的新名词为"册报"，后来又被称为"丛报"。而被用作刊名的则有“世界”、“杂志”、“编”、“刊”、“录”，或单纯用一个汉字名词作名称如《大陆》、《觉民》之类，实在要用“报”字也常标明“旬报”、“七日报”、“官报”、“学报”、“丛报”、“通报”、“汇报”等。这多少表明办报人在思想概念上的一种进步，开始注意到每天出版的“新闻纸”与出版周期较长的期刊乃至并不连续出版的书籍之间的异和同，在探索各种各样印刷出版物的定性定位。

“册报”一词仅见于《时务汇编》壬寅(1902)四月的《新旧各报存目表》，是把它作为与“日报”相区分而另列的。大致是认为“日报”是散页，“册报”则装订成册。这个区分其实并不科学，每天出版的天津《大公报》初刊时折叠成册，就被刊入“册报”；而上海“徐家汇《汇报》”三日一出，却被当作“日报”。此说后人也很少采用，不久即湮没了。

梁启超在海外，于1901年底《清议报》第100期上发表的《中国各报存佚表》中，则另“创”了一个名词叫“丛报”。这个名称后来为新闻界有所认同。梁启超在1902年2月8日在日本横滨发刊《新民丛报》，四川重庆出版了《广益丛报》，上海也先后出版了《扬子江丛报》、《雁来红丛报》等，梁启超还在《新民丛报》上写了一篇《丛报的进步》，把当时的所有期刊如《江苏》、《译书汇编》、《浙江潮》、《新世界学报》、《大陆》等一律归之于“丛报”的范畴。

世纪初以来最显眼的是出现了一批以“世界”命名的期刊，1901—1905年之间就先后创办了六种“世界”，它们是《教育世界》(1901年5月10日，清光绪二十七年四月)、《翻译世界》(1902年12月1日，清光绪二十八年十一月初一)、《科学世界》(1903 年 3 月 29 日,清光绪二十九年三月初一)、《童子世界》(1903 年 4 月 6 日,清光绪二十九年三月九日)、《女子世界》(1904 年 1 月 17 日,清光绪二十九年十二月初一)和由《小说世界日报》改版而来的《小说世界》(1905 年 10 月 28 日,清光绪三十年十月初一)。这些期刊的所以自名为"世界",就是自许在一个特定的领域里包罗万象,向专业的方向发展,而不再是笼统地以新学自许,或混同于"新闻纸"。这些"世界"都或多或少跳出了上世纪《万国公报》或《时务报》所开创的首载一两篇社论,然后译载若干条时政性新闻的模式,或偏于传播新知(如《翻译世界》、《科学世界》);或偏于鼓吹新论(如《童子世界》、《女子世界》)。其中影响最大的是《教育世界》和《女子世界》。《教育世界》前面已介绍过,《女子世界》月刊署常熟女子世界社编辑,上海大同印书局发行,这大同印书局就是在1903 年 5 月最先印刷出版邹容所著《革命军》的出版机构,由丁初我(祖荫,字兰孙)所开设。《女子世界》的主办者,也是丁初我。《女子世界》与以前上海曾出版过的《女学报》(1898)和《女(苏)报》(1902—1903)不同,不是由女子自办,而是办给女子看,第一年由丁初我自编,第二年则由南浔陈勤(志群、以益、如瑾)参与编务,主要撰稿人为柳亚子、徐觉我、沈同午、蒋维乔、丁慕卢等,都是中国教育会常熟和吴江两个分会的成员。丁初我创办这份期刊,也有在《女(苏)报》停刊后填补空白的意思。它提出了"改铸女魂"的三个目标:"易白骨河边之梦为桃花马背之歌;易陌头杨柳之情为易水寒风之咏;易咏絮观梅之什为爱国独立之吟",对中国妇女还提出了"复权"和"建国"两大任务,鼓吹女子要自重、自立、自主。这是过去妇女报刊从来没有到达的高度，成为当时各地以后陆续出版的妇女报刊群中的佼佼者，受到在日本的秋瑾致意赞许，推为女报中的“巨擘”，表示“不胜心服”。但不甚准期，《女子世界》第2年第6期出版时，已是1907年7月。其他几种“世界”中，《科学世界》是继杜亚泉所创办《亚泉杂志》、《普通学报》之后的本世纪初第三种自然科学专业性期刊，由设在四马路惠福里的科学仪器馆编辑部编辑，图书部发行，中西印书局活版部铅印，《〈科学世界〉简章》由虞和钦、王本祥具名，林森撰写了“发刊词”，认为“今者我国多难，决非放论空言为能抗免……极意研求企业之改良，阳图种性之进步，则固吾人对社会国家之义务”，科学救国之意，跃然纸上。《童子世界》则为爱国学社高年级学生所创办。

如果把1862年墨海书馆麦嘉湖所办《中外杂志》因汉名有异说（在王韬回忆中称《中外杂述》），而略去不论的话，在我国最早以“杂志”命名期刊的，则是1900年11月29日（清光绪二十六年十月八日）由杜亚泉所设亚泉学馆出版的《亚泉杂志》。当时“杂志”两字是从日本输入的。《亚泉杂志》虽然也是铅字单面印刷线装，但封面设计得比较花哨，不是用传统的题签方式。出版时又在八国联军攻占北京期间，因此常被误认为日本人所办，称之为“大日本《亚泉杂志》”或“大日本亚泉学馆”。《亚泉杂志》发刊10期以后，就改名《普通学报》不再用“杂志”这个名词，亚泉学馆也改名普通学书室。过了三年，1904年3月11日（清光绪卅年正月二十五日），已与日本金港堂合作的商务印书馆出版了大型期刊《东方杂志》，则使“杂志”这个称谓对今后的报刊界产生了极大的影响。《东方杂志》创刊时，不过仍是《万国公报》型或《时务报》型的，大量文献性的时政材料加刊首有几篇社论或选论。但却在不断变化，增加了综述性和述评性，逐步从传播新闻的职能向鼓吹新论的方向转变。在《东方杂志》以后，上海就连续出现了《滑稽杂志》(1904 年 11 月)、《华北杂志》(1905 年 1 月由北京出版的《华北译著编》改组迁沪)、《北新杂志》(1905 年 12 月由《华北杂志》改名)、《宪政杂志》(1906 年 12 月 16 日)、《理学杂志》(1906 年 12 月 30 日)等最早一批以“杂志”命名的期刊。全国各地也有《东浙杂志》(浙江金华)、《武备杂志》(保定)、《教育杂志》(天津，后改《直隶教育杂志》)、《湖北警务杂志》(武汉)、《见闻杂志》(北京)、《学务杂志》、《南洋兵事杂志》(南京)等，乃至后来发展到把“杂志”两字当作期刊的同义词，把一切期刊都称为“杂志”了。其他“丛报”、“世界”之类名称，就无法获得如此殊誉。

二、期刊的款式装帧

在此时期期刊的另一个明显的变化是从 1902 年年底开始，戢翼翚(元丞)开设的作新社，从日本引进了书籍隐线装订的西式装订机，加上了彩印封面、铜图插页和白报纸双面印刷，给期刊外观换上了全新面貌。上海最早采用“洋装”的期刊是作新社出版的《大陆》，以后才逐渐扩及商务印书馆所印刷发行的诸期刊如《绣像小说》、《东方杂志》、《日俄战纪》、《外交报》等，以及继续出版发行的各种“世界”。如《教育世界》原为线装本，到 1904 年春(甲辰)起，也就改为

"洋装";广学会的《万国公报》则稍迟,到1905年春(乙巳),才改为"洋装"。

期刊的改为"洋装",虽然仅是物质条件的更新,但形式反作用于内容,在新瓶与旧酒之间发生了不相容的矛盾,也得促使旧酒适应于新瓶了。梁启超创办《时务报》的时候,首创了一个模式,《时务报》所刊《华盛顿传》、《伦敦铁路公司章程》等,都另起页码,逐期相续,以便看完后由读者拆下另订成册。这是线装书的优越性,这个模式也一直为后来出版的各种期刊所仿行。商务出版《东方杂志》时,社说、谕旨、内务、军事、外交、教育、财政、实业、交通、商务、宗教等各栏,都各自有逐期相赓续的页码。但是隐线装帧的"洋装"期刊如何自拆后另行装帧呢?这成了个大难题。那时梁启超在日本横滨创办《清议报》(还是线装本)和后来的《新民丛报》,就已丢弃了《时务报》时首创的模式,改为浑然一体的编辑模式了。上海却开始时还有点胶柱刻舟,泥而不化,直到1906年以后《东方杂志》等才逐渐有所改进,而走出误区。

1902—1906年期间,就期刊装帧形式来考察,还是线装洋装共存的时代,而总的倾向来说,洋装愈来愈多,旧式线装的愈来愈少,但远未退出历史舞台,不仅在内地有些地方还没有新式装订机,甚至还没有铅活字印刷,就以上海来说,也有甚至有意识要出版单面印刷线装本期刊的,如1906年的《雁来红丛报》还用雕版木刻印刷,1905年的《国粹学报》则用了铜版制图插页而偏用线装装帧。这就不如当时的日报和"海派小报",到1906年以后,就已完全没有再用单面印刷叠为书册型出版物了。

三、报业自身的发展是报刊分流的主要原因

期刊刊名的变化仅是报与刊分流的“果”而不是“因”；期刊外包装的变化也并不是促使报与刊畛域渐分的起决定作用的触媒，起决定性作用的还是整个新闻事业的发展。

戊戌时期维新志士们初办报刊时，常挂在嘴边的一句名言是“倡开风气”。倡开什么风气？一是要了解国家所处的真正的形势，二是要针对这种形势交流救国的主张，从而把读者发动起来。那么，维新志士们为什么办刊而不办报呢？这里有资金和财力的问题，也有传播方便与否的问题。新闻信息的传播及时迅速，当然日报期刊来得有利，但是在传播的广、深、远方面，日报反而不及期刊。在上海办的报和刊，在社会闭塞、交通极不方便的条件下，天天出版的报纸要日日及时输送到穷乡僻壤去就比较困难，相反来说十天半月出一期的期刊，倒往往反而能够或早或晚地传播开去，读者订阅的费用也比较便宜，而且每期刊物中大多数材料自成段落，不如日报那样新闻都有连续性，没头没脑看一天会弄不清其中的所以然。也正因为这样，《申报》和《万国公报》都创办于清同治年间(19世纪70年代)，在上海乃至江南一带，《申报》的影响比《万国公报》要大得多；而较远的地方如京津或内地，《万国公报》反而有踪迹，《申报》等则很难有很深很远的传播。作为“倡开风气”来说，在旬刊、月刊上鼓吹言论的同时，播译或选载一些足以证实所鼓吹的言论和新闻材料在风气未开的时刻很有必要。但是，在新闻事业已渐见发达，内地各域也都先后办起了

报纸,新闻信息已能较迅速地广为所知的当儿,期刊再跟在报纸后面重复地叙述一些早已报道过的消息,就显得不必要了。期刊要扬长避短,另行寻找自己的位置。

世纪初这几年,正是期刊在重新寻找自己的位置的时刻。

期刊的做法,较普遍的是讲究报道新闻事件的文献性,刊出权威性的材料,以按语的形式解释背景,阐明来龙去脉,甚至评述何去何从;还有,尽可能完善地讲述新闻事实。这一方面《东方杂志》做得特别地道。它创刊时正好是日俄战争爆发不久,创刊号不仅在"军事"栏中从几个方面记载了《日俄军事纪要》,而且在"外交"栏中刊出《局外公法摘要》、《中外交涉汇纪》、《各国交涉业纪》,"社说"栏中还发表了别士(夏曾佑)所撰《论中日分合之关系》,日本长尾雨山所撰《对客问》,转载《中外日报》社论《祝黄种之将兴》。直到现在《东方杂志》还是研究日俄战争的史料较完整的保存者。以后《东方杂志》第 2 卷第 5 号起又连续每月刊出《中国事纪》;第 5 卷起又改为《中国大事记》和《外国大事记》,还增添了每月的职官表、金银时价一览表;第 19 卷起改为《时事日志》,一直到 1941 年的第 38 卷为止,成了持续时间几达半个世纪的历史大事记。这是《东方杂志》的特殊贡献。同样的工作有些报纸如《申报》等也在进行,但往往年终一纸,反而不如《东方杂志》那样受到读者重视。

期刊逐步舍弃了报道新闻的职能,而着重于鼓吹见解,传播文化发挥自己的作用,但是不放弃可能得到的有价值的新闻性材料。这个现象在海外创办的报刊包括留学生报刊中表现得更明显。梁启超所办《清议报》,设专栏"纪事"报道"国内之部”和“外部之部”，初办《新民丛报》时还是如此，但到1904年以后这个“纪事”栏就不见了，改为“国闻杂评”和“中国大事月表”，最后索性这个“大事月表”也不存在了。留学生刊物中最早出版的《国民报》还是开设了“纪事”栏的，1903—1904年第一个留学生办报高潮中出版的《游学译编》、《湖北学生界》及其后身《汉声》、《直说》、《浙江潮》、《江苏》、《海外丛学录》、《东京留学界纪实》也都是如此，但后两者已改为刊出海外留学生界的新闻。到1905年夏以《二十世纪之支那》为始的留学生办报高潮重起时，包括《二十世纪之支那》的后身《民报》，以及《第一晋语报》、《鹃声》、《醒狮》、《法政杂志》、《云南》、《洞庭波》，以及在上海编就寄日本印刷的《复报》等，都以“时评”代替了“纪事”，而且愈来愈向专业期刊学术化方向发展。上海的杜课园所办《扬子江》丛报的不断变化，也正反映了办期刊的痛苦的摸索过程。《扬子江》于1904年6月28日创刊于江苏镇江小闸口，后迁上海。当时正是日俄战事起，而英帝势力进一步控制长江流域的当儿。《扬子江》创办于镇江，自言为“开通内地风气”而命名为《扬子江》，自有开发整个扬子江流域的风气的抱负。但命运很不济，创刊号上“纪事”栏刊出《镇江官民交哄记》被查究，被迫迁沪。来沪后又接办了《上海撷报》，并把它与《扬子江》合并改组，从1904年12月7日起改版为《扬子江白话报》(朔日出版)和《扬子江丛报》(望日出版)，时事纪事部分后来也改用“大事月表”，或“月表”与“纪事”共存了。直到1905年8月主编杜课园“文字获过”被捕入狱停刊为止，一直把握不定。但总也显示了期刊与时事报道关系变化的总的趋向罢。

关于期刊的专业化，当然并不是始于这一时期，但也的确到这时期才渐成其规模的。如农学期刊，上海的《农学报》创办于1897年，当时是硕果仅存，在这一时期一直在坚持连续出版，而武昌、天津也办起了《农学报》，而且还办起了《蚕学月报》(武昌，1904)、《北直农话报》(保定)、《蚕业白话演报》(四川，1905)、《农桑学杂志》(日本东京，1906)，在全国范围内渐成气候。还有医学期刊，西医的华文期刊创始于1880年《西医新报》和1887年《博医会报》(中英文两种版本)，戊戌期间上海办了《医学报》，“既阐中医之源流，复参西医之议论”，是我国第一种企图把中西医结合起来的医学期刊，接着《红十字卫生学报》(上海，1898)、《医学报》(杭州，1900)次第出版，特别是1904年在上海创办的《医学报》，是中国医学会发起创办的我国最早的中医刊物。医学会是当时江南机器制造局提调李平书与御医陈莲舫等发起组织的，规模较小，上海拒美华工禁约事件兴起，李平书联合江湾名医蔡小春、顾滨秋邀请沪上医界名流三十余人扩大组成全国性的医学总会，蔡小香被举为总董，从而创办了这一份《医学报》，以中医中药为主，同时也十分注意吸收外来的先进医学，“补我不足”。中国医学会这个全国性的民间医学团体会员达两百余人，会员遍及全国十二个省。所以《医学报》在当时的影响是相当大的，初为旬刊，后改一月中出书册一，报纸二，又改半月刊。到1910年底出版154期后才休刊。农学与医学都是我国传统古籍中有所表述的，其他自然科学期刊则是全新的科学专业期刊了。而《教育世界》的出现，则又使社会科学在报刊界中开辟了新的天地。此外还有专门的小说期刊；期刊与“新闻纸”之间的距离日益拉开了。

新闻事业本身的发展引起报纸和期刊分别泾渭的，是报业的经营管理。

甲午以前上海报刊的经营，笼统地说是两种模式共存：商办的新闻纸和教会办的刊物。甲午以后的“志士办报”，多半采取“教会办刊”的模式，募集一笔款项开办，以后靠捐助来维持。办刊经营能回笼一些最好，不然也并不过于计较，刊物维持不下去就闭歇。“政治家办刊”都是作为“事业”来办的，并不作为“企业”来经营。因此上海戊戌期间的报刊的寿命厄于经济比厄于政治气候的状况更严重。世纪初以后，新创期刊多半还是“志士办报”的格局。不过有些已有书局作为后盾来出版发行，经济上较有保证。书局创办的期刊都比较注意发行推广，比较注重适应生存环境，寿命都相对比较长些。个人创办或诸人组成编译社所办的，除非经济后台非常硬，或经营较得法，否则很难长期支持。上海的日报一般是讲究经营的，因为天天发行，月月结算，发行网络比较完善。上海的报纸经营、报刊商业广告一般占报纸全部篇幅一半以上，广告收入是大宗，份额有时甚至超过发行所得利润，这在当时恐怕只有在上海办报的才有基础，因为广告的来源赖于新式工商业的发达。北京和内地其他城市就不一定具备这样的社会经济基础。这也就决定了北京、上海两地报纸事业发展各具不同的色彩。

世纪初以来，上海的报业发展到报馆规模已不再是个人财力所能负担的了。为了新闻竞争，获得独家消息，不漏刊重要新闻，各报馆都花了大本钱在北京和各地特聘了消息灵通的访员，用电报传递电讯稿件。上海各报馆也都先后装起了电话，本地消息也用电话及时传递。报馆规模大开销也大，就不再是几个人凑少数几个钱就能办得起来的。“志士办报”就不是一下子能办得到了。以这时期新添的两家报纸为例，《时报》是利用了唐才常起义的“粮台余款”；《南方报》则有北京某些官员输资的背景，开始是都不能算是正常的商业资本。但是报纸一旦开始了运作，就不得不脱离既定的轨道向商业办报的规律靠拢，至少要以商业办报的方式来维持生计，不然就无法生存下去。如此考察，《苏报》不惜以报馆的身家性命与当时的学生运动和中国教育会、爱国学社等某些激进分子的活动结合在一起，除了陈范在思想上有进步的一面以外，也不能排斥有经济本钱不足而孤注一掷、寻找出路的因素。《苏报》在章士钊主持时期的第四次改革之前，报道内容偏于学运一隅，已脱出综合性日报的轨道。

商办报纸已趋于规模大局面大不惜工本猎取新闻的局面，使本短力弱的期刊无法与之在报道新闻信息的求速方面展开竞争，转而注重向新闻信息的深度和广度方面开发，偏重于述评性和完善性，甚至不着重报道新闻信息，而着眼于传播文化知识和学术见解。这样才各得其所地找到了各自的位置。这一时期还只是报与刊分道扬镳的开端，整个分离过程，大致要横亘整个清季末年。民国以后，就是另一种局面了。

四、教会报刊在时政领域里的挣扎

19世纪对我国时政卷入较深的上海教会报刊，基督教方面是广学会的《万国公报》月刊本，天主教方面是李杕主笔的《格致益闻汇报》。《汇报》的主笔是中国人，在1899年8月9日第一百期起分别出版《时事汇录》和《科学汇编》后，《汇报·时事汇录》上仍常发表"时事论"，有些问题还能持正。如义和团事变以后，各地教案层出不穷，1903年4月，李杕在《论教士干预民事》中称："有因事入教者求助于教士，事不关教，亦为关教；甚有自撕经像，诬言仇教者所为。若教士左右之人阴受贿嘱，共证其言，则教士更坚信而不惑，随即遗札官衙，力请办理，此天主教之干预民事。本馆曾有所闻，不可谓必无者也。"广学会的《万国公报》月刊本，则继续一贯作风，依旧这一期刊登一篇《论中国变法之本务》，下期刊登一篇《化除满汉畛域议》，但也不得不增添中国人执笔的议论《论中国之败在不知用人》、《论中国积弱在于无国脑》，甚至论说《中国仇教之原因》、《评述惩儆教友事》之类敏感话题。但是在报道新闻信息的职能上同样有了转换；日俄战争以后的1905—1906年起，就很少报道中国内政，《译谈随笔》、《时局》诸栏都只论及各国消息，《智能丛话》更是只报道西方各种科技发明，影响不再像戊戌维新前后那样受人注目。1904年2月29日（清光绪三十年正月十四日），广学会鉴于《万里公报》月刊本出版周期长，难与新闻界其他报刊竞争，又增出了报纸型的华文周刊《大同报》（英文报名为 *Chinese Weekly*），由英国循道会传教士高葆真（W. A. Cornaby）主笔。《大同报》分三部分：论说、译著、新闻，而后来受读者注重的，都是译著部分，包括哲学、教育、历史、宗教、农业、动植物等。在政治上并没有发挥多大作用，只是详细地介绍了美国宪法的方方面面。1907年3月9日出版的《大同报》第151号起改为册报，经常附刊插图和照片，当时照相制版印刷技术刚刚传入上海，《大同报》竟用作推广报刊的手段，为名人文人摄影后制版刊出，同时要求被摄者代销《大同报》若干份。这种推广发行手段，在上海新闻史上则是首创。

天主教、基督教其他教会报刊则就离时政更遥远了，如《教会七日报》(1901)、《通问报》周刊(1902)、《礼拜报》(1903)和由武林吉(Franklin Ohlinger)在福州出版的《华美报》及上海监理会所办的《教保》合并而成的《华美教保》(1904年3月)。此外值得注意的还有三种，其一是青年会的报刊活动，1901年发刊了《上海青年》周刊，最初只载会务。1902年另出《青年会报》双月刊后，《上海青年》逐渐增加知识性内容，以吸引和满足青年的需要。其二是圣约翰大学在1905年出版年刊《龙旗》(*The Dragon Flag*)，是我国最早的高等学校年报。其三是1903年初，中西学院教员谢洪赉、宋耀如等邀约了一些中国牧师和基督信徒如俞中善、夏粹芳、高凤池等共73人，发起成立了中国基督教徒会。它所发表的“成立缘起”是上海最早的基督教会自立宣言，指出“觉我中华信徒，内则教会荏弱，外则阻力多端，且教案迭起，士民侧目，祸端之来，尚未有已。创立此会由于爱国爱人之心，联络中国之基督徒会为一群，提倡中国信徒宜在本国传道”。所办《中国基督徒月报》着眼于宣传中国信徒自立播道的意义，但并没有进一步组织和切实的自立办法。1907年全国基督徒第三次大会时，还被认为中国不够自立的条件。《中国基督徒月报》仍坚持出版，到1915年4月共出版60期后停办。

第七节　呼醒民众的通俗化报刊

一、与办官报异趣的白话报刊

20世纪初期，在清廷特许创办官报的同时，上海乃至全国各地民间，却悄悄地出现了一个白话报刊运动。

白话报刊的最早出现并不在20世纪，《申报》馆早在1876年（光绪二年）3月30日起就发刊过白话体的《民报》，但仅是商办报纸推广销路的一种手段。到戊戌时期《演义白话报》、《无锡白话报》等的发刊，就已有了“开通民智”的政治要求，但都随着慈禧复出而中止了。1900年义和团事变起，北京失去了清廷控制的主宰，日本人办起了《北京公报》，留京的有道台衔亦官亦商洋务人员黄中慧在1901年9月也办起了白话的《京话报》旬刊以为对抗。这是北京战后中国人办报的最早纪录，比彭翼仲办《启蒙画报》还要早。1902年慈禧“回銮”颁行“壬寅新政”，从创办《政务处汇编政要》开始推行官报，上海的情况却是没有理睬办官报的主张而发起大办白话报。1902—1904年之间，上海一地所编、印、发的白话报刊，与全国各地相比几近一半对一半。现刊表如下：

上海	其他地区
《苏州白话报》(1902)	《图画演说报》(1902，杭州)
《智群白话报》(1903)	《启蒙通俗报》(1902，成都)
《湖南白话报》(1904)	《绍兴白话报》(1903，绍兴)
《宁波白话报》(1903)	《湖南演说通俗报》(1903，长沙)

《中国白话报》(1903)	《俚语日报》(1903,长沙)
《新白话》(1903)	《江西白话报》(1903,九江)
《安徽俗话报》(1904,上海印行)	《潮州白话报》(1903,潮州)
《湖州白话报》(1904)	《吴郡白话报》(1904,苏州)
《白话》(1904,东京出版,上海总经营)	《湖北白话报》(1904)
《福建白话报》(1904,上海总发行)	《妇孺报》(1904,广州)
《扬子江白话报》(1904)	《京话日报》(1904,北京)
《初学白话报》(1904)	《江苏白话报》(1904,常熟)
	《南浔通俗报》(1904,浙江南浔)

其中《吴郡》、《江苏》、《南浔》三种,也可能是在上海印刷的,因当时当地都还没有新式印刷厂。

而这几十种白话报中,影响较大的数家,除北京彭翼仲所办的《京话日报》以外,其他都在上海编辑、出版、印刷或总发行。

《宁波白话报》创刊于1903年11月23日(清光绪二十九年十月初五)由上海宁波同乡会主办,主要读者对象是旅居上海的宁波人及其附近地区的老百姓。刊出的内容也多关系宁波的事,如《宁波宜扩张航路权》、《防!防!!防!!!宁波将亡了》、《宁波的渔业危险得很》、《论德人渔业公司和我宁波的关系》等,并指名道姓地批评"现任抚台聂仲芳,最怕是洋人",热切地希望宁波地方的工商业者,变自私自利为群策群力,"合办竞争,渐图膨胀"。为此又集中力量反对宁波地方上的坏风俗、坏习惯，如赛会，信风水，叉麻雀赌博，缠足，提倡开学堂，办医院等。《宁波白话报》的总发行所在望平街的启文社和交通路的新学会社，这两家书局都是宁波人开的。撰稿者则不一定都是宁波人，如白话道人（林獬）就撰论《告宁波的妇女》。《宁波白话报》可能停办于启文社等因出售陈天华著《警世钟》等著作被封时。

《中国白话报》发刊于1903年12月19日，即蔡元培办《俄事警闻》后四天，主编白话道人即福建侯官林獬（万里、少泉、白水）同时也是《俄事警闻》白话论说《告农》、《告小工》、《告会党》等文的撰稿人。《俄事警闻》创刊号上《告诉大众》一篇，还同时在《中国白话报》上刊出。《中国白话报》创刊时为林獬一个人的独角戏，数期之后才有刘光汉（师培）参加，起先写的还是《满江红》之类的诗词，后来才写起诸如《中国理学大家颜习斋的学说》、《黄梨洲先生的学说》、《王船山先生的学说》之类，以白话文介绍这些深奥的学说，也是真难为了刘师培。《中国白话报》读者对象主要不是知识分子，而是下层劳动者和青少年，甚至很蔑视封建文人而称“我们中国最不中用的是读书人。那般读书人，不要说他没有宗旨，没有才干，没有学问，就是宗旨、才干、学问件件都好，也不过嘴里头说一两句空话，笔底下写一两篇空文，除了这两件，还能干什么大事呢？”“如今这种月报、日报全是给读书人看的，任你说得怎样痛哭流涕，总是对牛弹琴，一点益处也没有的。”“现在中国的读书人没有什么可望了，可望的都在我们几位种田的、做手艺的、做买卖的、当兵的以及那十几岁小孩子阿哥、姑娘们。”当时能有这样的抱负来办报，还是很少有的。林獬通过《中国白话报》,以论说、新闻、时事问答方式,以醒目的标题和悲愤的笔调,痛切地陈述沙俄强盗在东北的种种暴行和各帝国主义列强虎视眈眈,随时可能瓜分中国的危急局势,在号召人民团结的同时,还提倡盲目破坏,并鼓吹暗杀。在17、18两期所刊《论刺客的教育》一文中称:“现在的明白人,眼见这种黑暗官吏,哪一个不想革命?但革命断非一次就可以成功的。而且此时各种学问都没有设备,各处人心也不能齐一,各等社会的意见,更是参差不齐。所以谈起革命虽然没人不喜欢,但由我看起来,现在还是鼓吹革命时代与预备革命时代,并非实行革命时代。这时候做革命的过渡,就是刺客。”还称刺客顶容易成功的:“第一不要多花钱;第二不要多联团体;第三不至惹外国人干涉;第四不至扰累地方多杀人命;第五可以杀一儆百。”文章还“将欧洲各国大英雄、大豪杰主张做刺客的话,并各国著名刺客的姓名,列在后头”。《中国白话报》与《警钟日报》一起,是当时上海鼓吹暗杀作为革命手段最频仍的两种报刊,反映了当时对革命的认识水平。1904年8月中旬,《警钟日报》主笔汪允宗辞职后,林獬、刘光汉入《警钟日报》主持编务,林獬就把《中国白话报》第21—24期合并成一册出版后,宣告停刊。11月中,上海就发生了万福华谋刺王之春事件,因案受牵连的好几位就是与《警钟日报》有联系的人。这些人被捕后,还是由林獬设法用《福建白话报》的名义保释的。

《安徽俗话报》是陈独秀在《国民日日报》停办后回安徽创办的,半月刊,却是在上海印行。由章士钊所设的上海东大陆图书印刷局承印并发行。其中大宗寄安徽芜湖发售。因为《安徽俗话报》坚持爱国宣传,在1904年11月曾被领袖领事美总领事古纳移函公共租界会审公廨查禁。加上承印《安徽俗话报》的东大陆印书局因寄售陈天华《警世钟》案，东大陆图书印刷局账房(即原《苏报》馆账房)程吉甫被判监禁两年，因此《安徽俗话报》曾被迫停刊了三个多月，后来另找印刷厂补印16—18期，这样时事部分所载的都成了明日黄花。为了起衔接作用，第19期特地发表了《甲辰十一月望后至乙巳正月三十日的大事表》。但以后仍无法按时出版，第20期后又脱期三个多月，原因是陈独秀访游淮上，无暇再兼顾报业。同时《安徽俗话报》内部发生了纠葛，有人主张“辞旨务取平和，万勿激烈”，陈独秀不同意，1905年9月13日所出版的第21、22期合刊上已无陈独秀的笔墨。当时曾有人从中周旋，劝陈独秀再编一期作为第23、24期合刊，这样就算出满一足年，陈独秀也坚决拒绝。这样《安徽俗话报》成了一种未足年的刊物，与陈独秀以前参加编务的《国民日日报》一样，未逝于外部压力，而夭于内部意见不统一。

《白话》，是由秋瑾在日本东京创办，在上海总经售的白话期刊，月刊。由中国留日学生所组织的演说练习会编及发行，上海小说林社总经售。第一期出版于1904年8月15日，署“甲辰八月十五日”，不用清光绪的年号，表示不奉清廷正朔(陈独秀办《安徽俗话报》，第9期后改用干支纪年，也是被看作不敢“平和”的标志之一的)。秋瑾办《白话》，主要是为了提倡演说。她认为绝不要以为有了报纸就可以不要口头宣传了。因为看报的人当中“闲荡的人”不过是看些《笑林报》、《花月报》，看看戏园中谁在开演，书场里哪几人登台；商人看报只注意钱米各业的行情，如何施展他居奇的手段；那官场的看报更可笑,只看一种为他们帮腔的《申报》,别种报都不要看。至于那些"下等人","一万里头能有几个认得字呢"? 办《白话》,也是为了提供演说的资料。因此评时事、讲历史故事、登戏曲、推荐歌谣。为了通俗易记,把曾国藩谐称为"真国犯",左宗棠则谥之为"祖宗荡",强调"凡是以兴起国民之精神及警惕败类之心目者",皆可演说。《白话》据记载共出版过十六期。据《宋教仁日记》记载,(1905 年)四月廿八日、五月二日还不断为秋璇卿《白话》报写稿,推断出版并不准时,可能有衍期的。

以上只是 1904 年以前,上海出版白话报刊的大致情况。1905 年以后上海又继续出版过《白话开通报》、《童蒙易知草》(1905)、《竞业旬报》、《预备立宪官话报》(1906)、《新中国白话报》(1907)、《卫生白话报》、《国民白话日报》、《安徽白话报》、《白话小说》(1908)、《上海白话报》(1910)等,但已不如 1902—1904 年那时那样集中,影响也不如 1905 年以前那样深远。而全国各地的白话报刊倒是如潮汹涌,1905—1911 年底共出版的白话报刊七八十种,上海只占其中的十分之一了。

二、小说期刊的兴起

鲁迅先生在《中国小说史略》中这样说:

> 光绪庚子(1900)后,谴责小说之出特盛。盖嘉庆以来,虽屡平内乱(白莲教、太平天国、捻、回),亦屡挫于外敌(英、法、日本),细民暗昧,尚啜茗听平逆武功。有识者则已翻然思改革,凭敌忾之心,呼维新

> 与爱国,而于"富强"尤致意焉。戊戌变政既不成,越二年即庚子岁而有义和团之变,群乃知政府不足与图治,顿有掊击之意矣。其在小说,则揭发伏藏,显其弊恶,而于时政,严加纠弹,或更扩充,并及风俗……

鲁迅先生的论断十分精辟。清末谴责小说诞生和发展的岁月,也正是上海新闻史上各种报刊骂官场从破口到成风的过程。上海各大小报刊是以报道新闻的方式,传播官场各种话柄,而谴责小说则是把这些分散的零星的消息集中起来形象化典型化地进行表达,这样既减少了真名实姓报道时的种种顾忌,而且更可以笔酣墨饱淋漓尽致地作入木三分的创作,谴责小说和骂官场新闻在本世纪初互为表里地铸成了一个完整的社会概念:清廷腐败,已无可救药。

清末小说,《涵芬楼新书类目录》载翻译小说近四百种,创作约一百廿种。据阿英估计,至少在千种以上,三倍于《目录》所载。本世纪初的小说创作多半很有社会意义,创作小说都以现实题材为主,直剖社会方方面面,连翻译作品也很注意针对性,与上一世纪的小说创作的远离现实,或涉及现实也将假托历史题材来表达的情况大不相同。就新闻史的本题来探讨,还可发现本世纪来这些小说的传播,不再是仅凭抄本或刻本,甚至不是成书成帙,而是在成书以前先借报刊连载,并且还出现了专载小说的期刊。

专载小说的期刊,在我国新闻史上最早出现在 1891 年,是《申报》主笔韩邦庆个人创办的《海上奇书》,在这份半月刊(后改月刊)中,长篇连载所撰的《海上花列传》,也是现实题材。但因“细民暗昧”罢，还没有达到“翻然思改革”的境界，不仅单纯暴露，而且笔下还常自我欣赏。作为期刊来说，《海上奇书》以后，十年中无有继者。但报刊已有附载小说之风，也多半觅失藏秘本的旧著如《野叟曝言》之类，不然就是短篇什札，如《淞隐漫录》、《老饕赘言》等，连天主教会所出“徐家汇《汇报》”，所载《兰苕馆外史》也是《聊斋》式的怪异小说，没有多大的社会意义。义和团事变以后，情况就大不相同了。1901 年 4 月李宝嘉(伯元)“别出蹊径”，另办《世界繁华报》，“蹊径”之一就是时事小说《康有为说书》、《陆兰芬归阴》等，1902 年起长篇连载所撰《庚子国变弹词》，接着又续刊《官场现形记》。《官场现形记》一炮打响，奠定了李宝嘉不仅在“小报”界同时在小说界盟主的地位。那时正好逋逃日本横滨的梁启超发刊《新小说》月刊，在《论小说与群治之关系》一文中，称“小说为文学之最上乘”，把小说提高到“足以支配人的心理”，“可以改变一代社会”的高度，“欲改良群治，必自小说界革命始，欲新民必自新小说始”。《新小说》月刊初期所刊作品，包括梁启超的《新中国未来记》虽思想意义极大，而艺术成就并不高，而且出了三期就停了五个月，几乎难以为继。但梁启超为发表小说而专门办期刊的做法，在当时社会上就引起了极大的注意。上海的书贾就也发刊了每十天出书一册的《上海小说》(1903 年春)等。当时上海的商务印书馆聘请了张元济入馆主持编译所，正拟大展宏图，于是礼请李宝嘉“承包”编辑《绣像小说》半月刊，成为商务印书馆直接创办的第一种期刊(当时商务已接续发刊张元济《外文报》，是商务的第一种期刊，但不是直接创办的)。《绣像小说》发刊于 1903 年 5

月7日(清光绪二十九年五月初一),当时李宝嘉的《官场现形记》正在《世界繁华报》上连载,远未杀青刊完,李宝嘉当时是《官场现形记》、《文明小史》、《活地狱》、《醒世缘》、《经国美谈》、《时调唱歌》等若干种著作同时写作的,充分发挥了李宝嘉的才气。《官场现形记》、《文明小史》以及后来吴沃尧(趼人)等撰写的《二十年目睹之怪现状》等,都采用了《儒林外史》式的结构。阿英指出"不能不把原因归到新闻事业上","为着适应于时间间断的报纸杂志读者,不得不采用或产生这一种形式,这是由于社会生活发展的必然"。这里也不能排斥一人同时执笔写好几部作品的结果。《绣像小说》所刊作品的社会内容十分广泛,其中有暴露清朝官场黑暗的,有揭露列强侵略活动的,有反映维新和立宪运动的,有宣传救亡爱国的,有通过翻译作品传播西方资产阶级文化的,还有具体描写工商活动、教育改良和留学生生活、破除迷信、改革风俗、解说科学的等。"所刊者以能开导社会为原则,除社会小说外,极少身边琐事、闺阁闲情之著作。若《文明小史》、《活地狱》、《老残游记》、《邻女语》、《负曝闲谈》、《扫迷帚》等,均是以说明一时代之变革。"《绣像小说》是当时小说期刊中"最纯正的",同时也是晚清小说期刊中寿命最长者,1903年5月到1906年4月,整整四年中出版了72期。

上海报坛发刊的第三种小说期刊,是1904年9月10日(清光绪三十年八月初一)创刊的《新新小说》,月刊,开明书店总经售。说是《新新小说》社编辑和发行,其实就是开明书店创办,为三楚侠民(龚子英)独力主持。叙例称:"顷所谓新者,曾几何时皆土鸡瓦狗视之,而现顷代起之新,则向顷之新,或五十步而止矣。使无后来之新，则现顷之新，或百步而止矣。吾非敢谓《新新小说》之果有优于去岁出现之《新小说》也，吾惟望是偏乙之新于甲，丙册之新于乙，吾更望继是编丙起者之尤有新之也。”“本报纯用小说家言，演任侠好义忠群爱国者，意在浸润兼及，一变旧社会腐败堕落之风俗习惯。”声称每十二期鼓吹一个主义，但从1904年9月到1907年5月近三年间，仅刊行10期，只提倡了一种“侠客主义”，以后是否续出不详。所谓侠客，就是提倡个人任侠，以个人的力量救国救民，如虚构了大刀王五潜身东北组织侠勇军抗击日俄侵略；赞成暗杀，称颂刺杀王之春的行为；编写了俄罗斯虚无党，法兰西1893年勤王军与共和军的战事，菲律宾的反西班牙侵略，英国爱尔兰争独立浴血奋战故事等。还在《杀人谱》中提出廿八类可杀的人，什么“无事时常摇其体或两腿者杀！（脑筋已读八股读坏）与人言未交和先嬉笑者杀！（重媚已惯）右膝合前屈者杀！（请安已惯）两膝盖有坚肉者杀！（屈膝已惯故）……”还刊出法文《马塞曲》原文和译词以及简谱、五线谱。作者主要有冷血（陈景韩）、公奴（夏颂莱）、小造、猿、虫、兰言等。

1905年1月，在日本横滨编辑发行的《新小说》正式迁回上海，改由广智书局发行。原由梁启超主编《新小说》，第3号（1903年初）后就无以为继，而由披发生（玉瑟斋生、罗普）支持着。第8号时（1903年10月）来了两位救星，就是我佛山人（吴沃尧）和知新室主人（周桂笙）。周桂笙是在《清议报》时期就与梁启超有笔墨交往的，当时正与吴沃尧一起助编《寓言报》，周桂笙肄业于上海中西学堂，通法文、英文，善翻译西洋小说；吴沃尧则始撰小说《痛史》、《二十年目睹之怪现状》和

《新笑史》等，一时间《新小说》居然脱胎换骨了一般，但是吴沃尧应聘入鄂任美商《楚报》主笔，周桂笙则一头扎进了侦探小说的翻译之中，而《新小说》第 8 号后，竟达有十个月未出版，无力兼顾《新小说》了。待到 1904 年 6 月反美华工禁约运动起，吴沃尧愤而辞美商《楚报》主笔职以示决裂返沪，到 8 月 6 日才重新发稿第 9 号，以后才又按时连续出版，但不再有梁启超和罗普的作品，都是周桂笙、吴沃尧的市面了。1905 年 2 月的第 13 号起，索性宣布在上海出版，就在第 13 号上居然刊出铜图插页《清太后那拉氏》像，已没有多少康、梁味道。只是刊出的作品没有如《绣像小说》所载《文明小史》、《负曝闲话》那样对康梁冷嘲热讽地讥刺，还算留了几分情面。后期所刊的《九命寄冤》、《黄绣球》等小说，和金松岑、陈独秀等的论文，还是很有社会意义的。

1905 年 3 月 20 日(清光绪三十一年二月十五日)，《小说世界日报》创刊。不久反美拒约运动掀起，《小说世界日报》社同人都卷入这场斗争，都成了人镜学社的集体成员，报纸的出版就很不正常了。1905 年 7 月 20 日反美拒约的《保工报》出版，主编就是《小说世界日报》的主笔刘韵琴，《小说世界日报》就此暂停了。待反美拒约运动高潮已过，才重新改名为《小说世界》半月刊出版。不久也停歇了。现在原报已失藏，无从得知刊出哪些具体内容了。

1906 年 7 月 16 日(清光绪三十一年五月廿五日)发刊了《新世界小说社报》，月刊，警僧(孙延庚)主编，内容分五目：首图画，次论著、小说、时评而殿以杂志。“文学刊物之有政治短评实始于此刊”，小说则翻译多于创作，翻译小说已失晚清翻译小说初起时的特色，以警世为主而无政治小说，刊载过侦探小说，但未载完。译者如长城不才子、陈无我、朱陶、吴涛、金为、许桢祥、王莼甫等，都是当时名家，杂志多讽刺小品。长篇小说为亚东破佛（彭俞）和陈冷血（景韩）两人的作品。陈冷血所著《刺客谈》中，对于康梁一派人物，从领袖到一般成员都十分反感，把“汪圣人”刻画成到处招摇撞骗的人物，而其门徒不过是“一班无行文人、败类子弟”，此单行本被冯自由列为“辛亥革命海内外革命书报”之一，而“时事漫评”中则揭露当时清廷的预备立宪是“镜中之花”、“有空影而又无实际”，编者头脑是较清醒的。《新世界小说社报》现存9期，第9期出版于1907年1月。

《小说七日报》也是有政治短评的文学刊物，1906年8月20日（清光绪三十一年七月初一）由谈小莲创办。谈小莲曾佐李宝嘉编《绣像小说》。《小说七日报》系《绣像小说》停刊后自创。馆址在南京路寿康里，曾易名为《小说礼拜报》，所刊有小说、剧本、传记、时评、杂俎、文苑等。其中新剧《烈士投海》一出，则由孙菊仙、小连生、小子和（冯春航）、夏月润等搬上舞台，颇有社会影响，何时停刊未详。

根据现存资料，到《小说七日报》发刊为止，小说期刊还是上海一地独家拥有，在此以后外地才有创办的。就这一点来说，以上海为枢纽的状态比白话报刊更突出。而且都以揭露官场弊端，剖析社会黑暗为能事，编者、作者好多由“小报”转化过来，“小报”三杰中就有两位成了小说作者，相对来说削弱了“小报”作者力量，加之当时大报也逐渐注重道官场语柄轶事之类，1906年以前两三年“小报”所拥有的优势渐失，“小报”又复位到为倡优作起居注的位置上，除休闲之外不为社会所重。从1902年开始小说期刊的内容也有渐变，《绣像小说》和迁沪后的《新小说》既鄙视康梁和投机维新者，又不赞成革命主张，《新新小说》等则相当激进，《新新小说》提倡的侠客和《新世界小说社报》鼓吹的刺客，都显然与康梁相异趣。翻译小说则热衷于侦探小说，真正有价值的传世名著极少。选择的着眼点在于警世，但警世的重点在社会价值，而不像最初几年那样重点在政治小说。关于侦探小说，当时也就被看作是“政治小说的别裁”，被看作是“谋略小说”。

三、图画新闻有了新成员

1900年到1906年之间的新闻画报，仍与前一时期一样都是石印画报，内容主要仍是图画新闻和画谱。出版的画报有《双管阁画报》(1900)、《求是斋画报》(德商)、《春江书画报》(1901)、《飞影阁中西大观画报》(1902年4月15日)、《奇新画报》(1903年7月24日)、《集益书画谱》(1903年7月9日)、《风云画报》(1904)、《书画日报》、《恒亨馆画报》(1905)等；1906年《时报》馆每星期还出版一页《丙午星期画报》。在这《时报·丙午星期画报》中，除了中外名人画像、各国风景地图外，还添了一种讽刺画，也就是后来的漫画。前面已经说过漫画在报刊上的出现始于1901年，以后《国民日日报·黑暗世界》和《俄事警闻》又先后有所刊载。但是到《时报·丙午星期画报》为止，还只是偶一为之的事，并没有形成气候。

还有另一种新成员，那就是新闻摄影。上海华文报刊制版刊出缕铜版的新闻人物图片，是在1872年曾国藩逝世之时。但以后则中断了。因为那种缕铜版制作比较麻烦，不是立时能成，较难赶上时效。1900年八国联军司令瓦德西抵沪时，《画图新报》刊出过抵沪消息，但未见原物，未知有图画否。后来上海报刊刊载铸铜锌版新闻人物照片的是《万国公报》月刊本第154册，1901年11月出版，刊出的是《醇亲王玉照》，第155册又刊出《李文忠公遗像》，以后《外交报》创刊时又刊出《美国新总统司华尔小像》和《驻京各国公使合影》。日本横滨出版的《新民丛报》则开始用铜版插页。但这些都还只是人像，是当时的风云人物的标准像，时效较不讲究，还不能完全算新闻照片。真正的新闻摄影图片出现于1906年3月17日的《时报》上。那时江西南昌知县江召棠被当地法国传教士王安之等行凶刀伤致死，当地人民激于义愤，酿成一大教案。当法国方面传出江召棠是自刎身亡，妄图抵赖时，《时报》特意铸版刊出江召堂遗体的特写照片，颈项以上血肉模糊（这帧照片于3月29日再度发表于北京彭翼仲所办的《京话日报》上，是国内日报上所刊最早的一幅新闻照片）。《时报》刊出这幅照片时的说明是，“江令尸格咽喉连食气嗓有刀伤处，长二寸二分，宽六分，深透。内食气嗓破断，刀口两头平，并无转重伤口。下皮又有刀割痕，均皮卷血污”。3月18日又登南昌教案祸首法教士王安之像，5月25日再登江召棠临终前写的笔据：“他有三人，两拉手腕，一在颈下割有两下，痛二次方知加割两次，欲我死无对证。”

到1906年为止，上海还没有以新闻摄影为主的期刊，但也已有了新闻摄影的结集。《时报》创刊之前，先于《时报》营业的有正书局在1904年3月8日就晒印出版了《北京庚子事变照相大册》载照相八十余帧,《时报》创刊之后,1904年7月27日又宣布已搜集到“义和团当时种种之形状,自起事以至破京城及各处之战争全貌”,还有“与此次战争有关系自天子以下人物各照片均全”,汇编成册为《义和团战争全图》。这在当时还是轰动一时的新鲜事物。实际上义和团事件已过去三年余,已经不是新闻而是历史图片了。

注释:

① 北京始有近代报刊,根据现存史料是起于西方传教士在1872年创办的《中西闻见录》,但这是以知识性为主的期刊,而且并没有走出教会布道的圈子,在世俗社会范畴里并没有近代报刊的踪影。1897年康有为的报刊活动突破了这一点,不久就被扼杀而改为只译不述的《官书局报》。这只能称是对北京“报业”的半突破,民间仍不许办报。1900年8月14日,随着八国联军的炮火进入北京城内的日军军部,在进城的当天就布置创办出版了《北京公报》。接着日本人主持的《支那泰晤士报》(中文版)、《北京新闻汇报》等相继出版。

② 唐才常起草的《正气会章程序》,一般都认为它“一方面批评‘低首腥膻,自甘奴隶’,认为‘非我种类,其心必异’,另一方面又称‘君臣议如何能废’”,而被视作唐才常反清革命思想不彻底的证据。其实这是一种误解。“低首腥膻,自甘奴隶”和“非我种类,其心必异”等词语,所指都是当时正在入侵我国的列强白种人,并没有反清革命的意思,因此此文中还有“天下兴亡,匹夫有责……蕞尔小国,尚挺英豪。讵以诸夏之大,人民之众,神明之胄,礼乐之邦,文酣武嬉,蚩蚩无睹,方领矩步,奄奄欲绝,低首腥膻,自甘奴隶,臻于此极!将非江表王气终

于三百年乎?"这"三百年"和"江表王气",不正是清王朝统治下的中国的代词吗？所以这样的《正气会章程序》,《中外日报》等自然敢于发表。

③ 黑龙会于1901年2月3日才在日本东京都神田锦辉馆成立,这就排除了过去新闻史著作中传说1896年旅日华侨胡璋(铁梅)在上海创办《苏报》时有黑龙会资助的背景的可能。至于1901年以后的《苏报》与日本黑龙会有没有关系,尚未查获确切的证据。

④ 发行惰性,指的是一般读者订阅了一种报刊,不大愿轻易变易的表现。

⑤ 这只是一种推测。现存《世界繁华报》最早一期是1901年6月24日出版的第74期,推算应发刊于1901年4月7日(光绪三十七年二月十九日)。但《世界繁华报》石印册报始出版于1901年4月16日,并不能吻合。会不会当时既出册报,又出报纸型？或是已知《世界繁华报》册报之前还已另发过一两期？待考。

⑥《东亚先觉志士记传》中曾载1900年孙中山经清藤幸七郎之娣秋子的介绍,结识华族女子学校校长下田歌子,请求其帮助革命党人筹措起义经费。作新社则为下田歌子获得日本实践女学校的一笃志家捐助的十万日元,才与戢元丞合作赴沪开办的。聘在金陵任道台的陶濬宣(心云)为名誉总理,聘湖北省派驻日本的学生监督钱洵和吴汝纶(挚甫)为监督,是公开合法经营的印刷业和新书出版业。

⑦ 这个严拿留学生的"密旨",后来证实是一则假新闻。是轻信了谣传,还是就是《苏报》馆章士钊们的有意捏造？章士钊在后来的回忆中都是含糊其辞、语焉不详的。只是承认"要之,当时凡可以挑拨满汉感情,不择手段,无所不用其极"。

⑧ 当时清廷密传文件以及《申报》所刊,都是"密拿爱国会社"或"会党",是泛指性的名称,并不实指"爱国学社"。因此后来留学日本学生所出版的《江苏》月刊中,还专门写了时评。《异哉上海有所谓爱国会

社者》。

⑨ 上海公共租界工部局董事会关于“《苏报》案”的会议记录。

⑩ “《苏报》案”的罪证是罗织的。如第8条“罪证”出自6月29日《苏报》,那天清廷已通过租界巡捕房捕人,是先捕人后有“罪证”的。

⑪ 冯自由:《革命逸史》。

⑫ 当时在一个城市中同时有日人所办华、日两种文字报刊的,只有天津、上海两地。北京还只有华文报纸(《顺天时报》等),东北则主要还在俄国势力掌握之中,日本在东北大办华文报、日文报,则在日俄战争之后。而天津日人所办华文报《天津日日新闻》名声较大,日文周刊《华北新报》后虽也改出双日刊、日刊,并改名为日文《北洋日报》,但声名影响都远不及上海的日文《上海日报》。直到20世纪二三十年代,日文《上海日报》还一直执在华日文报坛之牛耳,而那时天津的日文《北洋日报》早就停办了。

⑬ 清廷在1904年6月21日正式颁发谕旨,特赦“戊戌党籍”,但不赦康有为、梁启超和孙中山三人。此时已是《时报》创刊后的第九天了。

⑭ 其实华文报纸的双面印刷,在上海是始于1860年12月创刊的《上海新报》;整页报纸分成若干短栏而不直排到底则始于1898年的《时务日报》(《申报》也曾一度尝试后,不久又改回直排到底);报纸文稿按内容分为各种名目的栏目则始于20世纪初的《中外日报》和《世界繁华报》,除短评以外都很难说是《时报》首创。但是报纸的读者不都是历史学者,他们只能就眼前所见的作比较判断,不会追溯历史上曾否发生过。

⑮ 此事胡道静著述系于清光绪卅四年(1908)出让与蔡乃煌之后,有误。

⑯ 蔡钧办《南方报》的确切背景,笔者就所掌握的史料来看仍未能弄清楚,只得暂时存疑,以待以后学者指正。

⑰ 《字林西报》“立德禄王朝”的结束,已是1906年春天的事。现在为了叙述方便,也在这一章一并交代。历史分期的年限本来只能是一个

模糊概念，只能说一个大致情况，不必过于拘泥。

⑱ 在日本东京出版的《民报》第 3 期，曾刊《〈民报〉与〈新民丛报〉辩驳之纲领》共 12 条，其中第 9 条称《新民丛报》以为惩警之法在不纳租税与暗杀，《民报》以为不纳租税与暗杀不过革命实力之一端，革命须有全副事业；第 10 条称《新民丛报》诋毁革命而鼓吹虚无党，《民报》以为凡虚无党皆以革命为宗旨，非仅以刺客为事。事实上梁启超在 1903 年游美以前，的确也在《新民丛报》上附和革命主张，还曾计划组织军事行动，而康有为也一度热衷于实行暗杀，被列入暗杀名单的有慈禧、荣禄、李鸿章、刘学询、张之洞等，康有为所遣执行谋杀慈禧的刺客梁铁君还曾因此丧生。

第四章
辛亥报坛的风云变幻

第一节 立宪浪潮下的同床异梦

一、活跃一时的立宪报刊

1906年9月1日(清光绪三十二年七月十三日),清廷颁诏预备立宪,“大权统于朝廷,庶政公诸舆论”,并着手进行“官制改革”。

这对上海报界来说,简直像在久旱的天际见到了一丝云霓,世纪初慈禧空诺实行新政以来,特别是日俄战争爆发以来,上海报界多年来鼓吹的立宪愿望有可能实现了。关于日俄战争的日本战胜,上海各报一直把它说成是立宪战胜了专制,日本靠立宪了才取得这场战争的胜利,从而借此鼓吹中国也应立宪。现在,立宪似乎可见端倪了。9月3日,上海报纸披露了清廷将仿行宪政的消息,次日,上海各报就刊出了五家报馆联名告白：

敬启者，本月十三日朝廷特颁明诏宣布立宪，此乃吾国旷古未有之幸福。现闻北京已经举行庆祝大会，本埠及各省绅士允宜特开大会以伸庆祝而留纪念。

谨此布告

《申报》馆 《同文沪报》馆 《中外日报》馆 《时报》馆 《南方报》馆

在上海各报的鼓动下，上海各界都纷纷起来庆祝预备立宪。报界于9月16日假座味莼园举行活动。上海各界兴高采烈地庆贺，到头来却是一场空欢喜。两个月后，清廷决定中央官制，中央政府机构作了调整，算是添加了个内阁，一切仍由慈禧说了算。这样的“官制改革”，岂能也算“仿行宪政”？

早在上海各报鼓动祝贺宪政时，就已有人指出，总结各国立宪经验，认为无一国统治者能自愿放弃其权利给予人民的；人民要立宪，必须要通过斗争才能达到。事实也确是教育了人们必须这样做。于是，从1906年年底起，上海先后涌现了一大批争取实现立宪的报刊，集中鼓吹宪政。这类立宪报刊一下子涌现得如此之多，正因为它是“合法”的，被允许的，一般说来，不像鼓吹革命的报刊那样要经涉风险。但是实际影响并不大，发行的圈子较狭窄，不过在知识分子即学界的圈子里稍稍有些读者，官场中也有人翻翻而已。

上海最早出现的立宪报刊的是《宪报》，月刊，1906年11月11日（清光绪三十二年九月廿五日）创刊，宗旨是研究宪政，培养国民立宪资格。发行所设在四马路老巡捕房对面，实际上就是在《时报》馆内。《时报》在政治上更接近于代表江浙资本势力的张謇、汤寿潜等，与康梁较疏远。《宪报》则由《时报》馆的本埠新闻版主笔雷奋(继兴)主编。雷奋是1899年由南洋公学保送与杨廷栋、章宗祥等六人一起赴日学习政法的，主编《宪报》，完全是他所学专业范围里的事，并不会觉得太困难。

1906年12月9日(清光绪三十二年十月廿四日)，各省寓沪学界、报界同人在颐园集会，决定成立宪政研究会，主要成员为袁希涛、沈恩孚、黄炎培、狄葆贤、陈景寒、雷奋及史量才等，都是《时报》馆"息楼"的常客，事务所设于福州路东辰字二十一号，也就是在《时报》馆左近。12月30日(清光绪三十二年十一月十五日)，发刊了《宪政杂志》月刊。《宪政杂志》请郑孝胥作序云："本报志在研究各种宪法之得失，以为国家立宪之助。其中论著务以发挥学理切动事实。凡空洞急激之言不适时势之用者，概予屏除；其论及时事社会，论事而论人。"栏目有社论、来书、译述、记事、公文、会报等，刊前还有各国议会和著名立宪人物相片，但销路很差，每期仅能销四百份。

与此同时，又有一个规模更大，参与人物范围较广的宪政团体在酝酿成立。1906年12月16日在愚园召开成立了预备立宪公会，它宣称"本会敬遵谕旨，以发愤为学，合群进化为宗旨"。预备立宪公会是在岑春煊等清廷大员资助下成立的，会员333人中，前任、现任和候补官吏有186人，超过半数以上。当然其中更多的是亦官亦商的人物。会议选举郑孝胥(苏龛)为会长，张謇(季直)、汤寿潜(蛰仙)为副会长，并决定要创办两种刊物，"一供上等社会之省览，并作为本会之报告；另一编成白语便于宣讲，开通下等社会之知识”。要干实事包括办刊物就仍不得不借助如《时报》馆“息楼”人物那种学界、报界的力量，雷奋、杨廷栋等都成了预备立宪公会的办事骨干，当然也网罗了当时回国的留日学习政法的学生，如孟昭常、孟森、秦瑞玠、邵羲等。

1906 年 12 月 16 日(清光绪三十二年十一月初一)，在预备立宪公会开成立会的同一天，《预备立宪官话报》出版，这大约就是所谓“开通下等社会之知识”的。发起人兼经理为庄景仲，印刷人周琴舫，由群益印刷编译局印刷出版，发起者为预备立宪社，总发行所是新学会社。庄景仲，就是新学会社的主人。《预备立宪官话报》起先若干期仅鼓吹君主立宪的重要性，要求培养公德、开化风俗等，但随着清政府立宪骗局的面目逐渐暴露，《预备立宪官话报》也不得指出：“这数年以来，政府也尝论维新，也尝谈改革，乃徒具形式而已。”(第 6 期，1907 年5 月)

作为预备立宪公会的正式机关报《预备立宪公会报》半月刊，要在一年以后的 1908 年 2 月 29 日(清光绪三十四年正月廿八日)才创刊，编辑员有孟昭常、秦瑞玠、汤一鹗、邵羲、孟森、张家镇、何械等，差不多是 1907 年在日本东京发刊《法政学交通社杂志》的原班人马。但《预备立宪公会报》与《法政学交通社杂志》有一个明显的不同，《法政学交通社杂志》比较偏于学理化，是法政学生的学习心得汇辑，《预备立宪公会报》则密切联系当时力争实现立宪的活动的进程，初设撰述、辑译、纪事三类。从第二年第一期起改为疏解法会、汇登文牍、收辑言论、译述书报四类。10 月底出版的第二年第十八期开始，再改收辑言论为各省咨议局议案汇登。这些变化反映了《预备立宪公会报》是步步紧跟当时的立宪活动的。通过《预备立宪公会报》可以看出1908年内预备立宪公会的主要活动是推动清廷提前召开国会，第10、11两期就接连刊出郑孝胥、张謇、汤寿潜先后两次《上宪政编查馆五大臣电》，要求“一鼓作气，决开国会，以二年为期”。1908年8月11日，预备立宪公会曾联合各省代表，向都察院呈递请愿书。清廷的回答却是下令查禁政闻社，封禁汉口的《江汉日报》，同时宣布九年以后再召开国会，并公布了各省先行成立咨议局的办法和章程。预备立宪公会受此挫折，请愿国会活动暂趋沉寂，也亦步亦趋地转到筹办咨议局和地方自治一类活动方面来了。《预备立宪公会报》从第15期起也就成了推动全国各地实行地方自治的刊物，不断刊登各省咨议局议长和议员的名单、咨议局议案等，还刊出各种关于地方自治的研究论文和译文。1909年10月，预备立宪公会的主要领袖张謇取得了江苏咨议局议长的头衔，由他邀请15个省咨议局代表在上海集会，组织代表团进京请愿，要求缩短预备立宪年限，迅速召开国会，组织责任内阁。1910年2月决定预备立宪公会于北京增设事务所，会报迁北京出版。上海出版的《预备立宪公会报》宣告结束。1910年4月29日(清宣统二年四月初一)《宪志日刊》在北京顺治门外达智桥创刊。这是晚清时期唯一从上海办(迁)到北京去的报刊。

《预备立宪公会报》是上海乃至全国立宪派的主要报刊，为求(争)清廷实现宪政而奋斗，有“希望立宪之人心应机而大畅，鼓吹革命之患气不遏而自潜”的作用，但整个两年共44期报刊中，很少有公开指责革命的文字。相反地，对清政府每一个假立宪的举措，都敏锐地予以揭露和批判，并且经常自下而上地提出自己的法律主张，这些都有助于提高读者的识别能力，甚至激起对清廷的义愤，产生厌弃清廷的愿望。这些又都有助于推动社会前进。

二、从海外伸进手来的康梁各派

1906年9月仿行宪政的诏谕，同样使海外的康梁亢奋不已。经历了一年多《民报》对《新民丛报》的大讨伐，《新民丛报》在出版发行上渐陷窘境，连续脱期，所刊文章都是有了上篇而无下文。上海的《时报》早已不听指挥，广智书店又始终没有生气。现在明诏仿行宪政，或许倒也是一个重振的机会。

梁启超的亢奋，还有一个秘密的背景。1905年五大臣出洋考察宪政，那些满汉大臣也都不知宪政是什么东西，回国时所上奏的考察宪政的报告，还是转辗相托出自梁启超的手笔，后来又"为人捉刀作一文言改革官制者"，甚至清廷新任法部尚书戴鸿慈弄不清和大理院的分工权限，也特意致函向梁启超讨教。只是清廷对康梁的赦令未下，暂时仍不能抛头露面回国活动罢了。梁启超就起意联合在日本的杨度、蒋智由、徐佛苏、熊希龄诸人，筹组一个政党性质的帝国宪政会，"拟戴醇王为总裁，泽公为副总裁"，"袁（世凯）、端（方）、赵（尔巽）为暗中赞助人"，康有为暂不出面，而由梁启超在背后操纵。梁启超的做法是联络上层，目标盯住了内阁政权，并不以分任几个议员职位为满足。为此，梁启超专门回到上海活动接洽。但终究因为杨度不愿屈居人下而组党计划告吹了。梁启超才决定另组略有政党性质的政闻社，重起锣鼓，再作努力。

《政论》月刊是在 1907 年 10 月 7 日(清光绪三十三年九月初一)在日本东京创刊的，由蒋智由主编。该刊宗旨与其说在推动立宪，不如说在组党，结集团体，扩大势力。这一点，梁自己也承认的："此社非如新民社之为出版物营业团体之名称，而为政治上结合团体之名称。现在所联结者，即先以纳诸政论社中，将来就此基础结为政党。"《政论》月刊第 1 号刊出了政闻社社约，社员简章和《政论》章程，第 2 号又刊出了政闻社开会记事、职员名籍、职员简章、职员执务规则等。从 1908 年 4 月 10 日的第 3 号起，迁上海出版。这一号《政论》上，就发表了马良(相伯)所作的《政党之必要及其责任》，连同第 1、第 2 号上蒋智由所撰的《政党论》，张嘉森(君劢)所撰的《国会与政党》以及日本前自由党总理伯爵板恒退助所撰的《政论序——各政党组织之要领》等，是当时国内刊物上最早议论政党问题的文字。当然，作为公开出版的刊物，《政论》月刊也不能不论及当时的局势，表示自己的政见。蒋智由在所撰的《政论序》中，把清政府宣布预备立宪，说成是"不变法之中国"和"变法的中国"的分界线，"不变法之中国，所为欲救国者，无他道也，求其能变法而已；变法之中国，非进而求其变法之有成，则所为欲救国之一目的，不可得而达。"所以在不同时期应有不同处理的办法："前者叫号的，后者研究的；前者扫荡的，后者组织的；前者热烈的，后者静实的；前者感情的，后者学理的，此其大较者也。"对待政府的态度也应不同："盖在不变法之时代，虽用破坏的手段以求变法可也；至于法之既变，不可不舍破坏而求秩序的。何也？用破坏的手段，则将并种种之新事业而俱破坏之故也。”他们认为只有实行立宪政治，才能从根本上消弭革命的发生；并以革命来恫吓清廷实行宪政。“呜呼，今后之政府，若不以改革之权予民，则革命不已，继以暗杀。而20世纪之中国，直将步俄罗斯之后尘，以腥血染中国之历史也。”

因《政论》是为组织政闻社服务的，虽是月刊，出版也不准时。《政论》月刊创刊后十天，政闻社开第一次成立会于日本东京锦辉馆，会上选举当时还在上海的马良为总务员，徐佛苏、麦孟华为常务员。下午梁启超发表演说时，为革命派冲乱了会场。这年年底，马良同意出任政闻社总务员，以望七高龄东渡日本莅任，并于1月份把政闻社本部迁沪，《政论》月刊也迁沪出版。当时上海立宪各派正在要求早日召开国会，《政论》月刊上虽有所表示，但主要是在幕后活动：由梁启超草拟了关于资政院权限的说帖，由马良领衔呈递给正在日本访问的皇侄溥伦。这个说帖，曾刊于《政论》月刊第3号。政闻社的组织发展得很广，京城内外不少附庸维新的中层官吏都参加了，一些不明底细的政闻社员们还是附和着全国各地的立宪派们请限期两年召开国会。1908年7月26日参加政闻社的法部主事陈景仁，奏请三年召开国会，而且要求将主张缓行宪政的赴德国考查宪政大臣于式枚革职以谢天下，慈禧勃然大怒，谕旨将“政闻社法部主事陈景仁”革职看管。8月13日下令各省查禁政闻社，严拿社员。政闻社被逼宣布解散。《政论》月刊也于1908年7月只出版了5期就停刊。

《政论》月刊停止以后，梁启超手里没有报刊。当时《新民丛报》早停，机器也已拆卸运沪，打算办汉口的《大江日报》或《江汉日报》。政闻社被禁，办报事更无从说起。1907 年初梁启超曾起意由何天柱出面出版过一份《学报》，3 月 28 日（清光绪三十三年二月十五日）创刊，开始每期在日本东京印刷，第三期后改由上海学报社编发印刷。何天柱即何擎一，也就是后来出面主持《国风报》的何国桢。《学报》是各学科知识性材料的连载，办刊宗旨是“为学校生徒苦于无良教师”，“不便复习”，“学校教师苦于无良教材书”，“中年以上之人或限于境遇不能入校者，无自修自进之途径”而作，所涉学科有伦理、文学、地理、历史、传记、教学、博物、理化、外国语、音乐、美术、生理卫生、法制、经济、杂俎、时事等，何天柱叙云“报名《学报》，不涉政治”。梁启超则称赞“《学报》者，可谓中国学术上报章之先河也”。梁启超也曾起意“组织一报，约如政治经济讲义录”，并有意自任民法、经济两门，却迟迟没有动手。《学报》大约出版到 1908 年 7 月就中止了。梁启超只是枯居东京，专以读书著述为业，意态萧索，生活困窘。直到 1909 年 6 月间，前政闻社社员张嘉森（君劢）等在日本东京成立了咨议局事务调查会，调查当时国内各省设立咨议局活动的一切政治改良情况，并设事务所在上海。1909 年 9 月 14 日（清宣统元年八月初一），在上海发行了《宪政新志》，才又为梁启超提供了用武之地。《宪政新志》从第 3 号起，连续十期刊出了梁启超长达十万余言的《中国国会制度私议》。这篇论文的第一节，曾在《政论》月刊第 1 号上发表过（署名宪民），现在再以“宝云”为笔名全文刊出。《国风报》发刊以后，梁启超重新删改后，以“沧江”为笔名再一次全文刊出。在梁启超心目之中，这是他这一时期最精粹之作了。可惜的是时势很作弄人，清政府的逆行倒施，已导致没有多少人来关心梁启超的大作。到 1910 年 2 月 20 日（清宣统二年正月廿九日）《国风报》（旬刊）发刊时，梁启超固然使尽了全身解数为清廷排解窘迫，而清廷对他的报答却是"禁阅逋臣所办逆报"，因而梁启超"初志亦求温和，不事激烈，而晚清政令日非若惟恐国之不亡而速之，刿心怵目，不复能忍受。自前年十月以后至去年一年之《国风报》，殆无日不与政府宣战，视《清议报》时代殆有过之矣。"的确是这样，后期的《国风报》，较少把攻击的主要矛头指向资产阶级革命派，甚至自己喊出"推翻此恶政府"的命题来。当然，怎样来推翻恶政府？梁启超还是主张以和平手段，但有时也称"必须一并付于大炉火烹炼一番"，才能还世界以本色。形势不饶人，迫得改良派的首脑人物也语无伦次起来。

《宪政新志》，现见 12 期，1910 年 8 月后未见。《国风报》共出 52 期，直到 1911 年 7 月即辛亥革命爆发的前夜。《国风报》是梁启超在清季所创办、主持、领导或遥控的十一种报刊中的最后一种，也是他的报刊思想最成熟、最完善，同时最感到力不从心、充满矛盾、实践无法符合理论、无所作为的时期。梁启超自 1896 年开始投身报业，到 1911 年这十五年中，他的报刊思想一直领挈风靡着整个上海报坛，是继王韬之后又一位报学权威人物。主要在三个方面影响着一代报业：一、他把办报活动与政治活动结合在一起，开辟了政治家办报的道路，这是他的前辈王韬所没有达到的境地。二、他及时大量地引进包括新闻学在内的西方理论，新闻学上的"第四种族"、"监督政府"、"导向国民"以及"报馆之天职，则取万国之新思想以贡于其同胞者也”等。这些后世盛行的新观点、新思想，并不是由精通外文的翻译工作者所输入，而出于并不精通外语的梁启超之手，一时之间“公德”、“国家思想”、“进取冒险”、“权利思想”、“自治”、“自由”、“进步”、“自尊”、“合群”、“生利分利”、“毅力”、“义务思想”、“私德”、“民智”等都成了报刊常用的普通名词，开拓了报刊的新功能、新作为，丰富了报刊传播的内涵。三、他恣肆汪洋、言之有物的文风，他独创的报章文体，横扫了旧有的八股文章。这三个方面中，政治家办报虽首倡于乃师康有为，而梁启超则是实践中的最成功者，以后不仅革政者，而且革命者，乃至上海商办报刊主笔诸公，立论编辑时也常奉梁启超为圭臬，虽宗旨不同而有所变体，但“宗旨一定，如项庄舞剑，其意常在沛公，旦旦而聒之，月月而浸润之，大声而呼之，谲谏而逗之”的作法则一也。他引进各种新思想常有一知半解、不求甚解甚至以己意为之的毛病，学术界常把晚清西学的“浅且芜”讥为“梁启超式的输入”，梁启超自己也承认：“我读到‘性本善’，则教人以‘人之初’而已。”因此常为守旧派所攻击，为学术界所诟病，但他的急于应用和抓住一切机会为实现他的宗旨立言立论的积极态度，又常为后辈报人所效学，“未能自度而先度人，是为菩萨发心”，岂有“先学养子而后嫁”的。梁启超的悲剧主要并不在“急于用世”，而是在于“启超自三十以后，虽已绝口不谈‘伪经’，亦不甚谈‘改制’”，但同时却又宣布，“吾自美国来向梦俄罗斯者也”，不相信人民革命的力量而只寄情于利用一切可利用的条件谋求点点滴滴的改良，谋求中国的“渐进”。此时清廷已腐朽到不可救药的地步，梁启超还在打利用它的主意，违背了人民的意愿,而清廷又囿于慈禧在位的原因,文过饰非,始终不恕康梁,梁启超的种种作为都成了故作多情丢给瞎子看的俏媚眼,可怜又极可笑。梁启超办报思想在报界的影响主要只在清季十五年中的前八年,后七年特别在创办或支持发刊《政论》、《学报》和《国风》期间,梁启超是被上海新闻界抹了白鼻头的。在《国风报》上,梁启超提出了"国风"这个新的政治术语,详尽地论述了舆论与国风,舆论与报刊,舆论怎样才能健全的"五杰"、"八德"等原则,根本无人置理或响应。梁启超在《国风报》撰文,起初还坚持他"浸润"的做法,后来也不得不破口大骂"恶政府",走上了他曾以为并不足取的鼓动革命的方法了。

另外,当梁启超的政闻社和《政论》月刊还在日本东京活动的时候,与梁启超分道扬镳的杨度,也把他在 1907 年 1 月在日本东京发刊了的《中国新报》迁回国内出版。该报发刊时,杨度与梁启超等还一起处于筹组帝国宪政党的蜜月之中,《中国新报》高举救国的旗帜,反对列强侵略,揭露清廷丧权辱国,抨击假立宪骗局,主张速开国会,成立责任政府等主张,一时是很吸引人的。而梁启超所办《新民丛报》已处于式微状态,而《中国新报》的崛起,还一度成为同盟会《民报》很难对付的对手。杨度那篇十二万字的名著《金铁主义说》传颂一时。杨度与梁启超分手之后,《中国新报》的出版也不正常。1907 年 10 月杨度回国,立即为袁世凯和张之洞推荐于清廷宪政编查馆任提调,他索性把《中国新报》迁回国内,第 7 号起在上海编印了。但仅是维持出版而已,不再有"金铁"时期的那样的光彩。1907 年底,杨度北上做官,1908 年 1 月又由薛大可等维持了两期,共出 9 期后就悄然休刊,薛大可等也北上觅职,一头投入袁世凯的怀抱里去了。

三、上海地方自治派的报刊

上海立宪报刊群中，还有一些是鼓吹和服务于地方自治的。就全国范围来说，地方自治派的报刊热潮掀起于1909年清廷拒速开国会而诏各省成立咨议局并公布《城镇乡都地方自治章程》之后，上海则要早得多，原因是上海的地方自治活动萌发得早，多少也有些得天下之先的状况。

上海的地方自治活动，发端于租界内华人要求参政和闸北、南市两地民办地方工程的发起。前者工部局一度特许组织华商公议会，但迅速为租界西人纳税人年会否决掉了；后者闸北的工程总局资力有限，很快陷入窘境而要求收归官办，只有南市的地方工程，民办的上海城厢内外总工程局反而接管了原来官办的南市马路工程善后局，并"公举"了总董、帮董、议董，在码头、马路、自来水、电力等市政公用事业工程完成之后，也模仿着租界的样子，设工役继续管理，并扩及清道、火政以至组织商团等，有点地方自治的味道。《上海》日刊，这份地方自治派报刊，就是在这个基础上创办起来的。

《上海》日刊同时也是清廷明诏仿行宪政以后的产物，它在1907年5月12日(清光绪三十三年四月一日)发刊于广西路小花园宝安里494号，设总发行所于望平街时中书局，是上海城厢内外总工程局领袖总董李钟珏(平书)创办的，聘张逸槎任经理，张伯贤和孙家振(玉声)共掌笔政，办报的宗旨说是"改良社会、代表舆论、监督自治行政、增进自治能力"，而实际上更着眼于"通商以来上海一隅为中外视线所集。凡外交之得失、政治之良莠、生计之消长、民智之壅塞、教育之完缺、商工业之盛衰，影响所及动关全国，而此邦人士反若熟视无睹者，则以无专记上海事实之日报以为之邮也"。《上海》日刊注重宣传上海。特别在1907年9月8日改版以后，增辟了《沪滨风土志》专栏，并每礼拜日绘印城厢内外地图(分区)"以资邑人及游者之考证"。对于上海地方自治的直接推动并不多，所刊的多半是《预备立宪公会出版〈地方行政制度〉序》(阳湖孟昭常)、《论上海各村镇急宜设立地方公会》(《浦东》报行)之类较空泛的议论，特别是《上海》日刊还宣称"不骂官场"，在代表舆论方面更显得较弱。后来孙玉声注意的只是把报纸办得更好看些，偏于知识性和趣味性，反而降低了报纸存在的价值。因全国各地的地方自治运动还并没有兴起，上海的地方自治是在工程局的牌子下悄悄地进行，不容易引起读者的重视。《上海》日刊大约办了一年左右，就因资力不济而停刊了。

《浦东》旬刊于1907年5月7日(清光绪三十三年三月廿五日)发刊在广西路小花园宝安里，主办者为上海浦东同人会浦东社，所以也被称为《浦东同人会报》，创办人是瞿钺(绍伊)那时他留日学法政刚回国。浦东办报更早一些的，是1905年的《浦东》周刊，由李通敏、张伯初等发起，共出二十余期，不是办在浦东而是办在浦西租界地区。但那只能称是关心桑梓的同乡会报，当时还没有地方自治机构作为背景。1907年浦东同人会开筹备会时，穆湘瑶就提出要把浦东同人会办成浦东地方自治局。而《浦东》旬刊的主笔瞿钺，以及执笔者黄炎培、穆湘瑶、雷奋等，都是当时上海成立的地方自治研究会成员。

这两种与上海地方自治相关的报刊，都出版在全国兴起地方自治报刊热潮之前，1909 年全国各地地方自治报刊蜂起的时候，上海市区的地方自治报刊，反而偃旗息鼓，鸣锣收兵了。只有一种《江苏自治公报》旬刊，由上海苏属地方自治筹办处编发，委托上海商务印书馆印行，1909 年 9 月 23 日（清宣统元年八月十日）发刊，是文献汇编性质的，内容包括谕旨恭录、奏折类、论说类、章程类、文牍类、批牍类、讲义类、疑义、要电、图表类等，带有半官方或准官方色彩，何时停办不详，只知道 1911 年 9 月已出至第 69 期。上海的地方自治报刊在这个时期反而不显是可以理解的。一是当时上海在行政区域中的地位不是很高，仅是苏属下的一个小县，对邻近各县都没有管辖关系，而江苏自治的活动中心，在苏州（巡抚衙门所在地）或江宁（两江总督衙门所在地）；二是既然立宪运动以地方自治为主要活动内容，那么上海出版的各大报刊自然都会一哄而上，反而轮不到偏于专门的地方自治报刊来显山露水了。

相反，在上海邻近各县的地方报刊大都以地方自治运动作为依托而开始兴旺或创办起来。如嘉定县在 1902 年，已有《嘉定旬报》发刊，由嘉定西门外黄氏普通学社编印，内容国闻邑事参半，它是抓住了慈禧“回銮”宣布“壬寅新政”这个契机而问世的。地方官吏也很难置喙。《嘉定旬报》共出八期。1906 年 4 月，南翔学会发行《学报》，记载会务以外，有时也涉及会外要闻。1907 年 3 月改名《南翔》，则企图由学术团体报刊蜕化为地方报刊了，出十七期后，1908 年 10 月又改名《友声》，仍旧恢复学会报刊性质。1906 年 8 月嘉定学会发刊《嘉定学会月刊》，1908 年 7 月黄渡学会发刊《黄渡学友会杂志》。

这些都只是在知识分子圈子里活动，不是真正的地方报纸，更说不上地方自治。

嘉定县严格意义上的地方报纸是1908年9月25日（清光绪三十四年九月初一）创刊的《疁报》，是报纸形式的半月刊，初为朔望各出一期，以后改为初十、二十五出版。馆址在嘉定城内西路大街82号，编辑兼发行人为秦曾钺。《疁报》同时也堪称嘉定的地方自治派报刊，它在发刊周年纪念时，把预备立宪的明诏颁布，各省咨议局之设立以及地方自治的筹办，称作“实吾国及吾邑革政鼎新之大时代也”，极力称颂立宪，主张社会改良，后来则渐感失望：“国民之国会，若以为欢呼庆祝而外无余事，则奈何奈何！”《疁报》是晚清时期嘉定县城里最主要的报刊。嘉定在推行地方自治以后，内部斗争也相当激烈，嘉定旅沪同乡会在1909年8月曾出版过名为《嘉言》的刊物，经常对嘉定西门乡一带的人物进行抨击，而乡间各镇也办起了《安亭报》（1910年3月）、《南翔日报》（1910年7月）、《疁东杂志》（办在徐行镇，1910年9月），纷纷鼓吹各地方的自治。安亭旅沪同乡会还另在上海办起《安亭旅沪同乡报》，支持乡间的活动。南翔还有两等小学堂堂长沈如民编印的《槎溪两堂杂志》（1910年3月）。小小一个嘉定县，两三年间境内境外竟有如许报刊的出现，这不能不说是人民充分利用清廷假立宪争取真权利的一种表现。

上海其他各邻县晚清时期留下来的报刊史料很不周全，大致也是1909年以前出版的，都是学人所办的思想启蒙性读物，如金山《觉民》（1903）等。1909年以后，各地都改而创办为地方自治效力的报刊了。1909年6月宝山县清丈局出版过一种《丈务杂志》，背景也与地方自治有关，随着上海租界的越界筑路以及铁路等被侵占、被蚕食的地皮当时多半属于宝山县辖。这个清丈局就设在北河南路天妃宫内，企图对这种侵占有所制约。在青浦先后办起过《青浦报》半月刊（1910 年 9 月 13 日创刊）和《青浦自治旬报》（1911 年 2 月），性质与嘉定《疁报》相仿佛，而《青浦自治旬报》的主笔，就是后来活跃在上海新闻界和文坛的王钝根。还有办在上海的地方刊物，如常熟的《常昭月报》（1909 年 9 月 27 日创刊），由南社诗人庞树柏主笔，常昭教育会印行，发行所设在常熟县寺前大街海溪图书馆，印刷所却在上海新衙门对面汇通信记书局，像陈独秀所办《安徽俗话报》一样，在上海也有发行。甚至广东靠近澳门的两个小镇四都和大都的旅沪人士，也在上海办起了一种《四大都旅沪学会杂志》（1911），不但关心桑梓，而且还很有反清意识。

第二节　五大思潮闹报坛

一、民主革命派的报刊活动

1906 年 9 月 1 日清廷仿行宪政的上谕颁布以后，主导思潮是君宪派，上海就出现了各种各样的君宪报刊，而上海商办各报也都支持或主张君宪。旧有的君主专制思潮处于劣势，但是上海报坛并不是君宪派的一统天下，民主共和思潮亦在以悄悄的步伐坚定地活动着，它们通过其他报刊传播，由弱转强，到 1911 年逐渐转为社会主导思潮，连原来鼓吹君宪最力的报刊也转变了立场。这就是1906年9月至1911年11月的上海新闻史的主线。

1906年9月前后开始了上海革命派报刊第二个活动的浪潮。1902—1905年之间的第一个浪潮时,革命派报刊较自发和无组织;而这一次则相反,是比较自觉和有组织的。1905年7月30日中国同盟会在日本东京正式成立,它把各种有革命倾向的组织如兴中会、光复会、华兴会和科学补习所的成员以及在日本有革命情绪的留学生们都联合在一起,提出共同的主张,协调各自的行动。在上海,1906年春夏成立同盟会江苏分会。在此前后,由于抗议日本当局颁布《清国留学生取缔规则》,十三省学生回国在上海议决自设学校,成立了虹口中国公学,成为有革命情绪的青年结集的一个据点。当时同盟会并没有开展报刊活动,但是带有革命情绪的报刊活动还是在上海出现了。这就是《复报》,前身是柳亚子在家乡吴江组织自治学社所办的油印刊物《自治报》。柳亚子参加同盟会后,便在上海健行公学教书。健行公学教职员中很多是同盟会会员,学生也很受感染,柳亚子就把学生组织的自治会改名青年自治会,而把所办油印报《自治报》改名《复报》,由油印改为铅印,在上海编就,邮付东京印刷,再运回上海发行。《复报》为月刊,封面上《复报》两字反印,存"报复"之意。1906年5月8日(清光绪三十二年四月十五日)创刊,当时《民报》正与《新民丛报》展开了一场政治大论战,而《湖北学生界》、《浙江潮》、《江苏》等留学生刊物都已前后停刊。《复报》此时问世,正好当了《民报》的"小卫星"。健行公学与中国公学一起成了当时上海革命报刊的两大发行据点;1907年6月到9月,健行公学还发行了当时由日本的中国国民卫生会印行的《卫生世界》。

另一种是中国公学学生组织的竞业学会发起创办的《竞业旬报》。《竞业旬报》创刊于1906年10月28日(清光绪三十二年九月十一日),最初的主编为傅熊湘(君剑、钝根),胡适(当时名胡骍方)也加入撰稿。《竞业旬报》出至第10期时,傅熊湘离去,刊物无人主持暂停,直到1908年4月11日才由吴铁秋主持复刊,以后又交张丹斧、胡适等接办,一直到1909年6月出至第41期后,才未再续刊。《竞业旬报》总的倾向是主张革命的,但也不反对立宪,认为立宪总比专制好,但主张人民起来争立宪,强迫朝廷实行立宪,不要等待恩赐。对海外的梁启超等政闻社分子乃至杨度的央求立宪都揭露批评得很厉害。还不断抨击清廷,鼓吹排满,以赞扬的笔调报道各地的会党起义,曾受香港《中国日报》的委托,为他们提供通讯。1906年冬萍浏澧大起义时,傅熊湘、谢诮庄等相信谣传会党已攻破长沙,特地为香港《中国日报》发了专电,《中国日报》由此发刊号外,大为保皇报刊所指摘,成了当时有名的假新闻事件。1907年1月14日(清光绪三十三年十二月初一)中国公学的教员陈伯平协助秋瑾创办了《中国女报》。中国公学的张俊卿、王搏沙、黄祯祥、谭价人、梁春山与复旦大学叶仲裕、邵力子、叶藻庭、汪彭年等一起,支持和协助于右任在1907年4月21日(清光绪三十三年二月廿日)创办了《神州日报》。

《神州日报》是于右任赴日本筹款时,得到孙中山的赞许,并参加了同盟会后,返沪发刊的。于右任为总理,杨守仁(笃生)为总主笔,王钟麒(无生)、汪允中等执笔撰稿。孙中山曾示意希望把《神州日报》办成革命的机关报，并以此为基地，联系“东南八省”的“党务”，开展革命的宣传组织工作。《神州日报》发刊时，同盟会江苏分会和同盟会的“据点”如健行公学、中国公学、爱国女校都致送贺词。但《神州日报》并没有以“党报”自许，它挂日商牌子，报眉为南通张謇（孝直）所题，悬壁直额为平湖金怀秋所书，著名的天主教爱国人士马相伯、《国粹学报》主笔黄节和正在日本东京主笔《民报》的章炳麟都给《神州日报》致贺词。《神州日报》创刊号所发表署名“三函”的《发刊辞》执笔人为杨笃生、王钟麒和名人“戊戌党籍”的李孟符（岳瑞），于右任自认也仅仅“略加参订”。《神州日报》的基本倾向是革命的，但往往采取意在言外，隐含民族主义情绪的手法，与以前《苏报》乃至《国民日日报》赤膊上阵或比较直露的论调又有不同。《神州日报》特别注意社论的撰述，所刊时政批评，针针见血，附刊说部小品亦是常使读者种族观念油然而生。此外尚有学界新闻，专以培养学力，提倡体育为主，是上海华文报刊中最早注重体育新闻报道的报纸，故尤为青年学子所欢迎。《神州日报》以干支纪年，不用清廷“光绪”年号，也是当时上海各日报中前所未有的。《神州日报》创刊伊始就宣布，“凡我全国官私公立各学堂以及各省军营均常年致赠一份，以备公阅，不取报资”；对学生个人订户则实行半价优待，扎实的内容加上灵活的促销手段，使《神州日报》销量直线上升。《神州日报》还十分注重对新闻从业人员的教育培养，它把派驻各地的访员视为“扶助本社最有力之人物”，并告诫他们：“一报之名誉，一报之价值，乃至一报之精神命脉，皆悬于诸君之手”，要求他们“对于本地，俨然为各种社会之监督。凡于其地发生之事件，害群者必纠弹之；利群者必扬励之”。《神州日报》办报态度也相当严肃，不如有些革命报刊那样“假新闻”不断。

《神州日报》创刊才37天，1907年5月8日就遭受了一场火灾，《神州日报》当时馆址在福州路老巡捕房对面辰字582号，那天黎明从584号祥兴琴行起火，延及583号的《时报》馆和有正书局，《新民丛报》上海支店，582号的《神州日报》馆等十余家楼房。幸而当时都参加了保险，报馆书局都迅速复业，但于右任终于因不胜繁剧而告退。此后《神州日报》在杨笃生、叶仲裕、汪彭年等主持下继续出版。

于右任退出《神州日报》不久，1907年7月徐锡麟刺杀恩铭事件发生，株连浙江发生秋瑾遇害案，风波所及，清廷在上海也加紧了对革命机关的查抄。早在春夏之际，同盟会江苏分会负责人之一陈陶遗被捕，“夏寓”因此关闭，健行公学也并入南洋中学。不久中国公学又发生分裂，江浙籍人士几乎全部退出，《竞业旬报》也因主编傅熊湘即在“夏寓”“住机关”的傅屯艮避去而暂停。但是革命派报刊活动并没有停步，除《神州日报》继续出版以外，还有《女子世界》、《神州女报》等。

1907年6月22日于右任辞职离开《神州日报》后，在1908年春曾短时期参加《舆论日报》的编务，同时筹备另办新报，还鼓励同乡创刊报纸，而《竞业旬报》在此时也独立于中国公学之外，在美界爱而近路祥庆里复刊，不久由胡适接办，也引起了胡适安徽同乡们的办报兴趣。1908年7月28日(清光绪三十四年七月初一)，胡适的同乡范鸿仙(光启)在马霍路附近的马立师马德里三弄办起了《国民白话日报》，10月5日李燮枢(辛白)、李铎(警众)在同一地方创办了《安徽白话报》,8月26日于右任的同乡李瑞椿(季直),也在这里办起了《须弥日报》,马立师马德里1154号成了“一门三报”。陈其美从日本来沪后,就择址在左近的马霍路福德里设立了同盟会的秘密机关,这一带就被谑称为民党的“梁山泊”。不幸的是这年11月马德里发生了一场火灾,这三家报纸都被迫中断了,以后仅《安徽白话报》一家复刊,其他两家未能恢复,范鸿仙后来参加了于右任的《民呼日报》;李瑞椿则在1911年4月间又创办了《克复学报》,馆址迁至《竞业旬报》左近。《竞业旬报》停办后,爱而近路祥庆里原址上又办起了《中国公报》(日刊),而借已闭《舆论日报》旧址为公开的馆址;陈其美则在马霍路福德里发刊了《民声丛报》。《民声丛报》只出了两期,以后就并入于右任的《民立报》为同盟会的通讯机关。另外,以原光复会为背景的陶成章和尹锐志、尹维峻姊妹也在1911年8月出版了《锐进学报》,馆址则在法界平济利路良善里也就是光复会机关所在地。

二、与革命报刊相辅而行的复兴古学活动

清末革命报刊活动中有一个奇特的现象：它一方面鼓吹排满革命,民主共和;另一方面竭力鼓吹复兴古学。

其实这也可以理解的：我国革命思想的形成,本来就是在外来势力侵略威胁的生死存亡关头,清廷抱着“宁亡外人不与家奴”的思想,不肯改革自强而逐渐促成的。中国的爱国者本来先要求清廷实行改革,感到失望以后才决意排满,推翻坚

持封建专制的清朝政府。清廷入关后，就有满汉矛盾，恢复“汉官威仪”更是根深蒂固的思想，缅怀古学也成了题中应有之意。其次，欧风美雨的不断袭来，深受我国传统文化熏染的知识分子有欣喜地共尝新知寻求真理的，也有往往以自己固有的传统知识来作解释的，更有“抒怀旧之蓄念，发思古之幽情”，“闵国粹之陵夷，古典之不振”，“专研究古学，以与新学相融合”的。更有一些人看到了西方资本主义制度的种种弊端（当时西方资本主义开始发展到帝国主义阶段）而发生困惑，转而企图到自己所熟悉的古学中来求补救的。还有，从当时转向革命的知识分子本身来说，留学的热潮始于戊戌而盛于壬寅前后，那时国内科举并未废止，在接受新知以前所学的都是旧学的基础，就知识分子整个群体来说，即使其中最激进的部分，所受旧学熏染的程度一般也超过新学。对于已经传入我国的所谓西学，多半是“梁启超式”不分主次贪多嚼不烂般的纳入，感性的憧憬多于理性的消化，或者对西方讲义照搬照抄，“土著”的根蒂反而远没有旧学深。这就是复兴古学思潮发生的时代背景。

复兴古学与革命要求相结合，早在前一历史时期已经存在。那时革命志士文字宣传水平远远落后于康梁保皇派，最初时期的资料只有《扬州十日记》和黄梨洲《原君》、《原臣》诸篇，甚至连民间流传的《烧饼歌》、《太阳经》也加以注解利用。世纪初上海出版的《政艺通报》、《新世界学报》、《经世文潮》等期刊，都致力于宣扬国粹，“抱学亡国亡之惧”。到 1905 年 2 月邓实（秋牧）发刊《国粹学报》，则更明确地提出以“发明国学，保存国粹为宗旨”“表达爱国、保种、存学之志”。1906 年

10月邓实又建立了国学保存会藏书楼；1907年3月起，又另行发刊了《国粹丛编》月刊，专门搜集刊出佚逸禁毁的古籍，1908年3月，又添出《神州国光集》双月刊，以铜版影印后代金石书画及题跋，钩沉辑遗，无微不至地把功夫花在保存国学上。《国粹学报》也很鲜明地表达他们的政治态度，如第7期刊出了许守徽所撰《论国粹无阻于欧化》等。《国粹学报》上发表文字最多的是刘师培，他以光汉子的笔名续黄梨洲的《明夷待访录》作《中国民约精义》，续王夫之的《黄书》作《攘书》，鼓吹排满复汉，被人咏为"刘生今健者，东亚一卢骚。赤手锄非种，黄魂赋大招。人权光旧物，佛力怖群妖。倒挽天瓢水，回倾学海潮。"马叙伦在暮年回忆《国粹学报》时也称："实阴谋藉以此激动排满革命之思潮也。"《国粹学报》自称"不存门户之见，不涉党派之私"，事实上很少发表康梁所推崇的今文经学家的文字，甚至力攻《春秋》今文公羊学派，用学术辩论的方式，把批判矛头指向康有为的学术主张。这不能不说它也是在国内条件下革命、革政无论战的一种表现。

邓实、黄节的《国粹学报》及其派生的报刊是复兴古学与革命相联系的主力军，而在当时其他革命报刊上，复兴古学也常是一个不可或缺的内容。在海外，东京的《民报》在章太炎主持时期就是复兴古学的阵地，在他的影响之下，《醒狮》、《河南》、《汉帜》、《云南》、《粤西》、《晋乘》等，无不以国粹作武器。在上海，1906年以前有《警钟日报》、《中国白话报》等，1906年以后，较集中有所表现的是《复报》和《神州日报》等。值得注意的是，受康梁影响或支配的各报刊和立宪报刊中，反而没有这方面的痕迹，这是很堪玩味的历史现象。

还有另一种情况，最顽固的守旧抱残分子是甚至不愿与我国传统文化中所没有的近代报刊这个“舶来品”发生关系的，而某些在政治上并没有多大追求“洋场才子”，则在报界也开始活跃起来。其中最典型的是陈蝶仙，即后来著名的天虚我生，早年曾坐过蒙馆，经商和任小官吏，1895 年就在杭州办过以刊载诗词作品为主的《大观报》。世纪初在上海结识了在《同文沪报》主编《消闲录》的周病鸳，1902 年去日本考察游览，回国后就成了《消闲录》积极的撰稿人，1904 年在上海发起办《著作林》月刊。它也打着“保存国粹”、“搜罗古董”、“搜集遗漏”的牌子，却专门刊登“近世名人逸事伟绩之稿”，还首创了一个办法：“同人来稿，其散见各部者不取刊资。如另刊专集，附订发行者，每字输资两厘，每页输纸印费半元。概须先纳。每全张为两页，板或存或取去任领。”陈蝶仙在上海发起时原拟铅印，后“为寿世起见，铅印难以再版，特改有藏版”。既然不再用铅印，陈蝶仙就回家乡杭州去筹办，而托上海《笑林报》为收稿处和总发所。最后还要在上海合成，因为“写真肖像仍用铸版，制印每页输版费五元，纸费五元。如两像合制一页，减收半价。添印每千页五元，五百页三元，少印价不减”，则《著作林》的编务又有代办印制性质，同时提倡旧诗词创作。诗词创作又强调“从正宗”、“不用新异之语”、“不随时俗”，成了旧式文人以定期连续出版的形式玩弄笔墨的场所。在当时上海文坛上也有相当势力，台湾丘逢甲、番禺潘兰史、岭南丁叔雅、山阴金鹤笙、闽侯林纾等都与《著作林》有交往。《著作林》在 1908 年 8 月迁回上海出版，编辑部却就设在后来成为同盟会陈其美办《民声丛报》的跑马厅后德福里。陈蝶仙来沪后，又结集戚饭牛等一伙号称“国魂七子”，创办了《国魂》日刊，也举办开花榜等所谓“主持风雅”活动，对晚清末年的“海报小报”很有影响。

还有一种有影响的国粹刊物是黄人（摩西）主持笔政的《雁来红丛报》，上海编印出版，却因黄摩西当时在苏州东吴大学任教，因此委托苏州殿元顺刻字店发行。大部分篇幅是重印清初旧作如清初文字狱史料，复社人物遗作，和沈三白的自传体小说《浮生六记》等，个别也有劝善说教的作品，总体来说比《著作林》的陈腐气息要少得多。

上述种种国粹思潮影响下的人物，最后却几乎全部被网罗入陈去病、高旭和柳亚子创建的南社之中。南社在当时总体来说是倾向于革命的，它团结联络了全国千人以上的文人墨客，以文艺抒发忧国的心情，提倡以天下为己任的抱负，是极有历史意义的。但成员又是十分复杂的，南社仅是个文人结社，并不能起统一思想的作用，以后的分化也是自然的事。如高旭，当时就被柳亚子戏称为“一民主义”者，因为他只主张推翻清王朝，以后要不要反对封建专制实行民主共和都不管。更何况更多成员在政治上并无鲜明的主张。1910 年 2 月，南社编辑出版了《南社丛刻》，在提倡民族气节鼓吹排满革命方面表现得淋漓尽致。

三、从鼓吹暗杀到形成虚无主义报刊

与国粹思潮相比，虚无主义思潮的伴生则显示另外一种色彩：国粹思潮与康梁的报刊几乎无缘，而宣扬暗杀乃至虚无主义思潮，则与革命、革政两派报刊共同伴生，而在革命派报刊方面愈演愈烈，最后分化形成专门宣扬无政府主义的报刊。1906 年 9 月以后是无政府主义报刊开始形成的时刻。崇拜暗杀，企图以个人奋起一击来扭转乾坤正是新兴的资产阶级知识分子初步觉醒，而又看不到革命力量所在，把统治的黑暗仅看作个别人的思想和行为的必然结果，同时也与当时整个国际思潮，特别与沙俄民粹派的活动有关。梁启超创办的《新小说》自创刊号起，就发表了岭南羽衣女士所编译的《东欧女豪杰》，写的就是沙俄女虚无党人苏菲娅。以后革命派所办的《民报》（日本东京）、《神州女报》（上海）、《有所谓报》（香港）、《新世纪》（法国巴黎）等报刊上，都把苏菲娅作为伟大的榜样来颂扬。《民报》还连续两次刊出她的照片。梁启超的《新民丛报》和上海商务印书馆的《东方杂志》都较早就对俄国虚无党作理论性的阐述介绍，意图儆戒清廷快快接受他们的立宪要求。而留日学生所办各刊物，包括《民报》在内，鼓吹无政府主义是十分频繁的主题。在上海，前一时期则有《警钟日报》和《中国白话报》，这一时期则有《复报》、《民立报》，都是这方面的健者，而且还屡有暗杀的实际行动，有自发的，也有有组织的。

在这一时期，日本东京和法国巴黎，东西两方都各出现了专门宣扬无政府主义学说的刊物，而且都与上海的报人有关。在巴黎出版的是《新世纪》周刊，1907 年 6 月 22 日（清光绪三十三年五月十二日）发刊，以反对一切政府和倾覆一切强权为宗旨，经费由后来同时也资助《民呼日报》发刊的南浔富绅张人杰（静江）供给，当时他是清廷驻法使馆的商务随员，由已加入同盟会的留法学生李煜瀛(石曾)主编,以后因“《苏报》案”事件逃亡到法的吴稚晖以及张继、褚民谊等也加盟参与编务。《新世纪》周刊与法国无政府主义者所办法文刊物同名,两者关系密切。《新世纪》周刊曾系统地介绍西方无政府主义代表人物及其主张,而不像日本或国内刊物那样介绍无政府主义时常与其他社会主义主张相混同或羼杂。《新世纪》周刊持续出版近三年,到 1910 年 5 月 21 日出版第 121 期后才停办,是辛亥革命前留学生所办刊物中寿命最长的一种,对国内也有相当影响,1908 年 11 月两江总督特电饬上海道蔡乃煌查禁。在日本东京出版的是《天义报》,1907 年 6 月 10 日(清光绪三十三年四月三十日)由刘师培的妻子何震以女子复权会名义创办,初为旬刊。以“破坏固有之社会实行人类之平等”为宗旨,“于提倡女界革命外,并提倡种族、政治、经济诸革命,故曰天义”,8 月 31 日日本无政府主义团体“社会主义讲习会”(齐民社)成立以后,《天义报》从第 6 期起则成为这个团体的机关刊物,改为半月刊,宗旨也明确改为“破除国界、种界,实行世界主义,抵抗世界一切之强权,颠覆一切现近之人治,实行共产主义,实行男女之绝对平等”。实际主持编务的是刘师培,撰稿人为张继、汪公权等。由于日本政府的压迫,1907 年底,刘师培夫妇回国并向两江总督端方秘密自首,同时把《天义报》迁到上海西门内天义印刷厂印行,1908 年 3 月 15 日出版第 19 期后停刊。4 月 28 日(清光绪三十四年三月廿八日)又发行《衡报》旬刊,声称“编辑所澳门平民社”,而“凡寄稿及定报者均寄东京通讯所”,以“颠覆人治实行共产;提倡非军备主义及总同盟罢工,记录民生疾苦;联络世界劳动团体及直接行动派之民党”为宗旨，出版到第 11 期因日本政府加强压迫而停办。

1911 年，上海还连续发刊了几种倾向于无政府主义的期刊，这就是 1911 年 7 月 1 日（清宣统三年六月初五）发刊的《社会星》周刊，10 月 11 日发刊的《社会》月刊（又名《社会杂志》）。《社会星》是江亢虎发起组织的社会主义研究会所主办的，自称为“在中国输布全世界广义的社会主义之学说的……最初唯一之言论机关”，通信处却设在上海旅馆，据说是江亢虎“孤家寡人”独个儿的空头刊物。发刊三期以后，中国社会党宣告成立，江亢虎停办了《社会星》，转而主编原由上海惜阴公会创办的《社会》月刊。《社会》月刊第 2 期起为中国社会党机关报。《社会》月刊到 1912 年 3 月的第 6 期起，又由上海惜阴公所收回自办，中国社会党又另办《社会日报》和《人报》为言论机关。社会党内另外的派别又分别发刊了《社会世界》、《人道周刊》、《良心》等。

四、专业化报刊的业务救国论

与革政、革命、国粹、虚无这四种思潮相争高下的，还有一种比较隐而不显的思潮，就是新型的知识分子对专业化的追求。

这是一种全新的思潮，与其他四种思潮有所不同，其他思潮都集中在政治领域里的革故更新，而知识分子专业化及其以专业为阵地企求发展，则是在社会领域里更深层次的变革，意味着不同于旧时代士子的新型知识分子的出现和渐成气候，要求在专业领域里有他们自己的舞台，陆续创办了大批专业性报刊，据粗略统计，从 1850 年至 1911 年 12 月，上海出版的专业性报刊共有 50 种，其中 1850—1899 年有 7 种，1900—1906 年有 11 种，1907—1911 年有 32 种[①]。

这些新型知识分子所追求的不仅在革命或革政，揭橥的口号却已是“实业救国”、“科学救国”、“教育救国”或其他什么“××救国”。

我国在封建社会科举制度下，知识分子的出路是十分狭窄的。西学传入以后对我国文化界有影响，但在社会上不被重视。西学经戊戌维新时期称为“实学”提倡以后，上海始有国人自办的专学刊物，除科普性的以外，一般涉及数、农、医、商诸门。20 世纪以后，扩及教育、法政、科技工程。这是当时中国经济发展的结果，也是社会发展的表现，更是文化乃至人们思想发展的见证。人们自觉或不自觉地要求被迫打破自我封闭状态后的中国，迅速赶上世界现代化的潮流，是不可阻挡的了。

在这一时期专业化期刊特别发达，还有一个重要的背景，是 1905 年秋清廷正式宣布废除科举制度，传统模式的“学而优则仕”的途径被切断了，知识分子将按新的途径去发展自己的前途，除从政以外还可以做教育家、科学家、出版家、新闻家、工程师、律师、会计师乃至实业家等。正在变动和形成中的我国半殖民地半封建社会，属于资本主义世界体系，也在呼唤着各种知识型的人才。各种专业型的人才也要求有各自的阵地来交流信息，促进专门知识的研究和发展。因为我国当时的社会环境，这些专业报刊所刊内容不可能与政治完全绝缘是纯专业的，而是充满了自强的爱国要求，“教育救国”、“实业救国”，以及其他“××救国”等。

“教育救国”本身就是一种政治要求，在戊戌时期就作为启迪民智的根本任务提出来，而1906年清廷宣布“仿行宪政”的同时，却也以“民智未开”为由搪塞拖延真正实行宪政，而且还有与外人争教育权的命题。上海最早的教育专业期刊是1901年5月创刊的《教育世界》，就是在清廷宣布“壬寅新政”，决定废八股、停科举、兴学校，派遣留学生的时候问世的。《教育世界》大抵按清廷教育改革过程亦步亦趋，除刊出大量文献外，还提供了不少欧美和日本的教育模式。《教育世界》在1908年1月停出后，商务印书馆另出了《教育杂志》。以“研究教育，改进学务”为宗旨，它虽没有反复论证“教育救国”这种政治命题，却比较认真地促进新的教育体制健康地推行。商务印书馆在1910年5月又添了《师范讲义》，聘《中外日报》前主笔汪诒年（仲阁）主持，以辅导全国培养新学师资。1911年3月1日又出版了《少年杂志》，直接与莘莘学子对话。1909年4月20日大南门外中国体育专修学校又出版了《体育界》期刊，由徐半梅、王季鲁主办；1910年5月昌明公司又创办了《音乐界》期刊，构成这一历史时期“教育救国”期刊体系。

科学专业期刊中特别繁荣的是医学类刊物，几达所有科学期刊总量的半数。与前一历史时期相比，西医的内容大为增加，《卫生世界》、《医药学报》都是留日学生创办而在上海总发行的。《医学世界》由上海的中国自新医院所办，《卫生白话报》由新智社总发行，也都是西医内容了。同时1904年创办的《医学报》发生了分裂，受蔡小香委托办报的丁福保改出《中西医学报》,也增添了西医的成分。《医学报》被改为《医学公报》,1911 年停歇了。这里有一个值得注意的现象:1907 年以前留学生创办的期刊大多是政论性或带有政论性的,常被称作革命刊物;1907 年以后普遍转而为业务型,不仅留日学生如此,欧美留学生更如此。商务印书馆 1908 年所出版的《欧美法政介闻》和《军事专刊》都是留德学生主编,而编《欧美法政介闻》的马德润、周泽春都是兴中会的参加者,这也从一个侧面可以体现"××救国"之类的思想,在当时深入知识分子的心理程度。

而这一历史时期在校的青年学生创办期刊的风气大盛,徐汇公学有《汇学会月报》(1906),杨斯盛所办浦东中学有《浦东中学校杂志》(1908),竞化师范女学校有《竞化》(1908),龙门书院有《龙门师范学校校友会杂志》(1908)和《龙门杂志》(1910),震旦学院有《震旦学院院刊》(1909),杨白民所办城东女学也办起了《女学生》。上海爱文义路中国医学校校友会还曾创办了专业性的《医学新报》(1911)。1907 年时苏州有一所学校不仅学生办报刊,学校里还开设了新闻课,这是目前所知国内最早的新闻教育史料了[②]。未知上海学校里有没有开设过。

第三节 上海商办报纸的新举措

一、商办民报学做"毛瑟"

清廷颁布"仿行宪政"的上谕,上海商办各报曾联名表示了祝贺,并各自著论申述支持的理由。其实这只是表象,骨子里各有各报自己的算盘。像 1905 年以前黄协埙时期的《申报》一味维护清室的现象不再有了。1906 年 8 月《申报》聘任了原来《警钟日报》的主笔刘师培和当时有名的“红头火柴”王钟麒(天僇生)入馆任主笔,王钟麒为《申报》所撰的第一篇社论就是《论古无重君权之大义》,刘师培撰的《论省界之说足以亡国》、《论今日宜痛改专制之政》等,都已毫无阿谀奉承之意。《申报》之所以这样做,倒并不是《申报》买办席裕福(子佩)的政治立场有什么改变了,而是迎合读者的口味,言论则以能抓住读者而又不影响报馆生存为原则。在这样的尺度下,不妨让主笔们有放言的自由。曾以守旧出了名的《申报》如此,《中外日报》、《时报》、《南方报》更不必说,《同文沪报》由日本东亚同文会主办,《新闻报》新改为外资为主的股份有限公司并在香港注册,发言自然也无多大顾忌了。

商务各报抱着营业第一的目标,把生存与发展放在第一位。创办时有政治背景的,如《时报》和后来的《神州日报》等,在实践过程中也逐渐淡化了宗旨,向商办民报的路子靠拢。《时报》创刊时所提出来的十六字诀“有闻必录,知错必改,知无不言,言之不尽”,也成了商办各报普遍遵奉的信条。商办各报所刊新闻,相对来说比较注重“速”、“确”、“直”、“正”的,假新闻一旦被发现,也都能及时更正,以免丧失读者的信任。上海的商办各报普遍追求经济自立,这也与因接受津贴而言论消息常有倾向性的北京报刊色彩相异。即使有政治背景的报纸,也常隐瞒自己的政治背景,如《时报》挂日商的牌子,而声称“不偏徇一党的意见”;于右任受同盟会支持在沪创办的《神州日报》也挂日商的牌子,在发刊词中也把“甘陵两部,迄成钩党之灾，蜀洛分崩，卒酿靖康之祸”称为四弊之一。

不能因为上海商办各报普遍报道了清廷的预备立宪过程而把他们都归之为立宪派报刊，上海商办各报都是各有盘算的。《时报》创刊时正值日俄战争爆发，是较早提出日俄战争将由“立宪战胜专制”这个命题的，但也不大愿意做海外康梁意见的传声筒，逐渐倒向江浙资产阶级怀抱。对清廷立宪举措有肯定有批评，而提出了“呜呼，吾民尚只望在上者之预备立宪耶?”以后就不断鼓动资产阶级为参政而斗争，最后对清廷表示绝望。《申报》则是陡然激进，在批评清廷立宪骗局中，新创了一个概念，叫“论政府欺罔朝廷”，把“政府”和“清廷”一分为二，批评“政府”不等于反对“清廷”。虽是概念游戏，却也为报纸宣传活动撑了一顶自我安慰的保护伞！因为 1907 年以后的上海的报纸，已不仅骂官场，而且转而火力集中地骂政府了。《神州日报》则又是另一种姿态，“我们一方面要伸张正义，激发潜伏的民族意识；一方面又要婉转其词，以免清廷的借口。”《神州日报》也刊出清廷预备立宪问题当作本报对于国民责任之一，来“与海内善知识之士，捕捉此种问题而日日摩挲之”。同时指出：“政府以‘预备立宪’四字颠倒部臣疆臣，而其昏庸泄沓贪污淫酷也如故；部臣疆臣以‘预备立宪’四字矜炫国民，而其昏庸泄沓贪污淫酷也如故。”

1907 年以后，上海商务各报在报道问题上还有一个很显著的改变，就是对于革命党人的态度。1906 年至 1907 年，正是海外特别是《民报》与《新民丛报》就革命和革政进行大论战的岁月，在上海各报中则很少有所反映。而到 1907 年 7 月徐锡麟刺杀皖抚恩铭的事件发生，对革命者已基本上没有出现贬义词语，各报记述事件经过的都用客观报道的方式，用“匪”用“逆”的多出于官方文书，同时也全文刊出徐锡麟原供和所撰“革命军首领徐”“为晓谕大众光复汉族”的“伪示”，原原本本一字不易地刊出。还大量报道徐锡麟事件发生后，清廷各省衙门张皇失措的情形，甚至连续发表了新疆和山西两地也发现刺客的“假”新闻。对于徐锡麟被挖心刲肝还一致谴责为“野蛮行为”。对浙江绍兴秋瑾被捕后，未有确供就被杀戮，更是一致谴责为制造冤狱，从绍兴府知府贵福、浙江巡抚张曾敭乃至赞成处决秋瑾的浙绅汤寿潜都在上海报刊上被涂上了白鼻头。上海商办各报之所以会有这样的表现，其中大多数并不是对革命主张有所赞成，相反地却是对清廷对立宪拖延搪塞严重不满，责备清廷不真正实现立宪才弄得到处百孔千疮，只有快快实行立宪才能一了百了，是一种“借革命威胁，促清廷立宪”的意图。但也不能否认，上海各报此时已把革命者承认为爱国志士。

正是上海各报在政治思想上有了这样的基础，才促成了以后当对清廷举措完全失望时能转向赞同革命，“咸与共和”，而且转变得那么自然，并无南方那些康梁派报纸有向革命阵营“投降”的感觉。

二、新闻业务的大跨度发展

1906 年至 1911 年之间，上海报刊界基本完成了报与刊的分离，大型日报和“小报”的分离，报刊与书籍的分离，各有自己的位置。大型报向《时报》开创的“纸面体裁”靠拢；“小报”

也改成白报纸两面印刷，篇幅普遍只有大型报的一半大小，连最早创造出“一论八消息”模式的《游戏报》也向《世界繁华报》的分栏编辑模式靠拢；期刊逐渐与新闻传播的内容脱钩，而向知识性、学术性、文化性、趣味性等方面发展。具有标志性的是《东方杂志》在 1911 年 3 月 25 日第八卷第一号时的改版，以后除中外大事记以外，就较少属于新闻性的材料了。

新办大型商业各报，也已不同程度上脱离了陈范办《苏报》时期“家庭式”，或《申报》、《新闻报》初创时那样三数人组合的“作坊式”格局，改由主笔房、账房间（营业部）和印刷厂三个独立部门组成报馆，账房间却占据了至高无上的地位。对开大型报的封面页普遍都是广告页，第二页起挨次才是要闻版、地方新闻版、本埠新闻版。而且版面的地位决定于广告的数量。广告数量不足就把新闻提前去补足版面。以后各版也有相类的情况，新闻篇幅的大小决定于广告多寡，用新闻去凑报纸版面。上海商业报纸的这一特色，在 1907 年以后逐渐表现得更明显了。上海各大型报纸采用的普遍是所谓英国式的编排，要闻、各地新闻、本埠新闻各自归口，同一主题的新闻也按地域分别刊入各版，如徐锡麟案，初发时的专电刊在要闻版的，各地的反应则在地方版，上海当地的反响则在本埠版，各版编辑编排各自的稿件，互不通气。各版主笔各人就本版新闻写一则或数则短评，《时报》称“时评一”、“时评二”、“时评三”，《新闻报》则称“新论一”、“新论二”、“新论三”。各版也都刊出一些连载小说、笔记、诗词、杂俎等与新闻内容并不相关的副刊性材料，并不集中在一版刊出，因此也还没有副刊的刊名。其实这些材料用来凑版面的，以备广告和新闻都不足时作填充,但一般都要择优刊出些,聊备一格。这些模式又持续了十年左右。

把期刊完全“挤”出新闻传播领域的,则是新闻传播的速度。在20世纪初新闻传播中已开始使用电报,1899年8月6日中国电报总局已公布了《传递新闻电报减半价章程》,但上海各报馆真正运用电报传递新闻,主要限于北京,其他城市还很少。上海各报的新闻来源主要是外报,及上海各衙门和各洋行辗转传出来的消息。这样的消息多半是“二手货”,说不上迅速和正确。随着各地报业的发展和电报线路的不断开辟和完善,埠际之间的新闻的电讯传播也逐渐开展。特别是邮电部再一次调整了新闻电讯收费的政策:本来只有明码新闻电报能减半,密码仍要“照旧加价”;后来改为密码新闻电报也能减半收费,这样更有利于各报馆在半保密的情况下进行新闻竞争,埠际之间的通讯更活跃了。以《申报》所刊“徐锡麟案”为例:

1907年

7月7日　电讯安庆廿六日午后五点十分
报道恩铭被刺“传会办徐锡麟所为”

7月8日　电一,安庆廿七日午后七点十五分
恩铭之死,“藩臬两司飞电政府将凶手徐锡麟就地正法”
电二,安庆同日午后八点
孙汶潜运军火来华,为恩铭分咨严查,故报复
电三,安庆同日午后八点二十分

恩铭被徐道乱枪击死，凶手当场格死
电四，南京同日午后七时
江督端方师得讯已派盐巡道朱菊尊带兵两营赴皖

7月9日 北京电传上谕
安徽巡抚著冯煦补授，布政使著吴引孙补授
电一，安庆廿八日午后七点廿五分
安徽涡阳有“乱党”起义
电二，安庆同日午前九点十分
安徽藩臬两司开列姓名密电各埠协拿革命同党
电三，武昌同日午后一点
鄂督张季师严饬文武于武汉一带切实严防
电四，南京同日午后一点五分
端方师密电长汉上下游文武人员择要防堵
电五，苏州同日午后十点
苏抚陈筱师飞电各属戒备并饬“万勿张望”
电六，南京
《江督致沪道官电》
电七，南京廿八日午刻
恩铭今午入殓，随同徐锡麟起事者

除格杀外悉数拿获，惟光复子陈伯平、定潇子两人在逃

7月10日 电一，安庆五月廿九日午前十一点
皖升抚急电通缉光复子、定潇子
电二，安庆同日午后一点十分
皖升抚觅取光复子等两人小影分发各省一份缉拿
电三，安庆同日午后六点五分
冯升抚飞电江督转饬严防孙文得讯潜行来华
电四，南京同日午前九点四十分
江督端方师电密致某公请运动政府严加申斥乘机开缺
电五，南京同日午前九点四十分
江督严电沿江沿海各电局暂时停止收发安庆密码商电以防革命党暗通消息
电六，安庆同日午后八点
(皖)巡抚印信即由冯升抚谨敬收藏遇有要公均电请江督主政办理
电七，安庆同日午后八点
恩抚遇害时尚未开操徐即突持双枪向之猛击

(《申报》主笔按：六、七两电系另一访员所发，补述当日情形如此)

这样迅速而逐渐纠正的新闻报道，正是报纸的所长，而刊期较长的期刊，已无法与报纸比高下，自然改而发挥自己的特长，即从深层次传播新闻的背景或预测方向去发展，报与刊的差异愈来愈明显了。期刊所传播的不再是新闻，而偏重于新论、新知。

与专电相辅而行的“特约通信”，也从《时报》创始，而为上海各报陆续采用了。专电求其速，特约通信则求其详，写新闻背景，写来龙去脉，写方方面面的动向。最重要的特约通信是北京通讯，《时报》的特约通信作者就是黄远庸（笔名远生），但一般都还是匿名的，作者多半是政界中人物，非此域中人很难得到正确的重要消息，而当时“暗通报馆”还是被看作政界人物的非法活动，军机大臣瞿鸿机也因此丢了官职。《时报》馆曾经有一位通讯员，姓钟，杭州人，还是王文韶的孙婿，因为泄露秘密消息而被捕，幸有王文韶的老面子判了轻罪。还有些“特约通信”作者是世家子弟、小京官，他们得不到重要消息，所写通讯就骨少而肉多，只能以掌故性材料弥补新闻事实的不足了。

大型日报的规模性经营，同时全国联成网络的新闻信息传播，也使大型日报与“小报”之间界线愈来愈明显，“小报”在新闻信息传播方面的作用愈来愈弱，乃至最后衰退到局处欢场一隅，偶尔在政治新闻中起些插科打诨的作用。当大型日报日益发展为略具规模的集团性事业时，“小报”始终是个人执编，依靠着热心的投稿者们的支持。“小报”在电讯等并没有充分发达时，有时也还有一些独得新闻。如八国联军据京时仪鸾殿火烧，上海各报中最早详尽报道的却是李宝嘉的《游戏报》和孙玉声主持的《新闻报》，供稿人就是那时正在北京的沈荩和钟广生，甚至制造了“谓赛金花被召入紫金阁，与瓦德西如何如何”的传说。甚至前一时期还有些正规大型报纸并不注重真正重大的新闻传播，而靠副刊性的材料吸引读者，如《时事报》、《南洋日新报》。同时1907年前后王楚芳接办《笑林报》之后，还曾作过“‘小报’大办”的尝试，如增加外地各处的“花讯”，打算办成全国性的“花报”，并加强了有关政治、社会以至于科学之论著。结果“两头不着实”，最后仍旧恢复原状，改回“小报”，并附入《民立报》馆继续出版，成了一份只是在政治上稍稍倾向革命派的“海派小报”，以诙谐笔墨来赢得读者了。但这一方面“海派小报”并不占绝对的上风，因为各大型日报都加强了杂俎性材料，也是“嬉笑怒骂皆成文章”的。在这一时期“海派小报”从数量来说还是很活跃的，除老牌的《游戏报》、《笑林报》、《世界繁华报》、《春江花月报》、《花世界》、《娱闲日报》等继续出版外，还继续发刊了《文娱报》(1907)、《风月报》(1907)、《国魂》(1908)、《鹤鸣报》(1908)、《娜嬛杂志》(1908)、《鼓吹文明报》(1908)、《太阴》(1909)、《谐评》(1909)、《卓报》(1909)、《剧报》(1910)、《上海白话报》(1910)、《国华》(1910)、《阳秋报》(1911)、《黄浦潮》(1911)、《小上海》(1911)等，每天总有十种上下的“海派小报”同时出版。但总的来说“海派小报”的社会地位与前一时期相比大大下降了。“海派小报”还有一个值得注意的迹象，所有晚清出现过的“小报”，在辛亥革命炮响以后全部“改朝换代”。民国以后的“海派小报”，竟没有一种是由晚清延续过来的。

至于报刊与书籍出版的分野，原因则在于新兴的或从国外引进的政治、社会乃至自然科学的著作在各大书局都已出版，用不着报刊以定期出版的方式来抢先传播了。期刊刊载这方面的材料，一要求新，二要求有真知灼见的心得体会，照搬照抄泛泛而论就不受欢迎，读者宁可买书籍看了。但也仍有例外，1907 年 2 月，昌明公司出版斯学主持的《科学讲义》月刊，1910 年 5 月商务印书馆编印的《师范讲义》月刊，都是学校教科书的拆零按月传播，带有函授教学性质。这是配合清廷废除科举、改办新式学堂以后，训练私塾老师转业为新式教员而办的，是特殊历史时期的特殊期刊，有它存在的特殊价值。

这一时期报刊的言论思想相当活跃，主要的背景是清廷表态“仿行宪政”不可能像以前坚持专制反对言论自由了。在租界当局来说，只要清廷或各国领事们不查究，只要不是直接煽动影响上海治安的，一般都被允许。与报刊言论活跃有相当关系的是新闻漫画，在前一时期开始出现，而在 1907 年后就已发展到相当繁荣的程度，以后就发展到没有一种报纸不刊出漫画，甚至很少有一天或几天的间断。“漫画”这个名称当时就已经出现了，但不统一，《南方报》称“漫画”，《申报》则叫“画史”，《神州日报》则称“画评”。画评者，以画来作评论也，很能传神地说明新闻漫画的真正性质。

其他如新闻摄影、连载小说等，也都愈来愈驯熟地为各报主笔在编报时运用。当然新闻漫画和新闻摄影能在报纸上经常刊出，物质条件是上海已有了自制铜版锌版的技术。在内地各报有时也已开始有些漫画或新闻照片，但往往刊出时间很迟，或甚至是木刻手雕，不如上海那么方便。

三、公司化——报业企业化的重要台阶

上海报业的发展，有一个从个人集股到组织公司的过程，这大致在1906—1907年前后，在主要报馆中发生了。

《字林西报》和《北华捷报》1850年初创时由奚安门独资经营，1860年其股权为壁克乌德收购时，相当一段时期还是个人经营，到1881年起由个人经营改组为公司，1905年又改组为有限公司。

《申报》是在1872年由美查集资个人经营的，1889年他回国，《申报》由个人营业改组为美查有限公司经营；1907年美查公司将《申报》股权售给华人后，又改为华股公司。

《文汇西报》在1879年创办时虽由开乐凯和李闱登合伙创办，到1900年起也由个人营业改组为有限公司。

《新闻报》在1893年创始就组织了公司，不过这一公司之组织，也仅是“集合了极少数人的经费”而已。为福开森收买后，成了个人负责的无限公司。直到1905年因美资受反美拒约运动打击后，才吸收英资等改组为在香港注册登记的有限公司。

《神州日报》是在1907年4月21日发刊时，就组成有限公司招股开设的。

《时事报》，1907年12月9日创刊时，是由商人郁松乔等纠股成立崇新刷印公司印行出版的。1909年为蔡乃煌兼并后，则是官冒民报，无所谓个人或公司经营了，1910年秋蔡乃煌退出，改由黄楚九、张敬垣等合伙经营，1911年起则由黄溯

初等组成有限公司接办，并改名为《时事新报》。上海光复后一变而为进步党机关报，但股份有限公司的性质仍没有变。

当时，上海保持个人经营或无限公司性质的，只有《中外日报》一家，先是由汪康年兄弟张罗，后来是“蔡大业堂”的产业，随着时间的推延，成了毫不起眼无足轻重的小报馆，也说不上什么规模经营了。

上海报业在经营管理方面的发展，既符合于近代新闻事业发展的一般规律，同时又有独自的特殊性。新闻纸初起时，因为规模不大，以较小的资本就足以应付，所以个人经营或集合了极少数人经营就能对付。而后规模渐具，一切费用都增加起来，新闻纸的经营，也就得不断增加投入，趋向股份公司方向发展了。作为集资的方向来说，有限公司比无限公司对于报业的发展更有利。有限公司的特点，就是投资者与经营者的责任分开，投资者一般不干预报馆经营的业务，经营者则既对办好报纸负责，又对投资者的财产增值负责。上海的特殊性则在于除了蔡乃煌插手以外，较少与政界或影响报馆执论的政治势力在资本上相联系，不像北京办报那样背后都有这个王爷或那个官员的政治投资。从总体上来说，商办各报的资本都是营业为主将本求利的自由资本，不是靠津贴，不是讨施舍，也不是收贿属性的补助，更不是政府投资。与内地办官报为主的局面相比更不同。在这一时期，上海新闻界还是自由资本的自由乐土，连略有政党背景的报纸如《时报》、《神州日报》因为当时政党还处于不合法的隐于民间的状态，因此也采取自由报业的姿态，这在当时全国也是少见的。可惜好景不长，上海光复以后，政治上环境变了，对报业自由资本的压迫也一天比一天加强了。

第四节 软硬夺报风云录

一、大清报律的闹剧

在我国新闻史上，最早提起“报律”的是康有为，戊戌年间(1898)他在上奏改《时务报》为官报时，提到了泰西有报律之事。康有为之所以提出“报律”问题，显示了他考虑的周全，既提倡办报，又主张约束办报；同时也提防守旧诸臣对他办报主张的讦击，多一层自我保护意识。当时光绪帝对康有为言听计从，批谕称“泰西律例，专有报律一门，应由康有为详细译出，参以中国情形，定为报律”。由于维新运动如昙花一现，“报律”已经译出(在上海，译出了大英报律、塞尔维亚报律等)，但来不及制订。

1906 年(清光绪三十二年)，清廷宣布仿行宪政，实行预备立宪。一些进入政务处(后改宪政编查馆)的新派人物，如伍廷芳、沈家本、汪荣宝等，打算通过厘定一系列的新型法律，来促使坚持封建专制的清政府向立宪政权方面转化。在新型法律中，就包括了《大清印刷物件专律》。《大清印刷物件专律》由修律大臣提出稿本，经商部、巡警部、学部会同鉴定，于六月公布，共六章四十一条，主要规定了对“一切印刷及新闻记载”的管理办法，着重规定了在印刷物件上不得毁谤、讪谤和诬诈，并提出了量刑的标准。这个《大清印刷物专律》是有严重缺陷的：它只表述了“应禁”的一面，没有明确标明“应保护”的另一面，并不能保证朝廷许诺的“庶政公诸舆论”的目标。但是，它对封建专制的“口含天宪”朝廷说了算的传统是一个挑战，因为它规定不该刊载的就只毁谤、讪谤和诬诈三种，量刑标准最重的罚锾不得过银五千元，监禁期不得过两年，比动不动就是大辟、斩、流、杖、徒等要进步些许。因为这样，《大清印刷物件专律》就在北京搁了浅。如《专律》最后一条规定：“本律奏奉，朱批后，由京师印刷注册总局颁行，满六个月之后切实施行。”可是以后未见“朱批”，这个“京师印刷注册总局”也未知何时才会成立！

当时清朝政府是庆亲王、袁世凯擅政。袁世凯就根本不把《大清印刷物件专律》放在心上，却把首倡仿宪新政的旗帜紧紧抓在手里，用以排斥打击自己的政敌。《大清印刷物件专律》未得朱批，1906 年 10 月由巡警部出面，另行颁行了《报章应守规则》九章，其实就是九条“不得诋毁宫廷”、“不得妄议朝政”、“不得妨害治安”、“不得败坏风俗”和对“外交内政之件报馆不得揭载”之类告示性的条文。因是巡警部行使权力的告示，就根本用不着什么“朱批”，令出法随了。而且只说了“应禁”，违禁了怎么办？没有规定。这样就把《专律》所拟的较宽松的条文完全否定了。生杀予夺之权，完全操于行政长官一念之间。

颁行《报章应守规则》的背景是北京发生了查封《京话日报》和《中华报》事件。《京话日报》是苏州人彭翼仲所办，自称“中国人在北京办报，一无依傍，可算本馆是第一家”，创办于 1904 年 8 月 16 日，是以市民为主要读者对象，比较关心民间疾苦，敢于揭露社会阴暗的通俗时事性政治报纸。《中华报》

则为彭翼仲的妹夫杭辛斋所主持，创刊于1904年12月7日，也是北京比较敢说敢为的民办报纸，与《京话日报》不同的是它用文言文办报，读者以官场和学界为对象。两报被封的直接原因是在新闻报道和评论中揭露军机大臣瞿鸿机纵容卫兵抢掠行凶，指责北洋当局滥捕滥诛康党等。似乎颁行《报章应守规则》是为了维护瞿鸿机的需求，而瞿鸿机正是袁世凯的政敌，急于排除的对象。袁世凯这一着是很阴险恶毒的。查禁《京话日报》、《中华报》两报的实际原因是怀疑彭翼仲、杭辛斋与海外革命党人有联系，曾传说有貌似孙中山的人"躲"在馆内。后来宣布彭、杭两人的罪名是"妄议朝政，容留匪人"，"颠倒是非，淆乱视听"，彭翼仲被判充军新疆十年，杭辛斋押解回原籍杭州看管。

《大清印刷物件专律》公布时，还在诏定预备立宪之前，在上海报界所引起的反应不大；对于《报章应守规则》即"报律九条"就议论纷纷了。认为"在昔专制之世，朝野之视报纸，犹不甚厝意；今当立宪，国人将以自进而处于立法之地位，乃箝束民口，塞绝诇监，使言论出版失其自由，而欲政治社会之进化，岂不远哉"！同时却也将此"报律九条"与北京警部禁卖新书报一事等量齐观，称之为"北京禁令"，言下之意，上海报界不必理睬它。

1907年(清光绪三十三年，即丁未年)，北京发生所谓"丁未政潮"。1907年3月28日，瞿鸿机的门生汪康年，在被封闭的《京话日报》、《中华报》原址，另开办了一份《京报》，汪康年与其续弦夫人陈禾青自任编辑，由驻馆处理日常事务的文实权为名誉社长兼采访主任。这份《京报》攻击庆王父子甚力，还与被庆王收买的《北京日报》(朱淇主编)相笔战。笔战的主要背景是朋党之争,政治意义不大。但对庆亲王—袁世凯的擅权很有妨碍。1907年8月,《京报》被袁世凯借故勒令停刊。汪康年就悄然回沪继续主持《中外日报》而未被追究。接着袁世凯在北京,对上海报界来京人员进行大清洗,如1907年10月,在外务部任事的戢翼翚(元丞)被押解回湖北原籍。原因是探访局告密,谓其充当报馆访事,泄露外部消息。戢翼翚是孙中山兴中会会员,受孙中山默许入京任职的。袁世凯不许戢回上海,原在上海所办《大陆》早于1906年初停办,出版《大陆》报的为作新社,从此也就没有了活动的消息。11月,又把在上海办《南方报》的内阁学士递解回籍(江西南昌),交地方官严加管束,《南方报》也由此停刊[3]。

1908年初,由修律大臣参照日本的《新闻纸条例》,另订《大清报律》。《大清报律》同样是只讲应禁、不提保护的"半爿"性法律,比前订的《专律》更为苛细,它规定了事前审查、缴纳保证金和不再另立印刷注册总局而由内政部、地方衙门主管并由巡警官署审核等办法,并在处罚条文中,加添了"其情节较重者,仍照刑律治罚"的字样。就是说,仍旧可杀可剐,可流可杖。这样的立法,不仅不足以变易专制,反而助长或为专制加添了一层"法"的外衣。

1908年的《大清报律》有没有"奏准奉旨颁行"?未详。至少在上海并未执行。因为上海的报纸多半办在租界内,且挂着洋商的招牌,《大清报律》管不着。所以清廷又嘱意外务部另订租界报律。主持外务部的袁世凯就订制租界报律之事,征求两江总督端方的意见。端方是袁的死党,完全领会袁世凯搪塞的用意，与上海道蔡乃煌会衔出奏请示办法，称“上海已开之《申报》、《新闻》、《时报》、《中外》、《神州》、《时事》、《舆论》、《沪报》，皆开在报律未颁之先，间有非本国人股本，已饬陆续辞退”，“至报律颁行以后，倘有续开报馆，不应再招外股”，“倘将出外股退尽仍不注册及有违报律”才“查照报律办理”。这样，上海各报如果永不辞退“非本国人股本”，或新开报馆仍有“外股”时，该怎么办呢？岂不是《大清报律》永远管不着了吗？当时“朝廷”无有答复。《大清报律》在上海就此被搁置。

1910年秋，清廷为敷衍要求提前召开国会的民情，让资政院召集各省咨议员作应付，资政院审议的，就是这个《大清报律》。这个《大清报律》后来经宪政编查馆考核修正，一改再改，三读通过。在资政院审议讨论过程中，北京报界公会连迭请愿，要求“维持舆论”，保障新闻自由。上海新闻界因为早已知道这种立法是“书生把戏”，而且管不了上海租界地区的洋牌报业，因此持隔岸观火的态度，连上海日报公会也没有发表声明。上海各报是有所评论的，但多半是说些俏皮的风凉话，和揭露、抨击守旧官僚温肃、胡思敬之流在资政院的言行。直到1911年2月24日（宣统二年十二月廿九日），才正式公布为《钦定报律》，要求在全国执行了。但国内形势已发生很大变化，如广州已爆发了革命党人的黄花岗起义，不要说有租界“庇护层”的上海，其他地区的报业，如广州的《人权报》、《天民报》、《中原报》、《齐民报》等，武汉的《大江报》等，都根本不理睬“报律”是否“钦定”，径自出版发行，以致使这个正式颁定的《钦定报律》，反而不如那草稿性质的《大清报律》为人熟知，许多新闻学著作中都未提及。

二、蔡乃煌收买上海报坛半壁江山

1908年4月4日(清光绪三十四年三月初四),蔡乃煌由京来上海就任上海道,他就是庆亲王—袁世凯一伙派来上海控制局面的杀手。

袁世凯对上海报界是极不放心的,他要蔡乃煌在上海控制舆论界。蔡乃煌不负所托,未走马上任就出资抢盘了蔡钧《南方报》的机器生财,委托《时报》馆主狄楚青的弟弟狄葆丰(南士),在《时报》馆隔壁另开一家《舆论日报》。《舆论日报》于1908年2月29日(清光绪三十四年正月廿八日)创刊,馆设福州路辰字584号(《时报》馆为福州路辰字583号),当时一般人不知道资本的底细,所以请到了不少为时人所重的人物出任主笔,如杨千里、童弼臣、于右任等。于右任那时已离《神州日报》,正在筹划新报,对《南方报》的机器也很感兴趣,只是不敌蔡乃煌的资本而未买到,自己也进了《舆论日报》。一年以后盘进了梁启超原在日本东京印《新民丛报》的机器,才另办《民呼日报》。

蔡乃煌上任以后,就着意算计汪康年兄弟经营的《中外日报》馆。《中外日报》馆在1905年扩资引进商务印书馆张元济等股份以后,汪康年嫌张元济在编务上掣肘干预,私下又向当时两江总督端方和上海道瑞澂借款若干,两年后赎还了张元济的股份。蔡乃煌来沪后,则声称此款乃是他的股份。1908年7月间,《中外日报》刊出《金陵十日记》一篇,极言南京军政之腐败，当时两江总督端方电致上海道蔡乃煌饬查，蔡乃煌乃以股东暨行政长官之资格，手具一稿嘱曾广铨向汪康年要求：一、承认前所登稿件实系错误；二、此后报中不得有议评南北洋之论说；三、报中记事如有损及南北洋者，须先将稿交彼阅看。汪康年坚拒，蔡乃煌嘱曾广铨转言，即饬租界会审公廨把报馆封门，不然，将报馆完全让出，由蔡乃煌派人经营。汪康年兄弟在这软硬兼施的压力面前，决定宁让报馆不屈人格，1908 年 8 月 10 日声明与《中外日报》脱离关系。汪氏经营近十年的报馆从此易手，由蔡乃煌委派沈仲赫、张笏卿、黎伯奋等经营，报纸声誉从此一落千丈，不再为社会所重视了。《中外日报》在 1911 年 2 月 25 日改名《中外报》继续出版，到辛亥光复以后还持续了一小段时间才停刊。

1908 年冬，蔡乃煌又收买了日本人所经营的《沪报》并入《舆论日报》。《沪报》的前身是日本东亚同文会所办《同文沪报》。到 1907 年底，日本外务部决定不再津贴《同文沪报》，《同文沪报》在 1908 年春节后停了一段时期，于 3 月 9 日改名《沪报》，到这年冬难以为继，才作价由蔡乃煌收购兼并。现存最后的《沪报》是 1908 年 11 月 28 日。

1909 年 4 月 21 日，蔡乃煌又兼并《时事报》，使之与《舆论日报》合并为《舆论时事报》，迁入《新闻报》馆原来所在地望平街 162 号。此时的《舆论时事报》，杨千里、于右任都已先后离去，报纸编务由孙玉声、雷缙两位老报人主持，而由留日回国的章佩之每天写些像政法学教科书那样的言论，也越来越不受读者注重了。

蔡乃煌还悄悄与《申报》馆主持人席裕福（子佩）接洽，由南北洋联手共同津贴《申报》馆，将《申报》改由南北洋合办。《申报》易主大致是在1906年底1907年初，美查有限公司大班和各董事急于筹集扩充江苏药水厂的资本，愿将《申报》馆产权廉让与人。《申报》馆原来的买办席裕福筹款七万五千元，取得了《申报》馆全部产权。但此事当时并没有公开，仍由《申报》馆的翻译人毕礼纳出面任洋总理。1907年，席裕福还扩大经营了由集成图书局与点石斋、申昌书局及开明书店合组而成的集成图书公司，急需资本投入，经济东挪西补，比较拮据。蔡乃煌乃乘隙而入，提出由南北洋津贴合资筹办，而仍由席裕福出面主持。这对席裕福来说，无疑是雪中送炭，求之不得。1909年5月31日，席裕福踌躇满志公开签订了产权转移合同。南北洋投入《申报》馆的津贴数额不小，仅1910年10月的《南洋官报》所披露的材料，宣统二年二月的一个月中，江宁财政局垫款就达湘平银一万八千九百余两。

1906年由欧希接办的英文《上海泰晤士报》，在1909年起也接受蔡乃煌的津贴；1907年1月出版的*The National Review*（《中国公论西报》周刊），也从袁世凯手中取得津贴。这样，当时上海实际上受蔡乃煌直接控制的不仅有华文报，而且有外文报。华文报中被"吃"掉的前后竟达六家，当时三家还继续出版。到1909年4月江苏巡抚陈启泰参奏蔡乃煌以前，上海与蔡乃煌尚无直接牵连的华文日报只有三家，即狄楚青的《时报》、汪彭年的《神州日报》和福开森的《新闻报》。但也有很可疑的迹象：《时报》、《神州日报》积极支持两江总督端方撑腰举办南洋劝业会，进而发起中国报馆俱进会。而《新闻报》馆于1909—1911年之间换了买办，汪龙标（汉溪）到江苏治下的宜兴县去当了一任知县官,《新闻报》改由庄彝仲出任总理,姚伯欣任总主笔。汪汉溪到辛亥革命以后,才落职重回《新闻报》馆。

三、凶神恶煞的另一面:禁报

蔡乃煌依仗权势和银弹"通吃"上海新闻界,还只是他充当笑面虎的一个侧面,而且收买报界的钱也并非庆亲王、袁世凯一伙所拨,而是挪用苏松太道经理各省解到开浚黄浦经费息款项共十六万七百四十一两,声明从光绪二十四年四月份起,每年由江海关道捐廉摊还银一万两,要十七年才能还清。这当然只是账面上的把戏。如果蔡乃煌一走,这当然就是一笔烂账!

蔡乃煌所收买到的,大都是与官方瓜葛较深,或政治上比较恭顺的报纸,对于收买不了的报纸,蔡乃煌则露出凶神恶煞的本相,1909年秋冬,连续封禁于右任所办《民呼日报》和《民吁日报》。

《民呼日报》是于右任在1909年5月5日(清宣统元年三月廿六日)所发刊的,是于右任在上海创办的第二份报纸。当时于右任年仅三十,两年中先后在《神州日报》和《舆论日报》积累了些经验。于右任创办《民呼日报》出任总理,同时亲司笔札。当时于右任踔厉风发,打算放开手脚大干一场。在出报以前筹款时于右任公开登报声明:"鄙人去岁创办《神州报》,因火后不支退出,未竟初志。今特发起此报,以为民请命为宗旨,大声疾呼,故曰《民呼》,辟淫邪而振民气,亦初创《神州》之志也。”出报前夜再一次声明:“本报实行大声疾呼为民请命之宗旨……不受官款,不收外股,故对于内政外交皆力持正论,无所瞻徇。”《民呼日报》的资金,来自于右任陕西同乡富商柏筱鱼、南浔富商张人杰(静江)和周柏年、庞青城等,这些人后来都是国民党革命党人。而这个“不受官款,不收外股”的声明,在当时蔡乃煌收买了上海半个新闻界的情况下,字字句句都打在心怀鬼胎的人的心头上。

《民呼日报》一问世,立即显示出不凡的身手来。它“对于满汉种族问题,未敢公然言之”,而集中力量,揭露当时的社会黑暗面,特别揭露清廷官吏的腐败。《民呼日报》是对开大报,日出两大报,四版广告四版正文。正文分言论、纪事、丛录三部,言论一页,丛录半页,纪事有两页半,而所载多半是揭露,纪事也都爱憎分明,较少无价值的具文。《民呼日报》揭露的矛头,真可谓为四面出击,大抵当时发生什么新闻,就由此生发开来,手挥目送,畅所欲言,嬉笑怒骂,皆成文章,特别支持当时各地就路矿问题而发展成争主权的斗争。浙江人民反对苏杭甬路总办汪大燮出卖路权,导致汪大燮被清廷撤职,《民呼日报》就把汪大燮当作“卖路贼”的典型,大揭“汪大燮第×”,津浦路北段总办李德顺私通德国,擅改路线,置天津站于德租界附近,被谥为“汪大燮第四”,刊载一切“反李”公电,并利用新闻揭露李德顺留学德国时就与德人相勾结,娶德女为妻等背景材料,闹到清廷也不得不把李德顺撤职查办。对于粤汉路案,则对粤、湘、鄂三省读者分头打气,鼓励湘人起来反对“汪大燮第六”,而鼓励粤鄂两省支援湘人。在河南反对英国资本福公司,对甘肃则攻击甘督升允只顾个人保官,不顾人民死活，三年匿灾不报，以致灾民“易子而食，飞蝗数天”。《民呼日报》因此也就在上海发起了劝赈，救济甘灾。

《民呼日报》还特别集中火力攻击官报和“官卖之报”。《民呼日报》发刊不久的第9、10、11号中，接连三次发表署名大风或风的《向(再向、三向)官报乞哀书》，以诙谐的笔调称：“久不晤异甚。你对我挑衅，我万万不敢回复你。你的资本多，你的势力大，我独立无援，只得让你罢。我向你笑，我对社会上哭呢！”“请你放心，尽管骂我，你有所挟而为之，我总不回复你；请你看大家的公论，众怒难犯，你哭也不中用了。”7月5日又载文《想拿访员者看》，声称“……尤有进者，所有拿访员之地，必具行政上极黑暗之地。自今以往，当于此黑暗之区，如安庆、武昌、天津、汴梁、杭州、福州等处加聘访员，实行监督之责任。宁使让官场恨我，不欲使国民弃我。”这哪里是“让”，而正是寸土不让的坚持原则的反击和斗争。这对心怀鬼胎的蔡乃煌们来说，怎能咽得下去？蔡乃煌在5月底就致函租界会审公廨，要求饬查《民呼日报》所载“汪侍郎大燮电致敝处”的新闻来源。以后又屡次短兵相接，在《民呼日报》才创办两个半月光景，蔡乃煌终于借甘肃毛护督的一份电报发难了。这份电报声称设在《民呼日报》馆内的甘肃筹赈公所称已收三万余金，《申报》席裕福称已交墨洋四千，未见解甘，“人多谓其敛钱肥己”，8月2日蔡乃煌立即将《民呼日报》于右任拘捕关禁，而把甘肃筹赈公所的发起人——《民呼日报》的另一位主笔陈飞卿传讯后交保候传。甘赈案是很难“硬装榫头”的，甘赈案另有一批人负责，不过借《民呼日报》为发表阵地罢了。于右任被拘后，《民呼日报》迅速调集甘赈的具体负责人和接受赈款和汇款的钱庄银号上堂作证，并呈上账簿等，直至指出甘护督仅要求将原电公布勒令解清，并无饬传查办的字样。谁知8月4日会审公廨开审时，又添加原告皖省铁路协理候补道朱云锦，控告《民呼日报》毁坏名誉；8月26日，又添加原告《南方报》蔡钧之子蔡国桢，控告《民呼日报》挟私未售与印刷机器之嫌，毁谤蔡父生前名誉，称蔡钧生前是自怀退志，恳请开缺，并无革职等情事；接着又有湖北新军飞划营统领陈德龙，也控《民呼日报》毁谤。其间还又有戏园老板出来作伪证，称该戏园交甘赈钱数与公布的账目不符等琐事。此案成了一个永难了结的无底案。看得出是有人幕后策划，有意拖垮《民呼日报》。《民呼日报》在于右任被拘后继续出报，由范鸿仙等主持出版，但也事故迭起，“竟夺本报之发行权，甚至就读报者手中夺取本报，焚于上海县城门口，火光熊熊，高彻云汉”。于右任也从狱中传书报馆，“至有宁死不停报馆，以负阅报者诸君之语”。但是报馆同人“审时度势，报纸一日不停，讼案一日不了，加以酷暑如焚，总理于右任被系狱中，备受苦楚。同人委曲求全，不得不重违于君之意，已招由《开明日报》馆接办”。《民呼日报》是在1909年8月14日出版最后一期的，存世仅92天。而于右任直至9月8日才结案，会审公廨的堂谕称：“于右任外借公论，内便私图，言是行非，昧良肥己，道听途说，捉影捕风，实非安分之徒，足扰公安之治。本应从重惩办，姑念账款清缴，尚未侵吞；言论萌芽，未宜摧折。查上海各报时有凭空毁诋是非之事，向来未经公堂惩办。《民呼日报》馆不安本分，迭被控告。公堂念系初犯，姑予从轻议结。于右任已在押一月零七天，毋须再行押办，逐出租界。”

于右任出狱的那一天(9 月 8 日),正好同盟会所派前来援救并接替于右任工作的景耀月(帝召)抵达上海。当时因于右任被判“逐出租界”,无法在沪立足,只能赴日暂避。于右任与景耀月商议后,决定由景耀月主笔继续在沪办报,而以范鸿仙(光启)为社长、朱少屏(葆康)为发行人,由谈善吾出面托人以法商名义向法国领事馆注册,将报名改为《民吁日报》,仍在四马路望平街黄字第 160 号《民呼日报》馆原址办报。1909 年 9 月 27 日在上海各报刊出《〈民呼日报〉之最后广告》称:“呜呼!本报自停歇招盘业经多日,近始将机器生财等过盘与《民吁日报》社承接。所有一切应收应付款项,以后概归《民吁日报》社经理。快事亦痛事也。”所以改名《民吁日报》,据说是谈善吾的主意,认为眼睛不劳他人来挖,还是自己来挖掉,无非意存讽刺罢!所以要改名出版,也因为以前曾有禁止《民呼日报》在县城内发行的事,有所预防罢了。

《民吁日报》的言论主要由景耀月主持,但 1909 年 10 月 3 日发刊时之《〈民吁日报〉宣言书》,为于右任所撰,文辞典雅,大为士林传颂。但在报道内容上,景耀月一反于右任所为,把攻击的矛头主要指向日本在华的侵略行径,对于国内问题,发表过这样的读者意见:“况国事日非,所望者大。官场琐琐之事,尽可置之不论。外患之来,下语须有分寸,求唤醒国民而已,勿以一笔一舌为快。”这可能是《民吁日报》问世时的局势所决定,当时东北发生的两大新闻事件:一是日本擅改日俄战争时修筑的安奉窄轨军用轻便铁路为正规铁路,并胁迫清廷签订新约;另一件是日本派驻朝鲜的“监国”伊藤博文在哈尔滨为朝鲜志士安重根所击毙。对于前者,《民吁日报》发起鼓动抵制日货；对于后者，则发表了一系列文稿称颂朝鲜爱国志士，同时发表一系列揭露日本对朝鲜野蛮统治的报道，还连续驳斥东京日本报纸的“僻论”。《民吁日报》这一系列的反日报道，却使日本驻沪领事馆极为不安。当时上海已没有日本方面的华文报刊了。只能由领事馆出面，两次照会苏松太道蔡乃煌，要求封禁该报。蔡乃煌本来就把《民吁日报》视作眼中钉，有了这么一介把柄就立即行动，一面与法国领事馆联络注销《民吁日报》的注册，一面通知会审公廨立即把《民吁日报》馆发封，然后再拘主笔审理。未审先封，这在上海是前无先例的。《民吁日报》被封时为 11 月 19 日，仅出版了 48 天，比《民呼日报》还短促。

《民吁日报》被蔡乃煌以如此手段查封，引起了在沪中外各界的议论纷纭。蔡乃煌老羞成怒，居然发布牌示，声称《民吁日报》“初则乞怜于外人以图抵制中国；被封之后，又变百出其技，鼓动多人胁制本道启封，本道既恶其诪张，外人亦嫌其反复，弄巧成拙，何能照准。为此牌示诸色人等一体知之，特示”，不惜充外人奴婢的狰狞面目毕露无遗。接着会审公廨开庭审理，原告日本领事却不承认为原告，而高踞公堂之上参加会审。而审理过程中又不知日方指斥何事，谓须俟日领将所指摘各条开刊前来，始可讯理。一直拖到 12 月 28 日才由日方指控《民吁日报》新闻共 62 则，“均指为排日之证据”，未经辩论，即强行宣布“案奉道宪札开”的判决文，“从宽判将该报永远停止出版。所有主笔人等，均免予深究完案。机器不准作印刷报张之用，由该被告切实具结领取可也”。这一下断绝了《民吁日报》再改头换面变相复刊的可能。以后的《民立报》

要到一年以后的1910年10月11日才重新出版，那时蔡乃煌已落职离沪，事过境迁，无人追究了。

第五节 《神州日报》的奋斗和新闻界团结

一、与租界当局打官司

正当蔡乃煌千方百计扼杀《民吁日报》的时候，上海报坛另外一场新闻官司也在激烈地进行。首先爆发的就是1909年4月22日在闸北潭子湾中兴面粉厂附近发生的管工印捕轮奸乡女刘翠英事件。事件发生后，上海各报都作了报道，表示了义愤。但详略各有不同，有的单纯作为社会新闻记载，所写评论甚至笔意轻薄。独独《神州日报》当作一件大事来报道，不仅详加披露，还在4月26日、28日、5月20日、6月26日以《印奴轮奸案》等为题，连续四次发表评论，要求严惩凶手，为民伸张正义；揭露租界当局企图糊涂了案的阴谋，批驳《文汇西报》叫嚣"此乃又一排外事件"的诽谤中伤，拒绝了租界当局所提登报更正的要求。这样，矛盾激化，7月19日租界工部局巡捕房向会审公廨控告《神州日报》"违碍治安，扰乱人心"。

《神州日报》被控事件，双方各有值得注意的历史背景。20世纪初国人自办报刊逐渐形成潮流以后，上海报界对于国内要求实行新政一般是言多于行，而对抵御外来势力的侵略，却是有言有行，报馆之言往往与社会之行相配合、相呼应。拒俄，反美华工禁约，争路矿权利，反对日本在我东北"自由行动”等，都是言出行随，形成了社会运动的。被激励起来的民族情绪，对外反抗形成了社会大浪潮。这个“文明排外”的浪潮不仅波及与租界当局不直接相干的领域，而且还屡屡涉及租界当局本身。1905 年的大闹公堂案闹到租界全市罢市，租界当局是记忆犹新的。而在租界当局来说，1907 年法租界引进越捕之后，日方要求在租界参政并聘用日捕的愿望渐起，印捕曾发起同盟罢工抵制。此次“印奴轮奸案”发生后，租界当局和印捕既自知理亏，又怕扩大为对租界统治的冲击，决定对敢于出头的《神州日报》有所惩戒，以儆效尤。

在《神州日报》方面来说，于右任退出《神州日报》后，“推举叶仲裕、汪漱尘（即汪彭年）两君接任”；1907 年底叶仲裕离去，1908 年春夏之际，总主笔杨笃生又应留欧学生监督蒯光典之聘赴英伦，《神州日报》遂归汪彭年一人主持。汪彭年与同盟会及其他革命派别都没有组织关系，思想倾向上也是立宪的拥护者。但在对外问题上，还是斗志昂扬、睥睨当世的。甚至还有这样的情绪，列强欺我国力不敌无法可想，沦为亡国奴的印度人也要来胡作非为，岂能容忍？“印奴”这个名词，在上海新闻界就是《神州日报》所首创。《神州日报》注重“印奴轮奸案”的本意，也不过是抒发一下愤懑之气，要求惩治一下肇事的印捕就算了事的，并没对扩大事态有进一步要求的盘算，在言论中把这个别案件连带论及外人在沪的普遍作为，也只是一时笔墨上的痛快，倒是《文汇西报》等一驳，工部局要更正的一逼，把《神州日报》的态度激怒得愈来愈强硬。工部局巡捕房的“呈控”事件发生后，《神州日报》庄严宣称：“敝报为同胞人格争存亡，宁掷巨金于诉讼，不能自贱其国民之资格”，

“敝报既抗论于前，决不能退让于后”，决心与工部局周旋到底。

《神州日报》被“呈控”，激励了上海华文各报馆加强了团结。在“印奴轮奸案”发生时，各报报道态度各异，而报道“《神州日报》被控案”，步调一致，成为一时的新闻热点。在“《神州日报》案”开审时，由日报公会出面延请律师爱礼司君，助《神州日报》所聘律师德雷司君同时辩护。各地报馆也纷纷致电上海日报公会表示声援；从此以后“小花园上海日报公会”的名称经常在报端露面，被社会广为认知，并列入《宣统二年上海指南》等年鉴性的记载中去了。工部局呈控的原意本来只想对上海新闻界警诫一下，想不到适得其反，在上海各报上大出洋相，只能要求迅速和解了结，“判令《神州日报》馆将公堂堂谕，并自撰解释前论，于一礼拜内，登入本报三天”。《神州日报》反而因被“呈控”而声威大振，到这年年底，销量突破万份，在当时上海各大日报中除《新闻报》外都还没有达到过，连商务印书馆的新书广告也从《时报》转登到《神州日报》第一版上来。可见《神州日报》当时的风光。

二、《时事报》的曲折道路

《神州日报》被呈控案结束不久，1909 年 11 月江苏咨议局在南京开会，16 日和 27 日，两次通过上海报业中有关“官冒商办”的两个议案，拆穿了上海蔡乃煌挪用开浚黄浦经费“官营商报”的内幕，要求蔡乃煌及被收买各报归还官款。这样的官样文章虽不能挽回大局，但也确实有碍蔡乃煌以及被收买各报的名声。因此各自也都渐有动作，除《中外日报》仍由蔡大业堂经营外，1910年2月26日和28日分别声明茂记接办《舆论时事报》和环球社的《图画日报》；《申报》概归裕记所有，与前东无涉。《申报》的裕记据说挪用了松江盐款；另一说一直拖欠官款未还。而接办《舆论时事报》的“茂记”，原来是上海著名的滑头商人黄楚九联合松江富绅张敬垣（葆培）投资的。

黄楚九是一位社会声誉很不好的人物，他从卖眼药，自制戒烟丸等，转而经营西药，自设中法药房，在上海各报大登广告。1907年前后开发出了艾罗十种补药，又与上海商务印书馆总经理夏瑞芳（粹芳）等合资创办了五洲药房。这还是较正经的一个侧面，另一面为了赚钱，卖春药、卖假药什么作奸犯科的事都干得出来。黄楚九最初与上海新闻界除刊登广告外发生纠葛始于1907年。那时上海有一家“小报”《寓言报》，报馆主人邹培芬与当时一位小有名气的文人庞树松（李宝嘉创办《游戏报》时的助手）联手，以要揭露黄楚九的隐私相胁敲诈他的钱财。黄楚九不甘就缚，借会审公廨的力量惩办了两人。但也感到冤家宜解不宜结，对新闻界人物还是多交朋友为妙。他结交了当时新闻界中较有势力的人物，即《新闻报》、《申报》、《南方报》、《上海》日刊、《笑林报》等“海派小报”的孙玉声。当时他正主持《舆论时事报》编务，同时有意另创环球社，发刊《图画日报》。黄楚九允当后台老板，这就是在《图画日报》上中法药房、五洲药房等广告特别多的原因。1909年底《舆论时事报》“官冒商办”的把戏揭穿，急于换招牌，由黄楚九出来垫本承接，其间穿针引线的人物，可能就是孙玉声。

当时《舆论时事报》办得奄奄无生气，黄楚九接办也感到没有多大味道。当时声誉鹊起的，则是《神州日报》。黄楚九得陇望蜀，想动《神州日报》的脑筋，还想染指上海日报公会，以便利用整个上海报界推销他的滑头生意。他的办法是通过《神州日报》经理部的窦介人，投资入股《神州日报》馆。还以《舆论时事报》馆代表的身份参加上海日报公会的活动。在上海日报公会的会议上，与《神州日报》的汪彭年闹翻，被赶了出来。汪彭年不承认他有资格参加上海日报公会活动，也不承认《神州日报》有黄楚九的股份，并且声言立即清退窦介人经手的一切股份；如黄楚九加入日报公会，《神州日报》和汪彭年都立即退出，“本人羞与为伍”。次日《神州日报》上刊登了《汪瘦岑退出日报公会》的启事。

黄楚九大失面子，岂肯容忍，便委托律师写信给汪彭年，指责汪损坏其名誉，要提起诉讼。汪彭年毫不理睬，设法抄到了黄楚九做滑头生意屡次被审理处分的判决书和相关文件，原原本本地在《神州日报》上排日披露。这一下又成了上海新的新闻热点，黄楚九感到很大压力，请当时商务总会会长朱葆三出来说和。黄楚九清退了对《神州日报》硬行入股的股份，《舆论时事报》也于1910年9月23日出版至第999号后再度改版，第1000号恢复原名《时事报》，把与蔡乃煌有牵连的“舆论”两字割除掉，表示纯商办了。《时事报》编务仍由孙玉声、雷缙、章佩乙等主持。吴沃尧还为黄楚九撰写和设计艾罗补脑汁等广告性文字，在改名《时事报》后仍是天天必刊。直到1911年5月13日，《时事报》宣布“于四月二十日更名曰《时事新报》，并改良形式，以为更新之纪念”，报纸归黄溯初、张公权、张东荪等所有，而聘前《中外日报》经理汪仲阁（贻年）主持报事，民国后就一变而为进步党机关报。《时事报》原来主持人孙玉声改编副刊，不久离去，《时事报》与黄楚九才完全脱离了干系。但《时事新报》的编号，仍与《时事报》相连的。《时事报》在短短的五年之间，经历了商办—官冒商办—商办—政党办，这样一条变化多端的道路，在上海乃至全国新闻史上都是罕见的，反映了在清末政局中各种政治势力对报纸的争夺，要维持报业在社会上的独立性是不大可能的。而汪彭年抵制黄楚九染指日报公会的行动，受到社会一致称颂，认为保持了报业的纯正。其实这是一种表象，资本家所积累的资本有多少是完全干净的，不过黄楚九要滑头出了名罢了。骨子里还是传统文人瞧不起四民之末的商人的旧习气，同时也反映了辛亥革命前后资产阶级势力的薄弱和软弱。

三、促成中国报界俱进会

我国报界倡议组织团体，最早见于上海《时报》，1905 年 3 月 13—17 日该报连载《宜创通国报馆记者同盟会说》。当时由于上海报界意见不一而未能成事，上海新闻界的行业性组织上海日报公会最早活动见于 1905 年底，但组织并不健全，直到 1909 年才稍有改观。1910 年 8 月，原由两江总督端方支持的南洋劝业会在江宁(南京)开幕，邀请全国各地报馆派记者前去参加，上海日报公会乘机倡议发起成立中国报界俱进会。参加倡议的上海报馆为七家：《申报》、《新闻》、《中外》、《舆论时事报》、《时报》、《天铎》和《神州》，这七家当时在政治上比较一致，《民吁日报》已被封禁，一时无法复刊，上海就暂没有激烈主义的报纸。上海日报公会负责接待各地经沪赴宁的各报记者，并先期由《神州日报》和《时报》派员到南京张罗接待，于1910年9月6日假南京劝业会会议厅召开中国报界俱进会成立大会，通过了由《时报》主笔雷奋(继兴)起草的中国报界俱进会章程，规定“本会由中国人自办之报馆组织而成”。这样，就把由外商组织股份公司并在香港注册之《新闻报》排斥在外(《神州》、《时报》的“日商”招牌，当时新闻界也都心照不宣，不当它是一回事的)。章程还规定“本会以结合群力联络声气，督促报界之进步为宗旨”；以各报馆为会员，不以报馆总理或主笔个人为会员，每年八月开常会一次。其他决议及商榷之事件为：

一、关系全国报界共通利害问题；

二、须用本会名义执行对外事件；

三、对于政治上外交上言论之范围；

四、修改章程。

如遇紧急重大之问题，经二埠以上报馆发议，得开临时会。中国报界俱进会平时设事务所于上海，处理日常事务，并与各埠报馆联系。这首届中国报界俱进会还讨论了六个议案：

一、陈请邮传部核减电费寄费案——由在会各报馆列名呈请邮传部，俟事务所成立后实行。

二、议设立造纸公司，并议用中国纸印报案——俟事务所成立后调查情形再定办法。

三、设立各地通信社案——议先设北京、东三省、上海、蒙古、西藏、新疆、欧美各通讯社及通信员，以次推及内地。

四、议招殷实商家包销报纸案——同人以此系营业上之企划，公议取消。

五、维持劝业会案——议由在会各报馆任维持鼓吹之责。

六、欢迎美国游历团案——决议欢迎。

会后，在上海广西路小花园12号，上海日报公会所在地，设立了中国报界俱进会事务所，由上海日报分会派员处理日常事务。当时签名在册的中国报馆俱进会会员有：

上海：《时报》、《神州日报》、《中外日报》、《舆论时事报》、《天铎报》、《申报》。

北京：《北京日报》、《中国报》、《帝国日报》、《帝京新闻》、《宪志日刊》、《京津时报》、《民国公报》。

天津：《大公报》、《北方日报》。

东三省：奉天《东三省日报》、《大中公报》、《微言报》、《醒时白话报》；营口《营商日报》；吉林《自治日报》；长春《吉长日报》、《长春公报》；哈尔滨《滨江日报》。

广东：《国事报》、汕头《中华新报》。

香港：《商报》。

江西：《江西日日官报》、《自治日报》、赣州《又新日报》。

汉口：《中西报》。

浙江：《全浙公报》、《浙江日报》、《白话新报》。

南京：《江宁实业杂志》、《劝业日报》。

福建：《福建新闻报》。

四川：成都《蜀报》、重庆《广益丛报》。

贵州：贵阳《西南日报》。

芜湖:《皖江日报》。

无锡:《锡金日报》。

事后,又有福建《建言报》等电沪申请入会。但中国报界俱进会的上海事务所,实际进行的工作并不顺利。决议前三项的事基本上都没有能够实现;邮电部对邮费寄费久未作复,造纸厂事仅去镇江考察了一下,通讯社事也无从兑现;只是在1911年春对于哈尔滨《东陲公报》受俄方压迫时,应东三省报界公会之请,发电给东督和哈尔滨道,悉请“维持言论”。

1911年9月22日趁各地记者在北京采访资政院会议时又开了一次年会。这次年会由《北京日报》主持。但那时北京庆亲王内阁已成立,新上任的署理民政部大臣桂春严定取缔报馆办法多条,要求内阁总协理核准后,通知各国使臣饬令租界各报馆一律遵办,年会通过抗议。一纸空文能抵何用?半个月后就是武昌起义,北京民政部立即下谕京中各报“关于此次鄂省匪徒倡乱情事”一律“暂停登载”,并“京中各政事结社及政党结合暂行禁止”,中国报界俱进会更无法活动了[④]。

四、上海的通讯社活动

中国报界俱进会江宁年会曾议决筹组全国通讯社,但未见付之实际。而上海的通讯社活动,倒已在悄悄地实行中。

最早见报的通讯社活动是生生社,何人所办不详,见报时间为1909年8月,所发的稿件有《劝铜锡业》、《劝四乡菜园业》、《劝木器业》等,就稿件内容来看所发的乃是一组带有提倡实业意味的文章,并不是报道新闻的消息或通讯。但从发稿方式来考察，已是通讯社式的活动，自己不办报刊，而依靠各报发表他们所撰写的文字。活动时间较短，数量也仅三数篇。

同年赋闲在京沪之际的汪康年，却联络当时正在比利时大使馆李盛铎处任职的王慕陶（侃叔），在海外办起了一所远东通讯社，起初专门在比利时布鲁塞尔发稿，稿件寄交欧洲各国报纸发表，“凡朝中政治、国际交涉之应向国外宣布及申说者，率由先生（汪康年）具稿，寄与王君，最重要者即发电相告”。后来规模渐具，北京通讯由汪康年、黄远庸供给，上海稿件则由雷奋、陈景韩寄送，而且也渐渐向国内国外各报双向供稿，京沪各报都有采用者。这个通讯活动的组织比较简单、松散，只是赖三五个热心人的努力而不断供稿，也未明确哪里是社址所在等。大约在1911年初，熊希龄却来插手了，致函汪康年云：“远东通信社事，王侃叔曾以相托。弟以彼之机关太小，难望敏活，乃函请四川、广东、湖北、吉林、黑龙江、浙江各督抚资助。得复函。已允每年津贴款项既有所恃，乃设上海、奉天等处通信社，以与欧洲相接。……上海业经派员承办，揆初（叶景揆）主持一切……”熊希龄把上海的定为总社，各地的定为分社，王侃叔在北京为“外洋之机关”，并把通信社名称定为环球通报社，要远东通讯社原在国内各地的机构合并于环球通报社。

熊希龄的这个庞大的计划，立即遭到远东通讯社原来诸人的抵制和反对。王慕陶首先表态，“弟之意见，以为执事所立总社，乃环球通报社之总社，与远东通讯社无涉。不过远东社与环球社交通，以远东社为环球社在外洋之机关，其旧有远东通讯社通信员仍之……若以远东社并于环球社则势有不能，一则远东社既禀承外务部受其津贴，部中责任在弟，万不能以他人承担总社，俾其疑虑；二则当创办时资助经费之人甚多，尤以李木老（李盛铎）为最。猝加改置，不先谋之李木老各处，于理不合。”

环球通报社后来未见有通讯活动，大概中途散伙了。1909 年 6 月间，上海又曾成立了一所中国时事通讯会社，但它是新闻信息咨询机构，并不发稿。此外直到清朝结束，未见有其他通讯机构活动。而真正具有规模的通讯机构，仍只有英国路透社远东分社一家，而且当时也不向华文各报发稿。

第六节　报业发展的多侧面

一、外人在沪报业的起伏

这一时期，与上海华文报业蓬勃发展的情况相比，外人创办的外文报业的进展不那样显著。相比较而言，上海一些老牌外文报纸都保持着自己的阵地，有的还各有发展，报业竞争也还相当激烈。外文报刊在国人的社会生活中，不如过去那样突出鲜明，这是因为过去我国的新闻事业不发达，消息传播也完全要依仗上海的外文报刊，此时用不着这样了。

这时期，上海英文日刊还是三家鼎立：《字林西报》、《文汇西报》和欧希手里的《泰晤士报申报》和《捷报》。比较务实的还是《字林西报》，1906 年以后是由贝尔（Henry Thurburn

Montague Bell)任总主笔，不仅仍每周出版《北华捷报(暨司法公报)》(*North-China Herald & Supreme Court & Consular Gazette*)，而且还在1908年1月17日争得了一桩好买卖，每周随报附送*The Municipal Gazette*(《工部局市政公报》)，从而从工部局方面获得一笔数额巨大的编印津贴。这是让其他报馆十分艳羡的。相比之下，《文汇报》在日俄战争爆发之后，日本人佐原笃介加盟入馆，带来了亲日的倾向，也带来了日方的资助，因而原来亲俄的欧希的两家报纸，不仅转而亲日，而且还向清廷要资助，活动都发展到商办报业之外去了。而日资的日文报刊仍只《上海日报》一种，主笔井手三郎，到1910年又出版了一种日文报刊《上海佛教》。法文日报仍是雷墨尔的《中法新汇报》(*L'Echo de Chine*)。但增加了几种法文期刊：一种是江苏昆山菉葭浜天文台在1908年起每年出版的法文年报*Observations Magn'etiques Faites à L'Observation de Lu-Kia-Pang*(《菉葭浜验磁台年报》)，另一种是*Bulletin Municipal*(《法公董局市政公报》)半月刊，1909年才开始出版，比公共租界迟了一年。

德文报界则是取进攻性的态势，1886年创刊的*Der Ostasiatische Lloyd*(《德文新报》)在1907年又增出了两种附刊，*Shanghai Nachrichten*(《上海通讯》)专门刊出上海地区的地方新闻，*Handels Nachrichten*(《商业通讯》)则专言商务贸易。《德文新报》主笔芬克(C. Fink)在1910年10月6日(宣统二年九月四日)又增刊了中文周刊《协和报》。1911年又发刊了*Ostasiatische Lehrer Zeitung*(德文《东亚教师报》)。德国当时正在积极夺取在中国的利益，在报业发展上也有所反映。

英文报坛也有些新报刊发刊，其中最重要的是1907年1月创刊的*The National Review*(《中国公论西报》)，是政论性周刊，W. Kirton(柯顿)主编，后由W. S. Ridge(李治)接编，李治原为上海华童公学校长，后辞职进《字林西报》为记者，接编《中国公论西报》后经常搜罗刊出一些耸动性言论，很受上海报界注目。1909年还发刊了*The Shipping Review and Shipping and Engineering*(《航业周报》)，由Lloyd(罗爱德)主编，是一份重要的商业刊物。1909年还先后发刊过安德森·阿尔弗雷德(Anderson G. Alfred)主编的*Shanghai Free Press*(《时新西报》)和主编人不详的*China Weekly*(英文《中国周报》)，但都存世极短，不久就停办了。在华基督教教育协会还从1910年起创办了*Educational Review*(《教育季报》)；季理斐(Donald MacGillivray)创办了*China Christian Year Book*(《中国基督教年鉴》)，数年后由中华全国基督教协进会接办。

在这时期，上海已开始有了*The Universal Language*(《世界语》，1906)，1911年还发刊了一种葡文报刊*Rotundo*(《胖球》)，由弗朗西斯科·布里托(Francisco Brito)主编。

中文的教会刊物，1907年基督教第三次全国传教士会议严厉批评了中国信徒自办教会的尝试后，在外籍传教士主持下的华文报刊也有所变化。《万国公报》月刊本在1907年年底停刊了。《大同报》周刊则在1907年3月9日从报纸型改成了书籍型，但对非教务的时政内容大大削弱了，至多只刊出些道德修养之类的内容。1908年1月创刊了《圣教会报》(此刊1913年移汉口继续出版)。3月起从河南上蔡迁来的基督教临时息日会主办的《时兆月报》,1910年由潘慎文接办由《华美教保》月刊改刊的《兴华报》周刊,1911年由美以美会英国传教士亮乐月(Loura White)以"贯虹女士"的名义创办的《女铎》(*Woman's Message*)都有这样的情况。唯一例外的是美国传教士李佳白(Gilbert Reid),义和团事变从北京南逃来沪后,又在上海法界现淮海路、金陵路之间建造了一所尚贤堂,1910年2月开始出版了《尚贤堂晨鸡录》(*The Institute Record*)月刊,第二年改名《尚贤堂纪事》,以"爱华、护华"的姿态,提出了所谓"中国自救"的种种主张,极力干预中国政治,触及社会变革和国际矛盾的敏感问题,甚至揭露美国以外其他帝国主义国家侵略中国的罪行,宣扬"万教联合"。《尚贤堂晨鸡录》及其后身《尚贤堂纪事》已很难称为教会刊物,成为一种特殊的政治刊物了。

中国耶稣教自立会全国总会还继续活动,但在内涵上已有了修正,英文名称为"The National Free Church of China",仅有自由教会之意,而不含自立自办的精神了。1908年秋发刊了机关刊物《圣报》,由柴连复主编,周刊,持续出版到1939年。

关于 *The China Press*(英文《大陆报》)的情况,将在第八节中叙述。

二、小说期刊进入转型期

这段历史时期的小说期刊,从数量上来看继续繁荣:

《月月小说》 1906.11—1909.1 #1—#24

《小说林》 1907.2—1908.10 #1—#12

《竞立社小说月报》 1907.11 #1—#2

《白话小说》 1908.10—?

《十日小说》 1909.9—1911.1 #1—#11

《小说时报》 1909.10—1917.11 #1—#33

《小说画报》 1910.1—1910.6 #1—#6

《小说月报》 1910.1—1931.12 #1：1—#22：12 共259册

另外还有《小说日报》、《小说图画报》等，起讫的具体时日不详。

其实这个时期的小说，已失去了前一时期的辉煌。著名的清末四大谴责小说《官场现形记》、《二十年目睹之怪现状》、《老残游记》和《孽海花》以及其他名篇，都已在前一历史时期露面或刊完，这一历史时期的小说期刊中，几乎没有新的有分量的创作小说出现；充塞期刊篇幅的，主要是翻译作品，而这些翻译作品中，真正的世界名著又很少，而小说之销数，主持《小说林》编务的徐念慈忧心忡忡地写道："他肆我不知，以小说林之书计之，记侦探者最多，约十之七八；记艳情者次之，约十之五六；记社会态度，记滑稽事实者又次之，仅十之三四；而专写军事之冒险、科学、立志诸书为最下，十仅得一二也。"梁启超当年提倡"政治小说"，鼓吹"论小说与群治之关系"，理想与现实之间的距离愈来愈大，以致小说家和小说出版商都不得不陷于深思，企图寻找新的出路了。

这时期所出版的小说期刊可分为两个阶段，1906—1908

年，为转轨探索阶段；1909—1911年，为转轨实现阶段。

《月月小说》和《小说林》月刊为转轨探索阶段的代表。《月月小说》的总撰述吴沃尧（趼人）和《小说林》月刊的手创者徐念慈，都不约而同地对"政治小说"之说提出了修正或否定。吴趼人较早就主张小说要写情，"借小说之趣味之情感，为德育之一助"，后来又提出写史，恢复历史以真实面貌。徐念慈和黄摩西则都主张小说回归到文学的本位，"请一考小说之实质。小说者，文学之倾于美的方面之一种也"。"事物现个性者，愈愈丰富，理想之发现亦愈愈圆满，故美之究竟在具象理想，不在抽象理想"。写小说如果"不屑屑为美，一秉立诚明善之宗旨，则不过一无价值之讲义，不规则之格言而已"。这与专业性期刊企图摆脱政治影响，而走纯学术的倾向是一致的。

但是吴趼人、徐念慈等的主张实际贯彻并不显著，因为小说期刊的发展不是决定于文人结集的社团，而是由出版商出版，不能不由市场起决定性的调节作用。《月月小说》、《小说林》月刊，乃至《竞立社小说月报》的翻译小说几乎都超过半数以上篇幅，而且不论翻译或创作，仍以侦探、艳情、滑稽等为主要内容。这就是商品化，不以编者或作者的小说主张或文学主张起主导作用。吴趼人在《月月小说》上还是多少实践了他的写史和写情的主张；而在《小说林》月刊上，文学美主要还停留在文字雕凿方面，不大涉及典型人物或典型环境的塑造，甚至可以向壁虚构地捏造摹写。

《月月小说》、《小说林》月刊等都存世不长。《小说林》出版了11期后夭于主编徐念慈的逝世；《月月小说》最初八期由群乐书局聘吴趼人主编，以后改由群学社接办，聘许伏民主编，由于许伏民随使赴欧，无人主持而停刊。在许伏民主持后期，已引进了天虚我生、包抽斧、李涵秋等以后所谓“鸳鸯蝴蝶派”巨擘们的作品，距离政治，距离社会都愈来愈远了。但是与宣统年间的小说期刊相比，《月月小说》等还并未与政治完全相绝缘。《月月小说》吴趼人的短篇《庆祝立宪》、《立宪万岁》、《光绪万岁》等，都辛辣地涉及时政时弊；《小说林》月刊则集中了相当篇幅为秋瑾事迹大叫大嚷；《竞立社小说月报》还增设了“时评”和“实业论要”栏。而《十日小说》、《小说时报》、《小说月报》等出版后，才确立了纯商业性小说期刊的雏形，进一步与时政和社会拉开了距离，逐渐形成了后世所谓“鸳鸯蝴蝶派”雏形。

《十日小说》由环球社编辑出版。环球社是号称中日两国人士合办的出版机构，最早活动始于 1907 年，《十日小说》则是在环球社活动的全盛时期出版，最初三期曾随该社另一种出版物《图画日报》附赠。这环球社与蔡乃煌所办《舆论日报》关系密切，环球社结集了当时上海的一批“海派文人”，孙玉声、张春帆、蒋景箴、李涵秋等，则是其中较著名的成员。《十日小说》一般与时政无直接关系。“余墨”一栏中略有对社会现象的讥刺。《小说时报》专登名妓相片，小说则以翻译为主，创作小说没有值得称道的作品，翻译小说大多出于陈冷血、包天笑和恽铁樵之手。《小说月报》则是由商务印书馆出版，辛亥革命之前的编者是王蕴章、许指严和恽铁樵，而且已组织起了以林纾、徐卓呆、胡寄尘、许啸天、华不才、王钝根等一大批以后构成所谓“鸳鸯蝴蝶派”的作者队伍。

三、石印画报再度异军突起

小说期刊日渐离开时政现实，与此相反石印画报则愈来愈切入时政，而且繁华到相当空前的程度。有人统计辛亥革命以前全国共出版画报约七十种，而在这个历史时期在上海出版的约占一半，达三十余种。这主要由三个因素造成：

一、清廷“仿行宪政”谕旨发表以后，在舆论界鼓舞了言论自由的风气，清廷既要“仿行宪政”，对于民间舆论也不宜过于干预。特别是上海的报刊绝大多数出版在租界地区。这种言论自由的风气表现在画报界，就是增添了评骘性内容。

二、印刷技术的进步。石印已相当普及，并传入照相制版的铜锌版技术。

三、各大日报为商业竞争，纷纷附送画报，有期刊（旬刊、五日刊、周刊），甚至还有日日出版的，外加单独出版（或有分有合）的画报，乃至境外传入的照相画报，构成了郁郁葱葱的局面。最先附送画报的大型日报是《时报》，1906 年起即增送《时报星期画报》。接着是《时事报》。《时事报》是由宁波商人邵松乔等集资创办的，并没有特殊的政治背景或靠山，主编汪剑秋也不是什么著名文人，本钱小基础薄弱，很难与上海一些根深蒂固的老牌报纸相匹敌竞争。它抢先一着就是每天出版“新闻两大张、图画一大张”，这“图画一大张”实际上就是相当于八开报纸大小的两页单面印刷的石印画报，内容有国内社会奇闻、西洋科学知识和花鸟画等，并附刊小说，有时也有“寓意画”。此刊始于 1907 年 12 月 9 日。

1908年2月29日,蔡乃煌投资的《舆论日报》创刊,也采取了附送画报的做法,称《舆论日报图画》,陈炜、陈子青绘图,石印,内容多为社会新闻画,并附寓言和讽刺画。

1909年3月1日《时事报》馆又增刊单独发了《图画旬报》。《时事报》与《舆论日报》合并为《舆论时事报》后,仍每日附送画报,称《舆论时事图画新闻》,画面改为每天十六开两页四面,前页是每日故事画,后页为国朝名人政绩图并附载小说。《舆论时事报》馆把《时事报》馆以前出版的画报,按内容重新编排成《戊申全年画报》36卷,内包括小说《罗敷怨》两卷,《工界伟人》一卷,《偶象奇闻》三卷,《碧血巾》四卷,短篇小说一卷,初等毛笔画一卷,高等图画范本两卷,钢笔画四卷,动物画一卷,寓意画一卷,图画新闻十六卷。其中寓意画一卷为我国最早的新闻漫画结集。

1910年9月24日,《舆论时事报》改回原名《时事报》,仍附送画报称《时事报馆画报》,还曾附送过铜版风景画。这次改名出版仅八九个月,到1911年5月18日,又改组出版为《时事新报》,1911年6月25日,又曾出《时事新报星期画报》,五彩印刷,刊登本国及世界重要时事,并介绍各科知识。随报附送,不另取资。

《时事报》、《舆论日报》、《舆论时事报》又回到《时事报》,是清末附送画报情况最为复杂的一家,附送的画报名称、篇幅乃至刊期迭有变化,还时有重印再版。更为复杂的是1909年3月1日又发刊了《图画旬报》,逢十出版,十六开石印经折装,封面双色套印,底色印图,中绘地球,球上为屋宇工厂,下为山水轮船。初名《时事报馆图画旬报》,后改《时事画报》,由环球社印行，于1909年夏“天热暂停”。环球社在1907年7月，又出版过《民呼画报》月刊。1909年8月16日又另行发刊《图画日报》，独立发行。到1910年2月，由茂记即黄楚九和张敬垣合资接办，正名为《环球社图画日报》，持续出版到1910年8月间。1911年7月5日海左书局又续办《图画报》，主要画师为顾祝筠，已不是环球社的旧人了。

另几家附送画报的报馆为《沪报》、《神州日报》和“竖三民”。《沪报新闻画》估计1908年井手三郎个人斥资主持《沪报》时的产物，内有“画评”数十幅，多半是讽刺清末政府官吏的寓意漫画。《神州日报》附送画报始于1908年7月28日，当时称《神州五日画报》，以后一度改为双日刊，再改为日刊，名称经常变易，有《神州日报画报》、《神州画报》、《神州杂俎》、《神州画刊》等，纸张也有大有小，很不整齐。在《神州日报》作画的是马星驰和刘霖（甘臣）。《民呼日报图画》、《民呼日报画报》和《民立画报》作画的为张聿光、钱病鹤、汪绮云。加上一度曾在《舆论时事图画新闻》作画的周湘（隐庵），同是我国第一代专业的新闻漫画作家。周湘是我国最早出国专修西画的画家之一，回国后主要致力于美术教育，办起了私塾性质的图画传习所，丁悚、乌始光、陈抱一、刘海粟、张眉荪等都出自他的门下。《申报》在1909—1910年之间也曾附送过画刊，作画的也是钱病鹤、汪绮云等。

在这段时期中上海曾独立出版发行了一大批画报画刊，如《诗对画合报》（1906）、《蒙学画报》（半月刊）、《社镜画报》（半月刊）、《五彩滑稽画报》、《图画新闻》（1908）、《新世界画册》（1909）、《滑稽画报》、《上海杂志》（1910）、《图画灾民报》、

《近事画报》、《明星画报》、《飞云阁画报》(1911)、《白话新民画报》等,一般来说,独立出版的画刊的战斗力不如报馆附送的画刊,但画笔比报馆附送的画刊较精致工整。另外《嘉定通俗画报》(1911)在沪出版;而1907年在国外印制后运回上海发行的《世界》画报,每期刊出照相图片近四百帧,系国人自办最早的照相画报。

四、企业报、商会报和商务专业报刊的出现

上海最早出现的企业报,是1906年7月由上海美英烟草公司出版的《北清烟报》,月出一编,栏目有代论、闻见录、谈丛、觞政、新小说、琐事杂志等,同时大量刊出该公司生产的各种香烟广告。所刊的各种作品的内容,大力揄扬美国政治民主和生活方式的优越。这份企业报诞生于1905年上海乃至南方各埠掀起反美劳工禁约之后,美商在华利益受到打击之时,是起着力图挽回美商在华势力的作用的。

另一家创办报刊的企业,是沪宁铁路局附设的进行社,1908年9月创办了《旅客》周刊,供沪宁线的旅客阅读,栏目有社论、选录、纪事、小说等。1910年11月又增刊《通信晚报》,宗旨为"捷便确实,补各日报之所不及,并以集各日报之精粹,可省时节力,可作茶前酒后之谈资"。名记者郭步陶就是从此报开始办报生涯的。

还有一种企业报是上海永年人寿保卫金有限公司,在1910年春编印的《获卫报》,也是用来推广业务的。商务印书馆在1910年7月,也出版了不定期的《图书汇报》,也是推广

业务的企业报。

社团报则有《慈善月报》(1910 年 3 月,上海贫儿院出版)、《财政观》月刊(1910 年 2 月,衡社出版)、《梨园杂志》(1910 年 12 月,振聩社出版)等。

商会报在上海最早出现的是上海书业商会出版的《图书月报》,创刊时间还在清廷“仿行宪政”的谕旨颁行以前。出版三期以后,以经费无着而停。1908 年,书业公所议决将 1898 年为始由各书铺竞相印制的年鉴性读物《己酉年官商快览》,概归书业公所印行,此《官商快览》除收书业广告,还广泛招登各行各业广告,此书相当于现今的日用百科全书,官商各界都用得着的。销售时也能有些赚头。以后逐年的《官商快览》,继续每年发行。

与上海总商会有关的是《华商联合报》(半月刊),1909 年 3 月应海内外华商的要求,并得到上海总商会的支持创办,主要出资赞助人李厚佑,就是上海总商会的总理(后改任协理)。1909 年 2 月,改名《华商联合会报》,并负责筹组海内外华商共同组织的华商联合会。《华商联合报》在促进华商联合和代表华商利益在争取立宪活动中,都做了有益的工作。

另两种商业团体期刊都是留学日本的学生团体创办的,一种是 1910 年 2 月 24 日创办的《中国商业杂志》,另一种为 1910 年 3 月由中国商业研究会在日本东京编辑,上海本部发行的《中国商业研究会月报》(后改名《中国商业月报》)。这两种都是对商业作学术性研究的期刊。但在清末都只出了三两期,前者从此结束,后者一直持续出版到 1920 年,后期的总编辑为王钝根。还有一种在上海编辑出版的学术刊物为《万国商业月报》月刊，1908 年 4 月到 1909 年 8 月间出版，黄赞熙主办，又一位所谓“鸳鸯蝴蝶派”骨干分子童爱楼参加编务。

这个历史时期的商务专业报刊还有《商学报》(1907)、《商业星期报》、《中国商务日报》(1909)、《裕商报》(1910)等。其实最早的商务专业报刊是《金融日报》，发刊在 1904 年，据说只有五六寸大小，印刷粗率，粗看起来好像一张当票，内容仅载本日银角、英洋、龙洋、金镑、金条、银拆、铜元等价及英、美、法汇价消息，售价相当一份大型报纸，但因为出版得很及时，从不出差错，很受商家欢迎。

五、从社会走进家庭的妇女报刊

我国最早的妇女报刊是 1898 年 7 月在上海出版的《官话女学报》，1899 年《苏报》馆主陈范的女儿陈撷芬又发刊了《女报》，1902 年改名为《女学报》，这最早的两种妇女报刊都是妇女发起、妇女创办主编的。1903 年《女学报》受《苏报》案牵连停办后，1904 年 1 月又有《女子世界》发刊，它是男子办给妇女看的刊物，妇女有参与撰稿的，但已不是办报人了。

1907 年 1 月，又有一份由妇女主编的报刊在沪出版，是秋瑾回国创办的《中国女报》。《中国女报》是秋瑾主办的第二种报刊，第一种为《白话》，详情已见前章。秋瑾在日本创办《白话》过程中，已与日本留学生中的革命分子完全结合在一起。她回国就是以办学、办报为掩护，进行革命的组织活动，曾与《中国女报》另一位编辑陈伯平秘密试制炸弹等。因为《中国女报》带有掩护革命行动性质，所以在鼓吹革命等方面不如

《白话》激烈，只"以开通风气，提倡女学，联感情，结团体，并为他日创设中国妇人协会之基础为宗旨"，而以指引中国妇女前进的"一盏神灯"为己任。该刊发表的秋瑾所著《感时》"瓜分惨祸依眉睫，呼告徒劳费齿牙。祖国陆沉人有责，天涯飘泊我无家"的诗句，所作自传体长篇弹词《精卫石》所描写的一批内地妇女反对包办婚姻，争取妇女解放，走出封建家庭，结伴赴日留学，参加革命团体的故事（未完），在当时都曾传诵一时，起了为一代妇女树立榜样的作用。

《中国女报》创办得十分艰难。原定"集万金股本（二十元一股），租座房子，置个机器，印报编书，请撰述、编辑、执事各员，像像样样，长长久久的办一办"；还准备"另设招待员一员，如有我妇女同胞往东西洋游学，经过沪上者及新学沪上者，人地生疏，殊多不便，当为尽一切招待之义务"。实际上只筹到数百元资金，办报也只能借蠡城学社为馆址办公，最后靠徐自华、徐双韵姊妹捐助了一千五百元和秋瑾向嫂嫂张顺以家藏珍本《又年斋画册》借去典押，才勉强付印，创刊号只能用劣质的纸张印刷，第二期本改用洁白的道林纸，但接着被迫中辍了。秋瑾赴绍兴从事联络会党和军学两界进行革命的准备工作，陈伯年也去了安庆。1907 年 7 月就发生徐锡麟刺死恩铭案，绍兴秋瑾受牵连被捕杀，被搜物件中就有拟在《中国女报》第二期续发的《精卫石》残稿。

由于秋瑾在绍兴未经审讯获证即就地正法，上海舆论哗然，普遍称之为"秋案冤狱"。所以称为"冤狱"，就是指绍兴方面未获秋瑾从事革命活动的实证，她只是在上海办报办学的回国女学生，所编《中国女报》爱国情绪昂然而气宇平和，并没有煽动激越之辞。原来执编《女子世界》的南浔陈勤（以益、志群）在秋瑾生前曾几度相互商议过《女子世界》与《中国女报》合并的问题，“秋案”发生后，“因鉴湖女侠恶耗……本社拟即赓续之以继女侠之志”，1907 年 12 月发刊《神州女报》用了相当大部分篇幅发表《神州女界新伟人秋瑾传》等文以外，还重新发表了大量秋瑾遗著和悼念秋瑾的诗词文章。陈勤还与吴芝瑛等一起，把秋瑾的遗稿通过各种关系向上海各大小报刊乃至《万国公报》等发稿。《中国女报》在出版发行时实际社会影响不是很大，这样一来秋瑾及其著作遍传遐迩，影响大为扩大了。1909 年陈勤又办起了《女报》月刊，第三期后曾出版临时增刊《女论》、《越恨》两种，其中《越恨》一册，就是“秋案”更完善的专辑。

1908 年起，上海的妇女报刊又添了新报种，就是各女校所创办的校刊校报，1908 年 11 月起上海竞化师范女校出版校刊《竞化》双月刊，大约 1909 年上半年，上海城东女学社又出版了《女学生》（月刊，后改年刊）。该刊发刊词称：“即我所谓补助课余之知识，灵通校内之机关，无非为吾女学谋进步耳。”

1911 年 6 月 11 日上海《时报》馆增办《妇女时报》，开创了商办妇女刊物的先河。发刊词称：“藉以唤醒同胞之迷梦，同人等于是谋为月刊，谓于吾女界中发其光芒，亦绍介所得以贡献于国民，则本志尽之职务也。”以刊出的内容来考察，与以前出版的妇女报刊有显著的不同。最早两种女子自办的《女学报》，开创了妇女报刊的从无到有，虽然没有明确提出女权问题，本身就是伸张女权的行动表现。提倡的开办女塾、出国游学、反对缠脚之类，也都是有社会进步意义的；丁初我、陈勤等所办《女子世界》提出了女子家庭革命、男女平等、文明婚姻和女子参加华工禁约运动等，也已开始刊出育儿法、料理新法等，"秋案"以后的女子报刊较多的是借"秋案"攻击清廷罪恶，而《妇女时报》则以指导家庭生活为主，同时介绍一些海外的妇女活动情况，莳花、裁剪、妇女卫生、妇女心理、嫉护哲学等，不涉国内政治，而提出了《论娼妓之有百害而无一利》、《论贵族妇女有革除妆饰奢侈之责》之类的社会问题，表现了商办妇女刊物的特点，所以有较长的寿命。在此以前妇女刊物出版持续最长的是《女子世界》，断断续续三年出了十八期，《妇女时报》则延续出版了七八个年头，而且引出了一大批竞争者，如中华图书馆的《香艳杂志》(1914)、《女子世界》(1914)、广益书局的《女子杂志》(1915)、中华书局的《中华妇女界》(1915)、商务印书馆的《妇女杂志》(1915)。最后一种(商务)《妇女杂志》竟连续出版了十七卷，到1931年"一・二八"时才停刊。

第七节　望平街的最后形成及其加盟革命

一、三合一：望平街的最后形成

1910年到1911年间，是上海新闻界发生极大变化的时期，变化的主要内容除上海新闻界的舆情愈来愈倾向于革命外，望平街，在上海报业活动中的地位愈来愈显得重要，上海主要报馆都在这里觅址设馆，至少在这里设发行所。望平街，成了上海的报馆街(舰队街，Fleet Street)。

最早在望平街办报的是《申报》馆，1872年开办在山东路

197号。1882年9月，迁至三马路大礼拜堂南首汉口路18号。1893年《新闻报》馆开业，馆址山东路162号。1899年《中外日报》也迁入望平街。1907年5月，《申报》馆迁回望平街163号，这时望平街在报业上才稍成气候。

但此时望平街并不是上海报业唯一的集中地，1907年前后比望平街的报馆更集中的地方是四马路惠福里一带。在这里办报馆始于1897年的《苏海汇报》，以后是《游戏报》、《演义白话报》、《笑报》。戊戌以后这里的报馆搬的搬了，关的关了。1901年后却又开设了上海编译社的《选报》、《新世界学报》、《经世文潮》和作新社的《大陆》。日本东亚文会的《同文沪报》也集中到这里。1902年广智书店又在这里开张，1904年狄楚青在广智书局楼上办起了《时报》，1905年《警钟日报》也迁到惠福里。《南方报》馆开设在《同文沪报》馆隔壁，邓实、黄节的《政艺通报》、《国粹学报》、《神州国光集》均办在惠福里内。1906年的《宪报》，1907年的《神州日报》，1908年的《舆论日报》也都创办在这里，在1910年以前这里的报业比望平街还要繁荣。

还有一个异军突起的报业集中地，就是上海日报公会和书业公所所在地广西路宝安里小花园。1907年到1908年这里先后出版的报刊有《笑林报》、《花世界》、《上海》日刊、《风月报》、《国华报》、《阳秋报》以及《官商日报》、《娜嬛杂志》、《医学报》、《国魂报》、《浦东同人会报》、《春申报》等十余家，1910年又办起了《天铎报》。一时间这里比四马路惠福里和望平街还热闹。但在这里的报馆，除《上海》日刊和《天铎报》外，都是“小报”，而大型报纸的发行，还得到望平街去找落脚点；《上海》日刊委托望平街时中书局发行，《天铎报》馆在望平街另设了发行所。

望平街成为报馆街，很大程度上是由方便报刊发行面逐步形成的。当时各大型日报，起先是各有各的报贩网络。以后随着报业的发展和上海租界地区的逐步扩大和南北市区的日趋繁荣，报贩逐渐按地域或按行业分兵把守，各有各的地盘，而且还带有我国旧式行业的世袭性和垄断性。譬如《新闻报》的总报贩为陆杏荪，所有本埠乃至外埠报纸都由他分配给各处报贩分送。各处报贩也把自己的地盘把持起来，不容别人染指，自己分送不了就做“二道贩子”，就地收取利钱。从《申报》发刊到此时报贩行业已存世有三十多年，一切行业规矩已趋定型，新办报刊，也必须通过他们之手才能发行。起先发行量也不大，每期发行的篇幅也不多，几千份报纸几个人一扛或一挑，也就能搬到望平街来总分发了。1909 年以后的新办报馆，就索性觅址在望平街，使发行更方便些。如《民呼日报》、《民吁日报》以及后来的《民立报》，还有《启民爱国报》、《中外晚报》等。报贩行业并酝酿自己的行会组织捷音公所，据点就在望平街。

望平街的报业集中，还有一个因素是报界资本最雄厚的《新闻报》馆、《申报》馆各自根据报业生产的需要自行斥资造屋，所遗原址迅速为其他报馆迁入。如《新闻报》馆在 1908 年觅址在汉口路山东路口造了一幢五层楼高出檐的沿街三开间大房子，1909 年 4 月迁入后，旧址迅速为《时事报》与《舆论日报》合并而成的《舆论时事报》迁入；1910 年《申报》馆在望平街 158—159 号翻造新屋，1911 年 7 月迁入后，原址望平街

163号为《神州日报》所用。到1911年7月为止，在望平街及其附近集中的报馆已有《申报》、《新闻报》、《时事新报》、《神州日报》、《民立报》、《中外报》、《启民爱国报》等七家。报馆集中过程已完成，望平街成为上海独一无二的报业街了。

二、国会请愿风潮中的舆论动向

1909年是上海报界舆论与清廷立宪论争之间的缓和期。这一年中，上海新闻界事件层出不穷，蔡乃煌连续摧残《民呼》、《民吁》两报，《神州日报》与租界巡捕房大打官司，江苏咨议局决议揭了蔡乃煌收买报纸的"老底"，北京在密锣紧鼓地酝酿报律，热热闹闹，但却多半与清廷革政或革命之间没有多大直接关系。

进入1910年以后的情况就逐渐不同了。从全国性大局来说，北京接二连三地爆发了全国请愿风潮，而且一浪高似一浪；在上海，报界的注意力又重新集中到为民权而奋斗方面来，矛头又对准清廷了。同时还增添了数家不容忽视的新成员，他们是1910年3月11日(清宣统二年二月初一)创办的《天铎报》，原由江浙立宪派领袖人物汤寿潜发起，陈训正为总理，洪允祥为总主笔。1910年10月11日(清宣统二年九月九日)创刊的《民立报》，为于右任获得江浙资产阶级代表人物信成银行副行长沈缦云的全力经济资助，于《民吁日报》被封禁十个月后重新创办。由于右任出任社长并主持笔政，每天以"骚心"的笔名撰稿，同时又成了革命者在沪寄迹的据点，宋教仁、陈英士都作为《民立报》记者进行社会活动；曾为《民立报》

执笔的同盟会员先后有数十人。1910 年 2 月 20 日《国风报》旬刊创刊，由何国桢（擎一、天柱）出面主持，撰稿的灵魂人物则是蛰居海外的梁启超，化名“沧江”不断向国内外读者发表政见。上海报坛顿时重新热闹起来。

国会请愿风潮主要是在北京进行的，但发动者却是江苏咨议局。1909 年冬，各省咨议局除新疆以外已次第成立，江苏咨议局讨论和议决了《联合各省请愿速开国会组织责任内阁案》，邀请各省咨议局派代表来上海共同商量。12 月中旬 16 省咨议局在沪组成 33 人的赴京请愿代表团，张謇在上海各报发表了《送十六省议员诣阙上书序》，声言“不请则已，请必要其成，不成不返”，甚至表示“不得请，当负斧钺死阙下”。但清政府断然拒绝了代表团的请求。

在国会请愿活动中，上海新闻界有三个动作，1910 年 2 月 20 日出版《国风报》；3 月 11 日《天铎报》创刊；5 月 9 日，上海《预备立宪公会报》迁北京更名《宪志日刊》，以作为国会请愿同志会的代言机关，徐佛苏在此报洋洋万言地发表了《国会请愿同志会意见书》，在上海广泛送阅。《国风报》上连续发表梁启超的《立宪九年筹备案恭跋》、《咨议局权限职务十论》、《立宪政体与政治道德》、《国会期限问题》等一系列文章，给请愿运动提供了理论指导。1910 年 4 月，上海报界还在上海集会欢迎南洋英荷两属暨暹越各埠侨民回国促进国会请愿团，各报都发表了他们的请愿书。

这次国会请愿活动的失败，也促使上海信成银行协理沈缦云下决心资助于右任办报，一下子拨款五万元。于右任由于获得了信成银行的全力支持，10 月 11 日《民立报》顺利发刊，因《民吁日报》的机器生财被禁不准办报，《民立报》馆址改在望平街200号，完全是另起炉灶的。这样，同盟会又有了自己的舆论基地。《民立报》发刊以后，也是密切注意和着重报道当时的国会请愿活动这个当时的新闻热点，不过《民立报》很巧妙地坚持了自己的立场。

为缓和矛盾，资政院通过速开国会案，但清朝政府的行为与上海各报所期望的大相径庭，却抢先任命成立了"皇族内阁"。上海各报的舆论情绪一下子发展到与清廷完全敌对的态度。其中表现最激烈的倒不是革命派的《民立报》，而是一贯主张革政改良的《时报》、《天铎报》和梁启超的《国风报》。因为《时报》等待多年巴望完全落空，从失望转而为愤怒，"民不畏死，奈何以死吓之？愿政府诸公毋以此面具吓人也"，"民犹水耳，水能载舟，亦能覆舟，当局可不察乎？"等言词，在《时报》等报刊上大量出现了。《时报》不但要求"改造政府，更换内阁"，而且猛烈抨击皇权，还鼓吹"中国之人民对付官吏也，其所用之手段，不过以口争，以笔争，以奔走呼号争，以开会争，以发电争。是故官吏之对付之也，可以禁其口，可以禁其笔，可以禁其奔走呼号，可以禁其开会，可以禁其发电。是故人民之对付官吏也，宜出乎于口，于笔，于奔走，于开会，于发电之外。"望平街完全脱出旧有的舆论轨道，倾向于革命的气氛愈来愈浓了。

三、从借箸代筹到"咸与共和"

因为望平街的舆情在宣统二年前后，已发展到如此激进的程度，1911年春广州黄花岗起义爆发时，不仅《民立报》，而且《天铎报》、《时报》，一度摇来摆去的《神州日报》乃至老牌商办报《申报》、《新闻报》，都很少用贬义词进行客观报道，与以前的态度形成鲜明对照。如1908年11月安庆新军起义，上海各报一再满纸称其为"兵变"，为"乱事"，为"乱党"。黄花岗起义发生后，上海各报陆续发表了革命烈士《林尹民小史》、《陈更新小史》、《林觉民小史》、《方声洞小史》等。林觉民烈士著名的《与妻书》，当时就在上海为各报竞登，甚至还借美洲来函的名义，全文刊出了同盟会的《中华民国军政府宣言》、《招降满洲将士布告》等。当然，上海各报刊出这些材料的用心，各不相同。革命者着眼于继续鼓动，立宪派还出于借革命威胁对清廷施加压力，某些商办报纸甚至以"不偏不倚"的姿态仅是为了"生意眼"，但是主笔们都承认这些起义献身者是值得尊崇的"志士"。

相反上海各报对于康梁当时在海内外的活动，很不客气地采取了与对革命派的活动完全不同的坚决排斥的态度。当时康梁活动的核心是结交清廷政要争取容许他们回国参政或合法活动。此事不仅被阻于朝廷，而且时时被嘲于上海诸报。在上海主持《国风报》的何擎一1911年初向梁启超报告开党禁事时说："即如沪上日报六家，《时报》不必论，《新闻报》则凡开禁之文牍一字不登，其余《神州》、《民立》、《天铎》、《申报》则日日造谣，日日乱骂而已。沪上商人无知无识（流布内地所关非细），日持此以为谈笑之资，令人愤绝。"因此极力主张创办一日报"以张党势为要义"，"一泄数年之愤"。《民立报》等对康梁采取如此态度是可以理解的，而上海各报几乎一致如此，这正反映了上海当时的舆论界，所代表的是江浙资产阶级人物的利益，并不对康梁的坚持君主立宪感到信任和兴趣。这是当时上海舆论界的思想基础。

当时上海的报刊界，还有一个奇怪的现象：《时报》等拼命鼓吹“立宪党者，主张立宪者也；革命党者，反对立宪者也”，而坚定地主张革命的报纸，的确也很少议论到排满和反专制之后的前景。孙中山的三民主义，不仅在上海这特殊环境下的报刊中，包括在海外与康梁的大论战中，“大家对民生主义都是莫名其妙，连民权主义也不过装幌子而已……最卖力的还是狭义的民族主义”，上海有些革命者也自称只信奉“一民主义”或“二民主义”。《民立报》、《神州日报》以及后来的《天铎报》上，谈到立宪的文章也就混同于一般报纸所鼓吹的君主立宪，没有真正着眼在革命与民权的关系上有所阐述。而且都把行宪以后的前景理想化，好像一旦立宪就万事大吉，天下太平。这又成了当时上海舆论界另一个思想基础，同时也种下了辛亥革命爆发以后种种变化的祸根。

还要进一步探讨的一个问题，是上海革命报刊与同盟会的关系。1907 年以后上海起骨干作用的革命报刊是于右任所创办的《神州日报》和“竖三民”，于右任是接受了同盟会和孙中山的支持到上海来办报的。但当时的同盟会远不是一个组织严密的政党，于右任的办报也称不上是一种完全有组织的行动。《神州日报》的组成成员包括领导班子中，很多都不是同盟会的参加者，于右任自己也知难而退，辞职不干。《民呼》、《民吁》存世时期都很短促，与后来的《民立报》一样，成员很多是同盟会的骨干分子，《民立报》而且还成为同盟会在上海公开的通讯联络据点，谭人凤、宋教仁、吕志伊、居正、陈其美、杨玉如等往来上海、香港、汉口各地，均假《民立报》为东道主。之所以会这样，原因之一是同盟会在上海并没有领导机关，直到1911年7月31日，才重新建立了中国同盟会中部总会。那么，《民立报》是不是就可以标为同盟会在上海的机关报了呢？恐怕仍值得推敲。《民立报》馆是同盟会在沪活动的公开通讯联络机关，《民立报》并不能称为“机关报”，不然就无法解释《民立报》在民国以后的种种变化。

1911年8月24日(清宣统三年七月初一)上海又出现了一份新的英文日刊*China Press*(英文《大陆报》)，由美国人密勒(Thomas F. Millard)自任主笔，约请他在密苏里大学的同学克劳(Carl Crow)任广告部主任，费莱煦(B. W. Fleisher)任经理，是美国人在沪创办的第一份英文日刊。资本为中美合资，中方投资人出面的为前出使英国大臣伍廷芳及沪宁铁路总办钟文耀，美方投资人为美国芝加哥制造商查理士·克朗(Charles R. Crane)，他在1909年曾被任命为驻华公使，但并没有到任。英文《大陆报》的新型印刷机器就是由他在美定购运沪的。克朗因此出任了英文《大陆报》社长。原来是由孙中山、伍廷芳从中撮合，而密勒又与孙中山友好，接受孙中山的委托才到上海来办报的。英文《大陆报》发刊同时，伍廷芳嘱朱少屏、柳亚子并召景秋陆从海外回沪在英文《大陆报》馆楼上筹设以华文出版的《铁笔报》。但未及出版而武昌起义已经爆发，柳亚子改与朱少屏、胡寄尘、金慰农等发行出版《警报》，自1911年10月19日起每天出版两至三期，用不同颜色的油墨印刷出版。

武昌起义爆发时，上海各报中最早鲜明表态的是《神州日报》。1911年10月12日，发表了汪允中执笔的社论宣布"天佑我汉，胡运告终"。接着10月13日，《民立报》发表了于右任执笔的著名社论《长江上游之血水》。《天铎报》那时的主笔戴天仇正好请假返乡结婚，由年仅二十的陈布雷代为著论，陈布雷一口气连写十篇《谈鄂》，曲文寓笔地响应了革命。《时报》则显得观望，所发评论为《论政治思想与革命势力消长之影响》、《论鄂乱》、《论政府处置鄂乱当为根本之计划》、《哀哉制造革命之政府》等。到10月下旬革命派攻克了长沙，《时报》态度才明朗些，而根本转折则在上海和江苏、浙江宣告独立之后，1911年11月6日起，《时报》取消了"大清宣统"的年号，第二天11月7日社论《论国民今日不可存疑虑之见》为题。也就是11月6日，全上海的所有报刊已全部"易帜"，晚清新闻史至此正式终结了。

从武昌起义爆发到1911年底，上海望平街这条报馆街成了日夜喧闹的信息传播中心。关心时局的人并不以每晨所发行的报纸为满足，还随时到望平街来打听。各报馆获得了武昌或其他地方来的重要电讯，也常抢先用大字抄出，有时还用红笔加圈加点。有些比较善于抓住时机的人物就纷纷出版"快报"。《时事新报》在10月17日起增出"午报"；《中外报》馆添出《中外晚报》。其他著名的还有柳亚子的《警报》，倾向于光复会的《光复报》等，一时不下二三十种⑤。望平街还曾发生过读者打砸《申报》馆事件。那时《申报》馆获得了清廷冯国璋部攻陷汉阳的电讯，立即在报馆门口贴出号外，还画上了鲜红的圆圈。望平街头的行人看到这张号外，顿时引起愤慨，纷纷拥进报馆，责问是何用意。馆中人见来势汹涌，赶快取出电稿给大家传观，证明号外消息并非虚构。但群众仍怒火难平，责问为何为清廷张目，动摇人心。一怒之余，居然将报馆门口的大玻璃窗打碎了。当时《申报》的产权表面上虽仍由席子佩执掌，而实际已在张謇、赵凤昌等安排下，言论大权已由陈景韩执掌。陈景韩以后也更谨慎，不敢贸然逆读者心理，捋读者虎须了。上海有些不负责任的通讯员则发出了“京陷帝崩”的假新闻，倒闹得广州方面两广总督张鸣岐仓皇出走，龙济光、李准卑辞乞降。人心向背如此，就非新闻学范畴问题了。

注释：

① 1907—1911 年所出的专业性期刊中，商务印书馆出版的竟占了七种，《理工》、《欧美行政界闻》、《军事季刊》、《教育杂志》、《师范讲义》、《图书汇报》、《政法杂志》，加上《小说月报》和《少年杂志》，这个历史时期在短短五年中竟创办了九种期刊，加上 1902—1906 年间创办的四种，在晚清，商务印书馆竟创办、出版和发行过 13 种期刊，这是当时没有哪一家书局比得上的。

商务印书馆在清末出版、发行的 13 种期刊中，除了初创时的《东方杂志》以及《外交报》等少数几种以外，都与“新闻纸”传递新闻信息这主要功能相脱离，定位到传达新知和新论方面去了。就是说，在总体上已完成了刊与报分离的全过程。

② 1907 年 8 月 22 日《申报》载：

大同女学添设编辑科

苏城大同女学现拟组织专业编辑之女学生一班，专作女子所习之国文教课书，由高等师范法政三学堂担任删改义务，定期十七日考试，二十四日开学。

③《南方报》有传说因杨翠喜案而停刊，不确；也有说此后取消了英文版面，亦不确。仅实行了从总理到主笔房换班。《南方报》直到 1908 年 2 月 1 日才因蔡钧被革后才停刊。

④ 民国以后，中国报界俱进会继续存在。1912 年 6 月又在上海开特别大会，通过新的章程。决议设立通讯社、广告社、新闻学校和记者俱乐部等，并就北京《中央新闻》社经理、主笔被捕事致电参政院，抗议“赵秉钧以行政官擅用军隐，侵害法政，破坏共和”。当时日本方面十分重视，宗方小太郎专门提供了专题情报。但事实上中国报界俱进会并没有发挥多少作用，就无病而终了。中国报界俱进会共存世三年。

⑤ 1911 年 10 月武昌起义到这年年底，上海出版快报性的报刊有：《近事画报》，1911 年 10 月 15 日创刊，初为《战事号外》，1911 年 10 月 11 日就有出版。

《革命军》，亦名《新中国之少年革命军》或《少年中国革命军》，1911 年 10 月 15 日创刊。

《时事新报》(午报版)，1911 年 11 月 17 日创刊。

《中外晚报》，1911 年 10 月 18 日创刊。

《警报》，1911 年 10 月 19 日创刊。

《新事报》，1911 年 10 月 22 日创刊。

《午报通信》，1911 年 10 月 23 日创刊，后改名《午报》。

《国民晚报》，1911 年 10 月 24 日创刊。

《小民主报》，1911 年 10 月 24 日创刊。

《紧报》(午报版)，1911 年 10 月 26 日创刊。

《国民军事报》，1911 年 10 月 28 日创刊。

《国民日报》，1911 年 10 月 28 日创刊。

《电报》，1911 年 10 月 30 日创刊。

《大汉报晚报》,1911 年 11 月 3 日创刊。

《大汉新报》,1911 年 11 月 3 日创刊。

《新汉报》,1911 年 11 月 4 日创刊。

《大汉报》,1911 年 11 月 4 日创刊。

《光复报》,1911 年 11 月 4 日创刊。

《新世界》,1911 年 11 月 7 日创刊。

《新汉民报》,1911 年 11 月 8 日创刊。

《快报》,1911 年 11 月 9 日创刊。

《机关急报》,1911 年 11 月 9 日创刊。

《大风晚报》,1911 年 11 月 10 日创刊。

《大汉公报》,1911 年 11 月 11 日创刊。

《军政总机关报》,1911 年 11 月 11 日创刊。

《兴汉报》,1911 年 11 月 12 日创刊。

《飞报》,1911 年 11 月 17 日创刊。

《迅报》,1911 年 11 月 19 日创刊。

《空中语》旬刊,1911 年 11 月创刊。

《民国报》旬刊,1911 年 11 月 21 日创刊。

《独立白话报》,1911 年 11 月 24 日创刊。

《钟声日报》,1911 年 12 月 1 日创刊。

《民意报》,1911 年 12 月 20 日创刊。

《华兴报》,1911 年 12 月 26 日创刊。

《中国革命纪》周刊,1911 年 9(10?)月创刊。

《战报时要》,不详。

《天声丛报》,不详。

《明报》,不详。

《明星画报》,不详。

《天问》周刊,不详。

《公论新报》,不详。

《白话新民画报》,不详。

《江浙汇报》,不详。

《国民公报》,不详。

《新世界日日画报》,不详。

《新说林》,不详。

第五章
民初报业的艰难步履

第一节 民初的上海报坛

一、报业的短期繁荣

中华民国成立前后，是中国新闻事业又一次大发展时期，仅上海一地从 1911 年辛亥革命爆发到 1912 年底，就先后出版了 60 多种报刊，加之原有的报刊，形成了上海报业蔚为大观的局面。

辛亥武昌起义，震惊中外，统治中国两千多年的封建专制大厦顷刻倒塌。及时报道和评论这一历史事件的进程，满足广大读者的需求，是各个报刊发挥自己优势的极好机会。为适应这一要求，上海各报刊除加大现有版面的信息量外，还纷纷增刊号外、专版等。新的报刊也陆续问世。先后出版有《光复报》、《华兴报》、《国民军事报》、《兴汉报》、《新民报》、《民意报》、《民国报》、《大风晚报》、《大汉晚报》、《国民晚报》、《中外晚报》、《快报》等30余种。在望平街争购报刊的人群昼夜不断。不过，新出版的报刊大都是准备不充分，人力物力较差，仓促出版，武昌起义的高潮一过，大部分自生自灭。

中华民国临时政府在南京成立，人民为之奋斗的共和政体终于实现，人们的思想也逐步从封建专制文化的束缚中解放出来，"民主"、"自由"、"共和"等观念在人们的头脑中初步扎下了根，要求言论出版自由的呼声日益高涨。南京临时国民政府宣布废除清朝政府制定的《大清报律》等法律，颁布了《临时约法》，规定了"人民有言论、著作、刊行之自由"，给新闻出版事业以政治上的保障，这就进一步推动了上海新闻事业的发展。一批新的报刊相继出版。主要有：

《大共和日报》，1912年1月4日创刊，章太炎主办，是中华民国联合会和统一党的机关报。馆址设在公共租界老旗昌路247号。日出两大张，社长章太炎、总编辑马叙伦、经理杜杰风。先后参加编辑出版工作的还有胡政之、王伯群、汪旭初、钱芥尘、张丹斧、余大雄等。该报标榜"抱宁为诤友，不为佞臣之旨趣"，"无故无新，不偏不倚，立言敷论，平允正当，无一毫偏狭之见"，"聘请法政经济各专门撰述家十数人，凡所论者皆针对时局，鹜实可行，不切高远，不涉理想"[①]。其实早期的《大共和日报》言论是在章太炎指挥下进行的，主要反映了章太炎的政见和思想。1913年5月，统一党联合其他几个小党改组为进步党，《大共和日报》相继充当一脉相承的进步党的机关报。1912年6月21日，曾增出画报一张，免费随报赠阅。1915年5月该报自动停刊。

《民权报》，于1912年3月28日创刊，由同盟会的别支自由党人谢树华发起筹备，向沪军都督府注册，陈其美批准出版。陈在批文中指出："案照一国之内，不患在朝之多小人，而患在野之无君子，不患政权之不我操，而患无正当之言论机关以为监督"，并说："启发吾民爱国之心，使人人各尽其天职，以助教育之普及，则今日之报纸负责尤重。"[2]开办费十万元，由黄兴从陆军部拨出[3]。社长兼发行人周浩，总编辑戴天仇（季陶）。社说撰述和编辑有牛霹生、刘民畏、尹仲材、陈匪石、江季子、何海鸣、戴伯韬、罗端甫、徐天啸、茹春圃等。《民权报》初刊时的宗旨是促袁世凯南下就职，主张政党内阁制，拥护《临时约法》，反对北洋军阀。"宋教仁案"发生后，《民权报》成为同盟会内激烈反袁的一派人的舆论工具。1914年1月22日，旧历元旦，《民权报》循例休刊，原声明1月30日复刊，但最终未能如愿，休刊便成了终刊。

《民声日报》，创刊于1912年2月20日，民社机关报，自称"以民社之宗旨为宗旨"。日出两大张。社址设在江西路四明银行隔壁。总编辑黄侃，主笔宁调元、江瘦岑等。民社加入共和党后，《民声日报》也成为共和党的言论机关。社址迁至望平街，扩大为三大张。并同《晚钟报》签订合同，"凡本埠直接订阅者，每月大洋六角，并赠阅晚报一份，每日由专人分送"，"外埠直接订阅本报，全年大洋十元，半年五元，赠《晚钟报》一份，逐日邮寄"[4]。

《太平洋报》，创刊于1912年4月1日。日出三大张，系同盟会同人所创办，经费由沪军都督陈其美拨给。社长姚雨平，经理朱少屏，总编辑叶楚伧。参加编辑工作的先后有柳亚子、苏曼殊、李叔同、胡朴安、姚鹓雏、林一厂、胡寄尘等。该报注意国际关系的探讨,声称"本报以唤起国人对于太平洋之自觉心,谋吾国在太平洋卓越位置之巩固为宗旨"⑤。该报提出以下纲领:(一)商榷政治策略;(二)代表国民外交;(三)造成正确舆论;(四)研究国防计划;(五)拥护侨众权利;(六)促进海外发展;(七)输入世界知识。内容有社说、国际专电、国内专电、译电、世界要闻、各省要闻、本埠新闻等栏目。还特设"英文论说"一栏,在第一张第三版有三分之一左右篇幅,刊载英文新闻和论说。6月1日又增刊画报一张,随报附送。社址设在望平街黄字7号。《太平洋报》出版了大约半年,因经费困难而自动停刊。

《中华民报》,创刊于1912年7月20日,日出三大张,创办人邓家彦。社长兼经理邓家彦,副社长兼副经理龚铁铮,总编辑汪洋,主笔刘民畏。编辑分工:要闻刘民畏、殷人庵;地方新闻及地方新闻社评管际安;本埠新闻及本埠社评庄乘黄;外文翻译张涤渊;副刊李定夷;特约撰稿郑正秋、钱病鹤。该报以"拥护共和进行,防止专制复活"为宗旨。因此在反袁斗争中态度十分坚决。社址设在爱多亚路洋泾桥附近。1913年冬终刊。

《民国新报》,创刊于1912年7月25日,日出三大张。由吕志伊、徐肃、陈泉清、陈陶怡、洪翼、马和、姚勇忱、邓恢宁、吴敬恒、张恭、丁洪海等发起创办,集资50万元为开办费。该报以"保障共和政体,宣扬民生主义"为宗旨,提出"民国新成,根基未固,凡我同胞对中央之新政,地方之新事业,希望完成共和政体,弘造国民幸福",本报任务就是"有精确之新闻,以造正大之舆论，以确初步之共和”[⑥]。该报筹备时，震于汪精卫的盛名，约请他担任总编辑。后因汪“赴闽未返”，改由吕天民担任。9月吕赴南洋，由吴樨辉接替。主笔邵元冲。社址设在江西路2号。

《独立周报》，创刊于1912年9月22日，由章行严、王旡生等人创办。是章行严继《苏报》、《国民日日报》和《民立报》之后，所主编的第四份报刊。王旡生任发行人。该刊在出版启事中称“民国肇造，报馆日多，海上一隅，经营斯者先后不下二十余家，读者以不能遍阅为憾”，而且各报刊之间“攻击辩驳，几令人无所适从”，同人为此“仿照英国伦敦某报体裁，创办此报”，其宗旨“则矫下无意识之党争，建设强有力之政府，令读者政见不因致于一偏”。本刊方针“必求言论无党无偏”，“纪事则夹叙夹议，周知事实”，读后“得其真相”[⑦]。社址设在上海四马路小花园内。出至1913年6月终刊。

除上述外，上海还出版了各种类型的专业性报刊。如上海民国铁道协会创办的《铁道月刊》等。研究佛学理论的有《佛学丛报》，研究文学艺术的有《文艺俱乐部》月刊。1912年9月，上海市参议会议员陈琴轩等，向市议会提议出版《市政公报》，以“公布法令，发表市政实事”为主要任务，得到与会议员一致赞同，并“希望不久见诸实行，为全国自治公布之嚆矢，亦开上海市政厅之一特色”[⑧]。并拟定了《市政公报简章》八条，公布报端。但目前尚未见到实物，无法证实是否正式出版。上海临近的一些县城也出版了不少报刊。如嘉定县从1911年11月到1913年2月一年多，就相继出版报刊10多种。金山、青浦、松江、崇明、川沙等县，也都有新报刊出版。

各类消闲性的小报期刊更是层出不穷。

新闻事业的一时繁荣,给不少人造成了一种错觉,似乎推翻了清朝政府之后就得到了新闻出版的完全自由,不受任何限制和约束。这是对新闻自由的片面理解。这种幻想很快被袁世凯篡权复辟的反动行为所打破。新闻事业的繁荣局面是很短促的。

二、政党报刊的分化与争斗

中华民国成立后,实行议会制度,许多人为争取议会中的席位,在建设民主政治的口号下,纷纷组建政党社团,一时间中国社会上出现了一股结社建党的热潮。有人统计,短期内全国出现了300多个形形色色的政党社团。在上海一地就有同盟会(国民党)、中华民国联合会、自由党、统一党、共和党、民社、中华民国工党、中国国民总会、共和建设会、大和党、国民公党、国民共进会、共和实进会、统一共和党、中华民国农业促进会等,真可谓五花八门,名目繁多。这些政党社团为了宣传自己,攻击别人,大都创办了报刊。除上述外,国家学会办有《国权报》,中华共和宪政会办有《共和报》,中华平民党办有《中华民生报》,大同民党办有《大同民报》,商务共进党办有《工商日报》,东社办有《济民日报》,神州女界共和协会办有《女子共和日报》,中华民国工党办有《党民报》,中国社会党办有《社会日报》、《人道周报》等。这些报刊具有浓厚的党派性,政见不同,观点各异,在宣传上互相批评指责,甚至互相攻讦,斗争十分激烈。

首先，同盟会报刊与中华民国联合会报刊的斗争。中华民国联合会是章太炎等人成立的。章太炎原是同盟会的重要人物之一，当时力主排满革命，服从孙中山的领导，合作推翻清朝政府，在日本东京主持《民报》时，作了突出贡献。到《民报》后期，章在革命队伍中闹分裂，在错误的道路上越走越远。武昌起义成功后，章太炎归国，此时他的政治主张与同盟会的诸领导人完全相左，组织中华民国联合会，从组织上分裂同盟会，创办了《大共和日报》，与同盟会报刊相对抗。

《大共和日报》在发刊词中公开鼓吹"民主立宪，君主立宪，君主专制，此为政体高下之分，而非政事美恶之别。专制非无良规，共和非无秕政"。公开否认民主共和的优越性，否定南京临时政府的进步和革命性。章太炎以"革命名宿"的身份，在该报上发表了20多篇文章，言旧官僚和立宪党人所不敢言，极力反对同盟会和南京临时政府，攻击同盟会"一党专政"，吹捧袁世凯、黎元洪等，在社会上造成了极恶劣的影响。

《大共和日报》的错误宣传，立刻遭到了同盟报刊的批驳，论战火力最猛烈的是戴天仇主编的《民权报》。戴所发表稿件署名"天仇"，针锋相对，笔墨锋利，火爆殊甚。针对《大共和日报》捧袁的错误，《民权报》揭露和批判袁世凯阴谋篡权、摧残革命、帝制自为的真面目。南京临时政府结束后不久，袁世凯对因枪杀革命党人被上海特别法庭判处死刑的姚荣泽，给予特赦。《民权报》发表了《胆大妄为之袁世凯》等文，指责袁的专擅行为。自此以后，连续发表了十余篇揭露和批判袁世凯罪行的社论和文章。4月19日和20日，戴天仇郑重发表了《袁世凯罪状》长篇文章，历数袁摧残革命、背叛共和的种种罪行。指出袁世凯是“一人专制与民党敌”的罪人，不应对他抱有任何幻想。这些宣传是对《大共和日报》错误言论的有力批判。

第二，同盟会报刊内部的争辩。同盟会是一个成分十分复杂的政党，他们对同盟会的革命纲领、路线和革命方法认识不同，长期存在。南京临时政府成立后，同盟会内部对袁世凯的态度上，明显地出现了妥协派与激进派的争斗。代表两派观点的报刊，典型的是《民立报》和《民权报》。

《民立报》当时是同盟会的主要机关报，但妥协倾向比较严重。它强调推翻清朝政府后的主要任务是建设，因此报纸的任务与作用也应随之改变，“昔日未破坏时，先以破坏自任；今日未建设时，犹当先以建设自任”（《民立报》1912 年 9 月 13 日）。对于袁世凯主张采取“勿逼袁恶”的妥协政策，有时还喊出“非袁不可”的口号。这一主张与当时同盟会主要领导人孙中山、黄兴等的思想基本是相一致的。章士钊从伦敦回来出任《民立报》主笔之后，报纸的妥协倾向更加严重了。

《民权报》是以戴天仇（季陶）为代表的一批青年革命党人所主持，他们对时局观察敏锐，锋芒毕露，尖锐指出了袁世凯的假共和、真帝制的骗局，批判以《民立报》为代表的妥协论调。两报发生的第一次争论是 1912 年 4 月，当时袁世凯网罗封建官僚，招降纳叛，为复辟帝制作准备，《民立报》没有揭露袁的政治阴谋，只批判他是“用人不当”。《民权报》则尖锐指出袁世凯“才足以帝制自为，智足以压服民党，魄力足以借刀杀人”[⑨]。《民立报》反驳说“今兹新国家存亡绝续之交，创造艰难，百废待举，民生困苦，疮痍满目，元气未复，补救之道，不可须臾缓"[10]。当前任务是帮助袁世凯加强重建国家的工作。称《民权报》为谩骂派。自此以后，两报对许多问题都持不同意见，发生争辩。与《民权报》取同样观点的还有《中华民报》、《民国新闻》等报刊。1913年宋教仁被刺事件发生后，革命党人对袁世凯的种种幻想最终破灭，认识趋于一致，事变的进程证明了《民权报》等的认识是正确的，同盟会报刊内部的争论才告结束。

第三，国民党报刊与共和党报刊的斗争。民初名目繁多政党社团，经过一段时间的分化组合，到第一届国会选举之前，日益合并成几个较大的政党，其中势力最大的是国民党和共和党。这两个党出版的报刊随着政治斗争的发展，互相间的斗争也日趋白热化。

国民党是1912年8月，由宋教仁等将同盟会、统一共和党、国民公党、共和实进会、国民共进会等几个小党合并改组而成。国民党的目的是想通过竞选，取得国会多数，组织责任内阁，以限制袁世凯的野心。在上海属于国民党的报刊主要有《民立报》、《天铎报》、《民权报》、《民强报》、《中华民报》、《太平洋报》、《民国新闻》等。

共和党是1912年5月，由民社、国民协进会、民国公会、统一党等几个小党联合而成。这几个党派的主要成员都是立宪党人、旧官僚、同盟会中的变节分子。他们结成共和党的目的，是为了与同盟会（国民党）相抗衡，在政治上拥护袁世凯，借此攘夺革命果实和政治权力。他们的分支机构和报刊遍布各省，影响甚广。在上海的主要报刊有《大共和日报》、《时事新报》、《民事日报》和《时报》等。《神州日报》、《申报》、《新闻报》等也曾一度倾向他们。

国民党与共和党的报刊壁垒，大约到1912年7、8月间已相当分明，相互间的斗争日益激烈，达到了白热化程度。不过这时期两党报刊的斗争，与以前有明显的不同特点。以前政党报刊的斗争，主要环绕着党的主义和政纲进行辩驳，具有浓厚的理论色彩，对民主革命理论的发展起了积极的推动作用，并在思想观念上给读者以深刻影响。而现阶段则不同，政党报刊宣传不是就党纲和主义的理论阐述，以理服人，而是对一些具体的政治问题进行争辩。如实行中央集权还是地方分权，实行总统负责制还是责任内阁制，政府公务员是对国会负责还是对总统负责，以及对外借款等问题。表面上看争论的是国会权大，还是总统权大，其核心之点是拥护袁世凯还是反对袁世凯的斗争。在报刊斗争的方式上，不是充分的说理，反复的辩难，而是运用揭露抨击，甚至谩骂和人身攻击。

产生这种情况的原因，从客观上讲是由于以孙中山为代表的同盟会革命的不彻底性，中途把革命胜利果实拱手让给袁世凯，引起内部更加分裂和纷争；从主观上讲是许多人物为了个人私利，组织或加入政党，以便能在国会或政府机构中争得一定职位和权力。不仅共和党中的一些人物是如此，国民党中的有些人物也是如此。在这种情况下，多数政党的报刊成为政客争权夺利的工具，已不可避免。

三、《暂行报律》风波

中华民国南京临时政府成立后不久，于3月4日由内务部宣布废除《大清报律》，在“民国报律”未编定公布之前，先制定《暂行报律》三章。内容是：

“（一）新闻杂志已出版及今后出版者，其发行及编辑人姓名须向本部呈明注册，或就近地方高级官厅呈明，咨部注册。兹定自令到之日起，截至阳历四月一号止。在此期限内，其已出版之新闻杂志各社须将本社发行人编辑人姓名呈明注册，其以后出版者须于发行前呈明注册，否则不准其发行。

（二）流言煽惑关于共和国体，有破坏弊害者，除停止其出版外，其发行人、编辑人坐以应得之罪。

（三）调查失实，污毁个人名誉者，被污毁人得要求其更正。要求更正而不履行时，经被污毁人提起诉讼，得酌量科罚。”[11]

南京临时政府内务部通令上海中国报界俱进会转全国新闻杂志各社知照遵行。指出“民国完全统一，前清政府颁布一切法令，非经民国政府声明继续有效者，应失其效力”，“而民国报律，又未遽行编定颁布。兹特定暂行报律三章，即希报界各社一律遵守”。

上海中国报界俱进会接到内务部通令后，马上召开紧急会议，讨论如何对待《暂行报律》问题，会上一致同意拒绝执行。并通过致孙中山临时大总统电，电称：“南京孙大总统鉴：接内务部电，详定暂行报律三章，今统一政府未立，民选国会未开，内务部擅定报律，侵夺立法之权。且云煽惑关于共和国体，有破坏弊害者，坐以应得之罪。政府丧权失利，报纸监督并非破坏共和。今杀人行劫之律尚未定，而先定报律，是欲袭满清专制之故智，钳制舆论，报界全体万难承认，除通电各埠外,请转饬知照。”[13]在该电文签名的上海报纸有《申报》、《新闻报》、《时报》、《神州日报》、《时事新报》、《民立报》、《天铎报》、《启民爱国报》、《民报》、《大共和日报》、《民声日报》等。3月7日《大共和日报》发表了由章炳麟(太炎)署名的《却还内务部所定报律议》社论。除重述前电观点外,并对报律条文逐一加以批驳,抓住南京临时政府个别官员的这次失误,大做文章。不仅批判“内务部无知妄作”,而且抨击临时政府“钳制舆论”,“欲蹈恶政府之覆辙”。这篇社论为上海各大报转载,成为上海新闻界的共同意见。

孙中山接到上海中国报界俱进会的抗议电后,为巩固新生革命政权,稳定大局,于3月9日明令内务部撤销《暂行报律》三章。指出:“案言论自由,各国宪法所重。善从恶改,古人以为常师。自非专制淫威,从无故事摧抑者。该部所布暂行报律,虽出补偏救弊之苦心,实昧先后缓急之要序,使议者疑满清钳制舆论之恶政,复见于今,甚无谓也。又民国一切法律,皆当由参议院议决宣布,乃为有效。该部所布暂行报律既未经参议院议决,自无法律之效力,不得以暂行两字,谓可从权办理。寻绎三章条文,或为出版法所必载,或为宪法所应稽,无所特立报律,反形裂缺。民国此后应否设置报律,及如何订立之处,当俟国民会议决议,忽遽亟亟可也。”[14]

关于这场《暂行报律》的争论,虽以孙中山电令取消而告结束,但应当实事求是地加以分析。

首先,报律有无制定的必要。南京临时政府内务部制定的《暂行报律》在立法程序上是不完备的,有越权之疑,但是制定报律是必要的。因为任何一个新生政权诞生之后,都必须采取一系列措施巩固其统治地位，其中包括对新闻出版的管理。这是政治斗争的常识。管理方式有行政命令，也有制定必要的暂时性法规条令。如果放任自流，一切等待议会（或国会）制定了法律之后再行管理，其后果是不堪设想的。南京临时政府成立后，中国新闻界的状况是十分混乱的，极有加强管理之必要。一个政府的主管部门应有权制定暂时性的法规条令。内务部用“暂行”两字，已表明认识到这个“报律”的临时性，等议院正式制定报律后，当自行消失。内务部通令也清楚地说明满清政府的一切法律已失效力，“民国政府报律又未编定颁布”之前，暂行管理。就其内容而言，《暂行报律》关于新闻出版言论自由的规定，并无过分苛刻之处，仅规定了一个政府对报业管理的最基本的措施，不应有过分的非议。

其次，关于限制“流言煽惑关于共和国体有破坏弊害者”，应给予应得之处罚，也不能完全否定。因为南京临时政府成立之初，国内妄图复辟旧政权的大有人在，复辟与反复辟的斗争十分尖锐，拥护和巩固新生革命政权是临时政府的根本任务。在《暂行报律》中限制报界破坏“共和政体”的言论是十分必要的。事实证明，新闻界确实有人不赞成以孙中山为首的南京临时政府，希望把革命果实让给袁世凯。章炳麟在《却还内务部所定报律议》一文开头就说“南京政府已辞职之内务部”，这是公开不承认孙中山领导的南京临时政府。当时，孙中山虽表示愿把总统职务让位给袁世凯，但也向袁世凯提出必须履行的条件，只有答应这些条件，才辞去临时大总统之职。在袁氏未正式答复之前，南京临时政府还有其合法的行政权力。章炳麟迫不及待地否认南京临时政府的合法性，其动机是不言而喻的。由此可见，这场报律之争，不仅仅是新闻界争取新闻出版自由的斗争，而且有更深刻的政治背景。

在这场斗争中，还有一个值得注意的问题，就是同盟会的一些报纸，如《民立报》、《天铎报》等也反对以孙中山为首的南京临时政府，是很耐人寻味的。足见作为革命政党的同盟会，在思想上组织上缺乏必要的思想统一和组织纪律的约束，显得十分松弛涣散，缺乏战斗力，这是应该引以为戒的。

第二节 “二次革命”与上海新闻界

一、“横三民”的反袁斗争

反谓“横三民”，是与“竖三民”相对而言。“竖三民”是指由于右任创办的《民呼日报》、《民吁日报》和《民立报》，虽先后名为三报，实际上是一家日报的两次再版，一脉相称，故称“竖三民”。“横三民”是指《民权报》、《中华民报》和《民国新闻》，因三报各有主持人，同时期创刊，宣传立场一致，犹如兄弟并列，被世人称为“横三民”。

“横三民”是同盟会后期的报纸，它们在一批青年革命党人的主持下，对时局的观察敏锐，揭露和批判袁世凯假共和、真帝制的面目，立场坚定，态度激烈，无所畏惧，成为上海革命报刊的旗帜。在三张报纸中，以《民权报》最为突出。他们在编辑部办公室内大书：“报不封门，不是好报；主笔不入狱，不是好主笔。”足见他们维护共和、反对复辟的决心。1912 年 8 月，主持武汉《大江报》的何海鸣、凌大同因遭到黎元洪通缉逃往上海，参加了《民权报》编辑部工作，进一步增强了报纸的战斗性。

《中华民报》创刊比《民权报》稍晚半年左右，编辑部大多数成员与《民权报》有密切关系。总编辑汪洋原是《民权报》的电讯编辑，主笔刘民畏原是《民权报》的要闻版编辑。汪、刘先后脱离《民权报》，专任《中华民报》的职务。李定夷是《民权报》写社评编要闻的，同时兼《中华民报》编务。《中华民报》编辑管际安是《民权报》的特约撰稿人。《中华民报》的特约撰稿人郑正秋、钱病鹤，同时分别担任《民权报》的漫画和小品的作者。之后又有一些《民权报》人员也陆续转到《中华民报》，所以有人称《中华民报》是《民权报》的分店，或誉为"孪生兄弟"。两报同以反袁倒袁为目标，对袁世凯的一切阴谋活动，口诛笔伐，势不可挡。

1912 年孙中山辞去临时大总统后，临时参议院选举袁世凯为临时大总统，此事前各省商定都投袁的票，只有广西参议员邓家彦一票选孙中山不选袁世凯，加之邓家彦主持的《民权报》猛烈揭露和抨击袁世凯的复辟阴谋，因此袁世凯对邓家彦恨之入骨。1913 年上海电报局职员陆蕙生在电报房曾看见从北京发至上海的电报中，有"毁宋灭邓"字样。电报内的"宋"是指宋教仁，"邓"是指邓家彦，足见邓家彦及其主持下的《民权报》抨击袁氏态度之激烈。宋教仁被刺杀案件发生后，《民权报》反对袁世凯的态度更加坚决。可谓上海反袁报刊的一面旗帜。4 月 25 日，江苏都督在革命党人的压力和参与下，公布了宋案证据，证明袁世凯、赵秉钧是这一案件的元凶，革命党人义愤填膺，声讨袁罪。《民权报》发表了徐谦的《布告国民》,指出袁世凯"拥兵专横,蹂躏民权,割据称雄,扰乱民国也者,则我国民亦万不能再事姑息,虽兵连祸结,亦无所顾忌也"。因为"民国根本,共和基础,已为万恶无道之民贼破坏以尽,吾民国再不能姑息养奸",号召"我国民为保全民国战!为发挥民权战!为诛锄奸人战!为征讨叛逆战!"当时徐谦在孙中山身边工作,此文反映了孙中山武力讨袁的政治主张,实际上是一篇非正式的二次革命号召书。

"二次革命"失败后,《民权报》一方面坚持讨袁斗争,一方面也对革命失败的原因进行检讨和总结。8月19日,箸超在《讨袁军与民党》中,检讨了民党失败的原因,批评了革命领导人的错误。指出:"一原于党魁之历史太复杂","一原于讨袁之大义不明了","一原于入党之分子太杂乱"。9月1日在《政潮与党德》一文中再次指出国民党指挥不统一、步调不一致的错误。它说"要而言之,所谓党人者,对于政治上当有健全之责任心。胜利固进行,失败亦进行","遇平则稳渡,遇险亦冲锋,而后方能摄政海之潮。知难而退焉,则两失之矣"。革命党人应当"夫有险可凭,有兵可战,战而死,亦为共和而死,较之偷生于专制政体之下者所得实多"。在讨袁斗争中,《民权报》骨干戴天仇、何海鸣都投入了实际的斗争,离开了编辑部,二次革命失败后又流亡到日本,不再列衔,主笔由周浩兼任。

宋案发生后,《中华民报》和《民国新闻》在反袁斗争中同样是立场坚定,态度十分激烈,表现了革命报人的革命朝气。

"二次革命"虽然失败,却给同盟会(国民党)报刊带来新变化,推动了各派报刊的相互了解,消除了内部争辩,促进了团结。“横三民”在反袁斗争中，立场坚定，旗帜鲜明，但在斗争中不讲策略，因而受到以《民立报》为代表的妥协报刊的批评。袁世凯杀害宋教仁的事实大白于天下后，证明“横三民”以往对袁世凯的揭露和抨击是正确的，使《民立报》等妥协报刊一年来对袁世凯的种种幻想破灭，也逐步转到反袁的立场上来。4月27日《民立报》在《综论大暗杀案》中指出：“是则大暗杀案，非特经袁世凯预闻，而且由袁世凯嘉许令应进行也。此袁世凯与赵秉钧为大暗杀之元凶正犯也。”这是袁世凯“狼子野心，包藏祸谋，乘资叛援，张行凶逆”丑恶面目的大暴露。袁世凯杀害宋教仁，不是仅对宋先生一个，而是“阻击勋良，摧挠栋梁，将以倾覆共和，颠危中夏”的严重事件。并进一步揭露和抨击袁世凯有贿赂或威吓国会议员，图谋多植私党，广借外债，出卖国家民族利益，以复辟帝制等罪行。革命报刊认真总结了这一历史教训，指出“吾党在去年这一年中，并显然有两派之分离，激烈分子确有见地，而稳健分子一片委曲求全之苦心，亦吾人所能谅。今日而有宋先生案生，是吾党当无复有稳健、激烈之派别，为一致之根本解决矣”[15]。“二次革命”发生后，同盟会各报都积极投入了及时报道各地武装反对袁世凯的消息及评论，发表孙中山、蔡元培、汪精卫等人的讨袁宣言，并均以大号字排印，极为醒目，扩大了宣传效果。“二次革命”失败后，《民权报》指出“今后中国之政治，一言以蔽之曰，寡人独裁之政治而已，武力支配之政治而已，黑暗腐败之政治而已。袁世凯以恢复专制为唯一不二之政策，无能禁之者”。《民权报》对国内政治形势的正确分析，得到国民党各报刊的共识。他们提出反对“袁世凯帝制自为”，维护共和政体，是斗争的大局,应为此努力奋斗。《天铎报》、《太平洋报》、《民国西报》等国民党报刊,在反对袁世凯斗争中都有积极表现,形成了具有一定规模的舆论声势。可是好景不久,袁世凯在武力镇压各地国民党武装起义的同时,也扼杀一切反袁报刊,国民党报刊是摧残的首要对象。设在上海租界内的国民党报刊,袁贼虽不能直接加以镇压,但他勾结租界当局进行摧残,并禁止租界以外地区的发行,严重威胁着这些报刊的生存,大都到1913年底或1914年初相继停刊。

二、从拥袁到反袁的《时报》

由于历史的关系,《时报》在民国初期,虽然在组织上已与旧立宪党人的关系不太密切,但在政治思想上仍代表着旧立宪派的观点,不失为进步党的拥护者,从中华民国南京临时政府成立,到1914年1月国会被解散期间,《时报》的基本倾向是拥护袁世凯的。

民国元年,孙中山大总统把临时政府的权力交给袁世凯,且希望通过制定临时约法确立责任内阁的体制,以牵制袁世凯。宋教仁为成立政党内阁作了种种努力。此时的《时报》以中国政党尚未成熟为理由,公开反对政党内阁制,特别反对同盟会组织内阁。它说:“同盟会欲组织政党内阁,共和党欲组织超然内阁,袁总统欲组织混合内阁。然以今日时势度之,无论若何内阁,仍不过混合内阁而已。何则?所谓政党也,非政党也。其集合之人才甚杂,亦岂有一定之政见政策者哉?”又说“政党内阁,固立宪国中所必须,而吾国程度尚浅,实无此运用斡旋之力”[16]。因此提出,民国初建,政局不稳,唯有实行总统集权才是正途。所以1912年4月,袁世凯刚上台,《时报》便催促同盟会赶快交出地方政权,并宣称:“满清以集权而覆宗,民国将以分权而亡国”,“是故欲吾国之不亡,非尽收各军政府之兵权、财权而聚之中央政府不可”。否则大总统无实权,“则国权何以伸张?国势何由发达?”《时报》还鼓吹各地都督都有野心,袁世凯应尽早解决,甚至主张以武力除之。1912年3月在中华民国定都南京还是北京的争论中,《时报》坚决主张定都北京。《时报》还积极维护袁世凯的权威,对袁的违宪行径百般辩护。

宋案发生后,国民党发动“二次革命”,以武力推翻袁世凯独裁专制,维护共和政体。对此《时报》极不赞成,它说“武力排袁,必不适宜于今日”,指责讨袁军队“果为义军,抑为乱党?果欲除恶,抑欲割据?国人亦自有公论”。袁世凯发布的“诛逆”命令中没有提到孙中山,《时报》便恶毒地提出“擒贼先擒王,孙文不去”,“他日死灰复燃,其为祸不堪设想矣”[17]。由此可见,《时报》效忠袁世凯可谓卖力也。

但是,《时报》毕竟不是袁世凯政府的机关报,它拥护袁世凯是旧立宪党人企图消灭革命的一种手段,他们最终的目的是建立开明专制的政权。“反对暴民政治”,“铲除官僚政治”是实现他们政治主张的口号之一。《时报》对此积极宣传。《时报》所宣传的反对政党责任内阁问题上,与袁党也有所不同。他们的着眼点是反对革命派组阁,但并不否认政党内阁这一政体形式本身。它曾提出进步党、国民党两党携手在组阁问题上进行磋商,如何用政党政治代替官僚政治。

《时报》对官僚政治的批判，必然与袁世凯的政治路线发生矛盾。经过一年多的事实证明，袁世凯所追求的既不是民主共和国，也不是开明专制，而是先建立个人独裁专政，再进而复辟帝制，使《时报》大失所望，转而对袁世凯持批评态度。1914年2月，袁世凯准备召开约法会议，修改"临时约法"为独裁立法。《时报》就提出反对，指出"宪法之制定权将何属？国会是也"，"非可假诸行政部之附庸，仅为行政谋便利，绝弗参国民意志于其中也"。袁世凯用"国民机关"代替国会修订宪法，是篡夺国会的立法权，而袁氏"国民机关"不是由民众选举，是由政府委派，更暴露袁世凯妄图建立个人独裁的阴谋。在剥夺民权、为独裁张目的袁氏"中华民国约法"公布后，《时报》所追求的开明专制的理想，变成了个人独裁的无情事实，对袁世凯的绝望之意更油然而生。它愤怒抨击袁世凯在专制独裁道路上走得比清朝政府还远，指出"以前清之专制，其末道犹有一资政院，聊厌人民之望。艰难辛苦以缔造我民国，方将西与法、东与美，竞雄地球之上，而其国会乃有中断时，夫安得不伤也"[18]。之后《时报》对袁世凯1914年5月大量网罗前清遗老，组织参政院，1915年1月为取得日本支持，他复辟帝制，与日本签订了丧权辱国的"二十一条"，1915年8月指使帝制派人物杨度等组织筹安会等行为，都给予有力抨击，可以看出《时报》反对君主复辟的立场。当袁世凯对反对帝制的报刊施以高压政策时，《时报》对袁世凯的批判态度也有所缓和，有时甚至沉默不语，这又表明了《时报》的软弱性。

《时报》的转变，反映了当时私营报业对革命报刊态度转变的基本倾向：从唱对台戏，变成同盟军。这是一种可喜的转变，在实际生活中也产生了积极影响，当时发生的轰动一时的“假《时报》案”，就是一个例证。

袁世凯很注意上海新闻界对他复辟帝制的反应，上海《时报》是他经常阅读的报纸之一。《时报》的政治态度转变之后，袁世凯的亲信袁乃宽及其党徒梁士诒就用偷天换日的方法，把《时报》上刊载的反对帝制的文章，一律改成拥护帝制，伪造舆论，以媚袁氏。有一天袁世凯在“居仁堂”阅报，赵尔巽来访，发现袁世凯所阅《时报》与自己家中的《时报》不同，大为惊奇，袁氏察觉，问其原因，赵被迫以实情相告。袁氏不信，派人到赵家去取《时报》核对，果然内容相异，大为震怒，立刻叫人传袁乃宽加以训斥，袁乃宽等认罪自责才罢。

三、《申报》对袁世凯态度的变化

《申报》对推翻清政府，建立中华民国，结束了两千多年的封建专制是抱欢迎态度的。1912 年 1 月 1 日，中华民国南京临时政府成立之日，《申报》大字刊出“共和民国大总统履任祝词”及“中华民国万岁！”“孙大总统万岁！”等口号。在祝词中高度赞扬这一伟大历史事件，它说：“今日何日，共和民国纪元之第一日，大总统履任之首日，亦吾四万万同胞托命攸资永享共和之元日也”，“共和之幸福永远为吾中华民国纪念之一日也”。孙中山归国途经上海，赴南京就任大总统时，《申报》、《新闻报》、《时报》等以上海日报公会名义举行欢迎孙中山集会，通过颂词称“倾荡植汉开亚洲第一民主大国”。孙中山代表于右任致词答谢。《申报》连续几天，以主要地位刊载孙中山赴宁履任临时大总统的消息。为支持新生的民主共和，受沪军政府委托发起募捐军饷活动。募捐广告称："革除专制政体，组织共和民国，我同胞赴汤蹈火，不怕牺牲其宝贵生命，无非为公众谋幸福。当此军事倥偬千钧一发枪林弹雨将士任之，而饲糈军火则宜大众任之。"[19]

《申报》对袁世凯破坏民主共和的所作所为持批评态度。1912 年 1 月 9 日，《申报》发表评论《忠告袁世凯》，警告袁世凯应"翻然反正"，"若必待兵临城下，求最后五分钟之解决，其结果不过是清廷多延数日之残喘，军民多伤数万之性命，而无补于危亡万一也"，"与其为满政府亡国奴，何如为新中国新人物，遗臭留芳判于举足之左右，望再思再三，毋贻后悔"。《申报》还最早揭露袁世凯妄图"帝制自为"的野心。1912 年 1 月 14 日，《申报》在《中国光复史》长文之一节《袁世凯之心事如见》中，指出："近日袁世凯之心理最难测摸，惟外间闻有谓袁之入京以效忠满族为名，而实有帝制自为之意。"《申报》在以后的报道和评论中，常常警告袁世凯应尽快促清帝退位，以统一民主共和政体，勿玩弄手段。

当孙中山决定辞去中华民国临时大总统，让位袁世凯时，《申报》对袁氏的态度也随之改变，由批判变为支持。在迁都之争发生后，《申报》与上海新闻界都主张定都北京，在实行总统责任制还是责任内阁制的争论中，《申报》支持前者，反对后者。随着政党纷起，争权夺利，在中国的政治长期混乱未上轨道的情况下，《申报》难以分辨是非，只求营业发展，在言论方面长期处于朝秦暮楚、无所适从的境地。报纸对中国问题渐渐采取不评论或少评论的方针，即使遇到重大问题时，也采取模棱两可的态度。如 1913 年“二次革命”发生后，8 月 18 日《申报》在时评《消除祸乱之真义》中提出，为什么中国纷争不停？是因为“政府仍以严厉之手段防党人，而党人仍以破坏手段对政府”，“则中国从此多事也”。这显然是对袁世凯政府和革命党各打五十大板。它呼吁“此后政府专心从事根本之建设，开诚布公以待南方之人民”，而“党人应本其正大光明之宗旨”，“养成有价值之政党，而不可预存有意乘机挑剔之事，与政府为难，以逞其报复之私心”。

由于事实的教育，《申报》进一步从现实中清醒过来，对袁世凯的独裁专制、复辟帝制的面目认识日益清楚，也投入批判袁氏阴谋活动的斗争中来。由于《申报》是私营商业性报纸，在反袁斗争的激烈程度和斗争方式上，与国民党报纸都有所不同，其基本特点是用旁敲侧击的方式进行斗争。表现在：

（一）时评的言论较含蓄。报纸社论是代表编辑部立场观点的权威性言论，是报纸的旗帜，就当前重要事件和迫切问题发表意见，表明态度，负有影响并引导舆论的作用。这时期的《申报》没有设社论栏，只在每日报纸的第一张要闻版的首位，设有“时评”栏目，实际上它担负着社论的使命。中华民国建立之初，《申报》的时评一般文字较长，说理充分。“宋案”发生后，袁世凯政府对新闻文化界的高压政策日益严重，《申报》时评的文字也渐渐缩短，多者几百字，少者一两百字，其笔法含而不露。在批判袁世凯复辟帝制的斗争中更是如此。如 1914 年 5 月 30 日，《申报》时评《根本错误》中指出：“所以革命者，为欲改革前清末季政治之不良也，不幸革命以后措施未能得当”，不仅未能“去旧谋新”，反而“恢复其固有之原状为最终之目的，是政府之大误也”。在批判筹安会的反动行径时，《申报》时评仅以“今之反对筹安会者多以国危民乱之词为恳切之衷告”。1915 年 7 月，在袁世凯复辟帝制闹剧紧锣密鼓地进行时，《申报》连续发表了《暗潮》、《宪法起草》、《国体》等时评给予批判。在《国体》一文中说：“国体国家之利害，而非个人之利害也”，当今“国家多故之时，国体亦不宜屡变”，若“国体屡变，则一切国内之事无不尽变，国民日在摇摇不定之中”，必将造成“束手无策，而国乱益不可向也”。这虽也表明了《申报》对袁世凯变更国体复辟帝制的批评，但总有泛泛而论之感。

（二）用转载抨击帝制文章方式，以表明自己的立场观点。《申报》在反对袁世凯复辟帝制的斗争中，其时评不足以满足广大读者的要求，过于激烈又怕遭到不幸，就用转载其他报刊批判文章的办法，以表明自己的立场和态度。先后转载了英文《字林西报》、《大陆报》及《上海泰晤士报》等的批判文章，如《美国律师对恢复帝制之忠告》、《西报纪上海华人对帝制之态度》、《西报论中国之革命》、《西报对于中国帝制之抨击》、《西报述浙人对帝制之心理》、《英文京报论帝制派之失望》等，扩大反对复辟帝制斗争的影响。最为典型的是转载梁启超批判帝制的文章《异哉所谓国体问题者》一文。此文是当时批判帝制最有力影响最大的长篇文章，袁世凯曾派人带巨款收买梁启超，望不要公开发表，遭到拒绝，文章于 1915 年 8 月 20 日发表在《大中华》杂志第 1 卷第 8 期上。为了扩大影响，9 月 9 日《申报》以大字标题、大块篇幅刊登介绍这期《大中华》杂志的广告。内称“梁任公主撰之《大中华》第八期已出版”，“国体问题发生，全国人应研究，本报梁任公主凡三篇，洋洋万言，切中今日情势，为关心时局者不可不读”。附载了三篇论文题目，即《异哉所谓国体问题者》、《国体问题与外交》、《宪法起草问题答客难》。9月10、11日两天全文转载了《异哉所谓国体问题者》一文。在文前加编者按称“全篇洋洋万言，筹安会中人闻之曾特至天津阻其发表”，说明了此文的重要，更能引起读者的注意。之后又连续发表了梁启超的《国体问题与民国警告》、《梁任公与英报记者之谈话》、《上袁大总统书》等文章，都是批判袁世凯复辟帝制阴谋的。

（三）用客观报道方法，反映全国反对复辟帝制形势，扩大反袁斗争影响。对袁世凯复辟帝制的活动，《申报》同样运用新闻报道手段进行斗争，表面上看是客观报道，各方面的情况都作反映，然而实际上有所侧重，倾向性是很明显的。如报道筹安会的活动就很典型。1915年8月23日，在《筹安会发起后之京城各面观》的长篇消息中，报道了赞成与反对者两方面的情况。说“发起者都系官吏”，“赞成派以官僚中人为多，如某次长、某总长及参政院某参政数人”，情况介绍甚为简单。反对派多是“热心国事及失志之人”，以及赵尔巽、汤化龙、贺振雄、蔡谔等“各政党之重要人物”，群众中反对者更多，“连日来上书者不下数千百起”。还全文摘录了一封反对帝制信的全文，该信指出“筹安会殊属骇人听闻”，是“独不为天下人民生计”的行为，警告筹安会发起者“猛省及早解散此会也”。8月27日报道“京中报界态度”的消息中，其倾向性更为明显。报道赞成派“为《亚细亚报》与《国华报》，均筹安会未发起以前，即从事讨论古德诺之政治谈话而极表示赞成态度”，仅此一句。报道反对派则列举了《国民公报》、《新中国报》、《醒华报》、《天民报》等具体批判筹安会反动行为的情形。特别指出“筹安会诸公公然与约法为敌”,“国体屡更非民之福”,“变更现时国体”,是“国法上视之则乱贼也”等。这则消息告诉人们,在北京新闻界不支持和反对帝制的是多数,袁世凯的倒行逆施是十分孤立的,其失败是必然的。

四、前赴后继的反袁报刊

“二次革命”失败后,全国一切反袁报刊几乎都遭厄运,国民党报刊更是首当其冲。对设在上海租界内的反袁报刊,袁世凯政府无法直接扼杀,则采取租界以外禁止出售等手段,迫使停刊。“癸丑报灾”之后,一度很有生气的报刊反袁斗争则沉寂下来。

但是,袁世凯的复辟帝制行为是不得人心的,一切进步的革命的报人没有消沉,他们冲破种种封锁,克服各种困难,继续出版各类报刊,开展反袁斗争。上海就是出版这类报刊较集中的地区之一。主要报刊有:

《正谊杂志》,1914 年 1 月创刊,由谷种秀创办并主编。月刊,大型综合性刊物,十六开本,每期有约 200 页。内容有论说、译述、记载、文艺、杂纂等,并附有插图。编辑和撰稿人有张东荪、杨永泰、陈沂、丁世峰、沈钧儒等。《正谊杂志》主张共和;反对袁世凯篡夺辛亥革命果实,搞个人独裁。发刊词指出:“民国自成立以来,掷数十万之头颅”,“迄今不过‘共和’两字之虚名与五色旗飘扬于空中而已”,“环顾吾人民不死于水火,即死于刀兵。幸而生存,颠沛流离道相望;满目疮痍未复乞，未知生命财产托于何所”。《正谊杂志》在批判袁世凯种种罪行的同时，力倡实行内阁责任制，“三权分立”，以法治国，目的是防止袁世凯个人专权，复辟帝制。出至1915年6月停刊，共出九期。

《民权素》，创刊于1914年4月，文艺性期刊，是由《民权报》副刊编辑刘铁冷、蒋箸超等创办并编辑。《民权素》是在《民权报》遭到袁世凯迫害而停刊后创办的。由于《民权素》同《民权报》有着密切的血缘关系，它的政治倾向仍然是反对袁世凯反动政权的。《民权素》初为不定期刊，从1915年5月15日出版的第三期起改为月刊，每月15日出版。之前主要选登《民权报》刊载的作品，之后开始征稿。参加编辑和撰稿的还有徐枕亚、沈东讷、胡常德等。《民权素》以文艺作品为武器，揭露和批判袁世凯的复辟阴谋，讽刺袁世凯“阴行专制，阳赞共和，拥兵自卫，帝制自专，此谓之贼心”，“黄袍一袭，皇宫三海，文武两班，子孙万代。蕲予区区，野心百倍，是谓过皇帝瘾”。其批判言简意赅入木三分。《民权素》出至1916年4月停刊，历时两年，共出17期。

《中华新报》，1915年10月10日创刊，社址设在法租界之洋泾桥东，是国民党人为反对袁世凯复辟斗争而创办的。由谷钟秀、杨永泰创办。吴稚辉、张季鸾先后任总编辑。欧阳振声、纽永建先后任经理。参加这份报纸工作的还有徐傅霖、李述鹰、吕复、陈白虚、曾松超、谈善吾、汪馥炎、包世杰、沈钧儒、曹谷冰等。这些人大多数是北京政学会的成员，故有人称《中华新报》为该会的机关报。《中华新报》在反对袁世凯复辟问题上态度是坚决的。发刊词就直斥袁世凯“于对外丧权辱国之后，乃为一姓之子孙帝王万世之谋，以二、三官僚之化身，悍然冒称国民之公意”。对各地兴起的反袁拥国斗争，《中华新报》积极报道，并辟专栏集中报道。1916 年 9 月，出版《中华新报》北京版。袁世凯死后，黎元洪继任总统，段祺瑞组阁，谷钟秀等入阁，《中华新报》不再攻击北洋军阀。

上海《民国日报》，1916 年 1 月 22 日创刊，是中华革命党在上海出版的报纸。社址设在法租界天主堂街。初刊时日出两大张，后改为日出三大张。由中华革命党的总务部长陈其美负责创办。总编辑叶楚伧，经理邵力子。要闻版编辑朱宗良、潘更生；本埠新闻编辑管际安；地方新闻编辑于秋墨；副刊《民国闲话》编辑管际安。参加编辑部工作的先后还有朱执信、戴季陶、沈玄庐等。成舍我曾任该报校对和助理编辑。《民国日报》是中华革命党在上海的唯一言论机关，以讨伐袁世凯窃国变制，维护共和为主要任务。在发刊词中就严正指出:“帝制独夫暴露之春，海内义师起义之日，吾《民国日报》谨为全国同胞发最初之辞曰：专制无不乱之国，篡逆无不诛之罪，苟安非自卫之计，姑息非行义之道。”声明誓死讨伐袁世凯窃国贼。《民国日报》除大量报道全国各地讨袁拥国的消息外，还发表一系列揭露和抨击袁世凯罪行的评论和文章，文风尖锐辛辣，为当时国内报纸不多见。副刊也刊有讽刺袁世凯的文字。如小品《捣乱三志》内曰“儿子劝进，老子称帝”，以“曹丕劝曹操称帝”来讽刺袁世凯父子。袁世凯垮台后，《民国日报》便成为国民党机关报，继续出版。

“二次革命”失败后，在上海出版的反袁报刊还有《生活日报》，由叶楚伧、邵仲辉、朱宗良等联合华侨谢良牧创办。《民信日报》由一部分四川国民党人曾通一、康心如等创办，张季鸾任总编辑，曾通一任经理。《民国》月刊，是国民党人在日本东京出版的《国民杂志》的姊妹刊物，曾为“二次革命”积极鼓吹过，“二次革命”失败后又出版了一段时间。同情与支持反袁斗争的还有《民意报》、《女子世界》等。

这些报刊的处境是险恶的，袁世凯政府勾结租界当局进行迫害，致使销售不畅，经济十分困难，难以为继，大多数被迫停刊。也有的经过顽强拼搏，克服了重重困难坚持下来。如《民国日报》在上海报纸中是有名的穷报，常因经济拮据，报纸即将开机印报，但买纸张的钱尚无着落，邵力子与叶楚伧只好把自己的衣物送进当铺，押一点钱才买到纸张。叶楚伧曾回忆说：“馆员欠薪不必说了，即连印报的纸头也有时没钱购买，甚至俟到半夜当了东西买纸头才得出版。”[20]《民国日报》无钱购买通讯社电讯稿，只得通过其他办法，如从通讯社或报社业同行中得到一些消息，自己编辑改写而成，加上“本社专电”刊出。有时靠朋友义务提供稿件或信息。

第三节　民初舆论界的厄运

一、袁世凯新闻统制在上海

辛亥革命爆发，使中国人民的政治生活空前活跃，反映民众炽热政治热情的报刊急剧增加，其中革命派报刊最为活跃，勇于揭露袁世凯的阴谋和袁政府的黑暗统治。因此袁氏政府对这些报刊特别仇视，采取种种办法加以摧残，其手段是极其凶悍残忍的。

首先，是贿赂收买一些报刊，为己所用。在清末有一些进步爱国人士在上海租界内创办报刊，开展革命宣传，清政府难以直接插手迫害，就采用贿赂津贴办法加以收买。袁世凯继承清政府反动衣钵，密派心腹带巨款到上海贿赂收买各报，以达为自己服务的目的。其中以收买章太炎主办的《大共和日报》最为典型。

辛亥革命后，章太炎与同盟会分裂，想在上海创办自己的舆论阵地，出版报刊，但是缺乏经费。中华民国联合会里有一成员叫程祖福，杭州人，曾系前清官吏，手头有钱。他慕章太炎的名气，知章欲办报纸缺少资金，便慷慨地借给章太炎二万元，目的是想靠章今后在政界谋一职位，飞黄腾达，平步青云，后发现章太炎不是理想人物，便向章索回借款，否则便诉讼公堂。章太炎十分焦急。此消息被袁世凯亲信探知，电告袁政府。袁世凯便急派人携款来沪，当将二万元钱给章时，他有些踌躇，最后还是收下。来人要一收据，章不愿出正式证据，仅在名片上写“收到二万元”五个字，从此《大共和日报》便被袁氏收买，成为袁政府的御用报纸。被收买的报纸还有《时事新报》等。帝制复辟后，又派人带 15 万元来上海，视机贿赂收买。《神州日报》曾是主攻对象，由于来人不得要领，未能如愿。1913 年 7 月，湖南都督谭延闿也以巨款贿赂各地新闻机构，接受津贴的多者数千元，少者几百元。上海也有一些报纸、期刊和通讯社接受津贴。

其次，是强行禁载，暴力摧残。手段之一是通令禁载不利于袁氏的消息。1913 年 3 月，袁政府陆军部下令各地报章：

“定二年三月二十一日起,由部派员实行检阅签字办法”,凡登载军事外交事件,不服检阅者,“立即派员究办”,严重者“科以军法”[21]。5月,内务部通令各地报刊不得使用“万恶政府”、“政府杀人”、“民贼独夫”等字样。违者从严取缔。6月,内务部又通令各地报刊对“宋案”和“大借款”问题,不得“任意诋毁”、“痛加诬蔑”。袁政府同日本秘密签订的“二十一条”卖国条约,更是严禁刊载,对违者的处罚更加严厉。

禁载措施达不到目的,便实施禁售。1913年8月4日,上海淞沪警察厅奉袁世凯政府令,发布《禁售乱党机关报纸》,通告称:“案奉江苏省都督民政长兼会办江苏军务行署通令内开;照得新闻纸为舆论机关,自非宗旨纯正,言论平允,不足以代表人民心理,导引政治进步。乃有民权、民主、民强各报,专为乱党鼓吹异说,破坏民国,捏造事实,颠倒是非,信口开河,肆无忌惮,亟应从速禁售,以免淆乱人心……凡民权、民立、民强暨乱党各种机关报纸,立即禁止售卖,并布告人民,一体知悉,切速勿违,此令,等因奉此。合亟布告周知,仰各卖报人遵照,嗣后凡民权、民立、民强暨乱党各种机关报纸,均即禁止售卖。凡我人民,亦应一体勿再购阅上开各项报纸,以免淆乱人心,是为至要,切切勿违,特此布告。”[22]1913年12月中旬,袁世凯政府发现美国旧金山华侨报纸《中华民国报》在上海发售,下令查禁,诬蔑该报“语多悖谬,有害治安”。1914年2月,袁政府发现泰国华侨报纸《觉民日报》、南洋槟屿的《光华日报》等华侨革命报刊在上海发售,也严令禁售。特别8月发现上海有售国民党在日本东京出版的《民国》杂志,更视为洪水猛兽,实施更残酷的禁售手段。

“二次革命”失败后，国民党在上海出版的报刊大都被迫停刊。但国民党的舆论斗争并未停止，只是方法和手段有所改变而已。1914 年 12 月袁世凯又发出禁令，诬蔑国民党人：“编成白话小说”，“捏造谣言”，“颠倒是非，混淆黑白，期欲蛊惑愚民，并灌入青年脑中，使其甘心助乱，以遂该逆党破坏国家，扰害地方计”。令上海淞沪警察厅及全国各地“严察查禁”，“不准转售散阅”，凡“查获有原撰、印刷、发售等人，按煽惑内乱科罪”[23]。在上海被查禁的小说有《民国春秋》、《民国还魂记》、《新爱国歌》等。

袁世凯政府还加强对邮电的检扣。1913 年袁世凯政府下令不准报馆用密码拍发新闻，尤其从北京发往上海的新闻电报特别注意。交通部派范春光去上海坐镇电报局检查电报，并命令该局“须经该员许可，方准译发”。1916 年初，为反对袁世凯复辟帝制，各地纷纷起义，宣布独立。交通不畅，电报是上海各报社获得各地消息的主要手段，但许多重要消息被邮电局扣住不发，被迫改用隐水书写。后被袁政府发现后，又“电饬上海军警各界，遵办严查”。

第三，强化舆论阵地。“二次革命”前，上海支持袁世凯的舆论有一定势力，除《大共和日报》、《时事新报》被收买外，《时报》、《申报》、《新闻报》、《神州日报》等大型日报，也曾倾向袁世凯。随着袁世凯复辟帝制的阴谋日益暴露后，上海的舆论对袁世凯越来越不利，不仅《时报》、《申报》几家未被收买的报纸转而抨击袁世凯的倒行逆施，而且《大共和日报》、《时事新报》也逐渐改变对袁世凯的态度。袁世凯复辟帝制的丑剧越临近出台，越感到加强上海舆论阵地的重要。一方面派人带巨款到上海运动各报纸，另一方面指使北京御用报纸《亚细亚日报》派人去上海创办《亚细亚日报》上海版。

上海《亚细亚日报》由薛大可负责创办，出版前在各报刊出启事，称："本报自民国元年发行于北京，为近年来政治上最有关系之报纸，历来中西各报之北京通信莫不取材于本报，京外各大报之专电及新闻，其根据本报者尤多，本报在今日报界之地位，当为社会所共鉴。今为扩充业务起见，特在上海开设亚细亚日报分社，与北京本报同时发行，定名曰《上海亚细亚日报》，所聘主笔皆一时名宿，总撰述为向在《时报》、《申报》担任"北京通信"之黄远生及北京有名记者刘少少二先生。"北京通信"记者为黄哲公、方叔子、孙几伊、薛子奇诸君，均为北京言论界著名人物。此外欧美日本及内地各都会均有特约通信员。所有一切组织皆以外邦大报为模范。将来出版之日，虽不敢侈谈完全之报纸，惟于中央消息之灵确，报端文字之精美，宣传主张之稳健，将会为读者所共鉴。"[24]并附刊该报出版的具体事宜。

（一）"出版程序：（1）本报定阳历九月十日出版；（2）本报日出四大张，定价大洋三分；（3）本报开设上海望平街11号洋房。"

（二）"送阅章程：（1）本报出版之始，送登广告一月；（2）对于全国衙署学堂商会送阅本报一月，不取分文；（3）凡订阅本报者，送阅一月，不取分文；（4）普通送阅三日；（5）代售本报者，格外优待；（6）外埠代派所，请预先来函申明代派数目。"

（三）"招聘访员条款：（1）南京、苏州、杭州、广州、武昌、成都六处，各招聘特约访员数人，须在政界现有位置，消息灵通，文笔畅达者，方能合格。通信方法须每日用快信报告重要消息（武昌、成都、广州用专电），并须时作详细通信，如各报所登特约通信之类，每周须三封以上。特约访员薪俸从优；（2）上海本埠有社交宽广，通晓外人及商界情事，兼有特别观察之眼光者，本报特约其探访本埠重要新闻者，薪俸从优；（3）本埠外埠普通访员无定额，或计件受薪，或计月受薪，均听访友自便；（4）愿充当上列各项访员者，请见此广告后即寄新闻通信，一连七日，并书明住址，以便本社特约；（5）文苑栏中之笔记、谐文、戏评、小品等，广收投稿，按件报酬，请从早见投，以便特约。”㉕

上海《亚细亚日报》于 9 月 10 日正式出版，社长薛大可，经理刘竺佛，发刊词声称“明白宣布以赞助帝制运动为宗旨”，成为袁世凯政府在上海的重要舆论阵地。

第四，运用法律摧残报刊。依法办事是民主共和与封建专制的重要区别之一。袁世凯为掩饰假共和、真专制的阴谋，也披上法制的外衣。仅在新闻出版方面，短短两年内就制定了一系列法律，使其对进步报刊的迫害成为“合法”的行为。

1914 年 4 月 2 日，袁政府公布了《报纸条例》，从政治和经济两个方面来限制和扼杀进步新闻事业。在政治方面，它规定“左列各款，报纸不得登载：一、淆乱政体者；二、妨害治安者；三、败坏风俗者；四、外交、军事之秘密，及其他政务经该管官署禁止刊载者；五、预审未经公判之案件及诉讼之禁止旁听者”等共八条之多。对于所谓违犯者，规定了种种残酷处罚。对上述各禁载规定，有的可由他们任意解释，有的又有非常苛细的内部规定。如 1914 年 6 月 24 日，陆军部解释关于“军事秘密之范围”一款时，竟规定了“战时军队编制驻扎地及出发时间”、“关于战斗进行之状况”、“关于军事之外交事件尚在交涉中者”、“军官军佐关于军事上任免或调遣未经公布者”等共十三条之多。其中还给军方任意执事的权力，如“第十三，其他军事该管官署禁止登载者”。这样就可以把袁政府的所有反动行为都包庇起来。在经济方面，该“条例”规定出版报刊的发行人要根据出版物的刊期，“分别缴纳保押费”，“在京师及其他都会商埠地方发行者，加倍缴纳保押费”。当时私人出版刊物，特别革命党人办报刊资金均极为困难，而且大都在应“加倍缴纳保押费”的地方出版，这无疑使大批进步报刊被扼杀于摇篮之中。

袁世凯政府并不以《报纸条例》为满足，同年 12 月 5 日又制定了《出版法》，对出版物的申请登记、禁载范围，规定得更加苛细，对违犯的处罚更加残酷。如第十五条规定：凡属“混淆政体”、“妨害治安”的出版物，“除没收印本或印版外，处著作人、发行人、印刷人以五年有期徒刑”。而且规定只要“该管警察官署认为必要时”就可随意处罚，这就给管理官署以个人好恶处罚出版物的无限权力。很明显，《出版法》颁布就是企图将全国新闻出版事业完全置于袁世凯反动政府的控制之下，如果对这个政府不俯首帖耳，必将大难临头。1915 年 2 月袁政府又制定了《新闻电章程》，7 月《修正报纸条例》出台。其他法律也有限制和处罚新闻出版物的条款。如 1912 年制定的《戒严法》，1914 年的《治安警察法》等。

由于袁世凯政府采取了以上摧残新闻事业的手段，使全国新闻出版界处在严重白色恐怖之中。据统计在1912年4月至1916年6月袁世凯反动统治时期，全国报纸至少有71家被封，49家被传讯，9家被反动军警捣毁；新闻记者24人被杀，60余人被捕入狱。被查封的期刊及其他出版物更多，全国报刊从500余家下降到130家；被扼杀于摇篮之中的报刊更无法统计。上海又是这场劫难的重灾区之一，一切进步和革命报刊几乎无一幸免。

二、租界当局对报刊的压迫

帝国主义者一向标榜在租界内有充分的新闻言论自由，各种报刊"能在公共租界内自由印刷、发行并派送，不受干涉"。但事实上并不完全如此。

帝国主义统治下的租界与清朝政府相比较，新闻言论出版活动有较宽松的环境，在一定范围和限度下可以较自由地活动，但绝不是他们自己标榜的那样"不受干涉"。一旦中国人民的革命宣传活动，影响到他们的统治，威胁到他们在中国的根本利益，他们同样以残酷的手段加以限制和摧残。

"苏报案"发生后，公共租界当局感到革命报刊宣传给他带来影响，为了限制进步报刊的出版，工部局曾致函北京公使团领袖公使威尔彭，提议将"工部局有权检查管理租界内华文报纸列入《地皮章程》附则第三十四款"。即规定：凡在公共租界内出版华文出版物，如报纸、期刊及书籍等，必须事先申请领取执照，批准后方可刊印发行。违者给予处罚。这就是被称为"印刷附律"的最初提议。北京公使团认为工部局要求有越权行为,未予批准。辛亥革命期间,上海的革命报刊特别活跃,更引起租界当局的恐惧,以维护社会治安为借口,工部局把早已流产的“印刷附律”议案再次提出,改变手法,先交纳税人会议讨论通过,再送北京公使团批准,目的是以纳税人会议的“公众意见”,向公使团施加压力。1913 年将“印刷附律”议案提交纳税人会议讨论时,发生了争执,反对者认为这一规定要求外国人出版的同类出版物也应遵守,“受此律约束”,甚为不便。结果议案未获通过。但工部局并不甘心,于 1915 年、1916 年再次将此律提交纳税人会议讨论,仍未得到法定人数的支持而被搁置,不得不采取其他迫害手段。

1912 年 5 月,《民权报》创刊不久,因在时评中批评袁世凯阴谋篡权行为和章太炎的妥协错误,公共租界巡捕房以“任意毁谤”的罪名,出票拘捕该报主笔戴天仇(季陶)到公共租界会审公廨受讯。被告律师德雷司予以驳斥,指出:“共和时代”,“报纸为舆论机关,有言论自由权”,“东西尽同”,要求撤销此案,释放其当事人,遭到会审公廨的无理拒绝。对公共租界的无理行径,上海日报公会召开会议,一致同意致函工部局提出抗议,指出:“报馆文字失检事”,“正当办法不过更正而止。乃捕房以刑事犯之手段加诸报馆记者之身,于尊重言论,保障自由,均属失当”,“此端一开,恐嗣后捕房吹毛求疵,随时以一纸污辱而摧残报界,使人人自危,其关系天仇个人之事小,而蹂躏摧残舆论,蔑视我民国其事大”,“敝会万难缄默”。“查言论自由,凡文明之国无不一律尊重,即报章之中有措词稍涉激烈者,亦宁置之而不为过”。质问工部局“此次无故逮捕是何理由,根据何种法律?”要求工部局“嗣后不得妄用拘票,横加干涉，以重言论而资保护”。同时也写信给会审公廨和英驻沪领事，提出“此案是何实情，希即复查，以便转播，而释群疑”[26]。

租界当局根本无视中国人民的正义要求，一意孤行，会审公廨强行判决。判词称：“共和国言论虽属自由，惟值此过渡时代，国基未固，建设方兴，尤贵保卫公安，维持大局。苟政府措置失当，亦宜善言规导，使之服从舆论。该报措词过激，捕房以鼓吹杀人具控到案，迭经讯明。应依照中华民国新刑律第二百十七条，妨害秩序罪减五等处断，罚洋三十元，此判。”[27]租界当局打着关心中国建设，援引中国法律，迫害中国报纸，其手段十分卑劣。

革命报纸受到租界当局迫害的还有《中华民报》。1913年8月，公共租界巡捕房借口《中华民报》宣传扰乱社会治安，出票拘捕该报社长邓家彦，在会审公廨审讯时，被告律师据理驳斥，但会审公廨顽固坚持反动立场，判邓家彦有期徒刑半年，罚款500元。《中华民报》被迫于1913年9月17日停刊。

1913年4月30日，公共租界工部局发布通告，严禁租界内报刊进行反袁宣传，通告称：“近来报纸每有非分之记载，攸关国家政事，煽惑攻击公家，过分诽谤责备”，“似为扰乱治安，定给予取缔。”[28]

公共租界还袒护袁世凯在上海出版的反动报纸，试图抵制革命报刊的宣传。上海《亚细亚日报》两次遭到炸弹的事件发生后，严重危害四周居民的生命安全及商家的营业活动，损失甚巨。他们联合起来要求工部局“巡捕房设法保护”，并要求“《亚细亚日报》馆房方劝令该报搬迁”。房主多次同《亚细亚日报》馆交涉无效后，便向会审公廨起诉。在群众的压力下,判《亚细亚日报》馆"限三星期内搬迁"。但该报馆以寻觅适用房屋困难为由,拒不搬迁,照常出版。群众多次要求会审公廨促令该报馆执行判决。被告借故要求"两三个月内找到新房屋"再行搬迁,原告不仅据理驳斥,并进一步要求被告赔偿造成的经济损失,实施更大压力。但会审会廨却答应了被告的无理要求,对于群众赔偿经济损失的要求,则判为"候被告迁移后,再行核夺",明显袒护被告一方。

三、迫害与反迫害的斗争

反抗中外反动势力的压迫,争取新闻言论自由的合法权利,是上海新闻界长期为之努力奋斗的。《临时约法》的颁布,反对《暂行报律》的胜利,更鼓舞了上海新闻界争取新闻自由的信心。袁世凯篡夺辛亥革命胜利果实,实施新闻统制政策,自然遭到新闻界的一致反对。上海日报公会就《民权报》事件致工部局的公开信,就反映了上海新闻界的这一要求。1912年6月,在中国报界俱进会上海特别大会上,就专门讨论了"报律"问题。有的代表提出,"报律推其缘起,因专制时代政府各事秘密","畏人宣泄,假报律两字,以为其提防之方法",现在共和时代,"共和国事务应主放人民,本应无秘密可言","报纸可以自由传播","若谓损害个人名誉,则民法上当有名誉赔偿之规定,似无需再定专律"[29]。会议期间,发生了广东都督仍沿用《大清报律》取缔报纸事件,与会代表一致决议,以全国报界俱进会名义致电袁世凯,要求严厉纠正广东都督的错误,电称:"广东都督妄用前清报律取缔报馆,全国报界同感骇惊，请严电申斥，并通令全国各省都督嗣后不得有此等违法举动，以符民国约法言论自由之旨。”

1914年袁世凯政府炮制的《报纸条例》一出笼，便遭到上海新闻界的反对。许多报纸著论严厉批驳。4月7日《时报》在短评中指出：“报纸者，政府所厌弃之物也，彼之所不欲言者，而报纸则刺刺不休也；彼之所不欲闻者，而报纸又强聒不舍也；彼之所欲掩藏，而报纸发其覆也；彼之所欲进步，而报纸碍其步也。”尖锐指出了袁世凯为压制报纸宣传而制定报律的实质。《申报》在时评中指出：“报纸天职有闻必录，取缔过严非尊重舆论之道，故应取宽大主义”，反对制定报律。还陆续报道北京新闻界反对《报纸条例》的消息，强调“自新报律颁布以后，中外报纸评论纷纷，多表反对”。5月27日，《申报》在时评《自由平等与法律》中再次指出：“权势之辈以蹂躏自由，严分等级为法律，是法律与自由平等不相容也”，抨击袁政府妄图借用法律压迫人民基本民主权利的错误行为，从根本上否定制定《报纸条例》之必要。《字林西报》也发表评论批评《报纸条例》，指出：“法令在今日实无规定之章程，唯以地方官之权力伸缩为定”，“随其意向行事”。《报纸条例》只是“纸上之文字，毫无价值”。

1915年8月，袁世凯派人携带巨款到上海收买报纸的阴谋，也被上海新闻界及时给予揭露，暴露于光天化日之下。9月3日《申报》以答读者问方式刊出启事，公开向读者揭露此事。启事说：“来电传言有人携款十五万来沪运动报界，主张变更国体者。事之确否，固不敢信，惟有人投书本报询问，此事并及本报宗旨者，故略表数语如下：按本馆同人，自民国二年十月二十日接手后，以至今日，所有股东，除经营盈余外，所有馆中办事人员及主笔等，除薪水分红外，从未受过他种机关或个人分文津贴及分文运动。此次即有人来，亦必终守此志。再本报宗旨，以维持多数人当时切实之幸福为主，不事理论，不尚新奇，故每遇一事发生，必察真正人民之利害，秉良心以立论，始终如一，虽少急激之谈，并无反复之调。此次筹安会之变更国体论，值此外患无已之时，国乱稍定之日，共和政体之下，无端自扰，有共和一日，是难赞同一日，特此布闻。《申报》经理部、主笔房同启。"这种斗争方式十分巧妙，表面上是回答读者的问题，声明自己的清白，实际上是对袁世凯政府收买报纸阴谋的深刻揭露。在广大读者的众目睽睽之下，本想接收贿赂的报纸也不敢贸然行事了。

上海《亚细亚日报》创刊前，为提高自己的知名度，扩大影响，在各报刊出启事，声明本报"总撰述为在《时报》、《申报》担任"北京通信"之黄远生先生"。可是上海《亚细亚日报》正在紧锣密鼓筹备出版之际，黄远生由北京抵达上海后，于9月3日在上海各大报刊出启事称："鄙人现已离京，所有曾担任之《申报》驻京通信员及承某君预约上海某报之撰述，一概脱离。至鄙人对于时局宗旨，与《申报》近日同人启事相同，谨此。"[30]《申报》把黄远生的启事放在第一张第一版报头左侧，以大字刊出，连登九天。这给即将出版的上海《亚细亚日报》以沉重打击。上海《亚细亚日报》一出版就收到许多群众的抗议信，有署名"帝制之敌"等，并声言将以激烈手段对付之。该报也不得不承认"恫吓之书信来者益多"，请租界巡捕房派巡捕保护。但仍不能免屡遭横祸。在出版的第二天就有人从正门掷入巨型炸弹，炸死三人，伤十余人，馆内设备也遭严重破坏。《亚细亚日报》并没有吸取教训，停止出版，反而挟政府之力，要求租界当局从严追究。不料11月17日，又有人从二楼窗户投入炸弹，经理刘竺佛受伤，房屋及家具破坏严重，加之四周邻居的反对，该报被迫停刊。

上海报界反对袁世凯政府命令各报必须使用"洪宪纪元"的斗争，也是十分巧妙和成功的。袁世凯复辟帝制的闹剧正式开场后，袁世凯政府通令全国各地报纸一律采用"洪宪纪元"。袁政府的倒行逆施，遭到上海进步报纸的反对，也以刊登启事方式予以揭露。1916年1月12日，《申报》在启事中称："昨由日报公会抄录沪海道尹公署来函。径启者，奉内务部佳电开，本年改洪宪元年，业经恭奉明令，乃查上海各报仍有沿用民国五年者，应即知照各报馆，如再沿用，不奉中央政令，即按报纸条例严行取缔，停止邮递，希查照办理等因，相应函致。贵公会查照，希即传知各报迅即遵改，本馆因此不再沿用，特布。"上海各报虽不再沿用民国纪元，也并未改用"洪宪纪元"，只用西历及旧历纪元。

袁世凯政府对上海新闻界的对抗态度十分不满，再次令江苏巡按使命令淞沪警察厅长"饬知各报遵行"，违者严惩。上海各报迫于压力，不得不改用"洪宪纪元"。但编排技巧上表达自己对袁政府的蔑视的态度。1月26日《申报》的编排是：上行用正常字体排印："西历一千九百十六年一月二十六日，星期三"，接用"旧历乙卯十二月二十二日"，在此之下用极小字标明"洪宪纪元"。粗心大意的读者简直难以发现。同日刊出启事，内称："本报前日接日报公会转录上海警察厅函云：

径启者，上海各报应改用洪宪纪元一案，前奉宣武上将军接准内务部佳电，如再沿用民国五年，不奉中央令，即照报纸条例严行取缔，停止邮递等因，饬行到厅，当经函请遵改在案。兹接上海邮务管理局来函，以此案奉交通部令饬照办。函请查照，前来查各报不用洪宪纪元，即奉部饬，停止邮递，敝厅管辖地内，事属一律，应即禁止发卖，并将报纸没收。弟以报纸为言论机关，且上海各报馆亦与敝厅感情素笃，为再具函奉告，务希贵会转知各报馆即日遵改，如三日内犹不遵改，则敝厅职责所在，万难漠视，惟有禁止发卖，并将报纸没收也云云，本馆故即改，特此布告。"其他各报大都采用此种手段。这既表明报馆采用"洪宪纪元"出于无奈，请求读者谅解，同时也是揭露袁政府反动压迫新闻界罪行的一种手段，同样起到教育众多读者认清袁政府反动面目的作用。当得知袁世凯的皇帝梦破灭消息后，各报立即去掉"洪宪纪元"，改用"民国五年"，比中央政府正式通知早两天。

第四节　新闻事业的开拓

一、冲破路透社的垄断

中国最早创办的通讯社，是路透社远东分社，1872 年设立于上海。路透社伦敦总部派记者科林兹到中国采访，于 1871 年抵达上海，次年他在上海组织了该社远东分社。主要任务除搜集有关中国及亚洲重要消息发往总社外，还向英文《字林西报》供稿。《字林西报》刊登时，特别标明"路透社特别供给字林西报”字样，大大提高了该报新闻报道的权威性。这对其他英文报刊是一个威胁。他们便千方百计加强同路透社的联系，以取得采用该社新闻稿件的权利。到1900年上海有四家英文报纸采用路透社新闻稿件，即两家早报：《字林西报》、《益新西报》；两家晚报：《捷报》、《文汇报》，打破了《字林西报》独家垄断的特权。

报纸采用路透社新闻稿件，不仅扩大了新闻信息来源，丰富了报纸内容，而且时效性强，比中文报纸所得消息早一两天，深为读者所欢迎，在报纸竞争中处于有利地位。通讯社新闻稿件的重要作用，也渐渐为上海的中文报纸所注意，纷纷同路透社远东分社洽谈供稿关系。1912年5月，《太平洋报》向该社提出，将所得北京电讯除发给伦敦总部外，并供给该报采用。双方商定从6月1日起实行。是日《太平洋报》刊出一则显明启事云：“元月一日起，本报与路透社电报局特约刊用北京最快确专电。”6月3日，《申报》也增设“特约路透电”专栏。其他各报陆续取得刊用路透社稿件的权利，中外报纸共达18家之多。路透社还陆续在北京、南京、天津、汉口、香港等地设立分社，一些重要新闻，特别是国际新闻几乎被路透社所垄断。

通讯社在新闻传媒中的重要作用，为上海新闻界所认识，也积极倡议设立通讯社。早在1909年11月30日，《民吁日报》就发表了《今日创设通信部之不可缓》的社论。这里所说“通信部”即通讯社。社论强调了设立通讯社的重要作用，可以及时迅速地向各报刊提供正确新闻，加强革命报刊的宣传。由于《民吁日报》存在时间不长，它这一主张未能实施。之后国人在上海的通讯社活动虽有开展，但影响很小，仍被路透社所垄断。

辛亥革命推翻了清政府，中华民国成立，推动了中国新闻事业的迅速发展，在上海创办报刊的第二次高潮中，也有人积极从事设立通讯社的活动。1912 年 6 月，中华民国报界俱进会特别大会在上海召开期间，有人就提议创立通讯社，经讨论通过了这一议案。提案称："报馆记事，贵在详、确、捷。今日吾国访员程度之卑劣，无可为违。报馆以采访之责付诸数辈，往往一事发生，报馆反为访员所利用，颠倒是非，无所不至。试问各报新闻，能否适合乎详、确、捷三字？吾恐同业诸君，亦不自以为满意，而虚耗访薪，犹其余事。同人等以为俱进会者，全国公共团体，急乘此时机，附设一通信机关，互相通信，先试行于南北繁盛都会及商埠，俟办有成效，逐渐推行，俾各报馆得以少数之代价，得至确之新闻，以资补助而促进步。"[31]大会委托《太平洋报》代表朱少屏负责筹备，并起草章程。由于政局多变，以及人力物力所限，这一决议未能付诸实施。

8 月，李卓民联合友人筹办民国第一通讯社，于 8 月 31 日问世。同日在《申报》刊出成立广告称："开通风气，鼓吹文明，为世界进化之媒介，则报馆尚已。顾泰西诸先进国，凡报馆林立之地，尤必有通讯社一机关为所依据，为之补助，故路透一社实与各西报等相为表里。我国报界之发达，自客岁以来，可谓盛矣，惟此一机关独付阙如，仰赖他人。其操纵一听诸人，其消息又未必尽确，同人等有鉴于此，不揣绵薄，组织一交换智识、介绍材料之完全通信机关于上海，藉与各报社联络进行，名曰民国第一通信社。并于京外各埠分驻访员，所有真实新闻多用电传，在沪埠总汇编辑发行，或每日一次，或每日两三次。如有要闻立刻印行，期于至确至速，以饷海内。如定阅者，每月取资洋十元，并先赠送半月。”这则启事除说明该社一般任务、组织机构和发稿情况外，突出表明要打破路透社“与各西报相为表里”，垄断新闻的状况。社址设在上海江西路210号，9月1日正式发稿。同年，还有人在上海创办了上海新闻社，除发新闻稿件外，还兼营剪报和译稿业务。

外国人在上海打破路透社垄断新闻通讯市场方面，日本人可谓捷足先登。1914年上海东亚同文书院毕业生，日本人波多博在上海创办了东方通讯社。该社是日本通讯事业竞争的结果。日本国内主要通讯社有帝国通讯社和电报通讯社，这两个通讯社的通讯任务主要限于国内。日本报纸的国际消息，主要靠英国人罗依那在日本办的内外通讯社供应。1909年日本政府派代表团考察欧美，深感加强国际通讯的必要，创办了国际新闻社。1913年中国发生德国人排日事件，由于中国是罗依那的主要活动地盘，刚刚成立的日本国际通讯社，难以同他竞争，于是日本政府设法支持在中国的日本人创办通讯社。东方通讯社就是在这种背景下成立的，很快得到日本政府的资助，陆续在中国各主要商埠设立支局，所发消息范围日益扩大，由创办初期以发中日新闻为主，逐渐面向全世界，成为日本政府对外宣传的有力工具。它不仅打破日本国内外通讯社对国际新闻的垄断，也成为中国境内同路透社强有力的竞争对手。为扩大业务活动范围，成立后不久，便同上海一些大报签订供稿关系。《申报》于1914年7月设增了“东方通讯社电”(日人组织)专栏。所刊该社电讯日益增多，有时超过路透社。

1919 年 2 月，在全国报界联合会成立大会上，通过了组织国际通信社议案。也强调“国际情势，瞬息万变，外交枢机，尤贵神速。苟应付之术稍疏，斯祸患之来无已”。“报纸为舆论代表，对于政府各种政策，皆有监督批评指导之责”。但“吾国报纸，欧美情势及外交消息类皆取外电，彼多为己国之利害计，含有宣传煽惑之作用，故常有颠倒是非变乱真伪之举。抄载稍一不慎，鲜不堕其术中”。“将欲矫除此弊，使对外之言论趋于一致，非自行创立一通信社，探报各国情形不可”。决议由全国报界联合会集资，组织一国际通信社，以加强对外宣传。充分表现了新闻界打破外国通信社垄断国际新闻的卓越见识和决心。同样由于客观条件所限，这一正确主张也未付诸实施。

1917 年上海各大报纸还普遍采用共同通信社的稿件。《民国日报》辟“共同通信社电”专栏，《申报》虽未设专栏，但在该社电讯后边加上“以上共同通信社电”字样。各报采用数量也日益增多，几乎同路透社相等。

二、新闻摄影的发展

上海最早的中外文近代报刊，都只有文字新闻，而没有插图，更谈不上新闻照片。报刊采用新闻插图，始于 19 世纪 70 到 80 年代。我国以新闻图片为主的画报，是在石印画报出现之后。此前只是木刻印刷的画，印数有限。自从 19 世纪下半叶出现石印技术之后，就有人用人工描绘，点石为画。1876 年春（光绪二年）上海《格致汇编》刊出过李鸿章、徐寿、傅兰雅等人的相片。同年 8 月 18 日,《申报》第二版刊载题为《拿获匪党》的新闻下面,插有木刻的图片,这是上海最早的新闻图片。1879 年 5 月 24 日(光绪五年四月四日),《申报》第一版头条新闻《总统小像分赠本馆告白》,告诉读者美国前总统格兰特将来沪访问,报馆特另外石印格兰特画像一万张,随报附送。这是国内报刊刊载新闻人物画像有较大影响的一次活动,以后报刊采用新闻图片日益增多。1876 年出版的《远东》半月刊、1884 年出版的《点石斋画报》等都大量刊载了新闻照片雕刻的图像。有的报馆不仅自己刊登新闻照片,还开设新闻图片供应部,采集各类新闻照片,公开出售。如《苏报》创刊后不久,就经营新闻图片的业务。

20 世纪初,在上海新闻事业的发展中,新闻图片也被较广泛采用。1902 年出版的《大陆》杂志,1904 年出版的《东方杂志》等,在报道日俄战争事件时,都刊登了不少新闻照片。1904 年出版的时事性《日俄纪事》半月刊,更大量刊登了有关战事的新闻照片。在制版技术方面也有了很大进步,使用了钢版制作,成为我国报刊刊登新闻钢版照片之始。

自 1906 年《竞业旬刊》创刊后,陆续出版的《神州日报》、《中国妇女》、《民呼日报》、《民吁日报》、《民立报》等报刊,都把新闻照片视为宣传活动的重要手段,注意采用。如《神州日报》几乎每天都刊有新闻照片。这样不仅活跃了报纸的版面,丰富了报纸的内容,而且推动了报刊图片业务的发展。同盟会领导的武装斗争进入高潮之后,报刊上采用新闻照片的数量更日益增多。1911 年 4 月广州黄花岗之役时,《民立报》就千方百计冲破封锁,及时刊登战事新闻,并配以新闻照片。

在武昌起义爆发后，上海的革命报刊几乎天天刊登新闻照片。由柳亚子主编的《警报》尤为突出。该刊创刊于1911年10月9日，参加编辑的有朱少屏、胡寄尘、金慰农等，都是同盟会成员，十分重视新闻照片的宣传作用。所刊新闻照片迅速准确，内容突出，印刷精美，并使用了彩色印刷，更为读者所欢迎。上海的一些大报，如《申报》、《新闻报》、《时报》、《时事新闻》等刊登的新闻照片也日益增多。从1912年1月至3月，《申报》刊用的新闻照片共18幅，平均五天一幅。其中2月21日刊登三幅，头版为孙中山和袁世凯并列的头像，文字说明分别为"南京临时政府大总统孙中山君之相"，"南北统一临时大总统袁世凯君之相"。第二版刊登宣统皇帝照片，文字说明为"退位之清帝，专制之末日"。

由于照相铜版印刷技术的使用，上海出版的以新闻摄影为主的画报相继问世。1912年6月创刊的《真相画报》最为典型。该刊是由同盟会会员高奇峰主编兼任发行人，真实全面地反映了国民革命的情况，陆续刊登了武昌起义、孙中山出任南京临时大总统、孙中山致祭黄花岗烈士、南京临时政府要人的活动等。每期照片、言论、漫画各占三分之一。新闻照片的突出特点是具有强烈的现场感。如宋教仁被刺案件发生后，该刊连续三期刊载了关于"宋案"的照片。其中包括宋教仁在上海北火车站被刺的地点、治伤医院、遗像、出殡等一系列照片。并在文字说明中指出凶手及其指使者是谁，图文并茂、形象生动地揭发了事件的真相。

新闻摄影图片的广泛运用，也推动了出版业务的发展。上海商务印书馆在辛亥革命爆发后搜集大量新闻照片，连续编辑出版了成套的新闻摄影集《大革命军真画》，至 1912 年 4 月共出 14 期，采用新闻照片 100 余幅。同时还出版了时事性新闻摄影的"革命纪念明信片"，共出 300 余号，扩大了革命影响。1915 年 12 月又出版了《欧战真画》新闻照片集。上海教育杂志社于 1914 年 4 月编辑出版了《学校成绩写真》。1914 年 3 月，中国红十字会编印了《红十字战地写真》，搜集编辑了辛亥革命时期红十字会救死扶伤的新闻照片，由设在《新闻报》馆楼上红十字会事务所发售。第一次世界大战爆发，进一步推动了上海新闻摄影业的发展。几乎所有报刊都刊登了战事新闻照片。1914 年 12 月，上海中华书局出版了《欧洲战影》，选用战事照片 348 幅，16 开精装本。1915 年 12 月，商务印书馆编辑出版了《欧战写真》，刊用新闻照片 123 幅。1916 年 7 月，专门报道第一次世界大战的大型新闻摄影刊物《诚报》创刊，半月刊。编辑部设在英国伦敦，由上海别发图书公司国内发行。

新闻纪录片的出现，是这时期新闻摄影业的重要发展。20 世纪初，一批外国人来华拍摄纪录片，其中《上海第一辆汽车行驶》，就是他们的作品之一。中国人自己最早拍摄的纪录片，是 1911 年摄制的《武汉战争》。该片是由中国的著名杂技魔术家朱连奎摄制的。该片记录了武昌起义时的一些重要活动和人物。带回上海冲洗剪辑，于同年 12 月在上海南京路谋得利戏园放映。由于真实地记录了武昌起义的情况，受到观众的极大欢迎。1913 年由上海亚细亚影戏公司摄制的《上海战争》，忠实记录了"二次革命"中，上海军民围攻高昌庙制造局、吴淞炮台等重要军事行动的情形，放映后引起轰动。1917

年起，上海商务印书馆印刷所先后摄制了《美国红十字会上海大游行》、《商务印书馆放工》、《商务印刷所全景》、《上海焚毁存土》等新闻短片，保存了一些珍贵史料。

新闻纪录片一出现，就具有了政治性和商业性双重特性。所有私人或企业摄制的新闻纪录片，不管其内容是政治、军事的，或风景、戏剧等，摄制和放映都是出于营业的需要。同时它也负有教育意义，特别是有关武昌起义、上海革命等的纪录片，其内容是歌颂革命军民的英勇奋进的精神。上海商务印书馆在摄制专以营业为目的的纪录片时，也希望“借以抵制外来有伤风化之品，冀为通俗教育之助”，“表彰吾国文化，稍减外人轻视之心理”[32]。

三、全国新闻界团体活动的中心

我国最早倡议组织新闻界团体，是由上海的报纸发起的。1905 年 3 月 12 日（光绪三十一年二月初七日），上海《时报》在“本馆论说”栏内发表了《宜创通国报馆记者同盟会说》，建议组织全国性的记者同盟会，认为其好处有两方面。一是“可祛三害”：即“对于在外者”，可以同外国报纸的侵略宣传进行斗争，“设法使之消灭，即使不可消灭，亦不能使之滋长”；“对于在上者”，可以同统治者的压迫进行斗争，“自昔以来，政府官吏好与我报纸为敌”，对新闻记者常使用“强硬之法捕之杀之”，有了“同盟会在”，“得以待外人之法待之，而使之不得逞其志”；“对于报纸之记者”，可以“互相规劝，互相约束”，使记者中的不良现象“绝迹”。二是“可兴三利”，即“可得互相长益之助”，“可得互相扶助之力”，“可得互相交通之乐”。该论说还提出了“创建全国新闻记者通信部”；“设记者研究会”。这样，各地记者之间“先自研究，以互通知识，互补见闻”，进而成立统一的组织，并表示为实现这一任务“愿执鞭而为之前驱”。《时报》的倡议很快就得到了一些报馆的支持。如《申报》在14日即发表了题为《赞成报馆记者同盟会之说》的时评，进一步阐述了组织报界团体的必要性，认为“报界同盟之有益于进化也”。但是，由于当时主客观条件的限制，此倡议未能实现。

“通国报馆记者同盟会”虽然未能建立，但在此之后不久，一些地方性的新闻界团体便陆续成立起来。1906年7月1日，天津成立了报界俱乐部。这是由《大公报》、《北洋日报》、《北支那每日新闻报》、《天津日日新闻》四家报馆的发行人联名倡议成立的，以“研究报务，交换知识”为宗旨。7月29日召开第二次会议，英敛之在会上的发言，对建立报馆俱乐部的目的做了进一步的说明，他说：“国家之大患，莫患于不通，而所以通之者，端在报纸。但社会积弊，则讳莫如深，惟愿报纸歌颂功德，深恶报纸指摘弊病。吾辈当在大处着眼，不能畏忌权势，不能瞻徇私情，更不可逞其私愤，应如何力持公理，为国家谋治安，为人民增幸福。应如何结一团体，扶正抑邪，兴利除弊，使社会稳受其益，此吾辈开宗明义第一章所当筹计谋求者也。”并表示“我辈今日既造此佳因，更望日后结其佳果，万不可有名无实，自始鲜终，以贻通人笑”。但成立后不久，便停止了活动。上海日报公会成立后，大概因为有较完善的章程、组织机构以及活动较为正常的缘故，被戈公振称为“我国报界有团体之始”。在此前后，北京、广州、湖南等地陆续成立了报界公会。

地方性新闻界团体的出现，进一步推动了全国新闻界组织起来。1910年9月4日，趁各地报馆派代表参观南洋劝业会之便，中国报界俱进会在南京劝业会会议厅召开成立大会。这是第一个以报馆为会员单位的全国性新闻界团体。会上选举成立了领导机构，并决定“设事务所于上海，办理会中一切事务”，从此上海成为全国新闻界团体活动的中心。

1912年5月中国报界俱进会决定在上海召开特别大会，其任务为：（一）修改会章；（二）关于全国报界共同利害问题；（三）须用全体名义执行对外联络事宜；（四）关于政治上、外交上言论之范围，报界如何确定方针，以发扬共和精神，制造健全之舆论；（五）关于加入万国报界联合会问题等。

1912年6月4日，中国报界俱进会在上海南市区西门外江苏教育会馆召开特别大会，到会报馆代表30余人，修改了会章，决议改名为“中华民国报界俱进会”。会上吸收了新会员，报馆计有：上海7家，北京3家，扬州1家，南昌3家，武汉2家，广州2家。大会还通过了新的提案，如“加入国际新闻协会案”、“不承认有报律案”、“组织记者俱乐部案”、“自办造纸厂案”、“设立新闻学校案”等。这是我国最早提出创办新闻教育机构的倡议，但是由于经济条件的限制，未能实现。

袁世凯篡权后，新闻界遭到严重摧残，许多报纸被封或被迫停刊，全国报界俱进会也被迫停止了活动。

1919年2月，南北议和会议在上海召开，各地报馆派记者到上海采访会议消息。这为重建全国性新闻界团体提供了良好机会。会议期间，广州《七十二商行报》、《新闻民报》等提议，借此机会组织全国报界联合会。于是在南北议和会议前夕，由广州报界公会致电上海日报公会，称："欧战结束，南北息兵，世界与国内和平问题关系国家存亡之利害。全国新闻界应不分畛域，泯除党见，研求友谊，一致主张，外为和会专使之后盾，内作南北代表之指导。"建议"结合全国报界，开联合会于上海"，请"上海日报公会主持一切"。上海日报公会接电后，立即回电，表示赞成，并电请全国各地报馆派代表来沪开会。于是，北京、上海、广州、南京、天津、香港、武汉、长沙、南昌、杭州以及福建、四川、云南、安徽、山东、东北三省等地的报馆，纷纷派代表参加。海外的仰光、檀香山、旧金山等地的华侨报馆也派代表出席了会议。到会代表 84 人，代表 83 家报馆，4 月 15 日大会在上海正式召开。大会公推上海《民国日报》主持人叶楚伧为主席，会议确定名称为"中华民国全国报界联合会"，讨论通过了会章，共 20 条。它与中国报界俱进会的章程相比，有以下主要变化：一、规定参加的对象除报社外，还有杂志社、通信社，及中国人在国外所办之日报、杂志社、通信社之组织。二、它的宗旨更明确。规定："（一）为谋世界及国家社会之和平与进步，得征集全国言论界多数之共同意见，以定舆论趋向；（二）保持言论自由，联合人类情谊，企图营业利便，以谋新闻事业之进步。"三、明确规定了各会员的权利与义务。对于违背会章者给予必要的处分，如"各社代表有损害本会名誉者，经大会议决，得要求该社撤换其代表"，"各社有欠缴上年会费者，得停止其代表出席会议"等。大会选举了领导机构，并通过了六项提案，如"对外宣言案"、"维护言论自由案"、"拒登日商广告案"等。

翌年5月5日，中华民国全国报界联合会在广州举行第二次大会，到会代表196人，代表国内外120家报社、通讯社、杂志社。大会修改了会章，通过了14项提案，如“对时局宣言案”、“派员考查劳农政府案”、“力争青岛案”、“加入国际新闻协会案”、“筹设新闻大学案”等。

第三次大会于1921年5月在北京召开，以后由于内部意见不一，活动无法进行，遂自行停止活动。

四、印刷技术设备的更新

上海第一批近代报刊，从排版到印刷都十分原始粗糙，一般用毛太纸、连赛纸单面印刷，字迹常常浸漫不可辨认。印刷技术设备也十分简陋笨重，效率很低。

19世纪初，欧洲的近代机械印刷技术开始传入我国。最早的是凸版印刷，其次是平版印刷，再是凹版印刷。最早传入中国的凸版印刷机是手板架，工效很低，每天印数不过几百张。1872年《申报》创刊之初，购置手摇轮转机，每小时可印几百张报纸，后改用蒸汽以及火力动力，印刷效率提高许多。

19世纪末，日本人仿制的欧洲轮转印刷机输入中国，因价格低廉，多为出版界所采用。20世纪初，英国人发明的用电汽马达作动力的单滚筒印刷机传入中国，报界印刷状况又有所改进。

上海最早使用平版印刷机的是徐家汇天主教堂所设土山湾印书馆。该馆于1869年设立了木板印刷部。1874年改为石印部平版印刷。1879年《申报》设立了附属机构，上海点石斋印书局，使用轮转石印平版印刷机，以人力手摇，每架机器配备 8 名工人，分两班轮替。还需 1 人添纸，2 人收纸，手续麻烦，每小时印几百张。后为减轻劳力强度，提高效率，将人力手摇石印机改为用火力作动力，每小时可印 1 500 张。

墨海书局是上海最早使用铅印设备的出版机构之一。墨海书局是英国传教士麦都思创办的。麦氏懂华语华文，由英国伦敦教会派他来华传教，曾在山东、浙江、福建等地从事传教活动，编印宗教读物，向群众散发，还担任过华文出版物《天下新闻》的主编。1843 年任英国驻沪首任领事随员，在上海继续传教活动，不久设立了墨海书局，是上海近代史上第一家使用铅字印刷的出版机构。它不仅有中文铅字，还有英文铅字。据说中文铅字有两种，大的一种相当于后来的二号字，小的一种相当于四号字。墨海书局除出版宗教书籍及科普知识读物外，1875 年 1 月创办了《六合丛谈》月刊，由伟烈亚力主编。《六合丛谈》不仅是上海的第一份近代中文报刊，而且还是上海最早的铅印杂志之一。

上海另一家印刷设备较先进的出版机构是华美书局。除使用当时最先进的印刷机以外，它的中英文铅字也十分完备，分大号、中号、小号与极小号等几种。并将铅字分成常用、备用和不常用的几种。雇用工人 100 多人，工人一天可排数千字，有边栏，有行格，字体大小搭配适当，排版整齐清楚美观。华美书局既出版图书，也印刷杂志期刊。

中文铜模具的使用，是上海印刷技术改进的一大进步。铅印与刊用凸版印刷，必须预先浇铸铅字，这就必须有字模。用电铸铜模是欧洲人发明的。他们为了印刷中文宗教读物，也铸造了中文铜模。这一技术先传入日本，再传入中国，对于中国的印刷出版事业起了很大的推动作用，更有利于报刊的发展。

上海报业不断更新印刷技术设备最有代表性的是《申报》。《申报》创刊之初，印刷技术设备十分简单粗糙。纸张也很低劣，在印报过程中常常断裂。随着新闻报道内容的日趋翔实，报纸销数的增加，要求登广告者也越来越多。报纸的张数也随之增加，这与落后的印刷技术设备间的矛盾日益尖锐。虽改用外国进口的机纸印刷报纸，仍无法根本解决。1912 年史量才接办《申报》后，更新印刷技术，改用手摇平版机印刷。

这种手摇平版印刷机，在当时是先进的设备，每小时可印全张或半张报纸将近 2 000 份。但与日益发展的报业仍不相适应。1916 年从日本购进单式轮转印刷机一架，每小时可以印刷两张一份的报纸 5 000 到 6 000 份。《申报》从平版手摇印刷机改为单式轮转印刷机，印刷技术设备大大改进了一步。

1916 年 11 月《申报》开始在山东路汉口路的转角处建造现代化的五层办公大楼后，不久又从美国购进三层轮转印刷机一架及其配套设备，每小时可以同时印刷 12 张 1 份的《申报》10 000 份，效率提高数倍。以后又不断进口更加先进的印刷技术设备，为《申报》进一步发展创造了条件。

在上海报馆林立、竞争激烈的推动下，其他各报社也都纷纷更新印刷技术设备、提高效率。如《新闻报》1914 年就购进波特式两层轮转机一架，每小时可印报 7 000 份。1916 年起又陆续购进三层轮转机、四层轮转机以及配套的其他先进设备，使《新闻报》在竞争中处于有利地位。其他报纸，如《时报》、《时事新报》等也不甘落后，积极改善印刷技术设备。这样，上海成为报业印刷技术设备最先进的地区，并推动着全国各地报业印刷技术设备的不断更新。

第五节　部分报业的堕落

一、宣扬尊孔复古报刊的出现

袁世凯为复辟帝制，大肆制造舆论，他打着维护中国传统文化的幌子，提倡尊孔读经，宣扬封建迷信。在他的倡导下，一批保皇分子和封建遗老在全国各地肆无忌惮地大搞尊孔复古活动，孔教会、孔道会、尊孔会等组织纷纷成立，宣扬尊孔读经的报刊不断出版，鼓吹封建主义的纲常名教，诋毁民主共和思想，为恢复封建专制制度作舆论准备。上海则是这一活动的中心地之一。

同类人物的心灵是相通的，在袁世凯篡夺辛亥革命胜利果实不久，上海的一批保皇分子和封建余孽，便看出了袁世凯的心思，为配合袁氏复辟帝制的阴谋，便摇唇鼓舌地大肆宣扬尊孔复古活动起来。早在 1912 年 9 月，他们在上海文庙发起尊崇孔祀演讲会。由商会总董陈润夫为主席，先由英国梅华殿博士发表题为《孔教为国与民之灵魂》的演说，次由留美学生陈焕章、孔孟正学会梁翰臣等相继发言。谓孔教为立国之本，启发人民之道德。无孔教不能立国，无道德不能为人，并申明孝、悌、忠、信、礼、义、廉、耻为信仰准则，应反复宣传，阐发无遗。当主持人报告谓"今日袁总统通令昌明礼教即寓尊孔教之意，闻者莫不鼓掌”。会上决定在孔子诞日举行致祭，在明伦堂定期宣讲孔道等。

这场紧锣密鼓积极宣扬尊孔复古的闹剧中，康有为则大大向前迈了一步。他不仅经常参与演讲，还于 1913 年 2 月创办了《不忍》杂志，成为在上海宣传孔教的重要阵地。《不忍》采用孔子纪年，即孔子二千四百六十四年正月创刊。康自任主撰，其弟子陈逊宜、麦孟华、康思贯、潘其璇等任编辑，上海广回书局印刷发行。《不忍》杂志的政治纲领是：尊孔教为国教，复辟清室，实行君主立宪制。因此宣传尊孔复古守旧是它的基本思想。康有为在《不忍杂志序》中就充分表达了他对推翻满清，成立民国的极端仇视，“睹民生之多难，吾不能忍也；哀国土之沦丧，吾不能忍也；痛人心之堕落，吾不能忍也；嗟纪纲之亡绝，吾不能忍也；视政治之窳败，吾不能忍也；伤教化之陵夷，吾不能忍也；见法律之蹂躏，吾不能忍也；睹政党之争乱，吾不能忍也；慨国粹之丧失，吾不能忍也；惧国命之分亡，吾不能忍也”等，发出一连串不能忍的喊叫，足见康有为及其同伙的心态。所以否认民主共和存在的理由，攻击中华民国的所谓错误，就成为《不忍》杂志的一个中心内容。它宣传共和不适全中国国情，所谓民主共和“可行于小国，不可能行于大国”。共和虽美，但“中国数千年未之行之，四万万人士，未之知之”，我中国民“本无民主共和之念，全国士夫，皆无民主共和之引也”，甚至学用某些欧美人的话，为自己的谬论辩解：“民习专制太久，而不能骤改也”，“旧教伦理太深，而不可骤弃也”。攻击为共和奋斗的革命志士的革命行动，“号为共和，而实共争共乱；号为自由，而实自死自亡；号为爱国，而实卖国灭国”。攻击民主共和建立以来的所谓弊政，胡说“悍将骄兵之日变也，都督分府之日争也，士农工商之失业也，小民之流离饿羗也”[33]，等等。《不忍》杂志把袁世凯篡权后的假共和、真专制出现的种种弊端，全部归罪于民主共和制度本身，实是一个极大错误。

《不忍》的爱憎是十分分明的，在大力攻击民主共和的同时，为封建专制大唱赞歌。它反复宣传“我中国积数千年之文明，典章法律，远有代序，即章服五采之末”，也“合于国情，宜于民俗，行之久矣”。吹捧“中国自汉世，已去封建，人人平等，皆可起布衣而为卿相。虽有封爵，只同虚衔”，“刑讯到案，则亲王宰相，与民同罪”，“除一二仪饰黄红龙凤之属，稍示等威，其余一切，皆听民自由。凡人身自由，营业自由，所有权自由，集会、言论、出版、信教自由，吾皆行之久矣”。把封建专制美化为太平极世，已到了不顾历史的程度。

鼓吹尊孔复古的另一重要刊物，是孔教会创办的《孔教会杂志》。

孔教会于1912年10月在上海成立。发起人为王人文、姚丙然、沈守廉、姚文栋、张振勋、陈作霖、梁鼎芬、沈恩桂、麦孟华、陈焕章等。幕后指挥者是康有为。由麦孟华、陈焕章出面张罗，10月7日在上海山东会馆召开成立大会，推选姚文栋、姚丙然、李宝沅、麦孟华、陈焕章等五人为干事员，会长一职暂虚位。《孔教会开办简章》规定：“本会以昌明孔教，救济社会为宗旨。”还规定：“总会设在上海”，各地设分会，“凡诚心信奉孔教之人”，“由介绍人介绍入会”。出版《孔教会杂志》，吹捧孔子，宣扬孔教是它的主要任务。1913年8、9月间，孔教会迁北京，11 月召开特别会议，推选康有为任会长。与此同时，山东成立了孔道会，会长也是康有为。不久孔教会在山东曲阜设事务所，从此孔道会与孔教会便合二为一了。

《孔教会杂志》于 1913 年 2 月在上海创刊。陈焕章任总编辑。其宗旨是宣扬孔教，“孔教会杂志者，孔教会发言之口也”，“志在保存国粹，发挥国性，博采孔教之良果，广聚中国之新花”。因此，《孔教会杂志》极力攻击民主共和，诋毁自由平等思想，胡说：“自共和成立以来，政事上何尝有毫厘之进步，亦只见其退步而已。”把辛亥革命后，社会上出现的混乱局面，归罪于共和制度，“自共和以来，教化衰息，纪纲扫荡，道揆凌夷，法守隳敎，礼俗变易”，“人心风俗之害，五千年未有斯极”。

鼓吹定孔教为“国教”，是《孔教会杂志》的中心内容。它说人类“自野蛮半化，以至文明最高之民族，无不有教，无不有其所奉之教主。其无教者，惟禽兽斯已耳，非人类也”。那么中国应信仰什么教呢？该刊认为“中国之教字，本含三义：曰宗教、曰教育、曰教化。惟孔教兼之，此孔教之所以为大也”，“盖惟孔教是一宗教，故能范围天地而不过”。称孔教是中国的“国教”，孔子是中国的教主。该刊把孔教视为中国的生命，说“孔子者，吾中国之圣人也。孔教者，吾中国之生命也”[34]。它甚至认为孔教是中国国魂。“夫所谓中国之国魂者何？曰：孔子之教而已。”并由此而引申出孔教救国论。

二、副刊格调日趋低下

上海早期的报纸副刊，多无一定宗旨，为一般旧式文人的活动园地，它的内容及其倾向随着编辑人和主要作者的变化而变化。编辑者一般凡是自己或好友的作品，无论内容如何，概皆可登，所以副刊的消闲性比较突出。

民主运动兴起后，一批进步或革命的报纸创办，促使副刊也发生变化。办报人把副刊办成服务于政治宣传，成为传播民主思想的一个阵地。如《国民日日报》副刊《黑暗世界》就是如此。它刊登了一系列鼓吹民族主义，反对专制制度，鞭笞嘲讽清朝政府腐败黑暗的文字。《太平洋报》副刊《太平洋文艺》，虽属文艺性副刊，但也发表了一些提倡民族气节，弘扬爱国精神的作品。这类倾向的副刊，在上海报纸副刊的族群中，虽属少数，寿命不长，但它毕竟挣脱了副刊消闲的束缚，向进步方向迈出了可喜的一步。在辛亥革命的高潮中，一些私营大报的副刊有的也一度兴奋过，倾向革命。就总体而言，消闲性仍占副刊的主导地位。

袁世凯篡夺辛亥革命果实后，除少数同盟会创办的报刊外，上海大多数报刊趋向保守，其副刊的消闲性进一步发展，格调日趋低下。

《申报》副刊《自由谈》，创刊于1911年8月24日，第一位主编王纯根，名晦，上海青浦人，南社成员。《自由谈》初创时，设有“游戏文章”、“忽发奇想”、“付之一笑”、“海外奇谈”、“岂有此理”等小栏目。从这些小栏目的名称上，就可以看出《自由谈》的消闲性和趣味性的特点。辛亥革命爆发后，因受时代空气的感染，也刊登一些流露出进步倾向，反映社会现实的文字，但不久尽失。小栏目虽有变动，有时设有“爱国丛谈”栏稍作点缀外，大都无聊庸俗。

《新闻报》于1911年辟《丛录》栏目，专刊副刊性文字。次年改为《趣谈录》和《庄谐录》，以后改为《庄谐丛录》，即为《新闻报》副刊，从名称到内容都十分明显地表现出消闲性趣味性。1914年在改革原有副刊的基础上，创办《快活林》副刊，逐渐成为上海著名副刊之一。《快活林》由严独鹤主编，他每天写短言一篇，新鲜幽默，颇受读者欢迎，成为《快活林》副刊的一大特点。经常撰稿人还有李涵秋、向恺然、程瞻庐、刘山农等。此外，《新闻报》还办有《茶话》副刊，由严谔声主编。《新闻报》副刊其内容也是以知识性、趣味性和消闲性为主。

《时报》最早的副刊是《余兴》，创办于1907年，包天笑编辑，1911年2月又增设《滑稽时报》附刊，多刊社会奇谈怪闻之类。1916年11月又创办《小时报》副刊，为上海著名副刊之一。初由毕倚虹主编。包天笑回忆说："毕倚虹从中国公学法政毕业出来"，"和我住得近"，"这时《时报》正要添人，我就介绍他进去"，入报馆后"编外埠新闻，后来我们商量组织《小时报》，由他主任，而我也便帮助了他"[35]。关于《小时报》的宗旨，在发刊词中说："《小时报》，何为而作也？曰：中国之称报也，有大报，有小报。"说大报"谈政治、议国家"，"而于社会事，则以琐屑猥陋弃之"；而小报"亦不过记载菊部、花丛，陈陈相因"，"其实，社会事物，千头万绪，任举一事，皆有研究之价值，同人等编辑之余，掇拾竹头木屑之弃物，汇而录之"。所以它以社会的奇谈异闻为主。

上海报纸副刊注重消闲性，不仅一些私营大报是如此，连一些同盟会出版的报纸亦如此。典型代表是《民权报》。《民权报》创刊之日起，日出三大张十二版，第十一版为副刊，没有刊头，由蒋箸超、吴双热担任主编，设有“袖里乾坤”、“今文古文”、“过渡镜”、“众生相”、“燃犀草”、“滑稽谱”、“自由钟”、“瀛海奇闻”、“天花乱坠”等小栏目十余个，内容十分广泛。所刊文字虽有揭露社会黑暗、抨击时弊、讽刺官僚政客等有积极意义的文字，但就整体观之，仍以消闲性趣味性娱乐性为主，大量刊载小说、杂谈、诗词、丛话、小品等，特别希望刊登小说而博得读者青睐。它从创刊之始，便把经营小说视作一件最重要的工作。编辑人对此也格外卖力。吴双热回忆说：“清早起，便做小说二（指小说二栏）。牢什子的《孽冤镜》，偏似（鸢）儿断线，人儿断气，一句初一，一句初二，从大清早，做到太阳西。”“真倒霉，好苦恼。小说未完篇，还要发新闻稿。不好了，电灯亮了，肚子倒饿了。‘小说二’，一定要；各省新闻，一天不可少，急忙忙吃一碗饭儿，半饥半饱，红笔黑笔一阵扫。”[35]

这时期上海报纸副刊消闲性的一个突出表现，是大量刊登鸳鸯蝴蝶派的作品。鸳鸯蝴蝶派是旧民主主义革命处于低潮时期，在半封建半殖民地社会中产生的一种文学派别，盛行于辛亥革命后至五四运动前后。这派作品惯于以文言文描写才子佳人的哀情小说，迎合小市民趣味。他们玩弄文字技巧，粗制滥造了大量的所谓言情、痴情、奇情、惨情的小说，在各类报刊上泛滥。报纸副刊更是它的主要阵地。如《申报》副刊《自由谈》连载了多种这类小说，其中有“奇情小说”《秘密汽车》、“家庭小说”《嫣红劫》、“痴情小说”《美女花》等。《新闻报》的《快活林》所连载的《侠凤奇缘》、《镜中人传》、《玉玦金环录》等也都是鸳鸯蝴蝶派的代表作。包天笑参与主持的《时报》副刊《小时报》，更与该派的文学活动结合得紧密。吴双热是鸳鸯蝴蝶派代表人物之一，《民权报》副刊在他主持下，陆续发表的《孽冤镜》、《玉梨魂》等都是鸳鸯蝴蝶派小说的先河作品。鸳鸯蝴蝶派的作品虽多少带有某些冲破封建束缚、向往婚姻自由的进步意义，但它的基本点是反映他们自己的失望和无奈，放浪形骸、玩世不恭的人生观，迎合了十里洋场的市民读者的低级趣味，没有多大进步的思想性和文学价值。

民初上海报纸副刊向消闲性发展，是时代变迁所决定的。一是革命形势的变化，引起办报人思想观念的变化。辛亥革命推翻清朝政府，建立中华民国以后，在革命党内部有些人认为革命大功告成，隐逸思想渐渐产生。黄兴所写诗："三十九年知是非，大风歌罢不如归。惊人事业随流水，爱我园林想落晖。"正是这种精神状态的写照。这种情绪自然在同盟会下层及其革命群众中也有反映。袁世凯篡夺政权，复辟帝制的阴谋日益暴露，革命党内也有一部分人革命理想渐渐破灭，对前途失去信心。这样他们所主持的报刊，包括副刊也渐渐失去以往的朝气。二是在袁世凯政府的高压政策下，许多私营报刊为了生存和发展，不得不避开政治漩涡，另谋出路。在副刊方面就是向消闲性知识性发展。包天笑回忆说："那时候，正是上海渐渐盛行小说的当儿，读者颇能知所选择，小说与报纸的销路大有关系，往往一种情节曲折、文笔优美的小说，可以抓住了报纸的读者。"三是，辛亥革命后正在盛行的鸳鸯蝴蝶派，为寻求作品出路，他们除自己创刊物外，如《礼拜六》、《小说日报》等,大多数人还把触角伸向报纸副刊,有的成为编辑者,有的为经常撰稿人。

三、小报商业化趋向的加重

辛亥革命时期,在中华民国成立之初,革命报刊迅速繁荣,并赢得了读者,使风行一时的小报渐趋凋零。但已占上海报业一席之地的小报,并没有完全消失,也陆续出版了一些,只是其影响大逊色于以往罢了。

《冷报》创刊于1912年8月,由姚慎固、樊葆光、徐红尉、张丹斧、濮绍戡等发起创办。日出一张。该报宗旨在《冷报出版之宣言》中称:"何居手段以冷名?岁时入夏,以供诸君之消暑;小小篇幅具大神通,针砭时政,用谨严之笔,吟弄烟景,有尔雅之词,彰善抑恶。"其编辑方针"不挟一党之见,不徇小己之私"[37]。内容有"弁辞"、"月旦"、"时闻"、"文艺"、"杂述"、"小说"、"戏评"、"花事"、"美术"等栏目。社址上海四马路惠福里东首21号。

《飞艇》报,创刊于1912年8月,由李铁公、陈宝宝、詹禹门等创办,内容侧重报道戏剧界新闻。报纸出版半年后,因资金不足,李到广州另觅天地,后由詹禹门一人承办。最多发行量达千份,以后逐渐减少,1917年停刊。

《图画剧报》创刊于1912年11月,日出八开单面印两张,由郑正秋主持。编辑有沈伯诚、陈去病、汪优游等,内容分游戏画、新闻画、戏画三大类。是上海最早的戏曲专业小报之一。游戏画由沈伯诚主持,所刊时装新剧的图画、剧评文字，颇受读者欢迎。所刊新闻图画，也能适应时代发展，宣传革命形势。1913年《图画剧报》改由詹禹门主持，改为四开四版，取消原有图画，另设栏目，以文字宣传为主，仅在各版中央刊一幅戏画。报馆全赖广告收入维持，1918年终刊。

《梦话日报》创刊于1913年7月，以“改良风化，扶植道德”，“纠正世风，唤醒人心”为宗旨。内容有“趣谈小说”、“评林情海”、“剧谈”、“花信”、“专件”、“杂俎”、“文苑”、“通讯”、“商情”等栏目。该报编辑方针“以通俗之文，诙谐之体，非若普通报章拘拘谨谨者，可同日而语也”，阅之令人“忽喜忽悲”、“情难自遏”。社址上海芝罘路5号，由亚兴印刷公司发行。

《通俗日报》创刊于1914年6月，由章天觉、裘应时创办，章负责编辑，裘负责发行。该报“以通世之言论，达化俗之目的”办报方针，日出三张，送阅五日。同时创办的还有《卫生日报》，社址英租界大马路西首德馨里第310号。

《中国白话报》创刊于1915年5月，旬刊，每月逢二出版。以“灌输政治常识，引起真正民意”为宗旨。通俗化是该报的主要特点，自称：“程度高者不嫌浅，程度低者不嫌深”，“中小学堂可以用作补助训练之书，农商士贾可以视作增益见闻之友”。内容有“时事”、“法政”、“通讯”、“文苑”、“戏剧”、“小说”、“杂俎”等栏目。既为关心时事形势的读者，对重大政治新闻作系统记述，又有“苦心构造之戏曲小说各门类”，使喜爱文艺的读者“启发思想”，“助长趣味”。该报兼有报纸与杂志两方面的特点，“凡日报不能普及，杂志不能流行之地方，得此报即可兼二者之用”[38]。《中国白话报》出版后颇受读者欢迎，自称“销数已将及万份”。社址上海孟纳拉路富康里，由亚东图书馆、益君书社经售。

从中华民国成立到袁世凯政府灭亡期间，上海创办的小报除上述外，还有《新游戏》、《戏世界》、《沪报》、《鸣报》、《演说报》、《惧报》、《电光》、《新社会日报》、《戏剧新闻》等。这些小报的基本内容与特点是以消闲性知识性与娱乐性为主。同大报副刊的变化，大致相同。

从1916年起，上海又出版了一批小报，与以前相比，发生了较明显的变化，即从消闲性向商业性发展，这同上海商业的畸形发展有关。第一次世界大战爆发后，帝国主义国家无暇东顾，中国的民族工业乘机发展。上海不仅民族工商业有了发展，上海的娱乐业也发生了变化。原侨居上海的一批帝国主义者及工商业人士，关心战局发展，纷纷回国。外国人经营的娱乐业日渐衰退，这与民族资本家及其他人士日益增长的娱乐需求之间的矛盾暴露出来，所以一批投机商人和流氓头子乘机创办了以赢利为目的，并力求适合中国口味的娱乐场所，如大世界、新世界、新新公司、先施公司、天韵楼、劝业场等一批大型游乐场所相继建成。新式剧场，如大舞台、共舞台、天蟾舞台等也纷纷建立。这些娱乐场所为了扩大影响，发展经营，雇用了一批文人，创办了服务于这一行业的小报。主要有：

《新世界》创办于1916年2月，附属于新世界游乐场。主编先后有郑正秋、奚燕子、夏小谷、周剑云、王小逸等。经常撰稿的有张桐花、周瘦鹃、姚鹓雏、闻野鹤、陈小蝶、汪节肤、范君博、姚民哀等。图画主任孙雪泥。内容有“言论世界”、“粉墨世界”、“小说世界”、“风月世界”、“滑稽世界”、“怪异世界”等栏目。文艺内容以通俗为主。同年 6 月改出《药风日报》，号数另起，出自 1920 年 2 月停刊。不久恢复本名继续出版，号数另起，终刊于 1926 年 2 月。

《大世界》创刊于 1917 年 7 月，附属于大世界游乐场。主编人先为孙玉声，另署海上漱石生，曾参加《新世界》编辑，后为刘山农。主要撰稿人有朱瘦菊、朱大可、陈秋水、朱染尘、钱香如等，图画主任阙十原。内容以通俗文艺为主，包括小品、诗词、杂文、笔记、小说、灯谜等。

《劝业场日报》创刊于 1917 年 10 月，附属于上海邑庙后门的劝业场。由原《雅言报》总编辑刘沧遗（苦海余生）主编。撰稿人有李定夷、蒋箸超、刘豁公、胡寄尘、张恨水等。版面风格与《大世界》、《新世界》相仿。四开一张。内容以宣传场内各类游艺项目为主。日销数百份。创刊后不久停刊。

《新舞台报》创刊于 1917 年 12 月，系新舞台主办，日刊，由郁慕侠主编，撰稿人有冯叔鸾（别署马二先生）、冯小隐、刘豁公、周剑云、管文化、恽秋星、沈松等，内容主要为剧谈、艺人评介等，主要为新舞台艺人捧场。销路不佳，每日发行不过千份。

同类的小报还有《新丹桂笔舞台日报》，创刊于 1918 年 9 月，庄天韦主编，同年 10 月改名为《上海新报》。《先施乐园》创刊于 1918 年 8 月，上海先施公司主办，周瘦鹃主编。《花世界鸣报》，原名《鸣报》，创刊于 1913 年，1919 年 3 月改本名。《上海花世界》创刊于 1919 年 2 月，日刊。此外还有《诚报》、

《国是报》、《笑舞台》、《民国大新闻报》等。

上述小报有一个共同特点，就是商业性特别突出，主要为娱乐场所经营活动服务。其方式，一是大量刊登娱乐场的节目广告。如《大世界》日出四开一张，其正面全版刊登大世界游乐场当天的各项表演节目，服务并吸引观众。二是发放交换游券。《大世界》每份报纸附交换券 1 张，积满 30 张可换大世界游券 1 张。《新世界》积 20 张交换新世界游券 1 张。《劝业场日报》也是积满 30 张交换券，兑换 1 张劝业场门票。三是开展群众性活动，以吸引群众和读者。如《新世界》曾举行三次“花国选举”活动，轰动一时。

第六节　黑暗中的曙光

一、《新青年》与新文化运动

《新青年》是中国近代史上最重要的革命报刊之一。从 1915 年创刊到 1926 年终刊，走过了中国从旧民主主义革命向新民主主义革命转变的整个过程。它是中国新文化运动的发动者和宣传新思想的主要阵地，高举民主和科学的大旗，在军阀统治的茫茫黑夜中，点燃了启蒙运动的火炬，并顺应时代的要求，从宣传资产阶级民主主义思想，转变为宣传马克思主义，为民主革命运动立下了巨大功绩。

《新青年》创刊于 1915 年 9 月 15 日，当时正值中国处于内忧外患极为严重的黑暗年代。袁世凯篡夺了辛亥革命胜利果实，为复辟帝制，在政治上实行个人独裁，在思想上大肆倡导尊孔读经，恢复旧制。日本帝国主义侵华活动日益加剧，袁世凯为依靠日本帝国主义支持他登上皇帝宝座，公然与日本签订了卖国的“二十一条”。

在这样黑暗沉沉的年代，《新青年》肩负着时代的重任问世了。由陈独秀创办并主编。

陈独秀(1880—1942)，安徽怀宁人，字仲甫。早年留学日本，接触西方文化思想。回国后在上海参加《国民日日报》编辑，创办并主编《安徽俗话报》等，主张民主革命，反对专制。辛亥革命后，参加反袁斗争。“二次革命”失败后逃亡日本，在日本辅佐章士钊创办《甲寅》杂志。正当国内尊孔复古思潮大泛滥时，陈独秀从日本回国，于 1915 年 6 月抵达上海。此时陈独秀正对中国革命运动的前途苦苦思索，寻找答案。他认为要救中国，建立共和国，必须先进行思想革命，改造国民的旧思想旧意识。其主要办法就是办刊物，用新思想新知识武装人们的头脑。“欲使共和名副其实，必须改变人的思想，要改变思想，须办杂志。”

陈独秀原打算请上海亚东图书馆负责刊物的印刷和发行，但因该馆生意清淡，经费困难，且已承担了《甲寅》杂志的印行任务，遂经亚东图书馆负责人介绍，由群益书社承担。陈独秀与群益书社商定，每月一册，编辑酬劳和稿费 200 元。

《新青年》是综合性的学术刊物，每期约 100 页，月出一期，六期为一卷。初刊名为《青年杂志》，但出版后不久，上海基督教青年会写信给群益书社，要求《青年杂志》更名，因为该会办有《上海青年》，两个刊物名称雷同，要求及早改名，省得犯冒名的错误。1916 年 3 月群益书社征得陈独秀同意，将《青年杂志》从1916年9月1日出版的第2卷第1号起，改名为《新青年》。1917年初，陈独秀应北京大学校长蔡元培之聘，任北大文科学长，《新青年》也随之迁往北京出版。

《新青年》创刊后，除陈独秀主编并撰稿外，经常提供稿件的有易白沙、高一涵、高语罕、李亦民、吴虞、胡适等。《新青年》一问世，便擂响了思想解放运动的战鼓，标志着"五四"新文化运动的兴起。陈独秀在创刊号上发表的具有发刊词性质的《敬告青年》一文，就是一篇发动新文化运动的宣言书，在历数当时中国社会的种种黑暗的同时，把希望寄托于青年人身上。他满怀激情地讴歌"青年如初春，如朝日，如百卉之萌动，如利刃之新发于硎，人生最可宝贵之时期也。青年之于社会，犹新鲜活泼细胞之在人知"。对青年提出为之努力的六条希望："（一）自主的而非奴隶的"；"（二）进步的而非保守的"；"（三）进取的而非退隐的"；"（四）世界的而非锁国的"；"（五）实利的而非虚文的"；"（六）科学的而非想象的"。他还指出"国人而欲脱蒙昧时代，羞为贱化之民也，则急起直追，当以科学与人权并重"。人权就是民主，它的对立面是封建专制。陈独秀发动的思想解放运动从此开始。他当时反对封建主义思想的态度是很坚定的，表示"对于与此新社会新国家新信仰不可相容之孔教，不可不有彻底之觉悟，勇猛之决心，否则不塞不流不止不行"。

《新青年》始终把思想斗争放在中心地位。五四运动以前宣传资产阶级民主主义思想，批判封建主义思想；五四运动以后，宣传马克思主义，反对各种反马克思主义的思潮。《新青年》创刊之初，正是中国政治十分黑暗的时期，但它对政治问题很少直接评议，有人写信给陈独秀，希望他对当时人们十分关注的变更国体问题发表意见。他回答说："欲本志著论非之，则雅非所愿。盖改造青年之思想，辅导青年之修养，为本志之天职，批评时政非其旨也。"[39]陈独秀为《新青年》确立的办报方针是正确的，因为封建主义思想是封建专制的思想基础，延续几千年，根深蒂固，从未触动，辛亥革命失败的原因之一，是未进行较充分的思想解放运动，现在应当进行不可缺少的政治思想补课。陈独秀总结了历史教训，把思想革命作为《新青年》的首要职责，这在当时无疑是具有重要的政治意义的。实际上，《新青年》进行思想解放运动是同当时反复辟反专制的政治斗争紧密相连的，两者是并行而起、互相配合的。

《新青年》的斗争锋芒主要指向为维护封建专制服务的孔教和孔学。孔子是中国历史上的文化伟人，他的学术思想在中国文化史上占有重要地位。只是中国历代封建统治者，把孔子学说中有利于巩固封建专制的部分加以扩大和引申，成为束缚人们头脑的枷锁，为巩固他们的封建统治服务，如三纲五常、君臣父子之类。《新青年》从1916年初连续发表了《一九一六年》、《吾人最后之觉悟》等文章，猛烈抨击儒家学说的三纲五常等封建主义的伦理道德，促使人们从封建礼教中觉醒过来。

《新青年》批判孔教和孔学，更是针对当时袁世凯提倡的尊孔复古思潮的。1916年9月30日，康有为在上海《时报》上发表了致总统总理书，说什么："万国之人，莫不有教，惟生番野人无教。"那么中国以什么为教呢？康有为提出"以孔子为大教，编入宪法”。针对康有为的谬论，《新青年》发表了陈独秀的《驳康有为致总理书》一文，给予批驳。以后又陆续发表了《宪法与孔教》、《孔子之道与现代生活》、《再论孔教问题》、《孔子评议》(下)、《家族制度为专制主义之根据论》等文章，指出：旧礼教、旧道德与民主政治是势不两立的，尊孔必然导致复辟；定孔教为国教违背思想自由和信仰自由的原则；孔子的思想不适应现代生活，孔教与独立、平等、自由是绝对不可并容的，“存其一，必废其一”。

发动文学革命，以白话文取代文言文，以新文学取代旧文学，是《新青年》又一项具有历史意义的宣传活动。中国古典文学，源远流长，硕果累累，是中华民族光辉灿烂的古代文化的重要组成部分。但长期以来，历代统治者、封建文人利用文学作为宣传封建主义思想的工具。《新青年》所提倡的白话文运动，不是把白话文仅视为传播知识、开发民智的工具，而是以白话文作为传播科学民主的重要工具，具有深刻的反对封建主义的意义。《新青年》从创刊时起，就用白话文译载欧洲文学作品，介绍欧洲文艺思想发展历史。1915 年 10 月，陈独秀约请在美国攻读博士的胡适为《新青年》撰稿。胡适在回信中赞成陈独秀革新文学的主张，他认为“今日之文言乃是一种半死的文字”，“白话是一种活的语言”。

从 1916 年 10 月，《新青年》就连续刊登陈、胡两人关于讨论革新文学的书信。在陈独秀的建议下，胡适在以往通信的基础上，以《文学改良刍议》为题，于 1917 年 1 月刊登在《新青年》第 2 卷第 5 号上，提出了革新文学的八条主张。明确提出以“白话文学”为“中国文学之正宗”的主张。同年 2 月，陈独秀在《新青年》第2卷第6号上发表了《文学革命论》，提出文学革命的三大主义："推倒雕琢的阿谀的贵族文学，建设平易的抒情的国民文学"；"推倒陈腐的铺张的古典文学，建设新鲜的立诚的写实文学"；"推倒迂晦的艰涩的山林文学，建设明了的通俗的社会文学"。把革新文学形式与革新内容结合起来，把文学革命运动推进到一个新高度。许多进步文化人士都关心和参与文学革新的讨论，一场声势浩大的文学革命运动，在中华大地轰轰烈烈地开展起来。

《新青年》从创刊到迁至北京出版，短短不到一年半的时间里，由初刊发行一千份，猛增到一万多份，足见《新青年》的影响。迁至北京后，李大钊、鲁迅、胡适、钱玄同、刘半农等一批进步文化人士参加编辑部工作，把新文化运动推向高潮。

二、革命党新宣传阵地的开创

孙中山领导的革命斗争，经过了艰苦卓绝的历程，革命党人的报刊活动，也是几经沉浮。反袁斗争失败后，国民党在上海出版的报刊，几乎全部停刊。孙中山于1914年在日本东京重建中华革命党后，在上海的报刊宣传活动，才慢慢恢复起来。突出代表是《民国日报》的创办。

在反袁斗争中出版的《民国日报》，在袁世凯死后，其环境并没有多大改变。北洋军阀虽然废止了《报纸条例》，但袁世凯政府制定的《出版法》仍然有效，而且北洋军阀政府摧残新闻事业的种种手段，与袁氏相比有过之而无不及。在极其艰苦困难的环境中,《民国日报》仍坚决表示“拥护共和,发扬民治,要唤起国民奋斗的精神”,这种精神将“始终如一”,“永久不变”[40]。主要表现在:(一)高举护法旗帜,抨击北洋军阀的背叛行为。北洋军阀同袁世凯一样,表面拥护共和,实则施行封建专制,1917年6月解散国会,一切由总统一人专断横行。孙中山等革命党人为维护约法,恢复国会,发动了护法运动。《民国日报》积极宣传护法斗争,以大量篇幅刊载护法斗争的文告、宣言、消息等,同时揭露北洋军阀的假共和、真专制的阴谋和罪行。如揭露徐世昌“昔日袁世凯叛国乱政”,“而幕中有一助恶之徐世昌”;“张勋愚昧蛮悍妄行复辟”时,“仍有一徐世昌”。揭露冯国璋未经国会同意任命内阁,是“破坏旧约法,恢复袁氏新约法之人”。这一宣传斗争进行得轰轰烈烈,有声有色,在当时上海各大报中是不多见的。(二)揭露北洋军阀的卖国投敌行为。公开点名抨击的有冯国璋、段祺瑞、张勋、徐世昌、王世珍等北洋军阀的头子。特别对段祺瑞向日本军械借款的卖国行为,连续发表了《直系与军械借款》、《段祺瑞作乱》、《反对军械借款》、《人心与武力》等一系列时评,进行猛烈揭露和抨击。(三)揭露日本帝国主义的侵华阴谋。1917年12月13日,《民国日报》发表了长篇文章《最近日本政局及其对华政策》,连载19次,系统揭露日本帝国主义侵华的种种阴谋和事实,指出日本侵略者打着“大亚细亚主义”的幌子,对中国不断“扩张势力”,“获得利权”。(四)支持新文化运动。《新青年》发动的新文化运动,上海的报刊首先积极支持的是《民国日报》。1919年6月,该报停刊了原副刊《国民闲话》和《民国小说》,改出《觉悟》副刊,由总经理邵力子主编,积极提倡新知识、新思想、新文化，主张推翻旧文化、旧文学、旧制度，号召广大知识青年向旧社会作斗争，开展社会改造、劳动问题、妇女解放等实际问题的讨论，积极配合了《新青年》发动的新文化运动。在革命党人支持下，有同样表现的还有《中华新报》及由留日归国学生创办的《救国日报》等。

中华革命党在上海还加强了革命理论宣传。1914年章士钊在革命党人支持下创办大型综合性杂志《甲寅》，初在东京印刷，第5期改由上海亚东图书馆印刷发行，撰稿人多数为革命党人。出至1915年10月停刊。

1919年6月，沈玄庐、戴季陶、孙棣立等人在孙中山指导与支持下创办了《星期评论》，由《民国日报》发行。刊型类似著名的北京《每周评论》。社址设在上海爱多亚路新民里5号。《星期评论》是一个时事理论性刊物，发刊词提出对国家形势、“世界的大势”、“世界的思潮”等问题应开展讨论。孙中山、廖仲恺、朱执信等知名革命党人经常为之撰稿。设有“世界思潮”、“记事”、“世界大势”、“主张”、“通讯”等栏目。

《星期评论》对一些现实问题十分关注，在创刊号发表的《欢迎投稿》启事中，提出关于“工场工人的生活状态”，“各处农夫的生活状态”，“各学校的学生对于他们的学校的观察感想和校内校外的生活状态”等问题，欢迎投稿。这一办刊方针得到了孙中山的充分肯定和赞扬，认为对劳工问题，“站在研究的批评的地位，做社会思想上的指导”，“这个思想很好”[41]。《星期评论》逐渐把世界和中国的劳工运动作为宣传的中心之一，陆续发表了《上海罢工的将来》、《工人教育问题》、《劳动问题的新趋向》、《为什么罢工?》、《中国劳动问题的现状》、《劳动运动的发生及其志趣》、《工人应有的觉悟》、《劳动者与"国际运动"》等一系列论述劳动问题的文章，几乎每期都有。1920 年 5 月出版的"劳动纪念号"十大张，共发表了 22 篇文章，全部都是论述劳动问题的文章。在当时除《新青年》外，其他报刊无一能与之相比。《星期评论》对国际形势、国内政治斗争、妇女解放、民国建设方法等问题也都有论述。

1919 年 9 月，在孙中山指导下，胡汉民、汪兆铭、朱执信、戴季陶、廖仲恺等人，在上海创办了大型综合理论杂志《建设》月刊。社址设在上海法租界环龙路 46 号。由华强印书局印刷。16 开本，每期 200 余页。作者集中了革命党人的宣传精英，从同盟会到国民党期间长于写作的人，差不多都是《建设》的撰稿人。除上述五位社员外，孙中山、吴稚晖、李石曾、林云陔、孙科等人也写了不少文章。因此，《建设》杂志是研究国民党在这一时期思想理论的重要资料。

《建设》杂志的发刊词由孙中山执笔，明确规定了该刊"以鼓吹建设思潮，展明建设之原理"为宗旨。这反映了孙中山当时的基本思想。孙中山领导的护法运动失败后，从广州抵达上海，暂时脱离政治斗争生活，潜心于革命理论和建设新中国方案的研究与著述。当时革命党人主持的《民国日报》、《星期评论》等报刊，难以承担此任，所以创办了以理论宣传为中心任务的《建设》杂志。孙中山在发刊词中提出"冀广传吾党建设之主义，成为国民之常识，使人人知建设为今日之需要，使人人知建设为易行之事，功由万众一心以赴之，而建设一世界最富强最快乐之国家"。公开声明《建设》杂志是中华革命党

(后改组为中国国民党)的机关理论刊物。

《建设》杂志宣传的中心任务是阐明孙中山的建设理论，从创刊号起就在每期头条位置连续刊载孙中山的《建设方略》一书的初稿，同时也发表他的战友们的重要著作，论述他们关于中国革命的理论与方针。《建设》杂志出至1920年底停刊，目前见到的最后一期是1920年12月出版的第3卷第1期。

三、革命报刊宣传的联合斗争

《新青年》与《民国日报》、《建设》等中华革命党的报刊，是两种不同类型的报刊，但深入研究发现，它们的宣传活动不仅相互配合，相互促进，而且在许多方面存在着共同点。

(一) 宣传斗争的大方向是一致的，斗争的主要矛头指向北洋军阀政府。中华革命党在上海出版的报刊，其宣传任务就是"拥护共和"，"发扬民治"，推翻封建军阀专制政府，建立民主共和的新政权。《新青年》发动的思想解放运动，是在更深的层次上，为建立民主共和打下思想基础。为建设新国家，加强探讨社会改造方面，诸如妇女解放、教育改造、劳工问题等，都从不同侧面进行讨论和论述。

(二) 对社会主义革命，马克思主义都有较浓厚的兴趣。《新青年》从宣传民主主义转变为宣传马克思主义，积极批判各种反马克思主义的反动思潮，推动马克思主义同中国革命实践相结合作出了巨大贡献。

中华革命党的报刊也积极参与社会主义革命的讨论，宣传马克思主义。《民国日报》在十月革命爆发后第三天，就在“要闻”栏内，以大字标题报道了这一震惊世界的消息，以后不仅连续报道，还译载了外国报刊对十月革命的论述，其中有“无论如何，革命不得农民援助，则不能成功”[42]。《星期评论》也陆续发表了《俄国劳农政府通告的真意义》、《为什么要赞同俄国劳农政府的通告?》、《俄罗斯社会党联邦苏域共和国新纪元两年的故事》等，介绍十月革命后俄国的情况及其他论述社会主义革命的文章。《建设》杂志发表了《社会主义国家的建设概略》、《社会主义与社会改良之现状》、《近代社会主义思潮》等介绍社会主义发展的情况。《建设》杂志还从第1卷第4期起，刊载了戴季陶从日文翻译的考茨基所著《马克斯资本论解说》一书，分六期刊完。这在当时上海的报刊中是不多见的。

国民党报人热衷于对马克思主义、社会主义革命的介绍和探讨，这是因为在新文化运动的推动下，西方各种社会思潮包括马克思主义纷纷涌进中国，救国救民的仁人志士也想从马克思主义那里找到答案，同时孙中山对十月革命胜利，对列宁的向往和同情，也影响到他周围的人。

当然，在研究马克思主义、社会主义革命中，由于主客观条件的限制，不可能所有的人后来都成为真正的马克思主义者，有的甚至走向反面，但就当时的情况来说，这些探讨和研究，有利于更多的读者接触到社会主义革命理论，有利于马克思主义传播。

（三）在办报方针上，都主张充分开展自由讨论，有利于真理的发展。《新青年》的中心任务是开展思想理论战线的斗争，它认为宣传革命理论是一种特殊的革命斗争，强制手段是不行的，只能用说服教育、以理服人的办法，所以《新青年》一创刊便提出了“真理以辩论而明，学术由竞争而进”的原则，主张百家争鸣，自由讨论，反对“专崇一论，以灭他说”的文化专制主义。他们认为不管什么人的文章，只要“持之有故，言之成理”，一概欢迎。《星期评论》也一再声明“我们一面是用自己的观察，批评世界上的事物，一面并希望诸君要批评我们的批评”[43]。这种平等待人、自由讨论的办报方针，是符合学术发展的规律的。为推动自由讨论的开展，各报刊除发表不同见解的文章外，都设有“通讯”专栏，使更多的读者参与讨论，活跃学术空气。《新青年》还增设“读者论坛”专栏，更成为读者自由讨论的园地。

由于两方面报刊在宣传上有许多共同点，互相间的联系也日益加强。《新青年》的主要作者，也成为国民党报刊的撰稿人，特别是初步具有共产主义思想的知识分子，对于提高国民党报刊的宣传水平，起了很大作用。如《星期评论》创刊初期，戴季陶等人也发表了探讨社会主义革命的文章，但由于他是从预防未来发生社会主义革命的立场出发，来研究社会主义，自然不能正确阐发社会主义。从 1920 年初，李大钊、陈独秀、李汉俊、施存统等为《星期评论》撰写了一系列文章，把该刊的思想水平提高到一个新高度。1920 年 5 月，李大钊在《建设》杂志第 2 卷第 4 期发表了《“五一”(May Day)运动史》，李汉俊发表了译文《道德底经济的基础》，都表明《新青年》的作者对国民党报刊的支持。

《新青年》同国民党报刊的合作宣传是有着积极意义的，

不仅扩大了当时的正确舆论的影响,而且也有利于中国共产党成立后,同国民党联合推进国民革命的顺利进行,为实现第一次国共合作创造了条件,奠定了思想基础。

第七节 从政论时代向新闻时代的转变

一、"新闻"中心地位的确立

国人创办的上海早期近代报刊,逐渐形成以政论为中心的宣传特点。产生这种状况的原因,一是早期的报与刊界限不清,分工不明。著名报史研究家戈公振提出报纸以报道新闻为主,期刊以揭载评论为主。这一划分是正确的。而早期上海的报与刊混二为一,有的名字虽也称为"报",实则是期刊,《时务报》、《民报》最为典型。有些单张出版的报纸,由于办报人的观念不清,加之消息来源的困难,也大量刊载期刊性质的内容,如评论之类。二是更重要的是政治斗争的需要。从康梁倡导的维新变法,到孙中山发动的民主革命运动,他们所创办的报刊都是服务于政治斗争的,宣传自己的政治主张,批判反对言论是这些刊物的主要任务,于是形成了上海早期报刊的政论传统。

随着上海近代报业的发展,报纸主要报道新闻,期刊侧重评论的分工渐渐明确,到辛亥革命前后,政党报纸的论战虽然继续进行,但刊登新闻的数量大大增加,而占大多数的私营报纸,对群众关心的重大信息,放在十分重要的地位。在武昌起义时,"新闻"不仅占据了报纸的主要篇幅,而且有的还出版晨刊或夕刊，重大事件出版号外。新创办的日报或晚报，也都全力以赴地报道战事新闻。

"二次革命"失败后，更是报业从政论向新闻转变的重要时期。因为：(1) 为政争服务的政党报刊大都停刊；(2) 在袁世凯政府的淫威统治下，许多报纸，特别私营报纸把言论放在可有可无的地位，工作重点在于刊载消息和通讯；(3) 袁世凯复辟帝制的丑剧发生，第一次世界大战爆发，十月革命胜利消息传入中国，这些重大事变将对中国前途产生什么影响，人们十分关心事态的发展，报纸自然应设法满足读者的需要；(4) 新闻信息来源的客观条件也大大改善。如外国通讯稿件的采用，通信设备的改进，通讯网络的形成，一批名记者的出现等。以《申报》为例，可见一斑。

在辛亥革命前，《申报》已把新闻报道放在重要地位，但同时也重视言论写作。在"癸丑报灾"前，《申报》的言论虽不及政党报刊那样突出，但它的时评和杂评一般篇幅较长，分量较重。"癸丑报灾"后评论则明显减弱，而把新闻报道放在更为突出的地位。主要措施有：

(1) 大量采用外国通讯社的稿件。1912 年 6 月 3 日，《申报》增辟"特约路透电"专栏。初期采用数量不多，且以政治性内容为主。如第一天采用四条，第二天六条，大都是北京政界的电讯。后来日渐增多，内容也十分广泛。特别第一次世界大战爆发后，关于欧战消息绝大多数来自路透社电讯。1914 年 10 月 7 日，《申报》又设"东方通讯社电"专栏，下边注明"日本人组织"字样。起初所刊消息大都是关于中日关系的新闻，以后渐渐扩大范围，采用条数日多。

(2) 派驻北京特派员。北京长期以来是中国的政治中心,为各地报刊所注意,但辛亥革命前,上海报馆派驻北京的访员极少。1912 年 9 月,袁世凯政府司法部在“暂行条例”中,规定了在该部设立律师及新闻记者席[44]。《申报》等报社相继派驻或聘请驻京特派记者。从 1912 年 10 月起,《申报》上就陆续出现“北京特派员”等字样。如 10 月 2 日《新旧内阁嬗变之里面》(北京政界特派员)、10 月 5 日《北京政界之黑幕》(北京特派员)、10 月 12 日《参议院议决印花税法之详情》(本馆参议院特别通信)、11 月 12 日《工商部之政策》(北京通信员思辰)、11 月 14 日《俄蒙方交涉现状》(北京特约访员叶子)等。以后署名“远生”、“飘萍”的更多。《申报》驻北京特别访员十分活跃,所刊通讯也极受读者欢迎,提高了“北京通讯”的知名度。

(3) 建立全国通讯网。《申报》为扩大新闻信息来源,除在北京派驻特别记者外,还在全国各地招聘通讯员。仅 1914 年《申报》就陆续刊登了大量各地通讯员稿件。如 3 月 25 日《记下关十七家事件》(下关特别访员)、3 月 26 日《芜湖表里观》(本报特别通信员芜城)、3 月 30 日《粤省之加紧戒严谭》(驻广州特别通信员平生)、5 月 7 日《江苏之政潮》(南京特约员)、5 月 19 日《记沙市见闻》(特约记者平陆)、10 月 3 日《山东战区之现状》(本报战地特别通信员仲远通信)、11 月 30 日《关外大批党人枪毙记》(特别访员化险)、12 月 9 日《储蓄票之一夕谈》(天津特别通信员不鸥生)、12 月 14 日《青岛日军之各项文告》(本馆青岛特约通信员)、12 月 25 日《景德镇瓷业之萧条》(泄泥)、12 月 30 日《浙江候知事谈》(静眠)等。1914 年 5

月和12月,《申报》多次刊出启事,招聘云南、贵州、山西、陕西、广西、新疆等"各边省访员"。这样《申报》国内通讯网已基本形成。

(4)聘请旅行记者和海外访员。1914年3月起,《申报》就陆续刊出"本报旅行记者抱一"寄至江西、安徽、江苏、山东等地的旅行通信。1915年6月,中国派出中华实业考察团赴美考察。抱一作为随团记者,采访了该团访美活动的全过程,先后发来一系列报道:《东西两大陆国民之握手》(6月16日)、《中华实业团赴美旅行》(7月14日)、《华盛顿欢迎中华实业团》(7月15日)、《游美实业团见大总统记事》(7月16日)、《纽约欢迎中华实业团志盛》(7月28日)、《美国之工务与华工问题》(9月1日)、《美国一省之农业与其实力》(9月7日)等。1914年3月5日,《申报》发表的《欧洲短信》,署名"游欧特约通信员白子"。6月8日在《志江苏实业参观团》消息后署名"留东记者"。

电讯和通讯成为《申报》的主要内容。要闻版除时评、命令、专件等栏外,主要刊登紧要新闻,特别重要的电讯还用大号黑体字刊出,并在字旁标出黑点或圈圈,以求醒目。"要闻一"、"要闻二"多数占两个版的篇幅,"本埠新闻"也在一版篇幅以上。"新闻"在报纸的地位十分突出。在报业激烈竞争中,其他各报都注意加强新闻报道工作,"新闻"在报纸宣传中明显占据主导地位。如上海《民国日报》就设有"本报专电"、"东方通信社电"、"共同通信社电"、"西报译电"、"欧洲战电"、"地方新闻"、"本埠新闻"等栏目,所刊消息和通讯占新闻版面的绝大篇幅。《新闻报》、《时报》、《时事新报》、《神州日报》、

《中华新报》等各大报大都如此。

二、新闻文体日渐成熟

上海近代报刊从舶来品向中国化的转变过程中，是西方报业模式与中国传统文化相结合的过程。推动这一变化的原因，一是西方办报人为达到预期的宣传效果，所办报刊力求适合中国读者的口味，注意吸取和运用中国文化；二是早期参加报刊活动的秉笔华士，他们自然而然地把中国文化带到报刊宣传活动中去。从新闻文体的变革，就可以看出这一发展变化的轨迹。

消息是报纸传播新闻的主要方式。消息写作在上海近代报业史上的变化也最为明显。早期的消息写作受中国古代记叙文体的影响较深，有的是平铺直叙，有的夹叙夹议，也有的采用编年史式。消息报道的新闻是多方面的，特别反映战争、政治事件、灾情及社会新闻等，要求迅速、准确、客观，中国古代文体写作格式难以适应这样的要求。于是报纸文体写作，首先在这类消息中突破。事件发生的时间、地点、经过及结果等新闻的基本要素逐渐具备，以满足读者的要求，这就必然渐渐向现代新闻写作的要求发展。

辛亥革命前后，由于时局的变化，读者对各类消息都要求迅速、准确、客观、具体，这就促进新闻写作越来越规范化。如1912年6月4日，《申报》一则北京简讯写道："昨晚，警务员突然至中央报馆，将陈主笔拘去，谓其毁谤内务总长赵秉钧及各国务长。"共35个字，交待了事件的时间、地点、人物、原因及经过等，基本具备了新闻写作的五个 W 要素的要求。1918 年 2 月 20 日，《时报》的一则简讯也很典型，电讯写道："今晨（十九日）十时冯（国璋）亲往田文烈宅，劝出组内阁，田未允，仍留王（士珍）。"仅一句话，但意思很明确。《时报》这天共刊 20 条电讯，大都如上述写法。

一些稍长的消息，更能反映出新闻写作的要求。如 1915 年 7 月 25 日，《申报》的一则社会新闻："法捕房探目黄锦荣，包探韩邦达、方福林等，侦知方绍丹杨某等三人迭犯抢案，匿居法新租界某处平房内，当于昨晨前往拘拿，方等竟开枪拒捕，黄探目等奋勇向前，一并擒获，吊出手枪两支及器械数件，解至捕房押候盘问口供，再行解请公堂核办。"在不到一百字的消息中，不仅把事件的全部经过交待得清清楚楚，而且摆脱了以往写消息夹叙夹议的笔法，简洁明快，完全符合现代新闻的写作要求。

通讯写作更跨进一个新的里程碑。通讯体裁在上海报纸上很早就出现了，不过当时通讯写作深受中国传记、游记文学写作的影响。上海报纸早期的通讯多为纪实性的，把一件事情的来龙去脉全面客观地描述出来，很少直陈己见。一些旅游类通讯，也是作者把访问考察的所见所闻如实报道，以叙事为主，杂以景物描写，抒发感受或评论极为简略。

上述通讯多为对一个事件的叙述，或一个人的见闻感想的描述，有较大的局限。随着时代的发展变化，人们所关心的不限于一人一事的结果和命运，而是对一些重大事件重大问题，乃至国家命运前途的关注。读者对信息的要求，不仅仅要知道某一件事是"什么"，而且还要知道"为什么"、"以后发展如何”等更加详尽的情况。如人们对武昌起义后军事进程的消息，都希望报刊对武昌起义作更深入更全面的报道。1911年10月14日，上海《民立报》刊登了《武汉革命大风云》等长篇通讯，以时间为顺序详细报道了武昌起义的过程。之后各报纸都报道了武汉以及各地响应起义的详情，也对各地光复后的政治、经济、社会秩序、各阶层的反映等都作了详尽客观的报道，让读者了解事件的全过程。

但这类通讯也有较明显的缺点，即作者对事件的叙述较多注重按事件发生的时间顺序，不注重轻重缓急，不分主次，像记流水账，一般读者不易认识事件更深刻的意义。

民国成立以后，中国的政治形势更为复杂严峻，袁世凯篡权复辟，第一次世界大战爆发，北洋军阀各派之间的争权夺利等，关系到国家命运前途的重大事变接连发生，广大读者不仅要知道一些事件的过程，更想了解事件的实质和意义。记者不仅报道某一事件的经过和结果，还要回答“为什么”及其发展趋势。因此这就要求记者围绕某一事件的种种新闻材料，加以综合分析，既交待事件的过程结果，也要揭示事件的本质，回答读者关心的问题。所以就产生了夹叙夹议的新型通讯，有人称之为解释性通讯。这种通讯的创始人就是著名记者黄远生。

调查报告的进步，也是这一时期新闻文体日渐成熟的一个重要标志。调查报告是选择社会上具有典型意义的事件或问题进行调查，全面真实系统地报告其起因、发展的历史和现状，力图揭示其本质或问题的症结。上海报刊刊载社会调查之类的材料，较早见于维新派创办的报刊，如《农学报》，它调查各地物价、土产和税收等方面的情况。本世纪初，上海的《神州日报》、《警钟日报》、《日报》等都设有“调查”一栏，使调查报告这一新闻文体在报刊上越来越被重视。当时调查的范围也较广泛，有的是关于商品和原材料产销的调查报告，如《神州日报》发表的《最近白丝出口之调查》、《奉天新民府商务调查》、《浙江处属土货出产行销调查录》等，为国内工商资本家提供了有关产销业务的有参考价值的第一手材料。有的是揭露清朝政府的黑暗腐败，如《神州日报》连续刊载的《官场吃烟调查》，以确凿的事实证明清朝政府已腐败透顶，政府官员道德败坏，鲜廉寡耻。有的是对反清革命运动情况的调查，如《警钟日报》关于广西会党情况的调查等。当然早期的调查报告还比较粗糙，有些报告仅仅列举一些数字，没有反映发展变化的过程，更没有揭示事件的本质。

辛亥革命以后，调查报告这种新闻文体就成熟得多了。1914 年 4 月《申报》在“调查”栏内发表的杖策撰写的长篇调查报告《述中国铁路权之瓜分》，从 4 月 24 日至 5 月 16 日，共七次刊完。这篇调查报告不仅篇幅长，内容丰富，而且在写作上有一些新特点。(1) 结构完整。全文分三大部分，即绪言、诸帝国主义国家瓜分中国铁路主权的情况和结论。(2) 材料翔实，说服力强。调查报告主要介绍俄国、英国、日本、法国、德国五个帝国主义国家瓜分中国铁路主权的具体情况，包括哪几条铁路，全长多少，经过主要地区，采用什么手段等，材料十分具体翔实，读后完全被它列举的事实所征服，一切有良知的读者都不会否认帝国主义对中国的侵略及袁世凯政府卖国的事实。(3) 有深入的分析。首先在绪论中分析帝国主义瓜分中国铁路主权的总形势及趋向，指出“自民国元年以迄二年调查，列强共由我国政府获得铁路铺设权已达六七千英里”，“以此势推测将来铺设者尚不下数千百英里”，“其他各种利权落于列强之手，又不胜枚举”。其次分析帝国主义国家借款铺设每条铁路的当前目的及今后企图。如俄国借款铺设兰海铁路，即计划从江苏海门到甘肃兰州线，“全线一千零九十英里”，为“中国东西大道”，“纵贯黄河流域最富饶之部分，跨黄河、淮河、扬子江三大流域”，俄国势力将扩至半个中国。“如果铁路从兰州向西延长”，“经宁夏、新疆”，“与西北(伯)利亚铁路联接”，“俄国依该路经新疆、甘肃、陕西、河南尤为便利”地进入中国内地。作者在介绍俄在东北铺设海林至吉林铁路时也指出，与俄国西伯利亚铁路连接后，这样俄国侵华活动更加方便，“俄国依此铁路网从中央亚、西北利亚之两方面侵入中国，真可谓得囊括宇内之势”。

《述中国铁路权之瓜分》的作者，在详细介绍各帝国主义瓜分中国铁路权的情况后，呼吁国人注意这一严重形势，指出各帝国主义势力，“俄于北，英、日、法等各邦环伺于东西南三方面，鹰眈虎视”，“势均力敌，中原为鹿逐之场”。当政者“不顾大局者比比，民力尤可知矣，天欲亡之，谁能兴之”，“黄帝有灵，不且泣涕地下乎!”

三、名记者初露头角

民初“新闻”中心地位在报纸上的确立，还得力于一批优秀新闻记者的努力。上海各大报纸为了增强竞争力，不惜物力财力聘请了一批有志从事新闻工作的人士，担任各地通信员和特派记者。袁世凯和北洋军阀的高压政策，虽给新闻记者的采访活动增加了巨大困难，但艰苦环境也使他们得到锻炼，增长才干，一批初露头角的新闻记者涌现出来。当时对上海新闻事业作出突出贡献的有黄远生、邵飘萍、林白水、徐凌霄、胡政之、张季鸾等。

黄远生(1885—1915)，名为基，字远庸，笔名远生，江西九江人。出身书香门第。1903 年远生就读于南浔公学时，考取秀才、举人，次年中进士。进士俗称“翰林”，即可在京授职，也可外放知县。但他受新思潮影响，无意为官，去日本留学，攻读法律，同时对新闻时政也极有兴趣，注意研究。1909 年学成回国，在京邮传部做员外郎，并在参议厅、法政讲习所兼职，关心时政，经常为京、沪报刊撰稿。后辞官专事新闻工作。先后主编《少年中国》周刊、《庸言》月刊，担任《申报》、《时报》、《东方日报》驻北京特约记者，并为《东方杂志》、《论衡杂志》、《国民公报》、北京《亚细亚日报》撰稿。他才华横溢，文思敏捷，在短短四五年内，所写的政论、通讯、短评、新闻日记、文学论述等达四十余万字。还翻译过一些外国文学名著。被称为民初报界奇才，新闻记者中的巨擘。黄远生的新闻才能是多方面的，而以新闻通讯最为杰出，驰名中外，开创新闻通讯的新时代。由于袁世凯政府的压力，黄远生设法离京，途经上海赴美国考察，不幸于 1915 年 12 月被害于美国旧金山。

邵飘萍(1886—1926)，原名新成，又名镜清，后改名振青，字飘萍，笔名阿平等，浙江金华人。自幼聪明好学，16 岁中秀才，后入浙江高等学堂，毕业后回金华任中学教员，并向上海各报投稿。1911年与杭辛斋合作在杭州创办《汉民日报》，以才华过人，成绩突出，深受同行器重，被推选为浙江省报界公会干事长。1913年因发表反对袁世凯言论，被捕入狱，《汉民日报》随之停刊。1914年赴日留学，攻读政治，兼研新闻，课余同学友潘公展等组织东京通讯社，向国内各大报供稿。1915年底回国，在上海《申报》、《时报》、《时事新报》担任主笔，以阿平笔名发表了一系列反袁时评。1916年1月8日在《申报》等刊出启事："振青顷已归沪，诸友赐函请寄上海申报馆编辑部飘萍收即可"。不久，他应《申报》之聘，被派驻北京特别记者，为《申报》拍发专电，撰写北京通讯，及时详尽而深刻地报道北京政坛新闻，成为继黄远生之后最受欢迎的新闻记者。1916年8月，他在北京创办编译社，向京内外各报发稿，成为我国早期影响较大的私营编译社。1918年10月，又在北京创办了《京报》，自任社长，亲自撰写评论，由于他胆识过人，观察事物精审，见解深刻，所撰评论，言别人不敢言，引起了广大读者注意。他还亲自采写重大事件，常常发表独家新闻，使《京报》很快成为北京的著名报纸。由于他集中精力办好编译社和《京报》，同上海新闻界的联系日渐减少。

林白水(1874—1926)，名獬，又名万里，字少泉，笔名白水、白话道人、退室学者等。以白水最为人知。福建福州人。应过试，中举人。1901年6月在杭州参加创办《杭州白话报》，任编辑和主笔。后去上海，先后创办和编辑的报刊有《中国白话报》、《俄事警闻》、《神州日报》等，还积极为《苏报》等撰稿。同时参加革命活动。"苏报案"后，两次去日本留学。攻读法律兼修新闻。1905年为抗议日本政府对中国留学生的迫害，愤然退学回国，暂居上海，常为《时报》、《民立报》撰写评论文章。辛亥革命后，曾任福建省都督政府法制局局长，主编《新中国日报》，后去北京，为国会众议院议员，1916年辞去议员，与友人合办《公言报》、《新社会报》等。林白水才华过人，思维敏捷，写文章能"发端于苍蝇臭虫之微，而归结于时局"。1904年慈禧太后过70岁生日，上下官吏为讨慈禧欢心，大搞"万寿庆典"。为揭露清政府腐败，林白水在上海报上发表了一首讥讽对联：

今日幸西苑，明日幸颐和，何日再幸圆明园？两百兆骨髓全枯，只剩一人有何幸？

五十失琉球，六十失台海，七十又失东三省！五万里版图弥蹙，每逢万寿必无疆！

这副讽刺慈禧的对联，使人拍案叫绝，上海及外地报刊广为转载。林白水的新闻活动在当时社会上有一定影响。

徐凌霄（1888—1961），笔名彬彬，江苏宜兴人，出身于封建士大夫家庭，自幼聪明好学，长于文学，娴于经史。早年和维新派、立宪派及共和党人联系都较密切。辛亥革命后主要从事新闻工作，1916年起，继黄远生担任上海《申报》、《时报》的驻京特派记者，为两报提供不少精彩的北京通讯。所写通讯注重有关人物历史背景的介绍，文笔优美，富于趣味，很能引人入胜，成为民初最负盛名的新闻记者之一。《京报》创刊后，又被聘为特约撰述，后又为天津《大公报》撰稿人，从此他的新闻活动重心在京津地区。

胡政之（1889—1949），名霖，字政之，笔名冷观，四川成都人。早年随父就读于安徽省立高等学堂，1907年去日本留学，攻读法律，关心时政，爱好新闻。1911年回国，次年参加上海《大共和日报》工作，先后任翻译、编辑和主笔等。1915年任该报驻北京记者，在采访“二十一条”内幕新闻时，以消息敏捷而闻名。1916年转天津《大公报》工作，任经理兼总编辑，1919年代表《大公报》赴法国，采访巴黎和会消息，是采访这次会议的唯一中国记者，名震一时。1920年与林白水合办北京《新社会报》，1921年在上海创办国闻通讯社，1926年与吴鼎昌、张季鸾联合接办天津《大公报》，从此长期在天津从事新闻工作，直至抗战爆发。

张季鸾(1888—1941)，名炽章，笔名一苇。陕西榆林人。早年随父在山东邹平就读私塾。1905年去日本留学，攻读政治经济。1908年回国，1910年在上海协助于右任创办《民立报》。中华民国成立，任南京临时政府秘书。1913年在北京创办《民立报》，任主编，因反袁被捕入狱。出狱后回到上海，先后参加《大共和日报》、《民信日报》工作。1916年应《新闻报》之聘为驻北京特约记者，为该报撰写“特约通信”，与《申报》的邵飘萍、《时报》徐彬彬齐名，受到广大读者的欢迎。之后先后担任北京与上海的《中华新报》总编辑，1926年同吴鼎昌、胡政之联合接办天津《大公报》，长期在该报任职。

民初一批优秀新闻记者的出现，具有重要意义，它标志着中国新闻从业人员队伍发生了深刻的变化。上海国人最早从事报刊工作，是在外国人出版的报刊中做秉笔华士，懂得新闻专业知识的人微乎其微。国人办报兴起后，无论维新时期，还是革命时期，大都是政治家办报，也不重视新闻专业知识的学习和掌握，办报是服从于政治斗争的需要，很少考虑按报业发展规律办事。民初这批新闻记者则不同，他们多数不仅留过学，了解外国报业情况，而且学习和研究过现代资产阶级新闻学理论和办报经验，有的在国外从事新闻工作，因此新闻专业知识比较丰富。他们的成长标志着我国新闻事业从政治家办报向专业人员办报转变的开始。当他们主持或创办报刊后，比较注意新闻工作的特点，按报业发展规律办报，这对于推动上海乃至全国新闻事业的发展，起到了积极作用。

专业人员办报的一个突出特点，是既注意宣传什么，也考虑怎样宣传，考虑读者要求，考虑报刊的发行与经营，同时他们还注重总结新闻工作实践经验，使之上升为理论。如黄远生，他根据自己的实践，提出一个好的新闻记者须有“四能”：“(一) 脑筋能想；(二) 腿脚能走；(三) 耳能听；(四) 手能写。”“调查研究，有种种素养，是谓能想。交游肆应，能深知各方面势力之所在，以时访接，是谓能奔走。闻一知十，闻此知彼，由显达隐，由旁得通，是谓能听。不溢不漏，尊重彼此之人格，力守绅士之态度，是谓能写。”[45]这虽显简单，但在当时是很不容易的。邵飘萍根据自己多年的新闻工作实践经验，参以西方新闻学理论，先后出版了《实际应用新闻学》、《新闻学总论》等著作，成为我国新闻学研究的开拓者之一，更是难能可贵。由于他们认识到专业知识的重要，所以他们也很注重新闻专业人才的培养和使用。

四、新闻学研究的起步

新闻事业的变化，也推动了上海新闻学研究的开展。

新闻学研究同许多事物一样，都有一个从产生到发展的过程。上海新闻学研究萌芽于上世纪末，如维新时期，梁启超在《时务报》上发表了《论报馆有益于国事》等，对报刊的作用任务提出了自己的看法。之后一些办报人也开始探讨办报思想。也有的撰文介绍外国报业的发展情况，如1904年《大陆》杂志发表了《美国最古之新闻纸》等。不过都是短文，论述比较简单零碎。

如同近代上海报刊一样，系统研究新闻学的成果也是舶来品，1903年上海商务印书馆翻译出版的《新闻学》，是我国最早出版的新闻学专著。该书于1899年在日本出版后，很快引起中国新闻界的重视，1901年梁启超曾给予高度评价[46]。1903年《国民日日报》在发刊词中也引用该书的观点来阐明自己的办报思想。同年上海商务印书馆将该书翻译出版。1913年上海翻译出版了美国新闻记者休曼所著《实用新闻学》一书。该书出版于1903年，全书共16章，内容十分广泛，包括美国报业发展史，新闻从业人员的职责、条件与待遇，新闻的采访、写作与编辑，报纸的广告、美术和增刊，新闻自由与法律等，是一本实用性很强的书。由史青译成中文，上海广学会出版。

国人自撰新闻学著作，是上海新闻学研究的重要进步。1908年章士钊所撰《苏报案纪实》，由文海出版社出版，对“苏报案”作了全面系统的介绍，为后人研究这一事件提供珍贵史料。

1914年朱世溱编著的《欧西报业举要》，是民初上海新闻学研究的重要成果。《欧西报业举要》，共18章，首刊于上海《申报》“著述”栏内，自1915年3月27日至同年12月13日，分53次刊完。以后是否印刷出版单行本，待考。朱世溱是留英学生，在侨居伦敦期间考察英国及西欧其他国家的新闻事业，又“博考诸书纂为斯编，以资镜”国人。他在“自序”中具体说明了编著此书的目的。他说“近数年来，吾国报章为数较多，或者不察自为进步”，但是仅数量上的增加，并不算真正的进步。他认为中国新闻事业存在两个问题应加改进。一是“大抵今之所病，在重论说，而轻新闻，因是所载只有空论，而不中事实。核其纪事，以研究其根据，则复无可凭信”，报章论说又偏于政党之见，无客观公正可言。二是缺乏对新闻学理的研究。“学理是从事报业之主本，本不甚固，故权利所在，藩篱逐破，言论不尊学理一例，诉之感情，国民之大部分非惟不表同意，抑是掩耳，而不欲闻”。“吾国报间不能脱此两病，终无进步可言。”

《欧西报业举要》所论述的内容十分广泛，包括西欧（主要是英国）各国报业发展的历史与现状，报纸与杂志的异同，通讯社的组织机构及工作特点，新闻出版自由与新闻法规，战时检查制度等。该书主要特点：

（一）阐明新闻事业与社会发展的关系。作者提出社会经济发展，群众文化程度高，是报纸生存与发展的先决条件。同时国家的“言论博大昌明”，“其国尚自由矣”，言论比较自由，也是报业发展的重要条件，如果“其国专制之淫威盛，而言论之自由尽矣”，“所持言论之独立失矣”，报业不可能发展；反之，报章所刊“广告多，则知其商事盛，而百业兴矣”；“其销数广，则知其民好读报纸，民智进矣”，“其民俗文雅，而好胜之心盛，其国长治久安矣”。总之“报事进，则国运盛，而民智高；报事败，则国运衰，而民智下”。“欲求国运之盛，民智之高者矣，莫如得报章以为天下倡,虽然是倒果为因之辞,不可不察也。”

（二）介绍报业发展状况与阐明新闻理论相结合。《欧西报业举要》,顾名思义主要是介绍西欧各国新闻事业的发展概貌,而作者在客观介绍各国报业发展情况时,阐述自己对一些新闻理论的看法。如,报章是什么？他说“报章是舆论之机关也”。那么舆论又是什么？“夫国民本之意见所向,发为言词,斯曰舆论”,也就是“舆论者民意之所趋向也”。报章如何发挥舆论作用？作者指出:“报章之义务多矣广矣,而其最重要者则曰传播新闻”,向导舆论,其方式与其他传媒不同。报纸“传播言论之意,隐伏于传播新闻之中”。所以报纸报道新闻不是绝对客观公正的,而带有一定倾向性,因为“新闻未登之先,必须选择取舍之间,记者可使用其权力矣”。既是同一事件,记者在报道时着力也有不同,有的“则于欲言反复而引申”,有的“不欲者,则数语以尽之”。报社的言论部更负有“指导舆论,监督舆论,代表舆论”的任务,“言论一出,众人有所准望,向所未遽发之舆论,至是油然而生矣”。

为充分发挥报纸舆论的作用,新闻工作者应做到两点:一是新闻报道必须坚持真实性原则,以取信于读者,否则“不仅则人皆厌之”,“而报事则败矣”;二是为使言论独立,必须坚持经济自立的原则,“报纸之价值在于自立”,而“自立之基础在于营业,理则然也”。如果经营不善,经济不能自立,报纸“必仰命于强有力者,遂为其所利用”,变成所“依赖者之奴隶,非舆论之喉舌也,非国民之指导也”。这是很有见地的。

（三）介绍西欧报业与分析中国报业状况相结合。作者在介绍西欧各国报业发展时,常常与中国报业情况作比较,找出中国报业落后的地方，希望报界同人努力，改变这一状况。如在第十五章“英国之报章”中，不仅从中、英两国的面积、人口与报刊出版情况作对比，说明中国报业的落后，而且还把山东、河南两省的面积、人口和报刊出版状况与英国作比较，这两省人口、面积与英国差不多，可是出版报刊也远不及人家，更显得中国报业的落后。他还从报纸版面内容作比较，指出中国报纸也不如英国报纸，如英国报纸设有“商业栏”，中国报纸设有“实业栏”，两者基本相同，而英国报纸所刊“规模之巨大”远远超过中国报纸。作者在“绪论”中评述西欧报业状况之后，还批评中国报纸的报道作风不好，“今观吾中国之报界则何如者，治事之人昧于根本主义，以言论之放诞，纪实之不实，取侮国民久矣”。这是对当时中国报界的忠言。

上海新闻学研究成果还有一些，如 1914 年时事新报社出版了《时事新报选粹》，1917 年上海商务印书馆出版了姚公鹤的《上海报业小史》，同年大中华书局翻译出版了《英国之女记者》，1918 年商务印书馆出版了甘永龙翻译的《广告须知》和包天笑著的《考察日本新闻纪略》等。报刊上发表的关于新闻学方面的文章和论文，也比以前为多。这说明，上海国人新闻学研究虽刚刚起步，但成果是多方面的，为二三十年代上海新闻学研究的突飞猛进打下了基础。

注释：

①《申报》1912 年 6 月 14 日。

②《时报》1912 年 3 月 8 日。

③ 李键青:《〈民权报〉〈中华民报〉和〈民国日报〉》,《上海地方史料》(五)第47页,上海社会科学院出版社1986年1月版。

④《申报》1912年4月14日。

⑤《太平洋报出版预告》,《申报》1912年3月9日。

⑥《国民新闻社广告》,《申报》1912年5月24日。

⑦《独立周报启事》,《申报》1912年8月10日。

⑧《编制市政公报意见书》,《申报》1912年9月22日。

⑨ 天仇:《奇论》,《民权报》1912年4月25日。

⑩ 血儿:《衷告国民》,1912年5月1日。

⑪⑭《中国新闻史文集》第88页、第89页,上海人民出版社1987年11月版。

⑫⑬《申报》1912年3月6日。

⑮ 海鸣:《刺宋案与各政党》,《民权报》1913年3月21日。

⑯《论维持政府之策》,《时报》1912年6月20日。

⑰《时报》时评,1913年8月31日。

⑱《警告约法会议》,《时报》1914年4月3日。

⑲《本报代募军饷广告》,《申报》1912年1月2日。

⑳ 叶楚伧:《五千号纪念刊序》,《民国日报》1930年5月13日。

㉑《申报》1913年3月28日。

㉒《申报》1913年8月5日。

㉓《申报》1915年1月18日。

㉔㉕《申报》1915年9月3日。

㉖《民权报之文字祸》,《申报》1912年5月26日。

㉗《审讯民权报案详志》,《申报》1912年6月14日。

㉘《申报》1913年5月1日。

㉙《北京中央新闻报馆代表意见书》,《申报》1912年6月8日。

㉚《黄远庸启事》,《申报》1915年9月6日。

㉛ 戈公振:《中国报学史》第 206 页,中国新闻出版社 1985 年版。

㉜《中国新闻事业通史》第 1 卷第 1083 页,中国人民大学出版社 1992 年第 1 版。

㉝ 康有为:《中华救国论》,《不忍》第 1 卷第 1 期。

㉞ 康有为:《孔教会序二》,《不忍》第 1 卷第 2 期。

㉟《钏影楼回忆录》第 417 页,香港大华出版社 1971 年 6 月第 1 版。

㊱ 吴双热:《记者苦》,《民权报》1913 年 6 月 12 日。

㊲《冷报出版之宣言》,《申报》1912 年 7 月 20 日。

㊳《中国白话报出版广告》,《申报》1915 年 6 月 3 日。

㊴《通信》,《新青年》第 1 卷第 1 号,1915 年 9 月 15 日。

㊵《民国日报奋斗之精神》,《建设》杂志第 1 卷第 3 号,1919 年 10 月。

㊶ 戴季陶:《访孙先生谈话》,《星期评论》第 3 号,1919 年 7 月。

㊷《俄国社会大革命之由来》,《民国日报》1917 年 12 月 23 日。

㊸《欢迎投稿》,《星期评论》创刊号,1919 年 6 月 8 日。

㊹《中央将实行司法独立》,《申报》1912 年 9 月 7 日。

㊺《忏悔录》,《远生遗著》第 132—133 页,商务印书馆 1984 年 5 月增补影印第一版,上海出售发行。

㊻ 参阅《〈清议报〉一百册视辞并论报馆之责任及本馆之经历》一文,《清议报》第 100 期,1901 年 12 月 21 日。

第六章
现代新闻事业格局的初步形成

第一节 五四运动中新闻界的震荡

一、上海新文化运动中心地位的重新确立

五四新文化运动，是中国新式知识分子群体，以西方近代思想为文化武器，对中国传统文化发起的一次全国性的冲击。它在中国近代史上具有特殊的意义，不仅给中国思想文化战线带来深刻影响，而且在政治上推动了民主革命发生质的变化。这一切推动着中国新闻事业发展到一个新的历史阶段。

上海是新文化运动的发源地。首先由《新青年》发起对中国封建主义文化的冲击，它联络和团结一批进步知识分子，逐步形成了早期上海新文化运动的中心地位，1917年初，陈独秀应北京大学校长蔡元培之邀，担任北大文科学长，赴北大任教时，《新青年》也迁往北京。当时由蔡元培主持的北大，实行

“兼容兼包”的办学方针，容纳各种学派自由讨论和争鸣，因此吸引了众多的知识分子前往任教。《新青年》迁北大后，一批进步知识分子聚集在它的周围，很快把新文化运动推向高潮。北京成为新文化运动的中心。

五四运动爆发后，上海又很快恢复了新文化运动的中心地位，并把运动的深度和广度大大向前推进了一步，由对封建文化的批判，进入对社会改造的探索。当时知识分子由现实对抗转入理性思考，中国社会的改造和前途问题，成为进步知识分子普遍关心的焦点。各地争相出版的宣传新思想、谋求社会改造的刊物，如雨后春笋，大量出现。上海的这类出版物在数量和质量方面，都占有很大的比例，在宣传中起着举足轻重的作用。如“五四”时期著名的四大副刊，有两个在上海，它们是与北京《晨报》副刊、《京报》副刊齐名的《民国日报》副刊《觉悟》和《时事新报》副刊《学灯》。特别是《觉悟》随着新文化的发展，它对社会改造问题的讨论，其深度远远超过其他副刊。创刊于1919年6月和8月的《星期评论》和《建设》杂志，它们的宣传也不限于思想文化战线的辩驳，而注重劳工问题、社会改造等实际问题的探讨，为全国其他刊物所不及。《新青年》从北京迁回上海后，把反对军国主义和金力主义作为宣传中心。1920年5月出版了“劳动节纪念专号”，更标志着报刊宣传在理论联系实际方面发展到一个新阶段。

五四以后，思想战线大论战的中心地位，不仅由北京转移到上海，而且发生了质的变化。新文化运动以五四运动为界线，分为前后两个阶段。五四前，主要是民主主义思想批判封建主义的斗争;五四后,则是马克思主义批判各种资产阶级反动思潮的斗争。前者论战的中心地区在北京,后者则以上海为主了。五四后,思想战线的斗争主要表现为三次大论战。第一次是关于“问题与主义”的斗争。由胡适在北京《每周评论》发表的《多研究些问题,少谈些主义》一文而引起,李大钊发表了《再论问题与主义》等文,给予批判。由于《每周评论》被北京军阀政府查封,论战没能继续下去,因此影响不大。第二次和第三次是批判基尔特社会主义和无政府主义的斗争,都是以上海的报刊为中心阵地展开的,这两次论战持续时间之久,涉及问题之广泛,影响之深远,大大超过第一次,为马克思主义在中国广泛传播开辟了道路。

五四后,进步知识分子新文学研究的活动中心,也由北京移至上海。新文化运动中的文学革命,发展演变为新文学研究,1921 年 1 月,由茅盾、郑振铎等发起组织的文学研究会在北京成立,成为当时新文化运动中影响最大的新文学团体。而有趣的是,团体成立于北京,但发行的刊物阵地却在上海。商务印书馆出版的《小说月报》自第 12 卷由茅盾主持后,事实上成为文学研究会的社团刊物。同年由郭沫若、郁达夫、成仿吾、田汉等发起组织的创造社,是影响较广泛的另一个新文学团体。它的成立和活动,得到上海泰东书局的大力支持,创造社的刊物和丛书都在上海出版,所以创造社的活动中心亦在上海。

中西文化思想交流,是新文化运动的重要组成部分,上海作为中西方文化交流的窗口作用,也日益显著。上海是中国最大的国际性城市,在促进中西文化交流方面,是其他地方无可比拟的。五四后，几次出国留学的中国学生，几乎都是集中上海候船放洋的。聘请外国学者来华讲学，也大多由上海发起并经上海进入内地的。1920 年 3 月，梁启超从欧洲考察回国后不久，聘请现代生命哲学家柏格森来华讲学，得到商务印书馆的赞助得以实现。以后梁启超在上海发起组织了专门聘请外国学者讲学的团体——讲学社，也是在商务印书馆等单位的支持下成立的，因此，上海的中西文化交流最为活跃。世界著名报人和新闻教育家来华访问，多数首先抵达上海，活动也最为丰富。

五四后，新文化运动中心由北京转移至上海，是由诸多因素决定的。首先，是政治运动中心的转移。新文化运动中心在北京确立以后，文化运动很快转变为政治运动，终于爆发了“五四”反帝爱国运动。在北京学生运动的推动下，上海的新文化运动也很快带上了政治色彩。最先与学生运动相结合，然后推动了市民和工人运动，形成了工、商、学联合行动的“三罢”斗争。上海工人阶级登上中国政治舞台，政治运动中心由北京转移至上海，决定了“五四”运动的最后胜利，因此也奠定了新文化运动在上海顺利发展的基础。其次，大批进步知识分子精英集中到上海。五四前，北京大学的办学方计，吸引了大批知识精英，是新文化运动兴起的重要原因。“五四”运动爆发后，北京军阀政府面对蓬勃兴起的群众运动，采取高压政策，迫使大批进步知识分子纷纷逃离北京，南下上海，利用上海租界能为他们提供在封建军阀统治下所没有的自由，开展活动。1919 年 9 月，陈独秀出狱后，即逃出北京，避居上海，次年也决定把《新青年》迁回上海。一批留学归国的学子，也大都云集上海。再者，上海是中国资本主义最发达的城市，又具有国际大都市的特点，为新文化运动的深入发展创造了有利条件。资本主义经济的发展，是现代文明产生的土壤和发展的物质条件，上海是中国资本主义最发达的地区，自然是新文化运动深入发展的经济和社会条件。特别是上海工人阶级的不断壮大和觉悟的提高，需要革命理论指导斗争，这更是马克思主义广泛传播的深刻社会基础。

二、五四运动对新闻界的冲撞

五四运动爆发后，广大群众的爱国反帝热情，在上海新闻界引起强烈反响，上海各大报首先投入支持群众斗争的宣传活动。《民国日报》从 5 月 5 日起，就连续报道北京学生运动的斗争情况，发表时评和社论，支持学生的爱国反帝的正义行动，指出外交失败的严重性，呼吁一切爱国民众，积极行动起来，与爱国学生一致行动，挫败北京政府出卖国家主权的阴谋。指出“山东问题是我国存亡之问题”，“断送山东，即断送民国”。我们应采取“强硬之主张”，“拼命与之相争”。号召不论“男的”还是“女的”，“读书的”还是“做工的”，“种田的”还是“经商的”等，“都应该尽救国的义务”。上海《民国日报》还猛烈抨击北京军阀政府的卖国罪行，尖锐指出“从前清政府统治光绪以来”，就有“一大批的卖国贼”，现在的北京政府大大超过清政府，简直可以说是“卖国公司”。《民国日报》特辟“大家讨贼救国”专栏，连续刊载了《两年来卖国借款一览表》等，系统揭露北京政府的卖国罪行。

“五四”群众爱国反帝运动，也激发了在政治上一向落后保守的大报的爱国热情。长期对国内政治问题采取逃避态度的《申报》，在群众运动的推动下，也参加了这场斗争。五四运动爆发的消息传到上海，《申报》在客观报道事实的同时，发表了没有倾向性的社评《表示》，只是说“青岛问题至此今日，国人不能无一种表示的态度，此为各国常有之事”，“政府对之更应当善为处置”，若“专于压抑”，“将旁溢而横决也”。又说“民气当愤激之时”，政府应当“善用其气”[①]。这种立场自然有为军阀政府代筹之意。5 月 10 日，还泛泛而论地说“国事之挽救，必一国人同挽救之，人人有挽救之责”，“不望人而望己，不求人而求己，不责人而责己”。当群众强烈要求惩办曹汝霖、陆宗舆、章宗祥等卖国贼时，《申报》还不敢公开点他们的名，只是说“负责之人使国事败坏至于如此”。而“依然任事如故，负责之人亦太无羞耻点”。应当罢免“以前与此外交有关系之人”。到 6 月初，《申报》态度才有明显改变。在社评中公开抨击军阀安福派，揭露他们在国人奋斗之日，“欲乘机以图私利”，是中国“政党中尤为无耻者也”，发出“打消军阀势力”的呼吁。

《新闻报》较为激进些。在五四运动前，就公开点名批判曹汝霖等人的卖国行为。4 月 14 日在社评《曹汝霖之外交》中指出，为什么中国在巴黎和会上“外交失败”？是因为北京政府“关于国家根本之大计”，“专以退为主”，“不顾国权之丧失，是我出于媚外卖国者所为”。五四运动爆发后，《新闻报》同情与支持学生的爱国反帝行动，说“当外交危急，国民以示威行动表示其正当主张，此为各国习见之事”，北京学生游行示威，“皆激于爱国之诚”，“与寻常无意识之暴动截然不同”。同时要求罢免曹汝霖等卖国贼。指出这三个人"国人唾骂已久，而仍安居高位，安得不激动众怒"。故北京政府"第一应服从民意"，"速惩黜曹、陆等，以谢天下"。至6月初，《新闻报》对北京政府包庇曹、陆等人十分不满，指出北京军阀政府"宁拂全国人心，而为两三奸人作护符"，"是欲借重卖国之人才，而自承为卖国之政府也"[②]。《新闻报》还驳斥反动派诬蔑学生运动是由"过激派"挑动的谬论。指出"试观五四示威运动以来，响应者全国一致，此可以操纵而得？实由卖国之徒违法乱纪，肆无忌惮，人心遂愤不可遏"[③]所造成。它呼吁全国人民起来支持学生的爱国行动，"国家为人民所共有，救亡之责岂能专属诸学生"。《新闻报》著名副刊《快活林》，自6月8日起更名为《救国雪耻》，以表示爱国态度，以主要篇幅刊载反帝爱国的文字。

《新闻报》变化较大的原因，除反映了主持报纸的民族资产阶级和知识分子的爱国热情外，此时《新闻报》仍是福开森名下的外商报纸，客观上起了一定保护作用，所以评论国内政治问题胆子更大一些。

上海新闻界也以实际行动投入了这场爱国反帝运动。4月15日，设在上海的全国报界联合会通过了《拒登日商广告案》。《申报》、《新闻报》、《民国日报》、《时事新报》、《神州日报》、《中华新报》等七家大报经过多次协商，决定联合行动，于5月15日起，拒绝刊登日商广告，决议称"敝报等公决，自五月十五日起，不收日商广告并日本船期汇市商情等"[④]。当全国抵制日货的群众运动兴起后，全国报界联合会给予积极支持，通告"全国报界，在山东问题未圆满解决之前，对于日商广告，一律拒登，以表示我同业爱国之热忱"[⑤]。

上海新闻界还强烈谴责北京军阀政府非法逮捕学生的罪行。当北京示威学生被逮捕的消息一传到上海，上海日报公会于5月6日致电北京政府，要求立即释放被捕学生，指出"北京学生行动虽激，然实出于爱国热情"，"顷闻有主张解散学校，处学生死刑之说，风声所播，舆论激奋"，警告北京政府"须知压抑愈重，反动愈烈"，"请勿漠视舆论，致激巨变"。还指出"际此国家存亡所关，全持民气激昂，为政府后盾"，"望立开释被捕学生，以慰人心"⑥。

惩黜卖国贼，以谢国人，这是上海及全国新闻界的一致要求。5月12日，全国报界联合会发出"讨贼通电"指出"曹汝霖、章宗祥、陆宗舆、徐树铮等人丧心卖国"，已激起"人民积愤"，要求北京政府"严惩四凶，以保国权，以彰公道"，并呼吁全国人民"国权一去则不复返"，应当举国一致，"据理力争"，"誓与存亡"⑦。6月3日，上海工人、商人和学生发动"三罢"后，迅速影响全国，把五四爱国反帝运动推向高潮。6月15日，上海日报公会再次致电北京军阀政府，警告说："风潮所荡，必致全国辍业。人心既去，岂武力所能压制，大局危殆，非立释学生，惩办曹、陆、章不足挽回人心，而保国家。"⑧

自然，事物的发展是复杂的，对五四爱国运动问题，各报立场不同，所持态度自然不同。由军阀控制的《新申报》，采取亲日立场，站在群众运动对立面，是对抗五四群众运动的急先锋。

五四运动也推动了上海新报刊的产生。学生是这次运动的先锋和桥梁，随着运动的深入发展，一批学生报刊相继出版。上海学生联合会成立后，1919年6月4日便出版机关刊物《上海学生联合会日刊》。社址设在法租界贝勒路义和里内，出至8月一度停刊，因物资条件困难，曾设想改为周刊。但周刊难以适应迅速发展的斗争形势需要，仍决定出日刊，于9月1日复刊，日出两张。除刊载学界消息外，较重视工商消息的报道。学生运动高潮过去后，为了从思想理论上指导学生斗争，于1919年12月又出版了《上海学生联合会通俗丛刊》半月刊。主要是“用极浅显简单的文字，灌输一种做国民所应当晓得的知识”。各个学校也相继出版了自己的刊物。复旦大学有《平民周刊》，南洋公学（现上海交通大学前身）有《南洋周刊》，上海第二师范有《平民导报》等。留日归国学生出版了《强国日报》，留美学生出版了《民心周报》等。

其他类型的报刊有：《星期评论》，《建设》，分别创刊于1919年的6月与8月，都是在孙中山与国民党的指导和经济支持下出版的，都是综合性理论性刊物，在知识分子中间具有相当的影响。商业界出版的报刊有《官商日报》，1920年1月创刊，以“监督官厅，提倡商业”，“打破官商之阶级，促成民治商业”发展为宗旨。4月上海华商纱厂联合会出版了《华商纱厂联合会季刊》等。社团出版的刊物有：新人社的《新人》杂志，促进会的《大生日报》等。由学生组织的上海少年宣讲团，于1919年12月，创办了“上海公众阅报社”，设在嵩山路47号，搜集国内各地报刊，供群众自由阅读。

三、马克思主义传播在上海

马克思主义在中国传播，早在辛亥革命前就开始了，《民报》、《新民丛报》等报刊都介绍过马克思、恩格斯以及第一国际的情况。但是,由于当时的历史条件,在中国社会没有引起多大的反响。只到五四以后,马克思主义才同中国革命实际相结合,成为中国工人阶级指导革命斗争的思想武器,把民主革命推进到一个崭新的阶段。在这个结合中,上海的报刊起了非常突出的作用。

早期中国人民是通过报刊了解十月革命和俄国劳农政府的情况,来认识马克思主义的。在这方面,上海的报刊走在全国各地的前面。十月革命后的第三天,上海的《民国日报》、《申报》、《时报》、《中华新报》等,都以大字标题和显著地位刊载八日伦敦电:"俄国公报云:彼得格勒戍军与劳动社会已推倒克伦斯基政府","主谋者为里林氏(按:即列宁)"。这是中国人民看到的关于十月革命的第一条新闻。同一天,《中华新报》又根据外国通讯社电讯,报道了 11 月 7 日晚间,第二次全俄苏维埃代表大会开会,宣布全部政权已归苏维埃掌握的消息,并摘要刊载了列宁演说要点。次日《民国日报》等进一步介绍了十月革命战斗的进展情况。之后,上海各报都以相当的篇幅报道俄国劳农政府各方面的情况。《时报》还在第二版显著地位开辟了"俄国革命消息"专栏,逐日刊载外国通讯社发的俄国革命动态的"专电"、"通讯"等。这是当时中国报界所不多见的。由于客观条件限制,上海各报刊载的十月革命的消息,主要来源于欧美的通讯社,因而不能不带有西方资产阶级意识的痕迹。

随着俄国革命的发展,上海的报刊出现了关于俄国革命的评论。如,《中华新报》发表了《面包与治安》的短评。评论在简要评述了俄国革命问题后,警告北京军阀政府,不要剥夺人民最低限度的生活权利，否则将有克伦斯基政府的下场。它说："今之不如克伦斯基且又好夺国民之面包用之于一己之权势者，可以知所鉴矣。"这些评论表明作者对俄国革命的性质还缺乏足够的了解，但也流露了他们对俄国人民革命斗争的同情。

当时，中国各报纸都没有驻外记者，国际新闻几乎全部依靠外电。关于十月革命以及稍后一个时期俄国国内情况的消息，就大都是根据英美日等资本主义国家通讯社电讯编发的。中国报纸既然采用了外国通讯社的在很大程度上已歪曲或捏造的报道，就自然很难正确地报道十月革命及以后俄国劳农政府的真实情况，对中国读者产生了一些不良影响。但是它毕竟冲破了反动统治者的封锁，使中国人民及时地对十月革命情况有了初步了解。

五四以后情况有了很大变化。首先可以从第一手材料了解俄国苏农政府的情况，认识十月革命的意义。十月革命后不久，俄国劳农政府曾多次正式或非正式地表示，废除沙皇政府与中国政府签订的一切不平等条约。但是，由于帝国主义封锁，这些消息没有传到中国。1918年初，当得知俄国劳农政府宣布"凡以前之政府所缔结之一切国际条约——一概作废"的消息，引起中国人民的极大关注和欢迎。1920年3月，俄国劳农政府发表了致中国国民及南北政府的宣言。提出废除沙皇政府在以前与中国签订的一切不平等条约，以及归还中东铁路，放弃庚子赔款等建议，上海《时报》首先在"要闻"栏内，以"俄国对中国之宣言"大字标题，刊登了宣言摘要。之后，《民国日报》、《时事新报》、《申报》、《新闻报》等各大报陆续刊登了宣言全文,配发评论对俄国劳农政府的友好建议表示热烈欢迎,对帝国主义及反动派对俄国革命的造谣诬蔑也给予驳斥。上海《正报》、《救国日报》等还在评论中驳斥了敌人所谓"过激派"的谬论,指出"可怕的过激派,却没有什么可怕,他的心事不仅要援救俄国工人,还要援救中国人民"。

中国全国报界联合会代表中国新闻界,对俄国劳农政府宣言发出复电,称:"我们接受俄国劳农政府很公正而很有利的通牒,无限欢喜。我们谨代表中国的舆论,对于俄罗斯社会主义联邦苏域共和国人民,表示最诚恳的谢意。希望中俄两国人民在自由、平等、互助的正义下面,以美满的友谊致力于废除国际的压迫,及国家的种族的阶级的差别。"⑨表达了中国人民对俄国劳农政府新生政权的认识。

把报道俄国革命与如何改造中国联系起来,是报刊宣传马克思主义的一个重要发展。五四运动后,人们对俄国革命的关心和研究大大增加,报刊仅仅报道一些消息,已远远不能满足需要,希望报刊提供全面系统而真实的俄国革命的情况,研究俄国的经验,根据十月革命的经验来考虑自己的问题,开始接受和研究马克思主义这一放诸四海而皆准的普遍真理。上海报刊介绍和研究马克思列宁主义的内容逐渐增多。《民国日报》副刊《觉悟》、《星期评论》和《建设》等报刊很有代表性。《民国日报》副刊《觉悟》在五四以后,以很大篇幅刊载了讨论社会主义、社会改造问题、劳动问题以及介绍欧美各国社会主义政党的译文,这对于帮助中国读者了解社会主义理论和世界社会主义运动的历史与现状,是有很大好处的。大致从 1920 年起,《觉悟》的社会主义方向愈来愈明确,认为中国应当走社会主义道路，应当以马克思主义为中国改造社会的指导思想，知识分子应当到劳动群众中去。《觉悟》还积极参加了批判基尔特社会主义、无政府主义等错误思潮的大论战。《星期评论》除发表介绍马克思主义的文章外，对社会改造问题、劳动问题等开展了广泛深入的讨论。《建设》杂志从1919年8月至1920年4月，粗略统计就刊载了介绍马克思主义，或用马克思主义分析中国问题的论文或译文20余篇(次)，占这时期全部文章篇幅的15%—20%。这是在同期全国其他刊物中所不多见的。

自然，这些报刊的编者和作者的世界观刚刚开始接触马克思主义，其认识和理解十分浮浅，存在缺点和错误在所难免，何况队伍复杂，各个人介绍马克思主义的立场和出发点不同，贬低和歪曲马克思主义原理的也有。这是世界上任何一个国家在接受新思潮中不可避免的现象，但它毕竟使读者打开眼界，日益增加了解和认识马克思主义真理。

代表宣传马克思主义正确方向，并把它推向一个新的历史阶段的，是上海共产主义小组创办的报刊。

第二节　共产党报刊的崛起

一、上海共产主义小组的报刊活动

五四以后，中国出现了一种完全新型的报刊，也即以马克思主义为指导思想的报刊，标志着中国新闻事业发展到一个新的历史时期。这种新型报刊，当时都是由共产主义小组主办的。

最早出现的是成立于1920年5月的上海共产主义小组，由陈独秀主持。这个小组担负发起建立中国共产党的任务，在中国共产主义运动中处于中心和指导地位。小组成立后的首要任务，是向工人和先进知识分子传播马克思主义，报刊宣传成为完成这一任务的主要手段。

首先，将《新青年》改组成为它的机关刊物。《新青年》原是一个同人刊物，1919年6月，因陈独秀被捕，李大钊出走北京而停刊。9月，陈独秀出狱后召开编辑部会议，为减少北京军阀政府的迫害，决定迁回上海。1920年初在上海复刊，仍由陈独秀主编。吸收李达、李汉俊、陈望道等，组成新的编辑班子，留在北京的原编辑部成员虽未退出，但对刊物的影响不大。上海共产主义小组成立后，其成员全部参加《新青年》编辑部工作，并为主要撰稿人，这就保证了《新青年》沿着正确的方向发展。

《新青年》转变的一个重要标志，是它确定了以马克思主义为刊物的指导思想，宣传马克思主义是它的主要任务。1918年《新青年》发表了李大钊的《庶民的胜利》和《布尔什维主义的胜利》两篇歌颂十月革命的文章，使该刊具有了社会主义因素。1919年6月，由李大钊编辑出版的“马克思主义研究”专号，标志着《新青年》的重大转变。1920年初，七卷一号发表的《本志宣言》，宣布放弃了自由主义的办刊方针，确定以马克思主义为指导。5月，出版“劳动节纪念”专号，标志着马克思主义宣传与实践相结合的开始。上海共产主义小组成立后，就确定《新青年》为小组的机关刊物，从此，宣传马克思主义成为它的中心任务。

在《新青年》的转变中,陈独秀起着决定性作用。从五四运动到1920年8月,是陈独秀由民主主义者向共产主义者转变的关键时刻,他的转变推动着《新青年》不断前进。复刊后的《新青年》由他主编,新编辑部由他组建,新的编辑方针由他制定,重大宣传活动,如出版"劳动节纪念"专号等,由他决定并负责实施。他是上海共产主义小组负责人,把《新青年》改组为小组的机关刊物,他的意见自然也会起决定作用。尽管陈独秀在当时思想上存在一些非马克思主义成分,但他的这一历史作用,还是不能否定的。

为了促进马克思主义与工人运动相结合,上海共产主义小组又创办了小型通俗的工人报刊《劳动界》。《劳动界》创刊于1920年8月15日,周刊,32开本。主要编辑和撰稿人有陈独秀、李汉俊、陈望道、沈玄庐、陈为人等。设有"国内劳动界"、"本埠劳动界"、"时事"、"调查"、"通讯"、"小说"等栏目。刊物通过生动具体的事实向工人宣传劳动神圣,劳动创造价值的道理,揭露资本家剥削工人的秘密,教育工人以俄国工人为榜样,组织起来,"信奉社会主义,实行社会革命,把资本家完全铲除",建立由工农劳动者当家作主的新社会。《劳动界》报道上海及全国各地工人生活、劳动和斗争的情况,总结经验,提高斗争水平。还刊登国际工人运动的消息,扩大中国工人的视野,启发他们的觉悟。上海小组还帮助一些基层工会创办了《机器工人》、《上海伙友》、《友世画报》等刊物,配合《劳动界》扩大对工人的宣传教育。

在筹建中国共产党的过程中,还必须加强对具有初步共产主义思想的知识分子进行有关无产阶级政党的性质、任务、组织原则等方面的教育，这一历史任务，便由上海小组创办的《共产党》月刊担任了。

《共产党》月刊创刊于1920年11月7日，也即十月革命胜利三周年纪念日。16开本。据说出版了七期，但目前见到的只有六期。由李达主编，为该刊撰稿的都是上海小组的成员。刊物是秘密出版的，撰稿人都是用笔名或化名。如李达用“江春”、“胡炎”，沈雁冰用“卫生”，施存统用“CT”，李汉俊用“汗”等。《共产党》月刊主要介绍第三国际和国际共产主义运动的情况，介绍俄国布尔什维克党和其他各国共产党的建党经验，介绍列宁关于无产阶级政党的理论和知识。根据列宁的建党理论，讨论了中国共产党的性质、任务、革命道路和方法等问题。它还发表了一篇论述农民问题的文章，试图用马克思主义阶级分析方法看待农民问题。

《共产党》月刊创刊时，正是无政府主义在国内泛滥的时候。它是一种对建党极为有害的反动思潮，不批判它的反动性，不划清共产主义与无政府主义的界限，真正的无产阶级政党是建立不起来的。因此，批判无政府主义，便成为《共产党》月刊又一个重要任务。它与《新青年》互相配合，协同作战，先后发表了《社会革命商榷》、《无政府主义之解剖》、《我们为什么主张共产主义》等一系列文章，集中批判无政府主义反对一切国家、反对无产阶级专政的谬论。指出“我们的最终目的，也是没有国家的，不过我们在阶级没有消灭之前”，却极力“主张要有强力的无产阶级专政的国家”，否则“革命就不能完成，共产主义就不能实现”。这些论述基本上是列宁《国家与革命》的观点，是对无政府主义最有力的批判。

《共产党》月刊的出版，受到各地共产主义小组和先进分子的热烈欢迎，尽管是在白色恐怖的环境下秘密发行，发行量也很快到达五千多份。各地共产主义小组把它列为成员的必读材料，人们争相传阅，广为流传，当时毛泽东盛赞这个刊物“颇不愧‘旗帜鲜明’四个字”。

二、中国共产党机关报刊的创办

党的“一大”后，上述共产主义小组主办的报刊，除《新青年》外，都先后停刊了。《新青年》出至1922年7月，也因帝国主义的迫害停刊了。同月，党的“二大”会议上专门讨论了党报问题。8月，中共中央在杭州西湖会议上，为推进与孙中山领导的国民党建立统一战线，决定创办党的机关报《向导》。由主持中央宣传部工作的蔡和森负责筹办。

《向导》是中共中央第一个政治机关报，于1922年9月13日在上海创刊，主编蔡和森。16开本，周刊。参加编辑和撰稿的先后有陈独秀、李大钊、瞿秋白、罗章龙、张国焘、赵世炎、彭述之等。1923年至1924年毛泽东在上海工作期间，也参加编辑工作。1925年6月，蔡和森因病去北京休养离开编辑部。由担任中央宣传部长的彭述之接替，具体编辑业务由宣传部秘书郑超麟负责。宣传部干事张伯简负责印刷和发行。1927年春，中共中央迁往武汉，《向导》也随之迁至武汉出版，由负责宣传部工作的瞿秋白主编，羊牧之协助编辑。1927年7月，汪精卫叛变革命后，《向导》出版遇到了极大困难，被迫停刊，共出版了201期。

《向导》是党的政治机关报，一创刊就紧紧围绕着党的路线、纲领、方针和政策进行宣传。集中力量从现实与理论的结合上宣传党的“二大”制定的反帝反封建主义的纲领，宣传建立国共合作的必要与措施，宣传发动工农运动的必要和政策等。《向导》宣传第一次在人民群众中，高举起反帝反封建军阀的大旗，为人民群众的革命斗争指明了方向，受到广大读者的热烈欢迎，发行量迅速上升。初刊时仅发行两千余份，不久增加到四千多份，两年后每期销售两万多份，到1926年7月已达五万多份，迁至革命中心武汉后，销量直线上升，近十万份[10]。

《向导》所取得的宣传成绩，是与蔡和森的努力分不开的。蔡和森(1895—1931)，湖南湘乡人，是中国共产党早期的卓越领导人，杰出的无产阶级理论家、宣传家。他早年参加学生运动，与毛泽东一起领导湖南的五四爱国运动，后去法国勤工俭学。在法国期间，他“猛读猛译”马列著作，成为一个坚定的马克思主义者，1921年11月回国后加入中国共产党，党的“二大”上被选为中央委员，负责中央宣传部工作。他主编《向导》后，全心扑在党的事业上，夜以继日地埋头工作，不顾体弱多病，废寝忘食地阅读和写作，为《向导》撰写了大量文章和通讯。仅署名“和森”的就有130多篇，有时还借用向警予的笔名“振宇”发表文章。他的文章最突出地代表了《向导》的理论水平和战斗风格。

五卅惨案爆发后，蔡和森因病离开编辑部，由彭述之接任。此时，陈独秀右倾机会主义路线逐步形成，并在党内占据了统治地位,《向导》受此影响,在宣传中也出现了一些错误。对国民党右派的反动宣传没有给予有力回击,发表了陈独秀、彭述之等批评农民运动"过火",反对北伐的文章。还拒绝刊登瞿秋白等论述北伐战争重要意义的文章。尽管如此,综观《向导》整个宣传,所取得的成绩是巨大的,缺点和错误是次要的。

继《向导》之后,党又复刊了《新青年》杂志,创刊了《前锋》月刊。《新青年》于 1923 年 6 月 15 日复刊,改为季刊,由刚刚从俄国回到上海的瞿秋白主编。出了四期后,正值党的"四大"召开。会上讨论了党的宣传工作,决定《新青年》恢复出版月刊。指出:"集中我们力量办《新青年》月刊。"[11] 1925 年 4 月,出版了月刊第一期,由彭述之主编,但不久彭述之生病住院,仍由瞿秋白主编。因人力和经费困难,《新青年》月刊从未能按期出版,实际成了不定期刊。1926 年 7 月,《新青年》出到第五号后,因党忙于北伐战争而停刊。

复刊后的《新青年》宣传重点在于全面介绍马克思列宁主义理论,介绍十月革命和国际共产主义运动的经验,"要与中国社会思想以正确的指导","成为中国无产阶级革命的罗针"[12]。因此,它用大量篇幅介绍列宁和斯大林的著作,用马克思列宁主义指导中国革命,总结斗争经验教训,从政治上和理论上阐明党的纲领和政治主张的正确性,帮助全党提高马克思主义理论水平,为早期党的理论建设作出了贡献。《新青年》宣传的一个突出特点,是利用各种机会出版专号,如先后出版了"共产国际号"、"列宁号"、"世界革命号"、"国民革命号"等,集中系统地介绍马克思主义在某方面的理论和国际无产阶级革命经验。

《前锋》于1923年7月1日在上海创刊，为转移敌人视线，减少破坏，假托在广州出版。由瞿秋白主编（一说由陈独秀主编）。原定为月刊，实际上从未按期出版。至1924年2月，出版了第三期后停刊。《前锋》的重要特点，是重视社会实际问题的调查研究，对当时中国革命的一些专门问题，运用马克思列宁主义进行分析，文中往往运用详细的统计数字和实际材料作依据，来说明自己的观点，因而更具有说服力。它代表了当时党的报刊宣传重视调查研究，注意理论联系实际的优良倾向。但是《前锋》的宣传也受到陈独秀右倾错误思想的影响，在陈独秀撰写的《发刊布露》中说，在国民运动中“我们不敢说是领袖，更不敢说是先觉，只愿当先锋，只愿打头阵”。在第二期上他又发表了《中国国民革命与社会各阶级》一文，进一步暴露了他的右倾观点。

《向导》、《新青年》和《前锋》都是中共中央的机关刊物，三者的宣传各有侧重。《向导》着重于政治鼓动，《新青年》系统宣传马克思主义理论，《前锋》则注重革命实际问题的调查分析，相互配合，各有侧重，使党的宣传形成了一个整体，不仅有力地推动了国民革命运动，而且加强了党的理论建设，扩大了党的影响。

三、从华俄通讯社到国民通讯社

华俄通讯社是中国共产党创办的第一个通讯社，初名中俄通讯社，是上海共产主义小组在共产国际代表的帮助下，于

1920年6月创办的。

五四运动爆发，标志着东方民族的觉醒，引起第三国际的注意。为加强对东方民族解放运动的研究和指导，于1920年3月成立了远东局(又称东方民族部)，于次月派遣五人代表团前往中国，了解情况，并力图与中国的共产主义者建立联系，帮助建立共产党组织。这五个人全都以俄文报纸《生活报》的记者名义进行活动，到北京后经李大钊介绍去上海会见陈独秀。

国际代表到上海后，会见了陈独秀等人，筹建共产主义小组。为了便于公开活动，联系群众，决定创办华俄通讯社，于7月1日正式发稿，通讯社由国际代表团翻译杨明斋负责。杨明斋，山东人，旅俄时加入俄共，此次担任代表团翻译回国。他到沪后参加筹建上海共产主义小组的活动，并成为正式成员。华俄通讯社设在上海霞飞路(今淮海中路)渔阳里6号。

华俄通讯社的主要任务是介绍十月革命后俄国劳农政府的情况，宣传马克思主义。7月1日它发的第一篇稿件是《远东俄国合作社的情形》，次日为上海《民国日报》刊用，为读者提供了十月革命后俄国的具体情况，引起人们的关注。许多报纸都愿意采用华俄通讯社的稿件。由于当时中俄交通不畅，加之翻译力量单薄，向各报提供的稿件不多。大约从1921年1月起，供稿才较为正常。如《申报》，从1921年1月至1922年1月，粗略统计共采用华俄通讯社各类稿件近70篇，每月少者两三篇，多者五六篇，最多时达八篇之多，这些稿件主要来自莫斯科、赤塔、海参崴等地。内容主要报道俄国劳农政府的政治、经济、军事、外交、文化教育以及群众的劳动与生活情况等。有些稿件在中国读者中引起较大的反响。如，1921年7月3日，上海各报刊登的“华俄通讯社六月二十二日莫斯科电”，称“劳农俄罗斯政府成立以来，始终愿与邻邦中华民国维持友睦之关系”。1922年1月7日，华俄通讯社向各报提供的全俄苏维埃召开第七次大会及列宁发表演说的消息，详细报道了会议情况，摘发了列宁关于俄国新经济政策演说的要点。这是列宁这一重要政策最早为中国人民所了解。1月16日，华俄通讯社又报道了《列宁新颁外国人旅俄条例》消息。华俄通讯社也把中国的重要消息，译成俄文发往俄国莫斯科等地。

华俄通讯社的国内消息，主要来自北京、哈尔滨、长春等地。其内容除当地的重要事件和群众活动外，对中俄交往的消息特别注意。如1922年2月28日，发表了“华俄通讯社驻北京记者访谒赤塔驻华总代表”的消息。华俄通讯社的电头，有时前边加“上海”两字。如1922年5月27日，《申报》刊登了“上海华俄通讯社记者访问远东共和国外交委员”的消息，这说明华俄通讯社建立了一定的通讯网络。中国共产党成立后，华俄通讯社由党中央直接领导，断断续续，一直活动到1925年8月[13]。

1925年6月，在“五卅”爱国反帝运动高潮中，中共中央宣传部创办了国民通讯社。它同《热血日报》于6月4日同时创办，编辑部和通讯处也设在一起，业务活动有所侧重，协同作战，相互配合。《热血日报》担负着直接指导群众斗争的任务，传达中共中央的指示、报道和总结群众斗争经验，帮助教育群众提高认识，指明斗争方向。国民通讯社侧重提供各类报刊采用的稿件，同时以通讯社名义向全国各地报纸乃至外国报刊提供稿件，以利扩大党的影响。

为发挥国民通讯社的战斗作用，中共中央宣传部力图把它办成全国性通讯社，1925 年 6 月 20 日，在上海《民国日报》、《申报》等各大报纸上，登载招聘外地通讯员启事。启事称“本社现添聘北京、广州、天津、汉口、重庆、福州、南京、杭州、郑州、哈尔滨、奉天、安庆、济南、青岛等地访员。薪金通信订定，特别从丰。应聘者须先投稿三次，本社认为合格时，当回书接洽。”

国民通讯社第一任社长邵季昂，在五卅运动中被捕，暂由宋云彬接替，邵出狱后继续主持通讯社工作。在《热血日报》被迫停刊后，国民通讯社担负的对外宣传的任务更重。五卅惨案发生后，由于帝国主义报刊的恶意歪曲和攻击，在国际上造成了不良影响。为了弄清事实真相，俄国工会派代表团来中国考察。于 1925 年 8 月初抵达上海，国民通讯社记者专访该代表团，向各报发出了《俄国工会代表对国民通讯社记者谈话》的长篇通讯，报道了俄国工人阶级对中国人民反帝斗争的同情与支持。指出“俄国工会为赤色职工国际之会员，与中国工会同属于一国际，对于中国工人”的状况，“尤为注意”，“为了辅助西欧工人探悉中国此次惨案及运动真相”，“全俄总工会”认为“此次事件异常重大，有世界的历史的意义”[14]，所以派代表团来考察。国民通讯社的报道打破了帝国主义的封锁和歪曲。

由于国民通讯社的影响不断扩大，1926 年 10 月被淞沪警察厅查封。邵季昂等五人被捕，活动暂时停止。上海三次工人武装起义时，党又恢复了国民通讯社，任命何辛味(又名何公超)为社长，社址设在上海总工会所在地闸北湖州会馆内。为了加强该社力量，将党所领导的市民通讯社并入。国民通讯社成为党领导工人武装起义斗争的主要对外新闻宣传机构，及时迅速地把工人斗争的真实情况传递到全国各地，打破了敌人的新闻封锁，扩大了武装起义的影响。蒋介石发动“四一二”反革命叛变后，国民通讯社也被查封。

四、中共领导的群众性报刊

中国共产党成立后，主要工作是领导以工人运动为中心的群众斗争，为此创办了大批群众性报刊，给我国新闻事业带来新的生机与活力。

首先出版的是工人报刊。中国共产党成立后不久，为领导工人运动，成立了中国劳动组合书记部。为用马克思主义教育工人，武装工人，推动工人运动健康发展，书记部于1921年8月在上海创办了《劳动周刊》为机关报，这是党领导的第一张全国性的工人报纸。参加编辑工作的有张特立(即张国焘)、包晦生、李震瀛、李启汉、李新旦等。张特立为编辑主任，而实际负责编辑工作的是李启汉。《劳动周刊》根据书记部的要求，大力宣传工人只有组织起来，建立真正的工人工会，才有力量推翻压迫者，求得解放。《劳动周刊》出至1922年6月，上海公共租界工部局以“登载过激言论”，“鼓吹劳动革命”为借口，勒令停刊。目前看到的最后一期，是1922年6月3日出版的第41期。

全国第一次工人运动高潮之后，大约又经过一年的准备，从1924年2月起又开始兴起，党为指导工人斗争，又创办了大批工人报刊。在上海有《中国工人》、《上海工人》、《青年工人》、《劳动旬刊》等，其中影响最大的是《中国工人》。《中国工人》由中共中央主办，于1924年10月在上海创刊，邓中夏、罗章龙先后担任主编，为该刊撰稿的有刘少奇、瞿秋白、任弼时、张太雷、李立三等。《中国工人》成为指导工人运动的主要刊物。1925年5月，中华全国总工会成立后，《中国工人》为总工会机关报。1926年5月迁武汉出版，次年汪精卫叛变后被迫停刊。五卅惨案爆发后，上海又出版一批新的工人报刊。

在群众性报刊中，具有广泛影响的是青年团的刊物。在上海出版最早的团刊是《先驱》半月刊。《先驱》是由北京的团组织于1922年1月15日创办，出了四期后因受北京军阀政府迫害迁至上海，由中国社会主义青年团临时中央局主办，成为团中央的第一个机关刊物，施存统、蔡和森、高尚德等负责编辑。《先驱》用了相当的篇幅宣传马克思主义理论，强调“马克思主义是无产阶级革命的唯一的指导理论”。认为实现无产阶级专政是历史发展的必然，“无产阶级专政也和资产阶级专政一样，同是历史上必然不可免的历程”。对列宁的民族殖民地问题的理论特别注意，最先译载了列宁《关于民族与殖民地问题的提纲》，阐述了“全世界无产阶级和被压迫民族联合起来”的思想。《先驱》还积极投入批判基尔特社会主义和无政府主义的斗争。对于团的建设问题等，《先驱》也发动团内开展讨论，端正对党与团关系的认识。《先驱》出至1923年，团的“二大”前夕停刊，共出25期。

《中国青年》是团中央的第二个机关刊物，于1923年10月10日在上海创刊。恽代英和萧楚女分别长期担任主编。参加编辑和撰稿的有邓中夏、张太雷、林育南、李求实、任弼时、陆定一等。1927年春，《中国青年》迁往武汉，汪精卫叛变后，出版工作遇到了极大困难，被迫出了第八卷第三号后停刊。《中国青年》出版达四年之久，一般发行一万二千多份，最高时达三万份以上。

《中国青年》是在第一次国内革命战争时期最杰出的刊物之一。它的宣传教育了一代青年。它从广大青年的实际出发，积极宣传党的反帝反封建主义纲领，宣传马克思主义，激发青年们的爱国反帝热情。号召广大知识青年“到民间去”（实际是到工农中去），为青年运动指出正确方向。它立场坚定、旗帜鲜明地抨击国民党右派反对国共合作、破坏国民革命的阴谋和罪行，同时批评党内的右倾机会主义错误，坚决支持工农运动等，正确引导青年运动沿着健康道路前进，这是在当时革命报刊中所不多见的。

对《中国青年》宣传作出最突出贡献的是恽代英。恽代英（1895—1931），江苏武进人，五四时期，在武汉领导学生运动时，参加编辑《学生周刊》、《武汉星期评论》等。1923年去上海，任团中央委员和宣传部长，主编《中国青年》。国共合作后，任国民党上海执行部宣传部秘书，参加《民国日报》副刊《觉悟》的编辑工作。大革命失败后去广州，秘密出版《红旗》，1929年调至上海，次年被捕，1931年被国民党杀害于南京。他在主编《中国青年》时，以极大热情从事编辑和撰稿工作。

他的政论具有强烈的战斗性，立论精辟，说理透彻，对敌人批判猛烈，毫不留情，对青年充满热情，言词恳切，有理有据，具有很大的说服力。有人说只要读到他的文章"全身就像火一样地发热"，被称为"我们党非常出色的宣传鼓动家"。

党领导的学生运动，在大革命时期得到了蓬勃发展，成为民主革命斗争的一支生力军。在学生运动的推动下，学生报刊有了新的发展，据 1926 年 7 月，中华民国学生联合会第八届大会期间，仅对学联系统的统计，全国近五十余种学联报刊，其中在上海出版的《中国学生》，出版时间最长，影响最大。《中国学生》是中华民国学生联合会的机关刊物，1924 年创刊，初为半月刊，出至第五期后，因帝国主义破坏和经费困难，暂行停刊，1925 年 8 月 1 日复刊，改为周刊。主要撰稿人有牧武、硕坛、仲雯、成湖等，初刊时发行五千份，应各地学生要求，加印八千份。1926 年 10 月，因学联总部遭到反动军阀孙传芳查封，《中国学生》出版了第 40 期以后，再度停刊。经过几个月准备，于 1927 年 3 月 12 日，又出版了"纪念孙中山先生"专号。这是目前见到的最后一期。1925 年 11 月，学联召开全国临时代表大会期间，另外增刊了四期特号。《中国学生》刊载学联总部的文件，介绍各地学生运动情况和经验，讨论共同关心的问题。上海各类学校多数出版了刊物。

党对领导出版妇女报刊也十分重视。1921 年 12 月 13 日，以上海中华世界联合会名义出版了《妇女声》，是党领导创办的第一份妇女刊物。《妇女声》以"宣传被压迫阶级的解放，促醒女子加入劳动运动"为宗旨。主要撰稿人有陈独秀、沈泽民、沈雁冰、邵力子、李达、陈望道等。1921 年 8 月 3 日，上海

《民国日报》增出《妇女评论》附刊，由妇女评论社编辑，陈望道、邵力子、沈雁冰、杨之华等人经常为之撰稿。1922年9月，中国妇女问题研究会和中华节育研究社在上海创办了《现代妇女》，它的宣传宗旨与《妇女评论》大致相同。所以这两份刊物于1923年8月合并，改出《妇女周报》，作为上海《民国日报》副刊之一发行。当时担任中共中央妇女部领导工作的向警予是该刊的主编之一。两刊物的原编辑人员大都参加了《妇女周报》的编辑工作。《妇女周报》在中共中央的指导下，不论思想内容，还是战斗风格，都有长足的进步。它的突出特点是密切结合实际，指导斗争，具有强烈的战斗性。国共合作后，在群众运动的高潮中，全国妇女联合会于1925年10月在上海创办了《中国妇女》，是中共中央直接领导的刊物，1926年9月，中共中央设立党报编辑委员会，《中国妇女》主编是成员之一。它的宣传活动是在党报编辑委员会具体指导下进行的，所以在推动妇女运动方面发挥了更大作用。

第三节　国共两党报刊的联合和斗争

一、国民党报刊的恢复

辛亥革命后，国民党的宣传工作发生了很大变化。武昌起义以前，“民党算是民众信仰的中心”，原因是那时“很注意宣传事业”；“从武昌起义起，这十余年中，民党和民众几乎分成两块”，其原因是“民党忽视了宣传事业”[15]。

这些变化，首先引起孙中山的注意。辛亥革命后，孙中山领导的沪法斗争多次遭到失败，其原因，不仅是革命派组织涣散，缺乏战斗力，而且宣传工作也失去了同盟会时代的光辉，力量单薄，思想不统一，纪律松弛。孙中山认真总结了历史经验教训，指出辛亥革命胜利的一个重要原因，是“由于宣传奋斗的成功”，“现在我们要再图进步，希望我们的革命主义完全成功，便要恢复武昌起义以前的革命方法，注意宣传”。甚至提出“宣传要用九成，武力只可用一成”[16]。经过宣传，“把我们的主义，潜移默化，深入人心”。使“本党以外的人都明白本党的主义”，认识到“本党的主义的确适合中国国情，顺应世界潮流，是建设新国家一个最完全的主义”。“全国人民的心理都被本党统一了”，这样，“建设一个驾乎欧美之上的真民国”[17]，就为期不远了。

一些国民党人士也认识到加强宣传工作的重要性，提议“中国国民党立各项言论机关之宜速遍设也”，并建议在国内之上海、北京、天津、汉口、广州等地，国外之东京、伦敦、巴黎、柏林等地，“除创办杂志周刊若干种外”，也应出版中英文日报。这些报刊由“本党所属总支部就近筹办，或由本党部直接遴派专人，从事办理”[18]。

孙中山正确吸取历史经验，在领导护法斗争中，注意加强宣传工作，1919年10月，首次在国民党领导机关设立宣传部，把中华革命党在上海创办的《建设》杂志归宣传部直接领导。除孙中山亲自为该刊撰写一系列文章外，国民党长期从事报刊宣传活动的人员，如朱执信、廖仲恺、胡汉民、戴季陶、汪精卫、吴稚晖、李石曾等，都先后为《建设》杂志撰稿，或参加编辑工作。因此，《建设》杂志成为国民党在国内的重要宣传阵地，为研究这一时期孙中山和国民党骨干分子的思想，保存了重要资料。

1923年11月，国民党在上海创办了《新建设》杂志，十六开本，月刊，于11月20日正式出版。由《新建设》杂志社编辑发行，社址设在上海法租界辣斐德路（现复兴中路）186号。上海书店总代销。天津、北京、保定、成都、长沙、武汉、南京、广州、香港、巴黎等二十余处设有代销处。《新建设》继承和发扬了《建设》杂志的传统。发刊词指出："宣传国民党主张的，在民国以来最有价值的，怕要算《建设》杂志。但是可惜他不能继续出版"，"我们希望办一个像《建设》杂志一样的刊物，因此定名为《新建设》"。并再次强调了宣传工作的重要性，指出国民党以往虽有了"明了正确的主张，徒然因为不曾用力宣传，许多人不明白"，因此国民党革命斗争"未得着很多民众的赞助"，未能"做出很有功效的事来"。

《新建设》是一份大型综合性理论刊物，创刊号172页，其他每期大都在160页左右。该刊以论述当前国内国际形势、民主革命理论及国民党的建设为主，也介绍社会科学、经济理论及俄国革命历史和现状的情况。《新建设》杂志的思想性、理论性和战斗性与《建设》相比都大大提高了。

1924年1月，在中国共产党帮助下，国民党实现了改组后，对宣传工作更加重视。在国民党中央宣传部领导下陆续创办或改组了一批报纸，为国民党机关报。上海《民国日报》也被改组为国民党上海执行部机关报，总编辑叶楚伧，经理邵力子，从改组到1925年3月孙中山逝世前，上海《民国日报》宣传孙中山的三民主义和三大政策，推动国共合作，起到一定的积极作用。先后发表了《孙总理演说改组原因》、《中国国民党改组宣言》及《中国国民党全国代表大会宣言》等重要文献。在新闻报道中，对北京军阀政府的卖国内战罪行进行了揭发和抨击。

1924年3月24日，国民党上海执行部又创办了《评论之评论》周刊，以宣传孙中山的革命理论为主要内容，作为上海《民国日报》的附刊发行，共出了40多期，在国民党理论建设中起到一定积极作用。执行部还出版了内部刊物《党务》月刊。由执行部宣传部直接编辑，任务是加强国民党的建设，主要刊载党内文件、决议和党务报告等。

国民党在上海除出版机关报刊外，一些国民党人士，也以私人名义创办或参加一些报刊的编辑和撰稿工作。1923年11月，上海民智书局创办的《新国民》杂志，就成为宣传国民党革命理论的一个重要阵地，在创刊号上就发表了孙文的《革命之精神与今后之急务》、廖仲恺《平均地权论》、陈顾远的《十二年来国民党应有之新觉悟》、刘伯璜的《中国民治运动之过去与将来》等重要文章。《革命评论》第二卷第七期，发表了孙文的《中国之革命》、《中华民国建设之基础》等。类似的刊物还有《国民通信》、《国民》等。

二、国共两党报刊的联合

在实现第一次国共合作和国民革命运动中，国共两党报刊的联合宣传，发挥了重要作用。

在中国共产党的帮助下，国民党各级组织建立了宣传机构,共产党人参加各级宣传部的领导工作,推动了国民党报刊的发展。毛泽东担任国民党中央宣传部代理部长期间,不仅创办并主编了著名的《政治周报》,并领导国民党各地党组织创办了一系列报刊。据国民党中央组织部调查,到北伐战争前夕,不包括广东和北京,其他省市国民党各级党部共出版了六十六种报刊之多。恽代英担任国民党上海执行部宣传部秘书,沈泽民、刘重民担任干事,对于推动国民党在上海的宣传工作起了重要作用。

共产党人直接参加编辑或撰稿工作,是国民党报刊积极发挥革命宣传的重要原因。国民党中央各部出版的《政治周报》、《中国农民》、《革命军人》等报刊,都有大批共产党人参加工作。上海的《新建设》月刊,更是依靠共产党人的积极努力,才发挥了重要作用。《新建设》创刊时,正是国民党酝酿改组事宜,一些国民党报人也忙于改组的具体工作,无暇撰稿或编辑,恽代英、萧楚女、邓中夏、李求实、林育南、陈为人、罗章龙、周逸群等一批共产党报刊活动家,成为《新建设》的主要撰稿人,从《新建设》第一卷第一至六期统计他们发表的文章:恽代英 16 篇、邓中夏 5 篇、李求实 5 篇、萧楚女 4 篇、陈为人 3 篇、林育南 1 篇、周逸群 1 篇。罗章龙翻译的托洛茨基的《西北利亚脱逃记》连载八期。恽代英、沈泽民等还参加了上海《民国日报》编辑工作,也经常撰稿。

上海《民国日报》副刊《觉悟》在革命宣传中作出了突出贡献。当时上海《民国日报》有六大副刊:(1)《觉悟》,由邵力子主编;(2)《妇女周报》,由妇女问题研究会和妇女评论社编辑;(3)《平民周刊》,由复旦大学平民社编辑;(4)《艺术评论》，由艺术专科师范学校、东方艺术研究会等轮流编辑；(5)《国学周刊》，由胡朴安等编辑；(6)《文艺旬刊》，由浅草社编辑。其中不少共产党人参加编辑和撰稿。最典型的是《觉悟》和《妇女周报》。瞿秋白、邓中夏、恽代英、萧楚女、沈雁冰、沈泽民、蒋光赤等，为《觉悟》的主要撰稿人，陈望道参加编辑工作。《妇女周报》是当时全国唯一反映全国妇女运动全貌的刊物，中共中央妇女部领导人向警予为该刊主编之一，陈望道、沈雁冰、杨之华等，经常为之撰稿。

由于共产党人参加国民党报刊的编辑和撰稿工作，这些报刊才能坚持正确的宣传方向，同共产党的报刊互相配合，形成强大的革命舆论。国民党"一大"前，如何加速国民党改造，推进国共合作的实现，是中共中央政治机关报《向导》的重要任务之一。《向导》从创刊到国民党"一大"召开止，发表了有关文章大约50篇，帮助孙中山正确总结历史经验教训，放弃对帝国主义和军阀的错误认识，明确只有依靠工农民众，才能完成革命任务。《向导》的热情批评和鼓励，推动了孙中山加速改造国民党和制定三大政策的决心。《新建设》创刊后，也把加速国民党改造放在突出地位进行宣传，发表了《论三民主义》、《革命与党》、《中国革命的过去现在与未来》、《革命与民众》、《国民党的革命对象》等一系列论文，论述了国民党改造的必要性与可能性。指出"革命的基础，建筑在大联合的民众之上，力量才坚实广大，用以倾覆特权阶级，暴力政治，才不至于发生半途气馁，被妥协性软化的危险"，"真正的革命成功，没有不靠民众底力量的"[19]。国共两党报刊的宣传，对提高国民党人士对国共合作的认识有着积极的意义。

联俄是孙中山的三大政策之一。可是,国民党右派一直持反对态度,也有不少人态度暧昧。为帮助他们提高对苏俄社会主义的了解和认识,共产党报刊以大量篇幅介绍马克思主义和苏俄的情况。在共产党人的支持下,国民党报刊也作了积极努力。《新建设》陆续发表了李求实的《苏维埃俄罗斯财政现状》、李震瀛的《列宁死后的苏俄》、李伟森的《俄国农民与革命》、达礼的《俄国革命史》等文章。最为突出的是上海《民国日报》副刊《觉悟》。从1923年起,《觉悟》介绍马克思主义和苏俄情况的文章,日益增多,特别是1924年列宁逝世时,从2月到7月,陆续发表了几十篇纪念文章和译文。3月9日又另出《上海追悼列宁大会特刊》,随报附送。系统介绍了列宁的革命理论和列宁的领导下苏俄所取得的成就。《觉悟》还在各种纪念日,出版了"纪念十月革命节特号"、"纪念列宁逝世周年特号"、"少年国际五周年纪念特号"等,介绍苏俄及共产国际的情况。《妇女周报》也发表一些歌颂列宁、歌颂十月革命和介绍苏俄社会主义的文章,特别评论和介绍苏俄妇女的工作、劳动和生活情况,并对那些诬蔑社会主义和苏俄的言论,给予有力批驳。这些宣传对于促进国民党人士正确认识共产党和苏俄社会主义,坚定联俄联共的决心,起到重要的作用。

国共合作时期的国民党报刊,情况十分复杂。一方面,由共产党人与国民党左派占优势主编的报刊,基本上坚持了正确宣传;另一方面,国民党右派控制的报刊,站在孙中山革命路线的对立面,从而形成左右两派报刊斗争十分激烈的局面。

三、国民党报刊的分化及反对右派的斗争

国民党本来是一个成分十分复杂的政党，改组后的国民党，左派同右派的斗争，从未停止。这一斗争在国民党报刊活动中，也充分表现出来。坚持反共立场的国民党老右派，为进行反动舆论宣传，较早地创办了一批报刊。五卅运动后，面对共产党力量的迅速增长，工农运动的猛烈开展，国民党新老右派都不甘心，非常仇视。他们除从组织上分裂国民党，破坏国共合作，妄图阻止革命发展外，还积极出版报刊，以抵制革命宣传。孙文主义学会在蒋介石的指使下，先后在广州、上海等地创办了《国民革命》、《青白花》、《革命导报》、《独立旬刊》、《革命青年》、《江南晚报》等。

阴谋篡夺报纸的领导权，改变报纸的宣传方向，是国民党右派拼凑反革命舆论阵地的重要手段。他们先后篡夺了广州《民国日报》、汕头《岭东民国日报》、长沙《民国日报》、南昌《民国日报》等。上海《民国日报》则是他们篡夺的重点。

上海《民国日报》是长期在叶楚伧主持下的私人报纸，国民党"一大"后虽改组为国民党上海执行部的机关报，叶楚伧以执行部常委身份继续主持，始终没有完全成为国民党的言论机关。孙中山逝世前，上海《民国日报》虽然发表了国民党中央党部的一些文件和孙中山活动的消息，但总体来看，对国民党的革命理论和革命政策宣传是不积极的。特别在国共合作后，对蓬勃发展的工农运动，则采取消极抵制的态度。1925年初，上海南洋烟草公司工人为反抗资本家残酷压迫举行大

罢工，有数千人流离失业，生活极端困难，可是，上海《民国日报》不但不支持工人的罢工斗争，拒登工人罢工消息，反而大登资本家压迫工人有理的反动广告。孙中山逝世后，上海《民国日报》便公开仇视工人运动。五卅惨案发生后，上海人民的爱国反帝运动空前高涨。国民党左派人士也积极站在人民群众一边，而上海《民国日报》却采取了媚外妥协的态度，不敢如实报道惨案的事实真相，不敢报道爱国民众的斗争情形，更拒绝刊登进步团体和爱国人士抗议帝国主义暴行的通电、宣言等，无耻散布妥协言论。在上海商人宣布罢市的第二天，该报在《罢市后如何？》的"言论"中，提出："上海全体市民，断不愿再见有其扩大的风潮，尤其希望此次风潮渐渐平息，所以当前的问题，就是如何平市民之愤。"对刚刚掀起的"三罢"斗争，大泼冷水。当中国人民反对帝国主义斗争，进行得十分激烈尖锐的时候，上海《民国日报》则叹息"吾人尤痛心者，则在事变之后，不闻西人方面有主张公道之声"，"耶稣博爱平等之真理何在？""我为耶稣羞，我为西方文化哭"。一副妥协媚外的面孔跃然纸上。

1925年11月，叶楚伧参加了北京西山会议，上海《民国日报》大肆刊登西山会议的消息、决议和宣言等，公开称西山会议是："中国国民党中央执行委员会全体会议"等，表明它已正式成为西山会议派的机关报。从此连续发表攻击共产党和国民党左派的文章，刊登一些区党部、区分部拥护西山会议的声明，以及各地孙文主义学会的活动、宣言和决议等。《民国日报》内的国民党左派和共产党人受到排挤。长期在共产党人影响下的副刊《觉悟》，这时也被右派所篡夺，主编邵力子也被排挤离去，由陈德征接替，拒绝刊登共产党人的文章，连续发表戴季陶的反动文章。周佛海等人的反共文章也常出现在《觉悟》上。从此《觉悟》失去原来的价值，再不起进步作用了。

国民党右派的分裂背叛行为，遭到国民党左派和共产党的严厉谴责。他们篡夺上海《民国日报》的阴谋，受到革命派及其报刊的猛烈抨击。1926 年广州国民党中央执行委员会发表“寒电”，通告各地各级党部说：“上海《民国日报》近为反动分子所盘踞，议论荒谬，大悖党义，已派员查办。”并停止给该报的经费。于是上海《民国日报》经费来源断绝，经济极为困难。《政治周报》第三期发表了毛泽东的《上海民国日报反动的原因及国民党中央对该报的处置》一文，猛烈抨击了该报的反动行为，深刻分析了反动的原因，指出上海《民国日报》的反动，是向“上海工部局和北京段祺瑞邀功，使他们永承认该报的反革命地位”。上海《民国日报》的反动对国民党来说是一个损失。但反过来又“证明了国民党左派之强固”，“证明了反帝反军阀运动之发展”，“中国国民革命之成功已是快要到来”。《中国青年》、《战士》等共产党报刊也纷纷发表文章，批判上海《民国日报》的背叛行为，指出“国民党右派分子捣乱风潮发生，上海《民国日报》专门鼓动反革命”，是“公然向合法的国民党中央执行委员会及国民政府进攻”，“换言之，就是向已死的孙中山进攻”。这批判十分尖锐深刻，一语击中要害。

国民党右派报刊是以戴季陶主义为旗帜，公开进行反对共产党，反对工农运动，歪曲孙中山的革命理论，企图破坏国共合作，阻止革命的发展。戴季陶是以中间派面目出现的右派理论家，他们利用孙中山去世的时机，以孙中山的忠实信徒自居，打着拥护三民主义的旗帜，却阉割了孙中山新三民主义的革命内容，在上海先后抛出了《孙文主义之哲学的基础》、《国民革命与中国国民党》反动文章，成为右派及其报刊进行反革命活动的理论根据。

戴季陶主义一出笼，便遭到革命报刊的猛烈抨击。《向导》、《新青年》、《政治周报》、《中国青年》等发表了一系列文章，揭露戴季陶的伪装面目，分析戴季陶主义理论的反动实质，指出这是资产阶级向无产阶级进攻，是资产阶级同无产阶级在思想战线上争夺领导权的斗争，其罪恶目的就在于"打倒共产党"，把国民党的忠实朋友硬说成是敌人，对国民革命运动将带来严重影响。

国民党左派和共产党联合反对国民党右派的斗争，还表现在创办上海《国民日报》的尖锐斗争上。上海《民国日报》被国民党右派篡夺后，国民党在上海的宣传工作受到一定损失，为了加强反对右派的斗争，坚持国民革命宣传，国民党中央宣传部在毛泽东主持下，通过了创办上海《国民日报》的决议。派宣传部秘书沈雁冰赴上海筹办一切。沈到上海后，在中共中央和国民党江苏省党部的支持下，决定接收即将停刊的《中华新报》，开办上海《国民日报》，作为国民党在上海的新的党报。根据沈雁冰的报告，国民党中宣部初步拟定了开办经费及报社人选，总经理张廷灏，总主笔柳亚子，副总主笔沈雁冰，编辑有侯绍裘、杨贤江、顾谷宜。其中柳亚子是国民党左派，其余都是共产党员。

毛泽东以国民党中央宣传部名义，向国民党中央执行委员会第二十二次常委会提出了创办上海《国民日报》的提案和筹办计划，得到会议的通过。蒋介石、戴季陶为控制这时报纸，提出由张静江为正经理，张廷灏为副经理，其他人员不变，常委会同意此建议。此时张静江借口广州公务繁忙，委托别人去上海代理经理之职。这是阴谋破坏上海《国民日报》筹备工作的顺利进行的第一步。为挫败国民党右派的阴谋，《国民日报》筹备工作加紧进行，聘请孙伏园为该报副刊主笔，盘入《中华新报》全部印刷设备工作也初步落实，向租界工部局申请立案也在进行中，于 1926 年 5 月初在上海《申报》、《新闻报》等刊出了《国民日报》出版预告，定 5 月 16 日出版。

上海《国民日报》完全由共产党和国民党左派所掌握，以蒋介石为首的国民党右派感到严重不安，暗中策划破坏，不发经费，致使该报无法如期出版，不得不于五月十六日，在各报刊出“国民日报展期出版”的广告，并进一步说明办报原则和计划，提出本报“以严肃的态度批评，敏捷而忠诚的方法采集各地重要新闻，务求不偏不倚，为一公平舆论机关”。还宣布编辑部、副刊、各专栏负责人名单。这则启事无疑是向社会郑重表示，它是一张完全拥护国民革命，执行孙中山三民主义路线的报纸，国民党右派阻挠出版必然遭到全党及革命群众的反对。但蒋介石等并不死心，在国民党二届二中全会上抛出“整理党务案”，排挤在国民党中央党部工作的共产党员、将张静江拉入中央常委会，任命顾孟余为宣传部长，把西山会议派的邵元冲、叶楚伧拉入中央，为上海《国民日报》的出版又设立了一层障碍。

国民党右派阻挠上海《国民日报》出版的另外一种手段就是拉拢该报领导成员，从内部进行破坏。以金钱为诱饵，拉拢张廷灏脱离共产党，并企图通过张拉拢恽代英，恽代英了解这一情况后严肃批评了张的错误，令他回上海，挫败了蒋介石的阴谋。国民党右派这一阴谋破产后，又指使张静江在上海各报刊登启事："仆素无办报经验，并未闻任何报事。近闻上海《国民日报》向国民政府呈请立案，不待仆之同意，遽以总理名义相加，同时在《商报》中亦见有类似此项之记载，殊深惊异。查《国民日报》一切经过，仆事前从未与闻，此后亦不能负任何责任，特此声明。"[20]张静江竟以个人名义完全否认国民党中央常委会的决议，其行为实在荒谬。不久，他的委托人也在《商报》上登了类似的声明，否认参与筹办《国民日报》的事。上海租界帝国主义分子借此下令不准《国民日报》立案。这样上海《国民日报》像一个即将降生的婴儿，被国民党右派和帝国主义联合扼杀在腹中。

第四节　五卅运动与报刊

一、革命报刊的反帝宣传

五卅运动是一次伟大的爱国反帝的民族解放运动，可是，当时在上海租界里的《申报》、《新闻报》、《时事新报》、《民国日报》、《时报》、《商报》等一些大报，对于这个伟大爱国运动，采取消极甚至媚外的态度，歪曲事实真相。它们在报道五卅惨案消息时，把帝国主义残暴杀害中国人民的罪行，无耻地描写成英巡捕因群众不听劝告，不得已而开枪。《时事新报》更胡说"群众高喊'杀外国人'等口号"。它们拒绝刊登各进步团体、爱国人士抗议帝国主义暴行的宣言、声明和通电。《时报》竟擅自删改上海市民大会通过的《上海市民致各国国民通电》,把“中国上海公共租界英工部局连日枪杀爱国演讲之学生工人市民三十余人”,无耻地改为“中国上海连日枪杀爱国演讲之学生工人市民多人”[21]。这些报纸还发表评论,要群众保持冷静,不能有越轨行动,提出所谓“诉诸公理”、“法律解决”等投降主义口号。这一切充分表明了民族资产阶级报纸软弱妥协的阶级性。

中国共产党为了加强对群众运动的领导,批驳一些报刊的错误宣传,加强了群众运动的宣传工作,除充分发挥《向导》、《中国青年》等报刊的战斗作用外,又创办了鼓动性很强的《热血日报》,加强对群众性报刊的指导,形成爱国反帝宣传的统一战线。

《热血日报》是党正式公开出版的第一张日报,1925 年 6 月 4 日在上海创刊。四开四版,是一张通俗的政治性鼓动性很强的小型报纸。由瞿秋白主编,参加编辑工作的有郑超麟、沈泽民、何公超等。《热血日报》的突出特点是它的战斗性和群众性。设有社论、本埠新闻、国内要闻、紧要新闻、国际要闻、舆论之制裁等栏目。副刊“呼声”,刊载短小精悍的短评、随感、杂文、电讯和文艺作品等。《热血日报》一创刊便投入了爱国反帝斗争,它的全部稿件几乎每句话,都燃烧着对帝国主义的仇恨。它的发刊词就充满着极强的鼓动性和战斗性。它说:“创造世界文化的是热的血和冷的铁。现在世界强者占有冷的铁,而我们弱者只有热的血,然而我们心中果有热的血,不愁将来手中没有冷的铁,热的血一旦得着冷的铁,便是强者之末运。”文章言简意赅，洋溢着高昂的战斗激情。

《热血日报》针对上海各大报歪曲五卅惨案事实的报道，在创刊号上就发表了《上海外国巡捕屠杀市民之略述》等通讯，以大量事实揭露帝国主义屠杀中国人民的真相。对当时大资产阶级散布的妥协言论及背叛行为，给予有力批驳和揭露。指出广大“被压迫人民联合起来，便是打倒帝国主义的武器”。帝国主义的侵略工具《大陆报》、《字林西报》、《上海泰晤士报》、《每日新闻》等对中国人民的爱国运动，挖空心思编造谣言，进行诬蔑、攻击和挑拨离间。《热血日报》用大量事实以尖锐辛辣的笔调，给予猛烈回击，打破了帝国主义的宣传攻势。

《热血日报》的宣传深受广大爱国群众的欢迎，销数很快达三万多份，每日收到的来信来稿数以百计。很多人冒着生命危险推销报纸，不少劳动群众自动捐款支持报纸的出版。这份深受读者爱戴的报纸，由于帝国主义的破坏和迫害，仅出了二十几天就停刊了。

同《热血日报》协同作战的有《公理日报》、《民族日报》等报刊。《公理日报》是由少年中国学会、中华艺术社、太平洋杂志社、学术研究会、文学研究社、中国科学社上海社友会等十一个团体组成的上海学术团体对外联合会创办的，于 1925 年 6 月 3 日创刊。由郑振铎、叶圣陶编辑。该报创办的原因是“乃激于上海各日报之无耻与懦弱，对于如此残酷的足以使全人类震动的大残杀案，竟不敢说一句应说的话，故不得不有本报的组织”，“以发表我们万忍不住的谈话，以唤醒多数的在睡梦中的国人”[22]。《公理日报》站在中华民族的立场上，同英日帝国主义进行不屈的斗争。创刊号上，发表了上海学术团体的对外联合宣言，提出了六项要求：一、收回全国英租界；二、英政府向中国道歉；三、立刻释放被捕的学生工人；四、严惩肇事捕头及巡捕；五、优恤死难者；六、赔偿伤者损失。发表社论，呼吁对英经济绝交，要求各大报拒登英日商广告等。《公理日报》的宣传也很受群众欢迎，每日发行达一万五千至二万份，办报的经费全部由群众捐助。可惜出版了22天，也因帝国主义迫害而停刊。

《民族日报》是杨杏佛创刊的，于1925年6月10日创刊。该报是一份充满爱国激情的报纸。它在发刊词中就明确宣布："民族日报，何为而作也？将以唤醒中国民族之自觉也。"在历数中国近代史上帝国主义侵略中国的事实以后，说："至今年五月卅日南京路英捕之枪声起，全国人民始悟憬然大觉"，本报也"因群众起而为保障人权，恢复国威之呼吁"，提出"民族之存亡惟在民族本身之自决"，"由此发奋努力，对掠我之英日，实行经济绝交，至死不懈"，"对误我之政府，实行扩张民权，监督官吏"。《民族日报》还发表了《八十五年来中国之大敌》等社论，把帝国主义历史上与现实的侵华罪行联系起来加以揭露和抨击，具有更强烈的战斗性，更能激发群众的爱国反帝热情。

在群众爱国反帝斗争的高潮中，各类进步爱国报刊纷纷创刊。上海学生联合会出版了《血潮日刊》，6月4日创刊。该刊表示"非打倒英日帝国主义，达到完全胜利不止"。上海工商学联合会于6月23日出版了《上海工商学联合会日报》。上海市总工会出版有《上海总工会日刊》。上海各大学几乎都出版了刊物。如同济大学的《五卅血》，复旦大学的《华血报》，上海大学的《五卅特刊》，上海法政大学的《雪耻特刊》，上海中医专科学校的《血痕特刊》等。上海工商界人士也创办了以提倡国货为主要内容的报刊，如《国货周报》、《爱国报》、《国货评论报》等。

这些报刊以中国共产党报刊为核心，形成了强大的爱国反帝统一战线，不仅以大量的事实揭露了帝国主义屠杀中国国民的种种罪行，驳斥了帝国主义报刊的无耻造谣，而且据理批驳了梁启超、丁文江、虞洽卿等所谓高等华人的妥协调和、媚外投降的谬论，尖锐指出如果按照他们的说法，"英人杀了中国人不讲理，中国人要向英日宣战，便是重演庚子悲剧、闹拳匪，这真是驯良华人的心理，足为顺民代表"[23]。这些声势浩大的爱国反帝宣传运动唤醒了民众，鼓舞了无数战士坚定了与帝国主义斗争到底的决心，并击溃了帝国主义、封建军阀的反动宣传，取得了决定性的胜利。

二、辟"诚言"斗争

五卅惨案发生后，帝国主义面对中国人民不断高涨的爱国反帝斗争，十分恐慌，欲予扼杀而后快。在采用暴力镇压的同时，还利用新闻舆论工具，进行造谣和破坏。五卅惨案的第三天，帝国主义驻北京的公使团密令在华外报，"尽量宣传学生与俄人之关系，使世人不同情于学生"。于是帝国主义在华宣传机构，如英国的路透社、《字林西报》、《上海泰晤士报》、英文《文汇报》、日本的《每日新闻》等，纷纷叫嚣说五卅运动是

“中国赤党搞起来”的，是“赤俄煽动的”等，妄图破坏中国人民的爱国反帝统一战线。《向导》、《中国青年》、《热血日报》、《血潮日刊》、《上海总工会日刊》、《上海工商学联合日报》等报刊，用大量事实驳斥了帝国主义宣传机构的造谣和诬蔑。《血潮日报》用通栏大标题刊载了《外国人屠杀同胞大惨剧》的报道，详细揭露了帝国主义残杀中国人民的经过，使广大群众了解事实真相。其他各爱国报刊也从不同侧面报道了真实情况。在帝国主义报馆工作的中国工人也投入反帝斗争，以罢工反对帝国主义暴行，迫使《字林西报》、《上海泰晤士报》、《大陆报》等无法正常出版，不得不大量缩减篇幅，英文《文汇报》只能出油印版。这些报纸还不得不刊载苏联批驳他们造谣的抗议书。这是帝国主义反动宣传的一次大失败。

帝国主义是不会甘心失败的。在前一个阴谋破产后，又炮制新的阴谋。公共租界工部局用一种更为卑鄙的手段，出版了一种中文的反动报纸《诚言》。它不具出版机关的名称，“仿照中国式样，采用一般廉价刊物中所常用的那种粗糙的铅字”，“以及在中国人一般习惯使用的劣质纸”印刷，使人“一看就知道不是外国人的东西”。宣传以第三者口气说话，妄图混淆视听，使群众运动“包围在不信任、怀疑的气氛之中”，以达到破坏中国民众爱国反帝斗争的目的。

《诚言》共出版了三期。第一期内容是英国外交大臣张伯伦在英国下议院，为英帝国主义在上海制造的五卅惨案罪行进行辩解的答辩词，恶毒攻击中国人民的爱国反帝斗争。第二期胡说五卅运动爆发的原因，是由于由共产党的煽动，苏联的支持，诬蔑苏联借此扩大在中国的势力。第三期是对广州省港大罢工中工人和学生的革命行动进行攻击和诬蔑，胡说沙面流血事件是由学生引起的。工部局把《诚言》印成类似传单的印刷物，共100多万份，到处张贴和散发，大量寄送。但是，《诚言》一出笼就遭爱国群众的反对。许多人把《诚言》改成《谣言》。把“看诚言”改为“看谣言”、“看谎言”。有的干脆撕掉，丢进垃圾箱。

可是，《申报》、《新闻报》不顾市民的反对和警告，不仅一直刊登敌人带有反动政治性宣传的广告，而且竟于7月11日，以广告方式几乎整版刊载了《诚言》第一期全文。所占篇幅之大，字迹之醒目，是《申》、《新》两报刊载广告以来所未有。这一严重事件引起爱国新闻界和社会各界的极大愤慨。首先遭到革命报刊的严厉批判。《血潮日刊》特辟“反对申、新两报特号”，连续发表了《为虎作伥的申、新两报》、《狼心狗肺的申、新两报》、《打倒帝国主义走狗的机关报——申报、新闻报》等文章。《中国青年》也发表了一系列文章给予无情批判，并提议组织“铲除妖报团”。《上海工商学联合日报》在社论《申新两报与“诚言”》中指出，“上海申新两报乃拆白党之机关报，专以造谣敲诈为能事”，并尖锐批驳了两报所谓为营业收入而登《诚言》的谬论。号召市民不要订阅两报，并“即前往轰打该报编辑”。因此有几百群众到《申报》、《新闻报》馆前提出抗议，斥责他们的卖国行为。

一些社会团体也十分关注这一严重事件，支持新闻界对申、新两报的批评。上海学生联合会召开紧急会议，决议：该会在申、新两报的广告一律撤除；在租界以外扣留两报，不准出售；通电全国，一致用激烈手段对付两报；要申、新两报刊登启事，向全国人民道歉；两报必须刊登辟《诚言》广告和批评社论等。学联的正当要求，得到上海各界人民群众的广泛支持。设在上海的中华民国学生联合会总部，发出《总会通告第三号——关于上海申新两报登载诚言》的通知，指出："关系五卅事件含有破坏吾人爱国运动之各种文件，自当绝对不为登载，乃申报、新闻报则不然"，不但不反对英日屠杀中国人民，"反积极刊登英首相致下议院书，含有破坏我爱国运动之性质所谓诚言"。对申、新两报的"故违国人公意"，"徇私而忘国"的行为，号召各地学联合起来抵制，"就近向本地各地人士说明此种情形，勿再阅读该报"[24]。上海工商学联合会也派代表与申、新两报交涉，声明完全支持上海学生联合会决议，"要求限期答复"。

《申报》、《新闻报》在广大爱国民众和进步新闻界的强大压力下，不得不承认错误，接受各团体提出的要求。两报刊出向全市及全国人民公开道歉的启事。以同样的地位和篇幅登"辟《诚言》"广告一则，印发《诚言是英国人的谣言》传单二十万份，广为散发。这一斗争以中国人民的胜利而告终，标志着帝国主义在五卅运动中的欺骗宣传彻底破产。

三、《东方杂志》"五卅事件临时增刊"事件

五卅惨案发生后，上海各大报刊慑于帝国主义压力，不敢揭露事实真相，更不敢对群众运动表示支持。可是在中国历史上刊期最长久的大型综合性杂志《东方杂志》，独树一帜，出版了充满爱国热情的《五卅事件临时增刊》特大号外。

《东方杂志》“五卅事件临时增刊”，由该刊编辑胡愈之主编，于 1925 年 7 月中旬出版，16 开本，除广告不计，共 193 页，部分低价零售，大多数随《东方杂志》第 22 卷 12 号向订户免费附送。

《东方杂志》“五卅事件临时增刊”内容分为三部分。第一部分，是 4 篇文章，有王云五的《五卅事件之责任与善后》和《什么是诚言》两篇评论，陶希圣的调查报告《五卅惨杀事件之分析与证明》，胡愈之的长篇通讯《五卅事件纪实》。在这些文章中，首先肯定上海群众游行示威是正义行动，用确凿事实说明惨案的责任在于帝国主义。指出上海群众上街游行，是由于帝国主义压迫所致，是正义的合法的，因为“上海公共租界系中国领土，中国人民在本国领土之行为，当然受本国法律之保护及制裁”[25]。租界当局的暴行是违反国际法准则，侵犯中国主权的行为。其次，高度赞颂五卅运动的历史意义，提出废除不平等条约的严正要求。指出五卅运动是“中国民族独立运动开始的日期”，是“中华民族要求独立与生存的大运动”[26]。把五卅运动看作近百年来中国人民爱国反帝斗争的新起点，这一认识是相当深刻的。因此，它提出不能把斗争目标停留在惩凶、赔款、释放被捕工人学生等一类要求上，应当“废除外人对我之种种不平等待遇”的条约。对于保守妥协、媚外投降的种种谬论也给予驳斥。

第二部分，是《会审公廨记录摘要》。为法庭审讯记录原本摘录。在法庭上，巡捕房是原告，被捕群众是被告，但《会审公廨记录摘要》中选摘的双方辩护律师的驳诘词，却把原告在被告义正词严的质问下，无法自圆其说的窘态暴露无遗。告诉读者，真正作为被告应当受到审判的，正是屠杀中国人民的帝国主义者。

第三部分，是《重要函电汇录》。收集国内外各界人士和团体的通电、宣言、声明、抗议书共23份。五卅惨案发生后，震惊国内外，各种抗议通电、宣言、声明、抗议信等纷至沓来，但上海各大报不敢登载。而“临时增刊”集中刊登，充分说明五卅爱国反帝斗争不是孤立的，得到了全国乃至世界各国人民的支援，鼓舞了上海人民的斗争信心和决心。

《东方杂志》“五卅事件临时增刊”是在舆论环境十分困难的情况下出版的。当时上海各大报刊都在缄口不语，甚至歪曲事实真相；以《热血日报》为代表的革命报刊在帝国主义迫害下，相继停刊，正义声音受到严重摧残；一些所谓高等华人利用手中舆论工具，大肆贩卖妥协投降谬论；帝国主义的新闻舆论机构继续造谣和诬蔑，等等。“临时增刊”冲破重重压力，挺身而出，表现出捍卫民族利益的胆略和勇气，其爱国热忱，十分可贵，这不能不在广大知识分子和上层人士中引起积极反响。

《东方杂志》“五卅事件临时增刊”也引起公共租界的注意。工部局刑事检查科，以该杂志“文字内容及插图有妨碍租界治安”为借口，控告商务印书馆总编辑王云五、发行人郭梅生，违反《出版法》之规定。会审公廨多次开庭审讯，都遭到被告律师的严正驳斥，指出该杂志文字所述，“皆系大多数华人应表示之意见与事实”，这是一切民主国家公民应有言论自由之基本权利。至于所刊插图《最大的胜利》等，系社外供稿，图意“无过分之处”，且都是《字林西报》等西文报刊上使用过的。

"此刊照片，均系事实，非可假造，措词多属公正之论"，"则不能指为有罪"。对于工部局援引《出版法》加罪于《东方杂志》的卑劣行为，被告律师更据理驳斥，指出"出版法为袁世凯所制，未经国会通过，实为非法，不能发生效力"。因此，工部局强加的《东方杂志》"五卅临时增刊"的罪行，就事实与法律而言都不能成立，要求"将此案注销"。

坚持反动立场的公共租界工部局对被告律师的正义申诉，不予理睬，强词夺理，说西方民主制度不适用于中国，"西报之性质，与华字报不同，不能以出版法绳诸西报"。会审公廨秉承公共租界旨意，强行判决："被告等发行之东方杂志，经本公堂详细研究，文字图画虽属无激烈，然亦可能引起恶意感"，"且其销数较一般刊物为大，为祸亦烈"，"判被告交二百元保，于一年内勿发行同样书籍"[27]。

在五卅运动期间受到公共租界工部局迫害的报刊还有《民国日报》、《商报》、《沪报》、《国耻画报》、光华书局等。帝国主义援引《出版法》加害于中国新闻文化事业的强盗行为，激起了中国人民的极大愤慨。反对帝国主义，反对封建军阀，要求言论出版自由，要求废除《出版法》的呼声日益高涨。上海各公团联合会，上海日报公会、上海书业商会、上海书报联合会、上海书业公所等团体，纷纷上书北京军阀政府内务部司法部，强烈要求废止出版法。上海新闻文化界的斗争，得到整个社会的同情和支持。中国国民党发表宣言，北京新闻界召开"北京新闻界争自由大同盟"大会，天津、武汉、广州、南京等地新闻界也投入要求"废止出版法"的斗争。有的还派出代表赴北京总统府、国务院请愿。在强大社会舆论压力下，1926 年 1

月 27 日，北京军阀政府不得不在国务会议上通过废止《出版法》的决议。

第五节　企业化大报的形成

一、《申报》实力迅速增长

报纸企业化是世界各国报业所走的共同道路，也是中国近代报业向现代化发展的重要标志之一。我国报纸企业化开始于 20 世纪初，虽未成为中国报业的普遍现象，但已迈出可喜的第一步。

所谓报纸企业化，就是按照市场经济规律经营报纸，以取得更大利润为主要出发点，使报业规模不断扩大，成为有相当资本的现代化企业。在经营活动中为获得最佳经济效益，对外尽可能占领更广大的读者消费市场，扩大广告客户，对内加强科学管理，最大限度地调动各个部门和职工的积极性。在经营方式上，是以报纸为主，多种经营。在中国新闻界最早呈现企业化规模的，是上海的几家大报。《申报》就是最有代表性的一家。

1912 年，史量才等接办《申报》后，条件十分困难，他们经过苦心经营，顽强拼搏，渡过了难关，《申报》事业有了迅速发展，实力倍增，日发行量由 1912 年的 7 000 份，到 1922 年 50 周年时已增加至 5 万份，1925 年又增加到 10 万份以上，1928 年猛增到14.3 万多份。报社资金积累成倍上升，1912 年史量才等以 12 万元购得《申报》，1918 年就以 70 万元建造了《申报》大厦。到 1938 年仅有形资产就达 150 万元，形成了具有相当规模的企业化大报，足见史量才经营的成功。

《申报》十分重视扩大发行工作。其主要做法是：在稳定基本订户的前提下，不断扩大读者面，确保发行量稳步上升。《申报》创刊后，就以官府政界人士及知识分子为主要读者对象，比较重视政治性新闻的报道。史量才等接办后，正值中国政局动荡不安，军阀混乱不止的年代，关心政治形势和国家命运的人越来越多，为适应这一需要，《申报》进一步加强了时事政治性新闻的报道，特别对北京的政治动态更为重视，聘请了当时第一流的特约记者常驻北京，同时，在上海报馆林立，竞争日益激烈的情况下，《申报》也采取了多种措施，扩大读者面，增加发行量。为满足不同阶层、不同方面读者的要求，不断增加一些新栏目，如副刊除《自由谈》外，1917 年 1 月辟《老申报》一栏，刊载四十多年的回顾，摘取《申报》四十多年来所载奇闻逸事及政治、风俗、诗歌、游戏、小品等文字，以飨读者。1919 年 8 月出版《星期增刊》两张，专译世界政治、外交、经济、军事、文化和学术等，也译国外报纸杂志的论文摘要及要闻，对国际时事作系统介绍，满足了关心国际形势读者的需要。1920 年增辟《知识》专栏，刊载介绍法律、经济、道德、卫生、科学、宗教、市政、文艺等各类知识性文章，为一般读者所欢迎。1921 年 11 月，设《汽车增刊》，每周一大张，随报附送，专刊提倡建设道路、利用汽车的消息和文章。1923 年 10 月，辟《教育与人生》周刊，单独发行，主要讨论教育问题，发表教育新闻，1924 年 12 月改为《教育消息》。1924 年 2 月，特辟《本埠增刊》，专为争夺本市读者作努力，每日出版，为本市读者服务，颇受欢迎。增设《本埠增刊》是《申报》的一个创举，效果甚佳，以后各大报竞相仿效。同年10月，增《商业新闻》专栏，每天发刊。1925年9月，在《本埠增刊》内辟《艺术界》专栏，逐日发刊，这样《申报》的读者逐步向社会各阶层扩展。

视广告为生命线，是史量才的远见卓识。报纸仅仅靠扩大发行量，增加资金积累是有一定限度的，积极开拓广告业务是获得高额利润的主要途径，早已为西方报界许多事实所证明。然而，当时的中国报刊界对广告业务很不重视，不仅数量少，编排制作也很粗糙。史量才接办《申报》后，就注意到广告业务的重要作用，聘请了善于经营的张竹平为经理，增设了广告科，积极开展广告业务活动。一方面派出外勤人员登门招揽广告，宣传广告的作用；另一方面，招聘广告美术设计人员，代客户精心设计广告图案，撰写文字说明，这样广告图案优美，文字说明准确生动，经过一番努力，广告的重要作用为工商界所认识，客户纷至沓来。《申报》刊载的广告篇幅大大增加，所刊地位也越来越重要越突出，有时新闻和广告发生矛盾，或增加张数，或牺牲新闻而刊登广告。广告业务蒸蒸日上，赢利大幅度上升。

重新闻，轻言论，是《申报》赖以生存和发展的重要办报方针。中国政界斗争十分激烈，在风云变幻莫测的形势下，一些政党报刊，或党派性较强的报纸，不仅发行量少，而且多数是短命的，成为政治斗争的牺牲品。私营报纸为了求得生存和发展，不得不遇到政治问题绕道走，《申报》的表现十分典型。社论（或社评）是代表报社编辑部对当时一些重大事件或问题发表意见和主张的主要栏目，是报纸的必备一栏。《申报》是一张大报，不能不设社论栏，但是它怕招惹是非，引起麻烦，对政治问题采取只报道，不评论，不置可否；或者多报道，少评论，少置可否，说一些似是而非、模棱两可的话；或者泛泛而谈，不着边际，读者看后不知所云。长期以来，《申报》的言论，既没有语出惊人、激动人心的佳作，也没有传颂一时的名篇。当然，《申报》的言论并非没有倾向性，只是取比较平缓的态度，对一些重要事件也有自己的立场和观点。如对袁世凯复辟帝制就取批判态度。在五四运动中也大体表现了爱国的立场，对于北洋军阀的内战卖国行为也给予批评和谴责。

《申报》对于新闻报道十分重视，把它视为激烈竞争中出奇制胜的法宝之一，不遗余力地加强新闻报道。首先是大量采用电讯。《申报》的新闻报道一般每日 100 多条，而电讯约占一半，除抄收外国通讯社的电讯外，还不惜工本由全国各地拍发电讯。重视新闻通讯的刊载，也是《申报》的一大特点。它的“北京通讯”在读者中长期引起广泛注意，成为最受欢迎的栏目之一。“北京通讯”以报道北京的政治新闻为主，一些重大政治斗争，关系到国家命运和前途，这类通讯往往牵动人心。一些描写形形色色政治人物的沉浮及逸闻趣事的通讯，也引起读者的很大兴趣，这样就能以新闻的优势争取更多的读者，扩大影响。为提高在新闻竞争中的实力，《申报》在全国各大城市、重要商埠都派记者，或聘特约通讯员。在国外，如伦敦、巴黎、纽约、柏林、东京等大都市，《申报》聘请了专职或兼职通讯员，形成较为完备的通讯网，对国内外的一些重大事件，都能及时报道，不是照登外国通讯社电讯，而有自己的特色，国外通讯和旅行通讯也日益增多和完美。《申报》生动的新闻报道，不仅为当时读者所欢迎，而且为后人留下了一份珍贵的历史记录，为研究者提供了丰富的资料。

引进先进技术，不断更新设备，是《申报》迅速发展的物质基础。一些事物的发展，必须建筑在一定的物质基础上。当人类社会进入到20世纪初期，科学技术已相当发达，引进先进技术，更新设备同样是报业发展不可缺少的物质条件。史量才是一位精明干练的实业家，十分清楚先进的技术设备对《申报》今后发展的重要作用，所以他还清了24.5万赔款之后，于1916年至1918年花重金建成了一幢有一百多间的五层报馆大楼，为《申报》现代化奠定了基础。同时从美国进口先进的新式印报机。1921年又从美国购买了两部印报机，10万份《申报》可在两小时内印完。馆内的铸字机、纸版机、铅版机以及制铜版锌版等相应设备，也全部更新。《申报》还自备汽车，研究报纸的发行路线，力争最短的时间把报纸送到读者手中。这样，《申报》在初步积累资金的基础上，更新设备，扩大再生产，竞争实力大大提高，从而获得更多利润，在新的基础上生产进一步扩大，进入良性循环之中，使《申报》经营规模不断扩大，成为最现代化的大报企业。

二、《新闻报》的兴旺发达

《新闻报》创刊比《申报》晚21年，但经过一番顽强拼搏，也跃居于全国数一数二的大报行列，发行量由1914年日销2万份到1921年增加到5万份，1926年猛增到14万份。资金积累也成倍增长，每年获利几万元或十几万元，甚至更高，

1922年广告费收入近百万元，扣去董事分红及各项开支，大约也盈利几十万元，形成了申、新两报并驾齐驱的局面。《新闻报》后来居上，与报社的科学管理分不开。

读者以工商为主，兼顾其他，是《新闻报》经营成功的一个重要战略决策。上海几家大报并存，竞争十分激烈，各报都办出自己的特色，以求竞争中处于有利地位。《申报》侧重于时事政治性新闻，而具有综合性。《时事新报》则以介绍学术见长。《时报》以体育、教育、文化、娱乐等新闻取胜。汪汉溪上任后，确定《新闻报》以经济新闻为主，以工商界为主要读者对象。他多次说过："上海人口以从事工商者为最多，我们办报，首先应当适应工商界的需要。"[28]事实证明《新闻报》的这一指导思想，是有独到之处的，对报业的发展影响深远。为此《新闻报》最早辟"经济新闻"专栏，逐日介绍商场动态，发表商业行情，经济信息十分灵通，逐步为工商界读者所重视。1922年又增辟"经济新闻版"，用重金聘请徐沧水、朱羲农等专家主持其事，月薪接近总编辑[29]，足见《新闻报》对经济新闻的重视。为确保经济信息来源充足，除派专门记者采访外，还在各行各业及一些大的工商企业聘请兼职通讯员，随时向报社提供信息，或直接投稿。《新闻报》在以工商界为重点读者对象的同时，也不放过对一般市民读者的争夺。为满足他们的需要，在副刊上也花了一番功夫，除《快活林》外，又陆续增辟了《新新闻》(1919)、《新知识》(1922)、《教育新闻》(1923)、《茶话》(1926)、《本埠附刊》(1926)等。还重视社会新闻的报道，在会审公廨、救火会、巡捕房、医院等处都聘请特别报事员，随时向报社提供突发性新闻。民国初年，在一些报纸热衷于以长篇论说为号召时,《新闻报》则别出心裁把第一版电讯、第二版通讯、第三版本埠新闻改为“新闻一”、“新闻二”、“新闻三”。为了配合这种版面,每版辟有“新评一”、“新评二”、“新评三”的短评。这些“短评”的倾向和特点,与《申报》的言论大致相同,而其篇幅短小,文字简练,通俗易懂,深受一般市民读者的欢迎。对于人们普遍关注的重大政治新闻也不放过,《新闻报》还聘用当时著名记者常驻北京,在国内各大城市及各国都会也建立了通讯网络。

建立商界信誉,优化企业形象,是《新闻报》发展的重要经验。汪汉溪任《新闻报》总经理之初,报社的资金周转十分困难,除吸收上海金融人士投资入股外,还采用借鸡生蛋,不断完善的办法,由金融人士担保,向银行借款,到期一定偿还,如果手头一时无款,就借东补西,不失信誉,为企业树立了良好形象。《新闻报》所借款,都用于扩大再生产,只购买生产资料和设备更新,决不用于消费方面。这样《新闻报》走出了一条借款还债,再借再还,款项越借越大,事业发展越来越快,直到债务全部还清的良性循环的路子。

《新闻报》所借款项除购买急用物资外,还重视物资的储备,特别是白纸的储备,当时白纸的行情多变,价格大起大落,每逢纸价下落时,就从国际市场上购进大批白纸,保持一年以上的用量,以免发生断档或担进价过高的风险。第一次世界大战爆发后,国际运输常常中断,国内用纸十分紧张,纸价猛涨,《新闻报》将较早进口的一批白纸高价转卖,乘机发了一笔财。

精心经营广告业务,不断改进发行工作。《新闻报》也懂得广告是获得高额利润的主要途径，对广告的招揽和设计，所费苦心不亚于《申报》。辛亥革命前，国内资本主义工商业不发达，广告客户少，许多人还不懂得广告的作用，招揽广告还较困难，为打开局面，《新闻报》专门设置准备科，负责广告的开发、设计和刊登。广告的地位越来越突出，篇幅越来越大。

广告业务的开展与报纸的发行关系十分密切。报纸是一种特殊商品，其成本费用与产品的商业价格不成比例，一般微利或无利，有时甚至收不回成本。为了扩大发行，报纸只能保持低廉的售价，其重要原因是为了招揽广告，因为一张报纸的销数越大，广告效果越好，来登广告的客户就越多，刊费也越高，报社经济效益也越好。这不仅弥补了报纸低价格的损失，而且利润十分可观，所以报纸的经济命脉就是销路。求新求快，是读者的普遍心理，《新闻报》争取时效，让读者更早更快地读到新闻，也是扩大销数的重要手段，他们设法改进报纸的发行工作，缩短送报时间，争取新订户的增加。

《新闻报》也十分重视引进先进技术，更新设备。早在1914年，《新闻报》就进口了两层轮转印报机一架，宣告结束了平版印报的历史，每小时可印报7 000多份。1916年《新闻报》日销已达3万多份，一架轮转机不够用，又购进波特氏三层轮转机一架，四层轮转机两架，大大提高了印刷速度，缩短了出报时间，增强了竞争力。1922年又购进两架更先进的高速轮转印报机及其配套设备。1922年《新闻报》在社内设置了无线电收报台，这是国内报界首创。当时上海各报纸刊用的外国电讯，都是由外国电讯社收到电讯后，译成中文，分送各报，时间要延迟到第二天才能见报。《新闻报》有专人抄收外国通讯社的电讯，当晚译出，冠以“本报国外专电”，于翌晨抢先见报，因此《新闻报》以消息灵通、全面迅速而著称，声望倍增，销路大大提高，1928 年建设了五层报馆大楼，又一家现代化企业大报展现在读者面前。

不断完善管理体制，发挥内部激励机制。获得丰厚的利润，是报社企业化经营的出发点和归宿，报社内部的科学化管理，是实现企业化经营最基本的环节。《新闻报》注意探索管理体制的科学化，以利发挥内部激励机制的作用。首先不断改进内部管理的组织机构，使之日趋合理化。早期《新闻报》在董事会、总董下设总经理，由总经理直接领导主笔、编辑主任、总校、会计、发行、广告、印刷等各部，报社大权集中于总经理一人，管理幅度过大，内部关系不顺，工作效果不佳。后改为总经理下设总编辑、活版部主任、会计三人，分别具体管理各部门的业务，缩小了管理跨度，改原来横式组织结构为直式结构，管理效能明显提高。但随着事业的发达，人员的增加，管理体制需要进一步优化组合。到 20 年代，《新闻报》内部组织结构为：董事会设总理处，由总经理、协理、参谋人若干组成。总理处下设编辑部、营业部、印刷部。各部下设若干科，科下设股。由三级管理改为四级管理，各级分工合理，职责明确，工作效率日益提高。

《新闻报》对职员的管理，也有行之有效的办法。对进入报社工作的人员，一般要经过考试，量才录用。对职工实际考核制度，由专门机构负责。对成绩优异者，以赠股方式给予奖励，使他们不仅是报社的管理者，也是所有者，个人利益与经营效益直接挂钩。职工的工资比同类报社为高，一般职工工作比较安心，业务精益求精。工资制度实行逐年加薪的办法，工龄越长，工资越高，如果离职再入报社，工资标准从低等算起。还实行年终分红和退职人员领取养老金制度。对个别临时有困难者，也给予临时补助，对社外通讯员成绩优异，或提供独家新闻者，另外付给额外报酬。这些办法都有利于调动职工积极性。

三、大报企业化的原因及其影响

上海大报企业化的形成，不是由经营者的主观愿望和兴趣决定的，而是由新闻事业发展规律所决定，客观环境为它提供了必要条件。

首先，上海工商业发展迅速，为报业企业化创造了有利的前提条件。纵观世界各国近代报业的产生与发展，主要决定于资本主义经济的发展，在工商业经济不断发展扩大的条件下，报业走向企业化是不可避免的。上海的一些大报由规模经营向企业化转变，是随着上海地区工商业经济的发展而逐渐完成的。辛亥革命前，上海有外商工厂21家，民族工业112家，一般规模较小。第一次世界大战爆发后，帝国主义无暇东顾，中国的民族工商业有了迅速发展，上海的工商业进入初步繁荣时期，成为全国的经济中心。仅民族工业，到1927年有华资工厂491家，新开华资银行达85家[30]。资本主义工商业的发展，为报业企业化创造了极为有利的条件：（一）提供充足的资金。报纸发展的资金，主要来源于广告，广告的主要客户是工商企业。工商业越发展，广告来源就越多，报社丰厚的利润就像泉水一样，源源不断。（二）提供广阔的读者消费市场。报纸的发行量不仅是衡量报纸经营好坏的重要标志，也是经济来源的决定因素。因为发行量越高，广告客户就越多。上海工商业发达，也成为中国主要进出口贸易中心，临近各省乃至内地的物资都以上海为集散地，因此各地的商人、财主和知识分子也云集上海，他们要了解行情，掌握信息，报纸就是最快最多的提供者，因此，读者消费市场日益扩大。（三）为报纸提供先进技术和设备。报纸经营规模不断扩大，发行量日益提高，旧有的技术设备已不适应，上海科学技术发达，人才荟萃，这就为报社设备更新提供了技术和人才。

其次，政治环境促使报纸向企业化发展。辛亥革命后，国内党派林立，争斗激烈，特别是军阀割据，内战连年不断，造成国家政局极度不安的局面。在国际上，第一次世界大战后，国际风云变幻，政局动荡，特别是十月革命后，国际形势变化更为巨大。这一切大大促进了人们对国际国内形势的了解和对国家前途的担心。上海是个国际大都市，不仅各国通讯社设有分社或特派记者，各国出版报刊，而且中外人士众多，因此上海成为国际国内重要新闻信息的交汇点、集中地，这是上海报纸得天独厚的条件。为满足读者要求，各大报都积极开拓新闻来源，加速传播速度，更新传播手段，促使各报在经营条件和规模上不断改进和扩大。加之这些报纸大都设在租界内，相对内地报纸，不仅可以减少军阀的干扰和迫害，而且可以利用资本主义国家标榜的新闻自由的招牌，所以较长时期能保持较为稳定的经营活动。特别申、新两报与租界当局有一定的联系，在客观上也起到一定的保护作用。

第三，上海报业有较好的基础，又善于吸取别人的经验。在中国近代史上，上海的商业性报纸发展最为成熟，主持人大都有经营工商业的经验，他们所确定的以赢利为宗旨的办报方针，虽主持人几经更替，始终不变。这些报纸同工商界关系密切，也借鉴工商企业的管理经验。《申报》、《新闻报》在外国人主持时期，也仿效外国商业报的经营方法，加速了报纸的发展。这些都为报纸向企业化发展打下了基础。五四以后，上海同外国新闻界交往日益密切，外国商业报纸的最新管理经验，为上海报界所重视。1921 年英国报业大王北岩勋爵，在上海参观《申报》、《新闻报》等报社时，介绍了他管理报业的经验，引起史量才等人的很大兴趣。

上海大报企业化，在中国新闻事业发展史上，具有重要意义。它不仅标志中国的私营报业已发展成为有相当实力的企业实体，能与各种势力相抗衡，为各地私营报业带来鼓舞和希望；它还标志着中国新闻事业已逐渐和世界报业接轨，即将进入世界先进报业的行列。在市场经济条件下，商业性报纸日益走向企业化管理，这是必然趋势，是世界各国报业所走的共同道路。我国早期工商企业发展缓慢，市场经济力量单薄，所以中国报业向企业化发展既不普遍，又很微弱，主要是上海的几家商业大报。但它揭开了中国报业发展历史的新篇章，代表了中国报业发展的方向，对我国新闻事业的发展将带来深远影响。不少报纸，包括国民党官方报纸也向企业化发展。由于抗日战争爆发，中国报业向企业化发展被打断。抗战胜利后，报纸企业化已成为普遍现象，上海不论是官方报纸，还是私营报纸都是如此。建国后，在计划经济体制下，报业没有实行企业化的必要。今天社会主义市场经济体制日益完善，我国报业适应新的形势，也逐步向市场经济转轨，报纸的企业化经营已经开始，虽然物换星移，今非昔比，报纸的企业化管理不是历史的重复，而是更新更高层次的发展，但以往的某些经验还是可以借鉴的。

第六节　广播电台的创办与通讯社的发展

一、新闻传媒的新伙伴——广播电台的创办

上海是我国广播事业的发源地之一，1923 年 1 月，上海就创办了无线广播电台。

中国的广播电台和近代报刊一样，也是舶来品。第一次世界大战结束后不久，外国人发明了无线电广播，1922 年冬，美国新闻记者奥斯邦在一个旅日华侨的帮助下，以华人资本组织了中国无线电公司。次年 1 月，在上海广东路大莱公司楼上装置了 50 瓦特广播电台一座。经多次试验，取得了较满意的效果。“昨天午后，曾试验一次，据上海附近各轮船”及“北京、南京、苏州等处来电，咸称曾闻上海传出音乐之声，甚为清晰”[31]。

为了推进业务，奥斯邦创办的广播电台开播后不久，便和《大陆报》建立联系，签订合约：《大陆报》刊登广播电台的新闻及节目内容；广播电台播送《大陆报》的新闻及介绍报社情况。这样，通过报纸的宣传，使广播电台逐渐为上海市民所熟

悉，广播电台广播《大陆报》提供的新闻、报社情况介绍，不仅扩大了报纸的社会影响，而且充实了电台播音内容。

该台在开播后的第四天，全文播送了《大陆报》提供的孙中山的《和平统一宣言》。孙中山听了广播后，对《大陆报》记者发表谈话："余之宣言亦被之传，余尤欣慰。余希望中国人能读或听余之宣言，今得广为宣布，被置有无线电话接收器之数百人所听闻，且远达天津及香港，诚为可惊可喜之事。吾人以统一中国为职志者，极欢迎无线电话之大进步。此物不但可于言语上使中国与全世界密切联络，并能联络各省各镇，使益加团结也。"[32]这是我国最早对广播电台的特点和功能作出的评价。由此可见，中国无线广播电台一诞生，便同新闻事业建立了密切联系，成为新闻传媒的全新工具，标志着我国新闻事业发展的历史性进程。

中国无线电公司所设广播电台，每天播音一小时，主要内容为新闻、音乐及该公司产品介绍。时间放在每天晚八时一刻，因为这时候听众最多，影响最大。但该台开播不久，北京军阀政府交通部，因其私设无线广播电台违反了当时的《电信条例》，严词交涉，被迫于 2 月拆除。

继奥斯邦所设无线广播电台之后，外国人接二连三在上海创办了广播电台。如大来洋行、新孚洋行、美国开洛公司及日本《每日新闻》社等，都先后设立过无线广播电台，其中以开洛无线广播电台播音时间最长，达五年之久。成为中国早期广播史上较有影响的广播电台之一。

开洛无线广播电台创设于 1924 年 5 月，由开洛公司经理迪莱主持，工程师狄雷、徐炳勋设计，电力 100 瓦特，台址设立上海福开森路(今武康路),呼号KRC,波长365公尺。

为扩大影响,发展业务,开洛无线广播电台创立后不久,便陆续同《申报》、《大美晚报》、《大陆报》和工部局、派利西饭店及美国社交会堂联系,设立播音室,利用市内专用电话线,使各个播音室和福开森路的发射直接联系,在不同时间发射各播音室的节目。内容主要是新闻、讲座、音乐及广告等,聘请中国人曹仲渊、徐大雅担任广播电台的正副主任。还组织了"中国播音会",加强同听众的联系。

开洛无线广播电台创立后积极开拓业务,1924年8月,改良设备,电力增加一倍,播音质量更好,听众范围更广。1925年3月,又与日本大阪广播电台的无线电话通信,试验成功,联网播音,大阪广播电台的电力很强,使中国东部各城市以及东京、哈尔滨、大连、香港、马尼拉等处,"无日不收到上海播送的无线电话音乐"。因此被新闻界赞为,"东亚无线电台之长距离试验,当以此次为嚆矢"[33]。开洛无线广播电台还同大中华留声机器公司、谋得利唱片公司、上海艺术家社、亚美电影公司等单位建立业务联系。1925年8月,征得上海徐家汇天文台的支持,增加气象报告节目,每日两次用中英文播送。1926年7月,又增加《大陆报》提供的英文新闻报告。

开洛无线广播电台的广播内容,日益丰富,开办初期播放的节目除新闻外,主要是西洋音乐和外国唱片,以后增加播放中国唱片,邀请上海文艺界人士演唱中国戏曲,还请专家学者和知名人士开办专题讲座等。在中午、晚间和星期天,听众比较集中的时间,安排特别节目,以招徕听众。

无线广播电台这种现代化新闻传媒手段，也很快引起中国人的兴趣，积极创办，但困难重重。1923年5月，在国内商人参与下，在上海南京路永安公司楼顶，装设无线广播电台，在香港英署注册。该台开播消息在各大报刊出后，引起北京军阀政府的注意，令江苏省交涉署调查。该署查实后致书上海总商会转告永安公司，该楼“所装之无线电台有背定章”，应“从速拆除”。在军阀政府的干预下，被迫于8月拆除。

1923年9月，上海商人郁缓钧、陶立士等，发起组织大中华无线电传音股份有限公司，向农商部、交通部呈请注册，请求予以立案。交通部以无线电话不许私人设立或传播为由，不准立案，1923年11月，江苏省又发出《禁止设造无线电机之通令》，强调“广播无线电业，一律照《电信条例》，定为国有”，“均不得私自购造”，并饬令“上海军警暨地方长官，严密查防”，对“私设与制造”者，“一律禁止，以维电政”[34]。

1927年3月，上海新新公司负责人邝赞建造了“无线电话”，于3月19日正式播音，呼号初为XQX，后改为XCHA，波长370公尺，电力50瓦特。播送内容除介绍新新公司经售的各类商品和无线电业务外，还播送新新公司屋顶花园的艺术节目，如京剧、沪剧、滑稽、三弦、拉线、群芳会唱、口技等，有时播放唱片，播音无固定时间，时断时续。

上海早期的无线广播电台，无论是外国人创办的，还是中国人设置的，都是私营性质的，大都由公司建造，具有浓厚的商业性，为公司经营服务。推销商品是它广播的主要任务，通过推销商品所赚的钱，用来维持广播电台的经费开支。经济独立、播音自主，是这时期无线广播电台的一个特点。无线广播电台在中国一诞生也显示了新闻传媒的巨大功能，大大推动了我国新闻事业的发展。

二、通讯社的新发展

自 1872 年英国路透社在上海设立远东分社以来，通讯社在新闻传播领域的重要作用渐渐被中国人所认识，于是国人也开始了创办通讯社的活动。

国人在上海创办通讯社始于 1912 年，都因规模小，寿命不长，影响很小。随着新文化运动的发展，中西文化交流的加强，特别是十月革命爆发后，人们了解国际形势的愿望普遍增高，但中国报纸所披露的国际新闻，“尽被路透、东方等外国通讯社占领”。李次山等人不甘心国际新闻被外国通讯社垄断的状况，于 1918 年在上海创办了联合通讯社，坚持几年。1919 年 2 月，南北议和会议在上海召开之际，为及时向全国各地报道会议情况，也有人创办了和平通讯社。4 月，在上海成立的全国报界联合会，于第二次代表大会上通过了《组织国际通讯社案》，因经费和人力所限，此议案未能付诸实施。五四运动爆发后，许多知识分子出于爱国热情，创办了一批以“中”字打头的通讯社。如中国通讯社、中外通讯社、中华通讯社、中孚通讯社等，但这些通讯社因人员缺少，资金短缺，设备简陋，大都自生自灭。

五四运动后，上海社会处于相对稳定时期，经济建设、文化教育、科学技术和中西文化交流等诸方面都有了较大的发展，在这种历史大潮流推动下，上海的新闻事业进入了繁荣发展时期，创办通讯社者日益增多。据 1927 年《支那年鉴》统计，上海有通讯社 12 家。国闻通讯社、远东通讯社、申时电讯社，是其中的佼佼者。

国闻通讯社是由著名报人胡政之创办的，于 1921 年 8 月筹办，9 月 1 日正式发稿。社址初设上海派克路 363 号。后迁至山东路 202 号。该社在《开办预告》中称："当前世界改造潮流方急之时，国中凡百事业胥待刷新。而国民喉舌之新闻界自亦有待改进，不佞业报有年，不自揣其能力，窃欲于报界革新事业稍效绵薄。"[35]表明创办通讯社的目的是为了推动中国新闻事业的革新。但创办初期受孙中山和浙江军阀卢永祥等的资助，不能不成为反对直系军阀的某种联合势力的宣传机关。社长胡政之，总编辑周培艺，工作人员有李子宽、严谔声、严慎予等。总社设上海，先后在北京、汉口、天津、长沙、广州、重庆、贵阳、哈尔滨等地设立了分社，还在西安、兰州、洛阳、开封、蚌埠、济南、青岛、福州、梧州、奉天、吉林等地聘请通讯员，成为全国性的通讯社。1925 年 4 月决定招聘日本东京通讯员一人，"以确悉日本各方面情形，文笔雅洁者为合格"[36]。这是国人创办通讯社设驻外记者之始。

1924 年 8 月，国闻通讯社创办了《国闻周刊》，是一份综合性期刊，栏目有论著、纪事、译评、名人访问录、舆论辑要等。"就世界大势、国内政局、各省状况及法律、经济、教育、文学、美术各端，择其有永久保存之价值者，悉数记载"[37]。1926 年 2 月，《国闻周报》大加革新，增加"社论"一栏，聘请吴达诠、张季鸾、吴昆吾、陈布雷、胡政之、吴友生等执笔。"添辟调查"一栏，就“经济实业等方面作系统之报告”。还将“名人录”一栏，改为“时人杂志”，扩大范围，“凡各界重要人士，不分男女，均可刊载”。

《国闻周报》创刊不久，卢永祥在江浙战争中失败，国闻通讯社失去经济来源。胡政之一方面在国闻通讯社内增设广告部，扩大收入，另一方面找留学日本时的同学吴鼎昌帮忙。吴同意每月支援400元，吴鼎昌从此以“前溪”为笔名经常在《国闻周报》上发表文章。

1926年9月，胡政之同吴鼎昌、张季鸾联合接办天津《大公报》，国闻通讯社的重心北移，虽总社一直留在上海，但主要业务人员成为《大公报》编辑部班底，各地分社、机构及通讯人员也成为《大公报》各地分社机构及通讯人员。

1924年春，莫克明联合同志创办远东通讯社，“以宣达民意，传播确迅消息”为宗旨，于4月1日正式发稿。社址设在上海跑马厅张家滨m17号。6月，决定在奉天、哈尔滨、汉口、青岛、长沙、北京、广州、云南等地招聘特约通讯员，“以消息灵通、记载翔实，自信能作系统之报道，而无偏袒者为合格”[38]，也向全国性通讯社发展。

远东通讯社非常热心新闻事业的服务工作，1925年4月，在该社成立一周年之际，举办新闻展览会。7月，组织新闻学演讲会，“目的在引起同人研究新闻学之兴趣”，以“勉励从事新闻业者之努力，使中国新闻事业日见发达”。第一次演讲会于7月18日假国立自治学院举行，由旅欧新闻学家王一之、李昭实讲演，到会听者有《申报》汪英宾、《新闻报》朱义农、《时事新报》潘公弼、《时报》戈公振等数十人。李昭实女士讲《女记者》，阐明报纸设女记者之必要，并介绍欧洲各国女子从事新闻记者情况。王一之讲《报纸之价值》，阐明报纸、通讯社的功能与作用，“世界各国官吏之清廉勤慎”，“实受人民之监督，而畏报纸之随时揭发也”[39]。同时介绍欧美各国新闻事业发达情况。之后陆续聘请朱少屏、潘公弼、严谔声、汪英宾、戈公振、周孝庵、张东荪等知名人士为讲师，定期演讲、深受欢迎，前来报名听讲者“甚为踊跃”，其中以“学校职员及大学生为多，女界前往报名者亦不少”，经常听讲者达 50 余人。讲演会还组织学员参观《大陆报》、《申报》、《新闻报》、《时事新报》、《民国日报》、《商报》、《时报》等，增加学员的感性认识。

8 月 30 日，在新闻学演讲会结束前夕，由于学员“对于新闻事业均觉兴味无穷”，“建议组织一永久团体”，“以研究新闻学，发展新闻事业为宗旨”，获得学员一致同意，定名为“上海新闻学会”，于 10 月 2 日正式成立，成为上海最早的群众性新闻学研究团体。

申时电讯社成立于 1924 年，由《申报》经理张竹平创办。起初是《申报》、《时事新报》两报编辑同人，在工作之暇将两报得到的各地方来电撮要编译，发给外埠数家有关系的报纸采用。所发稿件分电讯和邮讯两类，每日几百字，十分简单，但仍受到消息闭塞的内地报纸的欢迎，订阅者日众，任务日增，两报兼职同人因此不胜负担，遂于 1928 年扩充资本，聘请专职人员，厘定组织章程，脱离两报，单独组织通讯机构，增发英文稿，设立了广告、新闻摄影等部，招聘外埠通讯人员，迅速发展为具有相当规模的通讯社，成为我国早期有相当影响的私营通讯社之一。

第七节　租界内的新闻自由

一、租界与报刊

租界是帝国主义侵略中国的产物，进行各种罪恶活动的据点和扩大侵略势力范围的桥头堡，是被压迫民族耻辱的代表，罪恶累累，罄竹难书。但是，在客观上，它对冲破中国闭关自守，沟通中西方交流，使中国人了解世界，接收西方先进事物，起到窗口作用。在西方影响下，租界地区是中国资本主义经济的发源地，世界先进科学技术的传播地，也是中国近代报刊的诞生地。

上海在我国近代新闻事业史上，长期处于新闻中心和舆论中心的地位，毋庸讳言，这与租界的某些客观作用是分不开的。

首先是对报刊的庇护作用。武汉是我国国人最早创办近代报刊的地区之一，但报刊很快停刊，长期发展缓慢，究其原因，除不具备经济条件外，也缺乏政治环境。上海则不同，不仅资本主义经济发展迅速，有近代报刊生存和发展的深厚土壤，而且报刊大都设在租界内，封建王朝和军阀势力的魔爪很难伸进租界，任意扼杀报刊，因为租界是中国政府权力统治的薄弱点。自从租界的特殊地位形成后，帝国主义者利用治外法权维持着他们的种种特权，不准中国政府染指租界事物，对租界内发生的事情，无论是清朝政府，还是北洋军阀，或者蒋介石国民党南京政府，都无权直接干预。这对国人在租界内的报刊活动，无疑是有利的。

在清朝政府时代，上海是维新派报刊活动的中心，清朝政府顽固派意欲扼杀，也无法直接插手。戊戌政变失败后不久，国人在上海的报刊活动很快复苏，成为抨击清朝政府最猛烈的地区，虽然清政府勾结帝国主义制造了震惊中外的“苏报案”事件，但清政府妄图引渡章太炎、邹容加以杀害的阴谋，并未得逞。1907年起，国人在上海的报刊活动，再度兴起，成为辛亥革命时期国内最大的民主革命舆论中心。清朝政府绞尽脑汁，企图加以破坏和镇压，都事与愿违。民国初，上海同样是进步和革命报刊的活动中心。五四时期一些受迫害的新文化运动代表人物，也避居上海租界内。蒋介石叛变后，中国共产党的地下报刊活动也集中于上海。上述情况表明，在中国半封建半殖民地的特殊社会环境下，租界对报刊的发展起到一定的庇护作用。

租界内的新闻自由度比中国政府宽松，这是上海新闻事业发达的另一个重要原因。新闻出版自由，是资产阶级反对封建专制斗争中所争取的民主权利之一，在革命胜利后载入宪法和法律。西方资本主义者的新闻自由观念，要比中国统治者浓厚得多，因此，租界当局在新闻事业的管理上，要比中国政府宽松些，在租界内出版报刊，只要按规定办理注册登记手续，都允许出版；在宣传活动中，只要不构成对租界当局殖民统治的威胁，可以对任何事物加以评论和报道，甚至对租界内的政策和措施加以评议或批评，这同中国封建统治阶级不准任何批评的态度，也是不同的；报刊宣传若触犯法律，一般是按照司法程序进行审讯，并允许被告人申辩，这同中国封建统治者以言代法，以个人好恶随意处置报刊和报人的做法也大不同；至于使用暴力手段，指使特务捣毁报社，残杀报人的非法行为，租界当局一般也是不赞成的。这样，在租界内出版报刊，其环境比中国政府统治下宽松得多，新闻自由权利的度要大一些。

上海租界是几个帝国主义国家共同占领的，这种多元统治，使中国报刊可以在矛盾的缝隙中，求得生存和发展。帝国主义都是极端的利己主义者，在统治上海殖民地期间，为维护他们的利益和特权，在镇压中国人民的民族解放运动方面是一致的，但在如何管理租界问题上，他们都从自身利益出发，存在着矛盾和斗争。如对待新闻出版管理的观念和手段，各国舆论机构之间，租界当局与公使团之间等，并非完全一致。这就为中国报刊在租界内出版和发展，提供了缝隙。如，1903年“苏报案”事件发生后，在如何对待清朝政府要求引渡章太炎、邹容问题上，便发生了严重对立，这也是清朝政府企图杀害章、邹阴谋破产的原因之一。“苏报案”发生后不久，英国殖民主义者为加强对公共租界内新闻出版的控制，便向北京公使团提出，要求给工部局管理报刊的更大权利。1913 年正式提出在《土地章程》中增加“印刷附律”议案，在长达十多年的明争暗斗中，因帝国主义之间意见不一致始终未能正式生效。在租界内出版的进步报刊，经常变更出版地址，一个重要原因就是利用公共租界和法租界在管理上的不同。

租界内长期缺少新闻法规，也是上海新闻界得到较多新闻自由的一个原因。从 1843 年上海开埠通商、建立租界，到 1919 年以前，上海租界内(包括公共租界和法租界)，是没有新闻出版法规的。不仅没有专门的新闻出版法规，而且在其他法规中也没有关于管理新闻出版的条例。1919 年法租界当局制定了《上海法租界发行、印刷、出版定章》七条，而公共租界一直没有新闻法规。殖民主义者曾以此相标榜，说各种报刊“能在公共租界内自由印刷，发行并派送，不受干涉”，是由于“公共租界治制给予报馆馆主之保障”[40]。尽管殖民主义者以救世主自居，但对中国报刊来说实属无奈。

二、工部局炮制“印刷附律”的闹剧

在租界内的新闻出版自由是有一定限度的。租界当局为维护他们在华统治，要调整帝国主义同中国统治者的关系，以便获得更大的特权和利益。他们对租界内的华人报刊，特别是进步革命报刊，便企图实施严厉的管理措施。连续十多年的“印刷附律”闹剧，就是一个典型事例。

所谓“印刷附律”，是上海公共租界工部局提议在租界《土地章程》的附律中，增加关于管理租界内新闻出版的条款，旨在扼杀中国人民的革命宣传。从辛亥革命到五四运动期间，公共租界工部局曾多次提出修改《土地章程》附律，增加“印刷附律”的建议，均因在纳税人会议上未获多数通过而流产。

五四运动爆发后，大量进步爱国报刊在上海出版，不仅猛烈抨击北洋军阀政府的卖国罪行，而且有时还喊出“打倒帝国主义”，“取消不平等条约”的口号，帝国主义感到自己在中国的统治受到威胁，已得到的特权和利益有失去的危险，于是，又积极谋划被搁置了多年的“印刷附律”议案。1919 年 6 月，工部局再次向北京公使团致信，为制定“印刷附律”进行辩解，6月26日，在工部局公报上刊出工部局总董裴尔斯提出的“印刷附律”议案。主要规定：“凡人欲经营印刷、石印、雕刻、发行报纸、杂志或印刷品，关系公共新闻在此范围内者，必先向工部局领一执照。如营业者为西人，则其执照当经其领事副署”。“凡不遵此附律者，每一次违犯，当处以不逾三百元之罚金，或他种法律所处罚”；“凡督助印刷所发行石印或雕刻之新闻纸与印刷品，而于第一页上不印印刷人姓名、住址，如不止一张，其最后一张，苟不印印刷人姓名、住址者，每次当处以不逾二十五元之罚金，或相等之罚”[41]。另外，还有一个“文本之二”称：“上列议案经领事团批准后，工部局得以下列条件处理领得印刷、石印、雕刻、报纸、杂志及其他印刷品之执照者”，其中有关于注册、执照陈列、禁载内容、巡捕检查及对违者的处罚等。

“印刷附律”议案一出笼，就遭到上海新闻文化界及广大群众的反对，上海书业报界联合会拟定了致纳税西人的公开信，指出此议案违背新闻出版自由原则，“惟德国及日本有之，英美等任何其他自由之国家均不容许”，“此项附律若成立，则使一小团之人将得如此之专制大权”，“随时核查或封闭任何中西报纸，甚至可以指定上海何种书刊可以出版，何种书刊则不可出版，上海中西报纸将完全受毁。”[42]此议案与世界自由思想完全相背，呼吁纳税西人“岂能承认之乎！”上海报纸印刷所联合会、上海日报公会等群众团体及各报刊也纷纷发表声明、评论，抨击“印刷附律”议案。

一些外国报刊和人士也纷纷著论抨击“印刷附律”议案，

指出“此举实可惊异，吾人受西方之教育，知言论自由与出版自由为人类一种须臾不可离之权利”，附律“实违反西方文明之思想与世界民治主义新趋势”，“此物之臭味太似俄之专制与法之黩武主义”。他们认为中国报纸在租界内“能自由指陈中国政治之弱点，社会之弊病，而言其救济之方法”，是一件好事，租界当局为什么要限制它呢？租界当局若一意孤行，会使中国人对“西方能力与文明”，“将非常失望矣”[43]。特别批评工部局背离了英国的光荣传统，指出：“英国人之争取自由已数百年”，故自由原则，“实为英国国史上最光荣之事”，“为不列颠人最光荣之遗物也”[44]。现在为什么把它丢掉?! 这种批评十分尖锐，且击中要害。

工部局不顾中西新闻界及民主人士的反对和批评，顽固坚持反动立场，竟于 7 月 10 日召开纳税西人特别会议，工部局总董裴尔斯首先作长篇发言，为制订“印刷附律”进行辩解。在最后表决时，结果以 269 票赞成，195 票反对而获得通过，其中日本出席者 138 人，全部投了赞成票。足见日本纳税人对中国人民争取新闻自由斗争的仇视。

“印刷附律”虽已经过纳税西人特别会议通过，但还不能生效，还需要经过北京公使团批准。但是要获得公使团批准十分困难，因为上海公共租界是在帝国主义多元统治下，各个帝国主义从自身利益出发，采取的对华政策不同，这种矛盾和斗争不可调和。美国、西班牙等公开表示反对，“将拒绝核准”此案。结果上海公共租界工部局的一番苦心再次付诸东流。

国共合作后，中国民主革命迅猛发展，上海成为全国工人运动中心，革命报刊也随之大批出版，这又使帝国主义感到巨大不安。在五卅运动前夕，工部局在4月份的纳税人年会上，又提出“印刷附律”议案，因不足法定人数而流产。工部局不甘心失败，采取更加卑鄙狡猾的手段，诱骗纳税人会议：精心修改“印刷附律”议案原文，使之变得温和含蓄一些，减少刺激性；会前拟定《劝纳税人署名保证出席书牍》，印1 200余张，派人分送各纳税人；由《字林西报》、《上海泰晤士报》等发表社论和文章，散布布尔什维主义对中国的威胁，说明制订“印刷附律”，加强新闻出版的管理的必要；把“印刷附律”同“特别捐”、“印刷业领照案”等几个附律一起讨论，以减少人们对“印刷附律”的特别注意。经过精心策划后，又于6月2日再次召开纳税人特别会议。

公共租界工部局一意孤行的反动行为，更激起中国新闻文化界及全国人民的愤慨。除新闻、出版、印刷等团体纷纷抗议外，上海租界的纳税华人也奋起反对，联名致电北京政府外交部，指出工部局策划的纳税西人特别会议“会期在迩，群情愤激，乞迅向公使团严正交涉，转电沪领事撤销”此案[45]。中国国民党也发表宣言，抗议租界当局拟订的“印刷附律”等议案，指出对“取缔中国人民出版言论自由之印刷附律，尤其根本反对”[46]。轰轰烈烈的五卅爱国反帝斗争的群众运动，更成为反对“印刷附律”议案的主力军，上海总工会、上海学生联合会、上海市总商会等31个团体，于6月1日联合发表抗议宣言，指出“印刷附律”将使新闻文化界、印刷及非印刷界，“人人皆在危险之中，刑法森严，如是之甚，凡我国民孰能容忍”[47]，表示坚决斗争到底。《密勒氏评论报》、《大陆报》等西文报纸也批评工部局的错误行为。

中国人民的英勇斗争，形成了强大的社会压力，许多纳税西人不敢出席会议，只到 177 人，远远不足法定人数，会议仅开 15 分钟，便宣布闭会。自此以后，工部局未再提出此案。长达近二十年的“印刷附律”闹剧，至此以工部局的彻底失败而收场。

三、租界当局对“过激主义”的恐惧

五四前后，上海《民国日报》及其副刊《觉悟》、《时事新报》副刊《学灯》、《星期评论》、《建设》等报刊，陆续刊载了介绍俄国十月革命和欧洲社会主义运动等消息和文章，已引起租界当局的不安。1919 年“六三”上海工人大罢工，标志着中国人民的爱国反帝斗争进入一个新阶段，全国人民在反对北洋军阀卖国政府时，不仅要求“外争主权”，“内惩国贼”，而且响亮地提出“打倒帝国主义”，“废除不平等条约”的口号。这些正义的呼声，相当集中地通过上海的报刊广泛传播开去。

上海租界当局面对汹涌澎湃的群众爱国反帝运动，既害怕斗争进一步高涨，更加仇视马克思主义的传播，在暴力镇压上海人民的“三罢”斗争的同时，加紧对报刊宣传的控制。公共租界工部局警务处把重点翻译检查的中文报刊，从 24 种增加到 40 多种，一旦发现新的报刊，立即派人侦查该刊的出版背景、发行人、编辑人和印刷人的政治态度等，并将此类资料列入工部局警务处给英国驻沪总领事的密报中，有的写道“各种形式的传单及漫画在散布着”，“不下 500 种”，其中“有几种报刊，特别是《救亡日报》及《学联日报》明显地是大力支持抵制日货及罢工运动”[48]。因此，租界当局制造种种借口钳制和迫害进步报刊。1919年4月，公共租界总巡捕房向会审公廨控告《民国日报》:“有鼓吹暗杀张敬尧等情”，传讯该报主笔叶楚伧到堂受讯，处罚《民国日报》停刊两天。8月，法租界当局以“意图扰乱公安”为由，传讯《救亡日报》主笔，处以罚款100元，并“将该报封禁”。五四以后，此类抓人封报事件，时有发生。

租界当局为了给扼杀中国进步报刊、阻止马克思主义传播卑劣行径披上“合法”外衣，把搁置数年的“印刷附律”议案再次抛出。法租界制定的《上海法租界发行、印刷、出版品定章》，于1919年6月29日正式出笼。规定各种出版物“未奉法总领事允许，不能在法租界内开设”，已准出版物“非预将底稿一份送法捕房及法总领事署，不能在外发行”，所“刊行文字内，有违反公众安宁或道德者”，其“经理人、著作人和印刷人”，“一并送会审公堂追究，按法惩办”等[49]。法驻沪总领事还致函公共租界工部局说:“此项条例，并适用于公共租界内以法商名义注册发行之中国报纸”，“如有不正当行为，请即谕令公共租界总巡，以犯者归于法会审公堂审讯”[50]，暴露了英法等帝国主义联合镇压中国进步报刊的丑行。

租界当局把钳制舆论的矛头，主要指向中国共产党的报刊，妄图阻止马克思主义传播和社会主义革命的发展。1920年10月，敌人对陈独秀主编的《新青年》等报刊十分注意，称“过激党首领陈独秀”，“刊发杂志，鼓吹社会主义”，“应严查追究”。1921年4月，《新青年》第8卷第6号付排时，全部稿件被法租界巡捕房搜去，不准在上海印刷，《新青年》封面不得不印上在广州出版字样。10 月 5 日法租界巡捕突然搜查陈独秀住处，抄去《新青年》、《劳动界》及其他进步报刊若干，并逮捕了陈独秀，会审公廨加给他的罪名是：所编辑发行之《新青年》，“前经法总领事封闭禁止发售在案，此次被告明知故犯”，“照新刑律第二百二十一条，着陈独秀罚洋 100 元充公，抄案书刊一并销毁”[51]。1922 年 6 月 9 日，公共租界总巡捕房，以“登载过激言论”、“鼓吹劳动革命”的罪名，勒令中国劳动组合书记部机关报《劳动周刊》停刊，并逮捕主编李启汉。8 月，法租界巡捕再次搜查陈独秀住处，抄去《新青年》等所谓“禁书及底稿等物”，陈被捕受审，判“罚洋 600 元”，“书籍及底稿等一律销毁”[52]，《新青年》因此停刊。1923 年 2 月，承印《向导》的印刷所被巡捕房查抄，罪名是“专印鼓动罢工书报”。1924 年 12 月，上海大学代理校长邵力子被公共租界巡捕房逮捕，原因是“该校出售含有仇洋词句之《向导》报”，会审公堂强加给他的罪名是，所售“共产书籍”，违犯“报纸条例第八条及第十条”。被告律师严正指出“查报纸条例已于五年七月”，“经大总统命令取销”，此案根据不足，“应予撤销”。会审公堂理屈词穷被迫同意。1925 年 2 月，上海大学再次被租界巡捕搜查，抄去“过激书刊《向导》报、《共产党》、《前锋》等书刊多种”，再次逮捕了代理校长邵力子，判“被告交保一千元，担保嗣后上海大学不得有共产报刊及宣传共产学说”，所“抄获各书刊一并销毁”[53]。五卅运动中，《热血日报》更是在帝国主义迫害下被迫停刊。

保持社会稳定，是帝国主义在中国统治的基础，租界当局对一切认为不利社会安定的报刊宣传，严加处罚。1924 年和

1925 年,租界内发生两次"三报"同时被罚事件,便是典型的案例。

1824 年 8 月,公共租界巡捕非法逮捕市民叶乾亨,激起群众的愤慨,《时报》、《商报》和《新申报》如实报道并加以评论。工部局警务处以三报"散布谣言,登载不确实消息","损害西捕头邓汤姆司之名誉"的罪名,逮捕了《时报》总经理狄楚青、主笔陈冷血,《新申报》总经理许建屏、主笔孙东吴,《商报》总经理李征五、主笔陈布雷等六人。会审公堂根本不听被告律师的正当申诉,判"三报"对所报道的事件,"不但所载之消息不确","且任意评论","此种行为实有煽动中外人间之恶感","触犯新刑律三百九十九条",分判罚款,强行结案。

1925 年 3 月,《民国日报》主笔邵力子、《商报》主笔陈布雷、《中华新报》主笔张达吾三人同时被工部局巡捕房拘捕,其借口是,三报报道和评论上海纱厂工人罢工为"鼓动工潮"、"扰乱治安","并不将该报之主笔、发行人、印刷人姓名及住址登载报上等情"。对工部局巡捕房的无理指责,被告律师据理驳斥,指出关于上海纱厂罢工事件,上海中西各报大都报道,为什么仅指控三报?关于后者,"全中国报纸亦未见登载者,"上海的"申、新两报也均不登主笔姓名及住址于报上",为什么仅苛求三报?会审公堂根本不听被告律师的正当申诉,强行判决,除判"三报"主笔"违犯出版法第三条第一款",各罚洋 30 元,"违犯出版法第十一条第二款",各罚洋 60 元外,还指控邵力子曾"因与治安有得,判交保一千元,亦不准宣传过激主义"。此次因属再犯,除受以上处罚外,并"将逐其出租界"。

第八节　走向世界的若干尝试

一、第一次参加世界报界大会

世界报界大会发起于1915年，是年7月至10月，美国旧金山举办巴拿马太平洋万国博览会，许多国家的大报都派记者采访，会间美国新闻界倡议召开国际报界大会，得到与会各国新闻记者的响应，于是在旧金山召开了第一次世界报界大会，三十四国新闻记者出席，通过会章，规定该会宗旨为：集全世界新闻人士于一堂，藉新闻事业以联络各国国民感情，图谋传递消息之安全，间接增进全球人类之幸福。会上选举美国密苏里大学新闻学院院长威廉博士为会长，副会长与会国每国两人。大会五年召开一次。

第二次世界报界大会，原定于1921年4月在澳洲的雪梅纳城召开，因为新南威尔斯政府突然取消邀请，大会无法按期举行。于是夏威夷的《檀香山明报》、《太平洋商务广告报》等征得檀香山总督的同意，建议在檀香山举行，美国报界也极表赞成。

中国是世界大国，第一次世界报界大会，没有派代表参加，无疑是一大憾事。1919年2月威廉博士访问中国时，正式向中国报界发出邀请，第二次大会前又发出书面邀请。

第二次世界报界大会于1921年10月11日在檀香山火奴鲁岛召开。出席会议的有美国、中国、日本、加拿大、朝鲜、瑞士、新西兰、菲律宾等十三个国家，代表共130余人。大会由威廉博士主持,美国总统给大会发出贺电。与会代表就各国新闻界所关心的报业发展的理论和实际问题进行广泛讨论,如新闻宣传与世界和平之关系,言论自由之促进,世界新闻通讯的改良,新闻记者地位之保障,各国新闻记者之交流,新闻教育之发展,新闻信息之沟通,新闻业务之改进等。除大会发言外,各国代表还进行了对口交流。

中国参加檀香山世界报界大会代表团由六人组成:许建屏代表上海日报公会及《大陆报》,董显光代表《密勒氏评论报》,钱伯涵代表天津《益世报》,黄宪昭代表广州《明星报》,王伯衡、王天木代表《申报》。因董显光曾在美国密苏里大学新闻学院、哥伦比亚大学新闻系就读,是威廉博士的学生,又有许多美国旧识,在大会期间许多事情由他出面联系,虽未正式推举,他实际成为中国代表团的团长。

中国代表团受到大会的欢迎和器重。董显光、王伯衡、许建屏分别被推选为未来新闻事业组、大会议案组和会章修改组的成员。六人中有四人在大会上发言。首先是董显光发言,题为《中国记者对世界记者之谨告》,阐述了中国已成为世界的重要国家之一,而各国报纸上关于中国的报道殊少,希望各国记者到中国游览,考察中国的政治、经济、文化、教育及社会等,进行研究,加以报道。其次是许建屏发言,题为《中国报界对于世界报界之意见》,中心内容是,巴黎和平会议早已结束,各国政治家对于世界和平的种种政见皆未实行,报界只管登载外交家的政见,而不知督促其实行,所以世界报界未能执行其职务,中国报界甚为失望。黄宪昭的发言题目为《美国宜组织一新闻记者团访问中国》。

王伯衡的发言最引起与会者的注意。他在题为《中国与报纸》的发言中，较全面地介绍了中国报业发展的历史与现状，他说"'报纸'两字在中国历史上由来已久"。汉代当藩镇制度盛行时，各藩镇驻京都者，皆有邸报之发行，为"各藩镇报告宫中诏令耳"。唐代继之，"改由朝发"，"此种邸报，以其性质论之，不足称为报纸，然已具备报纸之缩影"。"开元之际，都中有'开元杂志'之发现，是为中国报纸之始，并为世界报纸之始"。只是到了清代，中国的报纸落后了。在介绍到中国报业现状时，他说"以近日报纸之情形，与世界各国报纸相比，则其相差，有天地之别"，"然亦非中国报纸之前途毫无希望也"。他列举报业种种进步事例后，指出"中国报纸事业前途之发达，与外国报纸事业之并驾齐驱之日，可指日而待也"[54]。王伯衡提出，为推进中国报业的发展，中国报界宜设立具有现代设备的国际通讯社，它的任务是一方面把中国有价值的新闻，供应世界各国报纸，另一方面采集各国重大新闻，供应于中国各报，成为沟通中西新闻信息的重要机构。

檀香山世界报界大会，增进了中西方新闻界的相互了解，对中国新闻事业的发展，有很大推动作用。第一次世界大战后，国人迫切了解世界形势的巨大变化，国内各大报竞相加强国际新闻的报道，派遣驻外记者与日俱增。瞿秋白、俞颂华、李崇武、胡政之、王光祈等都是十分活跃，并取得优异成绩的驻外记者。但是他们的活动大都以个人名义采访新闻，且主要是把国外重大消息介绍给国人，并没向国外介绍中国的任务。此次檀香山世界报界大会是一次大规模的新闻界交流活动，对于沟通信息，增进中西了解大有裨益，其影响远远超过个人的活动。与会者除在会议上交流外，还参观访问了当地报社及社会各行业，会后中国部分代表赴美国大陆访问，参观访问美国一些大报社，并介绍中国的情况。王伯衡在纽约美国外交后援会作了演讲，系统介绍了中国政治、经济及新闻界情况。由威廉博士主编的《世界报界大会纪录》一书，1922年8月由上海新闻界翻译出版。该书收入了大会章程、决议以及大会发言等，对于中国人民了解世界各国报业状况，起了积极作用。

二、中外新闻界交往日益活跃

中国近代报刊的产生，是中外文化交流的结果。但是真正在新闻业务方面进行交往，是在五四运动以后，檀香山世界报界大会则起了积极推动作用。首先是世界著名报人和新闻学者来华访问与考察。其中最有代表性的是英国的报业大王北岩勋爵和美国密苏里大学新闻学院院长威廉博士。

1921年11月，英国《泰晤士报》主人北岩勋爵经日本来华考察。先至北京，考察北京新闻事业，于20日抵达上海。由上海日报公会代表谢福生、《申报》代表汪英宾、《新闻报》代表汪伯奇负责接待。先后同上海日报公会、上海新闻记者联合会进行交流，并参观访问了《申报》、《新闻报》、《大陆报》、《时事新报》、《时报》等。北岩勋爵在参观《申报》时，同史量才、陈景韩、张竹平、汪英宾、谢介子、朱应鹏、李嵩生、郑希陶、余金波等报社骨干人员座谈。北岩介绍了《泰晤士报》发展情况及管理经验等，并回答与会人员的提问。北岩在沪期间还接受了国闻通讯社等单位新闻记者的采访。

世界报界联合会会长、美国密苏里大学新闻学院院长威廉博士应中国出席檀香山世界报界大会代表之邀，再次访问中国，1921年12月，他偕美国报界联合会会长、世界报界联合会副会长格特博士等抵达北京。12月4日北京新闻界举行大型欢迎会，与会的各新闻单位代表有50余人。威廉博士就新闻宣传与世界和平之关系作了发言。他说：世界和平绝非互结条约所能奏效，必须由各国根本代表民意之新闻界，积极鼓吹其间，始臻真正永久的和平。并建议中国组织报界协会，以利各报社宣传活动之开展。

12月10日，威廉博士一行经南京至上海访问，《密勒氏评论报》主笔裴德生专程赴宁迎接。上海新闻界举行盛会欢迎威廉博士，报界知名人士史量才、汪汉溪、汤节之、谢福生、戈公振、张竹平、沈能毅、裴德生、汪英宾等出席。席间除广泛讨论报纸宣传具体业务外，威廉博士还特别强调了关于加强新闻人才的培养问题，并介绍了密苏里大学新闻学院的情况。他说该校毕业生，包括外国留学生，“每年毕业后，分赴全球”，服务各大报，希望中国多派学生到该校就读，学成归国后，“服务中国报界”，“必大有可观者”。

《申报》举行茶会招待威廉博士一行，出席者有圣约翰大学校长卜舫济博士、新闻科主任裴德生、沪江大学白校长、《字林西报》陈汉明、《大陆报》谢福生、《上海泰晤士报》芳区、法文《新汇报》温蒂莱、《时报》戈公振、《时事新报》周孝庵、《民国日报》邵仲辉、《中华新报》吴应图、《商报》汤节之、费公侠、《中国晚报》沈卓吾、中美新闻社劳克、联合通讯社张振远、国闻通讯社严谔声等。史量才主持,汪英宾、张竹平等招待。威廉博士介绍了美国报业及新闻教育情况,并对大家关心的问题,进行广泛自由的讨论。

威廉博士对中国的新闻教育特别感兴趣。先去圣约翰大学新闻系参观访问,对师生作了演讲。他说:"新闻为近世之科学,然世界第一次出版报纸之国,即为中国,惟中国不能顺序发展,殊为可惜。"强调保证报业健康发展的关键在于新闻人才的培养,大力设置新闻教育。他对裴德生创办圣约翰大学新闻科极为赞扬,说:"裴德生即系余之爱徒,刻能在中国报界供职,又能在圣约翰大学创办新闻学科,殊感荣幸。"[55]之后又参观了沪江大学报学科,也对该校师生作了学术报告。

威廉博士还分别同上海日报公会、上海新闻记者联合会举行座谈会,参观了《新闻报》、《大陆报》、《密勒氏评论报》、商务印书馆等。在参观《字林西报》时,作了《远东之新闻事业》的学术报告。威廉博士回国后,给《字林西报》寄来《新闻记者信条》,各报纷纷转载。

自此以后,各国新闻界纷纷来华访问,仅 1922 年到上海访问的就有 6 次之多。以后每年都有几批。其中较重要的有:1921 年 12 月,世界报界联合会新闻调查委员会会长美国新闻家格拉博士;1922 年 11 月,美国联合通讯社社长诺彝斯;12 月,美国 25 家大报联合访华团;1923 年 1 月,日本大阪朝日新闻社总经理上野一藤;5 月,大阪每日新闻社社长本山彦一;11 月,美国联合通讯社社长弼格尔;同月,英国路透社总理琼明爵士;1925 年 4 月,日本大阪新闻记者团一行 30 余人;8 月,美国新闻联合会会长贺维德;1926 年 7 月,美国新闻记者团一行多人等。此外还有越南、意大利、法国等国新闻界代表来华访问，抵达上海。

在中外新闻界的交流中，上海起了突出作用，除盛情接待大批外国访问者外，也加强对外国新闻事业的了解和研究，陆续派人出国考察。早在1917年11月上海就派出大型新闻记者赴日本考察团，成员有《申报》的张蕴和、张竹平、伍特公，《新闻报》的汪汉溪、冯以恭，《时报》的包天笑，《神州日报》的余谷民，《中华新报》张群，《民国日报》的吴苍，《新申报》的席蓉轩，《时事新报》的冯心支，《亚洲日报》的薛德树等，随团同行者有日本东方通讯社的波多博、佐佐布质直。考察团于11月24日出发，先后访问了东京、九州、大阪、长崎等地新闻界，于12月10日返沪。对于了解日本新闻事业的发展情况及管理经验，起了重要作用。五四运动后，夏奇峰以新闻记者身份考察欧美新闻事业。1926年6月，刘湛恩教育博士赴欧洲参加世界青年大会时，应远东通讯社委托，在考察欧美教育的同时，考察新闻事业。其目的是“吾国新闻事业，今后欲求进步，除改善经营方法外，尤应同时参酌欧美最近之经营方法，取人之长，以补我之短”[56]。考察具体要求是：(1) 各国新闻事业发展史；(2) 各国关于新闻事业之著作；(3) 最著名报馆内部组织与管理；(4) 通讯社之经营方法；(5) 各国新闻事业之现状。9月远东通讯社社长莫克明暂辞其职，赴欧美考察新闻事业。

在出国考察中，戈公振取得的成果最为优异。1927年初他辞去《时报》总编辑之职，自费赴欧美和日本考察新闻事业，先到西欧。他在从上海去法国途中，写了《华法途中》的通信，发表在《时报》的“旅行通信”栏内。到欧洲后，他以新闻记者身份先后参加了国际联盟的不少会议，及时向国内报道。8月他参加了日内瓦国际新闻专家会议，在会上就如何推进各国舆论以维持世界和平问题作了发言，与会者对他的发言“深为钦佩”。以后在赴法国、英国、美国和日本等国参观考察新闻事业途中，陆续写了大量通信，刊在《时报》的“旅行通信”栏内。回国后撰写了《国际报界专家会议记略》、《纪世界报纸博览会》等重要论文，为国内同行了解和研究欧美新闻事业，提供了详细资料。

1927年德国筹办“万国新闻博览会”，邀请48个国家参加，中国为重点邀请国家。由于当时中国政局混乱，官方无暇过问，德方不得不通过该国中国学院院长卫礼贤博士（此人曾在青岛传教多年）代为筹备中国馆，又通过柏林中国通讯社主任廖焕星协助办理。廖委托当时在北京出版《新闻学刊》的黄天鹏代为搜集“中国各日报杂志及传单等物”。“万国新闻博览会”于1928年5月正式开幕，中国参加展品有古代报纸、早期近代报刊、政府报纸、各类期刊、外国人在华出版的报纸、海外华侨及留学生出版的报纸、新闻学期刊、新闻学著作等十多类。其中上海参展的有各大日报，如《申报》、《新闻报》、《民国日报》、《时事新报》、《时报》等；各类杂志，如《小说月报》、《东方杂志》、《上海总商会月刊》、《中国海员》半月刊等，中共中央政治机关报《向导》也列入展出；一些著名小报；新闻学著作，如《中国报学史》、《新闻学撮要》等。这次博览会由于中国官方不重视，筹备十分不充分，展品不全又缺乏系统性，但能够参展，也是中国新闻界走上世界的一次机会，有利于世界各国了解中国新闻事业的状况。

派留学生赴欧美攻读新闻专业，也是中西新闻界交流的重要方面。在上海继董显光赴美国密苏里大学新闻学院就读之后，张继英、汪英宾、李昭实、王一之、王谷君等，先后赴欧美攻读新闻专业。汪英宾、张继英为中国早期的新闻硕士。

三、对报业现代化的影响

在中国报业向现代化发展过程中，上海走在全国的前头，这固然决定于上海是中国资本主义最发达的地区，为报业发展提供客观环境和物资保障，同时中外新闻界交往的加强，受到发达资本主义国家先进报业的影响，也是一个重要原因。

首先重视新闻专业人才的培养，改变新闻从业人员的结构。由于中国特殊的社会环境，国人创办的近代报刊，一开始就同民主政治相联系，政治家办报成为早期报刊活动的突出特点，他们一般重报刊宣传，轻经营管理。辛亥革命前后，商业报刊成为上海报业的主流，从业人员应具备一定的新闻专业知识和技能，认识新闻事业发展的特点，逐步为新闻界所认识，因此培养新闻专业人才，也提到议事日程上来。然而上海最早的新闻教育机构是由外国人创办的，它主要为外文报刊输送人才，还远不能满足中文报业的需要，不少有识之士指出"新闻教育之设施，亦甚缺乏"，"不足造就新闻人才，此亦当注意者也"[57]。上海新闻记者联合会在举行三周年纪念会上，有人提出为解决新闻专业人才缺乏问题，建议"将庚子赔款之一部分，创办理想完美独立的实用新闻学院”，将该院“附属于国立大学名义下，由大学与报馆联合管理之”[58]。还建议加强现有新闻从业人员的培养。新闻记者联合会的活动，也应增加关于记者修养与新闻知识的内容。还有人提出对于初进报社的青年人，应培养重于使用，为此对初入报社的人，先做何种工作为宜，如何训练他们的新闻采访和编辑能力等问题，各报馆主持人应当重视。1925年2月，上海新闻界创办了上海新闻大学，其宗旨为“根据实践参以新闻学理，造就优秀之男女新闻记者，服务报界”[59]。校长周孝庵。为适应新闻界之急需，先在法租界茄勒路昌兴路1弄1号设置函授部。同年9月，又有人创办了上海新闻专修函授学校。上海一些大学也设立了新闻系或报学科，为新闻单位输送了大批新闻专业人才，使上海报纸从业人员结构，由政治家办报逐步向专业人员办报转变。这是报业向现代化发展的组织基础。

重视新闻学研究，也是五四以后新闻界的新气象。专业人员办报的重要特点，是把新闻事业视为独立的事业来办，注意寻找新闻事业发展规律，改善经营管理，为此重视提高专业知识，加强新闻学研究，并注意向社会普及新闻知识。上海新闻界加强新闻学研究的方式有：上海日报公会、新闻记者联合会在接待外国新闻学家和报界巨子时，都请他们讲学或交流，介绍外国新闻事业情况和办报经验；组织新闻学术团体，开展有组织的研究活动。如由远东通讯社组织的“新闻学演讲会”，进而发展为上海新闻学会，由戈公振等发起组织的上海报学社等，都是以研究新闻学理，普及新闻知识，推进新闻事业之革新为宗旨；学成归国的新闻专业人员，在从事新闻实践或教学的同时,经常为同行或社会作学术报告。汪英宾先后在青年会作《美国新闻事业》、在环球中学作《新闻事业》报告等,张继英在国民大学报学科讲《美国大学新闻学科之组织》,夏奇峰为新闻学会讲《国际联盟与新闻记者》,李昭实为中国英文日报交谊会讲《泰西报业之状况》等;报章杂志发表新闻学术论文日益增多。在这些新闻学研究中,成果最突出的,是戈公振出版的《新闻学撮要》和《中国报学史》等著作。

中外新闻界交往,对上海新闻界的影响,具有深远的意义,促进了报业向企业化方向的发展。其中典型事例,是英国报界巨擘北岩勋爵访问《申报》。资本主义发展到19世纪末20世纪初,已进入它的最高阶段,垄断已成为资本主义国家全部经济生活的基础。与之相适应的报业也向托拉斯化发展。在英美更风起云涌,成为一股潮流。报业托拉斯的基础是报业企业化。北岩是英国报业托拉斯化的创始人。他1896年创办《每日邮报》。1903年出版《每日镜报》,不久又不惜巨资购进英国舆论界最有权威的报纸——伦敦《泰晤士报》。北岩一跃成为英国报业托拉斯的领袖人物。1921年11月,北岩来中国访问,在上海逗留时间最长,除广泛同上海新闻界接触外,还特地到《申报》馆参观,向《申报》骨干介绍了他如何管理报纸、组织报业企业化、进而托拉斯化的成功经验,对史量才等人触动很大,促进了史量才加速报业现代化,进而萌发在中国试办报业托拉斯的念头。其他如美国、日本、法国等报界巨头访问上海期间,也介绍报业管理情况及经验,这对上海报业向现代化发展也产生了一定影响。

第九节 新闻业务发展的里程碑

一、报刊政论传统的恢复和发展

国人创办的报刊，一开始就和政治运动联系在一起。维新变法时期，康有为、梁启超等创办报刊的主要目的，就是宣传他们的政治主张，实行变法，批判顽固守旧思想。《时务报》就是典型代表。由于思想宣传成为报刊的中心内容，所以宣传形式不是新闻、消息或通讯，而是发表了大量论述维新变法的文章，政论成为报刊宣传的主要形式，开创了我国报刊的政论传统。辛亥革命前，同盟会所属报刊，同保皇派报刊的论战，并取得决定性胜利，充分体现了报刊政论在革命斗争中的巨大作用，标志着我国报刊政论传统的发展。

但是，辛亥革命后，袁世凯篡夺了政权，下令查封一切进步的和不同政见的报刊，在袁世凯的淫威之下，使许多报刊失去了进步和朝气，甚至中华革命党在上海租界内出版的《民国日报》和在日本创办的《甲寅》杂志，在二次革命失败的打击下，也失去了革命锐气，提不出激动人心的政治主张。被袁世凯收买或控制的报刊，无政论可言。依附于军阀政客，赖以生存的报刊，把政论放在可有可无的地位，根本不起作用。一些商业性报纸，虽然保留着时评或社论栏目，但每日发表几百字的应景文字，说一些不痛不痒、不着边际的废话。这样，具有广泛影响的报刊政论传统几乎中断。

五四新文化运动兴起，给报刊政论以新的生命。《新青年》创刊之初，正值袁世凯为复辟帝制大造舆论，提倡“尊孔读经”，社会上也出现了一股复古逆流。批判封建主义，反击复古逆流，成为当时思想战线上的中心任务。以《新青年》为代表的进步报刊，担负了这一历史任务，他们所进行的抨击复古，批判封建主义的斗争，是同袁世凯复辟帝制阴谋针锋相对的，同当时的政治斗争已紧密联系在一起了，《新青年》的批判文章，与以前的政论比较，更显示出它的现实性和战斗性，是在新形势下，政论文体的新发展。

五四以后，随着马克思主义在中国的广泛传播，马克思主义同各种资产阶级反动思潮的搏斗，也越来越激烈，论战也就成为马克思主义传播的主要方式，论战的激烈性成为政论发展的一个重要特点。五四前，马克思主义刚刚在中国传播，就遭到北洋军阀政府及一切反动势力的反对，把它看成“洪水猛兽”，“异端邪说”，欲置之死地而后快，这就决定了马克思主义传播的方式，不是思想介绍，而是在同敌对思想的激烈论战中进行的，政论的地位与作用是十分明显的。五四后，在思想文化战线上，马克思主义反对实用主义，批判基尔特社会主义和无政府主义，更是以报刊为主要阵地，以论战为主要方式进行的。论战中上海共产主义小组出版的《新青年》、《共产党》月刊等报刊，作出了卓越贡献，通过“三次”大论战，扩大了十月革命的影响，走十月革命的道路，用社会主义改造中国的呼声越来越高。

理论上批判和政治上揭露相结合，是这时期报刊政论宣传的又一突出特点。五四时期进步报刊的政论宣传，面对的不是一个学术团体，一个政敌，而是整个反动势力，对方使用的手段，不只是学术观点和思想理论的辩驳，而是企图使用政治手段，甚至暴力来镇压新文化运动的发展，阻止马克思主义的传播，这就增加了双方斗争的残酷性。新文化运动的战士们，在理论学术上痛驳敌人谬论的同时，不得不通过报刊揭露敌人的阴谋，抨击他们的无耻行为。另外，反动文人攻击新文化运动，反对马克思主义传播，拿不出像样的理论来，只有谩骂、嚎叫和攻击，因此对他们也同样使用揭露和抨击对待之，这样理论上的批驳同政治上的揭露必然紧密相联。

五四以后，我国政论传统发展的一个重要标志，是开创了无产阶级报刊政论宣传的新时代。五四时期的"三次"大论战，已具备了无产阶级性质。《共产党》月刊，除参加论战外，还为筹建中国共产党，介绍列宁的建党学说，介绍俄国布尔什维克党及其他国家共产党的建党经验，开展关于中国共产党的性质、任务、纲领、组织原则的讨论，对妨害建党工作的种种错误思潮开展批判等。这些文章也是一种政论文体。《劳动界》等工人报刊，结合工人的生活和斗争，用通俗的语言，生动形象地向工人宣传马克思主义，促进马克思主义与工人运动相结合。《新青年》季刊、《前锋》、《向导》等党的报刊，结合中国革命实际，宣传马克思主义、宣传党的政治主张，批判国民党新老右派的错误观点思想等，更是一种新型的政论文体。这些都是政论传统在新形势下的新发展。

用马克思主义阶级分析方法指导写作，判断是非，是无产阶级报刊政论宣传的突出特点。中国共产党成立后，在上海出版的《向导》周报、《新青年》季刊、《前锋》月刊以及团中央出版的《中国青年》等报刊，在揭露帝国主义侵略和军阀卖国罪行时，无不从阶级本质上进行分析。党的报刊在帮助孙中山提高认识，推进国共合作，使孙中山抛弃对帝国主义和军阀的幻想，都是运用马克思主义阶级分析方法进行的。国共合作实现后，国民党新右派理论家戴季陶打着拥护孙中山三民主义的幌子，反对孙中山的新三民主义，反对国共合作，阻止国民革命，迷惑了不少人。革命报刊运用马克思主义阶级分析方法，深刻揭露戴季陶主义的阶级本质，最终取得这场理论斗争的胜利。

二、报纸副刊的改革

报纸设有副刊，在我国具有很长的历史，在上海，早在1861年创刊的《上海新报》，1872年创刊的《申报》等，都刊载具有副刊性质的文艺性文字。1897年上海的《字林沪报》出版的《消闲报》，被视为我国正式副刊的开始，自此以后，一些报纸都设立了副刊，有的同时出版几种副刊，但是，长期以来，副刊的格调不高，大都刊载一些消闲性、知识性、低级趣味，乃至黄色下流的东西。

辛亥革命前，上海《国民日报》设有副刊《黑暗世界》，刊登的文字能和正版宣传相配合，初步摆脱消闲性。但这类副刊数量不多，时间很短，影响有限，其他大报的副刊依然如故，直到五四时期才突破了副刊被低级趣味占统治地位的局面，一些报纸的副刊性质起了根本性的变化。

报纸副刊最早实行革新的是北京《晨报》。北京《晨报副镌》在李大钊、陈独秀、鲁迅等的支持下，在宣传新文化运动，宣传马克思主义，推动文学革命，发展我国新文化等方面都作出了重要贡献。

在报纸副刊改革中，坚持正确方向，时间最长，影响最大的是上海《民国日报》副刊《觉悟》。五四以前，上海《民国日报》设有《民国闲话》、《国民小说》两个副刊，主要刊登小说、诗歌、随感、小品等，内容平平，不为读者所重视。1919 年 6 月取消了《国民闲话》和《国民小说》，改出《觉悟》副刊，由邵力子主编，在进步人士帮助和影响下，常常刊载宣传新文化、新知识和新思潮的材料，以后宣传社会主义思想的文章也常见于该刊，成为宣传新文化运动的好帮手。上海共产主义小组成立后，小组成员同《觉悟》编辑建立了密切的联系，使《觉悟》的社会主义方向越来越明显，肯定马克思主义为改造中国社会的指导思想。从此，介绍马克思主义，介绍十月革命和俄国劳农政府的情况，介绍世界无产阶级革命运动的材料逐渐增多，成为宣传社会主义的一个重要阵地。在“三大”论战中，《觉悟》也参加批判基尔特社会主义和无政府主义的斗争。国共合作实现后，一批共产党人成为《觉悟》的主要撰稿人，把宣传马克思主义，介绍苏联社会主义情况，提高到一个新水平，充分体现了国共两党报刊联合宣传所取得的成绩。

除了马克思主义理论宣传外，《觉悟》也反映知识分子对劳动的看法的转变过程，其材料是相当丰富和生动的。从早期对劳动、劳工、工团等基本问题的讨论，发展到积极从事工人运动的报道和评论，反映了知识分子在研究如何帮助工人进行劳动运动，从“纸上的运动”，化为实际的工作。

自然，由于《觉悟》不是中国共产党的正式机关刊物，在组织上不受中共领导，而且附在资产阶级报纸上，不能不受正版的影响和限制，在宣传内容上有不少缺点和错误，在办报方针上带有浓厚的“兼容并包”的色彩，也是不足为奇的。

被称为五四时期四大著名副刊之一的《时事新报》副刊《学灯》，也是我国报纸副刊改革的代表之一。上海《时事新报》是研究系的机关报，于1918年3月创办了副刊《学灯》，初为周刊，到1919年1月改为日刊。初由张东荪负责编辑，不久他因病辞职。之后，先后由俞颂华、郭虞堂、李石岑、郑振铎等负责。《学灯》创刊初期，主要内容是评论学校教育和青年修养。在新文化运动的影响下，以后增辟“思潮”、“科学丛谈”、“介绍新刊”等小专栏。介绍新知识、新思潮等，配合了《新青年》发动的新文化运动，引起社会上的注意。但是《学灯》对新旧文化的斗争，一直采取消极中立态度，极力回避。愈到后期，愈显示出它是新文化运动中右翼的代表。五四运动以后，逐渐成为反对马克思主义思想，抵制革命思想传播的舆论工具。

在五四爱国反帝运动的冲击下，《申报》、《新闻报》的副刊也起了一些变化。长期以来，《申报》、《新闻报》在政治上，一直采取右倾保守的态度，它们的副刊也是如此，消闲性是基本格调。五四爱国运动爆发后，6月8日，《新闻报》将著名副刊《快活林》改为《救国雪耻》，发表了一系列爱国文字，称赞工人罢工斗争，说“这两天罢工风潮，一天盛似一天，罢工的人如此爱国，自是令人钦敬”[60]。《申报》副刊《自由谈》也有些变化。1919年8月31日，《申报》又增辟《星期增刊》副刊，主要译载世界政治、经济、外交、军事、工商、学术等论著，并对国际时事作系统介绍，其中也有关于俄国劳农政府和各国劳工运动的情况。1920年1月1日，又增刊《常识》副刊，任务是面向下层民众，向他们“灌输国民应有之普通知识”。申、新两报副刊变化，与同期《觉悟》相比虽相差甚远，但也是可喜的现象。

对报纸副刊彻底革新的是《热血日报》。1925年6月4日《热血日报》创刊后，从第二期起开辟副刊《呼声》，运用劳动群众喜闻乐见的形式，积极宣传爱国反帝思想，鼓舞工人学生市民等，坚持反帝斗争，并有力批驳敌人的造谣和谬论，完全配合了正版的宣传，特别是瞿秋白以“热”、“血”、“沸”、“腾”、“了”等笔名，在副刊专栏“舆论之裁判”、“舆论之批评”中发表的“小言论”，政治思想强，说理通俗，言之有物，文笔犀利，富有强烈的革命性和鼓动性。同期出版的《公理日报》、《民族日报》等爱国报纸的副刊，也同样具有鲜明的革命内容和战斗风格。

三、文风的进步和编辑业务的改进

我国是一个封建专制长期占统治地位的国家，适应这种政治需要，在文化战线上，文言文长期占据统治地位，严重束缚了人们的思想，阻碍社会的前进。在中国近代史上，一些热心救国救民的仁人志士，在从事民主革新运动的同时，也积极革新文风，提倡白话文，创办白话报。维新变法时期，梁启超创立的新文风，维新志士出版的大批白话报，对于冲破封建文言文的束缚，推动文风的进步是起了重要作用的。以孙中山为代表的资产阶级革命派，注意到发动社会下层民众推翻清政府统治，他们创办的报刊为适应这一要求，宣传上注意面向下层民众，文风的通俗化大众化也有一定进步，但是始终没能从根本上动摇文言文占统治的地位。

五四新文化运动兴起，在反对封建主义斗争中，反对旧文学，提倡新文学，反对文言文，提倡白话文的活动，得到蓬勃发展，并取得文风革新的决定性胜利。作出突出贡献的是《新青年》。

《新青年》在发动文学革命运动中，为推动提倡新思想，反对旧思想，提倡白话文，反对文言文的斗争取得重要进展，首先改成了全部使用白话文的刊物，用事实证明白话文的优越性，并在报刊上争得了正式的地位。当时在社会上有很高威望的陈独秀、李大钊、胡适、钱玄同、刘半农等，发表文章反复论证了"改良中国文学，当以白话为文学之正宗之说，其是非甚明"的道理，他们首先使用白话文写文章，用事实证明提倡白话文的正确性。特别是鲁迅用白话文写了大量小说、随感录等，代表了白话文运动的最高实践成就，其影响更大。从此全国各地报刊纷纷改用白话文。五四运动中出版的大量学生报刊，全部使用白话文，大报的进步副刊，如上海《民国日报》的《觉悟》、《妇女周报》，《时事新报》的副刊《学灯》等都使用白话文。长期持保守态度的《申报》，新设副刊《星期增刊》、《常识》、《汽车增刊》等，也基本全部使用白话文。一些大报的部分消息、通讯等也改用白话文。社评也一改完全文言文的状况，形成半白半文的文体，彻底动摇了文言文占统治地位的局面。

把白话文运动向前推进一步，奠定革命文风的是共产党创办的报刊。中国共产党是代表群众利益的党，共产党报刊活动家，深入群众，不仅了解群众的生活、工作及文化水平等，更了解他们的思想和感情，这就决定了共产党报刊的文风通俗化、大众化，与群众的感情息息相通，为群众喜闻乐见。除党领导出版的群众报刊，如《劳动界》、《劳动周刊》、《中国工人》、《中国青年》等，内容、形式、语言等完全群众化外，而且党的机关刊物，文字也力求通俗易懂，内容浅显明白，为一般读者所接受。

与文风革新相适应的新闻体裁，也发生了较大的变化。首先是新闻述评的广泛运用。新闻述评就是把"述"和"评"相结合的文体。这种体裁的运用，主要不是为了报业的竞争，而是为了宣传自己的观点和主张，把采访或搜集到的材料，不是简单归纳，作客观报道，而是加以精选，去伪存真，用自己的观点重新加以整理，对事实作出新的解释，帮助人们正确认识事物，受到读者的普遍欢迎。新闻体裁发展的另一突出成果，是新闻通讯的变化。新闻通讯在中国早期的报纸上就已出现，辛亥革命时期的纪实通讯，民初黄远生的解释性通讯，在当时都产生过广泛影响。五四时期，中外文化交流加强，人们要求了解西方，了解世界的愿望普遍提高，许多报纸派出或特聘驻外记者，他们在采访观察中将自己的所见所闻，所想所虑写成通讯，形成了风行一时的海外旅游考察通讯。瞿秋白在俄国两年多写的旅俄通讯，最有代表性。

报纸编辑业务的改进，首先是报刊从杂志型向报纸型发展。中国早期的近代报刊，大都采用线装书本式，编排十分简单。有的是"册首恭阁抄"，"次录京都新闻"，"次择录各省新闻”,“次选译外国各报”,“次附论说”。有的是“首论说”,“次谕旨”,“次奏录要”,“次京外近事”,“次外域报择”等。各报排版的格式栏目,大同小异。直到辛亥革命前,报刊的版式由书本向报纸型发展。《神州日报》、“竖三民”、《申报》、《新闻报》等大型日报都是如此,报纸的内容编排方法,被一些报纸采用,个别报纸还采用横排分栏的办法,五四以后,报纸与杂志完全分离。

五四以后,报纸编辑业务发生了进一步的变化。报纸版面分为四栏、五栏、六栏、七栏或八栏等多种形式。还有的采用辟专栏形式,使报纸的版面进一步生动活泼和多样化起来。对新闻的编排,改变过去按新闻来源地区编排办法,采用的是按新闻内容来编排的混合编辑法,即把同一内容的许多消息编辑在一起。《时事新报》最早设立“专栏新闻”,如将教育方面的新闻全编排在“教育新闻”专栏内。以后,《申报》、《新闻报》、《商报》、《时报》等都遍设专栏新闻,这样把来自不同地区、通讯社的同类消息编排在同一栏目内,既可使内容集中,方便读者阅读,又可以互相补充、比较,显示消息的客观公正。缺点是比较零乱,文化水平低的读者难以抓住要点,认识它的意义。以后编者在一组消息之前加一导语的做法,方便了读者。

新闻标题制作的改进,也是报纸编辑业务改进的一个重要方面。标题在新闻和评论中起着画龙点睛的作用,十分重要,但早期报刊对标题制作很不重视。由于受中国古典文学的影响,沿用中国掌故的做法,标题大多使用四个字。有的以新闻发生地的名胜古迹作标题。如北京的新闻,用“上林春色”、“禁苑秋色”等，杭州的新闻，用“西湖棹歌”；武汉的新闻，用“鹤楼笛声”等。也有的直接套用成语，或将成语稍加改动。论说的标题也是套用中国古典文学中的“论××”，或“××论”史论标题。这类标题既不能告诉读者论述内容，更看不出作者的倾向性。到辛亥革命时期，已突破“四字一题”的格式，根据新闻内容需要，出现多字标题，或两行标题。有的一组新闻既有总标题，又有小标题。论说也出现了既表明作者立场观点，又富有鼓动性的标题。五四以后，报纸的标题有了进一步发展，完全奠定了现代报纸标题的特点，新闻出现了眉题、正题和副题的多行标题，不仅告诉读者新闻事件的主要内容，也注意表达作者的倾向和观点。总标题、分标题、通栏大标题也广泛使用。论说标题更精心制作，真正起到画龙点睛的作用。

报纸版面的美化，也日益被重视起来，在报纸与杂志分离的早期，报纸版面十分呆板，几乎无美感可言。以后逐步改进，既考虑新闻地位的编排，也注意标题长短、字体大小相配合，照片的使用，插图的安排，以及广告位置等，都通盘考虑如何使版面更加美化活泼。

四、民主报刊传统的新发展

由于中国半封建半殖民地的社会环境，国人创办的报刊一出现，就有同民主政治、基层群众、社会实际等诸方面密切联系的传统，并日益丰富和发展。中国无产阶级报刊出现后，把中国民主报刊传统推进到一个崭新阶段。

中国共产党早期的报刊活动，尚缺乏党报理论的指导，党报宣传是根据党的一些基本原则进行的，并在新闻宣传中，吸收中国民主报刊的传统，逐步产生了全新的办报原则和方针。

首先，确立了党报与党的关系。党报是党的革命事业的组成部分，必须服从党的领导，宣传党的路线、方针和政策，这是党报的一个根本传统。中共"一大"决定中对党报宣传就提出："杂志、月刊、书籍和小册子须由中央执行委员会或临时中央委员会经办"，"出版物均应由党员直接经办和编辑"，"任何中央地方的出版物均不得刊载违背方针、政策和决定的文章"[61]。党的"二大"通过的《中国共产党加入第三国际决议案》，也宣布完全承认列宁制定的《加入共产国际的条件》，照录了关于报刊宣传的有关条文，其中有"不管整个党目前是合法的或是非法的，一切定期和不定期的报刊，一切出版机构都应该完全服从党中央委员会；出版机构不得滥用职权，执行不完全是党的政策"[62]。

在贯彻上述党报原则中，党在上海出版的报刊起了表率作用。《向导》创刊后把宣传党的"二大"制定的反帝反封建军阀的纲领作为中心任务。1923年复刊后的《新青年》，作为党的理论机关刊物，也明确表示"《新青年》的职志，要与中国社会思想以正确的指导，要与中国劳动平民以智识的武器"，总之要"成为中国无产阶级革命的罗针"[63]。《劳动周刊》在发刊词中说得更明确。它说"我们的周刊不是营业的性质，是专门本着中国劳动组合书记部的宗旨为劳动者说话"。公开申明自己的办报宗旨，是无产阶级党报的突出特点。

其次，党报与群众的关系。能否真正联系群众，是无产阶级报刊同资产阶级报刊的重要区别之一。资产阶级报刊也可以联系群众,但不可能真正依靠群众。只有无产阶级报刊才能真心实意地相信群众,依靠群众,为群众服务。早在上海共产主义小组出版的报刊,就多次刊登启事,欢迎工人等劳动群众投稿,群众声音充满了刊物。党成立后,所出版或所领导的报刊,都是紧紧依靠群众坚持出版的,当出版遇到困难时,也是依靠群众的支持加以克服的。1922 年 12 月,《向导》因经费困难,难以维持正常出版,于是发表《敬告本报读者》,把实情告诉读者,表示"我们相信我们的读者多半赞成本报的主张,和我们一样的爱护本报,所以我们敢同诸君要求援助"[64]。

党报联系群众,依靠群众的一个重要方面,就是把报道工农群众活动放在重要地位,体现工农群众是报刊的主人。1922 年中共中央关于《教育宣传问题议案》中,就提出党报宣传"材料当取之于农民生活",帮助"平民劳动界实行运动之进行"。党的"四大"决议中又强调《中国工人》应是多"描写各地工农状况"的机关报,多报道"全国工农状况及其政治经济斗争的消息"。这样把工农群众的活动作报刊宣传的主体,充分反映群众的愿望、呼声和要求,只有无产阶级报刊才能做到。

第三,党报宣传与实际斗争。理论联系实际,一切从实际出发,是中国共产党的一贯方针,也是党报传统的一个重要方面。无产阶级报刊一诞生就表现出这一特点,把宣传马克思主义与中国工人运动相结合,推动了民主革命的发展。《向导》创刊后就提出:"本报并不像别的报纸那样,只发空议论。本报发表的主张,是有数千同志依着进行的。"[65]《新青年》季刊也声明,本刊的任务是:"研究中国现实的政治经济状况","研究社会科学”,“为解释现实的社会的现状,解决现实的社会问题,分析现实的社会运动”,推动“解放中国,解放全人类”[66]历史任务的完成。团的“三大”关于《宣传问题的决议》也要求团的报刊必须遵循:“将事实与理论融合在一起”,反对“理论与实际的隔离”。

为贯彻上述原则,党报不仅直接投入反帝反封建军阀,支持工农群众运动等实际斗争,而且在马克思主义理论宣传中,十分重视中国社会状况的调查研究,运用马克思主义分析中国革命的实际问题,推动了中国无产阶级革命理论的产生和发展。

从中国共产党诞生到 1927 年,党创办了大批报刊,党所领导的群众性报刊更是不断涌现,彻底改变着中国新闻事业的面貌,党报的办报原则和办报思想也随着党报的发展而产生,预示着中国民主报刊传统,中国新闻学理论发展到一个新的阶段,其历史意义是深远的。但是当时党的报刊传统还处于幼年时代,党报理论刚刚萌芽,因此在许多方面还很不成熟,甚至存在着不少缺点和错误,有待于在以后党的新闻事业发展中加以修正和充实,日臻成熟。

注释:

①《申报》1919 年 5 月 6 日。

②《除国贼》,《新闻报》1919 年 6 月 7 日。

③《人心趋向》,《新闻报》1919 年 6 月 1 日。

④《申报》、《新闻报》等 1919 年 5 月 15 日。

⑤ 上海《民国日报》1919 年 5 月 16 日。

⑥《上海日报公会请释被捕学生》,《申报》1919 年 5 月 7 日。

⑦ 上海《民国日报》1919 年 5 月 13 日。

⑧《申报》1919 年 6 月 6 日。

⑨《全国报界联合会对俄通牒之表示》,《申报》1920 年 4 月 9 日。

⑩《新青年》季刊第三期,郑超麟访问录,1926 年 8 月。

⑪(61)《中国共产党新闻工作文件汇编》上卷,第 20 页、第 1 页,新华出版社 1980 年 6 月。

⑫(63)(66)《新青年之新宣言》,《新青年》季刊第 1 期,1923 年 6 月。

⑬ 上海中共"一大"纪念馆编辑整理的,上海《民国日报》采用国民通讯社稿件目录的时间,是从 1920 年 7 月 2 日至 1925 年 8 月 1 日。

⑭《申报》1925 年 8 月 4 日。

⑮ 潘学海:《国民革命与宣传功夫》,《新建设》第 1 卷第 4 期,1924 年 4 月。

⑯⑰《孙中山全集》第 8 卷,第 566 页、第 284 页,人民出版社。

⑱ 张秋白:《扩张党务意见书》,《新建设》第 1 卷第 1 期,1923 年 11 月。

⑲ 李侠公:《革命与民众》,《新建设》第 1 卷第 5 期,1924 年 4 月。

⑳《申报》1926 年 5 月 26 日。

㉑ 舒严:《时报的媚外》,《热血日报》1925 年 6 月 5 日。

㉒《公理日报停刊宣言》,《公理日报》1925 年 6 月 24 日。

㉓ 池文:《杨杏佛和民族日报》,《编辑记者一百人》第 344 页,学林出版社 1985 年 3 月。

㉔《中国学生》第 1 期,1925 年 8 月。

㉕ 王云五:《五卅事件之责任与善后》,《东方杂志》"五卅事件临时增刊",1925 年 7 月。

㉖ 胡愈之:《五卅事件纪实》,《东方杂志》"五卅事件临时增刊",1925 年 7 月。

㉗《商务书馆案判决》,上海《民国日报》1925年10月24日。

㉘ 陶菊隐:《记者生活三十年》,第82页,中华书局1984年1月。

㉙《新闻报》总编辑月薪200元,徐沧水月薪180元,参阅《上海地方史料》(5)第39页,上海社会科学院出版社1986年1月。

㉚ 以上工厂数字均见《上海史》第359页、第364页、第528页,上海人民出版社1989年10月。

㉛《无线电广播音乐之试验》,《申报》1923年1月22日。

㉜ 上海《民国日报》1923年1月28日。

㉝《开洛无线电播送》,《申报》1925年3月18日。

㉞《申报》1923年11月11日。

㉟《国闻通讯社开办预告》,《申报》1925年8月18日。

㊱《申报》1925年4月2日。

㊲《国闻周报出版》,《申报》1925年7月14日。

㊳《远东通讯社招聘外埠通讯员》,《申报》1924年6月20日。

㊴《远东通讯社邀请新闻家演讲》,《申报》1925年7月19日。

㊵《上海史研究》第69页,学林出版社1988年3月。

㊶ 上海《民国日报》1919年7月9日。

㊷ 上海《民国日报》1919年7月4日。

㊸㊹《忠告英人》,上海《民国日报》译载,1919年7月7日。

㊺ 上海《民国日报》1925年5月30日。

㊻《申报》1925年6月1日。

㊼《申报》1925年6月2日。

㊽㊿ 杨瑾争:《五四时期帝国主义摧残上海进步舆论的史料片断》,《新闻战线》1959年第13期。

㊾ 上海《民国日报》1919年2月9日。

51《陈独秀被法公厅传讯》,《申报》1921年10月20日。

52《陈独秀诉已讯结》,《申报》1922年8月19日。

⑬《邵力子案已判》,《申报》1925年2月14日。
⑭《申报》"星期增刊"第107期,1921年10月16日。
⑮《博士在圣约翰讲演》,《申报》1921年11月13日。
⑯《申报》1926年6月26日。
⑰《汪英宾在环球中学讲新闻事业》,《申报》1924年11月16日。
⑱《上海记者联合会三周年纪念》,《申报》1924年11月17日。
⑲《上海新闻大学启事》,《申报》1925年2月20日。
⑳《敬告爱国工人》,《新闻报》1919年6月10日。
㉒《列宁选集》第4卷,第372页,人民出版社1960年4月。
㉔㉕《敬告本报读者》,《向导》周报第15期,1922年12月27日。

第七章
相对稳定的发展时期

第一节　国民党新闻阵地的建立

一、《民国日报》的复刊和停刊

1927年，随着北伐军胜利进军长江中下游，国民党在所进驻的城市陆续建立起自己的新闻阵地。上海历来是各种政治力量争夺的舆论阵地，国民党十分重视在上海创办自己的报刊。不过，这时期的国民党并非是一个十分严密的、统一的政党。所以，在上海创办各种报刊也不属有计划的统一行动，而是国民党内不同派别陆续办起来的。

首先出现的，是1926年11月《民国日报》的复刊。《民国日报》是国民党的重要机关报。1916年在上海创刊以后，它为宣传孙中山的三民主义、反对袁世凯和北洋军阀做了不少工作。但在孙中山逝世后，一度为“西山会议”派把持，成了

“西山会议”派的喉舌。国民党中央执行委员会曾电告各地党部:“上海《民国日报》近为反动分子所盘踞,议论荒谬,大悖党义,已派员查办。”并断绝了给《民国日报》的经费补贴。在经济困难等各种压力下,《民国日报》被迫于1926年10月26日停刊。

仅隔20天,《民国日报》于11月7日复刊。复刊后的《民国日报》立场态度发生了变化。第一天便刊登了国民党中央的训令,否认“西山会议”派组织的所谓“中央党部”的合法性。这表明,《民国日报》开始脱离“西山会议”派的控制。1927年元旦,叶楚伧在《民国日报》发表《恭贺新禧》一文,称“要在统一的党的指挥之下”,《民国日报》才不致重蹈《民立报》自己关门的覆辙。这天增刊还刊登了孙中山、蒋介石、张静江、谭延闿等人的照片。更进一步表明《民国日报》同“西山会议”派划清界线,拥护蒋介石等人执掌的国民革命军和广东政府。

当时上海尚在军阀孙传芳的控制之下,《民国日报》的变化为国民党所欢迎,却不为孙传芳所容。1927年1月10日《民国日报》再次停刊。

是年3月21日,国民革命军进抵上海。《民国日报》遂于次日,即3月22日再次复刊,国民党上海特别市党部和国民革命军东路军指挥部宣布《民国日报》为自己的发言机关,并给予经费补助。这是1927年以后,国民党在上海建立的第一个新闻宣传机构。

《民国日报》一向由创办人、国民党元老叶楚伧掌握。国民党南京政府成立后,叶楚伧去南京国民党中央任职,《民国日报》由“报务委员会”领导。“报务委员会”成员有叶楚伧、管际安、严慎予、陈德征、吴子琴等。编辑业务由陈、严负责，经理由管、吴负责。叶楚伧长期在南京，只是遥领而已，实际主持人是陈德征。陈德征是国民党上海市党部常委、宣传部长，还兼任上海市教育局长和《民国日报》总主笔，红极一时。在上海文化教育宣传界，陈是掌握实权的人物。所以，这一时期《民国日报》的言论报道倾向都与他有关。1930 年秋，陈德征因故被贬，离开《民国日报》。《民国日报》由严慎予负责主持。

作为国民党的喉舌，《民国日报》的基本倾向是拥蒋反共。1927 年"四・一二"政变之前，《民国日报》以"拥护蒋总司令"为题，刊载各地大量拥护蒋介石电文。"四・一二"政变中，刊载歪曲真相的报道，把国民党军队收缴工人纠察队枪械，说成是因为工人"自相械斗"，并发表社论，力主国民党"当机立断"，对工人武装加以镇压。在国民党内派系斗争和新军阀混战中，《民国日报》站在蒋介石一边，进行了反对改组派，反对冯、阎、桂系的宣传。为了维护国民党对上海新闻界的控制，打击异己力量，《民国日报》在 1929 年初的《新闻报》股权风波中，以连篇累牍的报道和时评，对史量才等人大张挞伐，阻止其收买《新闻报》股权。这都表明，作为一张国民党党报，《民国日报》的党派色彩是很鲜明的。

在对外报道和宣传方面，《民国日报》尚能表现爱国立场。这与某些编辑记者的爱国倾向以及整个上海新闻界的环境影响不无关系。1930 年 2 月，上海大光明电影院上映了一部侮辱华人的影片《不怕死》，在场观看影片的戏剧家洪深义愤填膺，站起来当场予以谴责，却遭租界巡捕拘留。《民国日报》十分重视这一事件，予以连续报道，并刊载洪深自述经过的文章。副刊《闲话》和《戏剧周刊》刊载多篇稿件，抗议租界当局非法处置，表示要保卫民族尊严。1931 年“九·一八”事变爆发后，《民国日报》也刊载详细报道及爱国言论，副刊《觉悟》刊出大号字加框标语：“国人！勿忘日人杀我同胞，夺我土地之仇乎？（不敢忘，请努力！）”报纸编辑的爱国激愤溢于言表。

由于上海新闻界竞争激烈，《民国日报》不似国民党及其他党报那样刻板，在业务上不断适应读者需要，加以改进，在竞争中求生存。1927 年之前，《民国日报》最多一天出到 4 大张，副刊种类也较多。复刊后一度减至 2 大张。1928 年又增至 3 大张，并增加了星期评论、农工商周刊、文艺周刊、青年妇女、科学周刊、教育周刊、卫生周刊、电影周刊等 8 种周刊，以适合不同读者的不同口味。1930 年 3 月，《民国日报》为扩大自己的影响，沿用上海许多报纸的惯例，隆重举行发行五千号的纪念活动。出版了纪念特号和《五千号纪念刊》，举行了招待会和同人公宴，邀请新闻界名流参加。蒋介石亲自为纪念特号题词：“莫忘陈英士先生创立之精神”，表示了他对《民国日报》的重视和关照。

自 1927 年至 1932 年 1 月，是《民国日报》较为稳定出版的 5 年。当时报界将《民国日报》列为上海五大报纸之一。但是 1932 年 1 月，即淞沪抗战前夕，《民国日报》在蓄意发动侵华战争的日本军方的压力下被迫停刊。

1932 年元旦，《民国日报》副刊《闲话》，在刊头旁印了这样一句话：“今天不是元旦，今天是沈阳被倭奴占领后第 106 天。”这句话表达编者毋忘国耻的爱国呼吁，被日本侵华势力记恨在心，指责《民国日报》“笔锋时走于排日”。1 月 8 日，日本天皇阅兵回宫时遇刺，未中。《民国日报》1月9日刊载这条消息时，作了“日皇阅兵毕返京突遭狙击，不幸仅炸副车凶手即被逮”的标题。日方据此向公共租界当局提出抗议，认为这“触犯天皇”，必欲封禁《民国日报》而后快。时值日本在上海发动侵略战争的前夜，军方唆使反动势力四处寻衅闹事，借以挑起事端。1月20日，又发生日本浪人焚毁引翔港三友实业社工厂的事件。《民国日报》详细报道了事件真相，并做了“日浪人借陆战队掩护”，“昨日在沪肆意横行”的标题。日方派人到《民国日报》发出最后通牒。1月23日，日侨开完居留民大会后，前往《民国日报》馆捣乱，因报社有所戒备，报馆未被捣毁。

在紧张的战争气氛下，公共租界工部局于2月26日通告《民国日报》：“现因本埠形势紧张，工部局董事会劝告贵报停版。”遂派巡捕封闭了《民国日报》馆的营业、编辑部和印刷工厂。1月27日《民国日报》停刊。软弱的国民党当局接受了这一事实，未向日方作任何交涉和抗议。这从一个侧面反映了国民党蒋介石对外妥协投降的政策。

《民国日报》这一停刊，停了整整13年多，直至抗日战争胜利后才在上海重新复刊。不过那时，其经办人员和社会影响，已和30年代大不一样了。

二、《中央日报》的创刊与迁宁

1928年2月1日，国民党中央党报《中央日报》在上海创刊。据台湾出版的《中国新闻史》(曾虚白著)称，这是国民党第一个中央直属党报。

事实上，在此之前，即1927年3月22日，国民党就在当时的革命中心武汉创办了《中央日报》。不过，担任社长的顾孟余，是汪精卫派的一员干将，而非蒋介石一系，武汉《中央日报》在汪派控制之下。上海《中央日报》创刊后，编号另起，表示与武汉《中央日报》没有承继关系。台湾官方著述，至今也持这一观点。

上海《中央日报》创办于国民党二届四中全会举行之际。在这次会议上，蒋介石被选为国民党中央政治会议主席和军事委员会主席，取得了国民党最高领导权。国民党内蒋、汪、胡各派系和蒋、冯、阎各军阀势力暂时妥协。在国民党蒋介石加紧巩固统治地位的过程中，也十分重视新闻舆论阵地的建设，出版《中央日报》就是措施之一。

早在1927年秋，国民党就筹备出版《中央日报》。是年10月2日，国民党中央宣传部根据蒋介石的指令，通过了创办《中央日报》的决议。决议称："创办一个代表全党的大规模机关报，名叫中央日报"，"本应设在南京，因为物资及新闻消息的关系，在南京办非常困难"，所以决定设在上海。指定周甦生、刘芦隐、徐树人、高力、许宝驹、周杰人、余增、鲁存仁、彭学沛、周炳林、潘宜之等人为筹备委员，由潘具体负责。潘宜之在赴上海筹备期间，得知上海《商报》停刊，决定顶受《商报》的租房及机械生财物件等，价值2万5千元。潘回南京直接向蒋介石汇报，得到蒋的批准，并责令宋子文先拨款1万元供潘使用。为加强对《中央日报》的控制，国民党中央党部指定孙科、胡汉民、伍朝枢、潘宜之等组成董事会，孙科任董事长。任命当时任中宣部部长的丁惟汾任社长，潘宜之任经理，彭学沛任主笔。为笼络各派系，还成立了编辑委员会，由胡汉民任主席，各方面代表人物有吴稚晖、戴季陶、李石曾、陈布雷、叶楚伧、蔡元培、杨杏佛等。此外，还设立了撰述委员会，邀请国民党内外名流如胡适、邵力子、罗家伦、傅斯年、邵元冲、唐有壬、马寅初、王云五、潘公展、郑伯奇等为撰述委员。

上海《中央日报》设在上海四马路望平街 95 号，原定 1928 年 1 月 26 日创刊，因正值旧历年关，工厂放假，故推迟到 2 月 1 日正式出版。每日 3 大张，共 12 版。每张一、二版为广告版，三、四版为文字版。第一张的文字版主要刊载国内外要闻及重要文章。第二张文字版设有“党务”专栏、本埠新闻及各地通讯等。第三张为专版和副刊，主要有：《摩灯》，文艺性副刊；《商情与金融》，刊载市场与金融的行情动态；《国际事情》，是以“研究国际重要问题”的学术理论性专版；《经济特刊》，以刊载经济理论文章、调查报告为主；《一周间的大事》，系统介绍一周内国内外政治、军事、外交、经济等重大事件。《中央日报》初期无社论或社评栏，在一般报纸的社论地位发表署名文章，就当时重大事件或问题发表评论，或者对国民党某一重要政策作进一步的阐述，实际上起着社论的作用。经常发表文章的有彭学沛、戴季陶、陈布雷、周佛海、周甦生、雷崑、周枚荪、唐有壬等。

上海《中央日报》的报名为孙中山手迹，选自他的墨宝。国民党元老吴稚晖为创刊号写了一篇“祝词”，希望该报积极宣扬“孙文主义”，“为总理吐气”。其具体使命为：“(1) 中央日报是国民党的喉舌；(2) 中央日报发扬国民党的主义，解释国民党的政策,研究具体的建设方案;(3) 中央日报志在打倒恶化和腐化势力;(4) 中央日报要发挥中国人的义侠的革命精神;(5) 中央日报要把科学和艺术振兴起来,发扬中国人的创造力;(6) 中央日报是一把熊熊的火炬把全国革命民众的胸腔一个一个燃烧起来。”[①]《中央日报》出版后,它的宣传活动确实体现了国民党机关报的特点,为其重要喉舌。

国民党在创办新闻宣传机构的同时,也加强了对党内新闻宣传的控制。1928 年 1 月,国民党中央宣传部就通过了《国民党中央宣传部统一宣传决议》,强调党内“凡有关于宣传事宜,径向本部接洽”,“各级党部及民众团体宣传所用标准口号”,“务由高级党部呈送本部核准,方可采用,以资统一”。6 月,国民党中常会第 144 次会议通过并颁布了《设置党报条例》、《指导党报条例》、《补助党报条例》等 3 个条例,其目的是要集中国民党中央(主要指蒋介石集团)对党内新闻事业的领导权。其中规定“中央宣传部特设指导党报委员会,专司党报的设计、管理、审核、考查及其他一切指导事宜”;“直属于中央之各党报由中央宣传部直接指导之”;“凡中央及各级宣传部直辖之日报杂志,其主管人员及总编辑由中央或所属之党部委派之”。

此时,国民党政府已定都南京,国民党中央党部也设在南京。显然机关报设在上海,两地相距甚远,有诸多不便。如当时交通、电讯并不正常,指挥与控制报纸的宣传甚感困难。更有甚者,国民党内部派别林立,斗争激烈,上海是改组派活动中心,掌握《中央日报》宣传大权的丁惟汾、彭学沛等都是与汪精卫派系关系十分密切的人物,有失控的危险,所以国民党中央党部决定将《中央日报》迁往南京出版。1928年10月，国民党中宣部正式派员至上海筹措迁馆事宜。《中央日报》出版至10月31日(第271号)停刊。至此《中央日报》在上海出版了整整9个月。时间虽短，却在国民党党报史上留下了重要一页。

翌年2月1日，《中央日报》在南京复刊，期号续前，即第272号。由新任国民党中宣部长叶楚伧兼任社长，直接加以控制。

国民党为加强上海的新闻宣传阵地，还创办了其他一系列报刊。1928年1月，由戴季陶、周佛海、陈布雷、潘公展、梅思平等人，以私人名义创办了理论性刊物《新生命》月刊，由周佛海主编。该刊以“阐明三民主义，发扬三民主义精神”，“研究建设计划，介绍和批评各国的学说制度”为使命。国民党上海特别市党部宣传部除加强对《民国日报》的控制外，还创办了《前进》周刊、《前驱》周刊，1928年2月，《民国日报》增出了《民国晚报》，任务是“将所有本外埠党国大事、社会新闻，悉以迅速详明之记载，报告读者”，每晚7时发行1大张。国民党上海党部妇女部出版有《革命妇女》，青年部出版有《革命青年》。党部第一区分部出版有《党魂》周刊，第二区分部出版有《青年》周刊，第六区分部创办了《浦东评论》周刊。国民党淞沪警察厅政治部先后创办有《警钟》周刊、《三民画报》等。由国民党控制的上海统一组织工会出版有《劳工日报》，沪西区工会联合会出版有《工神报》等。

国民党在上海也加强了通讯社建设。1927年5月国民党中宣部驻沪办事处与国民党上海市党部宣传部联合创办了国民通讯社，初由张静庐任社长，后由陈德征兼任，副社长杨德民，社址设在四马路望平街95号。1931年后国民党中宣部将其改组，陈德征辞职，任命杜刚为社长。1927年6月国民党政府外交部驻沪交涉署创办国民新闻社，社长李才，工作人员有张似旭、冯良玉等。社址三马路鼎丰里160号。10月，国民党中央通讯社在上海设立通讯处，谌小岑为主任，李晋芳任编辑，于11月1日正式发稿，社址法租界环龙路120号。

三、国民党对上海新闻界的控制

国民党一方面大力创办自己的新闻宣传阵地，另一方面加强对整个新闻界的控制，以巩固国民党蒋介石的统治，这是国民党新闻政策的基本点。

国民党运用法制手段控制新闻活动。争取人民的新闻言论自由，是民主革命的重要任务之一。在孙中山的一系列言论中都有论述。1912年南京国民政府《临时约法》中也作了明确规定。可是，蒋介石背叛国民革命后，打着"以党治国"，对人民群众进行"训政"的旗号，禁止"异党"的报刊活动。为了给自己摧残进步报刊的行为披上合法的外衣，制定了一系列法规条令。从1929年起，陆续颁布了《中央党部宣传部宣传品审查条例》、《出版条例原则》、《日报登记办法》、《省及特别市党部宣传部工作实施方案》等。规定所有报刊只能宣传国民党的"主义"、"政纲"、"政策"、"决议"等。对于"宣传共产主义及阶级斗争者"，"反对或违背本党主义、政纲、政策及决议案者"，"曲解"或"误解""本党主义、政纲、政策及决议者"，都视为“反动宣传”，严加禁止。

1930年，国民党制定的《出版法》，对新闻出版的摧残更加残酷。不仅规定了出版报刊要履行繁杂的登记手续和苛细条件，而且对报刊宣传内容禁载的范围更加广泛，如对所谓“意图破坏中国国民党或破坏三民主义”、“意图颠覆国民政府或损害中华民国利益”、“意图破坏公共秩序”、“妨害善良风俗”等。上述规定从来没有明确的标准和范围，可以由执行人员任意解释，随心所欲地对新闻出版界大施淫威、肆意迫害，大批进步报刊因而遭到无理处罚或查封。仅1931年一年中被国民党查封的报刊就达228种之多，受到其他处分的更是不计其数。

国民党控制新闻发布权，以防止对自己不利的新闻的传播。当时国统区报纸所刊消息的重要来源之一，是外国通讯社，其中一些对国民党不利的消息也常见于报端。如国内外的无产阶级革命运动的消息，特别是中国共产党领导的根据地消息，通过外国通讯社，冲破国民党的新闻封锁，传播到国统区和海外。对此国民党十分恐慌。于是从1931年10月，先后同英国路透社，美国美联社、合众社，法国哈瓦斯社，俄国塔斯社等签订交换新闻合同，收回各外国通讯社在中国发布中文新闻稿的权利，由国民党中央通讯社选编后再转发给各地报刊采用。许多重要消息被中央社扣发或删改，各报刊所登新闻都是统一内容，统一模式，无新鲜感的东西，根本无法引起读者兴趣。

国民党通过垄断发行权，摧残进步报刊。国民党南京政府成立之初，蒋介石的统治地位尚不巩固，为了笼络人心，就打着“民主”的幌子，表面答应给人民言论出版自由等民主权利。对一些不同政见或进步倾向的报刊，也允许登记出版。为了限制这些报刊的影响，就通过邮局扣留或销毁。开始是偷偷摸摸干，后来就公开禁止发行。对共产党在国统区出版的地下报刊，国民党一时无法查到出版地址，就更采用禁止邮寄的办法加以扼杀。据国民党中央宣传部统计，从 1929 年到 1934 年间，被禁止发行的报刊书籍有 887 种之多。被国民党特务从书店报摊上抢去或没收的报刊更无法统计。

上海是中国的新闻中心，控制了上海的新闻舆论，将对全国产生重大影响。因此上海是国民党新闻统制的重点地区，除实施上述政策外，还采取了以下更加严厉的措施。

第一，设立专司新闻统制的机构。在上海国民党管理报刊宣传活动的机构，除市宣传部、社会局、公安局、教育局等党政机关外，从 1927 年 6 月起，国民党特设了“中国国民党中央执行委员会宣传部上海办事处”，专司管理新闻宣传活动，主任陈群，副主任潘宜之、刘震，成员有陈德征、严慎予、郭泰祺、张知本、潘公展、余日章等。《办事处条例》规定“本处隶属中国国民党中央执行委员会宣传部，为上海最高宣传机关”，其任务是：“(1) 承中央宣传部意旨，办理上海宣传事宜；(2) 指导上海各宣传机关；(3) 供给各宣传机关关于本党宣传上之理论与事实；(4) 办理国际宣传事宜。”[②] 1927 年 8 月成立上海新闻检查委员会，10 月成立了小报审查委员会。1932 年 6 月，上海市政府决定由市公安局、社会局、教育局联合组织上海新闻杂志审查委员会，负责“审查本市出版或经售新闻纸及杂志宣传事宜”。国民党还最先在上海设立了地方新闻检查所。

第二,最早制定国民党地方新闻法规。国民党南京国民政府制定最早的新闻法规是1929年颁布的《宣传品审查条例》,而国民党上海特别市政府早在1927年10月就制定了《小报取缔条例》,共15条。规定:"凡在本市出版小报,须详开报馆地址及发行人编辑人姓名地址",呈报批准后方可发行。出版后"每期均须呈送备查"。这个"条例"一个重要的特点,是它规定了褒奖办法,规定凡"宣传中国国民党党义,引导民众努力国民革命者","研究生活及风习,寓有领导民众除旧革新之旨趣者","传播知识或学术,有益于社会者"等,政府准许在报头下刊有"优良特准发行"字样,并"传谕嘉奖","通令各机关地方广为推行",给予"补助或奖金"。同时也规定了"禁载"和"通函警告,劝其改良"的具体内容。

1930年1月,国民党决定首先由上海无线电广播台代各新闻机构播送新闻电讯,供各地报刊采用,为此国民党上海市政府制定了《广播新闻电收发规则》,规定凡播送新闻电讯者,须先"填具愿书,呈请批准"。对于"播送新闻电之内容,概归发报人负责,倘电文内容有报告失实,妨碍治安,违背法律或有伤风化之处","得随时扣留,不予播送"。6月上海市政府制定了《取缔报纸违禁广告规则》,对报刊登载的各类广告作了种种限制。1931年5月,制定了《检查电报办法》,对于邮局肆意检扣由各地拍发来的重要新闻电讯大开绿灯。

第三,最早实施新闻检查制度。1927年8月国民党中宣部决定由中央宣传部驻沪办事处、上海特别市政府、特别市党部、国民革命军东路前敌总指挥部、外交部交涉署等派代表组成上海新闻检查委员会，负责上海的新闻、邮政电报之检查任务。联合派员到各新闻单位、邮电局等执行检查任务。它们的分工是：关于军事消息，由东路军前敌指挥部负责检查；政治新闻，由中央宣传部驻沪办事处检查；外交消息，由交涉署负责检查；党务消息，由中宣部驻沪办事处会同特别市党部负责检查。上海的做法为各地国民党机关所仿效。

由于各地新闻机构深受新闻检查之苦，反应极为强烈，纷纷提出抗议，迫使国民党最高当局不得不改变做法。1929年9月由南京国民政府命令停止新闻检查，在命令中也承认"各地主持机关既不统一执行手续，复欠妥善，收效甚微，甚且引起纠纷，新闻界尤以为苦"，为此除有"特殊情形之地点，及一定时期外，一律停止"。但是上海国民党当局借口拒不执行。上海特别市长张群在回答记者提问时说："上海是否为特殊情形之地点，新闻检查之停止与否，须视中央定夺，目下中央尚未有此项训令颁到，故新闻检查照常进行。"③

第四，禁载严厉，处罚残酷。国民党对报刊禁载的措施是多种多样的，除了上述邮电检查、限制播送等手段外，在一些法则命令中也具体规定了禁载内容。如在《小报审查条例》中规定"有下列各项之一者，禁止其发行，并得惩戒发行人或编辑人：(1) 违反党义，有煽乱言论者；(2) 诡辞诲盗，妨害治安者；(3) 迹涉淫亵，足以诱惑青年者；(4) 摘人隐私，毁人名誉，专事嘲讪谩骂者；(5) 专载妄诞，迹近愚民者；(6) 专事投机，意在敛钱者；(7) 文辞隐晦，实含上述6项恶意之一者"，都属严禁之列。对于违反者，视其情节轻重给予不同处分，其中有"限期停刊"、"禁止发行"、"封禁报馆"、"拘办发行人或编辑人”等。此外，对于“大体尚佳，间有失当者”、“主张腐败，违反时代精神者”、“记载失实，迹近毁谤他人者”等情况，将受到“通函警告，劝其改良”；如劝告不改者，将受到处罚。

国民党新闻统制政策的主要矛头是指向共产党的报刊。从1929年6月以后，又连续制定了《查禁反动刊物》、《取缔销售共产书籍办法》等法令。上海市公安局、淞沪警备司令部等多次发出“查禁共产党刊物令”。通令“各级党部转知本党党员随时随地留心各书店所销售之书报，如发现共产书籍报刊，立即报告该地高级党部”，予以严厉查处。还通告各印刷商会，令其所属各印刷厂所，“不得代印共产党书籍及其他印刷品”。被查抄没收的共产党报刊不计其数。指使特务暴徒捣毁破坏销售共产党报刊的书店和报摊的事件，也不时发生。

勾结帝国主义摧残革命报刊的宣传，是国民党扼杀共产党报刊的重要手段。在中国反动统治阶级高压政策下，利用租界进行宣传活动是中国革命党人长期采用的办法之一。中国共产党成立后，上海租界也成为开展革命宣传活动的地方。蒋介石背叛国民革命后，在扼杀租界内革命报刊方面，不仅继承以前反动派的衣钵，而且其手段更加阴险毒辣。在勾结帝国主义联合镇压进步报刊方面，也大大超过前人。1928年2月，国民党南京政府外交部驻沪交涉署就致函公共租界和法租界当局，要求他们查禁在租界内出版的共产党报刊，胡说共产党在租界内出版报刊，“张贴标语，作反动之宣传”，“煽惑人心，毒乱社会，为万国所嫉视”，“若不严加取缔，势将扰及治安”。请求“转饬巡捕房，严密查禁，以维治安，而绝祸源”[4]。8月29日，公共租界巡捕房政治部两探长率人往福煦路920

号，查抄“共产党之机关”，“查获共产书刊1万5千余册”。1930年12月，法租界巡捕房政治部开列了40余应查禁报刊，其中包括《苏维埃画报》、《赤色海员》、《红旗日报》、《列宁青年》、《革命工人》等党的报刊，要全体巡捕“将所有报纸及售报人一并拘入巡捕房”。如有“系一再过犯者，即送解公堂罚办”。1931年1月，闸北巡捕房中西巡捕查抄了承印《红旗日报》的大中印刷所，搜去《红旗日报》4千余份，逮捕了钱金淦、曹根发等职工多人，押送到特区地方法院审讯。《红旗日报》所遭损失十分严重。

国民党更为反动的是杀害革命报人。1931年2月，“左联”的李求实、柔石、胡也频、冯铿、殷夫5位革命作家和报刊活动家，惨遭国民党杀害。在此前后，在上海从事革命宣传活动的恽代英、林育南、何孟雄等，也牺牲在国民党的屠刀之下。

第二节　改组派再造派的报刊活动

一、改组派再造派出版的报刊

改组派、再造派，都是1928年以后从国民党内部分裂出来的政治集团。上海地理位置优越，交通便利，离政治中心又近，这批国民党内的在野分子便集中上海。为了宣传自己的政治主张，扩大社会影响，改组派、再造派在上海都创办了若干报刊。客观上，上海成了改组派、再造派的主要宣传阵地。

1928年2月，在国民党二届四中全会上，曾与蒋介石联手反共清共的汪精卫一派遭到排斥，没得到什么席位。汪精卫去了法国，其追随者只好离开南京，聚居上海，开始从事反蒋运动。他们成立了"中国国民党改组同志会"（人称"改组派"），"在沿海沿江各地发展着颇大的改良主义运动"，鼓吹要恢复1924年国民党改组精神。

他们在上海办了两个主要刊物。一个是由陈公博主持的《革命评论》，一个是顾孟余主办的《前进》。

《革命评论》创刊于1928年5月。这原在改组派正式成立之前，是陈公博个人办的刊物。其时，陈在上海创办了一个大陆大学，同时又出版《革命评论》。为《革命评论》撰稿者多半也是大陆大学的教员，如刘侃元、许德珩、施存统等人。改组派成立以后，《革命评论》自然成为该派发言机关。

《革命评论》的主要论调是，反对军事独裁，主张恢复1924年国民党的改组精神，主张国民革命以农工小资产阶级为基础，恢复民众运动，实行民主集中制。《革命评论》承认国民党执政以后，"民众的痛苦不惟丝毫没有解除，反而如水益深，如火益热"。鼓吹国民党以外不要任何政党，国民党政权可以成为超阶级力量的专政。汪精卫还撰文侈谈"民主"，提出要反对"恶化"势力和"腐化"势力，主要指南京国民党内昏庸老朽的元老派以及钻进政府的北洋旧官僚。

在当时社会普遍对国民党失望，不满蒋介石独裁的情形下，《革命评论》"左"的论调颇能迷惑人，尤其是它的主要读者青年学生和部分知识分子。一段时间内，《革命评论》成了一种很出风头的刊物，最大销数近万份。

为了揭穿《革命评论》所散布的这种既不要共产党，也不要蒋介石的改良主义幻想的实质，当时在上海秘密出版的中国共产党机关刊物《布尔什维克》，连续好几期发表批判改组派的文章，指出反共、反对无产阶级，就不会有“工、农、小资产阶级的联盟”。主张“党外无党”，国民党成为“超越农、工、小资产阶级之上的统治权力”，就是维护现行国民党的统治，用不着再来什么改组。《布尔什维克》指出，改组派的口号的实质不过是要扩大自己的势力，妄图和蒋介石一系共掌政治权力。

事实的发展证实了《革命评论》宣传的虚伪性。不能将改组派的报刊言论当成他们的真实意图和主张。汪精卫等人是中国近代史上最反复无常的政客。他们游移不定的论调完全依据自身利益的需要而定。《革命评论》反蒋是为了向蒋要挟索价。1932 年以后，蒋汪妥协，达成改治交易，汪精卫、陈公博等人入阁做官，改组派活动烟消云散。

改组派的另一份刊物《前进》，其倾向与《革命评论》有所区别。《前进》是改组派成立以后动议出版的。顾孟余主编。顾孟余一直比较右，在武汉政府时期写过小册子《国民党必须有阶级基础吗?》，否认中国有阶级社会。因此，《前进》的反蒋论调不似《革命评论》那样激烈，而比较稳健，虽然也反对军事独裁，主张民主，但强调国民党要以“农工小市民”为基础；在反蒋运动方式上，《前进》主张只从舆论上来促成反蒋改组的局面，不主张有积极的组织活动。事实上，《前进》的主张才真正代表了改组派的本意——不是改变国民党蒋介石的统治，而是在这个政权中分一块“蛋糕”。《前进》的论调稳健而缺少光彩，附和的是少数上层失意政客和高级知识分子，因此销数比《革命评论》少，影响也差得多。

《革命评论》和《前进》的出版时间都不长。《前进》约在1929年就停刊了,《革命评论》稍长一些,其间几次被当局查封。除了《革命评论》和《前进》外,改组派还在上海办过一个"中华通讯社",梅恕曾、唐景柏等人参与发稿;又办过一个《中华晚报》(后改名《革命晚报》),几度被蒋介石派员查封。由于史料湮灭,此报的具体情况已无从查考。

与改组派报刊差不多同时出版的还有再造派报刊。

再造派是国民党内一批拥戴胡汉民、孙科的青年国民党员组成的反蒋派别。这个派别鼓吹国民党有再造的必要,实际主张一方面排斥"左派"汪精卫等人,一方面限制蒋介石的权力(限于军事),因此而得名。这个派别得到一些反蒋的地方势力,如桂系李济深等人的支持。再造派不似改组派那样有纲领、有组织,比较松散,影响也小一些。

1928年1月,胡汉民、孙科等人赴欧洲考察之前,嘱咐李济深给再造派支持,在上海办报纸办刊物。在李的支持下,一批青年党员首先创办起了《民众日报》。4月,又办起了《再造旬刊》。

《民众日报》由谌小芩、程元斟负责。《再造旬刊》先后由钟天心、梁寒操和周一志负责编辑,两刊集中批评南京政府的政策弊端,指明国民党有再造的必要。并同《革命评论》展开论战。《再造旬刊》主张全民革命,反对《革命评论》的理论,认为他们不是三民主义,而是马克思主义的翻版。恰在这一点上,表现了再造派对马克思主义的态度。

再造派的报刊寿命都不长。《民众日报》办了1年,《再造旬刊》约为1年半。中断的主要原因是胡汉民、孙科等人政治上的游移性。胡、孙等人访问欧洲,是因为受到蒋介石的排斥,被迫下野出访。访欧回国,接受蒋介石因反汪需要而发出的邀请,实现短期合作,胡汉民去南京做立法院长,孙科后又入京做了铁道部长,追随胡、孙的一些成员也纷纷在京谋职。在政治上,再造派已结束了它的历史使命,报刊也就不再需要。再加上 1931 年,李济深被蒋介石骗到南京汤山扣留软禁,再造派刊物的经费来源中断,不得不停刊。

二、蒋介石集团对不同派别报刊的镇压

国民党各派系及其报刊,在对待“清党”、反共、镇压工农运动,屠杀共产党人和革命群众等问题上,是颇为一致的,而且并不心慈手软。当国民党建立南京国民政府,完成了“统一”大业之后,如何分配权利便发生了尖锐矛盾,特别是蒋介石与汪精卫两个集团之间,为争夺国民党及国民政府最高领导权的斗争更为激烈。蒋、汪都是以孙中山忠实信徒、“正宗”继承人自居,为抢夺接班人的合法地位,早在孙中山逝世前就已开始。蒋介石背叛革命后,由于他们在“清党”、“分共”方面的共同需要,暂时实现了宁汉合流,但是他们之间的争权夺利的矛盾与斗争并没有结束,随着形势的发展,斗争越演越烈。到 1929 年 3 月,国民党召开第三次全国代表大会期间,斗争达到了白热化程度,会前国民党中央决定出席大会的代表一半以上是由国民党中央指定,即蒋介石指定,其他由各省市党部推选。其结果 80%以上的代表是由蒋介石圈定的,因此引起国民党内部的普遍不满。以汪精卫为代表的改组派利用这

一情绪,在全国掀起了颇具声势的反蒋运动。改组派的报刊纷纷发表文章,谴责"此次大会与袁世凯的筹安会、曹锟的贿选国会、段祺瑞的善后会议如出一辙",声称此次代表大会非法,"誓死否认"。有的报刊指名道姓抨击蒋介石独裁,公开提出"打倒蒋介石"的口号。

改组派掀起的反蒋运动,自然为蒋介石所不容,他一方面操纵国民党中央党部开除汪精卫、陈公博、顾孟余、甘乃光等改组派骨干人员的党籍,另一方面镇压改组派的报刊活动。先是下令停止经济补助,以期自行停刊,后又派军警特务恐吓印刷机关不准承印,并下令邮局停止寄送。售卖改组派报刊的书店报摊,也常遭到特务的捣乱和破坏,报童惨遭殴打致伤。对于从事改组派报刊的人员,实施恐吓或收买,使之退出。

在上述措施并未完全达目的后,国民党蒋介石集团便下令直接禁查,1928 年 11 月 13 日,国民党中央执行委员会指示国民政府,查禁《疾风》周刊、《双十》月刊等改组派刊物。国民党中央党部秘书处致国民政府指示称:"顷奉常务委员交下中央宣传部呈一件,内称查有刊物《疾风》周刊、《双十》月刊,均立言悖谬,捏辞诬蔑,诋毁中央,肆意鼓惑,居心叵测,若不严予查禁,诐辞流行,为害非小。据该两种刊物封面所刊通讯处,均系上海四马路光华书局,转拟请钧会函国民政府,令江苏省政府转令上海临时法院,切实查禁,并令上海特别市市政府会同办理,务绝流行,一面令上海特别市党务指导委员会转饬邮政检查委员会严密检查,禁止邮递。是否有当,请示遵等情,经奉批如拟办理在卷,除令行上海特别市党务指导委员会转饬邮政检查委员会严密检查，禁止邮递外，相应录批函达，查照转陈办理为荷。”[5] 1929年8月，国民党中央党部根据上海特别市党部宣传部提供的材料，下令查禁《民主周刊》。令称：“现准中央宣传部八月十三日密函，以据上海特别市党部宣传部呈送，查获假借该部名义寄发之反动刊物民主周刊一种，查其言论反动，与改组派所编印之民意民心等反动刊物相近，还竟假借党部名义寄发，以避免检查，希图传播，流毒滋甚。特检同原刊函请转陈准予密令各省党部并密函国府密令所属一体查禁。”[6]

根据国民党中央党部命令，各省市党部及政府都积极查禁改组派报刊。因为改组派报刊活动中心在上海，所以受到的打击最为严重。先后被查禁的报刊有《青年呼声》、《疾风》、《民众先锋》、《革命青年》、《革命出路》、《民意》、《民心》、《革命战线》、《海风周报》等。这些刊物不仅在上海严令禁止，在外地的命运同样如此。如1929年2月，云南省政府禁令称：“查有上海北四川路复旦书店批发”之“检阅周刊，蓄意反动，妨害治安，饬一体严切查究”。5月湖北省党部下令禁止出售《革命评论》，令称：“现有上海出版之《革命评论》一种，系陈公博施存统所办。查陈、施等前在武汉之行动，当为民众所共悉，此项《革命评论》，应不准其在武汉发卖。”北京市政府也向国民政府报告了查禁《检阅》周刊、《民报》等情况。

蒋介石集团对待其他不同政见派别的报刊，同样采用软硬兼施的卑鄙手段，加以扼杀，或加以收买，为自所用，或逼其自动停刊，或直接查禁，妄图只存蒋介石集团的一个声音统治全党的舆论阵地。

第三节　共产党的秘密报刊

一、《布尔什维克》的创刊

1927年国民党制造了“四·一二”、“七·一五”叛变革命事件后，大批共产党人和革命青年遭到屠杀，党的报刊也陷于停顿状态。如何继续高举革命的旗帜，进行宣传和鼓动，就成了摆在共产党面前的紧迫任务。8月在武汉，中共中央曾有过一个恢复出版机关报《向导》的动议[7]，因环境过于险恶，未能实现。党中央机关迁回上海后，决定筹备出版一个新的中央机关报，以代替《向导》。自中国共产党创立起，其重要报刊就一直在上海出版，现在仍将重建的宣传阵地放在上海，是符合实际情况和行得通的。10月22日，中共中央常委通过出版中央机关报的决议，并将该报命名为《布尔什维克》。决议规定了该报的性质和任务：“《布尔什维克》报当为建立中国无产阶级的革命的思想之机关，当为反对资产阶级思想及一切反动妥协思想之战斗机关。《布尔什维克》报并且要是中国革命新道路的指针——反对帝国主义军阀豪绅资产阶级的革命斗争的领导者，他当做工农群众革命行动的前锋。”中央常委还决定，由瞿秋白、罗亦农、邓中夏、王若飞、郑超麟5人组成中央机关报编辑委员会，瞿秋白为主任。编委会在中央常委的监督和指导下开展工作，中央委员都有参加编辑和撰稿的义务。编辑部设在亨昌路418号(即今愚园路亨昌里)。

1927年10月24日，《布尔什维克》在上海正式创刊。由于环境条件和印刷的变动，几次休刊，版式几经变化。最初是16开本，周刊，每期30—40页，共约3万字左右。出版至1928年2月27日第19期，休刊3个月。复刊的第20期起，改为每10天或半个月出1次。1928年10月1日起改为月刊，每期100—130页，8万字左右。第2卷第7期至1930年6月15日出版第3卷第6期后又休刊半年。1931年出版了6期，不定期出版。1932年7月1日出版最后一期。《布尔什维克》历时5年，共出了52期。

作为党中央的政治机关报，《布尔什维克》刊载了许多党的重要文件。首先是转载共产国际对于中国的许多重要决议和指示。当时中国革命处于低潮，党的工作面临许多困难，共产国际作了许多指示。《布尔什维克》刊出的有《共产国际关于中国问题决议案》(1928年2月25日)、《共产国际第六次大会对于中国革命宣言》、《共产国际第六次大会宣言》、《共产国际执行委员会与中国共产党书》(1929年2月8日、6月7日)、《共产国际执委主席团对立三路线的讨论》、《共产国际第十次全体执委会议特号》等文件。这些文件忠实地记载了共产国际对于低潮中的中国革命和中国共产党的关心、支持和帮助，也记载了共产国际对于中国形势某些脱离实际的估计和指导上的重大失误，由此可以反映出当时共产国际对中国革命进程的影响和作用。其次，《布尔什维克》还刊载了中共中央的许多重要文件。如1927年11月，在瞿秋白主持下，中央临时政治局扩大会议通过的《中国现状与共产党的任务决议案》、《中国共产党土地问题党纲草案(讨论稿)》，党的第六次代表大会通过的《政治决议案》、《土地问题决议案》。1931

年王明把持中央后通过的《由于工农红军冲破第三次“围剿”及革命危机逐渐成熟而产生的党的紧急任务决议案》、《中央给红军党部及各级党部的训令》等。这些文件忠实记载了党寻找中国革命正确道路的曲折历程和认识反复，记载了错误倾向、错误路线对党以及党所领导的事业的影响。

《布尔什维克》最重要最鲜明的功绩在于，在一片白色恐怖的茫茫黑夜中，继续举起反帝反军阀的民主革命旗帜，宣传了党的土地革命和工农武装暴动的总方针，凝聚自己的队伍向敌人斗争。《布尔什维克》在发刊词中就宣布：“只有建立这种布尔什维克的精神和布尔什维克的思想，然后革命之中方有强固的健全的无产阶级政党作领导，才能彻底地完成中国之资产阶级民权革命的任务，亦就是真正推翻帝国主义军阀的统治，急转直下的进入社会主义的道路。”《布尔什维克》及时而详细地报道了党在江西、湖南、福建、江苏、广东、广西、湖北、河南等地领导的工农武装暴动，而且加以评论分析。如赞颂南昌起义的《八一革命之意义与叶贺军队之失败》，记述中国第一个苏维埃政权海陆丰的《中国第一个苏维埃》(广东通讯)，《湘南、湘东、赣西革命势力之扩展》记述并赞扬了毛泽东领导的秋收起义、井冈山的土地革命以及朱毛会师。《布尔什维克》还连续出了 3 期特刊，讴歌广州起义中的工人阶级，总结分析起义失败的经验教训，报道和评述这些起义对于推动各地工农武装斗争和土地革命，指导工作，起到了很大的促进作用。

由于《新青年》停刊以后，党还没有自己的理论刊物，《布尔什维克》兼任理论机关报的功能，发表了许多重要的理论文章，对中国革命的性质、道路、方针、策略等进行探讨。其中，有瞿秋白的《中国革命是什么样的革命》、《中国革命中无产阶级的新策略》，郑超麟的《中国革命目前几个重要的理论问题》，蔡和森的《中国革命的性质及其前途》，李立三的《中国革命的根本问题》，沈泽民的《中国革命的当前任务与反对立三路线》等。这些探讨在今天看来，尽管有许多幼稚的甚至是错误的地方，但它们忠实地记录了党在理论上走向成熟的一个必经阶段。

围绕着中国革命和中国道路的问题，《布尔什维克》在进行理论探讨的同时，还担负起在思想理论战线上批判错误思潮的任务。这个时期主要批判国民党改组派和党内的取消派。国民党改组派是国民党内部因权力分配不均而分裂出来的派别，以汪精卫、陈公博等人为代表，鼓吹改组国民党，实现工农小资产阶级联盟。他们的报刊《革命评论》等迷惑了一部分人(在上一节已有专述)。党内取消派是一群悲观主义者，以陈独秀等人为代表，认为国民党统治全国意味着民主革命已经完成，无产阶级不应该反对国民党政权，不应该发动土地革命和武装斗争，等资本主义发展起来以后，再进行无产阶级革命不迟。取消派的活动不仅在口头上，而且发展到组织反党小派别。《布尔什维克》对改组派和取消派作了坚决的揭露，发表了许多重要文章。其中，有恽代英的《施存统对中国革命的理论》，瞿秋白的《论国民党改组派》，张闻天(思美)的《是取消派取消中国革命，还是中国革命取消取消派？——评〈中国左派共产主义反对派的政纲〉》，蔡和森的《评陈独秀主义》等。这样的批判澄清了人们心头的迷雾，对已经变了质的

“国民革命”以及国民党政权所代表的阶级性质，有了明确的分析，指出了革命的道路和任务，对改组派、取消派进行了深刻的剖析。

在《布尔什维克》整个出版过程中，在中央工作的瞿秋白起了重要的作用。作为中央常委会任命的中央机关报编辑委员会主任，他主持了机关报的筹备工作，并亲自为《布尔什维克》题刊名，撰写创刊词。瞿秋白为《布尔什维克》撰写了社论16篇、论文24篇、译作1篇，回复读者来信1篇。在作者中他是写稿最多的一个。前19期的社论，有16期是他写的，最多的一期发表他5篇文章；《布尔什维克》前期的指导思想主要受到他的影响。1928年4月底他秘密赴苏联之后，还为《布尔什维克》撰写了6篇文章，足见他寄情于《布尔什维克》。除了瞿秋白之外，经常为《布尔什维克》写文章的还有蔡和森、李立三等。恽代英、谢觉哉、罗绮园、柳直荀、沈泽民等也撰写过不少文章。

《布尔什维克》出版，正值党内相继发生了三次“左”倾错误。作为中央机关报，毋庸置疑地受到了三次“左”倾错误的影响，发表和宣传了一些错误观点。1927年底至1928年春，《布尔什维克》传播了“左”倾盲动主义的一些观点，错误地宣传了革命高潮已经到来的观点，虽然坚持以武装斗争推翻反革命势力的坚定立场，但重视的仍是中心城市起义，将民族资产阶级当作“绝对的反革命势力”，认为小资产阶级也是个障碍。1930年5月间，《布尔什维克》又开始传播第二次“左”倾路线的观点，认为革命高潮即将到来，一省或数省的胜利必然引起全国的胜利，党内主要危险是对革命形势估计不足。

1931年春起,《布尔什维克》又传播了第三次“左”倾路线的错误观点,认为立三路线是右倾,革命高潮更加临近,无产阶级和中心城市仍是决定胜负的重要力量。当党的指导路线发生偏差的时候,党中央机关报跟着作了错误的宣传,这是合乎逻辑的。特别是,这个时期的中央负责人亲自办报,甚至亲自写社论、文章,这就加重了错误路线对党报的影响。这一党报发展史上的规律性现象,在《布尔什维克》时期已经凸现了。

尽管宣传了一些错误的观点,《布尔什维克》在血雨腥风中高举党的革命旗帜的功绩是不应泯灭的。

二、中共中央的其他报刊

《上海报》是中共中央宣传部主办的报纸,1929年4月17日在上海创办。初名《白话日报》,出版后不久就在群众中造成了较大影响,也引起了反动派的注意,遭到迫害,被迫停刊。一个月后改名为《上海报》继续出版。《上海报》由李求实、谢觉哉、李炳忠、陈为人、吴永康、萧洪升等编辑,主编李求实。

《上海报》是以工人为主要读者对象的小型报纸,4开4版。主要报道上海及各地工人的劳动、生活、失业及罢工斗争情况,用马克思主义指导工人斗争。特别对上海地区工人罢工斗争给予更加亲切地关怀和热情支持,总结斗争经验,指出正确的斗争策略。1929年5月,上海发生了震动全市的英商电车公司工人大罢工,斗争尖锐复杂,敌人雇佣失业工人开电车,引起罢工工人的误会,骂他们为“工贼”,增加了工人队伍内部的矛盾。《上海报》及时识破敌人的阴谋,以新闻、评论、答读者问等多种方式,向工人进行宣传,指出:“工人阶级只有巩固自己的阵线才能持久战”,应“联合失业工人共同作战”,才能取得胜利。教育失业工人要认清资本家的阴谋。最后取得了罢工胜利。

《上海报》为适合工人群众的水平和要求,力求文字通俗、语言简练、短小精悍、生动活泼。它一创刊就向读者表明,本报与资产阶级报纸不同,“他们是专门给大人先生看的,我们是准备给起码社会中的朋友看的”,“他们只说大人先生要说的话,我们是想说起码社会中的朋友要说的话”。《上海报》还设了一些群众喜闻乐见的栏目,除社论、短评以外,还有消息、通讯、问答、读者来信、小说、诗歌、故事、杂谈、小品等,并配以漫画插图,图文并茂,活泼生动。从内容到形式都适合劳动者阅读,是工人阶级自己的报纸。

1930 年全国革命形势有了新的发展,为适应斗争需要,中共中央决定将《上海报》与《红旗》三日刊合并,改出《红旗日报》,所以《上海报》出版至 1930 年 8 月 14 日停刊。《红旗》是中共中央机关报,1928 年 11 月 20 日在上海创刊,由中央宣传部主编,初为周刊,自 1929 年 6 月 19 日出版的第 24 期起改为三日刊。每逢星期三、六出版。《红旗》创刊初期,以政治鼓动为主,注意一切政治事变的报道,还就每周的大事作评论,帮助读者认清事件的本质与意义。之后又增加刊载中共中央的各种报告、宣言、决议及共产国际的文件、指示等。中共中央曾决定全国各地党组织的主要负责人为《红旗》的特约通讯员。经常为《红旗》撰稿的有李立三、恽代英、罗贤、谢觉哉等。由于国统区白色恐怖严重,《红旗》一直未能公开发行,宣传作用受到一定影响。根据中共中央决定，1930 年 8 月 14 日停刊，次日《红旗日报》创刊。

《红旗日报》为中共中央机关报，其任务："不仅是要登载每日的全国的政治事变，传达各地的革命活动"，而且要"发布中国共产党对革命中各个问题的观点和主张"，"反对国民党的统治压迫"，"宣传革命的理论"，"成为全国广大工农群众之反对帝国主义与国民党的喉舌"[8]。设有社论、专论、各地通讯、革命根据地来信、欧洲通讯、国际消息、红旗俱乐部、短斧头、小说等栏。除报道国内外重要消息外，还经常刊载中共中央的宣言、决议、通告等，也发表中央领导人的论述革命问题的理论文章。为了帮助读者系统地了解一周内的国际国内重要事变，认清革命形势、每周发表 1 篇比较系统的"时事汇评"。经常为《红旗日报》撰稿的有李立三、关向应、张闻天等，周恩来、瞿秋白等也为之撰稿。

《红旗日报》作为中共中央机关的喉舌，从多方面宣传党的路线和方针政策。首先进行反对帝国主义，反对国民党法西斯统治的宣传鼓动。中共"六大"进一步明确指出，中国仍然是半封建半殖民地社会，中国现阶段的革命依然是资产阶级民主革命，其根本任务是"推翻帝国主义统治"，"推翻军阀国民党政府"，"建立工农兵代表会议政府"。《红旗日报》出版后，就围着这一中心革命任务开展宣传。除从理论上阐明反帝反封建军阀的必要外，还充分暴露帝国主义国民党疯狂迫害中国人民的罪行，以激发工农群众反帝反军阀斗争的觉悟和决心。《红旗日报》还强调反帝反军阀的主要手段是武装斗争。陆续发表了《拥护革命战争》、《反对帝国主义的炮舰政策》、《工人武装问题》等社论和文章，反复强调“武装斗争是推翻帝国主义国民党统治的主要方式”。《红旗日报》还积极宣传建立苏维埃政权的必要及其苏区的建设成就。《红旗日报》社论《为建立全中国中央苏维埃政权而斗争》等，阐明中国建立苏维埃的原因和条件。还增设“苏维埃区域来信”专栏，介绍苏区建设情况。《红旗日报》对工农运动也放在重要地位加以宣传。

《红旗日报》的宣传受到白色恐怖统治下的广大群众的欢迎，发行量迅速上升，“不满 1 个月的日报，居然可以销到 1 万 2 千份以上”。在上海几乎每个工厂，每个有赤色工会的地方，都建立了代派处和通讯员，广大工人和青年学生冒着极大危险发行《红旗日报》。国外也有该报的订户。

1930 年 10 月 30 日，《红旗日报》增出了一个副刊《实话》，每 5 天出 1 期，4 开张，随《红旗日报》发行。其任务是从理论上“对革命策略的进一步讨论和党的路线的更深刻研究和认识”。经常发表论述党的路线、方针和政策的社论和文章，对各地革命斗争的实践情况，进行总结和分析，指出经验和教训，有利于提高斗争水平。还介绍苏联及其他国家革命斗争情况，扩大人们的视野。

此外，中共中央还在上海出版了《党的建设》、《红旗周报》等刊物。《党的建设》创刊于 1931 年 1 月 25 日，系党内刊物，其任务是宣传如何加强党自身建设，刊载有关论述和讨论党的理论、组织原则、基层建设和工作方法等方面问题的文章，也刊载中共中央关于党的建设的决议文件等。《红旗周报》是理论性刊物，它是在《红旗日报》因受帝国主义和国民党严重迫害无法正常出版的情况下创办的，1931年3月9日创刊，秘密出版发行，坚持出版至1934年3月1日终刊，共出64期，另外还有附刊13期。《红旗周报》由张闻天主编，为防止敌人破坏，撰稿人大都用笔名或化名。1931年2月2日，中共中央宣传部还出版了《宣传者》内部刊物，其任务是加强对各地党的宣传工作的指导，主要刊载有关党的宣传工作的决议、指示、文件等，也介绍宣传工作经验。

三、共青团和工会的报刊

在国民党白色恐怖下，上海也出版了一批共青团和工会的报刊。比较重要的有中国共产主义青年团中央机关报刊《无产青年》，于1927年11月7日，即十月革命十周年纪念日创刊。它是在团中央负责人任弼时的直接领导下创办的。其任务在《发刊露布》中说，"本刊继《中国青年》而在今天发刊，本刊与无产青年兄弟"的出路，"只有毫不妥协的暴动"，"不仅要把旧的统治打个粉碎，把反动阶级杀个净尽，不仅要激起世界革命，打败强大的帝国主义，以完成中国的革命，并且要建立工农无产者的政权"。虽然表露出浓厚的"左"倾情绪，但所提出的革命斗争的任务、目标和手段是对的。《无产青年》非常强调"要学习俄国兄弟的革命经验，来完成我们自己的革命使命"。任弼时发表的《中国共产主义青年团中央局扩大会议的经过与意义》等文章，对团刊宣传工作作了进一步论述，并提出了具体要求。根据团中央的指示，《无产青年》十分重视加强对团员青年的思想教育，特别运用马克思主义分析革命形势，明确革命性质与任务，批评当时团内存在的悲观情绪和冒险盲动倾向等，对指导各地团组织，坚持正确的斗争方向和策略，起到积极作用。还及时报道和总结各地团组织的活动情况和经验。为帮助广大团员青年了解世界革命形势，开阔视野，增强斗争信心，《无产青年》还经常报道苏联及各国青年革命斗争的情况，也介绍赤色国际青年团的情况。

《无产青年》出版不到1年，因敌人破坏被迫停刊，团中央于1928年10月22日又创办了《列宁青年》为中央机关刊物，由陆定一主编。《列宁青年》除继承《无产青年》的任务外，还提出批判各种反动思想理论的任务。指出“蒋介石所收买的走狗——陈公博派”妄图“用种种改良主义口号和欺骗方法来迷惑革命群众”，而从理论上批判这些欺骗宣传是目前革命的主要任务之一。《列宁青年》出版后，除报道各地团组织的活动，加强对团员青年进行马克思主义思想教育外，特别对当时的取消派、改组派、国家主义者的反动宣传，作无情的批判和斗争。对陈公博主编的《革命评论》、《民众先锋》等宣传的反动思想，作了系统的批判和揭露。

《列宁青年》原为半月刊，为适应斗争需要，从第2卷第14期(1930年6月10日)起改为旬刊。出版过程中虽遇到种种困难，但仍千方百计坚持出版。目前见到的最后一期，是1932年5月10日出版的第5卷第3期。

1929年5月10日，共青团中央还出版了内部刊物《学习》，32开本，它的任务是加强共青团的思想和组织建设。《学习》向广大团员青年提出，除认真学习马克思列宁主义理论以外，“应进一步参加实际斗争，努力在实际斗争中学习”。

《学习》对如何开展团的活动，加强组织建设等问题开展讨论。此外，中国共产主义青年团上海市执行委员会于1927年8月22日创办了《飞沙》旬刊，它根据团中央指示，宣传中国共产党的主张，宣传马克思主义理论，驳斥各种反动言论，揭露蒋介石汪精卫等的反革命阴谋，指出青年斗争的方向。经常为之撰稿的有求实、少锋、君羊、柯夫等。共青团江苏省委于1931年2月，在上海出版了《转变》，1932年10月又创办了《少年真理报》，至1934年12月停刊。

中国共产党领导的工人报刊在上海也得到了较迅速的恢复。1928年12月1日，中华全国总工会机关刊物《中国工人》在上海创刊。由罗章龙主编。栏目设有评论、国际劳动消息、国内劳动消息、特载、通讯、小品、文件等。《中国工人》主要报道全国各地工人受压迫受剥削，生活极端困苦的悲惨情况，教育工人为求得解放，必须“一致组织起来，并联合全世界各国工人阶级与帝国主义及中国的反动统治阶级作坚决的斗争”，这是唯一的出路。在工人运动逐渐发动起来以后，《中国工人》又加强各地工人运动情况的报道，及时总结斗争经验与教训，提出正确的斗争策略和方法，有力地推动了工人运动的健康发展，所以《中国工人》受到了“使全国工人在黑暗世界里可以得到一线的光明”的赞许。1929年2月1日，中华全国总工会又出版了《工人宝鉴》，不定期刊，主要刊载有关工人运动的理论文章，中共中央、中华全国总工会有关工人运动的决议文件等，其理论文章，对一些重大工人斗争事件进行比较系统的总结，以提高工人阶级的理论水平和思想觉悟，使工人运动建筑在更加深厚的基础之上。1930年2月15日，全国总工会还出版了《全总通讯》,月刊,是专供一般工会干部阅读的刊物,着重"讨论目前我们在组织上和策略上的问题,尤其是我们的总策略在各地实际应用",同时也研究领导工人运动的工作方法等问题,以尽快"实现中国工人阶级在目前革命阶段上的伟大任务。"

上海市总工会在条件十分困难的情况下,坚持开展报刊宣传。蒋介石发动"四·一二"反革命叛变后,上海工人阶级受到极大摧残,中国共产党领导的市总工会及基层工会几乎全部被解散,大批工会干部和工人积极分子惨遭杀害,工会活动转入地下。为了坚持斗争,上海市总工会开展秘密活动,在恢复建立各级工会组织的同时,于1927年8月23日,创办了《上海工人》,8开4版的小型报,双日刊,设有短评、时事新闻、劳动消息等栏目。宣传内容,一方面揭露国民党蒋介石勾结帝国主义残杀上海工人的罪行,帮助工人群众认清敌人的面目,激发斗争决心,另一方面,宣传如何早日推翻帝国主义和国民党反动的统治,并提出了工会工作的方针和方法。同时还揭露和抨击敌人在残酷镇压上海工人运动之后,又用种种卑鄙手段欺骗、软化工人的阴谋。指出"国民党、工统会、工总会、调节会、农工商局都是豪绅资产阶级所把持的机关","他们只知道替资本家来压迫工友",是不会真正代表工人阶级利益的。

1928年4月,上海市总工会又出版了《上海工人》小册子,64开本,10天出1册。1929年,上海市工会联合会(即地下总工会)出版了《工联三日刊》。1933年后,又以老工会名义,先后出版过《工人报》、《革命画报》、《工人画报》、《工人的话》、

《劳动青年》、《青工小报》、《工人之路》等报刊，由于条件困难，大都是油印小报。在沪西、沪东、南市、闸北等工厂中，工会组织秘密恢复，也出版了一些小型工人报刊和其他宣传品。

1931 年以后，环境日趋险恶，但中国共产党仍在上海坚持开展秘密的办报活动。除上述外，这时办的报刊还有几类。一类是消闲性小报，而且伪装出版，有 1931 年 9 月 25 日创刊的《明报》，同年 10 月 5 日出版的《进报》，10 月 25 日出版的《大声报》，11 月 20 日出版的《大通报》，1932 年 4 月 20 日创刊的《大中报》，1932 年 5 月创刊的江苏省委机关报《真话报》。一类是党领导下的群众团体在抗日救亡高潮中创办的报刊。主要有，上海民众反日救国联合会于 1932 年 1 月 7 日创刊的《反日民众》三日刊，同一团体与沪西工人反日罢工委员会联合出版的《罢工小报》，中国妇女反日救国大同盟于 1932 年 2 月 29 日创办的《妇女之光》等。

共产党的秘密报刊囿于环境条件，不可能产生很大的社会影响，但它像黑夜中的火种，接续不断，燃出越来越光亮的火焰。

四、地下报刊的艰苦斗争

这时期中共在上海创办的报刊，是在极端困难的条件下出版的，这不仅是因为党的活动处于秘密状态，解决报刊的纸张、印刷、发行等十分困难，而且更为严重的是，国民党勾结帝国主义联合迫害。国民党在帝国主义支持下，建立了庞大的特务组织，对人民实施严重的恐怖活动，共产党的报刊是他们重点破坏的对象之一。军警特务到处搜捕编辑印刷发行人，一经查出就遭逮捕、监禁或杀头。《上海报》出版的第一天，报馆地址就被查究，接着被封。报纸只得改名易地出版。不到2个星期，又被查禁，印刷所被封，老板被捕，财产全部被没收。报社经理和编辑人员被通缉，送报人员先后10多人被捕，其中有的被判刑8年。《红旗日报》出版后不到1个月，帝国主义和国民党便组织了搜查队，先后搜查了40—50处，拘捕了40—50人。印刷所连续遭到4次大的破坏。第一次是1930年9月8日，即《红旗日报》刚出版20余天，印刷所遭到严重破坏，被迫转移。第二次是相隔不到20天，再遭破坏，全体工人被捕，报纸停刊两天。第三次是同年12月7日，印刷所遭受查封，报纸再次被迫暂时停刊。第四次是1931年1月8日，印刷厂“工友被捕，已印好的报纸被没收”。敌人更为毒辣的是搜查《红旗日报》订户，制造恐怖气氛，逼迫读者拒绝订阅。一次特务在闸北某处发现了一份《红旗日报》，就捕风捉影对附近20多户居民逐家搜查和掠夺，形成严重的白色恐怖。中共其他报刊也遭到同样的命运。

中共地下报刊并没有被敌人的疯狂破坏所吓倒，他们进行了不屈不挠的斗争。1930年9月9日，《红旗日报》遭到破坏的第二天，发表了《本报宣言》，严正抗议和抨击敌人的无耻行径，指出“本报是中国共产党中央委员会的机关报，同时也是中国广大工农劳苦群众之唯一的言论机关”，它“代表着伟大的中国革命势力”，受到“全国广大工农群众势力的拥护”，是扼杀不了的。敌人的破坏不但“丝毫不能动摇本报的存在”，而且将更加勇猛地“对着整个帝国主义和国民党作严重的进攻”，表现了无产阶级报刊的大无畏精神。中共地下报刊的斗争，得到了广大革命群众的热情支持。当《红旗日报》遭到敌人破坏后，中华全国总工会代表全体工人阶级，发表了致《红旗日报》的公开信，表示亲切慰问和全力支持，指出“本会得悉之后，愤激万分，当即示威，以阶级斗争的力量，拥护贵报继续出版”，并号召“全国工友为拥护《红旗日报》而斗争”。上海的各级工会首先起来响应全总的号召，以各种方式支持《红旗日报》的出版。类似的情况，其他中共地下报刊也有。

中共地下报刊为坚持宣传阵地，同敌人的压迫和破坏进行了针锋相对的英勇斗争。

首先，经常变换编辑、印刷地址。各个报刊的编辑工作地址只有少数人知道，所用稿件几经传递才送到编辑人手中，编辑部人员极为精干，对外用其他名义或居民住处相掩护，且经常变更地址，使敌人难以直接破坏编辑部工作。印刷所虽然变迁较困难，为防止破坏也往往同时觅几处或托私人印刷。一旦遭到破坏，另一处马上开印，使报刊的停版时间尽量缩短。

第二，采用种种伪装封面，以逃避敌人的搜查和没收。《布尔什维克》先后用过《中央半月刊》、《少女怀春》、《中国文化史》、《新时代国语教科书》、《金贵银贱之研究》、《经济月刊》等化名。《上海报》用过《上海特刊》、《无声》、《晨光》、《沪江日报》、《上海日报》、《上海市报》、《小沪报》等名称。《红旗周报》用过《实业周报》、《时事周报》、《大众文艺》、《佛学研究》、《机联会刊》、《现代生活》、《摩登周刊》等名称。《中国工人》用过《漫画集》、《红拂夜奔》、《爱的丛书》等。《上海工人》的伪装封面更为微妙，如《劝世友》、《时新毛毛雨》、《春花秋月》、《滑稽大王》、《散花舞》、《佛祖求道记》、《苏东坡走马看花》、《好妹妹》、《观音得道》等。其他报刊也同样想方设法用伪装封面，使之尽可能发行到读者手中。

第三，改进和健全发行工作。中共地下报刊创办初期，其发行工作还是无序的，随着斗争的深入，不断总结和改进发行工作，逐步健全了发行工作。如《红旗日报》的发行工作有较大改进，机构也比较健全。其做法如下。

(1) 依靠党的各级组织和各革命团体建立发行网。《红旗日报》根据中共中央指示，发动“各赤色工会，各级革命互济会，反帝大同盟，自由大同盟，共产党支部及各种革命团体”，教育广大工农劳苦群众认识到“《红旗日报》是广大工农群众自己的报纸。统治阶级愈是加以严重的压迫，中国工人阶级愈是要起来拥护自己的报纸”[9]。动员大家订阅和推销《红旗日报》，因此，在上海几乎每个工厂中，每个有赤色工会的地方，都建立了代派处。还发行到外国轮船上，如中国海员工会在荷兰公司轮船芝安号推销了数十份。1930 年 10 月又“接到航行美国纽约之文利索拉号及英国兵船工友来信，嘱订《红旗日报》60—70 份”。

(2) 采取鼓励发行工作的办法。《红旗日报》刊出征求代派处启事：“凡愿意负责建立本报代派处的，无论个人、团体，请填写本报所印就的表格，‘代办处申请书’，经本报认可后，即可正式成立本报代派处”。对代派者实行优惠办法：“推销 5 份以上者，缴纳报款可享受 9 折的待遇，10 份者 8 折，20 份者 7 折，30 份以上者均是 6 折，50 份对折。”[10]调动了推销者的积极性。

(3) 健全发行机构,加强发行工作的领导。报纸出版不久,就成立了发行部,制定了《本报代派处条例》,具体规定代办处成立的手续、条件、职责、权利等。为加强对代办处的领导,“条例”规定:“各代派处讨论发行工作时,需要本报派人列席,请先期通知为好。”报社对发行工作注意总结经验教训,改进工作。对因工作失误而使读者受到影响时,报社公开刊出启事,向读者承认错误,表示歉意。1930 年 9 月 9 日,“特别紧急启事”称“本报最近接到许多读者的来信,询问没有按时收到报纸的原因”,除“本报发行是有许多技术上的困难”外,是由于“在最近帝国主义国民党联合进攻之下,本报编辑部及印刷地址”搬迁时,一部分“订户的地址已经遗失”,希望订户迅速将新地址交来,以便补上,本报将用“特别登记的方法”,以保障“订户的安全”。报社把真实情况和改进措施如实告诉订户,定会受到读者的谅解。

在白色恐怖十分严重的国统区,中共出版地下报刊,其意义是重大的。首先,这些报刊根据党的“八七”会议、“六大”制定的总路线总方针,分析了中国社会性质、革命任务、方法、道路等问题,批驳了取消派、改组派等反动思潮,为群众的革命斗争指明了方向。其次,克服种种困难报道了革命根据地的革命和建设情况,使国统区群众了解全国革命形势,看到了希望,增强了信心和决心。第三,在国统区的中共党组织的活动处于十分秘密状态,如何开展群众工作十分困难。党的地下报刊就成为党组织联系群众的重要桥梁和纽带,指导群众斗争。革命群众通过报刊知道党组织的存在,也增强了斗争信心和勇气。第四，党报工作者，在环境极为恶劣的情况下坚持工作，千方百计克服困难、战胜敌人，这种艰苦奋斗精神也是党报优良传统的重要组成部分。

这时期上海党的地下报刊出版期间，正是党内三次“左”倾错误路线统治全党时期，因此党报宣传也受到“左”倾错误路线的严重影响。不仅在内容上宣传了一些“左”倾错误思想，而且在工作方式上也没有注意地下报刊秘密工作状态的特点，在报刊上不仅公开声称或标出是“中国共产党中央委员会的机关报”，大量刊登党的决议、宣言、文件、党的领导人的署名文章，而且在白色恐怖十分严重的情况下，把报刊的名称起为《红旗》、《红旗日报》、《红旗周报》、《布尔什维克》、《列宁青年》等，使敌人一看便知是共产党的报刊，更容易遭到破坏和查封。群众工作上也不注意隐蔽，保护群众的安全，往往把通讯员和订报人名单公布出来，受到不应有的损失。这些都是应当认真吸取的教训。

五、无产阶级新闻学的探索

大革命失败后，中国革命出现了极为复杂的形势，严峻的斗争形势和艰巨的革命任务，迫切需要革命理论的指导。大约从 1929 年起，在中国思想界出现了介绍马克思列宁主义的新高潮。在这种形势下，如何运用马克思列宁主义进一步考察新闻现象，破除旧的新闻观念，树立新的新闻观念，建设马克思新闻学理论，也提到议事日程上来了。所以马克思列宁主义和党报工作的不断相结合，是这时期中共党报发展的一个明显趋向，表现在：第一，马克思列宁关于党报工作的论著和共产国际关于宣传工作的文件，不断翻译到中国来。如列宁的《两种策略》、《怎么办》、《从何着手》、《论我们报纸的性质》，斯大林的《给〈无产阶级革命〉杂志编辑部的信》等。共产国际第五次世界大会通过的《关于共产国际及各国支部的宣传活动提纲》等也全文翻译过来，介绍苏联报刊工作经验的文章也陆续刊出。第二，党的领导人比以前更加重视党报宣传的理论研究。党的领导机关多次作出关于党报工作的决议、文件，负责同志亲自撰写探索和总结党报工作经验的文章。如《提高我们党报的作用》（张闻天）、《党报》（李立三）、《〈上海报〉一年工作的回顾》（求实）、《怎样建立健全的党报》（李卓然）、《关于我们的报纸》（张闻天）、《〈红旗日报〉发刊词——我们的任务》（向忠发）等。从事党报宣传工作的同志重视党报理论的研究，发表了不少论文，如《列宁主义与党报》（洪易）、《怎样转变我们的宣传鼓动工作》（石帆）、《谈谈工厂小报与群众报纸》（茫亢）、《过去一百期的红旗》（向友）等。第三，成立了中国新闻学研究会，这是我国第一个研究无产阶级新闻学理论的群众团体。主要是由上海《申报》、《新闻报》、《时报》的进步记者和上海民治新闻学院、复旦大学新闻系的部分师生等共同发起组织的，中共地下党员给予指导，会员 40 余人。《中国新闻学研究会宣言》明确宣布，它的任务是“除了致力新闻学之科学的技术的研究外”，“更将以全力致力于以社会主义为根据的科学的新闻学之理论的阐扬”。他们在《文艺新闻》上辟一专业副刊《集纳》作为研究的阵地。总之，这一时期无产阶级新闻的探索得到全党的重视，形成我国无产阶级新闻学研究的第一个高潮。主要论述了以下几个问题。

第一,关于报纸的阶级性问题。中国出版近代报刊已有100多年的历史。早期的报刊活动家都强调报刊是整个社会的舆论代表机关。同盟会成立后,中国出现了政党报刊,办报人承认报刊的党派性,却没有一个人承认自己报纸的阶级性。他们对反动报纸进行过种种批判,但是没有从它的阶级性上加以揭露,因此批判是很不彻底的。

中国共产党成立后,运用马克思主义阶级分析方法,观察一切社会现象,公开承认自己报纸的无产阶级性质。1923年,《新青年》季刊提出它的使命是"无产阶级的罗针"。1927年,《布尔什维克》公开宣布它的任务是"向国内外资产阶级实行阶级斗争","推翻资产阶级的统治"。把这种观点加以概括,上升为理论的是1930年《红旗日报》提出的。它在发刊词中指出"在现在阶级社会里,报纸是一种阶级斗争的工具"。这大概是"报纸是阶级斗争工具"论断的最早来源。同时指出资产阶级报纸同他们的法律一样,也是"对付工人阶级的工具"。

运用阶级观点分析新闻自由、言论出版自由问题,这样对以往资产阶级报人所宣传的新闻自由等观点,也产生了新的认识。资产阶级报人和新闻学研究者,都把新闻自由、言论出版自由等看成是绝对的永恒的原则,加以崇拜;不少人毕生为之奋斗。但是,他们奋斗争取的这种自由,往往仅限于立法条文上的自由,看不到这种法律的阶级性,奋斗一生只是一场空。中国共产党人则深刻揭露这种自由的阶级性,指出这种自由总是同一定的社会制度、政治制度相联系,在资本主义社会和半封建半殖民地的中国，只有统治阶级有出版报刊欺骗人民的自由，不可能有工人阶级和劳动人民的言论出版自由。反之"在民众的苏维埃政权下面"，"工农劳苦民众有言论出版集会结社的自由"，而"地主资产阶级的民主"、"一切剥削者的政治自由"，"都绝对禁止"[11]。

第二，关于党报的性质、任务与作用问题。中国共产党历来重视宣传工作，在中国共产党"一大"通过的决议中已写入了关于党报工作的条文。之后又作出一系列有关决议文件等。但从理论上阐明有关党报问题，是从这一时期开始的。1928年提出"中央党报不是几个作者私人所编的杂志，乃是我们整个党对外的刊物"，它宣传的观点"是代表我们党的意见"。"党报是说服群众、组织群众的利器"，"是党的喉舌"[12]。这就划清了党报与私人报业的根本界限。

1931年1月，中国共产党在《中共中央政治局关于党报的决议》中指出："党报必须成为党的工作及群众工作的领导者"，成为扩大党在群众中影响的有力的工具，"成为群众的组织者。党报不仅要解说中国革命的理论问题、策略问题，解说党目前的中心口号，同时要尽可能地多搜集关于实际工作的文章"，"要带极高限度的具体性，应当给予实际工作中的同志以具体的建议"[13]。这里不仅阐明了党报的性质，而且具体指出了党报的任务与作用：(1) 发挥党报的组织作用；(2) 宣传党的路线、方针和政策，是党报的基本任务；(3) 联系实际，指导工作。

第三，初步提出了全党办报的思想。"全党办报"是中国无产阶级新闻学的核心，1942年经过延安新闻界整风运动之后，正式提出来的，并作了全面论述。但是这一办报方针的基本思想，在这一时期已初步提出来了。1930 年 5 月，李立三在《党报》一文中提出，党报要完成自己的任务，“必须全体党员都来参加党报工作。党报是整个党的组织来办的，单靠分配办党报的少数同志来做，不只是做不好，而且就失掉了党报的意义！所以每个党的组织以及每个党员都有对于党报的严重的任务”。具体就是“第一读党报，第二发行党报，第三替党报做文章，特别是供给党报以群众斗争的实际情形和教训”[14]，是当时对这一问题较为全面的论述。

中共中央在党报的组织工作上，也初步体现了“全党办报”的思想。从中央到党的各级组织都设立了领导党报工作的专门机构。中央成立了党报编辑委员会，瞿秋白为主任。“编辑委员会在中央常委指导监督下”开展工作。地方党组织也建立健全了领导宣传工作的机构。1929 年 12 月 25 日，中共中央制定了《中央党报通讯员条例》，规定了通讯员的条件任务等。1930 年 5 月 10 日，中共中央又颁布了《中共中央党报通讯员条例》，并转发了共产国际《国际工人通讯运动任务与工人通讯员之国际关系》等重要文件，对党内设立通讯员制度的意义、任务及条件作了进一步说明。1931 年 3 月 5 日，中共中央通过了《中共中央关于建立全国发行工作的决议》，要求“自省委到群众建立整个发行网”，“在全国各种重要中心区域建立完全发行路线。”[15] 以上关于贯彻“全党办报”的意见和规定，在当时条件极为困难的情况下，虽不能完全做到，但这些观点基本上是对的。

上述办报思想的提出，引起党报观念的新变革，使党报得到改造，继续摆脱资产阶级报纸观念的影响，同时也标志着中国无产阶级新闻学建设的发展。自然，由于历史条件的限制，对党报的办报思想还不能进行全面系统的论述，形成比较完整的理论体系。还须指出的是，当时在三次"左"倾路线统治全党的情况下，马克思、列宁的办报思想不可能得到正确的理解贯彻。在研究和学习马克思、列宁办报思想的时候，不仅教条式地照抄照搬，而且在具体内容上又夹杂了一些"左"的东西。建设中国无产阶级新闻学，这一历史任务到延安整风运动之后才基本完成。

第四节　文化战线上的报刊活动

一、邹韬奋与《生活周刊》

《生活周刊》是中华职业教育社的机关刊物，1925 年 10 月创刊于上海。其宗旨是"宣传职业教育及职业指导"。由美国留学归来的王志莘主编。内容大都是关于各地职业状况的消息和有关职业修养的评论。创刊初期每期印一两千份。主要赠送给该社社员及教育机关，在社会上影响不大。1926 年 10 月，王志莘应一家银行之聘而辞职，由邹韬奋接替。他锐意革新，《生活周刊》从此才有了生机，逐渐崛起，发行量直线上升。由接办时 2 千份，两年后上升到 4 万份，1929 年增加到 8 万份，"九·一八"后猛增到 12 万份以上，到 1933 年被国民党查封时已达到 15.5 万多份，打破了当时中国杂志发行的最高纪录，成为国内最有影响的刊物之一。

邹韬奋(1895—1944)，原籍江西，出生于福建永安县，原名恩润，“韬奋”是他主编《生活周刊》时用的笔名。在中学时代，邹韬奋就喜欢阅读报刊，特别对名记者黄远生在上海《申报》、《时报》发表的“北京通讯”，产生了浓厚的兴趣，因而萌发了当新闻记者的愿望。大学二年级由南洋大学(上海交通大学前身)转到圣约翰大学，改读文科。大学毕业后，几经周折，才于1922年就任中华职业教育社编辑部主任，负责《职业教育》月刊和《职业教育丛书》的编辑工作。《生活周刊》创刊后，邹韬奋常撰稿，一年后正式接编了这个刊物，从此正式开始了他的新闻工作生涯。

邹韬奋接编《生活周刊》后，逐渐根据社会和读者的需要，改变编辑方针，革新刊物内容，从单纯谈论职业教育和“青年修养”，转而讨论社会问题，明确提出“本刊的动机完全以民众的福利为前提”，要替工人、农民、学徒等“民众中最苦的部分”呼吁，并与“恶环境奋斗”。从此对失学失业、封建礼教、包办婚姻等各种社会问题，开展广泛讨论，以求找到解决的正确方案。

《生活周刊》更可贵之处，是它随着形势的发展，逐渐摆脱改良主义思想的影响，逐步走上反对独裁、要求民主、爱国抗战的革命道路。1927年3月，《生活周刊》提出的政治纲领是“力求政治的清明”和“实业的振兴”，并以为这是中国出路的“根本要策”，是全国大多数民众利益之所在。希望走实业救国的道路。到1931年5月，还提出“中国目前所急需的有三件东西：一是统一，二是生产，三是国防”。为振兴实业，它希望国民党政府“一奖励并保护从事生产的国民；二整理交通，以便运输;三严禁额外需索之捐税”。这一切都说明《生活周刊》对中国的出路前途认识不清,仍旧希望中国走资本主义的道路,对国民党政府存在一定程度的幻想。

“九·一八”事变发生后,这一状况才起了急剧变化。突出地表现在抗日救亡问题上,不再把希望寄托在国民党军阀的“觉悟”上,而是寄托在广大民众身上,坚决主张发动广大群众的抗日运动。指出“民族的整个出路,在政治上的领导者能以大众的意志为意志,能以大众的力量为力量”。抨击国民党假抗日真投降的错误政策,指出“对日抵抗决心,‘始终一贯’,‘抗日大计已早经决定’,这已成为重要人物的口头禅了”,早已被“今天放弃一地,明天又放弃一地的事实”所揭穿。《生活周刊》除积极从事抗日救亡的宣传鼓动外,还发起了援助东北抗日义勇军的捐款运动。淞沪抗战爆发后,又创办了生活周刊社伤兵医院,积极支援抗战前线的将士们。

《生活周刊》不仅是新闻文化界一面民主进步爱国的旗帜,而且为中国民主报刊传统的发展,作出了重要贡献。主要表现在:

第一,发扬艰苦奋斗的创业精神。中国是一个半封建半殖民地国家,不仅在政治上人民群众没有任何民主权利,而且在经济上十分落后,许多从事新闻文化事业的人,不仅时时受到政治迫害,经济上也十分困难,大都是白手起家,经过艰苦创业,顽强拼搏,才得以发展。邹韬奋接办《生活周刊》后,更是发扬了这种艰苦创业的精神。在接办之初,连他在内,总共只有 2 个半职员(因为 3 人中有 1 人社外有兼职)。他们从撰稿、编辑到跑印刷所、校对、看清样、封面设计,以至广告、发行和处理读者来信等，样样都做。因稿费过低，向外约稿十分困难，每期的稿件大半由自己撰写。邹韬奋用六七个笔名，轮流撰写各类文章。他们在一个小小的过街楼“排了 3 张办公桌已觉得满满的”，它既是“编辑部”、“总务部”、“发行部”，又是“广告部”和“会议厅”。每天工作到深夜，“在那样静寂的夜里，就好像全世界上只有我们 3 个人”。在如此艰苦的条件下，邹韬奋主持《生活周刊》7 年中，从未发生过脱期的事故，事业得到了迅速的发展。

第二，全心全意为读者服务的精神。报刊为读者服务，是中国报刊民主传统的一个重要方面。早在“五四”以前，许多报刊就设了“读者通信”、“问题讨论”、“问答”等栏目，回答与解决读者提出的问题，产生了良好的社会效果。邹韬奋接办《生活周刊》后，也增设了“读者信箱”专栏，为读者解答各种问题，深得读者欢迎和信赖，来信与日俱增，由每天几十封，上升到几百封，“最多时收到的在上千封以上”。来信的内容十分广泛，从求学、看病、家庭、婚姻、职业、人生到国家、社会及世界形势等各种问题，无所不包。他们以极端负责的态度处理这些来信，除一小部分在《生活周刊》上公开发表和解答外，绝大部分不能发表的也十分认真地给予负责的回答。短者数百字，长者数千字，每封必答。有时自己无力回答的问题，就请专家学者代为答复。由于来信过多，邹韬奋实在无法一一作答，就请同事代笔，但对每一封回信他都亲自过目，并签上自己的名字，以示负责。他们对读者请求代办的具体事宜，如购书、买衣、找律师、请医生等各种实际问题，都千方百计地予以满意解决。为满足读者的要求，生活周刊社特设了“书报代办部”。在此基础上，于 1932 年 7 月，又成立了“生活书店”。《生活周刊》为读者服务的范围越来越广，“生活”的服务精神誉满社会，成为中国报刊史上极其光辉的一页。

第三，真心实意依靠群众办报的路线。《生活周刊》编辑部同人，经过长期实践，从处理读者来信中，悟出更深刻的道理，这不仅为读者排忧解难尽了一份社会职责，更重要的是从读者来信中了解到群众的困难、意愿和要求，摸到了时代的脉搏，成为“本刊真正的维他命”、“写作的思想源泉”，进而体会到“大众的报纸要由大众来办”的道理。从此更加注意倾听读者的意见，不断改进工作。1932 年筹办《生活日报》，在解决各种困难时，首先想到的是依靠群众。为了争取群众的支持，他们将《生活日报》的办报宗旨、编辑方针、经营方法、人员安排等重要问题，都在《生活周刊》上一一公布出来，请读者认识到《生活日报》是大众自己的报纸，纷纷出主意，想办法，解决办报困难。更为感人的是，许多读者在自己经济并不宽裕的情况下，纷纷购股支持，在短短几个月中就筹集资金 15 万元，股东达 2 千多人。这是依靠群众办报的生动写照。《生活日报》因国民党阻挠未能问世，他们又把群众的股款一一退回。在杂志社内部，邹韬奋也十分注意依靠大家办报，调动每个职工的积极性。

第四，把刊物办成适合大众需要的独特风格，成为我国通俗报刊的典型代表。《生活周刊》在邹韬奋的主持下，经过长期努力，形成了短小精悍、通俗易懂、生动活泼的特点。它一方面有报纸的长处，有相当的信息量供应给读者，同时又有杂志的优点，给读者以系统的理论和知识。在内容上设有时评、短论、小言论、通讯、游记、传记等多种多样的体裁，并配以木刻、漫画、照片等，文字生动，图案形象，极受广大读者欢迎。《生活周刊》的文章很少长篇大论、空泛议论，而是就群众关心的政治问题，社会问题，生活、学习、修养等许多实际问题进行讨论与分析，用通俗流畅的语言、生动具体的事实来说明道理，有很强的说服力。文章既短小精悍、简洁明快，又浅易近人、具体生动，深为广大读者所喜爱。

二、胡愈之与《东方杂志》

《东方杂志》是一份历史悠久的综合性杂志，从 1904 年 3 月创刊到 1948 年停刊，共出版了 44 年，初为月刊，1920 年第 17 卷起改为半月刊，第 40 卷又改为月刊。徐珂、杜亚泉、陶惺存、钱智修、胡愈之、李圣五等先后任主编。

《东方杂志》创刊初期，是一种文摘性的刊物，剪集报纸杂志上的记事论文等，分类刊登，供关心政治时事者查阅。清政府的宫门抄、奏折占首要地位，其次是时论，也偶尔刊载几篇翻译文章。1910 年扩充篇幅，改 32 开本为 16 开本，增加刊载论文和东西报刊的译文。“五四”前，思想倾向比较保守，对新文化运动持反对态度，曾受到《新青年》等进步报刊的批评。“五四”以后，在胡愈之和其他进步人士的推动下，《东方杂志》才起了较明显的变化。

胡愈之(1896—1986)，原名学愚，笔名有伏生、景观等，浙江上虞人。1914 年考入上海商务印书馆编译所，1915 年 8 月起，任《东方杂志》助理编辑、编辑，后升任主编，前后 20 余年。

他是商务印书馆进步力量的代表之一。在“五四”前他就以《东方杂志》编辑身份，在该刊上翻译介绍西方的新科学知识和思想理论，并注意搜集有关十月革命的材料，以适当的方式向读者介绍。“五四”后，胡愈之成为《东方杂志》的主要编辑，为革新该刊尽了最大努力，使之由资料性刊物逐步变成综合性学术刊物。特别把原来国际时事政策的简单介绍，变成为国际问题的评论与研究，聘请著名国际问题专家为《东方杂志》撰稿，使之成为研讨国际问题的权威性专栏。胡愈之也致力于国际问题的研究，成为该刊国际评论的主要撰稿人之一。另外，还把原来单纯介绍国外科学技术性的内容逐渐减少，增加关于研究哲学、经济、文学、政治的论文，使整个《东方杂志》变成了一个大型权威性的社会科学的综合性杂志。1924 年，在《东方杂志》创刊 20 周年时，胡愈之从《东方杂志》发表的文章中，选编了一套《东方文库》，实为当时介绍和论述政治、哲学、经济、文学、法律等社会科学发展与现状的集锦，受到广大读者的欢迎。

大革命时期，在胡愈之等进步人士推动下，《东方杂志》也投入了爱国反帝斗争。“五卅”惨案发生后，为系统揭露帝国主义的阴谋和罪行，1925 年 6 月《东方杂志》出版了“‘五卅’事件临时增刊”。引起了公共租界当局的仇视，工部局向会审公堂起诉，这就是有名的“东方杂志五卅临时增刊案”。“四·一二”后，胡愈之、郑振铎等人联合发表了谴责蒋介石背叛革命，屠杀共产党人和革命群众的抗议信，为国民党当局所不容，胡愈之不得不于 1928 年初去法国留学。《东方杂志》的宣传受到一定的影响。但他在法国学习期间，仍关心《东方杂志》的出版工作，从 1929 年 4 月起，陆续为该刊撰写了《裁军问题与列强之战争准备》、《梵帝冈与中国》、《法国选举的经过及其国际影响》等一系列“巴黎通讯”，对希特勒上台前的欧洲形势作了介绍与分析。

1931 年春，胡愈之结束了 3 年的流亡生活，回到了上海。仍在《东方杂志》当编辑。此时他的思想已发生了重大变化。也给《东方杂志》注入了新的血液，使该刊在“九・一八”事变发生后，也积极投入抗日救亡的潮流中，发表了一系列鼓吹抗日救亡的文章。1932 年，在“一・二八”淞沪抗战的战火中，商务印书馆遭到日本飞机的轰炸，损失惨重，《东方杂志》也一度停刊。同年 8 月着手复刊。商务印书馆总经理决定不在馆内设杂志编辑机构，将《东方杂志》由胡愈之主编，并负责承包，约定每期支持一定的编辑费，编辑人员由胡愈之全权聘请，稿费也由他支配。胡愈之决定对《东方杂志》进行全面革新。在复刊的第 29 卷第 4 号上，胡愈之发表了《本刊的新生》一文，明确提出了刊物应为当前的政治斗争服务的办刊方针。他说：“以文学作分析现实、指导现实的工具，以文学作民族斗争社会斗争的利器，我们将以此求本刊的新生，更以此求中国智识者的新生。”为了能及时反映当时抗日救亡形势，加强抗日的宣传鼓动，特增辟“东方论坛”一栏，连续发表了《寇深矣》、《日本帝国主义的挑战》等一系列文章，猛烈抨击日本帝国主义的侵华野心和罪行，向全国人民发出“集中力量，一致步调，以全民族的整个结合，和日本帝国主义作最后殊死的战争”。还发表文章，高度赞扬东北抗日义勇军和十九路军英勇抗战的事迹。同时也十分重视对当前国际形势的介绍和分析，特别对在资本主义经济危机冲击下，德、意、日等国法西斯主义的空前泛滥，新的世界战争策源地的形成，作了深刻精辟的分析，提醒人们注意国际风云的变幻和法西斯主义的抬头，为应付更为复杂的世界形势作好思想准备。

商务印书馆被炸后，该馆出版的《教育杂志》、《妇女杂志》、《小说日报》等一时不能复刊，《东方杂志》就增设了"教育"、"妇女与家庭"、"文艺"3个专栏，约请了金仲华、茅盾、老舍、巴金、郑振铎、叶圣陶、朱自清、郁达夫、谢六逸、陈翰笙等著名学者和作家撰稿，使《东方杂志》变成宣传革命思想的阵地。还增设了"编者、作者与读者"专栏，加强了与读者的联系。1933年元旦，《东方杂志》刊登了一组题为"新年的梦想"的文章，其中有柳亚子、金仲华、徐悲鸿、巴金、孙伏园、老舍、邹韬奋、杨杏佛等142位知名人士的文章。有的专论国际形势，反法西斯的任务与政策，有的论述国内抗日救亡运动，特别批评了蒋介石的不抵抗政策等，也有的强调停止内战，全国一致对外的必要与可能。总之，这时期的《东方杂志》变成了宣传进步思想，要求民主抗战爱国的重要舆论阵地。在宣传上注意理论联系实际，回答读者关心的实际问题，深受读者欢迎。那是这一刊物最光彩灿烂的时期。

三、创造社与太阳社的报刊

1930年"左联"成立之前，左翼文化运动处于酝酿、准备阶段，左翼文化力量正在逐步集结。这个时期在上海活动的进步文化团体主要是创造社、太阳社等，它们办的较有影响的刊物有《文化批判》、《思想》月刊、《新思潮》、《太阳月刊》等。

创造社是一个1921年成立的提倡新文学的重要社团。主要成员有郭沫若、郁达夫、成仿吾等。曾先后创办过《创造季刊》、《创造月刊》、《洪水》、《创造周刊》等。大革命失败后，郭、成等人都来到上海，恰逢留日的创造社年青社员朱镜我、李初梨、彭康、冯乃超等从日本回来，决意倡导无产阶级文学，打破国内沉闷空气，于是创办了《文化批判》。

《文化批判》创刊于1928年1月15日。这是一个综合性月刊，内容不限于文艺一门，还包括政治、经济、哲学等各个方面。《文化批判》用很大篇幅介绍马克思主义的基础知识，包括政治经济学、辩证唯物主义和历史唯物主义、文艺理论。一个刊物这样广泛地向读者介绍马克思主义各个组成部分，在中国还是第一次。党的理论刊物在第一次国内革命战争时期还没能来得及做的事，却由一群爱好文学的进步青年去做了。尽管这种介绍由于作者经历的局限，没能和中国革命的实际结合起来，文字也不够通俗，但在当时的背景条件下，这件事本身的意义远超出所介绍的内容。大革命失败后，许多青年彷徨苦闷，这样的介绍使他们解除了困惑，鼓舞了信心，并学习运用马克思主义的知识和方法，思考中国的命运。

《文化批判》还发表了不少文章，讨论并倡导无产阶级革命文学。比较有影响的有成仿吾的《从文学革命到革命文学》、冯乃超的《艺术与生活》、李初梨的《怎样地建设革命文学》等。这些文章试图用马克思主义的世界观方法论，去探讨文学与社会的关系，认为革命文学运动是历史内在发展的产物，决定于社会经济基础的变动。开始提出革命文学要以工农大众为对象，要掌握唯物论辩证法。除了提出这些主张之外，《文学批判》还发表了一些文学作品。

《文化批判》不久停刊，创造社又出版《思想》月刊，代替《文化批判》。《思想》月刊承袭《文化批判》，也属综合性刊物，着重介绍马克思主义的基础知识，连作者队伍也基本不变，仍是为《文化批判》写文章的那些人。根据读者的意见，从第3期起取消文艺栏，成为单纯的社会科学刊物。

《思想》没出几期又停刊，创造社改出《新思潮》月刊。《新思潮》创刊于1929年11月。这本综合性杂志仍偏重于社会科学方面，主要发表论述中国政治、经济、文化等方面现状的文章，批判资产阶级社会科学理论。这份杂志最值得记载的成绩，就是作为主要一方参与了30年代初关于中国社会性质的一场大争论。1930年5、6月，《新思潮》发表了潘东周、王学文等人写的论述中国经济与社会的几篇文章，如《中国经济的性质》、《中国国民经济的改造问题》、《中国资本主义在中国经济中的地位、发展及其将来》等。这些文章认为，中国经济是帝国主义侵略下的半殖民地的封建经济，在全国经济比重中封建经济占着极大的优势，而帝国主义竭力要维护中国的封建关系，以使在华利益不受影响。结论是，中国是一个半殖民地半封建的社会。严灵峰、任曙等人不同意潘、王的观点，在托派杂志《动力》上发表文章，挑起了争论。他们认为，帝国主义入侵破坏了中国的封建经济，推动了中国向资本主义发展。他们断言，中国已是资本主义经济占优势，已是资本主义社会。为增强论战的力度，《新思潮》专门出了一期关于中国经济问题的研究专号，从中国经济性质、土地关系、帝国主义和中国经济、民族资本的地位等方面阐述自己的观点，驳斥严、任等人的观点。

关于中国社会性质的论战不是一般的学术之争，因为这涉及中国的革命对象、动力、方向、途径、方法等一系列根本问题，所以非常引人注目。论战以后，《新思潮》上刊登的正确观点为越来越多的人所接受。虽然，《新思潮》受到党内“左”倾路线的影响，刊登过诸如“苏维埃政权万岁”一类不适合环境的口号，但上述文章对党在民主革命时期总路线的形成，做了很好的思想理论准备工作。

太阳社是另一个提倡革命文学的重要社团。由1922年在苏俄加入中国共产党的作家蒋光慈领导。1928年1月，太阳社在上海创办《太阳月刊》。《太阳月刊》偏重文学方面，对革命文学的内容和形成问题进行了探讨。蒋光慈在《关于革命文学》一文中提出：“革命的作家不但一方面要暴露旧势力的罪恶，攻击旧社会的破产，而且要促进新势力的发展，视这种发展为自己的文学的生命。”这种新势力是什么？在这里没有明说。联系蒋光慈在另外的文章中提出的文学是有阶级性的观点，便可明白他们所提倡的是描绘新社会力量——无产阶级的文学，即后来所说的“普罗文学”（普罗是俄文无产者的译音）。在太阳社和创造社的提倡下，革命文学兴起，流行了一批歌颂革命英雄人物，描绘工农被剥削被压迫，隐指革命方向的作品。由于一些作者不熟悉工农生活，作品难免有概念化公式化倾向，但革命文学毕竟由这些刊物倡导了。

《文化批判》、《新思潮》、《太阳月刊》等在介绍马克思主义，倡导革命文学方面是有功绩的。但也发表了一些观点错误的文章。其中最主要的是,对鲁迅、茅盾等人进行了不恰当的批判。这些刊物受到“左”的思潮影响,对“五四”以来的文学创作,包括鲁迅的作品,进行了错误的评价。鲁迅发表了《“醉眼”中的朦胧》、《文艺与革命》等10多篇文章进行反驳,认为这些刊物有许多脱离中国实际的空谈。这些刊物把鲁迅等人错误地看作是他们倡导革命文学的障碍,发动对鲁迅等人的“笔尖的围剿”,说鲁迅“对于布尔乔亚是一个最良的代言人,对于普罗列塔利亚是一最恶的煽动家”,粗暴地称他为“二重反革命”、“封建余孽”。这显然是混淆了两类不同性质的矛盾,错误地将鲁迅当敌人来打击。实际上他们同鲁迅等人的分歧,不过是革命文学的内容和技巧上的争论。这样的论战不利于进步文化界的内部团结,党的地下组织出面干预,并做了细致的工作,双方都偃旗息鼓,逐渐释清误会,互相沟通,为“左联”的建立准备了条件。

四、“左联”创办的刊物

经过1928、1929年对马克思主义的介绍和革命文学的讨论,在上海的进步文化力量深感到有团结起来结成一条战线、向反动势力作斗争的必要。在党的关心和支持下,1930年3月2日,进步文化力量集结在北四川路中华艺术大学的一间教室里,举行“中国左翼作家联盟”成立大会。与会者40多人,大会推定鲁迅、夏衍、钱杏邨3人组成主席团。大会通过了左联理论纲领和行动纲领要点。还决定创办联盟机关杂志,加强对外宣传。

在“左联”活动的6年时间里，先后在上海创办了10多种刊物。由于鲁迅等一批进步作家积极撰稿，精心编辑，这些刊物都办得很有特色，具有广泛的社会影响，在打破国民党文化“围剿”的斗争中发挥了巨大作用。这些刊物还是我国现代文学史、出版史上的重要资料。

最早创办的“左联”刊物是《萌芽月刊》和《拓荒者》月刊。《萌芽月刊》创刊于1930年1月1日，由鲁迅主编，冯雪峰、柔石、魏金枝协助。从3月1日1卷3期起为“左联”机关刊物，出至第5期被国民党当局查禁。第6期改名《新地月刊》，仅出1期。《萌芽月刊》大力介绍马克思主义和文艺理论，译载苏联作家的作品，发表左翼作家的作品，批判资产阶级文艺理论。译载了恩格斯《在马克思墓前的讲话》、《巴黎公社论》、《巴黎公社的艺术政策》和《马克思论出版的自由与检阅》，发表了柔石的小说《为奴隶的母亲》、殷夫的名作《一九二九年的五月一日》、法捷耶夫的《毁灭》(鲁迅译)。作为左翼的刊物，《萌芽月刊》还刊登了有关左联及其他左翼团体的消息和文章，还专辟“社会杂观”一栏，评述时政，抨击黑暗。《萌芽月刊》最突出的成绩是，成为批判“新月派”的前哨阵地。所谓“新月派”，指胡适、梁实秋、徐志摩等人组织的文学团体“新月社”，他们创办了《新月》月刊，以反对“思想市场”上13种派别为名，攻击革命文学。他们大力宣扬文学是没有阶级性的。和“新月派”的论争，是30年代初同错误文艺思潮的三大斗争之一。继对创造社的批判之后，《萌芽月刊》在更深刻更有力的层次上批判了“新月派”，发表了鲁迅的著名文章《“硬译”与“文学的阶级性”》、《“好政府主义”》、《“丧家的”“资本家的乏走狗"》等。这些文章犹如排炮,摧毁了"新月派"阵地。

与《萌芽月刊》同一类型的有《拓荒者》月刊。《拓荒者》创刊于1930年1月10日,蒋光慈主编。1卷3期起为"左联"机关刊物,出至4、5期合刊被国民党查禁。终刊号有《拓荒者》、《海燕》两种封面。它刊登了大量的文艺理论文章和革命文艺作品。《拓荒者》是左联第一次讨论文艺大众化的重要基地,发表了夏衍的《文艺运动的几个重要问题》、《走集团艺术的路》、钱杏邨的《〈大众文艺〉与文艺大众化》、阳翰笙的《普罗文艺大众化的问题》等文章。《拓荒者》还刊载了以农村土地革命为题材的小说,如蒋光慈的长篇《咆哮了的土地》、洪灵菲的《大海》、《新的集团》等。不幸牺牲的有才华的诗人殷夫,也在《拓荒者》上发表过名作《血原》、《写给一个新时代的姑娘》。

"左联"成立以后,创刊的有影响的刊物有《前哨》(《文学导报》)、《北斗》、《巴尔底山》等。《前哨》创刊于1931年4月5日(实际出版延迟),1卷2期起改名《文学导报》。由鲁迅、冯雪峰编辑,撰稿人还有瞿秋白、茅盾。该刊创刊号即为极具文献价值的"纪念战死者专号"。这一期专为纪念左联被国民党杀害的六烈士和其他烈士而出,发表了鲁迅的重要论文《中国无产阶级革命文学和前驱的血》、冯雪峰的短评《我们同志的死和走狗们的卑劣》,刊登了李伟森、柔石、胡也频、殷夫、冯铿、宗晖等烈士的传略和部分遗著。《前哨》虽然只秘密发行两三千份,但出版后引起强烈社会反响,国际进步舆论抗议国民党当局杀害有才华的青年作家,使国民党极为被动。《文学导报》是一份战斗性很强的刊物,刊登的文艺理论文章有瞿秋白的《屠杀文学》、《青年的九月》，鲁迅的《"民族主义文学"的任务和运命》，茅盾的《民族主义文艺和现形》、《〈黄人之血〉及其他》、《评所谓"文艺救国"的新现象》等，从理论和创作的角度，揭露和剖析了国民党出钱支持，打着"民族主义文艺"招牌攻击普罗文艺的实质，使民族主义文学派体无完肤，无立足之地。

《北斗》月刊是"左联"发表创作作品为主的很有影响的一个刊物。创刊于1931年9月20日，1932年7月出至2卷3、4期合刊后被查封。丁玲主编，姚蓬子、沈起予协助。为便于掩护刊物生存，第1、2期发表了徐志摩、凌叔华、戴望舒等人的作品，有意表现出"灰色"一点。第3期以后，就开始刊登不少进步作家反映时代气息的作品。如丁玲以1931年南方水灾为题材的小说《水》，葛琴反映"一·二八"事变的《总退却》，杨之华的小说《豆腐阿姐》等。《北斗》还刊登了瞿秋白翻译的卢那察尔斯基的作品《被解放的堂吉诃德》，以及他的杂文《乱弹》，发表了鲁迅的杂文《我们不再受骗了》以及关于创作的8条经验。《北斗》组织了不少精彩的文艺批评，以辅助创作。阿英的《1931年中国文坛的回顾》、《上海事变与鸳鸯蝴蝶派文艺》便是其中的代表作。《北斗》还成为第二次文艺大众化讨论的主要阵地，周扬、郑伯奇、阳翰笙、田汉等人都撰文参加了讨论。

《巴尔底山》(旬刊)创刊于1930年4月11日，5月21日出版了1卷5期后被查封。这是一个刊登时评、短论、杂文为主的刊物。朱镜我、殷夫、冯乃超等都是撰稿人。《巴尔底山》所载关于左联大会、艺术剧社被封、社联成立的消息报道，成了弥足珍贵的历史资料。

差不多在《北斗》被封前后，“左联”又办了一大型刊物《文学月报》，接继《北斗》的工作。《文学月报》创刊于1932年6月10日，出至第5、6期合刊后被查禁。第1、2期由姚蓬子编辑，第3期起由周扬主编。作者队伍阵容强大，瞿秋白、鲁迅、茅盾、丁玲、夏衍、田汉、巴金等一大批有影响的作家都为它撰稿。《文学月报》发表了许多在中国现代史上有影响的作品，其中有茅盾的《子夜》选、《火山》、《骚动》，丁玲的《某夜》、《消息》，巴金的《马赛的夜》，田汉的《暴风雨中的七个女性》、《战友》、《中秋》、《母亲》，洪深的《五奎桥》等。《文学月报》还发表了一批有质量的文艺理论文章，关于大众文艺方面有瞿秋白和茅盾的《大众文艺问题》、《问题中的大众文艺》、《再论大众文艺答止敬》；关于翻译方面的有瞿秋白与鲁迅的一组讨论文章；还有鲁迅、周扬、胡风等人批判“自由人”和“第三种人”的文章。

值得一提的是与“左联”有密切关系的《文艺新闻》。该刊1931年3月16日创刊，至1932年6月20日第60号被迫停刊。它是一个“左联”外围刊物，主要负责人袁殊并非“左联”成员。冯雪峰、楼适夷、袁牧之参与编辑。《文艺新闻》以新闻报道为主，报道了“左联”五作家被害的消息，刊登了烈士的照片和悼念文章。“一·二八”淞沪抗战爆发后，《文艺新闻》从2月3日起按日发行《烽火》战时特刊，报道战事消息，共出了13期。《文艺新闻》也发表一些论文、杂文，鲁迅的杂文《上海文艺之一瞥》就发表在第20—21号上。

除了上述报刊，“左联”在上海还出过《文学》半月刊（1932

年4月25日创刊)、《十字街头》(1931年12月11日创刊)、《文学新地》(1934年9月25日创刊)等。

五、鲁迅的报刊活动

鲁迅一生办过许多报刊,为报刊写的文章更多。从1927年至逝世止,鲁迅一生中最后一个时期的报刊活动阵地是在上海。在这里,他亲自主编了10种刊物,为几十种报刊写稿。这是他报刊活动最辉煌、社会影响最大的一个时期,也是他为上海新闻史写下的光辉一笔。

1927年12月17日,在北方被奉系军阀封禁的刊物《语丝》迁至上海复刊,从第4卷第1期,由鲁迅主编。《语丝》发表了不少揭露国民党反动统治的文章,与国民党御用文人展开斗争,同时参与了革命文学运动内部的论争。鲁迅积极为《语丝》写稿,先后发表了《铲共大观》、《文学和出汗》、《"醉眼"中的朦胧》等40多篇文章。在一片白色恐怖下,《语丝》很瞩目,因此受到国民党当局警告,鲁迅被国民党浙江省党部以"堕落文人"的罪名密令通缉。由于和语丝社部分社员的深刻分歧,鲁迅只编了一年便辞去主编职务。

在此期间,鲁迅又与郁达夫合作,主编了主要刊载翻译作品的《奔流》月刊。《奔流》于1928年6月5日创刊,1929年5月终刊,出满2卷。鲁迅投入了很大精力,潜心编辑这个刊物。他每期亲自选用精美的插图,撰写编校后记,甚至亲自动手校对和处理来稿。他在《奔流》上发表了10多篇译作,主要有《跛世珂族的人们》、《托尔斯泰与马克思》、《爱尔兰文学之回顾》等。

1928年12月鲁迅又主编了文学团体朝花社的刊物《朝花周刊》，柔石帮助编辑。这份杂志以介绍东欧、北欧文学、输入外国版画为目的。鲁迅发表了《往诊之夜》、《面包店时代》、《表现主义的诸相》等译作，以及其他一些文章。出至第20期后，《朝花周刊》更名《朝花旬刊》，鲁迅仍任主编，直至1929年9月终刊。

如果说，“左联”成立之前，鲁迅所办刊物还是“散兵战”的话；那么，“左联”成立以后，鲁迅就加入了“集团军”。“左联”所办刊物，大都与鲁迅有关，不少为鲁迅主编。如前所述，鲁迅主编了“左联”重要的有影响的刊物《萌芽月刊》、《前哨》——《文学导报》、《巴尔底山》。

除此之外，鲁迅还主编了《文艺研究》、《十字街头》和《译文》。《文艺研究》系一文艺季刊，1930年2月15日创刊，仅出1期。鲁迅发表了译作《本勒芮绥夫斯基的文学观》（普列汉诺夫作），以及《〈文艺研究〉例言》一文。

《十字街头》是“左联”在“九·一八”事变发生后办的时事、文艺类刊物。4开4版，半月刊。1931年12月11日创刊，1932年1月5日即被国民党封禁，只出了3期。鲁迅在《十字街头》发表了《“友邦惊诧”论》等多篇杂文。

《译文》月刊创刊于1934年9月16日，鲁迅主编前3期。该刊以刊载介绍苏联和其他国家的进步文学作品为主要内容，传播了进步文学思想。鲁迅发表了《艺主都会巴黎》、《鼻子》（果戈理著）等文章。该刊于1937年6月终刊。

1933年以后，国民党的文网愈紧，“左联”的刊物逐一停办。鲁迅的报刊活动转向其他报纸的副刊。利用报纸副刊发表进步文学作品，传播进步文艺思想，同反动当局作斗争，在鲁迅并不是头一遭。20世纪20年代的北平，鲁迅积极支持孙伏园编辑《晨报》副刊和《京报》副刊，使这两个副刊成为令进步新闻文化界瞩目的副刊。到这时，鲁迅的这种斗争经验更加炉火纯青了。比较典型的是鲁迅和《申报》副刊《自由谈》的关系。《自由谈》是一个历史较悠久的副刊。1932年改革之前基本上是鸳鸯蝴蝶派文人的阵地。1932年史量才推行《申报》创刊50周年改革计划，改革《自由谈》便是其中一项。史量才起用刚从法国留学归来的进步文学青年黎烈文主编《自由谈》。黎烈文通过熟人找到鲁迅，寻求帮助。鲁迅本来与《自由谈》没有什么关系，从此开始注意到《自由谈》的变化，并试着为《自由谈》写稿。谁知一发不可收拾，《申报·自由谈》变成鲁迅晚年发表文章最多的报刊。从1933年1月30日至1934年8月23日，鲁迅在《自由谈》上用48个笔名发表了143篇文章。平均每隔三四天就有1篇，最多的一个月发表了15篇。鲁迅非常重视这块阵地，鲁迅在《自由谈》上的文章抨击了国民党的内政外交，反击了"文化围剿"，提出了许多精辟的见解和主张。可以说，《自由谈》由于鲁迅的导引，成了反对"文化围剿"的坚强阵地，白色恐怖中的一片绿洲。以至于从国民党当局，他们豢养的暗探，至一批堕落文人，都必欲置《自由谈》于死地而后快，散布谣言，攻击鲁迅，给史量才和黎烈文施加压力。鲁迅十分珍惜这块阵地，不仅自己写稿，而且还带动了茅盾、郁达夫、叶圣陶、老舍、巴金、陈望道、阿英、张天翼等一批进步作家为《自由谈》撰稿，连处于地下工作状态的瞿秋白，也因鲁迅的关系，化名在《自由谈》上发表了10多篇文章。鲁迅还通过《自由谈》扶植、培养新人。他对黎烈文说："办刊物，开始时可以拉老作家帮忙，但出了几期，总是这几个老人却不行。刊物办得是否出色，不仅在于有没有发表好文章，还要看它是否培养了新人。"后来，确实通过《自由谈》提携了一批新人。徐盈、子冈、靳以、姚雪垠、刘白羽、柯灵、陈学昭、叶紫、草明等著名新闻记者和作家，都是在《自由谈》上初露锋芒的。鲁迅支持、帮助黎烈文办好《自由谈》，更是从行动上培养青年。1933年5月，当黎烈文受到外界很大压力时，鲁迅立即写信给他，指出："有人中伤，本亦意中事"，"干犯豪贵，虑亦仍所不免"，并表示即使自己的稿件被当局检查时删去，也"仍当写寄，决不偶一不登而放笔也"。当黎烈文遭到别人攻击，勃然大怒急于回击时，鲁迅又赶紧写了两封信给他，教他"切戒愤怒，不必与之针锋相对，只须付之一笑，徐徐扑之"。鲁迅关心《自由谈》，但从不干涉编务，勉强黎烈文做什么，在鲁迅给黎的众多信札中，随处可见"可用与否，一听酌定"，"如以为可用，请一试"等语名，口气十分平等，关切之意溢于言表。在鲁迅的关心帮助下，《申报·自由谈》成了30年代办得最精彩的报纸副刊，而《自由谈》的旗手和灵魂就是鲁迅。《自由谈》也是这个时期杂文刊登得最多的一个园地。各种风格的杂文争奇斗妍，大大繁荣了杂文创作，使杂文经过这一段，又发展到一个新的层次。《自由谈》成了杂文史上一块丰碑，而在这块丰碑上领衔篆刻，并刻得最深最辉煌的，仍是鲁迅。

除了《申报·自由谈》之外，鲁迅利用的报纸副刊还有《中华日报》副刊《动向》。《中华日报》是国民党改组派的报纸，副刊《动向》在一个时期的倾向与正张不同。一些左翼作家也在《动向》上发表文章，鲁迅变换过13个笔名，在《动向》上发表了几十篇文章。

利用报纸副刊发表文章进行斗争，是环境恶劣情况下的产物，却也创造了一种适应国情的斗争方式。鲁迅就是以这种方式书写了他的报刊活动生涯中，最后的但又是辉煌的一段。

第五节　新闻教育与新闻学研究

一、新闻教育事业的繁荣

中国正式的新闻教育始于上海，是1920年上海圣约翰大学创办的报学系，由美籍教授卜惠廉（W. A. S. Pott）提议设立，附于普通文科内。初聘《密勒氏评论报》主笔毕德生兼任教师授课，学生40—50人。办有实习英文刊物《约大周刊》。1924年独立成立报学系。美国人武道（M. E. Votan）任系主任。课程有新闻、编校、社论、广告、新闻理论、新闻史等，用英语授课。每学期招收新生50—60人，太平洋战争爆发后停办，日本投降后复校。

到20—30年代，上海的新闻教育发展十分繁荣，成为中国新闻教育事业的中心地区，表现在以下四个方面。

第一，新闻教育体制定型化。从1920年到1924年间，是上海新闻教育产生和初步发展阶段，规模较小，人数不多，设备简陋，教学计划、课程设置和管理体制等，都尚未定型。20

世纪 20 年代后期起发生了较大变化。以复旦大学新闻系为代表的新闻教育已基本形成了中国的新闻教育模式。该校新闻系始于 1924 年，在国文部设"新闻学讲座"，1926 年秋，国文部主任刘大白倡导新闻教育，在部内设立新闻学组，1929 年秋正式成立新闻系，由著名作家谢六逸任主任，制定了较为完善的教学计划，规定了培养目标："在养成本国报纸编辑与经营人才。"教学方法"则在灌输新闻知识，使学生有正确的文艺观念及充分之文学技能，更使之富有历史、政治、经济、社会与各种知识，而有指导社会之能力"[16]。学制 4 年。课程设置比较完备，包括基础知识、专门知识、辅助知识、写作技能和实践锻炼各类。根据学生接受知识的规律和特点，4 年中的课程由浅入深，由基本知识到学理研究，由课堂教学到实践锻炼。学生入学和毕业都经过严格考试。师资力量较为齐备，管理制度日益健全，基本形成了中国新闻教育的模式。

第二，出现多渠道办新闻教育的新局面。早期的上海的新闻教育是由学校与报人共同创办的，到 1925 年以后，就出现了社会人士联合知识界倡议创办新闻教育的局面。继上海新闻大学后，1928 年又有报人倡议创办上海新闻学院，1929 年新闻文化界人士取得上海文化学院院长李培夫的同意，在该校设立了新闻专修科速成班夜校。1930 年地处江湾的国立劳动大学社会科学院增设了新闻学科。有的中学，如景林中学、环球中学等也开设了新闻学课程或讲座，由学生自由选读。在这种多渠道办新闻教育中，顾执中联合社会各方人士创办的民治新闻学院最有成效。

长期担任报纸外勤记者的顾执中，逐渐感到中国报业迫切需要一大批具备新闻专业知识的新生力量，于是他联合《新闻报》工作人员沈颂芳、沈吉苍，东吴法学院的闵刚侯，邮电局工作的范仁齐等，于1928年创办了民治新闻学院。他们热心新闻教育事业的行动得到社会各方人士的支持，国民党要人于右任、著名报人严独鹤等应邀参加该校董事会。《新闻报》董事长福开森也资助开办费500元。在社会各方面人士支持下，学校的教学计划、管理体制、师资力量等也日益完善。1932年奉国民政府之命改名为民治新闻专科学校。在条件十分困难的情况下坚持办学。抗战爆发后迁往重庆。胜利后迁回上海。

第三，新闻函授教育迅速发展。上海的新闻函授教育创办较早，1925年由周孝庵等成立的上海新闻大学在法租界茄勒路昌兴路1弄1号设立了新闻函授部，招生广告宣布："本大学根据实验参以新闻学原理，以造就优秀之男女记者，服务新闻界为宗旨。"男女"有志新闻事业者，随时均可入学"，"报名者分文不收"，"学费低廉"[17]。因此受到普遍欢迎，报名者达7百多人。同年9月，上海新闻文化界人士"为普及国人于国内政治社会各项高尚新闻知识，造就新闻人才起见"[18]，在上海法租界贝勒路承道里1号，设立了上海新闻专修函授学校，不收学费，6个月为1期。第一期招收学员200余名。1932年6月，上海新世纪函授社也增设了新闻函授科，内分本科、选科和研究3类。

在上海新闻函授教育中，师资比较齐全、管理比较完善、成效更为明显的是申报新闻函授学校。该校创办于1933年1月，校长史量才，副校长张蕴和。申报馆创办新闻函授学校的目的，在《申报新闻函授学校概况》一文中，作了如下说明："我国今后之新闻事业，既必将随时代之迈进，而益趋发展，则我国新闻界今日责任之重可知。此实力如何，即新闻人才之养成是也"，"在不久之将来，此种需要必将日益加增，若不事先养成，必不足以应付将来。"⑲该校培养目标："以养成管理与编辑地方报纸人才，训练采访新闻通讯技能为宗旨。"⑳所设课程以实用为主，分必修与选修两大类，共 18 门课，包括基础知识、专业知识、辅助知识及写作训练等。聘请谢六逸、郭步陶、伍蠡甫、赵君豪、钱伯涵等著名教授和报人授课。

第四，重视新闻教育学的研究。随着上海新闻教育事业的发展，新闻教育学的研究也逐步开展，不少教育工作者和报人陆续发表了一些论文和文章。如《中国报业教育之近况》(戈公振，1926)、《大学新闻教育之组织》(张继英，1929)、《新闻教育之目的》(戈公振，1929)、《新闻教育之重要及其设施》(谢六逸，1930)、《上海新闻教育之现状》(黄渡，1934)、《新闻教育在中国》(吴延陵，1935)、《沪教育界重视新闻教育》(《大公报》，1934)、《复旦大学新闻系访问记》(王渊，1935)等，对新闻教育的目的、任务、培养目标、组织机构、课程设置、教学方法等，都作了初步探讨和研究。特别论述了发展新闻教育的必要性，批评了不重视新闻教育的观点，强调指出，有人以为培养政治家、经济学家、文学家、历史学家等"在大学需要设专门的专科"，"而对于新闻科"，"却不以为然，甚至反对"，这是偏见。认为一个合格的专业新闻记者，除应有高尚品德修养，"有责任心"、"勤敏有理想"、"有充满的精神"和"自治力"等品格外，还必须有文学、地理、历史、法律、经济、哲学、外语等各方面的知识，并能“深切的研究”，以培养和提高自己的“迅速而正确的判断能力”，“很强的观察力”和“感觉性”，还必须具有“流畅明了而普通人能了解的文字”基本功，因此“记者的大学教育不但很好，而且是必要的”。就读者而言，也应有一定的新闻知识，才能会读报，提出“新闻学科”应成为“一种国民必修科”[21]。

在这一时期，上海新闻教育发展迅速，是上海新闻事业发展迅速的结果。从20世纪20年代初，上海除报刊有了长足的发展外，通讯社的数量和质量都有很大的进步，广播事业也首先创办于上海，到了30年代发展更为迅速，这就需要大批新闻工作者充实新闻工作队伍。

外国新闻教育对中国的影响也是一个重要因素。“五四”前后，不少外国新闻教育家来华访问以及中国报人在国外的考察，对新闻教育的发展都起了一定的促进作用。1914年4月，美国密苏里大学新闻学院院长威廉博士就来中国访问，以后多次来沪访问，支持他的学生同圣约翰大学联合创办新闻系，到沪江大学等学校作报告，还同报社负责人讨论如何培养新闻记者等问题。

上海报人的观念更新，也是有利于新闻教育发展的。以前从事报刊工作的多是政治家、文化人或企业家。只注意报刊如何宣传，而不重新闻人才的培养。“五四”以后，新闻工作队伍发生了很大变化，专业人员办报逐步占主导地位，他们注意学习外国先进经验，走出国门，了解世界各国新闻事业发展情况，增长了现代新闻观念和专业知识。特别一批在国外学习新闻专业的留学生，回国从事报刊工作或新闻教育，对发展新闻教育更为重视。新闻硕士张继英经常到各学校讲授《美国大学报学系之组织》等专题，还出版了《大学新闻系之组织》一书，积极鼓吹创办新闻教育。汪英宾从美国密苏里大学新闻学院学成归国后，除任职《申报》工作外，还担任沪江大学商学院新闻系主任，并为其他大学新闻系专业的同学授课。戈公振去外国考察新闻事业后，也成为新闻教育事业的积极参加者。

这时期，上海的新闻教育不仅发展快，而且办学方式灵活多样，有正规教育，也有函授，有全日制，也有夜校、训练班，学制有长有短。教学内容和教学方法也各不相同，但是开门办学，理论联系实际是他们的共同特点。措施有：(1) 学校与报社密切协作，为学生提供学习实践经验的条件。每个学校的新闻系科，都聘请有丰富新闻实践经验的知名报人担任教学任务。如戈公振、汪英宾、严独鹤、潘公展、黄天鹏、郭步陶等都是各大学新闻专业的兼职教授，有的还兼任新闻系的领导职务，沪江大学新闻系主任由汪英宾兼任，该系指导委员会几乎全部由著名报人组成。(2) 创办学生实习园地。几乎每个学校的新闻专业都出版有刊物，或成立通讯社，或出版壁报等，在老师指导下，主要由学生主持活动。(3) 组织学生到报社参观和实习。这是培养学生更深刻更全面地体验和学习新闻实践的重要一环，是学生由学校走上新闻工作的重要阶梯。新闻教育的另一个特点，是传授知识与研究新闻学理论相结合。各个新闻教育单位，特别各大学的新闻专业，在教学活动中，不是停留在单纯的传授新闻知识、办报经验上，而同时重视新闻学理论的研究，把新闻实践经验上升为理论，对一些有争议的问题进行深入研究，作系统的理论探讨。这时期出版的许多新闻学著作，大都是在教学讲义的基础上形成的。这是推动上海新闻学发展的一个重要原因。

二、新闻学研究的新成果

上海是旧中国报业的集中地，是新闻教育事业的中心之一，新闻学理论的研究也最为发达，取得的成果最为突出。我国最早的新闻学团体成立于上海，西方新闻学理论最早从上海输入中国，翻译出版了最早的新闻学专著。到20—30年代，上海的新闻学研究十分活跃，走在全国各地的前头，为促进我国新闻学研究的繁荣与发展，作出了重要贡献。

在这一时期，上海新闻学研究取得的成果不仅数量多，而且内容涉及面广，从20世纪20年代中期到抗日战争爆发前，10多年间，上海出版的新闻学著作，据粗略统计有100多种。仅黄天鹏一人从1929年至1932年，在复旦大学新闻系任教期间，共出版了35种新闻学著作，其中撰写、翻译29种，编辑6种。申报新闻函授新闻学校，在这期间也先后出版了14种教材。在众多的新闻学著作中，水平较高、影响较大的有：周孝庵的《最新实验新闻学》(1929)，黄天鹏的《中国新闻事业》(1930)，吴定九的《新闻事业经营法》(1930)，李公凡的《基础新闻学》，季达的《宣传学与新闻记者》(1932)，赵敏恒的《外人在华新闻事业》(1932)，郭步陶的《编辑与评论》(1932)，罗宗汉的《最新广告学》(1933)，胡道静的《上海的日报》(1935)、《上海新闻事业之史的发展》(1935)、《上海的定期刊物》

(1935)等，戈公振的《从东北到庶联》(1935)，梁士纯的《实用宣传学》(1935)，刘觉民的《报业管理人概论》(1936)，赵君豪的《广告学》(1936)等。这一时期出版的新闻学著作与前一时期比较，所论述的内容广泛得多，除新闻理论、新闻史、采访编辑、评论写作等方面外，还涉及报业的经营管理、广告研究、新闻政策、新闻法规、记者的道德修养、外国人在华新闻事业等，此外还有报刊评论选、记者的旅游通讯集等，几乎在新闻事业的各个领域都有研究成果，形成了新闻学研究的全面开展，百花齐放的新局面。

除新闻学著作大批出版外，上海新闻界还创办了不少新闻学期刊，成为活跃新闻学研究的又一个重要阵地。1927 年 1 月由黄天鹏主编的北京新闻学会刊物《新闻学刊》，于次年 11 月迁上海出版，1929 年 5 月改名为《报学月刊》继续出版，由上海光华书局发行。该刊宗旨："阐明新闻学术、光扬新闻事业，唤起国人之注意与兴趣，而谋臻斯学斯业于权郅隆者也。"[22]上海的著名报人戈公振、陈布雷、戴季陶、周瘦鹃、鲍振青、张竹平、汪英宾、潘公展等，都是该刊主要撰稿人。出版后不久，"风行海内外"，"各国著名报馆及图书馆佥认为中国报界之代表刊物，纷纷来函订阅，南洋各地侨胞批发尤为踊跃"。光华书局为满足各方面的需要，特将该刊第 1 期至第 8 期中精选部分作品，出版了《报学丛刊》。

1930 年 5 月《记者周刊》创刊，由上海新闻记者联合会创办，戈公振、周孝庵、李子宽为编辑。戈公振撰写发刊词，提出旨在以公正之态度，记述国内言论界之现状，报告该会会务。第一期除发刊词外，还刊有上海新闻记者联合会执委会议记录，最近中国国内言论界之简报及选论2篇等。以后内容日渐丰富，其中有新闻工作的经验交流，如《稿件的措置与选择》、《记者与体育》等，对争取言论自由、保护记者的合法权益也十分注意，曾发表了《重庆枪杀记者大惨剧》、《首都新闻检查条例》等。值得提出的是1930年9月在第16期发表了《日本文化侵略下之东北新闻事业》一文，比较系统地揭露了日本帝国主义在东北的新闻文化侵略活动，这是在"九·一八"事变前所不多见的。《记者周刊》由现代书局、光华书局、新月书局等经售。目前见到的最后一期是1930年12月21日出版的第32期。

1930年复旦大学新闻系新闻学会出版有《明日的新闻》，周刊，"内容以新闻学理论与实践为主，兼以社会科学、文哲新议、特约国外通讯等，包罗万象，专家译文，尤为珍贵。""研究新闻学者唯一之参考，亦是社会最需要新颖之刊物。"[23]初刊自行印刷，"一·二八"淞沪抗战时，印刷机械遭到破坏，改由《中华日报》暂为代印。1933年印刷机修复改装后，仍为自印，改为半月刊。由复旦大学新闻学会出版部编辑。

另一份重要新闻学期刊是《报学季刊》，于1934年10月创刊，由申时电讯社创办。宗旨为"阐明新闻学术，促进新闻事业之发展"。创刊后被称为"集合新闻界的思想学术经验而成的空前巨制"。作者大多是知名报人，如曾虚白、米星如、萨空了、郭步陶、马星野、梁士纯、刘祖登、舒宗侨等。所刊内容也很广泛，包括报刊宣传中的一些重要问题，如《中国当前最重要的国际宣传问题》、《我国新闻界应如何进行协作》、《新闻法则与国际宣传》等；总结和交流新闻工作经验，如《新闻编辑方法论》、《编辑国际新闻一得》、《社论如何做法》、《报馆编辑部的剪报问题》、《报纸上的剧评》等；关于中国新闻事业状况，如《一九三四年我国新闻事业鸟瞰》、《各地新闻事业之沿革与现状》、《全国新闻从业人员及各地记者公会调查史料》等；介绍外国新闻事业，如《今日之英国新闻事业》、《法国报界的状况》、《苏联报业概观》、《美国的新闻道德规律》、《日本各报社采用社员的新倾向》等；此外关于中国新闻教育、新闻检查等问题也有介绍，是当时学术水平较高的一份新闻学期刊。由申时电讯社编辑，上海杂志公司发行。

关于研究新闻广播的期刊也相继出版，是新闻学期刊的新品种。1931 年，《播音周刊》创刊，为当时"全国唯一播音周刊"，至 1934 年 12 月已出版 3 卷 48 期。内容有新闻广播知识、各电台广播节目表、新闻广播现状、业务交流等，比较通俗，很受听众的欢迎。1932 年由亚美公司创办的《无线电问答汇刊》创刊，由苏祖国编辑，共出 14 期后停刊，1933 年 1 月该公司又创办了《中国无线电》半月刊，连续出版达 10 年之久。这些刊物对于普及广播知识、交流业务经验起了积极作用。

上海一些非新闻学专业刊物，也关心新闻学术的讨论，有的开辟新闻学研究专栏，如《青年界》、《上海周报》、《读书生活》、《出版周刊》、《前途杂志》等；有的经常发表新闻学方面的论文或文章，如《东方杂志》、《国闻周报》、《中学生》等。这对推动上海的新闻学研究也起了积极作用。

走出书斋和学府，面向广大群众，是当时新闻学研究活动的一个可喜现象。上海新闻记者联合会就提出"以研究新闻学识,增进德智体群四育为宗旨”的任务。他们创办的刊物,募捐筹建图书馆,就是为广大会员及新闻爱好者创造学习和研究新闻学的条件,提高业务水平。上海新闻学会就是由新闻专业人员发起成立的群众性团体。早在 1925 年 7 月,上海远东通讯社为普及新闻知识,以利新闻事业的发展,创办了定期的“新闻学讲演会”,邀请当时著名报人和新闻学研究者讲课,当讲演会将要结束时,学员提议组织上海新闻学会。还开展多种新闻活动,如开展全国报纸杂志调查研究,同上海报学社交流研究经验和体会。1928 年陆续出版了《中国的新闻记者》、《中国的新闻事业》等书。各类新闻函授学校也是向群众普及新闻知识和新闻学基本理论的重要阵地。

第六节 《新闻报》股权风波

一、《新闻报》秘密出售股权

1929 年初,上海新闻界发生了一起轰动全国的事件,这就是《新闻报》股权风波。这件事不仅影响到全国最大的两家报纸《申报》、《新闻报》的发展历程,而且还影响到上海民营报界同国民党当局的关系。

早在前一年下半年,《新闻报》的老板福开森私下透出风来,有意出售他持有的《新闻报》股份。福开森,一个美国牧师的儿子,1886 年从波士顿大学毕业后来华传教。起初在南京创办汇文书院,自任监督(校长),1897 年买办官僚盛宣怀在上海创办南洋公学,福开森被聘为督学(校长)。以后他又任过南京金陵大学校长、北京燕京大学校长。在这些活动中他为美国政府搜集过我国经济、政治、文化各种情报，同时也结识了清末一些大官僚。于是，涉足政界，先后担任过刘坤一、张之洞以及历届北洋军阀政府的高级顾问。由于在中国对外事务中“帮办”有功，清廷曾授给他二品顶戴。在 1898 年的上海租界纠纷中，福开森担任刘坤一指派的中方划界委员。为表彰他为公共租界和法租界的扩张所作出的贡献，法租界公董局特将一条马路命名为“福开森路”(今武康路)。福开森成为《新闻报》的老板是在 1899 年。原《新闻报》的总董、英国人丹福士由于经营其他企业失败，拍卖《新闻报》股份偿债，福开森趁机贱价购进。为吸收更多资金，避免独承风险，1906 年将《新闻报》改制为股份有限公司，吸纳上海富商朱葆三、何丹书入股，并在香港以英商名义注册(原在美国注册，1905 年反美运动中报纸销路受影响。1916 年重新在美国注册)。尽管如此，福开森的股份仍占约 60%—70%，掌握着《新闻报》的控制权。他自己不直接办报，先后任用汪汉溪、汪伯奇父子总管。每过一段时间，到馆内巡视一番，以表明他仍然是真正的主人；后来他定居北平，仍遥领《新闻报》。

福开森要出售自己拥有的股份的时候，正值《新闻报》进入鼎盛期，发行量达到 15 万份，雄踞全国报纸之首。1927 年不惜重金从国外购进最新式的司各脱卷筒印报机，每小时可印 16 版对开大报 4 万 5 千份。1928 年，气宇雄伟的四层大厦落成，与《申报》大厦遥遥相对，标志着《新闻报》在上海报界乃至全国有重要的地位。在《新闻报》的股份增值的时候，福开森为什么反而要出售自己的股份？他的冠冕堂皇的解释是：

《新闻报》虽是美国公司，自己担任监督之职，但我始终抱定舆论独立宗旨，从不加以干涉。现在我把建立在你们国土上的基业，以及最高言论权威还给你们中国人，以偿我的夙愿[24]。在福开森执掌《新闻报》30 年间，从未表达过这种意向，所以这一解释难以自圆其说。出售《新闻报》股权，反映了福开森对当时中国形势的判断和权衡。多年来，福开森与中国的执政者——前清政府和历届北洋军阀统治者都有千丝万缕的联系，社会政治地位很稳固。可是，他与蒋介石国民党却没有什么联系。对于这个从南方发展起来的"国民革命党"(事实上 1927 年 4 月以后已变质)疑虑重重。国民党执政以后，在上海租界设立了新闻检查所，强迫各报统一刊登他们撰写的新闻、言论。又派了一个叫徐天放的人到《新闻报》担任编辑委员，就近进行监督。以后几次以停邮(即不准在上海租界之外经过邮局发行)相威胁。《新闻报》的外埠销数很大，一旦停邮，等于断送了半条命。福开森预感到在国民党统治下夜长梦多，这份产业付诸东流，岂不白费了半生心血。他也年事已高，有告老还乡之意。在《新闻报》兴旺发达之时，见好就收，也是稳妥的办法。在这种情况下，他迫不及待地寻找买主。

得到福开森出售股份的消息，《申报》业主史量才喜出望外，赶紧派人洽谈。这时的《申报》，也是事业发展、声望日隆的时候，史量才雄心勃勃，决心要将《申报》办成理想的报业，东方《泰晤士报》。在新闻界，《申报》和《新闻报》都实力最雄厚，又是竞争的老对手。对于史量才来说，若能掌握《新闻报》，不仅可以免去双方竞争的消耗，而且两张大报在手，其实力和影响在新闻界乃至社会上也是不言自明的。史量才是个爱国者，对《新闻报》掌握在外国人之手也多有不满。他是上海报业行业组织上海日报公会的负责人。每当华人同行根据形势需要采取统一行动对付外来压迫时，《新闻报》的代表常以福开森不在为由，拖延日报公会的决定。因此，希望从外国人手中收回《新闻报》也是他的心愿。

为了不致横生枝节，也为不在舆论界过于张扬，双方的一切活动都在秘密中进行，连汪伯奇等人也蒙在鼓里。史量才请他的学生——上海金城银行经理吴蕴斋以北四行(即金城、盐业、中南、大陆四银行的联营机构)的名义去收买股权。吴蕴斋又委托上海英文报《密勒氏评论报》驻天津特派员董显光去北京，在喜鹊胡同福开森家中谈判。《新闻报》的股份以1916年在美国特拉华州注册的内容为准，共计2千股，福开森有1 300股，占65%，朱葆三等其他股东有700股，占35%。福开森要价很高，几经磋商，最后以70万元的价位达成协议。1929年1月，董显光陪福开森南下到上海。在中南银行的董事室里(史量才是该行常务执行董事)，史量才与福开森见面，并很快签订让股草约。

福开森背着其他股东和汪氏兄弟做这笔交易，说明他并不打算将股权转让给他们，“蜻蜓吃了自己的尾巴”，未免太丢人，而且碍于面子也谈不出好价钱。有一次在北平，福开森曾试探过汪氏兄弟，表示要以40万元的代价将股权让给他们。汪氏兄弟牢记父亲的遗训，以为这是福开森考验他们的“忠诚”，便连连回绝，表示决无夺主之意。岂不知福开森这次假戏真做了。签约之后，福开森召集何联第(何丹书之子)、朱子衡(朱葆三之子)两董事以及汪氏兄弟到报馆监督室，拿出让股签约给他们看。汪氏兄弟已有所耳闻,但感情上仍难以接受现实。他们向福开森表示,按照股份公司的惯例,让股应予合股人优先。他们劝福开森不要中了史量才的圈套,并认为成交价格远远低于《新闻报》现有资产,是吃了亏。福开森听罢哈哈大笑,既没有申辩,也没有理睬。看来,洋老板一旦决定的事,小伙计是无法改变的。然而,凡事硬做总有反弹,一场风波在酝酿中,汪氏兄弟不甘心如此轻易被出卖。

1 月中旬,根据让股协议规定,史量才委任董显光为《新闻报》新任监督,前去接收馆务。董显光到任后宣布,嗣后馆内开具百元以上支票,均需经过他签字。这等于剥夺了汪伯奇兄弟的部分管理权力,馆内上下骅然。这件事成了风波爆发的导火线。当晚,担心被新老板辞退的职工纠集起来,举行大会。决定首先要抵制董显光到馆,然后发动收回股权运动,争取社会舆论支持。

第二天,报馆内每一层楼都贴满了大字标语:“反对报业托拉斯”,“反对军阀走狗董显光”,气氛十分紧张。看到这一形势,董显光便不再到《新闻报》办公。

1 月 13 日,《新闻报》打破常规,在要闻版前的广告栏中刊登出《本馆同人紧要宣言》。《宣言》以头号铅字作标题,占 1/3 版,全文用 3 号字排印。这样的规格实属罕见,引起读者和社会各界的严重关注。《宣言》称:

> 福开森以秘密手段售出其个人所有之股份,同人等对于外人退股深表同情。惟此种出卖情形实有把持舆论之嫌,及其他不良背景,殊认为不合。现在同人等正与新股东方面进行收回股权,还诸新闻报

同人，以维舆论独立之精神。

《宣言》最后强硬地宣布："在福开森售出之股权未曾收回以前，否认本馆原有人员以外任何人以任何手段干涉本馆之事务。"这不啻是正式宣布抵制董显光接收。《新闻报》的异常行动成为新闻界的一大新闻。全国各地报刊纷纷报道。

1月14日，汪伯奇等人召集《新闻报》原股东举行临时紧急会议，商量对策。决定成立"股东临时干事会"，以应付时局。第二天，《新闻报》发表《本报股东临时干事会宣言》，宣布"认本馆原有之董事会已陷于不能行使职权之境，特即日推举干事组织临时干事会，并重推干事长行使董事会职权。"这等于否认史量才已成为《新闻报》的新股东，否定了他的接收权。

二、国民党对出售股权的干涉

对《新闻报》股权问题发生的一切，国民党上海当局十分关注，反应很快。早在1月12日，国民党上海特别市党务指导委员会（相当于市委）闻讯专门开会商议，作出决定，一面警告《新闻报》不得出售股份，一面呈请国民党中央收买福开森所有股份。1月14日，即《新闻报》发表同人宣言的第二天，国民党在《新闻报》上发表致《新闻报》的公开信。此信占据头版整个上半版（这里通常只登广告），规格之不寻常令人震惊。公开信称："查该报馆现有大批股票为反动分子齐燮元、顾维钧、梁士诒等之羽党所收买，复据确切报告，谓该反动分子等胆敢派员监视该馆，肆其阴谋，公然操纵。查该报馆在新闻事业尚有相当地位。本会对于该反动分子等反动行为不能容忍，特予警告。仰于函到两星期内，将该项落于反动分子手中之股票，悉数收回，并将经过情形，详细具复，若故意违抗，本会自有严厉处置，右告《新闻报》。”明明是史量才收买股权，怎么又冒出“反动分子”齐燮元等人来？这时的国民党是以反对北洋军阀政府的“革命功臣”自居的。将对手归之于旧军阀一边，是他们恫吓，张势置人于死地的惯用手法。读了这一公开信，一般读者如坠入云雾之中，不知股权转让后面还有什么背景，连《新闻报》职工也感到惊愕。只有史量才等人会深感到这是一种政治压力。

国民党机关报《民国日报》此时也发动宣传攻势，连日刊登许多报道和文章。国民党上海市指导委员、社会局局长陈德征在“星期评论”专栏中撰文，声称收买《新闻报》股权是“不合潮流的举动”，要“给他一个严厉的制裁”。

南京的国民党中央宣传部和一些政要也横加插手，纷纷表态。1 月 15 日，中央某要人对记者发表谈话说：“对《新闻报》大宗股票落于反动分子消息，颇为注意，并认沪市指导委员会警告该报，措置允当，该报同人亟应切实进行，遇必要时，中央将予以相当处置，保持舆论独立精神。”

1 月 16 日，《新闻报》发表《本报全体同人第二次宣言》，第一次公开点了史量才的名，指责他“隐身幕内，以重价收买《新闻报》”，“抱有报阀野心，希冀贯彻其托辣斯主义”，表示：“绝对以收回股权为职志，不达目的不止。”与第一次宣言不同，这一次不再提反动分子收买，而提出了另一条指责理由，那就是搞托辣斯的报阀野心。

1 月 17 日，国民党中央宣传部举行例行记者招待会，会上由《新闻报》驻京记者俞树立介绍了股权风波经过。中宣部发言人表示：中央于此极注意，认为反动分子确有计划，希望各方对《新闻报》加以援助。

《新闻报》股权问题一下子成了社会舆论的热点，新闻界进一步推波助澜。全国大大小小几十家报纸连篇累牍地报道了风波的经过，不放过一点蛛丝马迹，并拼命渲染风波的气氛。有的报纸做的标题耸人听闻，什么"史量才欲垄断报业，并吞《新闻报》，统一望平街。"有的报纸声称探得史量才的奥秘，说他要"三个月改组《新闻报》，六个月统一望平街。"说史量才的托拉斯计划分为三步。一是组织所控制的各报成立联合办事处，联合采访，并共同提高广告费；二是设立大通讯社统一宣传；三是以廉价拍发专电为诱饵，垄断外地报纸所提供的消息[25]。这些报道捕风捉影，辗转刊登，真假难辨。望平街（今南京路至福州路之间的山东中路一段）当时人称"报馆街"，集中了大大小小报馆几十家，竞争历来很激烈。这些消息一传，史量才就成了众矢之的。

《新闻报》一向在商界有较大影响，人称"柜台报"（意即有柜台就有《新闻报》）。《新闻报》的命运引起了商界的关注。上海市总商会、闸北商会和上海县商会 3 个举足轻重的商会发表联合宣言，宣布支持《新闻报》将股权收回。三商会领衔发动，各地商业团体声援《新闻报》函电，如雪片一样飞来，从 1 月 17 日起，《新闻报》在"本埠新闻"栏中专刊这些函电，造成了很大声势。在《新闻报》股权风波发生之初，买办资产阶级的代表、海上闻人虞洽卿跑到《新闻报》表示同情，他跷起大拇指对汪伯奇说："史量才拿这副吞头势（即这副架势——上海语)对付汪家,即使你汪伯奇答应了,我虞洽卿也不能答应。”老股东成立临时干事会,他主动要求当了干事长。几天以后,他又凭着和蒋介石的交情,跑到南京去争取国民党中央支持。商界如此关心《新闻报》股权风波,是因为担心报业过于集中之后会垄断信息,给商业带来不利。上海总商会主任委员对记者说:“如果全国重要舆论,操诸一人之手,则其势必偏于利己,而易于为恶。消息凭其流布,广告由其抬高,市场任其操纵,金融归其垄断,其影响于商业不言而喻。”这种担心不能说没有一点道理,但仍是杞人忧天之举,因为一家报纸的股权转移不致引起严重后果,何况当时上海报业还没有发展到垄断趋向露头的地步。这种担心多半是舆论渲染造成的。

在整个风波中,史量才受到最大的压力。他没有料到,收买《新闻报》股权会惹出这么多麻烦。“屋漏偏遭雨”,这时又恰逢他的父亲因病故世。他一面要平息风波,一面要办丧事,真是“内外交困”。但史量才没有被这一切压倒。他经历过《申报》诉讼案和10多年办报生涯,毕竟见过许多大世面了,懂得怎样渡过难关。他自己在家守灵,办丧事,委派他的外甥马荫良守候在申报馆,收集各方情况,随时用电话向他报告,以便及时采取行动应付。

史量才多少已经觉察,阻碍他收买股权的主要是国民党。上海的国民党政要毫不掩饰地表示,他们不能容忍“全国舆论操纵于一姓之手之危险”,“对党的主义素无信仰者包办舆论之可怖”。至于《新闻报》的原股东和职工,特别是两代人的心血倾注在《新闻报》的汪氏兄弟,因为担心股权易主会危及他们的利益,所以不惜挑起风波。只要妥善处理,不难平息下去。

史量才先同国民党斡旋。他派总主笔陈冷到南京，向国民党中央说明情况，又派人向国民党上海特别市指导委员会解释，收买股权乃系他一人出资，与反动分子无关。与此同时，他委托他的学生、金城银行经理吴蕴斋出面，与《新闻报》方面接触。《新闻报》方面也由该报法律顾问冯炳南出面调解。这样，双方有了通过谈判解决问题的可能。

1 月 24 日，《新闻报》刊出《本馆全体同人启事》。启事说："顷据虞洽卿先生来商，同人力争收回股权事，现有商界闻人出任调定暂守静默等语，同人为尊重调人起见，暂时静默答复……"向社会宣布了开始谈判的消息。

谈判之初，史量才主动让步，表示愿意从他收买的 1 300 百股中退出 200 股，所退之股由《新闻报》以外的人承收。《新闻报》方面表示不同意，谈判陷入僵局。

国民党元老、中央代理宣传部长叶楚伧从南京赶到上海，会见史量才，进一步施加压力。据说，蒋介石原打算由国民党政府直接出面干涉，强迫史量才退股，由政府收买。谙知上海情况和报界内幕的邵力子劝说蒋介石，政府不宜插手民间股权纠纷，蒋采纳了邵的意见，这才派叶楚伧来沪促成谈判。

三、股权风波的平息

在各方压力下，史量才再次让步。2 月 1 日，史量才邀请《新闻报》方面的代表到自己的寓所，直接见面谈判。会晤时史量才态度谦和，心平气和地表示只希望《新闻报》成为纯粹华商的事业，并无并吞《新闻报》之意。《新闻报》还是一张独立的报纸，内部事务仍请汪氏昆仲主持，决不无端干涉。

史量才的大度出乎《新闻报》代表们的意料，磋商较为顺利，最后一致达成如下协议：

改组《新闻报》为华商股份公司，重估资本为 120 万元；股份仍为 2 000 股，史让出已购下 1 300 股中的 300 股，持股 50%，让出之股份由银行界钱新之、吴蕴斋、叶琢堂、秦润卿等承购；成立新董事会，新老董事均加入，吴蕴斋任董事长，徐来丞为史方监察人；馆务由原总经理主持，人事制度不变更，馆内人员不动，不再另派人员入馆。

这是一个照顾各方利益的协议。汪氏兄弟保住了原有的地位，《新闻报》职工不再担心被新老板炒鱿鱼，金融界巨子有了问津报业的机会，而国民党的干涉似乎也有了着落，保住了面子。史量才虽作出了最大让步，但仍是《新闻报》最大的股东，有举足轻重的地位。史量才是个信守诺言的人，自此以后，他确实较少过问《新闻报》的具体事宜，放手让汪伯奇兄弟去做。

2 月 2 日，《新闻报》刊出最后一次《本报全体同人启事》，公布了谈判结局：

“本报同人发表两次宣言后，承各界各团体对于同人之主张及运动加以热烈之援助与勖勉，曷胜感奋。现经商界闻人秉公调解谈判结果，由新股东方面于已购买之一千三百股中退回三百股(《新闻报》原有股额为二千股)，以免操纵之嫌，并明定保障同人原有言论独立之精神与纯正之宗旨。同人认为如此办法虽未完全达到目的，然事实上已得相当结果。”

一场风波历时20余天，起则政治色彩颇浓，平则以商业性质告终。《新闻报》承认这是一场人为的运动。

这场风波使得史量才扩展新闻事业，进行新闻革新的计划受挫。派往《新闻报》的董显光被撤回，史量才资助他去天津办《庸报》。从国外归来不久的原《时报》总编辑戈公振，史量才原聘任他拟任《新闻报》总编辑，风波后只得留在《申报》工作，后任总管理处设计部副主任，为《申报》创办了《图画周刊》，建立了报馆资料室。

这场风波对史量才，无疑是一剂清醒剂，加深了史量才对国民党新闻政策的认识。1928年11月，史量才主持上海日报公会，向国民党提出优待报界案，要求降低邮递费用，初被国民党交通部长王伯群驳回。风波发生的同月，国民党中宣部颁布《宣传品审查条例》，以新闻检查为名加强了对新闻界的控制。从股权风波中，史量才更是直接感觉到了国民党的压力。在国民党执政下，民营报业究竟能有多大发展呢？史量才不能不拭目以待。史量才同蒋介石国民党之间的裂痕，从此开始了。

第七节　小报的泛滥

一、小报“四大金刚”的出版

在上海滩，始终存在着一类和大报不同的小报。与大报的区别大致在于，篇幅小（或4开，或8开），以刊载消遣趣味文字为主。小报起始于清末游戏小报，李伯元所办《游戏报》

为典型代表。延续到20世纪20年代,出现了以《晶报》为代表的三日刊,成为小报的主流。

《晶报》原为《神州日报》附刊,1919年3月3日脱离《神州日报》,正式成为一张独立的小报。取名"晶"字,据说就是指三日出一次。余大雄主编。余大雄,字谷民,曾留学日本,1914年回国后曾任《大共和日报》编辑,兼为《神州日报》译外稿并撰社论。《晶报》继承了晚清小报的消闲性质,但又不同于晚清小报。实为熔新闻、文艺、知识、娱乐消遣于一炉的综合性小报。《晶报》设置了许多有特色的专栏,如"为警世社会而设"的专载喻世讽事诗词的"小月旦",刊载短新闻的"新鱼鹰",反映社会众生相,揭露社会黑幕的"燃犀录",专载国内奇事轶闻的知识性专栏"新智囊"等。余大雄擅长拉稿,素有"脚编辑"之称,他邀请了一个阵容强大的作者队伍,为《晶报》撰稿。由于是名家下笔,无论是谈戏曲,还是谈古玩、邮票,都写得较精致,有内容。所刊载的连载小说,如张恨水的《锦片前程》、包天笑的《冠盖京华》、袁寒云(袁世凯长子)的《宰丙秘苑》等,也深受读者欢迎。

《晶报》一炮打响,开三日刊之先河。三日刊一时风行,多达60多家,成为上海报界的一种时尚。继《晶报》之后,又有3家有影响的三日刊问世,人称小报界"四大金刚"。这即是以刊载小说见长的《金刚钻》、偏重于内幕新闻的《福尔摩斯》和有"戏报鼻祖"之称的《罗宾汉》。

《金刚钻》创刊于1923年10月18日,原为一帮反对《晶报》的文人所创。余大雄等人为了吸引读者、扩大销路常在报上无端挑起笔战,谩骂别人。一批小报作者反对这种做法,自己掏钱集资办了一份小报,取名"金刚钻",寓意可刻"晶"。开始只准备写几篇文章出出气,不料出版后销数看好,欲罢不能,于是该报索性出版下去,刊行了14年。该报刊登过张恨水的《铁血情丝》等多篇长篇小说,还登过当时盛行的集锦小说,由十几个人合写一部,事先也不商量,每日由一人接续,情节任由发展。

《福尔摩斯》创刊于1926年3月,以英国大侦探福尔摩斯命报名,可见其宗旨。该报专揭载大报不敢登的社会内幕新闻。如静安寺当家和尚病死,跑出大小老婆闹分家;黄慧如陆荣根主仆恋爱案等。《福尔摩斯》专揭隐私,经常遭到诉讼,却不仅不怕诉讼,反而抓住诉讼大做文章,连篇累牍,详细报道,借此招徕读者,扩大销路。

《罗宾汉》创刊于1926年12月,创办人酷爱京剧,一心想办个宣扬国粹剧种的小报,遂以当时风行的美国影片《罗宾汉》为名,编辑发行。该报根据戏迷的需求,报道介绍了当时几乎所有名旦名角的逸闻和动态,如梅兰芳、盖叫天、荀慧生、程砚秋等。文字较讲究,配以剧照图片,质量远胜过此前曾风行一时的剧场报。该报出版23年,直至1949年终刊,其历史之长,冠小报之首。

除了"四大金刚"之外,还有一些办得颇有特色的三日刊。1924年12月创刊的《上海夜报》是小报界的第一份夜报,以刊登旧派文艺作品和社会新闻为主。1928年4月创刊的《礼拜六》,是一份以短小精悍、清新隽永的小品文见长的小报,由一些小报界的老报人撰稿,以不刊妓女照片为标榜。以"报外之报"、"摭零拾遗"自命的《报报》是非常有特色的一份小报,创刊于 1927 年 12 月，是由一群大报记者聚集起来办的。该报专载大报缺漏新闻，或大报不便载的新闻，还报道新闻界的幕后新闻，新闻的来源较可靠，文字也较严谨，得到了读者的欢迎，在小报界也受到重视。

三日刊的盛行，还只是个序幕。上海小报发展的高潮是在 20 世纪 20 年代末 30 年代初。短短五六年间，先后出版的小报竟达 700 多种，几占上海小报史上总量的 3/4。这么多数量的小报问世，泥沙俱下，难分良莠。人称这为"小报的泛滥"也未尝不可。

一起涌现出来的小报，大体可分为黄色小报、政党团体类小报和知识娱乐类小报 3 种。

人们将小报发展的高潮贬为"泛滥"，与这一时期涌现了许多黄色小报有莫大的关系。对小报总体上的不良印象，多半也由此引起。

1926 年 10 月 5 日，骆无涯创办的横 4 开小报《荒唐世界》问世。这张用彩色纸横印的小报，标榜专揭社会黑幕，指示人生迷途，实际上专门介绍、传授在上海滩吃喝嫖赌的诀窍，其栏目和文章的标题也就充满刺激意味，什么"嫖学入门"、"嫖的要素"、"花间春讯"、"东洋咸肉庄"、"赌经"、"性学指南"等，至于内容更是不堪入目，细节绘声绘色。不仅在报纸内容上，而且在思想上该报也宣扬腐朽的世界观、人生观，为吃喝嫖赌的合理性作辩解。该报在一文中说："吃喝嫖赌，是狭义的荒唐，这狭义的荒唐，不过是表示一种嗜好，完全无罪恶可言……这乃是发展他人个性，以求得生活上的一种安慰。"甚至还主张，让人生活荒唐可以使人免于堕落，"如果荒唐惯了，阅历透了,那便看得破、想得穿、放得落,任凭到了怎么地步,都能够勒马悬崖,所以人家要教子弟读国文课本,我却主张给子弟读荒唐经。"这真是荒唐的逻辑!骨子里还是为小报的黄色文字作辩护。

二、创办小报的高潮

《荒唐世界》开了头,报业市场的利益驱使许多人争相仿效,办了许多黄色小报。半年之内,出现70多种。有如一阵黄风,席卷上海报界。这些小报报名千奇百怪,诸如什么《电灯泡》、《千里镜》、《阿要开心》、《欢喜世界》、《叽里咕噜》、《希奇古怪》、《瞎三话四》、《噜里噜嗦》、《阴阳怪气》、《白相世界》、《糊里糊涂》、《堂子新闻》、《七勿搭八》、《字纸篓》、《西洋镜》、《张牙舞爪》、《奇峰突出》、《新性报》、《情海》、《落花流水》、《瞎话三千》、《真开心》等。内容十分淫秽,传授什么"堂子经"、"轧姘头常识"等。

继横4开小报之后,又有一种横8开小报面世。横8开小报以康不驼1927年2月17日创刊的《牵丝攀藤》为开端,前后出版了大约100多种,有什么《五花八门》、《奇形怪状》、《公乐》、《长三堂子》、《小宝宝》、《情话》、《老门槛》等。这类小报内容比横4开更污浊,由于当局几次专禁,编辑者一般在报上不署地址,出版几期后又另换报名,使人查不到。几年间屡禁不绝。

与横4开、横8开小报相仿的还有花界小报。这是指专门介绍报道名妓女的小报。当时大概也有10多种。这类小报登载名妓女的玉照、名录、轶事、小史，大搞什么庄花、花国总统选举，介绍什么“花界略史”、“花丛索隐”、“历届花榜选录”，总之是为妓院做广告，为嫖客服务的。

办这些黄色小报的，多半是上海滩上的落拓文人。身边有几个小钱，沉湎于十里洋场的妓院花巷，办张小报，既可以赚钱，又于精神上自慰。有一家小报的创刊词作了自白：“称雄号霸，书生无能也。数筹执斧，未之习也。闲暇无所事，转不如恋情风花雪月，寄意清歌长舞。洒洒几点墨，管什么世理纷争。”黄色小报格调低下，给小报界造成很坏的影响，也污染了上海报界，不断受到舆论谴责。不少人指出，黄色小报是“社会之蠹，害群之马”。横 8 开小报是“小报末流”、“荒淫别动队”。一些人提出，要“打倒横报”，“必须纠偏”。在舆论的压力之下，黄色小报的办报人不得不有所收敛，有的人也扪心自省，改弦更张，直至 1930 年初，黄色小报才逐渐减少，销声匿迹。

构成 20 世纪 20 年代后半期小报高潮的第二类小报，是党派团体类小报。共有 120 多种。

1927 年国民党上台执政后，内部并不统一。各种派别为争夺权力和利益，争斗十分激烈。办报便成了政治派别的斗争工具。南京在蒋介石中央的眼皮底下，有所不便，近在咫尺的上海十分理想，上海又有租界庇荫，各种政治派别纷纷在上海选择可利用的报刊阵地。如果将第二节所述的党派大报和刊物比作正规阵地的话，那么小报界就是施放流弹和匕首的藏匿之地。在这里，主将并不出面，而是唆使亲信出来谩骂、攻击、造谣。

1928年12月16日，改组派派遣李焰生在上海创办《硬报》，揭开了党派小报的序幕。此后，各种政治派别都办了小报。较有影响的有改组派的《硬报》、《革命日报》、《上海民报》、《上海鸣报》、《单刀》、《上海小报》、《狂风》等，蒋介石派的有《锋报》、《江南晚报》、《精明报》等，第三党的有《行动日报》，桂系的有《吼报》、《响报》、《冲锋》等，此外还有醒狮派的《闲报》，国家主义派的《黑旋风》，中国青年党的《潜水艇》等。党派小报以政界内幕新闻吸引读者，以激烈的党派倾向和态度招徕读者。

鉴于党派小报销路看好，一批与各派别有关系的文人也出来办专揭政界党派内幕的小报。如蒋剑候、蒋叔良、秦瘦鸥等人编的《孙中山》，陈积勋编的《机关枪》，刘一厂、谢了尘编的《迫击炮》，叶雨蕉编的《春光》，孙更生编的《无线电》，谢啼红编的《血报》，陈醒民编的《战士》等。这些小报为了赢利，往往故弄玄虚，刺得政界一点秘闻，便小事化大、以点概全、真真假假、虚虚实实，吸引读者来看它。为了显示其消息来源的权威性，常请政界名人题词、题刊名，其实关系未必那么深。有时相互之间抓住一点，激烈攻讦，也是引起读者注意之法。为了避免国民党当局查封，也同黄色小报一样，不署社址和主编，无固定订户，只在报摊上出售。

与党派小报颇有区别的团体小报，是以“研究文艺、交换知识、联络感情”为宗旨的社团小报。社团可分两类：一类是青年的文学社团，其中学生不少；另一类是以鸳鸯蝴蝶派文人为基础组成的旧式社团。不同的社团，所办小报的风格也不相同。青年文学社团办的小报有《华风报》(豫社)，《集思》、

《兰麝》(青年学艺社)，《素心兰》(心社)，《晨光》(晨光社)，《桃花》(仁友文艺社)，《学余》(学余社)，《素光》(芸社)，《绿痕》(绿社)，《草野》(草野社)，《秋涛》(秋涛社)，《鹏报》(文学社)，《曼陀草》(青萍社)等。这类小报学生味较浓，多为文学的欣赏和探讨，有一定的文化层次。旧式社团所办的小报有《粹报》(粹社)、《啸声》(啸社)、《馨》(馨社)、《兰片》(励社)、《红报》(红社)、《瓶报》(瓶社)、《转报》(虹社)、《别觉》(别觉社)、《青灯》(青灯社)、《歇浦》(珊瑚社)等。这一类小报与鸳鸯蝴蝶派文人过去所办的小报一脉相承，仍不脱旧日的窠臼，风花雪月，文字雕琢。其中言情色彩浓的与黄色小报界限并不分明，有的社团甚至在黄色小报盛行的时候，也出版过黄色小报。

小报高潮中的第三类小报，是娱乐知识性小报。数量也不少，有近百种。娱乐性小报的主体是电影小报和戏曲小报。电影小报的崛起与电影在中国的普及有极大关系。20 世纪 20 年代末，无声电影传入我国不久，但这种以图像画面为表现手段的新型媒介，已显示了强劲的生命力。电影的观众迅速成长起来，对电影知识的渴求日益增进。在这种情况下，电影界人士周世勋、顾肯夫、任矜萍、周创云等人办出了一批电影小报，有《电影周报》、《影戏日报》、《电影世界》、《影报》、《影戏生活》、《电影报》、《卓别灵》、《明星》、《红明星》、《银星》等。电影小报介绍影片剧情、中外影星、发表影评。这类小报图文并茂，不时插入关于影事、影星的秘闻轶事，吸引了许多读者，销数不小。与此并驾齐驱的是戏曲小报。比较有影响的有《戏剧周报》、《梨园公报》、《大报》、《戏报》、《戏的常识》等。与

20世纪20年代之前游乐场小报中的戏曲小报不同的是，这时的戏曲小报更加专门化，不限于娱乐，还增加了文化知识的色彩，层次上提高了一步。戏曲小报拥有大量热心的读者，其中坚就是酷爱戏曲、自娱自乐的票友。20世纪20年代后半期票友组织有20多个，如雅歌集、久记社、正谊社等，参加者三教九流都有，极盛时有几千人。他们已不满足别人办的戏曲小报，自己也办戏曲小报，有《雅歌》、《正谊》、《韵声》、《公乐》等几种。这类小报刊载伶界动态、票友活动以及戏曲秘本、名伶传记等，其中有些资料弥足珍贵，为后人留下了研究线索和素材。娱乐性质的专业小报还有《文艺旬报》、《艺术新闻》、《体育周刊》、《运动》、《浪语》、《星期歌曲小报》等。

娱乐小报走红，生活常识小报也逐渐看好。1927年11月9日，6开小报《常识》问世。这份小报专刊介绍吃穿住行等常识的文章，深受市民欢迎。一创刊便畅销，印数达8 000多份。小报界受此启发，接踵办了许多常识性小报，如《上海常识》、《过年常识》、《社会常识》、《美的常识》、《大常识》、《新常识》、《常识晶报》、《三日常识》、《普通常识》、《住的问题》、《新生活》、《知识周刊》等。常识类小报刊登的文章十分实用，切合市民的需求，如“废物利用”、“过年须知”、“戒烟良方”、“健身与耐心”、“怎样保护目光”、“养花的方法”等。此外，还刊登一些上海历史掌故方面的知识，如“上海俗称路名”、“上海的影戏馆”、“上海的谚语”等。颇有生活趣味。

可以归入这一类的还有医药知识小报。办报人多为名医，如陈存仁因为《常识》报撰写医药知识文章受到启发，而自办了《健康报》。清末御医陈蓬舫之子陈范我办了《骊珠》，著名中医丁济万办了《卫生报》,陆清洁办了《清洁报》,妇科专家汪洋办了《性欲周刊》。名医办报一为了扩大自己影响,二为了普及医药科学知识,于个人于社会都是有很大益处的。而且名医讲究个人信誉,所办小报都署明主编人和报馆地址。

娱乐知识类小报有一定的文化层次,又不搞诲淫诲盗、刺激读者的东西,是小报中比较健康的一支。这类小报的出现,表明社会市民有这方面的需求,20 世纪 30 年代以后,各大报纷纷增加副刊、附刊,新设各种专栏。娱乐知识类文章多为它们所吸纳。在这种竞争态势下,娱乐知识性小报日见势衰,大都停刊了。

第八节　日益活跃的新闻界团体

一、各类新闻团体的相继成立

这时期,上海新闻界团体的活动十分活跃,陆续开展活动的有上海日报公会、上海记者联欢会、上海新闻学会、上海报学社、上海报界工会、上海记者公会、上海日报记者公会、中国新闻学研究会、上海通讯社记者公会、上海小报协会、上海投稿同志联欢会、上海报业捷音公会、上海广告协会、上海西报职工联合会、中国无线播音协会、上海派报工会、美国密苏里新闻学会上海分会、上海各报访员协会、上海各报驻京记者公会,以及与新闻界有密切关系的上海摄影学会、上海出版业协会、上海著作人协会等。其中最有代表性、活动较为正常、影响较大的除上海日报公会外,主要有上海记者公会、上海报学社和上海报界工会。

上海记者公会的前身是上海记者联欢会，上海日报记者公会和上海通讯社记者公会加入后，会员众多，活动频繁，影响日益扩大。上海日报记者公会成立于1927年3月19日，会章规定“以巩固同人之团结，共谋本身之福利，保障职业之自由与安全，促进报业之进步为宗旨”。当选的执委会委员为潘公展、潘公弼、严独鹤、康通一、杭石君、金雄白、胡仲持、吴树人等15人，潘公展、潘公弼、吴树人3人为常务委员，轮流主持公会活动。上海通讯社记者公会成立于是年3月22日，会章规定“本会以联络感情，改善新闻事业，增进记者地位，力谋记者福利为宗旨”。选举潘竟民、陈冰伯、李次山、何味辛、孙梦花、韩于明等7人为执行委员，谢介子、徐烺亭、汤德民3人为监察委员。这两个公会的宗旨与记者联欢会基本相同，有部分成员也是记者联欢会会员，所以成立后不久就并入记者联欢会。1931年11月6日，上海记者联欢会召开的“临时执委紧急会议”上，通过了“改组本会为新闻记者公会议案”。推胡仲持、朱应鹏、杭石君、汤德民、李子宽、钱沧硕等为章程起草委员。1932年6月24日，上海新闻记者公会正式成立，到会134人，选举马崇淦、严谔声、何西亚、金雄白、赵君豪、余空我、杭石君、金华亭、瞿绍伊、钱沧硕、蒋剑候、杜刚、孙道胜、胡仲持、吴中一为执行委员；选举严独鹤、胡朴安、李浩然、郭步陶、陈达哉、周瘦鹃、顾执中、胡憨殊、管文字为监察委员。钱沧硕、余空我、严谔声、瞿绍伊、马崇淦为常务委员。组织科主任赵君豪，事务科主任蒋剑候，交际科主任孙道胜，游艺科主任杭石君，文书科主任吴中一。创办了会刊《记者周刊》。

上海报学社，是以开展新闻学理论研究为主要任务的群众性团体，由上海大夏大学、光华大学、国民大学等校报学系师生发起组织，1925 年 11 月成立，《上海报学社简章》规定，该会“以研究报学，发展报业为宗旨”。选举戈公振、黄养愚、徐根亭、周尚等为执行委员。1929 年 8 月创办了学术刊物《言论自由》，原定为月刊，但未能按期出版。第 2 期 1930 年 3 月出版，第 3 期 1931 年 11 月才发稿。上海报学社成立后，发展迅速，不仅上海有志于新闻学的研究者纷纷加入，而且外地会员日益增加，遍及浙江、江苏、北平、广东、辽宁、湖南、江西、山东、四川等省市。1930 年 10 月，浙江成立杭州分会，同时南京、辽宁等地也积极筹备成立分会。上海报学社的活动主要由戈公振主持，1932 年 9 月他随国联调查团出国后，学社的活动逐渐减少，大约到 1935 年底终止了活动。前后达 10 年之久。

上海报界工会是上海各报社工人的团体，1926 年 12 月成立，1927 年 5 月 27 日召开改组成立大会，到会各报社工人代表 160 余人，选举陈庆荣、吴胜卿、戴莘耕、陈可仕、徐松寿、吕庆棠、唐海泉、费曼清、吴家昌等 11 人为执行委员，陈庆荣、费曼清、唐海泉为常务委员。上海报界工会主要以维护报社工人的合法权利，为工人谋取福利为宗旨。1927 年 8 月，创办上海报界工会义务小学，学制 4 年。同月创办《上海报界工会刊》，半月刊，以报社工人为读者对象，文字通俗，内容浅显。1928 年 1 月改为周刊。1928 年 1 月 1 日，上海报界工会召开第三届会员大会，到会会员 700 余人，选举陈兆斋、唐海泉、徐松寿、董红贵等 15 人为执行委员，并通过减少工作时间，保障工人福利等议案。上海报界工会会员日益增多，坚持活动的时间也最长，直至上海沦陷。

此外，有特点的新闻界团体还有美国密苏里大学新闻学会中国分会、上海各报驻京记者公会、中国新闻学研究会等。美国密苏里大学新闻学会中国分会，是由曾在该校新闻学院读书，当时在上海中外新闻单位任职及在各大学新闻系（报学系）任教的人员组成，1936 年 6 月成立，推举汪英宾为会长，成员有《中国评论》周报主任鲍惠尔、纽约《泰晤士报》驻华代表密勒氏、圣约翰大学报学科主任华智、《字林西报》记者威尔逊、商务印书馆编辑张继英等。该会成立后，除经常聚会外，还同曾在密苏里大学新闻学院读书，在天津、北平任职的董显光、钱伯涵等联系，筹组北京分会。上海各报驻南京记者公会，成立于 1928 年 12 月，通过会章，选举俞树云、葛润斋、严慎予、张友鹤、沈有香、金华亭、何毓昌为执行委员。胡迪周、张佩鱼、曹天纵为监察委员。公推邵力子、叶楚伧、戴季陶、于右任为名誉会员，推张竹平、张蕴和、汪伯奇、李浩然、黄伯惠、陈布雷、潘公弼、陈德征、钱沧硕、管际安等为赞助员。其用意十分明显，该公会的活动既要得到南京政界的保护，又要得到上海各报馆的支持。会上还通过上海各报馆及通讯社每月津贴。中国新闻学研究会，主要从事社会主义新闻学的研究。

二、为维护自身合法权益而斗争

上述各新闻团体既有各自的宗旨和活动内容，但它们也面临着许多共同的问题，进行共同的斗争并取得一定的胜利。

（一）呈请交通部改进邮政措施，优待新闻传递。1928年8月，上海日报公会为促进新闻事业的顺利发展，首先上书国民政府交通部，针对邮电局不利于新闻传递的种种弊端，提出改进意见。提出“新闻事业与国家文化、社会教育”之发展，“有密切之关系”，“而新闻事业之发达与否，尤与交通状况，息息相关”。针对当时实际情况，提出具体改进意见。如对通汽车地区与不通汽车地区，应划一邮费；改进邮件的投递路线，使火车、轮船、汽车等有机衔接，以利加速投递；改变因新闻电讯收费低、邮局搁押至最后拍发的做法；用长途电话传递新闻，收费应当优待，并希望“每晚规定时间，专备新闻界通话”等。这些合理要求得到本市新闻文化界及外地同行的支持。经过反复斗争，终于迫使交通部接收这些要求，拟定了《交通部便利新闻事业使用邮电办法》。

（二）维护报社职工的合法权益。1931年10月29日，《时事新报》无故解雇职员16人，其中编辑记者6人，工人10人。该报编辑部同人当晚召开会议，要求馆方收回成命，但该报当局置之不理，编辑同人再次召开紧急会议。该馆方不独毫无答复，还将另外出席会议的10余名编辑记者解职。未被解职的同人也愤然辞职，以示抗议，并发表宣言，求助同行及社会的支持。“宣言”指出“馆方之裁员决非由于经济支绌”，“显系别有作用，蓄意摧残，于情于法，宣得为平！”并且馆方“雇佣大批探捕，把守编辑部门口，禁止同人出入，情势紧张，如临大敌”，“同人等为切身利害计，为报纸之神圣事业计，谨此发表宣言，以求社会各界之同情与援助”。上海新闻记者联欢会为《时事新报》裁员纠纷召开会员大会，通过决议支援该报被辞退职员的斗争，派人赴《时事新报》进行谈判。上海报界工会为维护《时事新报》工人的合法权益，也同馆方进行了坚决斗争，并得到其他新闻团体的支持，迫使馆方收回成命，改正错误。《时事新报》当局不得不表示“荷蒙贵会调处，甚感，谨当遵示解除误会，消泯前嫌，即请转致诸君复职为荷。”

1932年4月，《时事新报》决定代印《大晚报》，增加工人劳动量，而不增加报酬的错误做法，引起工人的反对，馆方诬蔑为“共党煽动罢工”，请求巡捕房“逮捕工友”，也有的“被馆方驱逐出馆”。《时事新报》馆工人进行了坚决斗争，发表宣言抗议馆方的无理行径，并呼吁社会各界给予支持。上海报界工会首先起来援助《时事新报》工人的斗争，并号召各报馆工人，一致行动，给予支援。于是，《申报》、《新闻报》、《时报》等各大报社工人纷纷发表宣言，谴责《时事新闻》馆方的错误行为。该报馆方多方辩解，坚持错误。上海报界工会号召各报馆工人一致行动，举行总罢工，给该报馆方以更大压力，使之改正错误。罢工令称：“为紧急通令事：本会此次以《时事新报》资方蓄意破坏本会团结，开除该报大批工友，虽经本会两月来之和平交涉，终未得该报馆资方之谅解，兹决定于六月一日起”，本会所属各报馆工人“宣布总罢工，以促该馆资方之早日解决”。同时发表各报馆工人总罢工宣言，誓与“凶恶狠毒的《时事新报》馆方资本家作一次最后的决斗”。并呼吁“全国工友和同胞随时给以精神上和物资上的援助”。在上海报界工会的坚决斗争和强大的社会舆论压力下，《时事新报》不得不再次承认错误。

（三）反对国民党的控制和干扰。争取言论自由是上海各新闻团体共同的要求。1927 年 4 月，国民革命军东路军进驻上海后，就实施严格的新闻控制，刚刚成立的上海日报记者公会在召开的第二次执委会上，就通过决议，派代表潘公展、胡仲持、金雄白等人，前往革命军东路前敌指挥部政治部，陈述维护言论自由的要求。国民党在上海实施新闻检查制度后，由于各报备受检查人员随意检扣之苦，上海新闻记者联欢会致函上海市政府、上海警备司令部、国民党上海特别市党部，“请严定检查新闻范围，以重舆论”。1929 年 9 月，南京国民政府在全国新闻文化界强烈反对下，宣布取消各地新闻检查制度，但国民党上海党部强调上海的特殊性，暂缓取消新闻检查，也遭到上海新闻界的激烈批评。1931 年 12 月，国民党上海邮电管理局无理扣压寄往外地的各报，引起上海新闻界的不满和反对。上海日报公会就此发表宣言，提出严正抗议，在痛斥了当局的种种谬论后，声明本会为“保报纸尊严，再三审议，众意佥同，决定即日起，绝对不受任何检查，绝对不受任何干涉，谨此宣言。”并同时致函南京国民政府、上海市党部、市政府表示同样的决心。

新闻界团体对于国民党企图控制他们的活动的阴谋，也给予坚决反对。上海报界工会到 1931 年发展到一千多人的工会组织，在社会上的影响日益扩大，国民党上海市党部借国民党颁布工会法之际，控制该工会的活动，于是年 2 月在该会改选时，提出派戴莘耕、沈秋涛、王长生等 6 人，分任该工会的指导员和委员会书记等，命令说“除分令外，合亟令仰遵照着即就职”。对于国民党强加于人妄图控制的做法，上海报界工会召开紧急会议，通过宣言，誓死反对。指出国民党当局的行为是“对于总理扶助农工团体发展之学说，亦且背道而驰”，“全体代表，一致坚决，誓死反对”，“不达目的，决不罢休”。并呼吁“全国工友予以切实援助”。他们的斗争得到各新闻团体及社会各界的支持。国民党委派的戴莘耕等6人在社会舆论压力下，被迫声明“莘根等自审力薄，不敢从命，除呈报市党部退还原委任令外，特此登报声明”。国民党上海市党部企图控制上海报界工会的阴谋遭到破产。

（四）反对帝国主义侵略，保卫国家主权，是新闻团体的根本使命。1928年5月，日本兵在济南制造惨杀中国民众的暴行事件后，上海日报公会、上海新闻记者联欢会等联合召开紧急会议，发出通电，严正抗议日本士兵的暴行，指出“济南事件，全国愤慨，上海新闻界目睹日方”暴行及“反动宣传”，坚决给予“迅速之披露”。并希望政府严正交涉。9月上海发生法国士兵枪杀电车工人吴同根事件，上海报界工会立即发出抗议宣言，提出：“我们为人道上着想，为公理上着想，坚决反对这无故杀人的行为，要求当局提出严正交涉。非达到惩凶抚恤道歉不可，敝会愿为后盾。”此类事件经常发生，而又得不到合理解决，1929年8月，上海新闻记者联欢会等通过“一致主张撤销领事裁判权”的决议。

上海新闻界团体的反帝爱国斗争，更突地表现在“九·一八”事变发生以后。为抗议日寇侵略，上海报界工会连续3次发表宣言，爱国热情一次比一次强烈。“宣言”在揭发日本罪恶，驳斥其种种谬论之后，严正指出“日本将迫行几个中国卖国贼组织独立国，明目张胆地脱离中国”，使“中国东北三省变成第二个朝鲜”，“三省民众将变成亡国奴了”。呼吁“不甘做亡国奴的同胞们”，一致行动起来进行斗争。向全国民众提出：“(1) 自动武装起来，向日宣战；(2) 驱逐日兵出境；(3) 不给日本人工作，不供给日侨饭食以及一切物品；(4) 无情地处罚勾结日人的奸商；(5) 收回日本帝国主义在中国的一切特权；(6) 没收日本帝国主义者在华一切财产，作东北三省事件损失偿赔的抵押；(7) 反对一切内战，一致对外；(8) 反对不抵抗的镇静的亡国政策；(9) 反对秘密外交及签订丧权辱国条约；(10) 打倒帝国主义；(11) 取消一切不平等条约。”[26]特别严厉批评国民党政府的不抵抗政策，指出“我们的政府在这国家存亡的紧要关头，不但不能表示半点力量，而且随时向帝国主义者退让”，“最大的难堪不但政府能忍受，并且还要人民忍受”。提出当前救亡的唯一办法是，“只有大家起来，以武力反抗，绝无外交之可言”，“只有民众起来，与帝国主义者直接斗争，才有办法”，“反对乞怜国际联盟”，“反对压迫民众反日运动”。这些正确的主张和要求，反映了上海全体新闻界的心愿，代表了全市人民的正义呼声。“一・二八”上海事变发生后，上海各新闻团体不仅在舆论上大力声讨日寇的侵略罪行，而且积极投入实际的抗战斗争，发动群众支援慰问十九路军的抗战斗争等，也进行得有声有色，轰轰烈烈。

三、积极促进中外新闻界交流

从 20 世纪 20 年代末，上海新闻界对外交往日渐活跃，新闻界团体在中外交流中发挥着重要作用。

长期以来，上海一直是中外新闻界交流的窗口。1927 年蒋介石发动“四·一二”政变，上海一片白色恐怖，社会混乱十分严重。中国对外新闻界的交往一度中断，从1927年下半年起渐渐恢复，且日益频繁。8月美国密苏里大学新闻学院院长威廉博士来华访问，于21日抵沪，同上海新闻界进行了广泛交流。自此以后，许多国家报业家、新闻记者、新闻教育家及学者纷纷来华访问，大多数都到上海访问。其中美国新闻界人士最多。如美国《太阳报》主人白拉克在3年内来沪2次。1928年8月，威廉博士再次访沪。美国新闻界分别于1929年4月、1930年5月派出两个大型新闻记者访华团，前者一行12人，后者18人，都在上海活动了数天。美国报界名人好德莱夫妇、美国新闻界巨富何飞、美国报界巨子柏莱纳等，也在此间先后来沪访问。此外来沪访问的还有：1928年3月，日本记者代表团一行6人，1929年9月德国报学教授台斯博士，1931年2月，英国著名记者爱德斯，4月英人摄影家贝路克，10月暹罗报界巨子《晨钟日报》社社长兼总编辑陈署三率团访问上海，参观《申报》、《新闻报》等。

在中外新闻界交往中，南洋各地报界，特别是华侨报刊界来华访问的人数日增。1927年7月《南洋日报》总编辑张任天及撰述员蒋凤子女士因受荷兰当局迫害，回国求援，7月12日抵沪。但更多的是回国考察新闻事业。如1928年11月苏门答腊《民报》主笔谭孟衍于11月13日抵沪，目的是“一面将华侨状况报告祖国，一面将祖国形势向侨界宣示”。12月马来西亚南洋华侨新闻社社长吴公虎，为“接洽国内新闻界”于23日抵沪。1931年1月，荷属《民国日报》总编辑兼总经理范阳春回国，了解国内情况。10月，新加坡《星州日报》总经理林霭民回国，“调查国内各大报社与文化机关之组织与内容”，为筹建汕头、厦门、上海等处分馆作准备。上述人员在上海一般都参观了《申报》、《新闻报》、《时事新报》、《民国日报》、《时报》等，了解各报社组织、人员、印刷、发行等情况。

在接待国外新闻界同行来沪访问中，上海各新闻团体发挥了积极作用。如上海新闻学会热情接待了被迫回国的张任天先生及蒋凤子女士，不仅安排他们的生活，而且请他们介绍南洋新闻事业状况。上海日报公会、新闻记者联欢会两次共同接待美国著名新闻教育家威廉博士。第一次请威廉博士在青年会作《报人信条》学术报告。第二次在各团体及各报馆联合举办的欢迎会上，威廉博士作了长篇讲演，并回答了新闻界同人的提问。他提出“贵国目前欲求建设，须将新闻事业范围扩大，程度提高，搜集世界种种重要新闻，造成建设舆论”，并希望“中美两国，应赶快创办交换消息的机构”。各国新闻记者访华到沪后，大都由上海新闻记者联欢会和上海日报公会接待。1929 年 6 月，美国记者团一行 12 人，主要成员是美国各报负责人，由上海日报公会接待，除安排与同行交流、参观各大报外，还邀请上海特别市市长张群接见该团全体成员，并组织他们去杭州参观访问等。1930 年 5 月由“美国各杂志及日报组织之东方考察采访团”，以撰稿人与记者为主，抵沪后由上海新闻记者联欢会接待。

外国新闻界人士纷纷来华访问，不仅给中国新闻事业带来大量新鲜事物和信息，促使人们的新闻思想和新闻观念的变化，而且也刺激了国内新闻界了解世界，认识世界，走出国门，学习外国先进经验和先进技术，进一步研究外国新闻事业发展状况的强烈愿望，因此新闻界出国的人数日益增多。上海是中国与外国新闻界交流的汇合点，了解的信息最多，思想最为开放，出国的人数也最多。

在大批新闻界出国的人士中，比较突出的有两种情况。

一是出国留学，提高自己的业务水平。这其中有专门攻读新闻专业的，也有学习其他专业的，如法学、文学等。出国人员早期以去日本为主，这时去美国或欧洲的日益增多。如新闻界知名人士董显光、汪英宾、胡愈之、马星野、程沧波、张似旭、赵敏恒等都是，其中董显光较早赴美攻读新闻专业，其余大都是在这一时期出国留学的。汪英宾、马星野、赵敏恒去美国攻读新闻专业，程沧波去英国，胡愈之去法国攻读经济和法律。在出国留学人员中，也出现了女子攻读新闻专业的。在上海继张继英之后，汪筱孟去美国密苏里大学新闻学院攻读。汪筱孟，浙江杭县人，1931 年上海沪江大学文学系毕业，入《大陆报》任编辑记者，1933 年自费赴美国留学，先在密苏里大学新闻学院攻读，后转入南加利福尼亚大学新闻系，1934 年 8 月获新闻学硕士学位，是该校创建以来唯一获得此项荣誉学位的女性。她的毕业论文《中国与美国新闻事业之比较》，被该校收藏在藏书楼内。她毕业后担任美国报刊记者，不久赴欧洲考察新闻事业，是年 11 月回国。

二是出国考察各国新闻事业，学习外国的办报经验。在出国考察者中，最有代表性的是戈公振、邹韬奋、顾执中等。戈公振 1927 年赴日本及欧洲专司考察新闻事业，参加了世界报业专家会议，1933 年又随国际联盟调查团赴日内瓦参加国联讨论日本侵略中国问题特别大会。会后出席了在西班牙首都马德里召开的国际新闻会议，并赴法、德、意、奥及捷克等国考察新闻事业，然后去苏联，1935年回国。邹韬奋与戈公振有所不同，他是因国民党迫害被迫流亡海外的，在条件十分困难的情况下，坚持考察欧美一些国家的新闻事业。同时也赴苏联考察，在考察期间不仅了解和搜集各国社会及新闻事业的情况，而且努力学习马克思主义，认真研究苏联社会主义革命和建设情况，促进了他世界观的根本转变。顾执中是专门为考察欧洲各国新闻事业而出国的。

上海新闻界人士出国留学和考察，虽不是由新闻团体组织和直接派遣的，但也得到它们的赞同和支持，特别其中有的就是某团体的负责人或重要领导成员，更是如此。

注释：

①《中央日报出版广告》，《申报》，1928年2月1日。

②《申报》，1927年6月19日。

③《明令取消上海新闻照常检查》，《申报》，1929年9月19日。

④《交涉公署至函租界当局查禁反动宣传》，《申报》，1928年2月10日。

⑤⑥《国民党改组派资料选编》，第540、546页，湖南人民出版社，1986年1月第1版。

⑦ 1926年9月《中国共产党第三次扩大执行委员会议决案》，《中国共产党新闻工作文件汇编》上卷第29页，新华出版社，1980年12月第1版。

⑧《〈红旗日报〉发刊词——我们的任务》，1930年8月10日。

⑨《本报宣言》，《红旗日报》，1930年9月9日。

⑩《本报征求代派处》，《红旗日报》，1930年8月10日。

⑪《中华苏维埃共和国宪法大纲》,《红旗周报》,第25期,1931年11月。

⑫《中央党报的作用及同志对党报的义务》,《中国共产党新闻工作文件汇编》,下卷第33页,新华出版社,1980年12月第1版。

⑬《中国共产党新闻工作文件汇编》,上卷第71页,新华出版社,1980年12月第1版。

⑭ 李立三:《党报》,《中国共产党新闻工作文件汇编》,下卷第127页,新华出版社,1980年12月第1版。

⑮ 同⑬第74页。

⑯《复旦大学新闻系章程》,1929年。

⑰《上海新闻大学启事》,《申报》,1925年2月20日。

⑱《上海新闻专修函授学校招生》,《申报》,1925年9月21日。

⑲《申报函授学校概况》,《申报》,1934年1月1日。

⑳《申报函授学校章程》,《申报》,1933年1月15日。

㉑ 戈公振:《新闻教育之目的》,《报学月刊》,第2期,1929年6月。

㉒ 黄天鹏:《报学月刊弁言》,《报学月刊》,第1期,1929年5月。

㉓《申报》,1933年4月2日。

㉔ 汪仲韦:《我与〈新闻报〉的关系》,《新闻研究资料》,总第12辑,第139页。

㉕ 天津《大公报》,1929年1月16日。

㉖《上海报界工会二次宣言》,《申报》,1931年10月3日。

第八章
抗日救亡高潮中的变化

第一节　国民党新闻统制的强化

一、强化新闻管理制度

国民党的新闻统制政策，随着国民党法西斯专制的日益加强，也发生了很大变化。国民党南京政权建立初期，国民党蒋介石除对革命报刊严厉镇压外，为了笼络人心，骗取民众的信任与支持，口头许诺给人民新闻言论出版自由，并披着法制的外衣实施新闻统制。

“九·一八”事变后，抗日救亡运动日益高涨，并与国民党“攘外必先安内”的卖国政策尖锐对立。于是国民党强化了镇压手段，在新闻文化战线上贯穿了一条走向法西斯主义的思想原则，提出了“新闻一元主义”、“党化新闻界”的主张，以“训政”、“党治”的思想为起点，大规模地吸收德国、意大利等法西斯主义的政治思想和新闻统制经验，企图通过自己的新闻事业，配合以新闻检查与督导机构等手段，镇压新闻文化界，限制爱国进步报刊和人民的言论自由权利，限制私营新闻事业，操纵全国的舆论宣传，多角度多层次地强化新闻统制，纳全国新闻文化界于“一党专制”的轨道之中。

制定新闻法则和强化新闻检查制度，是国民党法西斯新闻统制的主要手段。国民党南京政权建立之初，对新闻的管理是实行追惩为主的原则，制定了《宣传品审查条例》、《宣传品审查标准》、《出版法》、《定期出版物保证办法》等新闻法规法令，规定了申请登记手续、禁载范围等，违者视其情节轻重，给予不同处罚，但也有预防措施。如 1929 年制定的《全国重要都市邮件检查办法》、《各县市邮电检查办法》等，各地设立邮电检查所负责实施，以防“反动”出版物和宣传品扩散。以后又制定了《日报登记办法》，其目的也是为了防止“不良”刊物的出版和扩散。但是，这些措施收效甚微。如 1932 年 3 月至 11 月间，全国登记的报纸只有 375 家，与实际出版的报纸数相差甚远。国民党一再强调《日报登记办法》同样适用于通讯社，但前往登记者很少。

这种失控的局面正是出现在抗日救亡运动日益高涨中，而且情况愈演愈烈。对此，国民党绝不能坐视不管、任其发展，决定全国实行新闻检查制度，直接干涉报刊的新闻业务活动。1933 年 1 月，制定了《新闻检查标准》、《重要都市新闻检查办法》等，先后在南京、上海、北平、天津、汉口、广州等大城市设立新闻检查所，由国民党中央宣传委员会直接指导，规定各地当日出版的日报、晚报、小报、通讯社稿件，乃至增刊、特刊、号外等，均须在发稿前，将全部新闻稿件一次或分次送请检查，违者严惩。检查范围很快从政治性新闻扩大到社会新闻。是年11月，又制定了《取缔不良小报暂行办法》。1934年检查对象从报纸扩大到杂志书籍，从新闻扩大到论文。4月颁布了《图书杂志审查办法》，成立了国民党中央宣传委员会图书杂志审查委员会，并首先在上海试行，由李松风、潘公展、吴开先、丁默村、孙德中、胡天册、项德言、方治等9人为委员，潘公展、李松风、方治为常务委员，主任方治，副主任由国民党上海市党部书记长姜怀素兼任。

1935年，国民党又采取种种措施，进一步强化新闻检查制度。第一，建立了一个领导全国各地新闻检查机关的统一组织，即独立于中央宣传委员会之外的中央新闻检查处，由反共老手贺衷寒任处长，负责指导各地的新闻检查工作。第二，国民党中央每周颁布新闻指导标准，全国新闻邮电之检查必须遵循，对“凡以文字图画，或讲演为抗日宣传者，均处以妨害邦交罪”，这足见国民党对新闻检查法规的随意性，彻底暴露了法制的虚伪性。第三，严格选派各地新闻检查机关的负责人员，对一般工作人员也强化训练，以杜绝“反动”新闻传入报馆，论著流入社会。

国民党在其他法规中也规定了对宣传的管理与控制，对违者的处罚更为残酷。1931年1月，国民党在《危害民国紧急治罪法》中规定，“以文字图画或演说”，“煽动军人不守纪律，放弃职务或与叛徒勾结者”，“判处死刑”；“为叛国之宣传者”，“处死刑或无期徒刑”；“为之展转宣传者”，“处无期徒刑，或10年以上有期徒刑”[1]。

加强对新闻信息的控制，垄断国际新闻。国民党企图运用党营新闻事业的力量进一步控制新闻界，以获得对舆论导向的“最高领导权”。为此，国民党费尽心机，一方面从思想上向广大新闻工作者灌输“民族至上”、“国家至上”、“领袖意识”、“绝对服从”等观念，使他们的新闻观念完全纳入“党化新闻界”的轨道之中，成为国民党的驯服工具；另一方面，采取组织手段，强行控制新闻的传播。国民党中央通讯社陆续同各国通讯社签订新闻交换合同，收回各国通讯社在中国发布中文电讯稿件的权利，从而垄断了国际新闻的发布。1932 年 7 月，中央通讯社与路透社订约，陆续收回该社在南京、上海、北平、天津等地的电台设备，并收回在北平、天津两地发布中文通讯稿的权利；1934 年 1 月，又收回除上海以外各地区发布中文稿件的权利。与此同时，法国哈瓦斯通讯社、美国美联社、德国海通社等在中国发布中文电讯稿的权利也相继收回。这些通讯社的中文电讯稿全部移交中央通讯社，由该社加以选编，再用自己的名义转发国内各地报社。这样，许多重要国际新闻，中国读者都不知道。

收回外国通讯社发布中文电讯稿的权利，仅使不利于国民党的国际新闻不能在中国传播，还不能达到全面控制新闻舆论导向的要求，更重要的是要把有利于自己的新闻更迅速更广泛地传播出去，这是控制舆论导向的关键。1935 年 12 月，国民党成立了以陈果夫为首的中央文化事业计划委员会所属中央广播事业指导委员会，于 1936 年 2 月 20 日通令各地公私营广播电台，必须按照规定时间转播中央广播电台的新闻节目。通令说“为齐一宣传步骤起见”，各地“民营及公营广播电台，自即日起，每日于下午8时起至9时05分（星期日除外），须一律转播中央广播电台节目”。转播内容为简明新闻、时事述评、名人演讲、学术演讲、话剧、音乐6项。以后“逐渐改进”，适当增加转播的时间和内容。对于各地无转播设备的电台，在中央广播电台播送“此节目时间，暂行停播，以杜绝分歧，务使意志集中，收效宏远”[②]。

强化对新闻从业人员的控制，是实施新闻统制的核心措施。新闻统制从控制新闻从业人员入手，这是法西斯头子意大利的墨索里尼的一大发明。国民党在全盘吸收西欧法西斯新闻统制经验时，也注意到了这一点。注意到“舆论之能否统一，全视新闻记者之有无组织，是否接受高级党部之指导，以及分子之良善与否为转移”[③]。国民党控制新闻从业人员的办法，主要有三种。一是，重视国民党新闻人才的培养。要求主持国民党新闻机构的人员，“非经专门训练者，主持不能宏其效”，“选取具有大学程度，对主义有研究，志愿从事新闻事业者，加以训练，以补过去之憾，而应今后之需”[④]。于1935年秋，在国民党中央政治学校设立新闻系（后改为新闻学院）培养国民党新闻人才。对在职的，各地通过举办新闻讲习班、函授班等加以训练，使国民党的新闻工作者都具备“确信三民主义”、“遵守党的纪律”、“具有新闻学知识与经验”。二是，对现有新闻从业人员进行登记，甄别、清除“不良”分子。在登记过程中，对新闻从业人员的“能力、品行、思想、政治信仰、国家观念”等，详加审核，严格甄别，“然后始便于考察其行，指导其思想”，对“不良”分子，特别注意。三是，指导各地新闻从业人员建立组织，成立团体，从中加以控制。国民党派员到各地“联络当地新闻界有权威之分子，组织新闻记者俱乐部”，或其他名称之团体，“以本党从事新闻事业之党员为核心，业于无形之中，潜移默化，渐收左右舆论之效”⑤。从1932年到1936年，全国各地都先后成立了记者公会之类的组织，有不少为国民党党员所控制。四是，试办私营报业顾问制度，即在非国民党报社内，委派或加委国民党员若干人担任顾问，任务是指导报纸宣传、检查新闻、审查广告和训练职工等，这是国民党控制私营报纸的一种创造。

二、法治与暴力并重

国民党披着法制的外衣，妄图把整个新闻界纳入它的“党化新闻”的轨道之中，然而，客观事物的发展与国民党的愿望相反，特别在抗日救亡运动兴起之后，国民党的新闻封锁受到冲击，不仅大批爱国报刊纷纷创办，连一向保守的大报也转向进步，加入到要求民主爱国的斗争行列。国民党惊慌失措，仅用法制手段已难以控制局面，于是辅之以走狗特务，使用暴力镇压摧残进步爱国报刊，发生在上海的典型事件是史量才被刺和“新生事件”。

前几年，史量才为之奋斗的报业托拉斯化计划虽因国民党破坏未能实现，但《申报》的势力已居榜首，影响日益扩大，占据上海乃至全国的舆论重心，颇有号召力，国民党蒋介石曾试图控制申、新两报，遭到抵制未能如愿。“九·一八”事变后，《申报》主张抗战，抨击不抵抗主义，已使蒋介石大为不快。“一·二八”淞沪抗战中，史量才又特别活跃，更引起蒋介石的不满。为控制《申报》宣传，蒋介石对史量才采取软硬兼施的手段。先是以势压人，派员找史量才，要他撤换《自由谈》主编黎烈文，史置之不理。蒋介石又命令国民党中央宣传部派员进驻《申报》，加强指导，也被史婉言拒绝。史述《申报》是自力更生的私营报纸，从未拿过政府的津贴，倘若政府定要派员进驻《申报》指导，就会失掉民营报纸独立经营的地位，无存在价值，宁可停刊。蒋介石还在南京亲自召见史量才，当面施加压力，史以巧妙方式顶住。蒋介石遭到拒绝后，便下令"《申报》禁止邮递"，以断绝《申报》发往外地的条件相威吓，迫使就范。史量才求救于国民党高层的民主人士，使禁令没有发生作用。

国民党蒋介石对《申报》施加压力，未达到目的后，转而使用拉拢的办法。先后任命史量才为中国复兴委员会委员、上海临时参议会议长、中山文化教育馆管理委员会常务理事、红十字会名誉会长等头衔，以诱使史量才屈服。但史不为所动，《申报》坚持抗战救国的态度不变。

蒋介石种种努力均遭失败，无计可施，便决定除之而后快，指使特务暗杀史量才。在苦于上海的特殊环境、一时难于下手之际，特务探知史量才于 1934 年 11 月赴杭州度假，又策划新的阴谋。11 月 13 日，史由杭回沪途中，被国民党特务枪杀于沪杭公路的海宁县境内，同车 6 人，三死三伤。血案发生后，举国震惊，责难纷起。蒋介石、汪精卫还猫哭老鼠地严令江浙两省、沪杭两市严查，缉凶归案，甚至假惺惺地悬赏 1 万元奖金，捉拿凶犯。其实特务已从国民党处领取奖赏，逃之夭夭了。

"新生事件"是国民党加害《新生周刊》负责人杜重远的事

件，是国民党对内独裁、对外投降政策的产物。《新生周刊》于1934年2月创刊于上海，由邹韬奋的好友杜重远主持创办。由于国民党的迫害，邹韬奋被迫于1933年7月出国流亡。同年12月国民党以《生活周刊》同情支持福建人民政府的罪名，通令予以查禁，被迫停刊。《生活周刊》停刊后，杜重远为了保存进步舆论阵地，克服了重重困难，创办了《新生周刊》，由邹韬奋的得力助手艾寒松负责编辑。

杜重远(1897—1943)，爱国民主人士，实业家。吉林怀德人，早年留学日本，回国后在沈阳创办肇新窑业公司，任辽宁商务总会会长。“九·一八”事变后，流亡关内，在上海参加抗日救亡运动，成为《生活周刊》的热心读者，并经常为之撰稿，后参加了生活书店的工作，担任理事会理事，从此和邹韬奋结为生死之交。杜重远创办《新生周刊》后，努力继承和发扬《生活周刊》的进步传统，在风格上也保持《生活周刊》的特点，被称为《生活周刊》的替身。杜重远为每期《新生周刊》撰稿“老实话”一篇，放在卷首，评论国内外大事。由于《新生周刊》坚决主张抗日救亡，反对国民党投降卖国和法西斯暴行，立场坚定，旗帜鲜明，内容精辟，深受读者欢迎和支持，创刊不到1年，发行量达10万份以上。因而，引起日本帝国主义和国民党政府的不满和仇视。1935年6月，日本侵略者发现《新生周刊》第2卷第15期发表的《闲话皇帝》一文，借口对日本天皇大不敬，要求国民党当局查封《新生周刊》，严惩作者和编者。

《闲话皇帝》一文是艾寒松用“易水”的笔名发表的，主要泛论世界各国帝制的不同情形，其中也涉及日本天皇。他说“日本天皇是一个生物学家，对于做皇帝，因为世袭的关系，他不得不做，一切的事虽也奉天皇的名义而行，其实早作不得主”。“日本军部，资产阶级，是日本真正统治者”，他们“企图用天皇来缓和一切内部各阶层的冲突”。这些都是真实的叙述，稿件经过审查批准的。

国民党负责审查稿件的，是全国图书杂志审查委员会上海分会。《新生周刊》该期送审时，认为没有违犯审查标准，审查通过。出版后再送复审，也未发现《闲话皇帝》一文有什么不妥，按惯例又寄一份给国民党中宣部复查，同样也未发现问题。

到 6 月某一天，日本驻沪总领事突然至上海市政府访晤吴铁城市长，交了一份照会，内附《新生周刊》第 2 卷第 15 期一本，提出《闲话皇帝》一文，对日本天皇大不敬，引起日本政府及旅沪日侨的极大愤怒，要求查禁该刊，惩办刊物负责人及其作者。还以妨害邦交、侮辱日本元首为借口，向国民党南京政府提出抗议。

对日本侵略者的无理要求，国民党最高当局十分惊慌，不仅对日本帝国主义的要求，完全允诺，并且立即训令上海市政府向日本道歉，撤换上海市公安局长，取消图书杂志审查委员会上海分会，立即查封《新生周刊》，限 24 小时内将各书店所有刊有《闲话皇帝》的一期《新生周刊》全部封存，由法院判处该刊负责人。

由于《闲话皇帝》一文几次经国民党审查通过，杂志社无任何责任。但国民党政府为了既讨好日本又保全面子，便采取种种卑劣手段，向《新生周刊》杂志社施加压力。杜重远考虑到中华民族处于严重关头，避免日本帝国主义借口扩大侵略，并轻信了国民党当局的花言巧语，愿承担全部法律责任。最后法院以“妨害邦交”罪，判处杜重远一年零两个月的徒刑。结果使一次假审判，变成了大冤狱。

在上海类似事件时有发生。如1933年6月杨杏佛被刺身亡，1936年11月震惊中外的“七君子事件”等，都充分暴露了国民党法西斯独裁的残忍。

三、新闻舆论阵地的强化

运用法制和暴力手段，只能限制和摧残不利于自己的新闻舆论，还不能发挥国民党主导和控制新闻事业的作用，还需运用新闻舆论的力量，进一步控制新闻界。但是，《中央日报》迁往南京，《民国日报》被迫停刊，其他新闻机构尚不健全，在上海这个新闻舆论中心，国民党的影响大大削弱，他们是绝对不会甘心的。从1932年起，国民党又加强了在上海的新闻舆论阵地的建设。

首先活跃起来的是国民党各派系的新闻机构。1932年4月，CC派的大型日报上海《晨报》在上海创刊。该报由潘公展、王晓赖、袁履登、王廷松、程晓湘、陈公源等以私人名义集资创办，他们都是该报股份公司董事会成员，潘公展任董事长兼社长。社址设在望平街280号，创刊初日出对开一大张。

《晨报》为了欺骗读者，公开标榜本报“供给准确敏捷之新闻，发布公正合理之言论，以指导各界以正当思想及切实救国之途径”[6]。但创刊后，除为国民党蒋介石歌功颂德之外，主要宣传法西斯主义，吹捧法西斯头子希特勒为“坚忍卓绝”、“出类拔萃”的人，主张中国只有实行法西斯主义，建立独裁政权才有出路；认为实现这一主张的最大障碍是中国共产党及其领导的革命根据地，对蒋介石军事围剿苏区大唱赞歌。

在报馆林立的上海，《晨报》为在竞争中争得一席之地，也积极开拓业务。在国内各省市及国外大都市招聘通讯员和代销员。扩大篇幅，由 1 大张扩为 3 大张，增加信息量和副刊，并创办《晨报画报》，逢星期日出版，随报附送，不另取资。6 月增出晚报，对开半张(后扩为 1 张)，每日下午 4 时出版，除在本埠发行外，还赶寄沪宁、沪杭夜车，次日晨便与宁杭及沿路各城市读者见面。7 月增设“商会增刊”，由上海总商会编辑，主要刊载总商会及各行业公会的公告、文件、章程、业规、商事法令等，实际是总商会的公报。同月还增刊“每日电影”专刊，由严独鹤、洪深、朱应鹏、马崇淦、孙道胜、周瘦鸥等编辑，成为有影响的影评专栏。1934 年 5 月，又辟“经济合作周刊”，由中国经济信用合作社编辑，以刊载经济理论为主。为争取市民读者，1935 年 9 月，创办了《小晨报》，4 开 1 张，为《晨报》的小型姊妹报，除第一版刊简要新闻外，其余 3 版均系副刊性文字，由何西亚、姚苏凤、穆时英主编。

国民党 CC 派在上海的另一个重要新闻舆论阵地是《社会主义月刊》。创办于 1933 年 4 月，由潘公展主编，发行人顾修坚。社址设在上海赫德路(今常德路)六福里 282 号，主要撰稿人有孙畅、修节、胡伏生、徐曾灿、徐健青、周毓英、周寒梅等。

《社会主义月刊》，16 开本，是一份大型综合性理论刊物，它打着研究社会主义旗号，大肆宣传法西斯主义，反对马克思主义，是典型的法西斯主义刊物。它的发刊词《社会主义的现实——代发刊宣言》就是一篇宣传法西斯主义，反对马克思主义的极其反动的长篇论文，攻击科学社会主义是“宿命的马克思社会主义”，胡说“马克思用右手打倒了唯心论，又用左手把宿命论扶植了起来”，胡说科学社会主义“永远没有实现的希望”，主张中国只有实行“三民主义加法西斯蒂”，才有前途，因此大量刊载宣传法西斯主义的文章。粗略统计，《社会主义月刊》第1卷1—12期共计81篇文章，其中36篇全系宣传法西斯主义，其余也大都与此有关。

国民党改组派的报刊，也在上海重新活跃起来。以汪精卫、陈公博为代表的国民党改组派，为提高同蒋介石争权夺利的实力，扩大影响，从1928年起在上海陆续创办了一批报刊，在蒋介石压迫破坏下，相继停刊。然而改组派并不甘心，又于1932年4月11日在上海出版了大型日报《中华日报》，成为改组派的主要舆论阵地。

《中华日报》创办，是改组派利用陈公博任实业部长的便利，弄到20万元作为开办资金的，汪精卫指派在香港主持《南华日报》的林柏生赴沪筹备。林率赵慕儒、许力求、伍培之、颜加保等一批《南华日报》骨干抵沪后，开展筹备工作，社址最初设在一条小弄堂内，用平版机印刷，每日出版半张小型报，后从法国买到1部卷筒印报机，馆址才于12月搬到河南路303号，日出对开2大张。社长林柏生，总编辑赵慕儒。总主笔许力求，营业部由叶雪松、颜加保负责。1933年3月，增刊《中华月报》，为大型理论性刊物。

《中华日报》虽为国民党系统的报纸，但它同CC派报刊也有所不同，对蒋介石的某些政策和措施，也提出不同意见和批评，但在反共反人民方面却是完全一致的，特别在抗日救亡日益高潮的形势下，《中华日报》站在爱国民众的对立面，因此报纸销路不广，广告也很少，收不抵支，每月都要靠汪精卫补贴才得以维持。抗日战争爆发后，汪精卫随南京国民党政府西迁，在经济上无力贴补《中华日报》，被迫于 1938 年 10 月停刊。

国民党中央通讯社上海分社，也于 1932 年 6 月正式成立。国民党中央通讯社在南京成立后，在上海设立通讯处，每日只向总社发电讯稿，这同上海的新闻舆论中心地位极不相称，更不符合国民党控制新闻舆论的要求，所以中央通讯社决定把上海通讯处改为分社，增加人员，增设机构，任命钱沧硕为主任。分社成立后，除每日大量向总社提供电讯稿外，还增发中英文本埠新闻稿，供应本市各报，也直接向国外报纸供稿。

国民党在上海也加强了广播电台的建设。1935 年 3 月，交通部购买了原西人经营的美灵顿广播电台，由国际电信局负责实施改造，改名为上海广播电台，这是国民党在上海设立的第一座官方广播电台，呼号 XQHC，周率 1 300 千赫，台址设在静安大楼，发射台设在百老汇路瑞丰大厦顶端，发射功率 0.5 千瓦，后增加为 2 千瓦。播音室设在南京路沙逊大厦。每日 6 次播音，即 4 次中文节目，2 次西文节目。节目内容为政治、经济、妇女、儿童、时事常识、家庭、社会常识及音乐、话剧、娱乐等。6 月，国民党上海市政府也筹设广播台，拨款 3 万元，由市公用局负责建造，于 9 月 30 日正式播音，呼号 XG01，周率900千赫，功率0.5千瓦。

四、新闻界的抗争

压迫愈重，反抗愈烈，这是事物发展的普遍规律。针对国民党的倒行逆施，上海新闻界进行了顽强不屈的斗争。

1930年9月，上海各新闻文化团体联合发表了《反对帝国主义国民党摧残文化，压迫思想，屠杀革命民众宣言》，在列举了国民党勾结帝国主义迫害新闻文化界的种种罪行之后，指出"我们站在文化前线的战士，认识此种白色恐怖的文化压迫是国民党反动手段之一端，不消灭国民党及整个反动势力，文化发展终无希望！"[7]

"九·一八"事变后，随着抗日救亡运动的不断高涨，国民党反革命文化围剿也愈加残酷，不仅对进步的革命的报刊严加摧残，而且对一般民营报刊，以及国民党内政见不甚一致的报纸，也加以迫害。1931年12月11日，国民党上海市党部对隶属于上海日报公会的《申报》、《新闻报》、《时事新报》、《时报》、《国民日报》等，以违检为借口，下令邮电管理部门全部扣留，不准外运。对此，上海日报公会发表宣言，提出强烈抗议，指出中国60多年来，报界"备受横逆"，而南京政府建立以来，更是"愈演愈烈"，"立言记事，动辄牵制，黑白混淆，是非泯灭"。严正声明，"言论出版之自由，乃民权之大纲，垂著遗教，固非命令所变更，亦非暴力所蹂躏"，为"保报纸尊严，再三审议，众气歙同，决定即日起，绝对不受任何检查，绝对不受任何干涉，谨此宣言"[8]。同时致函国民党上海市党部，严厉谴责其非法行为，指出该“党部非行政机关，无直接干涉此行政事项”的权利，“贵党部不知根据何职权何法律”，至令邮局禁运报纸，此行为是“违背约法，闭遏言论，侵害营业，已无疑义”[9]。

争取新闻言论自由的斗争，是全国新闻文化界的共同任务，支持与声援兄弟地区同行的斗争，是义不容辞的义务。1933年1月，江苏省政府主席顾祝同非法枪杀镇江《江声日报》经理兼编辑刘煜生，全国舆论哗然，纷纷抗议和谴责国民党的法西斯暴行。上海新闻界也毅然投入这场斗争，上海新闻记者公会首先召开紧急会议，决定呈请国民党中央党部、国民政府行政院、监察院严办顾祝同，并通过宣言，强烈谴责顾祝同“违背训政时期约法”，“蹂躏人权，草菅民命，此种行为在军阀时代，已属罕见”，表示“为尊崇法制，维护人权”，坚决“严重之抗争，务使毁法乱纪者得依法制裁而后已”[10]。2月19日，上海市全体新闻工作者联合发表宣言，签名者达240多人。“宣言”在驳斥了顾祝同强加于刘煜生种种莫须有的罪行之后，严正指出，顾祝同妄图把新闻文化界“永在军事机关控制之下，而不得享受约法所给予的言论自由，生命安全之人权保障。此非刘煜生一人之问题，而值为全体人民所应严重抗争者”，表示“对毁法乱纪，摧残人权”之行为坚决斗争，使之“应受国法之制裁”[11]。上海各报刊纷纷发表评论和文章，抨击国民党摧残言论自由、草菅人命的反动行为。国民党最高当局在全国论压力下，被迫于1933年9月1日，发布了《对新闻从业人员，应切实保护》的通令。虽然国民党并不准备兑现，但这也表明了新闻文化界争取新闻言论自由斗争的初步胜利。为了纪念这个胜利，新闻界把9月1日定为“记者节”，以后每年举行庆祝活动，以联合与团结广大新闻工作者，为维护自己的合法权利而斗争。

1935年，全国抗日救亡运动更加高涨，国民党极为不安，为压制抗日救亡舆论，于7月由立法院通过了《修正出版法》，对新闻出版的限制和迫害更加残酷。如，把管理新闻出版的官署，由省市政府改为县政府及隶属行政院市政府的社会局，这样新闻出版界受到的刁难和迫害更多更严重。在禁载"诉讼事件"之后又加上"非候判决后不得批评"。新增第21条，"关于个人或家庭隐私事件，不得登载"[12]，等等，为新闻采访活动设置了更多障碍，引起全国新闻文化界的极大不满和抗议。上海日报公会、记者公会等，发表宣言通电，抗议国民党法西斯行径，指出"修正出版法"，"与现行法多所变动，且于事实上更加桎梏"，"实行之窒碍殊多"，"难期推行"，要求国民党最高当局另订原则，交立法院复议。在全国舆论界强烈抗议下，国民党被迫答应再行修改。

抗战爆发前，上海的广播事业有了迅速发展，到1936年民营广播电台已达40余家。尽管国民党加强管理，如采取对电台节目"审阅指导"，规定一律定时转播中央广播电台节目等办法，也难以控制广播电台的宣传，于是1937年1月，交通部下令让上海的华光、新声、同乐等8家电台停播。国民党非法行径遭到私营广播电台的强烈反对。2月上海私营广播电台同业公会发表抗议宣言，指出交通部借口上述电台"设务简陋"，勒令停播是没有道理的，因为在"民营电台取缔规则上，亦无此明文规定"，且各电台的机械设备图样，都"事前呈请审核"后建造，后来又经"查验合格方准播音的"，为此要求交通部收回成命。对设备差者可“限期改善”，而不应随意取缔，也希望交通部以后“先行颁布设备标准，各民营电台知所遵从，而减少损失”[13]。

第二节　《申报》的进步倾向与《大公报》重心南移

一、《申报》的头和尾

“九·一八”事变是《申报》发展史上的一个重要转折点。《申报》一改过去政治上一贯保守谨慎的态度，转向积极宣传抗日救亡，要求爱国民主，为上海私营报纸树起一面爱国的旗帜，在抨击国民党蒋介石的投降政策、发动群众投入抗日救亡运动方面发挥了重要作用。

《申报》的转变是有其深刻的社会原因的。《申报》是中国民族资产阶级报业的代表，它的变化充分反映了民族资产阶级的特征。毛泽东在分析民族资产阶级特征时指出：处在帝国主义时代的殖民地半殖民地的民族资产阶级，在一定时期和一定程度上，保持着反对外国帝国主义和反对本国官僚军阀政府的革命性。《申报》同其他许多民族资产阶级工商业一样，在帝国主义和四大家族压迫下，发展遇到了严重困难，特别“九·一八”事变后，日本帝国主义把侵略势力由东北向华北华东扩张，上海的民族工商业处于生死的关头，这更激起了他们的抗战救国热情。进步爱国人士的影响，也是史量才转变的重要原因。“九·一八”事变后，宋庆龄、蔡元培、陶行知、戈公振、艾思奇等，同史量才交往甚密，经常一起讨论救国大计。

出于爱国立场，《申报》在“九·一八”事变前对日本帝国主义在我国东北地区扩大侵略势力、不断制造事端的种种行为曾给予揭露和抨击。“九·一八”事变发生后，《申报》及时作了报道，9月20日在要闻版以大字标题报道了这一严重事件。同时发表了《日军突然占领沈阳》的长篇时评，呼吁“外患当前，内争亟应泯灭，共赴国难，不可再豆萁自煎，陷民族于危难之中”。9月30日在时评《抗战救国运动中军队之责任》中，又写道：“保障人民，巩固国家，是军队的天职”；但在今天“东北半壁河山，一朝尽失，关外三千万同胞全陷于敌骑蹂躏，我负有巩固国防、保护人民重任之军队，竟不发一弹而退，即身遭屠杀，竟毫不抵抗，一直人为刀俎，我为鱼肉者，此种现象实为我国民族之大耻”。11月26日时评进一步指出“九·一八既已发生，我负责当局始终持不抵抗主义，竭力退让，此为东北三省丧失之主要原因”。当时不少人把东北三省沦陷的罪责归结为张学良，而《申报》则如此尖锐地指出应由国民党当局负责，这不能不说明《申报》对问题认识之深刻，对蒋介石不抵抗主义批评之大胆。

为了“一致对外”进行抗日救亡运动，《申报》对国民党蒋介石以“剿匪”为借口发动内战的政策给予批驳，指出“今日举国之匪，皆黑暗之政治所造成”，“所剿之匪，何莫非我劳苦之同胞，何莫非饥寒交迫求生不得之良民”，“枪口不以对外，而以剿杀因政治经济两重压迫铤而走险之人民”；而对“杀人放火、奸淫掳掠之日军，既委曲求全，礼让言和，请其撤退”。还反驳说:“今日所谓匪者,与其谓为由共党政治主张所煽惑,毋宁谓由于政治之压迫与生计之驱使。政治如不改革,民生如不安定,则虽无共党煽惑,紊乱终不可免。”[14]这一分析是相当深刻的。

《申报》也加入了反对国民党独裁,要求民主自由的行列。1931年10月10日在时评《从今年双十节到明年双十节——一年的新计划》一文中,提出了建设廉洁政府,提高民权,武装民众的三大主张。它说“民权高于一切,在民主国家中,人民为国家之主人,民权为天经地义,不受任何限制,无权之民即为变相奴隶。”又说“一个真正革命的政党,必须立基于广大群众,为广大民众利益而奋斗之党”,但是“近年来党权超越民权,镇压民权,寝旦形成党权与民权之争”,“全国人民及执政之党,须一起认定民权高于一切”。因此,《申报》积极支持宋庆龄、蔡元培等人发起组织的中国民权保障同盟的活动,经常报道“同盟”的活动,发表宋庆龄、蔡元培等抨击国民党蒋介石法西斯独裁的文章。1931年12月20日《申报》全文发表了《宋庆龄之宣言》,深刻揭露了蒋介石背叛孙中山,实行法西斯独裁的罪行,指出“中国国民党早已丧失其革命团体之地位,至今已成为不可掩盖之事实”,因为“自十六年宁汉分立,因蒋介石个人之独裁,与军阀官僚之争长,党与民众日益背道而驰,着反共之名,行反动之实,阴狠险毒,贪污欺骗,无所不用其极。在中央则各居要津,营私固位,在地方则鱼肉乡里,作威作福”。《申报》对邓寅达在上海被国民党蒋介石逮捕,宋庆龄等积极营救,及邓寅达被押送南京秘密处死等一系列事实,作了连续报道。对于全国人民要求民主,保障民权,反对独裁的斗争，起了积极的推动作用。

积极支持群众的抗日救亡运动，是《申报》宣传的一个重要内容。“九·一八”事变后，《申报》发表了一系列时评，揭露日本帝国主义亡我中华民族的侵略野心，对爱国民众的一切反帝爱国斗争积极支持。邹韬奋以生活书店名义发起群众募捐运动，支援东北抗日义勇军，《申报》及时作了报道，并多次刊登募捐广告。上海“一·二八”抗战爆发后，《申报》特出专刊及时报道上海军民抗战胜利消息外，还发动各界群众募集救国捐献，支援十九路军的抗战，筹集军饷达 90 多万元。《申报》还发动各界救济收容从战区逃到公共租界的难民。这在当时上海新闻界还是不多见的。

伴随着政治上的进步，《申报》的著名副刊《自由谈》也发生了引人注目的变化。《自由谈》自 1911 年 8 月创刊后，长期以来内容以趣味性知识性为主，格调不高，甚至刊登一些无聊及至黄色的东西。史量才接办《申报》后把主要精力经营正版，对《自由谈》很少过问，加之政治上比较保守，《自由谈》没有什么变化。“九·一八”事变后，史量才在政治上有了较大进步，也决定对《自由谈》实行革新，更换了原主编周瘦鸥，起用刚刚从法国留学回国来的进步青年作家黎烈文。黎烈文，湖南湘潭人，1904 年 5 月 18 日生，少时在当地就读。1921 年到上海，担任商务印书馆助理编辑，一边工作，一边自学。1926 年去日本留学，1927 年转去法国，专攻文学，经常发表文学作品，1932 年春回国，由巴黎大学老师推荐，担任了法国哈瓦斯通讯社上海分社的法文编译工作，不久应史量才之聘，主编《自由谈》，时年仅 28 岁。

黎烈文接编《自由谈》后，决心锐意革新，在接编第一天就在《自由谈》发表了《幕前致词》一文，郑重宣布“世界上一切都在进步中，都在近代化”，文艺也“应该进步与近代化”。因此，《自由谈》的编辑方针应当是“务使本刊的内容更为充实，成为一种站在时代前面的副刊，决不敢以‘茶余酒后消遣之资’的‘报屁股’自限”[15]。为办好《自由谈》，黎烈文邀请了进步作家鲁迅、茅盾、巴金、郑振铎、陈望道、瞿秋白、叶圣陶、郁达夫等，为《自由谈》执笔。从此《自由谈》发表了大量抨击国民党发动内战，对日本侵略者的屈辱妥协行为，揭露国民党摧残进步新闻文化，钳制舆论的反动行径，成为进步文化界的一个新堡垒，在反对国民党蒋介石反革命文化围剿中起着重大作用。所以《自由谈》形式上是个文艺副刊，刊登一些杂文、随感、散文、考据、诗歌、漫画等，但它的社会影响决不限于文艺界，特别是鲁迅的作品影响更为深远。《自由谈》的成功不仅促进了我国杂文的繁荣，而且丰富了如何运用报纸副刊向敌人进行斗争的经验。《自由谈》的重要进步作用，引起了国民党当局的注意，除指使御用文人在报刊上攻击、诬陷鲁迅、茅盾等进步作家外，还千方百计向史量才施加压力，迫使更换黎烈文。黎只主编了一年多就被迫离开《自由谈》。国民党对继任张梓生也不放过，最后《自由谈》于 1935 年 11 月被迫暂时停刊。

二、《大公报》重心南移

《大公报》于 1902 年 6 月 17 日，在天津创刊，创办人英敛之，创刊之初，主要宣传保皇立宪。1916 年由安福系财阀王郅隆接办，由于经营不善，1925年11月17日停刊，为吴鼎昌、胡政之、张季鸾联合购买，成立了大公报新记公司，吴鼎昌任社长，胡政之任总经理兼副总编辑，张季鸾任总编辑兼副总经理，于次年9月1日复刊。在复刊词《本社同人之志趣》中提出了不党、不卖、不私、不盲的办报方针，这“四不主义”实际上是旧中国一些私营报业一向标榜的“不偏不倚”办报方针的另一种表述。

1926年至1936年10年间，是《大公报》发展的黄金时代。在新闻业务上办出了许多特色，独树一帜。《大公报》以言论驰名社会，每天有一篇社评，对国内外发生的重大时事发表最新意见，见解独到，文字凝练锋利，为读者所喜爱。此外，增设“星期评论”，聘请社会上知名学者专家，就某一方面的问题撰写论文，有深度有见解，为研究者所欢迎。《大公报》很重视有特色的新闻报道。它的重要新闻在一个时期里依靠各地特派记者或通讯员，不用一条外稿。《大公报》的旅行通讯更有特色，有的“以旅行写通讯兼摄影”，有的“以绘画作写生通信”，其中范长江的旅行通讯融历史、地理、文化、科学和现实于一体，更为读者所称道。

《大公报》的经营管理也是比较成功的。它吸取了资本主义企业的经验，制定了较科学的管理制度。它用人大都经过考试，量才录用。把报社内职工的工资及福利等，同报馆的经营好坏联系起来。馆内实行严格的考勤制度，奖勤罚懒。该报在广告、发行、如何购买纸张等方面都是比较成功的。因此，《大公报》从1926年复刊时发行量不足2 000份，资本只有5万元。过了10年，发行量超过3.5万份，资本总额达50万元,成为有影响的全国性大报。

《大公报》更大的变化是上海版的创办,工作重心南移。1936年4月1日,《大公报》上海版正式创刊,日出3大张,6月1日又增出“本埠增刊”1大张,连本报共日出4大张。经理李子宪,编辑主任张琴南,本埠新闻编辑王文彬,大批得力干部也从天津调至上海。胡政之、张季鸾都到上海主持一切。《大公报》重心南移的一个重要原因是与当时的形势有关。“九·一八”事变后,日本帝国主义的侵略矛头指向华北,日本特务在天津的活动也日益加强,设在天津日租界内的《大公报》经常受到日本特务及汉奸的侵扰,报馆工作无法正常进行,由日租界迁至法租界。其后,日本帝国主义的侵略步步深入,华北事变发生后,国家局势更为严重,《大公报》受到的威胁也日益加重。为准备退路,决定创办上海版。上海版创刊号发表的《今后之大公报》社评表达出了这种心情。它写道:“在国难现阶段之中国,一切私人事业,原不能期待永久之规划,即规划矣,亦不能保障其实行。倘成覆巢,焉求完卵。藉日避地经营,实际又何所择。”

《大公报》重心南移的另一个重要原因,是它同国民党蒋介石建立了越来越密切的关系。《大公报》在复刊时提出的“四不主义”的办报方针,表明了它想避开政治斗争旋涡,专心经营报业的心愿,以求生存和发展。但是在阶级社会中,报纸作为舆论工具,想完全避开政治斗争是不可能的,在国民党蒋介石南京政权建立初期,新旧军阀矛盾尖锐,混战不停。《大公报》对政治性的问题,一直持慎重态度。当蒋介石的“统一”计划日益实现,统治地位日益巩固之后,《大公报》的亲蒋倾向也日益明显。1928年7月，蒋介石由南京北上，张季鸾下郑州，通过冯玉祥结识了蒋介石，并随蒋的专列一同到北京采访，报道了蒋介石的活动。《大公报》还发表了《欢迎与期望》的社评，称颂蒋介石为“革命英雄”，“其用兵之能，古今历史中殆所罕见”，“其受人之崇拜也固宜”。之后张季鸾又随蒋去南京住了一个多月，以“榆民”笔名写了6篇《新都观政记》和3篇《京沪杂记》，连续发表在《大公报》上，也是为蒋介石政权歌功颂德的，这是《大公报》要人首次同蒋介石直接接触，从此建立了密切联系。

东北易帜后，1930年11月，张学良去南京，胡政之亲赴南京采访欢迎“盛况”，并受到蒋介石的亲自接见。在谈及国内政局时，胡向蒋献策说：“今日急迫应办之事，莫过于剿除匪共”，“剿共之事，军事与政治宜并重”。胡政之为《大公报》写的《新都印象记》介绍了蒋介石接见他的情形，此时正值蒋介石调兵大举进攻苏区红军之时，《大公报》又连续发表了《今日之急务》、《朱毛之祸》、《剿共清共之基本工作》、《剿共与安民》等社评，予以积极配合。

1931年“九·一八”事变，对《大公报》来说是一个关键。“九·一八”事变前，《大公报》对日本帝国主义在山东、东北等地制造的侵略事件，持批评态度。“九·一八”事变发生后，蒋介石采取不抵抗政策。是坚持爱国抗日，还是追随蒋介石的不抵抗政策，对《大公报》是一个严重考验，权衡利弊，选择了后者。蒋介石嘱人致电《大公报》支持他的不抵抗政策。于是《大公报》就宣传“缓抗”，向青年学生的爱国热情泼冷水，劝他们应该“理智”、“冷静”。因此，遭到爱国民众的抨击和反对，大公报馆经常接到民众的电话质问和怒骂。有人写信批判《大公报》的错误态度，甚至在信封里装着子弹，对《大公报》进行警告。也有人向大公报馆投炸弹。但是《大公报》拒绝群众的警告，表示“宁牺牲报纸销路，也不向社会空气低头”，发表社评《转祸为福在共同努力》，正式反对主战论，强调“消除内忧，实抵抗外患之前提”。还连续发表了《学生请愿潮》、《愿青年勉抑感情诉之理智》、《上海之严重学潮》等社评，反对学生群众的抗日请愿。直到“西安事变”和平解决，抗日民族统一战线建立前夕，《大公报》还提出“年来国人喜为安内攘外后先孰宜之辩，今大可以安内而后攘外之语，为‘安内即是攘外’”。

在国难当头、民愤沸腾的情况下，蒋介石为了贯彻“攘外必先安内”的投降政策，需要大公报在言论上进一步支持他。但这种支持并非无代价的，1935 年接受吴鼎昌去南京政府任实业部长就是对《大公报》的一种表示。是年夏，吴鼎昌南下庐山同蒋介石密谈了一个星期，12 月蒋介石提出组织“名流内阁”，于是吴鼎昌便成了其中的一员。为了掩人耳目，吴鼎昌在《大公报》上刊出辞去《大公报》社长的职务，但作为《大公报》老板的实际职能并没有改变。1936 年《大公报》上海版的创办，这是它长期以来从思想言论到组织与蒋介石政权密切合作的必然结果。

《大公报》与蒋介石政权的密切合作，最典型地表现在对“西安事变”的态度上。“西安事变”发生，蒋介石被扣，这是蒋介石顽固坚持不抵抗主义的必然结果，可是《大公报》却不同寻常地发表了《西安事变之善后》、《再论西安事变》、《望张杨觉悟》、《讨伐下令之后》、《张学良的叛国》等一系列社评。特别是《给西安军界的公开信》，公开为蒋介石的错误政策辩解，吹捧蒋介石为唯一领袖，说“他热诚为国的精神与其领导全军的能力，实际上早成了中国领袖，全世界国家都以他为对华外交的重心”。要人们相信“蒋先生是你们的救星”。诬蔑东北军“听了许多恶意的幼稚的煽动”，骂张学良是“叛徒”。这篇社评是诸多攻击西安事变的最反动的一篇，南京政府如获珍宝，印了数万份，用飞机运往西安上空散发，蒙骗了许多不明真相的群众。这在中国新闻事业史上是绝无仅有的。经过中国共产党的努力，西安事变和平解决，蒋介石得以安全回到南京。可是，《大公报》却仍然把矛头指向中国共产党，在《迎蒋委员长入京》社评中再次颂扬蒋介石的伟大之后，胡说：“在中国建国途程中，其所需要排除的只是汉奸与赤化暴动两种行为，除此之外，都应当极力求其和，求其平。”在这里《大公报》不仅把“汉奸”与“赤化”相提并论，而且“除此之外”自然包括日本帝国主义侵略，“都应当极力求其和，求其平”，真是反动之极。

自然，《大公报》不同于《中央日报》等国民党机关报，是有其两面性的，在拥护蒋介石不抵抗主义的同时，也对一些客观事实作了报道。如通过范长江的旅行通讯报道了红军长征的概况，1937 年 2 月 15 日刊出的范长江的长篇通讯《动荡中的西北大局》，向国统区读者报告了共产党为实现西安事变和平解决所作的努力，传达了中国共产党关于建立抗日民族统一战线的政治主张。但就整体而言，从“九・一八”事变到“七七”抗战爆发，《大公报》对蒋介石政策的支持以“社评”形式出现，而对其他进步事物，则通过“通讯”、“消息”的形式进行了客观报道，因此，在这一时期，《大公报》的基本立场是亲蒋的。

第三节　抗日救亡运动中的名记者

一、邹韬奋与《大众生活》

邹韬奋于1933年7月被迫出国，至1935年8月回国，他的这一段流亡生活是很艰苦的，但收获也是很大的，不仅完成了37万字的游记，而且更为重要的是他实现了世界观转变的飞跃，从民主主义者向共产主义者迈进了关键的一步。在两年期间，他遍游西欧和苏联，还去美国考察了3个月，在旅游中不仅考察了资本主义、社会主义两种社会制度在政治、经济、文化等各方面的不同情况，而且还深入到工厂、农村，广泛接触工农群众，劳苦大众，特别是他冒着生命危险到美国南方去考察黑人的悲惨生活和农村情况，更加深刻地认识到两种社会制度的根本区别。在苏联考察期间，他利用一切机会学习马克思列宁主义，攻读马列著作，到莫斯科暑期大学听课，列席第一次全苏作家代表大会等。通过考察和学习，他的无产阶级世界观已基本确立，从马克思主义观点出发，认识到资本主义必然灭亡，社会主义必然胜利。“中华民族的彻底解放，只有在社会主义的无产阶级政党共产党的领导之下，才能获胜。而且也必定朝着社会主义的方向走去。”[17]

邹韬奋1935年8月29日回到上海，此时正是中国抗日救亡运动将发生巨大变化的时候。一方面，日本帝国主义正朝着中国本部进攻，妄图把整个中国变成为它的殖民地，而国民党政府屈从日本侵略者的压力，签订了丧权辱国的“何梅协定”，华北地区将成为东北第二，民族危机更加严重。另一方面，为了挽救严重的民族危机，中国共产党在极其艰难的长征途中，于8月1日发表了《为抗日救国告全国全体同胞书》，提出全国人民团结一致，共同对外，建立统一战线，共同抗日。中国工农红军胜利地完成了长征，到达陕北后，又于11月发表了《抗日救国十大纲领》。在中国共产党的号召下，抗日救亡运动逐渐走向高潮。具有强烈爱国主义热情的邹韬奋，全力投入抗日救亡运动的宣传活动，于11月16日在上海创办了《大众生活》周刊。

《大众生活》与《生活》周刊一样，鲜明的爱国主义是它的最大特色，不同的是，这个刊物不是从一般爱国知识分子的立场出发，而是开始从无产阶级、从马克思主义的立场出发，来观察和说明国家现状、民族前途及个人出路等问题，因此见解深刻精辟，既看到当前的严峻形势，更看到未来的前途，并充满信心，这远非《生活》周刊可比。在发刊词《我们的灯塔》中明确提出“力求民族解放的实现，封建残余的铲除，个人主义的克服”的目标，把实现“民族解放”放在首位，与当时全国人民的抗日救亡运动的形势完全相一致。

《大众生活》周刊认为“团结抗日，民主自由”是当前全国人民斗争的主要目标，中国共产党提出的建立抗日民族统一战线是完成这一目标的唯一途径。宣传并促进抗日民族统一战线的实现，是自己的首要任务。只要真正进行团结抗日的，不分政党派别，不分阶级，不分民族，不分地区，都给予积极报道和支持。《大众生活》周刊创刊后不久，北京爆发了伟大的“一二·九”运动，迅速传遍全国，《大众生活》周刊连续几期用大量的篇幅来反映这个运动。一方面高度评价这个运动,全力支持学生的爱国斗争,另一个方面强调学生爱国运动发展的正确方向,应到群众中去,和工农群众相结合,以促成全民族抗日联合战线的形成,指出:“在民族解放斗争的大目标下响应学生救亡运动,而结成全国救亡联合战线”,这样“才能拯救这个危亡的国家。”《大众生活》周刊还宣传了建立国际反法西斯统一战线的思想,主张对每个弱小民族争取民族解放的斗争,都应当给予热情的支持与同情。

“一二·九”学生爱国运动在全国蓬勃发展的时候,胡适却大唱反调。在他主办的《独立评论》和《大公报》的“星期论文”栏内,连续发表了《为学生运动进一言》、《再论学生运动》等文章,公开反对学生爱国运动,要求学生“奉公守法”,赶快复课,闭门读书,免谈国事,诬蔑学生运动是被少数人操纵“煽惑”,“一群被人糊里糊涂牵着鼻子走的少年人”,“决不会有真力量”。《大众生活》周刊针对胡适的谬论,给予批驳,接连发表了《学生救亡运动》、《再接再厉的学生救亡运动》等社论及文章,驳斥胡适低估学生救亡运动的作用与价值的错误观点。指出:“今天失一块,明天去一省;今天这里‘自治’,明天那里‘进犯’,‘友邦’的军队横行示威,‘友邦’的军用飞机轧轧头上;汉奸得到实际的保障,爱国青年却受着无理摧残。这样实际的客观环境怎能使青年‘安心’读书呢?”进而指出,学生不是不应该掌握知识,而是怎样掌握知识,掌握什么样的知识,“知识须和民族的解放斗争联系起来”,为它服务,才算真正的知识。中华民族面临着严重的生死存亡问题,“正需要发动救亡运动,不能‘埋头’不顾一切”地去死读书。

在民族危机日益严重、抗日民族统一战线尚未建立的情况下，国内矛盾斗争十分复杂，广大青年如何运用正确的立场观点和方法去认识世界动向和民族前途，批判各种错误思想，迫切需要马克思主义的指导。为适应这种需要，《大众生活》周刊运用各种办法宣传马克思主义，先辟《文学修养》一栏，用来系统地介绍马克思主义文学观，后来又设《国难课程教材》一栏，系统讲解辩证唯物主义和历史唯物主义，紧密结合当前的抗日救亡运动的实际，通俗生动地阐明唯物主义和唯心主义两种世界观的对立和斗争，帮助广大读者树立马克思主义的立场、观点和方法。在宣传马克思主义活动中，重点批判抗日救亡运动中的种种唯心主义思想，指出这些唯心主义思想的传播，只能有利于敌人，而不利人民的抗日救国斗争。

继承《生活》周刊的传统，进一步密切联系群众，是《大众生活》周刊的又一特点。密切联系群众，全心全意为读者服务，是邹韬奋办刊物的根本方针。《大众生活》发扬了这一传统，深受读者欢迎，每期销数迅速上升到 20 万份。广大读者来信来稿日益增多，平均每天收到来信 100 多封，有时 1 个月最多来信达 1 万多封。编辑部极其负责地处理好每一封来信，刊物深深扎根于群众之中，这是越办越好的根本原因。这个受读者欢迎的刊物，1936 年 2 月又被国民党查封，邹韬奋被迫于 3 月离开上海，再次流亡，去香港开创新的抗日救国舆论阵地，筹备《生活日报》。

二、范长江西北之行

华北事变后，中华民族危机到了严重关头，解决这一危机的唯一正确的方针，是中国共产党提出的建立抗日民族统一战线。但是，由于中国共产党领导的红军根据地远在西北地区，加之国民党的新闻封锁，国统区人民很少知道这一正确方针。著名记者范长江通过西北旅游采访，在《大公报》发表的一系列通讯中，把中国共产党的这一正确方针冲破国民党封锁，传播到国统区广大群众中去，对于推动实现第二次国共合作，联合抗日起了重大作用，在中国抗日战争史上占有重要地位。

范长江(1909—1970)，四川内江人，原名范希天，自幼聪明好学，在中学时期学习成绩优异，追求进步和真理，参加当时一些宣传革命的活动。1927 年转入吴玉章同志创办的中法大学重庆分校学习。该校被封建军阀查封后，他只身前往当时的革命中心武汉，加入了国民革命军学生营。以后随军去南昌，参加了南昌起义。起义军南下失败后，他流落于广东、江西、安徽等地，为糊口计入军队医院当护士兵。为寻求学习机会，1928 年入南京国民党中央政治学校。

“九・一八”事变后，全国人民掀起了轰轰烈烈的抗日救亡运动，国民党中央政治学校的一部分爱国师生也要求进行抗日救亡活动，但遭到校方当局的压制。范长江认清了国民党蒋介石的面目，愤然脱离该校，前往北京。1932 年入北京大学哲学系，次年 1 月，日军侵占山海关，范长江意识到只埋头读书是不能解除危机的，他毅然走出学校投身于抗日救亡的实际斗争，组织爱国青年赴前线慰问抗日军队。同时他从研究哲学转向研究军事问题等，并开始为北京《晨报》、《世界日报》，天津《益世报》、《大公报》撰稿。这是他投身新闻事业的开始。1934年被天津《大公报》聘为撰稿人。经事实的教育，使他认识到“政治问题是避不开的，单纯研究抗日军事问题是不行的”[18]。这时，他听到一些关于红军和共产党的传闻，又从《国闻周报》“赤区土地问题”专栏了解到中央苏区的情况，这与国民党所宣传的“土匪”、“流寇”情况不同。于是，为了弄清真实情况专程去南昌，在那里又阅读了一些中央苏区油印的小册子，知道苏区情况与国民党所说的完全不同，并知道工农红军、共产党是真心抗日的，进一步促进了他研究共产党和红军的决心。

1935年7月，范长江以《大公报》特约通讯员名义，开始了著名的西北考察旅行。这时中国工农红军正在进行二万五千里长征。由于国民党的封锁，工农红军的情况很少为外界所了解。他想对此进行深入探讨，弄清“红军北上以后中国的动向”。另外，他认为抗日战争全面爆发后，西北地区将成为抗战的大后方，而西北地区的情况到底如何？他想通过报道把真实情况告诉国人，以便研究。他同《大公报》签了合同：此次旅行可以用《大公报》旅行记者名义采访，但报社不发工资及旅费，只付稿费。此次旅行之艰苦程度，是可想而知的。

范长江从成都出发，经川西，走陇东，越祁连山，沿河西走廊，绕贺兰山，跨内蒙草原，西达敦煌，北至包头，全程4 000余里，历时10个月。他的旅游通讯陆续在津沪《大公报》上发表，在国内引起很大轰动。特别是他第一次向全国广大读者公开报道了红军胜利完成二万五千里长征的英雄事迹，对于增进人们对红军的正确认识，起了重要作用。他在旅游通讯中对西北地区在国民党统治下政治的黑暗，人民生活的疾苦也作了淋漓尽致的披露。由于范长江勤奋好学,知识丰富,所以在报道中融历史、地理、文学于一体,谈古说今、意趣横生。有引人入胜的描写,更有入木三分的议论。特别在字里行间表现出正直高尚的民族民主精神,更为广大读者所称颂。他回到天津后,就被《大公报》吸收为正式记者。

1936年,绥远抗战发生,为了揭露日本侵略军觊觎内蒙古的真实情况,8月范长江开始第二次西北之行。他长途跋涉深入绥远内蒙抗战前线,写了大量通讯,及时报道了绥远抗战前线的情况,为广大读者所关注。1936年12月,当他正在前线紧张采访的时候,传来了"西安事变"的消息,他以一个新闻记者特有的敏感,意识到:"这是中国政治的转折点,于是没有得到《大公报》的同意,我就利用我的私人关系,由宁夏到兰州,又由兰州到西安。"[19]从宁夏到西安十分困难艰险,但他把个人生死置之度外,冒着生命危险到达西安。次日经杨虎城引见,受到周恩来的接见,并作了竟日长谈。这次谈话,使他深感"茅塞顿开"、"豁然开朗",认识了共产党对和平解决西安事变的诚挚努力。在周恩来的精心安排下,由博古、罗瑞卿陪同,赴延安采访。在延安期间他广泛采访了工人、农民、学生及机关工作人员。还先后访问了朱德、林彪、张闻天、刘伯承、徐特立、林祖涵等党政领导人。1937年2月9日毛泽东主席亲自接见了他,并作了通宵谈话,向他介绍了十年内战的经过,解释中国民主革命的性质、任务、动力和对象等,特别详谈了当时党的总路线,总政策——抗日民族统一战线问题。这次谈话解决了他多年来没有解决的"阶级斗争"和"民族斗争"的矛盾问题,使他树立了共产主义信念。

“中国新闻界之正式派遣记者与中国共产党领袖在苏区公开会见者，尚以《大公报》为第一次也。”[20]他的《陕北之行》长篇通讯发表后，以极大的热情向国民党统治区广大人民群众，介绍了陕北革命根据地各方面的情况，介绍了中国共产党的政治主张和方针政策，打破了国民党对苏区的封锁。范长江当时曾考虑长期留在陕北，以便一边学习一边搜集材料，准备写几本书，宣传中国共产党和红军的主张和事迹。毛主席指示他，根据当时全国迫切的政治需要，尽快回到上海，利用《大公报》把党的抗日民族统一战线的主张向全国宣传，广泛动员群众，促成抗日民族统一战线，以便进行对日抗战，其作用要比留在陕北大得多。他立即离开延安，经西安回上海。1937年2月14日到上海，次日是国民党三中全会开幕，这次会议主要讨论西安事变所引起的重大问题。范长江连夜赶写了《动荡中之西北大局》一文，于2月15日的《大公报》上发表了，及时揭示“西安事变”问题的真相，指出“双十二事件之发生，实以东北军为主体，陕军为附庸，共军以事后参加之地位，而转成为政治上之领导力量”，“双十二之突发，共军并未参加预谋”。报纸出版后，轰动了上海，销路大增。当日下午报纸到了南京，和蒋介石上午在国民党三中全会上的报告，根本不同，蒋介石大怒，把《大公报》总编辑张季鸾骂了一顿，斥责他不应当发表这种文章。从此范长江的行动受到国民党的注意，信件也受到检查。

范长江西北之行所采写的旅行通讯，其影响是深远的。它不仅把中国共产党的政治主张冲破国民党的封锁，迅速传播到广大国统区的人民群众，对于推动抗日民族统一战线的早日实现，发挥了很大作用，而且使许多爱国青年和新闻记者以范长江为榜样，不怕艰难，不怕危险，勇敢走上抗日战争的最前线。年轻记者冒险深入前线，作战地采访，写出许多可歌可泣的作品，谱写了中国新闻事业史上的新篇章。

三、爱国报人戈公振

“九·一八”事变后，中日民族矛盾逐渐上升为中国社会的主要矛盾，这不仅影响着中国社会各阶级关系的变化，决定着中国政治形势的新格局，而且对每个中国人都将产生深刻的影响。在民族生死存亡的严重关头，是抗日救亡，还是投降卖国？对这一重大原则问题，每个人必须迅速而明确地表白自己的态度，选择自己的道路。在中国新闻工作者中，绝大多数是选择了前者，而反对后者，著名爱国报人戈公振就是典型的代表。

戈公振(1890—1935)，江苏东台人，原名绍发，字春霆，号公振。自从参加新闻工作后，就以号代名。他出身于“书香门第”，自幼养成刻苦攻读、好学进取的精神。1912 年东台高等学堂毕业后，担任《东台日报》编辑工作，是他从事新闻工作的开始。1913 年去上海，次年入《时报》馆工作，历时 15 年，从校对、助编、编辑，一直升到总编辑。他热爱新闻工作，锐意革新，创办了多种副刊，1920 年首创了《图画时报》，为中国画报的历史揭开了新的一页。

戈公振是新闻工作的多面手，在许多方面都取得重要成果。为发展中国新闻事业，培养合格的新闻人才，从 1925 年起他同时投身于新闻教育事业，多次在上海、南京、杭州等大学里讲授新闻学理论和新闻史等课程。他潜心研究新闻学，先后出版了《新闻学撮要》、《新闻学》、《中国报学史》等学术专著，其中尤以《中国报学史》最负盛名，成为中国新闻事业史研究的奠基石。1925 年他发起组织上海报学社，出版《言论自由》等刊物，长期担任上海新闻记者联合会（后改名为记者公会）的理事，积极维护新闻记者的合法权益，推动各项活动的开展。两次出国考察外国新闻事业的状况，介绍经验。他还担任《申报》总管理处设计处副主任，在探索改进报业管理方面也作出了积极贡献。

戈公振是一位不断追求进步的爱国著名报人。早年抱着新闻救国的思想投身新闻事业，1927 年他出国考察时也表示“世界既进化无已，则一息尚存，岂容稍懈”，决心努力学习外国先进经验，推进我国新闻事业的发展。他在日内瓦参加国际联盟的不少会议，发现由“英美所操纵”的“国际联盟”，“希望于中国者，纳费而不发言，顺从而无异议”，对“中国在会中地位，备员而已，实际无足轻重”的状况十分气愤。关于中国问题，“以为巴黎和会未解决问题，无不可于此次会中解决之，而结果乃如水中捉月，影响毫无”[21]，一针见血地指出了国际联盟的本质。他还发现“中国在此世界上，可谓为人最不了解的国家之一”，特别“对于今日中国之国民运动，殊多误会一端，深为诧异”，他决心通过自己的努力，“增进中国与西方之了解”[22]。1928 年 5 月，他到德国科隆参观世界报纸博览会后，在通信中写道，我国应参加博览会，因为“我国为造纸及有报纸最先之国，大可借此宣传”。10 月他离开欧美到了日本，看到日本当局采取种种手段鼓动日本人侵略我国东北和全中国的野心。他十分愤慨地写道:“满洲是我国东北的门户,这个问题一天不解决,我们就一天不能高枕而卧。”处处都表现了他的强烈的爱国主义精神。

1931 年“九·一八”事变爆发后,他一方面积极投身于抗日救亡运动,一方面开始阅读马列主义著作和研究苏联问题的书籍,人生观开始进一步变化。为推动抗日救亡运动,他搜集东北沦陷后的新闻照片、资料,编辑出版《申报图画周刊》,还为《生活周刊》编辑《生活国难惨象画报》,在《生活周刊》发表,在编者按中写道:“在这些照片上除了看到那满天黑烟和同胞被俘,以及平坦的马路变作战场之外,那屋瓦余烬,那横尸殷血;更有那凄惨哀号,我们从无看到听到”,“这种景象,使我们惨目伤心更为何如耶?”㉓他同胡愈之、邹韬奋、李公朴、毕云程等发起援助东北抗日义勇军运动,在募捐启事中称:“暴日侵我东北,为亡我国家,灭我民族之开始”,“东北民众组织之义勇军,血战抗日,义声远震。惟以经济支绌,恐难持久,现有极可亲信之东北同志来沪求援,我国人能将款项接济东北作战义军,即可继续奋斗,使暴日疲于奔命,不能安居东北,实为救我国族之急策”㉔。“一·二八”淞沪战争爆发后,他与巴金、陈望道等 129 人联合发表《中国著作者为日军进攻上海屠杀民众宣言》,强烈抗议日军的暴行。戈公振对国民党蒋介石“攘外必先安内”的投降政策给予尖锐批评,指出在“烽火频惊,神州有陆沉之危”,国民党当局不仅“坐视国土沦亡,毫无抵抗”,而且“萁豆相煎,燕省忘处堂之诫。震迷惊顽,端在今日”㉕。呼吁国民党“停止内战”,一致对外。

1932年3月，国际联盟调查团来我国调查“九·一八”事变和“一·二八”淞沪抗战真相，戈公振以新闻记者身份随顾维钧率领的中国代表团采访，在访问淞沪战场之后，去东北调查。他深知此次活动的危险，路经北京时在其堂弟戈绍龙处留下一封遗书。到沈阳后，立即投入紧张的工作，为了揭露日帝国主义的侵略阴谋，千方百计搜集日军制造“九·一八”事变的罪行材料，不顾日本当局的禁令，三次冒着生命危险到城外张作霖帅府和北大营等地采访，不幸为日伪宪警发觉，遂以“阴谋扰乱满洲之嫌拘捕”，经代表团多次交涉得以释放。

戈公振随代表团在东北调查历时40余天，途经北京回到上海，先后在《申报》、《生活周刊》等报刊发表了《东北之谜》、《到东北调查后》等通讯和文章。深刻揭露日本侵略者所犯的罪行：“东北的现状，简单来形容，就是三千三百六十九万七千七百多同胞，都被日本军阀强迫送入隔离病院，行动不许自由，每日由日本医生和日本看护妇施用手术和注射麻醉剂，使他们的心灵，在最短期间，逐渐衰弱而至于毫无知觉，直至七万七千三百十方里的土地完全日本化，成为朝鲜第二而后已。”还揭露了日本长期阴谋侵占东北的阴谋手段，并驳斥了日本制造“九·一八”事变的借口，指出是“日本人自炸南满铁路”挑起的事端，其卑劣手段“不值识者一笑”。

如何进行抗日救亡斗争？戈公振提出，首先要树立斗争必胜的信心。“日人在东北的地位经过实地考察后，决不能谓已臻稳固，而且可以说彼等可以支配的仅仅是几条铁轨，铁轨以外就非其兵力所及”，“我们应看到敌人的弱点”，“自己不必自馁太甚”，只要树立“宁为玉碎，毋为瓦全的决心”，必能取得最后胜利。其次，在积极支援东北义勇军坚持武力斗争的同时，开展经济斗争相配合，“希望国人勿买日货”，使“日本人在东北不能安枕”；抗日救国要依靠自己力量，而不能寄望于国际联盟，“我们自己不争气，只是希望旁人卖力为我们争回东北，本来是不合情理”，“据我个人粗浅的观察，除非举国一致，背城借一”，“东北无收回希望”，“而国际联盟又是纸老虎”，“最后只能原则上说几句风凉话”，“不必完全倚赖国联”。此外，在国际上主张尽快“对俄复交”，以取得真正的国际援助。

1932年9月，戈公振随国联调查团前往日内瓦，参加国际联盟讨论有关日本侵略中国问题的特别大会。后去苏联访问，他始终关心和支援国内的抗日救亡运动。

四、从“左翼记联”到“记者座谈”

“左翼记联”全称中国左翼新闻记者联盟，是第二次国内革命战争时期，中国共产党领导的新闻工作者进步团体，1932年3月20日在上海成立。它的前身是中国新闻学研究会。

“九·一八”事变后，民族危机日益严重，国民党蒋介石不顾中华民族的生死，对国统区内一切要求爱国民主的新闻文化事业，采取法西斯专制手段加以摧残和镇压，因而激起广大爱国进步新闻文化工作者的强烈不满和反对。他们一方面投身于抗日救亡运动的实际斗争，另一方面积极探求发展新闻文化事业的新道路新方向。1931年3月由刚刚从日本回国的袁殊创办了《文艺新闻》刊物，目的是为了改变国民党统治下新闻界的黑暗状况，在发刊词中提出：“新闻是为大众，是属于大众的”,“文化的主人是大众,文艺新闻的主人亦是大众”。该刊创刊后,冲破国民党的新闻封锁,报道进步新闻文化界的活动,广泛团结新闻文化界的进步人士,开展各种社会活动,组织读者联欢会等。在此基础上积极筹备中国新闻学研究会,于1931年10月23日在上海正式成立,会员40余人,其中有《申报》、《新闻报》、《时报》等报的进步记者及复旦大学新闻系、上海民治新闻专科学校的师生。该会成立后,主要从事社会主义新闻学的研究,成立“宣言”称:“我们除了致力新闻学之科学的技术的研究外,我们更将以全力致力于以社会主义为根据的科学的新闻学之理论的阐扬”[26],在《文艺新闻》上辟了一个专业副刊《集纳》,为研究新闻学阵地。1932年“一·二八”淞沪抗战爆发后,中国新闻学会呼吁新闻界行动起来,投身于抗日救亡运动中去,并团结进步新闻工作者,筹备建立中国左翼新闻记者联盟,为“左联”的下属组织,《文艺新闻》也成为中国左翼作家联盟指导的刊物之一。主持人袁殊加入共产党,并成为左翼文化总同盟的干事。《文艺新闻》停刊后,《集纳》扩大单独出版,改名为《集纳批判》。

1932年3月20日,中国左翼新闻记者联盟在上海正式成立。会议通过了《中国左翼新闻记者联盟斗争纲领》、《开办国际通讯社传播革命消息》、《广泛建立工农通讯员》、《开展工厂、学校、兵营的墙报活动》等决议。“左翼记联”成立后,针对国民党法西斯的新闻统制,把争取新闻自由的斗争作为主要任务,提出“争取言论出版的绝对自由”,否认国民党政府的“一切束缚压制新闻文化之发展的法令”,同时全力推动新闻文化面向基层群众,走“新闻大众化的”的道路,使新闻事业

“成为鼓动大众组织大众之武器”。

“左翼记联”成立后，除了参加中国共产党所领导的各项实际斗争活动外，还在法租界组织了国际新闻社，主要向国外报道抗日救亡运动的消息，抨击国民党的不抵抗政策，揭露国民党政府镇压人民群众抗日救亡活动的罪行，不少稿件为国内外报刊所采用。为冲破国民党政府的新闻封锁，还组织各单位新闻记者集体采访。所出版的《集纳批判》较集中地开展社会主义新闻学的传播和讨论，也注意总结新闻实践经验，帮助广大记者提高业务水平。它的活动的影响越来越大，加入者日增，不仅在国内边远地区，连国外南洋各地也有它的盟员及其分支组织。

“左翼记联”的活动，引起国民党当局的注意，遭到的压力越来越大。《集纳批判》仅出版 4 期，便被国民党查封。国际新闻社活动了 4 个多月，也为国民党发现并勾结法租界当局搜查该社，不久被迫停止活动。但是“左翼记联”并没有在国民党压力下屈服，仍然通过各种方式进行活动。他们采访的稿件除供给《市民报》、《江南晚刊》等报纸外，还通过新声通讯社、远东通讯社等私营通讯社发布出去。

国民党的白色恐怖，并不能阻止广大新闻工作者的爱国热情。他们面对国事日非，危机加重，心情十分苦闷和忧愤，如何挽救民族危机，驱日本帝国主义者出中国，是大家十分关心的问题。1933 年夏，原“左翼记联”的部分成员，新声通讯社记者恽逸群、《新闻报》记者陆诒、新世纪通讯社记者季步飞、申时电讯社记者刘祖澄、《大美晚报》编辑杨半农、《新新新闻》驻沪记者傅于琛等，经常在上海霞飞路(今淮海中路)一家名为文艺复兴的小餐馆里聚会，讨论大家关心的问题。这种自由讨论的方式，既有利于大家畅所欲言，沟通思想和信息，又可以避开国民党特务的注意，以利安全。初参加者五六人，以后其他新闻记者及复旦大学、沪江大学新闻系的师生也陆续加入，多达30余人。地点也改在汉口路一家叫美丽川的菜馆里，每周举行一次，每次都有中心议题，分工准备，轮流主持。讨论的问题十分广泛，或关于报纸采访编辑的业务交流，或关于维护新闻记者合法权益和切身利益问题，有时也请新闻家作学术报告，而讨论最多的是抗日救亡运动问题。由于内容日益丰富充实，大家深感需要有一个交流的园地，以扩大影响，成为新闻界的共同收获。为避开国民党新闻检查，决定在美商《大美晚报》(中文版)开辟一专栏，定名"记者座谈"。

《记者座谈》于1934年9月1日正式创刊，每星期五出一期，约占半个版面，由恽逸群、陆诒、刘祖澄负责编辑，主要责任编辑恽逸群。经常撰稿的有袁殊、杨半农、徐心芹、沈颂芳、许书萍、郑宏述等。初期主要交流对新闻工作的意见和想法，讨论在国事日非的形势下，如何投入抗日救亡运动，后逐渐增加各地新闻界的动态，关于新闻学理论、报业管理、新闻教育、各地新闻事业的现状与历史等。介绍外国新闻事业现状和历史的文章也日益增多。特别对帝国主义新闻侵略及新闻政策作了较系统的揭露和抨击。关于对新闻记者的职业道德和思想修养问题也占有一定地位。《记者座谈》出至1936年5月停刊，共出了89期(中间曾停刊两次)。

争取言论自由是《记者座谈》主要任务之一。"九·一八"事变后，国民党反动派面对日益觉醒的新闻文化界，采取更为严厉的高压手段。1934 年 11 月，上海日报公会会长，《申报》总经理史量才被害，1935 年 5 月发生“新生事件”等，就是这种政策的典型表现，它彻底暴露了国民党蒋介石政权亲日媚外和摧残新闻文化事业的狰狞面目，因而激起广大新闻工作者极大愤慨和反对。1936 年《记者座谈》同人联合新闻界同行，发表了《上海新闻记者为争取言论自由宣言》，提出“在这整个国家整个中华民族的存亡关头，我们决不忍再看我们辛勤耕耘的新闻纸，再做掩人民耳目，欺骗人民的烟幕弹”，抹杀各地“爱国运动的事实的披露”。强烈呼吁实现“言论自由、记载自由、出版自由”，“反对新闻检查制度的继续存在!”作为“舆论机关的报纸，绝对不受检查!”《记者座谈》发表《力争言论自由》评论，报道全国各地新闻文化争取言论出版自由斗争的消息，在围剿国民党新闻检查制度的斗争中，起了积极作用。

第四节　“四社”的成立及其被劫夺

一、“四社”的成立

所谓“四社”，就是 1932 年由张竹平主持经营的《时事新报》、《大陆报》、《大晚报》和申时电讯社 4 个新闻机构组成的联合办事处的简称。它是一个松散的报业联营，并非统一的完整的报业集团，但再一次显示了上海报业向托拉斯化发展的趋势。

张竹平(1886—1944)，江苏太仓人，字竹坪，毕业于上海圣约翰大学。基督教徒。1922 年进《申报》馆工作，显示出报业经营管理的才能，受到史量才的重视，被提升为经理兼营业部主任。张在《申报》工作的同时，逐步筹建自己的新闻事业。1924 年就联合《申报》、《时事新报》编辑部的部分同人创办申时电讯社。1928 年又联合友人购进《时事新报》的产权。随着经营才干的增长，他谋求报业发展，独立大干一场的雄心也日益增长，不甘心寄人篱下。1930 年脱离《申报》，与友人合作接办英文《大陆报》。1932 年又创办了《大晚报》，张分任各社经理，参与 4 个新闻机构的经营活动。

“四社”中创办最早的是《时事新报》，创刊于 1907 年 12 月。第一次国内革命战争时期，《时事新报》在张东荪的主持下转向反动，攻击国共合作和国民革命运动，攻击马克思主义。副刊“学灯”也失去过去的进步性，因此被读者所唾弃，经营每况愈下，不得不于 1928 年将报馆产权转卖给张竹平、汪英宾、潘公弼等人。1930 年 6 月，组织股份有限公司，重新向实业部注册，资产 20 万元，公司董事会由张竹平、汪英宾、潘公弼、熊少豪、程沧波等人组成，张竹平任董事长兼经理。1931 年 10 月，吸收新股，资金增加到 35 万元，董事会由 5 人增加为 7 人，徐新六、张公权为新董事，监察为郑跃南和孙洁，不久董事熊少豪辞职，由董显光接任。

《大陆报》创刊于 1911 年 8 月 29 日，在美国注册，孙中山、伍廷芳等提供资金，参与办报活动。1918 年出售给英商新康洋行主人伊兹拉，伊死后由其妻接办，因经营不善，于 1930 年 10 月转让给张竹平、董显光等中国报界人士。董任总编辑，张任经理。嗣后组成股份有限公司，张竹平占股份的 1/3，张任总经理(总经理一度为董显光兼任)。经营状况有了较大转变，报纸的销售与广告都增加 1 倍以上。

《大晚报》创刊于 1932 年 2 月。1930 年底张竹平为扩大自己的事业，联合董显光、曾虚白、郑跃南等和广告界人士计划筹办一家晚报。此时，日本帝国主义侵华阴谋日益暴露。“九・一八”事变发生后，全国震惊，不久后日寇又在上海制造了“一・二八”侵略事件，上海人民更为愤慨，十九路军奋起抗战，全市爱国民众积极援助，其爱国抗战情形极为感人。为了揭露敌人的侵略罪行和无耻谎言，及时报道上海军民同仇敌忾，奋起抗战的英勇事迹和爱国精神，《大晚报》在筹备尚未完备的情况下，提前于 2 月 12 日出版了，初名《大晚报国难特刊》，同年 4 月 15 日起简用本名，4 开 1 张，篇幅虽小，但很有生气，很受读者欢迎，发行量很快由几千份激增到三四万份。

申时电讯社成立于 1924 年 7 月，由张竹平创办。初设于《申报》馆内，1928 年增加资本，扩大业务，社址从《申报》迁出，增聘专职工作人员，并在全国各地招聘通讯员，很快发展为初步具有全国性的私营通讯社。

上述四个新闻机构都是集资经营的，张竹平实际上主持着各单位的经营权，因为张在各单位的资本约占 1/3，其余大都也是由他通过关系拉来的，比较分散，而且他又是这些新闻机构的主要发起人和创办人，所以各单位的实际经营权都掌握在他手中，张竹平一跃成为上海新闻界仅次于史量才、汪伯奇的著名报业资本家，显赫一时。20 世纪 20—30 年代，上海报业向企业化、托拉斯化发展趋势的影响下，张竹平雄心勃勃，想在中国新闻事业中自成一体系，大干一场，到 1932 年他主持的“四社”都有了相当的影响，经营规模也不断扩大。他决心进一步把它们糅合在一起,成立“四社联合办事处”,自任总经理。还计划逐步过渡成立“四社总管理处”,把松散的联合经营变成由他统一指挥经营的报业实体。这样,又一个报业托拉斯雏形在上海出现了。

二、“四社”的被劫夺

在“四社”顺利发展的时候,中国的政治风云急剧变化。“九·一八”事变后,蒋介石的不抵抗政策越来越遭到全国人民的反对和谴责。作为新闻界民族资产阶级代表人物张竹平等人,也不满蒋介石的不抵抗政策,愿为抗日救亡运动出点力。1932年“一·二八”淞沪抗战时,支持十九路军的抗战爱国行动。1933年蔡廷锴、陈铭枢、李济深等爱国将领不满蒋介石的投降政策,公开宣布与蒋介石决裂,他们在福建成立了“中华共和人民革命政府”,并同红军订立了抗日反蒋联盟。在福建人民政府筹建期间,张竹平等同蔡廷锴发生了联系,商定接受20万元投资,把“四社”作为福建人民政府的宣传机构,坚持抗日反蒋的舆论宣传。“四社”利用租界托庇,发表了一系列冷嘲热讽批评国民党蒋介石错误政策的社论和文章,及时报道全国抗日救亡运动的消息,这使国民党蒋介石集团十分恼火。福建人民政府在蒋介石的进攻和破坏下不久宣布失败,张竹平等同福建人民政府的联系也很快被蒋介石发现。于是蒋介石决心置“四社”死地而后快,下令租界以外禁止“四社”报纸发行及其他活动。张竹平等挣扎了一个时期,终因报纸销数大降,开支庞大,负债累累,无法维持下去。同时蒋介石通过杜月笙向张竹平等施加压力，张等出于无奈，不得不以20万元低廉价格，痛心地把《时事新报》卖给孔祥熙。以后，“四社”的其余三家也逐步被孔氏所劫夺。

为了掩人耳目，表面上国民党是以自由买卖方式将“四社”产权占为己有的，张竹平的职务也是自动退出的。这样国民党的巧取豪夺，逃避了世人的咒骂。1935年5月1日，先由张竹平在各大报刊出启事，称“鄙人一病经月，遵医生嘱，急须迁地休养，所有时事新报、大陆报、大晚报、申时电讯社四公司董事及总经理兼职，已分向四公司董事会声明辞职，所有四公司总经理职务”，“暂请杜月笙先生代理”。杜月笙也同时刊出启事，接受张竹平委托，“所有竹平先生主持四公司时经手及担保借款及其他一切事务，自即日起概归鄙人负责办理”[27]。这样张竹平在“四社”的产权和职务就“和平”地过渡给孔祥熙了。5月24日，“四社”各报声明“自去年9月起，由当局取消邮电登记，迄今业8月余，最近政府已准予恢复邮寄”，“本市租界以外，亦得行销无阻”，“国内外直接订阅者”，“自即日起，继续照寄”[28]。

1935年6月16日，“四社”同时举行新股东大会，改选董事会，选出杜月笙、徐新六、张公权、程霖生、俞佐庭、宋子良、张孝若、魏道明、崔唯吾、傅汝霖、经乾堃、潘公弼、董显光、王卓然、郑跃南等15人为《时事新报》董事会董事，陈布雷、戴耕莘2人为监察，杜月笙为董事长。《大晚报》、申时电讯社两公司的新董事与《时事新报》相同，不同者只是厉树雄、郭顺两人为《大晚报》监察，张翼枢、肖同兹两人为申时电讯社监察，徐新六为两董事会董事长。曾虚白任《大晚报》社长。《大陆报》

公司董事会成员大都保留，后张竹平、杨渭汀两人以辞职方式退出董事会，由魏道明、杨光注两人递补。“四社”的总经理全由魏道明兼任。自此，国民党全面彻底地劫夺了“四社”。

三、“四社”被劫夺的原因及其影响

上海报业托拉斯化倾向的反复出现，并非偶然，但都很快被扼杀，是有其深刻的社会原因的。这一历史现象，充分反映了中国半封建半殖民地社会性质的特点。如果中国处在完全封闭式的封建社会，资本主义经济不发达，报业托拉斯化现象就不可能产生。半殖民地的中国，在帝国主义侵华过程中，也带来了西方经济文化的影响，中国工商业有了一定的发展，成为中国报业发展的基本条件。资本相对集中，是一切事业发展的基本规律，出现报业资本相对集中，倾向托拉斯化，是历史的必然。但半封建半殖民地的社会性质，又从根本上限制了报业发展的程度。特别是以蒋介石为代表的新军阀政权，是大地主大资产阶级的联合专政，在政治上，由封建专制向法西斯独裁发展，根本不可能给人民以民主和自由；在经济上，他发展以四大家族为代表的官僚垄断资本，一切与之抗衡的其他经济势力都在消灭之列，不许存在，与这种政治经济相适应，或者说为之服务的新闻文化政策，必然是实行严厉统制，而且其手段是极其野蛮和残酷的，在国民党一党专制的统治下，只能有一种声音，决不允许多种声音并存。国民党南京政权建立后，一方面大力建立自己的新闻宣传网，扩大自己的声音，企图垄断全国舆论；另一方面，制定一系列法规条令，实行严格的新闻检查等措施，限制与扼杀任何不同的舆论。在这种历史背景下，如果中国出现经济势力雄厚、言论相对独立、不容易加以控制的报业集团，这同国民党的新闻统制政策相违背，是绝对不能允许的。继史量才购买《新闻报》股权被破坏之后，又发生了“四社”被劫夺事件，就是国民党这一政策的必然结果，只不过其手段不同而已。

如果史量才收购《新闻报》股权成功，其托拉斯程度比“四社”高得多，所能控制上海舆论及影响全国的作用也比“四社”大得多，然而国民党对付“四社”的手段却比对付史量才要阴险毒辣得多。首先是从幕后指挥跳到台前厮杀。1929 年国民党南京政权刚刚建立，统一全国的美梦尚未完全实现，其地位尚不巩固，国民党蒋介石集团为了笼络人心，欺骗民众，不得不打着“训政”的旗号，高唱民主自由的高调，所以阻止史量才收购《新闻报》股权，主要是施加政治影响，而不是行政手段。到了“四社”成立时，形势已大不同，国民党的政权已经巩固，并日趋法西斯化，党化新闻事业的主张和理论已经提出，强化法西斯新闻统制的政策和措施也纷纷出台，国民党一意孤行，已无所顾忌，借口“四社”同福建人民政府的联系，更迫不及待地采用行政手段，逼使张竹平等就范。

上海报业托拉斯化发展被扼杀，都是国民党独裁政权与买办的封建的社会势力联合行动的结果。买办的封建的社会势力，是半殖民地半封建社会的必然产物，是帝国主义和封建军阀的混血儿。在旧中国，上海作为帝国主义侵略中国的立足地和出发点，更是这种社会势力的孳生地，他们同帝国主义和封建军阀都保持着密切联系，成为这两种势力勾结的中间媒介和桥梁，有时也成为某一方利用的工具。国民党阻止史量才收购《新闻报》股权时的虞洽卿和劫夺“四社”的杜月笙都是国民党蒋介石集团的得心应手的工具。不过蒋介石使用这两个工具的方式有所不同，《新闻报》股权风波时，虞洽卿在蒋介石的唆使下跑到《新闻报》临时拼凑个班子同史量才对抗，而杜月笙则不同，他成为中国帮会中著名龙头人物后，更受到蒋介石的器重，为了扩张自己的势力，在张竹平创办“四社”过程中投资入股，成为“四社”董事会的重要成员，同张竹平的关系较好。当蒋介石决心除掉“四社”时，杜月笙转身成为内应者，在孔祥熙的指挥下，采取种种手段直接向张竹平施加影响和压力。杜月笙的恶劣作用远远超过虞洽卿，迫使张竹平将苦心经营多年的“四社”极其痛心地拱手转让给孔祥熙。

国民党破坏“四社”，比阻止史量才收购《新闻报》股权，更有计划有预谋。“四社”在社会上的影响日益扩大，国民党更加不快，欲尽快除之而后快，但“四社”设在租界内无法直接插手，于是就从内部瓦解，董显光便是争取的对象之一。董显光在上海新闻界是颇有影响的人物之一，是“四社”的骨干成员，担任《大陆报》的总经理兼总主笔。在国民党策动下，他于1934年9月先辞去《大陆报》总经理之职，1935年1月又借故辞去总主笔，在“四社”的关键时刻，无疑是一个打击，“该报董事会坚留未获，深表遗憾”。可是6月孔氏“四社”新董事会成立时，董显光又担任《时事新报》、《大晚报》、申时电讯社的董事。在国民党下令在租界以外禁邮“四社”的报纸后，张竹平为克服经济上的困难，决定《时事新闻》减裁人员，以减轻经济负担。国民党就唆使上海新闻记者公会出面干涉，向张竹平施加压力，派代表直接同张竹平谈判，并组织援助《时事新报》职工委员会，要求张竹平限期全部职工复职，在内外交困的压力下，张竹平不得不屈服，以"养病"为名退出了"四社"。

史量才、张竹平作为中国民族资产阶级在新闻界的代表人物，在发展报业的道路上作了种种努力与奋斗，使托拉斯报业集团化开始起步，代表了新闻事业发展的基本趋向。但他们的对手是以蒋介石为代表的官僚资产阶级，无论在经济实力上，还是在政治力量方面，都难以同国民党蒋介石集团相对抗，最后不得不让步和屈服。然而，报业托拉斯化的出现是历史的必然，20 世纪 20—30 年代出现的报业托拉斯倾向虽然被国民党残酷地扼杀了，可是报业资本相对集中，日趋垄断的情况在当时的中国并没有消失，中国仍然存在着报业托拉斯生长的土壤，只是被日本侵华战争暂时打断了。抗战胜利后又有所恢复与发展。《大公报》在上海设总管理处，辖天津、重庆、香港等分部，《新民报》扩展为五社八版，《益世报》也是三个报馆并存的松散联合体，它们的经营虽没有形成高度集中统一领导，但这也是资本势力相对集中的报业集团。

第五节　独树一帜的小型报——《立报》

一、《立报》的创办

《立报》于 1935 年 9 月在上海创刊，是我国 30 年代一张很有影响的小型报，由著名报人成舍我联合友人创办。

成舍我(1898—1991),原名成平,笔名舍我,湖南湘乡人。1915年在天津《健报》任校对、编辑,开始了他的新闻生涯。从1924年起,他在北京先后创办了《世界晚报》、《世界日报》和《世界画报》,1927年又在南京创办了《民生报》,成为著名报人。1934年《民生报》因刊登彭学沛贪污事件,得罪了国民党当局,报纸被查封,成被捕入狱,关押了4个多月。释放后,国民党当局向他提出"《民生报》永远停刊","不许再在南京用其他名义办报",也"不得以本名或其他笔名发表批评政府的文字"。成被迫离开南京到达上海。

1935年6月,成舍我联合新闻界友人,集资创办《立报》。参加者先后有严谔声(新声通讯社社长)、管际安(《民报》总编辑)、胡朴安(《民报》社长)、钱沧硕(中央通讯社上海分社主任)、肖同兹(中央通讯社社长)、吴中一(《新闻报》记者)、田丹佛(前汉口《中山日报》总编辑)、程沧波(《中央日报》社社长)、严服周(新声通讯社南京分社主任)、张友鸾(南京《新民报》总编辑)、朱虚白(前南京《朝报》总编辑)等。8月10日召开股东大会,通过章程,推选严谔声、成舍我、管际安、田丹佛、肖同兹、钱沧硕、吴中一7人为董事,胡朴安、程沧波2人为监察人。严谔声、田丹佛、钱沧硕3人为常务董事。任命成舍我为社长,严谔声为总经理,田丹佛为经理,张友鸾为总编辑,不久由萨空了接替。报纸原定名《力报》,后发现国内有同样名称的报纸,故改名为《立报》。

在《发刊要旨》中阐明了《立报》创办的目的,指出"本报同人,服务报业,多者20余年,少亦10年以上,深感我国多数报纸,售价过高,篇幅过多,所载材料,又与最大多数民众利害无关”。当前“内忧外患，纷至沓来，众多国人仍若熟视无睹”，“同人等认为，欲复兴民族，必先使每个国民，皆能了解本身对于国家之责任。为欲达此目的，则定价低廉，阅读便利，日销达百万之大众化报纸，尝有乘势崛起之必要”[29]。

9月20日，《立报》正式出版，4开4版的小型报。《立报》一创刊就改旧式小报的陋习，为上海小报界树立了一面革新的旗帜，以崭新的面貌展现在广大读者面前，被誉为“大报中的小报，小报中的大报”。发行量迅速上升，到1937年初夏，高达20万份以上，超过了当时国内发行量最高的大报，其他小报更是望尘莫及。《立报》不仅在上海报业发展史上占有特殊的地位，而且在中国新闻事业史上也留下光荣的一页。

《立报》的突出特点，是它有明确的政治方向。过去的小报，绝大多数把赢利视为唯一目的，采取各种手段，去迎合一部分追求低级趣味读者的要求，供茶余酒后之玩味，因此主要刊载奇谈掌故、社会黑幕、暴力凶杀，或要人轶事、名妓风流、吃喝嫖赌等无聊东西。《立报》则截然不同，把民族危机、国家命运作为头等大事来对待。多次宣称“整个中国和整个世界，正被不安定、不景气的阴云笼罩着”，“眼看着青面獠牙，世界最凶恶的战神，即将光临”。这显然是指日本侵略者制造的华北危急。“如何打破当前的灾难”，是《立报》宣传的中心。报道全国日益高涨的抗日报亡运动，是它的主要内容。《立报》对“西安事变”的报道和评论，尤为世人所注目。

“西安事变”发生后，国民党内部各派为了各自的利益，在如何处理事变问题上，出现了两种对立的意见。广大群众因蒋介石不抵抗政策，陷国家于危难之中，对他恨之入骨，也主张把他处死。《立报》从大局出发，高瞻远瞩，明确提出和平解决的方针。指出在民族严重危机之时，应首先“认明谁是我们的敌人”，应“集中全国一切力量以对付主要的敌人”，全国人民都应有这样的“共同信念”[30]。“西安事变”发生后，在国内外舆论界也出现了悲观论调，认为中国将沦为“西班牙第二”，亡国惨祸迫在眉睫。《立报》独具慧眼，十分明确地提出“西安事变”能够和平解决，“中国决不会成为‘西班牙第二’”[31]。这些正确意见，在当时国统区报刊中是不多见的。上述正确主张，都是该报主笔恽逸群在时评中提出的。

恽逸群(1905—1978)，原名恽钥勋，字长安，从事新闻工作后改用逸群。江苏武进人。青年时代追求进步，阅读进步书刊和马列著作，1926 年加入中国共产党。1932 年去上海，任新声通讯社记者，开始了他的新闻生涯。不久参加发起“记者座谈”活动，团结爱国进步记者，从事抗日救亡活动。《立报》创刊后，先后任编辑、评论记者、主笔等，1937 年参加发起组织中国青年记者学会，任秘书主任。抗战爆发后，根据党的指示，在香港、上海等长期从事报刊和情报工作。

恽逸群为《立报》写了一系列时评，代表了正确方向，特别对国民党蒋介石坚持内战政策，提出尖锐批评，指出在民族危机日益严重的今天，应一致对外，“全国军民已早有一致的认识和要求”，谁要在此时掀起对内争端，或发动内战，“必为全国军民所共弃”[32]。《立报》的时评不仅为国内各界人士重视，也为国际舆论界所注意，苏联塔斯社上海分社，经常把《立报》的评论发往莫斯科。因此《立报》的声誉大振。

二、《立报》的独特风格

在新闻业务方面，《立报》也有不少独创之处。首先明确提出"报纸大众化"的办报方针。"报纸大众化"是19世纪由西方报业界提出的。当时资本主义经济的发展，推动了报业的繁荣，一些报纸为了在竞争中求得生存和发展，便用"报纸大众化"口号，以招徕读者，扩大发行。所以他们的"大众化"口号，不是为了劳苦大众，而是牟取私利的手段。《立报》所确立的"大众化"与此截然不同。它是在民族危机、国难深重的形势下，认识到抗日救亡运动取得胜利的关键，在于发动民众。报纸应把如何接近民众，更好地为他们服务，教育与发动他们投身于爱国救亡运动，是自己应肩负的民族责任，为此确定了"大众化"的办报方针。提出"我们的大众化却要准备为大众谋福利而奋斗"，"认定大众的利益，总应超过个人利益之上"，"我们要使报馆变成一个不具形式的大众乐园和大众学校"[33]。为民众服务，是《立报》"大众化"方针的基本点。

把"大众化"同国家民族的命运联结在一起，是《立报》办报方针的又一突出点。他们提出，中国"近百年间，内忧外患，纷至沓来"，目前更是到了"空前的国难"，而"大多数国民仍漠然无动于衷"，"不能了解本身与国家的关系"，不知道"应当尽的责任"。造成这种状况的重要原因之一，是"最大多数的国民不能读报"。为改变这种局面，《立报》决心开创一种新风气，创办一种能使全国民众，"皆能读、爱读、必读"的报纸，帮助他们"了解国家大事"，增强国家观念，这样"国家的根基才能树立坚固,《立报》所揭举大众化的旗帜,其意义在此”,也是“本报的最大使命。”《立报》的宣传活动,就是紧紧围绕这一中心进行的。除大量刊载抗日救亡的消息和评论外,还在头版报边刊出大字标语,“必使每人皆认识本身对于国家的责任,然后才可达到民族复兴的目的”,“天天读报最易增进本身对国家的认识,故欲民族复兴必先实行报纸大众化”[34]。这种独具匠心的做法,更容易使读者了解它倡议“大众化”办报方针的真正含义。

实行“精编主义”,是《立报》的一大创造。当时国内各报所刊用电讯稿,大都来自国内外通讯社,稿件一般比较长,而小报篇幅小,容量有限,如照抄照登,不仅报纸的信息量减少,不能满足更多读者的需求,而且更重要的是,由于各通讯社的立场观点不同,对同一新闻事件,报道的侧重点也不同,甚至有的记者夸大或编造,如果不加分析地把各通讯社的稿件,并刊在同一版面上,让读者自己去比较判断,这对于基层群众为主要读者对象的小报来说,是很不利的,容易成为外国通讯社的义务宣传员。《立报》为贯彻自己的办报宗旨,达到教育群众,启迪国家观念、爱国热情的目的,对于国内外新闻,在广泛了解各通讯社发稿内容的基础上,摘其主要内容,编成简明扼要的消息。有的需要发详细内容的稿件,也往往重新编写,该长则长,该短则短。这不仅大大增加小报的容量,信息量不比大报少,而且对稿件中的错误加以纠正,减少错误舆论对读者的误导。

《立报》对选编新闻的文字,也是经过精心加工的。文字简洁、准确通畅、接近口语化。对于本埠新闻,力争派出自己的记者去采访，既有利于立意新颖，报道出独家新闻，也有利于“大众化”文风的推广。这样《立报》的报道，精确简明，没有大报的繁重，而有大报的丰博。每天配以简洁而精练的评论，文字浅显经济，使广大读者，读得通、看得懂，帮助他们在极为复杂的事物中，抓住中心，认识实质，以达到教育群众、引导群众的目的。

《立报》的办报方针和风格，在副刊上也得到充分反映。《立报》设有三个各具特色，面向不同读者的副刊。一是《林言》，文艺性副刊，由新闻教育家、复旦大学新闻系主任谢六逸主编。二是《小茶馆》，侧重于反映读者的意见，向群众介绍有益知识为主，由萨空了主编。三是《花果山》，侧重于讲故事，由张恨水、包天笑先后主编。著名作家、学者郭沫若、茅盾、老舍、巴金、郁达夫、林语堂、曹聚仁、王统照、夏衍等，都为《立报》副刊写过稿件，文章短小，含意深刻，触及时弊。有的揭露社会黑暗，抨击当局；有的提出问题，从舆论和实践上帮助劳苦大众解决一些困难；有的冲破封锁，告诉广大读者重大事变的真相等。文章短小精悍，格调清新高雅，健康向上，反映了时代的号声。在编排方面，也是贯彻“精”的原则，在“小天地”里做大文章，栏目众多，形式活泼多样，整个版面琳琅满目，繁花似锦。从内容到形式都为报纸副刊界树立了一面旗帜。

《立报》在版面设计上，也体现了革新精神，一改旧有的小报的格式。旧有小报第一版大都刊登大幅广告，而《立报》第一版载国内要闻、短评、新闻照片等。报头两旁附以人物图画、时事插图。二至四版，上半版分别载国际新闻、本埠新闻及社会新闻动态等；下半版分辟三个副刊。每版从栏目到标题，从文章到插图，从编排到文字，都给读者耳目一新的感觉。

三、《立报》的影响

《立报》的出版，不仅在上海，而且在我国新闻事业史上，占有重要地位，它标志我国小报发展的里程碑。它的办报方针和革新精神都在我国新闻界产生了一定影响。

上海是我国最早出版小报的地区，但长期以来大多数小报内容简陋，篇幅短小，专载琐碎事、社会新闻、游戏小品之类，趣味性、消闲性充满整个报纸，也有一些专以低级庸俗、黄色下流招徕读者，成为污染社会的精神鸦片。这是上海半封建半殖民地新闻事业的一个特点。

随着我国民主运动的发展，从20世纪20年代起，上海也出现了内容日渐健康的小报，初步摆脱了旧式小报的窠臼。1929年出版的《社会日报》，重视新闻报道和言论，内容也把社会新闻和政治新闻并重。"九·一八"事变发生后，《社会日报》不论新闻、评论或副刊，都体现了抗日救亡的爱国精神。这一变化，反映了上海小报逐步从逃避现实、趣味消遣的旧窠臼中脱离出来，向关心国家命运，重视现实政治经济转变。"五卅"运动中出版的《公理日报》、《民族日报》等，更不同于一般小报。彻底实现这一转变的是《立报》，它不仅摒弃了消闲低级的内容，成为宣传抗日救亡运动的重要阵地，而且在新闻业务上锐意革新，把办报着眼点，放在广大的劳苦大众上，受到广大读者的热烈欢迎，在很短时期内，成为上海发行量最高的报纸。

《立报》变化如此深刻，首先是它适应了时代的需要，群众的愿望。任何事物只有适应时代的需要，人民的要求，才有强大的生命力。“九・一八”事变后，抗日救亡是全民族的迫切任务，一切有爱国良知的新闻文化人士，无不为祖国的危亡担心，愿为抗日救亡出力献策。《立报》一创刊便投入抗日救亡运动的洪流中，发出时代的呼声，不顾国民党的高压政策，告诉读者“一些真实的情况”，说一些“别处不敢说，或不愿说的话”。

其次，办报人的素质不同。以往小报的主办人，大多是无聊文人，缺乏一种正确的办报观念和办报动机，为自身的某种私利而办报。而《立报》的创办人和编辑经营者，都是严肃大报的负责人，有的是著名报人，他们创办《立报》的出发点和动机，与其他小报不同。该报发刊词《我们的宣言》作了郑重表示。他们办大报的作风和优点，也潜移默化地起作用。特别萨空了担任总编辑，恽逸群担任主笔之后，对《立报》的发展方向，更起了决定性的作用。

《立报》联络和团结了一大批进步作者，也是保证和推动它不断进步的重要因素。《立报》专任编辑记者的人数不多，稿件来源，除通过自己设立的电台，抄收各通讯社的电讯，加以精编以外，主要靠广大的业余作者，它既有知名的作家学者，更多的则是普通的爱国群众。每天群众来信来稿有几十件，多至上百件，“粗糙的纸和歪斜的字，带给我们的感情”，“热烈”而“真挚”，“读完了以后”，“落下泪来”。这成为编辑部成员办好报纸的强大动力。群众来信来稿在业务上也经常给予启发，报纸上许多文章的立意和题目，都是读者提出来的。

在上海小报发展史上,《立报》起到了承前启后的作用。《立报》的成功,无疑是继承和发扬了前人的许多办报经验。许多优良的民主报刊传统,在《立报》出版过程中,都有所体现,而他们的革新精神、成功经验又对今后的小报界乃至整个新闻界产生影响,给后来者以启迪。1937 年 8 月,上海文化界救亡协会出版的《救亡日报》,在办报方针、编辑业务、版面设计、副刊专栏等方面,都吸取了《立报》的经验并有所创新和发展。孤岛时期出版的《每日译报》也能找到《立报》的影子。如他们对所收到的各通讯社电讯,从不照收照登,而是加以去伪存真,把国际反法西斯形势,国内抗战斗争的真实情况,告诉孤岛人民。《立报》的成功经验,不只是编辑业务的具体做法被别人接收和模仿,而是他们的办报思想、战斗精神为许多报刊所吸取,成为永久的财富。

第六节　晚报的黄金时代

一、几经沉浮的上海晚报

上海的晚报,如同其他近代报刊一样,也是舶来品。上海最早的晚报,是 1866 年出版的英文《中国之友》。该报于 1842 年 3 月在香港创刊,周刊,因受香港当局迫害迁广州出版,1866 年迁来上海,改为晚报。1867 年 10 月(清同治六年九月),英人创办了英文《晚差报》(或译《黄昏快报》),主笔琼斯,几年后停刊。1868 年 10 月(清同治七年八月),出《上海差报》,主编休郎。1873 年 6 月(清同治十二年五月),英文《晚报》创刊，主编巴尔福。1879 年 4 月（清光绪五年三月），英文《文汇报》创刊，创办人兼主编克拉克（又译开乐凯），成为当时出版时间最长、影响最大的英文晚报。创办人克拉克，原系英国军人，1861 年来远东，先在日本经商，嗣后来上海，于 1879 年创办该报，一时成为上海著名晚报《上海差报》的竞争对手。1890 年克拉克设法购得《上海差报》的产权，使《文汇报》成为上海一家实力雄厚的英文晚报，与另一家英文大报《字林西报》并峙。担任英文《文汇报》主编的除克拉克外，先后还有金斯米尔、尼希、布莱克、里文顿等人。1922 年 10 月，克拉克死后，英文《文汇报》的大部分股份被日本人购买，因经营不善，事业不振，股东又于 1930 年将《文汇报》归并于英文《大美晚报》。此外，上海早期出版的英文晚报还有《上海时报》、《上海晚报》、《晚钞报》等，但发行时间都不长。

上海早期的晚报，全部是英文报纸，读者对象仅限于外国人和少数懂英文的中国人，销量有限。有的外国报人看到不少中国读者也希望饭后茶余阅读晚报，认为出版中文晚报也会成为发财的途径。1895 年（清光绪二十一年），《字林沪报》尝试出版了《夜报》，为上海出版最早的中文晚报。创刊的目的主要为了刊载当天发生的新闻，以满足读者需要，“俾当日午前远近各新闻及各外电报、要信，均可既晚周知”[35]。可见当时上海社会对新闻的要求比较高了，而报纸也开始重视新闻的时效。中文晚报的出版，更能满足这种社会需要。《夜报》设有论说、谕旨、各省新闻、本地新闻等栏目。其稿源主要由《字林沪报》的访员提供。

在外国人创办晚报的影响下，国人也在上海创办晚报。

1898年(清光绪二十四年),国人在上海出版了《上海晚报》,日出一张,由《游戏报》和《中外日报》馆代销。为吸引读者,扩大发行,《上海晚报》除设论说、各类新闻外,又设有小说连载等栏目。同年又有英商出资创办了中文《晚报》,坚持出版了数年。戊戌政变失败后,清政府加强对国内报刊的镇压,特别“苏报案”发生后,对租界内出版的报刊,也千方百计加以摧残,许多报刊被迫停刊。

辛亥革命前后,国内形势发生了很大变化,为满足人们的需要,上海的晚报,同其他报刊一样,重新活跃起来,从1910年起又陆续出版了一批晚报。11月《通信报》晚报创刊,其发刊宗旨为“捷便确实,补各日报之所不及,并以集各日报之精华,可省时节力,可作茶前酒后之谈笑资”[35],言简意赅地说明了晚报的特点、作用及编辑方针。武昌起义爆发后,上海出现了创办晚报的小高潮。当时市民对武汉形势十分关心,每天争购大报的群众挤满了望平街,大报所载隔日新闻,不能满足读者要求。1911年8月创刊的《中外晚报》很受欢迎,有的大报就增出夕刊。1911年10月24日,《民国晚报》创刊,专载战讯消息。10月28日,《民国日报》增刊《国民军事报》快报。11月3日《大汉报晚报》问世,同月《大风报》增出《大风晚报》。稍后出版的晚报有《晚钟报》、《爱国晚报》等。袁世凯篡夺政权后,上海的晚报又遭厄运。

五四时期,在新文化运动和五四爱国运动的推动下,上海的晚报又重新活跃起来。1919年8月,有几位老报人化名天虚我生、钝根、小蝶等,倡议出版晚报,称“鄙人等,自辞却报界聘任以来,猥亵痂癖,诸君辙相招致,特惜分身无术,且念新闻中心点，端在上海，果欲办者，尤须别出心裁，销数在四万份以上，乃始值牺牲心力，筹维再四，则为晚报为最善"[37]。倡议征集同志，集股创办晚报。1921 年 2 月，《中国晚报》出版，是影响较大的一家。

《中国晚报》由沈卓吾发起，国内外报界同人共同创办。"创刊通告"称"本报为国内外新闻界同人与旅外华侨有志新闻事业者共同组织，谋消息宣传之迅捷，秉国家建设之进步"，"定于 10 年 2 月 15 日出版"，"日出两大张"[38]。馆址设在南京路 238 号，该报得到以孙中山为首的国民党人的支持，积极报道孙中山等的革命活动。1924 年 7 月刊出广告，发售孙中山在广州讲话的留声唱片，受到进步读者的欢迎，因此引起反动军阀的迫害。但它利用租界的庇护坚持出版。1928 年初一度停刊，同年 4 月复刊。在复刊通告中公开宣称"本报受先总理之指导，奋斗东南，宣传主义，与恶势力作殊死战，受厄者再停多时，现定 4 月 10 日恢复出版"[39]。为扩大业务，征求"各大都会及海外大商埠"、"沪宁沪杭两路各大站及沿长江各埠"的通讯员及代销员。

1924 年，第二次直奉战争爆发后，上海又出现创办晚报热潮。9 月 8 日，《东南晚报》创刊，因报道战争的倾向性，"责难纷来"，一度被迫停刊。11 月 4 日复刊时称"本报发刊一月，风行万纸，锄奸扶正，有口皆碑，前以东南义师中道顿挫，本报受责亦可小休"，"定 11 月 4 日继续出版"[40]。以后陆续出版的晚报有《江南夜报》(1924 年 12 月)、《礼拜六晚报》(1925 年 5 月)、《上海夜报》(1925 年 3 月)、《申报晚报》(1925 年 11 月)、《东南夜报》(1926 年 6 月)、《上海晚报》(1926 年 10 月)、《江南晚报》(1927年2月)、《新中国晚报》(1927年2月)、《民国日报晚刊》(1927年7月)、英文《大晚报》(1929年1月)、《东方晚报》(1929年3月)、英文《大美晚报》(1929年4月)、《三民晚报》(1929年11月)、《中央晚报》(1929年12月)、《星报》(1930年4月)、《救国夜报》(1931年11月)、《观海晚报》(1931年12月)等。这些晚报大都自生自灭,寿命不长。这表明上海的晚报经营还不成熟,往往只是在某一事件发生后仓促创刊,报社组织既不健全,也缺乏管理经营措施,编辑业务尚缺特色。

二、晚报的成功

“九·一八”事变是中国形势的转折点,给中国新闻事业带来巨大影响,也改变了上海晚报的状况。“九·一八”事变前,上海的晚报有较大影响的几乎没有。事变后,特别上海“一·二八”事件发生后,上海的晚报不仅数量多,内容也较为健康,积极宣传抗日救亡运动,在新闻业务和经营管理方面,也有较大进步。

“九·一八”事变爆发后,收回东北失地,成为上海爱国民众关心的热点。“一·二八”事件发生,更激发了广大民众的抗日救亡的热情,及时了解抗战斗争情况,是上海人民的迫切要求,与此相适应大批晚报出版。从1932年至1937年“七七”事变前,上海出版的晚报主要有《大沪晚报》、《华美晚报》、《华东晚报》、《平民晚报》、《中华晚报》、《上海晚报》、《民众晚报》、《生活晚报》等。上海的各大报也增出了夕刊或晚报等。

这时期的晚报，以《大晚报》和《大美晚报》最为成功。

《大晚报》创刊于1932年2月12日，由张竹平创办，自任社长兼总经理，总编辑汪倜然，总主笔曾虚白，社址设在爱多亚路(今延安东路)130号。初创的《大晚报》是一张私营性的报纸。董显光、曾虚白虽参与其中，但当时他们还未参加国民党的政治圈。《大晚报》依照股份有限公司组织法组织的，资本最初为5万元，到了1934年因业务扩展，增加为10万元。股东大多数为工商界人士，其中也有旧官僚和买办阶级，但为数不多，他们是为了照顾张竹平的面子，拿出钱来入股的，对于报纸的言论和经营，从不加过问，所以后来孔祥熙劫夺“四社”后，仅以26％的股权，就能控制《大晚报》，就是这个缘故。

《大晚报》创刊于“一·二八”淞沪抗战的特殊环境中，当时上海各报为了在竞争中取胜，同时为了让全市人民更快更翔实地知道战事进展情况，都使出了看家本领。《大晚报》为争得一席之地，也努力使报纸办出自己的特色，以争取读者。第一，派得力记者赴淞沪抗战前线阵地采访，既可及时迅速地报道日报无法刊载的消息，以满足广大读者需要，又能更生动形象地描写所见所闻的现场，文章真实生动、活泼、轻松、有强烈的现场感，更具有晚报的特点，以满足茶余饭后读报人的口味。第二，努力用白话编写。晚报的读者大多数是一般市民，文化水平不高，为适应他们的需要和要求，《大晚报》无论消息、通讯以及社论都使用白话写，语言通俗易懂，初有文化者读得懂，没有文化者听得懂。第三，重视地方通讯。利用“四社”遍布全国各地的记者，采写了大量适合晚报刊登的地方通讯，如社会新闻、轶闻趣事、内幕新闻、文化体育消息的小镜头、小特写等。这些新闻通讯，既不虞匮乏，且免与晨报冲突，对促成晚报的独特风格起了重要作用。

《大晚报》从创刊到1935年被劫夺期间，是办得最有生气的时期。初创时是1张4开小报，到1934年篇幅逐步扩充到2大张，有时还出2张半。销数也从千余份，增加到上万份乃至四五万份，最高时曾达六七万份，成为晚报的佼佼者。那时《大晚报》的声势之盛，可直接威胁申、新两报。

"四社"被劫后，张竹平所担任的《大晚报》总经理之职由杜月笙接任，杜之后魏道明、董显光也分别做过一个时期，后来孔祥熙派崔唯吾担任。《大晚报》的其他人事和编辑记者虽变动不大，但一切行动不能不根据新老板的意志行事，报纸的编辑和言论无形中受到束缚，报纸的生气大减，销数逐渐下降到三四万份。"八・一三"事变后，"四社"管理处和《时事新报》随国军西撤，迁至重庆，而《大晚报》只留在孤岛，初接受日方新闻检查，日落千丈，后改洋旗报，用英商独立出版公司名义出版。由于失去总管理处的支持，经营度日如年，勉强维持，直至1941年被日寇查封。

《大美晚报》也是这时期较为成功的一家。英文《大美晚报》合并《文汇报》后，虽成为上海唯一英文晚报，因系外文报纸，读者面有限，影响不大。1933年增出《大美晚报》中文版以后，情况大有改观。中文版虽仍以美商大晚报公司名义出版，但主要经营活动由总经理兼总主笔张似旭主持，编辑记者大都由中国人充任。因此报纸更加符合中国读者的口味，发行量迅速上升。在编辑业务上，《大美晚报》中文版的新闻，大半是根据英文版翻译的。没有社论，言论主要译自上海各外报评论或中国报刊的文章社评等。虽然中文版创刊初也宣称:“报纸之天职,原在以迅捷敏快之方法,谋中外消息之沟通。采访务求准确,记述务求公正,不作任何个人之工具,不为一党一系而宣传”[41],但在译稿的选择上,注意更加适合中国读者的需要,特别把宣传抗日救亡视作全民族的头等大事,放在突出地位,因此更受读者欢迎。

在报纸版面编排上,《大美晚报》中文版也注意适合中国读者习惯。该报创刊之初,曾以横排方式转载评论,后征求读者意见,多数读者不习惯,所以全部采用直排式。为满足晚报读者的要求,增辟了一些副刊或专栏。如“商业栏”,刊载国外金融商业行情;“妇女栏”,介绍时装、烹饪、保健等常识。副刊除文艺综合性的“夜光”外,1934 年 9 月增辟“记者座谈”专栏,办得很有特色,引起上海新闻界同行的广泛注意。

《社会晚报》和《华美晚报》也是出版时间较长,有一定社会影响的晚报。《社会晚报》创刊于 1934 年 3 月 1 日,社长兼总编辑蔡钧徒,编辑记者有高亚文、沈少雁、王大根、赵醒民、沈延昌等。社址设在四马路东华里 559 号。《社会晚报》丰富多彩的副刊是它的特点。从星期一到星期日,每天有一个副刊专栏,依次是“新旧上海”、“人生医学”、“摩登家庭”、“国货与银行”、“医学常识”、“舞蹈”、“无线电”。这些副刊专栏,融知识性、趣味性、可读性于一体,很受读者欢迎。《华美晚报》创号于 1936 年 8 月 18 日,是英文《大美晚报》一部分职工脱离该报后创办的,在美国特拉华州注册,发行及董事会主席 H. P. Mills,总经理朱作同,总主笔石招太,社址设在爱多亚路 172 号。《华美晚报》实际是挂洋旗的国人办的报纸。

三、晚报的特点

到抗日战争爆发前，上海出版的晚报有60余家，在报业激烈竞争中，几经沉浮，终于在30年代确立了自己的地位。综观不同时期的上海的晚报，有不少共同特点。

首先，宗旨较纯正，内容较健康。旧上海是小报的丛生地，数量之多，为全国之冠。有些读者把晚报视为小报的一种，因为它们都是一般市民阅读的消闲性读物，有较浓厚的知识性趣味性。其实晚报与小报有共同点，而两者亦不同，不能等同。就多数而言，晚报的内容较健康，格调较高雅。其原因：第一，晚报创办人大多数是严肃大报的主持人或参加者，晚报为开拓事业的一种尝试，由大报记者提供消息来源，内容较为健康。第二，大都在形势发生重大变化时，为适应局势发展需要而创办。如在辛亥革命、直奉战争、"一·二八"事变中创刊的晚报，都属于此类。创办的目的，是及时报道事变消息，以满足读者需要。所以晚报报刊内容大都是政治时事性的。第三，一些重要晚报都有一批进步文化人士为作者队伍。有的负责副刊专栏，有的为主要撰稿人，如《大美晚报》中文版，1933年增辟的"记者座谈"，就是由一批进步爱国的新闻记者编辑出版的，成为抗日救亡运动的重要舆论阵地。

其次，重视报刊业务研究，不断改进工作。早期出版的晚报，与日报相比，只是出版时间的差异，而无自身业务特点。随着晚报的发展，不少晚报工作者也开始研究晚报的读者对象、业务特点等，力求办出自己的风格和特点。天虚我生等在倡议出版晚报的通告中，就涉及晚报的特点：(1) 出版时间晚，便于读者阅读，提出多数读者“日间必有职务”，无暇读报，而“晚报则不妨公务”，“能一展览焉”；(2)“日报报载，都为隔日新闻”，而“晚报则在四时以前之新闻专电，均能披露”，提供最新消息；(3) 晚报摘登当天日报的重要新闻，节约读者的时间。此外还比较了晚报与日报在邮寄、广告等方面的异同。1924 年有人对晚报的特点作了较全面的分析，提出：(1) 经济独立，不受资本家之束缚；(2) 言论自由，不为一党一派之倾向；(3) 消息灵通，应在各地招聘通讯员；(4) 议论精辟，均为短刀直入之谈；(5) 记事简要，不尚沉沦，以免耗读者之精力；(6) 行文优美，执笔者皆为有文学修养之人；(7) 编排适宜，不死守通常之呆滞；(8) 出版迅速，每日下午 7 时前出版；(9) 注意文艺，收罗文坛杰作甚多；(10) 加强小品，庄谐并用，以引读者之兴味[42]。上述论述，不仅涉及晚报的内容、编排、文风等问题，而且论及办报的宗旨、方针等问题。1932 年后出版的《大晚报》、《大美晚报》、《新闻夜报》等，大大发展了上述要求，形成了晚报独特的特点和风格。

再次，坚持不偏不倚的办报方针，以求生存和发展。旧上海是半殖民地半封建中国社会矛盾的焦点，斗争错综复杂，尖锐激烈，许多报刊，包括晚报不得不回避矛盾，以免成为政治斗争的牺牲品。不偏不倚的办报方针，就是为适应这种形势而确立的，只是各报表述方法不同。有的比较含蓄，如《上海晚报》提出：“宗旨正大，消息灵通，议论新颖”。有的则更直接明白些。如《中南晚报》宣称“本报宗旨纯正，不党不偏，本服务社会之精神，求国民之协创”。《大晚报》在创刊时表示

"本报以提倡生产为要，无背景，无成见，不谈纯政治理论"，"所载新闻均以事实为依据"。《新闻夜报》更是遵循《新闻报》一贯坚持的超阶级超党派的办报方针，提出了"我们愿意忠于国、忠于民，但是坚决不效于任何政治集团"。在这一办报方针指导下，晚报对新闻报道一般采取客观公正和中立的态度和立场。自然，一些晚报对国内问题，取超然态度，尽量不卷入政治漩涡，而对外则不同，特别在帝国主义入侵，关系到国家民族命运的问题时，它们能挺身而出，为救亡图存大声疾呼，爱国主义立场十分鲜明，"一·二八"抗战中创办的晚报大都如此。外商《大美晚报》中文版，也有类似情况，创刊时宣称遵循英文版已确定的"本报在中国是居于宾客的地位"，报道取"容忍的，公正的"，"大胆无畏，毫无偏私"的态度。但在全国抗日救亡运动日益高涨的影响下，参加《大美晚报》中文版的中国编采人员，也把它推向抗日救亡的阵线中。

最后，注意改进经营管理，报业不断发展。在报业激烈竞争中，上海的晚报能占有一席之地，一个重要原因，就是有一些晚报主持人注意不断改进经营管理，创造了较好的物质基础，有较雄厚的经济实力。《大晚报》创办人张竹平就是有远见卓识的一位。他提出"不办晚报则已，欲办晚报，对于资本、设备、人才三点均应并重"。为了解决资金困难，《大晚报》在筹备期间，张竹平就决定以股份制方式，向社会集资。张邀请董显光、曾虚白、郑跃南等参加办报，形成编辑部核心，通过考试招聘一批编辑记者。考试方式是通过参加报社一星期的编采活动的成绩，择优录取。报纸的经济收入主要靠广告。为取得广告客商的信任，《大晚报》发起"报纸每天自己报告销数运动”，邀请上海市总商会代表、上海著名会计师，到该报印刷所，从印刷机上抄下当日印数的号码，签字盖章，于次日《大晚报》报头加框如数公布。这是对自己报业自信心的表现，也是对报业同行的挑战，取得了社会的信任，在竞争中处于有利地位。

第七节　外报对抗战的同情与支持

一、斯诺与《密勒氏评论报》

《密勒氏评论报》（*The China Weekly Review*）是美国人、纽约《先驱论坛报》驻远东记者汤姆斯·密勒于1917年在上海创办的一份英文周刊。为美国在中国资格最老的周刊，星期六出版，每期约50页。每期发行四五千份，主要读者是在华外国人及中国官员、知识分子等，部分销往美英等国。两年后由约翰·贝·鲍威尔接办，任主笔兼发行人。

密勒氏创办《密勒氏评论报》的目的，在于加强中西方的沟通，“将远东局势的发展，使本国明了，同时使西方的发展，使东方明了”。该报的编辑方针，鲍威尔宣言：“本报历来主张中国为独立之国家，而不为西欧或东瀛之附属品”，主张“中国门户开放主义”，“中国关税自主，取消外国人在华之领事裁判权”[43]。基本上反映了美国政府的对华政策。

《密勒氏评论报》的内容，以有关中国远东地区的政治时事性评论和报道为主。鲍威尔是支持蒋介石国民党政府的，反对外国武装干涉中国内政。“九·一八”事变发生后，暴露了日本帝国主义独霸中国的野心，严重威胁到英美在中国及远东的利益。《密勒氏评论报》同情与支持中国的抗日救亡运动，陆续发表了《东北是怎样变成日本殖民地的》、《日本在华北之筑路计划》、《日德协定与中国》、《日本的华北军事经济计划》、《日本侵略华北与国际》等一系列文章，揭露和抨击了日本帝国主义侵华阴谋和罪行。1935 年 12 月，在《论日本兵在华北之行动》一文中，揭露日本侵略中国的新计划：(1) 日本以援助中国"取缔反日活动为名，管理中国之警政"；(2) 以实现中、日、"满"三方"政治经济互相合作"为名，要"中国正式承认满洲国"；(3) 谋划中、日、"满"三方是军事合作，"以防止华北蒙古之赤化"，其目的是"为对抗苏俄之一种联盟"。还指出国民党华北政策的严重后果，"对于华北独立政府之允诺，等于同意日本对于中国其他部分亦同样管理也"。

在中国人民抗日救亡呼声日益高涨的过程中，《密勒氏评论报》对中国共产党的抗日主张，逐渐有所了解，对中国共产党的态度也有所改变，主张国共合作，联合抗日，先后发表了斯诺、韦尔斯、斯特朗、史沫特莱等人介绍中国共产党和解放区情况，介绍八路军和新四军抗敌斗争胜利的报道和评述文章。其中影响最大最广泛的是斯诺的陕北之行，发表了毛泽东论述抗日战争的有关文章，冲破了国民党的新闻封锁，使国民党统治区人民了解中国共产党及解放区的真实情况，在当时上海外国人办的报刊中，是颇有名气的。

埃德加·斯诺(Edgar Snow，1905—1972)，美国著名的新闻记者、作家。生于密苏里州堪萨斯城一个印刷出版商人家庭。早年当过铁路小工和印刷学徒。1926 年进入密苏里大学新闻学院学习，1927 年开始从事新闻工作，1928 年来中国，担任《芝加哥论坛报》驻远东记者和《密勒氏评论报》助理编辑。1930 年至 1932 年担任美国统一报业协会驻远东记者，在中国各地采访，在《密勒氏评论报》上发表了一系列游记，介绍中国各地情况，特别有一组介绍当时日本殖民地台湾情况的文章，详细报道了在日本侵略者占领下，台湾人民的悲惨状况，引起读者的广泛注意。同时他还撰写了《远东前线》一书，记述了日本侵略中国的背景和经过。1933 年去北京任北京燕京大学新闻系讲师，兼任美国《星期六晚邮报》驻远东撰稿人，《纽约太阳报》、英国《每日先驱报》特派记者。1935 年北京爆发了"一二・九"爱国运动，斯诺给予极大同情，直接参加运动，以很大热情报道了运动情况。此期间还编译出版了《活的中国》一书。1936 年 6 月，在宋庆龄帮助下，进入陕北根据地采访，历时 4 个多月，广泛访问了红军指战员和广大工农群众，受到毛泽东、周恩来、朱德、彭德怀等中共领导人的接待，《密勒氏评论报》陆续发表了斯诺的报道。特别是访问毛泽东的文章，其本身具有的历史意义和所产生的重要影响，是其他文章不能比拟的。

斯诺在保安访问毛泽东时，就抗战形势和统一战线问题等进行了广泛的交谈。由吴亮平担任翻译。先由斯诺用英文记录下全部谈话内容，然后译成中文，再经毛泽东校订。10 月底斯诺回到北京后，于 11 月 5 日把与毛泽东谈话的全文，连同对苏区访问情况的综述，一起寄给《密勒氏评论报》。斯诺在文前加按说："谈话太长，涉及的面太广，无法全部登录"，"以问答形式刊出摘要，似乎对当前局势的发展有特殊的意义”。该报接到文稿后，全部予以发表，连续刊登在1936年11月14日、21日的两期上，标题是《与共产党领袖毛泽东的会见》。前一期还在显著地位刊登斯诺所摄毛泽东头戴红军八角帽的大幅照片。

这篇会见记录是一份十分珍贵的历史性资料。它记录了全面抗战前夕，中国共产党人运用马克思主义原理，科学地分析了行将到来的抗日战争形势，提出在国内、国际建立和开展反对日本侵略者的广泛统一战线的必要性和可能性；毛泽东分析了中日双方的基本状况，提出了中国人民进行抗日战争的持久战的战略和战术思想，以及抗战中可能遇到的困难和光明前途。这些内容后来成为毛泽东著名的《论持久战》中的基本论点。

在历史即将发生重大转折的时候，斯诺这篇会见记，客观、及时、权威地报道了中国共产党提出的一整套抗日战争的路线、方针和政策，以及陕北根据地的情况，在国民党统治区第一次为广大读者所了解，冲破了国民党政府长达9年的新闻封锁，使国统区人民透过重重黑幕，看到了抗日战争的一线光明，对推动抗战统一战线的建立起了积极作用，其历史意义是深远的。

1938年7月2日，《密勒氏评论报》发表的斯诺的《关于日本战略》一文，对中共提出的抗日民族统一战政策，在抗战中所起的重要作用作了充分论述。1939年9月，斯诺再次访问陕北根据地，在延安与毛泽东又进行了长时间谈话，会见记录也发表在《密勒氏评论报》上，这次会见，毛泽东科学地分析了当时国际、国内反法西斯战争形势，重申了中国共产党坚持抗战、坚持统一战线、坚持独立自立的原则立场，针锋相对地回击了国民党顽固派的反共喧嚣，有力揭露了国民党蒋介石集团反共投降的真面目，教育了国统区广大人民认清形势，坚持斗争，推动抗战事业的继续发展。

在此期间，斯诺夫人海伦担任《密勒氏评论报》驻北平记者，为该报撰写了大量报道北平及华北人民抗日救亡斗争的消息和评论，特别在1935年"一二・九"运动中，她和斯诺一起参加学生运动，满腔热情地报道了学生运动的实际情况，对于推动南方的抗日救亡运动也起了积极作用。

二、中英文《大美晚报》

英文《大美晚报》是由英文《大晚报》改组而成，是美国人在上海创办最早的晚报。它对中国问题的态度，基本上反映了美国政府的立场，希望美国在华利益不受侵犯，因此对日本帝国主义不断扩大侵华行为，持反对态度。1932年，国联对日本在中国制造的"九・一八"和"一・二八"侵略事件，派出以李顿为首的调查团来中国调查，尽管该团给国联的报告对日本并未给予严厉谴责，但日本侵略者对调查报告的观点也不能接受，提出所谓的意见书，加以反驳。对日本帝国主义的无理行为，英文《大美晚报》载文予以驳斥，指出"日本意见书是强词夺理，荒谬绝伦"，"日本之努力辩证"，其中心意图是使"日本帝国主义的侵略行为合理化"[44]。

1933年《大美晚报》创办了中文版后，所刊新闻大半译自英文版，没有社论，大量译载上海其他外报社评和文章，也转载中国报刊的言论。由于《大美晚报》中文版的经营和编辑工作以中国人为主，所以翻译和转载关于中国抗日救亡运动方面的材料较多，支持救亡运动的态度显得更为积极一些。

"九·一八"事变以后，日本帝国主义侵略中国的野心日益暴露。《大美晚报》揭露和谴责日本侵略阴谋的材料也逐渐增多，特别对日本加紧掠夺东北的行为尤为注意。1934 年就不断发表评论和消息，揭露日本加紧控制东北地区的矿山、能源、铁路等重要部门，其目的是"准备在日俄发生战争时，把它当作日本的最前线"。1935 年初，转载的《密勒氏评论报》的《满洲国——世界最大的军事基地》一文，进一步揭露日本侵略者的计划，妄图把伪满变成"供给日本重工业急需的原料"基地，将"满洲国化为日本对外战争的最大军事根据地"，为此，伪满的一切机关由日本特务主持。伪满的工农业生产、交通运输、军事要隘等，"均由日本军部管理"。1937 年 6 月，英文《大美晚报》发表了《日本在东北三省移民现状》一文，揭露日本帝国主义者"把东北三省当作他的生命线"，"经营东北三省一天比一天深入"，势力"一天比一天根深蒂固"。为达到永久占领东北三省，日本"计划 20 年内"，"向东北移民 100 万户，约 500 万人"，费资 18 亿元，分期实施。

日本帝国主义侵占东北之后，又把侵略矛头指向华北地区，日方军政要人纷纷发表侵占华北的言论，日本军队不断挑起事端，日本特务也加紧在华北的活动。对于日本侵略者的阴谋，《大美晚报》中文版陆续发表或转刊了《日本在中亚之阴谋》、《华北紧急，日又图内蒙》、《日本侵略中国的新阶段》、《华北命运之预测》、《极端严重的北方情势》、《华北现状及未来》

等，揭露日本侵略华北的阴谋，提醒国际社会注意日本在中国的新动向，指出日本的侵略行径，“不但只是对中国政府的挑战，其他曾签字于尊重中国独立与完整的各公约之国家，亦皆在挑衅之列也”[45]。

对日本发动的“八·一三”侵略事件，中英文《大美晚报》的同人，更耳闻目睹了日本侵略者的野蛮与残暴，除积极报道中国军民英勇抗战的消息外，陆续发表或译载了《人道的刽子手》、《日本的毁灭》、《日本的暴行》等文章，抨击日本帝国主义军队的法西斯暴行，特别对日本飞机无视国际公法，大量轰炸集中在上海南车站的难民，无比愤慨，指出“据调查，南车站死者无一士兵”，“惟有穷苦的难民和妇孺”，日本侵略者这种“野蛮举动”，“没有半点人道的思想”，是“违犯战争公法的残酷行为”。警告日本侵略者，中国人民有很强的“对付艰危的适应性”，“绝不为暴行所屈服”。

中英文《大美晚报》对日本占领区内，中国人民的抗日斗争，给予积极的同情。如对东北抗日义勇军的活动，陆续发表了《东北义勇军活跃，傀儡必为烽火之忧》、《东北义勇军仍在活动，日军军车出轨》、《抗日壮志未泯，马占山誓死效命》等消息和文章，赞扬东北义勇军不屈不挠的抗战精神。1935 年 6 月，马占山到上海活动，《大美晚报》详细作了报道，特别引用马占山决心抗战到底的誓言：“即使中国民众死伤一半，而只剩两万万，中国亦当抗日到底。”《大美晚报》对华北事件中北方民众的救亡抗日运动，对“八·一三”上海抗战中广大群众的爱国热情都作了报道。称赞中国人民的奋斗精神，“实较优于任何其他国家”，“不顾一切，拼命到底，这是中国现时最优胜的一点”[46]。

《大美晚报》呼吁国民党政府改变态度，“确立能动的对日国策”。指出中国前途有“两条道路任选择：武装抗日，抑完全屈服”。因为“对日外交，关系到国家民族的存亡”，应当发动群众参加抗战，改变“由政府少数人包办”的状况，才能做到“举国一致，确立政策”，“共赴国难，全力应付，才足以抵御狂澜”。否则日本帝国主义者“侵寸割尺”，“全国土地将丧失净尽”[47]。并批评国民党对华北政策的失误，是造成华北危机的重要原因，“华北自治运动之抬头，实因中央政治之不良”。希望国民党当局答应民众的抗日要求，并给予支持，“恳切的向政府——中央与地方政府要求，爱国无罪！”警告说“到了举国人民畏罪而不敢爱国，国家必亡；国亡而政府亦随之而亡了”[48]。

《大美晚报》中文版的副刊也成为宣传抗战的园地。1935年5月就“新生事件”发表文章，指出“这是帝国主义公开而且直接摧残中国文化的开端”，性质是“很严重的”[49]。“记者座谈”专栏的开辟，更是上海进步爱国青年记者，开展抗日爱国宣传的一个重要阵地。

三、《字林西报》态度的变化

《字林西报》是英国在上海出版最早、势力最大的报纸。它的宣传，长期以来是根据英国政策行事，听命于上海公共租界工部局的指挥，为工部局的喉舌。《字林西报》的编辑部与工部局经常互通信息，工部局的文件或重要消息，都是由该报发表的，所以人们把《字林西报》视为英国在华的半官方报纸。它的言论有时足以左右上海的言论，为在华外国人及一些中国政界人士、知识分子所重视，遇有重要事情发生，无不以《字林西报》的言论为言论。

《字林西报》对华态度基本上是反映英国政府的立场，但它也随着主笔的更替而有所变化。自1930年哈维德担任主笔后，该报对国民党政府的态度就有所变化。以前对南京国民党政府采取敌视态度，曾遭到国民党政府禁售的处罚。哈维德的态度较为温和，批评南京政府的言论也日渐减少。在报道和评论日本帝国主义侵华问题上，就清楚看出《字林西报》态度的变化。

"九·一八"事变发生之初，人们对形势的严重性认识不足，加之日本侵略者在东北的活动，尚未直接威胁到英帝国主义在华利益，所以《字林西报》对东北事件只作客观报道，很少加以评论。日本帝国主义侵略矛头由东北指向华北、华东地区以后，日本独霸中国为殖民地的野心已充分暴露，严重威胁着英国在华既得利益，所以《字林西报》发表言论，抨击日本帝国主义的行为，对中国人民的抗日救亡运动表示同情，指出："九·一八"事变后，日本"制造的满洲国成立，关外四省全归日人掌握"；日本挑起的上海"一·二八"事件，"其结果致使淞沪一带之中国主权减削"，"淞沪附近已划作非武装地带，而归日本统治"，因此使"公共租界之稳固亦被动摇"。但是日本并不以此为满足，在巩固了在东北的统治地位之后，又把侵略矛头指向中国其他地区，"中国统治下的领土，正在急转直下地被外人蚕食"，"热河被吞并，塘沽协定成立，然后冀东人发现，由日本指导的伪组织搞什么自治运动”[50]。

《字林西报》认为造成中国领土日益被日本帝国主义蚕食的一个重要原因，是国民党政府对外政策的软弱无力，指出许多事实“明白显示，中国政府之权威，已不抵一日本中将或其他日政府发言人之言论”的影响大，致使“中国军队在北方领土必须小心翼翼的，听凭日军去做他们的日常功课，中国官吏的功过，要看是否服从日方的意志而定”[51]。而且至今“中国国内政治领袖对于基本问题，意见不一致，虽想尽方法，亦无术制止此蚕食状况之停止”，因而造成了国民党在华北仅能“借冀察政委会之名义，以保持其在阴影中的统治”。针对上述情况，《字林西报》提出“中央政府坐视此等情形发展而不思补救，当饱受批评”[52]。这种批评是十分温和的。

“八·一三”上海抗战爆发，《字林西报》工作人员亲眼目睹了日本侵略军的暴行。1937年9月底10月初，日本飞机多次轰炸平民居住区，大批逃至南车站的难民惨遭不幸，死伤无数，惨不忍睹。《字林西报》以显要地位报道了日本侵略者野蛮行为，并发表《日机轰炸南车站》的评论文章，予以谴责，指出“日机轰炸南车站避难的难民的不人道行为，是对人类所犯的最惨酷罪行”，“请问日本做母亲的，对于日本飞机轰炸中国妇孺的行为，设身处地的将作何等感想”。它警告日本侵略者，妄图以暴力压服中国人民，其结果会是适得其反。“日本想迅速的完成解决对华军事问题”，然而这种暴行只能“激起一个民族不可征服的抵御精神”，“加强中国人的抗敌意志”，同时，在国际上，“同情中国政府”的各国人民，“经此次眼见中国人民所受的惨痛，大家的同情心将格外增加”[53]。

《字林西报》发表了一系列分析日本国内政局矛盾和斗争的文章，这无疑有利于中国人民了解日本国内形势，增强抗战决心和信心。1937年2月26日，《字林西报》在《日本政情》一文中具体介绍了日本军部与政党之间的矛盾斗争情况，指出日本"军部与政党对立问题由来已久"，近来在贵众两院上，政党领袖多次抨击"军队干政，压迫言论，海陆军预算庞大，军人越轨行动"等行为，藏相在1937—1938年财政预算中，将"庞大的军事预算减少10%，是一个惊人的成功"。但是，军部并不甘心，虽不能公开违抗日本天皇"禁止军队参加政治的命令"，而在秘密进行活动，策划"解散一切现存政党，另组织一极右倾的新党，并建立法西斯化的军人独裁政治体制"。因此"日本法西斯主义与宪政主义的斗争——两者终无调和的余地，迟早必有一天继续爆发"出来。

对于日本帝国主义使用的胡萝卜加大棒的侵略政策，《字林西报》也给予一定程度的揭露。从"九·一八"事变到"八·一三"抗战，日本侵略者多次挑起侵略事件后，都声明这是偶然的局部事件、地方性问题，并高唱和平高调，以欺骗世界舆论。对此，《字林西报》指出，日本的"每次和平谈话之后，又旨在向中国提出非常的压迫的要求"，"日本现时的行动，在事实上兼着如此威胁性的侵略"。如华北事变中，日本每次事件后，都表示"没有再向中国领土前进的迫切的需要了"，但事后不久，日本又挑起新的事端，扩大自己的侵略势力，又用"以前曾经用过的同样说法"，欺骗世人。《字林西报》提醒人们退让政策永远不能制止日本帝国主义的侵略野心，"我们不相信黄河的河流，有什么魔力能担保同样的情形不会复演?"[54]《字林西报》向西方国家呼吁，要警惕日本侵略的阴谋和手段，支持中国的抗战斗争，这样“有利于和平”，又“可以阻止野心国家”对亚洲其他国家的“觊觎”，以保护西方在远东的既得利益。

第八节　新闻业务的新发展

一、报纸杂志化倾向

30 年代，上海各报对副刊革新的热情远远超过对新闻的革新，争相创办大量的专刊、增刊和专栏，根据读者的不同层次和对象，种类繁多，五花八门，综合性、专业性、学术性、知识性、文艺性、广告性、对象性等，内容十分广泛，包罗万象，丰富多彩。据粗略统计，从 1932 年至 1937 年，上海各类报刊创办的副刊，共约 680 多种，其中社会科学类 81 种，经济类 52 种，文化教育类 46 种，文学艺术类 226 种，语言史地类 46 种，自然科学类 52 种，医药卫生类 42 种，综合类 75 种，其他 60 种。创办专刊、增刊和专栏最多的是《申报》，共 46 种，先后出现过的副刊性栏目主要有“经济专刊”、“医药专刊”、“建筑专刊”、“汽车专刊”、“国货专刊”、“无线电专刊”、“儿童周刊”、“妇女专刊”、“文艺专刊”、“通俗讲座”、“图画专刊”、“业余专刊”等，以上每周出版一次。每日出版的有“自由谈”、“春秋”、“本埠增刊”、“电影专刊”等。“电信特刊”半月 1 期，每月逢 1、16 日出版。《新闻报》有 38 种，主要副刊性栏目有“新园林”、“茶话”、“民众医药”、“康健周刊”、“无线电周刊”、“艺海”等。《时事新报》有 45 种，主要有“青光”、“新上海”、“图书与国学”、

“银行与信托”、“马达世界”、“现代家政”、“儿童周刊”、“军事与国防”、“新医与社会”等。《时报》有24种，主要有《经济评论》、《影刊》、《医学周刊》、《运动》、《青春生活》等。由《民国日报》改组出版的《民报》，副刊性栏目有“民话”、“法轨周刊”、“影谭”、“戏剧运动”、“文艺周刊”等。

一批新创刊的报纸，也在设立专刊、增刊和专栏方面，花费了很大精力，很快走上了报纸杂志化的道路。上海《晨报》最为典型，除出版了《小晨报》、《儿童晨报》之外，还设立了一系列副刊栏目：

上海《晨报》副刊一览表

副刊名称	刊期	篇幅	主编单位	备　　注
国际问题	周刊	半版	中国国际学会	周一刊出
国学研究	周刊	半版	青鹤社	周二刊出
经济合作	周刊	半版	中国经济信用合作社	周三刊出
民众医药	周刊	半版	民众医药社	周四刊出
科学介绍	周刊	半版	交通大学科学社	周五刊出
旅行指导	周刊	半版	中华旅行社	周六刊出
现代妇女	周刊	半版	女子月刊社	星期日刊出
妇女国货年	月刊		本报编纂	每月一号出版
饮食研究	半月刊		本报编纂	每月10日、25日出版
晨　曦	日刊	半版	许性初	
每日电影	日刊	半版	姚苏风	
都会风光	日刊	半版	陈风石	

续表

副刊名称	刊期	篇幅	主编单位	备　　注
万花筒	日刊	半版	徐卓呆	
黑眼睛	日刊	四分之一版		
本埠增刊	日刊	一大张	本报编辑	
星期画刊	周刊	彩色半张	叶浅予	

《晨报》的这16种副刊,分门别类,真是洋洋大观,其中除《万花筒》趣味比较低级外,其他副刊大都在文风上有一定水准。文字比较通俗,适合一般读者水平。《中华日报》副刊性栏目有"世界文化"、"国际情报"、"世界经济情报"、"中国经济情报"、"妇女专刊"、"科学与战争"、"戏剧与电影"、"文学周刊"等。《大晚报》在创刊后不到半年,就设立了"读书界"、"摄影趣味"、"女性与家庭"、"旅行者"、"侦察秘话"、"游艺座"、"运动增刊"等。

上海的外文报纸,对副刊性栏目也十分重视。《大陆报》设有"书评版"、"地产版"、"汽车版"、"室内装潢版"、"无线电版"、"饮食版"等。《字林西报》设有"书评"、"宗教"、"证券"、"汽车"、"灯光与胶卷"等专刊。《大美晚报》设有"火树"、"中国医药"、"银花"、"舞刊"等。

报纸向杂志化发展,是报业竞争的必然结果。从20年代开始,上海的报业已显示了明显的企业化倾向。30年代,国民党报刊也向这方面发展,要靠自身的经营来维持出版。在报馆林立的上海,更要通过激烈的竞争,才能求得生存和发展。竞争的核心是如何提高报纸的发行量。创办各类副刊性的专栏、增刊，扩大读者群，刺激发行量，是基本手段之一。因为适应不同读者的需要和兴趣，多出一种副刊，就多抓一部分读者，所以各报纸争相创办各具特色的专刊、增刊和专栏，就可以扩大不同领域中的读者面。

报纸杂志化倾向，也反映了读者水平的提高，程度的进步。以前中国社会比较封闭，读者能从报纸上知道一些新近发生的大事，已很满足了。现在的读者，不仅要知道发生了什么事件，而且想知道事件的起因、经过、内幕等详细情形，特别对国际新闻更是如此。他们既要知道世界各国发生了什么事件，更想知道随着形势的发展，对中国的影响以及中国人应取的态度和做法等。新闻或社评，一般只能满足前者，而副刊发表的专论、调查报告等文字可以满足后者，回答读者深层次的问题。

国民党新闻宣传网的加强，也促使报纸向杂志化方向发展。在国民党中央通讯社和中央广播电台建立以前，上海的各大报除刊载外国通讯社的电讯外，都用“本报专电”来制胜。中央通讯社和中央广播电台建立后，重大的国内外新闻被它们所垄断，无论大报、小报或地方性报纸，大家都能从中央社和中央广播电台得到同样的消息，报纸之间便失去了重大新闻竞争的机会。大报的“本报专电”失去优势，这就迫使各报在副刊方面下工夫，办出独具特色和风格的副刊专栏，以求出奇制胜的效果。

国民党强化法西斯新闻统制，严格的新闻检查制度，更是迫使各报锐意革新副刊的一个重要原因。报纸要在竞争中取得胜利，最根本是靠自身的质量和水平，主要体现在新闻和评论方面要敢于刊载别人不敢登的消息，说一些别人不敢说的话，或提出一些独特见解和论点，这样就要冒很大风险。国民党严格的新闻检查制度，使报纸在这方面难有用武之地。因为国民党对新闻和评论检查特别严厉，弄不好不仅枉费人力和财力，还要受到种种处罚。这是许多私营报纸不敢做和不愿做的。报纸的出路必须另辟路径，向报纸杂志化方向发展。

报纸杂志化，是世界报业发展的潮流，现代化报纸发展的必然趋势。当时英美等资本主义国家的报纸，已发展得十分成熟了。中国的报纸，日益增多的专栏、增刊和专刊，也改变了报纸的面貌。报纸不再只是报告新闻，发表言论，发挥舆论作用，而是进一步增强了传播知识技能，阐述学术理论，服务社会的多种功能，才能真正成为现代意义上的综合性报纸。

二、新闻学研究领域的开拓

30年代，是上海新闻事业全面发展的时期，在新闻学研究方面，也取得了长足的进步。从1932年至1937年间，粗略统计上海出版的新闻学著作50余部，其数量超过以前任何时期。新闻学研究另一个可喜的现象，是得到全社会的重视。不仅许多书局都热心支持新闻学著作的出版，而且研究新闻学的刊物日益增多。在上海除专业性刊物，如《言论自由》、《报学季刊》、《新闻学周刊》外，大批其他刊物也开展新闻学研究，有的设立“新闻学研究”专栏，如《前途》杂志、《青年界》、《读书月刊》、《出版周刊》等；有的经常发表新闻学方面的论文，如《东方杂志》、《国闻周报》、《文化建设》、《血汗月刊》等；以广播电台和听众为读者对象的刊物也相继出版，如《声色周报》、《中国无线电》杂志、《无线电问答汇刊》、《播音周报》、《电信周刊》等。这样，新闻学研究的领域和范围大大扩大了，取得的成果也是多方面的。

（一）关于新闻事业史的研究。在中国新闻事业史研究方面，取得的突出成果是胡道静在1935年出版的《上海的日报》、《上海的定期刊物》和《上海新闻事业之史的发展》等，叙述了从上海最早的近代报刊产生，到1935年间新闻事业发展变化的历史，其史料之丰富翔实、全面系统，超过以前一切上海新闻史研究成果，特别是他搜集整理了大量原始资料，为后人研究提供了珍贵史料。他打算在此基础上，写一本上海新闻史论著，由于抗日战争爆发，打断了他的计划，这一愿望未能实现。此外，《马礼逊传》、《梁发——中国最早的布道者》、《马礼逊小传》等专题性的书也相继出版。1937年马荫良撰写了英文《中国报纸简史》，对帮助外国人了解中国新闻事业的发展，起到了积极作用。

系统研究外国人在华的新闻活动，是新闻史研究方面的重要课题。中国的近代报刊、通讯社、广播电台都是舶来品，外国人在华新闻活动不断扩大，影响日益加强，中国新闻事业在许多方面被外国人所左右。可是长期以来，对这一历史现象缺乏系统研究。1932年赵敏恒出版了《外人在华的新闻事业》一书，填补了这方面的空白。该书全面系统地介绍了英、美、日、德、俄等国家在中国新闻活动的历史与现状，及其相互间的争斗，揭露了帝国主义新闻侵略罪行，呼吁中国政府应当加强新闻通讯机构的建设，改变“中国对于国际宣传方面”，完全“仰外人之鼻息”的状况。此外不少刊物发表了研究外国新闻事业史的论文和文章。

（二）关于新闻理论的研究。这方面成果也是比较突出的，先后出版的著作有《新闻学》、《新闻学概论》、《新闻学要论》、《应用宣传学》、《新闻学讲话》、《新闻法制论》、《新闻学入门》、《读报常识》等。刊物上发表的有关论文更多。

这时期新闻理论研究有两个突出特点。第一，批判“新闻无学”的观点。黄天鹏在《研究新闻学的方法》一文中指出，有人不承认“新闻”是一门“独立的科学”，也有人把它列入“文学一类去”，这是不对的。因为“新闻有悠久的历史”，日益发展，现在已“成为人们不可缺少的一种事业”，“现在的新闻纸已成为人们生活的日用品，和早餐一样的重要”，“为人类的精神食粮”。所以世界各国都把新闻学，作为“一门新兴科学来研究”，“近年来已风靡一时”，“占新兴科学中最优良最重要的位置”。在我国也应引起全社会的重视，广泛开展研究，应“在学术界确立它的地位”。第二，研究工作面向下层，向广大读者普及新闻学常识。不少研究者提出新闻纸与人们的生活关系极为密切，研究新闻学不只是“专家学者，做报纸的人要研究”，而且“读报的人也要研究”，只有这样才能更好地发挥新闻纸的“社会效力”，“成为舆论界的中坚”。向一般民众普及新闻学知识，是新闻学研究的一项任务。所以新闻学的“入门”、“常识”、“讲话”、“基本知识”等普及性通俗性新闻学著作纷纷出版。1934年商务部书馆把曹用先著的《新闻学》一书，“列为百科小丛书之一”，其目的就是向群众普及新闻学知识。

（三）关于报业经营管理的研究，也引起了普遍重视。上海报纸向企业化发展，到30年代已很普遍，如何改善经营管理，提高经济效益，以获得最大利润，是报馆经营者十分关心的问题。为适应这一社会需要，各类关于报业经营管理的论著陆续问世。如《报业管理概论》、《广告学》、《最新广告学》、《广告学概论》、《报纸印刷术》等。在这些著作中，《报业管理概论》一书水平最高。胡道静称该书出版后，"才使这门学问呈现出了曙光"[55]。

《报业管理概论》，刘觉民编著，1936年由商务印书馆印刷发行。该书吸收了"欧美一般讨论报业经营"的论述，参以中国报业经营管理的经验，力求"纲举目张，系统一贯"，共11章41节。除论述了报业与社会、报业与商业的关系、报业管理的范围与任务等基本问题外，主要介绍了报馆的组织结构、管理制度、人事制度、广告、发行、印刷、材料、财务政策等实际问题，具有很强的操作性。作者从民主立场出发，提出"要保持报纸的独立和言论自由，报业的财政独立是一个必要条件"。他提醒报纸经营者，"在自己的经济基础巩固之后"，特别防止"被外势力的操纵"，"无论如何牺牲，也须保护这个大原则"，"因为这是一个从封建的专制的政治中解放的唯一武器"。

（四）新闻业务研究方面，也取得了较多的成果。有关新闻业务和新闻作品的著作有《编辑与评论》、《国际新闻读法》、《经济新闻读法》、《申报评论集》、《时事新报评论集》、《大晚报评论选》、《惺公评论集》、《从东北到庶联》、《记者道》、《怎样做一个新闻记者》、《皖湘鄂视察记》、《新疆考察记》等。在这方面，邹韬奋的成果最为突出，先后出版了《小言论》（一、二、三集)、《韬奋漫笔》、《事业与修养》、《萍踪寄语》、《萍踪忆语》,成为新闻界言论通讯写作的楷模。

三、世界报纸展览会

1935年10月,复旦大学新闻系在庆祝复旦大学建校30周年之际,举办了一次"世界报纸展览会"。这是我国新闻事业史上仅有的一次世界报纸展览会,也是继1928年德国科隆"万国新闻博览会"后,一次影响深远的世界性报展。

复旦大学新闻系是从民主爱国立场出发,举办这次"世界报纸展览会"的。一方面,半封建半殖民地的旧中国,教育文化事业和新闻传媒都十分落后,人们对新闻事业的重要和新闻教育的任务,不十分了解,对中国新闻事业与世界发达国家的差距,知之更少,通过此次报展,引起人们对新闻事业的重视,在观摩学习中,了解我国新闻事业和世界新闻事业差距究竟有多少,从而激发促进发展我国新闻事业的决心和信心;另一方面,帮助人们认识到我国新闻事业不仅物质基础十分薄弱,而且新闻来源及其传播手段也很落后,无论是在内地,还是在沿海各大城市,新闻舆论大都被英、美、法、日、德等帝国主义所控制。中国被帝国主义侵略,在国内国际都没有充分说话的机会与阵地,从而激发人们奋发向前的精神。过去国内办过报展,但都是"全国报纸展览会",还不足达到上述目的。此次,复旦大学新闻系决心从"全国"走向"世界",举办一次规模更大的报纸展览会。

"世界报纸展览会"筹委会于1935年2月成立,聘请复旦大学校长李登辉博士任展览会会长，新闻系主任谢六逸教授为副会长，具体筹备工作由新闻系师生负责进行。2月底，在上海青年会举行新闻记者招待会，向上海新闻界及全社会正式宣布这次展览会的目的及计划，开始征集展品。外国报纸，是通过南京国民党政府外交部驻外使领馆去征集的。经过半年多的努力，征集到各类展品3 000多件，其中包括国内外报纸、通讯社稿件、珍贵报刊、图片、照片、新闻教育资料等。外国除日本以外的英、美、德、法等国十多家印刷、电讯机械制造厂商参加展览。

"世界报纸展览会"共分四大部分。第一，新闻教育展览部。陈列有国内外新闻教育发展历史与现状的资料、图片、有历史价值的报纸、各项统计图表、新闻界先烈及报社通讯社工作图片、新闻稿件、遗著、论文等。第二，本国报纸部。陈列全国18省2市、各地区1 500种报纸和500种特刊、号外、画刊、副刊、合订本等。其中特别珍贵的资料，如《申报》、《新闻报》等重要大报的创刊号，京报以及朝报等。第三，外国报纸部。共陈列各类报纸约500种，杂志数百种。虽只有38个国家和地区的报刊，但却包括欧、亚、美、非、澳五大洲的报刊。其中有美国的《纽约时报》、《华盛顿邮报》，英国的《泰晤士报》，日本的《每日新闻》等世界著名大报。外国报纸的创刊号有50多件。在中外报纸展览室内，还展出了上百种各类小报。第四，印刷、电讯机器展品部。有12个厂家参加展览，展品30余件。大部分展品都可以现场操作表演，如全开张印刷机、浇铸机、无线电话机、彩印机、浇字炉等，使参观者增长了见识。

"世界报纸展览会"于10月7日复旦大学建校30周年庆

典的日子揭幕，各方来宾很多，包括一些知名人士、专家学者、外国记者、新闻机构的代表，还有特地从外地来沪参加复旦大学校庆、参观报展的。展览会为期7天，参观者达万人以上。外地不少新闻单位和著名新闻工作者，来电来函祝贺。《申报》、《新闻报》、《时事新报》、《立报》、《晨报》、《大晚报》、《商报》、英文《字林西报》、《大陆报》、《大美晚报》等十多家上海的报纸都发表了有关报道和评论。《申报》社论说“此次复旦报展，足使吾人自知所短，力求改进，其意义实大”。《新闻报》也说此报展，“不但收罗了全中国的报纸，抑且是全世界的报纸”，“有巨大价值”。《字林西报》也认为“这是一次极有趣味的展览”。在以后的不少新闻学著作中，也对此次世界报展给予较高评价。储玉坤在《现代新闻学概论》中说：“民国二十四年(复旦)举行报展，唤起一般人士对于报纸的兴趣，其意义甚为重大。”

报展结束以后，为保存征集到的中外新闻资料，复旦大学闻系特编辑出版一本名为《报展》的纪念册，16开本共400多页。刊载了39篇有关文章以及大量图片。其中包括报展活动和珍贵报刊史资料照片。为研究中国新闻事业史保存了一份珍贵资料。

四、繁花呈现的新闻文体

“九·一八”事变后，在抗日救亡运动日益高涨形势的推动下，上海的新闻事业发生了很大变化，新闻文体的进一步革新，就是这种变化的标志之一。

最为突出的是报告文学的发展与成熟。报告文学是用文学笔法来写新闻事件的全过程，或新闻人物的多侧面，以叙述为主，“具有浓厚的新闻性”，“辅以描写、抒情和议论，”又有“充分的形象化”，使读者从具体的生活图画中获得对现实生活的具体了解。报告文学是新闻与文学的杂交品种，是新闻性与文学性结合在一起的一种“边缘文体”，是一种新兴的独立学科。到30年代，报告文学发展迅速，日益成熟。1932年和1936年出版的《上海事变与报告文学》、《中国的一日》是报告文学的杰出代表。

在上海“一·二八”淞沪抗战中，十九路军和爱国民众奋起抗击日本侵略者，成为伟大的中华民族解放战争的一个重要战役，有许多可歌可泣的动人事迹。在一个多月的激烈抗战中，上海各报刊派出大批记者，深入前线，目睹了爱国官兵奋勇杀敌，视死如归，后方民众踊跃支前，救护和慰劳，情形极为感人，内容极为丰富，在及时迅速报道战斗消息的同时，他们把所见、所闻、所感的事件或人物，忠实而全面地报告给广大读者，成为一篇篇优秀的报告文学。为纪念“一·二八”伟大的抗战，使青年人能具体形象地“了解这一事变经过的各个方面的活动”，受到深刻的爱国主义教育，1932年4月，阿英从《大美晚报》、《大晚报》、《时事新报》、《时报》、《太平洋日报》、《烽火》、《社会与教育》等报刊上，所载反映“一·二八”事变的大量作品中，选编了29篇，编辑为《上海事变与报告文学》一书，由上海南强书局出版。同年，上海《文学新闻》杂志社，也编选出版了《上海的烽火》，堪称《上海事变与报告文学》的姐妹篇，为研究“一·二八”事变，保存了丰富而翔实的史料。

《中国的一日》，是“一二·九”运动后出版的一本大型报告文学集。“一二·九”运动把全国抗日救亡运动推向高潮，为了反映这一运动的全貌，1936年4月，由茅盾、王统照、沈兹九、金仲华、柳堤、陶行知、章乃器、张仲实、傅东华、钱亦石、邹韬奋等人，发起组织了《中国的一日》编辑委员会，茅盾任主编，孔另境任助理编辑。他们以上海文学社的名义向全国发出征文启事。不到半年就收到稿件3 000余篇，约600万字，经过精选，最后收入490篇，共80万字，9月由上海生活书店出版。该书忠实生动地记录了从“一·二八”事变到“一二·九”运动前后，中国现实生活的发展变化，具有很强的历史感。同年，上海天马书局也出版了由梁瑞瑜编辑的报告文学集《活的记录》。

除了报告文学集之外，还有大批散见在各个报刊的优秀报告文学作品，夏衍的《包身工》就是一例。在30年代，上海的报告文学，不仅优秀作品多，而且关于报告文学的理论研究，也十分活跃，标志着报告文学日益成熟。

新闻通讯也发展到一个新的里程碑。其代表作品就是邹韬奋的《萍踪寄语》和《萍踪忆语》，范长江的《中国西北角》和《塞上行》等。

1933年夏，邹韬奋主编的《生活周刊》，因积极宣传抗日救亡运动，他被国民党特务列入暗杀名单，被迫于7月出国流亡。途经新加坡、科伦坡、孟买、苏伊士运河等地，于8月抵达意大利名城威尼斯，行程三万里海程，而后游历考察了意大利、瑞士、德国、法国等，于9月到达英国伦敦。以后又去北欧各国考察。1934年又去苏联考察，历时3个多月。在长期旅游考察中，他写了大量通讯，陆续寄给国内刊物发表。后编辑为《萍踪寄语》初、二、三集。1935年，邹韬奋由伦敦去美国考察，又陆续写了一系列旅游考察通讯。回国后编辑成《萍踪忆语》一书，由生活书店出版。邹韬奋的这些通讯不但在内容上爱憎分明，分析深刻，笔锋犀利，字字句句都是发自内心深刻的肺腑之言，有一种强烈的感染力，而且材料丰富，文风明快、流畅、轻松，融知识性、趣味性和思想性于一体，可读性很强，引人入胜，激起读者的共鸣，读者阅读后感到特别亲切。

范长江的《中国西北角》和《塞上行》，由两次赴西北考察采访发表在《大公报》的通讯编辑而成。不仅报道的内容重大，影响深远，被称为"和后来斯诺的《西行漫记》一样"，是"震憾全国的著作"[56]，而且在文风上，堪称通讯写作的楷模。他在通讯中谈古论今，把历史、民族、宗教、天文、地理等知识，熔于一炉，既有引人入胜的描写，又有入木三分的议论，篇篇充满着正义爱国的真挚感情，读后令人赞叹不已。

杂文，是这时期各类报刊广泛采用的文体。杂文是评论和文学杂交而形成的一种文艺性评论，短小、活泼、锋利，和一般评论相比，其共同点是能直接而迅速地反映社会的变化，但杂文的题材要比一般评论广阔得多。评论一般是抓住新近发生的新闻事件进行分析，而杂文既可以评论新闻事件，又可以历史内容为题材，天文地理，风花雪月，鸡犬猫狗，可以无所不包。在文章结构、表现方法上也各有不同。

在中国近代报刊史上，杂文也是出现比较早的一种文体。如《同文沪报》副刊《消闲录》上的"丛谈"一栏，《时报》上的"闲评"一栏，《民立报》的副刊"科学奇谭"一栏，《申报》副刊《自由谈》上的"杂感"等。当时大多数杂文以辛辣的笔调，讽刺社会的黑暗和官场的腐败，具有一定的战斗性，但艺术性较差。“五四”时期杂文有了进一步发展，《新青年》等报刊的“随感录”栏目，其作用有了较大的发挥。国民党南京政权建立后，随着法西斯新闻统制日益严重，许多作家和报人很难用通常的方式发表见解，不得不用隐晦曲折方式表达，而杂文就是这种表达意见的最好形式。所以到 30 年代，杂文在报刊上盛行，可以说没有一个报纸的副刊不设杂文专栏。还有一些专载杂文的刊物。以至 1933 年被人称为“小品文年”。

现代杂文的奠基人是鲁迅，他的杂文有深刻的思想，缜密的分析，巧妙的艺术表现，把杂文推向一个新的高峰。在他的影响下，许多报人和著作家都拿起杂文这个武器，同帝国主义、国民党法西斯专制作殊死的战斗。其中不少人都形成了自己独特的风格，出现了杂文百花盛开的局面。

小言论、调查报告、新闻特写等新闻文体，在这一时期也得到广泛的重视，有的有了很大发展和变化，是新闻文体革新所取得成果的一个重要方面。

注释：

①《东方杂志》，第 28 卷第 3 期，第 121 页，1931 年 2 月 10 日。

②《申报》，1936 年 2 月 20 日。

③ 国民党安徽省党部：《新闻宣传会议记录》，《申报》，1935 年 3 月 16 日。

④⑤《国民党汉口特别市党部提请中央开设新闻学院杂志》，《中国国民党年鉴》，1934 年。

⑥《晨报出版预告》,《申报》,1932年2月14日。

⑦《红旗日报》,1930年9月7日。

⑧《上海日报公会宣言》,《申报》,1931年12月17日。

⑨《申报》,1931年12月12日。

⑩《申报》,1933年2月27日。

⑪《申报》,1933年2月20日。

⑫ 南京《中央日报》,1935年7月14日。

⑬《申报》,1937年2月21日。

⑭《三论剿匪与造匪》,《申报》社评,1932年7月14日。

⑮《申报》,1932年12月1日。

⑯《今后的对日问题》,津沪《大公报》社评,1937年2月26日。

⑰ 徐永焕:《韬奋的共产主义思想》,《世界知识》,第2卷第9期,1949年7月8日。

⑱⑲ 范长江:《我的青年时代》,《人物》,1980年第3期。

⑳ 范长江:《塞上行》,第195页,新华出版社,1980年9月版。

㉑㉒ 戈宝权:《回忆我的叔父戈公振》,《人物》,1980年第4期。

㉓ 洪惟杰:《戈公振年谱》,第52页,江苏人民出版社,1990年10月版。

㉔《生活周刊》,第7卷第13期,1932年1月14日。

㉕《新闻学序》,1932年1月。

㉖《中国现代出版史料》,乙编,第126页。

㉗《申报》,1935年5月1日。

㉘《申报》,1935年5月2日。

㉙《申报》,1935年9月10日。

㉚《御侮必须团结》,《立报》,1936年2月13日。

㉛《中国决不会作西班牙》,《立报》,1936年2月16日。

㉜《送民国二十五年》,《立报》,1936年12月31日。

㉝㉞《我们的宣言》,《立报》,1935年9月20日。

㉟《本馆今日始增晚报》,《字林沪报告白》,1895 年 5 月 10 日。

㊱《申报》,1910 年 11 月 14 日。

㊲《发起晚报征集同志广告》,《申报》,1919 年 8 月 9 日。

㊳《中国晚报创刊通告》,《申报》,1921 年 2 月 3 日。

㊴《中国晚报复刊通告》,《申报》,1928 年 4 月 6 日。

㊵《东南晚报继续出版通告》,《申报》,1924 年 11 月 1 日。

㊶《中国近代报刊发展概况》,第 384 页,新华出版社,1986 年 9 月版。

㊷《上海晚报的十大特色》,《申报》,1924 年 11 月 24 日。

㊸ 赵敏性:《外人在华的新闻事业》,第 54 页,1932 年,中国太平洋国际学会出版。

㊹《大美晚报痛驳日本意见书》,《申报》,1932 年 11 月 23 日。

㊺《日本向何处去?》,《大美晚报》,1935 年 8 月 1 日。

㊻《中国前进》,《大美晚报》,1937 年 10 月 11 日。

㊼《确立能动的对日国策》,《大美晚报》,1936 年 3 月 1 日。

㊽《爱国无罪》,《大美晚报》,中文版转载一津报社论,1936 年 2 月 28 日。

㊾《新生停刊感言》,《大美晚报》,中文版副刊《文化街》,第 50 期,1935 年 7 月 1 日。

㊿(52)《中国领土完整观》,《字林西报》,译载于《国闻周报》第 13 卷第 29 期,1936 年 7 月 27 日。

(51)(54)《论北方时局》,《字林西报》社评,译载于《国闻周报》,第 14 卷第 30 期,1937 年 8 月 20 日。

(53) 译载于《国闻周报》,第 14 卷 33—35 期合刊,1937 年 10 月 4 日。

(55) 胡道静:《新闻史上的新时代》,第 64 页,世界书局出版 1946 年 11 月版。

(56) 胡愈之:《忆长江同志》,《中国报告文学》丛书,第 2 辑第一分册,长江文艺出版社,1981 年 2 月版。

第九章
“孤岛”前后

第一节 抗日报刊的兴起与转移

一、《救亡日报》的创刊与抗日报刊统一战线的形成

1937年夏，日本帝国主义连续制造了“七七”事变和“八·一三”事变。中国人民的全面抗日战争由此爆发。上海新闻界在抗战中积极发挥抗日宣传鼓动作用，使上海这个素称全国报业中心的城市，成为抗战初期的全国抗日宣传中心。

上海“八·一三”抗战爆发后不久，《救亡日报》、《抗战》三日刊等一大批以抗日救亡为主旨的报刊纷纷问世。《救亡日报》创刊于1937年8月24日，每天下午3时出版，4开4版，名义上是上海文化界救亡协会的机关报，实际上是中国共产党直接领导的、具有统一战线性质的革命报纸。刚从日本回

国的著名作家郭沫若担任社长，共产党员夏衍、国民党员樊仲云同时担任总编辑，共产党员林林、国民党员汪馥泉同时担任编辑部主任，国民党员周寒梅任发行人。该报的编委会由30位知名人士组成，他们是：巴金、王芸生、王任叔、阿英、汪馥泉、邵宗汉、金仲华、茅盾、长江、柯灵、胡仲持、胡愈之、陈子展、郭沫若、夏丏尊、夏衍、章乃器、张天翼、邹韬奋、傅东华、曾虚白、叶灵凤、鲁少飞、樊仲云、郑伯奇、郑振铎、钱亦石，谢六逸、萨空了、顾执中。由于国民党方面派来的人员对办报与宣传活动不甚热心，因而《救亡日报》实际上掌握在共产党人手中。该报的经费一部分由上海文化界救亡协会拨给，其余由国民党津贴。

在宣传报道方面，《救亡日报》高举团结、抗战的旗帜，宣传中国共产党提出的抗日民族统一战线和全面持久抗战的正确方针，为鼓舞上海乃至全国人民投身抗战作出了巨大的贡献。例如，在国民党军队西撤后，鉴于上海租界内人心浮动与惊慌，《救亡日报》及时地发表了《加强我们对“持久战”的认识与“最后胜利”的信念》一文，指出：“局部的、暂时的、前期的失败不是失败，真正的失败乃是‘中途妥协’，真正的失败乃是我们思想上及心理上中了懦却的、悲观的、失败主义的毒。”呼吁上海人民“坚定信念，积极继续我们的工作，加强我们的工作，完成我们的使命”[①]。此外，该报还经常约请社会知名人士和政治活动家为之撰稿，发表过宋庆龄撰写的社论，何香凝的诗词和冯玉祥的抗战诗歌等。

在新闻业务方面，《救亡日报》也有独特的风格。虽然“形式上和一般小报相同”，但是内容迥异，“既无广告，又无小市民喜欢的猎奇新闻”,“不登中央社和外国通讯社消息”,“专靠特写、评论、战地采访以及文艺作品”[②]。该报发表的文艺作品,不仅包括小说、散文、诗歌等常见文体,还包括街头小说、街头剧、大鼓、木刻等群众喜闻乐见的通俗文艺形式。在编辑上,该报勇于突破常规,对新闻报道实行精编原则。这些特点被人们称为“报纸杂志化”。该报的发行量,初创刊时为1 000份左右,后增至3 500份。

《抗战》三日刊,于1937年8月19日创刊,由杰出的新闻出版家邹韬奋创办并担任主编。“七七”事变后,邹韬奋于7月31日被国民党政府释放,接着应邀赴南京访问。8月13日上海抗战爆发后,韬奋当天即赶回上海,投身抗日办报宣传活动,6天后即办起了一份以宣传抗日救国为宗旨的刊物,并取名《抗战》。除韬奋主持编务外,郭沫若、茅盾、巴金、柯灵、金仲华、胡愈之等文化界著名人士也曾参加过该刊的编辑工作。

《抗战》三日刊篇幅小(16开12页),刊期短,时事政治性强,以政论、述评和战地通讯为主要内容,对新闻报道进行精编,每期必附有地图《战局一览》,用各种形式及时、系统地报道与分析抗战形势和国内外时局。在政治上,积极宣传中国共产党提出的各项政治主张,报道共产党人英勇抗战的业绩,曾刊登过中国共产党对时局的宣言,朱德、彭德怀联名发表的抗日通电以及介绍陕北抗日民主根据地的连载通讯等。为推动抗战的顺利进行,该刊还揭露各地抗战工作受阻或受挫的事实,呼吁民主,呼吁团结。韬奋还保持其密切联系群众的优良办报作风,努力办好“读者信箱”栏目,反映民众的意见与要求,为读者排忧解惑。迫于租界当局的压力,该刊自9月9日出版的第 7 期起改名为《抵抗》，直至迁武汉出版后才恢复原名。

此外，在上海新创办的抗日期刊还有：《七月》，旬刊，8 月 24 日创刊，胡风等主编；《呐喊》，周刊，8 月 25 日创刊，由《文学》、《文季》、《中流》、《译文》四家文学刊物联合出版，茅盾、巴金等主持编务，第二期起改名为《烽火》；《战时联合旬刊》，9 月 1 日创刊，由《世界知识》、《妇女生活》、《中华公论》、《国民周刊》四家刊物联合出版，金仲华、沈兹九、张志让、张仲实、郑振铎、钱亦石等主持编务；《文化战线》，旬刊，9 月 1 日创刊，由上海编辑人协会主办，艾思奇、施复亮、金则人等主持编务；《战时妇女》，五日刊，9 月 5 日创刊；《战线》，五日刊，9 月 13 日创刊，艾思奇、章汉夫等主持编务；《前线》，五日刊，9 月 14 日创刊，章乃器、艾思奇、夏征农、章汉夫等主持编务；《救亡漫画》，五日刊，9 月 20 日创刊，由上海漫画界救亡协会主办，华君武主编；《战时教育》，旬刊，9 月 25 日创刊，其前身是陶行知创办的《生活教育》，由国难教育社主办；《民族呼声》，周刊，10 月 1 日创刊，郭沫若题写刊名，柯灵等主编，内容以言论与文艺为主；《救亡周刊》，10 月 10 日创刊，由上海职业界救亡协会主办，沈钧儒、茅盾等曾为之撰稿；《学生生活》，半月刊，由上海学生界救亡协会主办；《半月》，半月刊，10 月间创刊，由上海杂志公司出版，郑森禹、魏友棐等主编；《战时大学》，周刊，10 月 30 日创刊，系集纳性质的刊物，经常转载毛泽东、朱德等中共领导人的文章；等等。这些抗日期刊分别代表了上海各个社会阶层，短小精悍、通俗易懂是它们的共同特点。

在新的报刊纷纷问世的同时，一批在上海租界内出版多年的资产阶级商业性报纸、长期在上海报坛占一席之地的消闲性小报和国民党系统的报纸，也顺应抗战的历史大潮，报道抗日消息，反映抗日舆论，成为抗日宣传阵营中的一支不可忽视的力量。

在资产阶级商业性报纸中，《大公报》、《申报》、《立报》等报的抗日倾向尤为鲜明，这些报纸努力改进报道内容，加强军事新闻，反映进步舆论，呼吁团结、抗战与民主，在它们的发展史上写下了灿烂的一页。《大公报》上海版于 1936 年 4 月 1 日创刊，“七七”事变后为促成全面抗战而大声疾呼。该报于 7 月 11 日发表的社评《我们只有一条路》指出：“现在除了抵抗，实在没有第二条路可走了！”“时急矣！事迫矣！日方若果进逼不已，希望当局审度时势，领导全国，共走此不能不走的一条道路”。“八·一三”上海抗战爆发后，《大公报》上海版每天改出 1 张，下午增出《大公报临时晚刊》半大张，在内容上注重战地报道，特设战地特派员，由范长江、孟秋江等担此重任。《立报》于 1935 年 9 月 20 日创刊，是一张以“精编”见长的通俗化大众报纸。该报在抗日救亡运动的高潮兴起后，坚持爱国主义立场，上海抗战爆发后又积极报道抗战消息，宣传团结抗战的正确主张。该报刊载的许多冠以“本报特写”、“本报特约通讯”的文章，有血有肉，深受读者欢迎。《申报》自 1932 年初实行大革新后即出现进步倾向。抗战爆发后，该报为满足广大读者及时了解战情的需要，于 8 月 21 日增出“夕刊”，每日刊出。10 月 1 日新辟“专论”一栏，约请郭沫若、邹韬奋、金仲华、郑振铎、陈望道、章乃器、胡愈之等爱国人士撰写评论，每天在第四版上发表，其中周宪文撰写的《主和者就是汉奸》

一文，严厉抨击了当时的投降主义倾向，在社会上引起巨大的反响。“八·一三”事变发生的次日，《申报》时评《上海的大炮又响矣！》，批评了国民党政府的妥协政策：“自卢沟桥事变以来，我们抱着大事化小，小事化无的本旨与敌人周旋，正是使日本人得寸进尺。”③抗日民族统一战线正式建立后，《申报》在9月间连续报道国共合作的新形势、中国共产党提出的抗战主张和中共领导下的陕甘宁边区政府、八路军的战斗业绩。平型关大捷后，《申报》发表时评《西北捷音》作了高度评价：“平型关的胜利是国共合作的第一个喜讯，全国人民兴奋极了。这次胜利，不仅使平汉、平绥两线的战局换了样子，同时更证明了八路军将士忠勇卫国的赤诚。”④

上海租界内消闲性小报也倾向抗日，其主要标志是《战时日报》的创办。上海抗战爆发后，消闲性小报失去了赖以生存的土壤，纷纷停刊，其中《上海报》、《小日报》、《大晶报》、《金刚钻报》、《东方日报》、《正气报》、《世界晨报》、《铁报》、《明星日报》、《福尔摩斯》十家小报决定顺应抗战的潮流，联合出版以抗日救国为宗旨的新报纸，即10月5日创刊的《战时日报》，总编辑龚之放。这份新的报纸以完全不同于消闲性小报的面目问世，发刊词表示“我们不愿在这样的大时代进行中，来放弃我们的责任”，愿投入抗战斗争，“干到敌人的铁骑不再来践踏我们的国土为止”。出版至12月11日上海租界沦为“孤岛”后停刊。另一家著名小报《社会日报》也创办了一份战时特刊，即9月间创刊的《火线》周刊，曹聚仁、陈灵犀等主持编务。

在上海出版的国民党系统的报纸，如《民报》等，也表现出一定程度的宣传抗战的积极姿态。《民报》因其财力、人力匮缺而大量采用中央通讯社的军事消息与通讯，但也有一些自撰稿件。例如，该报记者吴中一亲赴战场采访罗卓英将军后写的战地特写《踏上我们的前线——同行有郭沫若、田汉等人》，连载数日，颇为读者称道。

上海的通讯社、广播电台也投入了抗战宣传。不论官办的中央通讯社上海分社，还是民办的新声通讯社、大中通讯社、申时电讯社、大华通讯社等，在抗战宣传中都有积极表现。其中由上海文化界救亡协会国际宣传处创办的国际新闻供应社尤为突出。上海各类广播电台，也不同程度地投入抗战爱国的宣传鼓动工作，充分发挥自身的特长，起到了别种舆论工具所不能代替的积极作用。

这样，上海的各类报刊、通讯社和广播电台都为抗战救国尽了一份力量，标志着上海新闻界抗日民族统一战线的形成。

二、“孤岛”初期租界当局的新闻政策

1937 年 11 月 12 日，由于国民党军队的撤离，上海地区沦于日本侵略军的铁蹄之下，上海公共租界（不包括虹口、杨树浦两区）和法租界孑立于日占区的包围之中，形同“孤岛”。自是日起至 1941 年 12 月 8 日太平洋战争爆发、日军进占租界止，史称上海“孤岛”时期。

上海租界成为“孤岛”的前夕，正是租界内抗日报刊宣传活动声威俱壮之时。各种背景不同、观点各异的报刊，无不集合在抗战的旗帜下，结成一个强大的报刊宣传阵营，使上海成

为全国抗日宣传的中心。这一切,当然是日本侵略者所不能容忍的。11月9日,即蒋介石令驻沪部队撤退的当日,日本侵略者就向租界当局提出取缔一切反日宣传活动的要求。日本驻沪总领事冈本在给上海工部局总董樊克令(C. S. Franklin)的信中说:“请贵当局注意近来租界内的骚乱活动”,“这些骚乱活动包括在某些闹市区内散发和流传反日小册子、传单和各种印刷品”,“强烈地煽动起中国民众的反日情绪”,“促使中国民众起来反抗他们的‘敌人’”,“我请求贵当局立即采取适当措施,以有效地禁止与根除这些骚乱因素与活动”[⑤]。11月20日,日本驻华大使馆武官原田少将亲赴上海工部局,会见了总裁费信惇(S. Fesenden)等高级官员,强烈要求上海工部局采取有效措施,取缔租界内的一切反日活动和报刊宣传,并恐吓说,如果租界当局措施不力,日本军队将“保留它们认为必要时采取行动的权力”[⑥]。与此同时,日本驻沪总领事冈本又向租界当局提出五点要求:“(1)禁止反日活动以及其他颠覆性活动;取缔包括国民党机关在内的一切反日机关;禁止张贴反日标语和散发反日印刷品;禁演反日戏剧、电影等;禁止反日无线电广播;禁止中国特工活动和捕捉‘汉奸’活动。(2)驱逐一切中国政府机关及其代表,不论其为中央性质或地方性质,切实监视中国政府、政党领导人的活动。(3)禁止中国政府检查邮电、交通。(4)禁止中国政府检查报社和新闻通讯社。(5)禁止中国人从事非法的无线电通讯。”[⑦]

为了根除租界内的抗日新闻宣传活动,日本侵略者还肆无忌惮地直接把魔爪伸入租界,强占了国民党中宣部设立在租界内的上海新闻检查所。11月28日日本侵略者通知上海

12家报社:“日本军事当局宣布,自1937年11月28日下午3时起,原中国当局行使的报刊监督、检查的权力由日本军事当局接管。”并恐吓各报说:“日本军事当局在原则上愿尊重报纸和其他印刷物等文化事业。只要这些报刊不再损害日本利益,日本军事当局可以既往不咎”,“然而报纸和其他印刷物如果无视或反对日本军事当局行使上述权力,则一切后果将由自己负责”[8]。12月13日晚上,日本侵略者以上海新闻检查所名义向各报发出通知,迫令各报自翌日(即12月14日)晚上起,须将稿件小样送到该所检查,未经检查的新闻报道一概不得刊载。这一通知,断绝了租界内抗日报刊的生路,也侵犯了西方列强在华的利益。

面对日本侵略者咄咄逼人的架势,英美法等西方国家控制的上海公共租界当局和法租界当局,虽然自称奉行“中立”的新闻政策,但是实际上持同日本人合作的态度,限制抗日新闻宣传活动,以维护其在华的根本利益。在1937年版《上海公共租界工部局年报》中,租界当局对此供认不讳:“华军之自上海撤退……本局一面维护中立,一面经与日本当局合作,以应付变迁之情势。”[9]11月12日即上海沦陷、租界成为“孤岛”的当日,上海工部局总裁费信惇就公开表示:“对过激之团体,尤其关于散发张贴反日传单等活动,当尽力使之纳于正轨。”[10]11月13日,上海工部局总董樊克令在回复日本驻沪总领事的信中,答允同日本人合作,以解决租界内抗日新闻宣传活动的问题:“工部局已经开始不断地对散布那些旨在扰乱租界和平与秩序、反对某方人(指日本人——笔者注)的印刷品和从事这类宣传活动的中国团体施以越来越大的压力。……对于令人讨厌的报纸,工部局也已采取了相似的措施。”樊克令还向日本人保证:“只要目前的骚乱状态还存在,工部局警务处决不松懈已经采取的必要措施。”[11]

上海租界当局协助日本侵略者迫害抗日报刊,公开的借口是这些报刊的存在有碍租界内的社会秩序。在实行这一新闻政策时,公共租界当局采取了三项具体措施:一是对抗日报刊发出警告,规定各报不得把日本人称为“敌人”,不得采用过激的或可能引起日本人忌恨的词语。二是实行报刊登记制度,通过登记手段对报刊实行控制。这一措施早在10月21日上海工部局第4878号《布告》中就已经宣布:“任何报纸、杂志、定期刊物或小册子,非先向本局登记,不得在公共租界内刊行、印刷或分送。”[12]但这一措施迟至上海租界成为“孤岛”后才得以执行。三是劝告租界内的抗日报刊停止出版或改变抗日立场。这一时期的法租界当局也事事尾随公共租界当局,采取与工部局基本一致的立场与措施。

当然,上海租界当局在执行这一新闻政策时,一般都持有所节制或保留的态度,不采取过于激烈的制裁措施。11月12日,上海工部局总裁费信惇在接受《上海泰晤士报》记者采访时,问及工部局是否实行新闻检查时,回答说:“目前尚未实行,惟或将被迫出此,最好各报能表现更广大的自制态度。”[13]11月13日,上海工部局总董在回复日本驻沪总领事的信中也表示了同样的立场:“中国人的情绪是不可能完全抑制住的。过于极端的措施的采用,可能会引起动乱。”[14]在执行各项限制抗日报刊活动的具体措施时,公共租界当局也往往网开一面。例如,租界当局在进行报刊登记时,对一般具有抗日倾向的报刊，甚至国民党当局主办的报刊，也一律发给登记执照。在法租界，国民党中央通讯社上海分社转入“地下”秘密发稿，租界当局也采取视而不见、听而不闻的态度。此外，对于外国人在租界内出版的报刊，租界当局则持一体保护的政策。

总之，上海租界当局在“孤岛”初期实行的新闻政策，名曰中立，实际上是有所保留地同日本人合作，以对付中国人主办的抗日报刊。这一新闻政策，是由英美法等西方国家奉行的“中立于中日战争之外”的总政策决定的。日本对中国大举侵略，直接威胁和损害了英美法等西方国家的利益，使它们与日本的矛盾进一步加深。但是，这些西方国家为了避免其远东利益进一步受到损害，不得不抱着静观与忍耐的态度，竭力避免与日本发生直接摩擦与冲突，以求维持现状。

三、抗日报刊的战略大转移

在日本侵略者和上海租界当局的双重压迫下，抗日报刊在“孤岛”初期不得不实行战略上的大转移。

自 11 月下旬起，上海租界内出版的大批抗日报刊先后被迫停刊，其中不少报刊迁往内地或香港出版。据 1937 年版《上海公共租界工部局年报》称：“自 11 月华军退出上海后，出版物之停刊者，共 30 种，通讯社之停闭者共 4 家，包括中国政府机关之中央通讯社在内。”[15]它们是：《救亡日报》、《立报》、《大公报》、《申报》、《民报》、《神州日报》、《战时日报》、《辛报》、《抗报》三日刊、《战时联合旬报》、《救亡周刊》等。在这场风波中，我国建立最早、影响最大的报业组织——上海日报公会，因会员报馆相继停刊或内迁，而被迫于 1937 年 12 月 31 日宣告停止活动。

《救亡日报》在上海沦陷的当天晚上就从原社址（南京路大陆商场 6 楼）撤走，迁至一位进步青年家中，在一间面积仅七八平方米的灶披间内坚持出版。鉴于形势日益险恶，中国共产党果断地决定将该报迁往广州出版。11 月 22 日，《救亡日报》出版了“沪版终刊号”，发表了郭沫若撰写的终刊词《我们失去的只是奴隶的镣铐》和夏衍撰写的社论《告别上海读者》，向上海人民预告：“上海光复之日，即本报与上海同胞再见之时。”《立报》于 11 月 24 日在上海出版了最后一期，其告别词《本报告别上海读者》畅谈了国内外形势和抗战的前途，指出了抗战工作中应该加以克服的弱点，并希望留在上海的同胞们继续坚持抗日斗争，争取抗战的最后胜利。1938 年 4 月 1 日，《立报》香港版创刊。《时事新报》则在接到上海工部局“劝令停刊一切反日文字”的通知后，决定自 11 月 26 日起自行停刊，迁往内地出版。坚持出版到 12 月中旬的有《大公报》和《申报》两家著名商业性大报。12 月 14 日，两报因不愿接受日本人的新闻检查而被迫与上海人民告别。《大公报》在停刊号上发表了社评《暂别上海读者》和《不投降论》，大义凛然地宣称：“我们中国步入了大时代，踏上了存亡主权的关头。为这个时代，为这个关头……不辞任何的牺牲，以争国家的生存，以争民族的人格，一切一切，凡属于中国的，都应该为这个利益的要求，而存在或牺牲”；“我们是中国人，办的是中国报，一不投降，二不受辱”[16]。《大公报》先后迁至汉口、香港、桂林、重庆出版。《申报》也先后去汉口、香港出版。《抗战》三日刊迁武汉与《全民》周刊合并，改名为《全民抗战》继续出版。这些报刊的内迁，从全国大局上看也不无益处，是抗战报刊由东部大城市向内地的扩散，可以满足内地人民对抗日报刊的需求，但对上海来说则不能不说是一大损失。

为了继续在上海租界内开展抗日宣传活动，中国共产党和其他抗日爱国党派也留下了一部分宣传力量，并将这一部分宣传力量转移到其他具有合法地位的新闻机构中去，同时采取灵活的斗争方式，开拓新的抗日报刊宣传阵地。

当时，上海租界内有两家由外商发行的中文报纸，即美商《大美晚报》和《华美晚报》，分别创刊于 1933 年 1 月 16 日和 1936 年 8 月 18 日。由于租界当局奉行保护外商企业的方针，因而日本方面无法干涉这两家报馆。12 月中旬日本侵略者发出对租界内华文报纸施行新闻检查的通知后，美商《大美晚报》发行人史带(C. V. Star)于 16 日发表启事，声明《大美晚报》英文版和华文版同属一家，“服膺报纸言论自由之精义”，绝不接受“任何方面的检查”。鉴此，留沪宣传人员决定充分利用其合法、有利的地位，创办新的抗日报刊，同时将这两份报纸转变为抗日报刊。《大美晚报》确系美商主办的报纸，抗战爆发后中文版在中国编辑人员的努力下，不仅为中国人民的抗战大业提供了大量真实的信息，还发表过不少宣传正确的抗战主张的文章。1937 年 12 月 1 日，爱国报人张似旭等又创办了《大美晚报晨刊》，名义上由美商大美出版公司出版，美国人史带和高尔德(R. Gould)分别担任发行人和总编辑，但实际上由张似旭、张志韩、吴中一等爱国报人主持编务，刚停刊的《立报》的编辑人员几乎原班人马地转移到这一新开拓的抗日报刊阵地上。《华美晚报》名义上由美商华美出版公司发行。该公司在美国特拉华州(Delaware State)注册登记,由美国人密尔士(H. Mills)担任董事长兼发行人。但是,这份报纸实际上由中国人朱作同创办与主持,时称"洋旗报"。抗战爆发后,《华美晚报》站在中国人民的立场上,积极宣传抗日救国大业。上海租界沦为"孤岛"后,"第三党"人士杨清源等人通过华美出版公司董事蔡晓堤牵线,与正想利用"孤岛"特殊环境干一番事业的朱作同达成协议,以该公司的名义创办一份新的抗日报纸。这份新的报纸就是 1937 年 11 月 25 日创刊的《华美晨刊》,以美商华美出版公司的名义发行,美国人密尔士任发行人,石招泰任编辑人,蔡晓堤任经理,共产党员恽逸群应邀主持评论工作。该报的具体编印业务由《华美晚报》馆承担,工作地点也设在《华美晚报》馆内,但经济上独立核算并自负盈亏。

鉴于上海租界内外文报刊为数甚多,其中有许多刊载有关中国抗战的消息、评论与资料。中国共产党地下组织决定利用这一条件,先后创办了《译报》、《集纳》、《译丛周报》(*The Translation*)等翻译性的报刊,有目的、有选择地译载外报上有关中国抗战的材料,既为我所用,又使租界当局难以找到干涉的借口。《译报》创刊于 1937 年 12 月 9 日,日出 4 开 1 张,由中共江苏省委文委直接领导,夏衍等主持编务。该报的最大特点是译而不作,精心选择于我抗战有利的材料,向上海人民报道抗战局势、分析抗战必胜的前途,宣传中国共产党有关抗战的正确主张,被当时的人们誉为"黑夜天空里的一颗星星,在浓黑里射出一股悦目的光芒"。该报出版没几天,发行量即高达2万多份。但是,《译报》的抗日气息不久即为日伪方面所察觉,报馆开始遭到日伪方面的骚扰。有一天,编辑部一连接到3道恫吓命令和3次恫吓电话,迫令该报接受日伪的新闻检查。与此同时,租界当局也畏其斗争锋芒过于锐利,以“未经登记”为借口责令停刊,使该报发行12期后即告夭折。《集纳》周刊创刊于1937年12月间,胡愈之等主持编务。《译丛周报》创刊于12月22日,系几位进步青年学生在共产党人的支持下创办的英汉对照的时事政治性刊物,是团结、教育“孤岛”青年学生的重要宣传阵地。

此外,中国共产党人领导出版的抗日报刊还有《团结》周报、《上海人报》和《离骚》半月刊等,宗旨相同而形式各异。《团结》周报创刊于1937年11月初,为上海各界救亡协会的机关刊物,潘蕙田任主编,胡愈之等参与编务。作为抗日救亡团体的刊物,《团结》周报采取半公开的形式坚持出版,并利用各界救亡协会内部的组织网络开展编印与发行工作。据回忆,该刊每期稿子编好后,由主编亲自送到太平洋印刷公司付印。印毕装订成册后,又由总发行员到印刷厂按各界所需份数分配,最后由各界发行员直接到印刷厂领取刊物并分给读者[17]。《上海人报》创刊于1938年1月1日,胡愈之等主持编务。该报是趁上海租界内小报开始复苏之机创办起的以抗日宣传为宗旨的特殊小报,言他报所不言,载他报所不载。《离骚》半月刊于1937年12月间创刊,刘西渭等主编,是以文艺形式出版的抗日期刊。

总之,这一时期的抗日报刊,由于报刊阵地大转移,因而数量不多,宣传火力不猛,难以完全担当起时代赋予的重任。

《译报》似一颗划破夜空的流星，一闪而过，为时太短；《团结》等救亡团体刊物由于只能半公开发行，因而影响有限；《华美晚报》等“洋旗报”则势单力薄，也未能充分发挥其报道与评论抗战大业之责。但是，这些抗日报刊的出版，其意义是不可低估的，是“孤岛”上空抗日宣传大旗不倒的标志。

第二节 “洋旗报”一统天下

一、《每日译报》——“上海新创外商报的第一燕”[18]

进入1938年后，上海租界内情势出现了有利抗日新闻宣传活动的契机。由于日本侵略军把战线越拉越长，战事中心开始离上海而远去，租界局势渐趋缓和。而且，租界当局经过几个月的反复掂量，发现日本人尚不敢采取过激措施，贸然同英美法等西方国家为敌，因而对日本人的态度也开始强硬了起来，在奉行其“中立”政策时采取新的策略，即“一面镇压抗日运动以向日帝讨好，同时又利用救亡运动向日帝讨价还价”，“在反对救亡运动中，又不过分干涉救亡运动”[19]。例如，1938年2月2日，日本掌握的上海新闻检查所致函工部局警务处处长杰拉德(Gerrard)，要求对挂外商招牌的抗日报纸采取制裁措施。但是，杰拉德在2月7日的回信中断然拒绝了这一要求，指出工部局无权处理在华享有领事裁判权国家的侨民事务，“在这种情势下，我建议你与有关国家的领事去直接交涉”[20]。

与此同时，中国爱国报人也找到了一条在租界内创办抗日报纸与宣传活动的新路子，即利用租界当局的“中立”政策和“治外法权”，创办与出版名义上由外国商人经营的报纸，以避免日伪的新闻检查。1938年1月21日创刊的《每日译报》，在中国共产党直接领导下成为“上海新创外商报的第一燕”。《每日译报》的创办，是上海租界内以抗战为宗旨的“洋旗报”重新崛起的标志，也是“洋旗报”大发展并一统天下的起点。该报前身是《译报》。《译报》被扼杀后，中国共产党江苏省委鉴于当时租界内外商报纸的合法性，决定采取挂“洋旗”的对策，经赵邦铄觅得在香港注册的英商大学图书公司主持人孙特司·裴士(Sanders-Batas)和拿门·鲍纳(N. Bonner)担任发行人后，将《译报》改名《每日译报》以英商报纸名义出版。根据当时团结抗战形势的需要，《每日译报》以统一战线面目出现，聘原《申报》编辑钱纳水为主笔兼总编辑，聘王纪华为经理，张宗麟为董事长。但实际上是中共江苏省委的机关报，编辑部中绝大多数是共产党员，如梅益、姜椿芳、王任叔、恽逸群等。

该报初为四开四版的小型报纸，第一版为要闻版，第二、三版刊登评论、报道、书评、漫画、插图等，第四版为副刊版，所有内容均译自外文报刊。2月20日起，该报新增“综合报道”栏目，综合各方电讯以报道中日战事新闻；5月1日起，扩版为1张半，增加“社会动态”、“新闻钥”等新闻、评论栏目以及副刊《爝火》、专刊《星期评论》、《时代妇女》、《职工生活》、《书报评论》、《社会学讲座》、《青年园地》、《戏剧电影》等(以上专刊均每周出版1期)，并开始转载《新华日报》、《救亡日报》等内地重要报刊的文章，一改纯翻译报纸的面目。6月1日起扩版为日出2张，一张为“新闻版”，包括社论、特写等内容，另一张刊登译文和副刊。6月28日起，扩版为日出对开1张半的大报，增加新闻篇幅，新辟副刊《大家谈》等；9月，增辟《每周论坛》；10月，设立“文选”栏，刊登各地特约通讯和国内各报重要论文；11月26日起，因经济拮据，缩减为对开一张，编辑力求精炼，使内容不致因篇幅减少而受影响，甚至较前更为充实。该报的发行量最高时为3万多份。

为减少日伪的注意，《每日译报》在创刊号上发表了带有资产阶级新闻观点的发刊词，并赋予英商报纸的色彩：“一张好的新闻纸，应该使人发生好奇的心理……这就是《每日译报》主要的宗旨……我们对于所提供的题材毫无特殊的偏见，更无偏重的成见，我们是尽量地要大公无私地来选择。”[21] 6月26日，该报刊载了改版启事，在阐述办报宗旨时仍用第三者的语调：“(1) 维护中华的自由独立平等；(2) 敦睦民主集团的邦交；(3) 保护民主政治；(4) 巩固集体安全；(5) 主持国际正义；(6) 建立世界和平。”[22]

《每日译报》的重要宣传内容有两方面。第一方面是坚持全民抗战，阐释中国共产党的抗战主张和统一战线政策。该报对中国共产党中央的重要文件和中共领袖毛泽东、朱德、周恩来等人的演讲、文章等均以直接刊载、转译外报等形式及时予以发表，以指导、鼓舞上海人民的抗日斗争。1938年8月23日起，该报连续12天刊载了毛泽东的《论持久战》全文；11月27日，译载中共六届六中全会的《告全国同胞书》，阐述游击战争的重要意义，号召人们抗战到底。《每日译报》还及时向读者提供抗战的胜利消息，以鼓舞人心。该报的“特讯”、“专电”，经常报道广大人民群众所关心的、其他报刊很少刊载的有关中国共产党领导下的八路军、新四军的战况与捷报。1938 年 6 月，新四军向南京、芜湖等地挺进，建立了以茅山为中心的苏南抗日根据地，《每日译报》立刻以“本报特讯”的形式报道了这一令人鼓舞的消息。该报还先后译载了斯诺的《在日军后方的八路军》、《东战场上的新四军》等，报道八路军、新四军挺进敌后，英勇善战，使日军疲于奔命，在敌占区建立了抗日民主根据地。

第二方面是揭露与抨击日军侵华暴行和汉奸投降卖国活动。1938 年 6 月 15 日，《每日译报》通过译载国联鸦片问题会议上美国代表的发言的方式，揭露日本在伊朗收购鸦片运至中国沦陷区贩卖的罪行；9 月 3 日，该报发表社论，呼吁制裁日军在华使用毒气的罪行；1939 年 4 月 13 日，该报再次发表社论，谴责日军在华贩毒的险恶用心，指出日军侵略者不仅蓄意灭亡中国，且欲灭绝中国人种，诱使中国人吸毒聚赌，实较武力侵略更为恶毒。在日军长驱直入，国民党军队望风披靡的形势下，国民党内妥协投降的主张甚嚣尘上。对此，《每日译报》旗帜鲜明地批判失败主义，反对投降，呼吁全国军民坚持抗战到底。1938 年 10 月 12 日，该报就汪精卫在重庆接见海通社记者时所说的“中国未关闭调停之门”的妥协投降论调发表社论，指出这种论调实际上是在帮助敌人松懈中国人的抗战精神，有利于日本消化已得的赃物，而后进一步消灭中国。汪精卫公开叛逃后，该报于 1938 年 12 月 18 日发表社论予以声讨，要求政府严惩叛徒汪精卫。

《每日译报》十分重视副刊、专刊，并通过它们联系和团结各个阶层的群众。王任叔主编的副刊《爝火》和《大家谈》，由编者引导读者谈论各种社会现实问题，敢于针砭时弊，直指要害。《职工生活》、《时代妇女》等专刊，则由报社聘请各界著名人士担任编辑，使它们各具本行业的特色，成为报社联系各界(各行业)群众的桥梁。如《职工生活》周刊，由职业界群众运动领导人顾准、姜坎庐(谢胥浦)主编，反映职工要求，经常刊登职工的声言与呼吁信件，关心职工生活，成为上海职工的园地。由于《每日译报》具有扎实的群众基础，多次成功地发起或组织群众性支援抗战的活动。1938 年 7 月，该报首创节约救难捐款活动，得到七八万市民的响应，3 个月内收到捐款 1 万 6 千余元，为抗战筹得一笔可贵的资金。1939 年 1 月，该报又组织了新年献金捐款活动，也取得了丰硕成果。此外，该报还曾开展过慰劳新四军的活动，向工商界募集龙头细布 7 千匹、胶鞋 4 万多双，组织了两批上海民众慰劳团，前往皖南慰问新四军。

《每日译报》社还出版发行《译报周刊》、《公论丛书》、《译报时论丛刊》、《译报丛书》等书刊。《译报周刊》创刊于 1938 年 10 月 10 日，每逢星期三出版，随《每日译报》订户赠阅，发行量曾高达 2 万份，在"孤岛"各期刊中居首位。发行人仍为英商孙特司·裴士和拿门·鲍纳，实际主持人是王纪华(任经理)和冯宾符(任主编)。该周刊设有《战局一周》、《每周瞭望》、《各地通讯》、《读书顾问》、《读者信箱》、《小言》等栏目，其中《读者信箱》和《小言》直接继承了《生活》、《新生》、《大众生活》等著名周刊的优良传统，从"孤岛"各阶层人民群众的实际需要出发,给予直接的指导。该周刊还曾刊出“新四军特辑”,对这支活跃在大江南北的抗日队伍的战斗业绩详作介绍。《公论丛书》创刊于1938年9月,系每月出版一期的综合性丛刊,专门刊载中共中央发表的重要抗战文献,由王任叔主编。

二、《文汇报》的创刊

在《每日译报》创刊后的第四天,即1938年1月25日,又一家以抗日宣传为主旨的英商报纸《文汇报》在上海租界内诞生。

《文汇报》由严宝礼(任总经理)、胡雄飞(任协理兼广告科主任)、徐耻痕(任编辑部秘书)等留居“孤岛”的爱国人士联合创办与主持,聘请英国人克明(H. M. Cumine)任董事长兼总主笔,由他出面以英商文汇有限公司名义向英国驻上海总领事馆注册登记。该报得到《大公报》社的支持,借用《大公报》的厂房、排印设备和印刷工人。创刊后不久,《大公报》又向《文汇报》投资,并派徐铸成参加《文汇报》编辑部工作,任主笔。该报创刊时,日出对开一张,第一版为要闻,第二版为国际新闻,第三版为本市新闻,第四版为副刊《文会》。自3月5日起,改为日出对开两张,要闻、国际新闻和本市新闻均扩为两版,并增加经济新闻一版。4月又扩版为对开三张,新增教育与体育新闻、社会服务等版面和副刊《灯塔》。后又两次扩版,篇幅最多时为对开4张。该报的发行量也不断增加,创刊不到半年即高达5万份,超过了原来销数最多的《新闻报》。

《文汇报》的宣传方针,始终是坚持抗日救国、坚持民主正义。但为了避免不必要的麻烦，发刊词《为本报创刊告读者》由克明署名（实为储玉坤撰写）并涂上外商报纸的色彩，声称“本着言论自由的最高原则，绝不受任何方面有形与无形的控制”，“消息力求其正确翔实，言论更须求其大公无私，揭露黑幕，消除谣言”[23]。传颂中国军民英勇抗战的捷报，是《文汇报》报道的一项重要内容。创刊号上，《文汇报》在头版头条位置、以特大字号的标题刊载了一则郑州专电，报道了津浦线上我军两路包围日军的消息，使人读来胸臆舒张、欢欣鼓舞。据统计，该报头版头条报道，90％以上都是有利于我国抗战，振奋人心的军事新闻。在台儿庄战役期间，《文汇报》在3月19日至4月10日的23天内，有22天将这场战役的报道作为头版头条，以满足上海人民渴求抗战佳音的需要，使民众大受鼓舞。《文汇报》还无情地揭露日军的暴行和汉奸的投降活动。该报的“各地乡讯”栏目，以揭露日伪在沦陷区奸淫掳掠的罪行为主要内容。对于大汉奸汪精卫的投敌卖国活动，该报也及时报道与揭露，使其叛徒嘴脸昭然若揭。

每天发表一篇社论，分析国内外时势，解答群众的疑惑，是《文汇报》的一大特色。由于当时上海各报均无社论，因而《文汇报》的社论使广大读者有空谷足音之感，甚受欢迎。这些社论就群众普遍关心的国内外大事和抗战中的问题进行评析，坚定“孤岛”民众的抗战必胜的信念，告诫徘徊歧路的人们莫走错路，揭露与抨击汉奸叛卖活动。《文汇报》发表的第一篇社论是《淞沪之役六周纪念》，通过对十九路军将士英勇抗战业绩的缅怀与赞颂，向广大读者进行爱国主义教育，激励“孤岛”民众投身抗日斗争，共救国家危亡。1938年3月伪“南京维新政府”成立后,《文汇报》立刻发表社论予以揭露与斥责,指出梁鸿志之流都是一具具政治僵尸,让这些“自暴自弃的废物”“去曝尸露体,供人玩弄,受人唾弃吧!”[24]对于一些可能误入歧路的人士,《文汇报》也发表社论予以警告:“你们要继续循着正路向前走,切勿恋着昙花一现的幻境,被漫天的风沙,葬送了自己!”[25]《文汇报》社论大获成功,促进了其他抗日报刊的新闻评论工作,《每日译报》等也先后增辟了社论和其他评论性栏目。

更难能可贵的是,《文汇报》作为一份爱国人士主持的报纸,在政治上拥护中国共产党提出的抗日民族统一战线等政治主张。该报对中国共产党及其领导下的八路军、新四军的抗日活动与战绩也作了积极的宣传报道。1938 年 2 月 8 日,《文汇报》在副刊《文会》上刊载了前线通讯《朱德将军最注意的事件》,是该报第一篇介绍中共领导人的文章。2 月 13 日,该报在要闻版上刊载了毛泽东答美国记者问的报道,引起巨大的反响。毛泽东分析了中日两国的实力对比,作出了中国必胜、日本必败的科学预言,对身陷“孤岛”的上海人民来说具有极大的鼓舞作用。当时,周恩来代表中共中央在国统区从事抗日、团结与统战工作,《文汇报》也用了大量篇幅予以介绍。该报多次在要闻版显著位置报道周恩来同记者的重要谈话,扩大了中国共产党在国统区的作用与影响。《文汇报》在 1938 年初至 1939 年夏出版期间,始终十分重视报道八路军、新四军在敌后战场英勇奋战,不断获取胜利的业绩。该报创刊后第三天即在头版显要位置、以“北平特讯”大字标题,报道了八路军挺进平绥、平汉、正义铁路三角地区,开辟敌后抗日根据地的战绩。1938年3月15日,《文汇报》发表社论《西北大战的展望》,对八路军和陕甘宁边区作了高度评价:“陕北现为八路军之中心,人民经两年余之严格训练,抗日思想最为浓厚;武装民众,遍地皆是。彼等已厉兵秣马,准备为保护国土,献身祖国。八路军主力,现集中陕晋边境者无虑廿万,经多年之苦斗,万里之长征,耐劳苦,守纪律,有浓厚之政治意识,高远之政治理想,每一个士兵,均能成为一个作战单位。”

当然,《文汇报》在宣传上也曾有过失误。1938年6月21日,该报发表社论《一个建议》,认为中国一年来的英勇抗战,粉碎了日本武力灭亡中国的迷梦,日本已到了精疲力尽不胜支持的程度,建议英、美、法、苏等国“趁此时机,迅速召集世界和平大会,以和平国家的合力制止日本的侵略,以收拾残局,而重造远东的均势”。当时,日本外相宇垣也正在玩弄议和的阴谋,因而这篇社论的发表,事实上起了于抗战不利的作用,使读者大为不满,报纸销数为之锐减。但该报勇于改正错误,于同月25日发表社论《重申我们的信念》,对上述社论作了解释,强调《文汇报》坚决主张抗战的立场:“我们在这五个月中,无日不主张团结抗战,无日不呼吁中国国民应尽天职,这是有目共睹的事实。”我们主张召集会议,是希望各国会商实行“经济制裁办法”,“是希望日本受到不可抗拒的压力,以加速其溃败”。这篇社论发表后,《文汇报》在读者中的声誉得以重建。

《文汇报》还先后创办了不少副刊与专刊,形成了该报在宣传业务上的一个重要特色。副刊有《文会》、《世纪风》、《灯塔》、《海上行》等,专刊有《剧艺周刊》、《俗文学》、《儿童园》、《自学周刊》、《学术讲座》、《读者园地》、《法谭》、《无线电》周刊、《中国医药》周刊、《商业知识》等,各有所专,各具特色。其中《世纪风》创刊于 1938 年 2 月 11 日,最受读者欢迎。该副刊由进步作家柯灵主编,运用各种短小精悍的文艺体裁,团结人民,打击敌人,是“孤岛”上一个具有强大战斗力的抗日文学堡垒。《世纪风》每天必有一至两篇杂文,还曾出过数期杂文特辑,大部分以抗战肃奸为主题。有关八路军、新四军战斗生活的文学也十分令人瞩目。自创刊日起连载的《中国红军行进》,系美国记者史沫特莱撰写的长篇报告文学,详述了在当时鲜为人知的中国红军自 1927 年至 1932 年间的战斗业绩。1938 年 7 月 12 日,《世纪风》译载美联社记者勃脱兰的通讯《与中国游击队在前线》,叙述了记者在晋北抗日根据地的所见所闻。此外,还有曹白以“夏侯未胤”笔名撰写的《半个十月——富曼河记》等。在介绍、推荐革命文学作品和进步作家方面,《世纪风》也不遗余力。《鲁迅全集》出版前后,《世纪风》多次刊载介绍文章,1938 年 5 月 23 日出版了推荐与介绍《鲁迅全集》专页。此外,对瞿秋白的《饿乡纪程》、《赤都心史》、《乱弹》等文学遗著,《世纪风》也都刊有专文予以评价。

《文汇报》馆还办有《文汇报晚刊》、《文汇年刊》以及《文艺丛刊》等其他出版物。《文汇报晚刊》于 1938 年 12 月 1 日创刊,日出四开四版,由李秋生主编,配合《文汇报》的宣传报道活动。《文汇报晚刊》曾连载许广平整理的《鲁迅日记》,是当时文化界的一件大事,至今仍有重大意义。《文汇年刊》于 1938 年秋筹划出版,由柯灵主编,1939 年 5 月正式出版,共 120 多万字,分论文、文献和抗战以来中外大事记三部分,收入了大量抗战初期的文献资料和图片。《文艺丛刊》仅出过 1

本,即1938年11月出版的《边鼓集》,收入屈轶(即王任叔)等6名抗日作家的杂文181篇,共20多万字。

《文汇报》馆还开展过许多支援抗战的社会活动,如征募救济难民捐款(与上海华洋义赈会合作)、发起读者献金运动、设立清寒助学金以救助生活困难的学生等。其中最为成功的是副刊《世纪风》于1939年4月24日举办的"文艺工作者义卖周"活动,吁请作者惠寄稿件并将稿费捐助抗战。由于这一活动得到上海文艺工作者的热烈响应,"义卖周"不得不一再延期,直到报纸被迫停刊才结束。

三、《申报》重返上海

《申报》迁离上海后,分别于1938年1月15日和1938年3月1日出版了汉口版和香港版。汉口版设在汉口特三区湖南街23号,编号续前为23209号,对开半张,出版至7月因武汉形势严峻,于7月30日停刊,原计划迁往桂林,由于种种原因未能如愿。香港版设在香港云咸街79号,对开一大张,编号另起,1938年3月1日为第一号,1939年7月停刊。

《申报》的基地在上海,读者在内地,地处华南的香港,《申报》与内地读者联系十分困难,环境也日益险恶,决定迁回上海恢复沪版。1938年10月10日沪版复刊。

在上海"孤岛"内,一大批进步爱国新闻文化工作者,利用租界的特殊环境,运用特殊的方式——挂"洋商招牌",创办了一批报刊,避开日本侵略者的新闻检查,坚持抗战宣传,这给《申报》以启示,于是以美商哥伦比亚出版公司的名义出版。

董事会的成员为董事长阿特姆司(W. A. Adams),董事阿乐满(N. F. Allman),安迭生等。董事会下设总管理处,总经理由阿特姆司兼,经理马荫良,副经理王尧钦。总主笔由阿乐满兼,副总主笔张蕴和。报头下刊有《申报》的英文名称。洋人是只拿钱不做事的虚职。实际经营管理由马荫良主持。在这种特殊环境中《申报》仍表示:今后仍当以正义为依归,作中国人民的喉舌。坚持以往不屈之精神,与艰苦环境相奋斗。

《申报》复刊后,除滞留在上海的原特约作者继续撰稿外,还经常约请梅益、恽逸群、于伶、柯灵等执笔撰写社评或专论,所以有些社评的抗日立场十分坚定鲜明,一再强调“主和即汉奸”、“媾和即灭亡”的观点。1938 年 11 月 5 日,在社评《辟近卫的谬论》中指出“中国的抗战是为了反抗志在灭亡和奴役中国的日本法西斯军阀”,“在日本军阀压迫下,过着非人生活的日本民族,也是和中国人民站在一条战线上的战士”,所以“日本的法西斯主脑”,才是“中日两大民族互相提携的障碍和大敌”,我们应当“联合世界上爱好和平的力量与日本国内反对侵略战争的民众,来共同打倒侵略中国,破坏东亚和平,阻碍中日两大民族提携的日本法西斯军阀”。这些论述是符合中国共产党关于建立国际反法西斯统一战线思想的。社评还指出“战争情势已渐渐有利于中国,日本侵略军队的崩溃行将开始,中国坚持抗战到底的决心自然会获得最后的胜利”。

及时报道全国各地抗战及胜利消息是《申报》宣传的中心任务。无论正面战场还是敌后的抗战斗争,都占相当的篇幅和地位。对中国共产党及其领导的八路军和新四军的抗战消息,《申报》也是比较注意的。在复刊号上就刊载了《共产党领袖周恩来之谈话》、《八路军游击队威胁下,华北日军窘态》、《江南的游击队》等3篇消息和通讯。特别突出周恩来强调的“共产党必与国民党继续合作”,“妥协主义悲观论调,必须打倒”。抗战进入相持阶段后,八路军、新四军主力钳制了全国约百分之四十至五十的敌军主力,并连连取得对敌斗争的重大胜利。可是,由于交通困难,敌人的封锁,胜利消息不易传到上海及广大沦陷区。《申报》就多方与重庆《新华日报》取得联系,获得消息来源,除经常转载《新华日报》的消息和社论外,还陆续发表了《周恩来视察东战场,布置浙东防务》、《周恩来与新闻记者之谈话》、《叶剑英对记者的谈话》、《活跃在江南前线的陈毅将军》等通讯,还连续刊登毛泽东的《论新阶段》,项英的《新四军一年来抗战的经验与教训》等文章。《申报》通过中共负责人对抗战形势与战争前途的精辟分析,对八路军、新四军及敌后抗日游击队对敌斗争的胜利消息的报道,对于长期身居“孤岛”的上海人民和大后方民众,无疑是巨大的鼓舞。

《申报》作为民族资产阶级报纸,其爱国立场是鲜明的,但对抗战中的一些问题的认识,也有其明显的局限性。一是过分相信和依赖美国对中国抗战的支援。《申报》始终把美国政界要人关于中国抗战的谈话和美国援助抗战的活动,放在突出地位加以报道,并经常发表社评,给予积极评价;二是在对待国共两党关系问题上,其重心在国民党方面,特别在两党发生矛盾后,表现得更为明显。如对“皖南事变”的报道就很典型。虽然也引用外报报道了周恩来为悼念新四军死难烈士的挽联和题词，但是大量报道的是国民党解散新四军的活动和言论，而且还发表了《新四军的解散》社评，强调“军委会的调防令已下，而新四军虚与委蛇，抗不奉命，更以种种迹象，不得不归解散”。还说“中央对于此事，最初如何委曲求全”，“忍无可忍”，以后才被迫下此决心。社评还进而引申说：“此事决非所谓国共分裂的初步，而是共产党内部对于接受三民主义与拥护抗战建国政策是否继续的分裂初步。”

《申报》积极开拓报刊业务和社会服务工作。《申报》复刊后不久，便提出改进业务的三项要求：(1)“为策进报纸效力起见，务使行销普遍”；(2)“为发挥申报品格起见，力求质量精进”；(3)“为轻减读者负担起见，不恤自我牺牲”。为此刊出启事，广求稿件，丰富内容，其中包括“各地政治动态”、“地方新闻”、“经济调查与市场”、“教育调查”、“文化事业”以及“被占领区域之民众生活状况”等。还努力办好各种副刊。除保留原有副刊外，又陆续创办一些新副刊。以 1939 年 3 月统计，在《申报》上刊出的副刊栏目有《自由谈》、《春秋》、《大众周刊》、《经济专刊》、《科学与人生》、《健康知识》、《游艺界》、《衣食住行》、《国医与食养》、《交通与运输》、《儿童周刊》等 10 多种，有的每日刊出，有的一周内轮流出版。这些副刊在保持知识性和娱乐性基本特点的同时，也为抗战救国尽力。如 1938 年 11 月“八·一三”抗战一周年时，《自由谈》、《春秋》都发表了纪念文章，正确分析抗战形势，激励人们增强胜利信心。如在《上海沦陷一周年》一文中，说当时“国军虽西撤”，“但全面抗战的意义，不在一城一地的得失，而在争取空间和时间的延长，以获得最后的胜利”，“只要上海有中国人，上海终究是中国人的”，就像“只要有中国人存在的话，决不让中国被别人吞灭一样”，“我们身处孤岛”也应考虑如何奋斗。1939年9月新创办的《星期增刊》，是一个综合性副刊，具有更鲜明的政治性，宣传抗战的内容更多。它的小栏目“国际动态”、“战地一角”、“名人小传”、“经济常识”等大都刊登有关国际国内反法西斯战争的文字。它还出版了“西南”、“西北”、“重庆”、“日本研究”专号，讨论抗战中的一些问题，如“西南”专号中就刊载了《抗战根据地西南》、《西南之经济资源》、《抗战人物志》等。

《申报》的社会服务活动，除通过“社会服务”栏为读者解答各种难题外，还举办贫困学生助学金，募捐救济难民，开展有奖征文活动，发动教育改革讨论，发动读者捐款购买飞机以支援抗战等。

身处逆境的《申报》，为应付复杂险恶的环境，特别强调不偏不倚的办报方针。复刊词称“本报在此纷扰错杂之氛围中，迄能保持其不偏不党之精神，利诱在所必拒，威迫亦置罔顾，一为多数人民谋福利，尽指导舆论之天职”。在新闻报道和评论中努力贯彻。在社会活动中，也尽量同各方面人物打交道。如对上海滩上的一些“大亨”，只要他们不投敌卖国，就同他们发生联系，以借助他们的势力，抵制或抵消来自各方面的麻烦。如复刊时，就请杜月笙、王晓籁、钱新之等，以上海地方协会名义发表了《祝贺申报复刊》的贺词。副刊《游艺界》创刊时，得到黄金荣的支持，创刊号上刊登了黄金荣的“集游艺之大成”的题词。对他们有利于抗战的活动也作适当的报道。

四、“洋旗报”天下的形成与抗日刊物的重新出现

《每日译报》和《文汇报》创刊后，中国人主办的、挂外商招牌的抗日报纸一个接一个地在上海租界内诞生，重新建起一个强大的抗日新闻宣传阵营，形成“洋旗报”一统上海报业天下的局面。

自1938年2月至8月，上海租界内新创办的“洋旗报”有《国际夜报》、《导报》、《通报》、《大英夜报》、《循环报》5家。《国际夜报》创刊于1938年2月，英籍印度人克兰佩(D. W. S. Kelambi)任发行人兼社长，褚保衡任总编辑。《导报》创刊于4月2日，由英商大学图书公司发行，英国人孙特司·裴士任编辑人，实际主持人为蒋光堂(任经理)，刘述笙、胡山源等先后任总编辑，共产党人恽逸群任主笔，为该报撰写了大量有影响的评论文章。该报日出对开一张，头版头条新闻的主标题套红印刷。《通报》创刊于4月11日，由柳亚子主持的上海市通志馆同人主办。该报聘请英国人威廉·韦特(H. T. William Wade)任发行人，欧孝(D. O. Shea)任编辑人。实际主持编务的是胡道静。《大英夜报》创刊于7月1日，由英商大学图书公司发行，裴士任编辑人，该报实为国民党人翁率平创办，褚保衡主持编务。进步作家王统照、秦瘦鸥曾任该报副刊《七月》的编辑，在该副刊上发表了不少进步作品。《循环报》创刊于7月23日，由在香港注册的英商中英出版公司发行，国民党人耿嘉基实际主持编务。共产党人恽逸群曾为

该报组织与撰写过一些评论文章。在这一时期,《华美晚报晨刊》于4月19日改名为《华美晨报》,《大美晚报晨刊》于5月1日改名为《大美报》,其事业规模与社会影响也较前更大。

1938年9月以后,"洋旗报"阵营更为壮大。9月1日,《新闻报》及其晚刊《新闻夜报》挂上美商招牌,不再接受日伪的新闻检查,重回抗日报纸的行列。该报鉴于租界内的"洋旗报"声威日壮,而接受日伪新闻检查后日趋没落,决定请回原报馆主人福开森(J. C. Ferguson)任监督,并聘请另一位美国人包德任总经理,以美商太平洋出版公司的名义发行。李浩然、严独鹤分别担任《新闻报》和《新闻夜报》的编辑人。11月1日,国民党在上海租界内创办了《中美日报》,以美商罗斯福出版公司的名义发行,原在上海经营药业的美商施德高(H. M. Stuckgold)任发行人,实际主持人是吴任伧(任社长)、骆美中(任总经理)、杨勋民、查修、王锦荃(先后任总编辑)、周宪文(任总主笔)等国民党人。作为一份国民党中央直辖党报,《中美日报》的重要电讯几乎全部采用中央社重庆广播稿,只是文字稍抹上一些外商色彩。11月21日,《大晚报》也挂起"洋旗"招牌,改由英国人弗利特(B. H. Fleet)任总经理的独立出版公司发行,斯坦利·伊·杨(Stanley E. Young)任编辑人,实际由王镨城(任经理)主持报务。此外,《华美晨报》于1938年底改组为八路军驻沪办事处领导的报纸,共产党员金学成任经理,陆久之任社长,徐怀沙、王人路任正副编辑,恽逸群主持社论撰写工作。

截至1939年4月止,上海租界内以抗日宣传为主旨的"洋旗报",已达17种之多,总销量约为20万份。它们是:《每日译报》、《文汇报》、《文汇报晚刊》、《导报》、《华美晚报》、《华美晨报》、《大美晚报》、《大美报》、《中美日报》、《大英夜报》、《申报》、《新闻报》、《新闻夜报》、《大晚报》、《国际晚报》、《国际日报》、《儿童日报》等。

在“洋旗报”大发展的同时，各类以抗日宣传为主旨的时事政治性刊物也纷纷创刊或复刊，一扫上海杂志界在“孤岛”初期出现的沉寂局面。截至 1939 年 4 月止，上海租界内先后出版的抗日期刊与丛刊有数十种之多。

在这些抗日期刊与丛刊中，影响较大的是《华美》周刊、《译报周刊》、《公论丛书》、《文献》等“洋旗刊物”。《华美》周刊是中国共产党直接领导的时事政治性刊物，1938 年 4 月创刊，由美商华美出版公司发行，王任叔等主持编务，被誉为“最精彩、最富战斗力的一个周刊”[26]。《文献》月刊也是中国共产党直接领导的抗日刊物，由英商大学图书公司发行，阿英主编，以刊载抗战文献为主。《良友》画报是抗战前上海最著名的画刊，“八·一三”抗战后一度迁离上海，1939 年 1 月重回上海出版，聘请英国人密尔士担任发行人，实际上是由张沅恒、赵家璧等主持编辑工作。《职业生活》创刊于 1939 年 4 月 15 日，以英商《国际日报》的增刊名义出版，何持中任发行人，汪之行(汪熊)任编辑人，实际上是中共江苏省委职委领导下的上海职业界救亡协会的机关刊物。《导报增刊》创刊于 1939 年 4 月，由英商《导报》社出版，恽逸群主持编务。这些抗日刊物，在抗日宣传斗争中同“洋旗报”密切配合，担负侧面出击的战斗任务。

“洋旗报”一统天下的形成与抗日刊物的大量出版，使抗日宣传的声势更为壮大。

第三节 “五月危机”的爆发与两条抗日宣传战线的形成

一、“五月危机”的酝酿

早在1938年下半年,鉴于欧洲局势的日趋紧张,英、美、法等西方资本主义国家开始将其战略重点转移到欧洲,以对付德、意法西斯的侵略活动。在远东问题上,它们以“先欧后亚”为原则,对日本法西斯实行绥靖政策,竭力避免同日本人开战,甚至酝酿“东方慕尼黑”阴谋,以牺牲远东各国人民的利益为代价,保全它们的殖民地区的“中立”地位。与此同时,日本侵略者自1938年10月后作战力量也日趋削弱,不得不提出“建立东亚新秩序”、“以战养战”的新的侵略方针,把战略重心转向后方,加强对日占领区的控制。

在这种背景下,上海租界当局对日本侵略者提出的取缔租界内抗日报刊宣传活动的要求,采取步步退让的妥协政策,以求苟安于一时。1938年7月,英国驻沪总领事馆通知各英商报纸发行人,在“八·一三”上海抗战一周年前后,不得发表任何纪念文章和刊登有关纪念活动的消息。对于这一无理指令,《文汇报》、《每日译报》、《导报》、《大英夜报》和《循环报》5家英商报纸,于8月12日宣布停刊一日,以示抗议。此后,上海租界内的“洋旗报”经常接到这类通知、指令,不可计数。

1939年3月以后,日本侵略者开始对上海租界发起新的进攻,不断制造紧张局势,逼迫租界当局取缔租界内的一切抗日活动,使租界内的抗日报刊处境更为艰难。4月12日下午,日本驻沪总领事三浦义秋率领事寺崎等一行访晤上海工部局总董樊克令,并面递备忘录一份,要求租界当局取缔租界内的所有抗日报纸。在这份备忘录中,日本侵略者表露了它们对抗日报刊宣传活动的恐惧:“日本军事当局对此十分担心,因为上海工部局若不采取措施,不仅将影响租界内的和平与安定,还将影响租界外日占区的和平与安定。”[27]接着,三浦义秋又访晤了英、美两国驻沪总领事,向他们提出同样的要求。为了配合日本驻沪总领事的活动,日文《上海每日新闻》也大声鼓噪以助威。4月13日,该报发表社评《溃灭抗日支那报》,内云:“自从各家抗日报纸以第三国名义经营以后,都已‘逃避’检查,所以事实上我们的新闻检查工作变成有名无实了。上海的15家(抗日报纸)是在日本的占领区内,并且以报馆规模大、发行份数多,以及其他诸点说来,都是不能忽视的问题。说上海占着全中国抗日言论的中枢地位,也非过言。所以上海的抗日报纸,如果能把它们溃灭,就等于把全中国抗日言论封锁了一样。”[28]

对于日本侵略者的上述要求,租界当局当然不敢漠然置之。4月12日,樊克令在同三浦义秋会谈时,当场表示同意日本方面的观点,答应采取措施以钳制抗日报刊。4月17日,樊克令致函英国驻沪总领事菲利浦(Herbert Phillips)说:“在目前的困难时期,禁止报纸刊登任何旨在鼓动暴力活动的文章或报道,于维护法律与秩序甚重要。”[29]4月18日,上海工部局派员前往英、美驻沪领事馆,共同商讨对策,最后议决在更大程度上与日本方面合作。4月22日英国驻沪总领事召见各英商报纸负责人，对英商报纸提出了6条要求：(1) 禁止使用“敌人”、“汉奸”、“傀儡”、“伪”等字眼；(2) 禁止使用“鬼子”这一字眼暗示日本人；(3) 禁止使用“××”代替“日本”一词；(4) 禁止刊载国民党及类似团体的文告、消息和抗日宣言、通电，对上述内容也不得引用；(5) 禁止刊载日本国内或在华日军或平民的反战消息和反战活动；(6) 禁止刊载一切抗日文字(不论是社论还是新闻报道)以及足以刺激感情与妨害治安的文字。4月26日、27日，上海工部局警务处分别向《大美晚报》、《大美报》、《华美晨报》、《华美晚报》、《中美日报》、《新闻报》、《新闻夜报》、《申报》、《儿童日报》9家美商报纸发出警告，要求不得刊载任何抗日文字。

但是，上海租界当局采取的上述措施，“实际上还是遵循租界当局以前采取的对中文报纸进行警告这一基本方针”[30]，仍然没有置抗日报纸于死地。这一点，当然不可能使日本侵略者感到满意。因此，日本方面继续加紧其交涉活动。4月26日，日本驻沪总领事馆再次向租界当局递交备忘录，指责租界内的报刊，特别是以外商名义发行的报刊，并没有改变态度。同时，日本方面提出了一系列取缔抗日报刊的具体措施，并要求租界当局照此办理。这些具体措施是：(1) 上海租界当局发表布告，明确宣布凡刊载破坏和平安定的文字的报刊一律予以取缔；(2) 禁止国民党在上海租界内出版报刊和控制报业；(3) 逮捕从事抗日宣传活动的报人；(4) 没收、禁售抗日报刊，上述报刊不得在租界内外传递；(5) 租界警务部门定期或在必要时进行搜检，搜查时须有日本警务人员参加；

(6) 租界警务部门必须建立专职的督察报刊工作的机构[31]。

日本方面实际上已是无视租界“中立”地位的非分要求，引起了上海租界当局内部争议。4 月 27 日，上海工部局警务处处长包恩(Bourne)写信给工部局总办菲利浦说，根据英国法律，日本方面的各项要求都是无理的，不能接受。翌日，菲利浦在给包恩的复信中劝说道：“我们必须抛弃这样的想法，即在上海采取的警务措施是否合法应取决于这些措施在英国是否合法。这一点是极为重要的。”[32]经过一番争论后，上海租界当局决定逆来顺受，同意接受日本方面的上述无理要求。4 月 29 日，樊克令函复三浦义秋，答应以工部局名义发布禁止抗日宣传的布告，并采取一切力所能及的措施，以控制租界内的报业活动。自 1939 年 5 月 1 日起，一场酝酿已久的抗日报刊危机终于发生，被称为“五月危机”。上海租界当局之所以决定在 5 月份对抗日报刊下手，是因为 5 月份有许多政治纪念日子，中国人民往往在这些日子里举行纪念活动，以激发爱国之情。因此，上海租界当局历来把 5 月份视作麻烦之月。而且，1939 年 5 月又有新的情况，即国民党政府决定自 5 月 1 日起在全国范围内掀起国民精神总动员运动，更使上海租界当局愁上加愁，坚定了他们在 5 月下手的决心。

二、“五月危机”的爆发与租界当局新闻政策的骤变

1939 年 5 月 1 日，一场抗日报刊的严重危机爆发。自是日起，上海租界当局根据日本侵略者的旨意，不断推出欲置抗

日报刊于死地的新措施，使抗日报刊及其宣传活动处于十分险恶的境地。

（一）发布公告，明令取缔租界内一切政治团体和政治宣传活动。5月1日，上海工部局发出第5092号布告，公然宣称："……近有若干人士业已或现在正图在公共租界内组织团体，以进行意在散布政治宣传之运动……本局兹特行使所有警权，禁止并解散此种组织，并禁阻此种运动之进行。"[33]翌日，《中美日报》全文刊登了国民党最高当局蒋介石在重庆发表的为实行全国精神总动员的演讲，《新闻报》、《申报》等报纸则采取摘要方式进行报道。对此，租界当局也视作须加以取缔的政治宣传活动，由英国驻沪总领事馆通知英商报纸，上海工部局通知其他报纸，禁止续载蒋介石的演讲以及有关报道。为了表示抗议，《每日译报》、《导报》决定在3日自动停刊一天，《文汇报》则冲破禁令，在"小评"中加以引用。5月11日，工部局又拉上上海法租界公董局，发布两局联合布告，重申其取缔抗日报刊及其宣传活动的立场："……有政治性质之活动，虽在参与之人，视为爱国之举，但中立区域之被尊重，纯因系由外国当局管理，前项活动，依法自不能在各该区域内进行……此后无论何人，凡直接或间接参预是项团体，两租界将不予保护或并驱逐出境。"[34]

（二）征得各国驻沪领事的同意，对抗日报刊动用"勒令停刊"这一新的惩处手段。5月1日，美商《华美晨报》接到上海工部局警务处的通知，被勒令于5月3日停刊一日，成为上海租界内第一家遭到停刊处分的报纸。租界当局勒令其停刊的理由，是该报于4月28日在副刊上发表《读褚民谊启事》一文,内有主张杀汉奸的文字,认为有碍租界治安。5 月 16 日和 17 日,《中美日报》、《每日译报》、《文汇报》和《大美报》4 家“洋旗报”刊登了蒋介石在全国生产会议上的演讲等文字。对此上海工部局立刻通知《中美日报》和《大美报》,以上述文字与维持租界安定有所抵触为借口,勒令两报自 5 月 18 日起停刊两星期。与此同时,英国驻沪总领事馆以同样理由也通知《每日译报》和《文汇报》,勒令它们自 5 月 18 日起停刊两星期。这四家抗日报纸是租界内影响最大的“洋旗报”,被同时勒令停刊,不能不引起社会的巨大反响与震惊。上海租界当局自诩的“民主政治”、“新闻自由”等假面具被他们自己彻底撕破。

(三) 试图实行新闻检查制度。5 月 5 日,上海工部局警务处向各家“洋旗报”馆发出公函,要求各报“自即日起,有关目前战争政治活动及政治团体之任何来源所发的演说及宣言,或含有教唆暴行之文件”,“如欲刊载,事先须向中央捕房政治部获得许可”。倘“未经许可而径行登载,则将贵报之登记证撤销,并将依工部局命令而对贵报采取相似之其他动作”[35]。这一公函的实质是试图对报纸实行事先检查,因而遭到了所有“洋旗报”馆的一致反对。5 月 6 日,各“洋旗报”馆派出代表,在上海新闻界联谊会会所开会,商讨对策。与会代表认为,对报纸实行事先检查,是对新闻自由原则的践踏,万万不能接受。与会代表最后议决:各报开展联合抵制运动,拒绝新闻事先检查,并对中国政府领导人发表的言论和外国通讯社的电讯稿一律按原文刊登。由于各报的联合抵制,上海工部局不得不改变态度,于 5 月 10 日召集各报外籍发行人或总编辑开会。工部局总董樊克令亲自主持会议并详细解说租界当局的态度:“因为目前公共租界的局势,工部局不得不请各报审慎刊载涉及中日战争之政治新闻,且此种做法是暂时性质的”,“希望各报谅解和合作”。对于实行新闻检查一事,樊克令也改口说“系要求各报协助合作”,“并不要求实施检查”[36]。在这次会议上,《新闻报》监督福开森代表各报表示,愿在可能范围内同上海工部局密切合作。12日各报再次召开联谊会议,进一步讨论对策,议决继续拒不送审,凡演说、宣言等文件仍照常刊登。至此,上海工部局打算实行新闻检查的计划暂告破产。

“五月危机”的爆发,是上海租界当局对抗日报刊宣传活动的迫害开始加剧的标志。此后,租界当局对抗日报刊宣传活动的迫害日益升级,使“洋旗报”以及其他抗日报刊处于举步维艰的境地。

勒令停刊成了租界当局惯用的迫害手段。据粗略统计,上海工部局在1939年有18次,1940年有13次对抗日报纸作出勒令停刊的处罚。《中美日报》先后3次遭此处罚。第一次发生在“五月危机”期间。第二次发生在1939年8、9月间,原因是《中美日报》刊登了一篇题为《上海教育界总清算》的文章,将落水的学校及其负责人姓名全部揭诸报端,被上海工部局勒令停刊1星期。第三次发生于1940年1、2月间。当时,日、汪正在签订密约,《中美日报》按照中央通讯社电讯内容,以本报香港特派员名义报道了这一阴谋活动,并将日、汪密约的全文刊登在第一版显要地位,后又将密约影印本图影制成锌板在报上逐日连载。事后,上海工部局应日、汪方面的请求,勒令《中美日报》自1月31日起停刊3星期。此外,《华美晚报》等也多次遭到停刊处罚，深受其害。

1940年8月后，上海工部局强行实施新闻检查制度。8月6日，上海工部局警务处设立专职的新闻检查部，其任务是“检查出版前之各著名华文日报及晚报”[37]。8月8日，新闻检查部开始工作，由英籍、华籍职员各一人组成检查小组，每晚分赴各报编辑部执行检查任务。为了便于检查，工部局警务处还制订了新闻禁例，并多次进行修订，以适合形势的需要。1941年8月18日，发布经过修正的“新闻禁例”，其中规定报刊不得刊载的内容已有18项之多，它们是：(1) 伪、傀儡、宝贝等字眼；(2) 抗战(指既定的政策或者运动者不在内，如云抗战国策)；(3) 日本侵略中国、日本之侵略政策、侵略者(指日本)等语词，但路透社及其外国通讯社所发电讯除外；(4) 有关日军信誉者，溃退，奔窜滥炸，全部覆灭，乱烧华人房屋，虐待中国平民，日军内部厌战，使用毒气，尸骸遍野，强奸中国妇女，歼灭残余日军；(5) 侮辱日本天皇的词句；(6) 东洋矮子、日本鬼子等；(7) 捐助前线将士、购买飞机、有关国防或反侵略等的捐款及献金的文字消息；(8) 以孤军营口气发表的政治性质的或述及有关抗战献金的宣言或声明；(9) 强烈攻击之标语，如打倒……等；(10) 足以使本市情形恶化或妨害治安秩序的消息或词句；(11) 鼓励工潮，激起劳资间恶感，或意图使劳工情形更趋恶化的宣传；(12) 有害公众的恶劣广告或广告中的不妥字句；(13) 日军死伤确数(应该用“许多”一词代替)；(14) 外国报刊中有损日本体面的消息或文字(须先送工部局政治部审查)；(15) 演说、宣言、文告及其他政治性质的宣传(须先送工部局政治部审查)，但准许刊载新闻数行；(16) 巡捕罢岗或提要求的事件；(17) 慰劳军士运动的消息；(18) 关于日军强征华人服役一类消息中有损日方体面的语句。

对于上海租界当局的新闻检查活动，"洋旗报"等抗日报纸采取了种种抵制和斗争的手段，其中以"开天窗"最为常见。这一无声的抗议手段，有力地揭露了租界当局践踏新闻自由原则的罪恶行径。1940 年 8 月 13 日，即上海人民"八·一三"抗战三周年纪念日，《中美日报》首次大开"天窗"，第一版除报头外全部稿件被检扣。第二版社论《伟大纪念日的几句平凡语》一文多处被删除。第五版的专栏文章仅留下一个题目《八·一三述感》，整个版面有 1/3 成为空白。第八版的《集纳》副刊也有一半版面留下空白，《骆驼行》一诗也只剩下一个标题。因此，该报在大开天窗的当天，发表了一篇《小言》，愤怒地控诉说："读者今天翻开本报，但见空白满眼，一定会发生一种异样的感觉。所以然的缘故，明白人不必细说，大家心里有数。"新闻事先检查制度"竟加于受民主之国法律保护而恪守正义立场的报纸上，实为一桩异常可憾的事"。

为了发表一些重要新闻和使抗日宣传不致中断，抗日报纸还采取了其他一些灵活的宣传手段。《中美日报》在第二次被迫停刊期间，创办了《中美周刊》，第三次停刊期间则利用《中美周刊》发行时，夹带刊有重要新闻的小型报纸，使抗日消息仍然能够传送到上海民众中去。为防止不测，《中美日报》馆还用美商罗斯福出版公司名义，向工部局申请到一个《中美晚报》的营业执照，以供备用。由于租界当局不准刊登蒋介石的文告，《中美日报》就将文告以社论形式刊出，并在新闻中加入附注:“请读者特别注意本报社论”等。

当然,这一时期租界当局在加紧迫害抗日报纸的时候,还不敢把事情做绝,甚至留有一些余地,使抗日报纸尚能艰难地生存与发展。例如,汪伪国民党中央社会部长丁默邨在《中美日报》第三次停刊时曾致函工部局各外籍董事,要求他们给《中美日报》以永久停刊的惩罚,但租界当局未予考虑,让这份国民党直接主持的抗日报纸,得以在上海租界内出版。

三、“洋旗报”阵营的缩小与改组

“五月危机”后,“洋旗报”阵营虽然仍不失为一条重要的抗日宣传战线,但其规模较前大为缩小,影响也较前减弱。仅1939年5月至7月中,《每日译报》、《文汇报》、《华美晨报》、《导报》、《国际日报》、《儿童日报》等六七家“洋旗报”馆相继被迫停刊。最令人痛惜的是,中国共产党直接领导的“洋旗报”全部遭此劫难。

5月18日《每日译报》、《文汇报》被上海工部局勒令停刊后,汪伪特务釜底抽薪,拿出几十万元去收买租界内英商报纸的发行人。他们先是通过汉奸董俞用10万元巨款收买了爱钱如命的《文汇报》发行人克明,由克明用董事会名义免除该报总经理严宝礼的职务,并妄图将《文汇报》改为汪伪集团掌握的汉奸报纸。为了使《文汇报》的名称不被玷污,该报编辑部徐铸成等26人,在6月1日停刊期满后联名在《申报》上发表《文汇报编辑部全体同人紧急启事》,声明他们的基本立场。《紧急启事》云:“同人等服务文汇报一年有半,立场坚定,向为社会人士所深悉。兹因报馆内部发生变动,严经理去职,特向本报当局提出要求,保证不变本报原来编辑方针,庶得保持一贯立场。在未获得满意答复以前,同人等暂不参与编辑工作。一俟交涉获有结果,自当另行声明。”接着,严宝礼等该报同人在社会上收买到占总数 1/3 的《文汇报》馆的股票,并根据英国公司法的有关规定,向英国驻华大使馆申请停业。停业申请书由同英驻华大使寇尔熟识的马季良(唐纳)转交。寇尔指出克明所为违反英国国策、危害中英邦交,批示驻沪领事,吊销了文汇报出版公司暨《文汇报》馆的登记执照,从而彻底粉碎了克明伙同汪伪特务企图将《文汇报》变色的阴谋。汪伪特务还通过克明用 4 万元巨款收买了《每日译报》、《导报》的发行人裴士和鲍纳,使《每日译报》在停刊期满后无法复刊,《导报》于 7 月 1 日自行停刊。此外,汪伪特务还用 2 万元巨款收买了《国际夜报》、《国际日报》的发行人克兰佩。《国际日报》编辑部同人,为抗议克兰佩的背叛行为也发表启事,内称“同人等鉴于事势,不愿再与合作,忍痛于 6 月 1 日起全部脱离,今后《国际日报》一切概与同人无关”。致使这两张报纸也于 6 月 1 日起自行停刊。以后《国际夜报》虽曾一度复刊,但已改变颜色。汪伪特务之所以把英商报纸作为主要扼杀对象,同 1938 年 12 月 2 日英国大使馆颁布的《报纸条例》不无关系。根据该条例规定,“非先经大使书面批准,英国公民或团体不得印行,或促使印行,或以某种方式参与印行非英语报纸、小册子或其他出版物”[38]。这一规定使中国人民失去了利用英商名义创办抗日报刊的可能性,从而也激起了汪伪集团首先扼杀上海租界内的英商报纸的念头。“五月危机”后,美商《华美晨报》、《儿童日报》等报刊也因经济困难而被迫停刊。

此后“洋旗报”阵营经过一番改组，仍然坚持战斗在惊涛骇浪之中，始终没有被日伪势力和租界当局所摧毁，自“五月危机”发生至1941年12月上旬日军进占租界前这一时期，始终有10来种“洋旗报”在上海租界内生存、发展与斗争。这些“洋旗报”之所以能够坚持抗日宣传，是同国民党人的努力分不开的。在险恶的环境中，国民党人不仅继续出版其中央直辖党报《中美日报》，还新创办了另一份党报《正言报》。同《中美日报》一样，《正言报》也以美商名义出版，因为当时来华的美国人中确有一些具有正义感的人士，愿意帮助中国人民抗击日本侵略者。该报于1940年9月20日创刊，由美商联邦出版公司发行，刚卸任的上海工部局总董樊克令律师担任董事长，实际上由国民党上海市党部主任兼三青团上海支团主任吴绍澍直接领导，市党部委员叶风虎担任社长（后由吴绍澍兼代），冯梦云、冯志方先后任经理，袁业裕任副社长兼总编辑。《正言报》在具体宣传内容上与《中美日报》略有不同，它以大中小学师生和工商业各个领域内的青年职工为主要读者对象，对教育、体育新闻十分重视。与此同时，国民党还积极支持、扶助其他“洋旗报”，使它们继续留在抗日报纸的阵营内。1939年12月，原《导报》主持人蒋光堂借用美商名义，将具有悠久出版历史的《神州日报》复刊。该报恢复出版后，国民党立刻予以经济上的资助。此外，《大美晚报》、《大美报》（1940年7月底停刊）、《华美晚报》、《申报》、《新闻报》、《大晚报》等也都得到过国民党在政治上、经济上的支持与扶助，只是程度各有不同。此外，这一时期新创办的“洋旗报”还有：

《大美晚报午刊》，由《大美晚报》馆出面发行，约在1940年间出版；《华报》，由《华美晚报》馆发行，1939年6月1日创刊，石招泰任编辑。

在宣传上，"洋旗报"在鼓舞敌后人民、坚持抗战、反对投降等方面，作出了不少有益的贡献。中国共产党地下组织也通过各种关系，派党员和党外进步人士为"洋旗报"撰写社论、编辑副刊，如王任叔、林淡秋、孙冶方等曾为《神州日报》等撰写过社论，柯灵曾编辑过《大美报》副刊《浅草》、《正言报》副刊《草原》等。在这些社论与副刊中迂回曲折地传达中国共产党的声音。在中国共产党的政治影响下，大部分"洋旗报"能够在当时极为复杂的国内政治生活中不随风转向。

但是，一些国民党直接掌握或深受国民党影响的"洋旗报"，在宣传上则时有失误，甚至给抗战带来损失。为了虚张声势，《中美日报》、《正言报》等常常夸大事实，甚至杜撰一些抗战胜利的消息，虽能起到一时鼓舞人心的作用，但也常常贻敌人以口实，造成极坏的后果。在国共两党关系问题上，这些"洋旗报"还犯有严重的政治错误，甚至对人民犯罪。如皖南事变发生后，这些报纸竭力掩盖事实真相，发表大量诬称新四军"抗命叛变"的报道与评论。《正言报》甚至把中国共产党驻重庆负责人周恩来关于皖南事变的谈话，也断章取义地歪曲删改成新四军叛变的证词。此外，由于国民党包办言论，"以他们的意见，为大众的意见，以他们的喉舌，为大众的喉舌"[39]，因而为国民党所控制的"洋旗报"上几乎没有人民群众的声音。如讨论宪政问题，这些报纸只发表国民党要员的意见，而不发表人民群众的反应。

四、抗日期刊作用的增强

正当上海租界内抗日办报活动经受“五月危机”的考验之时，中国共产党中央于 5 月 17 日发出了《关于宣传教育工作的指示》。这一指示分析了中国抗战形势随着国际关系的日趋紧张而更为艰难的历史特点，提出了党在敌后地区如何坚持抗日办报活动的新方针，即“应以力求持久，不以一时的痛快为基本方针”，要求各地党组织“应设法经过自己的同志与同情者，以很大的坚持性争取对于某种公开刊物与出版发行机关的影响，对于同志与同情者领导下或影响下的公开刊物与出版机关，应给以经常的帮助”，“同时，应推动社会上有声望地位的人出版一定的刊物，由我们从旁给予人力和材料的帮助”[40]。

“五月危机”后，中国共产党上海地下组织根据党中央指示，分析了上海租界内抗日办报活动所处的实际情形，决定将抗日报刊向纵深发展，把办报活动的重心从“洋旗报”转移到各类抗日期刊与丛刊方面，开辟了一条新的抗日宣传战线，重建了一个由中国共产党领导的抗日宣传新阵营。“洋旗报”与抗日刊物两大阵营的并立，使上海租界内出现了两条抗日宣传的战线。自 1939 年下半年起，中国共产党上海地下组织除了继续加强与巩固《职业生活》、《时论丛刊》等原有的抗日刊物外，还积极开辟新的宣传阵地，新办了《学习》、《上海周报》、《简报》、《大陆》、《知识与生活》、《时代》等一大批抗日期刊与丛刊。对于一些已经引起日伪和租界当局注意的抗日刊物，则及时予以隐蔽或转移，不为贪图一时的影响，而造成无谓的牺牲。党的办刊活动的基本原则是：办报宣传与群众斗争相结合，公开活动与秘密活动相结合，合法手段与非法手段相结合。截至1941年12月上旬日军侵占租界之前，中国共产党领导出版的抗日期刊与丛刊先后有数十种之多，成为上海租界内抗日宣传的中坚力量，在“孤岛”的风声雨声中发出洪亮的抗日救国之声。

《职业生活》原是以英商《国际日报》增刊的名义出版的。在《国际日报》发行人被汪伪收买后，《职业生活》因有坚实的群众基础，立刻宣布脱离该报独立出版。该刊的最大特点是全面贯彻全党办报、群众办报的方针，上自中共江苏省委职委的领导干部，下至职业界各行业的广大群众，都积极撰写稿件、推销刊物。据回忆，该刊编辑部收到的来稿平均每天有10至20篇之多[41]。为了防止敌伪的破坏，该刊不设固定的办公地点，编辑与发行两项业务严格分开进行，编辑人员一般都另有公开职业以资掩护，发行工作则由职委指定专人负责。1940年4月18日，《职业生活》被上海工部局勒令限期停刊。对此，职委决定立刻停办《职业生活》，并在原有的基础上重新筹办出版公开发行的刊物《人人周刊》，使党在职业界的宣传阵地得到及时转移[42]。

《时论丛刊》是八路军驻沪办事处领导出版的刊物，主要刊载中共重要文件和延安等抗日民主根据地报刊上发表的重要文章。这些文章不便在公开的印刷所印刷，因而党的工作者常常采取在别处事先印刷好，装订时再设法插入的办法[43]。1940年3、4月间，党组织鉴于局势的险恶，及时转移阵地。8

月，由《时论丛刊》改组而成的《求知文丛》创刊，由王任叔等主持，其内容也由直接转载延安等地报刊文章的原文，改为经过改写的时论。该刊专门设立了一个工作机构，对外称作祥泰纸号。

《学习》创刊于1939年9月16日，表面上是一份“纯研究性的半月刊”。该刊是中共党员王任叔、姚溱等组织一部分进步青年学生创办起来的，编委由青年学生组成，王方舟任发行人，具有天主教教徒身份的女学生郁静任编辑人，以便与租界当局打交道。这些青年学生在党的领导下，利用业余时间办刊物，不取任何报酬，并用募捐的方法筹措出版资金。该刊在宣传方式上通过刊登通讯、读者来信等形式，报道各地的抗战消息，正如其编辑方针所云：“学习、研究，我们是文化的游击队，随时准备上前线！”[44]

《简报》创刊于1939年下半年，纪康等主编，是中国共产党创办的、面向工人群众的通俗小报型周刊。但该刊“找不到庸俗的色情文学，也没有卑劣的风趣”，“见到的都是些大众所急迫需要的东西”，“趣味中藏有严肃”[45]。1941年4月改为三日刊，设有三日时事、现实知识、科学介绍、学术研究、问题讨论、文艺等栏目。

《大陆》月刊创刊于1940年9月，由王任叔、楼适夷等主持编务，公开的主持人则是美国人办的教会学校的教师裘柱常（裘重）。该刊由于在编排稿件时党内外进步人士的文章都用笔名，鸳鸯蝴蝶派文人以及其他人士的文章用真名，因而被人误认为是鸳鸯蝴蝶派创办的刊物，连上海租界当局也认定它出于国民党的背景，真正做到了党提出的隐蔽精干的工作方针。

《知识与生活》创刊于1941年3月10日，由姚溱组织沪江大学、大同大学、暨南大学的一些进步青年学生创办，沪江大学学生吴汉生担任公开的主编。这本公开发行的青年通俗刊物，创刊前由青年学生自己筹措出版经费，创刊后又由青年学生自己担任不取报酬的编辑、记者，其中吴汉生不仅捐自己的学费、生活费用作出版经费，还放弃学业专心办刊。在宣传上，该刊以谈知识、谈生活为掩护，从各个领域揭露日伪的罪行，向群众宣传坚持抗日的道理，其中姚溱亲自主编的时事专栏办得尤为出色。

《上海周报》和《时代周刊》则是中国共产党尝试出版的挂"洋旗"的刊物。《上海周报》创刊于1939年11月1日，由英商独立出版公司发行，英国人弗利特(Fleet)任编辑人，实际上由张宗麟、吴景崧(任总编辑)、王任叔等主持编辑与出版工作，每期发行量为8 000至1万份。根据隐蔽的原则，该刊在创刊词《我们的立场》一文中纯然用英商的口吻宣称："《上海周报》是合乎英国法令的英商独立出版公司所发行的刊物，我们是中国的朋友，完全同情于中国为独立、自由与平等而抗战。"[46]作为一份综合性刊物，《上海周报》的内容主要有一周简述及短评、国际时事论著、国内动态等。还曾出版过"上海问题特大号"，对上海的一系列现实问题进行了有益的探讨。

《时代》创刊于1941年8月20日，由于该刊是以苏商名义出版的，在宣传上除大量报道苏联卫国战争情况外，"布尔什维克党"、"社会主义"、"列宁"、"工农苏维埃政权"等新名词也可以公开地载诸报端。在太平洋战争爆发、日军侵占租界后,《时代》周刊仍得以继续出版,堪称一枝独秀。

第四节 恐怖与反恐怖的殊死搏斗

一、“黄道会”的出现与报界恐怖局面的形成

上海租界内的抗日报刊以“洋旗报”面目重新崛起后,日本侵略者除了逼迫租界当局钳制抗日宣传活动外,还豢养汉奸流氓在租界内外制造恐怖事端,使上海新闻界阴云密布,充满肃杀之气。

1938年初,日本特务机关“兴亚会”将一批落水的流氓、地痞组织起来,建立了一个名叫“黄道会”的恐怖组织,以常玉清为头子,日本浪人小林为顾问。抗日报馆与报人,是这个恐怖组织的主要攻击对象。因此,“黄道会”一建立,这伙流氓就开始向抗日报馆投寄恐吓信件、投掷炸弹,制造恐怖局面,企图吓倒抗日报人、搞垮抗日报馆。首先遭此劫难的是《华美晚报》馆。1938年1月16日,伪苏浙皖三省统税局要求《华美晚报》、《华美晚报晨刊》刊登该局通告,但遭到了两报的断然拒绝。对此,日伪方面恼羞成怒,当晚即派遣一名暴徒前来破坏。6点半左右,这名暴徒向报馆内发行课办公室投入一枚“锤形”手榴弹,使报馆设备受损、工作人员3人受伤。翌日,他们又寄给报馆一封恐吓信,气势汹汹地说:“昨夜滋味如何,如再不觉悟,将飨君以二百磅炸弹,使君粉碎。”[47]

此后,日伪暴徒的破坏手段,变本加厉,日益升级。《每日译报》曾收到十几份恐吓信,内容大同小异。其中一封信说:

"前日两函，谅已明晰我们爱国救亡团之宗旨，敝团促使尔等改变其面目与评论。"然而贵报"对于本团之函件置若罔闻，实属可恶已极"，我团"再作最后一次忠告：对于政治评论不得妄加刊载与宣传，否则本团自有法律制裁之；且你们全家人口及行动住址等已函一一查明白，如再不痛改前非，定以'汉奸'论，'除处极刑外，满门抄斩'；且尔等均是中国人，外商名义不可假借污辱人格。上项要求望速改之，否则尔等欲自寻死路，待之有日"[48]。其他报馆和许多报人也都收到过这类恐吓信件，不胜其计。至于投弹破坏事件，更是经常发生。1938 年 1 月至 5 月间共发生过 8 起，其中 3 起发生在《华美晚报》馆，其余 5 起分别发生在《大美晚报》、《文汇报》等报馆和抗日报人的寓所。2 月 10 日，《华美晚报》发行人密尔士的办公室和《文汇报》营业部办公室也先后遭到日伪暴徒的投弹破坏。《文汇报》发行员陈桐轩等 3 人当场被炸伤，其中陈氏因伤势过重，不治身亡。2 月 24 日，《华美晚报》馆第二次遭投弹破坏。同日，英文《大美晚报》编辑袁伦仁寓所也遭到投弹破坏。3 月 4 日，《大美晚报晨刊》编辑部被投入手榴弹。3 月 22 日晚 11 点 3 刻，3 名暴徒乘黑色小汽车来到《文汇报》馆门前，向报馆内投入 2 枚手榴弹，并开枪打伤 1 名巡捕，事后逃离。

由于投寄恐吓信、投掷炸弹等手段未能搞垮"洋旗报"馆，因而日伪暴徒继之以投送死人手臂、杀人悬首等更为残忍的恐怖手段。2 月 24 日，《华美晚报》馆主持人朱作同在寓所收到一个纸盒，内装一只血淋淋的死人手臂。同月，《文汇报》收到 3 只花篮，内装的水果均注有毒药。3 月 1 日《文汇报》也收到了一个装有死人手臂的纸盒，并附恐吓信说："文汇社长：

此乃抗日者之手腕，送与阁下，希望阁下更改笔调，免遭同样之滋味。”更令人发指的是，日伪暴徒还残杀抗日报人并将其首级悬挂街头示众。1938年2月6日，《社会晚报》经理蔡钧徒在虹口新亚酒店内惨遭暴徒杀害。暴徒还丧心病狂地于深夜将蔡的首级悬挂在法租界薛华立路（现建国西路）巡捕房对面的电杆梢头，旁附一块白布，上书“斩奸状”、“抗日分子结果”等字。蔡钧徒，原名安福，字履之，笔名海上钓徒，上海浦东人，中共党员。1927年在上海创办小报《龙报》，1934年创办《社会晚报》，曾倡导成立上海小报公会。抗战爆发后，他主办的《社会晚报》积极宣传抗日，曾详细报道有关谢晋元所部“八百壮士”坚持抗战的消息，同时与敌伪分子虚与委蛇，在试图打入“黄道会”时因真实身份暴露而惨遭杀害。

当然，抗日报人是不可能为日伪的恐怖活动所吓倒的。对此，日文《上海每日新闻》在5月间的一篇社评哀叹道：“压力之真有力量，并不是血淋淋的人头或人手。”[49]因此，1938年下半年后，日伪特务除了继续制造恐怖事端外，还采用造谣、栽赃、收买等种种手段，欲置抗日报刊与报人于死地。1938年10月，日本侵略者主办的中文报纸《新申报》公然诬陷《每日译报》道：“竟借节约储金一事，吞没大宗公款。”[50]对此，《每日译报》立刻起而反驳，揭穿谣言。大汉奸汪精卫的《举一个例》一文发表后，日伪特务将这篇文章装入伪制的《每日译报》馆的信封内，到处寄送散发，以损害这份抗日报纸的形象。汉奸刊物《民力周刊》创刊后，日伪特务还将其夹在《每日译报》中散发，旨在让读者误认为这份汉奸刊物是《每日译报》社出版的。他们的收买活动，主要是派人到各家报社接洽，用金钱作诱饵,试图改变这些报社的抗日立场。例如,1939 年 3 月,日伪特务通过《时报》经理王季鲁转告《文汇报》经理严宝礼,愿意投资 50 万元,条件是《文汇报》必须改变抗日立场,并酌登主张和议的汉奸言论,遭到严宝礼等《文汇报》同人的断然拒绝[51]。

二、汪伪"七十六号"的出现与恐怖活动的加剧

1939 年 5 月,汪精卫一伙叛徒来到上海,把上海作为从事汉奸投降活动的主要基地。为建立傀儡政权,扫清舆论上的障碍,对上海租界内的抗日报刊的宣传活动进行穷凶极恶的迫害,使抗日报刊和报人处境更为险恶。由于他们对租界内抗日报刊的背景十分了解,其破坏力也较前更大。

汪伪集团对抗日报刊的破坏活动,是由一个名叫"中国国民党中央执行委员会特别委员会特工总部"的机构执行的。这个"特工总部"以丁默邨、李士群为首,设在沪西极司非尔路 76 号(现万航渡路 435 号),当时人们把它隐称为"七十六号"。自 1939 年 6 月起,上海的抗日报刊成为"七十六号"特务的主要攻击对象。6 月 16 日,这伙特务以"中国国民党铲共特工总指挥部"的名义,向租界内各家以抗日宣传为主旨的"洋旗报"馆的发行人(社长)、经理、编辑和记者分别投寄恐吓信件,竭尽威胁利诱之能事。此后,汪伪特务又多次发出这类恐吓信件,对象日益扩大,从报馆的经理编辑人员扩大到全体工作人员,最后又扩大到广告客户;措词日益强硬,如写给《中美日报》总经理的恐吓信不仅勒令报纸于 8 月 1 日起停止出版,还

声明虽与租界警务当局作直接武力冲突也在所不辞；手段日益卑劣，如1939年9月间大中通讯社收到的恐吓信内竟藏有一颗子弹。

与此同时，汪伪特务还采用种种暴力手段，破坏抗日报馆和报人的正常工作秩序。一是拦路抢劫。1939年10月9日、10日，汪伪特务连续两天在街头拦路抢劫刚刚复刊的《中美日报》，仅9日一天就使该报损失9 000多份。二是暗中安放定时炸弹。1940年1月11日，《中美日报》在运送途中因定时炸弹爆炸而遭焚毁。6月20日和8月1日，《大美晚报》馆两次被汪伪特务安放了定时炸弹，其中一次因发现较早而未爆炸。9月13日，《申报》图书参考室内发现一颗安放在硬面书内的定时炸弹，幸未爆炸。此外，《正言报》等报馆也曾发现过定时炸弹。三是投掷炸弹。1939年7月26日，一名暴徒来到《申报》馆，向发报处内投掷炸弹，炸死1人，炸伤5人。1940年3月25日，一名暴徒闯入《中美日报》发行部投掷了2枚炸弹，幸未爆炸。此外，《大美晚报》、《华美晚报》等也都多次遭此破坏。四是武装袭击。1939年6月17日，《导报》馆首遭汪伪特务武装袭击，使该报出版工作受到严重影响。7月22日晚，《中美日报》遭到了汪伪特务大规模的武装袭击。当30名暴徒持枪冲向《中美日报》馆时，该报的守门保镖迅速拉上铁门，使他们未能冲入报馆。接着，这伙暴徒立刻转而跑到承印《中美日报》和《大晚报》的印刷厂，捣毁了排字设备，并打死、打伤排字工人各1人。租界巡捕闻讯赶到现场后，他们公然开枪拒捕。1940年4月27日，几名汪伪暴徒武装袭击《大晚报》机器房，乱掷炸弹，致使1名巡捕殉职，3名工人受伤。在他们乘车逃离现场时又将1名路人撞毙。

对于在上海租界内坚持抗日宣传的爱国报人，汪伪特务专门组织了一个有140多人的暗杀集团，从事绑架与暗杀活动。1939年8月30日，《大美晚报》副刊《夜光》编辑朱惺公在赴报馆途中遇难。朱惺公，名松庐，惺公是笔名，江苏丹阳吕城人。1938年2月1日起就职于《大美晚报》，任副刊编辑。为人忠实耿介，疾恶如仇，他在接到汪伪特务的恐吓信后，立刻在副刊《夜光》上发表《将被"国法"宣判"死刑"者之自供——复所谓"中国国民党铲共特工总指挥部"书》，公开斥责汪伪特务的罪恶行径，并表达了他视死如归的英雄气概："这年头，到死能挺直脊梁，是难能可贵的。贵'部'即能杀余一人，其如中国尚有四万万五千万人何？余不屈服，亦不乞怜，余之所为，必为内心之所安，社会之同情，天理之可容！如天道不灭，正气犹存，余生为庸人，死为鬼雄，死于此时此地，诚甘之如饴矣。""当年慷慨歌燕市而发之豪语者曰：不负少年头。余之头颅能为无情之枪弹所贯，头颅乃不得谓为无价，头颅有价，死何憾乎？"[52]这篇文章发表后，立即传遍上海，使汪伪特务恼羞成怒，必欲置之死地而后快。这是朱惺公遇难的直接原因。在朱惺公遇难的前后，《申报》记者瞿绍伊于6月17日在路上遭枪击，臂部受伤，但幸免于难；大中通讯社编辑陈宪章、《中美日报》本埠新闻编辑夏仁麟等遭特务绑架。

1940年3月汪伪国民政府在南京成立后，这伙汉奸特务竟然恬不知耻地以"政府"的名义，下令通缉抗日报人，驱逐同情中国抗战的外籍报人，恐吓广告客户，禁止抗日报纸发行销售。1940年7月1日汪精卫以伪国民政府代主席、行政院长的名义,发布了一个通缉上海租界内83位爱国抗日人士的“命令”,其中49位是抗日报人,“罪状”是“潜身上海租界,假借第三国人名义,经营报馆,终日造谣、煽动、破坏和平反共建国……”他们是:《中美日报》社长吴任沧、总经理骆美中、主要编辑人员王锦荃、鲍维翰、胡传厚、周世南、张若谷、钱弗公、王晋琦;中央通讯社上海分社主任冯有真;原《时事新报》经理崔唯吾;原《华报》副经理崔步武;《申报》经理马荫良、主要编辑人员伍特公、胡仲持、瞿绍伊、唐鸣时、马崇淦、张叔通、黄寄萍、赵君豪、金华亭;《神州日报》社长蒋光堂、主要编辑人员盛世强、张一苹、徐怀沙、戴湘云;《大美晚报》董事兼经理张似旭、主要编辑人员张志韩、刘祖澄、程振章、朱一熊;《大晚报》经理王锦城、主要编辑人员汪倜然、金摩云、朱曼华、吴中一、高季琳(即柯灵);《新闻报》主任汪仲韦、记者顾执中、编辑倪澜深、王人路、徐耻痕、潘竞民、蒋剑侯;英文《大美晚报》编辑袁伦仁;英文《大陆报》编辑庄芝亮、吴嘉棠;英文《密勒氏评论报》编辑郝紫阳。

8月22日,汪伪国民政府警政部政治警察署发布命令,禁止南京、上海各商号及娱乐场所在《大美晚报》、《中美日报》、《大晚报》、《大英晚报》和《正言报》上刊登营业性广告。1941年3月30日,汪伪上海沪西特别警察总署通知上海各报:“嗣后凡在本署辖境内发售新闻杂志及其他一切出版物等,本署应予检阅批准后始得发售。”由于“洋旗报”持“治外法权”为护身符,拒绝接受审查,该警察总署又命令各分署派巡官率巡警日夜轮流把守路口、巡视道路,取缔宣传抗日的“洋旗报”。

汪伪政权建立后,暗杀与绑架抗日报人的活动日益猖獗。

1940年7月1日，大光通讯社社长邵虚白遇刺身亡；7月19日下午，《大美晚报》经理张似旭在静安寺路一咖啡馆内被枪杀；8月19日上午，《大美晚报》国际新闻编辑程振章被特务开枪击中腹部，于8月21日不治身亡；1941年2月3日，《申报》记者金华亭被暗杀；4月1日，大中通讯社职员秦钟焕被炸伤，未几殉职；4月30日，《华美晚报》社长朱作同被暗杀；6月23日，《大美晚报》新任经理李骏英被暗杀。此外，遭汪伪特务秘密杀害的还有《正言报》经理冯梦云；遭暗杀但幸免于难的有《新闻报》采访部副主任顾执中、《大晚报》营业主任闻天声；被绑架的有《新闻报》编辑倪澜深、《申报》副经理王尧钦等多人。

三、抗日报人的反迫害、反恐怖斗争

对于日伪特务的恐怖活动和其他迫害活动，上海租界内的抗日报人临危不惧，在血雨腥风中展开反迫害、反恐怖的斗争。

一是将日伪特务的恐怖活动和其他破坏活动揭诸报端，公之于众，争取社会各界的同情与支持。1938年2月10日，《文汇报》馆遭"黄道会"特务投弹破坏后，立即向读者作了详细的报道，并发表社论《写在本报遭暴徒袭击之后》，指出："前日暴徒向本报投一巨弹，就是黑暗势力向吾人进攻的第一声。吾人对此，不独不稍存气馁之心，反而勇气百倍，加倍努力，以与黑暗势力相周旋"；"我们愿为正义而流血，并愿为维护言论自由而奋斗到底"。社论刊出的当天，报馆又收到一封措词激烈、意在恫吓的匿名信。2月13日，报馆以克明的名义在头版刊登大幅启事，再次揭露日伪特务的阴谋活动，申明《文汇报》

“不为利诱、不为威胁”。由于《文汇报》将日伪的破坏活动公诸报端，因而每次遭破坏后的结果是销数激增，更受广大读者的欢迎。其他的抗日报馆也同样如此。《每日译报》对于日伪特务的破坏、造谣阴谋，也采取将事实公之于世的办法，以赢得社会的支持。1938年10月《新申报》撰文诬陷《每日译报》吞没读者节约储金，胡说《每日译报》实收节约捐款1.4万多元而上缴政府的款项仅1万元，贪污了4 000多元。对此，《每日译报》于10月20日发表《蠢笨的造谣》一文，向读者公布了该报已向中央银行解交了16 096.27元捐款的事实，使日伪的造谣诬陷不攻自破。有一位读者曾写信给《每日译报》说：“我们全上海的爱国同胞是贵报唯一的支持者与辩护者。”[53] 1939年8月1日，是汪伪特务恐吓《中美日报》必须停刊的日子，但该报不仅照常出版，还发表社论《恐吓与正义》，宣称：“本报自遭袭击并恐吓以后，不但不为威胁利诱所动，反而益深团结奋勉之念。在手枪炸弹和恐吓函件的威胁下，只有增加本报同人埋头苦干的决心。当此恐吓限本报于8月1日停刊的今日，我们愿正告社会，表示本报继续奋斗的决心。”1939年8月30日，朱惺公惨遭毒手后，《大美晚报》抓住时机，向汪伪卖国集团发起猛烈的舆论进攻。9月2日，《大美晚报》刊登致汪精卫的公开信，要他对这一惨案公开表态。

二是抗日报人和报馆加强自身戒备，以防不测。《每日译报》馆的大楼门房暗置了电铃，如发现情况，即向二楼报馆报警。《文汇报》馆的大门及弄堂口，各装有一道铁门，还向租界巡捕房请来几名由报馆支付开支的“请愿警”，以加强警备。《文汇报》馆的经理部也装有防弹的铁丝网。1939年5月汪伪集团将其叛卖活动的中心移至上海后，上海租界内的抗日报馆面临了更为严重的威胁，不得不进一步加强戒备。许多报馆的门口都是铁门紧闭，窗户也都用铁丝网蒙上，有的报馆门口还堆积沙袋，架设机关枪，如临大敌。《中美日报》、《大美晚报》、《申报》、《新闻报》等报馆不仅大门口装有铁板或铁丝网，而且楼内每层楼梯口也都装有铁门，层层设防，守卫人员均持有武器。《申报》的大门上半截原来是一块明净的玻璃，这一时期不得不蒙上一层坚实的铁丝网，下半截也增加一块铁板以资保护。岗警由原来的 2 人增至 6 人，且另派有流动警，不时巡逻。来访者必须经过搜身后方可进入报馆。《正言报》戒备得简直像一座兵营，大门前堆置沙包，大门口设有两道铁门，均加有大锁，日夜由报社出资向巡捕房借用的巡捕把守。底层还装有警铃，楼内每层也都装有铁栅和沙袋，楼顶平台四周也装有两层铁丝网。各家报馆的工作人员也都提高警惕，时时戒备。抗日报人石灵曾回忆说："深夜下班后，到家附近下车，每次都要到旁边绕一下，方回来走进弄堂。"[54] 著名报人徐铸成当时主持《文汇报》的评论工作，他回忆说："我上下班时，汽车不停放在固定的地方，也不按一定的时间。后来空气更紧，商之严宝礼，在附近的大方饭店开了一个房间。这房间在该店五楼，在通四楼的扶梯口还装有铁门，原是旅馆老板为了防备绑票而自用的。有时，我们几个主要编辑人员就不回家，在那里过夜。有些会议也在那里举行。"[55] 1940 年 7 月汪伪南京政府下令通缉上海租界内的爱国抗日报人后，许多爱国抗日报人干脆把铺盖搬进报馆，深居简出，留宿报馆内坚持工作。《申报》留宿人员有 10 多名，报馆特在四楼新辟了宿舍区，日供三餐。《新闻报》的留宿人员生活条件较为艰苦，白天工作，晚上在办公桌旁支起行军床休息，一日三餐由公务员上街买回。《正言报》规定报馆所有工作人员一律寄宿馆内，编辑人员全用化名，有时家眷来报馆看望，形同“探监”。《中美日报》馆也同样如此，留宿人员戏称自己的宿舍是“民主集中营”[56]。

三是力争租界当局的保护。由于“洋旗报”馆在名义上是外商企业，租界当局具有保护义务，因而租界当局在一般情况下也能够协助抗日报馆加强防备，以维护租界内的安定与秩序。为了防止和弹压日伪特务制造的恐怖事件，租界警务部门在报馆林立的福州路一带加强治安防范措施，增派巡捕。《大美晚报》馆门外常年停有一辆巡捕房的警备车，以防万一。《中美日报》遭汪伪特务拦路抢劫后，上海工部局巡捕房还一度派出警备车护送该报发行工作的正常进行。当然，租界当局的保护尚嫌不足，且十分软弱，并未能根本制止日伪特务的恐怖活动，但也确实发挥了一定的作用。

第五节 日伪报刊的出现与泛滥

一、上海沦陷与日伪报刊的出现

上海沦陷后，日本侵略军立刻开始强化在上海的新闻宣传阵地，租界内外出现了一大批日伪报刊，其中绝大多数是汉奸报刊。

“八·一三”上海抗战爆发前，日本帝国主义者在上海的新闻宣传工具只有日本同盟社华中总分社和《上海日报》、《上海日日新闻》、《上海每日新闻》3家日文报纸，影响十分有限。“八·一三”上海抗战爆发后，日本侵略者为了加强对中国人民的欺骗宣传，采取了一系列强化措施。1937年10月1日，日本侵华军部报道部在上海虹口办起了一份大型中文日报，即臭名昭著的《新申报》。该报在宣传上完全秉承日本军部的旨意，以“中日亲善”、“共存共荣”等陈词滥调为幌子，大肆进行政治欺骗、军事宣传与奴化教育，企图混淆视听，消磨沦陷区人民的抗日斗志。该报创刊后，一直是日本侵略者在上海的一个反动宣传大本营。福家俊一、坂尾与市、上野祝二先后任社长，日高清磨瑳、奥宫等曾主持编辑工作。1939年4月29日改组为刚创刊不久的日文《大陆新报》的中文报。据1939年上海市工部局警务处特别科的调查材料称：《新申报》除了馆址设在虹口外，还在公共租界南京路哈同大搂内设立分局，全部工作人员约30人，日出两大张，逢星期一和例假日改出1大张，发行量最高2万份。该报第一版刊载时论和军政新闻；第二版刊载国际新闻、译稿及播音稿；第三版刊载大上海电台播音节目，译稿及本市花絮；第四版为副刊《新光园地》，多载文艺小品及戏剧，专谈风花雪月，也刊载长篇连载小说，如《玉珠缘》等。其他各版刊有各地通讯、日语讲座、经济新闻、广告及行市价格等。由于该报声名太臭，无人问津，日本侵略者采用了强行推销的手段，在其占领区内强送、强卖给商号或住户。他们或是雇用报贩每天免费投送给商号或住户，月底由日本浪人前来索取报费，对于拒交者则扭送至《新申报》馆，施以威胁；或是向读者发出带有恐吓的通知，要求购买该报，如不愿购买则须来虹口面见该报经理，申诉理由；或是派出日本浪人和流氓上门征订，对于拒绝订阅者则进行恐吓，甚至施以暴力。

对于日文报纸《上海日报》等，日本侵略军总觉得这些由日商个人经营的报纸不够听话，因而在“八・一三”后，将《上海日报》、《上海日日新闻》和《上海每日新闻》强行合并，改出《上海合同新闻》，但不久即因该三报极力抗争而告失败，《上海日报》、《上海每日新闻》重新独立出版，《上海日日新闻》则悄然告终。1939 年 1 月 1 日，日本军方在上海创办了日文报纸《大陆新报》，并试图把该报建设成为“大陆中部唯一的国策报纸”，以实现控制舆论的愿望。

日本侵略者在强化其主办报刊的同时，还扶持汉奸出版的报刊。首先出现的是落水文人和报人主办的报刊。这类汉奸报刊大部分采用小型报纸的形式，在宣传上不敢露骨地反对抗战，往往以悲天悯人的口气，唱着“反对无谓牺牲”的低调，并闪烁其词地倡导“和平”、“共存共荣”等投降论点，充当日本人的应声虫。在经济上以接受日本侵略者的津贴为生。其中，比较有影响的有《生活日报》、《晶报》、《新青年日报》等。《生活日报》原是租界内一家老字号小报，战前已停刊，1938 年 1 月 18 日复刊，由徐朗西任社长。该报表面上对抗战持中立态度，但骨子里却时时处处不忘做日本侵略者的应声虫，大肆散布于抗战不利的言论和报道。《晶报》原是上海租界上的一份著名小报，1919 年 3 月 3 日由余洵（大雄）创办，后几度停刊。上海沦陷后，余大雄落水当了汉奸，于 1938 年 1 月 29 日恢复出版《晶报》，不久又由另一个落水文人钱芥尘接办，钱曾任《中央日报》庐山版主编。《中央日报》庐山版驻沪记者的落水报人朱虚白任总编辑。“洋旗报”兴起后,《晶报》也请美国人特奥多罗(A. L. Teodoro)担任发行人,关启宇任编辑人,俨然是一份美商报纸。该报在宣传上除了为日本人张目外,还连篇累牍地刊载色情文字,以麻醉上海人民。《新青年日报》则是一份新办的报纸,1938 年 5 月 10 日创刊,由汉奸团体青年联盟主办,钱九咸主编。该报在宣传上用中国人的口吻,为日本侵略活动辩解。

1938 年 3 月以梁鸿志为首的伪“中华民国维新政府”在上海建立后,由这一傀儡政权主办的一批报刊在租界内外相继出现。这些报刊名义上由伪“维新政府”宣传部管辖,实际上都操纵在侵华日军特务机关的手中,未得到日本特务机关的允许一律不准发行。主要有《实业新报》、《总汇报》、《中国商报》等。《实业新报》于 1938 年 4 月在上海创刊,由伪“维新政府”实业部主办,日出对开一张,大部分篇幅登日商广告,在宣传上为敌作伥。该报后迁南京出版。《总汇报》于 1938 年 12 月 1 日在上海创刊,名义上是一份美商报纸,由美国人 A·M·基恩任董事长,实际上则是伪“维新政府”的机关报,由落水教育界人士徐韫和(徐晋博士)主编,1940 年梁鸿志被汪派倾轧倒台后停刊。《中国商报》创刊于 1939 年,由上海“苏浙皖税务总局”创办,邵式军任董事长,沈一果任总编辑,秦云汀任主笔。该报日出一张半,是一份报道商情与税则为主的商业报纸,基本不涉及国内政治,但国际消息为数不少。

在上海租界外日本占领区出版的报刊,有的在报头上印有“本报经××军事特务特许发行”的字样,主要有《嘉定新报》、《新崇明报》、《新松江报》等。《嘉定新报》创刊于1938年底,唐敬先主办,社址设在伪“嘉定县公署”内。该报日出四开两张,载有电讯(第一版)、各地报刊文章转载(第二版)、公牍文件(第三版)、法规(第四版)、本埠及外地新闻(第五版)、国际新闻(第六版)、副刊(第七版)和广告(第八版)等。《新崇明报》创刊于1938年底,社址设在伪“崇明县自治会”教育局内。该报日出四开一张,第一版刊登广告,第二版社论及军政电讯,第三版本埠新闻,第四版为副刊《碎锦集》,多刊诗词之类的文字。《新松江报》的社址设在伪“松江县公署”内,五日刊,四开四版,载有电讯及社论(第一版)、通讯及各报文章转载(第二版)、当地新闻(第三版)、趣文补白(第二、三版)、公报及滑稽小品(第四版)。

此外,《新闻报》、《时报》、《大晚报》等著名日报,自1937年12月14日起接受日伪新闻检查,完全丧失了中国人的民族气节,其内容也以不忤犯日本侵略者为原则,因而在上海人民心目中为准汉奸报刊,致使销量日减,声誉扫地。鉴此,《新闻报》、《大晚报》于1938年9月和11月先后挂起了洋商招牌,不再接受日伪新闻检查。《时报》因继续接受日伪的新闻检查,经济日绌被迫于1939年9月1日起自行停刊。

二、汪伪集团抵沪与汉奸报刊的泛滥

1939年春,汪精卫卖国集团就已在上海建立他们的新闻宣传阵地,创办了一些汉奸刊物,其中较为人知的是《时代文选》(朱朴创办与主编)和《民力周刊》。这些刊物一般不轻易暴露其汉奸真面目，而是采用反宣传的方法，为日本人效犬马之劳。《时代文选》后改由《中华日报》主办，专门刊载各要人的言论。

1939年5月，汪伪集团抵达上海后，把上海作为新闻宣传活动的主要基地，创办了一大批汉奸报刊，泛滥成灾。他们首先恢复出版《中华日报》。《中华日报》于1932年4月11日在上海创刊，系林柏生奉汪精卫之命而创办的汪派政治喉舌，上海租界沦为"孤岛"后停刊。1939年5月汪精卫到上海后，立刻将当时担任香港《南华日报》社长的林柏生召回上海，命其操办《中华日报》复刊事宜。1939年7月10日，《中华日报》复刊，林柏生仍任社长，叶雪松任总经理，许力求任总主笔，郭秀峰任总编辑，褚保衡任副总编辑，殷再纬任采访主任，颜加保(一作颜家骏)任经理。1940年3月郭秀峰等调离后，许力求兼任总编辑。1941年编辑班子作了大调整，林柏生仍兼社长，许力求任代社长，古泳今任副社长，胡兰成任总主笔，刘石克任总编辑。由于该报编辑人员大部分是随林柏生一起来沪的广东人，因而该报也获得了"广东会馆"之称。在宣传上，《中华日报》是汪伪集团的宣传中枢，为汪精卫的卖国主张摇旗呐喊，发表大批宣扬"和平运动"的文章，如汪精卫公开投敌后发表的第一篇卖国文章《中日基本关系之观念》就发表在该报上，第一次将汪精卫组织伪政府活动公之于众。以后陆续发表了宣扬投降论点的社论《和议之实现与国民政府之重建》、《战难，和亦不易》、《正告重庆政府》等。汪伪南京政府建立后，该报被他们视为"国府宣传机关与和平建国舆论大本营"，大部分版面用于详细报道汪伪南京政府的消息和汪精卫等主要汉奸的言行，位置十分显著。所有社论均代表汪伪政府宣传部的意见。该报日出两大张，各种纪念日增出特刊，发行量最高时达五六万份。

接着，《时代晚报》、《国民新闻》、《平报》、《新中国报》等先后创刊，在上海租界内形成了一个汉奸报刊阵营。《时代晚报》创刊于 1939 年 10 月，是大汉奸周佛海办的报纸，金雄白任主编。据上海工部局的调查材料所载，叶泰初任发行人兼编辑人。该报的前身是为汪伪收买的《国际夜报》，因其营业执照为工部局收缴而改此名。1940 年 9 月后迁往南京出版。《国民新闻》创刊于 1940 年 3 月 22 日，汪伪特务头子、伪江苏省长李士群主办并兼任社长，黄敬斋任总编辑，后任代理社长。朱永康也曾担任过总编辑，胡兰成、吉兆征曾分别担任过主笔和编辑。该报的机器设备来自另一汉奸报纸《民族日报》，后者于 1940 年 2 月 21 日被伪国民党中央宣传部下令停办。《国民新闻》初为日出 4 开 1 张，后扩版为对开 1 张，最后为对开 2 张。此外还有各种纪念日的特刊。在宣传上，所刊电讯、地方特约通信和译著较多，创刊初期一度刊有社论。报道内容除时事政治外，尤重江苏省的情况以及清乡运动。副刊名《纵横》，偏重于国内外风俗人情的介绍和科学、探险故事，与他报副刊有别。

《平报》创刊于 1940 年 9 月 1 日，与《中华日报》、《国民新闻》一起被称为汪伪集团在上海的三大言论机关。该报是周佛海系统的报纸，罗君强任社长，金雄白任经理兼总编辑，主持报务。后金雄白兼任社长，陆光杰任总编辑。该报日出对开 2 张，有各种纪念日的特刊，其创办旨意是为开展“和平、反共、建国”的“国策”宣传，并扩大周佛海系统的势力。在宣传上，该报标榜“一切出以持平的态度”[57]，因为该报主持人认为只要把国际大势和日军在华情势作充分的报道，使人们误认为日军占优势，一般平民百姓就会考虑到自身的利害祸福，走上投降的道路。因此，该报不刊社论，不作空谈高论，而是大量报道新闻，特别是国际新闻，还经常刊载特稿、译著，用他人之口说出投降谬论，使读者感到除了投降外别无出路。例如，该报曾译载《法国停战前的和平运动》等外国报刊的特稿，旨在使读者感到汪伪的“和平运动”在法国已有先例，德法媾和是解决中日矛盾的最好榜样。该报还十分重视副刊，常用桃色新闻惑乱人心。对经济报道也比较重视，设有“经济与商业”专栏。

《新中国报》创刊于 1940 年 11 月 7 日，前身是《侨光日报》，为日本在华特务机关“兴亚建国运动总部”的机关报，其发刊词公开宣布以“亲日”为目的。该报日出一张，发行量为 5 万份，侧重报道所谓“大东亚圣战”的消息，常译载日文报纸上的评论与通讯。此外，对于江苏省的清乡运动和教育界活动的报道也为数不少，时局人物介绍、社会特写和国际秘闻译作等，颇能迎合人心。该报的编辑人员中有不少打入敌伪内部工作的共产党员，如社长严军光（袁殊）、总编辑鲁风、编辑恽逸群等。《新中国报》馆还出有附属报刊《国报》（1940 年 9 月 28 日创刊，小型报纸，钱敏夫任经理）和《宪政月刊》（综合性期刊，后改名《政治月刊》）。

据 1940 年 11 月 20 日国民党中央宣传部新闻事业处制作的《沦陷各地及香港敌伪反动新闻刊物一览表》所载，上海的汉奸报刊有《和平报》（自称国民党改组同志会出版）、《新生日报》、《生活日报》、《春申新报》、《大中日报》、《国民日报》、《南星》、《醒狮》、《民心日报》（日刊、王宏亮主编）、《民众报》（自称中国民众救国大同盟主编）、《近代杂志》（月刊）、《远东》（月刊）、《新思潮》（日刊）、《平报》、《侨民新报》（日刊）、《新国民日报》（日刊）、《小申报》（日刊）、《真理日报》（日刊）、《汇文报》（日刊）、《亚洲日报》（正筹备中）、《新中国报》、《西南新报》（日刊）、《中华日报》、《新政线》（日刊）、《总汇报》（日刊）、《爱国日报》、《新上海》（日刊）、《兴中报》（日刊）、《独立报》（日刊，小谷观樱主持）、《民力周刊》（徐天放主持，前身是《民力日报》）、《更生周刊》（徐长江主持）、《心声》（周刊）、《抗议》（旬刊，江镇南主持）、《大白论调》（半月刊）、《新神州》、《时代文选》（诸青来主持》、《晶报》（钱芥尘主持）、《民国通讯》、《国民新闻》、《安清日报》（正在筹备中）、《远东新闻》（德文）等。此外，曾在上海出版过的汉奸报刊还有《上海时报》（1940 年 12 月 1 日创刊，孙鸣岐主办，朱鼎任总编辑，殷剑萍、张居仁曾任经理，馆址设在虹口，发行量约 2 万份，不久停刊）、《青年良友》画报（1940 年 1 月创刊，月刊，第一、二期隐约其词地宣传媾和论调，第三期起公开主张向日本投降，销路一下子从 5 000 份减至 1 500 份）、《国际周报》（1939 年间创刊，樊仲云主编，专载国际评论译文，每期附有图表说明）、《上海半月刊》（综合性杂志，侧重上海市建设报道）、《远东画报》（海通社主办，以介绍德国战时一般情况为主）、《中西画报》（月刊，具有趣味性质）、《远东贸易月报》（专门刊载商业性质的文字）、《海风月刊》（伪海员工会主办）、《社会月刊》（伪上海市社会局主办），《中华月刊》、《文讯月刊》（综合性杂志，偏重文艺）、《奋斗》月刊(综合性杂志)、《兴建》杂志等。

1940年3月汪伪政府成立后，日本侵略军为了安抚与笼络汪伪集团、欺骗沦陷区人民，于10月间决定将上海新闻检查所的管理权归还给所谓的“国民政府”。12月16日，汪伪集团宣传骨干郭秀峰在上海主持接收仪式。此后，邝鸿藻、刘石光、梅嵩南相继担任伪上海新闻检查所主任，主持对租界内外中国人主办报纸的新闻检查工作。

但是，汪伪集团在上海创办的汉奸报刊社会影响却十分微弱，宣传效果几乎等于零，还遭到上海人民的强烈抵制和国民党留沪特工人员的暴力攻击。1939年7月《中华日报》刚复刊时，租界内的报贩申明大义，拒绝批销。12月4日，《中华日报》馆的排字工人在该报广告栏内排入“打倒卖国贼汪精卫”字样，使该报狼狈不堪。在汪伪特务迫害抗日报人和报馆活动出现后，国民党留沪特工人员立即采用以牙还牙、以血还血的暴力手段。1939年10月2日和10日，《中华日报》馆两次被爱国人士投入手榴弹，8人被炸伤。1940年间，汉奸报人、国民新闻通讯社两任社长穆时英、刘呐鸥先后被暗杀，《新申报》记者许申遇刺受重伤。

第六节 广播电台、通讯社和小报的艰难岁月

一、广播电台

上海是我国无线电广播事业的发源地，也是国内广播电

台数量最多的地区。“八·一三”上海抗战爆发前夕，上海共有广播电台33座，其中政府电台2座，民营电台27座，外商电台4座。这些电台大部分设在租界内，领有国民政府交通部颁发的营业执照，接受国民党中央广播事业指导委员会上海办事处的管制。

“八·一三”抗战爆发后，不仅政府主办的电台以宣传抗日救国为主旨，而且作为上海广播业主体的民营电台，也一扫往日的商业气息，积极投入抗日救亡的播音宣传活动。“平剧、大鼓、蹦蹦戏这一类的唱片不再播送，代替的是救亡歌曲；风花雪月情调的开篇也没有了，代替的是有关抗战的新东西；什么桂圆大王、什么化妆品的宣传也没有了，代替的是时事消息和慰劳品募集的成绩报告；讲解《古文观止》也停止了，代替的是防空防毒等等常识的演说。”[58]万里长空，回响着抗日救国之声。上海市各界抗敌后援会还会同上海广播业同业公会制定了《战时广播电台统一宣传办法》，规定战时各广播电台一律以时事报告、劝募救国公债、劝募慰劳物品及其他征集事项、各类常识指导、外国语言演讲及其他时事杂评、抗战歌曲演唱、名人演讲、游艺劝募或宣传8项内容为主要节目。上海文化界救亡协会经常组织音乐、戏曲、文学节目到电台播出，为保卫大上海呐喊，为抗日民族解放战争服务。例如，著名剧作家洪深、夏衍、孙瑜、于伶等创作的广播剧《开船锣》、《“七·二八”那一天》、《最后一课》、《以身许国》和田汉等人创作的一批抗日短剧，都曾由救亡演剧队第12、13队在电台演播，取得了极为成功的宣传效果。各家电台还邀请各界爱国著名人士上电台发表有关抗日救亡的广播演讲，聘请专人分别以英语、法语、俄语、德语和日语 5 种语言举办对外广播节目，揭露日本侵略中国的罪行，声明中国人民抗战的决心，以争取世界各国人民的同情与支持。总之，从 8 月至 11 月上海抗战期间，上海地区的“无线电播音在抗战宣传上确实起了很大的作用，这方面的工作人员也确实尽了最大的努力”[59]。有声有色的广播宣传，同报刊宣传一起汇成了一股强大的抗日宣传洪流。

11 月上海沦陷，租界成为“孤岛”后，日本侵略军立刻采取一系列措施，镇压租界内的抗日播音活动。1937 年 11 月 27 日，日本侵略军接管了国民党政府设在上海的广播事业管理部门和广播电台，利用其设备建立起它们在上海的广播中枢——大上海广播电台。与此同时，日本军方又逼迫租界当局与之合作，禁止中国人从事无线电交通，使各民营电台不得不改变节目，恢复了“八・一三”以前的播音状况，以求继续生存与发展，其中亚美、华美等几座爱国电台则决定自动拆机停播，以示其“宁为玉碎，不为瓦全”的坚定立场，向日伪势力进行无声的抗议。

1938 年 3 月 20 日，日本军事当局在公共租界南京路哈同大楼内设立了“上海市广播无线电监督处”（后改称“管理处”），由浅野一男任处长。同日，该监督处向各家广播电台发出第 1 号指令，宣布自己取代国民党政府交通部和中央广播事业指导委员会，主管对广播电台的指导与查禁事务。3 月 31 日，该监督处发布了第二号指令，规定各电台须向该处重新登记，经批准后方准营业，要求各电台负责人须在 4 月 15 日之前，向该处呈送国民党政府交通部颁发的营业执照和工作详情报告。于是引发了一场登记与反登记的斗争。对于这一指令,不仅外商电台置之不理,中国民营电台也采取一致行动予以抵制。4月11日,上海各家民营电台联名向租界当局呈递请愿书,要求租界当局为之缓冲。4月13日,上海工部局总办致函警务处长,要求该处担当起保护中国民营电台的职责。由于各电台的联合抵制,日本侵略的阴谋暂未得逞。4月20日,该监督处发布第3号指令,将电台登记期限延至4月27日,威胁各电台如果届时仍未登记,则将视作自行放弃一切权利。对此,各民营电台仍采取联合行动,于4月25日,再次致函上海工部局总办,要求租界当局“以公正立场筹谋应付”,并决定宁可停播也不接受日方管理。4月28日,20多家民营电台,除李树德堂电台等3家外,全部停止播音,以示坚决抵制的立场。

对于这场登记与反登记之争,租界当局为维护安定与秩序,决定一方面由警务部门保护各电台的资财设备,另一方面同日本方面交涉以求妥善的解决办法。4月27日,日伪广播无线电监督处处长浅野致函上海工部局总裁说:“鉴于上述情况,我们现在不得不准备采用某种强制手段(例如搬走或拆毁一些重要的机件),停止那些违犯条例电台的营业”。并要求租界当局“惠予合作,派出巡捕协助我们达到目的,或至少不干扰我们达到目的”[60]。对此,上海工部局即向日方声明:如果各电台停止营业,那么这些电台的房屋、机器等已变为私人的财产,工部局负有保护私人财产的责任。同时,上海工部局向日方建议,有关电台登记工作由工部局警务处代行,然后由工部局警务处向日伪“监督处”转告登记情况。日本侵略者态度强硬,上海租界当局也不甘示弱,双方的谈判一直僵持至5

月5日才达成协议:“双方同意由工部局警务处采取行动防止反对日本当局的广播”,“无线电广播的管理问题暂时全部搁置起来”,日本当局同意“克制自己不在租界内采取行动去迫使这种登记”[61]。接着,租界当局采取措施以完成上述协议。5月6日,上海工部局函告各电台不得播送任何反日或其他政治性的宣传,违者将受到停止营业的处分。5月8日,上海工部局警务处又召见各民营电台负责人,当面警告各电台今后力避政治宣传,并要求各台代表在已呈交警务部门的保证书上盖章。5月12、13日两天,工部局警务处又应日方之请,查封了大亚、大光明两家抗日电台。13日,警务处政治部发出通知,规定在磋商未决之际不得设立新的电台。至此,上海民营电台反对、抵制日伪登记的斗争初战获胜。

此后,由于租界当局对电台播音内容的严格限制,大部分电台恢复了战前的状况,大量播送醉生梦死的娱乐节目和灯红酒绿的广告节目,甚至播送不顾事实的虚假广告和庸俗低级的色情节目,其中有些电台甚至落水,乞求日本侵略者的保护与资助,在宣传上为虎作伥,成为汉奸电台。只有极少数电台间接地进行抗日播音宣传,播送爱国歌曲和节目,有的电台还募捐衣物支援前线,做一些有益于抗日斗争的实际工作。上海租界内出现了光明与黑暗、正义与无耻这样两个广播阵营。

与此同时,日本侵略者继续采用威胁、利诱两种手段,企图全面控制租界内的广播电台,摧毁以华东、大陆、佛音等电台为主体的爱国广播阵营。日本侵略者采取的措施,主要有以下四条。一是继续对租界当局施加压力,试图借租界当局之手扼杀一切抗日电台。1938年5月20日,日伪广播无线电管理处处长浅野致函上海工部局警务处有关官员,要求工部局下令禁止新新、利利、东陆、大陆、佛音、华东6家电台播音。二是自行实施电台登记审批手续,攫夺电台管理权力。7月15日,日伪无线电广播管理处颁布《私人无线电发射台管理条例》,规定“任何人欲设立广播电台,须先向无线电广播管理处提出申请”[62]。1939年6月10日该管理处又发出通知,要求各电台通知播音游艺员于6月20日之前向该处登记。6月20日,该管理处再次通知,规定各电台播音游艺员须持有该处颁发的登记征,否则不许播音。三是干扰电波,使坚持正义的电台无法正常工作。1938年6月1日,东方电台恢复播音。日伪的广播无线电监督处立刻将东方电台使用的1 080千赫划归给新建的汉奸电台永生台,使其失去广播效能。在这种情况下,东方台被迫改为1 220千赫。由于新波长靠近波段末尾,听众人数减少,因而东方台广告收入顿减,经济上蒙受巨大损失。12月6日,该处又将东方电台的新波长划归美声电台,必欲置之于死地而后快。此外,大陆电台也因为该台使用1 320千赫被划归杨氏电台而改变波长,致使该台在商业广告合同的签订上遭受巨大经济损失。大中华电台也于1939年1月26日被日本人主办的雷通电台夺去该台使用的波长。不仅如此,日本侵略者还装置了电波干扰设备,备有5架100至200瓦的播送机,使之发出噪音以扰乱电台的正常播音。四是派遣暴徒制造恐怖事端。1938年6月12日,华东电台门外1.5米处发现一枚手榴弹,幸未爆炸。1939年7月,中共党员茅丽瑛以上海职业妇女会主席身份,在大陆广播电台主持平剧(京剧)大会唱,同时,募捐物品、推销义卖代价券,以支援新四军将士。接着,茅丽瑛等职业妇女界人士又在电台组织粤剧大会唱,募捐物品。为此,日伪特务恼羞成怒,于12月12日将茅丽瑛暗杀。此外,日伪特务还经常明火执仗地前往坚持正义宣传的电台进行抢劫,劫走电台机件,砸毁电台设备。

在日本侵略者的迫害下,坚持正义立场的爱国电台仍然拒绝接受日方的登记与管理,有的电台决定停止营业,作玉碎之举。有的电台则挂起"洋旗",继续在腥风血雨中英勇搏击。如华东、东方两家电台于1938年12月相继盘给英商查尔斯·麦德尔(Charles Mader),以英商名义经营。至1941年4月,在上海租界内坚持抗日和正义宣传的电台,均是挂"洋旗"的电台。它们是:民智电台,呼号为XCD,1 440千赫,由美商经营,经常播放反日、反汪的时事新闻与言论。1940年12月25日,该台播送中国政府军队击沉日本军舰30艘的新闻,使"孤岛"人心大振。此外,该台还播放过日军在其占领区内强行使用中央储备银行发行的货币、泰国对于东亚新秩序不满等国内外新闻。佛国文化电台,呼号为XEEZ,1 440千赫,曾播放过德国蹂躏法国占领区的情形、罗斯福总统的演说受重庆各界人士的欢迎、1941年为中国政府的反攻年、百万游击队待机反攻等新闻。福音电台,呼号为XMHD,7 600千赫,英美合作经营,该台的特点是借传道的名义进行反日反汪的宣传活动,曾播放过民主国家反对轴心国建立东亚新秩序等消息。大美晚报电台,呼号为XKHC,700千赫,曾播送在华日本人反战运动扩大、1940年底中国政府军队进行大反攻、1941年元旦中国军民庆祝抗战胜利、飞机空袭日本东京,进行防空演习等鼓舞人心的新闻。华美电台，呼号为XMHA，美商经营，曾播送德国军舰反法西斯的新闻，该台播音员奥尔考脱播送的新闻深得上海中外人士的欢迎，日伪方面则十分忌恨。

这一时期，日伪电台和向日伪屈节的电台为数也不少。日伪电台有大上海电台（呼号为XOJB）、大东电台（呼号为XQHA）、大亚电台（呼号为XHHC）、杨氏电台（呼号为XHHT）、金鹰电台（呼号为XQHK）、精美电台（呼号为XHTM）、永生电台（呼号为XHHJ）、雷通电台（呼号为XHHR）等，其中大上海电台和大东电台是日伪广播反动宣传的大本营，大东电台还转播日本东京电台的新闻等几种节目。向日伪屈节的电台有李树德堂电台（呼号为XHHE）、建华电台（呼号为XHHB）、明远电台（呼号为XHHF）、华泰电台（呼号为XLHB）、中西电台（呼号为XHHH）、航业电台（呼号为XHHZ）、国华电台（呼号为XHHN）、华兴电台（呼号为XHHR）等。1941年2月，日本侵略者还打出归还广播事业给所谓“国民政府”的幌子，将大上海广播电台交还给汪伪政府，但实权仍操在日本人手中。

二、通 讯 社

上海的新闻通讯社历来十分发达，通讯社的数量在全国各大城市中居于首位。上海租界沦为“孤岛”后，许多通讯社被迫停业或内迁，使新闻通讯事业遭到严重的挫折。

进入1938年后，由于各种政治势力留居“孤岛”，上海租界内的新闻通讯事业又开始出现了向前发展的势头，但其速度则趋于缓慢。据1939年10月上海工部局警务处特别科的调查统计，上海租界内持有登记执照并公开发稿的通讯社共有23家：沪光通讯社（吴苏中任发行人兼编辑人）、新声通讯社（朱圭林任发行人兼编辑人）、华东通讯社（薛亮任发行人兼编辑人）、大通新闻社（张季平任发行人，茹辛任编辑人）、现代通讯社（王明德任发行人兼编辑人）、体育通讯社（吴振清任发行人兼编辑人）、上联新闻社（蒋石林任发行人兼编辑人）、中国时事通讯社（朱超然任发行人兼编辑人）、国光新闻社（周振任发行人，瞿兆鸿任编辑人）、大光通讯社（邵梦庐任发行人，王雪尘任编辑人）、大众通讯社（吴达任发行人兼编辑人）、时代通讯社（白丁即沈谔，任发行人兼编辑人），上海新闻社（童逸康任发行人，陈东白任编辑人）、大沪通讯社（张梦熊任发行人兼编辑人）、华闻通讯社（顾俊元任发行人，陈天赐任编辑人）、英文经济日报社（祝隆意任发行人兼编辑人）、大中通讯社（吴中一任发行人兼编辑人）、上海社会新闻社（朱鸿柏任发行人兼编辑人）、经济新闻社（高政洽任发行人兼编辑人）、中华联合通讯社（日本人奥宫任发行人，尤半狂任编辑人）、新新通讯社（孙梦花任发行人兼编辑人）、新潮通讯社（朱一飞任发行人兼编辑人）、中庸教育通讯社（高云庐任发行人兼编辑人）。除上述23家外，据其他资料所载，“孤岛”时期在租界内外开业的通讯社还有新光通讯社、平明通讯社、海星通讯社、明华通讯社、华光通讯社、正光通讯社、光明通讯社、国民新闻通讯社、中华通讯社、中央电讯社上海分社等。

在这些通讯社中，以抗日宣传为己任的有大中通讯社、新声通讯社、平明通讯社、大光通讯社等。大中通讯社是“孤岛”时期影响最大的抗日通讯社,于1939年8月间建立并发稿,吴中一任发行人兼编辑人,共产党员恽逸群参与创建工作,陈宪章、朱云峰等参加采编工作。该社以消息灵通、新闻线索多而著称。所发布的有关抗战的新闻稿在“孤岛”通讯社中占首位,主题是揭露日伪在沦陷区的暴行和中国军民抗击日寇的英勇业绩。因此,大中通讯社建立后不久,即遭到日伪方面的忌恨与迫害。为了坚持抗日宣传,该社不得不提高警惕,办公室门口挂的招牌是“经济年鉴编辑所”,以防日伪特务的骚扰与破坏。随着上海租界局势的日益险恶,该社也不断变换斗争手段,先是转移办公地点,后又转入地下发稿,最后连地下发稿的工作地点也由固定改为流动,经常转移,一直坚持战斗到太平洋战争爆发。此外,占绝大多数的商业性通讯社,其中也有不同程度地进行抗日宣传者。

日伪主办的通讯社,有中华联合通讯社、华东通讯社、上海新闻社、大沪通讯社、中华通讯社、中央电讯社上海分社等。中华通讯社建立于1939年11月3日,林柏生任社长,赵慕儒任副社长,郭秀峰任总编辑。该社与《中华日报》一唱一和,是汪伪集团在上海的主要宣传阵地。1940年汪伪南京政府成立后,该社迁往南京,并同原“维新政府”的通讯机构中华联合通讯社合并改组为中央电讯社。此后,汪伪集团在上海的主要通讯机构是中央电讯社上海分社,黎昭智任社长,杨回浪任总编辑,设有采访组、编辑组、英文组、电讯组等工作机构。通讯设备也十分精良,该分社每天发中文稿3次、英文稿2次,面向上海、内地、香港的报刊以及外国通讯社,但除汉奸报刊外，采用其稿件的新闻媒体很少。

为了充分发挥新闻通讯事业在抗日斗争中的作用，中国共产党、国民党以及其他抗日力量还在上海租界内建立了一些“地下”新闻通讯社，如国际新闻社华东通讯站、银钱实业通讯社、中央通讯社上海分社、正论社等，向上海以及国内外报刊秘密发稿。国际新闻社是中国共产党领导下的、由进步新闻工作者出面主办的通讯社，1938 年 10 月 20 日成立于长沙，后迁桂林。1939 年夏，国新社在沪设特派记者。1940 年春，国新社决定在上海设立华东通讯站，从事沦陷区，特别是上海地区的通讯报道和日伪资料的收集工作。该站建立后，采写了大量反映沦陷区情况，报道新四军和抗日军民英勇斗争业绩的稿件，为抗日宣传工作作出了重要的贡献。银钱实业通讯社也是中国共产党直接领导下的一家地下通讯社，由上海银钱业同人联谊会出面主办。

中央通讯社上海分社和正论社则是国民党主办的抗日新闻通讯机构。上海租界沦为“孤岛”后，中央通讯社上海分社接到租界当局劝令停业的通知。鉴此，中央社上海分社决定自 1937 年 11 月 24 日起停止公开发稿，并将大部分工作人员介绍到路透社、哈瓦斯社驻上海的分社以及其他报纸工作，仅留下少数采编、电务骨干转入地下，继续从事采集新闻，向上海各报发稿和与总社通讯联络等工作。在工作方式上，该分社最初是采用“散兵战”、“游击战”的战术，每天租赁旅馆房间作为工作人员办公、撰稿和译电的场所，1938 年后又改用电话办公手段，发明了电话采访、电话撰编稿件等方式。该社的发报工作，一是使用设在外籍人士寓所的秘密电台，二是通过在路透社、哈瓦斯社工作的原中央社成员借用这两家通讯机构的电台。由于采用灵活的工作方式，因而中央社上海分社在整个“孤岛”时期虽电台屡经破坏、工作人员多人被捕，但始终未被日伪扼杀，坚持地下新闻通讯工作。正论社是直接隶属于国民党中央宣传部的新闻通讯机构，胡朴安任社长，徐蔚南任副社长并主持全盘工作。该社的主要任务是根据国民党中央的指示精神，结合“孤岛”的实际情势撰写评论稿件，以供给国民党系统的报刊和其他抗日报刊。在工作方式上，该社组织极为严密，也极为单纯，没有办公的地址，从不开会讨论，各人在家里撰写文章，并送至徐蔚南家集中，然后再派人送往各家报刊。

三、小　报

小报是上海报业的一大特产，诞生于 19 世纪末叶，大多数政治面目暧昧不清，专以耸人听闻的报道取悦有闲市民，部分甚至流于颓废与色情。随着中国民主运动的发展，到 20—30 年代，也出现了要求民主进步，内容较为健康的小报。“八・一三”上海抗战爆发后，小报因战事紧张、市民无心消闲而大部分停刊，存在着的情况也有新改变，其中 10 家小报联合出版了一份以抗日宣传为主旨的报纸，即《战时日报》。

1937 年 11 月上海租界沦为“孤岛”后，小报因战局有所缓和而开始复苏，不仅战前的小报纷纷复刊，还出现了一批新创办的小报。其中较为著名的有：《上海日报》，1926 年 10 月创刊，后几经停刊复刊，1938 年 2 月重新出版，周剑寒任经理，王雪尘任主编，由上海联合出版公司发行。该报日出一小张，发行量3 500份，在租界出版的小报中居首位。由于同上海金融业有关，该报注重金融情况，与其他小报稍有所别。《社会日报》，1929年11月1日创刊，后几经变动，1937年10月复刊，陈听潮任经理，蒋叔良任编辑，日出一小张，发行量为3 000份，内容注重社会新闻及文艺小品，曾接受过国民党方面的经济津贴。《东方日报》，1932年5月27日创刊，1938年后复刊，郑荫光任经理，唐大郎任主编，日出一小张，内容以社会新闻及文艺小品居多。其发行量在3 000至4 000份，在租界小报中居第四位。《小说日报》，1922年12月创刊，后几经变动，1938年后复刊，费文伟任经理，陈衣任主编，日出一小张，名曰小说，内多刊载时人小传，发行量600余份。《吉报》，1932年9月1日创刊，一度停刊，1938年后复刊，易立人任经理，桑旦华任编辑，日出一小张，内容注重小说题材，发行量2 000份，在租界小报中占第五位。《硬报》，1928年12月创刊，后几经变动，1938年复刊，沈善昌任经理，日出一小张，由国泰出版社发行。因与上海文化界有一定联系，该报刊载文艺性的文字居多。《春鸣报》创办日期不详，但在租界内外行销甚广，每周出一小张，称“只谈风月不涉政治”、“不以攻击他人为立场”，内容偏重金融广告与文艺性的文字，以及各地风光、社会新闻等。《力报》则是新创办的小报，1937年12月10日创刊，排字工出身的胡力更创办并任经理，金小春任主编，日出一小张，内载漫言、随笔、小品等文字，因采取增大报纸容量、薄利多销等举措而受读者欢迎，发行量后来居上，高达3 000份，在租界小报中占第二位。

1939年下半年以后，上海租界内的小报出现了畸形发展的势头，数量剧增，最高时为50多种。上海工部局警务处特别科于1939年10月编制的报纸统计表中，列有29种小报，其中日刊19种，三日刊、五日刊或周刊7种，均持有上海工部局颁发的登记执照。19种日刊是：《社会日报》(陈听潮任发行人兼编辑人)、《罗宾汉》(邱馥馨任发行人，朱瘦竹任编辑人)、《力报》(胡力更任发行人，金刚任编辑人)、《戏剧世界》(高寒梅任发行人兼编辑人)、《戏报》(刘菊禅任发行人兼编辑人)、《东方日报》(邓荫先任发行人兼编辑人)、《生报》(管子明任发行人，吴依芦任编辑人)、《戏世界》(梁梓华任发行人，吴江枫任编辑人)、《宁波公报》(丁逸任发行人，茹辛任编辑人)、《梨园世界》(哈国元任发行人，应展鹏任编辑人)、《锡报》(薛奋任发行人，吴观蠡任编辑人)、《迅报》(郑傲霜任发行人，干乃亮任编辑人)、《好莱坞日报》(许企伟任发行人，陆醒鸥任编辑人)、《彙报》(赵鉴秋任发行人，俞人英任编辑人)、《经济午报》(王震生任发行人，裘大壮任编辑人)、《桃色新闻报》(胡钧民任发行人，张庆霖任编辑人)、《袖珍报》(陶知奋任发行人兼编辑人)、《小说日报》(毛子佩任发行人，陈撄宁任编辑人)、《新上海报》(曾逸任发行人兼编辑人)；三日刊是：《申曲画报》(蒋秋田任发行人，叶峰任编辑人)；五日刊是：《金刚画报》(郑子褒任发行人兼编辑人)；周刊是：《新浦东周刊》(韩尚德任发行人兼编辑人)、《业务周报》(陈天佑任发行人，蒋石林任编辑人)、《医药周报》(万志仁任发行人兼编辑人)、《五云日升楼》(顾怀冰任发行人兼编辑人)、《体育世界》(沈镇潮任发行人兼编辑人)。

地方性小报和娱乐行业性小报的大量出现，是这一时期小报发展的重要现象。其原因是上海租界“中立”于战争之外的特殊性，上海租界以外地区，特别是江苏、浙江等邻近地区的难民纷纷涌入这块所谓的安全地带。而且，上海市民大多是江、浙以及各地的移民，对于沦陷的家乡的情况十分关心。因此，一批以地方名称命名并专载各地报道的小报应运而生，以满足原籍外地的上海市民和外地来沪的难民的需求，如《锡报》、《苏州公报》、《宁波公报》、《绍兴报》等。其中《宁波公报》创刊于1938年4月27日，丁逸任经理，日出一小张，内多载宁波地区的新闻与通讯，该报依赖虞洽卿为背景，曾载有反对日伪的宣传文字。这类地方性小报虽因传达沦于日寇铁蹄之下的家乡消息而吸引了一部分读者，但报道面毕竟过于狭窄，其销路与影响均有限度。娱乐行业性小报或专门报道申曲，或专门报道电影，或专门报道舞蹈，其目的是为了适应具有不同的兴趣爱好的读者。在这类娱乐行业性小报中，较为典型的有：《好莱坞日报》，林逸云任经理兼主编，日出一小张，专载歌舞、电影、小说等内容，发行量为1 000份；《跳舞日报》，顾亚凯夫妇两人主持报务，日出一小张，专门刊载舞厅动态与趣闻，发行量为1 000份；《跳舞新闻报》每周出一小张，内容与《跳舞日报》相同，发行量为1 000份；《珍报》，应展鹏任经理，系江南印刷所兼办，日出一小张，内容偏重戏剧及其名角的动态、各地戏剧通讯等；《电影新闻报》，日出一小张，刊载电影院、摄影场动态、电影明星的罗曼史和电影广告等；《电影日报》，日出一小张，许新裕任经理兼编辑，内容与《电影新闻报》相同，发行量为1 000多份，同类的电影小报还有《青春电影日报》,日出一小张。

上海租界的小报,就其整体而言,有以下三个特点。一是在宣传报道上以消闲文字为主,且日趋颓废。在1940年3月汪伪南京政府建立前,大部分小报还在头版刊载几则抄自他报的战争消息,以装饰门面,汪伪政权建立后,连这点装饰物也为避祸而取消。翻开报纸,触目的都是消闲或色情文字。舞场、戏坛、说书、跑马……凡租界内存在的娱乐项目,在小报上也各有其专栏。为了追求销售量,每天还刊有一篇传播色情的连载小说。二是经济极为拮据。在“洋旗报”兴起后,这些小报因无力高薪聘请外国人作保镖,只得忍辱含垢,屈节接受日伪的新闻检查,以图生存与发展。1939年7月白报纸大幅度涨价后,这些小报为维持生计,不得不采取提高售价、缩小篇幅(4开改为6开)等应急措施,同时在内容上也孤注一掷,将所有篇幅都让位于色情的或具有刺激性的文字,有时一期报纸上刊有七八篇色情连载小说,甚至将笔触伸入两性生活,令人不堪入目。其中最为典型的是《桃色新闻报》,该报日出一小张,梅无暇任经理,发行量为1 200份,其内容有伤风化之处举不胜举,刊有“咸肉庄”的门槛、“向导女”的动态,公开诲淫。此外还以长篇香艳小说取悦读者。三是一味迎合读者口味。为了迎合市民的发财心理,《上海上报》、《力报》等小报大谈发财之道,并增辟行情专栏,以期增加销量。至于地方性小说、娱乐行业性小报的大量出现,也是迎合消闲的需要。总之,上海租界内的小报,内容贫乏,格调低下,终究难登大雅之堂,其中绝大部分小报只能行销数百至一千份,购者寥寥,个别的小报馆甚至自办租借业务,供人借阅。

第七节 国际新闻界反法西斯统一战线的缩影

一、外国报刊对中国抗战的态度

长期以来，上海是远东国际新闻活动的汇合点。第二次世界大战爆发后，国际上侵略与反侵略的新闻宣传在上海都异常活跃，成为国际两大新闻阵营斗争的缩影。

上海沦为“孤岛”后，中国的抗日报刊受到严重损失，抗日宣传暂时处于低潮。“洋旗报”陆续创办，在抗日救亡宣传运动渐起的过程中，一些外国报刊也发挥了积极作用，形成了“孤岛”国际新闻界反法西斯统一战线的格局。

当时，上海“孤岛”出版的外国报刊有：英文的《字林西报》、《上海泰晤士报》、《大美晚报》、《密勒氏评论报》、《中国纪事报》、《中国评论周报》、《天下月刊》等；俄文的《俄文日报》、《柴拉早晚报》、《斯罗沃报》、《时代》杂志等；法文的《上海日报》、《远东新闻》等；德文的《远东日报》等。由于受德国法西斯的迫害，欧洲大批犹太难民逃往远东，到 1939 年上海就有犹太难民 3 万多人。他们在上海先后出版了《上海犹太人纪事报》、《黄报》、《八点钟晚报》、《中欧医师协会会刊》、《我们的世界》、《上海战争难民新闻》等报刊，分别用德、英、中、波兰文出版。另外，苏联的《真理报》、《消息报》，法国《人道报》，美国的《新群众》杂志，英国的《曼彻斯特导报》等，也在上海出售。外国的通讯社也十分活跃，主要有美国的美联社、合众社、国际新闻社，英国的路透社，法国的哈瓦斯社，苏联的塔斯社等世界著名通讯社在上海设立的分社。羁留在上海的美国人，成立了一个“美国报道委员会”，专门负责向美国国内报道和评论，因日本侵略中国而引发的危机的严重性等问题，由传教士埃德温·马克斯负责，成员有各方面代表人物，也有不少新闻记者。他们编印小册子，不定期向美国的各家报社、各地商会及社会团体邮寄。上海还有外国人创办的一批广播电台。这样与中国抗日报刊一起，形成了一个具有相当影响的国际反法西斯新闻舆论网络。

上述报刊、通讯社、广播电台等，因受本国政府政策的影响，或办报人自身立场的不同，对于日本帝国主义侵略中国的态度有所不同，但在反对世界法西斯斗争中，都作了不同程度的努力，这是有利于中国人民的抗日斗争的。在对待中国人民的抗日战争问题上，以美国的《大美晚报》、《密勒氏评论报》、大美广播电台等最为积极，刊载和广播有关中国人民抗战的消息、通讯，不仅数量多篇幅大，而且作较深入系统的理论分析，积极鼓动。英国的《字林西报》比较暧昧，以报道事实为主，也发表一些较有利于中国人民抗战的评论。《上海泰晤士报》表现较差，常刊有利于敌伪的消息。法国的《上海日报》等，对中国人民抗战斗争报道比较充分，态度较积极，发表了不少揭露日本侵略者罪行的报道，但法国政府投降后，情况就发生了变化。苏联的各报刊不尽相同，但就总体而言，因苏日签有中立条约，对中国人民的抗战斗争，不便作直接的宣传鼓动，但揭露和抨击德国法西斯主义是不遗余力的。各个国家在沪通讯社的态度也大致如此。

上述外国新闻机构，关于中国人民抗日战争问题，大量客观报道中日双方正面军事消息，如武汉、广州保卫战，日军进犯长沙、桂林、海南以及日机轰炸重庆等。重点报道的内容有以下两方面。

（一）揭露日寇的残暴手段与罪行，批驳侵略谬论。侵华日军是世界上少见的、极其残忍和毒辣的侵略者，他们任意屠杀残害手无寸铁的乡民，毫无人性，更无人道。对此，"孤岛"上的外报也给予无情的揭露和抨击。如1939年12月4日，英文《大美晚报》报道了日军的京沪一列火车在镇江附近被地雷炸毁后，日军对当地乡民以"铁腕"手段实施报复，除"对该区内乡村稍有游击队活动之疑者"加以逮捕枪杀外，还"派飞机轰炸沿铁路一带村庄"，"被屠杀者每日达数十人"。这类报道经常出现。

对日本侵略者在上海地区的种种罪行，一些外报也以"客观"报道方式给予揭露。如1938年10月17日，《字林西报》报道了沪西区"现有赌窟40余处，在日方保护下由华人经营，赌徒甚为猖獗"，在"大道市府区域内，尚有赌场数处"，这些赌场"均向日本成立的所谓'上海娱乐管理局'领取过执照"，定期"缴纳保护费"，赌徒之间"纠葛层出不穷"，大打出手，"谋杀案连连发生"，因此"沪西区成为大罪行之发生地"。1940年6月，《密勒氏评论报》也揭露了"日本所组织的经济研究会，原来就是赌窟"。日寇在上海地区的贩毒行为，外报也及时揭露。1938年12月7日，英文《大美晚报》就报道了日军在闸北贩卖海洛因的事实。1939年4月22日，美联社上海分社也发出了日伪贩运毒品的消息：21日晨5时，日军"运送鸦片汽车从苏州河北运抵司极斐尔路”时,被6个“武装匪徒抢劫”,“价值达10万元之多”。

对于日本帝国主义的侵略谬论,“孤岛”上的外报也参加批驳。1938年12月24日,法文《上海日报》社论《痛斥近卫的狂吠》,就是代表性文章,针对日本内阁首相近卫所散布的侵华谬论加以批驳。首先批判近卫的所谓“建立东亚新秩序”,指出这是“近卫公开发表的独吞中国之宣言”,“霸占亚洲各国”野心的大暴露。针对近卫提出的日本必须“与中国之亲日分子合作”的言论,社论指出这是一种幻想,因为“昔至今日,在中国四万万民众中,其愿与日本合作者,殆不及数百人”,而且此等人物,“素为华人所蔑视者”。社论还以遭到人民唾弃的伪“满洲国”,华北、华东的“临时”、“维新”政府为例,证明这些汉奸极不得人心,指出这些“政府之人而言,则傀儡所为也,又何能受民众之重视乎!”对于近卫所谓“尊重中国独立”、“不欲割地”、“不索赔款”的骗人之谈,社论也指出日本“俨若甚宽大者,实则中国即全部被灭,又何需于一块土地乎!中国之财源即全部被劫收,又何稍取得若干金钱乎!”近卫所谓“尊重中国独立自由自主之语,不啻自开玩笑”。社论还驳斥了近卫所谓进军中国是为了反共防共的胡说,指出日本“假此反共之美名,以求在华重要地点驻兵之权,呜呼,马克思主义之被人利用,当以现代帝国主义者为甚也”[63]。这些批判相当尖锐而深刻,且一针见血。

(二)报道日本侵华战争的种种困难,指出战争前途,是日本必败,中国必胜。

日本帝国主义发动的侵略战争,随着战线不断延伸扩大,日军在侵略战争的泥坑中越陷越深，而不能自拔，最后必葬身于这个泥坑中。对日本侵略者的困境、矛盾及内部争斗的种种丑态，“孤岛”中的外报也尽量及时报道。

一是报道日军损失惨重，兵员枯竭，战局困难，士气不高。日本侵略者对侵华战争中的失败和损失是极力封锁的，身处沦陷区的民众，是很难了解战争的真实情况的。“孤岛”上的外报冲破了敌人的封锁，尽量报道敌人惨败的真实消息，既有具体战役的报道，也有综合的评述。如1940年1月2日，法文《上海日报》就作了一次总结报道，它说“日本自1937年对华侵略以来，除陆军方面有重大损失外，在华空军其飞机为华军所毁灭者，截至1938年底止，共达1 503架。在海军方面仅长江激战结果，共被击沉大小军舰19艘”。同年5月1日，路透社消息称：日本在华作战，“实力消耗殆尽”，“日本在中国已自顾不暇，无力在欧洲战争中辅助德国。”

报道日伪军队内部混乱，士气不高的消息也经常见诸报端。1938年11月30日，上海《俄文日报》报道平汉铁路日伪混合驻防的消息说，“郑州城内，伪军一个旅”，在旅长东北人章竞先率领下反正，“杀死日本顾问及军官40余人，携大批武器机械，向附近之华军某部游击队”投降。12月12日《字林西报》发至华北的报道说：“一言以蔽之曰，混乱而已，政治、行政、金融、经济无不混乱”，日方某些人士也“亦感失望”。1939年1月16日，法文《上海日报》在报道日本军方记者招待会时，称“上海区日军司令显示内心苦闷”。4月6日美联社上海分社报道了上海日本军方将桥本大佐解除职务的消息等。

二是报道日本财政消耗殆尽，经济政治危机加重，难以支持长期战争。上海的外报对日寇发动侵华战争后，所造成的经济上的困难，作了充分的揭露。如陆续报道了“日本皮革奇缺，青蛇与癞蛤蟆均遭殃”，“士兵与官员都穿鲨皮鞋”；“日本动物园的狮虎等均参加战时节约运动，改食鱼味”；“日本六大城市实行按人口发给食糖与火柴，每人每月食糖半磅，火柴2小盒，合每日5根”，等等。从具体生动的生活小事，揭露日本的经济困难，给读者的印象极为深刻。

在揭露日本的经济危机方面，《密勒氏评论报》的报道，最为深刻系统。1939年12月，在《日本外贸与当前危机》中指出，日本的对外贸易“正在向危机前进”，“对于日本整个经济和金融势必发生严重影响”，因为“日本经济大半依赖外贸维持”，“日本若不能输入大量的军需和原料，它的战时经济体制，甚至它的政治危机都有被倾覆的危险”。1939年12月，《日本国会预算战》一文更进一步揭露日本的困难、矛盾和斗争。它说“日本国会与贵族关于拟定1939年至1940年预算”时发生了激烈争论。军方要求增加军费，但“日本国内公债吸引力减低，通货膨胀不断增高，日本银行的纸币发行额一再创最高纪录”，日本财政的“最后灾难和崩溃已露征象”，难以支持不断增长的军事开支，因此遭到大多数阁僚的反对。尽管日本对被占领国家和地区横征暴敛，实行“武装征税”，野蛮开发，也无法挽救于万一。这样形成了侵略战争升级，经济危机加重，内部矛盾与斗争更为尖锐的恶性循环，结果导致1940年的日本阁潮，近卫内阁倒台。对此上海各外报冲破了日方的新闻封锁，作了详尽的报道，揭露日本必然失败的事实。特别值得指出的是，1938年5月毛泽东发表了鼓舞中国人民坚持抗战的长篇巨著《论持久战》,“孤岛”的中国报刊在敌伪和工部局的控制下无法发表,独《大美晚报》全文刊载,对激励上海人民的抗战信心和决心,起了极大作用。

三是报道中国人民坚持抗战斗争,呼吁英美等国援助中国。“孤岛”上的外报,除大量刊载西方通讯社发来的中国各地的抗战消息外,也派自己的记者赴各地采访。如 1938 年 12 月《字林西报》派至华北地区的通讯员陆续发来华北游击队抗战斗争的消息和通讯,指出华北游击队“星罗棋布,频频出击日占领地”,使“日军始终无法控制华北”。由于日伪的封锁,交通困难,各报报道抗日消息大量来自上海四周各县及江浙地区,陆续刊载了“无锡南桥镇日军惨遭游击队袭击”,“日军四面楚歌,沪郊各处又有激战”,“沪西游击队扫除敌伪据点”,“闵行伪专员被游击队拘获”,“青浦伪军二大队残害乡民,被游击队歼灭,队长被捉”,等等。

日寇侵华战争不断扩大,进一步侵害了英美等国在华利益,因此上海各外报为维护自身利益,呼吁本国政府援助中国人民抗战。1939 年 5 月 30 日《字林西报》在社评《假面具除去矣》中,指出“日本在华所有行动之目的,乃在置中国主权于日本统制之下”,“将中国全部疆域置于日本统治之下也”,“使中国沦于不能稍胜于满洲国之地位也”;“今如欲保持外国在华所余之利益,则对日方最近在华之企图,必竭力加以制止”,“此实为亟不容缓之图”。英文《大美晚报》的态度更为明确,1939 年 11 月 10 日发表了美国经济学家巴勃逊的《中国抗日实为美国而战》的文章。在揭露日本帝国主义侵略计划以后,尖锐指出“中国的抗战”,“就事实而论”,“实为美国而战”,“尤为夏威夷人民而战”,“美国应以全力援助中国”,“如再容忍,必后悔莫及”。文章批评美国当局的某些人,认为日军侵华“可以防止苏联在华扩张共产主义”的错误思想。警告他们说:“余意美国政府目前援助日军的态度,似属自杀”,应赶快改变态度。

二、身处逆境的外国记者

上海“孤岛”期间,中国相当部分土地沦陷于日本帝国主义铁蹄之下。沦陷区的抗战消息受到日寇的严密封锁,上海“孤岛”的抗日报刊及外国报刊的报道,成为冲破敌人封锁的重要窗口,这其中一批同情与支持中国抗战的外国记者发挥了重要作用。外国新闻记者利用他们的特殊身份,深入中国内地采访,除通过重庆、香港等新闻机构把中国抗战消息向世界传播外,上海“孤岛”的中外报刊也成为他们传播消息的重要途径。为上海报刊提供抗战消息的外国新闻记者,大致分为两类。

一是外国驻沪新闻机构派往内地的记者。他们冲破敌伪阻力及交通困难,把消息传至上海“孤岛”。《字林西报》派特派员分赴华北、武汉等地采访,发回《日军华北混乱之现象》、《华北的两种区域》、《汉民不聊生,外侨大受影响》、《昔日之天堂,今日之地狱》等通讯,报道了沦陷区的真实情况。美联社远东分社总经理马礼斯赴重庆考察返沪后,向新闻界发表考察见闻,他认为重庆官方与市民都表示坚持长期抗战,“必胜必成之心,皆自然流露于言表”,“此类信念,无论全城任何地点皆有明显之表现”。外国记者爱德华在《文汇报》上发表了《回顾与前瞻》、《困难时应处以乐观》、《我的预测》等评论中国抗战形势的文章。《申报》总主笔阿乐满，1938年12月经香港赴广州考察，回沪后向新闻界揭露日寇在广州的罪行，他指出广州的工厂、民房、桥梁及其他重要设施，皆被日本飞机、火炮炸毁，“广州城现状”，“俨若死城”。法文《上海日报》发表了特派员的通讯《内蒙古金融受日本控制》等，揭露了日本侵略者的罪行。

在这些驻沪外国记者中，以美联社特派员、英文《大美晚报》记者杰克·贝尔登两次赴新四军采访的影响最大。第一次是1938年。是年冬初，中共江苏省委以上海地方协会名义组织“上海民众慰劳团”，赴皖南慰问新四军，团长是上海文化界救亡协会理事、著名新闻记者顾执中，副团长是中共党员、上海职业界救亡协会党团书记、《每日译报》营业部负责人王纪华，成员有上海小学教师联合会负责人朱立波，上海妇女界组织负责人姜平等。英文《大美晚报》记者杰克·贝尔登“也是代表上海中外人民的慰劳团的成员”[64]，同时担负采访新闻任务。贝尔登是一位具有强烈正义感的进步记者，十分同情与支持中国人民的抗战斗争，能说些中国话，但不流利。

上海民众慰劳团经浙江入皖南，先到国民党第三战区驻地，再经过艰苦跋涉到达新四军驻地，历时近一个月，贝尔登随团访问，及时向上海发回大量消息、通讯和照片，发表在《大美晚报》(中英文版)、《申报》、《文华》、《良友画报》等报刊上，其数量之多，报道之客观准确，为孤岛各报刊所少见。仅发表在《申报》上的长篇通讯就有10余篇。1938年12月有7篇，计：6 日《西报记者旅行浙皖杂记》，12 日《贝尔登访第三战区》，17 日《安徽怀宁通讯》，20 日《皖南太平县通讯》，21 日《芜湖南新四军根据地》，22 日《访新四军总部》，24 日《新四军领导下群众大会盛况》，25 日《游击区生活颇愉快》等。1939 年 1 月有 4 篇，计：4 日《八省战士咸远道应召集中，交战六日日军伤亡二千余》，5 日《新四军大半在长江两岸作战》，7 日《新四军注意士兵战术训练》，15 日《与项英之谈话》等。

杰克·贝尔登第二次赴新四军采访是 1939 年 12 月，与第一次相比较则更加深入，报道分析问题更加系统深刻。从 1940 年 1 月 7 日起，《申报》共发表了 8 篇通讯，计有：《新四军与他军之不同》、《新四军对敌工作之一斑》、《新四军后方医院设备与服务》、《新四军之战术——秘密神速袭击日军》、《新四军士兵生活之一斑》、《新四军克复颜里镇之战情》等，对新四军的建军方针、政治工作、官兵关系、军民关系、俘虏政策、战略战术等都作较深入系统的介绍。他认为由于新四军执行了正确的方针政策和坚强的政治思想工作，官兵都有强烈的“自我牺牲精神”，“作战异常勇猛”等。《大美晚报》社将贝尔登及其他外国记者关于新四军的报道，汇编成《新四军》小册子，向中外读者散发，有的还寄往国外。上述报道对于冲破敌人的新闻封锁，揭露国民党顽固派的造谣中伤，让上海人民与各国读者了解新四军的真实情况，发挥了重要作用。

二是非驻沪新闻机构的外国记者、作家等。他们在中国内地采访的消息、通讯、评论与著作寄往上海，发表在中外报刊上。其中有英国记者乌特丽的《日本能必胜乎?》，法国记者采访重庆的消息与通讯，英国记者山逊的《中国抗战到底，必将获胜利》,美联社特派战地记者勃特兰的《华北前线》、《与中国游击队在前线》,访员费歇考察汉口返沪后向新闻界介绍访问周恩来的情况,美国记者高尔特的《日本报纸为检查之黑暗所笼罩》,美国著名作家斯特朗在上海发表重要谈话《中国抗战必胜》。1941 年 5 月,新四军驻上海办事处护送德国进步记者、作家汉斯·希伯夫妇去苏北新四军根据地采访,陆续为上海报刊发来许多消息和文章,详细向上海人民和世界各国读者,介绍了苏北新四军英勇抗战及根据地建设情况等。在这些外国记者、作家中,以斯诺、史沫特莱影响最大。

埃德加·斯诺在北京燕京大学新闻系任教期间,于 1936 年秘密访问陕北革命根据地,除为上海《密勒氏评论报》及美国报刊提供消息、通讯外,主要撰写了《红星照耀中国》一书。该书在英国出版后,引起世界各国读者的广泛注意。为把该书推荐给中国读者,1938 年初胡愈之等经中共驻上海临时办事处领导同意,决定以上海复社名义翻译出版该书。此时,斯诺已由北京迁往上海,一方面是因为北京已沦陷,他在北京无法正常活动,遂来上海当记者,为英美报刊撰稿;另一方面帮助《红星照耀中国》一书的翻译出版工作。在翻译出版过程中,“斯诺除了对原著的文字作了少量的增删,并且增加了为原书所没有的大量图片以外,还为中译本写了序言”[65]。斯诺在序言中进一步表达了他对中国抗日战争的同情与支持,他说:“自从这本书在英国第一次出版之后,远东政治舞台上发生了许多重大的变化。统一战线已经成为事实了”,“现在民族解放战争已成为唯一出路”,“为了要打败日本帝国主义,中国人民自己起来”,“坚决而强硬的抵抗,要是多继续一天,日本的国内国外矛盾，也一定一天比一天更严重，等到用恐怖的强烈手段已经镇压不住的时候，日本军阀只好停止下来，或者折断了帝国的头颅”[66]。此外，斯诺还在上海《每日译报》发表《在日军后方的八路军》，斯诺夫人发表《东战场上的新四军》等文章。他还经常在上海沪江商学院等单位演讲，分析抗战形势，期望中国人民坚持长期抗战。

由于当时所处环境，《红星照耀中国》的中文本用了《西行漫记》的书名作为掩护。该书中文本出版后不久，就在内地、香港及海外华侨所在地引起轰动，供不应求，只好再版、三版，无数次重印，翻译版本也不计其数。

艾格尼丝·史沫特莱是美国著名的新闻记者、作家，1929年到上海，除为美国报刊撰稿外，还出版了《中国人的命运》、《中国红军在前进》等书。1936年西安事变时，她正在西安，除采访新闻外，还担任张学良将军总部电台的英文播音员和医院护理员。之后去延安采访，历时4个多月，也向上海的报刊提供了不少稿件。从1939年11月到1940年4月，史沫特莱在湖北、湖南、安徽、河南等地广大战区活动，重点是采访新四军的抗战活动。“1938年11月，史沫特莱从长沙转到云岭新四军军部”，名义是从事医疗援助，但“她真正的使命是向上海和香港宣传新四军”，“1938年底至1939年初，史沫特莱为上海的《密勒氏评论报》(后又由《曼彻斯特卫报》转载)写了一系列文章，详细报道了新四军的处境和对药品的需要”[67]。呼吁国际社会援助新四军，援助中国人民的抗战斗争。此外，她还在上海其他报刊发表了一系列文章或通讯。“八·一三”抗战期间，她在《战时日报》发表了《朱德、彭德怀访问记》。“孤岛”期间在《申报》发表了《扬子江上日军的危机》、《中国抗战必胜》，在《译报周刊》发表了《南昌新动态》、《新四军优秀的伤兵医院》、《史沫特莱在皖南》等。《文汇报》副刊“世纪风”连载了她的《中国红军在前进》一书。1940 年 3 月，她亲赴皖北访问李先念领导的新四军抗战斗争，也给上海报刊发来一些消息和通讯。此外，上海译报图书部翻译出版了英国著名作家、新闻记者詹姆斯·贝特兰撰写的《中国的新生》、《华北前线》等书，具体生动地介绍了中国从“西安事变”到抗战初期，中国人民的抗日斗争情况。

三、干扰与反干扰的斗争

日本侵略者对“孤岛”上一切宣传抗日、揭露和抨击法西斯罪行的报刊和报人，都是极端恐惧和仇视的，欲置于死地而后快。由于日寇在扩大侵略战争中还需要利用一些国家的某些作用，如政治军事上的暂时中立，进口战争物资等，因此对外国报刊的破坏远不如对付中国报刊那么严重残酷，但也决不会放任自流。其主要手段是：

首先，干扰记者的正常工作和生活。手段之一，是投寄恐吓信。1939 年 2 月，不少外报的新闻记者相继收到恐吓信，如敌伪给大美广播电台播音员高尔特的信，胡说“每天两次，尽量说谎”。给《密勒氏评论报》主笔鲍威尔的信称“每周说谎吹牛”。说《大美晚报》总编辑斐士“办满纸谎言”。对英文《大美晚报》扣上“每天说谎”的罪行等，要他们立即改变态度，否则将“立判死刑”。5 月 9 日，《字林西报》主持人也收到自称“中国青年爱国救亡团”的恐吓信，要求该报改变政策及态度，否则“吾等救国分子愿与贵报馆同人同归于尽，莫怪言之不预也”。手段之二，潜入记者寓所偷窃资料，破坏财产。1940 年 7 月 20 日夜间，美国《纽约时报》驻远东特派战地记者阿朋特在百老汇大厦的寓所，遭到 2 名蒙面持械日本人的殴辱，“珍贵资料稿件多种均被劫去”。8 月 3 日夜，路透社远东分社经理华克寓所被盗，一些贵重物品及文件资料被窃。手段之三，干扰记者的正当采访活动。1940 年 11 月，法租界江苏省高等法院第三分院被日本侵略者强行接收，外国记者前往采访，开始被拒之门外，经过记者据理力争，被迫同意入内采访，但必经“遍身搜查”，并禁止拍照。上述类似事件在“孤岛”时期时有发生。

日寇侵犯新闻记者的种种违法行为，遭到外国记者一致反对和抨击。如 1940 年 7 月美国记者除公开揭露敌伪的罪行外，还向美国政府发出请愿书。他们通过白宫记者公会将请愿书转给国务卿，要求美国政府保护在华美侨的安全和记者的正当活动。请愿书指出：“美国政府对在华日本占领区域内的美国侨民之安全，应由日本负责”，“并请政府实施罗斯福总统所宣布对日禁运案”政策，以促使日本停止对在华美国侨民的迫害。根据美国政府指令，美驻沪总领事向日方提出交涉，希望“就地解决”敌伪特务干扰美国记者正常活动的行为。

其次，干扰外国报刊的出版与发行。日伪干扰外国报刊出版与发行，其手段是花样翻新，层出不穷。最初是声言实施新闻检查。1938 年 3 月 10 日，日方通知各国通讯社，谓“自明日起，各社之中文译稿，应先送日本检查所两份，以便检查，然后始能分送各中文报社发表。”各外国通讯社均表示：此事应向本国政府请示，在未决定态度前，对日方之要求决定暂时置之不理。《大美晚报》社接到日方通知后，当即表示坚决拒绝，该报发行人史带发表了《责任声明启事》，郑重指出“《大美晚报》中英版实属一家，为美国人所有”，本报主张“报纸言论自由”，“将不受任何方面检查”。1940 年 3 月，汪伪南京政府成立不久，便宣称伪中央电讯社“拟付相当代价收买所有国内各新闻”，包括外国通讯社发的中文稿。但上海“各外国通讯社表示，对日伪的建议，已予以一致拒绝”[68]。

日本干扰外国报刊出版活动的另一阴谋手段，是通过邮局检扣新闻稿件和报刊。日方在所有邮局派有检查人员，对于进出上海的所有新闻电报、报刊、信件乃至邮包都非法检查，随意扣压。各报寄至各地及国外的新闻电讯、稿件等，均无法收到。发行各地及国外的报刊，也无法送到读者手中。1939 年 6 月，《密勒氏评论报》在一篇报道中称：上海寄至天津、北京、福州、广州等地的报刊，当地仅能收到“亲日之《上海泰晤士报》一种”。寄往国外的《大美晚报》更是多次被日方扣压，读者来信催报。各外报除纷纷向日方提出抗议，并在报刊予以揭露外，还要求本国驻沪领事馆出面交涉。1938 年 4 月起，美国驻沪领事馆就日方扣留英文《大美晚报》事，多次同日方交涉，指出“日本无权检查美国新闻纸，或干涉美侨在华之权利”。

日寇更为卑鄙的手段，是伪造外国通讯社电讯，传播假新闻，损害其名誉。1939 年 6 月 22 日，日本《新申报》刊载路透社发至重庆的电讯，所谓“现国民党政府内部冲突日深”，以及“英大使得英政府之训令，警告国民政府开始对日和平谈判”等消息。这则消息引起各方注意，纷纷向该社驻沪分社查问。经查路透社重庆分社从未发出此类消息，全系《新申报》伪造。英驻沪总领事向日方提出严正抗议，要求责令《新申报》更正伪造新闻，并防止今后不得再行“滥用路透社名义”。在事实面前，日方不得不表示道歉。7 月 16 日，《新申报》被迫刊出更正启事：“更正，6 月 22 日本报第一版刊载寇尔大使抵渝新闻一则，其中曾载据路透社 19 日重庆电，系属错误，特此更正。”

第三，干扰广播电台的正常播音。“孤岛”上的外国广播电台也十分活跃，所广播的国际反法西斯战争及中国抗战的消息，也使日方大为恼火，决计实施干扰措施。1939 年日方在上海建造电力强大的干扰台。最早受到干扰的是美国人设在上海的广播电台，如大美广播电台、福音电台及美商海莱所设的 XHMA 为呼号的电台等。各电台“晨间及午后广播全被杂音干扰，致使本市听众无法收听”。《字林西报》“每日借用福音电台广播的新闻多次亦被干扰”。此外，日方还干涉美国旧金山广播电台及英国伦敦经香港转播的新闻，“致使上海听众不能收听美国新闻广播”及“伦敦经香港传来的新闻”。

对于日方的干扰和破坏，外国广播电台负责人表示，决不向日方干扰低头，“将奋斗到底，保卫美国人之权利”。并请求本国政府向日方交涉。美国驻沪总领事根据美国国务卿之命令，向日方提出抗议，要求日总领“提出书面报告”，“并使干扰中止”。

第四，驱逐与拘捕外国记者。日本侵略者驱逐与拘捕外国新闻记者的阴谋，是指使汪伪实施的。1940年7月，汪伪南京政府成立后不久，就训令伪上海市长与各外国驻沪有关机关交涉，驱逐阿乐满等7名外国记者出境。训令列出的7名外国记者是："以哥伦比亚出版公司名义主持《申报》之阿乐满"，"宣传共产主义之《密勒氏评论报》主笔鲍威尔"，"主持《大美报》及《大美晚报》之史带"，"身兼《大美报》及《大美晚报》编辑之高尔特"，"《大英夜报》发行人兼总编辑斐士"，"《华美晚报》发行人密尔士"及"常作广播宣传，公然反抗中国政府之奥尔考脱"。强加于他们的所谓罪行是，"以外国身份而参加颠覆国民政府之阴谋，并公然为破坏国民政府之言论行动"，"日夜造谣生事，以期危害民国"，"为中国法律之所不容"。令伪市长"迅即与各国驻沪关系当局交涉，对此等分子严定限期勒令出境"[69]。

对汪伪公然违背国际法则的倒行逆施行为，在沪外国记者给予坚决反对。如阿乐满在声明中严正指出："渠系一律师，决不愿参加政治活动"，"渠主持之《申报》在尽报道之责任，将社会真实情形报告市民，并非为任何一方面之宣传"。表示对汪伪的所谓驱逐令，"决置之不理"。其他记者也都采取了同样的立场。

敌伪驱逐外国记者阴谋破产后，并不甘心，1941年7月再次下达驱逐令。鲍威尔回忆说："1941年7月，汪伪政权开始把打击目标对准美商及其他外商报纸"，在其"喉舌《中华日报》赫然登出在沪新闻记者的'黑名单'，扬言要'驱逐'他们"；"在这个黑名单上，我名列第一"，其次是"《大美晚报》发行人斯塔尔、总编辑兰德尔·古尔德、《大陆报》记者兼美国

XMHA 电台评论员卡罗尔·奥尔科特、《华美夜报》名誉编辑哈尔·米尔斯、《申报》律师诺伍德·奥尔曼、《大学快报》经理、英国人桑德斯·贝茨等。”[70]在被驱逐的记者中，有 3 人相继回国，有的去香港。也有人坚持战斗，决不退让，鲍威尔是其中之一。

注释：

①《救亡日报》，1937 年 11 月 13 日。

② 夏衍：《懒寻旧梦录》，三联书店 1985 年版，第 401、404 页。

③《申报》，1937 年 8 月 14 日。

④《申报》，1937 年 9 月 29 日。

⑤ 上海公共租界工部局英文档案，上海市档案馆藏。

⑥ 英文《字林西报》报道，1937 年 11 月 21 日。

⑦ 同⑤。

⑧ 同⑤。

⑨《上海公共租界工部局年报》，1937 年版，第 29 页。

⑩《新闻报》报道《费信惇对外报记者谈，日无干涉租界行政理由》，1937 年 11 月 14 日。

⑪ 同⑤。

⑫《上海公共租界工部局公报》，1937 年 10 月 27 日。

⑬ 同⑩。

⑭ 同⑤。

⑮ 同⑨，第 244 页。

⑯《大公报》，1937 年 12 月 14 日。

⑰ 许德良：《抗战前期的上海职业界救亡协会》，《党史资料》丛刊，1982

年第2辑,第63页。

⑱ 鲁逸:《一年来的上海新闻界》,《译报周刊》第1卷第12、13期合刊,1939年1月1日。

⑲ 刘晓:《略谈上海地下党的工作》,《党史资料》丛刊,1981年第1辑,第7页。

⑳ 同⑤。

㉑《每日译报》,1938年1月21日。

㉒《每日译报》,1938年6月26日。

㉓《文汇报》,1938年1月25日。

㉔《文汇报》社论《无题》,1938年3月29日。

㉕《文汇报》社论《告若干上海人》,1938年2月8日。

㉖ 杨真:《一年来的上海出版界》,《译报周刊》第1卷第12、13期合刊,1939年1月1日。

㉗ 同⑤。

㉘ 詹世骅:《上海的所谓"反日"报纸》,《战时记者》第11期,1939年10月1日。

㉙ 同㉗。

㉚ 同㉗。

㉛ 同㉗。

㉜ 同㉗。

㉝《上海公共租界工部局公报》,1939年第10期,第19册,1939年5月10日。

㉞《上海公共租界工部局公报》,1939年第10期,第21册,1939年5月24日。

㉟《每日译报》报道,1939年5月6日。

㊱ 马尔谷、章乐古:《上海报人苦斗纪程》,《中美周刊》第2卷第1期,1940年9月21日。

㊲《上海公共租界工部局年报》,1940年版,第284页。

㊳ 上海公共租界工部局英文档案,上海市档案馆藏。

㊴ 季裔:《上海的新闻界》,《上海周报》第4卷第7期,1941年8月9日。

㊵《中国共产党新闻工作文件汇编》,上卷,第90页,新华出版社1980年12月第1版,内部发行。

㊶ 张承宗:《记〈职业生活〉周刊》,上海《文史资料选辑》,1980年第6辑,第39页。

㊷ 谢胥浦:《记〈职业生活〉纪要》,上海《文史资料选辑》,1980年第6辑,第55页。

㊸ 张纪恩:《周恩来在上海革命活动片断及其他》,《党史资料》丛刊,1979年第1期,第29页。

㊹ 徐达:《回忆〈学习〉杂志》,《上海“孤岛”文学回忆录》,下册,第84页,1985年9月第1版。

㊺ 陆曾:《推荐大众读物〈简报〉》,《学习》,半月刊,第3卷第7期,1941年1月1日。

㊻《我们的立场》,《上海周报》第1卷第1期,1939年11月1日出版。

㊼ 笔者同原《华美晨报》经理蔡晓堤的谈话记录。

㊽ 程其恒:《战时中国报业》,桂林铭真出版社,1944年3月初版,第18页。

㊾ 上海公共租界工部局英文档案,上海市档案馆藏。

㊿ 方之:《蠢笨的造谣》,《每日译报》,1938年10月20日。

51 杨秉衡:《从上海几家报纸说起》,《战时记者》,第11期,1939年7月1日。

52 嘉尧:《硬骨头朱惺公的遇难》,《编辑记者一百人》,学林出版社,1985年3月第1版,第455页。

53 杨瑾峥:《译报、每日译报和译报周刊》,《中国现代出版史料丁编》,

上卷,第 330 页。

(54) 孙可:《上海"孤岛"时期的石灵》,《新文学史料》,1983 年第 1 辑,第 168 页。

(55) 徐铸成:《文汇报是怎样诞生的》,《新闻研究资料》,第 2 辑,第 146 页。

(56) 胡传厚:《抗战期间的中美日报》,《中国新闻史》,李瞻主编,台湾学生书局 1979 年 9 月初版。

(57) 金雄白:《平报一年》,《平报》,1941 年 9 月 1 日。

(58) 茅盾:《关于时事播音的一点意见》,《救亡日报》,1937 年 8 月 28 日。

(59) 同(58)。

(60) 上海公共租界工部局档案,《旧中国的上海广播事业》,第 345 页,档案出版社,1985 年 12 月第 1 版。

(61) 同(60),第 314 页。

(62) 同(60),第 350 页。

(63) 译文见 1939 年 12 月 25 日《申报》。

(64) 顾执中:《战斗的新闻记者》,第 374 页,新华出版社出版,1985 年 9 月第 1 版。

(65)(66) 埃德加·斯诺:《西行漫记》,第 3、8 页,生活·读书·新知三联书店出版,1979 年 12 月第 1 版。

(67)〔美〕珍妮丝·麦金农、斯蒂芬·麦金农著,汪杉、郁林、芳菲译:《史沫特莱》,第 265 页,中华书局出版,1991 年 6 月第 1 版。

(68)《申报》,1940 年 3 月 23 日。

(69)《中华日报》,1940 年 7 月 16 日。

(70)《鲍威尔对华回忆录》,第 342 页,上海知识出版社,1994 年 9 月版。

第十章
最屈辱的一页

第一节　敌伪新闻宣传阵地的强化

一、日寇对宣传阵地的垄断

太平洋战争爆发后，“孤岛”沦陷，上海从几个帝国主义国家瓜分状态，变成日本帝国主义独占的殖民地。上海的新闻事业从半殖民地半封建变为完全殖民地性质。

日本帝国主义者为适应侵略战争的需要，加强在上海战时新闻体制的建设，强化对新闻界的法西斯控制，这一时期是上海新闻事业发展史上最黑暗的时期。

控制和扼杀敌对性新闻宣传，是日本侵略者新闻政策的重要方面。在“孤岛”期间，敌伪就指使暴徒特务不断冲击抗日报社，杀害爱国新闻工作者，太平洋战争爆发当天，在日本侵略军队侵占公共租界后，迫不及待地查封和接收一切所谓

“含有敌对性”的报社、电台和通讯社。

1941年12月8日上午10时，日军报道部组织四班人马，分赴各所谓“敌对性”新闻机构，实施接收任务。第一班，由秋山报道部长率领，先接收了英文《大陆报》，又赴英文《泰晤士报》，该报经理诺德印格表示，愿接受日方指导，尽力协助日军做好宣传工作，《泰晤士报》于次日照常出版。对《密勒氏评论报》、《中美日报》、《大晚报》均予以查封。第二班，由酒井中尉率领，分别接收了《正言报》、《神州日报》等。第三班，由山家少佐率领，负责接收英文《大美晚报》、《字林西报》等。英文《大美晚报》负责人表示愿服从日方指导，决不进行反日宣传，被准许复刊。第四班，由高山中尉率领，主要接收《申报》、《新闻报》。在高山等进入《新闻报》前，该报负责人汪伯奇已将全体职工集合在编辑部等候，汪向高山声明，今后愿停止一切抗日宣传，尽力与日方合作，但日方仍坚持加以改组后才能复刊。《申报》先行查封，等候处理。

广播电台是当时新闻传媒的最现代化手段，日寇特别重视，由日军报道部和宪兵队另行组织接收队伍，查封一切利用租界庇护，从事“敌性宣传之广播电台”。日军报道部平民少佐指挥第一班，接收跑马厅之华美电台(XMHA)。松田少尉率领第二班，接收华懋饭店四楼之民主电台(XDQN)。浅野少佐带领第三班，去博物院路12号接收美商福音电台(XNHB)。浅野中尉指挥第四班，接收了静安寺路之电讯电台。宪兵队第一班，接收法租界天主堂路28号之奇民电台。第二班，接收爱多亚路17号之大美电台。对被接收的各电台，先行查封，禁止播音，然后清查财物，全部没收。另外，日寇在"统一广播事业"的口号下,通令全市 28 家私营广播电台,一律停止播音。敌伪法西斯新闻舆论电波垄断了上海的天空。

日本侵略者对同情与支持中国抗战的外国新闻记者也不放过。1942 年 6 月,日本上海宪兵队,以"在租界内本国机关庇护下,从事对日谍报并作援渝反日之宣传"为借口,逮捕了《密勒氏评论报》主笔鲍威尔、《大美晚报》记者奥柏、《远东周报》主笔兼评论员伍德海等 10 余人,交日寇军事法庭审讯。强加在他们身上的罪名是"彼辈对其本国之报告","充为本国政府决定对日本政策之重要资料",犯间谍罪,彼等"所谋报刊宣传,促使日本之国际环境恶化",并"妨碍治安"等①。

日本侵略者在查封原公共租界内大批新闻机关的同时,大力加强自身舆论阵地的建设。除加强大型日文报纸《大陆新报》、《上海每日报》等宣传力度外,更重视中文报纸的发展。由《大陆新报》发行的《新申报》,在太平洋战争爆发的当天,增出号外,还编制壁报,到处散发和张贴。次日又增刊夜报半张,名为《新申报夜报》,每日下午 4 时出版,报道当日新闻,供读者"先睹为快"。12 月 5 日,《新申报》又增设中文广播电台。启事称"溯自大东亚战争勃发以来,本报即致力于迅速之报道,于日报之外,增刊夜报、壁报、号外三种,虽深荷读者之赞许,但同人犹不敢自满。兹为谋更进一步敏捷广泛之报道,特于南京路哈同大楼屋顶设置最新式大扩音机,自本日(15 日)起,随时广播时局重要新闻,务期全市民众,先闻为快"②。

1942 年 11 月,日本大阪每日新闻社和东京每日新闻社在上海联合创办《华文每日》上海版,于 11 月 1 日正式出版。其任务是“发扬东亚一体之精神，勉励诸国文化之交流”，“促成中日和平，竭诚以报效建设大东亚之伟业也”。不久，“又另外发行富有兴趣的通俗的幽默性的《华文月刊》”[3]。内容包括时事讲座、科学讲座、读者园地、戏剧、小说、散文、漫画、木刻、信箱等栏目。发行处设在上海威海卫路255号。

太平洋战争爆发后，敌人也加快了广播电台的建设。首先扩大了大上海广播电台的规模和能力。台址从市中心迁至四川路133号，原英商卜内门洋行内，占据7层大楼全幢。扩大人员，更新设备，增加电力，成为上海最大的广播电台，呼号XGOI，功率10千瓦，波长900米，1942年又增加了广东语播音节目。之后，敌人又陆续增设了一批广播电台。如大西路3号国际广播电台，以德国为背景，该台播音室设在大西路3号，机器间设在大西路5号，呼号XGOO，功率1千瓦，波长500米，机器精良，设备完好。跑马厅路445号东亚广播电台，原为美商产业，由美国军方使用，被接收后专用转播东京发来之消息，呼号XMHC。爱多亚路19号黄浦广播电台，即以前为《大美晚报》电台，现以商业广告性质播音为主，呼号XMAC，功率100瓦。博物院路149号大东广播电台，前身系福音广播电台，呼号XGOH，功率200瓦，接收后专用日语广播。同孚路82号大华广播电台，由日本人成立的上海经济研究会主办，呼号XKLE，波长940米。美商华美广播电台，在太平洋战争爆发后，答应不再进行反日宣传，日方准予恢复播音，呼号XNHA，波长600米，台址四马路445号。类似的广播电台还有设在湖北路的中美广播电台，设在爱多亚路19号的大美广播电台。

日本国内的一些新闻机构，也陆续在上海设置了分支机构。日本官方通讯社同盟社，1936 年在上海爱多亚路，大北公司楼上设立支局，后迁至外滩 17 号，改组为华中总局，局长岩木，在海宁路设立电台。其他有：朝日新闻社上海支局，支局长千早健三郎。报知新闻社上海支局，支局长田茂太郎。大阪每日新闻上海支局，支局长谷水真澄。读卖新闻社上海支局，支局长下村丰二。东京新闻社上海支局，支局长石山基春。中外商业新闻社上海支局，支局长齐藤三郎。福岗日日新闻社上海支局，支局长秋根昌三。新爱知新闻社上海支局，支局长星野一夫。名古屋新闻社上海支局，支局长宇崎正二。每日新闻社上海支局，支局长横田秋二。日本产业新闻社上海支局，支局长远藤太郎等。

二、汪伪报刊的扩展

太平洋战争爆发后，次年汪伪南京政府也宣布参战，在侵略战争进一步升级的刺激下，汪伪在上海的报刊，也出现了暂时繁荣的态势。

以日报为基础，又创办了不同层次的报刊，形成了报刊系列，是汪伪报刊发展的突出表现。最典型的是《中华日报》和《新中国报》。《中华日报》在上海复刊后，首先复版了《中华月报》，综合性刊物。内容包括各类论文，时事杂感，人物介绍，社会思想史话，游记等。由《中华日报》代理社长许力求主编，中华日报社发行。太平洋战争爆发后，《中华日报》于 1941 年 12 月 11 日，又创办了《中华日报晚刊》。创刊启事称“本报为求迅速报道消息起见，即日（12月11日）起，在本埠增发晚刊，准于每日下午4时出版”。出至20日，因印刷机器发生故障，一度暂停出版。1942年7月4日，《中华日报》又创办了《中华周报》，16开本，陶亢德主编，由中华日报社发行。创办该刊的原因是，“在日报中编发的若干周刊”，“篇幅有限，容受不广”，“且每日各1种，不无断截硝碎之病”，不能“适应读者要求”。《中华周报》可弥补上述之不足，所刊内容，除“各种专门论述之外，更附每周参考资料，及重要文献”[④]。经常撰稿人有林柏生、许锡庆、许力求、钱希平、柳雨生、周超然等。1943年8月1日，《中华日报》又增出了《中华画报》，主要读者对象是识字不多的市民和青少年。还出版了中华日报丛书多种。

《新中国报》创刊后不久，于1941年1月，出版了大型综合性杂志《政治月刊》，名义上是江苏省教育厅主办，具体编印、发行全部由新中国报社负责，社长兼总编辑袁殊。社址上海河南路308号。该刊前身是《宪政月刊》，为适应汪伪发动的宪政运动而创办。因形势发展，“由宪政运动的倡导，进而为一般政治的研究”，故将《宪政月刊》改组为《政治月刊》。主要撰稿人有王一声、孔宪铿、白星洲、朱竹君、李蒙君、周化人、金雄白、梁秀予、黄敬斋、胡道维等。汪伪集团对该刊十分重视。在创刊号上就发表了汪精卫、周佛海、林柏生等人的文章，以后几乎每期有汪精卫的文章，成为汪伪集团在沪的重要舆论阵地。太平洋战争爆发当天，日军进驻公共租界，《新中国报》当日发刊号外，大加吹捧。第二日就增出《新中国报晚报》，对开两张，“决以最迅速方法，报道当日太平洋战争及其他国际及本埠重要消息”，为日寇的所谓辉煌胜利歌功颂德。

为了更深地毒害读者，声明“特别注意解释性之稿件及重要资料”之刊登，对“本埠专访及独特稿件”也十分欢迎。是年，12月 14 日，又创办《中国周报》。时事评论性刊物，鲁风主编。发刊词称“认识世界、认识中国是《新中国报》的两大口号”，周刊也为此努力，只是编辑方针不同，“《新中国报》在于报道，《中国周报》是侧重解说”，目的是“把报道和解说配合起来”，以取得更佳的宣传效果。因此该刊除了发表论文外，“一周时事解析”为主要栏目，综合介绍与分析一周内国际和国内的重要事件。属于《新中国报》系统的《杂志》，于 1942 年 8 月复刊，大型综合性期刊。1944 年 2 月，已出版 2 年多的《新中国报晚报》，因“纸张供应困难，10 倍于过去”，被迫停刊，把晚报的主要栏目移于日报，同时加强周报的工作。

《国民新闻》报也于 1941 年 12 月出版了《国民新闻周刊》，16 开本，黄敬斋任主编兼发行人。社址上海静安寺路 1926 号。该刊系综合性杂志，“凡属国际、政治、经济、学术、文艺、通讯等类稿件”，均欢迎投寄。该刊打着客观公正的幌子，欺骗读者，公开标榜“专重事实之叙述，客观之分析，不作评论主张”。译文和资料性文字较多，但所选用材料的倾向性十分明显。如第九期所刊“太平洋战争史料”一组文章，就刊登了《汪精卫声明》、《日本宣战书》和《日本政府发表声明》。从 1942 年起《国民新闻》报社还出版了“国民新闻丛书”，如《国民新闻论集》、《远东问题》、《太平洋问题》等，都是直接或间接地为日本帝国主义发动的太平洋战争服务的。1941 年 12 月 9 日，《平报》也出版了《平报晚刊》。

汪伪控制的各类报刊大量出版。以期刊为例，据汪伪统计，1941 年上海的期刊共 17 种，其中周刊 2 种、半月刊 2 种、月刊 13 种。到 1944 年增加到 44 种，其中周刊 8 种、半月刊 6 种、月刊 29 种、两月刊 1 种。在这些刊物中，有的是汪伪的某种团体出版的，控制比较严格。如《中国与东亚》月刊，它是东亚同盟中国总会上海分会的机关刊物。创刊于 1943 年元旦，由该会常务理事兼秘书长陈孚木任主编。其任务是根据总会纲领，宣传"东亚联盟运动为亚洲各民族之一致要求"，宣传东亚战争为"救中国救东亚不二之途径"，以达"实现共存共荣，复兴东亚之共同目的"，使这一认识"渗透到每个人心坎"，"激发起全国的共鸣"[5]。主要撰稿人大都是东亚联盟会的骨干分子。同类型的报刊还有汪伪青年运动委员会主办的《中国青年》、伪中华经济学会出版的《中国经济评论》等。

对于以私人名义集资出版的刊物，汪伪虽不能直接控制，但必须接受检查和监督。如《太平洋周报》，1942 年 1 月创刊，主编方昌浩，发行人陆静，由中国文化服务社经售。该刊前身是《中国月刊》，创刊于 1939 年 6 月，曾因环境关系停刊，太平洋战争爆发后，为适应读者需要，特改名为《太平洋周报》出版，上海新闻文化界的头面人物，大都为该刊撰写过稿件。足见该刊有一定影响。同类的刊物还有《申报月刊》、《国际两周报》、《大东亚杂志》、《自由评论》、《太平月刊》等。这些刊物，虽都是以私人名义出版，但它们的政治背景不同，对问题的态度也各有差异。

汪伪在上海的通讯社活动也进一步加强。中央电讯社上海分社的规模不断扩大，成为该社在国内最大的分社。内设：(1) 中文部。其任务是，一方面采访本市及外地新闻稿件，向总社及本埠各报发稿，另一方面抄收编辑总社发来的电讯，除向本埠各报编发外，还摘取重要消息，转发香港。每日发稿3次。(2) 英文部。主要任务是将南京及各地重要消息，逐日译成英文，分发上海各西报及外国通讯社等，每日2次。还摘要编发汪伪要人的英文谈话稿等。对西文报纸所发消息，认为失实之处，也发稿件纠正。(3) 电务组。负责管理使用收发报机。该分社有发报机2台，收报机5台。1943年9月中央电讯社上海分社迁至上海外滩17号五楼，与日本同盟社华中总支局一起办公，进一步加强敌伪宣传的勾结。在敌伪控制下，以私营名义创办的通讯社有：华东通讯社，主持人薛亮。上海通讯社，主持人陈东白。大沪通讯社，主持人张萝熊。此外，还有沪声通讯社、国华通讯社等。这些通讯社大都接受敌伪的津贴。

汪伪南京政权成立后，日寇打着尊重汪伪主权的幌子，把大上海广播电台归还给汪伪管理，但实际上仍由日本控制着。

三、卑劣的宣传手段

太平洋战争爆发后，敌伪进一步强化战时新闻体制，把新闻宣传纳入战争轨道，加强对新闻宣传的控制。然而敌人深知，反动宣传要为中国读者所接受，谈何容易，为此必须采取种种欺骗手法，以诱骗中国读者。

颠倒黑白，无耻吹捧，是敌伪新闻欺骗宣传的主要手段。日本侵略者所鼓吹的“中日提携、共存共荣、建立东亚共荣圈”等谬论，是典型的侵略有理的理论，敌伪新闻宣传机构无不卖力宣扬,无耻吹捧。日本帝国主义发动的大东亚战争,给中国人民和亚洲各国人民带来了史无前例的灾难,使亚洲和世界和平遭到极为严重的破坏,任何有良知的人们都毫不怀疑地认为,这是亚洲最大的侵略战争,其罪行罄竹难书,应唤起亚洲各国人民起来共讨之。可是敌伪的报刊却大唱赞歌,倍加称颂,把日本帝国主义侵略者,说成是亚洲各国人民的救世主,天天报道日军的所谓胜利。发社论文章,出专刊特刊,组织专题广播等,无耻地把大东亚侵略战争称为“东亚民族解放运动”,亚洲各族人民“开始做起亚洲自己的主人”,“是世界历史上空前的变动”等⑥。

打着反对英美帝国主义幌子,以售其奸。在中国近代史上,帝国主义的侵略给中国人民带来了沉重灾难,反对帝国主义侵略是中国民主革命的根本任务之一。但它不只是反对英美等一部分帝国主义,而是反对一切侵略压迫中华民族的帝国主义,更不是赶走豺狼而引来恶虎。敌伪报刊利用中国人民的反帝感情,打着反对英美帝国主义的幌子,欺骗中国读者,把日本帝国主义描写成帮助中国人民反帝斗争的盟友。特别在日本侵略者发动太平洋战争后,敌伪报刊掀起了反对英美帝国主义的宣传高潮。从政治、经济、军事、文化等方面揭露和抨击英美帝国主义侵略中国,侵略亚洲各国的罪行。如《新中国报》设“老上海”专栏,连载《英美在沪百年来的清算》,系统揭露英美帝国主义从1840年到1941年间在上海的种种罪行。《中华日报》发表社论《排除英美经济势力》、《告租界同胞》、《英美联合阵线总崩溃》等。《中华周报》发表《英商怡和洋行发展史》、《铲除不平等条约》、《英国的无信义与武装干涉——太平天国覆灭的原因》等长篇文章。《太平洋周报》发表以编辑部名义撰写的《英美之罪恶史》长篇资料。《新申报》发表了《扫荡侵略亚洲的英美势力》、《日本对英美宣战》、《歼灭英美战正在完成中》等社论和文章。但它们宣传反对英美帝国主义的真正目的，不是为了把中国人民从帝国主义压迫下解放出来，当家作主，而是赶走英美势力，让日本帝国主义独霸中国和亚洲。它们一方面抨击“英美在无形的事实上，使中国沦亡了”，另一方面又无耻地称颂，“日本在有形的事实上，使中国再生了”[⑦]。他们的所谓反帝宣传陷入了抨击英美侵略、歌颂日本侵略、自相矛盾的泥坑而不可自拔，彻底暴露了敌伪报刊宣传反对英美帝国主义的本质。

敌伪报刊更卑鄙无耻地把孙中山先生的遗教，作为汪伪投敌卖国和日本帝国主义发动侵略的辩护词。《政治月刊》把汪伪搞的新政运动，说成是“包括了民族、民权、民生的三民主义”[⑧]。《中国与东亚》也把日本帝国主义鼓吹的东亚同盟运动，称之为东亚民族的一致要求，也是“国人为谋实现孙中山先生之大亚洲主义”，本“自由独立之立场”，“建设以道义为基础的新秩序”[⑨]。《中华周报》更把自己打扮成孙中山三民主义的忠实信徒。在《国民革命再出发论》一文中称，在讨论国民革命再出发的问题上，“我们必须坚持一个绝对的原则，便是中国革命一贯的理论基础是三民主义”，但在革命路线的执行过程中，先被蒋介石“变成了独裁政权实施假民主的幌子”，也被“中共歪曲的理解”。为使“三民主义在中国得到全面实践，必须从驱除英美侵略主义和共产主义做起”[⑩]。更为卑鄙的是日本报刊，也学着中国人的口气，装模作样地谈继承孙中山遗教问题。1942 年 11 月 12 日，孙中山诞辰 76 周年纪念时，《新申报夜报》发表了《今日为国父诞辰纪念，市府隆重举行纪念会》、《怎样纪念国父诞辰》、《纪念国父诞辰，全国上下自策自励完成中国建国伟业》、《国父诞辰纪念感言》等消息、时评和文章。

以庸俗低级趣味招徕读者，腐蚀人们的灵魂。上海沦陷后，报纸杂志的品位格调日渐低下。太平洋战争爆发后，低级趣味，乃至黄色下流的趋势更为严重。凶杀暴力、盗窃抢劫、敲诈勒索、秘闻黑幕、色情性欲等内容，不仅充斥了小报、晚报和通俗性刊物，而且在敌伪的一些大报及其出版的刊物上，也十分泛滥。如 1942 年 7 月，《中华日报》出版的《中华周报》，在发刊词中规定，本刊"除刊载各项专门编著外，更附刊每周参考资料及重要文献"，要"努力以求其成"。表面上看来它是一份严肃的综合性刊物，创刊初期，也确实发表了不少论文和系统资料，但不久刊物开始向趣味性方面发展，并日趋低下。刊载介绍"烟窟"、"赌场"、"妓院"、"茶馆"等所谓趣味性文章，还发表了《论吃豆腐主义》、《论自杀》、《女子的难关》等低级无聊、庸俗下流的东西。敌伪出版的其他报刊的情况，也大致如此，有的情况更为严重。

上海新闻文化界出现这种情况，自然有其深刻的历史原因。长期以来，上海在帝国主义文化和封建主义文化联合统治下，成为轻浮淫荡的黄色文化的温床。同时它也迎合了一般小市民的情趣。曾有人指出："封建残余社会文化水准的一般地低落，没落的有闲者群的一味享乐，而苦闷的小市民阶层寻求神经的刺激与麻醉。"[11]

但是，更为重要的原因，是日本侵略者造成的。一方面，日本帝国主义发动的侵华战争，给中国造成了严重破坏，特别在沦陷区，生产停滞，物资奇缺，通货膨胀，有如脱缰野马，不可驾驭，百业萧条，民生凋敝。衰败没落的经济，必然给新闻文化事业带来严重影响。上海是日本帝国主义侵略掠夺的重点，上海的社会腐败越演越烈，新闻文化界的堕落衰败也必然日盛一日。另一方面，敌伪有意识地提倡宣扬这些东西，以达到从精神上意志上腐蚀中国民众，使他们沉醉在灯红酒绿、靡靡之音中，丧失爱国热忱和斗争意志，成为日本侵略者统治下的顺民。

新闻文化界的堕落腐败，也有其自身的原因。上海的新闻文化单位，除少数受官方津贴外，大多数是靠自身经营，必须设法赚钱。通过宣传低级趣味乃至黄色下流的东西，迎合众多的小市民的爱好、需要和幻想，以求扩大发行，营业牟利。这是报刊商业性的表现。到了敌伪统治时期，这种商业性便大大恶性膨胀了。

第二节　日寇对申、新两报的劫夺

一、日陆军对《申报》、《新闻报》的占领

1941 年日本帝国主义发动了太平洋战争，偷袭美国海军基地珍珠港，同时它的海军分别在上海、香港登陆。日本军队侵占上海公共租界，上海“孤岛”完全陷落。当日，日本海军接管了美商哥伦比亚出版公司发行的《申报》和美商太平洋出版公司发行的《新闻报》。两报所有房间一律查封，并分别召开

两报全体职工训话，宣布“禁止出入”，两报暂行停止出版。

日海军接管申、新两报后，便同日陆军发生矛盾。因为“孤岛”沦陷后，日陆海军各自划分了占领区。沿黄浦江一带属于海军管辖，申、新两报所在地汉口路地段，按地区分是属于海军管辖地之内。但是，日陆军提出不同意见，要求应以行业性质划分管理范围，因为他们负责管理文化出版及宣传事业，自然申、新两报应由他们接管。敌人陆海军之间矛盾尖锐，互不相让，明争暗斗，甚为激烈。日军事当局认为这样不利于内部团结，出面协调，决定申、新两报暂由陆军“代管”一年。从1941年12月8日至1942年12月8日，申、新两报由日陆军管理，发号施令的是日陆军报道部长秋山邦雄。

日陆海军间的矛盾暂时解决，日方便着手尽快恢复申、新两报，由日本占领的公共租界工部局警务处，命令申、新两报负责人去虹口区陆军报道部，接受秋山邦雄的训话。秋山命令申、新两报仍以美商名义出版，在编辑方针上，暂取中间立场，但不许刊登中国方面的政治新闻，无论是重庆还是南京方面的，更不能报道共产党的消息。全部新闻都应受工部局警务处的检查。12月14日，日陆军报道部派人启封申、新两报，15日两报复刊。在报头下面仍刊载着原发行机关的英文名称，以欺骗读者。

申、新两报复刊后，暂由旧有人员主持编采业务。日寇通过工部局警务处新闻检查手段，加以控制。除严禁刊载中国政治新闻外，对本埠新闻检查也很严格。两报只能刊登经济、文化、体育和社会新闻，所有带有政治性的新闻，一律扣检，好像上海没有发生任何重大事变似的。对国际新闻起初比较宽松，对路透社、美联社、合众社的消息未作过多限制。苏联塔斯社的消息也常见到。但不久，美国合众社、美联社驻上海分社遭到查封，禁载两社任何电讯，塔斯社的消息也不许用了。而日本同盟社、德国海通社、法国哈瓦斯社的消息大量增加，国内许多消息，也大都刊载上述三家通讯社发的电讯。对于国内消息，起初还刊登国民党中央通讯社发的一般性新闻，不久也不见了。对汪伪南京方面的消息及中央电讯社的电讯，日本陆军报道部开始限制特别严，甚至连汪伪控制地区的广告也不准登，严禁汪伪染指两报。1942 年 5 月，汪伪南京政府宣传部长林柏生到上海活动，同秋山邦雄秘密交涉后，才改变态度，对汪伪方面的消息，申、新两报也予以披露，不再禁止了。

申、新两报职工在敌人鼻息之下，不得不采取消极怠工的办法，进行抵制。首先停止社评栏。对任何事件都不表示态度，只报道，不评论。其次大量刊登广告，以充篇幅，新闻只占很少部分。以 1942 年 1 月 1 日的《新闻报》为例，日出对开 2 张半 10 个版。第一版全部广告；第二版国际新闻约占 1/3，其余广告；第三、四版全部广告；第五版国内新闻约占 1/3，其余广告；第六版本埠新闻约占 1/2，其余广告；第七、八版全部广告；第九版“经济新闻”约占 1/2，其余广告；第十版全部广告。第三，所有副刊和专栏全部停刊。以后为满足读者求知要求，《新闻报》增辟副刊性质的“茶话”栏目。《申报》辟了“印度专辑”、“近东特辑”等，介绍一些民族、宗教、文化、地理、历史等方面的知识。申、新两报，因稿源匮乏，内容枯燥，无法吸引读者，特别对法西斯通讯社的造谣新闻，读者更为反感，报纸无人问津，销量直线下降。

日本帝国主义者为了发挥申、新两报的舆论作用,不得不改变控制的方式。1942 年 6 月 5 日,日本陆军报道部重新拟定了对申、新两报的管理办法和编辑方针,秋山邦雄给两报负责人指令说:"对于《申报》及《新闻报》所希望之事项,共分四点:(1) 申、新两报须变更昔日之态度,而支持日本及其国民政府(即指汪伪南京政府——笔者注),在相当之范围内可保持原有之特性;(2) 申、新两报之人事、经营及编辑大纲,须由报道部长管理之,遇必要时,报道部长派遣适当人物担任两报之指导及监督;(3) 申、新两报之美籍法人暂不变更;(4) 对于两报之编辑方针大致如:① 发扬中日提携精神;② 宣传大东亚战争之意义,强调东亚民族之解放,以及确立大东亚共荣圈之重要性;③ 使民众确认国民政府为代表中国全体政权之唯一政府;④ 协力帮助在上海方面日本之各方面工作。"[12]这些都比过去具体得多。

在新的编辑方针下,申、新两报对汪伪南京政府的态度有了很大的变化,不仅可以报道,而且要"确认国民政府为代表中国全体政权之唯一政府",应大力宣传。在横山接替秋山担任陆军报道部长以后,对汪伪南京政府的态度更加积极。横山要求申、新两报尽量宣传汪伪搞的和平运动和清乡运动,要以大角度的转变,宣传中日合作的利益。从此,申、新两报版面上经常出现"汪主席"(即汪精卫)、"周部长"(即周佛海)字样的官衔标题。汪伪统治区的新闻大量增加。1942 年 9 月 15 日,由于申、新两报没有刊登汪精卫到沪活动和清乡运动的消息,横山十分不满,训令罚两报停刊 3 天,作为警戒,并警告两报负责人:强化南京国民政府乃是日本的国策,以后倘若再有同样事件发生，就叫两报永久停刊。不久又通令两报，以后把南京政府的重要新闻，应排在显著地位，日本是辅助南京国民政府的，日本方面的消息可居次要地位。这表明日本侵略者，已把申、新两报完全纳入敌伪报纸阵营。

二、日海军对申、新两报的争夺

日寇海陆军之间争夺申、新两报的矛盾，日益尖锐。在陆军“代管”期间，不准海军插手申、新两报事务，但海军报道部不甘寂寞，报道部长铲田正一对两报的宣传十分不满，经常公开批评两报的宣传。他认为日本对英美作战，其目的在于清除英美在亚洲的势力及其影响，以期早日实现大东亚共荣圈，申、新两报在这方面的宣传很不得力，特别不能随着战局的转变而变化。

1942 年冬天，第二次世界大战到了转折阶段，德国法西斯军队进攻苏联的计划遭到了决定性的失败，轴心国已露出走向灭亡的苗头。日本侵略者也深感大事不妙，日军在各战场上的失败也加深了海陆军之间的矛盾，海军报道部妄图控制申、新两报的愿望更加强烈。1942 年 11 月 25 日，未到陆军“代管”申、新两报一年期满，海军就急于接管，再度进入申、新两报大厦，占领了两报，勒令两报职工限期离开报馆，除个人日用品外，报社内财物一律不准移动，其借口是清查报社内的抗日分子。因此，从 11 月 26 日至 12 月 7 日，申、新两报皆无报。日海军占领两报馆后的主要活动之一，便是查核两报账目及库存财物，其用意是：一方面想找出陆军“代管”期间的问题，以施报复；另一方面，他们在战场上连连失败，已感到末日的来临，于是竭力要在上海捞一把横财，以作为战场上失败的补偿，所以对申、新两报库存的纸张、油墨、燃料、铝合金、纸版等都详细核查，待机掠夺。

日海军占领申、新两报，把全体职工赶出报社，并不是全部由日本人主持报纸宣传，而是清除抗日分子后，再挑选效忠于皇军的人主持，以利于欺骗中国读者。日寇派遣了早已投靠日本的陈彬龢任《申报》社长，主持一切报务，经理先后由马荫良、谢宏担任，编辑有钮翼成、濮九峰，孙恩霖、沈镇湘、朱镜心、汤足勋、童煦庵、陆以铭、郭宗贤等。《申报月刊》和《申报年鉴》主编杨光政，编辑汪若其、汪吉人等。任命吴蕴斋为《新闻报》董事长，李思浩为社长，编辑主任程仲权，副主任吴志英，管理处长陈日平，总务主任郑鸿彦，采访科主任朱慕松，发行科主任汤光等。

改组后的申、新两报完全被日寇所控制，站在日本帝国主义立场上，大肆宣传大东亚战争的所谓胜利，鼓吹中日共存共荣，为建设大东亚共荣圈作出贡献等反动内容，对日本帝国主义所施行的每个侵略政策和措施，也大加赞扬和吹捧。两报除宣传内容更加反动外，在报刊业务上也有了较明显的变化。以《申报》为例：

第一，恢复社评栏。社论（或叫社评）是报纸的旗帜，是代表编辑部的立场、观点和主张的权威性言论。一张报纸赞成什么，反对什么，从它的社论（或社评）中最容易看出。1941年12月，《申报》被劫夺后，就自动停止了社评。只是在日军控制下维持出版。1942年5月，日方曾要求恢复社评栏目，

《申报》编辑部同人深知在当时的条件下，撰写社评极为困难，提出难以恢复社评的种种理由，加以婉言拒绝，特别提出上海的“和平报纸”，如《平报》、《国民新闻》等都是只有新闻、副刊和广告，并无社论。敌人不得要领，也就息议。横山替代秋山任陆军报道部长后，再次要求恢复社评也未能如愿。日海军改组《申报》后，陈彬龢遵照日寇指意，立即恢复了社评栏目，在12月8日，复刊的第一天，便在要闻版头条地位，刊出了《大东亚战争周年纪念》的社评，竭力为日本帝国主义发动的侵略战争歌功颂德。从此几乎每天都发表社评1篇，如《移诚挚热情于言行——读河边总参谋长告在华日军将士志感并略述我国国民之态度》(9日)、《粮食》(10日)、《谈欧洲战局》(11日)、《上海需要一纯粹的人民团体》(12日)、《展开上海文化复兴运动》(13日)、《再谈粮食问题》(14日)、《冬账》(15日)、《重庆政权西北中央化的困难》(16日)、《对于长期战应有认识与准备》(17日)等。

第二，大量译载日本报刊的社论或文章，成为扩展日本报刊反动谬论的重要园地。仅从1942年12月8日复刊至同月31日统计，共译载了日本各类报刊的文章14篇，如《长期战的新局面》(12月17日，译自《读卖知报》)、《粉碎美国的欺骗》(12月18日，译自《大陆新报》)、《决战继续着》(12月21日，译自《朝日新闻》)、《大东亚战争一年日本之战绩》(12月21日，译自《大阪朝日新闻》)、《华北前线巡礼》(12月22日，译自《现代杂志》)、《北非战的重要性与轴心国的自信》(12月23日，译自《大阪每日新闻》)、《变敌侵略路线为轴心国进攻路线》(12月26日，译自《大阪每日新闻》)、《大东亚经济恳谈会纪实》(12 月 28 日,译自《同盟旬报》)、《船舶战》(12 月 28 日,译自《朝日周刊》)、《最近欧洲新阵容》(12 月 30 日,译自《东京每日新闻》)、《重庆的西北工作与将来》(12 月 31 日,译自《大陆新报》)等。《申报》对这些反动文章十分重视,不仅放在重要地位,标题醒目,而且不惜篇幅,全文译载,有的连载几天。

第三,恢复并改组副刊。副刊是报纸的重要组成部分,有广泛的读者,《申报》副刊"自由谈"等在读者中的影响更大。《申报》被日寇劫夺后,副刊专栏均自动停刊。陈彬龢主持《申报》后,也立即恢复副刊,12 月 9 日,《申报》刊出启事称:"本报原有副刊'自由谈'、'春秋'、'游艺界'三种,自明日起合并,改出综合性质之'由由谈'副刊一种,每日发刊。"实际从 11 日正式复刊。为欺骗中国读者,启事伪称改组后的"自由谈",欢迎"站在中国人民立场上,对社会及文化上有积极意义",有"建设性"的稿件,如短评、杂感、文学批评、剧评、影评、小说等类。复刊后的"自由谈"在知识性、趣味性的幌子下,也被纳入了宣扬大东亚战争胜利,鼓吹中日共存共荣的阵地。如"自由谈"复刊后不久,就连载了日本大本营陆军报道部随军记者佐野康所写的《高黎贡山脉神兵访问记》,英国驻新加坡海军司令回忆海战失败过程的手记等。介绍日本社会、文化、科学等,宣扬日本民族的优越,介绍中日交往,鼓吹中日共存共荣的东西更多。

三、申、新两报的反动宣传

太平洋战争爆发后,日本帝国主义倾其国力,妄图打赢大东亚战争,服从于和服务于这场战争,是日本的国策。在日本帝国主义控制下的申、新两报,自然把大东亚战争的宣传鼓动放在头等重要的地位。

颂扬日寇武力,吹捧大东亚战争的战绩,是申、新两报反动宣传的最主要内容。日本帝国主义摧毁美国檀香山海军基地后,把侵略矛头指向东南亚各国,申、新两报对日军侵略战争中的每个行动,都不遗余力地加以报道。1942年初,日军侵占马来西亚的过程中,《新闻报》从战争开始到结束,每日都是把日军进攻的消息放在要闻版头条地位,不仅大字标题,十分醒目,而且倾向性极为明显,如《马来亚日军施行总进攻》、《马来亚战事甚为激烈,日军用重型坦克进攻》、《马来亚日军先锋队已突入吉隆坡》、《麻六甲日军继续向前推进》、《马来亚西线日军对英军加紧压力》等,每个标题都突出了日军的主导地位。不仅如此,《新闻报》还根据日方要求,宣传长期作战的思想准备,在报道新加坡战争结束的消息中说,东京"各报向国人发出警告,勿以为新加坡之陷落为英美之完全崩溃,仅可视为第一期战争之结束,将来尚有大军之主力战,战势将持久"[13]。

在陈彬龢主持下的《申报》,在宣扬日本侵略者的穷兵黩武、杀人如麻的"战绩"方面,比《新闻报》走得更远。不仅完全秉承日寇旨意,大肆报道日本军队的一切军事侵略活动,而且配以言论,为其歌功颂德,其恶劣作用远远超过《新闻报》。1942年12月8日,在陈彬龢主持复版的《申报》第一天,除在社评中,无耻吹捧"一年来,大东亚战争进展的神速,战果的扩大,实是世界史上所少见","亚洲民族起而自决的日子已经来临"等反动言论外,陈彬龢还发表了《一年来大东亚战争》的长篇文章，用大半个版的篇幅，连载3天，在十分详细地介绍了一年来日本侵略军扩大战争过程后，说“一年来，这是东亚历史上空前变化的一年”，“是世界历史上空前变化的一年”，“亚洲各国与各民族开始看到了在自己祖宗所梦想不到的太平洋上的新局面”。《申报》还大量刊载宣扬日军胜利的文章，日方军政要人的广播讲演，各军部发布的战争公告等。

《申报》为日本侵略军打气鼓劲，可谓动足了脑筋。从1943年5月21日起，以《旧报新钞》为题，把30年前《申报》刊登的日俄战争的消息，连续重登10余天，在引言中无耻地写道“我们应认清今后保卫太平洋，将全是亚洲人的责任，再不容许英美插足侵略势力”，并大肆颂扬日本海军的威力，“友邦日本建立海军，历数十年辛勤经营，不断前进，在30年前的日俄战争中，以寡克众，初露头角，此次大东亚战争中，更发挥了所向无敌的威力”。陈彬龢还亲自到敌伪无线广播电台作广播演说。1942年12月23日，在他接任《申报》社长职务半个月后，就到伪上海中华民族反英美协会主办的“反英美广播讲座”上发表了题为《一年来英美失败之原因》的讲演。1943年2月23日，他又在敌伪大上海广播电台作了题为《广播与战争》的广播讲话。1944年6月，日本侵略者已末日临近，他还在敌伪黄浦广播电台作《台菲海战大捷》的广播演讲，声嘶力竭地喊叫“大东亚战争已到决战阶段，台菲战役的胜利，将敌美太平洋舰队主力歼灭，奠定了最后胜利的基础”，并狂呼“生死存亡，在此一举”。陈彬龢作为日寇的忠实奴才的嘴脸，跃然纸上，为此获得了主子的欢心，被捧上上海记者公会理事长、中国新闻协会副会长、上海分会会长、汪伪出席东京东亚新闻记者大会代表团首席副团长等宝座。

日本帝国主义发动的侵略战争，时间拖得越久，战线拉得越长，所受到的压力就越大。最大困难之一，就是物资奇缺，供应困难。日本是一个资源贫乏的国家，几年战争使国内物资消耗殆尽。“以战养战”方针，虽能维持一时，但被占领国家的生产严重破坏，加之人民的反抗，日寇已陷入不可自拔的战争深渊，妄图用开展节约运动来维持残局。申、新两报为此竭尽全力进行宣传，先后发表了《厉行粮食节约》、《论厉行消费节约》和《再论厉行消费节约》等社评和文章。大规模地开展节约用粮的宣传活动，从1943年1月1日至4月27日，短短3个月中，《申报》就发表了有关粮食和物价问题的社评和文章几十篇，如《粮食》、《再谈粮食问题》、《请求政府下决心取缔囤积》、《物价与粮食增产》等。还特辟“粮食问题论坛”专栏，专门开展节约用粮的讨论。稍后又开展了节约使用纸张的讨论。《新闻报》不仅大量报道节约运动的情况，还无耻欺骗群众，说“本埠用煤来源无虑匮乏，日方将继续供应”等。

申、新两报还积极宣传中日亲善，共存共荣，诱骗中国民众为大东亚战争作牺牲。《申报》反复强调，“如果我们和日本协力达到适合的程度，就可以提前完成战争的使命”。中国民众“要准备着更大的牺牲、无限的牺牲与日本协力，共同争取两国的胜利”，“也就是大东亚战争的胜利”[14]。胡说中国人民应当“同盟邦人民之间一定要互相信赖，互相亲爱”，“中日两国朝野真正携手合作，共同担负起时代的使命”[15]，妄图把中国人民永远牢牢捆在日本帝国主义发动的侵略战车上，并为此作长期牺牲。这种卖国求荣的嘴脸，已彻底暴露无遗。

第三节　日伪法西斯新闻统制

一、制定新闻法规

日本帝国主义及汪伪卖国集团，同世界上一切反动派一样，深知新闻舆论传播的重要作用，在加强建立自己的反动新闻宣传机构的同时，对一切爱国进步的新闻舆论，进行疯狂的摧残和镇压，其办法多种多样，手段也是极其残酷毒辣。如果说在汪伪南京政府成立之前，敌伪在上海对付抗日报刊的主要办法是暴力，而汪伪南京政府成立后，仅使用暴力手段，则明显地与"国府"的地位不相称，必须为自己的行为披上法制的外衣，才有更大的欺骗性。法制与暴力并重，成为敌伪摧残爱国抗战报刊的一个重要变化，反映出敌人的狡猾与卑鄙。

汪伪南京政府成立后不久，汪伪集团在日本侵略者指使下，陆续制定了《出版法》、《出版法施行细则》、《取缔不良民众读物暂行办法》等法规条令。《出版法》于 1941 年 1 月 24 日正式颁布，共 7 章 55 条。为欺骗民众，标榜自己是国民党的正宗继承者，在公布《出版法》时，特别标明"民国十九年十二月十六日国府公布，民国三十年一月二十四日修正公布"的字样。在禁载事项中，也规定"意图破坏三民主义或违反国策者"，"意图颠覆国民政府或损害中华民国利益者"等。其实，汪伪《出版法》除极少数条款沿用原国民党《出版法》的字句外，基本上是抄袭由日本人亲手制定的伪华北临时政府《出版法》,有的条目几乎原文照抄。

《出版法》除规定种种禁载内容外,还实行申请登记制,这是扼杀抗战报刊的重要手段。《出版法》规定"为新闻纸或杂志之发行者,应由发行人于发行前填具登记申请书",向所在地之地方主管官署申请登记。再"转请宣传部核定,发给登记证"后方可出版。《出版法》还规定了不能充任发行人或编辑人的种种苛细条件。不符合规定者,都不能出版发行。违者受到严厉处罚。

汪伪《出版法》出笼后,伪上海市政府通令"孤岛"内外报刊,不论以前是否已向租界当局登记,一律重新申请登记。敌伪的倒行逆施,遭到新闻界的强烈反对,除汉奸附逆报刊外,大多数报刊不予理睬。1941年7月1日,伪上海市沪西特别警察总署特高科在一份报告中,称"谕办理报纸登记,遵经分别通知各报馆在案,兹查报馆共57家,已来署登记者计有20家,尚有未登记者计37家"[16]。期刊拒绝登记者更多。对于未履行登记报刊,敌伪不会轻易放过,伪上海市沪西特别警察总署通令所属各单位,对"未登记各报馆",除"通知迅予登记外","暂行禁止于管区内销售",特别对《正言报》、《神州日报》、《中美日报》、《大晚报》和《密勒氏评论报》等报纸,"绝对不准在本管辖境内行销。着派警员早晚在与租界毗邻出入口处,严予查禁,如有闯入,即行没收"[17]。以后对《申报》、《新闻报》也采取同样措施。1942年9月,敌伪以未登记为借口,查禁了《和平杂志》、《大东亚宣传报》、《大东亚月刊》、《国民月刊》等。

1942年7月10日,日本上海宪兵队也发出通告:租界内市民“凡出版图书刊物者”,“限本月26日前”,送交各联保事务所登记审查,严禁内容包括:(1)一切有关中日亲善、中日提携之有阻害之图书,杂志、教科书、传单、报纸、漫画、壁报等宣传品;(2)如赞赏及崇拜无政府或要人之图书刊物等;(3)如诽谤南京政府及要人之图书杂志报纸等;(4)国耻纪念日标语或有解说之图书报刊等;(5)其他一切认为有抗日及反国民政府之图书报刊等。“若不主动送交者”,“本宪兵队将随时施行检索”,并对责任人“依法严厉处罚之”[18]。

敌伪同一切反动派一样,从来是制法不执法,他们对报刊的处罚,从来不是依据法律规定,不按法律程序办事,而是以个人的好恶代替法律。如1943年10月3日,非法查封《上海日报》便是一例。汪伪南京政府宣传部致函伪上海市政府,谓“上海日报,意识荒谬,记载不实”,“藐视国法怙恶不悛”,“咨上海市政府转饬警察局勒令停刊,以申儆戒”[19],警察局立即查封了《上海日报》,并无说明任何法律依据和厉行法律程序。1944年9月,查封《国民公论》更为典型,仅凭周佛海的一纸手令,周说“查《国民公论》捏造事实,诬蔑政府,在作战期间决不容许此类淆乱听闻、煽动人心之刊物存在”[20],便查封了该刊。类似的情况,时有发生。《取缔不良民众读物暂行办法》及“实施细则”中还规定各地主管部门,应定期或不定期地“会同警务机关派员分赴各书店、局、铺、印刷所、摊贩实施检查”,或“密查”,这更给汪伪各级管理人员随心所欲地摧残报刊,大开方便之门。

日伪对广播电台的控制更加严格,不仅规定所有广播电台必须“重行登记,加以认可,方准营业”,而且更为桎梏的是控制收音机装置和使用，先后颁布了《装设无线电收音机登记暂行条例》、《无线电收音机取缔暂行条例实行细则》、《违禁收音机使用持有特许标准》等，对装置和使用收音机者应“向各地主管官署登记，领取登记证后，方准使用”，“如变更收音机之装置地点或收音线路时”，均要重新办理“变更登记”。

限制和取缔广播收音机方面的通令、布告等类更多，私立广播电台几乎全被禁止。对收音机的限制和取缔，实际上已大大超出上述“条例”、“办法”的范围。如 1942 年 12 月 8 日，驻华日军发布《取缔无线电收音机布告》规定，以“七灯以上真空管之高级收报、收音机”，“可收 550 千赫至 1 500 千赫范围以外之频率者”，“内部装置可任意改为发报用或发话用者”，“一律禁止制造、使用、持有或转让”[21]。根据日驻军的指令，租界公务局又于 12 月 24 日发布了《关于取缔违禁收音机布告》，“凡七灯或七灯以上之收音机装有中波或短波及中短的”，都必须向无线电收音机管理处登记，听候处理。对于违犯规定者，轻者处以“没收其全部装置”，“并量情节处以 10 元以上，100 元以下之罚金”；重者“除没收其机件外，并以军法严惩不贷”[22]。

二、实施新闻检查制度

实施新闻检查，是敌伪控制和摧残爱国抗战报刊的一贯残酷手段。早在 1937 年 11 月，国民党军队西撤后，日本侵略者便抢占了原国民党设在公共租界内的新闻检查所，对租界内中国人出版的报刊，强令实行新闻检查，各抗日报刊大都内迁或停刊以示抗议。1938 年 3 月,日寇为加强对无线广播电台的控制,又成立了无线电广播管理处,设在哈同大楼内,由浅野少佐主持,严厉摧残抗日广播电台。"八·一三"抗战前,上海有民营广播电台 27 座,外国人经营的 4 座,国民党政府创办的 2 座。国军西撤后,日本侵略者查封没收了国民党政府的 2 座广播电台,改设为大上海广播电台,同时,无线电广播管理处通令:"凡前属中国政府所管辖之电台,统归其指挥与监督",其他私营广播电台须"将原国民党政府所发经营执照,于 1939 年 4 月 15 日前送至该处"履行登记,换发新照,"否则将有不利之结果"[23]。

日寇还通令各广播电台"播音游艺员"限时登记,领取登记证后方可担任播音工作。根据登记证的规定,播音游艺员必须遵守:(1) 服从无线电广播管理处的规章制度;(2) 不得进行抗日活动,或广播具有反日性质的节目;(3) 不为未登记的电台广播节目。对日本侵略者的无理要求,各私营广播电台联合向公共租界工部局请愿,要求保护。但租界当局并未采取有效措施。爱国抗战新闻文化工作者,在"孤岛"特殊环境中,采用特殊的斗争手段,即利用洋商招牌,进行"合法"的爱国抗日宣传,沉重打击了敌人的阴谋。

敌伪为了摧残和扼杀租界内的抗日宣传而采取新的控制和迫害手段。一方面使用暴力,破坏"孤岛"内抗日报刊和广播,禁止报刊在租界以外地区发售,组装建造干扰台,破坏抗日广播电台的正常播音;另一方面,强化占领区的新闻检查,封锁与禁止抗战消息与读者见面。1940 年 10 月,伪南京政府宣传部,在日本侵略者指使下,制订了《全国重要都市新闻检查暂行办法》，所规定的禁载内容，十分广泛和苛细，远远超过伪《出版法》规定的范围："(1) 关于违反和平反共建国国策，破坏三民主义或其他有反动形迹者；(2) 关于挑拨离间，企图颠覆政府，危害民国者；(3) 关于造谣惑众，企图扰乱地方治安，破坏金融者；(4) 关于损害中华民国利益者；(5) 关于破坏邦交者；(6) 关于泄漏政治军事外交应守秘密者；(7) 关于妨害善良风俗者；(8) 关于破坏公共安宁秩序者；(9) 关于诉讼事件依法尚未公开及不许刊登者；(10) 其他经宣传部通令禁止发表者。"㉔上述各条都没有明确的标准和确定的内涵，由执行者的好恶任意解释。特别第(10)条伪宣传部的"通令禁止者"更是无从限制，可以随心所欲。如 1940 年 11 月 4 日至 12 月 17 日，汪伪宣传部就发布了许多禁载通令：11 月 4 日，政府人事更动新闻不得擅自刊载；11 月 11 日，各国承认伪满洲国消息不得擅自刊载；11 月 25 日，中日签约日期禁止刊载；12 月 3 日，中日条约签订经过、交涉内容不得擅自发表；12 月 17 日，"中央"银行消息禁止发表，等等。对违反者，轻者处以警告，有期停刊或无期停刊；重者"应照危害民国论罪"，即可以处以极刑。

"暂行办法"颁布之后，日本帝国主义者为了安抚和笼络汪伪卖国集团及欺骗沦陷区人民，打着"尊重"中国主权的幌子，把上海新闻检查所管理权归还给汪伪国民政府，汪伪派宣传部指导司司长郭秀峰赴上海办理移交事宜。1940 年 12 月 16 日办移交，任邝鸿藩为主任。通令各中西报纸送审检查，但遭到大多数报纸的拒绝，服从者仅 26 家，其中大报 6 家，小报 20 家。

为强化新闻检查，汪伪于1941年3月在上海设立了上海市沪西特别警察总署，负有管理报刊的任务，3月30日向各报发出通告，称："凡本署境内发售之新闻杂志及其他一切出版物等，本署应予检查核准后，始得发售"，各报刊应于发行前，"每种检送两份"交本署"特高科检查股查阅"后，方可发售[25]。但遭到租界内各爱国报刊的拒绝。1941年5月，汪伪沪西特别警察总署在一份报中哀叹说：日本接收新闻检查所后，"开始检阅上海发行之新闻杂志，惟外商之新闻社藉治外法权为护符，拒绝检阅，且满载抗日言论及煽动中国民众抗战意识"，"国民政府在南京成立后"，"不论英文版、华文版，均以抗日反和平为目标"，"尤以华文新闻纸影响华人民众之处甚大"[26]。

"孤岛"沦陷后，除少数报刊被日寇接收外，大都停刊。在这狭小的空间内，除日伪报刊乘机活跃外，一批小报陆续出版。尽管这些小报内容荒谬、格调低下，但敌伪并未放松控制，仍然实施苛细的新闻检查。

日本侵略者在战场上失败越惨重，对沦陷区新闻文化的控制和摧残就越疯狂。1943年，日寇为挽救大东亚战争的败机，指使汪伪南京政府实行战时体制。6月汪伪最高国防会议制定了《战时文化宣传政策基本纲要》，规定战时新闻文化宣传的基本任务是："动员文化宣传之总力，担负大东亚战争中文化战思想战之任务"，为此要求"集中文化人才，团结文化力量，调整文化事业，确立文化宣传总力体制"。在宣传政策上，采取"统一主义，以谋文化宣传体制之完备"[27]。特别强调："实施各国在华出版物登记与检查，严厉取缔敌性新闻电讯"，"严厉取缔敌性广播"。为此调整充实检查机构，伪上海市政府又成立了宣传处，梁秀予任主任，进一步强化对各种新闻文化宣传品的审查。其具体任务有如下六个方面。(1) 对本市各大小报刊，除消极禁止刊载违反所谓“国策”之消息外，对特别有价值之事件，以书面予以积极指导，要各报刊登统发稿。(2) 强化上海新闻检查工作，检扣各种违反规定报刊之发行(从6月至11月共检扣新闻稿319件，其中责令免登新闻118件，删改者177件，缓登者24件)。(3) 统一发布本市新闻，统一宣传口径。定期举行新闻记者例会，发布本市各类重要新闻，事前由各报馆提出有关市政问题，由宣传处与有关机关联系，派代表出席新闻记者例会，报告或解答记者提出的问题。另外各机关所有对外发布的新闻，也应先送宣传处，经审核后统一对外发布。(4) 凡遇临时重要事件，或特别场合，到场采访记者，均由宣传处统一管理，或由该处派员负责指导。(5) 负责与日本方面各宣传机关协调工作，以便做“宣传统一”。(6) 负责新闻文化方面对外联络，诸如接待外国新闻文化代表团或个人的访问活动，或组织敌伪新闻人员外出访问等。这样，宣传处控制着新闻来源，检查所控制着新闻传播，两者互相配合，强化了战时新闻文化宣传体制，加强了对新闻舆论的控制。

三、控制御用新闻团体

“八·一三”事变后，上海沦陷，上海的爱国抗日新闻机构大都停办或内迁，因此具有较大影响的上海日报公会、记者公会等新闻界团体，也因人员星散而停止活动。“孤岛”期间，爱国报人十分活跃,但新闻界团体也未能恢复活动。太平洋战争爆发后,汪伪南京政府宣布参战,实施战时体制,在舆论战线,除加强新闻文化机构的建设以外,还在上海积极组织新闻界御用团体,妄图全面彻底地控制上海新闻文化战线的活动。

上海沦陷后,出现最早的伪新闻团体是上海记者公会。该会成立于1941年10月12日,理事有陆光杰、蒋晓光、鲁风、杨回浪、季钟和、陈可、孙铭、汤灏、潘公达等19人,监事有黎绍智、朱庭栋、张梦熊、江洪、孙长洪等9人。常务理事为蒋晓光、陆光杰、孙铭、季钟和、鲁风等。随着敌伪新闻统制政策不断强化,对上海记者公会的控制不断加强,其人员也就不断更换。1943年10月,上海新闻记者公会第三届会员大会时,理事增加为21人,监事为9人,常务理事有陈东白、杨回浪、陆光杰、孙铭、钱翔乙、王平、朱永康等7人。常务监事有诸保衡、梁式、张梦熊等3人。理事长陈彬龢。这些人大都是敌伪新闻机构的主要负责人。

太平洋战争爆发后,敌伪控制的各类御用新闻团体相继成立。1942年4月,上海报业改进协会成立。它是一个由敌伪各报社负责人组成的半官方团体。其任务是:强化新闻报道阵营,改进报业管理,以谋敌伪新闻事业之发展。由汪伪南京政府宣传部驻沪办事处主任冯节任协会主任,委员有《中华日报》代社长许力求、《平报》社长金雄白、《国民新闻》总编辑黄敬斋、《新中国报》总编辑鲁风、中央电讯社上海分社主任黎绍智、《新申报》编辑局长腾田秀雄等。它是敌伪在上海新闻团体中的核心组织,决策着敌伪在上海的新闻宣传和新闻界的重大活动,被敌人劫夺的《申报》、《新闻报》负责人都无资格参加。1943年1月，上海新闻联合会成立，它是以报馆为会员单位的群众性团体，理事会成员有：《大陆新报》常务理事尾坂与市，理事乐合实；《中华日报》常务理事许力求，理事颜加保；《申报》常务理事陈彬龢，理事马荫良；《平报》常务理事金雄白，理事陆光杰；《国民新闻》常务理事朱永康，理事薛志英；《新中国报》常务理事袁殊，理事鲁风；《新申报》常务理事赤松直昌，理事日高清磨瑳；《新闻报》常务理事吴蕴斋，理事程仲权等。日伪企图以上海新闻联合会代替以往上海日报公会的作用。1943年6月，上海杂志联合会成立，它是以期刊社为会员单位的群众性团体。理事单位代表有：《政治月刊》鲁风，《文友》村上刚，《中华月报》许力求，《古今》周黎庵，《申报月刊》管纯一，《中国与东亚》叶德铭，《国际两周报》杨光政，《杂志》吴江枫，《万象月刊》平襟亚，《人间》吴为生，《小说月刊》顾冷观，《女声》胡芳君，《太平洋周报》江洪、《紫罗兰月刊》林振凌，《大众月刊》钱公侠等。同时成立的还有小型报联合会等。

反动派越临近灭亡，越要作垂死挣扎，日伪也不例外。1944年，日本帝国主义发动的东亚侵略战争，败局已定，但日寇不甘心失败，更加疯狂地加强对新闻舆论的控制。9月，指使汪伪南京政府策划成立所谓中国新闻协会，成员包括敌占区的“中国籍会员报社”和“日本籍在华会员报社”，成为沦陷区内日伪组织的最大的御用新闻团体，于9月25日在上海召开成立大会。会长李思浩、副会长郭秀峰、管翼贤、陈彬龢。各沦陷地区主要敌伪报社指定理监事代表。上海地区的理事有：《中华日报》许力求，《申报》谢宏，《国民新闻》黄敬斋，《新申报》森山乔（日籍）；监事有《新闻报》程仲权，《新中国报》鲁风。1945年1月，中国新闻协会上海地区分会成立，理事长陈彬龢，常务理事有尾坂与市、诸保衡、许力求、金雄白、黄敬斋、陈日平、袁殊、森山乔等。

上述各类新闻团体，在日伪控制下，积极效忠大东亚战争，为日本帝国主义的侵略政策服务。上海新闻联合会在"宣言"中，称"自大东亚战争发生以来"，"中日两大民族"，"站在同一战线，以同生死之精神，为击灭敌人而奋斗"，"文化为时代先驱，新闻亦为战线之一翼"，"同人凛于时代使命之艰巨，自身职责重大，本精诚团结、勇猛精进之宗旨，成立本会"，愿"为宣扬国策，唤起民众"，"效忠东亚，完成大东亚战争之胜利"竭尽全力[28]。上海杂志联合会也表示，"誓在当局领导下，拥护国策，发展出版文化事业"，"发扬民族精神"，为大东亚战争"尽其绵薄"。最为典型的是中国新闻协会。日伪为该会规定了三项具体任务：(1) 消弭政府与舆论机关之对立现象，使新闻文化界更好地为大东亚战争服务；(2) 肃清个人资本主义、自由主义的色彩，谋新闻界之合作与共同发展；(3) 以东亚新闻事业之先进国盟邦为榜样，谋中日两国新闻界之紧密合作，向大东亚共荣圈之目标迈进。该会"宣言"又进一步强调"大东亚战争为解放东亚民族之战"，"不特为中华民族一世纪以来之宿愿，抑亦大东亚各国民族国家共有之要求，国策所在，新闻界唯有绝对遵守，努力宣扬，唤起民众，为之后盾"[29]。中国新闻协会上海地区分会也表示"大东亚战争对于东亚各国生死存亡有极重要之关系，胜利共存，败则皆亡"，为此，全力"贡献于大东亚战争，为本会工作的总方针"[30]。

各个新闻团体，除要求所属各单位积极宣传大东亚战争外,还积极开展各种活动,以表示对主子的忠心。1942 年 2 月,日本侵略军占领新加坡、马来西亚后,上海市新闻记者公会分别致电汪精卫、东条英机和日本政府内阁,表示热烈祝贺,称颂日军英勇善战,“屡建殊勋,历下名城,威扬海外,英美崩溃,桎梏消除,东亚解放,即告完成”,“本会全体会员,誓遵同甘共苦之旨,厉行新国民运动,以促和平运动之发展”[31],上海新闻联合会,为宣扬大东亚圣战之精神,先后举办了汪伪“南京政府参战一周年讲演会”,“庆祝大东亚圣战两周年讲演会”,许力求、陈彬龢、尾坂与市,日军海陆军报道部负责人、日驻沪领事人员等参加讲演,为大东亚战争歌功颂德,打气鼓劲。各个新闻团体还举办图片展览、联欢会、游艺会等,宣传大东亚战争的所谓功绩和胜利,成为敌伪得心应手的舆论工具。

第四节 日伪新闻宣传的勾结

一、日寇对汪伪宣传机构的控制

日本帝国主义者随着侵略战争的扩大,对舆论宣传更加重视。日本为使被占领国家和地区的新闻文化活动服务于大东亚战争,特设立了大东亚宣传文化政策委员会,具体指导这些地区的“新闻、杂志、广播、摄影、电影、文学等的宣传工作”,使之纳入“大东亚共荣圈宣传文化政策纲要”之中。从日寇对汪伪新闻文化的控制,就十分清楚地看到这种需要和手段。汪伪南京卖国政权自称为“国民政府”,其实质是日本帝国主义一手扶植的傀儡政权,它的政治、经济、军事等都控制在日本侵略者手中，直接为大东亚战争服务。汪伪新闻文化事业的命运同样如此。

日本侵略者派人参加汪伪新闻文化决策机关，是控制新闻舆论宣传的重要手段。1940 年 4 月，汪伪南京政府制定了《中央电讯社组织章程》，规定中央电讯社理事会为该社“最高权力机关，承国民政府行政院宣传部之命，监督指导本社一切事宜”。伪宣传部指定周化仁、汤良礼、袁殊、夏奇峰、叶学松、金雄白、黄敬斋、林柏生、郭秀峰、秦墨哂、赵慕儒、许锡庆等为理事。林柏生任理事长。为能沟通和贯彻日方意图，理事会中又特设“交换理事”，由日本松方义三郎担任。第二次理事会上，又决定增聘同盟社的古野为名誉理事。中央电讯社的宣传方针和重大活动，都必须征得日本理事的同意，方可实施。1940 年日伪共同策划的中日文化协会，由双方要人组成，为汪伪新闻、出版、电影、文学等舆论宣传的决策机构，于 7 月 28 日在南京成立。名誉理事长汪兆铭、阿部信行；名誉理事陈公博、王揖唐、周佛海、梁鸿志、津田静枝、儿玉谦次等；理事长褚民谊；常务理事陈群、林柏生、赵正平、船津尾一郎等。公开标榜该会任务是“沟通中日两国文化”，其实质上是日本帝国主义通过这个机构把日方的宣传意图与要求传达到汪伪的宣传活动中去。

距离日本帝国主义策划的太平洋战争爆发的日子越近，日方对汪伪舆论阵地的控制越迫切。1941 年 2 月，日寇打着执行《中日基本条约》的幌子，玩弄归还无线广播事业权的把戏，日伪双方签订了“共同声明”。声明说日本将广播电台管理权归还中国后，应成立中国广播事业建设协会。该协会为汪伪统治地区广播事业的最高管理机关，其任务是“以中日两国基本条约的原则为根据，而为文化沟通、宣传一致之具体化”。就是说，要把汪伪广播电台的宣传活动完全纳入为日本帝国主义发动的侵略战争服务。为保证这一任务的贯彻执行，日本侵略者认为必须在组织上予以落实。为此“共同声明”规定“中国广播事业建设协会的理监事人选，经中日双方协商确定后，由宣传部报经行政院核准聘请”。理事为林柏生（中）、中田末广（日）、韦乃伦（中）、浅野一男（日）、郭保焕（中）、松方义三郎（日）、王荫康（中）、宕本清（日）。名誉理事汤良礼（中）、中卿李之助（日）。常务理事为林柏生、中田末广、韦乃伦、浅野一男、郭保焕。监事为汤震龙（中）、清水顺治（日）。双方的人员几乎各占一半。如果同中央电讯社理事会、中日文化协会相比较，日方人员所占比例大大增加。汪伪的广播事业不仅在组织上受控于日本侵略者，而且在经济上也完全依赖日本。当时林柏生在回答记者提问时，自供不讳。他说：“中国广播事业建设协会除政府拨付经费外，并接受友邦放送协会之援助，依此关系，特请友邦广播事业人士专为理事，参加工作，协助进行”，“在促进国家建设，复兴东亚之前提下，使中日两国广播宣传方针之一致”[32]。

上海历来是中国，乃至亚洲的新闻中心，日本十分重视控制上海的新闻宣传活动。除创办大批新闻机构外，加强对汪伪在上海的反动新闻宣传的控制，更势在必然。1941 年 1 月 29 日，中日文化协会上海分会成立，其成员除敌伪双方政界要人外，几乎网罗了敌伪在上海新闻文化界的主要头面人物。理事长陈公博；顾问诸民谊、林柏生、李圣五、田尻爱义、水津佐比重、近藤泰一郎、矢野征记、高岛菊次郎、船津辰一郎。名誉理事张延金、胡敦复、乐文照、刘海粟、陈彬龢、冯节、许力求、凌宪文、矢田七太郎、渡边信雄、佐藤秀三、伊藤、一杏象、川喜多长政、上林市太郎等。常务理事赵叔雍、周化仁、赵正平、梁秀予、周黎庵、金雄白、罔崎嘉平太、本野亨三、上野太中、尾坂与市、中田丰千代等。在理监事中新闻界人物有黎昭智、柳雨生、陶亢德、杨光政、钱公侠、鲁风、朱永康、杨回浪、陈日平、吴蕴斋、日高清磨瑳、秋田正南、野扑市次郎、凡北正雄等。所有各类成员中,日方均占一半。1942 年 4 月上海成立的沪区报业改进会,1943 年 1 月成立的上海新闻联合会,1944 年 9 月在上海成立的中国新闻协会,次年 1 月成立的中国新闻协会上海分会等组织或团体,都有日本方面的人士参加,他们担负着指导与监督汪伪新闻宣传活动的使命。如上海新闻联合会的任务为:使各报社对于编辑方针,采取一致的步骤;报纸发行、广告及其他业务之计划;协力搜集新闻参考资料,交换应用;与中日双方当局取得密切联系;其他事宜。这样使各报的宣传完全纳入日寇的要求与计划之中。

二、策划召开东亚新闻记者大会

建立东亚共荣圈,实现统治亚洲的野心,是日本帝国主义发动侵略战争的重要战略目标。为此目的,日本侵略者指使各被占领国家和地区的傀儡政权宣布参战,强制民众充当炮灰,搜刮物资供应前线。在思想文化战线上,极力加快建立东亚统一的宣传体制,确立统一的宣传方针,实现“宣传一致”的阴谋。他们之间需要沟通情况,协调步骤,以达更有效地服务于东亚战争,为此策划召开了三次东亚新闻记者大会。

第一次东亚新闻记者大会,是由汪伪南京傀儡政府发起召开的,邀请了日本、伪满、汪伪统治区的新闻界代表80余人出席,于1941年8月4日在广州举行。上海的《中华日报》、《平报》、《国民新闻》、《新中国报》都派一至两人出席。《新申报》编辑局长日高清磨瑳、《上海每日新闻》编辑局长牟田邦彦也为大会代表。日本国内代表共20余人,团长神子岛次郎,副团长横田芳郎。神子岛次郎表示:"我人等代表日本言论界出席大会",目的是"为图巩固以中日满三国为核心之东亚共荣圈之确立","愿与中国言论界诸君促进交换意见,互相研究文化沟通之道,以期达成所期之目的"[33]。

日伪反动当局对此大会十分重视,伪广东省省长陈跃祖担任大会委员长,汪伪南京政府宣传部副部长郭秀峰任秘书长。汪伪卖国集团头子汪精卫出席并致词,他说:"为完成以道义为基础的共存共荣的新秩序"思想的传播,"普及于全东亚的民众","扩大大东亚主义运动",是召开东亚新闻记者大会的主要目的。汪精卫为日本侵略者的忠实奴才的嘴脸跃然纸上。日方代表神子岛次郎,伪满代表大西秀治,汪伪代表秦墨哂等相继发言。

出席大会的汪伪代表,"为谋东亚各国新闻记者之亲善与新闻事业之发展,并协力于东亚秩序之建设",以全体代表名义向大会提交成立东亚新闻记者协会的议案,获得通过。由日本、汪伪、伪满三方面各推选5人组成筹备委员会,负责向各"关系机关及团体彻底说明设立本会之旨趣,并努力促其实现”。大会通过了《东亚新闻记者大会宣言》,进一步提出:“以反侵略反共产为奋斗对象,以建设东亚新秩序为努力方针,以民族共存、东亚共荣为奋斗之目标”,要求各国新闻界“本东亚文化之立场,对东亚谋彼此文化之融合”,“为阐扬东亚新秩序,建设新思想,而与彼拥护旧秩序者战”[34]。充分暴露了日伪策划新闻记者大会的反动目的。

第二次东亚新闻记者大会定于1942年8月在伪满新京召开。汪伪对此十分重视,行政院于5月6日专门举行会议进行讨论,通过了出席会议的“纲要”和“办法”,责成秘书处召集外交、财政、宣传三部具体落实。伪宣传部拟定了出席名单共19人,团长赵慕儒(中央电讯社副社长)、副团长管翼贤(北京实报社长)、宣传部次长郭秀峰以来宾身份率团前往。上海的代表有梁式(《中华日报》副总编辑)、金雄白(《平报》社长)、袁殊(《新中国报》社长)、黄敬斋(《国民新闻》副社长)、钱今葛(《新申报》论文部主任)。准备的大会发言有金雄白的《中国新闻事业现况》、管翼贤的《中国出版事业现况》等。

第二次东亚新闻记者大会于8月5日举行,根据伪满要求,定名为东亚操觚者大会,出席者为日本、汪伪、伪满三方新闻代表共200余人,此日正是伪满所谓建国十周年纪念之期,许多要人出席。会议期间,汪伪宣传部长林柏生致电祝贺,称“际此大东亚战争节节胜利之日,大东亚共荣圈开始建立之时,中日满三国第四战线人士,群集一堂,检讨既往,策励来兹”,“为阐扬大东亚新建设之意义,指示大东亚新建设之分策,发扬东亚文化,团结东亚人心”,负有重大责任。上海特别市新闻记者公会也致电祝贺,谓“大会宏开,集三国俊彦于一堂,商文化宣传之大计，嘉献伟略，济世匡时，东亚前途，实深利赖”[35]。大会共开两天，最后通过“宣言”，再次表示“值此大东亚战争节节胜利”之际，“吾人深感责任之重大，尤幸披肝沥胆”，“当竭全力，方担兴东亚之重任，确保思想战线之最后胜利”[36]。

第三次东亚新闻记者大会，于1943年11月在日本东京举行。此时正值日本帝国主义发动的侵略战争走向失败的时候，日本侵略者为作垂死挣扎，1943年11月在东京召开了大东亚会议，日本、汪伪、泰国、缅甸、菲律宾等傀儡政权派代表参加，会议中心任务是“大东亚各国”，“根据道义”“互相提携”，“完成大东亚战争”，“建设共存共荣之新秩序”，“确保大东亚之安定”等。为贯彻会议宗旨，垄断东亚舆论，服务东亚战争，由日本倡议在东京召第三次东亚新闻记者大会，于11月17日正式开幕，出席此次大会的有日本、泰国、菲律宾、马来西亚、新西兰、缅甸，汪伪、伪满、香港等国家和地区的代表，共80余人。汪伪派出的代表共12人，上海有3人，即许力求（《中华日报》代社长）、陈彬龢（《申报》社长），日高清磨瑳（《大陆新报》编辑局长）。伪宣传部指定许力求为团长，陈彬龢为首席副团长，副团长陈重光（北京《新民报》总编辑）。会议期间，汪伪代表团除代读林柏生的贺词外，许力求、陈重光、陈彬龢都发了言，再次表示效忠大东亚战争的决心。汪伪代表团还向大会提出“各国各地互派记者考察团”、“成立大东亚新闻协会”等提案，均获大会通过。当即成立了大东亚新闻协会，通过会章，选举理事会，与会各国推举一人为理事，许力求被推为汪伪理事代表。大会通过的“宣言”，再次重弹“商讨如何协力完成大东亚战争方策”的老调，把各傀儡的新闻战线牢牢捆在日本帝国主义侵略战车上。

从三次东亚新闻记者大会的活动中，可清楚地看出上海敌伪新闻界的地位越来越高，在日伪新闻勾结活动中所起的作用也越来越大。

日本帝国主义在妄图垄断东亚新闻宣传中，也十分重视广播的作用。1942 年 4 月，日本侵略者就拟定了“实行大东亚新闻广播”的计划，策划在东京召开大东亚广播联络会，于 4 月 16 日开幕。汪伪派 7 人代表团出席。第二次大东亚广播联络会议于 1943 年 6 月在南京召开。日本及东亚各傀儡政权的放送局、电信株式会社及广播电台派代表出席，汪伪宣传机关及伪中国广播协会、各地分会、上海、北平、汉口、广州等地广播电台均派人参加。日驻华使、领馆情报部、各军队报道部等负责人出席。林柏生在开幕式上发表讲话，再次强调敌伪宣传勾结的重要。他说在战争时期，广播不仅担负着“战争意义的普及，战争情绪的提高，战争状态的及时报道”等任务，尤其“在国家集团之间协力战争一点上”，为了“一致精神，相互密切配合”，更需要“形成一个保卫国家集团的电波战线”[37]。会期 4 天，后两天移上海举行，与会代表参观大上海广播电台及其他新闻机构，并同上海同行交流座谈。大会最后通过若干提案及“宣言”。这次会议使日本侵略者控制东亚新闻宣传，服务东亚战争政策的阴谋进一步加强。

三、加强感情联络，促使日伪宣传一体化

日本侵略者深知，要使汪伪统治区的新闻宣传纳入它发

动的侵略战争的轨道，仅仅控制汪伪新闻宣传机构的大权还是不够的，关键是要把汪伪新闻工作者吸引收买过来，使之成为大东亚战争的忠实鼓吹者，为此，日伪采取种种手段，加强敌伪新闻界的联络，促进新闻记者观念转变，增强亲日感情。

组织新闻记者互访，是联络感情的重要手段之一。1941年3月，日本铁道省邀请汪伪派遣新闻记者赴日访问。汪伪南京政府宣传部组织了以赵慕儒为团长的新闻记者赴日观光考察团，全团共9人，其中上海5人，即《中华日报》总编辑刘石克、记者崔跃广、《平报》编辑汤灏、《新中国报》编辑刘孺清、《国民新闻》报记者蒋果孺。该团3月2日出发，由神户转赴东京，参观了同盟通讯社、朝日新闻社、《东京日日新闻》等单位。3月24日返沪，并向汪伪上海新闻界作了访问报告。同年8月，日本新闻记者俱乐部派出赴华访问考察团，5日抵达上海，同上海新闻界进行交流，参观报馆等。然后去南京访问。

1942年3月，汪伪中央宣传部讲习所为加强学员的亲日观念和增进亲日感情，应日方邀请，组织学员50余人，由教育长冯节率领赴日访问，学习和考察日本的宣传文化事业。6月日本的《东亚日报》、《东京朝日新闻》、《大阪每日新闻》、《读卖新闻》、《新爱知日报》等驻华北新闻机构，组织了12人的新闻记者访问团，赴南京、上海等考察。不久，日本东亚同盟组织了23人的赴华考察团，伪宣传部亲自接待。1943年4月，正值汪伪南京政府成立三周年之际，日方除派政界代表团外，还组织了30余人的庞大新闻记者代表团来华访问，广泛开展中日新闻界的“亲善”活动。在上海时，由伪宣传部驻沪办事处、伪市政府新闻处及各新闻单位联合设宴招待，并组织了一系列活动。

举办中日新闻记者联欢会，是加强中日新闻界的沟通，联络感情的重要渠道。1942年3月9日，伪上海新闻记者公会在南京路新雅酒楼举行中日新闻记者联欢会，日本在沪新闻机构及国内新闻机构驻沪支部局，汪伪驻上海的宣传机关，上海各报社、通讯社等都有代表出席，共50余人。记者公会代表蒋晓光在致欢迎词时，道出了他们组织联欢活动的目的，他说："大东亚战争序幕展开后，中日两国本共存共荣之信念，同甘共苦之精神，切实之合作"，"中日新闻界尤应密切联络，站在同一条战线上，携手迈进"[38]。日方代表川崎正雄致答词时，极为赞许上述观点。1943年8月21日，伪上海新闻联合会在兴亚大楼举办规模更大、活动内容更多的新闻记者联欢会，到会中日新闻记者700余人。大上海广播电台举办中日记者座谈会，并向"大东亚共荣圈"内各傀儡统治区广播。上海日本新闻记者俱乐部也经常发起中日新闻记者联欢活动。大东亚战争升级，敌伪供应困难，1943年上海新闻文化从业人员生活十分困难，上海新闻联合会组织消费合作，希望日方给予物资配给上的帮助，日寇为了笼络上海新闻界人士的感情，答应了要求。

在敌伪组织的这类活动中，中日新闻记者恳谈会最能影响敌伪的反动宣传。这是由敌伪宣传部决策机关，针对当时的一些重要问题，就如何加强宣传活动而开展的活动，以期统一宣传指导思想，提高宣传效果。1943年9月3日，以《中华日报》名义发起，在上海华懋饭店举行中日新闻界恳谈会。出席者有伪中央宣传部长、日本驻沪副领事、日海陆军报道部长、伪新闻检查所主任等官方要人。日伪新闻界人士有：中央电讯社伍培之，日本同盟社岩本清、川崎正雄，《申报》陈彬龢，《新闻报》郑鸿彦，《平报》金雄白、陆光杰，《新中国报》王平、吴城之，《国民新闻》黄敬斋、朱永康，《新申报》日高清磨瑳，《大陆新报》尾坂与市、儿岛博，《每日新闻》横田高明，《读卖新闻》三宅正太郎，《朝日新闻》宫崎士龙等，共 60 余人。《中华日报》代社长许力求在致词中说，举办恳谈会目的，在于“促进中日两国人民之谅解，使之达到更进一步的亲善合作”，“新闻界负有重大责任”，“新闻记者一举一动”，“都直接影响到民众”，中日新闻界应精诚合作，宣传一致。林柏生的发言更为露骨，他说：“大东亚战争已到决战阶段，如何扩大大东亚战争的基础，必须使东亚各民族团结”，欲使“东亚各民族团结，必先以中日两国的互相了解和信赖为出发点”。对此，“新闻界负有特殊的使命”。

为了使敌伪新闻记者恳谈会活动经常化，会上拟定了六个专题，指定到会新闻单位负责人，分工准备，定期举行。《中华日报》增辟“上海中日新闻界恳谈会纪录”专栏，刊登发言摘要，把上海日伪新闻界的勾结推进到一个新阶段。

1944 年 2 月，上海日本新闻记者俱乐部联合伪上海新闻联合会，于 26 日举行“时局座谈会”，中心议题是“大东亚战争之进展与日本内阁之强化”，由日海军报道部长作主题报告，黄敬斋、田雨氏分别发言。29 日，日本每日新闻社社长高石率该社高级成员一行 7 人来沪访问，日本上海新闻记者俱乐部再次举办时事讨论会，邀请上海各新闻单位负责人参加。

在伪满"建国"纪念时,敌伪还举行了广播研讨会,中心议题是研讨所谓"三国"广播如何为战争取得最后胜利服务。1945年4月,在日本帝国主义灭亡前夕,伪中国新闻协会上海分会还举办"时事与报道"的恳谈会,由陈彬龢主持,日本陆军报道部长田渊中佐作了《大东亚战局形势与今后发展》的长篇发言,足见上海敌伪新闻界如何顽固地效忠于日寇发动的大东亚侵略战争。

第五节 爱国报人的艰苦斗争

一、共产党报人的斗争新手段

"五月报灾"后,共产党人的报刊活动重点从"洋旗报"转移到各类刊物上。王任叔、梅益、姚溱、姜椿芳、王方丹等利用各种关系参加《学习》、《上海周报》、《简报》、《求知文丛》、《大陆》、《时代》、《知识与生活》等杂志的编辑出版工作,坚持抗战宣传。

太平洋战争爆发后,上海的形势日益严峻,中共地下党组织从当时上海的形势出发,指示各级党组织撤退已暴露的力量,留下来的同志重新调整力量,在更加险恶的环境下,采取更加隐蔽的方式开展活动,贯彻中共中央勤学勤业广交朋友的方针。有条件的设法打到敌人内部,从事宣传和情报工作。恽逸群在太平洋战争爆发后,受党的派遣,由香港返回上海,以上海编译社社长的公开身份,打入了日本特务机关岩井公馆。上海编译社没有具体编译任务,主要为汪伪报纸《新中国报》、《政治月刊》、《杂志》等编辑部服务，同时，恽逸群还担任日本侵华海军主办的《中国周刊》的主编。他利用“汉奸文人”身份，职务之便，自由出入岩井公馆等单位，为党搜集了大量情报。

中共地下党员邱韵铎奉命打入日伪内部从事新闻文化工作。邱韵铎（1907—1991），上海人，从早年起爱好文学，参加中国著名新文学社团创造社的活动，30年代加入“左翼作家联盟”。“孤岛”时期，他以笔名“黄峰”参加抗日报刊和文学创作活动。1940年前后，又奉命加入袁殊主持的《新中国报》，为该报副刊《学艺》的主要编辑之一，并担任复刊后的《杂志》的编辑工作，发表了一些有积极意义的作品，同时负有搜集情报的任务。

革命作家关露接受中共地下组织的秘密派遣，打入敌人内部开展活动。关露，抗战前加入中国共产党，在上海新闻文化界从事抗日救亡宣传活动，曾与沈兹九等创办妇女刊物《女声》，为《光明》、《文学》等杂志撰稿，参加上海文化界抗敌协会。上海沦为“孤岛”后，直接受潘汉年领导，利用社会关系，与敌伪文化界发生联系。“孤岛”沦陷后，打入敌伪文化阵营，到日本驻伪大使馆和日军报道部联合创办的刊物《女声》月刊工作。该刊与抗战前的《女声》名称相同，性质完全相反，两者无任何关系。关露公开职务是任《女声》月刊的小说、戏剧和杂文栏的编辑，同时利用工作之便，为党搜集情报。1942年，她利用出席在日本东京召开的“大东亚文艺作家代表大会”的机会，冒着极大危险，将日本共产党纲领带到东京，转交给日本反战同盟。抗战胜利后，关露去新四军，从事文教工作。以

“汉奸文人”身份打入敌人更高层的是袁殊、鲁风等。

袁殊(1911—1987),湖北蕲春人,原名袁学易,笔名碧家等。1928年后,三次赴日留学,攻读新闻学和东洋史。回国后从事新闻文化工作。1931年在上海创办《文艺新闻》,辟“集纳”专利,开展无产阶级新闻学的研究和宣传活动。同年经潘汉年、王子春介绍加入中国共产党。1932年担任新声通讯社记者。先后参加过创办《译报》、《中国评论》等,并担任《华美晚报》记者。1937年在上海与范长江、恽逸群、羊枣、夏衍等创办中国青年新闻记者协会,被推为总干事。抗日战争爆发,受党组织委托,利用社会关系打入汪伪新闻宣传机构,并取得敌伪的信任,先后担任《新中国报》社长、《政治月刊》主编、上海新闻联合会常务理事、汪伪江苏省教育厅长兼清乡委员会政工处主任、汪伪国民党中政会委员等职。他利用职务之便从事新闻活动外,主要搜集情报。抗战胜利后,他去了解放区。

鲁风(生卒年不详),原名刘祖澄,又名刘慕清,申时电讯社记者,“记者座谈”发起人之一。上海沦陷后,他化名“鲁风”协助袁殊从事地下抗日情报及宣传工作。先后任《新中国报》总编辑、《杂志》社社长、上海新闻记者公会理事、上海报业改进会委员、上海杂志联合会理事、上海新闻界联合会理事、中国新闻协会监事等。在他主持的报纸杂志中,采取巧妙手法进行有益于社会的宣传。1942年5月他因患精神病住院治疗,次年1月康复出院。不久他以笔名“罗烽”在《杂志》上发表了长篇报告文学《疯狂八月记》,全文14万多字,分12期刊载,以在精神病院所见所闻所感的事实,揭露日伪占领下上海的社会黑暗。在读者中引起广泛注意。1944年6月,又出版了单行本。

中共地下党新闻文化工作者,利用一切可能开展宣传活动,同敌伪报刊争夺读者,在阴沉沉的黑暗中,给沦陷区读者提供一线光明和希望。1942年3月,汪伪集团宣传骨干朱朴,在上海创办《古今》杂志,透露出汪伪扩展文化和扶植汉奸文化宣传的意图。为了在一定程度上抵制汪伪的阴谋,争夺读者,袁殊、恽逸群、鲁风、吴诚之等,遂于是年8月复刊了大型刊物《杂志》。《杂志》创刊于1938年5月,半月刊,是以转载国外消息评论为主要内容的国际时事政治性刊物,吴诚之是主要编辑之一。因该刊有明显的抗日爱国倾向,两度被租界工部局勒令停刊。此次复刊后,根据当时的形势改为以文化艺术为主要内容的综合性月刊。隶属于《新中国报》系统。它以刊载小说、诗歌、散文、杂文、报告文学、文艺理论和影剧评论为主。所刊作品中虽然也有汉奸文化人的东西,但大多数是有一定积极意义的,一般都是内容清白,有益读者。也经常运用旁敲侧击的方式,发表对日伪统治和汉奸文学进行揭露和嘲讽的作品。有时还巧妙地宣传马克思、恩格斯的文艺思想,介绍重庆、桂林、延安等地新闻文化界抗战爱国的活动,给沦陷区读者以鼓舞。同类型的刊物还有《新中国报》副刊《学艺》、《女声》、《大众》等。

地下共产党报人还利用敌伪报刊,批判国民党蒋介石消极抗日、积极反共的行为。恽逸群的《中国内幕闻录》,就是典型的代表作之一。抗战开始,国民党蒋介石虽与中国共产党达成了抗日民族统一战线,但他们执行的是一条从片面抗战到消极抗战，进而积极反共的路线，到皖南事变，便彻底暴露了真面目。但是，处于敌伪统治下的沦陷区人民，新闻被严密封锁，对国民党蒋介石的投降路线认识不清，抱有幻想。为揭露国民党蒋介石的真面目，教育沦陷区人民，恽逸群以“汉奸文人”的面目，用一种“曲笔艺术”，以《中国内幕闻录》为总题目，在《杂志》上发表了一系列文章，系统介绍了国民党各派系的历史沿革、势力范围、内部矛盾和斗争等，用隐晦曲折方式告诉读者蒋介石假民主、真独裁、假抗日、真反共的真实面目。他还为《新中国报》写了二三十篇星期评论，目的是“说明蒋汪是同样反共的，蒋介石抗日是被中共逼着干的，敌人怕的根的是中共”，对蒋介石“不仅不恨，还想拉他”[39]。1943年，蒋介石的《中国之命运》出笼后，恽逸群以笔名“唐振”，在《政治月刊》上发表了题为《蒋著中国之命运的批判》一文。1944年他又以笔名“李伯”发表了《中国之反省》等，同样用隐晦曲折的笔法，告诉沦陷区的读者，敌伪和蒋介石在反共方面是一致的，其最后恶果都是导致中国亡国，使读者进一步认清蒋汪的反动本质。

利用敌伪报刊，发表一些有社会意义以及知识性、文艺性的文章，以占领宣传阵地，冲淡敌伪毒素，这是沦陷地区共产党报人宣传活动的又一手法。恽逸群主编的《中国周刊》，创刊初为综合性理论性刊物。以后逐步变为知识性、文艺性的通俗刊物，虽刊载一些社会新闻、低级趣味乃至黄色的东西，但介绍地理、历史、国际、文艺等知识的内容，占有一定的比例。1944年，恽逸群主编的《锻炼》半月刊更为明显。该刊以学生和青年为主要读者对象，其宗旨是提高他们的文化科学知识，引导沦陷区广大青年学生用心读书，掌握各种知识，将来对国家建设发挥作用，并以此抵制反动思想及黄色下流的东西对他们的影响。因此《锻炼》辟有修养论文、健康指导、生活与科学、写作往来、作家与作品、书的世界、世界地理历史讲话等栏目，深为沦陷区爱国青年学生所喜爱。

二、苏商报刊的特殊作用

1941年4月，苏联与日本签订了《苏日中立条约》，双方承认，尊重领土完整和互不侵犯，当其一方与第三国家交战时，另一方应保持中立。太平洋战争爆发后，苏联正集中兵力对付德国法西斯的侵略，未向日本宣战，所以苏联侨民能以第三国身份在上海活动，苏商的报刊活动也未停止。在“孤岛”沦陷后，上海一切抗日报刊几乎无一幸存的情况下，苏商报刊便发挥了特殊的战斗作用。

抗日战争爆发前，苏联在上海设有领事馆，莫斯科塔斯社在上海设立远东分社，1941年3月20日，以苏商名义创办了俄文《时代》杂志半月刊，主要任务是向俄侨民提供苏联及欧洲的信息，同时也成为向中国人宣传苏联的一个窗口。在上海的爱国抗日报刊大都被迫停刊后，中共江苏省委文委决定利用苏联的特殊地位，开辟新的宣传阵地。由姜椿芳出面与苏联塔斯社远东分社社长罗果夫联系，希望以苏商名义出版中文报刊，经罗果夫同意，便以苏商时代出版社名义出版了《时代》杂志中文版，编辑主任匝开莫（俄人），具体编辑业务由姜椿芳负责，由苏商时代出版社经售，领取公共租界警务处登记证第154号。1941年8月20日正式创刊。社址上海斜桥路61号。

《时代》杂志中文版，16开本，32页，每期都是用蓝色时事新闻照片为封面，印刷十分精致。《时代》杂志中文版，多数为周刊，也有部分半月出一期。如从创刊到1942年3月20日共出24期，其中周刊17期，半月刊7期。太平洋战争爆发时，因环境所迫，曾一度停刊，不久复刊。1944年苏军节节胜利，日本方面感到形势对它不利，通知塔斯社远东分社只能发俄文稿，出版俄文报刊，因此，《时代》杂志中文版被迫停刊。1945年1月，日本帝国主义侵略战争失败已成定局，自顾不暇，《时代》杂志中文版不顾日方禁令，自行复刊，一直出版到日本投降。

1941年9月，时代杂志社编印了英文《每日战讯》，"报道苏德战讯，迅速准确详尽"，每日下午4时出版，免费赠阅。由时代杂志社、中国书店、读者书店、青年书店、佛利时书店、青年文摘书店等代为发送，深受读者欢迎，经常供不应求。1943年元旦，决定改为收费，日出1张，收费2角，仍委托各书店代售。许多读者希望增出《每日战讯》中文版以满足更多读者的需求，后因经费困难，未能出版。1942年11月，苏商时代社出版了《苏联文艺》月刊，主编名义上先后为罗果夫、施维卓夫，而实际编辑是由姜椿芳负责，主要以翻译介绍最新战时文艺作品为主，也适当介绍俄罗斯古典文学的优秀作品。至1944年出了3、4月合刊后，停刊近1年，到1945年4月又出了1期。

苏德战争爆发后，为全世界人民所关注。苏联为帮助中国及亚洲人民了解苏德战争情况，增强国际反法西斯统一战线，于1941年9月27日，在上海以苏商名义创办了“苏联呼声”广播电台，呼号XRVN，1 470千赫，办公地址静安寺路778弄23号。“每天以最新之苏德战争消息，向全沪中国友人作最迅速最忠实最详细之报道”[40]，并排有优秀娱乐节目。“苏联呼声”广播电台克服了种种困难，一直坚持到1945年8月8日苏联对日宣战、出兵我国东北之时，才被日军查封。在上海完全沦陷期间，苏联在上海创办的通讯社、广播电台、《时代》杂志、《每日战讯》、《苏联文艺》等新闻文化机构系列，成为在远东的重要宣传阵地。为了能长期坚持下去，苏商报刊(包括广播电台)，在斗争策略上，十分注意利用苏日的特殊关系，尽量避免或减少苏日矛盾，在宣传内容上，绝不涉及中国的抗日战争、亚洲问题及太平洋战争等，它们的中心任务是报道苏联人民英勇斗争和世界反法西斯战争进程的真实情况，增强各国人民抗战救国信心和决心，扩大国际反法西斯统一阵线。《时代》杂志中文版除署名文章外，大量译载《真理报》、《消息报》等报纸的社论和塔斯社的电讯。除战争消息外，还报道了欧洲各国人民的反战活动，德国、意大利法西斯国家内部的政治、经济、军事上的困难和矛盾，人民生活的贫困和反战活动等。“苏联呼声”广播电台主要报道苏联人民反法西斯斗争的消息和评论、苏德战争公报、苏联经济建设与人民生活情况。

苏商报刊对中国人民的抗日斗争，虽未作正面的直接的宣传鼓动，但它利用一切机会鼓舞中国民众的抗战信心和斗志。1941年10月10日，是中华民国成立30周年纪念日，《时代》杂志特辟专栏，刊登了孙中山遗像，发表了“列宁论中国革命”一组文章摘要，特别突出关于“民族解放战争及胜利的条件”，“反对帝国主义列强的民族战争，不仅是可能的，而且是必然的进步的革命”等教导。还摘编了列宁“向中国的革命家们致布尔什维克的敬礼”指示，为处在黑暗中进行艰苦抗战的上海人民以巨大鼓舞。在苏联十月革命24周年纪念时，《时代》杂志中文版，发表了郭沫若从重庆和柳亚子、茅盾、邹韬奋等知名人士从香港发来的贺电，表达了中苏人民团结一致，一定会“以雷霆万钧之力，扫荡纳粹狂魔”，“光明在望”，“全世界反法西斯侵略的斗争”必将会“胜利结束”。这也鼓舞了上海人民的信心和决心。《时代》杂志中文版还发表了大量介绍和评述苏联人民在敌后开展游击战争的情况，强调游击队在反对法西斯的斗争中“在战略上说，其意义是日益提高的”。这无疑会帮助上海人民进一步认识中国共产党领导的敌后游击队的战略地位，增加胜利信心。

随着世界反法西斯战争的深入发展，人们迫切了解战事进展情况的愿望日益增加。但上海的广大读者从敌伪报刊广播中，根本无法了解到真实情况。为适应民众的这一强烈要求，苏商报刊和广播电台加强了新闻性的内容。苏商时代杂志社除扩大发行英文《每日战讯》外，《时代》杂志中文版也逐步从评述性刊物，变为新闻性为主的刊物，成为典型的杂志报纸化的刊物。陆续增设了“苏联战报”、“苏德前线战况”、“苏联杂闻”、“要闻一束”、“塔斯社电讯简编”等栏目，分别刊载一周或半月内的各方面的主要新闻。“苏联战报”就是按时间顺序逐日报道战况，包括正规军队和游击队的战斗简讯。如第28期报道了1942年5月11日至23日的战讯106条，第29

期报道了从5月26日至6月17日战讯154条。“要闻一束”是报道国际重要事件的栏目。“苏联呼声”广播电台播送新闻节目的时间也大大增加，1941年9月每天播报新闻4次，1941年12月20日每天报告新闻9次。广播的语种从仅有华语（国语），逐步增加到华语有沪语和广东话，还增加俄语、德语、英语等语种广播。

为了扩大读者和听众范围，苏商新闻宣传机构也加强了知识性、娱乐性和文艺性的内容。《时代》杂志中文版设有小说、军事常识、文化新闻、文学家研究、信箱等栏目。从第29期起特辟“高尔基研究”专栏，罗果夫主编，专刊中苏学者的论文。“苏联呼声”广播电台陆续增加了欧洲音乐、中国音乐、中国故事、中国民族音乐、儿童节目、古典音乐等。在高尔基、鲁迅等著名作家逝世周年纪念时，还安排特别节目，介绍他们的作品及中国五四以来进步和革命的文艺作品。在毒雾弥漫上海天空的情势下，《时代》杂志和“苏联呼声”的宣传内容使生活在水深火热的上海市民耳目为之一新。

三、邹韬奋的最后战斗

伟大的爱国主义者、共产主义者、杰出的报刊活动家邹韬奋，在他新闻工作生涯中，绝大部分时间是上海度过的，他的报刊活动开始于上海，成功于上海，鼎盛时期亦在上海，最后为抗战爱国宣传献身于上海。

“八·一三”抗战失败后，邹韬奋被迫把《抗战》三日刊迁至武汉，与《全民》合并改名为《全民抗战》，1938年10月，因武汉战局紧张，《全民抗战》迁往重庆，在环境十分艰难的情况下坚持出版。皖南事变后，国民党顽固派查封了《全民抗战》，邹韬奋被迫出走香港，5 月《大众生活》在香港复刊。12 月香港沦陷，根据中共中央指示，邹韬奋、茅盾等一批知名文化人士转移至内地，经过一个多月的艰险旅程，穿过国统区、敌占区，邹韬奋一行于 1942 年 10 月抵达久别的上海。

邹韬奋此次流亡的目的地并非上海，而是经上海去苏中解放区。当时上海处在极端恐怖时期，邹韬奋只得隐居，等待党组织安排，经过周密筹划，邹韬奋化装为商人，在同志护送下，巧妙地冲破敌伪的层层封锁线，于 11 月到达了苏中解放区。他极为兴奋，此时虽已病魔缠身，左耳开始耳鸣、红肿，接着流出黏液，非常疼痛，可是他置之度外，拼命工作，阅读解放区各类出版物，调查解放区情况，广泛访问干部和群众，同各界人士进行接触。他先后会见了粟裕、陈丕显、黄克诚等领导同志，还多次同陈毅将军通信。他在信中写道："过去 10 年来从事于民主运动，只是隔靴搔痒，今天才在实际中看到了真正的民主政治。"[41]经几个月的调查研究，他目击人民的伟大斗争，"使我更看到新中国的光明的未来"。他打算在苏中解放区工作一段时间后，去延安学习。可惜他的病情恶化，当地无条件治疗，不得不于 1943 年 2 月由新四军派专人护送回上海。经专家诊断为癌症，须住院治疗。为了他的安全，中共地下党组织做了周密的安排[42]。

邹韬奋得知自己病的真实情况后，并不悲观，一方面顽强同病魔作斗争，另一方面又筹划他的事业，拿起战斗的笔。一次他对徐伯昕说："自己 20 多年的奋斗，自信对社会不无贡献，希望病愈后，再和大家一起继续努力二三十年，真正为人民大众，为人类进步事业做一些事情：第一，恢复生活书店；第二，为失学青年办一个图书馆；第三，创办一个日报，以偿夙愿。”1944年初，他病情稍有好转，就提笔撰写《患难余生记》一书，将他在一生患难中所经历的，未曾发表的故事写出来。计划拟定后，他就全神贯注地从事写作，不知疲倦，忘记了病痛，每天从早写到天黑，一日几千字，最多时5 000多字，有时病情加重，疼痛加剧，他咬紧牙关与病魔作斗争，不肯放下武器。亲友劝他休息，他总是说：“能写多少是多少，写一些是一些”，“尽快把心里要说的话全部写出来，送到读者面前”，这样他花了个把月的光景，就写了5万余字，后因病情转剧不能再写下去。1946年上海的《消息》刊载了《患难余生记》，成了韬奋先生的遗作。同年，华中新华书店根据抄本正式出版单本。原来他还计划写完《患难余生记》之后，再写一本《苏北观感录》。他说：“能到根据地来是我平生最兴奋的事情。”他对党的抗日民族统一战线能充分执行的情况，对根据地民主政治的实现，群众拥护政府的情形，印象极为深刻，说：“使我10余年来为民主政治而奔走的信心更加坚定了。”[43]他还打算写一本《各国民主政治史》。可惜病魔过早地夺取了他的生命，夙愿未能实现。

邹韬奋躺在病床，仍然十分关心抗日救国大事。皖南事变后，国民党消极抗战、积极反共的阴谋活动越来越激烈，不断制造事端。邹韬奋得此消息后，极为愤慨，他说：“我现在尽管在流离颠沛、病体危殆、九死一生之中，我只要一息尚存，必须秉笔直书。”他口述自己在病中反复思考的一些问题，由在场的同事帮他笔录下来，这就是1943年10月23日，他生前最后的一次《对国事的呼吁》。1944年10月8日，首刊于延安《解放日报》上，以后解放区各报转载。他指出："抗战到了第七个年头……当这民族的苦难快到尽头，光明的胜利临到面前的时候"，国民党反动派"对敌妥协，进攻共产党的政策，实是危害国家，荼毒人民的滔天罪行"。呼吁全国各抗日党派，全国人民，海外华侨，"共同揭露国民党反动派的这种阴谋，坚持团结，坚持抗战到底"。最后他说："我个人的安危早置度外，但我心怀祖国，怀念同胞，苦思焦虑，心所谓危，不敢不告"，"希望共同奋起，各尽所能，挽此危机，保卫祖国"。一片爱国赤诚之心跃然纸上。

1944年2月，敌伪已知道邹韬奋在上海治病，并派特务四处打探。为了安全，韬奋被转移到生活书店的一位同事家中，在他的居住证上的化名李晋卿"李"字上加上一撇，改名为"季晋卿"。不久，韬奋怕给同事增添过多的牵累，又住进了上海医院。6月1日韬奋的病情恶化，昏厥了几次。次日召集在上海的亲友，嘱托后事处置，并口授遗嘱，再次提出加入中国共产党的要求，他说："请中国共产党中央严格审查我一生奋斗历史，如其合格，请追认入党"[44]，并希望骨灰尽可能带到延安安葬。7月24日晨7时20分，伟大爱国主义者邹韬奋与世长辞，终年49岁。9月28日，中共中央致电邹韬奋家属，高度评价韬奋一生，并表示"先生遗嘱，要求追认入党，骨灰移葬延安，我们谨以严肃而沉痛的心情，接受先生临终的请求，并引此为吾党的光荣"[45]。

10月，延安各界人士发起举行纪念与追悼邹韬奋大会，周恩来、吴玉章、博古等领导同志亲自出席筹备会，拟定了“纪念和追悼韬奋先生办法”5 条，送中共中央审批。毛泽东亲笔批示“照此办理”。追悼大会定于 11 月 22 日，即 1936 年邹韬奋等救国会同人被捕 8 周年的日子，在边区大礼堂隆重举行。毛泽东的悼词是：“热爱人民，真诚地为人民服务，鞠躬尽瘁，死而后已，这就是韬奋先生的精神，这就是他之所以感动人的地方。”朱德、吴玉章、陈毅等同志在追悼会上讲了话。中共中央机关报《解放日报》出了“韬奋先生逝世纪念特刊”。陈毅、吴玉章、徐特立、柳湜、艾思奇、张仲实等同志为特刊写了纪念文章。都深深怀念韬奋“为救国运动，为民主政治，为文化事业，奋斗不息”的精神。

第六节　日伪报业的覆灭

一、纸张匮乏报业垂危

人类社会发展的历史证明，任何时代的反动势力只能猖狂一时，绝不能永远主宰世界。日本侵略者和汪伪卖国集团更是逆潮流而动，其失败的命运早已注定，只是比人们预料的来得更快更早而已。太平洋战争爆发，是日本帝国主义发动侵略战争的顶峰，也是向失败灭亡斜坡滑下去的开始。日伪统治下的新闻事业，其覆灭命运，似乎比侵略战争失败来得还要快一些。早在太平洋战争爆发之前，就已呈现出灭亡的先兆。其重要表现，就是纸张物资供应的困难，严重威胁着敌伪报业的生存。

日本帝国主义发动的侵略战争，使被占领国家和地区的生产遭到了严重破坏，物资纸张供应困难已成为汪伪统治区报业生存的致命伤。汪伪为了统一管理纸张供应，在汪伪南京政府成立不久，伪宣传部于10月就成立了中央报业经理处，总部设南京，上海北四川路200号设立分处。其任务：(1) 各报社用纸之采购及分配事项；(2) 各报社所需印刷机器材料之采购及分配事项。其中心任务是统制纸张供应，“肃清过去报业中自由资本主义谬误观念，以确立集中经营之体制”，“对报业资料之供应厉行统制”[46]。实行限量分配供应。

汪伪统治区报业用纸来源，主要依靠日本供应。然而日本国内纸张的生产与供应也十分紧张，自身难保。1941年日本国内报刊多次被勒命停刊。日本在海外出版的报纸也受到影响。8月，上海日文《大陆新报》奉命缩小篇幅半张。启事称“因遵照新闻纸节约国策，以后每日早晚两报共出2张，较以前缩小半张，星期日及纪念日晚报休刊”。上海的另一张日文报纸《上海每日新闻》，也无可奈何地称“为节约新闻纸，维持现状亦不可能”[47]，自18日起减少半张。这样，汪伪报业的日子更不好过。同年初，汪伪宣传部在一份内部报告中作了如下叙述：“报业用纸，现在我国方面实无生产供应，而第三国纸张，不惟在事实上无大量购用之可能，即租界中有部分存储，亦率在第三国商人手中，囤积居奇，价格特昂，且无供给和平宣传机关应用之诚意。故全部用纸，全系仰仗于友邦之供应。惟世界局势，顷刻万变，海陆交通工具既已对应时局，缩减用纸，我直属各报，亦当时加约束，以资尊节。”[48]决定对报纸杂志及其他出版品用纸实行“数量缩减配给”的办法，并在汪伪统治区内开展节约用纸运动。上海报界由《大陆新报》、《中华日报》、《申报》、《新闻报》、《新申报》、《新中国报》、《平报》、《国民新闻》等组成节约运动委员会，发动开展节约用纸运动。

但是，汪伪的努力，并没有收到应有的效果。且情况更加恶化，纸张供应更加困难，价格飞涨。1942 年，当时在《平报》任职的一个报人写道：“原料的昂贵造成了新闻界空前罕有的庞大开支”，“5 年前的新闻纸每令二元二三角至三元，但现在最高时，每令二百三四十元，涨价也超过一百倍”[49]。所以《平报》遇到了很大困难，1941 年为扩大宣传，《平报》曾增刊晚报，因纸张来源日益困难，价格昂贵，不得不于 1942 年 10 月正版缩减为一张，晚报也终止出版。其他各报也纷纷缩小篇幅。提高报价十几倍至几十倍。随着日寇侵略战争的升级，纸张供应更加困难，摆脱报业出版困境，仅靠开展节约运动，由报社自行节省已不够了，不得不由敌伪行政出面，施行强制手段了。1943 年 1 月，伪宣传部驻沪办事处通令各小报从下月起，分别实行合并，通令说“现值政府正式对英美宣战，在战时状态之下，凡吾国民均应节省物资财力，协助政府完成战争体制。本市小型报林立，为谋合理发展”，“节省纸张之无谓消耗，尽速于本月 31 日前将合并手续办妥”[50]。拒绝服从命令者，将受到严厉处罚。根据伪令，《雄报》与《社会日报》合并，仍以《社会日报》名称出版。《雄报》提出异议，要求仍单独出版，被敌伪勒令停刊。上海原有小报 30 余家，合并后仅存 14 家。同时，日寇驻沪当局，也命令两大日文报《上海每日新闻》与《大陆新报》，从 2 月 1 日起合并，用《大陆新报》之名继续出版。

1944年，日本帝国主义发动的侵略战争，已到了穷途末路，失败已成定局。物资供应更加困难，新闻文化用纸尤甚，敌伪不得不采取更为严格的措施，限制纸张的使用。2月，制定了《文化用纸配给办法》。规定“凡杂志社出版社”“发刊有关文化宣刊物，须用配给白纸张”，应“以最低限度数目”，“详细计核需用数量”，“填具数量预算表”送伪宣传部核准。而且“应于领到一个月内”，“填具用纸消耗表”，送伪宣传部复核。如果“前次之余剩配纸除并入为下次印刷刊物用纸外”，“绝对不得移作别用”。凡“领用配给白纸所印之出版物，一经印就，即全部送宣传部报刊发行所点验”，核对“刊物印数”与“请领配给纸张”是否“绝对符合”[51]。否则取消受配资格，并处以经济罚款。

纸张供应困难，使敌伪报业所受打击是极为严重的。1944年1月19日，《申报》在一则消息中说：“北京大闹纸荒”，纸价飞涨。伪北京政府决定“自民国三十三年一月一日起，北京只有3种报纸发行，即《新民报》、《小实报》和《民众报》”，其余报纸，如《晨报》、《新北京报》等，一律停刊。已停刊报社的职工，“每人发遣散费2万元(1张画价5 000元)”[52]。但是这种局面也难以维持，到3月初，北京仅有的三家报纸又被迫缩小篇幅，分别改为4开或8开。到4月底，敌伪华北当局又被迫决定将北京、天津两地的报纸全部停刊，另出《华北新报》，总社设在北京，天津设分社。北京、天津两大城市仅能出版一家报纸，足见敌伪纸张供应多么困难，敌伪报业面临多大危机。华北地区的其他报刊，也大都停刊。上海是敌伪新闻舆论的中心，一些主要报刊虽未奉命停刊或合并，但日子也不好过。1944年2月1日，《中华日报》刊出启事，称“为适应纸张供需紧张之事实，实施纸张节约，本报篇幅不得不酌为节减，自即日起，每日改出一大张，缩减半张”。汪伪宣传部的直属报纸既然如此，其他报纸的状况就更加悲惨。如《申报》、《新闻报》已经多次缩减篇幅，从日出几大张，减为仅日出一大张，也难维持正常出版，被迫于2月15日，与《平报》、《国民新闻》、《新中国报》等，联合刊出启事，称“兹为节省纸张起见，自2月16日起，《平报》、《申报》、《新中国报》、《新闻报》每周出版全张4次，半张3次。《国民新闻》出版全张3次，半张4次，希读者见谅”[53]。

二、被迫放弃新闻检查

敌伪新闻事业的衰败与崩溃，还表现在已无力控制统治区内的报刊，被迫放松对新闻言论的检查。敌伪反动派为扼杀中国人民的民族意识，封锁抗战消息，对沦陷区的报刊实行极其野蛮的新闻检查。然而事物的发展往往与反动派的主观愿望相反，压迫越大，反抗越大。抗战初期，上海新闻界采取了种种手段，抗拒日本帝国主义的新闻检查，挂洋商招牌就是斗争的手段之一。汪伪南京政府成立后，颁布了《出版法》，强令各报刊进行登记，又遭到大多数报刊的拒绝和反对。伪《全国重要都市新闻检查暂行办法》出笼后，除敌伪及少数附逆报刊外，大多数爱国报刊拒绝送审。敌伪严禁拒检报刊在租界以外地区发售。但事实上也是枉费心机，真理是封不住的，抗战消息是禁止不了的。

汪伪所实施的新闻检查，效果不佳，连敌人也自认不讳，1939年4月13日，《上海每日新闻》在社论《捕灭抗日支那报纸》中哀叹："我们攻下之后，立即接收了国民党所设立新闻检查所"，"从事租界内各华文报纸的检阅和监督"。但是各抗日报纸都以第三国名义经营后，逃避新闻检查，所以"事实上我们的新闻检查，已变成有名无实了"。这充分暴露了敌人在上海实行新闻检查政策的失败。日寇把新闻检查所移交给汪伪之后，仍然未能如愿。

"孤岛"沦陷后，一些秘密出版的抗日报刊，抗拒登记和新闻检查，使敌伪伤透了脑筋。1943年10月，汪伪宣传部在一份报告中提到上海的情况时说："新闻取缔工作积极进行"，先后取消《万言报》、《和平杂志》、《大亚洲月报》等，但最近"复有《上海日报》等未经宣传部登记"，擅自发行，后虽登记核准，但其宣传内容，"意识荒谬，记载不实，经宣传部上海新闻检查所删检后，一再违检，不下数十次，并该报所具悔过书已有三次之多。最近仍故态复萌，藐视国法"[54]。

敌伪的倒行逆施不仅遭到一切具有正义感和爱国报刊的抗拒和反对，新闻检查的烦杂和苛细，特别是日本侵略者那种盛气凌人的气势和故意刁难的卑鄙伎俩，也引起汪伪报刊和工作人员的不满。1944年9月17日《中华日报》在"星期论坛"栏内发表署名路易士《言论自由》的文章，提出"所谓言论，本来天生应该是自由的，不自由就不成其为言论了"。那么，"什么叫做言论自由？一言以蔽之曰，老老实实讲心里话，才是真正的言论自由"。进而批评当局压制和限制言论自由，不让老百姓讲心里的话，是"犯了错误的"。作者呼吁言论界要有勇气讲心里的话,“倘若不肯或不敢老老实实讲心里的话,则言论界是可耻的”。1945 年 1 月 29 日,《中华日报》发表社论《保障采访自由》,在批评了当局新闻统制的种种不当之后,提出应给新闻记者“入场之自由”、“访问之自由”、“交通之自由”和“发表之自由”的基本权利。汪伪的直属机关报纸都提出这种要求,就充分暴露了敌人对新闻统制的残酷和日汪之间矛盾的尖锐化,这也是敌伪报业必将覆灭的根源之一。

在社会舆论的压力下,汪伪宣传部不得不在新闻检查方面有所松动,于 1944 年 9 月,制定了《新闻检查改进要点》假惺惺地标榜:“为实施尊重言论,接受人民意见与舆论之态度,放弃过去消极取缔政策,采取协力政策”,对“一切善意的建议与批评,不加取缔,并予以扶植与诱导,但恶意煽动、不切实之谰言狂语,足以摇动人心者,仍严加取缔”。在“新闻方面,除有关军事政治外交之机密者外”,允许“完全忠实明确之报道”[55],1945 年 3 月 25 日,汪伪在南京召开战时民众代表大会时,在内外交困和民众的压力下,被迫通过了《保障言论自由,确立民意机构》的提案。5 月 30 日,汪伪最高国防会议第 71 次会议,被迫宣布撤销新闻检查所、电影检查委员会等机构。

三、树倒猢狲散

日本帝国主义发动的侵略战争进入到 1945 年,已是财物耗尽,兵员枯竭,失败已成定局,敌伪反动统治者,更无力控制新闻宣传活动。对事物最为敏感的新闻界,早已预感到覆灭的命运将要降到自己的头上,报刊纷纷停刊,人员争相逃亡。

1945年6月3日，《平报》最先刊出启事："因战时物资节约，供应紧张"，"本报率先停刊"。既然有"率先"，就必然有后继。不久，《国民新闻》、《新中国报》等相继停刊。敌伪控制的通讯社，广播电台及小报，更是朝不保夕，纷纷停刊或歇业。《中华日报》在汪伪当局全力支持下，虽能苟延残喘地维持着，但已大大失去前几年的气势了，而且篇幅一再缩减。敌伪主管新闻宣传工作的行政机构，有的名存实亡，有的合并。日本侵略者在上海设立的陆军报道部、海军报道部、驻沪领馆情报部全部撤销，联合成立了临时维持活动的上海弘报部。有关人员大批撤退，有的自行逃避，连汪伪上海市政府宣传处处长郭秀予也于1945年1月17日提出辞职逃命去了。敌伪新闻宣传机构的骨干分子，更是纷纷逃亡。臭名昭著的伪《申报》社长陈彬龢，主笔吴玥等，也狼奔豕突地逃亡到日本避难去了。

日本宣布投降后，敌伪的新闻宣传机构全部被国民党接收。敌伪舆论战线的骨干分子，遭到了应有的惩处，其下场是十分可悲的。"歪喇叭"报人，伪南京政府宣传部长兼上海《中华日报》社长的林柏生，1946年6月被国民党南京高等法院判处死刑。中央电讯社总编辑、社长，后接替林柏生任伪宣传部部长的赵尊狱被判处终身监禁。《新闻报》副社长陈日平是上海敌伪新闻文化界被判刑的第一人。陈日平，广东中山县人，出生于日本横滨，东京早稻田大学毕业，1920年返国，在上海虹口区执律师职业，与日本侨民联系甚密。1938年受日本特务诱惑，投靠敌人，任伪维新府"立法委员"，伪上海第一区公署经济处处长，太平洋战争爆发后，参加接收《新闻报》，任副社长，伪上海特别市咨询委员，伪财政部常务次长等，曾被伪政府授予奖章一枚，以资奖励，日本投降后被捕，于1945年12月，被国民党高等法院以“通谋敌国，图谋反抗本国”罪行，判处无期徒刑，剥夺公权终身，全部财产没收。这也是抗战胜利后，上海地区汉奸案首次判决。经林柏生介绍，先任伪宣传部次长，后在上海创办《大公周报》的章克，被判处有期徒刑。《中华日报》代社长许力求，被判处有期徒刑7年，剥夺公权7年。《中华日报》编辑、《中华周报》主编陶亢德也受审判刑。伪宣传部次长，上海市政府宣传处处长冯节判有期徒刑6年。罪大恶极的陈彬龢、吴玥，遭到通缉，缺席审判，判陈彬龢极刑。伪《平报》社长金雄白，因在抗战期间掩护过“国党同志”减判有期徒刑2年半，没收其汉奸财产。《新闻报》董事长吴蕴斋判刑2年半，剥夺公权2年，没收汉奸财产。伪《国民新闻》社经理郑振良，《平报》董事会常务董事兼社长罗君强，常务董事梅思平及其他汉奸报人都受到了应有的惩罚。

注释：

①《申报》，1942年6月15日。

②《新申报》，1941年12月15日。

③《申报》，1942年12月1日。

④《中华周报》发刊词，1942年7月4日。

⑤《中国与东亚》发刊词，1943年1月1日。

⑥《申报》，1942年12月8日。

⑦ 径可：《中国宁亡，对英美必须宣战》，《太平洋月刊》，第53期，1943年1月26日。

⑧《新政治运动》(代发刊词),《政治月刊》,创刊号,1941年1月20日。

⑨《中国与东亚发刊词》,1943年1月1日。

⑩《中华周报》,第7期,1942年8月15日。

⑪《取缔播音荒谬节目》,《无线电杂志》,第10卷第11期。

⑫《敌伪劫夺时期的申报》,《新闻研究资料》,第22辑,1983年11月。

⑬《新闻报》,1942年2月20日。

⑭《申报》社论,《岁暮的反省》,1942年12月31日。

⑮《申报》社论,《移诚挚热情于言行》,1942年12月9日。

⑯⑰⑲⑳㉕㉖ 上海档案馆:《宗卷》,19—0—280。

⑱《申报》,1942年7月12日。

㉑㉒㉓《旧中国的上海广播事业》,第440、444、491页,档案出版社,中国广播电视出版社,1985年12月版。

㉔《中华日报》,1940年10月20日。

㉗《申报年鉴》,1944年版,第779页。

㉘《中华日报》,1943年1月17日。

㉙《中华日报》,1944年8月6日。

㉚《中华日报》,1944年9月26日。

㉛《中华日报》,1942年3月2日。

㉜《中华日报》,1941年2月23日。

㉝《中华日报》,1941年8月3日。

㉞《中华日报》,1941年8月6日。

㉟《平报》,1942年8月5日。

㊱《平报》,1942年8月7日。

㊲《中华日报》,1943年6月20日。

㊳《中华日报》,1942年3月10日。

㊴《恽逸群文集》,第316页,江苏人民出版社,1986年3月版。

㊵《时代》杂志中文版,第7期,1941年10月10日。

㊶㊷ 胡耐秋:《韬奋的流亡生活》,第128、129页,生活·读书·新知三联书店,1979年12月版。

㊸㊹ 穆欣:《邹韬奋》,第346、362页,湖北人民出版社,1981年6月版。

㊺《韬奋文集》第一卷首,生活·读书·新知三联书店,1956年1月版。

㊻《中央报业经理处组织处章程草案》,《中华日报》,1940年10月24日。

㊼《申报》,1941年1月18日。

㊽ 伪《中国国民党中央执行委员会宣传工作报告》,第5节:中央报业经理处,存南京第二档案馆。

㊾ 范一:《近年来之中国报业》,《平报》,1942年9月1日。

㊿《中华日报》,1943年1月17日。

51《中华日报》,1944年2月15日。

52《申报》,1944年4月27日。

53《平报》,1944年2月15日。

54《中华日报》,1943年10月5日。

55《中华日报》,1944年9月16日。

第十一章
两极新闻事业的最后决战

第一节　国民党新闻宣传阵地的重建

一、抗战胜利后国民党的新闻政策

日本一宣布投降，国民党蒋介石集团在美帝国主义支持与合作下，派军队抢占沦陷区，实行国民党和敌伪势力的合流。一旦时机成熟，就悍然进攻中国共产党及其领导的解放区，使中国进一步陷入半封建半殖民地和法西斯化的黑暗境地。国民党重建和发展他们的新闻宣传网，就是这种准备之一。

在日本宣布投降的当月，国民党便发出通令："各地敌伪新闻广播出版电影等文化事业之接收工作，应由派往各地之政府机关统一接收。"命令宣传部"就京、沪、平、津、汉等重要地区，分别派特派员随同各该地区行政长官前往"[①]。其任务是：(1) 筹划恢复国民党在该地之报纸杂志广播事业，并推进其宣传活动；(2) 筹划设置新闻及电影等检查机关；(3) 会同地方政府接管敌伪新闻出版广播电影及其他文化事业机关，并协助地方政府“肃清”敌伪文化遗毒；(4)协助抗战时期，随政府迁移私人报纸杂志出版及其他文化事业之恢复；(5) 指导各该地国民党党部及宣传机关开展宣传工作。国民党中宣部分别派陈训悆赴南京、詹文浒赴上海、张明炜赴平津、王亚明赴武汉，实施接管任务。

国民党为抢占沦陷区敌伪新闻文化事业披上合法外衣，于9月制定了《管理收复区报纸通讯社杂志电影广播事业暂行办法》。办法规定“敌伪机关或私人经营之报纸、通讯社、杂志及电影制片、广播事业，一律查封。其财产由宣传部会同当地政府接收管理”。在抗战期间凡国民党军队西撤后(利用外商名义掩护经营者，则在太平洋战争爆发后)，“继续在沦陷区公开出版之报纸、通讯社、杂志、广播及电影事业”等，一律作附逆论处，“由宣传部通知当地政府查封，听候处理”。对于新闻机构复员问题，“办法”规定“宣传部、政治部、各级党部、政府原在收复区各地沦陷前所办之报纸、通讯社应当在原地迅即恢复出版，以利宣传”。而对沦陷前的各地私人经营报刊、通讯社等的恢复，却作出种种限制。对于新申请设立报纸、通讯社依照非常时期管理办法，“予以限制”②。后来事实证明，这个规定主要为了限制不同政见的新闻宣传机构，而国民党系统的大批报纸、通讯社纷纷创办，如他们在上海新出版的《中央日报》、《和平日报》、《东南日报》、《前线日报》等，战前并未在上海出版，彻底暴露了国民党法规法令的虚伪性。

国民党对现代化新闻传播媒介——广播事业，特别重视。国民党政府收复区全国性事业接收委员会，又专门拟定了“广播事业接收三原则”，即：“(1) 凡广播电台原系国营或敌伪设立者，由中央广播事业管理处接管使用；(2) 凡广播电台原系省(市)经营者由各该省(市)政府接管使用；(3) 凡广播电台原系民营者，暂由中央广播事业管理处同原主接收”[3]。国民党中央广播事业管理处还制定了《广播复员紧急措施办法》，通令敌伪广播电台的工作人员必须保护好机械设备和其他财物，听候派员接收，妄图独占敌伪广播事业。

从8月下旬起，国民党在各沦陷区便开始了大规模的接收和重建新闻宣传阵地的活动，迅速地建立了以南京为中心的反动新闻宣传网，成为国民党新闻事业发展的鼎盛时期。如，国民党中央宣传部直属的《中央日报》、《民国日报》等报纸有23家。军队系统的《和平日报》有8家，还有数量更多的《阵中日报》。国民党中央通讯社在全国建立了总社及直辖分支社机构共52家。国民党经营的广播电台，由战前的8座猛增到41座。国民党各省市、各派系的报纸、杂志、通讯社等大量创办。由国民党党员个人名义主持和控制的新闻宣传机构，更是多如牛毛。国民党新闻事业已形成了恶性膨胀的局面。

上海在国民党政权的天平上，占有特殊的地位。它是中国最大的经济中心，国民党官僚资本的大本营，全国科学文化最发达的地区，新闻事业的中心，更是中国对外交往的窗口，国民党勾结帝国主义、出卖民族利益的桥头堡。因此，国民党对上海新闻宣传阵地的重建更为重视，派往上海的接收大员除宣传部的詹文浒外，还有代表国民党军事委员会的何民槐，代表中央广播事业管理处的冯简、叶桂馨，代表中央通讯社的冯有真。稍后又把陈训悆、潘公展、程沧波、王晋琦等派往上海，实施国民党新闻宣传阵地的重建工作。

总之，大力重建自己的新闻阵地，控制与迫害不同政见的新闻机构，妄图全面垄断全国的新闻舆论，是国民党新闻政策的核心。

二、上海新闻网的形成

战后国民党在上海的新闻机构，最先建立的是中央通讯社上海分社。1945 年 8 月 21 日，冯有真以国民党东南战区战地宣传员兼中央通讯社上海分社主任身份，首先接管了汪伪中央电讯社上海分社，改组为中央通讯社上海分社，当晚发稿，成为战后国民党在上海的第一个官方新闻机构，冯有真任主任，总编辑胡传厚。9 月初，又接收了日本同盟社设在上海外滩 17 号的华中总分社及设在海宁路的附属电台等设备，同时还接收了德国海通通讯社。中央通讯社上海分社有了较快发展，不久迁往圆明园路 149 号新址办公。

继中央通讯社上海分社重建后，国民党系统的报纸也迅速建立起来，并有了很大的发展。战前，国民党在上海已没有正式机关报，各派系的报纸也不多。战后，国民党的党、政、军、宪、特及各派系的报纸争相出版，形成了不同层次的国民党报纸系列。

最主要的报纸是上海《中央日报》，于 1945 年 8 月 30 日正式出版，系国民党中央宣传部直属报纸。该报前身是安徽屯溪《中央日报》，创刊于1942年7月，直属国民党中央党部领导。抗战胜利后，迁往上海，改名为上海《中央日报》，为国民党在上海的主要新闻舆论机关。社址设在河南路原汪伪《新中国报》旧址，接收该报设备出版。后迁至福州路27号，社长初为冯有真，后为沈公谦，总编辑胡传厚，副总编辑程玉西、屠仰慈，总主笔李秋生。初刊时，日出对开两大张半，后因纸张供应困难，改为两大张，为吸引读者，扩大发行，先后设立了各类副刊，如《文综》、《黑白》、《戏剧》、《文物》、《集纳》、《经济》、《教育》、《法律》、《医药》、《儿童》等10多种，多为周刊，轮流刊出。最高发行量4万份，居上海各大日报第四位。

原国民党浙江省党部机关报《东南日报》，于1946年6月，在上海出版《东南日报》上海版。该报由胡健中创办，初名杭州《民国日报》，1943年6月更为现名。抗战期间先后迁至金华、丽水和福建南平等地出版，此间，胡健中虽调往重庆，任《中央日报》社长，仍兼任《东南日报》社长，遥控着一切重大活动。抗战胜利后，胡健中怀着勃勃雄心，辞去《中央日报》职务，专心经营《东南日报》。除在杭州复刊《东南日报》外，决心在报馆林立的上海创办沪版，与各大报争雌雄，并把重心移至上海，上海版为总社，杭州版为分社，胡健中任两报总社长，总揽一切，上海版总编辑刘湘汝，总主笔胡秋原。

国民党军方报纸，首次在上海出版。国民党南京政府国防部于1946年元旦，在上海出版了《和平日报》上海版。该报前身是《扫荡报》，1932年6月创刊于南昌，1934年5月迁武汉出版。抗战期间，武汉沦陷前迁往重庆。胜利后，改名为

《和平日报》,总社迁至南京,并在上海、广州、重庆、兰州、沈阳等地出地方版,黄少谷为总社社长兼总编辑。《和平日报》上海版是接收敌伪《大陆新报》及《大陆报》的设备创办的,社长万枚子,总编辑先后由杨彦岐、王卓球担任,发行人万德函,经理白广荣。国民党第三战区顾祝同系统的《前线日报》,战后也迁至上海出版。该报于1938年10月,创刊于安徽屯溪,由国民党第三战区政治部主任谷正纲主持创办,李俊龙任社长,总编辑马树礼。抗战胜利后,抢先在上海出版,1945年8月26日在上海各大报刊出《第三战区〈前线日报〉临时出版启事》,称"沪市向为吾国文化中心","本报特于今日起出临时版","望社会贤达不吝指导"④。9月1日正式出版。社长马树礼,总编辑邢颂文,总主笔钱纳水,总经理赵家璧。1945年10月5日,国民党第一绥靖司令部出版了日文《改造日报》,陆久之任社长,金学成任经理兼总编辑。11月22日,国民党第三方面军在上海出版了《阵中日报》,孙元良兼任社长,俞尔华任副社长,张葆奎任总编辑。

国民政府各部门及各派系在上海的报刊活动,也十分活跃。国民政府外交部控制的英文《自由论坛》报,于1946年5月,由重庆迁上海出版。该报前身是英文《自由西报》,1937年由中外商人在汉口创刊,1938年10月迁重庆,因经营发生困难,经济拮据,被国民政府外交部购买。抗战胜利后,外交部也积极插手上海的新闻活动,以英文《泰晤士报》附逆为借口,予以接收,将《自由西报》迁至该报原址,更名《自由论坛》报,继续出版,由外交部驻沪代表尹葆余主持一切。由国民政府财政部控制的《金融日报》,于1946年12月在上海出版。

该报原名《金融导报》，由上海工商界集资创办，后因经营不善，无法解决经济困难，被中央银行收买。社长何尹仁，为中央银行专员，总编辑宋同福，为国民党中央银行支部长。国民党三青团上海支部局，于 1945 年 8 月 23 日复刊《正言报》，它是由国民党上海执委会主任，三青团负责人吴绍澍，接收了汪伪《平报》复刊的，社长毛子佩，总编辑鲍维瀚，总经理王晋琦。以 CC 派为背景的《中美日报》，由陈果夫、吴任沧接收了敌伪报刊的设备，于 1945 年 8 月 27 日复刊，吴任沧任社长，总主笔查修，总编辑先后由周世南、钱弗公担任。国民党在上海出版的著名报纸《民国日报》，于 1945 年 10 月 7 日复刊，初由胡朴安任社长，后由叶北平接替。总编辑葛润斋，主笔管际安，经理叶季平，副刊《觉悟》主编徐蔚南。

由孔祥熙官僚财团控制的“四社”，也逐渐恢复了活动。首先复刊的是《大晚报》。上海孤岛期间，《大晚报》用外商招牌出版，太平洋战争爆发后停刊。胜利后，由留在上海的部分原股东主持复刊，1945 年 9 月 1 日出版，汪佣然主持笔政，王锦成、王乐山先后担任经理。11 月，《时事新报》由重庆迁回上海复刊，初由朱虚白任总编辑，朱任上海市政府新闻处处长后，由张冀良接替，经理先后有黄金成、黄霈、梁志英等。英文《大陆报》于 12 月复刊，社长蒋芝亮，总编辑张国勋。申时电讯社于 1946 年 6 月 4 日恢复活动，总编辑章苍萍，经理黄霈。“四社”的重大活动，由孔祥熙的儿子孔令侃直接指挥。此外，《大英夜报》复刊后不久，更名为《大众夜报》为宣铁吾所抢占，成为上海市警察局的机关报，社长方志超，系警察局行政处处长，经理陆东生。《新夜报》名义上是私营报纸，实际上完全为

CC派所控制，潘公展任董事长，总编辑汤增敦，总经理孙道胜，总主笔孙东城，都是潘的亲信。

国民党系统的广播电台也迅速建立起来。国民党的接收大员到上海后，首先接收了敌伪的上海、国际、东亚、黄埔、大东等6家广播电台。上海、国际两电台改组为国民党中央广播事业管理处所属的官方广播电台，上海台为长波，国际电台为短波，分别担负对内对外的宣传任务，不久两台合并称上海广播电台，台长陈辅屏，副台长彭乐善，总务科长夏明秋，工程师兼工务科长芮得先。黄埔台由美国新闻处借用，东亚台由美国空军借用，其他两台设备器材并入官方电台。之后，国民党系统的各类广播电台大批出现，如陆军司令部的建军广播电台、宪兵司令部的胜利广播电台、国防部政工局主办的军讯广播电台、空军司令部的铁风广播电台、淞沪警备司令部的政声广播电台、军统局的天声广播电台，以及各派系控制的勤政、远东、复青、联合、公建、凯旋等广播电台陆续建立。

国民党系统的通讯社也大批出现，继中央通讯社上海分社后，国民党上海市政府办有上海通讯社，国防部办有军闻通讯社上海分社，军统控制的有华东通讯社、新沪通讯社、中国经济通讯社，孔祥熙控制的申时电讯社，汤恩伯控制的改造通讯社等先后成立。以国民党党员个人名义创办或控制的通讯社更难以统计，虽自生自灭者居多，但在反共反人民的大合唱中，也扮演了可耻的角色。

国民党是一个成分复杂、派别林立的政党，尽管内部争权夺利，矛盾尖锐，斗争激烈，但对外需要统一宣传，为此，国民党采取种种控制措施。首先，由中宣部通过电台播发关于宣传的指示。对于重大事件的新闻处理和言论尺度，均作出具体规定，有时还播发社论。其次，成立“新闻党团”组织，指导当地的新闻宣传。上海的“新闻党团”由冯有真、潘公展、程沧波、陈训悆等人组成，冯以中宣部驻沪专员身份主持活动，定期召开国民党各报社长、总编辑、总主笔开会，讨论并统一宣传思想和政策。第三，派员到各新闻单位指导检查。

三、对申、新两报的控制

在中国近现代新闻事业史上，《申报》、《新闻报》长期处于执牛耳的地位，为国内许多政治势力所注意。国民党蒋介石集团建立国民党南京政府后，更长期梦寐以求地控制申、新两报，但始终未能如愿。太平洋战争爆发后，申、新两报被敌伪劫夺，成为敌人的新闻舆论阵地。抗战胜利后，国民党以接收敌伪财产的名义，霸占了申、新两报，控制两报的企图如愿以偿。

在日本宣布投降前夕，进驻申、新两报的敌伪汉奸大多逃之夭夭。两报原有职工，为使报纸不致中断，在经济状况十分拮据、纸张供应十分紧张的情况下，勉强维持出版，仅日出对开半张。国民党接收大员到沪后，通令两报暂行停刊，禁止原董事会一切活动，听候处理，所以出至 9 月 16 日停版。

国民党劫夺申、新两报早有预谋，1945 年 8 月，国民党中宣部就拟定了《上海敌伪报纸及附逆报纸处置办法》，蒋介石在核准该项办法时，对如何劫夺申、新两报迭次指示。国民党中宣部根据蒋介石的指示，又制定了《管理〈申报〉、〈新闻报〉

办法》和《〈申报〉、〈新闻报〉报务管理委员会组织规程》等。为了欺骗读者，愚弄群众，在“管理办法”中规定“保留《申报》、《新闻报》两报名称，以利宣传”，两报“暂时在宣传部管理下恢复出版”。为控制报馆实权，使宣传活动完全按照国民党意图进行，“办法”又规定“由宣传部各派适当人员 11 人至 15 人，分别组织《申报》、《新闻报》报务管理委员会”，“为两报管理期间最高权力机关，对宣传部负责”。其具体任务：(1) 两报及其附属事业财产之接管及经营事宜；(2) 两报股东及员工附逆情况之调查及提请政府惩处事宜；(3) 两报股权之清查及提请政府处理事宜；(4) 两报在管理期间之报社组织、编辑方针及营业计划之核定事宜；(5) 两报在管理期间重要负责人之遴选及任用事宜；(6) 两报其他属于公司中董监事会职权范围内之事宜。

两报报务管理委员会“组织规程”还规定，“本会设立主任委员及副主任委员各 1 人，由宣传部指定之”。两报总主笔、总经理及总编辑，“在管理期间由本会遴选之”，在主任委员及副主任委员之“指导下负责经理报务”。两报报务管理委员会成员名单，全部由中宣部拟定。《申报》报务管理委员会主任委员潘公展、副主任委员李维果，委员吴绍澍、冯有真、陈景韩、钱永铭、张翼枢、马星野、陈训悆、陈克成等，共 11 人，任命潘公展为指导员，陈训悆为总经理，陈景韩为发行人。《新闻报》报务管理委员会主任委员肖同兹，副主任委员许孝炎，委员蒋伯诚、董显光、吴任沧、程希孟、钱永铭、曾虚白、詹文浒、杭石君、邓友德等，共 11 人。任命程沧波为指导员，詹文浒为总经理，赵敏恒为总编辑，钱新之为发行人。两报报务管理委员会接管两报后，于11月22日复刊，日出对开一大张，不久增至两张。

接管申、新两报，仅仅达到控制目的第一步。在半年的指导期满后，为了从政治上、经济上和编辑业务上全面控制两报，使之成为得心应手的宣传工具，1946年3月国民党又拟定了《改组〈申报〉、〈新闻报〉办法》。首先，用收购原有股权、加入官股的办法，使两报的民营性质名存实亡。《申报》资本原额总计1.5万股，被国民党第一次收购了6 000股，由徐青甫、陈布雷、吴任沧、潘公展、陈训悆、程沧波、刘政芸、李维果、徐寄顾、端木恺等10人，以个人名义各代表500股；由陈方、肖赞育、竺培凤、陶希圣、叶溯中等5人，以个人名义各代表200股。《新闻报》资本原额总计为2万股，国民党第一次收购5 000股，由赵棣华、陈布雷、程沧波、徐柏园、张道藩、潘公展、魏伯桢、王惜时、张翼枢、詹文浒等10人，以个人名义各代表400股；由唐乃建、赵敏恒、陈祖平、陈松年、徐象枢等5人，以个人名义各代表200股。对其余股权，以后国民党又以各种方式和借口，陆续收购，使官僚股权达到51%以上。

其次，在控制两报多数股权之后，改组董事会。董事会是报馆的最高权力机关，国民党深知控制了董事会，就能使申、新两报完全服从自己的意志，于是决定改组两报董事会，改组办法规定"申、新两报新董事会董事各11人，监事各3人"。其中"由新股东产生代表6人，监事1人"。国民党当局内定《申报》老股东由陈景韩、史咏赓、杜月笙、钱永铭、李叔明为董事，陈陶遗、徐大浩为监察；新股东由陈布雷、端木恺、潘公展、陈训悆、吴任沧、程沧波为董事，徐青甫为监察。董事长杜月笙，副董事长史咏赓，常务董事为陈布雷、陈景韩、李叔明、端木恺、潘公展等。《新闻报》老股东内定钱永铭、史咏赓、杜月笙、李叔明、秦润卿为董事；徐大亟、汪仲伟为监察；新股东陈布雷、赵棣华、程沧波、潘公展、詹文浒、张翼枢为董事，张道藩为监察。董事长钱永铭，常务董事程沧波、赵棣华、李叔明、张翼枢等。1946年5月两报分别召开股东大会，选举结果与国民党内定名单完全一致，彻底暴露了国民党玩弄民主选举的虚伪性。

第三，调整两报机构，任命新干部，进一步从组织上控制两报。《申报》董事会任命潘公展为社长兼总主笔，陈训悆为总经理兼总编辑，副总编辑王启煦、赵君豪、卜少夫，发行人陈景韩。《新闻报》董事会任命程沧波为社长，詹文浒为总经理，赵敏恒为总编辑，副总编辑钱仲易、朱文甫、谢友兰。申、新两报都聘任陈布雷为名誉总主笔。两报社的编辑、会计、事务、人事、机要等部门负责人都安插了他们的亲信。这样，国民党通过官商合办的手段，达到了完全控制申、新两报的目的，成为不挂国民党党报招牌的党报。国民党要人也不讳言，当时任国民党中央宣传部副部长的许孝炎在文章中公开宣称“潘公展主持的《申报》”，“程沧波主持的《新闻报》”，“并非党报，但各主持人皆为党内同志，故与政府较近”，可视为“国民党同志所办”的报纸。曾虚白在《中国新闻史》一书中，也把这时的《申报》、《新闻报》划归“国民党报系列”，排在“中央直接主办”、“地方党部主办”之后，为“国民党同志主办者”。他说“此类报纸虽然并非正式党报，但或因主持人是国民党重要干部”，“故其言论立场，与政府较为接近，而其在社会上之影响力,尚较正式党报为大”。其主要报纸如胡建中主持之杭州及上海《东南日报》,潘公展主持下之《申报》,程沧波主持之《新闻报》等,“都属此类报纸”⑤。

四、实施党报企业化

战前,国民党系统的报纸,在中国大报企业化发展的影响下,也进行过体制改革的尝试,收到一定效果。抗战爆发后,打断了向企业化发展的进程。战后,国民党在重建新闻宣传阵地后,就确定了党报企业化计划的方针。“国民党在复员期中,重订党营报纸企业化计划。在全国各地普遍刊行的党报,且均以企业化经营,自给自足为目标。”⑥这样,既可减少津贴报纸的费用,更可以借此抹淡国民党机关报的色彩,对广大读者具有更大的欺骗性。

1947 年春,国民党开始大肆推行党报企业化的方针。5 月,上海《中央日报》召开董事会成立大会,国民党要人彭学沛、许孝炎、陈立夫、王世杰、方治、吴开先、吴铁城、赵棣华、程沧波、吴国桢、吴任沧、邓友德、陆京士等,都成了该报股东,并出席了成立大会。大会选举彭学沛、吴开先、许孝炎、冯有真、杜月笙、李焕之、吴任沧、肖同兹等 21 人为董事,吴铁城、陈立夫、王世杰、叶秀峰等 7 人为监事,杜月笙、赵棣华、许孝炎、吴开先、端木恺、冯有真等 6 人为常务董事,吴铁城为常驻监察人,彭学沛为董事长。任命冯有真为社长,总主笔李秋生,总经理沈公谦,总编辑程玉西。聘奚玉书、王新衡为顾问。几乎是清一色的国民党要人。1948 年 12 月,彭学沛、冯有真因飞机失事丧命后，由总主笔兼主任秘书李秋生代理社长。上海《中央日报》在这批国民党官僚主持下，不仅成为国民党在上海的主要舆论阵地，而且在物资供应上有得天独厚的条件，并非董事会经营管理有方。上海解放前夕，李秋生、沈公谦逃往台湾，报社由程玉西负责维持，编辑部临时由胡道静以副总编辑名义主持。

长期为国民党地方党部机关报的《东南日报》，在战前为发展成为全国性报纸，在保持国民党党报立场的前提下，也显示一些民营报纸的姿态，曾试行体制改革，成立了董事会。在胡健中的苦心经营下，业务发展较快，销量不断增加，在全国报纸中，有一定声誉。抗日战争爆发，打断了发展计划。胜利后，胡健中重新经营《东南日报》，怀着勃勃雄心，挤进大报林立的上海，誓与上海著名大报争雌雄。为求报业发展，也重新成立了董事会，推陈果夫为董事长，胡健中、许绍棣、刘子润、刘湘汝、蒋鲁堂等为常务董事，胡为总社社长，调杭社社长许绍棣为沪社社长，刘子润为总经理，胡秋原为总主笔，杜绍文为总编辑。在四川北路长春路设总理处。《东南日报》在陈果夫、陈立夫的支持下，以杭社为后盾，沪版办得不同凡响，发展较快，大有后来居上之势。可是好景不长，因国统区物价飞涨，百业凋零，物资奇缺，给报业经营带来极大影响，上海《东南日报》也营业不振，经济拮据，不得不向银行抵押贷款，以维持局面。

上海《民国日报》，在国民党党报企业化方针影响下，也于1946年6月，由吴稚晖、居正、于右任、邵力子、叶季平、沈君陶、杜月笙、吴开先、吴孟英、胡朴安等人，发起成立上海《民国日报》股份有限公司筹备会,“以期扩充报业,兼及印刷出版等社会服务事业”等,筹备会由胡朴安、叶季平具体负责,招募股东,起草章程等。该报改组活动得到了陈果夫、戴季陶、孔祥熙等国民党要人的支持。上海《民国日报》股份有限公司成立后,在报业竞争十分激烈、社会腐败日益严重的情况下,加之经营不善,报纸销售不断下降,最少时不满千份,常在乞援借贷中度日,被迫于1947年1月宣布终刊。

国民党党报企业化方针,也影响到国民党军队报纸。《前线日报》在上海创刊之初,由于许多报纸暂未复刊,销路颇佳,马树礼将报纸由4开版扩为对开大报。大批报纸出版后,在竞争日渐激烈、物资供应紧张、物价飞涨的情况下,《前线日报》经营日益困难,销路从几万份猛跌至几千份,经济状况日形拮据,官方配纸、津贴有限,远远不能解燃眉之急,也把报纸企业化,视为摆脱困境的唯一出路。马树礼等决定把报纸改组,成立股份有限公司,以顾祝同为名誉董事长,王良仲为董事长,马树礼为副董事长兼社长,情况虽有好转,但并不十分令人满意。1947年再度改组董事会,扩大股东投资,选钱大钧为董事长,冷欣为副董事长,马树礼仍为社长,邢颂文任副社长兼总编辑,钱纳水为总主笔,赵家璧为总经理,以顾祝同为后台,《前线日报》坚持出版。但在国统区社会日益腐败情况下,《前线日报》也终于一蹶不振,1949年1月改为晚刊,维持出版。上海《和平日报》也改组为股份有限公司。

国民党经过一年多的努力,确立了在上海新闻界统治地位,上海出版的大型日报近20家,绝大多数被国民党所控制,国民党通过拉拢收买等手段,控制了上海相当数量的通讯社、广播电台和小报，但民营新闻机构争取新闻言论自由，摆脱国民党控制的斗争从未停止。国民党所推行的党报企业化，实际上不过是改变津贴的办法，政治态度没有丝毫改变，这种变换欺骗舆论的手段也日益被广大读者所识破。

第二节　共产党报刊的艰苦斗争

一、共产党宣传阵地的初步建立

国民党的新闻垄断政策，首先遇到共产党报刊活动的挑战。不怕困难，针锋相对，寸土必争，是共产党人同一切反动派斗争的一贯方针，在国民党统治区新闻文化战线上同样如此。党对上海新闻活动战略地位的建立，更为重视。日本刚一宣布投降，毛泽东、周恩来给中央并转华中解放区负责人的电报，指出“上海《新华日报》及南京、武汉、香港等地以群众面目出版的日报，必须尽快出版”，“早出一天好一天，愈晚愈吃亏”，“除日报外，其他报纸、杂志、通讯社”等，都应尽快创办，是“在今后和平时期中有第一重大意义，比现在华中解放区意义还重要些，必须下决心用最大力量经营之”⑦。为此，中国共产党从解放区、沦陷区，香港等地，抽调大批新闻文化工作者，去上海开展新闻宣传活动。

1945 年 8 月中旬，在国民党势力尚未抵达上海之时，中国共产党曾决定发动上海人民武装起义，接应新四军解放上海，并派梅益等人去上海“火线办报”。中共上海地下学委也决定将公开出版的《莘莘》月刊停办，改组出版旗帜更加鲜明的进步刊物《新生代》月刊。8月底，中共中央决定停止上海的武装起义，梅益等人“火线办报”计划暂时搁置。《新生代》仅出一期，也停刊了，但是，中共在上海的新闻宣传活动并未停止。

中国共产党人以“苏商”名义创办的时代杂志社，在日本一宣布投降即复刊《时代》周刊的同时，又出版了《新生活报》，9月1日，改名为《时代日报》，对开1大张，由姜椿芳负责。苏侨匝开莫任发行人，它是利用抗战胜利后，国民党政府同苏联保持外交关系，签有“中苏友好条约”，以“苏商”名义出版报刊，具有合法的地位。《时代日报》是战后中国共产党在上海领导出版的第一份报纸，对于及时传达全国各地正确消息和中国共产党的政治主张，起了重要作用。

共产党员以个人名义，联合同志和进步人士，用民营方式办报，是中共在上海的重要新闻活动内容。抗战胜利后，国民党蒋介石集团发动内战需要准备，不得不装成要和平的样子，表面上答应给人民一定的民主权利，这成为共产党人开展报刊活动的有利时期。1945年9月8日，由唐弢、柯灵创办并主编的《周报》，以民间刊物问世，发刊词称：“我们站在人民的立场，将以坦白的心地，诚恳的态度，坚定的意志，主张：加强团结，实行民主”；要求“取消一切侵犯人民自由权利的法令法规，容许人民有言论、出版、集会、结社的自由”等，成为《周报》宣传的主要内容。经常撰稿人有夏衍、茅盾、马叙伦、吴晗、周而复、宦乡、郑振铎等。9月21日，由当时在美国新闻处工作的刘尊棋出面，以中外出版社名义创办了《联合日报》，美国新闻处为发行人，刘尊棋任社长，王纪华任经理，冯宾符任总编辑。《联合日报》面貌崭新，内容丰富，一出版便受到上海读者的欢迎，影响日臻扩大，因而引起国民党的注意，他们很快查出它是一份利用美新处牌子，而在物资和政治上该处并未给予支持。于是，以“重新登记”为借口，施加压力，《联合日报》被迫于11月30日停刊。

在这类报刊中，《文萃》周刊是一份影响较大的刊物。《文萃》于10月9日创刊，它是由后方来上海的新闻工作者孟秋江、王坪、黄立文、计惜英等创办的，得到中共上海工委的支持。初为文摘性周刊，以沟通大后方与收复区的民主舆论为目的。为了体现民间报刊的特点，1946年初成立了理事会，由孟秋江、黎澍、计惜英、王坪、黄立文5人为理事。黄立文为发行人，孟秋江任经理，黎澍任主编，与计惜英共同主持编辑工作。以后，中共又派了陈子涛、吴承德等参加《文萃》周刊的工作。作者队伍也日益扩大，著名学者郭沫若、茅盾、马叙伦、田汉、袁水柏、沈志远、姚溱、胡绳等都是《文萃》的经常撰稿人。内容也由转载其他报刊为主的集纳性、文摘性刊物，逐渐变为由编辑者自身组稿为主的政治时事性刊物，更受读者欢迎。

10月10日，《建国日报》创刊。它的前身是《救亡日报》，抗战胜利后更现名出版，仍用上海文化界救亡协会名义主办。郭沫若任社长，夏衍任总编辑。4开4版，内容充实，文字简练，很受读者欢迎。发行量迅速上升至五六千份，可惜该报仅出版了15天，于1945年10月24日被国民党查封了。夏衍率领原班人马，将延安新华社播发的电讯，编译成中、英文的《新华社通讯稿》，油印后向上海的民主人士、进步团体和报刊发送，每周3次。

1946年4月，夏衍、姚溱等创办了《消息》半月刊，是一份“匕首”、“投枪”式的小型刊物。具体由姚溱、方行负责，主要撰稿人有金仲华、周建人、叶圣陶、蔡尚思等知名人士。米谷、张文元等提供的漫画，也十分受读者欢迎。由中共创办或领导的刊物还有《新文化》、《经济周报》、《文摘》、《现代妇女》、《真理与自由》、《世界知识》等。

中国共产党领导的国际新闻社，战后也很快在上海恢复了活动。1945年12月，国际新闻社上海办事处成立，由孟秋江主持工作，由于国民党当局的新闻控制，该社上海办事处的工作处在地下状态，秘密地进行采访、编辑和发稿。上海国际新闻社稿件除供给本市进步报纸杂志外，还通过多种方式发到江西、湖南、湖北、云南、贵州等地报刊，以及一些海外华侨报纸。稿件以地方通讯、军事评论和经济评论为主，内容翔实生动，分析深刻，备受各地进步报刊欢迎。该社除发通讯稿件外，还开展多种宣传活动。如1945年12月，曾举办抗战图片展览会，展出抗战史料图片数百帧，使长期处于沦陷区的上海人民，系统全面地了解八年抗战的全过程。

中共上海地下党各系统委员会，都出版了本系统的刊物。中共上海学生运动委员会，于1945年8月下旬创办了《新生代》，10月6日出版了《时代学生》，1946年2月又创办了《新少年报》；1945年9月，中共上海职工运动委员会创办了《人人周刊》；10月，中共上海五金业地下组织出版了《五金》半月刊；11月5日，中共上海教委创办了《教师生活》；11月12日，中共上海工委出版了《生活知识》等。

这样，在全面内战爆发前，中国共产党在上海的新闻宣传阵地，已初步建立起来。

二、为出版《新华日报》而努力

战后，中共在上海公开出版大型日报是具有一定可能性的，因为八年抗战结束，人民强烈要求和平，反对内战，国共合作在形式上暂时存在，在人民的压力下，国民党蒋介石也会答应给人民一些民主权利。根据毛泽东、周恩来关于上海《新华日报》“必须尽快出版”的指示，中共中央派徐迈进等人为上海《新华日报》筹备委员会成员，于1945年9月先遣到达上海，同梅益等汇合，积极开展筹备工作。

中共上海地下党组织为上海《新华日报》及其他报刊的出版，进行了艰苦卓绝的工作。设立了一个收发报电台，配备了一个精干的编采班子。印刷发行工作由陈祥生负责，先在南市租到印刷厂的厂房和印刷机械设备，以后又以私人资本名义创办了信昌印刷厂，并对外营业，成为上海《新华日报》的印刷基地。经理工作由方行负责，租到了爱多亚路（今延安东路）原《每日译报》所在地为办公地。

1946年2月27日，上海《新华日报》各项筹备工作基本就绪后，中国共产党代表团首席代表周恩来从重庆致函国民党上海市市长钱大钧，正式提出在上海出版《新华日报》的要求。信中指出“兹有恳者，《新华日报》自始随国府搬迁，由宁而汉，由汉而渝，现国府还都在即，《新华日报》理应追随东下，特派该报社长潘梓年君先行来沪筹备出版事宜”[8]，希望国民党当局给予方便。《新华日报》上海版的筹备工作，便由秘密转为公开。

潘梓年奉命抵上海后，全面负责《新华日报》上海版的筹备工作。3月21日，潘梓年以上海《新华日报》社长名义，致函钱大钧，正式宣布《新华日报》上海版筹备出版，即日起在南京西路587号3楼201室开始办公。第二天，潘梓年又致函国民党上海市政府社会局，提出出版《新华日报》上海版的申请，并详述了创办《新华日报》上海版的理由。指出"查本报筹备于南京，创刊于汉口，自武汉陷敌，西迁重庆，始终追随政府，为抗战服务。兹以和平团结伊始，政府还都之计早定，本报自应到沪出版，为和平建国，巩固团结，尽其绵薄，贯彻初衷"。为防止国民党找借口阻挠，潘氏特别提出"观夫《中央》、《和平》等报，均早已在沪创刊，实不胜远落人后之感"。遵照国民党中央宣传部关于"报纸创刊应先向地方政府声请登记"之指示，及《出版法》"第九条之规定"，附具了新闻纸登记申请书4份，要求社会局准予登记，"并转内政、中宣两部早日发给登记证，实为公便"[9]。同时，上海《新华日报》也筹资1万元法币为注册资金，编采人员全部配齐。社长潘梓年，总编辑章汉夫，总主笔乔木，经理熊瑾汀。编辑人员有华岗、廖湘、许涤新、徐迈进、朱世信等。出版《新华日报》上海版的条件已完全具备。

在国统区最大的城市上海，公开出版中国共产党的大型日报，对坚持内战、坚持独裁、反共反人民的国民党蒋介石集团来说，无疑是一个沉重打击，对国民党垄断新闻宣传的既定政策也是严重的挑战。国民党必然采取一切手段，阻止《新华日报》上海版的出版。除密布特务、暗探侦察上海《新华日报》筹备情况，待机破坏外，国民党在无法公开拒绝出版的情况下，就采取拖延手段。周恩来致钱大钧的函拖了1个多月，才由上海市政府社会局局长吴开先复信，假惺惺地说“一俟潘君梓年将申请登记书表送来，即当提前办理”。潘梓年致社会局申请登记函，说明出版《新华日报》上海版的理由十分充分，可是又拖了10多天，才收到复信，说：“呈表悉，准予层转中央核办，在未核准登记以前，该报应暂缓出版，仰即遵照”，等待“中央核办”，不过是拖延的借口。此外，还利用阻挠报社人员办理户口注册的办法，破坏《新华日报》上海版的出版。

针对国民党当局的欺骗拖延阴谋，5月14日，潘梓年以《新华日报》社长名义，向上海市政府社会局提交一份措词强硬的抗议信，指出“本报除遵办外，深感登记手续实际所费时日，远较法定者为迟缓，以致至今未能出版。且沪地各同业如《大公报》、《中华时报》、《立报》、《新民报》等，均有准先出版补行登记手续之例，故本报拟于6月1日发行沪版，再备文补办，恳请钧局一视同仁，在登记手续未能办理之前，准予先行出版，实为公便”[10]。《新华日报》上海版“拟6月1日出版”的消息，引起国民党当局的极度惊慌，马上商量对策，当日由吴开先复信，加以制止，“所请拟于6月1日先行出版一节，碍难照准”。国民党上海市政府也训令社会局，关于《新华日报》出版一节，一定“依照出版法，在未获得登记以前不得出版”[11]。

国民党在指使社会局出面阻挠《新华日报》上海版出版的同时，还密令查禁取缔。5月28日，国民党中宣部致电上海市市长吴国桢，“据报：《新华日报》将援《大公报》之例，申请不待批准即经行出版”，“准备6月1日发行。查此事关系非常重大，无论其印刷方式公开与否，在中央未批准登记以前，均应照章切实严予取缔”。29日，又令吴国桢，“转饬社会局、警察局切实毋任擅行出版为荷”[12]。在国民党犹如面临大敌，百般阻挠的情况下，《新华日报》上海版终未能出版，这彻底暴露了国民党蒋介石集团答应给人民言论出版自由权利，完全是骗局。

三、《群众》等报刊的出版及其宣传特点

1946年春，国内形势十分严峻，国民党蒋介石集团发动的全国内战既将爆发，为唤起人民起来反内战，反独裁，争和平，争民主，中共中央决定把《群众》迁上海出版。《群众》于1937年12月在汉口创刊，半月刊，次年12月迁重庆出版。在抗战期间，《群众》配合重庆《新华日报》，成为国统区正确新闻舆论中心，为大后方人民的抗战斗争指明了方向。战后，在《新华日报》上海版无法出版的情况下，中共中央决定把《群众》迁上海出版，第11卷第5期，于6月3日便与上海读者见面了。章汉夫任主编，潘梓年任社长兼发行人。

《群众》迁上海后，由于《新华日报》上海版不能出版，为适应形势发展的要求，不得不兼任杂志与报纸的双重任务，由半月刊改为周刊。内容十分丰富，除大量刊载中共中央、中共代表团的文件和谈话，《解放日报》和新华社的重要社论外，还加强国内国际重要消息的报道，设有“国际一周”、“解放区通讯”、“各地通讯”等栏目，系统介绍各地情况。对国内重大事件，《群众》组织力量，编辑专辑，增加版面。“时评”是《群众》的重要栏目，通常是一组篇幅短小精悍的文章，涉及的是刚刚

发生的事实，具体而深刻地加以评述，指出事件本质，帮助读者提高认识。

加强同群众的密切联系，是中国共产党报刊的优良传统。《群众》特设“群众中来”信箱专栏，成为联系群众的主要园地。它的任务是“为读者说话，欢迎各阶层读者投函”，“把你的痛苦、希望、要求和奋斗的情形写给我们，当尽量选登”。通过这些专栏，反映了人民群众要求民主和平、反对独裁内战的强烈愿望。同时也解答读者关心的问题和思想疑难，讨论社会的热点问题，为苦闷徘徊的青年指明道路。《群众》周刊的宣传，成功地推动了杂志报纸化的发展。国民党蒋介石集团发动全面内战的危机迫在眉睫，为适应斗争需要，在《新华日报》上海版创办遇到困难的情况下，中共上海局决定加快《联合晚报》的筹备工作。《联合日报》被迫停刊后，报社同人亦未走散，积极争取复刊，后考虑到恢复日报已不可能，决定出版晚报，定名为《联合晚报》。中共上海局决定由陈翰伯、郑森禹和王纪华组成秘密党支部，具体领导《联合晚报》的筹备工作，由刘尊棋、陈翰伯、郑森禹、金仲华、冯宾符、陆诒和王纪华组成社务委员会，陈翰伯为总编辑，冯宾符为主笔，王纪华为发行人兼经理，金仲华、郑森禹为监察，陆诒为采访部主任，谢公望任编辑室主任，姚溱、冯亦代、王元化任副刊主编。原参加筹备《新华日报》的编辑记者也参加了《联合晚报》，形成了阵营强大的编采队伍。《联合晚报》以民间报纸的面貌出现，于 1946 年 4 月 15 日正式创刊。在中共上海局的直接领导下，成为上海人民争民主和平，反独裁内战的战斗号角。5 月 17 日，中共地下党创办的外文刊物《新华周报》（*New China*

Weekly)在上海出版。由乔木(乔冠华)主编,龚澎为发行人。工作人员有孙一新、于产、关振群、孙岷、许真等。内容以向全世界报道中国发生的重大政治新闻,宣传中共的和谈政策和立场为主。在国内外各大城市行销,成为中共对外宣传的重要阵地。

1946 年 6 月,《文萃》原主要主持人计惜英离开上海,决定由黎澍主编。中共又派沈少华、骆根清、温崇实等参加《文萃》编辑工作。为适应斗争需要,《文萃》锐意革新,把集纳性、文摘性刊物变为时事政治性刊物,述评性的特稿逐渐增加。“述评”成为《文萃》的特色。

1946 年 9 月,在《时代日报》创办一周年时,也进行了改革,版式由对开改为 4 开 4 版,更适合一般市民的阅读习惯。在内容上,着重增加副刊,除保留原来的综合性副刊《星空》及专门性副刊《艺术》、《妇女》等外,又增加了《新园地》、《新语文》、《新音乐》、《新美术》、《新木刻》等。这样可以广泛地团结在上海的进步新闻文化人士,通过这些副刊发表进步文章。同时,加强“述评”分量,成为最吸引读者的栏目,其中陈翰伯主持的“半周国际述评”、杨培新主持的“半周经济述评”、姚溱主持的“半周军事述评”,特点更加突出。他们运用马克思主义观点,正确解答军事与政治、军事与经济关系以及战争中的民心、士气等问题,善于把中外通讯社和报刊提供的各种材料,去伪存真,再加以剪裁和编辑,成为披露真相,剖析形势的有力论据,而敌人却又无衅可寻。《时代日报》的革新,成为小型报纸杂志化的典型。

1946 年 3 月,在中共上海学委领导下,陈古海、钟沛璋、沈正党、张明早等，克服了种种困难，在上海创办了一座地下广播电台——中联广播电台，呼号XGCA。为便于登记，由中国新闻专科学校校长陈高傭挂名台长，以上海文化运动促进会的名义，向上海电信局和淞沪警备司令部登记注册。中联广播电台以民营广播电台面貌出现。通过进步团体，组织健康有益的节目，邀请进步人士学者，播讲文学艺术，报道全国各地反饥饿、反内战、反迫害的斗争情况及军事斗争形势，有利于严重白色恐怖下的上海人民，了解真实情况。

四、在白色恐怖中顽强拼搏

到1947年5月，中国共产党在上海的新闻活动处境已极其困难。国民党蒋介石集团在军事上连连失败，国统区第二条战线的民主运动蓬勃发展，国民党反动派处于全民的包围中，十分孤立。镇压民主运动，摧残进步舆论的法西斯暴行更加疯狂，彻底背叛了它关于言论出版自由的保证。1947年3月，《文萃》、《群众》等报刊遭到查封，5月，《联合晚报》、《文汇报》、《新民报晚刊》被勒令停刊，中联广播电台也无法正常播音，停止了活动。

但是，正义的声音是压制不住的，共产主义真理是封闭不了的，中国共产党的新闻活动，在严重白色恐怖下，坚守阵地，顽强拼搏。《群众》周刊迁香港出版，仍设法在上海发行，刊物一到，迅速传开。《文萃》被迫转入地下，进行更加艰苦的斗争，从1947年3月6日出版了第73期以后，就改为秘密发行。原来公开的文萃社撤销，以人人出版社名义出版，编辑人员分散开展工作，刊物也从16开本，改为32开本的小册子。封面上不再标“文萃”字样，以每期周刊内的一篇文章的题目作刊名。第一期为《论喝倒彩》并印有“文萃丛刊”4个小字，在“告读者”中说明“从这期起，《文萃》在形式上有所改变了，这是一种书的形式，而内容则仍旧是一本杂志。这种改变完全是为了适应发行的需要”。为了迷惑敌人，地下《文萃》不断换手法，从第4期起，连“文萃”字样都不见了，但在每期封面上印有特殊的小标志，使老读者一看便知《文萃》还在坚持战斗。版面的改换和发行方式的转变，只能蒙蔽敌人于一时，当第二期以《台湾真相》刊名出版后不久，敌人就发现了“文萃已变形出版”，马上下令禁止。但是，当敌人获悉并采取查禁措施时，《文萃丛刊》早已在读者手中流传了，同时及时改变新的伪装。第6期《论纸老虎》出版后，敌人发现有安·路易丝·斯特朗新著《毛泽东论纸老虎》和郭沫若就“五·二〇”学生运动所写的《学潮问答》等文章后，发现“文萃”仍在出版，国民党上海市党部主任方治下令市警察局，“对文萃出版的各种丛书迅速予以严格取缔，没收存书，禁止发行”[13]。“文萃”再次改变地点，变更出版名称，可是，国民党查禁措施越来越严，出了第9期后被迫停刊。

《时代日报》在这种极端困难的环境中，利用“苏商”的特殊地位，发挥着特殊作用。国民党蒋介石集团为了封锁战场上失败的军事消息，实施更加严厉的新闻统制政策。为了冲破敌人的新闻封锁，由姚溱主持的《时代日报》“半周军事述评”，显得更加重要，他巧妙地利用中央社和外国通讯社报道相互矛盾之处，加以比较整理，然后从中反映战事发展的动向,不断地向国统区读者报道事实真相。为了分散敌人的注意,姚溱先用"秦上校"笔名,使人们感到这栏"述评"好像由一位国民党失意退伍军官写的,增加述评的权威性和可信性。"秦上校"这个名字,在读者中不胫而走。以后他又用外国人的名字,如"马可宁"、"萨利根"等。《时代日报》在每天第一版的左下角,设立一个"战讯"栏目,有选择地刊登外国通讯社的报道,与军事述评相配合,帮助广大读者了解战争的真实情况,认清战事发展的趋向。1947 年 7 月,《时代日报》增辟了《时事杂感》专栏,由陈虞孙主持,他以"灵甫"的笔名,发表了一系列对国际和国内时事问题的评论,笔法泼辣,议论尖锐深刻,帮助读者认清形势。《时代日报》还广泛及时地报道各地风起云涌的工潮、学潮的真实情况,特别对上海人民"反饥饿"、"反内战"、"反迫害"的英勇斗争,冲破种种阻挠及时报道,对推动国统区第二条战线的深入发展,起了积极作用。

《时代日报》早被国民党当局所注意,国民党上海市市长吴国桢和新闻处处长朱虚白,经常把匝开莫和姜椿芳叫去"训话",甚至要求解除姜椿芳的总编辑职务。1948 年 6 月初,国民党借口《时代日报》"歪曲报道"上海圣约翰大学等三所大学的反美爱国运动,"显欲煽动骚乱",还加上《时代日报》"支持共产党,企图阻挠政府的金融政策,歪曲军情"等罪名,勒令无限期停刊。《时代日报》被迫停刊后,《时代》周刊继续出版,加强了对国际和国内形势的报道和分析,继续担负起《时代日报》未完成的使命。

中共上海地下党组织开展多种形式的新闻宣传活动。

1947年6月,在中共上海学委领导下,上海学生联合会出版了《学生报》,初为八开两版铅印小报,后改为四开一张,其任务是针对上海学生运动情况,开展形势教育,帮助学生认清形势,掌握正确的斗争方针和方法。全国学生联合会成立后,该报又担负报道全国学生运动的任务。《学生报》击退了国民党的阻挠和破坏,一直坚持出版到1949年4月。类似的刊物还有《青年知识》、《中学时代》、《新少年报》等。1947年,在中共上海局领导下,以民营名义创办了上海现代经济通讯社,知名人士吴觉农为董事长,社长杨荫溥、总编辑娄立斋。它是中共编辑出版经济通讯稿件的据点,也是团结教育经济工商界爱国民主人士的统一战线阵地。1947年5月,地下党员邹凡扬等创办了中联通讯社,邹任总编辑,该社的资料室主任汪闻道是直接领导人,他从各种报刊上选摘资料,编辑为新闻稿,供各报刊用。1949年2月,邹凡扬同倪子琨创办了《新闻观察》杂志,除报道国内外重大事件外,主要介绍解放区情况及中国共产党的政策主张。

1949年4月,为迎接上海解放,在中共上海局的领导下,以上海人民团体联合会的名义,秘密出版了《上海人民》报,4月8日正式创刊,初版八开小报,后改为对开半张,一周一期,文委庄炎林直接领导,具体编务由王树人、黎家健负责,以后陈虞孙、冯宾符、夏其言参加,冯宾符任总编辑。《上海人民》报大量刊载新华社的电讯,报道解放军胜利进军消息和解放区生产生活的消息和通讯,宣传中国共产党对新解放城市的方针政策,从5月12日起,连续报道上海战况。5月25日凌晨1时,苏州河以南的上海市区解放,该报详细报道全市人民欢庆解放的盛况。5月28日《解放日报》创刊，《上海人民》便自动停刊，共出8期（包括号外）。

第三节　民主力量的报刊

一、《文汇报》、《新民报晚刊》的出版

解放战争时期，国民党统治区在反对国民党法西斯统治的斗争中，出版了大量民主报刊，其中虽有左、中、右之分，但在反独裁、反内战，要民主、要和平方面是一致的。它们是中国共产党领导的，新闻文化统一战线的重要组成部分，民主革命的同盟军，对于推动国统区第二条战线的胜利发展，起了重要作用。上海的民主报刊，成为这一斗争的一面旗帜，作出了重要贡献。

抗日战争胜利后，上海首先出版的民主报纸是《文汇报》。1939年5月《文汇报》被迫停刊后，创办人严宝礼长期滞留上海，不经商，不从事实业，等待时机，复刊《文汇报》。日本一宣布投降，严宝礼便于8月18日，抢先恢复《文汇报》。聘储玉坤任总主笔，朱云光任总编辑。由于条件所限，暂出8开一张，这与"孤岛"时期的大型日报极不相称，故没有沿用原刊号依次编号，以号外形式与读者见面。23日在社论《今后的本报》中，提出了5条办报方针：(1)"宗旨纯洁，完全站在民众的立场发言"；(2)"本报本着言论自由的最高原则，发表社论，力求大公无私"；(3)"报道新闻，迅速翔实"；(4)保持"富贵不能淫，威武不能屈之高尚报格"；(5)"报纸为发展社会事

业之工具”,“本报同人必竭尽所能,为社会服务”。

《文汇报》日出8开一张的版式,到9月5日为止共出19天,9月6日改版,日出四开两版一大张。社址迁至圆明园路,由中央日报社承印,以后自办印刷厂。1946年元旦社论《关键就在今年》中,再次声明“我们绝对是一张民间的报纸,绝无背景,所有爱国的各界同胞都可以利用我们宣传正义、研讨问题,所有民间疾苦、社会隐病,我们都愿意尽情揭露,以求解决”,表示以言论自由为最高原则,矢志保持高尚的报格,“愿为中国新闻事业开辟一条新路,在民主建国大道上,尽一点责任”。但复刊初期,由于编辑部负责人思想认识不清,未能真正贯彻已确定的办报方针。

从1945年底起《文汇报》编辑部着手充实调整,储玉坤、朱云光相继离去,先聘张若达担任主笔,主持言论。宦乡、陈虞孙、柯灵、孟秋江等,先后参加《文汇报》编辑部工作。1946年4月,徐铸成辞去《大公报》职务,回到《文汇报》任总主笔,重组编辑部。从5月1日起,第一版报名栏内,在“发行人严宝礼”之下,增加“总主笔徐铸成”。宦乡、陈虞孙任副总主笔。马季良任总编辑。孟秋江任采访部主任,秦柳方、寿纪明主编《经济界》。1945年12月30日《文汇报》刊出启事:元旦起扩大篇幅,充实内容,由柯灵主编《读者的话》专刊,叶以群主编副刊《世纪风》,陈尚藩主编《灯塔》,余所亚主编《文汇画刊》(间日附送一期)。增设《星期座谈》专栏,“征聘名流学者,经常举行座谈,针对现实问题,解剖时事症结”。在此前后,唐弢、杨培新、夏其言、钦本立、刘火子、黄立文、王坪、张锡昌等一批进步新闻文化工作者,陆续参加《文汇报》工作,使编辑部阵容更为整齐。在徐铸成、宦乡、陈虞孙、柯灵、孟秋江等人的主持下,《文汇报》开始走上健康发展的道路,成为国统区民主报刊的一面旗帜。

1946年5月1日,上海《新民报晚刊》创刊。该报前身是《新民报》,1929年由陈铭德、刘正华、吴竹似等创办于南京,陈任社长,聘张友鸾任总编辑。1937年7月成立《新民报》股份有限公司。董事长肖同兹,常务董事为彭革陈、梁寒操、王漱芳等,陈铭德为董事兼总经理,总编辑赵纯继,总主笔罗承烈,经理邓季惺。全面抗战爆发后迁往重庆出版。1943年增出成都《新民报》日、晚刊。9月成立了总管理处。抗战胜利前夕,除准备复刊南京版外,还准备胜利后在上海创刊,另组一重庆新闻公司,积极筹措资金。日本投降后,《新民报》主持人,怀着大干一场的勃勃雄心,以南京《新民报》为总社,又先后创办了北京版、上海版,加之重庆、成都两地,形成了五社八版的报业集团。报业托拉斯现象,再度重现。《新民报》各地方版既服从南京总社的领导,贯彻总社的办报方针,同时又有相对的独立性。

《新民报》上海版,是由邓季惺和赵超构负责筹备创办的。邓任经理,赵任总主笔,总编辑程大千。陈铭德原计划在上海出版日、晚两刊,因遭到国民党阻挠,拒发登记证,拖了近1年才勉强同意出一个晚刊,先出4开4版1张,同年8月改出对开1张,开始委托《文汇报》印刷厂代印,第二年才自备印刷厂。

上海《新民报晚刊》出版之初,正值全面内战爆发的前夕,全国人民争民主、争和平,反独裁、反内战的斗争已形成高潮,国民党法西斯统治也日益严重，报纸宣传面临着严峻的形势。《新民报晚刊》作为一家政治上“居中偏左、遇礁即避”的民营报纸，在创刊时便确定了一要进步、二要保全的办报方针。它在《发刊词》中宣布“为了国民的幸福，我们需要民主自由；为了国家的富强，我们需要和平统一。民主自由，和平统一，这是普遍于我们民间的要求”，为此“我们愿追随各界稍尽一点鼓吹的责任”。并郑重声明“我们愿意忠于国、忠于民，但是坚决不效于任何政治集团”。与南京《新民报》复刊词相比较，它扔掉了“拥护政府”的观点，这是一个进步。在以后的宣传中坚持这一立场，主要体现在赵超构的《今日论语》和夏衍的《灯录》专栏内。

上海《新民报晚刊》编辑部由赵超构主持，程大千负责新闻版面。新闻报道采取“超党派”的立场，表现得超然一些。不论要闻版、本埠版，都不采用国民党中央通讯社的稿件，而用本报记者自己采访的新闻稿。对外国通讯社发得比较客观公正的稿件，也采用一些，以补本报稿源之不足，这样也有利于办报方针的贯彻。一些重要政治军事消息，大多数是根据新华社广播稿改编，以本报南京、北平专电方式发表。对各界新闻事件、新闻人物，从多侧面报道事实真相，不加评论。记者采写了大量政界代表人物访问记，也只作客观介绍，不加议论。但在选择事实时，并不是没有立场和观点，让读者通过报道的事实去体会。

上海《新民报晚刊》的副刊，是团结联系进步新闻文化人士的重要阵地。综合性副刊《夜光杯》先后由张慧剑、夏衍、吴祖光等主编；群众性社会性副刊《十字街头》由柯灵主编；文化娱乐性副刊《夜花园》由李嘉主编。副刊作者，大多数都是进步文化人士。

二、从《国讯》到《展望》

一批以时事政治为中心内容的刊物，在争民主和平、反独裁内战的斗争中，发挥了重要作用。先后出版的有《周报》、《民主》、《国讯》、《评论报》、《新文化》、《昌言》、《读书与出版》、《世界知识》等。其中，《国讯》出版时间最长，影响最大，是这类刊物中的佼佼者。

《国讯》是中华职业教育社的机关刊物，创刊于1931年12月23日，当时正值上海“一·二八”抗日救亡运动的高潮中，初名为《救国通讯》，不定期，不收费。1934年1月，改名为《国讯》，仍为不定期刊。6月16日，从第71期起改为半月刊，定期出版，略收刊费。1935年1月11日，改为旬刊，1937年10月4日，因“八·一三”淞沪抗战失败而自动停刊。1938年1月，迁重庆出版。1939年1月，出香港版。1940年11月，又出桂林版，至1944年仅存重庆版。

抗战胜利后，《国讯》迁回上海出版，半月刊。社址上海龙华路980号。发行人黄炎培，主编俞颂华、杨卫玉。编辑委员有：徐仲年、夏孟辉、孙起孟、张志让、叶圣陶、孙儿伊、张雪澄、陈北鸥、梁泽南、傅彬然等。并保留重庆版编辑部。原计划从第400期移沪出版。由沪渝两地轮流编辑，以期保证按时出版。由于客观条件所限，未能如愿。如第401期稿件，由重庆寄来时，“不幸中途遗失，多方查询未获”，只得暂缺1期。

第402期也延至1946年12月1日出版。

复刊后的《国讯》,高举争民主和平、反独裁内战的旗帜,积极投身于民主运动的群众斗争中去。复刊词称"政治不应由一部分人包办",要求"取消党治,实现民主",因为"只有民主,可以促进团结,可以统一,可以取得和平,可以建设,这样才能国力加富增强,才能博得国际间的重视","使野心国家不敢轻视,而外侮不再发生",总之,"只有民主可以造中华新的国运"。为此,它进行了不懈努力。1946年9月,因"内战再起,政协破坏,加以物价飞涨,纸张枯竭","不得不再忍痛停刊"。1947年7月,《国讯》再次复刊,在复刊词中,重申第一次复刊时的立场,指出"现在内战愈打愈大,经济愈趋下坡,民主愈形憔悴,几乎要窒息等死了","国家民族的危机,到了这样严重的关头,我们一息尚存,怎能坐以待毙,默无一言呢"?"争取民主一日未成,我们责任一日未尽"。爱国之心,跃然纸上,决心为民主和平而奋斗。

中共地下党组织十分关心《国讯》的出版工作,通过参加编辑部的党员指导宣传,团结一批进步知名人士为之撰稿。地下党内不少负有一定责任的同志,如姚溱、李正文等,也经常为《国讯》撰稿,在中共上海地下党的支持下,《国讯》成为宣传中国共产党政治主张的重要阵地。1948年初,国民党为了缓和国内矛盾,由御用机构中国土地改革协会炮制了《土地改革方案》,国民党宣传机构大做文章,以欺骗群众。1月17日《国讯》第446期,以推动"土改方案"讨论为由,用"参考资料"方式,在刊登《土地改革方案》的同时,转载了南洋巴城《生活报》发表的《中共〈土地法大纲〉》,星洲《民主周刊》专论《对中共土地法的看法》等文章，还组织知名人士发表了《各方面对中国土地问题的意见》。第454期《国讯》，又转载了香港《华商报》发表的《毛泽东关于土地改革与保障中小资产阶级的报告》、《共区关于土地改革与整党实施办法的新指示》等文章。第459期又译载了上海英文《密勒氏评论报》报道《解放区的土地改革》、《论土地法大纲及土地改革方案》等文章。上述文章和报道，较全面系统地传达了中国共产党的土地改革政策，让读者在比较中认识国民党炮制的“土地改革方案”的虚伪性、欺骗性。

为了防止国民党迫害，《国讯》在刊载中共有关土改文章前，还转载了《中央日报》、中央通讯社的有关社论和文章，以示客观。尽管如此，1948年4月9日，国民党仍以《国讯》“刊载为匪宣传的文字”为借口，予以查封。

《国讯》被封后，黄炎培、杨卫玉等毫不气馁，决心再办刊物。但是在国民党加紧“戡乱”，文网禁锢得比罐头还严密的情况下，要向国民党政府领取一个刊物登记证，真是谈何容易。事有凑巧，此时罗涵先、陈仁炳、陈新桂等人，手中有一张过期的《展望》登记证。这张登记证是他们3人于1947年夏联合申请领取的。陈仁炳为发行人，罗涵先为主编，10月7日正式创刊。可惜仅出一期便停刊了。《国讯》被查封后，他们便把《展望》登记证，移花接木，借《展望》复活《国讯》，但从《展望》停刊到《国讯》被封，已超过国民党《出版法》关于杂志登记证“连续6个月不出版时，登记证自行失效而作废”的规定。为了蒙骗敌人，决定跳过第1卷第1期以后各期，即从第2卷第1期开始，表明《展望》是连续出版的。为应付国民党检查，堵住他们的“尊口”，准备补编出版第1卷第1期以后的各期。

《展望》重新成立了编辑委员会，杨卫玉任编委会主席。委员有黄炎培、陈仁炳、罗涵先（后由王元化接替）、吴承禧、尚丁等15人，由潘朗（公昭）具体主编。《展望》第2卷第1期，于1948年5月1日便与读者见面了。为了迷惑国民党，《展望》编辑部设在上海雁荡路中华职业教育社内。封面上的社址却印成南京林森路261号。这是《文汇报》特约记者浦熙修的南京住址。

《展望》是一个时事述评的综合性刊物，16开本，每期约4万字。内容设有短论、专论、展望一周、通讯报道等。“短论”是代表该刊立场和态度的社论性文字，大多数由黄炎培、杨卫玉执笔。该刊突出特点是“展望一周”栏目。每期由固定撰稿人供稿。“一周政治展望”由陈虞孙以张绍贤笔名撰写；“一周战局展望”是姚溱以波光笔名供稿；“一周经济展望”由钦本立以柏苍笔名执笔；“一周国际展望”，是石啸冲用丁蕾笔名写的。时事述评的专论，没有固定的撰稿人，执笔者有共产党员，也有进步民主人士和教授学者。

1949年3月，《展望》第3卷第18期正在编辑出版时，突然接到国民党上海市社会局的查封令，其所谓罪名是“言论荒谬”、“挑拨离间”、“违反国策”等，连以往假惺惺援引《出版法》某条某款的做法也不要了，彻底撕破了国民党玩弄的“民主”“法治”的假面具。

《国讯》和《展望》都是统一战线性质的刊物，在中共上海地下党的领导下，同敌人顽强拼搏，巧妙地宣传党的政策，传达党的声音，报道全国各地的真实情况，揭露国民党的种种阴谋和欺骗，成为中共在国统区一个重要宣传阵地，特别在中共报刊和其他进步报刊被查封后，其进步作用更为明显。

三、宣传第三条道路报刊的变化

宣传第三条道路的报刊，在中国长期存在，但以往在社会上的影响不大，没有形成气候，直到解放战争时期，在国民党统治区大批出现，成为这一时期新闻文化战线上的一个突出特点。这是当时中国政治形势发展的必然结果。

抗战胜利后，民族矛盾基本解决，国内阶级矛盾上升为主要矛盾。国民党蒋介石在美帝国主义支持下，妄图消灭一切进步势力，建立法西斯独裁政权。以中国共产党为代表的广大人民群众，则强烈希望中国走和平、民主、自由、富强的道路。在这两大势力之间，一批民族资产阶级和上层小资产阶级，包括自称为自由主义者的知识分子，幻想走欧美式民主共和的道路，人们把他们称为第三方面力量。他们在各地创办了大量报刊，宣传自己的主张。历史证明，他们的政治主张，只能是一种幻想，行不通的，但他们所宣传的反独裁、反内战，要民主、要和平的主张，是有利于民主革命斗争的。上海是中国民族资产阶级和上层小资产阶级的集中地，资产阶级自由主义思想有深厚的社会基础，因此，上海宣传第三条道路的报刊，也特别活跃，最典型的代表是储安平主编的《观察》周刊。

《观察》周刊的前身是《客观》，1945 年 11 月 11 日创办于重庆，8 开大型周刊。这个刊物的主要作者是一批留学欧美的高级知识分子，读者遍及西南各地。随着政治中心的东移，他们也决定迁往上海出版。1946年1月在重庆召开了第一次筹备会议,决定刊物名称改为《观察》,草拟了缘起和征股章程等。3月储安平由渝抵沪,具体筹备出版工作。原定7月出版,因学校放假,怕不利发行,推迟到9月1日正式出版。储安平主编,伍启元、吴世昌协助编辑。《观察》函请了全国各地"第一流学者教授60余名"为撰稿人,其中有马寅初、许德珩、梁实秋、王芸生、曹禺、张东荪、赵家璧、钱端升、冯友兰、刘大杰、费孝通、萧乾、赵超构、杨刚等。从第2卷第1期开始,胡适等人也参加进来,使该刊成为国内具有广泛影响的高级刊物,它的读者不仅遍及政界、知识界、工商经济界,在国民党军队中也有众多的读者,发行量迅速上升,由初刊时的几千份,增加到2万—3万份,最高时达5万份以上。

《观察》周刊在创刊号上,发表了具发刊词性质的《我们的志趣和态度》,署名"编者",阐明了办刊宗旨和编辑方针。声明该刊"是一个发表政论的刊物"。"本刊除大体代表着一般自由思想分子"说话外,"背后另无任何组织",站在"独立的、客观的、超党派的立场上",对"政府、执政党、在野党,都将作毫无偏袒的评论"。

《观察》周刊提出了"民主"、"自由"、"进步"和"理性"四原则,特别强调争民主、反独裁的要求,认为"民主是今日世界主流,人心所归,无可抗拒","不能同意任何代表少数人利益的集团独断国是,漠视民意","国家政策必须容许人民讨论,政府进退必须由人民决定","保障人民的自由,并使人人在法律之前一律平等"。这是对国民党蒋介石独裁专制的抨击。

提倡公开自由讨论,是《观察》周刊的一个突出特点。他们提出“本刊容纳各种意见不同的文字”，“尊重独立发言的精神，每篇文章各由其作者负责”，“其观点论见，并不表示即为编辑者所同意者”[14]。为了有利于开展自由讨论，该刊所设社评一栏，除个别文章署名“同人”或“编者”以代表编辑部的立场观点外，其他文章皆个人署名，以示文责自负。

《时与文》周刊，也是一份宣传第三条道路较为有影响的刊物。1947 年 3 月 14 日，创刊于上海，程博洪任发行人兼主编。周天行、汤德明参加编辑工作。主要撰稿人有周谷城、蔡尚思、伍丹弋、张东荪、王亚南、马叙伦、宦乡、沈钧儒、楚图南、翦伯赞、沈志远等一批著名学者教授。《时与文》没有发刊词，创刊号的第一篇文章是周谷城的《近五十年来中国之政治》，表达了要求民主的愿望，提出“民主的要求虽然迫切，民主的主张虽然鲜明，民主的规定虽然完备，然五十年来国人所得到者，一无所有，民主政治并没有影子”，当今所迫切应解决的主要问题是：“一曰，现代化之完成”；“二曰，民主制度之确立”，表示愿为“民主运动尽一份努力”。《时与文》也坚持超党派立场，开展自由讨论，先后就“中间路线”、“民主国际”、“自由主义”、“美国扶植日本”、“知识分子使命与出路”等问题，展开了广泛深入的讨论。

在上海宣传第三条道路的刊物，还有社会民主党机关刊物《再生》和中国青年党创办的《中华时报》。《再生》在抗战期间创刊于重庆，张君劢主编，由新生书店发行，1946 年 3 月 25 日，从第 105 期起迁上海出版，社址上海福州路 384 弄 9 号，主要撰稿人有梁纯夫、石啸冲、王子敬、孙宝毅等。《中华时报》创刊于 1946 年 6 月，社长左舜生，总编辑崔万秋。《再生》、《中华时报》都自称是“民主的播音台”、“民主主义者的公共园地”，以第三方面势力相标榜，偶尔也喊出国民党“一党专政统治下的国民政府”应当改组的呼叫，但它们骨子里是国民党忠实的追随者。国民党悍然发动全面内战后，他们不但不给予谴责，而且成为积极支持者。1946 年 10 月，国民党蒋介石集团不顾中国共产党和各民主党派的反对，召开了反动的伪“国大”，青年党和民主社会党都公开充当了这丑恶筵席上的陪客。《再生》和《中华时报》也彻底撕去宣传第三条道路的伪装，甘心做蒋家王朝的陪葬品。

随着国民党政治上法西斯独裁日益严重，军事上失败日益明显，美帝国主义对华政策开始改变，在支持国民党蒋介石集团继续打内战的同时，又积极支持亲美的资产阶级自由主义者，希望他们来代替蒋介石统治中国。在美国新政策的鼓动下，第三方面势力特别活跃起来，给新闻文化界也带来不小的影响。《大公报》、《文汇报》等，也加入宣传第三条道路的行列，特别是《大公报》发表了一系列社评和文章，强调“自由主义者的信念”，号召“自由主义分子站起来”，主张“多党竞争”，有时甚至自称为“民主社会主义者”，在读者中产生了较为广泛的影响。

四、曲折的道路

民主报刊的发展，并非一帆风顺，所走过的道路是十分艰难曲折的，这不仅是因为受到外部反动势力的压迫和迫害，而且在主观上，也走过了一段痛苦的里程。大多数最终顺应时代的要求，走向光明，走向人民。

抗战胜利后，国内出现了新形势，人民要求和平民主的愿望十分强烈。国民党蒋介石集团的内战方针已定，但是，广大群众对此并没有充分的认识，他们对产生内战危机的真正原因，消灭内战的正确方法并不十分清楚，有的甚至是非不分。特别深受封建正统观念影响的人们，对蒋介石的真正面目认识不清，抱有幻想。这种情况，在民主报刊中也充分反映出来，《文汇报》、《观察》周刊所走过的道路，十分典型。

《文汇报》复刊后，虽一再声明“为无党派色彩的纯商业性报纸”，但在对待国共两党斗争问题上，最初是明显地站在国民党一方。1945 年 10 月 30 日，在短评《向中共呼吁》中，提出“消弭内战的办法，只有绝对拥护中央”，“如果中共当局，执迷不悟，仍欲一意孤行，不惜引起内战，使我民族陷于万劫不复之绝境，则其为民族罪人，是不可饶恕的”。《文汇报》强烈要求实现和平民主，但对破坏和平民主的根子在哪里，并不清楚，又错误地把矛头指向中国共产党。在 11 月 9 日社论《我国实行民主的先决条件》中，提出“对于中共的挑衅行为”，政府“仍一再表示容忍”。它呼吁“凡是中华民国的人民，都应该站起来说话”，“使中共当局不得不遵守民意”。

《文汇报》的错误态度，失去了以往在读者中建立的良好信誉，发行量不断下降，广告客户也随之减少，经济状况入不敷出。处于这样的情况下，报纸如不改变态度，改变面貌，就很难维持下去。《文汇报》主持人严宝礼决定改组编辑部，在中共上海地下党组织的关心支持下，一批共产党员和民主进步人士，应聘参加《文汇报》工作。从 1946 年初起，《文汇报》

版面上开始有了一些新变化。在言论上积极拥护召开政协会议，要求国民党遵守政协决议，取消“一党专政”。同时强调报纸宣传面向群众，“所有民间疾苦，社会隐病，我们都愿意尽情揭露，以求解决”[15]。设法冲破国民党政府严密的舆论控制，在报纸上传播中国共产党的声音，促进民主运动的发展。

在《文汇报》走上健康发展的道路不久，社会上又掀起宣传走第三条道路的思潮，《文汇报》上也有所反映。1946 年 11、12 月间，《文汇报》陆续发表了《第三方的道路》、《再论第三方面》、《所望于第三方面者》、《第三方面的组织问题》等社论和文章，认为“第三方面应凝成一股坚强不可侮的力量”，“可以使相持的战争局面停止，使国家走向民主独立的康庄大道”[16]。然而客观事实很快打破了《文汇报》的幻想。国民党蒋介石过高估计自己的力量，一意孤行，扩大内战。使《文汇报》认识到“事实很明显，要挽救国家的危机，只有停止内战，要停战只有靠人民自己的力量来争取”[17]，完全站到人民方面来。

《观察》创刊初期，对共产党和国民党都持批判态度，提出抗战胜利后一年多，中国社会黑暗腐败，国际地位下降，“是谁之过？政府这一年来的措施失当，共产党的以兵争代替政争，都是直接原因”，“两方都有缺点，人民为什么不采取另一立场说话”[18]？它在抨击国民党独裁腐败的同时，也反对共产党以武装斗争方式夺取政权，建立无产阶级专政的社会主义，甚至攻击“共产党为了目的，可以不择手段”。

随着国民党蒋介石集团法西斯独裁日益残酷，社会黑暗腐败日益严重，《观察》对国民党的抨击也越猛烈，从各个角度抨击国民党的种种罪行，并指出国民党执政 20 年，“只聚精会神地做一件事，就是消极的政治控制，以求政权的巩固”，根本不顾人民的死活和国家建设，警告说“单靠消极的政治控制，维持不了既得政权，这条路走不通，越走越近死路”[19]。《观察》对国民党玩弄的“行宪”骗局，也给予无情揭露和批判。指出国民党的“行宪”曾大吹大擂，好不热闹，但政府应“扪心自问，你们到底行的什么宪？人身无保障如故，集会结社之不自由如故，而言论之遭受摧残，只有变本加厉”。辛辣地讽刺说“国民党疑心很重”，很害怕人家批评，如果“一个政府弄到了人民连批评它的兴趣也没有了，这个政府也就够悲哀的了”。甚至发出推翻国民党政府的呼吁，“殊不知政府人物无不可替换者，政府制度无不可更改者”，“只有那些占着茅坑不拉屎的人，才怕人家把他拉下来”[20]。

《观察》的重要变化，是对共产党的态度。《观察》是一个自由发表政见、文责自负的刊物，创刊之初对共产党的态度也不一样，有的持批评态度，有时言词激烈，有的保持沉默，甚至表示理解。如储安平在第1卷第3期发表的《失败的统治》中说：“政党要获得政权，原为题中必有之义；在野的要想法获取政权，在朝的要维护其既得的政权，中外古今，无有例外。”这自然也应当包括共产党在内。大约半年后，《观察》上不再出现直接攻击共产党的言论。到1947年3月，有的文章就公开支持共产党夺取政权的主张，指出“共产党是要获得政权的”，因为“争取政权是一个政党的常情，政党不争取政权，才是天下大荒唐”。对共产党以武装斗争夺取政权也不反对，它说共产党能通过和平方式取得政权，“自然最好，否则只好硬着头皮用武力来夺”，因为“在国民党这种政治作风下，没有枪简直没有发言权，甚至没有生存的保障”[21]。

《观察》这种日益明朗的政治态度，自然为国民党所不许，被查封的命运，终于于 1948 年 12 月 24 日降临到它头上。

在解放战争时期，国共两党斗争的胜负，除军事力量外，人心背向，也是关键问题之一，加强党的统一战线工作，争取更多的人站到人民方面来，是决定胜负的重要因素之一。在新闻文化战线上，上海一些私营报刊，在内战全面爆发前发表过错误意见，受到批评是应该的，但应看到这些报刊在反对国民党反动派的独裁、内战和卖国问题上，态度是明确的，主张民主、和平和爱国是积极的。随着事实的教育和党的政策的感召，他们不同程度地放弃了过去的一些幻想，进一步站到人民方面来，抨击国民党反动派的态度更加坚定，为国民党所不容。这一变化生动地说明了党在国统区新闻文化界统一战线工作的胜利。

第四节　在夹缝中求生的民营报业

一、国民党强化新闻统制

镇压进步报刊，控制私营报业，是国民党实施垄断新闻事业的重要方面，可是，战后人民觉悟的提高，国内阶级力量对比的变化，要求民主和平的舆论日益高涨，因此国民党反动派摧残民营报刊更加残酷毒辣。

强化报刊登记制度，是摧残民营报刊的手段之一。抗战期间，国统区新闻文化界深受新闻检查制度之苦，抗战一胜利，新闻文化界要求开放新闻出版禁令，废除检查制度的民主运动，像火山爆发一样喷发出来，声势浩大的拒检运动，遍及全国。为了缓和矛盾，国民党不得不表面上作一些姿态。1945年9月1日，蒋介石在重庆庆祝抗战胜利的广播演说中，表示"将取消新闻检查制度，使人民享有言论自由"。1946年1月，国民党军事委员会宣布取消一批抗战期间制定的新闻出版法规条令，3月在政协会议通过的《和平建国纲领》中，国民党也被迫同意写上"废止新闻检查制度"，"修正出版法"，"扶助"报刊通讯社发展等。但是，事实证明国民党没有兑现上述承诺，而是以报刊登记制代替检查制，对新闻文化的摧残变本加厉。

1945年8月28日，国民党军事委员会新闻检查局在上海设立新闻检查所，特派员王晋琦任主任，蒋剑侯任副主任。次日便对各报实施新闻检查。年底，军委会将新闻检查所移交给国民党上海市政府，吴云峰为主任。1946年3月初，国民党最高当局宣布废止新闻检查制度，3月8日上海新闻检查所撤销。但是，国民党加强市政府新闻处的任务，以报刊登记制代替新闻检查制，以强化新闻控制。

1945年9月，国民党上海市政府设立新闻发布组，主任由《时事新报》总编辑朱虚白兼任。主要任务是定期发布市政府新闻。新闻检查所撤销后，新闻发布组改组为市政府新闻处，其任务扩大为：(1) 宣布政府命令；(2) 招待外国记者；(3) 阐明政府政情及社会风尚；(4) 审核报纸杂志之登记；(5) 编纂政府公报；(6) 集政府所属各机关新闻资料，向新闻记者提供。其中"审核报纸杂志之登记"，是控制新闻事业的主要手段。它会同上海市政府社会局，通过登记审核，扼杀进步的和不同政见的报刊。1946 年 10 月，国民党南京政府内政部又发出通令，称“自抗战胜利结束以后，各地报社、通讯社、杂志社纷纷成立，多未经核准，擅自发行，决即严行查禁，以杜流弊。特函请各省市政府，此后凡未经核准登记擅自发行之新闻纸、通讯社、杂志社，应依照出版法第二十六条之规定，停止发行”[22]。这样，上海已出版的《民族日报》、《建国日报》、《前进日报》、《光复日报》、《宁波日报》、《大华夜报》、《社会晚报》、《民主》周刊等大批报刊，国民党以申请登记“未获批准”为借口，勒令停刊。被扼杀于摇篮中的报刊、通讯社更多。

国民党对曾获准出版的报刊，也要重新登记，“换发新登记证”。1946 年 12 月，国民党政府内政部制定了《清查换证办法》，规定“凡三十五年七月前，经核准登记已给证，而近在继续出版发行之新闻纸杂志，应一律换发新登记证”[23]，以此控制已出版报刊的发展。私营广播电台同样受到这一制度的摧残。

国民党发动全面内战后，国统区的白色恐怖日益严重，破坏摧残报刊的事件，时有发生。1946 年 6 月，国民党借口《周报》、《昌言》等刊物违反出版法，勒令其停刊。下令查抄没收报刊，禁止发售的事件，更是屡见不鲜。据 8 月 31 日，上海《大公报》载，上海市国民党当局查禁书刊有 109 种，其中有《新中国》、《读者》、《国际知识》、《新华周刊》、《民主世界》、《时代生活》、《民主评论》、《现代知识》、《上海青年》、《人人周刊》、《自由人》等大批报刊。1947 年 5 月，《文汇报》、《联合晚报》、《新民报晚刊》因报道和评论南京、上海等地学生运动，遭上海淞沪警察司令部查封，令称“查该报连续登载妨害军事之消息，及意图颠覆政府，破坏公共秩序之言论与新闻，本市为戒严地区，应予取缔”[24]。《文汇报》记者麦少楣，主笔张若达，编辑李碧依，《新民报晚刊》记者张沈等被捕。唐海、张鸣飞、柯灵等被列入黑名单。《联合晚报》记者黄冰、姚芳藻、杨学纯3人也被国民党秘密逮捕。

国民党在军事上失败越惨重，对报刊宣传的镇压摧残就越疯狂毒辣。1948年4月，《国讯》因刊载了“土地问题参考资料”，国民党便以“为匪宣传”的罪名，勒令停刊。宣传第三条道路的《观察》、《时与文》等刊物，也不为国民党所容。随意逮捕屠杀新闻工作者，更暴露了国民党蒋介石集团的残忍。1948年《文萃》主编陈子涛、印刷厂经理骆何民、发行负责人吴承德被国民党杀害，制造了震惊全国的“文萃三烈士”事件。1948年11月11日，上海淞沪警备司令部发布戒严通告称“禁止集会、结社及游行、请愿，并取缔言论、讲学、新闻、杂志、图画、告白、标语其他出版刊物之认为与军事有妨害者”[25]。在这里已公开宣布，对新闻传媒的处罚，不是依据客观事实，而凭主观上“认为与军事有妨害者”便加以处罚。1949年3月，汤恩伯又制定了《审查报刊办法与标准》，规定新闻媒体对国民党的“备战谋和”等“国策”，不得发表任何评论，否则严加惩处。

置身于这种严重白色恐怖环境下的民营报业，终日在惶惶不安中度过。

二、国民党控制民营报业的阴险手段

国民党欲实现垄断整个新闻事业，除实施统治言论、扼杀进步报刊外，还需要其他措施相配合。控制纸张供应，就是其中之一。

纸张是报刊生存的第一物资要素，战后国统区物资奇缺，供应紧张，物价飞涨，纸张供应尤其困难。因此，国民党通过控制纸张的供应，迫使一些民营报刊就范。首先对国产纸实行配给制。1947 年 4 月，国民党中宣部通令各地报刊减缩篇幅。上海、南京的报纸："原为 3 大张以上者，缩为 3 大张"，其他"依次减半张"。其他地区的报纸，"以 2 大张为最高额"，低于 2 张者，"自由减缩"。为实施上述措施，5 月，国民党中宣部在上海召开各报负责人会议，会上各报主张不一，最后硬性规定："至多不得超过 3 大张。"最多出版 6 大张半的《新闻报》被迫接受。《申报》、《大公报》、《中央日报》也相应减少，接受 2 大张半的建议。9 月，国民党南京政府行政院又制定了《新闻纸杂志及书籍用纸节约办法》，报纸："原在 1 张以上者""减为 1 张"，"原在 2 张以上者，不得超过 2 张"；杂志："周刊，每期以 16 页为度"，"半月刊，以 32 页为度"，"月刊以上，以 46 页为度"[26]。对申请新创办报刊，均"严格限制其登记"。1948 年 1 月，国民党上海市政府更规定，报刊"在 1 年内停止申请出版或复刊"。其次，对进口纸张实行限额。1947 年初，国民党中宣部借口"为节约外汇，减少纸荒起见"，"将纸张列为限制进口物品之一"，凡进口纸张，需经审核批准。

国民党对纸张商号，实行库存限量。1948 年 1 月，国民党南京政府行政院颁布了《非常时期取缔日用军需物品囤积居奇办法》。把纸张也列为囤积取缔物品，严格限定纸商库存数量，最高量为"民国三十六年度全年总销数之四分之一"，"自备外汇进口之白纸"，"一律呈社会局批准"。7 月 24 日，国民党上海市政府社会局奉内政部之命，通告“各报纸杂志通讯社，自即日起，按期将出版品呈内政部及社会局查考，以凭核办”，否则停止配纸供应，禁止自行进口张纸，“情节严重者，注销登记”[27]。

通过控制新闻界团体，控制报刊宣传，使之成为服务国民党的舆论工具。上海是新闻界成立群众团体最早的地区之一，在联络感情、沟通信息、加强团结、维护自身合法利益等方面，都起了积极作用。1945 年 10 月，上海的一些新闻记者，朱虚白、朱曼华、胡传枢、徐铸成、宦乡、冯冲定、胡传厚、刘尊棋、严服周等 20 余人，发起组织上海新闻记者联谊会。筹备工作就绪后，决定 10 月 24 日召开成立大会。国民党当局得知后，从中作梗，拖延登记，使之流产。同时指使国民党系统报纸负责人陈训悆、冯有真、詹文浒、赵敏恒、王晋琦、袁业裕等，发起组织上海记者公会，取而代之。1946 年 3 月 25 日正式成立，冯有真、詹文浒、陈训悆、赵敏恒、王晋琦、马树礼、赵君豪等 21 人当选为理事；潘公展、吴绍澍、胡朴安、严独鹤等 7 人当选为监事；冯有真、陈训悆、詹文浒、王晋琦、马树礼、袁业裕等 7 人当选为常务理事；潘公展、胡朴安、程中行 3 人当选为常务监事。

具有广泛影响的上海日报公会，抗战爆发后停止活动，战后也未恢复活动，由国民党系统报社发起组织的上海报馆同业公会，代替上海日报公会的地位与作用，于 1947 年 7 月正式成立。当选为理事单位的代表有：陈训悆(《申报》)、詹文浒(《新闻报》)、沈公谦(《中央日报》)、王晋琦(《正言报》)、罗效伟(《和平日报》)、张志韩(《立报》)、严宝礼(《文汇报》)、王乐山(《大晚报》)、叶季平(《民国日报》)，孙道胜(《新夜报》)

等；当选为监事单位的代表为：马树礼(《前线日报》)、周谦冲(《中华时报》)、崔竹溪(《益世报》)、陈铭德(《新民报晚刊》)、朱培兹(《侨声报》)等。上海报馆同业公会和上海记者公会，是上海新闻界两个影响最大的群众团体，其主要领导成员，都是国民党系统报纸的主要负责人，它们的一切活动，自然听命于国民党当局的指令，以利于国民党对新闻界的控制。

待机派人进入民营报社，妄图从内部控制报纸的宣传活动。1947年5月，《新民报晚刊》被国民党勒令停刊后，主持人陈铭德、邓季惺为了保持开创事业的连续发展，在上海保留一块能反映民众意见的舆论阵地，通过各种关系，设法恢复该报。国民党当局想乘机控制该报，提出了复刊的两个条件：一是由他们“介绍”1名总编辑，2名记者进报社工作；二是，解除赵超构、浦熙修2人的职务。对于后者，陈、邓以赵超构、浦熙修2人在《新民报》工作多年，从无不当行为，又不是共产党员，若解除他们职务，其他许多朋友都要寒心，不愿在报社工作，报纸也难以继续办下去，拒绝了要求。对于前者，难以拒绝，否则根本无法复刊，只得答应，于是国民党派特务王健民来报社，担任总编辑之职。王健民系湖北人，早年旅居美国，曾办过一张华侨中文小报。回国后，因与国民党上海市党部主任委员方治关系密切，担任上海师范专科学校训导主任。两个记者均系中统高级职员，他们的任务是控制报纸的编辑方针和宣传内容，监视报社同人的行动。因此，复刊后的《新民报晚刊》，在宣传上特别小心。对王健民的所作所为，虽采取了一些抵制措施，仍失去以往的朝气。尽管如此，在共产党报刊和民主报刊几乎全部停刊的情况下，国统区人民也可以从《新民报晚刊》的客观报道中，了解一些全国反内战的真实情况，了解解放军胜利进军的消息。类似《新民报晚刊》的情况，其他民营报刊也时有发生，足见国民党控制民营报业的险恶用心。

三、民营报业为生存拼搏

上海民营报业，处于政治迫害、特务破坏、物价飞涨和物资供应困难等重重压迫下，为求事业的生存和发展不得不顽强拼搏，在夹缝中求生。

争取新闻言论自由，是民营报业生存的前提条件和共同任务。国民党法西斯新闻统制政策，是民营报业生存和发展的最大威胁，所以新闻文化界反对政治迫害、争取新闻言论自由的斗争，贯穿于整个解放战争时期。抗战胜利初，上海新闻文化界支持并参加全国各地发动的“拒检运动”，就是这一斗争的序幕。

1946年1月，抗议国民党杀害著名记者羊枣的斗争，推动上海新闻文化界争取新闻言论自由的斗争走向高潮。杨潮(1900—1946)，湖北沔阳人，笔名羊枣、朝水、易卓等，早年在湖北、北京、上海等地求学。1933年在上海参加了中国“左”翼作家联盟，任“左联”宣传部负责人，为多家报刊撰稿，并在塔斯社上海分社任职。1939年赴香港，在金仲华主编的《星岛日报》任军事记者，开始用“军事记者羊枣”署名。皖南事变后，转至桂林，后到衡阳，任《大刚报》主编。1944年去福建永安，主持《民主报》，编辑《国际时事研究》周刊，兼任美国新闻处东南分处中文部主任。国民党第三战区顾祝同借口羊枣与新四军浙东游击队秘密联系，加以逮捕，先囚永安，后囚铅山，抗战胜利后移囚杭州。1946 年 1 月，被国民党杀害于杭州狱中。时年 46 岁。

羊枣被害消息传出后，全国舆论哗然，上海新闻文化界极为愤慨，1 月 26 日发表了《上海新闻记者为羊枣之死，向国民党当局的抗议声明》，强烈谴责国民党的法西斯罪行，指出“羊枣先生无故被捕，时逾半年，既不公开审讯，复不宣布罪名，囚死狱中，实为当局一贯摧残人身自由与言论自由之直接结果”。这种野蛮行为不停止，“新闻记者失其保障，民意尽遭窒息，中国新闻事业必将走向绝路”[28]。签名者有：金仲华、柯灵、孟秋江、丁梅村、陆诒、刘尊棋、黄立文等 60 余人。5 月 19 日，上海新闻文化界在羊枣先生灵前举行公祭，发表了《上海文化界新闻界祭杨潮文》，再次抨击国民党的罪行，指出杨潮“未死于战争，未死于敌人”，而“死在罗织冤狱的中国人手，这是莫大的悲痛”。呼吁“民主一定要实现”，要为此“斗争到底”，誓死为羊枣的“冤狱昭洗明白”[29]。《文汇报》、《联合日报》、《周报》、《密勒氏评论报》、《文萃》等中外进步报刊，纷纷发表社论文章，痛批国民党的无耻行径。

上海新闻文化界对国民党利用登记制度，扼杀报刊，摧残新闻自由的反动措施，提出强烈抗议。指出：“当局查禁书刊的唯一理由，就是说这些刊物未经登记核准不合法。但是，事实上目前任何刊物”，“都是依法办理登记手续，然后出版的”，而主管机关“却故意延搁不办”，“试问，人民办刊物，依法申请登记，当局延搁不核准”，“又把她列入黑名单，用宪警力量来加以阻挠和打击，似此情形，违法的究竟是谁?”[30]对国民党当局出尔反尔的行为更加愤慨。国民党在《管理收复区报纸、通讯社、杂志、电影广播事业暂行办法》中规定，战前的新闻机构，只准在“原地恢复出版”。可是，国民党首先违反这一规定，从未在上海出版过的《中央日报》、《和平日报》、《东南日报》、《前线日报》等，战后纷纷在上海出版，国民党就无理由限制民营报刊、通讯社的创办，因此只好答应边出版、边办理申请登记手续。各类民营报刊一下出现了500多家，大批通讯社也相继成立，国民党又深感难以控制，不得不改口说“未登记核准者，不得发行”。大批报刊又被勒令停刊，针对国民党出尔反尔的行径，上海新闻文化界提出强烈抗议，指出：国民党政策前后不一，又对报刊“擅自查抄没收，才是真正违法的事，这种情形，除了在过去的德国和日本，哪一个自由的国家有过”[31]？

国民党妄图通过控制新闻界团体来控制新闻界活动的阴谋，也遭到了强烈抵制。为摆脱国民党对新闻记者的控制，新闻界于1946年7月，另外成立了上海外勤记者联谊会，会员138人，包括27个新闻单位。选举沈业儒、沈善斌、徐守谦、徐心芹、胡道彰、邵协华、徐载萍等15人为理事，胡尧昌、梁德卿、余茜蒂等5人为监事，沈善斌、沈业儒、徐守廉、徐世勋、邵协华等5人为常务理事。1946年12月，由《商报》、《益世报》、《神州日报》、《侨声报》等民营报馆，发起成立了上海民营报业联谊会，各报馆负责人为理事单位代表。1946年3月，上海杂志界联谊会成立，选《世界知识》、《文萃》、《周报》、《民主》、《新文化》这5家杂志社为理事单位。《新文化》杂志社任理事会主席。3月25日，上海杂志界联谊会发表宣言，抗议国民党摧残言论出版自由，声援重庆、西安、北平、广州等地受迫害的同行。同样类型的新闻界团体，还有上海小型报联谊会、上海通讯社协会、上海夜报联谊会、上海体育记者联谊会、上海经济记者联谊会、上海出版界协会等。这些团体在不同程度上抵制了国民党对新闻界的控制，起到联络感情，沟通信息，加强团结，谋取自身利益的作用。

为反对国民党通过控制纸张供应来扼杀报刊的阴谋，上海新闻文化界也进行了不懈努力。1946年12月，上海民营报业联谊会派代表赴南京请愿，晋见宋子文要求低息贷款，放宽进口纸张的限制。1947年2月上海新闻文化界再发出呼吁，指出“战前进口纸张每吨合美金45元左右”，现在“已达美金260元以上”，“仅上海一地报纸，年需外汇1 100余万美元，行将核定之卷筒纸全国外汇，纵全数借给上海，也缺乏用纸2/3”。“本市报馆同业深感事态严重”，要求“放宽进口纸张的限制”[32]。12月，上海80多家杂志发表了《上海杂志界联合宣言》，严正指出“年来纸张价飞涨，出版界难于负担”，“年来官价纸张之分配，尚求普遍公平”，各出版单位“均应同等享受此种配给纸张之权利”[33]。

在国民党重重压迫下，上海的民营报业虽经过顽强斗争，也难改变大局，有的被迫停刊，有的缩小篇幅，增加广告，加以维持，有的屈服压力投靠权势，谋求生路，也有的违反国民党的愿望，走向它的反面，走向新生。《大公报》就是一例。

四、《大公报》从反动到新生

《大公报》于1926年9月由吴鼎昌、胡政之、张季鸾联合接办，成立了《大公报》新记公司后，于1936年4月创办了《大公报》上海版。抗战期间，又先后出版过汉口版、香港版、桂林版、重庆版等。1944年只剩下重庆版。

抗战胜利后，在国民党大肆抢占沦陷区时，《大公报》也着手复员，由李子宽、徐铸成到上海恢复上海版。1945年11月1日正式出版。李任经理，徐任总编辑。12月天津版复刊。1946年春，胡政之、王芸生到上海，决定以《大公报》沪版为总馆，撤销了原来的董监事联合办事处，成立了《大公报》总管理处，胡政之任总经理，王芸生任总编辑，领导沪、津、渝三馆业务，在上海购买土地，筹划建造沪馆新址，并计划创办广州版。这样，《大公报》可占据华东、华北、华南、西南四大据点，成为一个强大的报业托拉斯。

解放战争时期，是中国政治风云发生翻天覆地变化的时期，许多事物都会发生难以预料的情况。《大公报》在革命与反革命的夹缝中，由反动走向新生，也是其主人原来所没有想到的。

1926年，《大公报》新记公司成立时，他们确定了“不党、不卖、不私、不盲”的办报方针，标榜是“超党派”、“超阶级”的民间报纸。但《大公报》新记公司，在近20年所走过的道路，实际上已与国民党结下了十分密切的关系。解放战争初期，更效忠于国民党蒋介石集团，其恶劣作用大大超过了《中央日报》、《和平日报》等。日本一宣布投降，《大公报》后台老板吴鼎昌向蒋介石建议，邀请毛泽东到重庆谈判，为国民党发动内战，争取准备时间。《大公报》以为毛泽东不敢赴重庆谈判，向中共施加政治压力，说“蒋主席既掬诚相邀，期共商讨”建国大计,“忠贞爱国的中国人,都在翘待毛先生的惠然肯来”,“毛先生自然也应该不吝一行,以定国事”[34]。在重庆和平谈判和政治协商会议期间,《大公报》一再高唱国民党提出的,先军队国家化,再国家民主化的老调,逼迫中国共产党把军队和边区政权,拱手交给国民党蒋介石集团。

为国民党开脱挑起内战罪责,把责任推给共产党,是《大公报》反动宣传的典型代表。日本宣布投降后,蒋介石命令国民党军队大肆抢夺沦陷区和日伪武器,为内战做准备,并不时向解放区进攻。国民党报刊宣传,“只有内乱,没有内战”,叫嚣“戡乱”。《大公报》也不管事实真相,加入反共大合唱。1945年11月20日,《大公报》发表了《质中共》反动社论,胡说“日本宣布投降之初,延安总部发布的朱德总司令的命令”,是“广大的北方到处起了砍杀之战”的根源。胡说“中共欲凭它的力量,凭它的武力,做到‘会谈纪要’中要求的陇海路以北及苏北皖北的特殊化”。《大公报》颠倒是非,混淆黑白,把内战责任完全推给共产党。《大公报》还向中共提出“应该以政争,而不应该兵争”,“希望共产党放下军队,为天下政党不拥军队之倡”。《大公报》这种反动论调,自然遭到共产党报刊的严厉批驳。次日,重庆《新华日报》发表《与大公报论国是》社论,有力驳斥了《大公报》的错误观点,指出《大公报》是“借大公之名,掩大私之实,借人民之名,掩权贵之实”,“在若干次要的问题上批评当局,因而建筑了自己地位的大公报,在一切首要的问题上却不能不拥护当局。这正是大公报的基本立场”。这一批判,真是一针见血,入木三分,对《大公报》的宣传手法,作了十分精辟的概括。

在全面内战爆发前夕，1946 年 4 月 16 日，《大公报》又发表了《可耻的长春之战》社评，同样以混淆黑白、颠倒是非的手法，为国民党开脱罪责，根据特务制造的谣言，攻击中国共产党。《大公报》再次受到共产党报刊的批判。由于《大公报》以往的影响，它的反动宣传，欺骗了一些不明真相的读者。国民党为酬谢《大公报》立下的汗马功劳，批准《大公报》买 20 万美元的官价外汇，实际等于送给它一笔巨款津贴。这在民营报业中是绝无仅有的。

历史的发展，往往与反动派的愿望相反，国民党蒋介石集团发动的内战，不仅注定要失败，而且其失败的速度也大大超出人们的预料。美帝国主义也因此改变了对华政策。善于观察形势的《大公报》负责人，也在渐渐地改变对国民党的态度，唱起走第三条道路的调子。要求实行“多党竞争制”，“反对任何一党专政”[35]。为准备退路，1948 年 3 月 18 日，恢复《大公报》香港版。《大公报》态度的转变，客观上有利于孤立国民党蒋介石反动集团，有利于国统区第二条战线斗争的发展。

国民党在军事上失败越惨重，政治上法西斯专制越疯狂，把过去许诺的一点点新闻言论自由的遮羞布，也撕得粉碎。1948 年 7 月，国民党援引《出版法》查封了南京《新民报》。《大公报》发表了由王芸生撰写的《由新民报停刊谈出版法》社评，主张废止钳制人民言论自由的《出版法》，尖锐指出，“这个法，是袁政府时代的产物，国民政府立法院虽略有修正，而大体因仍其旧，实是一憾事”[36]。《大公报》说国民党《出版法》是继承袁世凯《出版法》的反动衣钵，自然引起国民党最高当局的不满。南京《中央日报》连续发表社论，攻击《大公报》，指名道姓地批判王芸生,说“新华社骂我政府为袁世凯政府,所以王芸生在这篇社论中指现行《出版法》为袁政府时代的产物,以影射我政府为袁政府”。王芸生是“新华社的应声虫”,要“三查王芸生”的历史。这无疑等于国民党最高当局对王芸生下的通缉令,使他很难在国统区内待下去了。正在王芸生朝夕焦思不安的时候,得到了中国共产党的友谊之手,邀请他参加新政协会议,并劝他及早离开上海,前往香港。王芸生得此通知,犹如绝处逢生,喜出望外,设法离开上海,经台湾转去香港。《大公报》香港版在王芸生主持下,很快转变立场,站到人民方面来。

《大公报》上海版,国民党虽未加以查封,但在严密监视之下,也无所作为了,由曹谷冰维持残局,等待解放。王芸生由香港到北京后,于1949年5月27日,随解放军回到上海,6月17日,《大公报》上海版发表了他撰写的《大公报新生宣言》,在认真回顾总结了《大公报》“将近50年的历史”后,郑重宣布今后“工作方向与目标:为人民服务,为新民主主义服务”;“工作态度:向人民负责”。从此,《大公报》获得新生,成为人民的报纸。

第五节　外国人报刊卷土重来

一、英美报刊的复活

抗战前,西方各国在上海的报刊活动十分活跃,英、美、法、日等国的报刊争相出版,竞争十分激烈。抗战爆发后,上海孤岛期间日本新闻侵略势力大大加强，英美等国的新闻活动日益困难。“孤岛”沦陷后，上海新闻界几乎成为日本报刊独占的局面。

抗战胜利后，日、德、意等法西斯新闻活动彻底退出上海，刚刚从德国法西斯统治下解放出来的法国无暇东顾，西方国家只有英美在上海恢复新闻活动。《字林西报》和《泰晤士报》原为英国在上海出版的两家主要报纸，因《泰晤士报》在抗战期间为日寇所接收，胜利后国民党政府以敌产名义没收，无法复刊。英国在上海只剩《字林西报》一家。《字林西报》在葛立芬主持下，于1945年8月16日，先以号外形式与读者见面。该报原总经理台维斯，主笔格兰佛斯，在抗战期间都入过集中营，胜利后重返报业。《字林西报》于10月份正式复刊，初刊日出4页，后增加为12页，销量最高8 000份。主要读者为英国侨民及中国部分知识分子。该报作风与战前一样，具有英国贵族的派头。国民党蒋介石发动内战后，《字林西报》觉得中国的形势变幻莫测，前途未卜，报道谨慎小心，尽量客观，立论更加戒备隐蔽些。即便如此，也难免遭到麻烦，1949年4月24日，因刊登“共军攻陷苏州、常熟的消息”，被国民党军事当局以“该报在此军事紧急时期，刊登此类失实消息，足以淆乱听闻，扰惑人心”的罪名，给予停刊3天的处分。《字林西报》对中国人与外国人，特别与英国人发生的矛盾，往往以幽默笔调加以讽刺，维护其英人的利益。它那种高人一等、轻视中国人的态度跃然纸上。1949年上海解放后，因造谣惑众，受到上海市军管会的警告，出至1951年3月31日停刊。共出版101年，为中国出版最久的报纸。

战后美国人在上海出版的报刊，主要是英文《大美晚报》和《密勒氏评论报》，而以后者影响较大。《大美晚报》是在上海出版时间比较长的英文晚报。日军占领上海后停刊。1945年9月，由美国随军记者玛诺主持复刊。社址设在延安东路17号，仅出小型报，因人力物力有限，销售不好。1946年2月，《大美晚报》前主笔高尔特偕夫人来沪，重新主持该报，聘请中国人吴嘉棠、袁伦仁等为编辑，积极谋取改进业务，改日出两大张，充实新闻内容，增设副刊栏目。高尔特撰写的社评素为中国读者喜欢，重主笔政，内容日臻充实，取得读者信任，销量很快增至8 000份以上。《大美晚报》一个突出特点是，对有关美国商业的消息报道特别迅速而翔实，而对本埠新闻及中国其他新闻，大多略而不详。它的评论也以美国标准来评判中国的问题，语气比较大胆直率，为读者所喜爱。广告也以美商为最多。《大美晚报》是美国利益的代言人，1949年上海解放后，也因造谣惑众受到上海市军管会的警告和内部中国工人的反对，于1951年2月停刊。

《密勒氏评论报》是美国人在中国出版最久的一份周刊。1941年12月，太平洋战争爆发后，主持人老鲍威尔被日军逮捕，报纸被封。抗战胜利后，《密斯氏评论报》于1945年10月复刊，16开本，每期约30页，主编兼发行人是老鲍威尔的儿子约翰·威廉·鲍威尔(即小鲍威尔)。副主编朱里安·舒曼。《密勒氏评论报》在他们两人主持下，所发言论常有独特大胆的见解，刊物的权威性日益提高，为国内外读者，特别是美国的读者所广泛注意。发行8 000多份，其中有1 000多份销往美国，中国政界和知识分子也很注意该报论述。

约翰·威廉·鲍威尔，1919年出生在上海，从小在美国读书，毕业于美国密苏里大学新闻学院，立志从事新闻工作。太平洋战争爆发前他来到中国，在上海《大陆报》工作过几年后回国。1943年再次来华，在重庆任美国新闻处战地记者。抗战胜利后，随美新处迁往上海，重操“父业”，主持复刊了《密勒氏评论报》，其妻美国人锡尔维亚也参加了该刊的编辑工作。朱里安·舒曼曾于第二次世界大战期间在美国陆军受过汉语训练，对中国产生了兴趣。1947年他来中国，曾先后为《大陆报》和美国的《芝加哥太阳报》、《丹佛邮报》、美国广播公司任通讯员或记者。1948年曾一度任《密勒氏评论报》编辑，1950年起担任副主笔，直至停刊。

《密勒氏评论报》是一家自由主义色彩浓厚的刊物。1946年6月22日发表的评论称：“我们信奉我们植根于其中的那种政治、经济制度”，“人人都有平等的选举和被选举权，有言论和信仰的自由”。对于中国问题，“支持一个自由、民主、繁荣与统一的中国”[37]。所以它既反对国民党蒋介石的独裁政权，也“不同意中共的国有化，限制个人自由和实行专政”[38]。《密勒氏评论报》一直强调报道要尊重事实，“不是基于政治，也不是基于成见或私人考虑，而只是基于事实”[39]。对国民党政府的腐败没落，对国民党官吏的低效无能、贪污腐化都进行了直接报道和批评。因为这些宣传既说出了国统区群众想说而不敢说的话，也符合了美国一些商人希望中国政治经济趋向稳定，以便为他们在中国的“自由贸易”创造条件的心态。因此，《密勒氏评论报》被称为国统区能“最直率批评的一家独立出版物”。

“读者来信”是《密勒氏评论报》最受读者欢迎的栏目之一，是该报评论中国问题的重要手段。“读者来信”的篇幅越来越多，几乎占整个篇幅的1/5以上，主要刊登中国知识分子对国民党蒋介石独裁、内战、卖国政策的不满和抨击，成为“这个刊物为当时被压迫的中国人民所利用的极少舆论工具之一”[40]，密切了与读者的关系。

上海解放后，《密勒氏评论报》继续出版了3年多，是中国大陆上唯一的一家外国人办的报刊，因批评美国发动侵略朝鲜战争的错误，受到美国政府的迫害，寄往美国的报纸被禁邮，失去了大量订户，经济困难，不得不于1953年6月自动停刊。这样便结束了100多年来外国人在上海出版报刊的历史。

二、西方通讯社的兴与衰

上海一向为西方通讯社在华活动的中心，太平洋战争爆发后，除日、德、意等法西斯国家的通讯社外，其他西方国家的通讯社全部停止了活动。抗战胜利后，法西斯国家的通讯社全部被清除，英美等国家的通讯社卷土重来，英国的路透社，美国的美联社、合众社等很快恢复了活动。法国戴高乐政府成立后，曾一度为纳粹德国效劳的法国哈瓦斯世界通讯社从此解散，在此基础上建立了法国新闻社，成为法国的官方通讯社，1945年该社委派前哈瓦斯通讯社记者庇亚在上海筹建成立分社，聘请张冀枢为中文部主任，张病逝后，由储玉坤接替。

路透、美联、合众和法新四社为西方国家在中国的主要通讯社，活动的基地也在上海。它们把中国及远东地区的重要新闻发往各社总部，抄收总社发来的新闻电讯，译成中文供给中国报纸采用。这些通讯社的电讯稿成为中国报纸国际新闻的主要来源。它们采写的中国和本埠新闻不仅较国民党中央通讯社丰富，而且较客观，也为中国民营报纸所欢迎。

这些西方通讯社都是站在本国政府的立场上，代表本国利益进行新闻活动的。由于各个国家对中国的立场和态度不同，这些通讯社采写的新闻电讯又各具特色。美国是中国内部政治的直接参与者，美国政府支持国民党蒋介石的内战、独裁政策，代表美国利益的美联社、合众社，对中国的政治新闻以及美国同中国关系等方面的新闻特别重视，所占比例较大。美国政府对蒋介石集团态度的变化，在美联社、合众社的报道方面也反映出来，对国民党政府的腐败无能、贪污腐化也给予报道和批评，只是希望他们更好地成为美国在华的忠实伙伴和役从。英国路透社对中国政治问题不像美国的通讯社那样重视，采取回避态度。它对经济新闻，特别是金融、国际贸易尤为重视。所发新闻比较准确、迅速和简要，为中国经济金融界所重视，路透社所发的国际新闻，其优势明显超过其他西方通讯社，所以中国报纸采用路透社的国际新闻电讯也特别多。法国新闻社对中国政治新闻重视程度，介于美英通讯社之间，所发新闻电稿中，有关中国的政治新闻占有一定比重。由于法国政府没有直接参与中国内部政治事务，所以法新社报道的中国问题态度比较客观。如 1947 年对中共代表团被迫从国民党统治区撤回延安的报道，客观介绍了国共双方对此问题的立场，详细报道了中共代表团发言人的谈话，以及董必武在南京与民主人士的话别情况等，揭露国民党的阴谋，指出“政府军在国防部长白崇禧和参谋总长陈诚指挥之下，即将发动大规模攻势，企图击破中共部队使成小股”。对国民党军队侵占延安的报道也较客观，写道“中共总部现已安然撤到陕北某地，将继续进行解放战争”。在转发伦敦《泰晤士报》评论中国内战的社论时，法新社使用了《泰晤士报评论中国军事，认为剿共注定失败》的标题，这是不寻常的。对于美国妄图把中国变为它独占的殖民地政策，法新社也作了如实报道。1947年4月在报道泛亚洲会议时，用了《中国已成为美国之殖民地，泛亚洲会议印度代表称》的标题，表明了法新社对美国在中国行为的态度。

在解放战争时期的初期，西方通讯社十分活跃，不仅几乎垄断了国际新闻，而且对中国国内重大新闻的采访也大大优先于国民党中央通讯社，国内民营通讯社更不是它们的竞争对手。但好景不长，随着国民党蒋介石发动的内战日趋失败，中国人民反帝斗争的日益高涨，他们的活动也越来越困难，除国民党的干扰外，还有自身的问题。

一是，各通讯社内部工人与雇主之间的矛盾日益尖锐。由于国民党蒋介石发动的内战，造成国统区生产严重破坏，物资奇缺，物价飞涨，群众生活困难重重。这自然也会影响到外国驻华机构中的中国雇员的生活。1946年4月英国路透社、美国美联社上海分社的职工，因要求增加工资不果，发生怠工，使两社工作受到严重影响，经上海市社会局调解，暂时得以解决。类似的问题经常发生，一次比一次严重。1946年7

月，路透社、美联社、合众社和法新社四通讯社上海分社的油印和送报工人，因要求增薪遭到拒绝而同时罢工，四通讯社工作陷于瘫痪。法国新闻社在内外交困的压迫下，被迫于1947年8月宣布停止发稿。其他西方通讯社也是步履艰难，勉强维持。

二是，西方通讯社同中国新闻界的矛盾。西方各通讯社与上海各大报都签订有供稿合同。战前一般是新闻稿费以美金计算支付，胜利后仍照惯例订约，双方合作愉快。由于国统区物价恶性膨胀，各报社“已无法取得美钞”，只好折价改付法币，于1947年4月，各报通过上海报业公会同西方各通讯社另签订供稿合同，确定了稿费基数，每月稿费标准，以当月群众生活指数的涨落折算。但不久，路透社、美联社提出从12月份起，《申报》、《新闻报》、《大公报》和《中央日报》四大报应提高计算稿费标准，经多次协商，双方暂时达成新的协议。1948年7月，路透社、美联社又突然向上海报业公会提出上述四大报新闻稿费，应变更计算标准，亦要求支付美元，威吓说“如不于本月26日照该社等自定之计算标准付费，是晚当即停止送新闻稿件”。路透社、美联社企图通过逼迫四大报社答应后，再向其他报社提出同样的要求。此时各报社都处境十分困难，精疲力尽，前途艰险，对西方通讯社使用“分化手段，各个对付”的卑劣伎俩，更感愤慨。上海报业公会召开紧急会议，研讨对策，通过决议，声称“本会全体，暂行停登两通讯社稿件，以待合理解决”[41]。路透社、美联社最终对上述四报停止供应新闻电稿，加剧了双方的矛盾。他们在上海活动的环境自然更加恶化。

三、短命的外国新闻处

日本投降后，随着国民党政府迁都南京，各国驻华使馆的新闻处也纷纷东移，英、美、法等国在驻沪总领事馆都设立新闻处。这些新闻处是各国驻外的官方机构，负责沟通中西新闻文化，促进相互了解，加强对中国的文化渗透，谋取中国新闻文化情报，供各国制定对华新闻文化政策参考。他们的活动方式多种多样，诸如举办图片展览，与各界文化人士保持交往，定期放映免费招待电影，设立图书馆，办理新闻文化界人士的互访等，目的只有一个，为该国对华政策服务。在各国新闻处中，以美国新闻处最为活跃。

美国新闻处的前身，是第二次世界大战期间美国总统罗斯福下令设立的美国战时新闻局，后改名为美国新闻处，其任务是向民众进行反法西斯战争的宣传鼓动。抗战期间，美国在驻中国重庆使馆设立了该组织的分支机构，吸收中国人为其服务，金仲华、刘尊棋、舒宗侨等知名人士都在美新闻处工作过。抗战胜利后，美新处迁往上海，由美国的著名汉学家费正清任处长，1946 年 6 月费正清返美，由副处长谦纳士接任，11 月扩大机构，除原有新闻室、中文部、秘书室外，又增设了摄影部，拍摄并组织展览各类图片；电影部，备有各类教育、科学、国际及娱乐影片，除定期免费放映外，还供各机关、团体和学校借用；图书馆，备有各类图书 2 000 多本及大量报纸杂志，免费供市民借阅。

根据本国对外政策，开展新闻宣传活动是各新闻处的重要任务之一。除向外文报刊供应外文新闻电讯稿外，主要向中国报刊供应中文新闻稿件。法国新闻处的中文新闻稿由法国新闻社上海分社代发，不另寄送。英、美新闻处都编发中文新闻稿件。

美国新闻处的中文新闻稿，定名为《美国新闻处电稿》，并标明“中华邮政登记认为第一类新闻纸，上海邮政管理局执照第 2763 号”，从 1945 年 9 月 12 日正式发稿。分“晨稿”与“午稿”。“晨稿”上午 10 时半发，“午稿”下午 7 时左右发，遇有重要新闻临时增加，每日新闻电稿晨少午多，一般十几条，多时 20 余条。《美国新闻处电稿》的一个特点，是长稿件较多，千字以上的稿件比重相当多，最长者达数千字。如 1948 年 4 月 2 日编发的《杜鲁门请国会追加国防预算》，晨午连续发。有时，美国国会通过的文件或总统某次重要讲话，往往全文照发。

《美国新闻处电稿》另一个特点，是关于中国问题的稿件占有重要地位。因为美国是中国内战的直接参加者，新闻电讯稿不仅数量多，且观点鲜明。美国除大量军事、经济援助国民党外，还派人员参加国共两党的谈判等。所以美新处电讯稿也反映了美国政府对中国内战的政策，公开声明美国援助国民党蒋介石打内战，是为“防止苏联共产主义”在中国“任意发展”。美国国内各派政治势力对中国内战的态度，是国民党统治区人民及国民党当局最关心的问题之一，美新处电稿运用各种方式加以报道。如 1948 年 3 月 11 日所发《美报评援华》一稿，摘要选录了美国 13 家重要报刊的评论要点，长达 7 页之多。

为标榜美新处电稿“客观”、“公正”，在报道国民党当局的活动时，也批评它的错误和失策，如1948年4月，在报道蒋介石竞选总统时，起初蒋提出由胡适出任总统，美新处在电讯稿中称赞中国“代议政府便有了第一次的开端”，当蒋介石玩弄手段，再次出任总统时，美新处电稿也报道美国报纸对他的批评，如在《蒋介石当选中国大总统，纽约先驱论坛报表示遗憾》中，说“此种情形再度说明中国方面有才能之士正遭浪费，其前途实不光明”[42]。美新处电稿转发了《基督教科学箴言报》评论中国土地问题的社论，指出“在国民政府的纪录上，20年以来早已有土地改革的法律，但是它只是一种官样的文章。只有共产党才实行了这个法律的条款”，“博取了农民的支持”[43]。冯玉祥在美国考察时，公开发表反对美国支持国民党蒋介石打内战的政策，美新处电稿也如实报道冯玉祥要求“撤退驻华美军”，“勿管中国之事”的呼吁。这样美国新闻处的宣传更容易骗取大批中间状态群众的信任。

英国新闻处编发有《英国新闻处新闻稿》，日发2次，中午12时1次，下午5时1次，每期新闻稿前边都有“目录”，报刊选用比较方便。《英国新闻处新闻稿》的特点是，国际新闻所占比例大，篇幅短，数量多，每日20多条，有时近30条。关于中国问题的稿件也有一定数量，但极少涉及中国的政治问题。如1947年4月至7月间，是中国内战十分激烈的时期，但《英国新闻处新闻稿》没发过一条此类消息。它所发的有关中国的新闻，都是文化、教育、科学技术等方面的内容，如学者访问、留学生活动、文化戏剧的交流等。报道官方人员的活动，也仅限于非政治性的。如1947年6月2日，发表《皇家协会举行科学座谈会,郑天锡大使参加》。6 月 16 日发表了一条《新华社在英设分社》的消息,全文为“中国新华通讯社,上周在此(伦敦)成立一分社。据悉该社之目的,在沟通中国解放区与英国及欧洲各国报界方面的联系,每周拟出周刊 1 种,内容包括电讯评论等”,也只作客观报道。

外国驻沪新闻处,随着国民党蒋介石发动的内战失败,惊恐不安,美国新闻处尤甚。1947 年 7 月美国新闻处就着手压缩机构和人员,为退路做准备。1948 年 12 月就决定迁至菲律宾的马尼拉,短短 3 年多,就结束了它在上海的使命。英、法新闻处也名存实亡,几乎停止了活动。

第六节　小报、广播、通讯社的大泛滥

一、小报的畸形发展

上海是小报的发源地,战前十分繁荣,成为上海新闻事业的特点之一,抗战期间受到严重摧残,所剩无几。日本投降后,国民党蒋介石为了笼络人心,稳固统治,曾答应取消新闻检查制度,使人民享有言论自由。抗战初期内迁的大报纷纷迁回上海复刊,新的报刊也不断问世。国民党对新闻文化界的管理措施尚不完备。在这种形势下,上海小报界又重新活跃起来。

最先与读者见面的是《辛报》三日刊,于 1945 年 9 月 3 日复刊。接着一批小报陆续问世,至同年 12 月底,复刊或新创办的小报有《大同报》、《世界晨报》、《福尔摩斯》、《光复日报》、

《民族日报》、《上海宁波日报》、《铁报》、《正气报》、《平报》、《电报》、日文《改造日报》、俄文《上海日报》和《柴拉报》等。不久,国民党加强了对新闻文化界的控制,规定出版报纸必须申请登记,经中宣部批准,发给登记证后方可出版。上述已出版的小报,大部分奉命停刊,只有有国民党背景的才得以继续出版,由毛子佩主持的《铁报》便是一例。

毛子佩,浙江余姚人,国民党党员,早年就读于上海中国公学,1927 年 7 月创办《铁报》,影响日渐扩大。抗战爆发后,毛子佩奉国民党之命,潜留上海,以《铁报》主持人公开身份为国民党从事情报工作,一度被敌伪逮捕。抗战胜利后,毛子佩担任国民党上海党部执行委员,宣传处处长。社会局成立后,又被委任为该局第四处处长。他接收了《海报》,于 1945 年 12 月 10 日复刊了《铁报》,自任社长兼发行人,总编辑吴崇文,主笔姚苏凤,经理费文伟,社址设在新闸路 1013 弄 4 号。出至 1949 年 6 月 13 日停刊。

大批小报被勒令停刊后,小报界人士便利用国民党管理上的弱点,出版了大批"方型周报",形成了上海小报的畸形发展。国民党对报纸和期刊,在管理上有所差异。申请出版报纸,必须经中宣部审批,获准者甚少,而出版期刊,只要向社会局登记,便可发行。于是小报人士便想出一种办法,不出报纸,改出"方型周刊"。1 张新闻纸印成 8 开或 12 开,折叠成方型,像刊物一样,每周 1 期,而内容和小报一样。最先出版的是《海风》周刊,由唐大郎、龚之方创办,于 1945 年 11 月创刊,逢星期六出版。在小报界不景气的情况下,《海风》的出版,为依靠小报编辑和撰稿为生的新洋场才子,辟了一条新路,因此稿源充足，内容丰富，颇受读者欢迎。起而仿效者日多，不仅采取“方型周报”的版式，而且连名称也带上一个“海”字，如《海光》、《香海》、《大上海》、《新上海》等，以后又出现了报名带有“风”、“光”等字的刊名。到1946年3月，出版的“方型周刊”有30余家，以后日渐增加，最多时达百余种。形成了类似20年代末出现的小报热，盛极一时，内容也大致相同，只是刊名较文雅一些。

“方型周刊”的编辑和作者，大多是昔日办小报的人，以刊载内幕新闻、社会新闻和风花雪月的东西为主要内容，只是黄色的程度，比“孤岛”沦陷后的小报收敛些，有些社会新闻，在一定程度揭露了国民党的腐败。如1946年1月，国民党军人无理捣毁上海沪光大剧院、平剧院等事件，引起全市上百家剧院影院联名罢市，并上诉市政府，各小报大登特登，形成强大的社会舆论，国民党上海市市长钱大钧大为震惊，不得不出面干涉，方才平息。还有的报道官方的腐败，如：《广州的黑暗：敌伪厅长太太被接收》、《江苏省特色：不识字的县长和瞎子秘书》、《美国运沪救济品，千余包皆废品》等新闻。有的小报还刊载了共产党的消息，如《海风》周刊，先后刊登了《新华日报将在上海出版》、《中共在沪公开活动》、《北平共产党报纸》、《中共理财家李富春》、《共产党理论家林伯渠》、《郝鹏举投奔共产党》、《随机殉难之秦邦宪》等消息或通讯。上述报道大多是介绍客观事实，不加评论。

物极必反，是事物发展的规律。盛极一时的“方型周刊”，大多数难以维持下去，自生自灭，有的是被国民党查封的，如《海风》周报因发表夏衍化名写的几篇反内战的文章，被人告发是“地下党打进小报界”，被勒令停刊。这样“方型周刊”流行大约一年光景，便逐渐消亡了。

在方型小报日益兴盛时，小报界同人有的注意到利用国民党关系出版报纸，诸如请国民党员，或与国民党关系密切的人，担任社长或发行人，由他们出面申请登记，不仅容易获得批准，而且成为正常出版的保护伞。小报付给一定报酬，双方有利。同时，国民党也注意到小报有众多的读者，有控制地出版一些小报，也有利于争夺这些读者。因此，在“方型周刊”逐渐消失的同时，一大批小报、周刊又陆续出版。如《小日报》、《今报》(原名《晶报》)、《东方日报》、《立报》、《诚报》、《飞报》、《更报》、《小声》、《文林周报》、《智慧周报》、《见闻周刊》、《党群周报》、《新闻周报》等，加之各类文艺性小报，如《越剧日报》、《剧界》、《申曲日报》、《绍兴戏报》等，其总数有近百种之多，再次出现了上海小报出版的小高潮。但其趋势，已是强弩之末，好景不长，随着解放战争的胜利进展，一些有国民党背景的小报难逃灭亡的命运，其他小报更可想而知了。《立报》的兴亡，就很有代表性。

抗战前的《立报》是一份很有影响的抗日小型报，于上海沦陷前自动停刊，迁至香港出版。胜利后，成舍我等由重庆返回上海，联合严谔声等《立报》原有股东，在九江路原地复刊。为发扬《立报》传统，重振雄风，在复刊启事中规定了该报四大特点：“文字浅显——大众化；编辑精辟——简明化；报道公正——民主化；价格便宜——普及化。”出版后甚受读者欢迎。但是由于国统区物资短缺，物价飞涨，原有股东又无力增加投资，难以继续维持，董事会决定将报社房屋机器全部出让给

《商报》,《立报》由《商报》维持出版。不久,因两报在同一地点出版,人力物力均感困难,又决定《立报》停办,将《立报》招牌无条件地让给国民党 CC 派人物陆京士接办,于 1946 年 8 月 13 日另行复刊。陆为社长兼发行人,总编辑沈善农,总主笔吴云峰,总经理严服周,编辑记者和撰稿人队伍也是强大的。但到 1947 年底,因资金、存纸消耗殆尽,陆京士又向社会招收新股,加以维持。1949 年 4 月,因伪金圆券贬值迅猛,经营更加困难。此时解放军已渡长江,南京解放,陆见大势已去,决定于 5 月 1 日停刊,遣散人员,只身潜逃。上海解放后,《立报》由军管会接收。

二、步履艰难的民营通讯社

太平洋战争爆发后,只有敌伪通讯社存在,其他通讯社几乎全部停止活动。抗战胜利后,上海的通讯社又重新活跃起来。除国民党官方及各派系的通讯社外,民营通讯社也迅速恢复或成立起来。1945 年 8 月 21 日,大光通讯社首先恢复发稿,社长邵协华。从此大批民营通讯社相继出现。根据国民党上海社会局新闻出版科统计,从 1946 年 4 月至 1947 年 7 月,上海成立的通讯社达 130 多家,成为上海新闻事业史上创办通讯社最多的时期。

战后,上海出现创办通讯社热,大多数人是怀着对未来新闻事业发展的美好愿望,也有的轻信蒋介石给人民言论自由的许诺,抱着个人的某种目的创办通讯社也是有的。总之,良莠不齐,在所难免。相当一部分缺乏资金、设备和人才,自生自灭，寿命很短。当然其中宗旨纯正、人才齐全、设备精良者，也是存在的。有的是抗战期间坚持抗战爱国宣传被敌伪勒令停办的，如大光通讯社、大中通讯社、光华通讯社、现代通讯社等陆续恢复活动；有的是某单位为服务事业发展而创办的，如复旦大学新闻系的复旦通讯社、民治新闻专科学校的民治通讯社、中国新闻专科学校的中国新闻通讯社等，是为了教学上贯彻理论联系实际而创办的；有的是群众团体创办的，如中国建设协会的建设通讯社，以发布经济建设新闻为中心，社长俞塘，总编辑李方华；有的是因政治中心东移，由内地迁至上海的，如抗战期间在重庆创办的国际社会新闻社、中国新闻摄影通讯社等。抗战期间在江西上饶创办的战地通讯社，战后改名为民本通讯社，于1946年12月在上海设立分社；相当多数是新闻文化界人士集资创办的，如神州通讯社是由米星如、朱虚白、陈望道、万树雄、汪竹一、季祖坤等创办，社长米星如，除发国内外新闻电讯稿外，还发经济特讯，供国内各大报纸及香港南洋华侨报纸，很受欢迎，订稿者日增。

大多数民营通讯社在创办时都宣布超阶级、超党派、不偏不倚的办社方针，以避开政治斗争的漩涡，求得生存和发展，但随着国民党法西斯独裁统治日益严重，发动的内战日益升级，不少通讯社渐渐站到反内战、反独裁，要和平、要民主的行列中来。有的在国民党白色恐怖下，坚持进步宗旨，开展革命宣传，如国际新闻社上海分社，1945年12月成立后，在孟秋江主持下，为避免国民党迫害，活动一直处在地下状态。该社根据自己的特点，主要发地方通讯、军事和经济评论，揭发美蒋勾结、发动内战的阴谋和对各阶层人民的经济掠夺，报道上海人民反内战、反独裁、反饥饿的民主爱国运动等。1947 年 5 月，国民党白色恐怖加剧，被迫停止活动。

民营通讯社还开展了一些社会服务活动。1945 年 12 月，国新社上海分社举办了“抗战建国图片展览”。1946 年 12 月，大通新闻社在一品香举办书画展览。1946 年 9 月，在新闻界纪念“九一”记者节时，大光通讯社、大中通讯社等联合上海新闻界，举行“上海新闻界追悼抗战时期新闻界死难烈士大会”，对新闻从业人员，进行了一次深刻的爱国主义教育。神州通讯社接受各方面委托，办理工商调查及有关新闻文化各项事业，颇受欢迎。还有的参加出版活动，发展文化事业。1947 年华东通讯社编纂出版了《三十六年上海年鉴》，民本通讯社出版了《经济手册》，大江通讯社创办了《现代新闻》期刊，开展新闻理论和业务的研究。新闻教育单位创办的通讯社，在为教学服务方面，更做出了突出贡献。

国民党政府对民营通讯社的发展，也实行严格的控制。通过登记制度，扼杀了大批民办通讯社。据上海《民国日报》统计，1946 年 9 月，上海成立的通讯社已达数十家。但经过国民党政府内政部核准的通讯社只有 17 家，如沪光通讯社、大中通讯社、国光通讯社、新闻通讯社、沪声通讯社、光华通讯社、大华通讯社、中英文通讯社等。1947 年后民营通讯社增加到百余家，但经核准的“合法”通讯社，也只有 20 余家，其余相当多数的通讯社被判为非法通讯社，列入取缔的范围。国民党对通讯社使用的抄收新闻的机械，也实行登记，严格控制。1946 年 6 月，国民党政府交通部制定了《全国中外新闻通讯社设机械抄收国内广播新闻暂行规定》，通令各地电信局所属该地通讯社，凡设有机械抄收新闻设备者，一律实行登记，内容包括名称、主持人、地址、抄收何家新闻机关及在何处广播之新闻、使用收报机之程式及号数、报务员姓名、简历及住址。并规定每日发出之电讯稿，均须送电信局审核批准后，方可向外发出。

上海各民营通讯社所遇到的政治上的压迫，物资的困难，是十分严重的。为了沟通讯息，加强团结，克服种种困难和压迫，以求生存和发展，由华东通讯社社长沈秋雁、沪江通讯社社长李永祥、大光通讯社社长邵协华、建设通讯社社长俞塘、商业新闻社社长李方华等联合发起成立上海市新闻通讯社协会，于1947年2月20日召开成立大会，通过章程。选举沈秋雁、李永祥、邵协华、徐载萍、俞塘、李方华、冯懿、张葆奎、茹辛等为理事，选举朱超然、邱成锋、邓柴拔等为监事，李永祥为理事长。上海市新闻通讯社协会成立后，为谋自身利益，保护合法权益，丰富会员业余生活等，开展了一系列活动。

随着国民党军事失败的日益严重，上海的社会环境更加恶化，大批民营通讯社在重重困难的压迫下，自动停止了活动，到上海解放时已所剩无几。

三、杂乱无章的空中电波

战后，上海的广播发展十分迅速，其数量和速度超过上海历史上任何时期，但其命运也同其他新闻事业一样，在国民党法西斯独裁统治下，有一个由盛到衰，变化极为迅速的过程，充分暴露了国民党统治区新闻事业发展繁荣的虚假现象。

日本投降后，上海的广播电台在30年代空前兴旺的基础上，在一片改朝换代的混乱中，各类广播电台纷纷建立，到1945年底，上海就已建广播电台20余家，1946年初增加到43家，到5月已达100多家。据《申报》统计“胜利后本市民营电台迄今已达120家左右”[44]，同月，国民党交通部在《上海电信局关于上海市广播电台调查报告》中统计，上海的民营广播电台共108家。

在这100多家广播电台中，情况十分复杂，有的以民营电台面目出现，实际以官方为背景，如《和平日报》创办的和平广播电台、《正言报》办的凯旋广播电台、上海文化运动委员会办的中联广播电台、中国战后协会创办的中建广播电台、上海新生活运动促进会的新生广播电台等，都是具有半官方性质的广播电台；有的是由群众团体创办的，如上海市总工会的惠工广播电台、中国文化服务社的中国文化广播电台、中国劳动协会的劳动广播电台、华美美术广播理事会的华美广播电台、上海自治协进会的自治广播电台、中美文化协会的中美广播电台、上海市教育会的新声广播电台、上海市商会的绿营广播电台、中华海员工会上海分会的前进广播电台等。

随着上海经济的畸形发展，各种各样以赢利为目的的广播电台大量出现，其中有的是企业创办，有的是由私人集资创办。企业创办的，如金都无线电工程公司的金都广播电台、永业大药房的永业广播电台、华兴公司的华兴广播电台、光华实业公司的光华广播电台、时代广播事业股份有限公司的上海时代广播电台、大中华电器公司的大中华广播电台等；私人集资创办的，有胡世雄等人创办的大亚广播电台、郑秋白等人创办的新生活电台、张寿椿等人的亚洲广播电台、郭于繁等人的太华广播电台、王丹青等人的合众广播电台等。此外，还有新闻单位创办的广播电台，如大公通讯社的大公电台、《大晚报》的力行电台等。

这些民营广播电台，习惯称有"老民营"和"新民营"之分。所谓"老民营"是指抗战前设立，在抗战期间因上海沦陷而停播，在胜利后复业；所谓"新民营"是指抗战胜利后经国民党电信局批准设立的。民营广播电台的情况复杂，背景不同，有的与国民党当权人物有密切关系，有的有国民党特务参与其中，有的坚持不偏不倚的超然态度，有的是由进步民主文化人士所主持。由于国民党顽固坚持内战、独裁和卖国政策，给中华民族带来沉重灾难，不少原取中间立场的民营广播电台，逐渐倾向进步，站到人民的立场上。有的始终坚持客观公正的态度进行报道。也有的向低级趣味方向发展。依附于敌人的也有。在物资条件上，虽有一些广播电台资金充足，设备较好，编采播人员较齐全，能正常播音，但是大多数资金短缺，设备简陋，人才缺乏，仅一两个播音人员，难以坚持正常播音。也有少数只有虚名，并无机械设备，偶尔借用别家电台，以自己的名义播一两次音。尽管如此，在上海的空中，充斥着杂乱无章的广播电波，其混乱程度超过以前任何时期，频率混乱，声音混杂，令人难以忍受。

国民党对广播电台的管理政策，是实行更加严格的限制，决不允许进步的或不同政见的广播电台存在。上海广播电台的混乱局面，也为国民党取缔民营广播电台提供了口实。首先，利用登记制度加以限制。1946 年 3 月，上海申请登记创办广播电台的有 60 余家，经核准的只有 7 家，7 月申请登记的有 70 多家，获得批准的只有 16 家，其他的均被淘汰。1947 年 3 月，申请登记者 100 余家，仅核准 18 家，到年底增加到 22 家。1948 年获得批准的为 23 家。其次，限制广播频率。1946 年，国民党政府交通部规定“上海不得超过 10 个周波”。当时的官方广播电台占用了 3 个频率，即交通部的上海电台、上海警察局的市声电台、宪兵司令部的胜利电台各占 1 个。众多民营广播电台仅有 7 个周波，几个电台合用 1 个频率。上海电信局对民营广播电台进行查验，根据电台机械的优劣程度，分为 A、B、C、D、E 5 个等级，条件较好者 2 至 3 个广播电台合用 1 个频率，差的 3 至 4 个电台合用 1 个频率，轮流播音。对于未经核准，擅自播音的广播电台，严加取缔，给以重罚。1946 年 5 月，上海警备司令部奉命一次查封了 36 家广播电台。以后，随着国民党在军事上的失利，国统区民主运动的高涨，对民营广播电台的取缔更加严厉。第三，严格限制广播内容。1946 年 8 月，上海电信局根据交通部的通令，规定各民营广播电台的广播节目，必须遵守以下原则：(1) 教育公益演讲；(2) 新闻报告(上列两项播音时间，不得少于全部播音时间的 2/5)；(3) 音乐、歌曲及其他文艺娱乐节目；(4) 商业报道不得超过全日播音时间的 1/5；(5) 不得播送不真确之消息；(6) 不得播送违反政府法令，危害地方治安及有伤风化之一切言论、消息、歌曲、文艺等。第四，实行收音机登记。国民党政府交通部以防止私装收发报机为借口，于 1946 年 2 月通令各地电信局，对私人使用收音机实行登记制度。1948 年，国民党在上海实行戒严时，对民营广播电台的控制更加严厉。

国民党残酷迫害民营广播电台的行为，引起了广播界的极大愤慨。1946年7月，被取缔的民营广播电台公开召开新闻记者招待会，向国民党最高当局提出严正抗议，指出国民党交通部所派电台设备检查人员极不负责，“查验电台时，亦无仪器详细分别检查，仅作一两分钟巡视，以决取舍，未尽查验之责任”[45]。他们推派代表赴南京请愿，向国民党南京政府提出：(1) 交通部派人员来沪重新复查，以示公允；(2) 请交通部增加周率，或由同业合并经营，以资救济；(3) 对正在进行申请，尚未获得解决前，应准予照常播音；(4) 复查后，如认为确有不合格者，由政府出资收买，或令迁移内地设置。1946年10月，上海民营电台，“为加强团结”，“共谋事业之发展”，成立了“上海市民营广播电台同业公会”，再次向国民党当局呼吁，对民营广播电台的设立与播音应放宽尺度。但是，在国民党法西斯独裁统治日益严重的形势下，民营广播电台不可能逃脱日益衰败的命运。1946年上海民营电台22家，使用7个频率，占所有频率的70%，以后逐年减少，到1984年仅占43%。而且民营广播电台随时都会遭到查封，在如临深渊、如履薄冰的环境中度日。民营广播电台的播音的内容和经营活动也日益衰弱，各民营电台设备差，人员少，无力采播重大新闻，节目内容以文艺、广告为主。有的电台设有教育节目，以传播各类知识为主要内容，有的设有“社会服务信箱”，解答听众提出的各类问题，这类节目颇受听众的欢迎，但所占比例甚少。从总体看，各民营电台节目内容通俗化倾向比较严重，浅薄无聊、格调不高的居多，甚至不少黄色的东西也经常充斥在电台声音中，反映了国民党统治区新闻文化事业的没落。

在经营方面,民营电台也是王小二过年,一年不如一年。民营广播电台具有很强的商业性,不能不服从于价值规律的规范。国统区政治经济一团糟,生产严重破坏,社会腐败日甚,通货膨胀,百业萧条,民生凋敝,处于这种社会环境中的广播事业,在经济利益驱动下,为求生存不得不把广告节目放在主要地位,并逐步演变为以卖广播时间为主的商业活动。1947 年 3 月,上海市民营广播电台同业公会规定,“以 1 月计算”,“以 30 分钟为一档”,不同时间,每档的价格不同,最高 85 万元,最低 40 万元,商业精神成为左右一切的主宰。民营广播电台日趋消极没落,是必然的结果。

第七节　新闻教育与新闻学研究的复苏

一、新闻教育的恢复

上海是中国新闻教育发达地区之一,20 世纪 20 至 30 年代,大学、专科、函授各类新闻教育机构相继创办,形成高潮。抗战爆发,上海沦陷,新闻教育几乎中断。战后,新闻事业东移,上海复刊和新创办的报刊如雨后春笋,当时各报刊面临的困难,不仅是物资的匮乏,更为严重的是编辑记者的奇缺。培养新闻人才已是迫切任务,于是各类新闻教育事业纷纷恢复或兴办,形成了上海创办新闻教育的第二次高潮。

最先创办的新闻教育机构,是中国新闻专科学校。1945 年 8 月 30 日,吴绍澍、冯有真、陈高傭、詹文浒、葛克信、费彝民、朱云鹏、陈训悆、储玉坤、李秋生、严宝礼、孙家琪等新闻文化界人士，为培养新闻人才，集资设立中国新闻专科学校，召开投股大会，选举成立董事会，名誉董事长孔祥熙，董事长吴绍澍，副董事长冯有真、陈高傭。任命陈高傭为校长，教务主任储玉坤，训导长黄寄萍。9月招收第一届学生，为适应新闻界需求新闻人才的燃眉之急，仿效美国哥伦比亚大学新闻学院的办法，特设研究科，招收有志新闻事业的大学毕业生，专门授以新闻学理论与实践，以期在短期内，训练出一批编辑记者，输送给新闻单位。

1946年初，上海民治新闻专科学校恢复。该校是上海创办时间较长，成绩较为突出的新闻教育机构之一。抗战爆发后停办。1943年3月迁至重庆，由于右任、邵力子、冯玉祥、顾维钧、刘维帜、顾执中等组成董事会。顾执中任校长，副校长陆诒，教务主任卢和瑞，事务主任顾维国。专职或兼职教师有舒舍予(老舍)、崔万秋、冯玉祥、金祖懋、朱全康、陈翰伯等。为实施民主办学，成立了由教师与学生代表组成的校务委员会，商讨办学中的重大事宜。1944年顾执中去印度，由陆诒代理校长。抗战胜利后，民治新闻专科学校决定迁回上海，由陆诒先行筹备，重庆校务由陈翰伯负责结束。1946年初，上海民治新专开始招生，招收学生30名。顾执中到上海后，仍任校长，陆诒任副校长，教务长陈翰伯。暑期增设夜班，招收学生80余人。至1947年，日班1个班，夜班2个班，学生共160余人，在该校任教的有郑振铎、姚士彦、谢秋爽、顾用中、王伯恭等。在解放战争形势发生重大变化的情况下，为防止国民党的迫害，寻找退路，派陆诒赴香港筹办香港分校。

战后，上海一些大学的新闻系科也陆续恢复。圣约翰大学因系外国人办的学校，抗战期间虽一度停办，但未迁离上海，原校址和教学设备依然存在。胜利后仍由美国基督教圣公会办理复校。新闻系由美籍教授武道继续主持。上海一些外文报纸的著名编辑记者兼任教学工作，教学重点仍以培养英文报刊的编辑记者为主。

在大学新闻教育中，成绩最佳、影响最大的是复旦大学新闻系。该系为国内创办历史较长，从未间断的新闻专业。抗战爆发后，内迁重庆，初由谢六逸任系主任，后由程沧波继任，从 1943 年起，由著名教育学家陈望道教授担任，从此，该系走上健康发展的阶段。抗战胜利后，1946 年夏随校迁回上海，在江湾五角场复校，陈望道仍任系主任。是年招生 30 余名，以后每届招生 50 余名。学制 4 年，专职教学人员有曹亨闻教授、杨思曾讲师、林淑英助教等，上海一些著名报人和编辑记者任兼职教授。文、史、哲等基础课程由其他文科系的教授担任。复旦大学新闻系教学设备齐全，设有图书馆、阅览室、新闻研究室，筹办了印刷厂等。

1946 年，上海暨南大学法学院在原有新闻研究会的基础上创办了新闻系，由冯列山主持，是年秋招生，共招生 3 届，到上海解放前为止，学制 4 年。该系以国民党 CC 派为背景，所设课程同国民党政治大学新闻系略同。1947 年，冯列山离沪后，由詹文浒负责。1946 年，上海沪江大学新闻系也恢复教学活动。同年 8 月，国民党国防部在上海北四川路三新里开办新闻讲习班，招收有志新闻事业的失业失学青年，经短期培训，介绍到各地新闻单位工作。上海文化函授学院也创办了新闻科。

1947 年，陶行知先生创办的育才学校在上海设新闻组，它是一种新型教育机构，在教学和管理上都有许多新举措。新闻组渊源于抗战期间重庆育才学校的社会组和文学组。抗战胜利后，从重庆迁至上海，将社会、文学两组改组为新闻组，全组学生 30 余人，在管理上发扬民主，调动广大师生的积极性。

重视基础知识教学，是上海各类新闻系科的共同特点。一个优秀的新闻工作者，必须具有广泛的基础知识和扎实的专业知识，这是新闻教育家一贯强调的。戈公振先生曾提出“理想的政治记者，应当研究的是历史、地理、法律、国民经济及统计学、哲学和外语”；“理想的经济记者，应当研究的是国民经济及统计学、私人经济、地理、法律和外语”；“理想的社会记者，应当研究的是历史、地理、国际公法、国民经济及统计学和特殊法律”；“理想的文艺记者，应当研究的是历史、哲学、中国与外国文学”等[46]。各类新闻系科，在全部学制的教学安排中，大都前一半时间为基础知识课程，如文学、历史、哲学、经济及新闻学基础课；后一半时间为新闻专业课和新闻实践。专科学校还安排广告、报业会计、印刷术、无线电等基础专业知识的课程。

在教学措施上，注意理论联系实际，培养学生的操作能力。新闻专业是实践性很强的专业，既要求学生具有广泛扎实的基础知识，同时又要组织学生参加新闻实习和社会调查，不断提高自己的实践能力。在教学中贯彻“学”与“教”“合一”的方针，“使新闻教育由理论通过实践，接触到现实社会，从真实的社会中，取得人类生活意义的真谛”，“学习有了实践基础以后，遂给学习者以明确的学习目的”，“实践也给学习者以更多的新闻体验”[47]。从而增强从事新闻工作的实际本领。这是中国培养新闻人才的基本经验。各类新闻专业，都把参加新闻实践活动，作为培养学生的根本措施，除定期或不定期组织学生到新闻单位进行实习外，在校内创办报刊、通讯社，出版班级壁报，组织各种学生社团、研究会等，全部由学生自己主持，从实践中增长才干。

加强学校与报馆的联系，是办好新闻专业的重要一环。新闻教育的出发点和归宿，就是为新闻单位培养合格的新闻人才，若得不到报馆的支持和配合，关门办学，是难以达到目的。许多新闻教育家都强调，“新闻学校，欲训练报业人才，必须与大规模之报社合作”。具体做法：(1) 安排学生到报社实习，“令学生到报社工作，轮流到各部实习，亲身体验，始得真益”；(2) 从有新闻实践经验的青年中招生，“就是从报馆当中选人才”，“由学校继续予以训练”[48]；(3) 聘请有丰富实践经验的编辑记者，到学校兼任教学任务。《大公报》总编辑王芸生、《申报》主笔赵君豪、《新闻报》总编辑赵敏恒、总经理詹文浒、《联合画报》主编舒宗侨、名记者陆诒、谢秋爽等，都分别担任各校新闻专业的兼职教授。

二、新闻学研究的开拓

报业的勃兴，新闻教育的发展，推动了新闻学研究的开展，研究的深度与广度都有新进展。研究领域涉及新闻学基础理论、新闻教育、广告经营、报业管理、中外新闻史、应用新闻学等方面，并取得了比较突出的成果。

（一）在新闻学理论研究方面，其著作有：储玉坤的《现代新闻学概论》；上海文化函授学院编著的《新闻学》；萨空了的《宣传心理研究》；亨利·魏克汉斯蒂德著，王季琛、吴冰合译的《新闻学的理论与实际》等。其中以《现代新闻学概论》最有代表性，1939 年 7 月由上海世界书局出版，1945 年 12 月再版，1948 年 3 月增订三版，是建国前国民党政府教育部认定的唯一的一部大学新闻专业用书，在旧中国是比较有影响的大学新闻理论教科书。

储玉坤，1912 年生，江苏宜兴人，1937 年 4 月，南京中央政治大学新闻系毕业后，担任《新闻报》编辑。1938 年 1 月《文汇报》创刊时，任编辑兼社论撰述。1938 年 5 月起，担任法国哈瓦斯分社编辑。抗战胜利后，任《文汇报》总主笔，1946 年 5 月，转任《申报》主笔，同时担任法国新闻社远东分社中文部主任，兼任中国新闻专科学校教务长和沪江大学新闻系教授。建国后，参加中国民主促进会。1950 年任中央对外贸易部国际经济研究所副研究员，后任上海社会科学院世界经济研究所北美经济研究室主任，研究员。

《现代新闻学概论》的基本内容沿袭欧美新闻学体系，引用西方新闻学著作较多，材料比较丰富，论及国内新闻事业也大量录用原始材料，述而不作。全书共 15 章 59 节加一个附录，约 28 万字。内容涉及新闻学基本理论，中外报业发展历史、现状及趋势，现代报馆组织，新闻采访，评论写作，编辑业务，报纸印刷，广告与发行，报业管理，新闻自由，新闻政策，新闻出版法令等诸方面，都作了较系统的论述。

作者首先强调，“新闻学是一门科学”。他说“新闻学是最年青的一种科学”，“被公认为科学，还是近40年的事”，因为新闻事业在人类文化发展史上出现较晚，开始不被人重视，无人研究，但现代已成为家喻户晓、人们生活中不可缺少的东西，不仅从事新闻工作的人员，感到有许多问题，应加以研究，从理论上阐明，而且“一般社会学者，对于新闻的研究，也因为报业的发达而深感兴趣了”。其次，对报纸的性质、任务与作用，作者也提出了自己的见解。他认为现代报业的性质，一言以蔽之，就是“报纸商业化，报馆托拉斯化，管理科学化，其最终目的，在利润的取得”。报纸的作用，是引导舆论，而不是制造舆论，“每天所发表社论，其作用不过是解释新闻事实，引导舆论罢了”，如果把“报纸的社论当作舆论，这种观念实在大错特错”。再次，关于新闻自由问题。作者认为“自由”只能相对而言，新闻自由也受法律的限制，记者不能“随心所欲”。他说新闻自由是“战后新闻学上最时髦的名词”，“大家都认为要保持世界的和平民主，就非推行国际新闻自由运动不可”。新闻自由对各国内政，有“促进国内政治的民主化”的作用。他强调“政治没有批评，就不会进步，没有报纸，民意就无从表现出来，根本说不上民主”，所以“新闻自由运动，实有远大的理想”。但是，作者又指出“绝对的新闻自由，今日根本不存在”，任何自由，“并非绝对不受限制，凡言论著作足以破坏风俗，妨害治安”，国家当然“要以法律干涉”，“加以限制”。这一论述，是符合实际生活的。

（二）在新闻史研究方面，也取得了不少成果。胡道静的《新闻史上的新时代》，赵君豪的《上海报人的奋斗》，杨涛清的

《中国出版简史》，陈铭德的《一年来的工作》，陈布雷的《陈布雷回忆录》，美国人摩特著，王季深、王揆生合译的《美国的新闻事业》等。其中《新闻史上的新时代》一书最有价值。

《新闻史上的新时代》一书，是胡道静长期研究中国新闻事业史的成果。抗战前，他就搜集了大量中国新闻史资料，常为各报刊撰写"报坛逸话"的文章，抗战爆发后一度中断研究。战后又发表了不少新作，汇编成册，用其中《新闻史上的新时代》一文为书名，1946 年 11 月由世界书局出版发行。

胡道静（1913—2003），安徽泾县人，1931 年毕业于上海持志大学国文系，1932 年至 1937 年，在上海通志馆任上海地方志编辑工作，负责编写有关上海新闻史方面的内容，他所撰写的《上海的日报》、《上海的定期刊物》、《上海新闻事业之史的发展》等，先后由该馆单独印刷成册。他计划写一部完整的上海新闻史，由于抗战爆发，未能如愿，将所搜集的珍贵资料，寄存在震旦大学图书馆。上海"孤岛"期间，于 1938 年 4 月，他先后担任柳亚子创办的《通报》编辑，《中美日报》采访主任，英商《大晚报》编辑。1941 年任浙江金华《东南日报》编辑。胜利后，回上海任《正言报》总编辑，并继续研究新闻史。建国后，在上海从事图书文物整理工作，曾任华东军政委员会文化部文物处图书馆科长，上海人民出版社总编审。

《新闻史上的新时代》，以史料丰富，考订精详，受到新闻学界的重视和好评。该书分为三部分：第一部分是报刊史的珍贵原始资料，包括重要报刊的创刊号、新版面、重要文献、通讯社稿件、印刷机器等照片，并附有简要说明；第二部分是新发表的论文和文章，包括对新闻事业现状与前景分析，国民党报业溯源、国际通讯社在中国的活动及如何研究中国新闻史等;第三部分是以往发表的"报坛逸话"的文章,其中有十分珍贵的新闻史资料,如对《申报》的创刊、沿革、变化、发行及附属事业等情况的系统介绍。

《新闻史上的新时代》一书,对新闻事业发展和展望是很有见地的。作者提出新闻事业的发展,经历了"口头新闻"、"手写新闻"、"印刷新闻"、"广播新闻"和"电视新闻"5个阶段。特别强调"电视新闻"是"当代历史上的一件极大的事件","其重要性不亚于第一次欧战结束时,美洲无线电公司(R)的组设",它标志着"新闻史上的新时代的来临",人们必须"准备迎接"这个新时代。这是我国最早有关电视新闻问题的论述。

(三)开展对报业经营管理的研究,是这时期上海新闻学研究的重要发展。上海为中国新闻事业的中心,报刊的数量多、出版时间最长、发行量最高的报刊,大都集中在上海。上海是中国对外开放的窗口,新闻界的对外交流十分活跃,国外的办报经验和报业管理经验等,最早在上海得到传播,报业企业化管理就是典型事例。但是新闻学术界对这方面的研究进展较慢,虽从20至30年代有人着手研究,但成果不多,更可惜被日本帝国主义发动的侵华战争打断了。战后,报业托拉斯化现象重新出现,报业企业化管理又有了新的发展,对报业经营管理的研究也重新活跃起来。詹文浒出版的《报业经营与管理》一书,就是这方面研究的一个成果。

詹文浒(1905—1973),浙江诸暨人,早年毕业于上海光华大学,后留学美国,获哈佛大学硕士学位,回国后任上海世界书局编辑主任，兼任一些大学教授。上海“孤岛”期间，任《中美日报》总编辑。孤岛沦陷后转往重庆，任《中央日报》副社长。1943年任国民党中央政治大学新闻系主任。抗战胜利后，为国民党中央宣传部特派员，赴上海参加接管敌伪新闻机构，任《新闻报》总经理，1947年起兼任上海暨南大学新闻系主任，上海市新闻记者公会和上海报馆同业公会常务理事。解放后去世。

詹文浒撰写《报业经营与管理》一书，始于1943年，1944年8月完稿，由于这本书不为国民党当局所重视，迟迟不能出版。1946年11月，再次修改，由马星野校阅，程沧波作序，正中书局印刷发行。全书共1篇27章，约16万字。该书除比较系统论述了报馆组织、财务管理、规章制度、印刷发行、广告经营等外，还较详细介绍了西方著名大报成功的管理经验，目的是供中国报业管理人员借鉴。

詹文浒在书中明确提出报业企业化问题。他说“报馆这组织以采取股份有限公司的制度最为相宜”，并对股份有限公司如何组织和管理，作了具体系统的介绍。他提出报业的经营与管理，既与一般企业基本相同，但又有其特殊的地方。他说“报纸诚然是一种企业，但是它的本质与公共事业相同，以服务社会为其主要鹄的”。“办报人在同时期内，既是社会的领袖”，“领导社会”，同时又是“社会的仆役”，“当服务社会”，所以应当“用以领导社会并服务社会的方法，刊载新闻，撰述评论，介绍娱乐”。詹文浒还提出在报社内部，编辑记者与行政管理人员的地位是平等的，反对编辑记者高人一等的观念。他主张一个刚入报社工作的青年人，应当参加一段发行经营工作，让他们“知道社会的情况”，知道发行人员也有帮助编辑部提高报纸质量的任务，指出“发行经理的责任，与其注意金钱，从事种种强烈性的推销工作，毋宁根据实际经验，从门市部听取读者的意见”，“向编辑部及印刷部作各种有意义的建议”。

对如何提高报纸的质量，詹文浒对编辑政策提出意见。他认为报纸在宣传报道中，除注意“报道忠实”、“客观公正”外，对于读者的兴趣，应当进行分析，不能盲目地迎合读者的要求，他说“迎合读者兴趣，是若干报纸的共同现象，在某种意义之上，不能过分责难”，“问题在于我们怎样树立确定的界限，趣味有低级与隽永之分，我们办报人，应当明白自己是从事社会教育的人，社会风气的转变，其主要部分就负在我们的身上”，“庸俗的人，只知道迎合兴趣，投好读者”，“有理想有抱负的人”，应当供给社会“有教益，又富于启发性的读物”，以“提高读者的鉴赏程度”。这些意见是很有见地的。

（四）在新闻摄影研究方面的突出成果，是舒宗侨编辑出版的《第二次世界大战画史》、《中国抗战画史》两本新闻性、历史性很强的巨型画册。从初版至今已 9 次再版，印刷总数达 10 万册以上，读者遍及海内外，美国哈佛大学、斯坦福大学等图书馆都珍藏着这两本书，其价值和影响可见一斑。

舒宗侨（1913—2007），湖北蒲圻人，1932 年入复旦大学攻读新闻专业，毕业后先后担任《立报》、塔斯社上海分社等新闻单位的编辑、记者。抗战爆发后去重庆，主要致力于新闻摄影工作，同时担任复旦大学新闻系的教学任务。1942 年中、美、英三图片宣传机构联合创办《联合画报》，应邀担任主编。抗战胜利后回到上海，购得《联合画报》社，独资经营，任发行人和主编。建国后在复旦大学新闻系从事新闻摄影的教学和研究工作，直到1989年退休。

舒宗侨在上海主编《联合画报》期间，每天接触到大量从国内外寄来的照片，深感这些珍贵图片资料的历史价值，便萌发了编著"画册"的念头。在着手搜集编辑中，力求用图片、文字、地图等形象地记录中国人民和世界人民抗击法西斯侵略的历史过程，让后代认识和平民主的重要，既有历史价值，又有现实意义。1946年9月《第二次世界大战画史》问世，16开本，374页。照片800余幅，文字说明35万字，80幅地图，60多种文献资料，精装烫金，十分精致，供不应求。10月再版，并把10月16日德国22名高级纳粹战犯被送上绞刑架处死的照片也增补进去。到1949年，短短3年，3次再版，发行量已达4万册以上。1947年5月，舒宗侨精选图片，曹聚仁撰写说明，两人合作编辑出版了《中国抗战画史》一书，16开本，448页，1 167幅照片，45万字，60幅地图，近百种战史文献，精装烫金，精美异常。两书都是由承担印刷《联合画报》的英文《大美晚报》印刷，《联合画报》社经售。

这两本巨型画册的突出特点，是极其真实形象地再现世界人民反法西斯战争和中国人民抗日战争的历史，不仅详细记录了德、意、日法西斯发动侵略战争犯下的种种罪恶情况，更生动形象地反映了世界各国人民和中国人民反侵略战争所取得最后胜利的历史过程，以及不屈不挠的斗争精神。特别珍贵的是介绍了国共两党第二次合作的情况，有相当数量的照片介绍中国共产党领袖和著名高级将领的情况，介绍八路军、新四军、敌后抗日游击队英勇抗敌和抗日民主根据地生产建设的情况。在国民党蒋介石已发动全面内战、严厉实施法西斯新闻统制的情况下，毅然出版这两本画册，足见编著者勇于尊重历史、尊重事实的可贵精神。这两本画册一问世，便受到社会的高度赞扬，著名作家朱自清先生在一封信中说："大著从'日本社会文化与民族性'说起，使读者对我们的抗战有个完全性的了解，这种眼光值得钦佩！书中取材翔实，图片更可珍贵。"[49]当时一些大型日报也给予充分肯定。

这两本巨型画册的出版，具有很大的历史意义和现实意义。它无可辩驳地记录了法西斯侵略者所犯下的种种罪恶事实。1948年4月14日，国民党政府国防部上海军事法庭在审判日本重要战犯、侵华日军总司令冈村宁次时，在庭长的桌子上就放着这两本书，作为日本军队侵华所犯罪行的铁证。战后50多年，日本国内一小撮右翼分子多次妄图篡改侵华历史，1982年制造的"教科书事件"最为典型。为了粉碎他们的阴谋，驳斥他们的谬论，1984年新华出版社编辑出版了《日本侵华图片史料集》，共收入300余张照片，其中有34张，取自这两本画册。1993年香港天地图书股份有限公司出版的《中国抗日战争图版》，上中下三册，有相当数量的照片，也取自这两本画册。

上海还出版了一些研究新闻业务的著作，如程仲文的《新闻评论学》、李慕白的《英文报纸读法》、章丹枫的《编报与读报》、郭步陶的《时事评论作法》、萧乾的《人生采访》等，反映上海新闻学研究在各方面都取得一定成果。

第八节 共产党对旧新闻事业的改造

一、迎接解放准备接管

解放战争的隆隆炮声，由黄河响到长江，迅速推向全国。上海，这个全国最大的城市，已经望见解放的曙光。中国共产党为了在上海迅速建立起人民的新闻事业，加紧了接管旧新闻事业的准备工作。

1948 年 11 月 8 日，中共中央制定了《关于新解放城市中外报刊通讯社处理办法的决定》，20 日，又制定了《对新解放城市的原广播电台及其人员的政策的决定》，明确规定了对新解放城市旧新闻事业改造的方针政策。1949 年初，为接管上海，组织了一支数千人的南下干部纵队。它主要由中共中央华东局和山东、苏北解放区各条战线的干部组成，一部分上海地下党转移到解放区的同志参加。中国人民解放军渡江司令部，决定把接管旧上海新闻事业的同志，列入第一梯队，为了帮助干部熟悉政策和业务，顺利接管，华东局曾在济南办了一所新闻专科学校。南京解放后，准备接管旧上海新闻事业的队伍，在范长江、恽逸群、魏克明、王中等率领下，日夜兼程，于 4 月下旬到达丹阳，在那里集中学习、整训、学习政策、了解情况。

为了进上海后，使接管工作计划更加具体化，中共中央决定把原来的中央机关报《解放日报》改作中共中央华东局和中共上海市委的联合机关报，在上海出版，并决定接管《申报》为

《解放日报》社址。为此，接管《申报》和筹备出版《解放日报》的具体工作加紧进行。对《解放日报》的内容、版式以及编辑人员的组成，都作了明确规定，报纸发刊词也已写好，第一天《解放日报》的版面设想和部分稿件，都准备妥当。队伍到了苏州，对进入上海后如何同地下党联系，进行接管《申报》的事宜，作了具体安排，毛主席手书《解放日报》四个大字的报头，已木刻好。在接管广播电台方面，为使上海人民一解放就能听到中国共产党的声音，中共中央华东局在渡江前就办了华东新华广播电台，试播成功后，随军南下，一整套编、播及技术人员，逐渐配齐，为接管国民党上海广播电台，改组为上海人民广播电台，做好了充分准备。箭在弦上，新闻接管队伍，时刻准备向上海进发。

中共上海地下党为接管旧上海的新闻事业，也作出了积极贡献。从1948年冬起，就开始准备，有关同志搜集各方面的情况与资料，汇编成《上海概况》，其中包括全市的报刊、通讯社及广播电台的资料，如各个新闻单位的政治背景、经济情况、人员编制、机器设备等。对各单位主要负责人的政治面貌、经历、社会联系等也作了概括介绍，供解放军接管工作参考。

团结广大新闻工作者，壮大革命力量，是地下党为接管工作所做的重要准备。国民党反动派对旧上海的新闻界摧残和迫害，是十分严重的，有正义感的新闻工作者感到走投无路，因此，团结、争取受迫害、被排挤的新闻工作者，是十分重要的工作。中共上海地下党，通过种种关系，采取各种方式，争取他们尽快觉悟，站到人民方面来，如在各个新闻单位工作的地下党员发起组织不同类型的新闻记者联谊会、聚餐会等，以沟通信息、交流情况、研讨业务的名义，定期或不定期地开展活动，这样既团结争取了一批新闻工作者，又了解各方面的情况。

开展保护工厂设备，反对拆迁，是迎接解放、准备接管的重要方面。国民党反动派在上海解放前夕，曾企图把报社、电台的重要设备、机器、纸张等拆迁到台湾或香港去，如《中央日报》、《和平日报》、《前线日报》、上海广播电台的机器设备，国民党都做好了拆迁计划，还策动一些民营报刊和电台迁往广州、香港或台湾。为了挫败敌人的阴谋，保护人民的财产，中共上海地下党发动群众和工人，针锋相对地开展护厂护设备斗争，不仅阻止敌人拆迁，还要防止敌人破坏，如《华美晚报》虽只有70多名工人，护厂护设备斗争开展得很出色，工人不顾个人安危，日夜守卫在机器旁，挫败了敌人的拆迁阴谋。

千方百计传播解放军胜利进军消息，宣传中国共产党的新解放城市的方针政策，揭穿敌人的欺骗宣传，稳定人心，稳定社会，为接管工作顺利进行，创造良好的条件。中共上海地下党，在新闻文化战线上的同志，除巧妙利用各类报刊，开展宣传外，还以上海人民团体联合会名义出版了《上海人民》报。战斗在广播电台战线的同志，以“客观”、“公正”的面目，转播各地报刊、通讯社电讯，报道解放战争的真实消息。民营民声广播电台，被国民党勒令停止播音后，地下党员发动工人，保护好机械设备，时刻准备配合解放军进攻上海时进行播音。中共上海地下党百货业党委，指示新新公司地下党支部，设法控制该公司五楼的凯旋广播电台，使机械设备处于良好状态。

1949年5月25日晨，解放军入城的喜讯传来，该台便向全市人民广播解放军进入上海的消息，并播出“约法八章”布告及革命歌曲。

二、调查研究区别对待

上海一解放，中国人民解放军上海市军事管制委员会（简称军管会）在主任陈毅、副主任粟裕领导下，各个系统都分别成立了军管会，实施接管和改造工作。对旧上海的新闻、出版、广播的接管工作，由文管会所属新闻出版部负责，部长周新武，副部长徐伯昕、祝志澄、李辛夫，委员有周新武、徐伯昕、祝志澄、李辛春、恽逸群、郑森禹、叶籁士、张春桥、陈祥生、王益等，顾问金仲华、冯宾符、唐弢、冯亦代等。下设：秘书室，主任陈军；新闻室，主任李辛夫（兼）；广播室，主任华坚；出版室，主任祝志澄；研究室，主任郑森禹。每室下设若干股，由股长及工作人员若干组成。其中接管股人数最多，又分成若干小组，分别对所属系统应接管单位，实施接管。

如何处理新解放城市的旧新闻事业，是一项政策性很强的工作，中国共产党对待这个问题的基本态度是：在阶级社会中，报纸、通讯社、广播电台等，都具有较强的政治性和阶级性，不是生产事业，对它们的处理“一般地不能采取与私营企业同样的政策”，必须限制它的言论自由。如采取放任政策，就会使某些反动的政治势力，容易获得公开的合法的影响群众的舆论阵地，这是对革命事业十分不利的。

但是，旧中国的新闻事业，情况十分复杂，应当进行深入的调查研究，分别情况，区别对待。旧上海的新闻事业，虽受国民党反动派的摧残和迫害，损失十分严重，但其数量仍相当多，据统计解放前夕大小报纸 70 多家，外埠报社办事处 10 多家，通讯社 80 多家，广播电台 50 多座，期刊数以百计。中国人民解放军军管会对新闻出版界的复杂情况，进行了认真的调查研究，弄清情况，根据“保护人民的言论出版自由和剥夺反人民的言论出版自由”的原则，对旧新闻事业采取区别对待的政策，分别实施了接管、军管和管制的不同措施。

接管的前提是没收。对国民党的党、政、军、特、宪及各派系所创办和直接控制的报刊、电台和通讯社等，如《中央日报》、《和平日报》、《东南日报》、《前线日报》、《时事新报》、《金融日报》、《自由论坛》、国民党中央通讯社上海分社、上海广播电台等，一律实行接管，立即查封，没收其财产，归国家所有，其设备用于开办人民的新闻事业。对青年党机关报《中华时报》，实行同样政策。从 5 月 27 日到 7 月 26 日两个月中，军管会文管会共接管了 75 个单位，其中报纸 18 家、通讯社 2 家、新闻处 2 家、外埠报纸办事处 2 家、广播电台 17 座、新闻专科学校 1 家，以及出版团体、书店等。命令停止发行的报纸 8 家。

对私人经营或以私人名义经营，而被反动派控制的新闻机构，以及知其有反动宣传，而具体情况暂时没有弄清的新闻机构，先行军管，停止其宣传活动，在调查清楚情况后，分别处理。对其中的官僚资本予以没收，私人资本加以保护。对《申报》、《新闻报》的处理就是典型事例。申、新两报长期被国民党控制，进行反动宣传，因此解放军一入城，军管会实行军管，编辑部立即解散，对经理部，没收其官僚资本，私人资本予以保护。《申报》社改出《解放日报》,《新闻报》考虑到它在全国特别在上海工商业界影响,重组编辑部,改出《新闻日报》。没收申、新两报的国民党官僚资本,作为国家资金入股,经理部实行公私合营。对英文《大陆报》,由于情况一时没有弄清,也先行军管。

对一切私人创办的而无政治背景或政治背景不明显的新闻单位,军管会采取了管制政策。解放军入城后,陆续颁布了关于私营报刊、通讯社登记办法,关于私营广播电台管制办法等,规定一切私营新闻事业,如若继续发行和复刊,必须先向军管会申请登记,经审查批准后,方可进行宣传活动。从5月31日至6月30日止,填送申请登记表的报纸、杂志、通讯社共244家,内有报纸43家、通讯社12家、杂志189家。经审核发给登记证的44家,其中报纸14家、通讯社2家、杂志28家。私营广播电台申请批准恢复活动的19家。规定已恢复活动的新闻单位,对于政治性新闻和评论,必须采用新华社稿件,不得自行编写。这是特殊情况下的暂行措施。

在半封建半殖民地的旧中国,外国的新闻事业占有很大势力,上海最为典型,其中大多数是直接代表帝国主义利益的。上海一解放,首先命令外国政府驻沪机构之组成部分的新闻处停止活动。限令外国记者,停止业务活动。对外国办的报纸,没有采取直接封闭的政策,允许继续出版。上海解放后,《字林西报》、《大美晚报》由于对中国人民的革命事业,坚持敌视态度,继续造谣惑众,受到军管会的警告和内部工人的反对,不得不自动停刊。其财产予以军管保护。中国人民不是排外的,只要不敌视中国人民的革命事业,不造谣破坏,是允许其继续出版的。苏侨办的《苏联公民报》(原名《俄文日报》)、俄文《新生活报》、美侨约·威·鲍威尔主持的《密勒氏评论报》等,都在解放后一段较长时间继续出版。《密勒氏评论报》因批评美国发动侵朝战争,被美国政府禁止入境,销路发生问题,才不得不于1953年自动停刊。

对于旧新闻事业单位的职工(包括在外国新闻单位工作的中国人),都作了妥善安置。接管单位除少数查有实据的特务、反革命分子必须予以惩办外,一般都适当安排。已改组出版报社的职工,其编辑人员,除个别外,一般不留用,愿继续在新闻文化战线工作的,先在华东新闻学院集训学习,再作适当安排;经理部人员,除个别外,基本留用。凡愿自行找出路的,听其自便,愿回原籍者,发给路费。一切私人经营单位的人员,均自行处理,对一些有技术专长而政治上未发现问题的,根据实际需要,区别对待,量才录用。

如同一切革命事业一样,在新闻战线上除旧建新,是一场深刻的革命,盘踞在新闻界的一切反动分子、顽固派是不会自动退出历史舞台的,他们做垂死挣扎,采用种种手段破坏接管和军管,斗争十分激烈。

三、大变革的完成

清除旧的,建设新的,是中国共产党改造旧上海新闻事业两个不可缺少的侧面。清除是手段,建设才是目的。上海市军管会在清除旧新闻事业的同时,加速了新的人民的新闻事业的建设,很快形成了较为完备的新闻宣传网。

中共中央华东局和上海市委联合机关报《解放日报》，于1949年5月28日正式创刊，由范长江、恽逸群主持，发刊词《庆祝大上海的解放》，提出三大任务：彻底摧毁国民党反动派的残余；群策群力保护全上海市民的民主自由；顺利完成接管，迅速恢复生产。为加强对报纸的领导，中共中央华东局成立了党报委员会，由舒同、刘晓、魏文伯、夏衍、恽逸群5人组成，舒同为书记。《解放日报》社成立了社务委员会和编辑委员会，主要成员有范长江、恽逸群、魏克明、陈虞孙、陈祥生等。范长江任社长兼总编辑，恽逸群任副社长兼副总编辑，魏克明任副总编辑，陈虞孙任秘书长，张映吾任总编室主任。上海市总工会机关报《劳动报》，于1949年7月1日创刊，三日刊，社长兼总编辑柯蓝，发行近3万份。上海团市委机关报《青年报》，于1949年6月10日创刊，五日刊，发行人冯兰瑞，总编辑李昌，副总编辑钟沛章，发行2万份。以少年儿童为读者对象的《新少年报》于1949年6月2日创刊，负责人蔡怡昌，总编辑贺宜，副总编辑胡逸文，发行3万份。《新闻报》以工商界为主要读者对象，战后被国民党所控制，成为反共反人民的工具，考虑到上海有众多的工商界读者，及有利于恢复生产，繁荣经济，决定改组为《新闻日报》，于6月29日复刊，成立临时管理委员会，主持改组后《新闻日报》的工作，恽逸群兼主任委员，总主笔金仲华，总编辑张春桥（后由邵宗汉接替），总经理许彦飞，发行13万份。

支持进步报刊的恢复和发展，是接管旧新闻事业中一项重要政策。上海解放前夕，国民党封闭了一批进步报刊。上海一解放，陆续复刊。《新民报晚刊》继续出版，上海市军管会很快发给“新字第五号”登记证。总经理陈铭德，总主笔赵超构，总编辑程沧，副总编辑梁维栋，主笔陈理源，发行3万份。《文汇报》筹备复刊时，在经济上遇到困难，军管会决定给予支持，市文管会给新闻出版社的通知说：“《文汇报》请求协助，指拨转筒纸等事宜，请你们酌情办理。”同时决定由《解放日报》借给它大量纸张、油墨等，并帮助解决社址等困难。《文汇报》很快于6月21日与读者见面了。总经理严宝礼，总主笔徐铸成，总编辑娄立斋，副总主笔高季琳，发行2万份。在中国共产党帮助下，王芸生随解放军回到上海，筹划《大公报》的转变工作，6月17日发表《大公报新生宣言》宣布彻底转变立场，总经理曹谷冰，总编辑王芸生，副总编辑李纯清、杨刚，副总经理金诚夫、李子宽。最高发行量为8万份。

为了满足不同层次读者的需要，上海还创办了对象报和专业报。如《沪郊农民报》，编辑委员会主任秦昆，总编辑田野。《上海铁道》，社长黄华，副社长兼总编辑叶诚，副总编辑林立。《上海警总》，社长施约伯，总编辑赵锡印。《影剧日报》，社长兼经理赵邦荣，总编辑朱瑞钧，经理徐韧初。英文《上海新闻》，社长兼总编辑金仲华，经理赵邦荣，编辑部主任陈麟瑞，编辑顾问李才。《大报》，发行人兼经理冯亦代，总编辑陈涤夷。《亦报》，总经理龚之方，总编辑唐云旌。此外，还有《人民文化报》等。

人民的通讯社和广播电台也迅速建立起来。新华社华东总分社在范长江、恽逸群、张荫吾、李辛夫等率领下，随军南下，其任务除及时报道解放战争的胜利消息外，还担负筹建上海分社的任务，华东总分社进入上海后，形势瞬息万变，头绪纷繁，新闻迭出，在上海分社未正式组建前，先临时抽调几个编辑在总分社内成立上海分社的业务编辑室，以上海分社名义向外发稿。6 月 11 日，新华社上海分社正式成立，社长由范长江兼任。6 月 13 日，同苏联塔斯社远东分社商定交换新闻稿件。9 月，上海分社成立英文部，由杨承芳任编辑主任。新华社上海分社向本市各新闻单位发稿，每天约 4 万字。1949 年 9 月，订阅上海分社新闻稿者，对开报 6 家，四开报 3 家，晚报 1 家，三日刊 3 家，周刊 1 家，杂志 2 家。

解放后，上海建立的第一座广播电台是上海人民广播电台，它的前身是上海新华广播电台，组建于解放军南下途中，由新华社华东总分社统一领导，恽逸群、周新武负责。5 月 27 日进入上海后，改为“上海人民广播电台”，周新武兼台长。6 月 22 日，中央广播事业管理处发出统一各地广播电台名称和调整各地广播电台领导关系的通知，上海人民广播电台直接受中央广播事业管理处领导。8 月 22 日，中央广播事业管理处通知：华东新华广播电台迁沪后，改名为“上海人民广播电台第一台”，原沪台应改名为“上海人民广播电台第二台”，两个牌子，一套机构。

注释：

① 国民党：《中宣部发表京沪平津特派员》，《申报》，1945 年 8 月 30 日。

② 刘哲氏：《近现代出版新闻法规汇编》，第 508、513 页，学林出版社，1992 年 12 月版。

③ 赵玉明：《中国现代广播简史》，第 81 页，中国广播电视出版社，1987

年12月版。

④《申报》,1945年8月26日。

⑤⑥《中国新闻史》,第462、454页,台湾三民书局,1984年4月版。

⑦ 许映湖、王仰清《上海新华日报筹备出版被阻经过》,《党史资料》1985年第4期。

⑧⑨⑩⑪⑫《国民党府禁止〈新华日报〉在沪出版发行史料选辑》,《档案与历史》,1986年第3期。

⑬ 李三星:《文萃综述》,《上海党史》,1991年第2期。

⑭《我们的志趣和态度》,《观察》,创刊号,1946年9月1日。

⑮《关键就在今年》,《文汇报》1946年元旦社论。

⑯《再论第三方面》,《文汇报》社论,1946年12月23日。

⑰《元旦书红——一切希望在停战》,《文汇报》社论,1947年1月1日。

⑱ 苏智焕:《如何走上民主建国之路》,《观察》,第1卷第6期,1946年10月5日。

⑲ 储安平:《失败的统治》,《观察》,第1卷第3期,1946年9月4日。

⑳ 储安平:《政府利刃指向观察》,《观察》,第4卷第20期,1948年7月17日。

㉑ 储安平:《中国的政局》,《观察》,第2卷第2期,1947年3月8日。

㉒《文汇报》,1946年10月19日。

㉓《内政部报纸杂志换证办法》,《申报》,1946年12月17日。

㉔《文汇报大事记》,第196页,文汇报出版社,1986年1月版。

㉕《上海解放》,第161页,档案出版社,1989年5月版。

㉖ 同②。

㉗《新闻纸杂志刊物应按期检呈查考》,《申报》,1948年8月25日。

㉘㉙《羊枣和"永安大狱"》,第3、13页,福建人民出版社,1984年6月版。

㉚㉛《上海杂志界联名致政协会议第三方面代表备忘录》,《民主》,第3

卷第3—4期合刊,1946年10月31日。

㉜《申报》,1947年2月24日。

㉝《国讯》,第464期,1947年12月20日。

㉞《日本投降了》,《大公报》社评,1945年8月16日。

㉟《自由主义者的信念》,《大公报》社评,1948年1月5日。

㊱《大公报》社评,1948年7月10日。

㊲《分裂的中国吗?》,《密勒氏评论报》社论,1947年8月2日。

㊳《混乱的组合》,《密勒氏评论报》社论,1948年8月28日。

㊴ 小鲍威尔:《答复对密勒氏评论报的攻击》,《密勒氏评论报》,1950年3月25日。

㊵ 杰克·尔登:《中国震撼世界》(中译本),第502页。

㊶《两外商通讯社停止供新闻稿,报业公会发表声明》,《申报》,1948年7月26日。

㊷《美国新闻处电稿》,1948年4月21日午稿。

㊸《美国力促中国实行土地改革》,《美国新闻处电稿》,1948年4月1日晨稿。

㊹《上海民营广播电台登记》,《申报》,1946年5月8日。

㊺《本市民营电台要求公允复查,向交通部提出请求四点》,上海《民国日报》,1946年7月29日。

㊻ 戈公振:《新闻学》,商务印书馆,1940年版。

㊼ 王公亮:《进步的新闻教育》,《报学杂志》,第1卷第6期,1948年11月。

㊽ 詹文浒:《培养报业人才之管见》,《中国新闻学会年刊》,第2期,1944年11月22日。

㊾ 1947年6月27日朱自清给曹聚仁的信,1994年10月抄于舒宗侨存该信影印件。

附录　上海新闻史大事纪要

1850年(清道光三十年)

8月　英文《北华捷报》创刊,周刊,由英国商人亨利·希尔曼创办。是上海有定期连续性的新闻传播出版物的开始。

1857年(清咸丰七年)

1月　中文《六合丛谈》创刊,月刊,由上海麦家圈墨海书馆创办。它不仅是上海的第一家传教报刊,也是上海第一种中文期刊。

1858年(清咸丰八年)

英文《皇家亚细亚文会北中国分会报》创刊,由英人伟烈亚力主编。

1859年(清咸丰九年)

英文《上海纪事》创刊,月刊,由英商字林洋行创办。

本年英国驻上海领署正式承认《北华捷报》为“领署及商务各项公告的发布机关。”

1861年(清咸丰十一年)

9月　英文日报《上海每日时报》创刊,由英商威脱公司出版。

11月　《上海新报》创刊,由英商字林洋行创办,初为周刊,后改为三日刊。是上海出版最早的中文报纸。

1862年(清同治元年)

上海麦家圈墨海书馆创办的第二种中文期刊《中外杂志》问世,由传教士玛高温主编。它是以宣传宗教为主的综合性期刊。

1864年(清同治三年)

6月　字林洋行增出《字林西报》,日刊,《北华捷报》遂成为日报的附属出版物。该报同英国驻上海机构及上海租界当局关系特别密切,因此被驻上海的外国人称为“英国官报”。

1866年(清同治五年)

英文《中国之友》由广州迁至上海,为上海最早的晚报。该报于1842年创刊于香港,1860年迁广州,1866年又迁上海,改为晚报。

1867年(清同治六年)

10月　英文《晚差报》(或译《上海差晚报》)创刊,琼斯主编。

美商索恩和汤伯利创办《上海通信》，为美国人在上海出版的第一种报刊。

1868年(清同治七年)

9月 《中国教会新报》创刊，周刊，后改名《教会新报》。上海林华书院出版，美国传教士林乐知主编。

1869年(清同治八年)

法租界当局出版公告性的法文年刊。

1870年(清同治九年)

12月 法文《上海新闻》创刊，周刊。是上海出版的第一种法文报刊。

1871年(清同治十年)

3月 法文《进步》创刊，周刊。

9月 《圣书新报》创刊，教会刊物，用上海方言撰写。为最早的方言杂志之一。

1872年(清同治十一年)

4月 《申报》创刊，初为双日刊，自第5本改为日刊，星期日休刊。由英国商人美查创办，首任主笔蒋芷湘。几经变化，出版至1949年5月上海解放，为旧中国历时最长的中文报纸。

本年　英国路透通讯社在上海设远东分社，为我国最早出现的通讯社。由该社驻远东记者科林兹创办。

1873年（清同治十二年）

6月　英文《晚报》创刊，巴尔福主编，柯泰洋行发行。

1874年（清同治十三年）

6月　《汇报》创刊，由容闳发起，华人集资创办，9月改名《彙报》。英商葛理成为名义上的馆主和主笔，实际以外商作庇护，产权未变，为上海最早的"洋旗报"。

9月　《中国教会新报》出至第301期时，改名为《万国公报》。

1875年（清光绪元年）

2月　《西国近事》创刊，五日刊，由江南制造局翻译摘编的译报。为我国最早的"参考消息"类报刊。

本年　《小孩月报》从福州迁来上海。该刊是1872年由外国传教士创办的，是我国最早的儿童刊物。

1876年（清光绪二年）

2月　《格致汇编》出版，是上海最早的科学专业刊物。其前身为1872年北京创办的《中西闻见录》，本年迁至上海。

11月　《新报》创刊，月刊，由洋务派创办的中英文合刊。是国人自办外文报刊的开端。

本年　《申报》出版语文体报纸《民报》，是我国创办最早的语文体报纸。

1877年(清光绪三年)

6月 《申报》创办的《寰瀛画报》出版,不定期。为中国石印画报之始。

1878年(清光绪四年)

3月 《益闻录》创刊,由徐家汇天主教会出版发行。为天主教会在上海最早创办的刊物。

1879年(清光绪五年)

4月 英文《文汇报》创刊,晚报,由英商克拉克创办。1930年并入美国人主办的英文《大美晚报》。

1880年(清光绪六年)

5月 《画图新报》创刊,由基督教会主办。初名《花园新报》,从第二卷改本名。

1881年(清光绪七年)

12月 《申报》访员通过津沪电线传递谕旨。为国内报纸所发第一则电讯。

1882年(清光绪八年)

4月 《沪报》创刊,由字林洋行创办的中文日报,不久改名《字林沪报》。

1884 年(清光绪十年)

5 月　《点石斋画报》创刊,由《申报》馆出版发行。为我国早期著名时事性画报。

本年　中法战争爆发,《申报》增出报道战讯的“号外”。

1886 年(清光绪十二年)

1 月　德文《德文新报》(或译《华德日报》)创刊,为德国人在华创办的第一种报纸。自称“远东德人之声”。

本年　《孩提画报》创刊,为最早以北京话行文的基督教杂志。

1887 年(清光绪十三年)

英文《博医会报》创刊,为我国教会系统医学界的重要刊物。

1889 年(清光绪十五年)

10 月　《申报》馆改组为美查有限公司,吸收中国人入股。美查回国,报社由董事会主持。

本年　《万国公报》复刊,由周刊改为月刊。该刊曾于 1883 年休刊。

1890 年(清光绪十六年)

6 月　日文《上海新报》创刊,周刊。是日本人在上海最早创办的刊物。

10 月　著名的《飞影阁画报》创刊,吴友如主持,《申报》发行。

1891年(清光绪十七年)

2月　《中西教会报》创刊,为广学会专刊教会消息的机关报,由美国人林乐知主编。

本年　出现国人创办报刊的热潮,先后出版有《中西文报》、《华洋日报集成》、《艺林报》、《告白日报》、《公报》等。都是昙花一现。

1892年(清光绪十八年)

2月　《海上奇书》创刊,半月刊,早期图文并重的文学刊物。

本年　英文《上海气象年报》创办,是上海有气象记录的开始。

1893年(清光绪十九年)

2月　《新闻报》创刊,由英商丹福士为主集资创办,有华股参加,为中外合资创办的报纸。《新闻报》创刊后,与《申报》、《字林沪报》两大中文报纸形成三足鼎立的格局。

1894年(清光绪二十年)

1月　日文《上海周报》创刊,由日侨设立的共同活版所主办。

1895年(清光绪二十一年)

《约翰声》创刊,圣约翰大学创办。为上海最早的校刊。

1896 年(清光绪二十二年)

1 月　《强学报》创刊,为维新派组织的上海强学会机关报。

6 月　《苏报》创刊,由胡璋(铁梅)创办。自称日商报纸。

《指南报》创刊,由清末著名小说家李伯元创办的小型文艺报刊。

8 月　《时务报》创刊,旬刊,维新派的主要舆论阵地。梁启超任总主笔,汪康年任经理。

1897 年(清光绪二十三年)

6 月　《游戏报》创刊,李伯元创办兼主编。被称为上海"海派小报"的鼻祖。

7 月　法文《中法新汇报》创刊,由法租界当局主办。连续出版 30 余年,是上海主要法文报纸。

11 月　《字林沪报》出版附张《消闲报》,被认为是中国第一张报纸副刊。

本年　在维新变法运动的推动下,国人创办的报刊大批出现,形成国人办报的第一次高潮。

1898 年(清光绪二十四年)

3 月　天主教会出版了《格致新报》,不久与《益闻报》合并,改名为《格致益闻汇报》。

5 月　《时务报》增出《时务日报》,开创了报纸分栏编辑的形式。

7 月　《女学报》问世,由康同薇、裘毓芳等主编。为我国第一种妇女刊物。最早实行稿酬制的新闻刊物。

8月 《时务报》奉旨改为官报，发生所有权的争执。《时务报》、《时务日报》改名为《昌言报》、《中外日报》，继续出版。

9月 戊戌政变失败，上海大批政论报刊相继停刊。

本年 《青年》月刊创刊，初名《学圣月刊》，由中华基督教青年会主办。为上海最早的青年刊物。

1899年(清光绪二十五年)

《苏报》由陈范接办经营，逐渐同情维新派。

《新闻报》总董英商丹福士破产，该报为美国传教士福开森购得。聘汪汉溪为买办，主持报务。

《女报》创刊，由陈范之女陈撷芬创办并主编。

1900年(清光绪二十六年)

2月 《字林沪报》由日本人接办，更名《同文沪报》，附刊《消闲报》更名《同文消闲报》。

11月 《亚泉杂志》创刊，早期影响较大的自然科学杂志，由杜亚泉创办并主编。

本年 路透社远东分社除《字林西报》外，还向其他四家英文报纸供稿。打破了《字林西报》对路透社新闻稿的垄断。

1901年(清光绪二十七年)

5月 《教育世界》创刊，由罗振山发起创办。是我国最早的教育界刊物。

本年 英文《上海泰晤士报》创刊，日刊。初名《泰晤士报申报》,美商所办,不久转为英人所有。

1902年(清光绪二十八年)

1月　《外交报》创刊,旬刊,是商务印书馆出版的第一种期刊,张菊生主编。

12月　《大陆》杂志创刊,是留日归国学生在上海创办的第一种刊物,公开鼓吹民主革命。

本年　中国教育会主持的爱国学社成立,并与《苏报》建立密切关系。《苏报》开始倾向革命。同时,《寓言报》、《政学报》、《政艺通报》、《新世界学报》等相继出版。

1903年(清光绪二十九年)

4月　《童子世界》创刊,由爱国学社创办。是资产阶级革命派创办的第一种以青少年为对象的刊物。

6月　"苏报案"发生,成为掂量上海新闻界各报政治态度的试金石。《新闻报》站在清朝政府立场上,大肆攻击《苏报》。

8月　《国民日日报》创刊,是资产阶级革命派创办的报纸,章士钊主编。

11月　《宁波白话报》创刊,是上海最早的同乡会性质的报纸。

12月　《俄事警闻》、《中国白话报》等革命派报刊创刊。

本年　日本人松本君平所著《新闻学》一书,由商务印书馆翻译出版,为我国最早出版的新闻学专著。

1904 年(清光绪三十年)

2 月 《俄事警闻》改名《警钟日报》,号数另起。蔡元培任主笔。

3 月 《东方杂志》创刊,由上海商务印书馆出版,李圣五为首任主编,1948 年 12 月停刊。为旧中国历时最久的大型综合性刊物。

6 月 《时报》创刊,由狄楚青创办,罗孝高为总主笔。为防止清政府阻挠,创刊时挂日商招牌。该报重视编辑业务改革,创设"时评"一栏,为许多日报所仿效。

11 月 《时兆月报》创刊,由基督教新教基督复临安息日会主办,李富贵主编。发行量 8 万余份,为基督教杂志中销量最高的期刊。

1905 年(清光绪三十一年)

2 月 《申报》为改变落后状况,内部实施改组,并从保守转到赞成康梁立宪方面。

同月 《国粹学报》创刊,革命学术团体"国学保存会"的机关刊物,邓实任总纂。

7 月 《保工报》创刊,由人镜学社主办。是坚持反美运动的宣传刊物。

8 月 《南方报》创刊,月刊,中英文合刊的报刊,由卸职的上海道台蔡钧创办。

1906 年(清光绪三十二年)

7 月 《上海书业商会图书月报》创刊,由书业商会主办。

为我国最早的图书期刊。

10月　《竞业旬报》创刊,由知识分子团体“竞业学会”创办。

12月　《宪政杂志》创刊,由宪政研究会编印,宣传君主立宪。

本年　《新闻报》正式改组为股份公司,在香港申请注册。

1907年(清光绪三十三年)

1月　《中国女报》创刊,由秋瑾主办的综合性妇女杂志,陈伯平任总编辑,因秋瑾被害停刊。以后又有《神州女报》、《女子世界》相继出版。

4月　《神州日报》创刊,由于右任创办,杨笃生任主笔。是资产阶级革命派在国内办的第一份日报。

5月　《上海报》创刊,为第一份上海地方报纸。

10月　《政论》月刊创刊,由马相伯等发起组织的政闻社创办,蒋智由主编,宣传保皇立宪。

12月　《时事报》创刊,1909年与《舆论日报》合并为《舆论时事报》,1911年更名为《时事新报》。

1908年(清光绪三十四年)

7月　《国民白话日报》创刊,以宣传“预备立宪”为宗旨。

8月　《须弥日报》创刊,由陕西人李季直在于右任支持下创办。

本年　上海道台蔡乃煌加强舆论控制,查封政闻社和《政论》月刊,强行收购《中外日报》,次年入股《申报》,收购《时事报》等。

章士钊所著《苏报案纪实》出版。

英文《工部局市政公报》创刊，周刊。

1909 年（清宣统元年）

4 月 《体育界》创刊，由中国体育学校创办。为我国最早的体育期刊。

5 月 《民呼日报》创刊，资产阶级革命派的著名报纸，由于右任创办，陈飞卿任主笔。因清政府迫害，出 92 期后停刊。10 月以《民吁日报》名称复刊，出 48 期后又遭查封。

11 月 《劝业会报》创刊，以提倡振兴实业为宗旨，为筹备南洋劝业会做准备工作。

本年 《申报》产权转让给席子佩，结束了外商经营的历史。

上海日报公会正式成立，直至抗战爆发上海沦陷后停止活动。为国内历时最长的新闻界团体。

法租界公务局出版了《法公务局市政公报》，半月刊。

1910 年（清宣统二年）

1 月 《中国公报》创刊，由陈其美等发起创办，以股份有限公司形式管理。

2 月 《国风报》创刊，是康梁派在《政论》被查封后创办的又一宣传君主立宪的报刊。总撰述梁启超。

3 月 《天铎报》创刊，主笔多为同盟会会员，或倾向革命的青年，因此与同盟会关系密切。

8月　《小说月报》创刊，由上海商务印书馆编印。为旧中国很有影响的文学期刊。

9月　由《时报》、《神州日报》等发起组织的全国报界俱进会，在全国各地记者云集南京参加南洋劝业会之际成立，设事务所于上海。该会为我国第一个全国性的新闻团体。

10月　《民立报》创刊，资产阶级革命派著名报纸。其前身是《民呼日报》和《民吁日报》，均为于右任创办，宗旨一致，被后人称为“竖三民报”。该报又为同盟会华中总部的活动据点。

1911年(清宣统三年)

3月　《法政杂志》创刊，上海法政杂志社编辑，商务印书馆发行。

5月　《启民爱国报》创刊，为在上海出版的北京语音的通俗白话报。

7月　《社会星》创刊，周刊。是江亢虎所发起组织的“社会主义研究会”的机关刊物。

8月　著名副刊《申报》“自由谈”创刊，首任主编王纯根。

英文《大陆报》创刊，美国人密勒、克劳等人组织的中国国家报业公司筹办，中美两方均有股份，密勒任主笔。

10月　《进步》杂志创刊，由中华基督教青年会创办，以宣扬西方文明为宗旨。

本年　武昌起义爆发，引起民众的极大关注，促进了上海报业的发展，《民意报》、《中外晚报》、《光复报》、《军政总机关报》、《国民军事报》、《国民晚报》等大批报刊出版。次年中华民国成立，又有大批新报刊创办，形成国人办报的第二次高潮。

1912年（民国元年，以下不再说明民国纪元）

1月　《大共和日报》创刊，由章太炎创办兼社长，马叙伦任总编辑。为中华民国联合会机关报。

上海日报公会举行孙中山赴南京就任中华民国临时大总统欢送会，于右任代表孙中山致谢。

2月　《民声日报》创刊，为民社机关报。

3月　上海新闻界与全国报界俱进会反对南京临时政府内务部制定的《暂行报律》三章。

《民权报》创刊，主笔戴季陶，发行人周浩。该报与稍后创刊的《中华民报》、《民国新闻》，都以言论激烈著称，被人并称为“横三民”报。

4月　《太平洋报》创刊，是同盟会创办的又一张大型日报。

6月　全国报界俱进会在上海召开特别大会，通过一系列决案。

9月　《独立周报》创刊，章士钊主编。

本年　《申报》产权转售给史量才等人。

路透社开始向上海18家报纸发中文稿。

1913年

2月　《不忍》杂志创刊，康有为创办并主编，以宣传尊孔复古为宗旨。

《孔教会杂志》创刊，孔教会机关刊物，陈焕章主编。其宗旨与《不忍》杂志相同。

8月　民国第一通讯社成立，李卓民创办。

淞沪警察厅发布《禁售乱党机关报纸》通令。

10月　《生活日报》创刊，老同盟会会员创办，徐朗西挂名主持。

本年　袁世凯派人刺杀宋教仁后，残酷扼杀国民党报刊及其进步报纸，史称“癸丑报灾”。

美国人休曼所著《实用新闻学》由上海广学会翻译出版。

1914年

1月　《正谊杂志》创刊，谷钟秀主编，主张制定宪法，实行责任内阁制，反对个人独裁。

4月　美国著名新闻教育家，密苏里大学新闻学院院长威廉博士来华访问，由京抵沪。

《民权报》遭袁世凯政府禁售被迫停刊后，又出《民权素》。

5月　《甲寅》杂志在日本东京创刊，在上海设发行所，次年5月改在上海印行。

6月　《礼拜天》创刊，王纯根主办。为中国近现代鸳鸯蝴蝶派的代表性刊物。

《中华实业界》创刊，为中华书局出版的八大杂志之一。

8月　《新闻报》副刊《庄谐丛录》改名为《快活林》。

10月　日文《上海日日新闻》创刊，由日本人宫地贯道创办。

本年　日本人创办的东方通讯社成立。

《新闻报》使用卷筒机印报，在上海乃至全国为首家。

1915 年

1月　《妇女杂志》创刊，首任主编王蕴章，由商务印书馆总发行。该刊为中国妇女报刊史上历时最久的大型刊物。

《大中华》杂志创刊，梁启超主编。8月，梁在第1卷第8期发表了名文《异哉所谓国体问题者》，反对袁世凯称帝，上海各报纷纷转载。

3月—7月　《申报》连载《欧西报业举要》一书，朱世溱编著。

8月　《国货月刊》创刊，以提倡国货、抵制日货为主旨。

9月　《新青年》创刊，初名《青年杂志》，陈独秀创办兼主编。为五四新文化运动的主要舆论阵地。

《亚细亚日报》出版，为袁世凯在沪舆论机关，因遭到反对，不久停刊。

10月　《中华新报》创刊，由谷钟秀、杨永泰创办，以反对袁世凯复辟帝制为宗旨。

《新中华》创刊，张东荪等人创办，主张坚持共和国体，反对复辟帝制。

本年　美国美联社开始向上海各报发稿。

1916 年

1月　《民国日报》创刊，中华革命党的机关报，总编辑叶楚伧，经理兼编辑邵力子。为反对袁世凯复辟帝制而创办。

邵飘萍在《申报》刊出启事，声明已由日本回到上海。

袁世凯政府通令全国各报一律用“洪宪”纪年。上海各报多用极小字号刊出，以作应付。

11月　《新申报》创刊，系席子佩同《申报》诉讼三年取胜所得大量赔款而创办。

《时报》著名副刊《小时报》问世。

本年　《新闻报》重新在美国注册。

《申报》在望平街三马路（今汉口路）交叉处，开始建造五层报馆大厦。

1917年

1月　《新青年》杂志迁北京出版。

3月　《太平洋》创刊，月刊，李剑农主编，泰东图书局发行。

6月　英文《密勒氏评论报》创刊，由美国《纽约先驱报》驻远东记者密勒创办。

11月10日起，《民国日报》、《中华新报》、《申报》等各大报，在显著地位连续报道俄国十月革命胜利的消息。

由《申报》、《新闻报》、《时事新报》、《时报》等8家大报，组织"上海新闻记者赴日考察团"，赴日访问，历时月余。包天笑撰写了《考察日本新闻纪略》。

本年　姚公鹤撰写的《上海报业小史》在《东方杂志》上发表。

上海记者俱乐部成立，是上海第一个以记者个人身份参加的新闻团体。

1918年

3月　张东荪出任《时事新报》总编辑，发刊副刊《学灯》，并兼主编。

8月 《上海先施日报》创刊，周瘦鹃编辑。

9月 《午台日报》创刊，总编辑庄天韦。

本年 《申报》馆新厦落成。

日本在沪创办日文《上海经济新闻》，为上海第三种日文报纸。

上海顾家宅国际电台开通，加快了新闻电讯的传递。

1919年

2月 世界报界大会会长威廉博士访华抵沪，邀请中国新闻界参加该会。

3月 邵飘萍声明脱离《申报》。

著名小报《晶报》创刊，余大雄主编。

4月 全国报界联合会成立，通过"拒登日商广告"等决议案。

5月 上海日报公会致电北京政府，要求释放被捕学生，并声明所属会员报纸拒登日商广告。

6月 《星期评论》创刊，戴季陶、沈玄庐主编。

8月 《建设》杂志创刊，由孙中山领导创办，胡汉民主编。

淞沪警察厅发布《取缔印刷所办法》，遭到新闻出版界反对。

9月 《民国日报》因刊登《安福系表之说明》通讯，工部局起诉叶楚伧、邵力子，会审公廨判各罚洋一百元。

11月 《民心周刊》创刊，由归国留美学生创办。

本年 《时事新报》先后创办《教育周刊》、《妇女周刊》、

《实业周刊》等七种周刊，每天轮流刊出。

《上海学生联合会日刊》等大批学生刊物出版。

中国通讯社、中华通讯社、中浮通讯社等一批通讯社创办，但寿命很短。

1920 年

1 月　《新青年》杂志从北京迁回上海出版。

《新妇女》创刊，由新妇女杂志社出版发行。

《东方杂志》由月刊改为半月刊。

2 月　湖南旅沪人士创办《天问》周刊。

4 月　全国报界联合会致电苏俄政府，欢迎苏俄政府废除沙俄时期与中国签订的各项不平等条约的宣言。

5 月　《新青年》出版“劳动节纪念专号”，标志着马克思主义与中国工人运动相结合。

6 月　《远生遗著》由商务印书馆出版。

7 月　华俄通讯社成立。

8 月　上海共产主义小组将《新青年》改组为小组机关刊物，并创办《劳动界》周刊。

9 月　《时事新报》与北京《晨报》联合聘请瞿秋白、俞颂华、李崇武三人为赴苏俄特派访员，10 月出发。

《时报》创办《图画周刊》，戈公振主编。是上海报纸有照片制版画刊的第一家。

11 月　《共产党》月刊创刊，上海共产主义小组创办，李达主编。

本年　圣约翰大学设报学系，为上海新闻教育事业之始。

1921 年

1 月 《商报》创刊，总经理汤节之。

《小说月报》从本年第 1 期起改由沈雁冰主编。

7 月 中共“一大”通过的决议中，明确规定了党报原则。

8 月 《劳动周刊》创办，由中国劳动组合书记部主办。

《民国日报》创办《妇女评论》副刊，陈望道主编。

国闻通讯社成立，由胡政之创办。

10 月 世界报界大会在檀香山召开，中国派出六名代表出席，其中四名为上海报界代表。

11 月 上海新闻记者联欢会成立。

英国报业大王北岩爵士访华抵沪。

12 月 世界报界大会会长、美国密苏里大学新闻学院院长威廉博士再次访华抵沪。

《影戏杂志》创刊，中国影戏研究会发行。是中国最早出版的影戏刊物之一。

本年 公共租界工部局再次抛出“印刷附律”案，交纳税人会讨论，遭到各界的一致反对。

1922 年

1 月 《儿童世界》创刊，郑振铎主编，商务印书馆出版发行。

3 月 《先驱》半月刊由北京迁上海出版。该刊于 1922 年 1 月在北京创刊，因受军阀政府迫害而迁至上海。

4 月 《申报》创刊五十周年，出版《最近之五十年》以示纪念。

5月　《创造季刊》创刊，由创造社编辑出版。

6月　租界巡捕房搜查中国劳动组合书记部，《劳动周刊》被查封。

8月　陈独秀再度被法租界逮捕，以“宣传过激主义”罪名，判罚洋400元。

9月　《向导》周报创刊，是中共中央第一个政治机关报。

10月　上海各报联合抗议军阀政府邮电费加价，得到各界支持。

11月　美国联合通讯社社长诺彝斯访华抵沪。

本年　任白涛著《应用新闻学》由亚东图书馆出版发行。

1923年

1月　《小说世界》创刊，商务印书馆主办，叶劲风编辑。

美国商人奥斯邦创设无线电广播台，由《大陆报》和中国无线电公司联合举办播音。为上海最早的无线电广播台。

2月　《新闻报》隆重纪念创刊三十周年，出版《新闻报馆三十年纪念册》。

3月　瞿秋白由苏联回国，经北京抵沪，主编《新青年》季刊。

5月　《创造季刊》创刊，创造社编辑，泰东图书局出版发行。

6月　山东临城发生客车被劫案，《申报》记者康通一、《密勒氏评论报》主笔鲍威尔被绑架。

7月　《前锋》创刊，为中共中央机关刊物，瞿秋白主编。

8月 《民国日报》著名副刊《妇女周报》出版，向警予等主编。

10月 《中国青年》创刊，中国共产主义青年团机关刊物，恽代英主编。

著名小报《金刚钻》创刊。

11月 《新建设》创刊，国民党主办，恽代英主编。

路透社总经理琼斯爵士抵沪访问。

1924年

1月 《大陆报》的九江路14号新大厦落成。

2月 《字林西报》的外滩17号新大楼落成。

3月 《民国日报》改组为国民党中央在上海的机关报。

4月 远东通讯社成立。

5月 《申报》无线电广播台开始报告新闻。

7月 《摄影学周刊》创刊，为上海最早专门研究摄影的期刊。

8月 《国闻周报》创刊，由国闻通讯社主办，胡政之主编。

10月 《中国工人》创刊，为中国共产党指导工人运动的刊物，罗章龙主编。

《醒狮》周刊创刊，中国国家主义青年团机关物刊，曾琦主编。

本年 发生《时报》、《新申报》、《商报》三报同时被控案。

由戈公振编译的《新闻学撮要》，以上海新闻记者联欢会名义出版。

复旦大学国文部开“新闻学讲座”课。

1925年

3月 发生《民国日报》、《中华新报》、《商报》三报同时被公共租界工部局控告案。

6月 在五卅运动高潮中,《热血日报》、《公理日报》、《民族日报》等报刊创刊。党领导的国民通讯社成立。

7月 发生《东方杂志》的《五卅事件临时增刊》被控案。

8月 全国学生联合会总会机关刊物《中国学生》创刊。

10月 上海新闻学会成立。

中华职业教育社机关刊物《生活周刊》创刊。

本年 南方大学、光华大学、民国大学先后设立报学系,或开报学课。

租界当局再次抛出"印刷附律"议案,因各界民众坚决反对,草草收场,被迫宣布以后不再提起。

1926年

1月 上海日报公会、上海新闻记者联欢会等群众团体联合致电北京军阀政府废止袁世凯政府《出版法》,在全国舆论压力下,被迫于本月27日宣布废止。

2月 良友图书印刷公司创办的大型画册《良友画报》创刊。

3月 创造社主办的《创造月刊》创刊,先后由郁达夫、成仿吾、冯乃超等主编。

6月 美国密苏里大学新闻学会上海分会成立,会长汪英宾。

7月 中共中央成立党报编辑委员会,由《向导》、《新青年》、《中国青年》、《中国妇女》、《中国工人》等主编组成。

9月　中共中央宣传部领导的国民通讯社社长邵季昂等五人被捕，不久该社停止活动。

10月　邹韬奋接办《生活周刊》，并进行一系列改革。

11月　淞沪警察厅颁布《淞沪戒严条例》10条，其中3条涉及新闻舆论宣传。

12月　著名小报《罗宾汉》创刊，与以前出版的《晶报》、《金刚钻》、《福尔摩斯》并称为小报界"四大金刚"。

本年　沪江大学、上海大学等设立新闻系，复旦大学文科内设立新闻学组。

1927年

1月　军阀孙传芳先后查封了《神州日报》、《民国日报》等。

本月　戈公振出国专察世界报业，出席日内瓦国际报业大会。

2月　上海市总工会机关报《市民日报》创刊。

本月　由胡愈之、郑振铎等发起的上海著作人公会成立。

3月　新新公司广播电台成立，为中国人创办的第一家民营广播电台。

上海日报记者公会、上海通讯社记者公会成立。

4月　上海小报协会成立。

国民党设立上海宣传委员会，后改名为国民党中央宣传委员会上海办事处。

上海新闻记者联合会成立。

5月　上海报界工会改组，决定8月出版《上海报界工会半月刊》。

6月　国民党南京政府外交部上海交涉署成立国民新闻社。

8月　国民党成立上海新闻检查委员会，颁布了检查条例。

美国著名新闻教育家，密苏里大学新闻学院院长威廉博士来华访问抵沪。

10月　国民党中央通讯社设立上海通讯处，以后改为分社。

中共中央机关刊物《布尔什维克》创刊，瞿秋白主编。

11月　国民党上海市政府颁布《小报取缔条例》，共15条。

戈公振著《中国报学史》一书出版。

本年　淞沪卫戍司令部通令查禁所谓反动书报。

1928年

1月　上海无线电播音协会成立。

《新生命》创刊，由戴季陶、潘公展主办。

2月　《文化批判》月刊创刊，由创造社主办，成仿吾主编。

国民党中央机关报《中央日报》创刊，次年迁南京出版。

5月　国民党改组派刊物《革命评论》创刊，陈公博主编。

8月　《申报》开展广告竞赛。

秋　上海民治新闻学院成立，由顾执中等人创办。

9月　上海新闻界致电南京国民政府交通部，要求划一邮资,优待新闻电讯等,得到全国新闻界支持,迫使交通部制定了《交通部便利新闻界使用邮电办法》。

11月　上海日报公会发表《中国报业经营状况》。

上海新闻记者联合会出版《时代》月刊。

北京《新闻学刊》迁沪出版,黄天鹏主编。

12月　上海各报驻南京记者联合会成立。

本年　《申报》举行出版二万号纪念活动。

《新闻报》馆新厦落成。

1929年

3月　美国联合通讯社在上海设立分社。

4月　《上海报》创刊,由中共中央宣传部主办。

《申报》举办征求商标活动,7月正式使用"铎"为报徽。

5月　《报学月刊》创刊,黄天鹏主编。

上海日报公会组织新闻记者团赴东北参观考察。

8月　中共中央创办的无产阶级书店被查封,改用华光书店继续推销进步书刊。

9月　复旦大学正式设立新闻系,同时复旦大学新闻学会成立。

10月　中共中央成立文化工作委员会,潘汉年任书记。

《大美晚报》发生工潮,上海各报工人及市总工会支持《大美晚报》工人的合理要求。

12月　《出版月刊》创刊,新书推荐社编辑,重点介绍革命报刊和进步作家的作品。

本年　发生史量才购买《新闻报》股权风波,由于国民党当局插手,史量才被迫作适当让步而平息。

1930年

1月　《萌芽》创刊,由鲁迅、冯雪峰编辑。

3月　中国左翼作家联盟成立,陆续出版了一系列报刊。

5月　《记者周报》创刊,由上海新闻记者联合会主办。

6月　英文《文汇报》并入英文《大美晚报》。

国民党上海市政府制定《上海取缔报纸违禁广告规则》。

8月　中共中央机关报《红旗日报》创刊,由《上海报》和《红旗》合并而成。

10月　上海报学社杭州分社成立。

11月　《中央日报》在上海设分社。

本年　《申报》馆设立总管理处。张竹平脱离《申报》,转而经营《时事新报》和申时电讯社。

黄天鹏的"天庐丛书"大量出版。

1931年

1月　著名报刊活动家及作家林育南、李求实、柔石、胡也频、冯铿等被国民党非法逮捕,次月被害。

上海日报访员公会成立。

2月　《大陆报》产权被国人收购,董显光主持笔政。

3月　中共中央机关刊物《红旗周报》创刊。

《文艺新闻》创刊,为开展社会主义新闻学研究,特设"集纳"专栏。

7月　现代书局编辑出版"现代新闻学丛书"。

9月 《申报》发表《本报六十周年纪念宣言》,宣布进行改革。

10月 中国新闻学研究会成立,为中国第一个研究无产阶级新闻学的群众团体。

11月 《生活周刊》发起援助东北抗日义勇军捐款活动。

12月 上海日报公会发表宣言并致电南京国民政府,抗议上海市邮电管理局非法扣压寄往外地的《申报》、《新闻报》、《时报》、《民国日报》等各大报纸。

本年 《申报》、《新闻报》日发行量双双超过15万份。

南京国民政府核准上海大小报纸及通讯社登记者共52家。

1932年

1月 《民国日报》在日本人的胁迫下停刊,5月改名为《民报》继续出版。

2月 《大晚报》创刊,由张竹平等创办。

3月 中国左翼新闻记者联盟(简称"记联")成立。创办国际新闻社。

4月 国民党CC派报纸《晨报》创刊,由潘公展主持。

国民党改组派报纸《中华日报》创刊,由林柏生主持。

《时事新报》因代印《大晚报》事,发生工人罢工,上海报界工会号召全市各报社工人总罢工,给予支持。

6月 上海新闻记者联合会改名为上海新闻记者公会。

6月至7月 《申报》连续发表三篇《剿匪与造匪》社评,抨击国民党蒋介石"剿匪"的反动本质。

8月　赵敏恒著《外人在华的新闻事业》一书出版。

《申报月刊》创刊，俞颂华主编。

9月　“一·二八”抗战中停刊的《东方杂志》复刊。

戈公振作为中央通讯社特派记者随国联调查团赴欧洲采访。

12月　史量才改组《申报》副刊《自由谈》，聘请黎烈文主编。

本年　《申报》出版《申报年鉴》，开办新闻函授学校、流通图书馆等。

1933年

1月　《大美晚报》中文版创刊，由英文《大美晚报》创办。

《新中华》半月刊创刊，中华书局创办。

2月　《时事新报》驻南京记者被害，引起新闻界强烈抗议。

3月　《申报》、《新闻报》、《时事新报》、《时报》等发起援助东北抗日义勇军捐款活动。

《社会主义月刊》创刊，是国民党CC派宣传法西斯主义为主要内容的刊物。

5月　《文化新闻》创刊，中国左翼文化总同盟创办。

6月　《上海通志馆期刊》创刊，上海通志馆主办。

《申报》服务部成立，不久又创办妇女补习学校。

7月　邹韬奋因受国民党迫害，被迫出国流亡。

8月　中国女新闻学家江筱孟赴美国攻读新闻专业，获硕士学位。

美国密苏里大学周游世界通讯班，一行二十余人抵沪。

10月 国民党上海新闻检查所，增加检查社会新闻内容。

12月 《生活周刊》被国民党查封。

本年 国民党又制定了《新闻检查标准》、《重要都市新闻检查办法》、《各报社违反新闻检查办法惩罚规则》等一系列法规条例，以强化法西斯新闻统制。

1934年

2月 《新生周刊》创刊，杜重远任发行人兼主编。

顾执中赴欧洲考察新闻事业。

3月 《社会晚报》创刊，蔡钧徒创办并主编。

4月 日本人策划小报界组织"中华报界东游团"，上海新闻记者公会揭露日方阴谋，声明本会会员拒绝参加。

5月 在国民党压迫下，黎烈文辞去《自由谈》职务，由张梓辛接替。

6月 邹韬奋著《萍踪寄语》(初集)出版。

国民党设立图书杂志审查委员会，颁布审查办法，在上海设置办事处，实行原稿审查。

7月 著名报人成舍我在南京被国民党逮捕，上海新闻界积极营救。

8月 上海爱国青年记者在《大美晚报》中文版开辟《记者座谈》副刊。

9月 生活书店出版《世界知识》、《太白》杂志，分别由毕云程、陈望道主编。

10月 《中国农村》创刊，由中国农村经济研究会主办。

《报学季刊》创刊，由申时电讯社创办。

11 月　《申报》总经理史量才被国民党特务杀害。

南洋报业资本家胡文虎抵沪访问。

上海市民营无线电播音业同业公会成立。

《读书生活》创刊，李公朴主编，上海杂志公司发行。

12 月　上海日报公会致电南京国民党五中全会，要求保障言论自由。

1935 年

3 月　国民党收买美灵顿广播电台，改建为上海广播电台，为对外宣传机构。

6 月　国民党制造了轰动全国的“新生事件”。

7 月　《妇女生活》创刊，沈兹九任发行人兼主编。

8 月　邹韬奋结束流亡生活返国抵沪。

9 月　《立报》创刊，由成舍我等人发起创办。

10 月　戈公振由苏联返国抵沪，不久病逝。

11 月　《大众生活》创刊，由邹韬奋创办并主编。

12 月　上海新闻文化界知名人士发起成立上海文化界救国会。

本年　上海民营无线电播音业同业公会抗议国民党当局干扰民营无线电广播台正常播音。

上海最早的中文广播节目报《电音周刊》创刊。

1936 年

1 月　《申报周刊》创刊。

顾执中、萨空了、恽逸群等71位报界人士发表《上海新闻记者为争取言论自由宣言》。

2月 《大众生活》因国民党下令停止邮寄而停刊。邹韬奋再次被迫流亡至香港。

3月 《永生周刊》创刊，金仲华主编。

4月 《大公报》创办上海版。

国民党通令全国各地广播电台一律转播中央广播电台节目。

7月 上海各报刊载沈钧儒、章乃器、陶行知、邹韬奋等人联合发表的《团结御侮的几个基本条件与最低要求》。

8月 挂美商牌子的《华美晚报》创刊，由朱作同主持。

《生活星期刊》由香港迁上海出版，邹韬奋主编。

9月 大型报告文学《中国一日》出版，茅盾主编。

10月19日 鲁迅逝世，当日上海各大报刊出鲁迅逝世消息。

11月 全国各界救国联合会领袖沈钧儒、邹韬奋、李公朴、史良、沙千里、王造时、章乃器等七人，被国民党非法逮捕，制造了震惊中外的“七君子事件”。

袁殊著《记者道》一书出版。

12月 就“西安事变”全国约157家报社联合发表《全国报界对时局宣言》，表示“拥护政府一切对内对外政策”。上海各大报签名。

津沪《大公报》同时发表反动社评《给西安军界的公开信》，南京国民政府添印数万份，空运至西安散发。

1937年

1月　国民政府交通部整顿广播电台，上海八家民营广播电台被勒令停播。

国民党中央通讯社与路透社、哈瓦斯社等签订合同，这些通讯社的中文稿，统归中央社发行。

4月　《申报》派记者俞颂华、孙恩霖赴延安采访。

5月　上海杂志公司出版《中国文艺》、《读书》、《戏剧时代》三种新刊物。

6月　《新闻记者》创刊，顾执中创办兼主编。

7月　上海新闻界人士发起筹备上海新闻学会，由于"八一三"抗战爆发未及召开成立大会。

《申报》正式改为股份有限公司。

上海文化界救亡协会成立，设立国际新闻供应社。

8月　《抗战》三日刊创刊，由邹韬奋主编。

上海市民营无线电播音业同业公会致函上海公共租界工部局，抗议该局禁止播送时事消息。

《救亡日报》创刊，系上海文化界救亡协会机关报，郭沫若任社长，夏衍、樊仲云为总编辑。

9月　创刊的报刊有《文化路线》、《战时妇女》、《战线》五日刊、《七月》周刊、《救亡漫画》以及由《世界知识》、《妇女生活》、《中华公论》、《国民周刊》联合出版的《战时联合旬刊》。

10月　创刊的报刊有《民族呼声》、《学生生活》、《抗战半月刊》、《战时大学》等，以及由十家小报合并出版的《战时日报》。

《申报》增辟"专论"一栏，特约郭沫若、邹韬奋、胡愈之、金仲华、郑振铎、陈望道等知名学者撰稿。

宋庆龄以《中国走向民主的途中》为题，在上海美商 R·C·A广播电台用英语向各国人士发表广播演说。

日本新办中文报纸《新申报》创刊。

11 月　国民党中央通讯社上海分社停止发稿。

《救亡日报》、《立报》、《抗战》三日刊迁内地或香港出版。

日寇进入上海，接管国民党设在哈同大楼的新闻检查所。

12 月　《译报》创刊，由夏衍、梅益负责。本月创刊的报刊还有《团结》、《导报》、《译丛》、《集纳》、《大众科学》、《先报》等。

《申报》、《大公报》为拒绝日寇新闻检查，宣布暂停出版，迁内地复刊。《新闻报》、《时报》、《大晚报》接受日寇的新闻检查。不少爱国记者声明退出各该报。

1938 年

1 月　《每日译报》出版，由《译报》改组而成。

《文汇报》创刊，由严宝礼创办。

2 月　《社会晚报》社长蔡钧徒被害。

3 月　斯诺著《红星照耀中国》由复社翻译，改名为《西行漫记》出版。

4 月　《上海妇女》创刊，由许广平、蒋逸霄负责。

上海大批民营广播电台因拒绝向日本侵略者登记，被迫停止播音。

《华美周刊》创刊，由梅益主编。

8 月　《导报》、《每日译报》等全文转载毛泽东的《论持久战》。

10 月　《文献》创刊，由八路军驻沪办事处创办。

《申报》由汉迁回上海，挂洋商招牌复刊。

《译报周刊》创刊，由《每日译报》创办，梅益主编。

11 月　中共江苏省委组织上海民众慰劳团，赴皖南慰劳新四军，团长顾执中，美国进步记者杰克·贝尔登同行，为上海各报提供大量新四军的消息、通讯和图片。

《中美日报》创刊，由国民党中宣部主办，吴任伧负责。

12 月　《文汇报晚刊》出版。

本年　创办的洋商报刊还有《国际日报》、《循环报》、《通报》等。《新闻报》、《大晚报》也改挂外商招牌，不再送检。

1939 年

1 月　上海新闻文化界人士联名致电国民党，要求通缉汪精卫，处之国法，以儆奸邪。

2 月　《良友画报》以外商招牌复刊。

3 月　《中学生活》创刊，由中共地下党教委创办。

4 月　上海新闻界联合发表宣言，痛斥汪精卫汉奸谬论。

《时论丛刊》创刊，由八路军驻沪办事处主办。

5 月　《文汇报》、《每日译报》被工部局勒令停刊两周，实际成了永久停刊。

6 月　《导报》、《译报周刊》被迫停刊。

7 月　日寇搜查《文献》编辑部。

《中华日报》复刊。

8 月　《大美晚报》中文版副刊编辑朱惺公被敌伪特务

杀害。

9月 《时报》因亏损甚巨停刊。

《中美周刊》创刊,由《中美日报》创办。

10月 日寇干扰美商广播电台正常播音。

11月 《上海周报》创刊,由张承宗主持。

本年 "孤岛"抗日报刊受日伪特务破坏日益严重。公共租界当局也强化对抗日宣传的控制。

1940 年

1月 《大美晚报》记者杰克·贝尔登再次赴皖南新四军根据地采访。

2月 全国报界联合发表宣言,声讨汪精卫卖国投敌行为,上海各爱国抗日报刊纷纷刊登消息和宣言。

4月 《职业生活》被迫停刊。

5月 汪伪中央电讯社将原中华通讯社改为上海分社。

7月 汪伪南京政府下令通缉上海83名抗日爱国人士,其中49人为新闻界人士。又下令驱逐外国新闻记者7人出境。

8月 公共租界工部局警务处设立新闻检查部。

9月 《大陆》月刊创刊,由王任叔主持。

《正言报》创刊,由国民党上海市党部主办,吴绍澍主持。

本年 邵虚白、张似旭、程振章等一批爱国抗日报人被害。抗日报刊受到敌伪破坏和工部局的限制更为严重。

1941 年

1月 《上海周刊》刊出杜重远在新疆遇难情况。

3月　俄文《时代》月刊创刊，由塔斯社远东分社创办。

8月　《上海周报》出版"上海问题特大号"，系统介绍上海沦陷以来各方面的情况。

中文《时代》杂志创刊，由姜椿芳主编。

9月　苏联呼声广播电台成立。

伪上海记者公会成立。

12月　《妇女时代》创刊，由朱素萼等创办。

太平洋战争爆发，日寇劫夺了《申报》、《新闻报》，其他抗日报刊全部勒令停刊。日本还接收了华美、福音、民主等广播电台。

1942年

1月　华美广播电台接日方要求恢复播音。

4月　汪伪宣传部成立上海区报业改进会。

6月　日本宪兵队以间谍罪逮捕了鲍威尔、奥柏、伍德海等十余名外国新闻记者。

日本陆海军报道部公布了《收音机登记办法》。

8月　《杂志》复刊。中共地下党员袁殊、恽逸群、鲁风参加编辑工作。

9月　邹韬奋抵达上海。

法租界颁布《收音机移转改装登记办法》。

10月　日本大阪每日新闻社与东京每日新闻社联合在沪增出《华文每日》。

11月　苏商时代出版社发刊《苏联文艺》。

12月　日本侵略者实施《无线电收音机取缔暂行条例》。

日寇任命陈彬龢为《申报》社长。

1943 年

1月　伪上海新闻联合会成立。

日本两大报纸《上海每日新闻》与《大陆新报》合并，沿用《大陆新报》名称。

2月　小报实行合并出版。

3月　敌伪颁布《修正取缔无线电收音机条例》。

6月　伪上海杂志联合会成立。

10月　苏联呼声广播电台举办纪念鲁迅逝世七周年专题广播。

11月　东亚新闻记者大会在东京举行，陈彬龢、许力求等代表上海新闻记者出席。

本年　恽逸群与《申报》馆马荫良秘密策划将部分《申报》合订本，送入徐家汇天主教图书馆，凑成自《申报》创刊以来的全套合订本。

1944 年

1月　《锻炼》半月刊创刊，由恽逸群主编。

汪伪上海特别市政府发布公告，规定本市报纸、杂志、通讯社等登记证，均由汪伪中央宣传部核发，以前工部局所发登记证一概作废。

3月　日本同盟通讯社华中总支局局长岩木奉命回国，由佐佐木接替。

4月　日本海军记者俱乐部成立。

7月　邹韬奋在沪病逝。

9月　汪伪中国新闻协会在沪召开成立大会。

1945年

1月　汪伪中国新闻协会上海分会成立。

2月　《莘莘》月刊创刊，由中共地下党学委创办。

5月　伪上海小型报联合会成立。

6月　《国际知识》半月刊创刊，由沈志远主编。

日本宪兵队逮捕严宝礼、柯灵、储玉坤等原《文汇报》人员。

8月　《文汇报》复刊。

时代出版社出版中文《新生活报》，由姜椿芳主持。9月改名为《时代日报》。

国民党中央通讯社代表接收汪伪中央电讯社上海分社，成立中央通讯社上海分社，冯有真任主任。

9月　国民党中宣部派詹文浒为上海特派员，实施对上海敌伪新闻、出版、广播的接收工作。《申报》、《新闻报》被接收。

《周报》创刊，由唐弢、柯灵主编。

《联合日报》创刊，由刘尊棋、王纪华等创办。

美新处在沪开始发稿。

10月　《立报》复刊。《救亡日报》改名为《建国日报》复刊。

《文萃》周刊、《时代学生》半月刊、《民主》周刊、《新文化》半月刊等相继创刊。

中国新闻专科学校开学，校长陈高傭、教务长储玉坤。

11月 《大公报》复刊。

《经济周报》、《教师生活》、《生活知识》、《中苏月报》等创刊。

上海新闻文化界人士马叙伦、郑振铎等百余人呼吁国民党政府停止新闻检查制度。

12月 《华美晚报》、《国际知识》等复刊。

国际新闻社上海办事处成立，由孟秋江主持。

本年 国民党相继恢复和创办了《中央日报》、《和平日报》、《东南日报》、《前线日报》、《正言报》、《民国日报》等。

外国著名通讯社路透社、美联社、合众社、法国新闻社、塔斯社等相继恢复活动。

《联合画报》、《新闻天地》、《中国建设》等由外地迁沪出版。

1946年

1月 金仲华、柯灵等60余人联名抗议国民党杀害著名记者羊枣。

民治新闻专科学校由重庆迁回上海复校。

2月 《新少年报》创刊，由中共地下学委创办。

国民党实行收音机登记。

3月 上海杂志界联谊会成立。

国民党被迫取消新闻检查。

上海新闻记者公会成立。

4月 《联合晚报》、《消息》半月刊、《读书与出版》月刊创刊。

国民党上海市警察局拟订《本市电台广播节目审查草案》。

5月　《新民报晚刊》创刊。

徐铸成等102名记者联名要求保障言论出版自由。

中共外文刊物《新华周刊》出版，乔木主编。

《申报》、《新闻报》召开股东大会，新董事会完全被国民党控制。

6月　新闻文化界知名人士39人联名抗议国民党摧残言论出版自由。

中共中央在国统区公开出版刊物《群众》，由重庆迁至上海出版。

复旦大学新闻系随学校迁回上海。

7月　上海市民营广播电台联名抗议国民党当局勒令50余家民营广播电台停止播音。

上海市报业同业公会成立。

路透社、合众社、美联社、法新社四个外国通讯社同时发生工潮。

8月　《大英夜报》改名为《大众夜报》复刊。

国民党当局制定《上海市不合格广播电台取缔办法》。

《现代妇女》创刊，中共上海工委妇女组联系。

9月　《观察》周刊创刊，储安平主编。

上海体育记者联谊会成立。

10月　上海76名记者联名致函美国政府，要求美国改变对华政策，反对帮助国民党蒋介石打内战。

上海市民营广播电台同业公会成立。

11月 国民党通缉伪《申报》社长陈彬龢、总主笔吴玥，缺席判决。

美国新闻处扩大业务，增设图书馆、摄影部等。

本年 恢复与创办的通讯社、广播电台、期刊、小报等大量出现。《新闻史的新时代》、《报业经营管理》、《科学的新闻学概论》等一批新闻学著作问世。

中共中央计划在上海出版《新华日报》，由于国民党阻挠未成。

1947 年

1月 苏联呼声广播电台被国民党勒令停播。

《东方杂志》由重庆迁回上海出版。

2月 上海通讯社协会成立。

3月 《大晚报》复刊。

《群众》周刊被迫停刊，迁香港出版。

5月 《文汇报》、《联合晚报》、《新民报晚刊》被国民党勒令停刊。

6月 《学生报》创刊，由上海市学生联合会主办。

《中学时代》创刊，由中共地下党中学区委创办。

8月 法国新闻社停止发稿。

上海市播音员职工联谊会成立。

10月 上海八家民营广播电台联合致电国民党政府交通部，抗议使用周率不合理。

12月 上海70余家杂志社联名上书南京国民党政府，要求扩大配给官价纸张。

1948 年

1 月　国民党南京政府制定《新闻纸杂志及书籍用纸节约办法》，并训令上海市政府暂停申请新报刊。

中国出版协会成立。

2 月　上海市政府制定《取缔纸张囤积居奇办法》。

3 月　上海电信局发布公告，执行《交通部广播无线电收音机取缔规则》。

4 月　储玉坤著《现代新闻学概论》增订出版。

《国讯》被国民党查封。

5 月　《展望》复刊。

6 月　《时代日报》被查封。

7 月　《大公报》发表王芸生撰写的《由新民报停刊谈出版法》评论，批评国民党的新闻统制政策，因此受到国民党斥责。

上海杂志界联合抗议航空邮资不合理加价。

为抗议路透社、美联社擅改供稿价格，上海报业公会声明停止采用两社稿件。

9 月　上海新闻记者公会通过筹建新闻图书馆决议。

10 月　《正言报》因发表《不要再制造王孝和了》社论，被国民党处罚停刊三天。

11 月　国民党南京政府训令上海市政府查封《学生报》、《交大生活》、《复旦新闻》等 64 种报刊。

《观察》杂志被查封。

1949 年

2 月　《新闻观察》创刊，由中共地下党创办。

3 月　淞沪警备司令部制定《取缔未登记报刊办法》，取缔 185 种报刊。

4 月　为迎接上海解放，中共地下党创办《上海人民》报出版。

《大公报》总经理胡政之在沪病逝。

淞沪警备司令部制定《广播电台管理办法》、《统一发布战讯办法》及《上海市紧急治安条例》等反动法则。

5 月　上海解放，中共党组织对旧上海新闻事业实施改造。《解放日报》创刊，创建上海人民广播电台等。

图书在版编目(CIP)数据

上海新闻史(1850—1949)/马光仁主编. —2版. —上海:复旦大学出版社, 2014.4
ISBN 978-7-309-10416-5

Ⅰ. 上… Ⅱ. 马… Ⅲ. 新闻事业史-上海市-1850~1949 Ⅳ. G219.295

中国版本图书馆CIP数据核字(2014)第043969号

上海新闻史(1850—1949)(修订版)
马光仁 主编
责任编辑/黄文杰

复旦大学出版社有限公司出版发行
上海市国权路579号 邮编:200433
网址:fupnet@fudanpress.com http://www.fudanpress.com
门市零售:86-21-65642857 团体订购:86-21-65118853
外埠邮购:86-21-65109143
浙江新华数码印务有限公司

开本 890×1240 1/32 印张 36.75 字数 726千
2014年4月第2版第1次印刷

ISBN 978-7-309-10416-5/G·1276
定价: 98.00元